W0058452

Ergänzende Unterlagen zum Buch bieten wir Ihnen unter **www.schaeffer-poeschel.de/webcode** zum Download an.

Für den Zugriff auf die Daten verwenden Sie bitte Ihre E-Mail-Adresse und Ihren persönlichen Webcode. Bitte achten Sie bei der Eingabe des Webcodes auf eine korrekte Groß- und Kleinschreibung.

Ihr persönlicher Webcode: 3097-ykeTN

SCHÄFFER
POESCHEL

Willis E. Eayrs / Dietmar Ernst / Sebastian Prexl

Corporate Finance Training

Planung, Bewertung und Finanzierung
von Unternehmen

2., überarbeitete Auflage

2011
Schäffer-Poeschel Verlag Stuttgart

Bibliografische Information der Deutschen Nationalbibliothek
Die Deutsche Nationalbibliothek verzeichnet diese Publikation in der Deutschen Nationalbibliografie;
detaillierte bibliografische Daten sind im Internet über <http://dnb.d-nb.de> abrufbar.

Gedruckt auf chlorfrei gebleichtem, säurefreiem und alterungsbeständigem Papier

ISBN 978-3-7910-3097-5

Dieses Werk einschließlich aller seiner Teile ist urheberrechtlich geschützt. Jede Verwertung außerhalb der
engen Grenzen des Urheberrechtsgesetzes ist ohne Zustimmung des Verlages unzulässig und strafbar. Das
gilt insbesondere für Vervielfältigungen, Übersetzungen, Mikroverfilmungen und die Einspeicherung und
Verarbeitung in elektronischen Systemen.

© 2011 Schäffer-Poeschel Verlag für Wirtschaft · Steuern · Recht GmbH
www.schaeffer-poeschel.de
info@schaeffer-poeschel.de
Einbandgestaltung: Willy Löffelhardt/Melanie Frasch
Satz: Johanna Boy, Brennberg
Druck und Bindung: Köse, Krugzell · www.koeselbuch.de
Printed in Germany
Oktober 2011

Schäffer-Poeschel Verlag Stuttgart
Ein Tochterunternehmen der Verlagsgruppe Handelsblatt

Vorwort zur zweiten Auflage

Liebe Leserinnen und Leser,

über die positive Aufnahme unseres Buches in der Lehre und Praxis haben wir uns sehr gefreut. Corporate Finance Training wird regelmäßig in Lehrveranstaltungen an Universitäten und Hochschulen, in Inhouse-Schulungen in Unternehmen sowie in der Bewertungspraxis eingesetzt. Die konstruktiven Anregungen haben wir in der zweiten Auflage umgesetzt. Wir danken Ihnen hierfür sehr herzlich.

Den Praxisbezug vertiefen neue Fallbeispiele und Checklisten. Sie machen den Inhalt noch lebendiger und anwendungsorientierter. Zudem ist das Buch aktualisiert und ergänzt worden: So wurden weitere Bewertungsverfahren wie die Substanzwert-, die Mischverfahren sowie das modifizierte Ertragswertverfahren aufgenommen und mit Berechnungsbeispielen anschaulich dargestellt. Selbstverständlich haben wir Daten wie Kennzahlen und Multiplikatoren auf den neusten Stand gebracht.

Die Übungs- und Simulationssoftware des Download-Angebots bieten eine stärker benutzerorientierte Optik und Ergonomie. Drei Excel-Dateien können nun unabhängig voneinander genutzt werden.

Unser besonderer Dank gebührt Frau Fleischer und Herrn Katzenmayer vom Schäffer-Poeschel Verlag. Wie bereits bei der ersten Auflage haben sie intensiv und aufmerksam mitgewirkt.

Viel Freude mit Corporate Finance Training wünschen

Willis E. Eayrs   Dietmar Ernst   Sebastian Prexl

Stuttgart, Nürtingen und Marktheidenfeld   im September 2011

Vorwort zur ersten Auflage

Corporate Finance ist ein zunehmend wichtiges Gebiet im Bankensektor und im Finanz-bereich von Unternehmen. Corporate Finance beschäftigt sich mit Finanzierungsfragen, die über das klassische Kreditgeschäft hinausgehen, und mit den damit verbunden Dienstleis-tungen. Typische Aufgabengebiete des Corporate Finance sind Mergers & Acquisitions, Unternehmensanalysen, Unternehmensbewertungen, Akquisitionsfinanzierungen, Mezza-nine-Finanzierungen bis hin zu Finanzierungen über den Kapitalmarkt.

In der Literatur gab es bislang noch kein Werk, das diese Themenkomplexe integriert behandelt und die Zusammenhänge zwischen Analyse, Planung, Bewertung und Finanzie-rung verständlich und leicht nachvollziehbar aufzeigt. Mit dem Buch *Corporate Finance Trai-ning* wird ein ganzheitlicher Lösungsansatz für Fragen des Corporate Finance gegeben. Ein einheitliches *Praxisbeispiel* im Buch und ein in der Praxis bewährtes *Modell auf CD-ROM* ermöglichen ein optimales Selbststudium und die Anwendung für eigene Fragestellungen. Die didaktische Aufbereitung erfordert keine vertieften Vorkenntnisse.

Das Buch ist so konzipiert, dass es sowohl in der Praxis als auch in der Lehre einge-setzt werden kann. Da das Buch einen Kurscharakter besitzt, ermöglicht es ein berufsnahes Lernen mit direkten Anwendungen auf die Aufgabenstellungen innerhalb des Corporate Finance. Es ist entsprechend amerikanischer Lehrmethoden aufgebaut und zeichnet sich durch Verständlichkeit und Praxisnähe aus. Es entspricht den Vorgaben des Bologna-Pro-zesses an Bachelor- und Master-Studiengänge durch Verbindung von Theorie und Praxis in Form von Fallstudien. Ferner kommt das Buch den Anforderungen des Arbeitsmarktes ent-gegen, wo von Berufseinsteigern fundiertes Tool-Wissen verlangt wird.

Das Buch gliedert sich in die vier Hauptabschnitte *Analyse und Planung*, *Unternehmens-bewertung*, *Akquisitionsfinanzierung* und schließt mit Ausführungen zum Thema *Private Equity* ab.

Mittels des Fallbeispiels wird in Teil I *Analyse und Planung* erläutert, wie eine vertiefte Unternehmensanalyse (externe Umwelt und interne Werttreiber) in der Praxis erfolgt, welche quantitativen und qualitativen Instrumente hierfür verwendet werden und wie man daraus Annahmen für eine Planung ableitet. Ausgehend von den Ergebnissen der Unternehmensa-nalyse werden die Planung der Gewinn- und Verlustrechnung, Bilanz und Kapitalflussrech-nung und die dahinter stehenden Annahmen erläutert. Zusätzlich wird dem Leser vermit-telt, wie er die Planung einer Plausibilitätsprüfung unterzieht. Aufgrund der zunehmenden Bedeutung der internationalen Rechnungslegungsstandards (IFRS) wird der Abschnitt mit Ausführungen zu diesem Thema aus Sicht der Unternehmensbewertung ergänzt. Sie rich-ten sich speziell an HGB-erfahrene Analysten, die sich mit den neuen Herausforderungen konfrontiert sehen.

Auf Grundlage der in Teil I entwickelten Planung wird die Unternehmensbewertung durchgeführt. Als Bewertungsmethoden werden alle in der Praxis gängigen Verfahren vor-gestellt und angewandt. Es wird jede Methode einzeln vorgestellt und sofort die Berechnung anhand des Praxisbeispiels durchgeführt. Dies garantiert maximale Nachvollziehbarkeit, da der Praktiker sieht, wie die Bewertung konkret erfolgt.

Zum Abschluss wird in Teil III *Akquisitionsfinanzierung* unterstellt, dass das Unterneh-men zum ermittelten Unternehmenswert veräußert wird. Es wird aufgezeigt, wie eine entsprechende Akquisitionsfinanzierung aufgebaut ist, welche Arten und Investoren existieren und welche Besonderheiten sie gegenüber den herkömmlichen Finanzierungsinstrumenten (Betriebsmittel und Investitionskrediten) aufweisen. Dem Leser wird dabei vermittelt, wie man die geeignete Struktur einer Akquisitionsfinanzierung (Höhe und Relation von Eigenkapital- und Fremdkapital) unter Berücksichtigung der spezifischen Anforderungen der Finanzierungspartner und der geeigneten Transaktionsstruktur ermittelt. Er sieht zudem, welche Konditionen und Dokumentationen eine solche Finanzierung beinhaltet. Neben der Fremdfinanzierung wird auch aus Sicht eines Finanzinvestors (Private-Equity-Gesellschaft) auf die Eigenkapitalfinanzierung und die ihr zugrunde liegenden Bewertungs- und Investitionskriterien eingegangen.

Danken möchten wir den Mitarbeitern des Schäffer-Poeschel Verlags für die angenehme und stets konstruktive Zusammenarbeit. Unserer besonderer Dank gilt Herrn Frank Katzenmayer für seine innovativen Ideen bei der Konzeption und Umsetzung des Werkes. Ferner danken wir unseren Kollegen für ihre Diskussionsbereitschaft und Unterstützung bei der Erstellung des Manuskripts.

Wir wünschen Ihnen eine erkenntnisreiche und interessante Lektüre.

Stuttgart und Nürtingen, August 2007

Willis E. Eayrs
Dietmar Ernst
Sebastian Prexl

Verzeichnis der ergänzenden Unterlagen zum Download

1   Allgemeines

Mit diesem Buch erhalten Sie Rechentools in Excel, mit denen Sie im Selbststudium die Praxisbeispiele der Fallstudie »MASCHINENBAU GmbH« Schritt für Schritt nachvollziehen können. Die Rechentools stehen unter www.schaeffer-poeschel.de/webcode für Sie in der Excel-Version 2007 und 2010 bereit. Ihren persönlichen Zugangscode finden Sie am Anfang des Lehrbuches.

Die Rechentools sind darüber hinaus universell nutzbare Instrumente, da sie die Zusammenhänge zwischen den einzelnen Themen des Corporate Finance herstellen: Analyse, Planung, Unternehmensbewertung, Akquisitionsfinanzierung und Private Equity werden in einem Lösungsansatz verbunden.

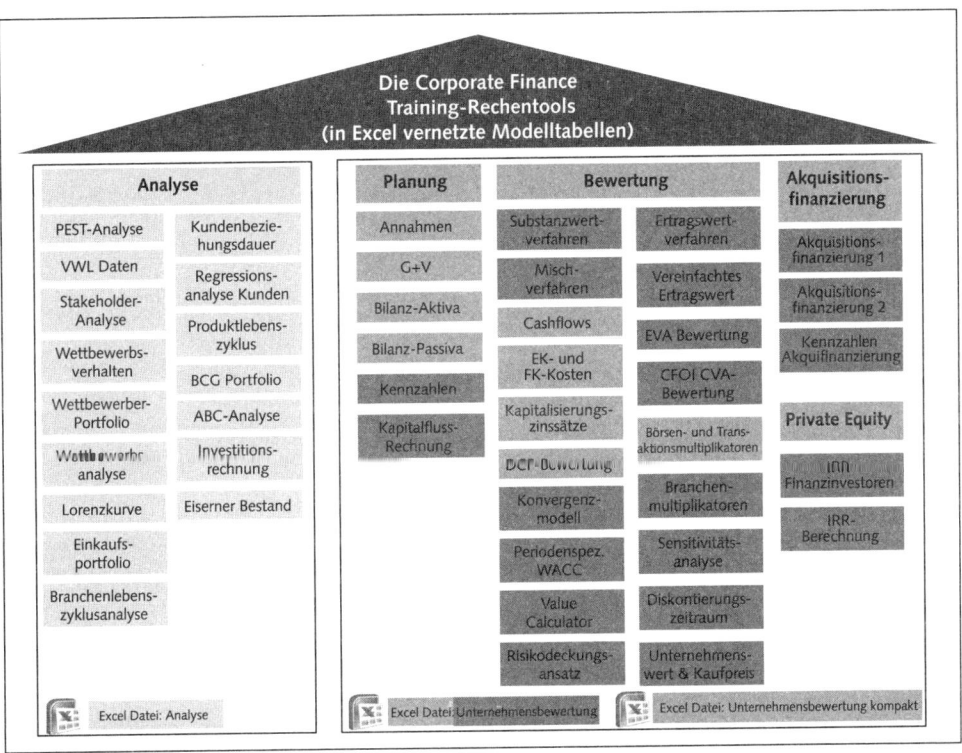

Abbildung 1: Bausteine der Corporate Finance Training-Rechentools

Die Excel-Rechentools liegen als Basisversionen vor, die einfach an unternehmensspezifische Fragestellungen angepasst werden können. Sie ermöglichen so das selbstständige Arbeiten und eignen sich zur Bewertung von Unternehmen bei Kapitaltransaktionen wie Unternehmensübernahmen oder Fusionen.

Im Download-Angebot finden Sie drei Excel-Dateien:

- Excel-Datei *Analyse*: Hier sind die im Teil I Analyse und Planung (Abschnitte 1–6) vorgestellten Methoden zusammengefasst.
- Excel-Datei *Unternehmensbewertung*: Die Datei enthält alle im Buch beschriebenen Verfahren aus Teil I.7 Kennzahlenanalyse, Teil I.8 Planung, Teil II Unternehmensbewertung, Teil III Akquisitionsfinanzierung und Teil IV Private-Equity-Finanzierungen.
- Excel-Datei *Unternehmensbewertung kompakt*: In der Datei sind die in der Unternehmensbewertungspraxis gängigsten Rechentools zusammengefasst. Sie können damit einfach Ihre eigenen Bewertungen vornehmen. (Die in Abb. 1 dunkel eingefärbten Rechentools finden Sie in der umfassenderen Excel-Datei *Unternehmensbewertung*.)

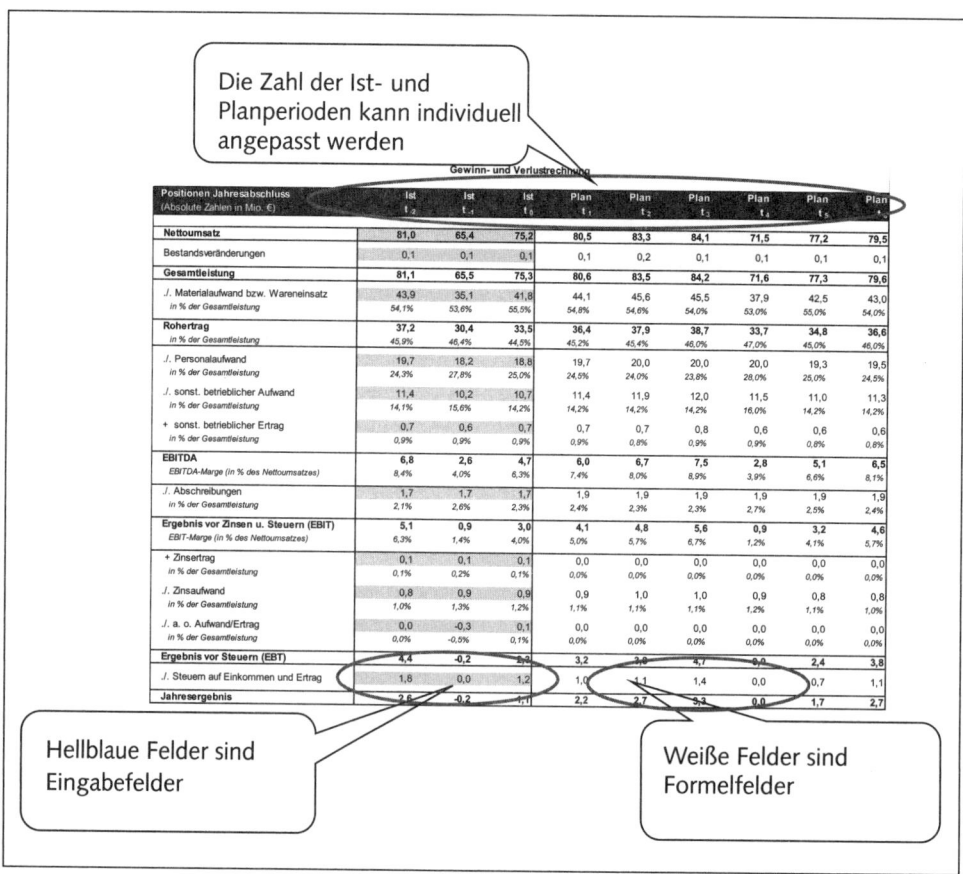

Abbildung 2: Hinweise zur Benutzung des Rechentools

2   Bedienung der Excel-Rechentools

- Hellblau gefärbte Felder in den Excel-Tabellen sind Eingabefelder.
- Die weiteren Felder sind mit Formeln belegt, können jedoch überschrieben werden.
- Die in dieser Dokumentation verwendeten Zellenangaben beziehen sich auf die Rechentools aus dem Download-Bereich. Je nach individueller Änderung der Tabellenblätter können sich die Zellangaben entsprechend ändern.

Die Benutzung der zentralen Tabellenblätter der Excel-Dateien *Unternehmensbewertung* und *Unternehmensbewertung kompakt* werden im Folgenden kurz vorgestellt. In den jeweiligen Abschnitten im Buch finden Sie vertiefende Hinweise, insbesondere über die Bedeutung und Inhalte der einzelnen Blätter und Felder. Wie Sie die Excel-Datei *Analyse* bedienen, wird Ihnen direkt im Teil I aufgezeigt.

2.1   Annahmen

Im Blatt Annahmen werden die zentralen Determinanten für die weiteren Berechnungsschritte des Modells eingetragen. Viele Plandaten werden hier prozentual in Abhängigkeit bestimmter Annahmeparameter definiert (siehe Teil I.8 Planung). Das Bewertungsmodell unterstellt sechs Planperioden. Soll eine Unternehmensbewertung mit einem anderen Planungshorizont durchgeführt werden, so müssen die gewünschten Planjahre hinzugefügt bzw. entfernt und die Formeln entsprechend angepasst werden. Steuerlich wird bei den Berechnungen von einer Kapitalgesellschaft ausgegangen. Anpassungen bei anderen Rechtsformen sind individuell vorzunehmen.

2.2   Bilanz-Aktiva

Im Blatt Bilanz-Aktiva werden die Ist-Zahlen in die Eingabefelder (hellblau unterlegte Eingabefelder) eingetragen.
    Das Feld für die Planung der liquiden Mittel ist als Überlaufposten gelöst. Zunächst trägt man alle übrigen Felder der Blätter Bilanz-Aktiva und Bilanz-Passiva ein. Die liquiden Mittel werden automatisch aus der Differenz der Bilanzsumme Aktiva und der Summe aus Anlagevermögen und Umlaufvermögen ermittelt. Beim Auftreten eines negativen Wertes für die liquiden Mittel sind die entsprechenden Gegenpositionen der Passiva (z.B. kurz- bzw. langfristigen Bankverbindlichkeiten) anzupassen.

2.3   Bilanz-Passiva

In das Blatt Bilanz-Passiva werden die Ist-Zahlen in die Eingabefelder eingetragen.

2.4   Gewinn- und Verlustrechnung (G+V)

Die Ist-Zahlen sowie die Planzahlen für das außerordentliche Ergebnis sind in die Eingabe-felder einzutragen. Die übrigen Planzahlen werden durch die definierten Annahmen auto-matisch berechnet. Die Planzahlen für den Nettoumsatz werden durch Eingabe der prozen-tuellen Veränderungen gegenüber dem Vorjahr im Blatt Annahmen berechnet.

Die Abschreibungen sind je nach Einschätzung und Planung der Investitionsvorhaben und Abschreibungsverfahren manuell im Blatt Annahmen vorzugeben. Das zukünftige Finanzergebnis wird automatisch nach der Berechnung bzw. Adjustierung des Überlaufpo-sten Liquide Mittel im Blatt Bilanz-Aktiva und Bilanz-Passiva durch die in Blatt Annahmen definierten Zinssätze berechnet.

2.5   Kapitalfluss-Rechnung

Bei Veränderungen des Eigenkapitals durch Sacheinlage bzw. -entnahmen sind:
- der Posten Entnahmen/Einlagen sowie
- der Posten des Anlagevermögens entsprechend zu korrigieren.

Zur Verifizierung der Cashflows muss die Differenz der Liquiden Mittel (Jahresende/Jahres-anfang) dem Wert des jeweiligen Netto Cashflows im betreffenden Jahr entsprechen, sodass die Prüfsumme 0 beträgt.

2.6   DCF-Bewertung

Der WACC (Weighted Average Cost of Capital) kann nur ermittelt werden, wenn der Wert des Eigenkapitals gegeben ist. Dieser ist wiederum per definitionem durch den Shareholder Value gegeben, den es mithilfe des WACC zu ermitteln gilt. Daher muss eine iterative Lösung verwendet werden. Zur Berechnung muss daher in Excel 2007 die Funktion Iteration (Datei → Excel-Optionen → Formeln → Berechnungsoptionen → Iterative Berechnungen aktivie-ren) aktiviert werden.

Für den Diskontierungszins sind die Determinanten des WACC zu definieren, z.B. der ß-Faktor, die Marktrisikoprämie für das Eigenkapital und der risikofreie Kapitalmarktzins. Bei der Ermittlung der Eigenkapitalkosten kann auf die durch das CAPM ermittelte Eigen-kapitalrendite ein unsystematisches Risiko aufgeschlagen werden. Je nach Risikoeinschät-zung des Unternehmens, kann ein unternehmensspezifischer Risikozuschlag eingetragen werden. Dieser sollte in gleicher Höhe zum Wert im Blatt Ertragswert sein.

Hinweis
Wird für den Wachstumsfaktor in der Endwertberechnung (Blatt Annahmen N67) im Steady State ein Nullwachstum angenommen, so ist zu berücksichtigen, dass der Free Cash-flow für den Terminal Value auf Basis des Vorjahres berechnet wird. Somit wird die vorhe-rige Änderung des Umlaufvermögens (vor Steuern) rückwirkend korrigiert, da nicht davon auszugehen ist, dass eine Notwendigkeit der Ausweitung des Umlaufvermögens besteht.

Sollte nach Eingabe aller Werte beim Wert des Eigenkapitals die Meldung »#DIV/0!« angezeigt werden, so ist zum Aktivieren der Iteration zunächst ein fiktiver Wert in die Zelle F64 im Blatt Kapitalisierungszinssätze einzutragen. Danach ist der ursprüngliche Zellbezug wieder herzustellen.

2.7 Sensitivitätsanalyse

Das Blatt Sensitivitätsanalyse ermöglicht die Variation der Kapitalisierungszinssätze für das Ertragswertverfahren sowie das Entity-Verfahren und hat somit Auswirkungen auf die Unternehmenswerte der beiden Ansätze.

Für das Ertragswertverfahren sind einige Bruttokapitalisierungszinssätze voreingestellt. Beim DCF-Verfahren (Entity) ist eine manuelle Eingabe der WACCs nötig. Die WACCs sind nach vorheriger Ermittlung durch Eingabe der hierfür notwendigen Determinanten manuell einzutragen.

2.8 Börsenmultiplikatoren

Das Blatt Börsenmultiplikatoren ermöglicht eine Bewertung anhand von Multiplikatoren von börsennotierten Unternehmen. Voreingestellt ist eine Peergroup von zwei Unternehmen, deren Namen, aktueller Kurs und der Gewinn je Aktie für das letzte sowie das folgende Geschäftsjahr manuell eingetragen sind. Weiterhin sind die Quellen der Daten und die Jahreszahlen für den Gewinn pro Aktie anzugeben.

Nach Multiplikation des Jahresergebnisses mit dem Multiplikator wird ein standardmäßiger Abschlag für nicht börsennotierte Gesellschaften in Höhe von 25 Prozent vorgenommen, der je nach Bedarf verändert werden kann.

2.9 Transaktionsmultiplikatoren

Das Blatt Transaktionsmultiplikatoren zieht Multiplikatoren abgeschlossener Transaktionen für eine Bewertung heran. Voreingestellt sind fünf Vergleichstransaktionen, deren Namen und Daten wie Transaktionsdatum und Umsatz- und EBIT-Multiplikatoren manuell einzutragen sind. Weiterhin sind die Quellen der Daten sowie die Jahre des Umsatzes bzw. EBIT anzugeben.

3 Inhaltsverzeichnis – Corporate Finance Training-Rechentools

Die nachfolgenden Tabellen geben die Seiten an, auf denen die Excel-Tabellen im Buch erscheinen.

	Tabellenblätter der Excel-Datei *Analyse*	Buchseite
1	PEST-Analyse	10
2	VWL Daten	13, 14, 15
3	Stakeholder-Analyse	18
4	Wettbewerbsverhalten	32
5	Wettbewerber-Portfolio	34
6	Wettbewerberanalyse	36
7	Lorenzkurve	43, 45
8	Einkaufsportfolio	48
9	Branchenlebenszyklus	50, 51, 52
10	Kundenbeziehungsdauer	57
11	Regressionsanalyse Kunden	59
12	Produktlebenszyklus	85
13	BCG Portfolio	97
14	ABC-Analyse	229, 230
15	Investitionsrechnung	258
16	Eiserner Bestand	263

	Tabellenblätter der Excel-Datei *Unternehmensbewertung*	Buchseite
1	Annahmen	226, 254, 255, 269, 270, 271, 272
2	Gewinn- und Verlustrechnung	222
3	Bilanz-Aktiva	250, 299
4	Bilanz-Passiva	268
5	Kennzahlen	248
6	Kapitalfluss-Rechnung	199
7	Substanzwertverfahren	287, 288, 290
8	Mischverfahren	291, 292
9	Cashflows	300, 328, 343, 348, 349, 350
10	EK- und FK-Kosten	308, 317, 318, 319, 344
11	Kapitalisierungszinssätze	312, 313, 323, 324, 325, 326, 327, 341, 345, 349, 357, 371
12	DCF Bewertung	330, 331, 343, 346, 351
13	Konvergenzmodell	331
14	Periodenspezifischer WACC	333
15	Value Calculator	334, 335
16	Risikodeckungsansatz	337, 338, 339, 340, 341
17	Ertragswertverfahren	356, 358
18	Vereinfachtes Ertragswertverfahren	362, 363, 364
19	EVA-Unternehmensbewertung	370, 372
20	CFROI CVA Unternehmensbewertung	374, 375
21	Börsenmultiplikatoren	383, 385
22	Transaktionsmultiplikatoren	386
23	Branchenmultiplikatoren	387
24	Sensitivitätsanalyse	392
25	Diskontierungszeitraum	392
26	Unternehmenswert & Kaufpreis	394
27	Akquisitionsfinanzierung 1	429, 432, 434, 435, 442, 443
28	Akquisitionsfinanzierung 2	445, 452 454, 461, 465, 467
29	Kennzahlen Akquisitionsfinanzierung	468
30	Private Equity	503, 504
31	Zusammenfassung	391

Inhaltsverzeichnis

Die Autoren

Willis E. Eayrs ist unabhängiger Corporate-Finance-Berater. Der Schwerpunkt seiner Tätigkeit liegt in der Beratung von Firmen und deren Inhabern bei der Bewertung, Finanzierung und Verhandlung von Unternehmenstransaktionen im Rahmen der Nachfolgeregelung und der Kapitalbeschaffung. Er ist Certified Valuation Analyst (CVA) und stellvertretender Vorstandsvorsitzender der International Association of Consultants Valuators and Analysts (IACVA) e.V. Zudem ist er Lehrbeauftragter an der Hochschule Esslingen und der FOM Hochschule für Oekonomie & Management sowie Autor mehrerer Aufsätze und Buchbeiträge.

Dr. Dr. *Dietmar Ernst*, Professor der European School of Finance (ESF) der HfWU Nürtingen, leitet den Masterstudiengang International Finance. Er ist Direktor des Deutschen Instituts für Corporate Finance (DICF) und leitet das Weiterbildungsprogramm zum Certified Financial Modeler© – CFM.

Sebastian Prexl ist selbstständiger M&A-Berater und freier Mitarbeiter des Deutschen Instituts für Corporate Finance. Er promoviert zum Thema Unternehmensbewertung und hat zahlreiche wissenschaftliche Aufsätze und Buchbeiträge verfasst. Zuvor war er Prokurist im Research und im Mergers & Acquisitions der Landesbank Baden-Württemberg. In dieser Zeit sammelte er umfangreiche Erfahrungen in der Beratung und Analyse von Corporate-Finance-Transaktionen.

Teil I
Analyse und Planung

Leitfragen
▶ Was beinhaltet die Analyse eines Unternehmens und wie ist sie aufgebaut?
▶ Welches sind die wichtigsten Analysefelder in der Praxis?
▶ Welche Instrumente werden benötigt und wie werden sie angewandt?
▶ Wie erfolgt die Unternehmensplanung anhand eines konkreten Beispiels?
▶ Wie leitet man aus den Ergebnissen der Analyse Annahmen für eine Planung ab?

1 Einführung in die Analyse und Planung

Im Mittelpunkt einer Unternehmensplanung und einer darauf aufbauenden Unternehmensbewertung steht nicht ausschließlich die rein finanzmathematische Arithmetik, mit der schnell und direkt ein Unternehmenswert gefunden werden kann. Vielmehr ist es ein umfassender Prozess, der zu einem tiefen und qualifizierten Einblick in das zu bewertende Unternehmen und seine externen Einflussfaktoren führt. Unternehmen sind keine isolierten Objekte, sondern komplexe soziokulturelle und ökonomische Systeme, die innerhalb einer sich permanent verändernden Umwelt verankert sind. Es sind das Verständnis über das Unternehmen und die daraus abgeleiteten Annahmen, die über die Qualität einer Unternehmensbewertung entscheiden.

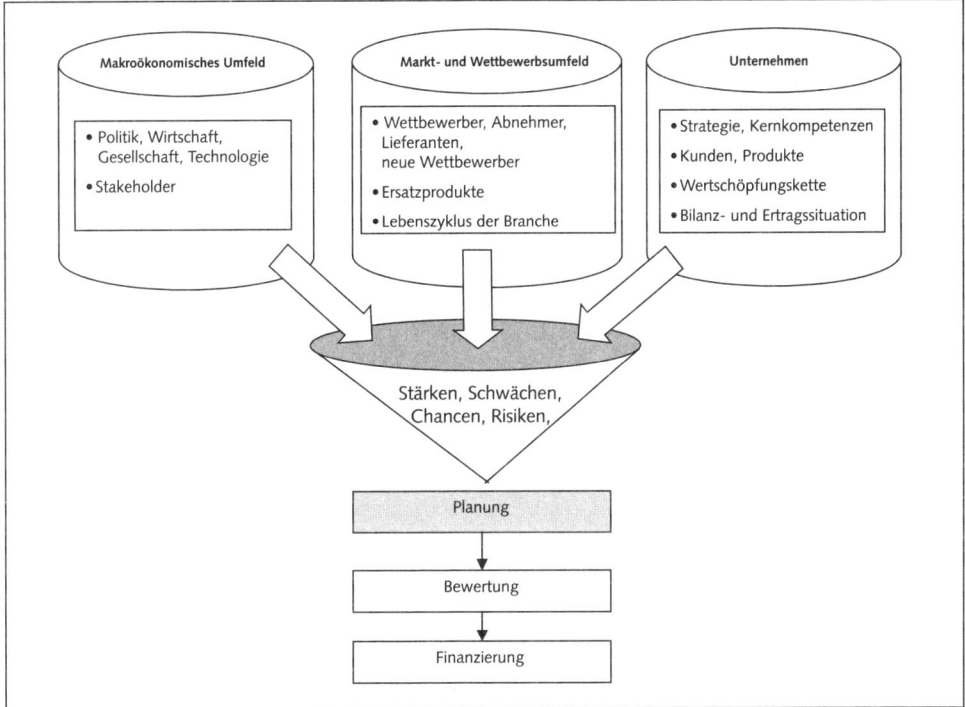

Abbildung I.1: Ablauf einer Unternehmensplanung

Eine Unternehmensplanung ist hierarchisch aufgebaut (siehe Abbildung I.1): Es werden die exogenen Einflüsse des makroökonomischen Umfeldes und die branchenspezifischen Einflüsse des Markt- und Wettbewerbsumfeldes untersucht. In der anschließenden Unternehmensanalyse werden die gewonnenen Erkenntnisse den Stärken und Schwächen des Unternehmens gegenübergestellt und ermittelt, wie das betrachtete Unternehmen relativ zu den wichtigen Wettbewerbern die kritischen Erfolgsfaktoren der Branche beherrscht (vgl. Jansen, 2008).

Die in diesem Buch dargestellten Bewertungsmethoden stützen sich auf die Einschätzungen von zukünftigen Entwicklungen. Dies erfordert eine fundierte Prognose der Absatzmärkte, der technologischen Veränderungen, Produktinnovationen etc. Allerdings kann dies ohne Kenntnisse der Vergangenheit und der Gegenwart nicht schlüssig erstellt und begründet werden. Ziel ist es, ausgehend von der Vergangenheit eine logische Kette zu den zu erwartenden Veränderungen in der Zukunft darzustellen.

Die Betrachtung der Vergangenheit und Gegenwart bildet somit den Ausgangspunkt einer Unternehmensbewertung. Angestrebtes Ziel ist die Ableitung von objektiv nachvollziehbaren Ursache-Wirkungs-Zusammenhängen als Grundlage für die Erstellung einer Planung bzw. für ihre Plausibilisierung. Diese zum Teil qualitativen Daten (Verhandlungsmacht gegenüber Lieferanten, Abhängigkeiten von Abnehmern, Image etc.) sowie weitere monetäre entscheidungsrelevante Kriterien münden in ein quantitativ darstellbares Bewertungsmodell und sind verantwortlich für die nachhaltige Ertragskraft des Unternehmens. Auf diesen Werten, ausgedrückt in Cashflows und je nach Bewertungsmodell modifiziert, baut eine Unternehmensbewertung auf.

Hierzu sind eine Vielzahl von Daten unterschiedlicher Ausprägung zu sammeln, aufzubereiten, zu validieren und zu beurteilen. Der nun folgende Teil Unternehmensplanung möchte dem Leser einen Leitfaden an die Hand geben, um die komplexe Aufgabe der Unternehmensanalyse und -planung sicher durchzuführen. Seiler bringt es auf den Punkt, wenn er schreibt: »Um die Zukunft möglichst richtig zu erfassen, muss das Unternehmen einen hohen Informationsstand bezüglich seiner Umwelt haben und diejenigen Faktoren ermitteln, die maßgeblich an seinem Erfolg beteiligt sind. Je höher der Informationsgrad, desto genauer können Veränderungen einkalkuliert werden.« (vgl. Seiler, 2000)

Gewinnung der Datenbasis

Die Recherche ist der Unterbau einer Bewertung. Aus dem gewonnen Datenpool werden alle Analysen, Schlussfolgerungen, Prognoserechnungen und schließlich die Bewertung gespeist.

Die oben bereits skizzierten Analysefelder zeigen, dass eine große Fülle und Bandbreite an Daten zusammenzutragen sind. Dies stellt häufig eine Gratwanderung zwischen notwendigen und unnötigen Details dar. Darüber hinaus wird man nicht für all diese Elemente mit recherchierbaren Zahlen arbeiten können – viele Aussagen müssen auf Annahmen beruhen, die weitgehend nachvollziehbar und in sich konsistent sein müssen.

Der Umfang an Daten macht es häufig schwer, die zentralen Faktoren (Werttreiber) zu identifizieren. Daher steht nach der Sammlung der Daten die Herausforderung, die wesentlichen Informationen herauszufiltern und zu bewerten, indem man:

- die Daten in eine logische Ordnung bringt,
- Wesentliches von Unwesentlichem trennt,
- die Daten auf typische Mängel überprüft (z.B. fehlende Aktualität, Interessengebundenheit, inadäquate Aggregierung),
- die Daten aus mehreren Perspektiven betrachtet und somit auf Plausibilität prüft,
- noch offene Lücken nachrecherchiert.

2 Analyse des makroökonomischen Umfeldes

Kulturelle Aspekte und Bedingungen eines Landes bestimmen, wie Unternehmen entstehen, organisiert sind, geführt werden und wie sie sich untereinander verhalten. Dies macht sich bemerkbar in den Führungsstrukturen, Unternehmenszielen und in der Qualität eines Standortes. Nationen sind unterschiedlich mit Faktoren ausgestattet, die für bestimmte Branchen notwendig sind. Beispielsweise sind dies: Anzahl und Qualifikationsniveau von Fachkräften, Lohnkosten, Qualität von Lehre und Forschung, Regulierung des Arbeitsmarktes, materielle Ressourcen und Infrastruktur. Aus diesem Grund bilden sich vorrangig dort Branchen, wo günstige Standortbedingungen bestehen. Tradition haben beispielsweise in Italien die Schuhindustrie, in Korea der Schiffbau und in Deutschland die Automobil- und Maschinenbau-Industrie. Für dieses Buch wurde deswegen ein deutsches Maschinenbau-Unternehmen als Praxisbeispiel gewählt.

Die genannten Bedingungen fasst man unter dem Begriff makroökonomisches Umfeld zusammen. Es stellt eine gegebene, exogene Größe dar, die von dem einzelnen Unternehmen bzw. seiner Branche kaum verändert werden kann. Mit einer makroökonomischen Analyse lässt sich bestimmen, in welchem Ausmaß das einzelne Unternehmen auf die Stärken seiner umgebenden Volkswirtschaft baut, daraus Nutzen ziehen kann und welche Einflüsse diese auf seine eigene Wettbewerbsposition haben. Abbildung I.2 zeigt die verschiedenen Analyseebenen.

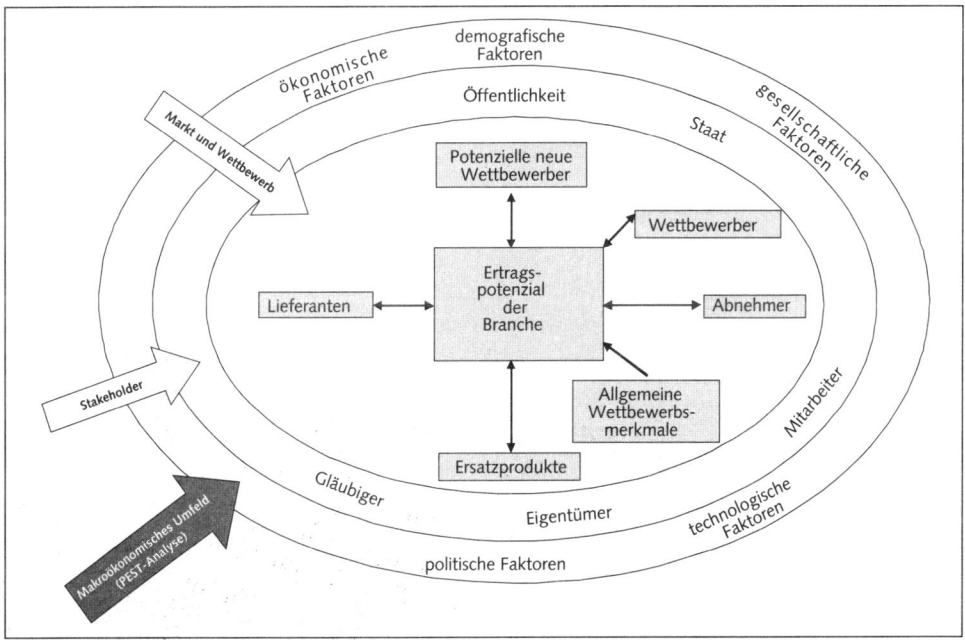

Abbildung I.2: Analyse des makroökonomischen Umfeldes

Das makroökonomische Unternehmensumfeld kann untersucht werden mit der

- PEST-Analyse,
- Analyse von quantitativen volkswirtschaftlichen Daten und
- Stakeholder-Analyse.

2.1 Analyse des politischen, wirtschaftlichen, gesellschaftlichen und technologischen Unternehmensumfeldes (PEST-Analyse)

Mit einer PEST-Analyse ist man in der Lage, die volkswirtschaftlichen Faktoren und Trends systematisch zu erkennen.

DEFINITION

PEST-Analyse: Die Abkürzung PEST steht für politische (political), wirtschaftliche (economical), gesellschaftliche (social) und technologische (technological) Einflussfaktoren. Zu den Einflussfaktoren zählen die nationale und internationale Wirtschaftspolitik (Handelsbeschränkungen, staatliche Eingriffe und Steuerpolitik) sowie politische und gesellschaftliche Entwicklungen, z. B. zu Einstellungen und Wertesystemen (z. B. Umweltbewusstsein) und demografische Tendenzen. Dazu kommen Elemente der technologischen Entwicklung der Fertigung und der Produkte. Die Abbildung I.3 zeigt exemplarisch Faktoren auf.

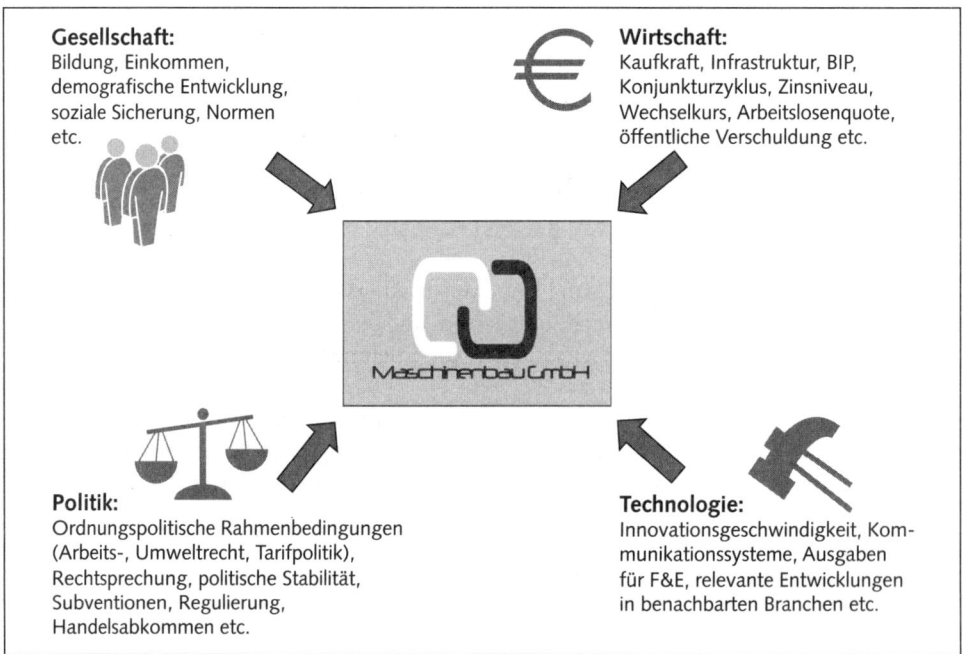

Gesellschaft:
Bildung, Einkommen,
demografische Entwicklung,
soziale Sicherung, Normen
etc.

Wirtschaft:
Kaufkraft, Infrastruktur, BIP,
Konjunkturzyklus, Zinsniveau,
Wechselkurs, Arbeitslosenquote,
öffentliche Verschuldung etc.

Politik:
Ordnungspolitische Rahmenbedingungen
(Arbeits-, Umweltrecht, Tarifpolitik),
Rechtsprechung, politische Stabilität,
Subventionen, Regulierung,
Handelsabkommen etc.

Technologie:
Innovationsgeschwindigkeit, Kommunikationssysteme, Ausgaben
für F&E, relevante Entwicklungen
in benachbarten Branchen etc.

Abbildung I.3: Analyse des politischen, wirtschaftlichen, gesellschaftlichen und technologischen Umfelds

Mit einem Fragekatalog kann man das Unternehmensumfeld untersuchen. Die nachfolgende Liste erhebt jedoch nicht den Anspruch, vollständig zu sein. Zu vielfältig sind die beeinflussenden Faktoren in einer Volkswirtschaft, die sich permanent ändern und Störungen unterliegen. Die Fragen geben dem Analysten eine erste Orientierungshilfe und sind situativ anzupassen.

Politik
- Wie ist die politische Orientierung und Stabilität zu bewerten?
- Wie sind die Beziehungen und Einflussmöglichkeiten auf die Politik durch Wettbewerber, Verbände und Interessengruppen?
- Ist die öffentliche Hand Eigentümer von Wettbewerbern?
- Welche ordnungspolitischen Rahmenbedingungen gibt es (Arbeits-, Umwelt-, Steuer-, Wettbewerbs-, Haftungsrecht u. a.)?
- Werden Subventionen für die Branche oder Wettbewerber gewährt?
- Wie ist der Umwelt- und Verbraucherschutz geregelt und was bedeutet dies für die Produzenten?
- Wie arbeiten die Tarifpartner zusammen?
- Gibt es Handelsabkommen, Handelshemmnisse bzw. Protektionismus?

Wirtschaft
- Wie ist die allgemeine Wirtschaftsentwicklung?
- Wie entwickeln sich Einkommen und Kaufkraft?
- Wie hoch sind die Energiekosten?
- In welchem Maße sind Rohstoffe und Energieträger zugänglich?
- Wie ist die Qualität der Infrastruktur?
- Welche Trends sind bei den wichtigen makroökonomischen Aggregaten zu erkennen (Bruttoinlandsprodukt, Stadium im Konjunkturzyklus, Zinsniveau, Inflationsrate, Wechselkurse, Arbeitslosenquote etc.)?
- Wie entwickeln sich die Kapitalmärkte und Wechselkurse?

Gesellschaft
- Wie entwickelt sich die Bevölkerung (Wachstum, Altersstruktur etc.)?
- Wie ist die Einstellung zum technologischen und gesellschaftlichen Wandel (Einstellung zu Beruf, Freizeit und Lebensqualität, unternehmerischer Geist, soziale Mobilität, Umweltschutzsensibilität, Sicherheit)?
- Welche Trends herrschen in den Bereichen Bildung und Gesundheit?
- Welche demografische Entwicklungen gibt es (Bevölkerungswachstum/-verteilung, Alter)?
- Wie sind die Einkommensverteilung und die sozialen Sicherungssysteme aufgebaut?

Technologie
- Welche Innovationen sind zu erwarten?
- Wie beeinflussen diese Technologien die Branche?
- Wie hoch ist die Geschwindigkeit der technologischen Veränderungen und Produkteinführungen?
- Welche Informations- und Kommunikationssysteme existieren?

- Welche relevanten Neuentwicklungen in benachbarten Branchen gibt es?
- Wie hoch sind die Ausgaben für Forschung und Entwicklung?

Bezugsquellen für Daten der PEST-Analyse

Bezugsquellen für die benötigten Daten und Prognosen sind: Konjunkturforschungsinstitute, volkswirtschaftliche Abteilungen von großen Banken, öffentliche Institutionen, Verbände und Ratingagenturen.

Öffentliche Institutionen	Verbände und Handelskammern	Ratingagenturen	Marktforschungsinstitute und Forschungseinrichtungen	Sonstiges
• Europäische Zentralbank • Bundesbank • Landes- und Bundesministerien (www.Bundesregierung.de) • Auswärtiges Amt • Botschaften • Statistische Ämter (www.destatis.de) • Germany Trade & Invest (www.gtai.de) • OECD • EU • Weltbank • Internationaler Währungsfonds	• Deutscher Industrie- und Handelstag • VDMA • Verband der Automobilindustrie • Bundesverband mittelständischer Unternehmen • Verein deutscher Ingenieure • Bundesverband der Deutschen Industrie • Verbraucherverbände • Deutsches Verbände-Forum (www.verbandsforum.de)	• Creditreform • BERI • Frost & Sullivan • CreditRisk International • International Country Risk Guide • Coface&Ducroire • AT KearnyGlobalisation Index • IMD World Competitive Ranking • Dun and Bradstreet • Moody`s • S&P • Fitch	• AC Nielsen Konsumforschung • Gesellschaft für Konsumforschung • Hamburgisches Weltwirtschaftsarchiv • Vereinigte Wirtschaftsdienste • DIW Berling • Ifo München • FERI • Prognos	• Fachzeitschriften • Volkswirtschaftliche Abteilungen der Geschäftsbanken • World Economic Forum • CIA World Factbook (www.cia.gov) • Fraser Institute • Euromoney • Heritage Foundation • Transparency International • Institutionelle Investoren (z. B. Private-Equity-Gesellschaften, Fonds)

Tabelle I.1: Informationsquellen für die PEST-Analyse

PRAXISBEISPIEL: PEST-Analyse für die MASCHINENBAU GmbH

Nachdem der Analyst über das Internet und telefonisch bei Verbänden, Behörden und aus anderen Bezugsquellen Informationen eingeholt hat, führte er zahlreiche Interviews mit Branchenkennern. Die Ergebnisse hat er tabellarisch zusammengefasst und dabei die Ausprägungen, Trends und die potenziellen Wirkungen auf die MASCHINENBAU GmbH aufgeführt.

Um aussagekräftige Erkenntnisse zu gewinnen, ist es nicht ausreichend, die PEST-Analyse als bloße Auflistung von Einflussfaktoren anzusehen. Die Auswahl sollte sich daran orientieren, welche Umweltfaktoren mit welcher Wahrscheinlichkeit eine bedeutende Wirkung auf das Unternehmen haben können. Mit dem Excel-Tool PEST-Analyse ist eine grafische Umsetzung in vier Schritten möglich:

1. Zuerst erfasst man in einem Brainstorming die potenziellen Einflussfaktoren.
2. Die wichtigsten Faktoren werden ausgewählt.

Umfeldfaktor	Quelle	Ausprägung/Trend	Wirkung
Politik			
Zuwanderung von qualifiziertem Personal aus Osteuropa nach Deutschland	Medien, EU	Generelle Arbeitnehmerfreizügigkeit in der EU	Qualifikationsniveau in Niedriglohnländern wird nur verzögert auf Weltniveau steigen: Wettbewerbsvorteil für Standort Deutschland.
Produkthaftung	Fachzeitschriften	Verschärfung der Gewährleistung in der EU	Risk-Management und Qualität verbessern.
Rechtssicherheit	Deutsche Auslandshandelskammer	In Asien und Osteuropa wird der Schutz des geistigen Eigentums stärker forciert.	Gefahr der Produktpiraterie nimmt ab: fördert Export.
Wirtschaft			
Steuern und Abgabenquote in Deutschland	Steuerberater	Im internationalen Vergleich auf hohem Niveau: Tendenziell steigend.	Zentraler Kostenfaktor: Optimierung notwendig.
Rohstoff- und Energiekosten	LBBW Research	Volatile Preise; Mittel- bis langfristig steigend.	Beschaffungsmanagement verbessern.
Gesellschaft			
Leistungsfähigkeit und Qualifikationsniveau der Beschäftigten.	OECD	In Deutschland abnehmend	Für die technik- und innovationsgetriebene Branche erfolgsentscheidend. Innerbetriebliche Aus- und Fortbildung forcieren.
Umweltschutz	Medien, Bundesumwelt-Ministerium	Gewinnt an Bedeutung	Höhere Investitionen für emissionsärmere Herstellungsprozesse; Öko-Audit
Technologie			
Werkstoffe und Werkzeuge	Deutscher Verband f. Schweißen u. verwandte Verfahren	Metallurgische Innovationen und veränderte Fertigungstechnologien (Laser).	Neue Be- und Verarbeitungsverfahren üben Investitionsdruck aus.
Produktionsabläufe	VDMA	Zunehmende Vernetzung und Automatisierung.	Höhere Flexibilität ermöglicht Kosteneinsparungen.
Produkte	Verein Deutscher Ingenieure	Höherer Software- und Elektronikanteil	Neue Kompetenzen notwendig.

Tabelle I.2: Brainstorming für PEST-Analyse der MASCHINENBAU GmbH

3. Die Faktoren werden auf einer Skala von 1-10 bewertet, indem man die folgenden Fragen beantwortet:
   - Unsicherheit über Eintreten: Wie sicher ist es, dass das Ereignis eintritt?
   - Bedeutung der Wirkung: Wie stark wirkt sich das Ereignis auf die Branche und das Unternehmen aus?
   - Umfang: In welchem Umfang wird es eintreten?
4. Die Einflussfaktoren werden in der Modell-Tabelle 1 eingetragen. Excel überträgt die Kreise selbsttätig in ein Koordinatensystem.

Einflussfaktoren	Unsicherheit über Eintreten	Bedeutung der Wirkung	Umfang
Politisch – P	2,0	5,0	500,0
Wirtschaftlich – E	4,0	7,0	500,0
Gesellschaftlich – S	8,0	6,0	300,0
Technologisch – T	2,0	1,5	1.000,0
Quelle: Heimrath, 2010; eigene Darstellung			

Excel-Datei: Analyse/Excel-Blatt: PEST-Analyse

Modell-Tabelle 1: Tabellarische Darstellung: PEST-Analyse

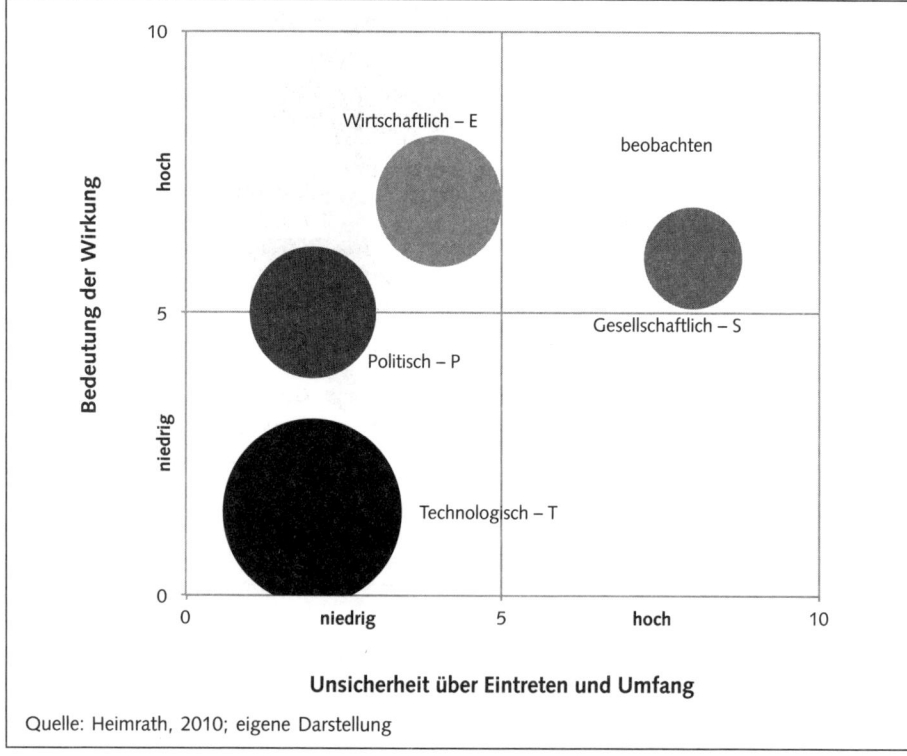

Quelle: Heimrath, 2010; eigene Darstellung

Excel-Datei: Analyse/Excel-Blatt: PEST-Analyse

Modell-Tabelle 2: Grafische Darstellung: Pest-Analyse

2.2   Analyse von quantitativen volkswirtschaftlichen Daten

Volkswirtschaftliche Entwicklungen haben einen Einfluss auf Umsätze und Gewinne von Unternehmen. Für die Unternehmensplanung ist es aufschlussreich zu wissen,
- wie sich der Ertrag bei konjunkturellen Schwankungen verhält,
- welche volkswirtschaftlichen Indikatoren entscheidend sind und
- welche Annahmen für die Zukunft zu treffen sind.

Schwankungen im Wachstum einer Volkswirtschaft verlaufen nach einem Muster. Typischerweise dauert ein vollständiger Konjunkturzyklus vier bis zehn Jahre und lässt sich in sechs Phasen unterteilen. In jeder dieser Phasen ändern sich Indikatoren wie Inflation, Zinsen und Unternehmensgewinne mit entsprechender Wirkung auf die Unternehmenswerte. Die Konjunkturuhr in Abbildung I.4 gibt einen Überblick über die Zusammenhänge.

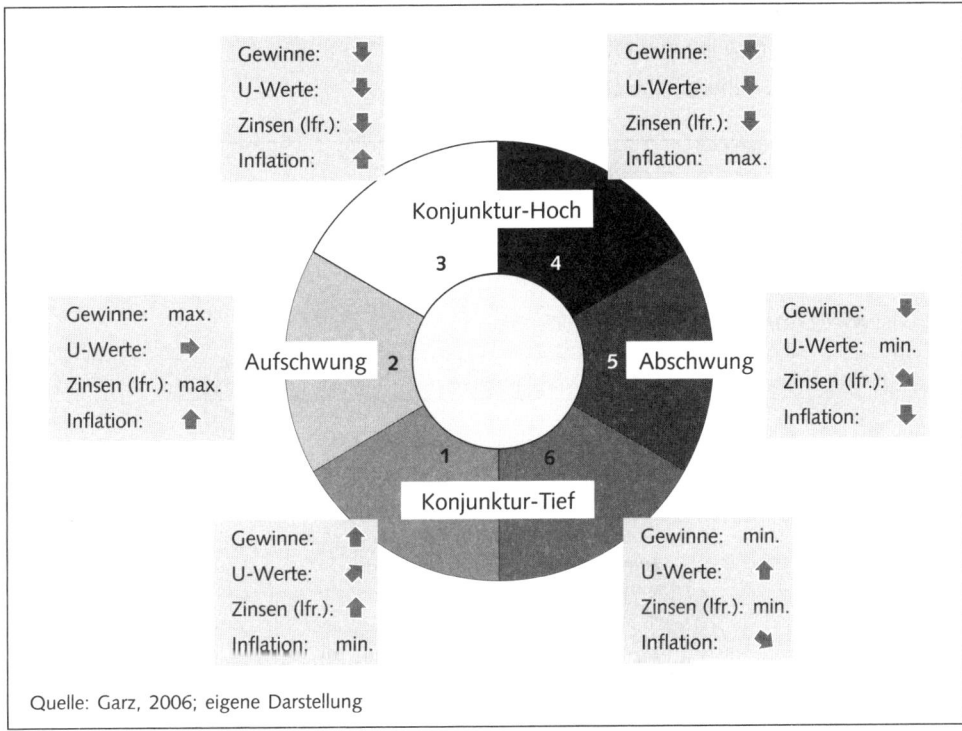

Quelle: Garz, 2006; eigene Darstellung

Abbildung I.4: Konjunkturuhr

Nicht alle Branchen sind allerdings gleichermaßen von der Konjunkturentwicklung betroffen. Sie verhalten sich unterschiedlich und zeitlich abweichend. Vereinfacht lassen sich Branchen in zwei Klassen einteilen:
- **Zyklisch:** Sie sind stark konjunkturabhängig. Ihre Erträge schwanken stark und sie sind eng mit dem Wirtschaftswachstum verbunden. In Phasen eines Konjunkturaufschwungs

schneiden sie meist besser als die gesamte Volkswirtschaft ab, wohingegen sie vom Abschwung besonders betroffen sind.

- **Defensiv:** Die Umsätze und Gewinne sind im Vergleich zu den Zyklikern weniger abhängig vom allgemeinen Wachstum.

Zu beachten ist, dass sich die Einordnung einer Branche im Zeitverlauf ändern kann. Telekommunikationsunternehmen galten beispielsweise bis Ende der 1980er Jahre als typische Versorger und verhielten sich neutral im Konjunkturverlauf. Durch Privatisierungen und technische Innovationen veränderte sich der Charakter der Branche. Sie gilt heute als eine hochzyklische Branche.

Zyklische Branche	Defensive Branche
• Industrie (Maschinenbau) • Transport • Bau • Grundstoffe (Rohstoffe, Chemie, Papier) • Energie (Öl, Gas) • Technologie (Computer, Software, Halbleiter) • Zyklischer Konsum/Gebrauchsgüter (Automobil, Haushalts- u. Elektrogeräte) • Telekommunikation	• Gesundheit (Pharma, Biotechnologie) • Versorger (Strom-, Wasser-, Gasanbieter) • Klassischer Konsum (Getränke, Kosmetik, Tabak)

Tabelle I.3: Brancheneinteilung

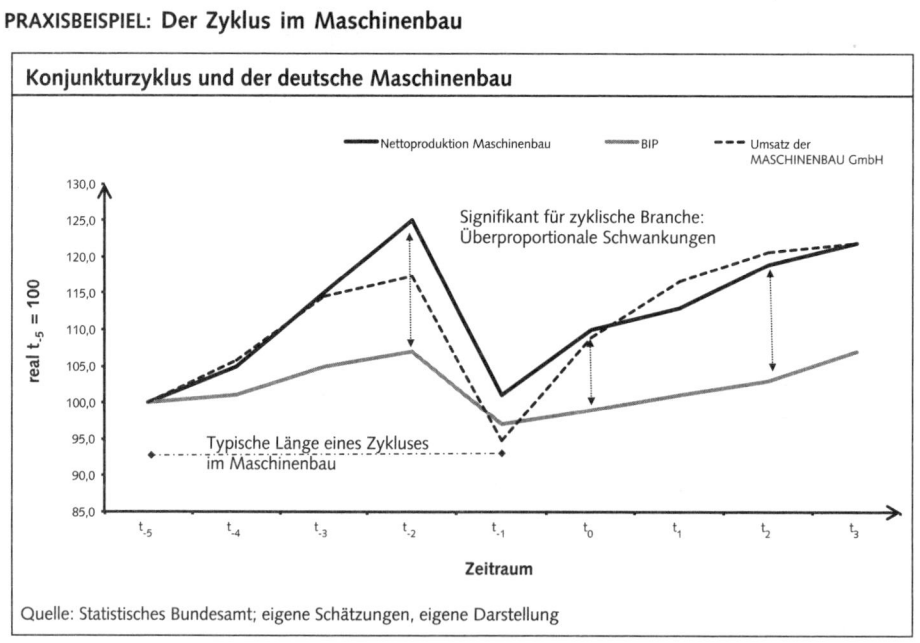

Abbildung I.5: Nettoproduktion des Maschinenbaus und Bruttoinlandsprodukt

Der Maschinenbau ist eine Branche mit einem klaren Konjunkturmuster, geprägt durch starke Schwankungen. Die Periode zwischen positiven Wachstumsraten und schrumpfenden Ergebnissen dauert ca. vier Jahre. Die Weltwirtschaftskrise im Jahr t_{-1} führte zu einem zeitgleichen Rückgang in nahezu allen Sektoren. Der Einbruch des Bruttoinlandsproduktes (BIP) von 5 Prozent in Deutschland und die Exportrückgänge führten zu stark rückläufigen Anlageinvestitionen, wovon die deutschen Maschinenbau-Unternehmen massiv betroffen waren. Auch die MASCHINENBAU GmbH verbuchte in diesem Jahr einen Umsatzeinbruch von 20 Prozent. Bereits ab dem Jahr t_0 setzte die weltweite Nachfrage nach Produkten der Branche wieder ein. Die Trendwende machte sich mit einem Umsatzplus von 15 Prozent auch bei der MASCHINENBAU GmbH bemerkbar.

Aus Abbildung I.5 lässt sich ablesen, dass die Maschinenbau-Branche einen zyklischen Charakter besitzt. Ein Zusammenhang zwischen dem zeitlichen Verlauf des deutschen Bruttoinlandsproduktes und der Nettoproduktion der Branche bzw. des Umsatzes der MASCHINENBAU GmbH ist eindeutig zu erkennen. Die Schwankungen sind dabei für eine zyklische Branche überproportional.

Mit einer Regressionsanalyse kann man die Vermutung rechnerisch erhärten, ob auch im statistischen Sinne ein linearer Zusammenhang zwischen Konjunkturindikatoren und Unternehmenszahlen besteht. Wichtige Konjunkturindikatoren für die Unternehmensbewertung sind das Bruttoinlandsprodukt, das allgemeine Zinsniveau (Umlaufrendite) und die Entwicklung von Währungen. Sie setzt man ins Verhältnis zu Unternehmensmerkmalen wie Produktionsmenge, Umsätze, EBIT, Unternehmenswerte etc. So lässt sich beispielsweise abschätzen, wie sich der Gewinn eines Unternehmens verändert, wenn die Inflation um drei Prozent ansteigt.

Jahr	EBIT (in Mio. €)	Veränderung EBIT	Inflationsrate*	Veränderung Inflationsrate	BIP	Veränderung BIP	Umlaufrendite**	Veränderung Umlaufrendite	Währung***	Veränderung Währung
t_0	3,0	110,53%	1,10%	0,70%	109,0	3,60%	2,90%	−0,25%	104,4	−8,15%
t_{-1}	0,9	−68,85%	0,40%	−2,14%	105,2	−4,68%	3,16%	0,12%	113,7	6,41%
t_{-2}	5,1	8,93%	2,60%	0,29%	110,4	0,98%	3,04%	−1,11%	106,8	−1,88%
t_{-3}	4,6	16,67%	2,30%	0,69%	109,3	2,63%	4,20%	0,41%	108,9	5,05%
t_{-4}	3,8	45,45%	1,60%	0,10%	106,5	3,34%	3,77%	0,45%	103,6	2,88%
t_{-5}	2,3	−13,16%	1,50%	−0,20%	103,0	0,75%	3,31%	−0,22%	100,7	−4,90%
t_{-6}	2,8	11,76%	1,70%	0,69%	102,2	1,20%	3,54%	−0,68%	105,9	2,77%
t_{-7}	2,4	−12,82%	1,00%	−0,49%	101,0	−0,22%	4,25%	−0,05%	103,0	11,13%
t_{-8}	2,9	−7,14%	1,50%	−0,39%	101,2	0,00%	4,30%	−0,42%	92,6	5,60%
t_{-9}	3,2	16,67%	1,90%	0,49%	101,2	1,23%	4,74%	−0,15%	87,7	4,00%
t_{-10}	2,6	71,43%	1,40%	0,80%	100,0	3,18%	4,90%	−0,65%	84,3	−9,61%
Bestimmtheitsmaß				0,6156		0,7941		0,0150		0,4503

* Quelle: Statistisches Bundesbank
** Quelle: Bundesbank: Umlaufsrenditen inländ. Inhaberschuldverschr./Börsennotierte Bundeswertpapiere/RLZ über 8 bis 15 Jahre
*** Quelle: Europäische Zentralbank: Nominaler effektiver Wechselkurs des Euro gegenüber den Währungen der EWK-20-Gruppe

Excel-Datei: Analyse/Excel-Blatt: VWL Daten

Modell-Tabelle 2: Regressionsanalyse: Dateneingabe

Auf eine genaue mathematische Herleitung der Regressionsanalyse wird an dieser Stelle verzichtet und auf die einschlägige Statistik-Literatur verwiesen.[1] Um den Zusammenhang zwi-

---

1   Literaturtipp Statistik: Oestreich, Markus/Romberg, Oliver (2009): Keine Panik vor Statistik! Quatember, Andreas (2011): Statistik ohne Angst vor Formeln: Das Studienbuch für Wirtschafts- und Sozialwissenschaftler.

schen zwei Variablen vereinfacht zu ermitteln, nutzt man ein Streudiagramm. Hier werden aus *Modell-Tabelle 2* jeweils die Schnittpunkte aus dem EBIT der MASCHINENBAU GmbH und den Variablen BIP, Umlaufrendite, Inflationsrate und Währung durch Punkte in Diagrammen eingezeichnet. In diesem Praxisbeispiel werden für alle Variablen jeweils die prozentualen Veränderungen zum Vorjahr verwendet. *Modell-Tabelle 3* zeigt die vier Punktdiagramme.

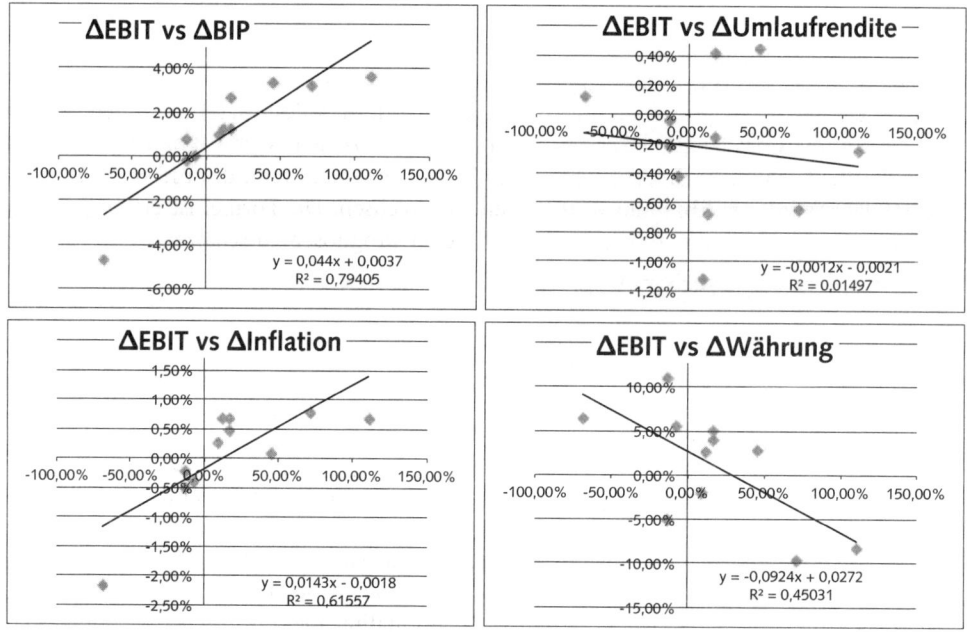

Excel-Datei: Analyse/Excel-Blatt: VWL Daten

Modell-Tabelle 3: Punktdiagramm: Konjunkturindikatoren und EBIT der MASCHINENBAU GmbH

In die Diagramme zeichnet man anschließend jeweils eine Gerade ein, die am nächsten zu den Punkten liegt. Excel erleichtert die Arbeit über folgende Befehlsfolge:
1. Diagramm aktivieren, indem man das Diagramm anklickt.
2. Dem Menüweg *Diagrammtools → Analyse → Lineare Trendlinie* folgen.

Aus der Streuung kann man ablesen, ob ein Zusammenhang zwischen den Werten besteht. Je näher die einzelnen Punkte an der Geraden liegen, desto größer ist der Zusammenhang. Bei den Diagrammen EBIT vs. BIP, EBIT vs. Inflation und EBIT vs. Währung scheint die Gerade die Punktwolke gut zu beschreiben. Zwischen EBIT und Umlaufrendite allerdings besteht offensichtlich kein Zusammenhang – zu weit sind die Punkte von der Linie entfernt.

Die Geraden entsprechen der Gleichung y = a × x + b. Mit Excel kann man sich die Geradengleichung aufstellen lassen:
1. Diagramm erneut aktivieren, indem man das Diagramm anklickt.

2. Dem Menüweg *Diagrammtools* → *Analyse* → *Weitere Trendlinienoptionen* folgen.
3. Anschließend die beiden Funktionen zulassen: *Formel im Diagramm anzeigen* und *Bestimmtheitsmaß im Diagramm darstellen.*

Excel ermittelt als Geradengleichungen für die Konjunkturindikatoren:

EBIT vs BIP: $y = 0{,}044 \times x + 0{,}0037$
EBIT vs Umlaufrendite: $y = -0{,}0012 \times x - 0{,}0021$
EBIT vs Inflation: $y = 0{,}0143 \times x - 0{,}0018$
EBIT vs Währung: $y = -0{,}0924 \times x + 0{,}0272$

Mit der Geradengleichung kann man mit einem bestimmten x-Wert (z.B. 3 Prozent Steigerung des BIPs) den entsprechenden y-Wert (z.B. Veränderung des EBITs) errechnen. Hierzu setzt man in die Geradengleichung $y = 0{,}044 \times x + 0{,}0037$ den Wert 3 Prozent ein und als Ergebnis erhält man 0,50 Prozent für das EBIT. Dies bedeutet, wenn das BIP um 3 Prozent wächst, dann wird das EBIT um 0,50 Prozent mitwachsen. Die Formel ist ein praktisches Hilfsmittel für die Planung, um fehlende Werte oder Prognosen zu schätzen.

	Eingabe	Wirkung auf das EBIT
Δ Inflation	4,00%	-0,12%
Δ BIP	3,00%	0,50%
Δ Umlaufrendite	1,50%	-0,21%
Δ Währung	20,00%	0,87%

Man muss sich jedoch bewusst sein, dass durch das statistische Verfahren der Regressionsanalyse Informationen verloren gehen. Die Ergebnisse können die Realität meist nur unvollkommen abbilden, da sie nicht jedes Detail berücksichtigen. Den berechneten Schätzwerten sollte man nur dann vertrauen, wenn die Geraden der Realität (den Punkten im Streudiagramm) ausreichend nahe kommen. Die Qualität des Modells kann man durch das sogenannte Bestimmtheitsmaß R^2 feststellen. Es drückt aus, wie groß der Zusammenhang (Korrelation) zwischen den Werten ist. Für konkrete Schätzungen sollte das Bestimmtheitsmaß über 0,6 (bzw. kleiner -0,6) liegen. Werden jedoch nur ungefähre Anhaltspunkte als Schätzung benötigt, sind auch schwächere Zusammenhänge möglich.(Quatember, 2008)

Je mehr Daten in ein Punktdiagramm integriert werden, desto höher ist die Qualität der Vergleiche. Daher sollte ein möglichst langer Betrachtungszeitraum gewählt werden. Es spricht nichts dagegen, wenn er länger ist als der Analysezeitraum für die Unternehmensplanung. Die Datenmenge kann zusätzlich erweitert werden, indem man Quartalsergebnisse und Werte von vergleichbaren Unternehmen heranzieht. Aber auch statistisch eindeutige Ergebnisse sind skeptisch zu betrachten. Denn man wertet stets die Vergangenheit aus. Wirtschaftliche Entwicklungen setzen sich in den seltensten Fällen linear in der Zukunft fort.

Interpretation der Ergebnisse

Veränderung Inflation: Bei einem Bestimmtheitsmaß von 0,61 kann man von einem Zusammenhang zwischen Inflation und Unternehmensergebnis sprechen – wohlgleich es ein schwacher ist. Das bedeutet: Je höher die Inflationsrate, desto wahrscheinlicher sind auch Gewinnsteigerungen. Es ist jedoch anzumerken, dass die Wirkung der Inflation auf die Rendite abgeschwächt wird, da Märkte mit niedriger Inflation häufig real schneller wachsen.

Veränderung Bruttoinlandsprodukt: Die Gewinne der MASCHINENBAU GmbH reagieren auf Veränderungen des Bruttoinlandsproduktes, so wie es für ein Unternehmen aus einer zyklischen Branche zu erwarten ist: Die Unternehmensgewinne steigen, wenn das Bruttoinlandsprodukt steigt. Umgekehrt verhält es sich analog: Die Ergebnisse der MASCHINEN-BAU GmbH sind jedoch im gleichen Maße von einem Konjunkturabschwung betroffen. Mit einem Bestimmtheitsmaß von 0,79 ist der statistische Zusammenhang sehr stark.

Veränderung Umlaufrendite: Ändert sich das Zinsniveau, so hat dies keine direkte und messbare Wirkung auf das Unternehmensergebnis der MASCHINENBAU GmbH. Der Wert für das Bestimmtheitsmaß liegt mit 0,0115 nahe an Null. Der Grund hierfür ist die solide Finanzierung des Unternehmens mit langfristigen Darlehen und solider Eigenkapitalausstattung. Somit beeinflussen kurzfristige Änderungen der Umlaufrendite nicht das Unternehmensergebnis.

Veränderung Währung: Mit einem Wert von 0,45 für das Bestimmtheitsmaß lässt sich kein Zusammenhang zwischen den beiden Variablen ableiten. Dies verwundert auf den ersten Blick, da sich Währungen volatil verhalten. Die Zahlen in der obigen Tabelle bestätigen dies. Die Export starke MASCHINENBAU GmbH ist auf einen stabilen Wechselkurs des Euros mit den großen Währungsblöcken US-Dollar, Yen und Yuan angewiesen. In diese Regionen verkauft das Unternehmen ca. 30 Prozent seiner Produkte. Das Gros geht jedoch in den Euro-Raum. Diese Tatsache und die abgeschlossenen Währungssicherungsgeschäfte machen es unabhängig von Wechselkursschwankungen.

2.3 Analyse der Stakeholder

Im nächsten Schritt verlässt man die makroökonomische Ebene. Mit der Stakeholder-Analyse widmet man sich dem konkreten Umfeld des Unternehmens. Im Mittelpunkt steht die Frage, wer sind die Personen und Gruppen, die für den Erfolg eines Unternehmens verantwortlich sind. Gewöhnlich schreibt man dies den Eigentümern, Mitarbeitern, Lieferanten und Kunden zu. Doch auch gesellschaftliche Gruppen und staatliche Institutionen nehmen Einfluss auf Unternehmen. So sind beispielsweise Gewerkschaften in der Maschinenbau-Branche bedeutend und wirken bei der Organisation eines Unternehmens mit. Oder es sind die Interessen von Grundstücksnachbarn und Naturschutzverbänden zu berücksichtigen, wenn das Unternehmen neue Produktionshallen errichten möchte.

DEFINITION

Der *Stakeholder-Ansatz* ist die Erweiterung des in der Betriebswirtschaft verbreiteten Shareholder-Value-Ansatzes. Der Shareholder-Value-Ansatz stellt die Bedürfnisse und Erwartungen der Anteilseigner in den Mittelpunkt. Der Stakeholder-Ansatz erweitert die Perspektive auf die gesamte Umgebung des Unternehmens, d.h. auf all jene Gruppen, die durch die Unternehmenstätigkeit beeinflusst werden oder umgekehrt das Unternehmen beeinflussen. Ziel dieses Ansatzes ist es, die zum Teil divergierenden Bedürfnisse und Interessen der unterschiedlichen Anspruchsgruppen in Einklang zu bringen, um damit eine langfristige Basis für den Unternehmenserfolg zu schaffen.

Nicht alle Bezugsgruppen sind jedoch für Unternehmen gleichermaßen von Bedeutung. Welche der Stakeholder vom Unternehmen als relevant betrachtet werden, hängt vom Einzelfall ab. Tabelle I.4 zeigt exemplarisch, welche Ziele bzw. Sanktions- und Druckmittel Stakeholder auf ein Unternehmen ausüben können.

Stakeholder	Ziele	Sanktionsmöglichkeiten
Eigentümer	Gewinn, Existenzsicherung	Entzug des Eigenkapitals Wechsel des Managements
Management	Einkommen, persönliche Ziele (z.B. Prestige)	Verringerte Leistung, Verfolgung eigener Ziele
Mitarbeiter	Einkommen, Sicherheit, Arbeitsplatzgestaltung	Streik, Demotivation, Kündigung, arbeitsrechtliche Maßnahmen
Gläubiger/Banken	Zinsen, Sicherheiten	Fälligstellung/keine Prolongation von Krediten
Kunden	Preis, Qualität, Service, Termine	Kaufboykott, negative Informationen, rechtliche Schritte
Lieferanten	Absatz, Zahlungen	Lieferstopp, Eigentumsvorbehalte, schlechtere Konditionen
Staat	Umwelt, Beschäftigung	Rechtliche Sanktionen, Entzug von Förderungen und Subventionen
Nachbarn	Umwelt, angenehmes Wohnen	Boykotte, Demonstrationen, rechtliche Schritte
Quelle: Daft, 1998; eigene Darstellung		

Tabelle I.4: Stakeholder, Ziele, Sanktionsmöglichkeiten

Die Analyse der Stakeholder ist eine komplexe Aufgabe. Man bewältigt sie am besten mit der Vier-Schritte-Methode:

1. Schritt: Mit Fragen die relevanten Anspruchsgruppen erkennen:
   - Wer hat Vor- und Nachteile aus der Unternehmenstätigkeit?
   - Wen interessiert das Unternehmen?
   - Wer hätte einen Nutzen, wenn das Unternehmen erfolgreich/nicht erfolgreich ist?
   - Wer fördert das Unternehmen und wer leistet Widerstand?
   - Wer beeinflusst die Entscheidungen des Unternehmens?
2. Schritt: Die identifizierten Stakeholder je nach Einfluss und Wirkung in Gruppen einteilen:
   - Primäre Stakeholder: hoher Einfluss, geringe Wirkung.
   - Sekundäre Stakeholder: niedriger Einfluss, geringe Wirkung.
   - Key-Stakeholder: geringer bis hoher Einfluss, hohe Wirkung.

3. Schritt: Stakeholder analysieren:

Die Erwartungen, Befürchtungen und Einstellungen der Stakeholder zum Unternehmen werden näher erörtert. Wo man keine begründeten Anhaltspunkte für die Einschätzungen hat, trifft man Annahmen.

4. Schritt: Die Analysen aufbereiten:

Mit dem Excel-Tool *Stakeholder-Analyse* kann man die Ergebnisse der Überlegungen auswerten. Hierzu trägt man die Stakeholder in die Tabelle ein. Man bewertet dort anhand einer Skala von 1 bis 10 ihren aktuellen und zu erwarteten Einfluss, Wirkung und Relevanz auf das Unternehmen.

	Einfluss		Wirkung		Relevanz	
Stakeholder	Ist	Soll	Ist	Soll	Ist	Soll
Mitarbeiter	5	7	9	10	3	4
Eigentümer	7	9	4	3	7	9
Behörden	3	4	7	8	5	7
Öffentlichkeit	2	1	4	6	9	11
Nachbarn	5	4	3	1	8	27
Quelle: Heimrath, 2010; eigene Darstellung, eigene Berechnungen						

Excel-Datei: Analyse/Excel-Blatt: Stakeholder-Analyse

Modell-Tabelle 1: Tabellarische Darstellung: Stakeholder-Analyse

Die in der Tabelle erfassten Einschätzungen werden durch das Excel-Tool optisch in einem Portfolio dargestellt.

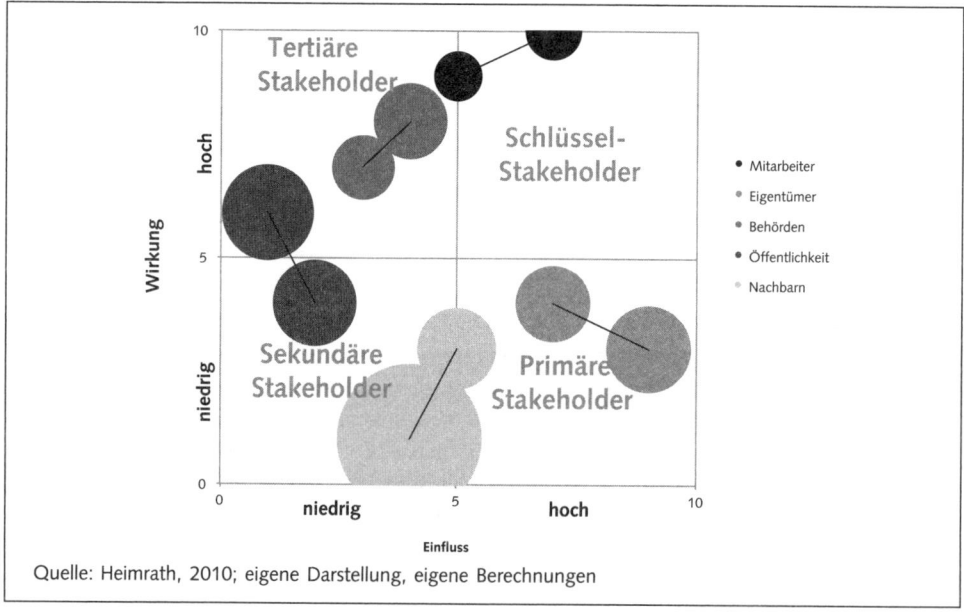

Quelle: Heimrath, 2010; eigene Darstellung, eigene Berechnungen

Excel-Datei: Analyse/Excel-Blatt: Stakeholder-Analyse

Modell-Tabelle 2: Grafische Darstellung einer Stakeholder-Analyse

3 Analyse des Markt- und Wettbewerbsumfeldes

Jede Branche weist ihre eigene spezielle Struktur mit typischen Charakteristika auf, die über ihre Attraktivität und damit ihre Rentabilität entscheiden. Sie bestimmen über den Erfolg einer Branche und dabei gilt: Je schwächer die Kräfte insgesamt sind, desto höher ist das Gewinnpotenzial der Branche. So kann es sein, dass sehr erfolgreich geführte Unternehmen in einem harten Wettbewerbsumfeld geringe Gewinne erzielen können, gleichzeitig Unternehmen mit erkennbaren Schwächen in einer anderen Branche deutlich profitabler sind.

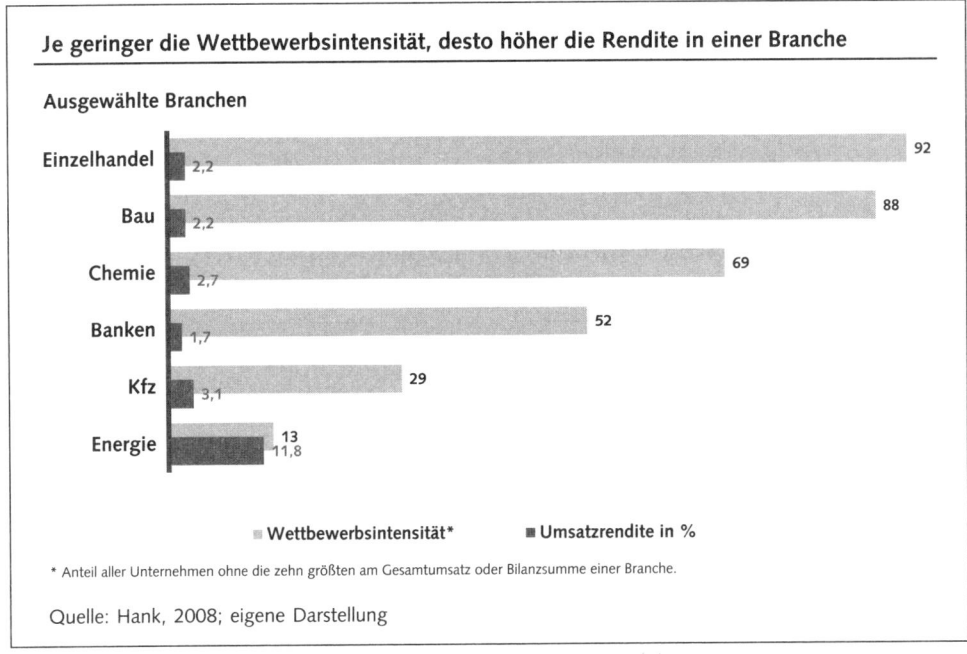

Abbildung I.6: Wettbewerbsintensität und Rendite

Empirische Untersuchungen belegen, dass der finanzielle Erfolg von Unternehmen bis zu 20 Prozent auf die Branche zurückgeführt werden kann. Aus Abbildung I.6 wird ersichtlich, wie stark die Rendite von der Branche abhängig ist.

Das einzelne Unternehmen hat – im Gegensatz zur exogen gegebenen Umwelt – zu einem bestimmten Grad die Möglichkeit, die Bedingungen seines unmittelbaren Umfeldes zu verändern. Durch seine Strategie und Handeln kann es die Kräfte zumindest teilweise mindern.

DEFINITION

Die Analyse des *Markt- und Wettbewerbsumfeldes* untersucht die Ausprägung der bestimmenden Wettbewerbskräfte und deren Ursachen. Ziel ist es, ein Gesamtbild über die Branche und deren Chancen und Risiken zu gewinnen und das voraussichtliche Ertragspotenzial zu identifizieren. Es dient auch dazu, ein Geschäftsmodell eines Unternehmens zu beurteilen.

Mit den Ergebnissen der Analyse lassen sich zukünftige Entwicklungen abschätzen. Das Verständnis über Marktentwicklungen und die Fähigkeit, Veränderungen zu prognostizieren, haben eine große Bedeutung für die Unternehmensplanung. Sie sind auch eine Grundlage für eine Plausibilitätsprüfung der Planungsannahmen. Das Ergebnis einer solchen Untersuchung kann vom bisherigen Bild der Branche erheblich abweichen.

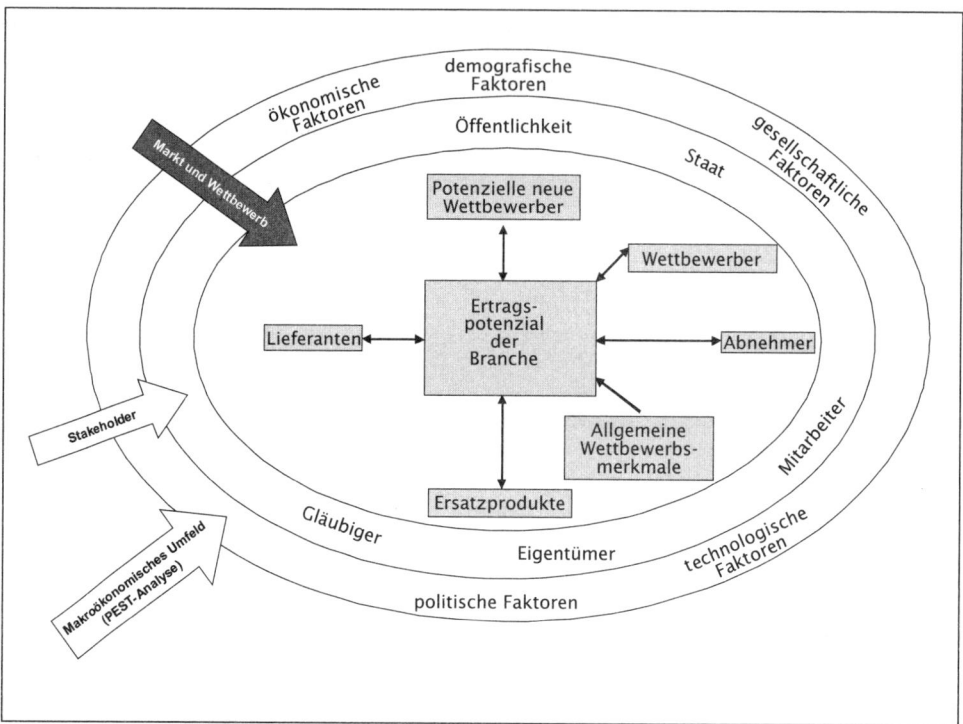

Abbildung I.7: Analyse des Markt- und Wettbewerbsumfeldes

Kritisch sei hier am Rande angemerkt, dass es keine einfachen Erfolgsgesetze im Sinne einer Auflistung von Erfolgsfaktoren geben kann, denn sonst würden sich alle Unternehmen nach diesen Erfolgsfaktoren ausrichten. Dies hätte zur Folge, dass die Unternehmen aufgrund ihres gleichartigen Verhaltens ihre Einzigartigkeit aufgeben würden und sich nicht mehr vom Wettbewerb abheben könnten. Sie würden hierdurch die Fähigkeit einbüßen, Wettbewerbsvorteile zu generieren.

Für den Analysten ist es daher notwendig, sich eingehend mit einer Branche auseinander-zusetzen und die für den konkreten Fall relevanten Faktoren zu identifizieren. Eine Unter-suchung jedes einzelnen Branchenmerkmals in der gleichen Tiefe ist nicht erforderlich. Dies erfordert ein gewisses Maß an Erfahrung und Kreativität. Die Autoren schlagen vor, zuerst den relevanten Markt für das Unternehmen festzulegen und sich im Weiteren auf die zent-ralen Einflussfaktoren zu konzentrieren. Die Ausführungen konzentrieren sich auf Investiti-onsgüter-Märkte und können somit von Konsumgüter-Märkten abweichen.

Der zu untersuchende Zeitraum sollte sich dabei an den für das Unternehmen spezifi-schen Entwicklungsmustern wie Konjunktur-, Branchen- und Produktlebenszyklen orientie-ren. Für viele Branchen gilt, dass ein Zeitraum von rund sieben Jahren quantitativ abgebil-det werden sollte, das heißt, der Blick sollte bis zu fünf Jahre in die Zukunft und zwei Jahre in die Vergangenheit reichen.

PRAXISTIPP: Informationsquellen für die Recherche

Als Einstieg in die Informationssammlung eignen sich Quellen, die über das Internet frei zugäng-lich sind:

- Verbände/Industrie- und Handelskammern: Allgemeine Veröffentlichungen über ihre Branchen mit Beschreibungen der aktuellen Situation und statistische Informationen. Häufig sind auch Adresslisten der Mitglieder zugänglich, z.B. www.verbaende.de, www.diht.de, www.VDMA.de.
- Statistische Büros (Statistische Bundes- und Landesämter sowie Eurostat) und Ministerien.
- Informationen von Unternehmen insbesondere der Wettbewerber, Kunden und Lieferanten (Newsletter, Prospekte, Geschäftsberichte, Homepage).
- Messen und Kongresse: Messekataloge geben eine gute Übersicht über die Branchenteilnehmer. Die Gliederung des Kataloges informiert über die Branchenstruktur und Marktabgrenzung. Solche Veranstaltungen sind besonders geeignet, die Marktteilnehmer an einem Ort konzent-riert kennen zu lernen.
- Veröffentlichungen aus dem Hochschulumfeld bieten Artikel einzelner Institute, Diplom- oder Promotionsarbeiten, aus denen sich wertvolle Informationen generieren lassen.
- Researchabteilungen von Banken.

Um Zeit einzusparen und tiefergehende Informationen zu gewinnen, empfiehlt es sich, kommerzielle Datenbanken zu nutzen. Sie selektieren und strukturieren die Inhalte aus Zei-tungs- und Zeitschriftenartikeln, Literaturhinweisen, Unternehmensdaten, Marktforschungs-berichten oder anderen spezifischen Daten und Fakten.

Einer der größten Anbieter von deutschsprachigen Wirtschaftsdatenbanken ist die GBI-Genios Deutsche Wirtschaftsdatenbank GmbH (www.genios.de). GBI-Genios bietet als Informationsdienstleister den Zugang zu über 800 Datenbanken aus Wirtschaft und Wissen-schaft. Internationalen Datenbankzugriff zu vielfältigen Wissens- und Themengebieten bie-ten auch The Dialog Corporation (www.dialog.com; Thomson Gruppe), Dow Jones (www.factiva.com) oder LexisNexis (www.lexisnexis.com; ReedElsevier Gruppe).

Ferner können Interviews mit Kennern der Branche tiefe Einblicke geben. Es empfiehlt sich, mit folgendem Personenkreis zu sprechen:

- Branchen- oder Technologieexperten besitzen direkten Zugang zu wichtigen Gesprächs-partnern und sind wertvolle Sparringspartner zur Diskussion der gewonnenen Erkennt-nisse.

- Ehemalige Geschäftsführer und Vertriebsleiter aus der Branche verfügen über ein fundiertes Praktikerwissen. Hierzu zählt u. a. Wissen über Details von Rabattierungssystemen oder anderen versteckten Preismechanismen, über Gründe für das Scheitern früher einmal angeblich Erfolg versprechender Geschäftsansätze und unsichtbaren Geschäftsregeln in der Branche.
- Befragung von wichtigen Marktteilnehmern: Lieferanten, Kunden, Wettbewerbern und Kooperationspartner.
- Kontaktaufnahme mit Verbänden, Behörden und Regierungsstellen – insbesondere bei regulierten Märkten.

Als Instrumente der Branchenanalyse dienen:
- die Marktsegmentierungs-Matrix,
- die »Fünf Wettbewerbskräfte«,
- die Analyse des Wettbewerbsverhaltens,
- die systematische Wettbewerbsbeobachtung,
- das Benchmarking,
- die Branchenlebenszyklus-Analyse,
- die Konzentrationsanalyse,
- die Korrelationsanalyse.

3.1 Abgrenzung des Marktes

Märkte sind in der Regel zu komplex und der Kreis der Abnehmer zu vielfältig strukturiert, um als Anbieter alle Nachfrager gleichermaßen gut und rentabel bedienen zu können. Dies führt zur Notwendigkeit, die Zielbranche und die Abnehmer (Zielgruppe) genauer abzugrenzen.

DEFINITION

Eine *(Ziel-)Branche oder ein relevanter (Ziel-)Markt* ist eine Gruppe von Unternehmen, die ähnliche Produkte herstellen, ähnliche Dienstleistungen erbringen, dasselbe Herstellungsverfahren oder die gleichen Ausgangsprodukte benutzen. Die Definition geht über die reine Betrachtung der unmittelbaren Wettbewerber und Abnehmer hinaus. Sie erweitert das Analysefeld, indem neue Wettbewerber und Substitutionsprodukte sowie der Einfluss von Marktpartnern (z.B. Lieferanten) einbezogen werden.

Neben der Zielbranche stellt der Absatzmarkt, d.h. die tatsächlichen und potenziellen Abnehmer, eine weitere wichtige Gruppe dar. Wie gut die Bedürfnisse der Käufer von den einzelnen Unternehmen verstanden werden und auf sie eingegangen wird, schafft einen Wettbewerbsvorteil.

DEFINITION

Unter einer *Zielgruppe* auch *Kundensegment* ist eine die gleichen Bedürfnisse aufweisende Kundengruppe zu verstehen, die sich von anderen Kundengruppen eindeutig unterscheidet. Ziel ist die Identifizierung homogener Kundengruppen innerhalb der Branche, um sie differenziert ansprechen zu können.

Die Marktsegmente sollten so gebildet werden, dass sie möglichst gleichartige Verhaltensweisen (z. B. Unternehmenskultur und -ziele, Kaufverhalten oder Produktverwendung) und Reaktionen auf die Marketinginstrumente des Unternehmens aufweisen. Beispielsweise sollten sich durch die gewählten Segmentierungskriterien Zielgruppen mit gleichem Medien-Nutzungsverhalten ermitteln lassen. Ziel der Segmentierung ist es, Mehrerlöse zu generieren, die die anfallenden Mehrkosten (vertiefte Marktforschung, zusätzliche Angebotsdifferenzierung etc.) überkompensieren. Bevorzugt zur Auswahl stehen solche Marktsegmente, die eine ausreichende Größe mit entsprechendem Ertragsvolumen und Wachstum und eine gewisse zeitliche Stabilität aufweisen, sodass ein längerfristiger Einsatz der absatzpolitischen Instrumente möglich ist. Dies führt zu der kritischen Überlegung, ob das Unternehmen gegenwärtig in der Lage ist, die Nachfrage mit seinen bestehenden Ressourcen bedienen zu können und welche Anstrengungen zusätzlich notwendig sind.

Art des Kriteriums	Konsumgütermarkt	Investitionsgütermarkt
Eigenschaften von Menschen/ Organisationen	• Alter, Geschlecht, Rasse • Kaufkraft • Familiengröße • Lebenszyklus • Persönlichkeit und Lebensstil (z. B. Sicherheitsstreben, Genussorientierung)	• Branchenzweig • Lage • Größe • Technologie • Profitabilität • Management
Kauf-/Benutzungs-situation	• Kaufvolumen • Markentreue • Nutzungszweck • Kaufverhalten (Kaufhäufigkeit, Einkaufsstättenwahl) • Bedeutung des Kaufs • Auswahlkriterien	• Verwendung • Bedeutung des Kaufs • Volumen • Einkaufsfrequenz • Kaufprozess • Auswahlkriterien • Vertriebskanäle
Bedürfnis und Charakteristika der Leistung	• Produktähnlichkeit • Preispräferenzen • Markenpräferenzen • Produkteigenschaften • Qualität	• Leistungsanforderungen • Lieferantenunterstützung • Markenpräferenzen • Eigenschaften • Qualität • Serviceanforderungen
Quelle: Müller-Stewens, 2011		

Tabelle I.5: Kriterien für die Kunden- und Marktsegmentierung

Typische Segmentierungsmerkmale für Investitionsgütermärkte sind Merkmale wie Unternehmensgröße gemessen an Beschäftigtenzahl, Bilanzvolumen, Umsatz etc. Zudem sind qualitative Kriterien möglich, z.B. Beratungsbedarf ermittelt anhand des zu erwartenden

Produktbedarfs oder anhand der vorhandenen Kundenstruktur/Unternehmensorganisation. Formale Segmentierungsverfahren wie Branchen-Klassifizierung (z.B. Wirtschaftszweige Code, kurz WZ Code) eignen sich zum Einstieg. Sie sollten jedoch durch unternehmensspezifische Kriterien verfeinert werden. In Tabelle I.5 sind weitere Abgrenzungskriterien aufgeführt, die auch für den Konsumgütermarkt genutzt werden können.

Es ist wichtig zu überprüfen, ob die aktuell bedienten oder potenziellen Zielmärkte zufällig zustande gekommen sind oder den tatsächlichen Gegebenheiten entsprechen. Zum Plausibilisieren eignen sich folgende Fragen:

PRAXISTIPP: Typische Fragen eines Analysten zum Thema Zielmarkt und Zielgruppe
- Welche Zielgruppen haben welche Attraktivität?
- Welche relative Stärke weist das Unternehmen in der Ansprache dieser Zielgruppen aktuell auf (in Bezug zum stärksten Konkurrenten oder zur Konkurrenz insgesamt)?
- Welche Geschäftsfeldstrategien lassen sich daraus ableiten?
- Ist das Marktsegment für das Unternehmen attraktiv (gegenwärtige Umsätze, vorhersehbare Wachstumsraten und erwartete Margen)?
- Wie hoch ist die Kaufkraft und Zahlungsbereitschaft der Zielgruppe einzuschätzen?
- Wie stark wird der Bedarf der Zielgruppe in der Zukunft wachsen?
- Wie konjunkturabhängig und preissensibel reagiert die Nachfrage der Zielgruppe?
- Wie stark ist die Kundentreue der Zielgruppe einzuschätzen?
- Wie hoch ist der Umsatzanteil des Unternehmens bei der Zielgruppe?
- Wie hoch ist der Bekanntheitsgrad des Unternehmens und seiner Produkte?
- Welches Renommee und Image besitzt das Unternehmen bei der Zielgruppe?
- Ist der Markt mit der strategischen Ausrichtung des Unternehmens und den Forderungen der Stakeholder vereinbar?
- Kann das Unternehmen für das gewählte Marktsegment ein adäquates und interessantes Leistungsangebot liefern?
- Wird der relevante Markt von der Entwicklung auf anderen Märkten signifikant beeinflusst (zum Beispiel Substitutionsgüter: Markt von vergleichbaren Produkten, Produkten mit gleichartigen Eigenschaften)?
- Welche Wettbewerber mit welchen Stärken und Schwächen sind im Marktumfeld des Unternehmens tätig?

Fragen, die in der Regel nicht gestellt werden:
- Wer ist noch kein Kunde?
- Wie sieht das gesamte Einkaufsvolumen des Kunden aus?
- Welches bisher noch nicht vorhandene Produkt könnte den Kunden interessieren?
- Was kaufen Kunden und Nicht-Kunden von anderen Anbietern?
- Wie kommt der Kunde ohne das Produkt aus?
- Was sind die bedeutenden Bestandteile des Produkts, die der Kunde honoriert?

Marktdaten liegen in Unternehmen oft nicht vor oder sind nur von unzureichender Qualität. Als Quelle eignen sich Verbände, öffentliche Institutionen, Marktforschungs- und Konjunkturforschungsinstitute und Unternehmensberatungen. Dass diese Daten differenziert zu betrachten sind, wird im folgenden Praxisbeispiel gezeigt. Falls die genannten Quellen nicht hinreichend ergiebig sind, bedient man sich der Technik der primären Marktforschung mit

Fragebögen und Interviews mit Branchenkennern. Oder man nimmt eine eigene Hochrechnung oder Schätzungen vor.

PRAXISBEISPIEL: Datenerhebung für die Zielbranche und des Kundensegments der MASCHINENBAU GmbH

Die Branche des Werkzeugmaschinenbaus kann nach verschiedenen Gesichtspunkten klassifiziert werden. Das Statistische Bundesamt fasst die Branche sehr weit (WZ 29.4). Es teilt die Branche in vier Untergruppen auf:
- Herstellung von handgeführten kraftbetriebenen Werkzeugen.
- Herstellung von Werkzeugmaschinen, anderweitig nicht benannt.
- Herstellung von Werkzeugmaschinen für die Metallbearbeitung.

Zu den handgeführten kraftbetriebenen Werkzeugen und den Werkzeugmaschinen anderweitig nicht benannt gehören beispielsweise Bohrmaschinen, elektrische Heckenscheren, Holzbearbeitungs- und Steinbearbeitungsmaschinen. Die Anwendungsgebiete und die Konjunkturbedingungen unterscheiden sich grundlegend von denen der Werkzeugmaschinen für die Metallbearbeitung: Abnehmer und Herstellungsverfahren sind gänzlich andere als die der MASCHINENBAU GmbH. Daher scheiden die beiden zuerst genannten Untergruppen für die Definition des relevanten Zielmarktes aus.

Der Verein Deutscher Werkzeugmaschinenfabriken (VDW) differenziert ausgehend vom Fertigungsverfahren zwischen spanenden (z.B. Dreh- und Fräsmaschinen), umformenden Werkzeugmaschinen (z.B. Pressen) und Lasern/Erodieren. Sie werden in verschiedene Maschinengattungen untergliedert, deren Einsatzgebiete breit gestreut sind. Weiterhin unterscheidet die Verbandsstatistik zwischen den Segmenten Bearbeitungszentren, Teile/Zubehör und Service.

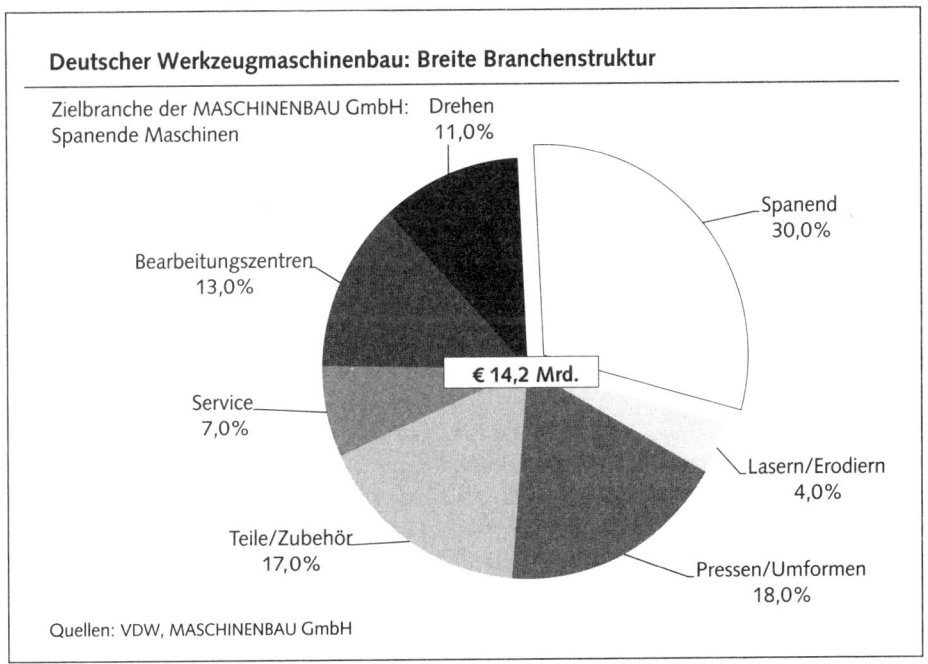

Abbildung I.8: Zielbranche der MASCHINENBAU GmbH

Die MASCHINENBAU GmbH ist als Hersteller von spanenden Maschinen im größten Markt-segment des deutschen Werkzeugmaschinenbaus tätig. Das vorhandene Datenmaterial des VDW ist somit für die Branchenabgrenzung des Beispielunternehmens geeignet.

Einen Eindruck über die Größe des Kundensegments stellt ebenfalls der VDW bereit (siehe Abbildung I.9). Die MASCHINENBAU GmbH ist in den Segmenten Automobilindustrie, Metallbearbeitung und Elektroindustrie tätig.

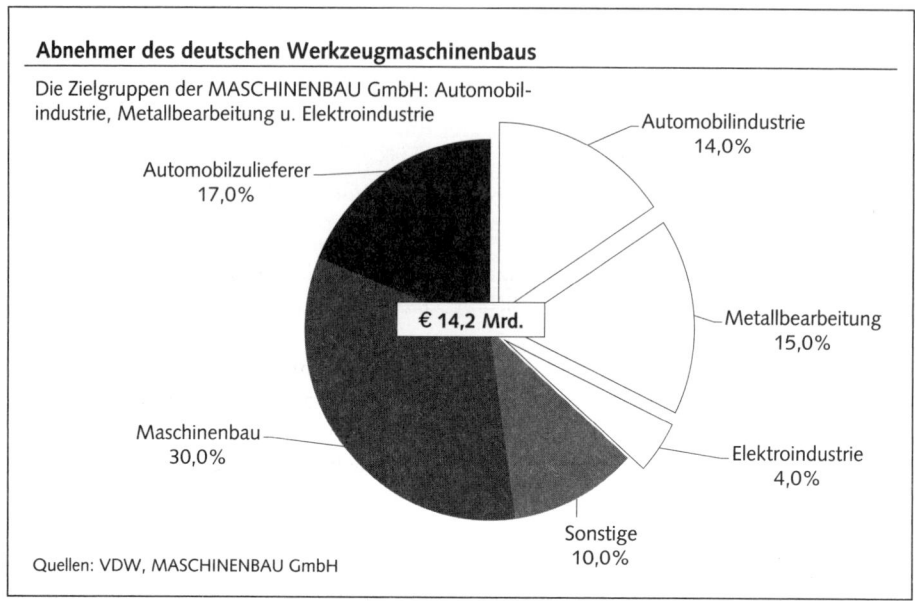

Abbildung I.9: Umsatz des deutschen Werkzeugmaschinenbaus nach Abnehmern

Anschließend wird das Wachstum der identifizierten Zielbranchen untersucht, um die Bedeutung für das Unternehmen zu bestimmen. Im nächsten Schritt erhebt man den relativen Marktanteil des Unternehmens sowie die der direkten Wettbewerber. Die Zielbranchen und die relativen Marktanteile können zuletzt in einer Matrix visualisiert werden.

1. Schritt: Untersuchung des Marktwachstums der Zielbranchen
Das Marktwachstum wird von verschiedenen Treibern determiniert. Beispielsweise sind dies die gesamtwirtschaftliche Entwicklung (z.B. Inflation, Arbeitslosigkeit, Rohstoffpreisentwicklung), die Wettbewerbsintensität und die Produktarten.

- Ein wachsender Markt erleichtert eine Unternehmensexpansion, da die größer werdenden Gesamtvolumina ein entsprechend größeres Stück für den einzelnen Marktteilnehmer ermöglichen. Auch bei konstanten Preisen und Marktanteilen kann so ein Unternehmenswachstum plausibel begründet werden.
- In einem schnell wachsenden Markt kann es ausreichen, parallel mitzuwachsen; dagegen herrscht in einem reifen, bereits langsamer wachsenden Markt mehr Wettbewerb, der über den Angebotspreis ausgetragen wird. Hohe Marktwachstumsraten haben eine positive Auswirkung auf die Ertragsstärke. So liegt laut Aussage der PIMS-Studie bei einer

Wachstumsrate von beispielsweise über 10 Prozent der Return on Investment (RoI) durchschnittlich um 4 Prozent höher als bei einer negativen Wachstumsrate von –5 Prozent. Und je weiter man im Produktlebenszyklus voranschreitet, umso niedriger ist der RoI.

- Schrumpfende oder stagnierende Märkte begrenzen individuelle Wachstumsziele. In solchen Situationen können Zuwächse meist nur über einen Verdrängungswettbewerb gewonnen werden, der häufig über den Preis ausgetragen wird und zulasten der Ertragskraft geht.

In den drei Zielbranchen der MASCHINENBAU GmbH sind die Wachstumserwartungen unterschiedlich:

Zielbranche	Automobil-industrie	Metall-bearbeitung	Elektro-industrie
Marktwachstum	2,0%	6,0%	4,5%

2. Schritt: Untersuchung des relativen Marktanteils: Der relative Marktanteil ist ein zentraler Einflussfaktor, denn er trägt maßgeblich zur Rendite bei und erklärt signifikante Unterschiede zwischen Wettbewerbern.

- Ein Unternehmen mit hohen relativen Marktanteilen kann u.a. aufgrund von Skaleneffekten eine günstigere Kostenstruktur erreichen und besitzt eine nicht zu unterschätzende Marktmacht (z.B. Kontrolle über Konditionen). Unternehmen mit Marktanteilen von ca. 65% weisen nach einer Untersuchung von Schwalbach den höchsten RoI auf; steigt der Marktanteil darüber, sinkt die Profitabilität wieder (vgl. Schwalbach, 1989).
- Dem steht gegenüber, dass ein Zukauf von Marktanteilen mit hohen Investitionen verbunden ist, welche die zukünftigen Renditen schmälern. Zudem darf der relative Marktanteil nicht isoliert betrachtet werden. Produktqualität, Image, Produktivität etc. müssen parallel untersucht werden. Ein Unternehmen, das sich mit einer Differenzierungsstrategie vom Markt abhebt, kann auch bei geringen Marktanteilen überdurchschnittliche Ergebnisse erzielen.
- Gleichzeitig können kleine Unternehmen mit einem geringen Marktanteil (bis ca. 10 Prozent) Branchen überdurchschnittliche Ertragszuwächse erreichen, da ihre Marktanteilssteigerungen schnell zu Kostendegressions- und Lerneffekten und somit zu einer besseren Rentabilität führen (siehe Abbildung I.10).

Die Marktanteile in den drei Zielbranchen der MASCHINENBAU GmbH stellen sich wie folgt dar:

	Automobil-industrie	Metall-bearbeitung	Elektro-industrie
Maschinenbau GmbH	16%	10%	17%
A-Maschinenbau	12%	12%	8%
B-Maschinenbau	14%	21%	19%
C-Maschinenbau	32%	13%	12%
D-Maschinenbau	18%	9%	30%
Sonstige	8%	35%	15%
Gesamt	100%	100%	100%

Tabelle I.6: Marktanteile

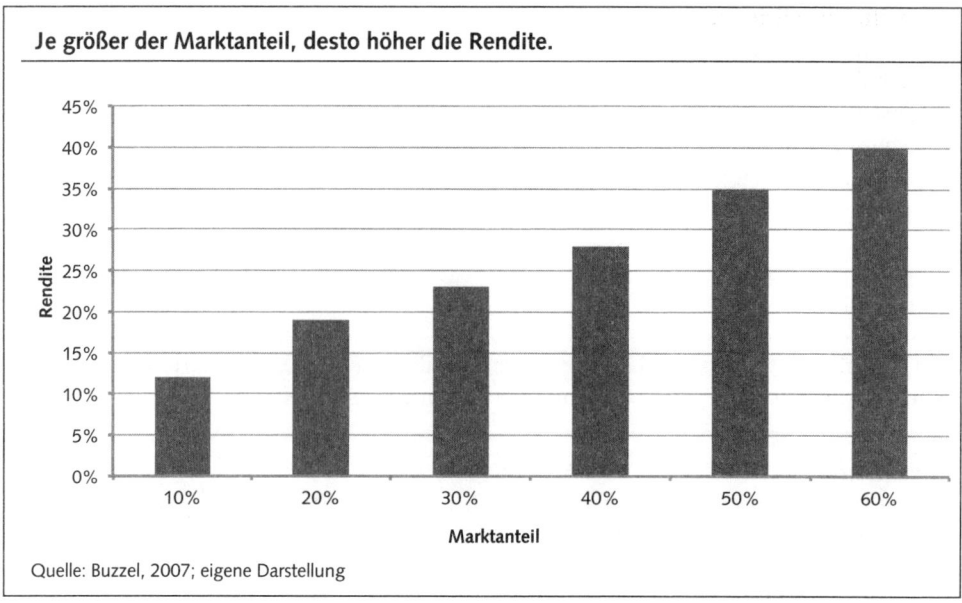

Abbildung I.10: Zusammenhang zwischen relativem Marktanteil und Rendite

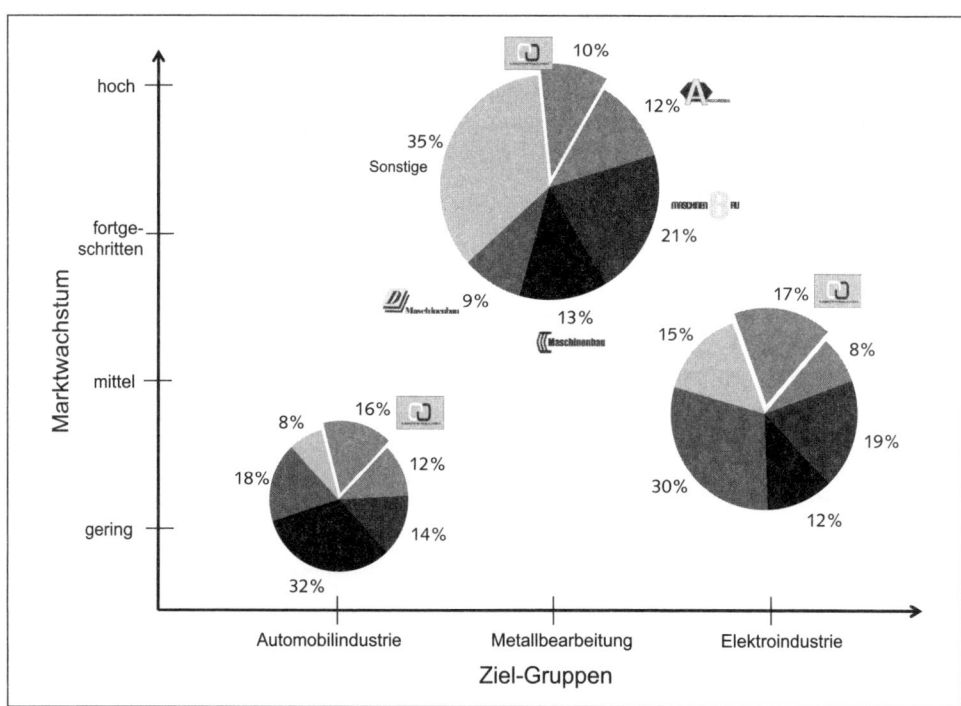

Abbildung I.11: Marktsegmentierung der MASCHINENBAU GmbH

3. Schritt: Visualisieren der Ergebnisse
In einer Matrix (Abbildung I.11) lassen sich die Ergebnisse der Marktsegmentierung übersichtlich darstellen. Die drei Zielbranchen Automobilindustrie, Metallbearbeitung und Elektroindustrie werden entlang der x-Achse abgetragen. An der y-Achse ist der Grad des Marktwachstums abzulesen. Die Größe der Tortendiagramme repräsentiert das Marktvolumen der jeweiligen Marktsegmente.

3.2   Analyse der fünf Wettbewerbskräfte

Eine Branche lässt sich systematisch mit dem Modell der fünf Wettbewerbskräfte untersuchen, das von Michael Porter (vgl. Porter, 2009) entwickelt wurde.

DEFINITION
Bei den *fünf Wettbewerbskräften* handelt es sich um spezifische Ressourcen, Fähigkeiten und Merkmale, die charakteristisch für eine Branche sind.
Die fünf Wettbewerbskräfte sind:
1. Verhalten zwischen den etablierten Wettbewerbern,
2. Markteintritt von potenziellen neuen Wettbewerbern,
3. Gefahr durch Ersatzprodukte aus einem anderen Umfeld,
4. Verhandlungsstärke der Kunden,
5. Verhandlungsstärke der Lieferanten.

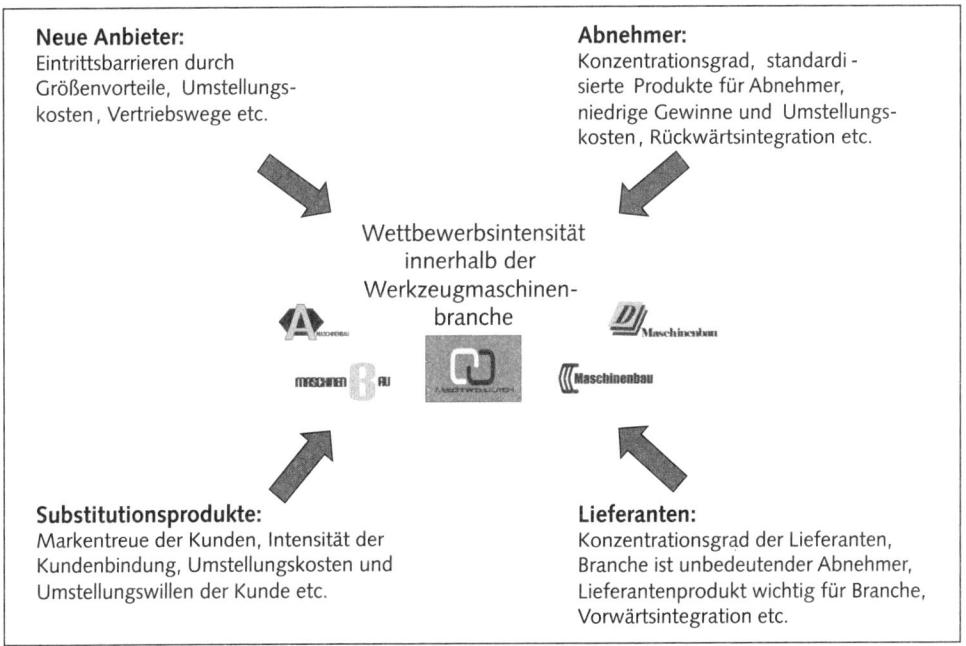

Abbildung I.12: Die fünf Wettbewerbskräfte

3.2.1 Verhalten zwischen den etablierten Wettbewerbern

Das Verhalten zwischen den etablierten Marktteilnehmern entscheidet über die Intensität des Wettbewerbs und somit über die Gewinnmargen jedes einzelnen Unternehmens: Eine hohe Wettbewerbsintensität führt zu einem hohen Druck auf die Ertragskraft; eine geringe Wettbewerbsintensität ist dagegen positiv.

Der Wettbewerb in einer Branche ist besonders hoch, wenn
- sie stark fragmentiert ist und die Unternehmen etwa gleich sind,
- sehr ähnliche Ziele und Strategien verfolgt werden (z.B. ähnliche Stärken und Schwächen, geografische Herkunft, Gesellschafterverhältnisse etc.). In mittelständisch geprägten Branchen ist häufig zu beobachten: Eigentümer geführte Familienunternehmen geben sich mit kurzfristig unterdurchschnittlichen Erträgen auf ihr investiertes Kapital zufrieden, um die Unabhängigkeit des eigenen Betriebes zu bewahren,
- Überkapazitäten bestehen.

Branchen mit einer hohen Wettbewerbsintensität sind gekennzeichnet durch den häufigen Einsatz von Aktivitäten wie
- Preissenkungen,
- schnelle Veränderungen bei den Produktmerkmalen,
- steigende Anforderungen an den Kundenservice und Garantiezeiten sowie
- häufige Produktneueinführungen.

Weitere Faktoren, die einen Einfluss auf das Verhalten der etablierten Wettbewerber haben, sind:

Geschwindigkeit des Branchenwachstums
In Branchen mit geringem Wachstum können die Unternehmen Umsatzausweitungen nur zur Lasten der Wettbewerber erzielen. Die Folge ist ein verschärfter Kampf um Marktanteile. Dies ist insbesondere bei Branchen mit zunehmender Reife zu erkennen. In welcher Lebensphase sich eine Branche befindet ist entscheidend für die Wettbewerbsintensität (siehe Abschnitt 3.3 Branchenlebenszyklus).

Marktaustrittsbarrieren
Hohe Austrittsbarrieren hindern Unternehmen daran, aus einem Markt mit unterdurchschnittlichen Renditen auszusteigen. Sie sind meist wirtschaftlicher, strategischer oder emotionaler Natur. Ein emotionales Motiv kann die Identifikation eines Eigentümers mit einem Familienunternehmen sein. Wirtschaftliche Gründe können sein: Eine hohe Kapitalbindung und nicht übertragbare Fixkosten wie hoch spezialisiertes Personal und Anlagen, aber auch fixe Austrittskosten wie beispielsweise Kosten für eine Standortverlagerung. Kommt zu den Austrittsbarrieren eine sinkende Nachfrage, dann setzt ein Verdrängungswettbewerb ein, der die Wettbewerbsintensität verstärkt.

> **PRAXISBEISPIEL: Marktaustrittsbarrieren und technischer Fortschritt in der Werkzeugmaschinenbranche**
>
> Die Marktaustrittsbarrieren hängen wesentlich von der Ausrichtung des Maschinenparks ab. Sind die Maschinen auf wenige spezifische Herstellungsprozesse ausgelegt, ist die Liquidierung fraglich und damit ein Marktaustritt erschwert. Bei flexiblen Fertigungszellen sieht das allerdings anders aus. Sie können auch beim Erwerber in die Produktion eingebunden werden und sind damit leichter zu veräußern.

Strategische Einsätze einzelner Wettbewerber

Wenn Unternehmen für übergeordnete Ziele bereit sind, hohe Risiken einzugehen, kann es zu irrationalem Handeln kommen. Beispielsweise ist dies der Fall, wenn der Erfolg in einer Branche bedeutend für die übergeordnete Konzernstrategie ist.

Marktstruktur

Monopolistisch geprägte Märkte haben eine geringe Wettbewerbsintensität. Problematisch ist es, oligopolistische Märkte zu beurteilen. Die Negativ-Spirale des Unterbietens meist kennend, orientieren sich die einzelnen Anbieter oft an einem Preisführer oder sprechen sich untereinander ab. Die Wettbewerbsstruktur wird dann zu einem kaum noch abschätzbaren Einflussfaktor auf die Wettbewerbsintensität, da die Richtung und das Ausmaß des Einflusses nur schwer zu prognostizieren sind.

> **PRAXISBEISPIEL: Verhalten der Wettbewerber im Werkzeugmaschinenbau analysieren**
>
> Wie reagieren die Unternehmen, wenn sich der Wettbewerb verschärft? Weichen sie auf andere Märkte aus, suchen sie die Auseinandersetzung, passen sie sich der Situation an oder gehen sie Kooperationen ein? Mit dem Excel-Blatt *Wettbewerbsverhalten* (siehe S. 32) kann man die Reaktionen der Wettbewerber grafisch aufbereiten und so nach Verhaltensmustern suchen. Die möglichen Verhaltenstypen sind in dem Modell in einer Dropdown-Auswahlliste hinterlegt und können direkt ausgewählt werden.
>
> Besonders in Zeiten der Konjunkturkrise können Kooperationen sinnvoll sein. Im Jahr t_{-1} vereinbarten die B-Maschinenbau mit der D-Maschinenbau eine Überkreuzbeteiligung von jeweils 15 Prozent und eine Zusammenarbeit in Produktion, Einkauf, Entwicklung und Vertrieb, was zu Einsparungen von jeweils rund 11 Mio. Euro führte.

Fehlende Produktdifferenzierung/Umstellungskosten

In Branchen mit Produkten, die sich wenig unterscheiden, wird der Wettbewerb über den Preis ausgetragen. Verstärkend wirkt, dass keine Kosten für den Abnehmer beim Produktwechsel anfallen. Insbesondere in Konsumgüter-Branchen treffen die Abnehmer ihre Kaufentscheidung abhängig von Preis und Service. Eine Produktdifferenzierung sowie erhöhte Umstellungskosten können dazu beitragen, dass ein Abnehmer sich dauerhaft an einen Anbieter bzw. ein Produkt bindet.

Nationale Wettbewerbssituation

Beispielhaft lässt sich im Falle der deutschen Maschinenbau-Branche ablesen, wie sich eine stark umkämpfte Konkurrenzsituation auf dem Heimatmarkt auf die internationale Wettbe-

Wettbewerber	t_{-2}	t_{-1}	t_0	t_1	t_2	Ausweichen	Konflikt	Anpassung	Kooperation
CD Maschinenbau GmbH	Anpassung	Anpassung	Konflikt	Konflikt	Anpassung	0	2	3	0
A Maschinenbau	Anpassung	Konflikt	Ausweichen	Ausweichen	Konflikt	2	2	1	0
Maschinenbau	Ausweichen	Kooperation	Ausweichen	Anpassung	Ausweichen	3	0	1	1
Maschinenbau	Anpassung	Konflikt	Anpassung	Kooperation	Anpassung	0	1	3	1
Maschinenbau	Ausweichen	Kooperation	Anpassung	Anpassung	Anpassung	1	0	3	1
Ausweichen	2	0	2	1	1	6			
Konflikt	0	2	1	1	1		5		
Anpassung	3	1	2	2	3			11	
Kooperation	0	2	0	1	0				3
Quelle: Heimrath, 2010; eigene Darstellung, eigene Berechnungen									

Excel-Datei: Analyse/Excel-Blatt: Wettbewerbsverhalten

Modell-Tabelle 1: Wettbewerbsverhalten in der Werkzeugmaschinen-Branche

werbsfähigkeit auswirkt. Deutsche Unternehmen gehören in dieser Branche zu den weltweit führenden Herstellern. Der Druck auf dem nationalen Markt treibt die Anbieter gegenseitig zu Verbesserungen und Innovationen und der gesättigte deutsche Markt lässt weiteres Wachstum überwiegend nur in Auslandsmärkten zu.

PRAXISBEISPIEL: Die großen Maschinenbau-Länder
Deutsche Unternehmen sind im Werkzeugmaschinenbau technologisch führend. Den Weltmarkt teilt sich Deutschland mit den großen Herstellerländern China, Japan, Italien, Südkorea und die USA. Auf sie entfallen rund drei Viertel der weltweiten Werkzeugmaschinenbau-Produktion. Die Entwicklung der letzten zehn Jahre zeigt jedoch eine deutliche Verschiebung der weltweiten Produktion: Ein starkes Wachstum in China steht einem Rückgang in den westlichen Ländern und den USA gegenüber. Im vergangenen Jahrzehnt ist der Anteil Chinas am weltweiten Umsatz steil angestiegen. China liegt mit seiner Jahresproduktion knapp hinter dem Weltmarktführer Deutschland (siehe Abbildung I.13).

Höhe der Fix- oder Lagerkosten
Große Investitionen in Anlagevermögen führen zu einem hohen Kapitalbedarf und zu einer hohen Fixkostenbelastung. Damit sich die hohen Fixkosten rechnen, versuchen Unternehmen ihre Kapazitäten möglichst voll auszulasten. Dies führt zu kurzfristigen Überkapazitäten. Um das Ungleichgewicht von Angebot und Nachfrage auszugleichen, werden die Preise gesenkt. Die Rentabilität wird hierdurch negativ beeinträchtigt.

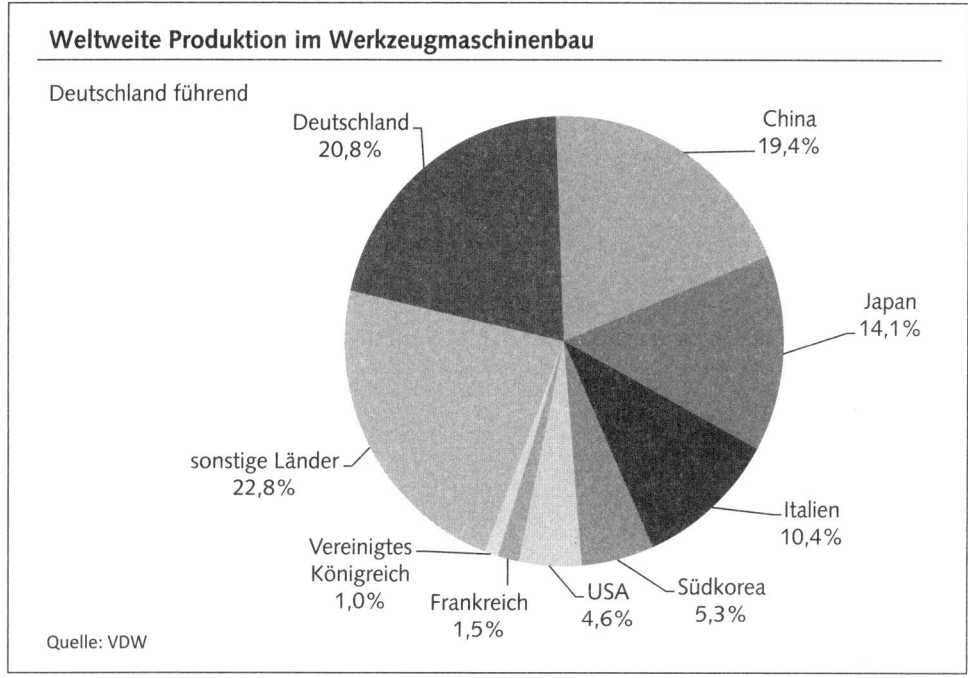

Abbildung I.13: Die größten Maschinenbauländer

Konzentrationsgrad

In hoch konzentrierten Branchen mit wenigen Unternehmen ist die Rentabilität meist stabil, da die Konzentration ein abgestimmtes Verhalten zwischen den etablierten Marktteilnehmern ermöglicht. Dies kann die beteiligten Unternehmen vor neuen Wettbewerbern schützen und sichert so die Erträge (siehe Praxisbeispiel S. 34).

3.2.2 Exkurs: Wettbewerbsanalyse und Benchmarking

Mit einer systematischen Wettbewerbsbeobachtung kann ein Unternehmen sich ein umfassendes Bild über sein Marktumfeld bilden. Dazu werden Profile der wichtigsten Wettbewerber entwickelt. Da für eine derart ausführliche Diagnose aller Wettbewerber regelmäßig die notwendigen Ressourcen wie Zeit und Informationen nicht zur Verfügung stehen, ist es empfehlenswert, sich auf die wichtigsten Wettbewerber (siehe Praxisbeispiel Wettbewerberportfolio) zu konzentrieren.

> **PRAXISTIPP: Informationsquellen für die Wettbewerbsanalyse**
> - Für die Suche, Selektion und Verifikation von Unternehmen, die bestimmte Produkte oder Leistungen anbieten, eignen sich die Verzeichnisse bzw. allgemeinen Adresssammlungen von »Wer liefert was« (www.wlw.de), Kompass (www.kompass.de), BDI Deutschland liefert (www.sachon-exportadressbuch.de) oder auch EuroPages (www.europages.com).

- Firmenprofile mit den wesentlichen Basisinformationen zu Sitz der Gesellschaft, Geschäftstätigkeit, Management, Umsatz, Mitarbeiter, Beteiligungsverhältnisse und ggf. Bilanz- und Bonitätsdaten findet man bei den Anbietern Hoppenstedt (www.hoppenstedt.de), Creditreform (www.creditreform.de) mit der Datenbank MARKUS oder international auch bei Dun&Bradstreet (www.dbgermany.com).
- Beim Amtsgericht hinterlegte Jahresabschlüsse und der elektronische e-Bundesanzeiger (www.ebundesanzeiger.de) sind Jahresabschluss- bzw. die Rechnungslegungsunterlagen veröffentlicht und frei zugänglich. Für eine Vielzahl von Unternehmen ist es verpflichtend, ihre Unterlagen hier offenzulegen: Kapitalgesellschaften, Personenhandelsgesellschaften ohne eine natürliche Person als persönlich haftender Gesellschafter (GmbH & Co. KGs, OHGs mit einer Kapitalgesellschaft als persönlich haftendem Gesellschafter) und größere Unternehmen (Bilanzsumme über 65 Mio. Euro, Umsatzerlöse über 130 Mio. Euro, über 5.000 Mitarbeiter).
- Ebenfalls von Bedeutung sind spezialisierte Marktforscher und Unternehmensberatungen, die u.a. mit der qualitativen Marktforschung und der Wettbewerbsanalyse vertraut sind. Ihre Tätigkeit besteht u.a. darin, telefonisch und persönlich Interviews mit Marktteilnehmern zu führen. Darüber hinaus besitzen sie umfangreiche Branchenkenntnisse. Beispiele hierfür sind GFK und AC Nielsen.

PRAXISBEISPIEL: Wettbewerber-Portfolio

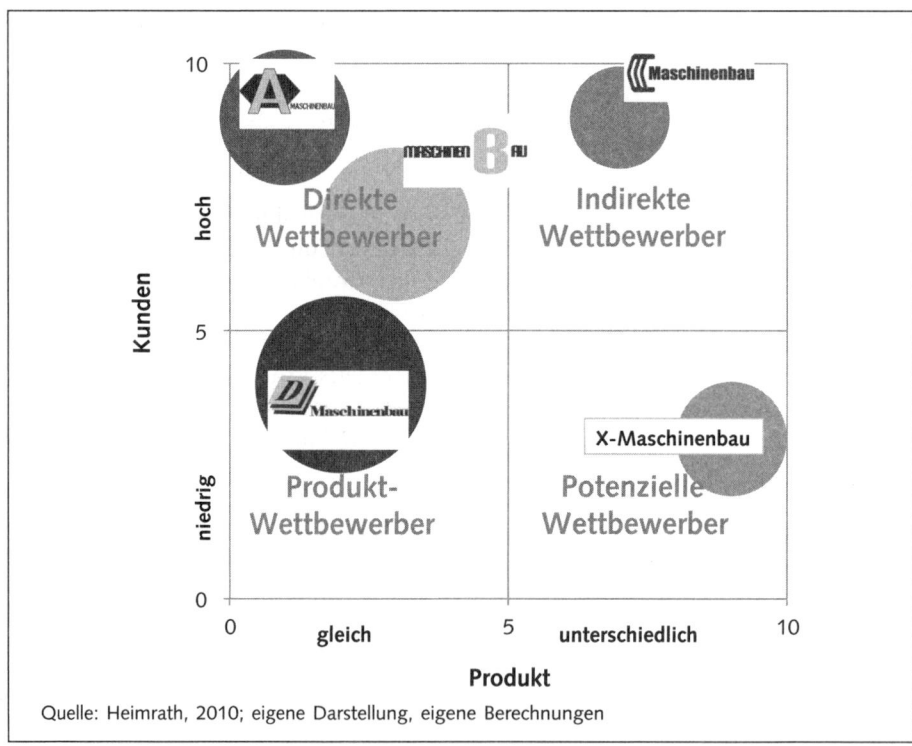

Quelle: Heimrath, 2010; eigene Darstellung, eigene Berechnungen

Excel-Datei: Analyse/Excel-Blatt: Wettbewerber-Portfolio

Modell-Tabelle 2: Grafische Darstellung: Wettbewerber-Portfolio

Profil eines Wettbewerbers

Gegenwärtige Situation des Wettbewerbers:

1. Geografische Ausrichtung: Ort, Region, Land, Weltmarkt
2. Kurze Unternehmensdarstellung
   - Produkte/Dienstleistungen/Technologien: Ruf der Produkte sowie Breite und Tiefe des Produktprogramms
   - Vergleich des Produktprogramms mit dem der Wettbewerber: Preis, Qualität, Produktgarantien, Service etc.
   - Zielgruppen bzw. Hauptkunden
   - Marktanteile
   - Abdeckung und Qualität der Vertriebskanäle, Stärke der Beziehungen zu den Vertriebskanälen, wichtigste Vertriebspartner
   - Lieferzeiten und Liefertreue
   - spezielles Know-how, Patente
   - Führungsqualitäten des Managements
   - Wissen über emotionale oder historische Bindungen, kulturelle oder lokale Eigenheiten und Unternehmenswerte
   - Sonstige Stärken und Schwächen
3. Eigentumsverhältnisse
   Wenn ein Wettbewerber Teil einer finanziell starken Muttergesellschaft ist, dann gilt einzuschätzen,
   - welche Aufgaben er aus Sicht der Mutter hat,
   - welches Gewicht er im Konzernverbund besitzt (wird er als vielversprechend angesehen, so könnten erhebliche Mittel in ihn investiert werden, um eine starke Marktposition aufzubauen),
   - welche Fähigkeiten die Mutter investieren kann, um ihn finanziell, technologisch, organisatorisch und führungstechnisch (z.B. durch Controlling) zu unterstützen?
4. Finanzielle Situation (Ertragskraft, Eigen- und Fremdkapitalausstattung, Bonität, Kostenstruktur und Zahlungsverhalten).
   Ziel der Analyse ist festzustellen, ob und wie lange ein Wettbewerber in der Lage ist, einen hohen Druck auf die Erträge durchzuhalten: Dies ist u.a. abhängig von:
   - freien Liquiditätsreserven
   - Möglichkeiten der Kapitalbeschaffung: offene Kreditlinien/Eigenkapitalgeber
   - Langzeit-Perspektiven bei den finanziellen Zielen
5. Aktuelle Wettbewerbsposition und Strategie
   - z.B. Branchenführer, einer der Top-Fünf, am Überleben
   - Strategie (z.B. Kostenführer, Nischenanbieter, Differenzierungsstrategie)
6. Verhalten/Risikoeinstellung: Offensiv, konservativ, defensiv
   Sie zeigt, wie ein Wettbewerber voraussichtlich auf Veränderungen reagiert.
7. Zukünftige Ziele und Strategien:
   Einschätzung über die voraussichtlichen Ziele und strategischen Schritte, die der Wettbewerber künftig vornehmen wird.

PRAXISBEISPIEL: Wettbewerberanalyse

Im Excel-Blatt Wettbewerberanalyse wird exemplarisch demonstriert, wie man Profile von Wettbewerbern erstellt. Die Methodik versucht, die subjektiven Informationen zu objektivieren (vgl. Nelles, 2011).

1. Zuerst legt man die zu untersuchenden Unternehmensbereiche fest.
2. Dann definiert man ein Beurteilungssystem mit Punkten: z.B. der Wettbewerber ist

   2   …wesentlich besser

   1   …besser

   0   …vergleichbar

   -1 …schlechter

   -2 …wesentlich schlechter

3. Die Punkte werden gewichtet. Die Summe der Gewichtungsfaktoren ergibt stets 100.
4. Nachdem der Rahmen der Beurteilung entworfen wurde, wertet man die Ergebnisse der Recherche über die Wettbewerber aus. Für jedes festgelegte Kriterium vergibt man entsprechende Punkte.
5. Die Punkte werden anschließend mit dem Gewichtungsfaktor multipliziert. Aus allen gewichteten Punkten wird die Gesamtsumme für jedes Wettbewerbsunternehmen ermittelt.
6. Durch den Vergleich der Ergebnisse kann man eine Rangfolge der verglichenen Unternehmen bilden.

		Gewich-tung	Punkte (-2 bis 2)	gewicht. Punkte	Punkte (-2 bis 2)	gewicht. Punkte	Punkte (-2 bis 2)	gewicht. Punkte	Punkte (-2 bis 2)	gewicht. Punkte
Produkte und Dienstleistungen	Produktprogramm	5	+0	0	+0	0	+2	10	+1	5
	Verfügbarkeit	5	+1	5	+1	5	+1	5	+1	5
	Technischer Stand	4	-1	-4	-1	-4	+1	4	-1	-4
	Innovationsgrad	3	-1	-3	-1	-3	-1	-3	+1	3
	Patente	2	+0	0	+0	0	+0	0	+2	4
	Zuverlässigkeit	4	+1	4	+0	0	+0	0	+1	4
	Lieferzeiten/Liefertreue	1	+2	2	+1	1	+1	1	+2	2
	Produktqualität	7	+1	7	+0	0	+1	7	-1	-7
				11		-1		24		12
Marketing	Marketing	5	-1	-5	+1	5	+1	5	+1	5
	Preis-Leistungs-Verhältnis	6	-1	-6	+1	6	+0	0	+0	0
	Technischer Service	4	+1	4	+0	0	-1	-4	+1	4
	Produktgarantien	3	-1	-3	-1	-3	+1	3	-2	-6
	Zielgruppenorientierung	4	-1	-4	+0	0	-1	-4	+0	0
				-14		8		0		3
Management und Personal	Kompetenz	7	-1	-7	+0	0	+2	14	-1	-7
	Motivation	5	+1	5	+0	0	+0	0	+1	5
	Fluktuation	5	-1	-5	+1	5	-1	-5	+1	5
	Fortbildungsangebot	4	+0	0	+1	4	+1	4	-2	-8
	Ziele/Strategie	2	-1	-2	+0	0	+1	2	-1	-2
	Führungsstil	3	+0	0	-1	-3	+0	0	-1	-3
				-9		6		15		-10
Finanzielle Situation und Eigentums-verhältnisse	Ertragskraft	4	-1	-4	+0	0	+2	9	-1	-4
	EK-Ausstattung	7	+0	0	+1	7	+3	21	+0	0
	Kostenstruktur	8	+1	8	+2	16	+4	32	+1	8
	Eigentümer	2	+1	2	+3	6	+5	10	+2	4
	Summe	100		-3		35		87		-2

Quelle: Nelles, 2011; eigene Darstellung, eigene Berechnungen

Excel-Datei: Analyse/Excel-Blatt: Wettbewerberanalyse

Modell-Tabelle 1: Wettbewerberanalyse der MASCHINENBAU GmbH

Benchmarking

Eine erweiterte Form der Wettbewerberanalyse ist das Benchmarking.

DEFINITION

Aufgabe des *Benchmarking* ist, die Schwächen in den Kompetenzen eines Unternehmens aufzudecken und zu reduzieren sowie Referenzpunkte (Benchmarks) zu finden, an denen sich das Unternehmen messen und orientieren kann: D.h. sich mit dem Besten (= Best-Practice-Benchmarking) oder mit einer ähnlichen Gruppe (= wettbewerbsorientiertes Benchmarking/Peer Group) zu vergleichen und von ihnen zu lernen. Es ist nicht zwingend erforderlich, dass die zu vergleichenden Unternehmen auf dem gleichen Markt tätig sind. Gerade der Blick über das direkte Wettbewerbsumfeld hinaus kann befruchtend sein und neue Ideen aufzeigen. Als Benchmarking-Objekte eignen sich: Produkte, Prozesse, Dienstleistungen, Strategien, Strukturen, Aktivitäten, Kulturen etc.

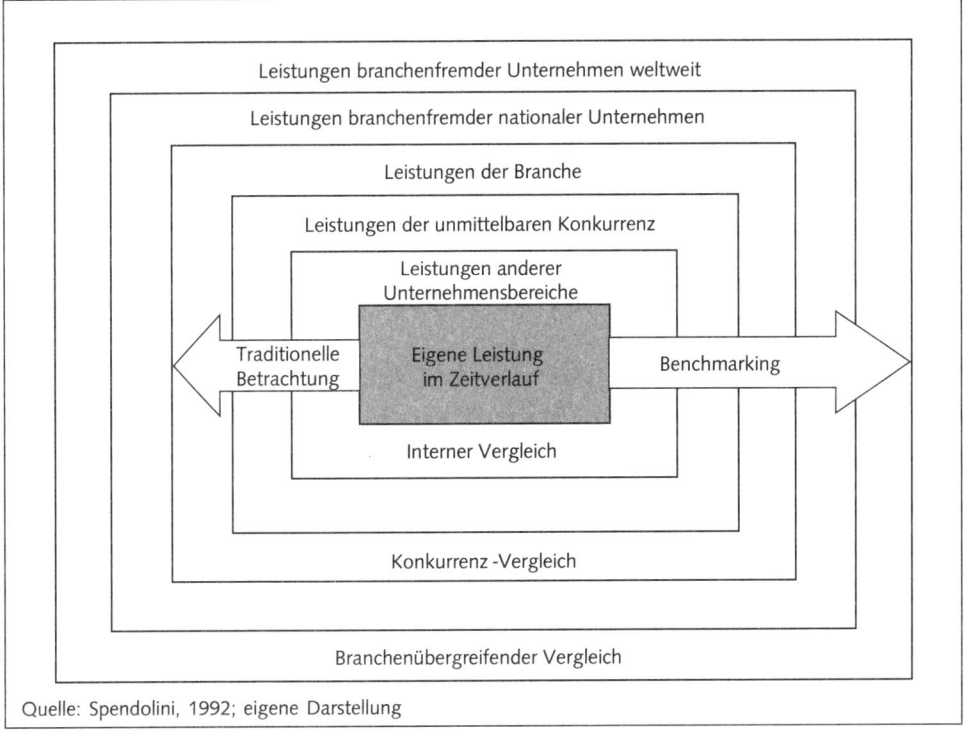

Quelle: Spendolini, 1992; eigene Darstellung

Abbildung I.14: Potenzieller Vergleichshorizont des Benchmarking

Die Herausforderung des wettbewerbsorientierten Benchmarking ist, die geeigneten Vergleichspartner (Peer Group) zu finden. Dazu sollten beim externen Benchmarking einige grundlegende Ähnlichkeiten mit dem Referenzunternehmen vorhanden sein und dieses muss bereit sein, Prozesse und Verfahren offenzulegen. Kennzahlen und damit verbundene Detailinformationen sind für einen erfolgreichen Vergleich nicht ausreichend. Zunehmend gibt es branchenübergreifende Benchmarkings von Institutionen, die anonyme Vergleiche ermöglichen (z.B. IZB in Berlin, PIMS-Studie, Vertriebs-Informations-Panel).

3.2.3 Markteintritt neuer potenzieller Wettbewerber

Bei der Analyse des Wettbewerbsumfeldes sollte man sich nicht auf die aktuellen und unmittelbaren Wettbewerber beschränken. Neuzugänge einer Branche bringen oft erhebliche Ressourcen und Innovationen in den Markt und verändern damit wichtige Elemente des Marktes (z. B. Marktanteile, Preisniveau, Rentabilität).

Potenzielle neue Wettbewerber können sein:
- Lieferanten (durch Vorwärtsintegration),
- Kunden (durch Rückwärtsintegration),
- Unternehmen mit neuen Technologien (durch Substitution),
- Unternehmen mit ähnlicher Technologie, die ihre Unternehmensstrategie erweitern wollen (durch Diversifikation) sowie
- Konkurrenten aus dem Ausland.

Etablierte Unternehmen aus anderen Branchen oder Wettbewerber, die sich bereits in der Branche befinden, aber geografisch weiter wachsen wollen, verfügen meist über das notwendige Know-how. Sie stellen daher häufiger eine höhere Bedrohung als Start-up-Unternehmen dar.

Wie stark die Bedrohung eines Markteintritts einzuschätzen ist, ist abhängig von der Branchenattraktivität, den Markteintrittsbarrieren und den zu erwartenden Reaktionen der etablierten Unternehmen auf neue Marktteilnehmer:
- Eine hohe Branchenrentabilität zieht neue Konkurrenten stärker an.
- Je höher die Eintrittsbarrieren, desto schwieriger der Markteintritt.
- Droht dem Neuzugang starker Widerstand, so verringert dies die Bereitschaft zum Markteintritt.

Die Bedrohung durch neue Wettbewerber wird insbesondere bestimmt durch die branchentypischen Markteintrittsbarrieren.

Markteintrittsbarrieren sind:
- Skaleneffekte (auch Economies-of-Scale oder Gesetz der Massenproduktion): Sie liegen vor, wenn die Stückkosten eines Produkts bei steigender absoluter Menge pro Zeiteinheit sinken. Die Skaleneffekte zeigen den Grad von Betriebsgrößenvorteilen. Diese Betriebsgrößenersparnisse können in nahezu allen Unternehmensbereichen auftreten (z. B. Einkauf, Produktion, Absatz, Logistik, Marketing, Werbung, Finanzierung etc.).
- In Branchen, in denen sich mit Skaleneffekten hohe Kostenvorteile erzielen lassen, wird der Wettbewerb um Marktanteile über den Preis geführt. Das Kostensenkungspotenzial entsteht bei wachsenden Produktionsmengen pro Zeiteinheit und resultiert aus Vorteilen z. B. im Einkauf und in der Produktion durch den kostengünstigeren Einsatz von Aktivitäten, die erst ab einer bestimmten Ausbringungsmenge rentabel werden. Dies zwingt potenzielle Marktneulinge dazu, in große Kapazitäten zu investieren oder einen Kostennachteil hinzunehmen.
- Größenunabhängige Vorteile: Diese können beispielsweise sein, Effekte der Lern- und der verwandten Erfahrungskurve, günstig erworbene Vermögenswerte, staatliche Subventionen, vorteilhafte Standorte oder abgeschriebene und noch voll funktionsfähige Anlagen.

- Hoher Kapitalbedarf für Investitionen ins Anlagevermögen, Working Capital, Forschung und Entwicklung und ggf. für Anlaufverluste.
- Produktdifferenzierung und starke Loyalität der Kunden bzw. eingeführte Markennamen bedeuten Investitionen in Werbe- und Verkaufsförderungsmaßnahmen. Dies kann einen zeit- und kostenintensiven Prozess bedeuten.
- Geschütztes Know-how, wie Patente, Lizenzen etc.
- Knappheit wichtiger Ressourcen, z.B. qualifizierte Arbeitskräfte.
- Kontrolle über den Zugang zu den Einkaufsquellen durch die bestehenden Unternehmen.
- Kontrolle über die Vertriebswege durch bestehende Unternehmen. Diese Hürde kann so unüberwindbar sein, dass sich potenzielle Markteinsteiger ihre eigenen Vertriebskanäle schaffen müssen.
- Umstellungskosten: Ist der Wechsel zu einem neuen Lieferanten mit hohen Umstellungskosten verbunden, so müssen die Neuanbieter niedrigere Preise oder bessere Leistungen anbieten, um neue Kunden zu gewinnen. Beispiele für Umstellungskosten sind Kosten für vorzeitige Kündigung von langfristigen Service- und Wartungsverträgen, Umschulungskosten, Kosten für neue Einrichtungen und Kosten für die technische Unterstützung bei der Einführung.
- Gesetzliche Bestimmungen: z.B. Lizenzzwang, Branchenreglementierung, Sicherheitsvorschriften, Zulassungsverfahren, Umweltschutzvorschriften, Zoll- und Handelsbeschränkungen.

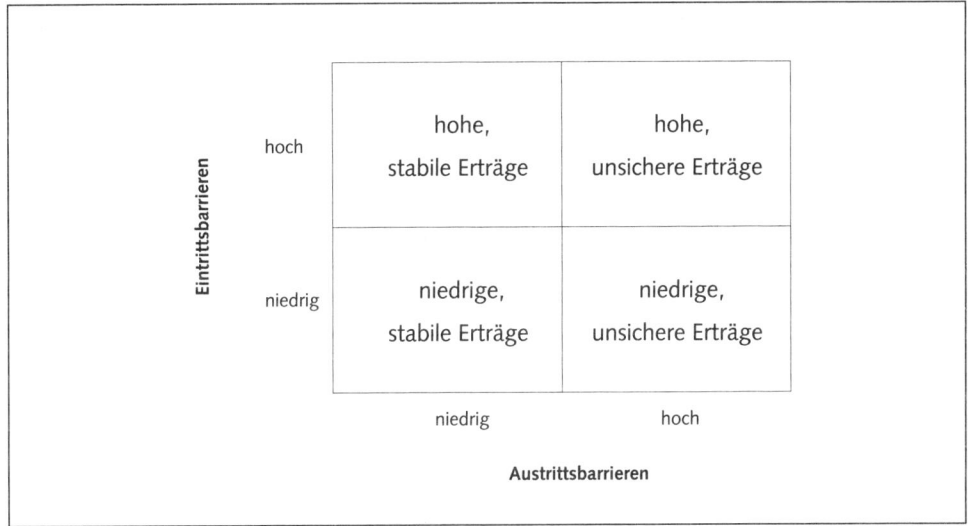

Abbildung I.15: Wirkung von Eintritts- und Austrittsbarrieren

Die Größe eines Marktes übt Wirkung darüber aus, ob und welche neue Marktteilnehmer in eine Branche eindringen. Märkte mit kleinem Marktvolumen sind wenig attraktiv für große Unternehmen. Sie sind daher häufig mittelständisch geprägt. In volumenstärkeren Märkten erfolgt der Zugang überwiegend durch Akquisitionen von Wettbewerbern.

PRAXISBEISPIEL: Größe der Werkzeugmaschinen-Branche
Die Werkzeugmaschinen-Branche ist im Vergleich zu anderen Märkten relativ klein. Die Branche ist zudem hochgradig fragmentiert. Wegen des in der Größe begrenzten Weltmarktes für Werkzeugmaschinen sind auch die Weltmarktführer mittelständisch.
In Deutschland haben ca. 70 Prozent der Unternehmen einen Jahresumsatz unter 2 Mio. Euro und im Gegensatz zu anderen Branchen ist die Zahl der Marktteilnehmer gestiegen. In den letzten zehn Jahren ist die Zahl der Unternehmen um 30 Prozent gewachsen. Ein Grund hierfür ist die enge Verzahnung mit Universitäten und Forschungseinrichtungen, aus denen kontinuierlich neue Unternehmen ausgegründet werden. Andererseits ist der Konsolidierungsdruck in der Branche relativ gering. Nur wenige große Industrieunternehmen aus der Branche haben bisher kleinere Werkzeugmaschinenbauer akquiriert.

Die Entscheidung über einen Brancheneintritt hängt auch davon ab, welche Reaktionen von den etablierten Wettbewerbern zu erwarten sind. Diese können beispielsweise sein:

- Erfahrungen aus der Vergangenheit haben gezeigt, dass sich die Marktteilnehmer mit entschiedenen Gegenmaßnahmen gegen neue Unternehmen wehren (z.B. aggressives Marketing).
- Die etablierten Unternehmen investieren umfangreiche Ressourcen. Hierfür stehen hohe liquide Mittel und nicht ausgeschöpfte Kreditlinien sowie freie Produktionskapazitäten zur Verfügung.
- Die Etablierten senken voraussichtlich die Preise, weil sie ihren Marktanteil behalten möchten oder weil in der gesamten Branche Kapazitäten frei sind.

Abbildung I.16 gibt Hinweise über wahrscheinliche Reaktionen der etablierten Wettbewerber auf neue Marktteilnehmer.

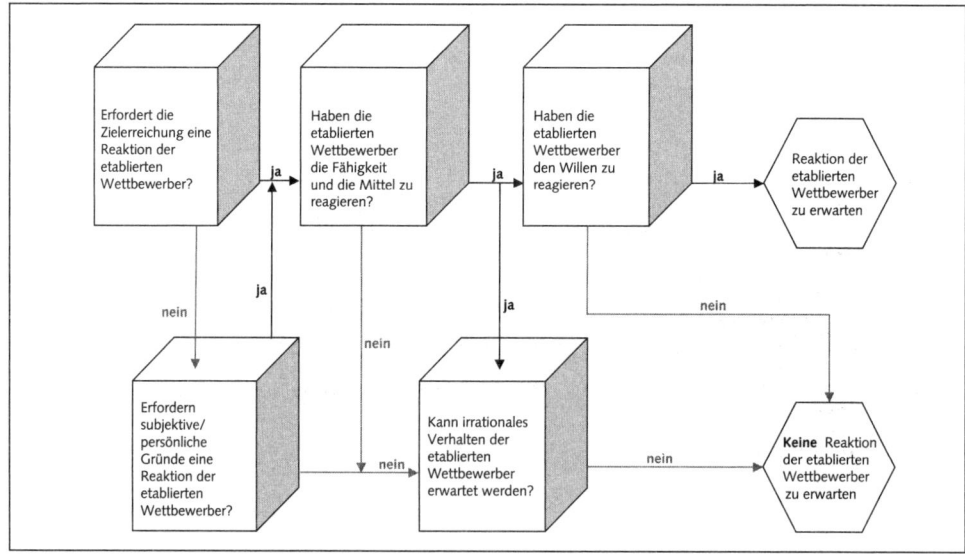

Abbildung I.16: Wirkung von Eintritts- und Austrittsbarrieren

PRAXISBEISPIEL: Markteintrittsbarrieren und potenzielle neue Marktteilnehmer in der Werkzeugmaschinenbranche

Markteintrittsbarrieren in der Werkzeugmaschinenbranche werden als hoch angesehen, da

- ein hohes Fertigungs-Know-how notwendig ist,
- der Markteintritt abhängig von Kapitalbereitstellung und Verfügbarkeit von geeignetem Personal ist und
- bei neuen Verfahren oft eine behördliche Genehmigung zum Betrieb der neuen Produktionsstätte erforderlich ist.

Potenzielle neue Marktteilnehmer können sein:
- Neugründungen durch Ingenieure, die mit Patenten oder mit entsprechendem Wissen von Hochschulen kommen.
- Marktzutritte durch Übernahme von bereits bestehenden Unternehmen.

3.2.4 Ersatzprodukte aus einem anderen Umfeld

DEFINITION

Ein *Ersatzprodukt* (Substitut) kann jedes Produkt sein, das dem gleichen Zweck dient wie das Original. Hierbei ist entscheidend, welche Funktionen und Nutzen es besitzt, und weniger, wie es beschaffen ist.

Die Bedrohung durch Substitute besteht darin, dass sie kostengünstiger oder leistungsfähiger sind und somit das Absatz- und Gewinnpotenzial bestehender Unternehmen erheblich einschränken können. Sind die Umstellungskosten für den Abnehmer niedrig, verstärkt dies den Trend zum Ersatzprodukt. Meist sind alle Marktteilnehmer einer Branche von Ersatzprodukten betroffen, da sie das Gewinnpotenzial der gesamten Branche mindern.

Anhaltspunkte für den Umfang der Gefahr sind das Umsatz- und Gewinnwachstum der Branche des Substitutionsproduktes sowie die geplanten Kapazitätsausweitungen.

Ähnlich wie bei der Bedrohung durch neue Wettbewerber hängt auch die Bedrohung durch Substitute von Faktoren ab wie:
- Markentreue der Kunden,
- Intensität der Kundenbindung,
- Umstellungskosten und Umstellungswille der Kunden.

Folgende Ersatzprodukte sollten besonders beobachtet werden:
- Substitute, die ihr Preis-Leistungs-Verhältnis gegenüber dem des Originalproduktes der Branche verbessern.
- Substitute aus Branchen mit hohen Gewinnmargen. Bei einer Verschärfung der Wettbewerbssituation suchen Unternehmen nach neuen Absatzmärkten.

PRAXISBEISPIEL: Ersatzprodukte in der Werkzeugmaschinenbranche

Ersatzprodukte sind in der Branche selten. In der jüngeren Vergangenheit hat die Lasertechnik teilweise klassische Methoden verdrängt z.B. Laser für Messungen, Schneiden, Schmelzen, Schweißen. Die Nutzung von Substituten ist abhängig von den Kosten der Implementierung in bestehende Produktionsprozesse; häufig werden sie nur bei größeren Ersatzinvestitionen bevorzugt. In der Regel sind neue Produkte meist Weiterentwicklungen und Variationen bereits verfügbarer Technologien.

Momentan scheint keine Bedrohung durch Substitute für die betrachtete Beispiel-Branche vorzuliegen.

3.2.5 Verhandlungsstärke der Abnehmer

Die Verhandlungsstärke der Abnehmer hat einen erheblichen Einfluss auf die Ertragsstärke eines Unternehmens und seiner Branche, indem sie die Preise oder die Qualitätsmaßstäbe beeinflusst.

Die Stärke einer wichtigen Abnehmergruppe hängt von folgenden Merkmalen ab: Kunden haben eine hohe Verhandlungsmacht, wenn

- sie einen großen Anteil an den Gesamtumsätzen der Lieferanten haben,
- eine hohe Fixkostenbelastung der Lieferanten eine hohe Kapazitätsauslastung notwendig macht,
- auf Abnehmerseite eine starke Konzentration besteht,
- sie austauschbare Standardprodukte wie Brennstoffe, landwirtschaftliche Erzeugnisse oder chemische Erzeugnisse kaufen. So finden sie stets alternative Lieferanten und können die Anbieter gegeneinander ausspielen,
- die Umstellungskosten zu alternativen Produkten und Anbietern relativ einfach und kostengünstig sind,
- die Margen der Kunden relativ gering sind. Diese drängen die Abnehmer, ihre Einkaufskosten zu senken. Abnehmer mit hohen Gewinnen sind hingegen weniger preissensibel (sofern das Produkt keinen großen Anteil an ihren Gesamtkosten hat),
- sie das Erzeugnis auch selbst herstellen könnten oder es bereits Bestandteil ihres eigenen Angebotes ist,
- die bezogenen Produkte einen hohen Anteil an den Gesamtkosten der Abnehmer ausmachen. In diesem Fall sind die Abnehmer i.d.R. preisempfindlich und stets auf der Suche nach günstigeren Bezugsquellen,
- das Produkt für die Qualität ihrer eigenen Produkte oder Dienstleistungen erheblich ist; ansonsten werden sie sich preisunempfindlich zeigen,
- sie eine gute Informationsbasis besitzen (z.B. über die Nachfrage, die aktuellen Marktpreise und die Kosten ihres Lieferanten),
- für sie eine Rückwärtsintegration (Akquisition eines Lieferanten) möglich und sinnvoll ist.

> **PRAXISBEISPIEL: Nachfragebedingungen und verwandte Branchen**
> Die Inlandsnachfrage nach Produkten oder Dienstleistungen einer Branche prägt die Art und das Tempo von Innovationen und Neuentwicklungen. Aufgrund der Nähe zu bedeutenden Kunden der gleichen kulturellen Identität und Sprache, sind einheimische Unternehmen in starken nationalen Industrien besser in der Lage, die Bedürfnisse der Käufer frühzeitig zu erkennen und zu beachten. Darüber hinaus kann der internationale Erfolg einer Branche auf andere verwandte oder vor- bzw. nachgelagerte Branchen positiv ausstrahlen. So ist beispielsweise die weltweit führende deutsche Automobilindustrie, die für fast 40 Prozent der Nachfrage der deutschen Werkzeugmaschinenindustrie steht, ein starker Motor für deren Erfolg auf den internationalen Märkten. Gleichzeitig ist die Werkzeugmaschinen-Branche durch die enge Verknüpfung stark abhängig von der Automobilkonjunktur. Der Umsatzeinbruch der MASCHINENBAU GmbH im Jahr t_{-1} wurde hierdurch verursacht.

Mit einer Konzentrationsanalyse kann man mögliche Abhängigkeiten von Abnehmern erkennen. Das Verfahren kann auch für die Analyse anderer Bereiche wie Lieferanten, Produkte und Märkte genutzt werden. Gängige Verfahren der Konzentrationsanalyse sind

- der Top-10-Kunden-Quotient,
- die Lorenzkurve sowie
- die ABC-Analyse[2].

Top-10-Kunden-Quotienten

Bei der Top-10-Analyse betrachtet man nur die zehn größten Kunden am Gesamtumsatz. Man setzt diese Vergleichsgruppe ins Verhältnis zum Gesamtumsatz. Man folgt mit diesem Ansatz einem in vielen Branchen vorzufindendem Muster: Eine relativ kleine Zahl an Kunden hat einen relativ hohen Anteil am Umsatz und Ertrag. Diese Gesetzmäßigkeit bezeichnet man auch als Pareto-Prinzip oder 20/80-Prozentregel.

Lorenzkurve

Ein häufig verwendetes Instrument zur einfachen grafischen Darstellung des Konzentrationsgrades ist die Lorenzkurve. Als Messgrößen eignen sich beispielsweise der Umsatz pro Kunde, der Umsatz pro Produkt oder der Deckungsbeitrag pro Kunde. Hierzu wird die Messgröße aufsteigend vom kleinsten zum größten Wert sortiert, kumuliert und prozentual dargestellt. Tabelle I.7 zeigt die Umsatzverteilung des Kundenportfolios der MASCHINENBAU GmbH.

Kunde	Zahl der Kunden	Zahl der Kunden (in %)	Zahl der Kunden (in %) kum.	Umsatz in Mio. €	Umsatz (in %)	Umsatz (in %) kum.
C	1	16,7%	16,7%	20,0	8,4%	8,4%
F	1	16,7%	33,3%	22,0	9,3%	17,7%
A	1	16,7%	50,0%	25,0	10,5%	28,3%
D	1	16,7%	66,7%	30,0	12,7%	40,9%
B	1	16,7%	83,3%	50,0	21,1%	62,0%
E	1	16,7%	100,0%	90,0	38,0%	100,0%
	6	100,0%		237,0	100,0%	

Tabelle I.7: Umsatzverteilung des Kundenportfolios der MASCHINENBAU GmbH

---

2   Siehe I.8.4.2.1 ABC-Analyse

Anschließend wird der Zusammenhang zwischen den Kundenumsätzen und dem kumulierten Anteil am Gesamtumsatz grafisch dargestellt (siehe Abbildung I.17).

- Falls die Umsätze pro Kunde über das gesamte Produktportfolio für alle Kunden gleich sind, hat die Lorenzkurve einen diagonalen Verlauf. Aus diesem Grund wird diese Diagonale auch als Gleichverteilungsgerade (Gerade zwischen den Punkten M und O) bezeichnet.
- Weist der Umsatz dagegen eine Konzentration auf einen oder wenige Kunden auf, dann entsteht der charakteristische Bauch der Lorenzkurve. Demzufolge gilt, je weiter die Kurve von der Gleichverteilungsgerade entfernt ist, desto größer ist die Konzentration.

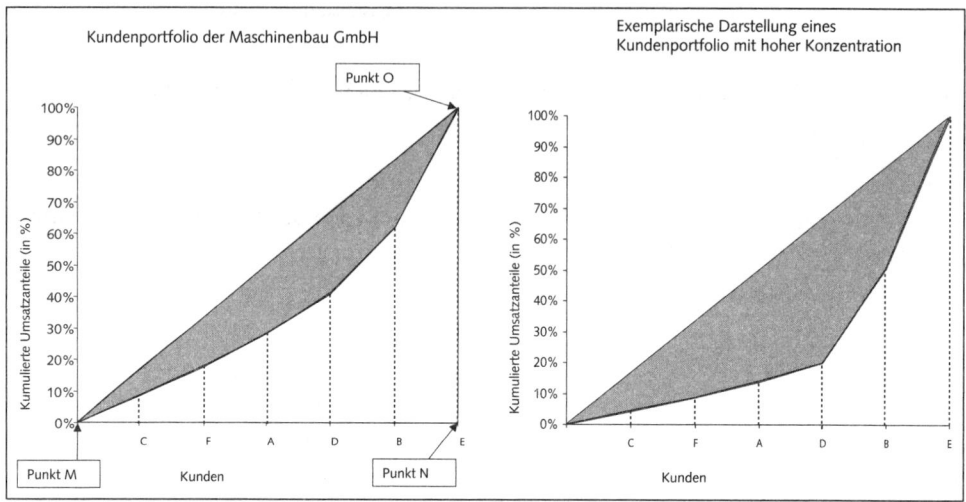

Abbildung I.17: Lorenzkurven von Kundenportfolien

Abbildung I.17 zeigt die Lorenzkurve des Kundenportfolios der MASCHINENBAU GmbH sowie die Darstellung einer Lorenzkurve für ein Unternehmen mit einer hohen Umsatzkonzentration (der schraffierte Bereich ist stärker ausgeprägt).

Durch Auswertung einer Lorenzkurve erhält man das Lorenz'sche Konzentrationsmaß. Dieses misst das Verhältnis zwischen der Fläche von Lorenzkurve und Gleichverteilungsgerade (schraffierte Fläche) sowie der Fläche des Dreiecks zwischen Gleichverteilungsgerade und x-Achse (Punkte M, N, O). Je größer die Fläche ist, desto höher ist die Konzentration der Umsatzverteilung. Der Wert kann eine beliebige Größe zwischen 0 und 1 (bzw. 0 und 100 Prozent) annehmen: Je näher an 1, desto größer ist die Konzentration.

Das Lorenz'sche Konzentrationsmaß errechnet sich nach folgender Formel:

$$\text{Lorenz'sche Konzentrationsmaß} = 1 - \frac{2 \times \text{Fläche zwischen Lorenzkurve und x-Achse}}{2 \times \text{Fläche des Dreiecks zw. Gleichverteilungsgeraden und x-Achse}}$$

Zur Berechnung der Fläche zwischen der Lorenzkurve und x-Achse zerlegt man diese hilfsweise in einfache Teilflächen. Als Koordinaten verwendet man die jeweiligen kumulierten

Umsätze und die kumulierte Kundenzahl. In Tabelle I.8 wird die Berechnung der zweifachen Fläche zwischen der Lorenzkurve und Gleichverteilungsgeraden durchgeführt.

Kunde	Koordinaten	Flächen
C	(8,4+0)×16,7=	140,3
F	(8,4+17,7)×16,7=	435,9
A	(17,7+28,3)×16,7=	768,2
D	(28,3+40,9)×16,7=	1.155,6
B	(40,9+62,0)×16,7=	1.718,4
E	(62,0+100,0)×16,7=	2.705,4
	Summe der Flächen	6.923,8

Tabelle I.8: Berechnung der zweifachen Fläche zwischen Lorenzkurve und x-Achse

Die Fläche des Dreiecks zwischen Gleichverteilungsgeraden und x-Achse beträgt

$$5000 \ (= \frac{100 \times 100}{2})$$

Das Lorenz'sche Konzentrationsmaß für das Kundenportfolio der MASCHINENBAU GmbH errechnet sich somit wie folgt:

$$1-(6912,80/2 \times 5000) = 0,309$$

Der ermittelte Wert von 0,309 bzw. 30,9 % liegt in einem mittleren Bereich. Es lässt sich daraus schließen, dass eine Konzentration im Kundenportfolio der MASCHINENBAU GmbH vorhanden ist (Kunde B und E haben zusammen einen Umsatzanteil von 59,1 %). Es ist empfehlenswert, zusätzlich nach den Ursachen für die Umsatzverteilung zu forschen. Insbesondere gilt zu prüfen, ob eine mögliche Konzentration auf strukturelle oder temporäre Gründe zurückzuführen ist. Falls diese Gründe bereits über einen längeren Zeitraum bestehen und noch bedeutender geworden sind, so deutet dies auf eine Schwäche (z.B. im Marketing) hin.

PRAXISBEISPIEL: Verhandlungsstärke der Abnehmer in der Werkzeugmaschinenbranche
Auf der Absatzseite sind die Automobilhersteller und die Automobilzulieferer dominant. Sie verfügen durch die enorme Nachfragekapazität – nach VDW 53 % des Produktionswertes – auch über eine entsprechende Verhandlungsmacht. Dies führt zu Besonderheiten in der Kunden-Lieferanten-Struktur:

- Verlagerung der Wertschöpfung vom Kunden zum Lieferanten (z.B. Betreibermodelle): Dies erfordert vom Betreiber (Produzenten) der Maschinen eine entsprechende Finanzierung, denn er übernimmt für eine limitierte Zeit die Produktion und Instandhaltung der gelieferten Maschinen und Anlagen.
- Steigende Anforderungen an Lieferanten, ans Ersatzteilgeschäft und den After-Sales-Service: Daraus können logistische Risiken für mittelständische Unternehmen entstehen, wenn eine weltweite Verbreitung der Produkte gefordert wird.
- Abhängigkeit vom Kunden: Manche Produzenten haben nur wenige große Abnehmer und sind existenziell gefährdet, wenn ein großer Kunde sein Auftragsvolumen signifikant senkt. Es entfallen dann erhebliche Umsätze und die Fixkosten müssen durch die verbleibenden Umsätze aufgefangen werden.

3.2.6 Verhandlungsstärke der Lieferanten

Um die wirtschaftliche Situation des Unternehmens auf der Beschaffungsseite richtig einschätzen zu können, ist zunächst die Struktur auf dem Beschaffungsmarkt zu betrachten. Die Analyse der Beschaffungsmärkte beinhaltet die Erfassung der relevanten Informationen über die Struktur und die potenziellen Veränderungen der aktuellen und latenten Lieferanten sowie deren Umfeld.

Methodisch sind Parallelen zwischen der Absatz- und Beschaffungsmarktanalyse zu erkennen. Die Schritte der Beschaffungsmarktanalyse sind daher im Wesentlichen komplementär zu den Aktivitäten der Absatzmarktanalyse. Dazu gehört

- die Marktidentifikation und -abgrenzung,
- die Bestimmung von Teilmärkten und Marktsegmenten sowie
- die Erfassung der Marktdaten.

Die Verhandlungsstärke der Lieferanten kann ebenfalls Druck auf die Margen einer Branche ausüben. Lieferanten können ihre Verhandlungsmacht ausspielen, wenn die beziehenden Unternehmen nicht in der Lage sind, Kostensteigerungen wiederum an ihre Abnehmer weiterzugeben. Welche Macht die jeweiligen Zulieferer besitzen, hängt zum einen von der Marktsituation der entsprechenden Gruppe ab und zum anderen davon, welches Volumen die Einkäufe innerhalb der Branche im Vergleich zum Gesamtgeschäft haben.

Eine hohe Verhandlungsstärke der Lieferanten kann bestehen, wenn

- der Markt von wenigen Lieferanten beherrscht wird und er stärker als die Abnehmerseite konzentriert ist,
- sich ihre Produkte klar differenzieren oder keine Ersatzprodukte existieren,
- sie die zu erbringenden Leistungen kostengünstiger zur Verfügung stellen als ihre Abnehmer,
- die Abnehmer für den Lieferanten keine wichtigen Kunden sind und gleichzeitig die Produkte des Lieferanten ein wichtiger Input für die Abnehmer sind,
- der Wechsel zu einem anderen Lieferanten Umstellungskosten verursacht. Solche Kosten entstehen u. a., wenn ein Käufer auf Grund seiner Produktspezifikationen an bestimmte Lieferanten gebunden ist, er viel in Zubehör für die Geräte des Lieferanten oder in Schulungen investiert hat oder die Fertigungsstraßen mit den Produktionsstätten des Lieferanten verbunden sind,
- die Lieferanten in der Lage sind, ihre Abnehmer aufzukaufen. Die Bedrohung durch eine solche Vorwärtsintegration der Lieferanten besteht insbesondere, wenn
  - die beziehende Branche eine höhere Profitabilität aufweist als die liefernde Branche,
  - die Vorwärtsintegration für die Lieferanten zu Skalen- oder Synergieeffekten führt,
  - die beziehende Branche die beliefernde Branche in ihrer Entwicklung behindert (z.B. Weigerung der Abnahme neuer Produkte),
  - die beziehende Branche niedrige Eintrittsbarrieren aufweist.

Die Auswahl der Lieferanten, von denen ein Unternehmen Waren oder Dienstleistungen bezieht, sowie die Käufergruppen, an die es liefert, haben eine nicht zu unterschätzende Bedeutung für die nachhaltige Ertragssituation eines Unternehmens. Sie ist umso stabiler und höher einzuschätzen, wenn das Unternehmen Zulieferer und Abnehmer besitzt, die möglichst einen dauerhaften und positiven Einfluss auf die Entwicklung des Unternehmens ausüben. Eine gute und partnerschaftliche Beziehung ist somit vorteilhaft.

PRAXISBEISPIEL: Abhängigkeiten in der Werkzeugmaschinenbranche
Viele Werkzeugmaschinenhersteller besitzen Spitzentechnologien. Fällt ein Lieferant aus, so führt dies zu erheblichen Problemen. Herstellerspezifische Ersatzteile und Service stehen dann nicht mehr zur Verfügung. Das erfordert oft eine komplette Umstrukturierung des Produktionsprozesses mit entsprechenden Kosten.
Die MASCHINENBAU GmbH bezieht zwei Drittel ihres Einkaufsvolumens von drei Lieferanten. Alleine die Vereinigten Werke liefern ca. 30 Prozent. Dies ist eine Risikoposition für das Unternehmen.

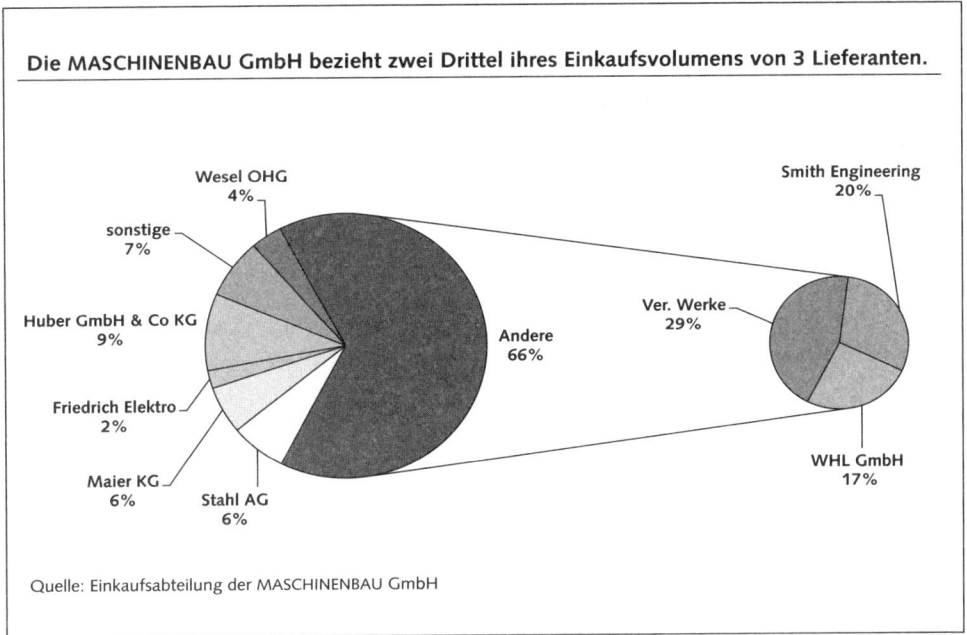

Die MASCHINENBAU GmbH bezieht zwei Drittel ihres Einkaufsvolumens von 3 Lieferanten.

Wesel OHG 4%
sonstige 7%
Huber GmbH & Co KG 9%
Friedrich Elektro 2%
Maier KG 6%
Stahl AG 6%
Andere 66%
Smith Engineering 20%
Ver. Werke 29%
WHL GmbH 17%

Quelle: Einkaufsabteilung der MASCHINENBAU GmbH

Abbildung I.18: Lieferanten der MASCHINENBAU GmbH

PRAXISBEISPIEL: Das Einkaufsportfolio der MASCHINENBAU GmbH
Mit dem Excel-Tool *Einkaufsportfolio* ist man in der Lage, die Machtverhältnisse zwischen Lieferanten und Nachfrager darzustellen. Die zu beschaffenden Materialen werden je nach Verhandlungsstärke der beiden Parteien in ein Raster eingetragen. Materialien, die in den unteren rechten Quadranten sind, sollten diversifiziert oder durch andere ersetzt werden. Bei den Materialien in den Quadranten *Abwägen* ist das Risiko geringer. Hier kann man die weitere Entwicklung abwarten. In den oberen linken Quadranten hat man als Abnehmer einen Vorteil gegenüber den Lieferanten.

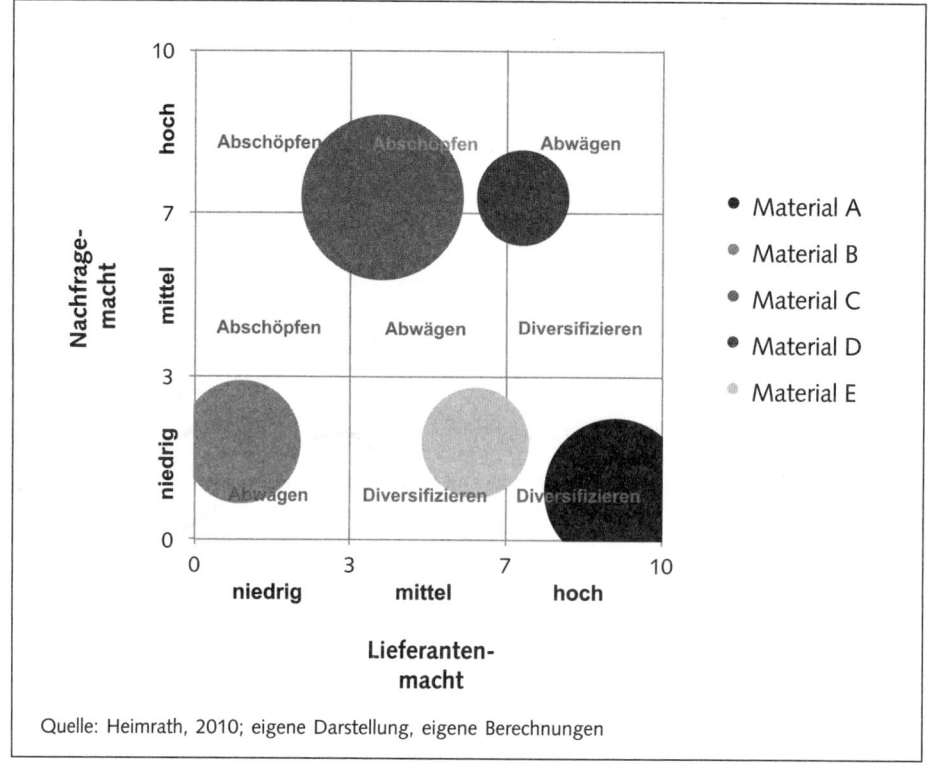

Quelle: Heimrath, 2010; eigene Darstellung, eigene Berechnungen

Excel-Datei: Analyse/Excel-Blatt: Einkaufsportfolio

Modell-Tabelle 2: Grafische Darstellung: Einkaufsportfolio

3.3 Die Entwicklung von Struktur und Verhalten im Lebenszyklus einer Branche

Die Charakteristika einer Branche sind nicht statisch. Sie durchlaufen verschiedene Entwicklungsphasen und verändern sich. Attraktive Branchen können sich mit der Zeit zu unattraktiven Branchen entwickeln – und umgekehrt. Die Veränderungsprozesse unterliegen gewöhnlich einer Gesetzmäßigkeit. Das Branchenlebenszykluskonzept beschreibt diese Dynamik.

DEFINITION

Das *Branchenlebenszykluskonzept* (auch Marktlebenszykluskonzept) ist ein klassisches Analyseinstrument, das zur Beurteilung des Status einer Branche herangezogen wird. Darüber hinaus kann der Ansatz analog für die Beurteilung von Produkten und Technologien zum Einsatz kommen (siehe auch I.5.4.1 Produktlebenszyklusanalyse).

Das Modell des Branchenlebenszykluskonzepts, das in Abbildung I.19 dargestellt ist, schafft das Bewusstsein dafür, dass sich Marktbedingungen im Zeitablauf ändern und vier ideal-typische Phasen durchlaufen: Entstehung, Wachstum, Reife und Sättigung. Jede der Phasen hat ihre eigenen Eigenschaften, die die Attraktivität und Rentabilität der Branche beeinflussen. Sie geben den Unternehmensverantwortlichen Hinweise für Grundsatzentscheidungen (sogenannte Normstrategien) in den strategisch relevanten Marktsituationen. Dabei ist zu beachten, dass je später ein Unternehmen auf die sich ändernden Marktbedingungen reagiert, umso größer werden die damit verbundenen Risiken und Kosten.

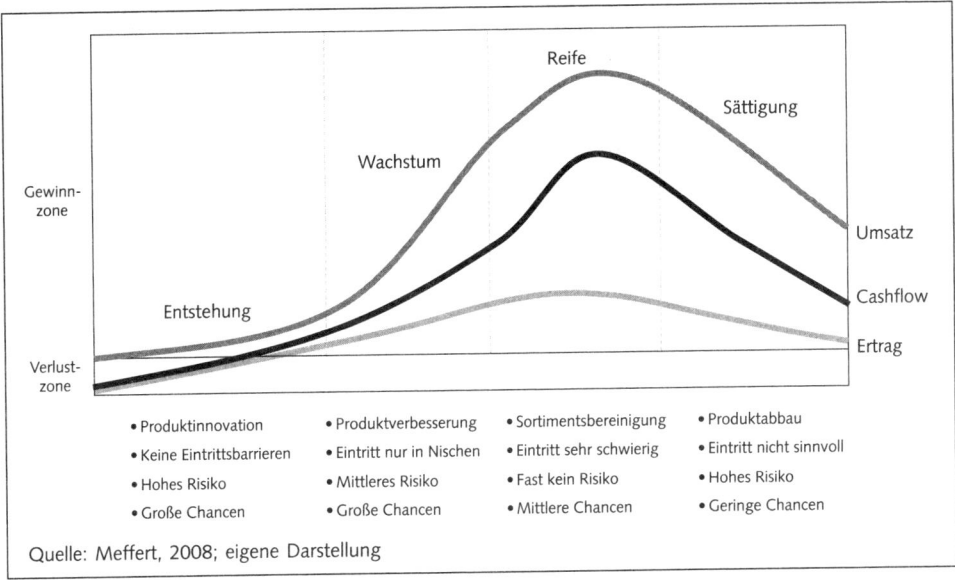

Abbildung I.19: Branchenlebenszyklus

In jeder Phase sind die Bedingungen und ihre Wirkungen auf Cashflow, Ertrags- und Umsatzentwicklung unterschiedlich: In der Entstehungsphase gilt es, das Interesse des Marktes an den Produkten zu wecken. Der Cashflow ist in der Regel negativ, da er erheblich durch Abflüsse für Forschung und Entwicklung, Investitionen zum Aufbau von Produktionskapazitäten usw. belastet wird. In der darauf folgenden Wachstumsphase rückt die Auseinandersetzung mit den Wettbewerbern immer stärker in den Vordergrund. Der Cashflow steigt deutlich an – in Ausnahmefällen kann er in dieser Phase auch noch negativ sein, z. B. aufgrund des hohen Einsatzes für Markteinführungsmaßnahmen. In der Reifephase sind die Cashflows positiv. Die Unternehmen haben hier die größten Returns on Investment. Anschließend stagnieren die Cashflow-Überschüsse, um in der Sättigungsphase wieder zu sinken. Die Ausschöpfung des Wachstumspotenzials und der hohe Wettbewerbsdruck führen schließlich zur Schrumpfung von Marktanteilen und damit zu rückläufigen Umsätzen. Bei der Betrachtung der Ertragsentwicklung ist festzustellen, dass der Eintritt in die Gewinnzone häufig bereits in der Wachstumsphase erfolgt, da im Gegensatz zu den Cashflows die Abschreibungen nicht auf mehrere Perioden verteilt werden. Die Umsätze sind in allen Phasen des Lebenszyklus positiv – jedoch in deutlich abweichender

Höhe. Sowohl bei der Cashflow-, Umsatz- als auch Ertragsbetrachtung wird der Höhepunkt in der Reifephase erreicht.

Mit dem Excel-Tool *Branchenlebenszyklus* ist man in der Lage, die momentane Phase zu bestimmen, in der sich die Branche des zu untersuchenden Unternehmens befindet. In dem Excel-Blatt sind die verschiedenen Situationsbedingungen im Branchenlebenszyklus aufgeführt (vgl. Müller-Stewens, 2001). Der Anwender kann man mit den Auswahlfeldern entscheiden, ob das jeweilige Kriterium zutrifft. Eine 1 steht für zutreffend und es erscheint ein grüner Pfeil; eine 0 steht für nicht zutreffend und es erscheint ein roter Kreis. Das Tool wertet die getroffene Auswahl aus und fasst sie in Modell-Tabelle 1 zusammen.

Kriterien	Entstehungsphase	Wachstumsphase	Reifephase	Sättigungsphase
Marktcharakteristika	0 von 6 Kriterien erfüllt	1 von 6 Kriterien erfüllt	6 von 6 Kriterien erfüllt	1 von 6 Kriterien erfüllt
Wettbewerbsmerkmale	0 von 6 Kriterien erfüllt	0 von 6 Kriterien erfüllt	5 von 6 Kriterien erfüllt	3 von 6 Kriterien erfüllt
Die fünf Wettbewerbskräfte	0 von 5 Kriterien erfüllt	2 von 5 Kriterien erfüllt	3 von 5 Kriterien erfüllt	2 von 5 Kriterien erfüllt

Excel-Datei: Analyse/Excel-Blatt: Branchenlebenszyklus

Modell-Tabelle 1: Zusammenfassung der Ergebnisse

Das Ergebnis der Auswertung zeigt, dass die MASCHINENBAU GmbH sich in der auslaufenden Reifephase und im Übergang zur Sättigungsphase befindet. Hier werden die meisten zutreffenden Antworten in den drei Kriterien gegeben.

Die Ergebnisse im Einzelnen zeigen die nachfolgenden Modell-Tabellen 2, 3 und 4.

Kriterien	Entstehungsphase		Wachstumsphase		Reifephase		Sättigungsphase	
Marktwachstum	Steigende Wachstumsraten	☒	Hohe steigende Wachstumsraten	☒	Höchstwert der Wachstumsraten = Wendepunkt der Umsatzentwicklung	☑	Stagnation oder negative Wachstumsraten	☒
Marktpotenzial	Nicht überschaubar; kleiner Teil der potenziellen Nachfrage gedeckt	☒	Einschätzung des Marktpotenzials aufgrund von Preissenkungen unsicher	☒	Marktpotenzial einschätzbar	☑	Begrenztes Marktpotenzial, häufig nur Ersatzbedarf	☒
Marktanteile	Entwicklung der Marktanteile nicht abschätzbar	☒	Konzentration der Marktanteile auf wenige Anbieter	☑	Konzentration der Marktanteile auf wenige Anbieter	☑	Verstärkung der Konzentration durch das Ausscheiden schwacher Konkurrenten (Erfahrungseffekte)	☒
Stabilität der Marktanteile	Starke Schwankungen der Marktanteile – hohe Instabilität	☒	Konsolidierung der Marktanteile aufgrund von Erfahrungseffekten	☒	Änderungen in den Marktanteilen nur aufgrund außergewöhnlicher Ereignisse	☑	Änderungen der Marktanteile nur aufgrund außergewöhnlicher Ereignisse	☑
Umsatz	Niedrig	☒	Steigend	☒	Stagnierend	☑	Abnehmend	☒
Ertragslage	Niedrig	☒	Hoch	☒	Stagnierend	☑	Zunehmender Druck	☒
Ergebnis	0 von 6 Kriterien erfüllt		1 von 6 Kriterien erfüllt		6 von 6 Kriterien erfüllt		1 von 6 Kriterien erfüllt	

Excel-Datei: Analyse/Excel-Blatt: Branchenlebenszyklus

Modell-Tabelle 2: Marktcharakteristika im Branchenlebenszyklus

Kriterien	Entstehungsphase		Wachstumsphase		Reifephase		Sättigungsphase	
Schwerpunkt des strategischen Verhaltens	Forschung und Entwicklung	☒	Marketing	☒	Effektivitätssteigerungen in Produktion und Absatz	☑	Kostenkontrolle	☑
Stabilität der Abnehmerkreise	Keine Bindung an die Anbieter	☒	Gewisse Kundentreue, häufig unter Beibehaltung alternativer Bezugsquellen	☒	Festgelegte Einkaufspolitik der Abnehmer	☑	Stabilität des Abnehmerkreises – sinkende Zahl der Anbieter, wenige alternative Bezugsquellen	☑
Anzahl der Wettbewerber	Gering	☒	Höchstwert der Anzahl der Wettbewerber	☒	Kristallisierung des Wettbewerbs, Ausscheiden der Konkurrenten ohne Produkt- und Kostenvorteile	☑	Weitere Verringerung der Anzahl der Wettbewerber	☒
Eintrittsbarrieren	Im Allgemeinen keine, wenn kein dominierender Wettbewerber den Markt beherrscht. Eintritt hängt von Kapitalkraft, technischem Know-how und Risikobereitschaft ab.	☒	Schwieriger Marktzugang, wenn von den führenden Unternehmen das Kostensenkungspotenzial der Erfahrungskurven ausgeschöpft wird. In der Regel Eintritt nur durch die Schaffung von Marktnischen.	☒	Mit wachsenden Erfahrungen der stärksten Konkurrenten zunehmende Schwierigkeit des Markteintritts. Wegen des geringen Wachstums müssen außerdem Marktanteile den bestehenden Konkurrenten abgeworben werden.	☑	Im Allgemeinen keine Veranlassung, in einen stagnierenden Markt einzudringen.	☒
Produkte	Spezialisiertes, flexibles Produktspektrum und große Dienstleistungsvielfalt, beruhend auf großem technischem Know-how	☒	Intensivierung des Wettbewerbs – Erweiterung des Produktspektrums und Dienstleistungsangebote	☒	Sortimentsbereinigung	☒	Weiterer Abbau des Produktspektrums, Segmentierung des Marktes	☑
Technologie	Technische Innovationen als Voraussetzung für die Erschließung neuer Märkte	☒	Produkt- und Verfahrensverbesserungen	☒	Verfeinerung von Verfahren, da die Marktanforderungen bekannt sind. Rationalisierung der Produktions- und Distributionsprozesse.	☑	Bekannte, verbreitete und stagnierende Technologie	☒
Ergebnis	0 von 6 Kriterien erfüllt		0 von 6 Kriterien erfüllt		5 von 6 Kriterien erfüllt		3 von 6 Kriterien erfüllt	

Excel-Datei: Analyse/Excel-Blatt: Branchenlebenszyklus

Modell-Tabelle 3: Wettbewerbsmerkmale im Branchenlebenszyklus

Kriterien	Entstehungsphase		Wachstumsphase		Reifephase		Sättigungsphase	
Bedrohung durch neue Wettbewerber	Unsicherheit und Risiko der Innovation als Eintrittsbarriere	☒	Eintritt vieler neuer Wettbewerber	☒	Neueintritt nur unter günstigen Kostenbedingungen	☑	Eintritt ist relativ unattraktiv	☒
Verhandlungsmacht der Lieferanten	Gering	☒	Ansteigend	☒	Hoch	☑	Gering	☒
Verhandlungsmacht der Abnehmer	Hoch	☒	Gering	☒	Ansteigend	☒	Hoch	☑
Bedrohung durch Substitutionsprodukte	Hoch	☒	Gering	☑	Ansteigend	☑	Hoch	☒
Wettbewerbsintensität unter den etablierten Wettbewerbern	Gering, da die Ungewissheit sehr groß ist	☒	Zunehmende Abhängigkeit, aber es können sich noch alle verbessern	☑	Oligopolistisches Verhalten ohne Wettbewerbskampf	☒	Ist Austritt oder Verlagerung nicht möglich, folgt hohe Rivalität	☑
Ergebnis	0 von 5 Kriterien erfüllt		2 von 5 Kriterien erfüllt		3 von 5 Kriterien erfüllt		2 von 5 Kriterien erfüllt	

Excel-Datei: Analyse/Excel-Blatt: Branchenlebenszyklus

Modell-Tabelle 4: Die fünf Wettbewerbskräfte im Branchenlebenszyklus

Risiken bei der Orientierung an Normstrategien

Generell ist anzumerken, dass die verschiedenen Phasen und dazugehörigen Normstrategien einen idealtypischen Charakter besitzen. Sie sind daher für jede individuelle Analyse einer Branche anzupassen und ersetzen nicht die kreative Leistung bei der Entwicklung von Strategien und ihrer Beurteilung. Für den Analysten sollten folgende wichtige Fragestellungen im Vordergrund stehen:

- In welchem Stadium des Lebenszyklus befindet sich die Branche?
- Wie lange dauern die einzelnen Phasen an?
- Wann ist der Übergang zur nächsten Phase zu erwarten? Ist das Unternehmen mit seiner Strategie darauf vorbereitet und hat es geeignete Maßnahmen eingeleitet?

4 Kritische Erfolgsfaktoren – die Kundenperspektive

Mit den im Abschnitt Analyse des Markt- und Wettbewerbsumfeldes identifizierten Zielbranchen und Kundensegmenten können im nächsten Schritt die kritischen Erfolgsfaktoren untersucht werden.

DEFINITION

Kritische Erfolgsfaktoren sind Produkteigenschaften, Ressourcen und Kompetenzen, auf die eine Kundengruppe besonderen Wert legt.

Das heißt, zu Beginn aller Überlegungen steht der Nutzen für die Kunden und die Frage, inwieweit sich daraus eine ausreichende Nachfrage nach Gewinn bringenden Produkten und Dienstleistungen ableiten lässt. Ziel muss es sein, den Kundennutzen möglichst realistisch einzuschätzen. Nach diesem richtet sich das gesamte Geschäftsmodell inklusive Strategie, Kernkompetenzen, der Wertschöpfungsprozess und die Produkte.

DEFINITION

Kundennutzen: Die Bedürfnisse der Kunden werden nur durch die Produkte und Dienstleistungen befriedigt, die für den Käufer einen besonderen Vorteil oder eine Zusatzleistung bieten. Das Angebot eines Unternehmens sollte den Idealvorstellungen der Kunden entgegenkommen. Der Kundennutzen eines Produkts oder einer Dienstleistung formuliert, was das Neue, Bessere, Sicherere, Verlässlichere, Bequemere etc. im Vergleich zum Angebot der Wettbewerber oder zu alternativen Lösungen ist.

Nutzen aus Sicht des Abnehmers können beispielsweise sein:
- Stärkung der Leistungsfähigkeit seines Angebots auf dem Absatzmarkt (Effektivitätsnutzen),
- Senkung seiner Kosten der Leistungserstellung (Effizienznutzen),
- Verbesserung seines Know-hows (Kompetenznutzen) oder
- Senkung seiner Risiken (Sicherheitsnutzen).

In Tabelle I.9 wird ein Überblick über weitere Ressourcen und Kompetenzen gegeben, die von Abnehmern als kritische Erfolgsfaktoren gesehen werden können.

Technologiebezogen	• Forschungsexpertise • Fähigkeit der Produktinnovation • Fähigkeit, das Internet zum Ausführen mehrerer Geschäftsaktivitäten zu nutzen.
Produktionsbezogen	• Effektivität der kostengünstigen Produktion • Herstellungsqualität • Hoher Nutzen von Anlagevermögen • Kostengünstiges Produktionsdesign
Distributionsbezogen	• Gutes Netzwerk von Großlieferanten/Großhändlern • Ausreichend Präsentationsfläche im Einzelhandel • Unternehmenseigene Einzelhandelsgeschäfte • Schnelle Lieferung
Marketingbezogen	• Schnelle und fehlerfreie technische Unterstützung • Zuvorkommender Kundenservice • Exakte Auftragsausführung • Attraktives Design • Garantien
Kompetenzbezogen	• Qualifizierte Mitarbeiter • Know-how in der Qualitätskontrolle • Expertise in Design • Fähigkeit, neue Produkte schnell auf den Markt zu bringen
Organisatorische Fähigkeiten	• Moderne Informationssysteme • Fähigkeit, schnell auf veränderte Marktbedingungen zu reagieren • Leistungsorientierte Organisationskultur
Sonstiges	• Niedrige Kosten in allen Bereichen • Geeignete Standorte • Freundliche und kompetente Mitarbeiter • Zugang zu Finanzkapital • Patentschutz

Tabelle I.9: Kritische Erfolgsfaktoren (vgl. Thompson, 2009)

Der Kundennutzen ist das kritische Unterscheidungsmerkmal. Der Vorteil gegenüber den anderen Marktteilnehmern ist dann am größten, wenn er einzigartig ist und so zum Alleinstellungsmerkmal (Unique Selling Proposition) wird.

Ausschlaggebend hierbei ist, dass die Kunden die ihnen offerierten Nutzenvorteile honorieren, d.h. die Produkte und Leistungen müssen den Abnehmern wichtig sein und die Nutzenvorteile müssen realisiert werden – dabei ist zu vernachlässigen, ob die Leistungen objektiv tatsächlich besser sind:

• Entscheidend ist die subjektive Wahrnehmung für den Mehrwert und
• damit eng verbunden der Preis, den der Kunde bereit ist, dafür zu zahlen.
• Des Weiteren muss der Nutzenvorteil dauerhaft vor der Konkurrenz geschützt werden können (nicht schnell imitierbar bzw. substituierbar sein).

Nur wenn alle drei Merkmale gleichzeitig erfüllt sind, wird ein Wettbewerbsvorteil erreicht und ein Unternehmen kann – trotz eines intensiven Wettbewerbs – über längere Zeit positive Erträge erwirtschaften.

PRAXISBEISPIEL: Kritische Erfolgsfaktoren in der Werkzeugmaschinenbranche
Um einen Überblick zu erhalten, welcher Wettbewerber den höchsten Nutzen für die Zielgruppe stiften kann, wird ein Diagramm erstellt. Die kritischen Erfolgsfaktoren werden in der Reihenfolge ihrer Bedeutung aufgetragen. Die x-Achse enthält die kritischen Erfolgsfaktoren beginnend mit »sehr wichtig« bis »weniger wichtig«. Die y-Achse ist eine Rating-Skala mit den Werten von 0 bis 1.

In einer Marktstudie, die für die MASCHINENBAU GmbH erhoben wurde, wurden als kritische Erfolgsfaktoren identifiziert:

- Problemlösungskompetenz: Angebot von kundenspezifischen Fertigungslösungen.
- Produktbezogene Dienstleistungen: Fernwartung/Teleservice, Schulung des Bedienpersonals, Standzeitvereinbarungen, Entsorgung und Ersetzen von Altmaschinen.
- Hohe Liefersicherheit.
- Vollständiges Lebenszyklus-Management: Die Kundenbeziehung erstreckt sich über den gesamten Produktlebenszyklus. Durch Kooperation zwischen Hersteller, Betreiber und Komponentenlieferanten werden die Instandhaltungs- und Stückkosten gesenkt.
- Angebot von Betreibermodellen wie »pay on production«, d.h. der Kunde zahlt nur für die produzierten Leistungen.

Abbildung I.20 macht deutlich, dass alle Marktteilnehmer von den Kunden ähnlich wahrgenommen werden. Dies bestätigt die bisher in der Analyse festgestellte hohe Wettbewerbsintensität in der Branche.

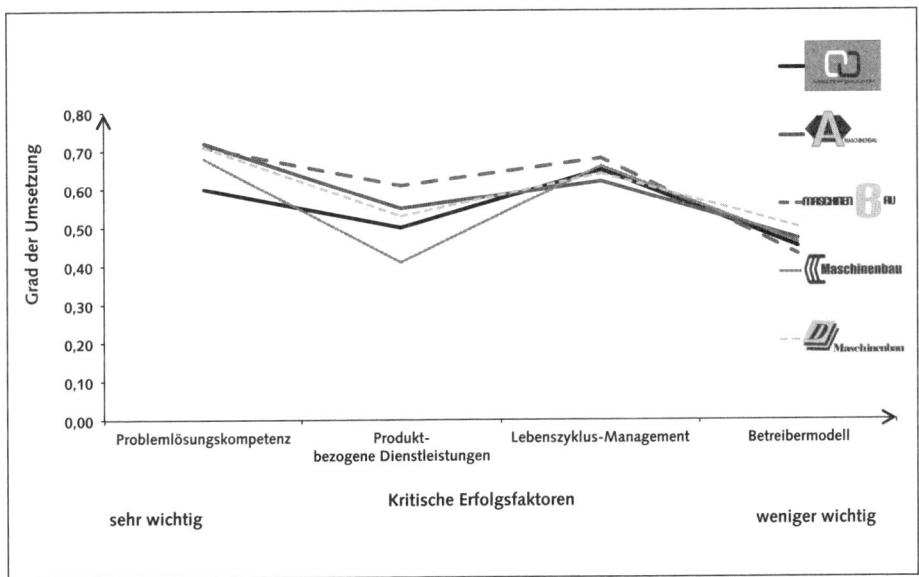

Abbildung I.20: Die kritischen Erfolgsfaktoren

4.1 Kundenbindung

Wie aus dem Praxisbeispiel der MASCHINENBAU GmbH ersichtlich, werden in wettbe-werbsintensiven Branchen die kritischen Erfolgsfaktoren (Produkte, Kompetenzen etc.) aus der Sicht der Kunden von vielen Anbietern in vergleichbarer Weise erbracht. Um die Ent-wicklung der Umsätze eines Unternehmens einschätzen zu können, ist es wichtig zu wissen, inwieweit sie resistent gegenüber potenziellen Änderungen im Branchenumfeld sind.

Kundenbindung/Loyalität

Der Einschätzung der Kundenbindung sollte daher eine hohe Priorität eingeräumt werden. Eine hohe Kundenbindung hat folgende Vorteile:

* Zufriedene Kunden haben eine höhere Wiederkaufrate.
* Zufriedene Kunden sind loyaler, und es lässt sich somit eine höhere Deckungsbeitrags-Marge pro Kunde erzielen.
* Zufriedene Kunden weisen eine geringere Preisempfindlichkeit auf.
* Es sind geringere Marketing- und Vertriebsaufwendungen notwendig.
* Sie führt zu einer positiven Mund-zu-Mund-Propaganda.

Kundenbindung ist eng mit der Loyalität des Kunden verknüpft und zielt darauf ab, diese Loyalität langfristig zu stärken. Die Kunden müssen durch eine entsprechende Pflege der Beziehung immer wieder zu loyalem Verhalten motiviert werden. Dabei ist zu berücksich-tigen, dass Loyalität ein sehr sensibler Wert ist, denn Kunden reagieren empfindlich und unmittelbar. Der Aufbau und die Sicherung der Kundenloyalität sollten daher einen hohen strategischen Stellenwert im Unternehmen einnehmen, denn sie sind maßgeblich für eine nachhaltige Ertragskraft.

Die Messung von Kundenzufriedenheit und -loyalität erfolgt i.d.R. über Befragungen und wird über Ratingskalen und darauf basierenden Regressions- und Kausalanalysen aus-gewertet. Darüber hinaus sind Kennzahlen wie die Kundenbeziehungsdauer oder Kunden-verlustquote verbreitet.

Die Kennzahl Kundenbeziehungsdauer gibt Auskunft darüber, wie lange die Geschäftsbe-ziehungen mit den Kunden bestehen. Ein hoher Anteil von Kundenbeziehungen mit langen Laufzeiten lässt auf eine hohe Kundenzufriedenheit schließen.

PRAXIBEISPIEL Kundenbeziehungsdauer der MASCHINENBAU GmbH
Um die Kundenbeziehungsdauer auszuwerten, bildet man Größenklassen, denen die Kunden je nach Länge der Geschäftsbeziehung zugeordnet werden. Die Auswertung mit dem Excel-Tool *Kundenbeziehungsdauer* zeigt, dass die MASCHINENBAU GmbH sehr lange Kundenbeziehungen pflegt. Die Mehrheit der Abnehmer sind Stammkunden und seit mehr als fünf Jahren Kunden.

Kundenbeziehung in Jahren		Anzahl Kunden je Klasse			
von	bis	Anzahl	%	kumuliert	%
0	1	30	4,36%	30,00	4,36%
1	2	50	7,27%	80,00	11,63%
2	3	40	5,81%	120,00	17,44%
3	4	110	15,99%	230,00	33,43%
4	5	144	20,93%	374,00	54,36%
5	6	112	16,28%	486,00	70,64%
6	7	98	14,24%	584,00	84,88%
7	8	70	10,17%	654,00	95,06%
8	9	22	3,20%	676,00	98,26%
9	und mehr	12	1,74%	688,00	100,00%
	Summe	688,00	100,00%		

Quelle: Heimrath, 2010; eigene Darstellung, eigene Berechnungen

Excel-Datei: Analyse/
Excel-Blatt: Kunden-
beziehungsdauer

Modell-Tabelle 1:
Kundenbeziehungs-
dauer nach Grö-
ßenklassen

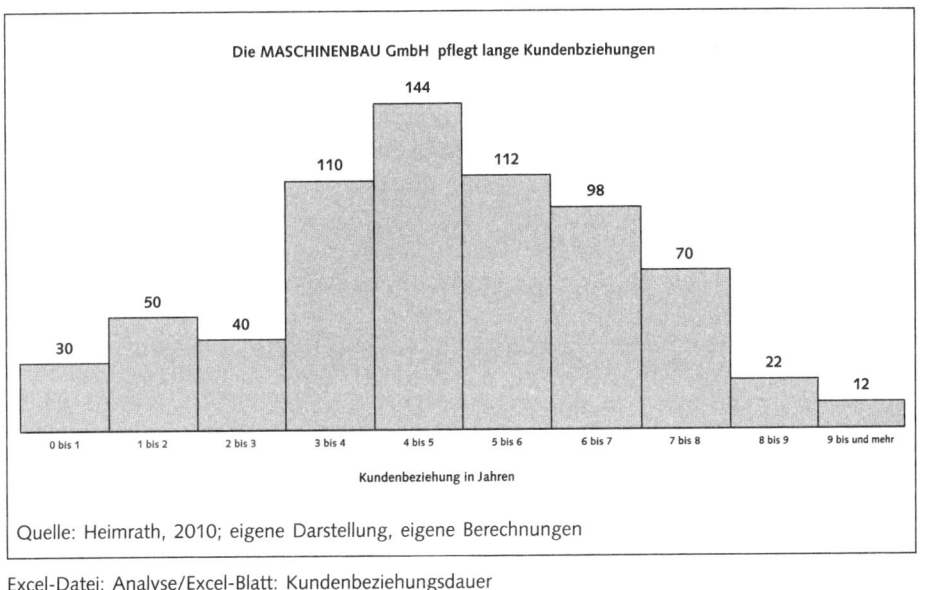

Quelle: Heimrath, 2010; eigene Darstellung, eigene Berechnungen

Excel-Datei: Analyse/Excel-Blatt: Kundenbeziehungsdauer
Modell-Tabelle 2: Grafische Darstellung der Kundenbeziehungen

Die Kundenverlustquote (auch Churn-Rate genannt) gibt die Kundenverluste in Prozent pro Jahr im Vergleich zum gesamten Kundenstamm an. Eine Churn-Rate von 10 % ist gleichbedeutend mit einer Kundenbindungsrate von 90 %. Die Churn-Rate ist ein Kunstwort aus den Begriffen Change (Wechsel der Einstellung eines Kunden) und Turn (Abkehr vom Unternehmen).

$$\text{Churn Rate (CHR)} = \frac{\text{Anzahl der pro Jahr verlorenen Kunden}}{\text{durchschnittlicher Kundenbestand pro Jahr}}$$

Bildet man den Kehrwert der Churn Rate, so erhält man die durchschnittliche Verweildauer der Kunden im Kundenportfolio: Verweildauer der Kunden = 1/CHR

Darüber hinaus kann der Anteil der Stammkunden am Gesamtumsatz gemessen werden (Wiederkaufsrate). Ein hoher Anteil an langjährigen und stabilen Kundenbeziehungen ist ein guter Indikator für eine hohe Kundenzufriedenheit.

4.2 Bewertung der Kundenbeziehungen

Nachdem man die notwendigen Daten über die Abnehmer erhoben hat, untersucht man den Ertrag, der mit den Kundenbeziehungen erzielt wird.

Das Kundenportfolio eines Unternehmens ist in der Regel keine homogene Größe, da die kritischen Variablen wie Kundenbedürfnisse, Umsatzvolumen, Bestell-, Einkaufs- und Reklamationsverhalten und vor allem Rentabilität kundenspezifisch voneinander abweichen können. Wichtige interne Informationsquellen für eine Einschätzung der Qualität eines Kundenportfolios sind die Debitorenbuchhaltung und der Vertrieb (beispielsweise Erkenntnisse aus Kundengesprächen). Externe Marktforschungsquellen wie Marktstudien über das Produktnutzungsverhalten, Branchen- und Presseinformationen sowie Jahresabschlüsse der Kunden können die intern gewonnenen Erkenntnisse ergänzen.

Die üblichen Verfahren, um Kundenbeziehungen zu bewerten, sind:
- die Regressionsanalyse und
- die Rendite-/Wachstums-Portfolio-Analyse.

4.2.1 Regressionsanalyse

Mit einer Regressionsanalyse untersucht man, ob ein direkter Zusammenhang zwischen den Kundenumsätzen (individueller Umsatz der einzelnen Kunden) und der Rendite der Kundenbeziehungen (Deckungsbeitragsmarge) besteht. Die statistische Methode der Regressionsanalyse ist eine wertvolle Universaltechnik, die in vielen Feldern der Unternehmensanalyse eingesetzt werden kann. Man kann damit Abhängigkeiten erkennen und Planungsannahmen prüfen. Im Abschnitt 2.2 *Analyse von quantitativen volkswirtschaftlichen Daten* wurde sie bereits vorgestellt.

PRAXIBEISPIEL Regressionsanalyse der Kundenumsätze der MASCHINENBAU GmbH
Mit dem Excel-Tool aus dem *Excel-Blatt Regressionsanalyse Kunden* kann man einfach Daten in fertige Diagramme umwandeln und auswerten. Das Tool errechnet automatisch die Steigungsgerade und das Bestimmtheitsmaß R^2. Mit der Geradengleichung kann man mit einem bestimmten x-Wert (Deckungsbeitragsmarge) den entsprechenden y-Wert (Umsatz pro Kunde) errechnen. Hierzu setzt man den x-Wert in die Geradengleichung y = 0,0007x + 0,0044 ein.

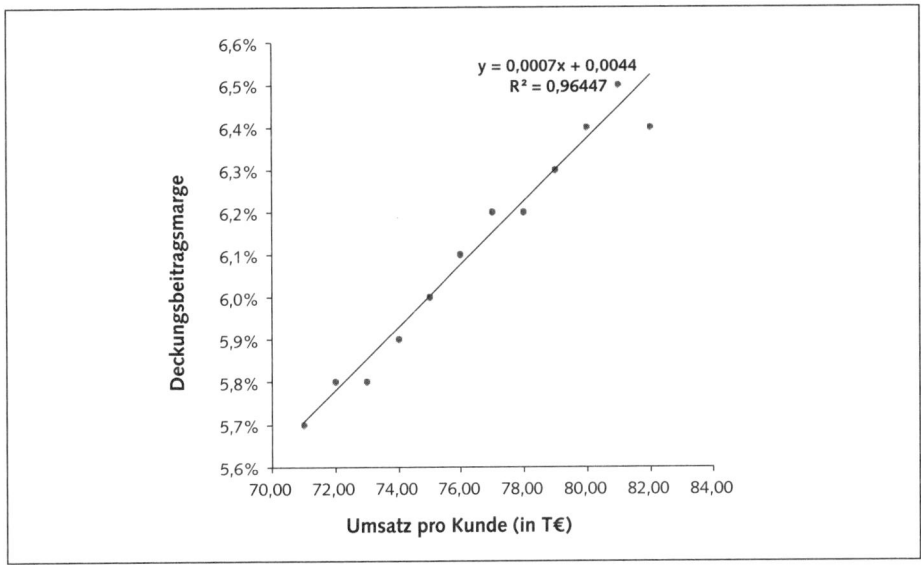

Excel-Datei: Analyse/Excel-Blatt: Regressionsanalyse Kunden

Modell-Tabelle 2: Regressionsanalyse

Die Abbildung aus Modell-Tabelle 2 illustriert eine Situation, in der ein hoher Zusammenhang zwischen den beiden Parametern besteht. Dies erkennt man an der Nähe der Punkte zu der Regressionsgeraden. Bestätigt wird die intuitive Erkenntnis durch den hohen Wert des Bestimmtheitsmaß R^2, das mit 0,96 nahe am Maximum 1 gelegen ist. D.h. es besteht ein sehr starker Zusammenhang zwischen Deckungsbeitragsmarge und Umsatz pro Kunde.
In diesem Fall handelt es sich um einen positiven Zusammenhang. Dies bedeutet,
• je größer der Umsatz eines Kunden,
• desto höher ist die Deckungsbeitragsmarge aus dem Umsatz.

Dies ist eine typische Situation für den Werkzeugmaschinenbau. Die umgekehrte Konstellation ist in vielen Branchen verbreitet, z.B. wenn Hauptabnehmer aufgrund ihrer Einkaufsmacht hohe Rabatte einfordern können.

Generell ist bei der reinen Betrachtung der Deckungsbeiträge zu beachten, dass mittelfristig die gesamten Fixkosten gedeckt werden müssen. Es kann durchaus vorkommen, dass einzelne deckungsbeitragsstarke Produkte (Nischenprodukte) eine geringe Umschlagshäufigkeit besitzen und lange im Lager verbleiben. In der Konsequenz kann dies dazu führen, dass diese Produkte trotz hohen Deckungsbeitrags die Fixkosten sowie die Kapitalkosten nicht decken.

4.2.2 Rendite-/Wachstums-Portfolio-Analyse

Mit einer Rendite-/Wachstums-Portfolio-Analyse identifiziert man die Attraktivität der einzelnen Kunden bzw. Kundengruppen.

Hierzu stellt man die Renditen aus den jeweiligen Kundenbeziehungen (z.B. Deckungsbeitragsmarge pro Kunde, d.h. das Verhältnis von Deckungsbeitrag zu Umsatz[3]) dem erzielten Wachstum (z.B. Umsatzwachstum je Kunde) gegenüber. Dadurch kann das Kundenportfolio entsprechend der Attraktivität der einzelnen Kunden in Abhängigkeit von der relativen Lieferantenposition, die das Unternehmen gegenüber den einzelnen Kunden besitzt, in folgende Kategorien eingeteilt werden:

- Stars,
- Fragezeichen,
- Mitnahmekunden und
- Ertragskunden.

Abbildung I.21 zeigt wie ein Kundenportfolio segmentiert werden kann. Auf der x-Achse wird die relative Lieferantenposition (durchschnittliches jährliches Umsatzwachstum) und auf der y-Achse die Kundenattraktivität (Deckungsbeitragsmarge) abgetragen. Die relative Höhe der Umsätze wird durch die Größe der Kreise illustriert. In dem gewählten Beispiel werden als Segmentierungskriterien (Benchmarks) die durchschnittliche Wachstumsrate der Branche (2,5 Prozent p.a.) und die Ziel-Deckungsbeitragsmarge von 15% herangezogen. Aus Abbildung I.21 ist abzuleiten, dass B als Star, C als Ertragskunde, A als Mitnahmekunde und D als Fragezeichenkunde einzustufen ist.

Wie auch in der allgemeinen Portfolioanalyse sollte ein Unternehmen eine ausgewogene Struktur des Kundenportfolios aufweisen. Generelle Handlungsempfehlungen für den Umgang mit den einzelnen Kundenkategorien können sein:

- *Fragezeichenkunden:* Für Kundenbeziehungen mit einer positiven Deckungsbeitragsmarge und gleichzeitig prognostizierten rückläufigen Umsatzerwartungen sollten innerhalb eines vorher zu definierenden Zeitraumes Einzelstrategien zur Reaktivierung eingeleitet werden. Danach ist das weitere Vorgehen selektiv zu entscheiden. Darüber hinaus ist es empfehlenswert, Analysen über die möglichen Ursachen (z.B. Markteintritt neuer Wettbewerber, Einführung von Substitutionsprodukten) für die rückläufigen Kundenumsätze zu fahren.
- *Stars:* Stars sind Kunden mit einer überdurchschnittlichen Deckungsbeitragsmarge, die zusätzliches Wachstumspotenzial aufweisen. Diese Kundenbeziehungen sollten gehalten oder intensiviert werden.
- *Mitnahmekunden:* Es ist selektiv zu prüfen, ob man bei Kunden mit negativen Deckungsbeitragsmargen und rückläufigen Umsatzerwartungen eine Beendigung der Kundenbeziehung in Erwägung zieht.
- *Ertragskunden:* Bei aktuell negativen Deckungsbeitragsmargen und gleichzeitig einem zu erwartenden positiven Wachstumspotenzial der Kundenbeziehungen sollte man selektiv prüfen, ob der Produkt- oder Konditionenmix angepasst werden sollte, um dauerhaft rentable Umsätze mit den Kunden generieren zu können.

---

3   Unter Deckungsbeitrag wird hier die Differenz aus Umsatzerlösen und variablen Kosten verstanden.

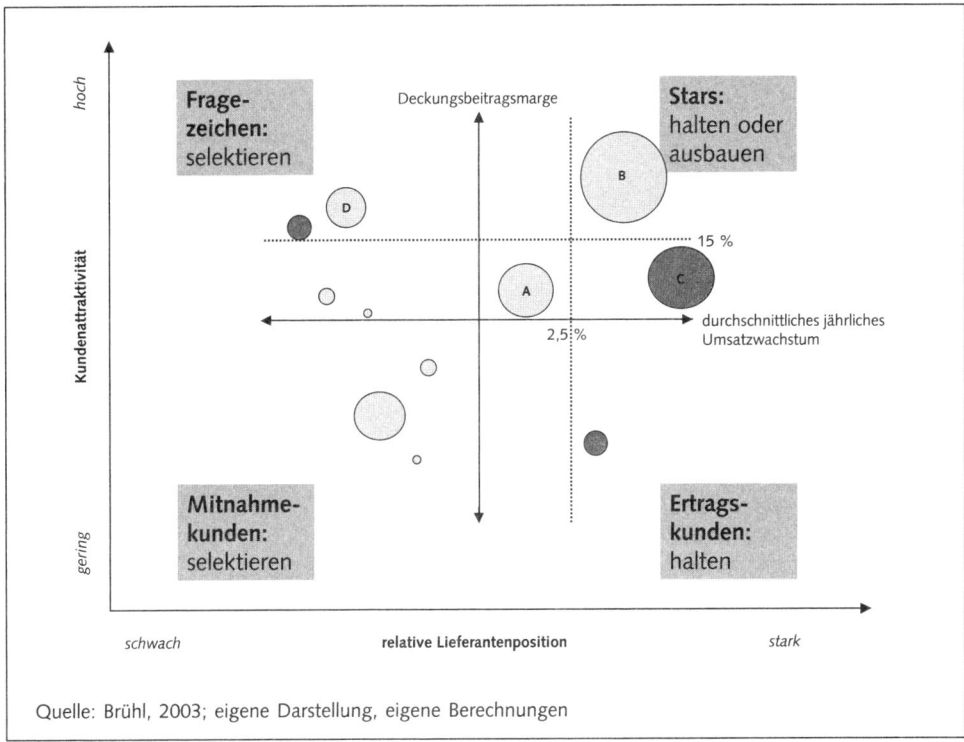

Quelle: Brühl, 2003; eigene Darstellung, eigene Berechnungen

Abbildung I.21: Rendite-/Wachstums-Portfolio

PRAXISTIPP: Weitere Fragen zur Analyse des Kundenportfolios
- Welcher Anteil des Umsatzes basiert auf langfristigen Verträgen und Rahmenverträgen sowie auf festen Kundenbeziehungen und welcher auf Einzelgeschäften?
- Gibt es Sondervereinbarungen mit Kunden?
- Findet regelmäßig und systematisch eine Analyse des Kundenportfolios statt, z.B. mithilfe der Rendite-/Wachstums-Portfolio-Analyse?
- Wie sieht die regionale Umsatzverteilung aus (z.B. Inland/Ausland)?
- Wie entwickelt sich das Wachstum des Kundenstamms im Branchenvergleich?
- Wie ist die aktuelle Auftragslage zu beurteilen (z.B. zum Ende des Quartals)?
- Wie ist die Bonität der Abnehmer?

Die Bonität der Kunden kann über Ausfallraten, Einhaltung von Zahlungszielen o.Ä. erschlossen werden. Des Weiteren stellen Institute wie die Creditreform Bonitätseinschätzungen zur Verfügung. Insbesondere bei Abhängigkeiten von wenigen Kunden bzw. bei kleinen produzierten Stückzahlen (z.B. im Sondermaschinenbau oder Großanlagenbau) können Zahlungsausfälle erhebliche Auswirkungen auf die Liquiditäts- und Ertragssituation haben.

5 Analyse des Unternehmens

Die makroökonomische Umfeld- und Branchenanalyse liefert Indikatoren, wie sich die Ertragskraft einer Branche in der Vergangenheit entwickelt hat, welche Trends für die Zukunft zu erwarten sind und welche kritischen Erfolgsfaktoren vorherrschen.

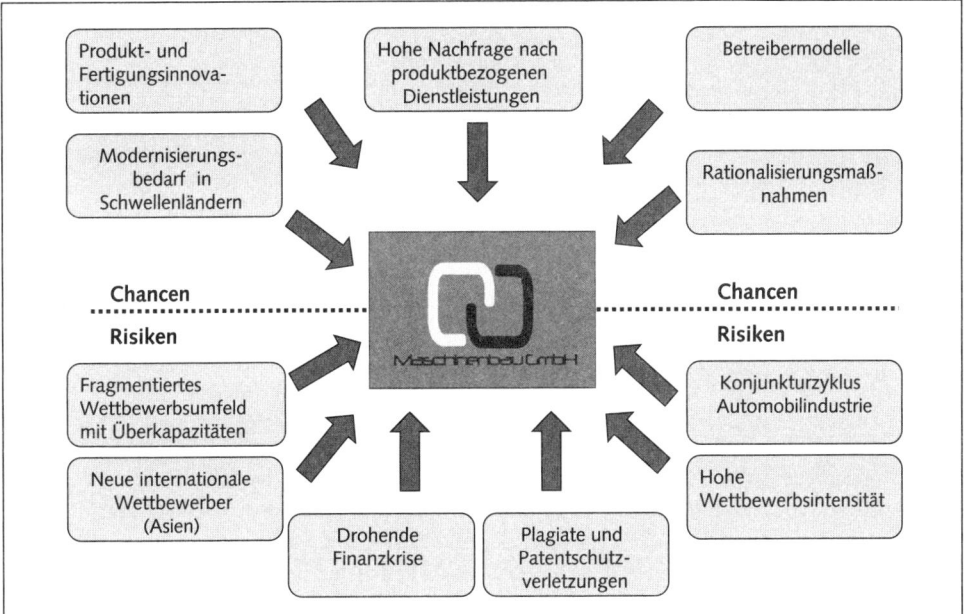

Abbildung I.22: Ergebnisse der makroökonomischen Umfeld- und Branchenanalyse im Überblick: Chancen und Risiken der MASCHINENBAU GmbH

In diesem Abschnitt wird gezeigt, wie man die internen Ressourcen und Erfolgspotenziale eines Unternehmens untersucht. Leitfragen im Rahmen der Unternehmensanalyse sind:
- Welche Vorteile haben die Kunden durch die Geschäftsidee (Nutzen)?
- Welche Vorteile hat das Unternehmen gegenüber seinen Wettbewerbern mit seinen Aktivitäten (Analyse der Wertschöpfung und der strategischen Ausrichtung)?

Als Ergebnis erhält man mit einer SWOT-Analyse ein Stärken/Schwächen bzw. Chancen/Risikenprofil.[4] Damit kann man systematisch Aussagen über Wettbewerbsvorteile machen

---

4   SWOT-Analyse steht für Strengths, Weaknesses, Opportunities, Threats und bedeutet: Analyse der Stärken, Schwächen, Chancen und Risiken.

sowie Vorhersagen treffen, wie sich das Unternehmen in seinem Marktumfeld behaupten kann und welche Ertragsmechanik hinter dem Geschäftsmodell steht. Dies ist die Grundlage einer Prognoserechnung und wird im Kapitel I.8 Planung vorgestellt.

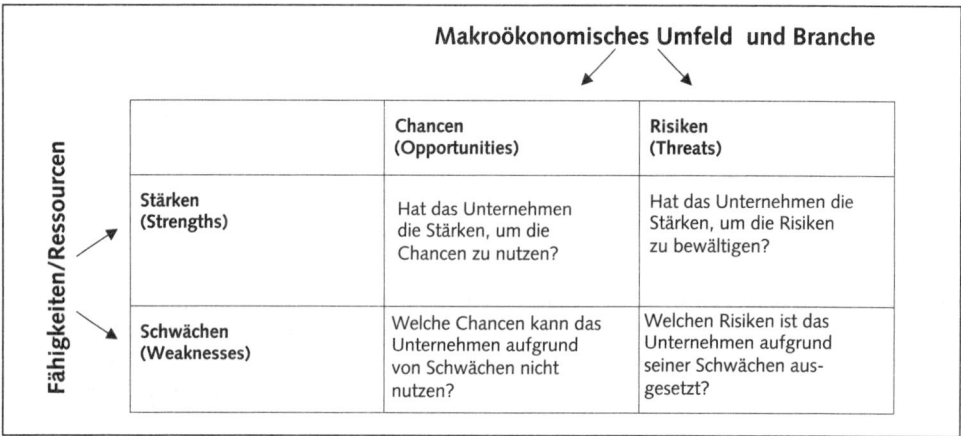

Abbildung I.23: SWOT-Analyse

5.1   Analyse der strategischen Fähigkeiten

Jedes Unternehmen entwickelt im Laufe seiner Geschichte einen eigenen Weg, um sich den Herausforderungen der Zukunft zu stellen. Gerade in mittelständischen Unternehmen hat das operative Tagesgeschäft jedoch häufig Vorrang vor strategischen Überlegungen. Vielfach wird die Strategie nicht explizit formuliert. Dennoch verfolgt jedes Unternehmen eine Strategie. Aufgabe der Analyse der strategischen Fähigkeiten ist es, zu beurteilen, wie erfolgreich eine Strategie ist. Im Vordergrund dabei steht die Frage, trifft man mit ihr die Bedürfnisse der Kunden und somit die kritischen Erfolgsfaktoren: Ist man mit der Strategie in der Lage, die Produkteigenschaften, Ressourcen und Kompetenzen zu schaffen, auf die die Zielkunden Wert legen?

> **DEFINITION**
>
> Eine *Strategie* ist ein Gesamtplan, um langfristige Ziele und den Weg zu diesen Zielen festzulegen. Sie ist kein detaillierter Plan mit Anweisungen – vielmehr gibt sie die Richtung für das Handeln und die Entscheidungen in einer Organisation vor. Dies grenzt Strategie auch von Taktik ab: Eine Taktik ist ein kurzfristiger Entwurf für eine spezielle Handlung im Rahmen des Gesamtplanes.

Untersuchungsergebnisse zeigen eindeutig die Bedeutung von strategischem Handeln im Unternehmen: Erfolg ist abhängig (vgl. Buzzel/Gale, 1989):

- zu 70 % vom strategischen Profil,
- zu 20 % von operativer Effizienz und
- zu 10 % vom dispositivem Geschick.

PRAXISTIPP: Typische Fragen eines Analysten zur Strategie
- Wozu existiert ein Unternehmen?
- Wie soll die Zukunft des Unternehmens aussehen?
- Welche Ziele verfolgt es?
- Wie wurde die Strategie entwickelt?
- Befriedigt die Strategie die Bedürfnisse der Kunden?
- Ermöglicht sie Wettbewerbsvorteile?
- Stimmen Ziele, Werte, Ressourcen, Fähigkeiten und Organisationsform mit der Strategie des Unternehmens überein?
- Wird die Strategie von den Stakeholdern akzeptiert (Führungskräfte/Mitarbeiter, Kunden, Lieferanten, Eigen- und Fremdkapitalgebern, Bevölkerung, staatlichen Stellen etc.)?
- Wie flexibel und pragmatisch wird die Strategie angewandt?

Um die strategischen Fähigkeiten einzuschätzen, bedient man sich der sogenannten Strategie-Uhr, die von Faulkner und Bowman entwickelt wurde. Der Ansatz nimmt eine marktorientierte Sichtweise ein. Sie hat den Vorteil, dass sie nicht auf bestimmte Rahmenbedingungen beschränkt ist. Zudem kann man sich in der Analyse auf wenige signifikante Merkmale konzentrieren. Jede Position auf der Strategie-Uhr beschreibt eine mögliche Wettbewerbsstrategie und kann einem kritischen Erfolgsfaktor zugeordnet werden. (vgl. Faulkner/Bowman, 2001)

Kerninhalte der Wettbewerbsstrategien sind:
- Unternehmen erlangen Wettbewerbsvorteile, indem sie ihren Kunden das bieten, was sie wünschen.

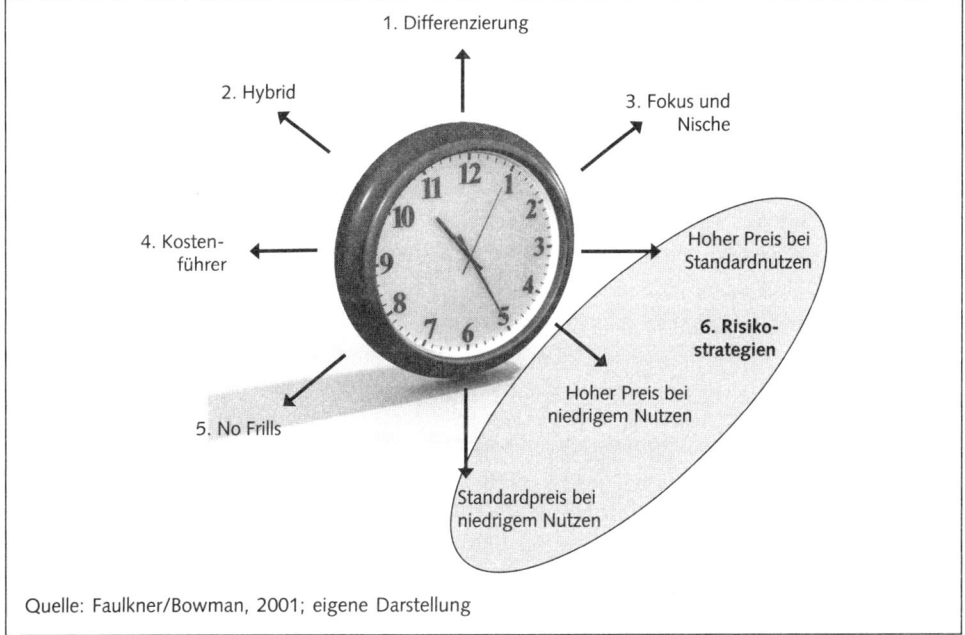

Quelle: Faulkner/Bowman, 2001; eigene Darstellung

Abbildung I.24: Strategie-Uhr

- Unternehmen sind so zu positionieren, dass sie ihre eigenen Stärken optimal nutzen um sich gegen die Marktkräfte zu behaupten.
- Der Wandel und neue Trends in der Branche müssen frühzeitig erkannt werden, und – wenn nötig – muss die Strategie neu ausgerichtet werden.

5.1.1 Differenzierungsstrategie

DEFINITION

Grundgedanke der *Differenzierungsstrategie* ist es, sich durch Produkte und Leistungen mit spezifischen Merkmalen (aus Sicht des Kunden) positiv von den anderen Marktteilnehmern (unabhängig vom Preis) abzuheben.

Voraussetzung für eine Differenzierungsstrategie ist, dass der Abnehmer durch die nichtstandardisierten Produkte spezielle Nutzen- bzw. Leistungsvorteile erhält. Diese vom Kunden wahrgenommene (und nicht die faktische) Einzigartigkeit führt zu einer starken Kundenbindung. Sie schirmt gegen den Wettbewerb ab und verringert die Preisempfindlichkeit.

Die Kunden sind i.d.R. im Gegenzug bereit, auch einen im Vergleich zum Branchendurchschnitt höheren Preis zu zahlen (Premiumpreis). Im Gegensatz zur Strategie der Kostenführerschaft wird angestrebt, hohe Deckungsbeiträge bei geringen Absatzmengen zu erzielen.

Die Bandbreite der Differenzierungsmöglichkeiten ist sehr vielfältig. Jede Aktivität in der Wertkette kann geeignet sein, sich von den Mitbewerbern zu differenzieren. Wichtige Differenzierungsfaktoren sind:

- Produkteigenschaften: z.B. Design, Funktionalität, Innovation, leichte Instandhaltung und Kompatibilität der Produkte etc.
- Marketing-Differenzierung: z.B. emotionale Aufladung, Markenimage, Schaffung eines »Hype«,
- Zusätzliche Leistungen: z.B. Garantie- oder Serviceleistungen, schnelle Leistungserbringung, Vielseitigkeit und Flexibilität bei der Befriedigung von Kundenbedürfnissen,
- Reputation bezüglich Qualität und technologischer Spitzenstellung.

Für die Unternehmensanalyse ist entscheidend zu erkennen, ob die Voraussetzungen für eine erfolgreiche Differenzierungsstrategie dauerhaft gegeben sind. Wie ein Unternehmen im konkreten Einzelfall seine Differenzierungsvorteile erlangen kann, ist nur unter Berücksichtigung der spezifischen Unternehmens- und Wettbewerbssituation zu identifizieren. Denn die jeweiligen Ansatzpunkte sind in unterschiedlicher Weise relevant und nicht jedes Unternehmen besitzt die Fähigkeit, alle Ansatzpunkte gezielt zu beeinflussen. Exemplarisch seien folgende Erfolgsfaktoren für eine Differenzierungsstrategie genannt:

- Preisprämie höher als die Kosten der Differenzierung,
- ausreichende Anpassungsfähigkeit der angebotenen Leistungen an die individuellen Kundenpräferenzen,
- ständige Investitionen in die Differenzierungsmerkmale (»Stillstand ist Rückschritt«),
- regelmäßige Markt- und Wettbewerbsanalyse,

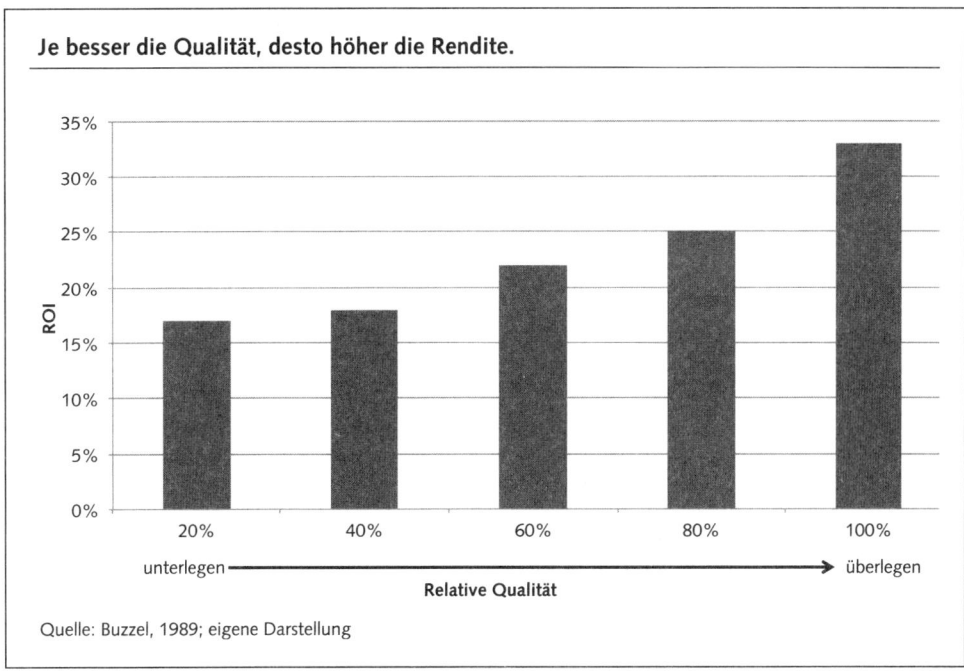

Abbildung I.25: Bedeutung von Qualität

- genügend Möglichkeiten zur Leistungsdifferenzierung,
- unterschiedliche Kundenbedürfnisse und Nutzungsmöglichkeiten der Produkte,
- geringe Zahl an Konkurrenten, die eine vergleichbare Differenzierung anbieten und
- schwer zu erreichende Imitation.

Den Chancen der Differenzierung stehen Risiken gegenüber, die bei der Einschätzung der eingeschlagenen Strategie kritisch zu betrachten sind:
- Einmaligkeit, die ohne Wert ist, da sie der Kunde nicht schätzt,
- Vernachlässigung der Kosten,
- zu hoher Differenzierungsgrad,
- zu hoher Preiszuschlag,
- vernachlässigen, dass Wert signalisiert werden muss,
- Konzentration auf das Produkt, anstatt auf die ganze Wertkette,
- Veränderung der Bedürfnis- und Vermögenssituation der Kunden,
- Differenzierungsvorteile meist nur temporär: Angriff durch Nachahmer sowie
- technischer Fortschritt.

PRAXISBEISPIEL: Differenzierungspotenziale in der Werkzeugmaschinenbranche
Der Werkzeugmaschinenbau ist eine hoch innovative Branche. Innovationen und Produktdifferenzierungen sind ihre wesentlichen Strukturmerkmale.

Hier können exemplarisch genannt werden: Hochleistungsprozesse, die Durchlauf- und Bearbeitungszeiten (-takte) reduzieren bzw. effizienter gestalten, und Laser, die schneller und präziser arbeiten und sogar dünnste Materialien perfekt miteinander verschweißen können. Besonders die Zusammenfassung verschiedener Prozesse in Fertigungszellen ermöglicht eine integrierte Optimierung bisher nacheinander und einzeln beschickter Maschinen. Bei Standardwerkzeugmaschinen ergibt sich ein problematischeres Bild. Hier sind Wettbewerber aus Nachahmerstaaten auf dem Vormarsch. Weitere Differenzierungsmerkmale der Branche sind After-Sales-Service und das hohe Qualitätsniveau (z.B. höhere Standards und eine höhere Betriebsbereitschaft) oder Fernwartung (vgl. Jankowski, 2006).

5.1.2 Hybride Strategie

Zunehmend ist bei Kunden ein hohes Preisbewusstsein bei gleichzeitig hohen Erwartungen an die Qualität zu beobachten. Unternehmen reagieren darauf, indem sie eine sogenannte Hybridstrategie[5] verfolgen.

> **DEFINITION**
> Unternehmen mit einer *hybriden Strategie* haben niedrige Herstellungskosten und geben Teile der Gewinne an die Kunden weiter. Sie nutzen ihre Kostenvorteile, um einen relativ günstigen Preis anbieten zu können. Und sie haben die Fähigkeit, einen besonderen Kundennutzen zu leisten.

Voraussetzungen für eine hybride Wettbewerbsstrategie sind:
- niedrige Herstellungskosten,
- eine hohe Produktkompetenz,
- eine stark ausgeprägte Lernfähigkeit,
- große Fähigkeiten zur kontinuierlichen Verbesserung von Prozessen,
- hohe Margen, um die Produkte weiter zu entwickeln und Differenzierungsmerkmale.

Ikea ist ein typisches Beispiel dieser Strategie.

5.1.3 Fokus- oder Nischenstrategie

Während die Kostenführungs- und Differenzierungsstrategien auf eine branchenweite Umsetzung ihrer Ziele abstellen, geht es bei der Fokus- oder Nischenstrategie darum, eine bestimmte Nische zu besetzen. Dabei nimmt man bewusst eine Verringerung des Anteils am Gesamtmarkt in Kauf.

Innerhalb seines Zielsegments (Nische) kann das Unternehmen wiederum seinen Schwerpunkt auf Kostenführerschaft (Kostenfokus) oder Differenzierung (Differenzierungsfokus) legen. Die Fokusstrategien erlauben dem Unternehmen, seine Kenntnisse, Kompetenzen und

---

5   Der Begriff »hybrid« bedeutet im Griechischen »aus Verschiedenartigem zusammengesetzt« oder »aus Kreuzungen hervorgegangen«.

Fähigkeiten auf ein ganz bestimmtes Gebiet zu konzentrieren, sich zu spezialisieren und auf diesen Gebieten vom Wettbewerb abzuheben.

> **DEFINITION**
>
> Eine *Marktnische* (Nische) ist ein konkret eingegrenzter Ausschnitt aus dem Gesamtmarkt, der entsteht, wenn sich ein Anbieter auf bestimmte Kunden, Produkte oder Regionen konzentriert, die von den aktuellen Wettbewerbern noch nicht (Marktlücke) oder unzureichend (Versorgungslücke) bedient werden.

Eine Darstellung der Chancen und Risiken folgt in den Tabellen I.10 und I.11.

Chancen der Nischenstrategie	
Hohe Kundenbindung und Lenkung der Kunden	• Vorteile, die der Nischenanbieter erlangt, weil er vorhandene Bedürfnisse besser erfüllt oder sie überhaupt erst bedienen kann. • Die Unternehmung stellt sich allein auf die Bedürfnisse einer Kundengruppe ein. • Die Nähe zum Kunden ermöglicht eine schnelle Reaktionsgeschwindigkeit auf sich verändernde Bedürfnisse.
Kostenvorteile durch Konzentration der Kräfte	• Geringere Komplexitäts- und Koordinationskosten: Die Beschränkung auf wenige Produkte, Kunden oder Regionen ist ressourcenschonender und weniger kostenintensiv, als einen ganzen Markt mit zahlreichen Geschäftsfeldern abzudecken. • Die Ressourcenersparnis kann eingesetzt werden, um dem Individualisierungsbedürfnis der Kunden stärker gerecht zu werden.
Unternehmung erwirbt spezielle Kompetenzen (»Expertentum«)	• Es wird zum Experten und erlangt Spezialkenntnisse durch Fokussierung auf (wenige) Kunden, Regionen oder Produkte.
Monopolartige Stellung	• Der hohe Individualisierungsgrad führt zum Aufbau von strategischen Barrieren.
Abkopplung vom Wettbewerb	• Die Spezialisierungseffekte lassen sich auch dann erzielen, wenn Produkte angeboten werden, die ein Gesamtmarktanbieter ebenfalls im Sortiment hat.
Erzielung von hohen Renditen	• Die Alleinstellung ermöglicht eine höhere Marge als in anderen Marktbereichen.

Tabelle I.10: Chancen der Nischenstrategie

Risiken der Nischenstrategie	
Verdrängung	• Nische wird für andere Wettbewerber attraktiv. • Imitation durch Marktführer. • Andere Anbieter spezialisieren sich noch gezielter.
Kostennachteile	• Kritische Masse wird nicht erreicht, Kostendegressionseffekte lassen sich nicht erzielen. • Die Größeneffekte des Gesamtmarktanbieters werden größer als die Kostenersparnis des Nischenanbieters.
Wachstumsgrenzen	• Ist der maximale Marktanteil (100 %) in der Nische erreicht, ist kein weiteres Wachstum möglich.

Risiken der Nischenstrategie	
Externe Veränderungen	• Strukturmerkmale der Nische, Technologien oder Kundenbedürfnisse ändern sich. Dies führt zum Schrumpfen oder Sterben der Nische.
Abhängigkeit	• Zu hohe Konzentration auf wenige Kunden bzw. Produkte kann bei Rückgang der Nachfrage existenzgefährdend sein.

Tabelle I.11: Risiken der Nischenstrategie

Wesentliche Voraussetzungen für eine dauerhafte erfolgreiche Besetzung einer Nische sind:
• Eine Branche weist verschiedene Segmente auf; somit ist eine Nischenbesetzung möglich.
• Es existieren deutlich unterscheidbare Ansprüche an die Angebote.
• Das Marktsegment sollte dauerhaft, ausreichend groß und stabil sein und Wachstumspotenziale aufweisen, damit die hier generierten Umsätze langfristig einen viel versprechenden Gewinn nach sich ziehen.
• Der Nutzen der Nische für die Wettbewerber, die den gesamten Markt bedienen, insbesondere für die Marktführer, ist mit großen Anstrengungen (z. B. hohen Kosten) verbunden und von geringer strategischer Bedeutung.
• Das Unternehmen muss solche Fähigkeiten und Ressourcen besitzen bzw. entwickeln, die es ermöglichen, die jeweiligen Kundenbedürfnisse (z. B. nach besonderen Produkteigenschaften oder einer hohen Beratungsqualität) besonders gut abzudecken. Dabei sollte sich das Angebot von dem Konkurrenzangebot klar unterscheiden.
• Die aufgebauten Markteintrittsbarrieren (z. B. Kundenloyalität und die Fähigkeit, die Zielkunden optimal zu bedienen) sind hoch genug, um die Nische gegen Herausforderer verteidigen zu können.

Die Verfolgung der Nischenstrategie bietet eine Reihe von Vorteilen. Vor allem kleineren und mittleren Unternehmungen wird die Fähigkeit zugesprochen, besonders individualisierte Leistungen erbringen zu können und so die Bedürfnisse in Nischen zu befriedigen oder gar erst zu schaffen. Bei der Beurteilung sind auch die Risiken zu betrachten. Nischenanbieter sollten die Signale wahrnehmen, die auf Veränderungen in der Nische hindeuten, und rechtzeitig Maßnahmen ergreifen, um neue Zielgebiete oder -gruppen zu erreichen. Denn entscheidend für die Fokusstrategie ist, dass es dem Unternehmen gelingt, die marktsegmentspezifischen Besonderheiten der Nische dauerhaft aufrechtzuerhalten.

PRAXISBEISPIEL: Positionierung der MASCHINENBAU GmbH
Die MASCHINENBAU GmbH hat sich als Serienmaschinenhersteller auf eine wachstumsstarke und zukunftsträchtige Marktnische ausgerichtet. Durch hoch produktive und flexible Fertigungsprozesse in Verbindung mit dem Gleichteileprinzip und vergleichsweise niedrigen Fixkosten zählt der Hersteller in diesem Bereich zu den Kostenführern. Darüber hinaus wird der Hersteller im Markt aufgrund seiner qualitativ hochwertigen Produkte und in Folge des hohen Markenimages als Premiumanbieter wahrgenommen. Dadurch kann sich das Unternehmen dem – insbesondere im einfachen Standardmaschinengeschäft zu beobachtenden – hohen Preisdruck teilweise entziehen.

5.1.4 Kostenführerschaft

> **DEFINITION**
>
> Die Strategie der *Kostenführerschaft* resultiert aus der Fähigkeit eines Unternehmens, Kostensenkungspotenziale bei allen Wertschöpfungsaktivitäten – vor allem bei den wichtigsten Kostentreibern – konsequent zu nutzen und damit einen nachhaltigen Wettbewerbsvorteil zu erreichen. Dieser Wettbewerbsvorteil besteht darin, dass die Kostenführer den Kostenvorsprung an ihre Abnehmer in Form von geringeren Preisen weitergeben können: Das höhere Absatzvolumen – auch unter Hinnahme einer geringeren Marge – führt zu einem überdurchschnittlichen Gewinn.

Im Rahmen einer Untersuchung eines Kostenführers ist zu prüfen, ob die Rahmenbedingungen des Marktes zur Verfolgung der Strategie dauerhaft gegeben sind. Diese können sein:

- Der Preis ist eine entscheidende Größe im Wettbewerb.
- Es handelt sich um Branchen mit Massenfertigung von weitgehend homogenen Produkten mit anerkannten Produkt- und Leistungsstandards, und es besteht nur eine begrenzte Möglichkeit zur Produktdifferenzierung. Dies führt zu einer hohen Preistransparenz und in der Folge zu einem Preisverfall, da es den Kunden einen direkten Preisvergleich ermöglicht und sie den Anbieter wechseln, wenn dieser nur geringfügig teurer ist als ein anderer.
- Der Wechsel von einem Hersteller zu einem anderen ist für die Kunden mit geringen Kosten verbunden.
- Es liegt ein Käufermarkt vor, d.h. die Abnehmer verfügen über eine große Verhandlungsmacht.
- Das Unternehmen verfügt über einen großen Marktanteil und Kapitalstärke für Investitionen in große Kapazitäten, die es erlauben, Größendegressionseffekte (Economies-of-Scale) zu nutzen.

Tabelle I.12 zeigt exemplarische Maßnahmen zur Erzielung von Kostenvorsprüngen.

Bereich	Maßnahmen
Unternehmenskultur	• Ständiges Streben nach kontinuierlicher Produktivitätserhöhung • Strenges Kostenmanagement und permanente Suche nach Einsparmöglichkeiten (z.B. mit Hilfe von Business Reengineering, Lean Management, Kaizen etc.) • Schnelle Kommunikationswege • Einbeziehung jedes einzelnen Mitarbeiters und gutes Qualifikationsniveau
Einkauf	• Erreichung von Mengendegression durch höheres Einkaufsvolumen • Günstiger Zugang zu Rohmaterial • Verhandlungsmacht gegenüber Zulieferer • Geeignete Make-or-Buy-Entscheidungen
Forschung und Entwicklung	• Streben nach Technologievorsprung
Vertrieb, Marketing	• Nutzen von Lerneffekten • Günstige Distributionsstrukturen

Bereich	Maßnahmen
Produktion	• Effizienter Einsatz von Maschinen und Anlagen • Hohe Kapazitätsauslastung (vor allem bei einem hohen Fixkostenanteil) • Gezielte Prozessinnovationen bei den Fertigungsabläufen • Effiziente und schwer kopierbare Fertigungsverfahren • Hohe Standardisierung

Tabelle I.12: Exemplarische Maßnahmen zur Erzielung von Kostenvorsprüngen

Die strikte Verfolgung der Strategie der Kostenführerschaft ist mit Risiken verbunden:
- Bei zu starker Konzentration auf die Optimierung des Kostenmanagements kann die Weiterentwicklung von neuen Technologien und der Produktpalette vernachlässigt werden. Konkurrenten, die neue Technologien nutzen, könnten dadurch zur Gefahr werden.
- Kostenführer »erkaufen« sich durch mangelhafte Qualität ihre Position als Kostenführer und der Wettbewerb kann Kostenvorteile z.B. durch technische Innovationen oder Lerneffekte aufholen.
- Veränderungen der Kundenbedürfnisse im Laufe des Lebenszyklus der Produkte oder einer Branche führen dazu, dass nicht mehr der Preis, sondern andere Kriterien wie Service und Design ausschlaggebend sind. Die Vorteile der Kostenführerschaft gehen dann verloren. Bei allen Kostensenkungsanstrengungen sollten gleichzeitig Qualität, Service und andere vom Kunden direkt wahrgenommene Bereiche nicht vernachlässigt werden.
- Es besteht latent die Gefahr der Nachahmung.

Unternehmen, die nicht in der Lage sind, ihr Kostensenkungspotenzial zu nutzen und die Optimierung der Kosten konsequent als kontinuierliche Aufgabe sehen, müssen ihre Wettbewerbsvorteile durch Imitation, wirksame Differenzierung oder Konzentration auf eine Marktnische erreichen.

5.1.5 No-Frills-Strategie

No-Frills-Strategie
Die No-Frills-Strategie[6] ist die Reaktion auf die zunehmend aufgeklärten und preisempfindlichen Käufer. Sie erkennen die Preise nicht mehr als ausschließlichen Indikator für Qualität und haben einen ausgeprägten Preis-Leistungs-Anspruch.

> **DEFINITION**
> Die *No-Frills-Strategie* verbindet einen niedrigen Preis mit einem niedrigen Zusatznutzen. Unternehmen sprechen gezielt preissensible Kundengruppen an und können sich damit in einer Marktnische erfolgreich etablieren. Anbieter mit dieser Strategie offerieren Basisprodukte, die einfache Bedürfnisse (Essen, Transport etc.) befriedigen, mehr jedoch nicht. Das Unternehmen kann einen

---

6   No frills (engl.) heißt so viel wie keine Extras, niedrigste Preise.

sehr günstigen Preis anbieten, da es auf alle zusätzlichen wertsteigernde Elemente wie Marken und Serviceleistungen verzichtet.

Gründe für ein preissensibles Marktsegment können sein:
- Es handelt sich um Produkte mit geringem Zusatznutzen, bei denen lediglich der Preis und nicht die Qualität eine entscheidende Rolle beim Kauf spielt.
- Die Kunden sind wegen einer geringen Kaufkraft oder aus ihrer Einstellung heraus nicht bereit, mehr für ein besseres Produkt auszugeben.
- Die Abnehmer haben eine hohe Verhandlungsmacht oder die Umstellungskosten der Abnehmer sind gering.
- Bei wenigen Anbietern mit ähnlichen Marktanteilen ist der Preis das Hauptwettbewerbskriterium, da neue Eigenschaften von Produkten in kürzester Zeit imitiert werden.
- Für kleine Wettbewerber bietet sich die Möglichkeit, Wettbewerb zu vermeiden. Dies ist möglich, wenn der Wettbewerb nicht über den Preis geführt wird. Ein preissensibles Marktsegment ist dann eine Erfolg versprechende Nische.

Beispiele für die No-Frills-Strategie sind die Lebensmitteldiscounter wie Aldi und Lidl. Sie haben keine aufwendigen Regale und Ladenausstattungen und kaum Markenprodukte. Weitere Vertreter sind die Low-Cost-Carrier wie Ryanair, Germanwings oder Easyjet. Sie bieten nur einfache Flugverbindungen zu Nebenflughäfen ohne Anschlussverbindungen an und haben kein warmes Essen an Bord.

5.1.6 Risikostrategien

Allen Risikostrategien ist gemeinsam, dass kein adäquates Preis-Leistungs-Verhältnis angeboten wird. Aus Sicht der Kunden rechtfertigt der wahrgenommene Nutzen nicht den wahrgenommenen hohen Preis.

Die drei Arten der Risikostrategie sind:
- Hoher Preis bei Standardnutzen: Sie wird von Monopolisten angewandt. Sie ist nur so lange erfolgreich, wie das Monopol durch Gesetzgeber, hohe Eintrittsbarrieren oder Ähnliches geschützt wird.
- Hoher Preis bei niedrigem Nutzen.
- Standardpreis bei niedrigem Nutzen.

Unternehmen, die eine der Risikostrategien verfolgen, »sitzen zwischen den Stühlen«. Sie erzielen eine geringe Rendite und die Wahrscheinlichkeit für einen Misserfolg ist relativ hoch. Die Gründe sind: Die Unternehmen sind zu klein, um mit den Marktführern zu konkurrieren, und zu groß, um die Vorteile der Spezialisten nutzen zu können. Sie haben gravierende Wettbewerbsnachteile:
- Ein breites Produktprogramm ist kosten- und ressourcenintensiv und schwer gegen den Wettbewerb abzugrenzen.
- Sie haben einen erschwerten Zugang zu Großkunden, da man nicht über den Preis konkurrieren kann.

- Beim Eingehen eines Preiskampfs sind die Margen gering und es fehlt häufig die Kapitalkraft für neue Investitionen und für eine langfristige Existenzsicherung.
- Kleine, qualitätsbewusste Nachfrager wandern zu Konkurrenten ab, die sich auf bestimmte Segmente konzentriert haben.

Nicht jede Strategie eignet sich für jede Wettbewerbssituation. Die Erfolgsaussichten sind abhängig von den Bedingungen in der Branche und der Ausprägung der fünf Wettbewerbskräfte. In der Automobilindustrie beispielsweise steht den Zulieferunternehmen aufgrund der Marktmacht der Abnehmer und dem harten Wettbewerb untereinander die Möglichkeit einer Verfolgung einer Differenzierungsstrategie nur in Ausnahmesituationen offen. Vielmehr wird die Branche von einem klaren Streben nach Kostenführerschaft über die ständige Steigerung der Produktivität und einer aggressiven Preispolitik beherrscht. Tabelle I.13 gibt eine Zusammenfassung über die drei wichtigsten Strategien für Unternehmen aus dem verarbeitenden Gewerbe.

Charakteristika	Kostenführerschaft	Differenzierung	Spezialisierung/ Fokussierung
Ziel	Günstigste Kostenstruktur als Wettbewerbsvorteil	Wettbewerbsvorsprung durch Einzigartigkeit und Befriedigung von Zusatzbedürfnissen	Monopolistisches Besetzen einer Nische
Produkte	• Überschaubares Produktportfolio mit wenigen Varianten • Akzeptable Qualität • Produktionsfreundliche Produktgestaltung	• Variantenvielfalt und Betonung der Nutzenvorteile für die Abnehmer • Betonung des Produktdesigns	• Auf Kundengruppe individuell zugeschnittenes Produkt
Produktion	• Nutzung von Mengendegressionseffekten und • Optimierung der Fertigungsabläufe i. d. R. kapitalintensiv	• Eher kleine Mengeneinheiten	• Kleine Mengeneinheiten
Kosten/Preise	• Ständiges Streben nach Kosteneinsparungen; Preise richten sich nach der Erfahrungskurve	• Perceived Value rechtfertigt Prämie	• Service und Kundennähe ermöglichen Prämie auf Preis
Forschung und Entwicklung	• Fokussierung auf Prozessinnovationen	• Konzentration auf Produktinnovationen	• Enge Entwicklungsarbeit mit Kunden
Personal	• Lange Maschinenlaufzeiten erfordern Schichtarbeit und/oder flexible Arbeitszeitmodelle • Reduzierung der Kosten erfordert Anreizsysteme und Verbesserungsvorschläge	• Kreativität • Hohes Ausbildungsniveau	• Kreativität • Hohe Anforderungen an Flexibilität und Anpassungsfähigkeit; • Hohes Ausbildungsniveau

Charakteristika	Kostenführerschaft	Differenzierung	Spezialisierung/ Fokussierung
Chancen	• Hoher Marktanteil • Hohe Deckungsbeiträge durch niedrige Stückkosten • Abmilderung der fünf Wettbewerbskräfte	• Hohe Margen erfordern kein reines Konzentrieren auf Kostenvorsprung • Abmilderung der fünf Wettbewerbskräfte	• Hohe Renditen • Monopolartige Stellung • Konzentration der Kräfte
Risiken	• Innovationsfeindlichkeit • Beschleunigter Technologiewandel • Imitation der kostenorientierten Strategie durch Wettbewerber	• Vernachlässigung der Kosten • Nachahmung durch Wettbewerber • Verlust der Attraktivität der Differenzierungsmerkmale	• Verdrängung • Wachstumsgrenzen der Nische • Abhängigkeit von der Nische

Tabelle I.13: Überblick über Basisstrategien

5.1.7 Strategische Stoßrichtung: Anpassung oder Wachstum

Eine einmal erreichte Wettbewerbsposition eines Unternehmens bietet nur einen vorübergehenden Wettbewerbsvorteil. Daraus ist zu folgern: »Eine dynamische Umwelt erfordert eine dynamische Strategieausrichtung« (vgl. Bürki, 1996). Der langfristige Unternehmenserfolg hängt somit von der Fähigkeit ab, auf Veränderungen nicht nur passiv zu reagieren, sondern seine Position aktiv zu gestalten.

Mit der sogenannten Ansoff-Matrix kann man die möglichen Richtungen und Handlungsalternativen bei der Fortentwicklung von Strategien analysieren und bewerten.

Dazu betrachtet man die Kategorien Märkte und Produkte und teilt sie ein in »gegenwärtig« oder »neu«. Neu bedeutet in diesem Zusammenhang, dass sie für das Unternehmen neu sind; der Wettbewerb kann diese bereits besitzen. Laut Ansoff gibt es vier Wachstumsstrategien: Marktdurchdringung, Markterschließung, Produktentwicklung und Diversifikation (siehe Abbildung I.26).

In der hier gewählten Darstellung der Ansoff-Matrix wurde eine Modifikation vorgenommen. Im Gegensatz zum Original wurden auf der horizontalen Achse die Merkmalsausprägungen neu und gegenwärtig vertauscht. Somit können die im Abschnitt Lebenszyklusanalyse und Produktportfoliomanagement vorgestellten Ideen mit der Ansoff-Matrix verknüpft werden: Für die Questionmarks empfiehlt die Ansoff-Matrix die Diversifikation, für die Stars die Markterschließung, für die Cash Cows die Marktdurchdringung und für die Poor Dogs die Produktentwicklung.

Marktdurchdringung

Die Marktdurchdringung richtet sich auf die Steigerung des eigenen Marktanteils, d.h. einen verstärkten Absatz der bestehenden Produkte auf gegenwärtig bedienten Märkten mit einer

• Erhöhung des Verbrauchs bei bestehenden Abnehmern,
• Gewinnung von Kunden der Wettbewerber,
• Aktivierung von latentem Bedarf.

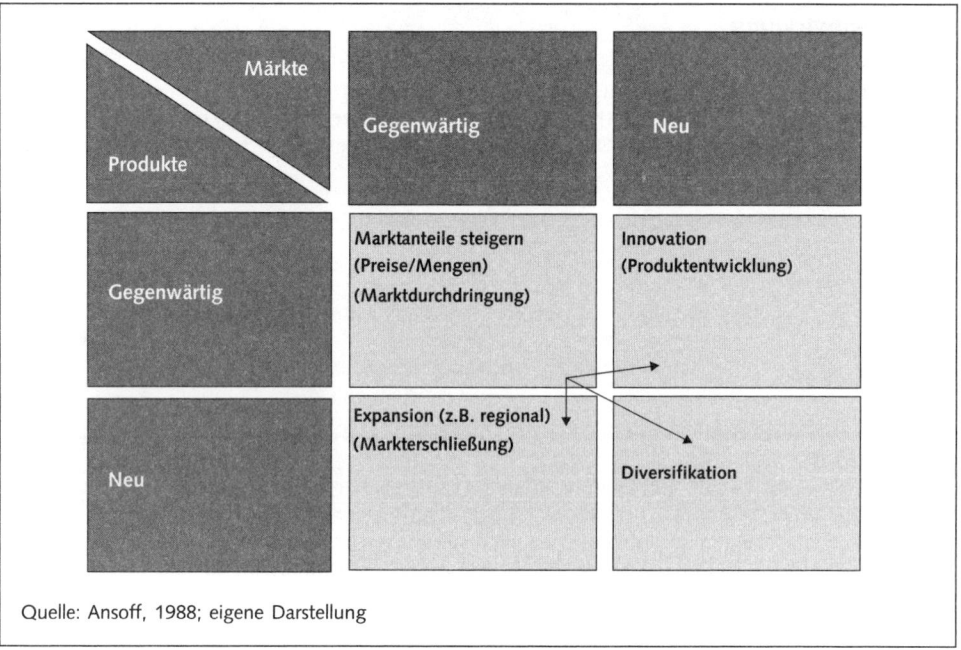

Quelle: Ansoff, 1988; eigene Darstellung

Abbildung I.26: Die Umsetzung von Wachstums- und Anpassungsstrategien

Sie ist ein guter Ausgangspunkt für die Weiterentwicklung, da sich das Unternehmen in einer vertrauten und bekannten Umgebung bewegt. Grenzen sind u.a. gegeben durch eine Marktsättigung, geringes Wachstum oder staatliche Regulierungen.

Markterschließung/-entwicklung

Bei der Markterschließung (auch Marktentwicklung genannt) strebt ein Unternehmen an, mit den bestehenden Produkten neue Märkte zu bearbeiten. Dies kann mit drei Alternativen erreicht werden:

- Gebietserweiterung (regional, national, international),
- Erschließung neuer Teilmärkte (neue Absatzwege oder Kommunikationsmittel) oder
- neue Verwendungszwecke der Produkte (z.B. Erweiterung der Produkteignung, Schaffung neuer Anwendungsgebiete).

Die erfolgreiche Wahl für eine Marktentwicklung ist abhängig von den konkreten Gegebenheiten und Kompetenzen des Unternehmens. Kapitalintensive Branchen tendieren eher zur Marktentwicklung, um durch höheren Absatz ihre einmal entwickelten Produkte eine höhere Anlagennutzung bzw. einen schnelleren Return on Investment der Entwicklungskosten zu erreichen. Für Unternehmen mit begrenzten eigenen Kompetenzen im Marketing/Vertrieb (z.B. geringe Erfahrungen im Export, keine Kenntnis über neue Märkte, kein Umgang mit anderen Kulturen etc.) ist die Marktentwicklung wenig aussichtsreich und die Umsetzung kostenintensiv und zeitaufwendig, wenn hohe Eintrittsbarrieren bestehen (z.B. Notwendigkeit des Aufbaus eines Händlernetzwerks).

Produktentwicklung

Die Schaffung neuer oder verbesserter Produkte für bestehende Märkte wird Produktentwicklung genannt. Zur Umsetzung stehen zwei Wege offen:

1. Entwicklung neuer Produkte und Einführung auf dem Markt als Erstanbieter (Pionierstrategie)
2. Produktvariation
   - Zusatznutzen durch Serviceerweiterung,
   - Produkt um einzelne Funktionen erweitern,
   - Anpassung des Produktes an veränderte Bedürfnisse bestehender Kunden (Design, Verpackung und Kompatibilität, Systeme statt Komponenten).

Diversifikation

DEFINITION
Diversifikation heißt, ein Unternehmen bricht aus den angestammten Tätigkeitsfeldern aus und dringt mit neuen Produkten in neue Märkte ein. Es ist die Alternative mit den höchsten Risiken für die Unternehmung. Daher werden insbesondere solche Unternehmen erfolgreich sein, in denen Lernen und Veränderung fester Bestandteil ihrer Unternehmenskultur sind.

Für die Diversifikation stehen dem Unternehmen verschiedene Richtungen zur Verfügung (siehe Abbildung I.27):

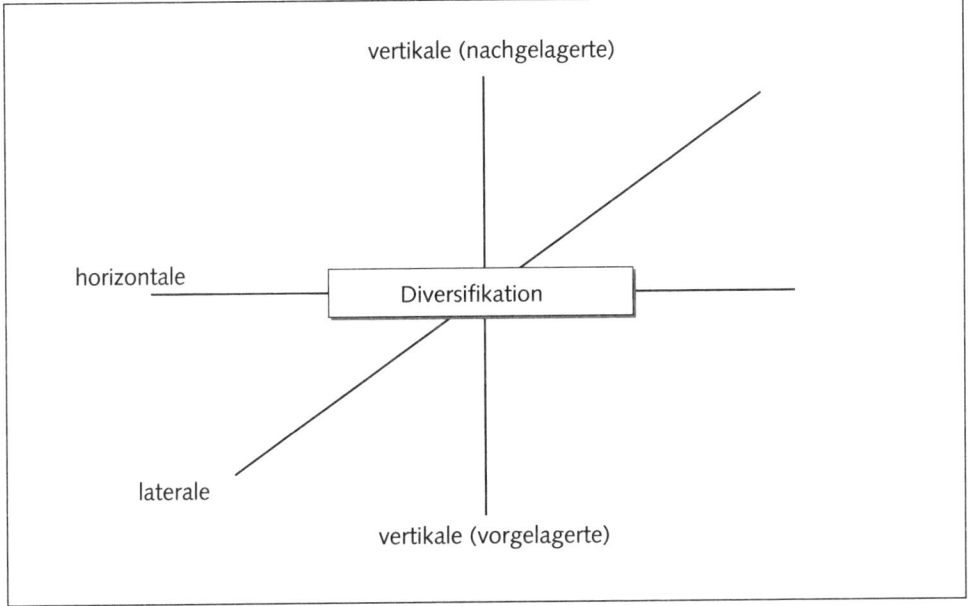

Abbildung I.27: Diversifikationsarten und -richtungen

Laut einer Studie von Jakobsen (vgl. Jakobsen, 1988) hat die vertikale Integration einen signifikanten positiven und stabilisierenden Effekt auf die langfristige Rentabilität. Dieser positive Einfluss der vertikalen Integration wird auf die höhere Effizienz eines vertikal integrierten Unternehmens zurückgeführt. Dem gegenüber stehen die höheren Abhängigkeiten von gesamtwirtschaftlichen Schwankungen auf den Absatzmärkten, d.h. es ist eine klare Ausrichtung notwendig, um nicht »zwischen die Stühle« zu geraten.

Bei der horizontalen und vertikalen Diversifikation bleibt das Unternehmen innerhalb der eigenen Branche. Bei der horizontalen Diversifikation werden vorhandene Fähigkeiten und Kapazitäten für andere Produkte/Leistungen eingesetzt. Vorteilhaft können kürzere Transportwege und die Vermeidung von Zwischenhändlern sein.

Bei der Strategie der vertikalen Diversifikation tritt das Unternehmen in vor- und rückgelagerte Stufen der Wertschöpfungskette ein.

DEFINITION

Die *vertikale Integration* (auch Vorwärtsintegration) ist die Übernahme einer oder mehrerer nachgelagerter Fertigungsstufen, die bisher im Besitz der Abnehmer waren.

DEFINITION

Rückwärtsintegration ist die Übernahme einer oder mehrerer Fertigungsstufen, die bisher von einem Zulieferer durchgeführt wurden.

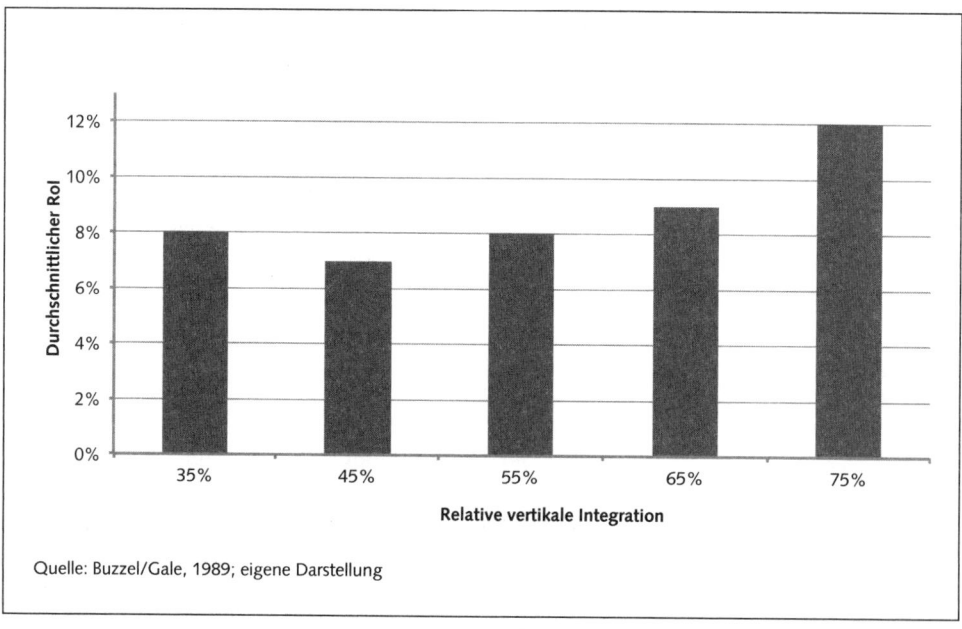

Quelle: Buzzel/Gale, 1989; eigene Darstellung

Abbildung I.28: Erfolgsaussichten der vertikalen Integration

Hierdurch ändert sich die Wettbewerbssituation für das Unternehmen. Ehemalige Lieferanten bzw. Kunden werden zu Wettbewerbern (Kannibalisierungseffekte). Eine Entscheidung über die ideale Leistungstiefe ist abhängig vom Kontext und von der Marktphase. Empirische Untersuchungen zeigen, dass sowohl sehr stark vertikal integrierte Unternehmen (besonders hohe Leistungstiefe) als auch sehr schwach vertikal integrierte Unternehmen (besonders geringe Leistungstiefe) überdurchschnittliche Renditen erzielen (vgl. Buzzel/Gale, 1989).

Bei einer lateralen Diversifikation verlässt das Unternehmen vollständig die Grenzen der eigenen Branche. Solche Maßnahmen dienen der Streuung und Minimierung von Risiken, indem Schwankungen in den Konjunkturzyklen der einzelnen Branchen für das Gesamtunternehmen ausgeglichen werden.

Diversifikation kann mit verschiedenen Maßnahmen ergriffen werden, die in Tabelle I.14 zusammengefasst sind:

Methode	Wesentliche Vorteile	Wesentliche Nachteile
Internes Wachstum	• Effizientere Nutzung vorhandener Ressourcen • Höhere Erfolgswahrscheinlichkeit	• Erheblicher Zeitverzug • Problematisch bei hohen Eintrittsbarrieren
Joint Ventures/ Strategische Allianzen	• Risikostreuung • Begrenzter Kapitaleinsatz • Synergien	• Hohes Konfliktpotenzial • Problem der Offenlegung von Geschäftsgeheimnissen
Spin-Offs	• Nutzung vorhandener Ressourcen • Halten begabter Führungskräfte • Begrenzung des Risikos	• Gefahr fehlender Kompetenz, oft nur geringe Bereitschaft, die notwendigen Ressourcen bereitzustellen
Akquisitionen	• Rascher Markteintritt • Überwindung hoher Eintrittsbarrieren niedrige Aufbaukosten	• Integrationsprobleme • Fehlende Marktkenntnisse • Hohe Übernahmeprämien
Lizenznahme	• Schneller Markteintritt • Nutzung von bewährter Technologie • Geringer Kapitaleinsatz	• Abhängigkeit vom Lizenzgeber • Kein Eigentum • Gefahr bei fehlender Kompetenz

Tabelle I.14: Umsetzung von Diversifikation (vgl. Gomez/Ganz, 1992)

5.2 Analyse der Kernkompetenzen

Ausgehend von der Strategie eines Unternehmens, den für die Branche kritischen Erfolgsfaktoren und den zukünftig zu erwartenden Entwicklungen (z.B. Technologie, Markteintritte neuer Wettbewerber), werden die eigenen Kernkompetenzen evaluiert. Diese sind nicht zwangsläufig gleichbedeutend mit den allgemeinen Stärken und dem Kerngeschäft eines Unternehmens.

Zur Beschreibung von Kernkompetenzen bedient man sich in der Literatur der Metapher des Unternehmens als Baum (siehe Abbildung I.29). Die Wurzeln, die den Baum ernähren und ihm seine Standfestigkeit geben, stellen die Kernkompetenzen dar. Der Stamm und die Hauptäste symbolisieren die Geschäftseinheiten, die dünneren Zweige sind die Produkte.

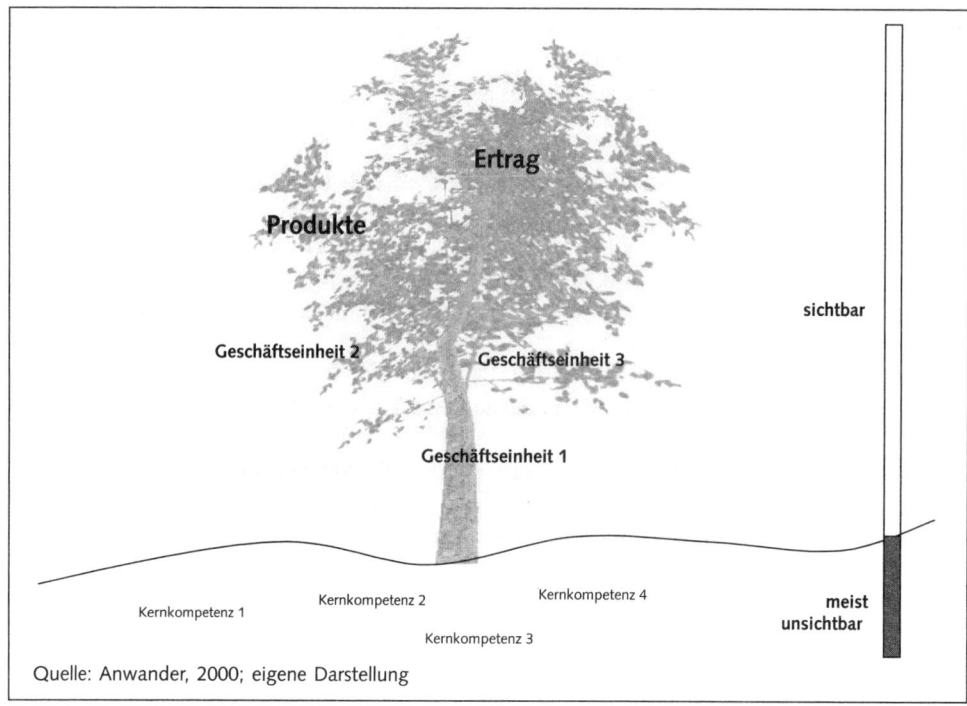

Quelle: Anwander, 2000; eigene Darstellung

Abbildung I.29: Kernkompetenzen: das Unternehmen als Baum

Die Blätter, Blüten und Früchte stellen den Ertrag dar. So wie das Wachstum eines Baumes auf der Stärke seiner Wurzeln basiert, so entwickelt sich ein Unternehmen aus seinen Kernkompetenzen heraus.

> **DEFINITION**
> *Kernkompetenzen* sind funktions- und bereichsübergreifende materielle (z.B. selbst erstellte Maschinen) und immaterielle Fähigkeiten bzw. Ressourcen (z.B. spezifisches Produktions-Know-how, Unternehmenskultur, einzigartige Stammkundenbeziehungen), die das Unternehmen besser als andere beherrscht und die einen wesentlichen Beitrag zur Wertschöpfung leisten. Das Differenzierungsmerkmal zum Wettbewerb beruht auf dem unternehmerischen Geschick, die einzelnen Kompetenzelemente miteinander zu verbinden, auf den Markt auszurichten und den gewünschten Kundennutzen zu treffen.

Folgende Fähigkeiten und Charakteristika machen aus einer Stärke eine Kernkompetenz:
- Sie eröffnen die Chance für den Zugang zu unterschiedlichen Märkten und die Entwicklung von neuen Produkten.
- Sie sind Teil des vom Kunden positiv wahrgenommenen Nutzens und der Qualität.
- Sie sind nur schwer zu kopieren oder zu imitieren, da der Wettbewerbsvorteil sonst nur für einen begrenzten Zeitraum bestünde.

- Sie sind oft komplex, da sie nicht aus einem einzigen Faktor, sondern aus einer Kombination mehrerer Faktoren bestehen.
- Sie werden erlernt und durch häufiges Wiederholen besser. Die über die Zeit gesammelten Erfahrungen kommen darin zum Ausdruck.

Den Unternehmen sind die eigenen Kernkompetenzen häufig nicht bekannt und bewusst, da man ausschließlich die Auswirkungen und Ergebnisse seiner Stärken am Markt wahrnimmt und somit nur die Symptome sieht. Die Kernkompetenzen sind die wahren, universellen Ursachen für den Erfolg in der Gegenwart und für die Bewältigung der Herausforderungen der Zukunft. Im Rahmen der Unternehmensdiagnose sollte man ihnen ausreichend Aufmerksamkeit schenken.

Kernkompetenzen können in unterschiedlichen Unternehmensbereichen vorhanden sein.
Markt:
- Fähigkeit, eine bestimmte Zielgruppe effizienter zu bedienen als der Wettbewerb.
- Fähigkeit, in einem Marktsegment eine überlegene Qualität (Lebensdauer des Produkts, Zuverlässigkeit etc.) aufzubauen und zu erhalten.

Unternehmensfunktion/Organisationsfunktion:
- Fähigkeit, durch Forschung und Entwicklung neue Produkte schneller auf den Markt zu bringen als der Wettbewerb.
- Fähigkeit, mit niedrigeren Kosten die gleichen Produkte wie der Wettbewerb zu erstellen.
- Fähigkeit, geeignete Mitarbeiter zu gewinnen, weiter zu qualifizieren und zu halten.

Produkten und Dienstleistungen
- Fähigkeit, Materialien, Werkstoffe und Technologien besser zu beherrschen.
- Fähigkeit, Kunden zu beraten und Service zu bieten.
- Fähigkeit, den Kundennutzen effizienter als die Konkurrenz zu identifizieren und an den Marktgegebenheiten anzupassen.

PRAXISTIPP: Typische Fragen eines Analysten zu Kernkompetenzen
- Bieten die Kernkompetenzen den Kunden einen besonderen Nutzen?
- Auf welchen Stärken des Unternehmens sind sie aufgebaut?
- Sind sie einmalig und kann sich das Unternehmen damit vom Wettbewerb abheben?
- Wie leicht können sie von der Konkurrenz kopiert werden?
- Sind die Voraussetzungen und Ressourcen für den Aufbau von Kernkompetenzen vorhanden?
- Wird in die Pflege von Kernkompetenzen investiert (Finanzen, Mitarbeiter, Ablauforganisation etc.)?
- Sind die Mitarbeiter für die Kernkompetenzen geschult, Qualitätssicherungssysteme aufgebaut, die Werbung abgestimmt, die Führungssysteme darauf ausgerichtet usw.?
- Tragen die Kernkompetenzen zum Ertrag des Unternehmens bei?
- Sind die Kernkompetenzen ein Teil der Unternehmenskultur?
- Sind die Kernkompetenzen und die abgeleiteten Prozessziele Teil der Zielvereinbarungen? Werden Leistungs- und Kundenorientierung durch die Kernkompetenzen gefördert?

5.3 Rolle der Unternehmensführung

Um wettbewerbsfähig zu bleiben, muss ein Unternehmen in der Lage sein, schnellstmöglich und bestenfalls vorausschauend auf neue Veränderungen und Unsicherheit reagieren zu können. Es ist Aufgabe der Unternehmensleitung die entsprechenden Ziele zu definieren und Strategien abzuleiten.

Management

Für die Einschätzung des Erfolgspotenzials des Managements ist es notwendig, ihre Führungsqualität und Kommunikationsfähigkeit zu kennen. Das Management sollte personell ausreichend und fachlich (kaufmännischer, technischer, juristischer Ausbildungshintergrund) ausgewogen besetzt und in Spezialfragen durch externe Berater unterstützt sein.

Kriterien zur Beurteilung der Qualität des Managements:
- Fachliche Qualifikation: Ausbildungshintergrund, Lebenslauf, berufliche Stationen, Fach- und Branchenkenntnisse, bisherige Erfolge usw. Dabei kann positiv sein, dass das Management eigene Erfahrungen und Referenzen als verantwortliche Unternehmer besitzt.
- Persönlichkeit: Integrationsfähigkeit, Teamfähigkeit, soziale Kompetenz und Kommunikationsfähigkeit etc. Die Person sollte in der Lage sein, die Ideen und Visionen an interne Adressaten (Mitarbeiter) und externe Adressaten (z.B. Kunden, Kapitalgeber) glaubwürdig zu vermitteln.
- Motivationen der Führungskräfte und Entlohnungssysteme: Insbesondere Erfolgsanreize, z.B. kann eine Verknüpfung von Management und Kapital zu einem höheren Engagement führen als dies bei lediglich angestellten Managern der Fall sein kann.
- Netzwerkbeziehungen und Partnerschaften in den Absatz- und Beschaffungsmärkten: Welche weiteren Posten und Mandate (z.B. Aufsichtsrat, Berufsverbände, Parteien, Vereine) haben die Vorstandsmitglieder und wie können sie diese für das Unternehmen einsetzen? Halten die Vorstandsmitglieder Anteile an anderen Unternehmen?
- Kontinuität der Führung: Insbesondere bei Familienunternehmen ist eine frühzeitige Regelung der Nachfolge im Unternehmen notwendig: Mangelnde Vorkehrungen in diesem Bereich machen eine langfristige Planung der Zukunft unsicher und sind eine häufige Ursache für Insolvenzen. Eine Sicherstellung der Kontinuität des Managements sollte auch für wichtige Führungskräfte aus der zweiten Reihe getroffen werden, nicht nur für das Top-Management.

EXKURS: Besonderheiten bei eigentümergeführten Unternehmen
Bei vielen mittelständischen familiengeführten Unternehmen konzentriert sich die Führungsverantwortung häufig auf eine Person – dem Unternehmer. Der Erfolg vieler Unternehmen spricht für dieses Modell. Dennoch geht mit dieser Stärke latent auch eine Schwäche einher. Denn möchte sich der Unternehmer aus dem aktiven Geschäftsleben zurückziehen, wird eine Übernahme der Führung des Unternehmens häufig schwierig; insbesondere wenn keine starke zweite Führungsebene installiert ist und kein geeigneter Nachfolger aufgebaut wurde. Dieser risikobehaftete unternehmerische Ansatz ist im Rahmen einer Unternehmensbewertung zu berücksichtigen.

Gremien

Kriterien zur Beurteilung der Qualität der Kontrollgremien (z. B. Aufsichtsrat, Beirat):

- Sind in den Gremien genügend außenstehende Personen vertreten, um eine wirkungsvolle Kontrolle von außen gewährleisten zu können?
- Ist beim operativen Management wie auch beim Kontrollgremium eine fachliche und charakterliche Qualität vorhanden?
- Sind die einzelnen Mitglieder in anderen Gremien tätig und genießt das Unternehmen daraus Vorteile?
- Welche satzungsmäßigen Rechte hat das Gremium, die über die gesetzlichen Vorschriften hinausgehen (Zustimmungserfordernis bei bestimmten geschäftspolitischen Maßnahmen)?
- Wie oft im Jahr tagt das Gremium?

5.4 Analyse des Produkt- bzw. Leistungsprogramms

Aufgrund des schnellen technologischen Wandels hängt der Erfolg von der nachhaltigen Konkurrenzfähigkeit der Produkte und der technologischen Innovationsfähigkeit eines Unternehmens ab.

Zur Beurteilung der komplexen technischen Aspekte bedient man sich häufig externer Berater. Der Berater nimmt die Rolle eines Übersetzers ein, der die technischen Themenbereiche dem Analysten, der i. d. R. einen betriebswirtschaftlichen Fokus besitzt, verständlich erläutert.

Für den Analysten ist es wichtig, wo die Anwendungsgebiete der Produkte liegen und ob diese für zukunftsweisende Lösungen geeignet sind. Die Merkmale sollten dabei nicht nur aus technischen oder Marketing-Gesichtspunkten dargestellt werden, sondern klar die Perspektive des Abnehmers einnehmen und die kritischen Erfolgsfaktoren berücksichtigen.

> **PRAXISTIPP: Typische Fragen eines Analysten zum Produkt- und Leistungsprogramm**
> - Welche Produkte hat das Unternehmen?
> - Welche Anteile haben die einzelnen Produktgruppen am Gesamtumsatz?
> - Welche Nebenleistungen werden erbracht und wie hoch ist ihr Umsatzanteil?
> - Wie schätzen die vorhandenen und potenziellen Kunden die Qualität und das Renommee der Produkte/Dienstleistungen ein?
> - Welche Erfahrungen haben Kunden mit den Produkten gesammelt?
> - Verfügt das Produkt über objektiv nachweisbare Einzigartigkeiten gegenüber Wettbewerbsprodukten (z. B. Herstellungs- bzw. Fertigungsverfahren, Patent, spezielles Know-how)?
> - Was sind die Bedürfnisse der Kunden in puncto Qualität, Garantien und Zuverlässigkeit?
> - Entsprechen die technischen Parameter den Erwartungen der Kunden, d. h. Emissionen, Leistung, Lebensdauer etc.?
> - Sind technische Sonderlösungen – wie sie gerade im Werkzeugmaschinenbau vorkommen – für den Hersteller profitabel?
> - Wie schützt das Unternehmen sein Know-how und seinen Entwicklungsvorsprung vor unerwünschter Nachahmung (Patente, Schutzrechte usw.)?
> - Wie wird der Markt hinsichtlich neuer Entwicklungen beobachtet?

- Wo stehen die Produkte und das technische Wissen im Wettbewerbsvergleich?
- Wie ist die Altersstruktur der Produkte?
- Was waren die Ursachen für Schäden in der Vergangenheit?
- Welche Bedeutung haben Normen und Richtlinien für das Unternehmen?

5.4.1 Produktlebenszyklusanalyse

Analog zu den Überlegungen zum Branchenlebenszyklus haben auch Produkte und Dienstleistungen nur eine begrenzte Lebensdauer und beschreiben einen typischen Phasenverlauf in der Umsatz- und Gewinnentwicklung. Die Lebensspanne eines Produktes im Markt lässt sich, von Ausnahmen abgesehen, meist in fünf klar differenzierbare, zeitlich aufeinanderfolgende Phasen unterteilen: Einführung, Wachstum, Reife, Sättigung und Rückgang.

Die Analyse der Lebenszyklen der Produkte liefert Informationen über die Altersstruktur des Produktprogramms sowie die damit verbundenen Chancen und Risiken. Darüber hinaus ist es aufgrund der Charakteristika der einzelnen Lebenszyklusphasen möglich, eine Klassifizierung mit anschließender Beurteilung der strategischen phasenspezifischen Grundsatzentscheidungen sowie der operativen Marketingmaßnahmen vorzunehmen. Sie ermöglicht zudem, die künftige Entwicklung des Marktes beispielsweise im Hinblick auf das Marktvolumen oder das Verhalten der Wettbewerber zu antizipieren.

Dauer des Produktlebenszyklus

Es sei darauf hingewiesen, dass die Dauer eines Zyklus häufig sehr stark schwankt. Eine exakte Bestimmung der Dauer der Phasen ist nur ex post möglich. Die Dauer eines kompletten Produktlebenszyklus ist von verschiedenen Faktoren abhängig:
- Marketing-Mix (z.B. Qualität, Service, Preispolitik),
- Innovationsfähigkeit des Herstellers und
- externe Bedingungen (wirtschaftliche Rahmenbedingungen, Markterfolge der Wettbewerber, Investitions- und Konsumklima etc.).

Altersstruktur

Mit der Analyse des Produktlebenszyklus können Aussagen über die Altersstruktur des Leistungsprogramms gemacht und hiermit die Planungsannahmen verprobt werden. Denn befindet sich z.B. ein relativ großer Anteil der Produkte in späteren Phasen des Lebenszyklus, so kann es in den kommenden Planungsperioden zu Umsatz- und Ertragsrückgängen kommen.

Mit dem Excel-Tool *Produktlebenszyklus* kann man die momentane Phase bestimmen, in der sich die Produkte des zu untersuchenden Unternehmens befinden. Der Aufbau und die Bedienung entspricht dem Excel-Tool *Branchenlebenszyklus*: In dem Excel-Blatt sind die verschiedenen Situationsbedingungen im Branchenlebenszyklus aufgeführt (vgl. Kotler/Biemel, 1999). Der Anwender kann mit den Auswahlfeldern entscheiden, inwieweit das jeweilige Kriterium zutrifft: Eine 1 steht für zutreffend und es erscheint ein grüner Pfeil; eine 0 steht für nicht zutreffend und es erscheint ein roter Kreis. Das Tool wertet die getroffene Auswahl aus und fasst sie in Modell-Tabelle 1 zusammen.

Kriterien	Entstehungsphase	Wachstumsphase	Reifephase	Sättigungsphase	Rückgangsphase
Marktcharakteristika	0 von 5 Kriterien erfüllt	1 von 5 Kriterien erfüllt	3 von 5 Kriterien erfüllt	2 von 5 Kriterien erfüllt	1 von 5 Kriterien erfüllt
Unternehmensinterne Merkmale	0 von 5 Kriterien erfüllt	0 von 5 Kriterien erfüllt	3 von 5 Kriterien erfüllt	4 von 5 Kriterien erfüllt	0 von 5 Kriterien erfüllt

Excel-Datei: Analyse/Excel-Blatt: Produktlebenszyklus

Modell-Tabelle 1: Zusammenfassung der Ergebnisse

Das Ergebnis der Auswertung zeigt, dass die MASCHINENBAU GmbH sich in der auslaufenden Reifephase und im Übergang zur Sättigungsphase befindet. Hier werden die meisten zutreffenden Antworten in den beiden Kriterien Marktcharakteristika und unternehmensinterne Merkmale vergeben.

Die Ergebnisse im Einzelnen zeigen die Modell-Tabellen 2 und 3.

Kriterien	Entstehungsphase		Wachstumsphase		Reifephase		Sättigungsphase		Rückgangsphase	
Allgemeine Merkmale	Das Produkt ist neu am Markt und muss bekannt gemacht werden.	☒	Produkt hat Marktakzeptanz erfährt; wächst ohne aggressive Kommunikation.	☒	Produkt am Markt verbreitet; Wachstum stagniert.	☑	Keine zusätzliche Nachfrage mehr zu erschließen; die Nachfrage abhängig von der technischen Lebensdauer des Produktes (Ersatzinvestitionen).	☒	Der Absatz geht irreversibel zurück.	☒
Schwerpunkt der Aktivitäten	Technologie	☒	Produktion und Marketing	☑	Kundenorientierung; Reifephase ist zu strecken, weil sie zumeist die profitabelste ist.	☑	Graduelle Desinvestition	☒	Produkt am Markt halten, solange Deckungsbeiträge positiv. Danach: Eliminierung oder Relaunch.	☒
Kunden	Innovatoren	☒	Frühanpasser	☒	breite Mitte	☑	Ersatzkäufer	☑	Nachzügler	☑
Wettbewerber	keine oder wenige	☒	Zahl der Konkurrenten und Intensität des Wettbewerbs nimmt zu.	☒	Gleichbleibend, dem Markt entsprechend: Zahl der Marktteilnehmer nimmt tendenziell ab.	☒	Gleichbleibend, dem Markt entsprechend: Zahl der Marktteilnehmer nimmt tendenziell ab	☑	Zahl der Wettbewerber nimmt stark ab.	☒
Technologie	differenziert	☒	standarisiert	☒	standarisiert	☒	standarisiert	☒	standarisiert	☒
Ergebnis	0 von 5 Kriterien erfüllt		1 von 5 Kriterien erfüllt		3 von 5 Kriterien erfüllt		2 von 5 Kriterien erfüllt		1 von 5 Kriterien erfüllt	

Excel-Datei: Analyse/Excel-Blatt: Produktlebenszyklus

Modell-Tabelle 2: Marktcharakteristika im Produktlebenszyklus

Kriterien	Entstehungsphase		Wachstumsphase		Reifephase		Sättigungsphase		Rückgangsphase	
Umsatz	gering	☒	schnell ansteigend	☒	Spitzenabsatz	☒	stagnierend	☑	rückläufig	☒
Kosten	hohe Einführungskosten	☒	mittlere Kosten pro Kunde	☒	niedrige Kosten pro Kunde	☒	niedrige Kosten pro Kunden	☑	niedrige Kosten pro Kunde	☒
Ertrag	keine/kaum	☒	steigend	☒	hoch	☑	stagnierend	☑	fallend	☒
Kapitalbedarf	hoch	☒	mittel bis hoch	☒	niedrig	☑	niedrig	☑	niedrig bis mittel (z. B. Relaunch oder Rückbau von Anlagen)	☒
Kapazitäten	langsam wachsend	☒	schnell wachsend	☒	stagnierend	☑	Abbau	☒	Komplette Einstellung oder Wiederingangsetzung im Falle eines Relaunches.	☒
Ergebnis	0 von 5 Kriterien erfüllt		0 von 5 Kriterien erfüllt		3 von 5 Kriterien erfüllt		4 von 5 Kriterien erfüllt		0 von 5 Kriterien erfüllt	

Excel-Datei: Analyse/Excel-Blatt: Produktlebenszyklus

Modell-Tabelle 3: Unternehmensinterne Merkmale im Produktlebenszyklus

5.4.2 Forschung und Entwicklung

Für viele produzierende Unternehmen liegt der Schlüssel zur Wettbewerbsfähigkeit in ihren Produktinnovationen. Der Erfolg hängt davon ab, wie Produktentwicklungen und das Know-how in neue Produkte mit echtem Kundennutzen in kurzer Zeit zur Marktreife gebracht werden können.

Für die Unternehmensleitung stellt sich die Frage, welche Projekte – angesichts der begrenzten Ressourcen im Unternehmen und der einzugehenden Risiken – zu realisieren sind. Entsprechend geht der Analyst bei der Einschätzung der Forschungs- und Entwicklungs-Aktivitäten (kurz F&E) vor. Ziel der Analyse ist es, das Innovationsportfolio vergleichbar zu machen und dabei den verschiedenen auch gegenläufigen Kriterien wie Technologien, Anwendungen, Märkte, Produktionsanforderungen, Wettbewerb, Status der Projekte, Zeit bis zur Marktreife, Strategie des Unternehmens, Ressourcenbedarf, Partnerschaften und alternative Verwertbarkeit gerecht zu werden.

PRAXISTIPP: Typische Fragen eines Analysten zur Technologie
- Welche Projekte passen am besten zur Unternehmung und seiner Strategie?
- Besteht für Projekte die Möglichkeit, sie auch alternativ weiterzuentwickeln und zu vermarkten? Beispielsweise mit Lizenzpartnern oder in einem Joint-Venture mit einem industriellen Partner. Welcher Wert ergibt sich bei solchen Konstellationen?
- Ist der Markt reif für Produktinnovationen?
- Orientiert sich der unternehmerische Innovationsprozess an realen Kundenbedürfnissen oder ist er von der reinen Realisierbarkeit des technischen Fortschritts getrieben?

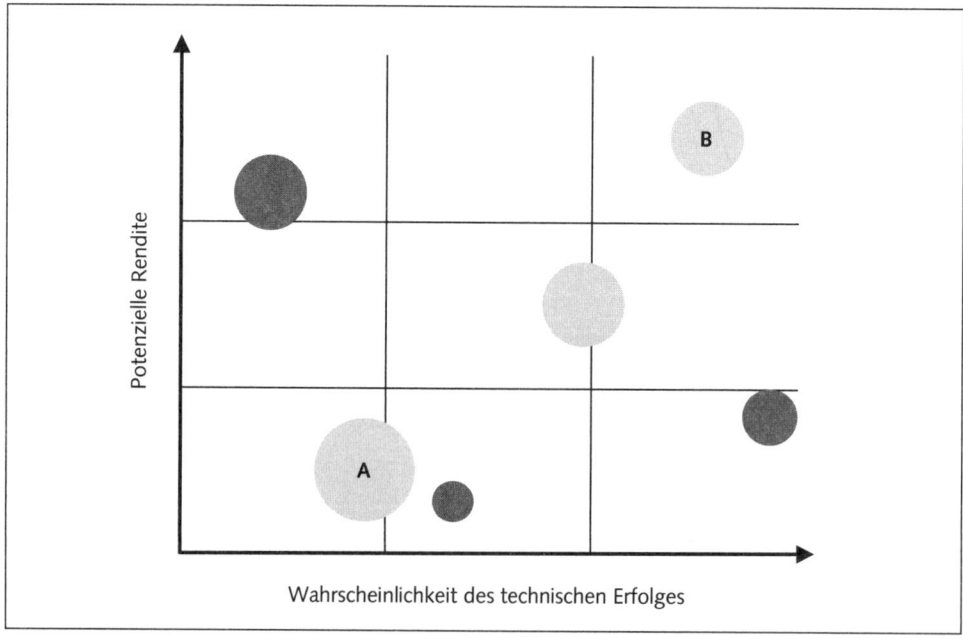

Abbildung I.30: Chance-Risiko-Verhältnis bei Investitionen

Verschiedene grafisch aufbereitete Darstellungen, insbesondere Portfolios, erleichtern eine Entscheidungsfindung. Mit ihnen lässt sich visualisieren, welche Varianten Erfolg versprechend erscheinen und realisiert werden sollten. Als F&E-Portfolio wird unter anderem der Risk-Reward-Chart angewandt. Dieser stellt mit einer Schätzung der gewichteten Erfolgswahrscheinlichkeiten das Ertragspotenzial dar. Er berücksichtigt alle benötigten Investitionen über den gesamten Lebenszyklus: von der ersten Idee bis zur Vermarktung. Wie aus Abbildung I.30 zu entnehmen ist, sollte das Projekt B am intensivsten verfolgt werden, da es die höchste Erfolgswahrscheinlichkeit bei gleichzeitig höchstem Wertbeitrag verspricht. Von Projekt A sollte dagegen Abstand genommen werden.

Die Innovationsrate, die den Anteil der Umsatzerlöse der z.B. in den letzten drei Jahren eingeführten Produkte am Gesamtumsatz erfasst, ist ein möglicher Indikator für die Innovationsintensität des Unternehmens. Vergleicht man die Innovationsrate mit anderen Marktakteuren der Branche sowie dem geschätzten Lebenszyklus der Produkte, lassen sich Innovationspotenziale (siehe Abbildung I.31) erkennen.

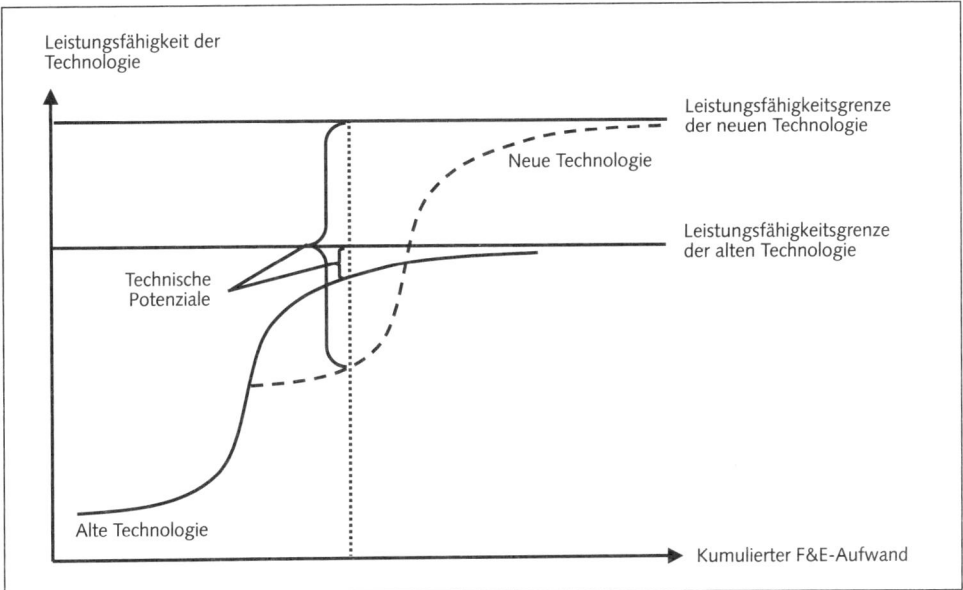

Abbildung I.31: Die strategische Lücke

5.4.3 Komplexität des Produktportfolios

Häufig weisen Unternehmen eine Vielzahl von Produkten auf, was zu einer hohen Komplexität des Produktportfolios führt. Kennzeichen einer hohen Komplexität des Produktprogramms sind (vgl. Brühl, 2003):
- Die Zahl der Produktgruppen (breites Portfolio) und/oder Varianten (tiefes Portfolio) ist groß.
- Die Komplexität steigt tendenziell mit dem Anwachsen der Produkte bzw. Varianten.

- Am häufigsten sind davon Unternehmen betroffen, die hauptsächlich kundenspezifische Lösungen oder Kleinserien bzw. eine Strategie der Produktdifferenzierung verfolgen. Dies ist besonders im Maschinenbau weit verbreitet.
- Die hohe Komplexität führt zu zusätzlichen indirekten Kosten in Fertigung, Beschaffung, Vertrieb und Verwaltung, deren verursachungsgerechte Zuordnung eine eingehende prozess- oder aktivitätsbezogene Kostenanalyse erfordert.

Durch eine systematische Analyse der Programmstruktur können die Komplexität und Verbundeffekte im Produktprogramm erkannt werden. Eine Beurteilung der Tiefe bzw. Breite des Produktportfolios sollte nicht ausschließlich an der schlichten Zahl der Produkte und ihrer Varianten festgemacht werden. Ein Unternehmen mit einer fünfstelligen Zahl an Artikeln kann durchaus ertragsstärker sein als ein Wettbewerber mit weniger Artikeln. Nur wenn der Abnehmer bereit ist, für eine große Angebotsvielfalt eine entsprechende Prämie zu zahlen, ist die Strategie des Herstellers erfolgreich. Nähere Ausführungen hierzu unter I.5.1.1 Differenzierungsstrategie.

Zusätzlich zu der hier gezeigten Komplexitätsanalyse sollten weitere Überlegungen zur Überprüfung des Produktportfolios vorgenommen werden. Dies kann zu einem Ausbau oder einer Straffung führen. Oberstes Ziel ist die nachhaltige Ergebnisverbesserung:

- Innerhalb des Produktportfolios können Kannibalisierungseffekte auftreten: Funktionsgleiche oder -ähnliche Produkte stehen im direkten Wettbewerb miteinander und die Umsatzverluste durch das Herausnehmen eines Produktes werden durch zusätzliche Umsätze mit anderen Produkten kompensiert. Im Ergebnis kann dies bedeuten, dass die wegfallenden Deckungsbeiträge des aus dem Programm genommenen Produkts die Einsparungen bei den komplexitätsbedingten Gemeinkosten übersteigen und sich somit positiv auswirken.
- Cross-Selling-Effekte sind zu beachten: Dieses sind Verbundeffekte zwischen Produkten aufgrund komplementärer Absatzbeziehungen. Die Streichung eines margenschwachen Artikels kann zu Umsatz- und Deckungsbeitragsverlusten bei margenstarken Produkten führen.

5.4.4 Marketing und Vertrieb

In Kapitel I.3 Analyse des Markt- und Wettbewerbsumfeldes wurde bereits dargestellt, wie man Angaben über den Markt und Wettbewerb gewinnt sowie eine Auswahl und Definition des Zielmarktes und der Kundensegmente vornimmt. Aufgabe des Marketings und Vertriebs ist es, sich im Zielmarkt klar zu positionieren und das Unternehmen vom Wettbewerb positiv abzugrenzen. Dabei steht der sogenannte Marketing-Mix im Vordergrund, d.h. die Kombination von Maßnahmen zu Produkt- und Preisgestaltung, Vertrieb und Kommunikationsaktivitäten.

Produktpolitik

DEFINITION

Die *Produktpolitik* umfasst alle Aspekte, die sich im weitesten Sinne mit dem Produkt oder der Dienstleistung eines Unternehmens beschäftigen. Es ist der Kern des »Marketing-Mix«, denn durch die Produkte und Dienstleistungen werden die Kundenbedürfnisse befriedigt. Die Produktpolitik umfasst vor allem die:

- Festlegung der Produkteigenschaften (»Qualität«, Design),
- Festlegung der Garantie- und Serviceleistungen (inkl. Kundendienst, After-Sales-Service),
- Wahl des Produktprogramms,
- Entwicklung neuer Produkte (Produktinnovation), Produktvariation, -differenzierung, -eliminierung,
- Markenbildung.

PRAXISBEISPIEL: Markenbildung in der Werkzeugmaschinenbranche

Markenbildung für industrielle Maschinen ist eher selten und nur unter Branchenkennern bekannt. Als Beispiel ist die Trumpf Werkzeugmaschinen GmbH zu nennen, die auch vielen Verbrauchern dem Namen nach bekannt ist. Das Unternehmen bewegt sich durch Innovationen, z.B. in der Lasertechnologie, an der Weltspitze.

Kontrahierungspolitik

DEFINITION

Abgeleitet von Kontrakt für Vereinbarung oder Vertrag umfasst die Kontrahierungspolitik alle Maßnahmen, die mit den vertraglich fixierten Vereinbarungen eines Unternehmens mit seinen Kunden zusammenhängen:

- Preispolitik,
- Rabattpolitik,
- Lieferungs- und Zahlungsbedingungen,
- Kreditpolitik und Leasing.

Im Folgenden wird nur auf die Preispolitik eingegangen. Für darüber hinausgehende Fragen sei auf die einschlägige Marketingliteratur verwiesen. Die Preispolitik verfolgt hauptsächlich das Ziel, mit der Preisgestaltung Kaufanreize zu setzen. Die Preisobergrenze wird durch den Nachfrager, durch staatliche Vorschriften, die Konkurrenzsituation und Machtstrukturen im Absatzkanal stark beeinflusst. Die Preisuntergrenze basiert auf der Kostensituation des Unternehmens.

Mittelfristig sollte jedes Produkt über dem Break-even-Punkt verkauft werden. Durch hohe Kosten während der Einführung eines Produktes wird zumeist erst während der Wachstums- oder erst während der Reifephase die Gewinnzone erreicht und während der Degenerationsphase wieder verlassen. Gegenstand des strategischen Marketing muss es sein, die Zeitdauer der Reife- und der Sättigungsphase so zu optimieren, dass die erzielten Gewinne maximiert werden.

Wie werden die Produkte und Leistungen kalkuliert?

- Kalkulation auf Kostenbasis (»Cost-Plus«),
- Orientierung an der Preisbereitschaft der Abnehmer (»Target Costing«),
- Orientierung am Wettbewerb,
- Preisfindung nach Gefühl.

Welche Preisstrategie verfolgt das Unternehmen jetzt und zukünftig?

- z.B. regionale, kundenbezogene, zeitliche Preisdifferenzierung,
- Preisführerschaft, Preisfolgerschaft oder Preisdumping.

PRAXISBEISPIEL: Preisdifferenzierung in der Werkzeugmaschinenbranche

Das Instrument der Preisdifferenzierung wird insbesondere verwendet, um mit Nebenleistungen höhere Margen zu erzielen. Dazu zählen verlängerte Stand- bzw. Garantiezeiten ebenso wie verbesserte Serviceleistungen oder Betreibermodelle, bei denen die Abnehmer nicht die Maschine bezahlen, sondern den erbrachten Nutzen. Beispielsweise zahlen die Nutzer entsprechend den abgenommenen Teilen der ausgeführten Fertigung (vgl. Jankowski, 2006).

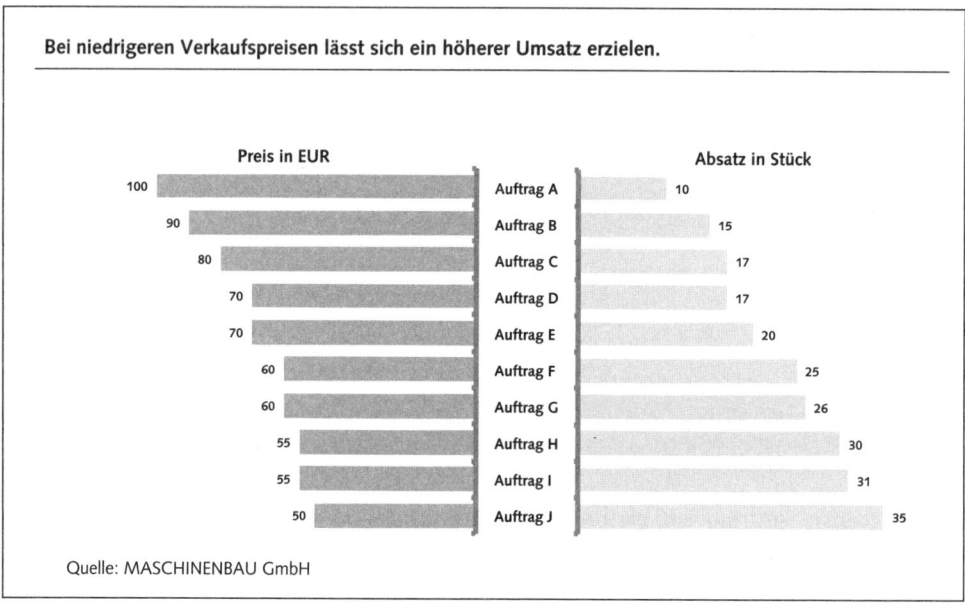

Abbildung I.32: Rabattpolitik der MASCHINENBAU GmbH

Distributionspolitik

DEFINITION

Die *Distribution* umfasst alle Entscheidungen und Maßnahmen, ein Produkt oder eine Dienstleistung zum richtigen Zeitpunkt in der richtigen Menge an den Ort der Nachfrage zu bringen. Hauptaufgaben der Distributionspolitik sind:

- Festlegung der Absatzwege, d.h. auf welchen Wegen die Produkte vom Hersteller zum Verwender oder Verbraucher gelangen,
- Festlegung der physischen Verteilung, d.h. wie der Lieferservice, die Lagerhaltung, der Transport usw. gestaltet sind.

Der Fokus bei hochwertigen Investitionsgütern liegt auf dem Direktvertrieb, der Versorgungssicherheit sowie dem persönlichen Verkauf.

> **PRAXISTIPP: Typische Fragen eines Analysten zur Distributionspolitik**
> - Wie ist die Vertriebsorganisation aufgebaut und welche Absatzwege werden genutzt (ggf. differenziert nach Produkten, Kundengruppen, Inland/Ausland)?
>   - direkter Vertrieb nullstufig (E-Commerce, Werksverkauf, Außendienst, Key-Account-Management),
>   - direkter Vertrieb einstufig (Handelsvertreter (wenn kritische Masse für eigenen Außendienst fehlt), Kommissionäre, Verkaufsgesellschaft oder -niederlassung),
>   - indirekter Vertrieb (Vertriebspartner, Franchise-Systeme, technischer Handel, Groß- und Einzelhandel).
> - Welche Verträge bestehen mit Vertragshändlern, Lizenznehmern, Handelsvertretern oder ähnlichen Vertriebsmittlern (ggf. Ausgleichsansprüche bei Beendigung)?
> - Wie hat der Wettbewerb seinen Vertrieb organisiert?
> - Vertriebsmitarbeiter:
>   - Wie hoch ist die Abhängigkeit von einzelnen Vertriebsmitarbeitern?
>   - Welche Qualifikation und Ausbildung haben die Vertriebsmitarbeiter?
>   - Wie sehen die Anreizsysteme für Vertriebsmitarbeiter aus (inkl. individueller Gehaltsstruktur): Die erfolgsabhängigen Komponenten sollten sich an der Erzielung der Ergebnisse und nicht ausschließlich an den Umsätzen orientieren.
> - Gibt es noch ungenutzte Vertriebspotenziale? Soll eine Umsatzausweitung durch Neukundengewinnung und/oder durch verstärkte Potenzialausschöpfung des vorhandenen Kundenstammes erfolgen?

Kommunikationspolitik

> **DEFINITION**
> Unter *Kommunikationspolitik* versteht man die zielgerichtete Information der relevanten Zielgruppe über das Leistungsprogramm und die zuvor beschriebenen Elemente des Marketingmix. Die Kommunikationspolitik im Industriegütermarketing verlangt eine intensive Befriedigung des Informationsbedarfs des Einkaufs. Messen und Ausstellungen haben regelmäßig eine größere Bedeutung als die Mediawerbung.

Fragen für die Analyse:
- Verfügt das Unternehmen über ein professionelles und durchdachtes Kommunikationskonzept? Welche Aktivitäten plant das Unternehmen im Bereich der Kommunikation für welche Zielgruppen?
- Welche Werbemittel sollen dafür eingesetzt werden und wie hoch sind die veranschlagten Kosten? Welche Werbemaßnahmen werden genutzt und wie verteilt sich das Werbebudget?

Die Herausforderung der Beurteilung der Kommunikationspolitik formulierte Henry Ford einst folgendermaßen: »Fünfzig Prozent bei der Werbung sind immer rausgeworfen. Man weiß aber nicht, welche Hälfte das ist.«

PRAXISBEISPIEL: Marketingaktivitäten in der Werkzeugmaschinenbranche

Neben Imagekampagnen und Teilnahme an Messen stehen den Werkzeugmaschinenherstellern mit Weltruf vielfältige Instrumente des Marketing zur Verfügung. Hier sind neben dem Einsatz von Verbänden und Politik zur Anbahnung größerer Aufträge und Erschließung neuer Märkte auch faktische Normensetzung und Schnittstellendefinitionen maßgeblich.

Konkrete Beispiele dafür können oft nur unternehmensspezifisch gemacht werden. So sind Steckverbindungen und PIN-Belegungen von Kabeln ein bekanntes Beispiel für herstellerspezifische Marktmacht.

Die Lebensdauer eines Produktes (siehe I.5.4.1 Produktlebenszyklusanalyse), die Veränderungen der wirtschaftlichen Rahmenbedingungen und Strategien der Wettbewerber haben zur Folge, dass die Marketingstrategien sukzessive angepasst werden müssen.

Tabelle I.15 fasst die wichtigsten Marketingstrategien für die einzelnen Phasen des Produktlebenszyklus zusammen, wobei sich jene für die Reife- und jene für die Sättigungsphase weitgehend gleichen. Die Zusammenfassung ist allgemeiner Natur. Auf einzelnen Märkten und für einzelne Produkte sind Abweichungen möglich. Sie gibt einem Analysten ein allgemein verwendbares Instrument an die Hand.

	Einführung	Wachstum	Reife	Sättigung	Rückgang
Operative Marketingziele	Produkt bekannt machen, Kaufwiderstände überwinden.	Größtmöglicher Marktanteil (maximale Marktpenetration). Preis- und Konditionenpolitik werden jetzt wichtiger, weil Konkurrenten versuchen, ähnliche oder gleiche Produkte auf den Markt zu bringen, und damit von den Einführungsanstrengungen des Erstanbieters kostengünstig zu profitieren.	Größtmöglicher Gewinn bei gleichzeitiger Sicherung des Marktanteiles. Schwerpunkt auf Erhaltungsmarketing und Produktdiversifikation, um weitere Marktsegmente zu erschließen.	Wie in der Reifephase.	Kostensenkung .

	Einführung	Wachstum	Reife	Sättigung	Rückgang
Produktpolitik	Produktent-wicklung; enges Produkt-programm	Produktver-besserung und -variation; enges/verbrei-tertes Produkt-programm	Produktver-besserung und -variation; differenziertes Produktpro-gramm	Produktver-besserung und -variation; engeres Pro-duktprogramm	selektive Pro-duktbereini-gung; zu beachten sind Verbund-beziehungen mit anderen Produkten (Economies of Scope)
Preispolitik	auf maximalen Wert für den Nutzer orien-tiert	je nach Pene-trationsstra-tegie, viele Alternativen	Preis wie Konkurrenz oder niedriger: differenziert	erste Preis-senkungen	Preissenkun-gen
Distribution	Distributions-netz selektiv aufbauen	Distributions-netz verdich-ten	Distributions-netz weiter verdichten	Distributions-netz weiter verdichten	Distributions-netz selektiv nach De-ckungsbeitrag auslichten
Kommunikation	Produkt bei Frühadoptoren und im Handel bekannt machen; mit intensiver Verkaufsförde-rung Erstkäufe anregen	Produkt im Massenmarkt bekannt ma-chen; Aufwand senken, hohe Nachfrage voll ausnutzen	Unterschei-dungsmerkma-le und Vorteile der Produkte betonen; Aufwand erhö-hen, Anreize zum Marken-wechsel geben	wie in der Reifephase	Erhaltungswer-bung nur noch für die treues-ten Kunden

Tabelle I.15: Strategien im Marketing-Mix (vgl. Kotler/Bliemel, 1998)

5.4.5 Analyse des Produktportfolios: Positionierung der Produkte im Wettbewerbsumfeld

Die Produktportfolio-Analyse, die auf dem Lebenszyklus-Konzept basiert, ist eine Analy-setechnik, welche die komplexen Zusammenhänge zwischen Unternehmen und Markt auf eine zweidimensionale Matrix reduziert und so eine starke Vereinfachung bewirkt. Vorbild für die Produktportfolio-Analyse war das Portfolio-Konzept von Markowitz (vgl. Marko-witz, 2008), das finanzwirtschaftliche Überlegungen bei der Zusammenstellung von Wert-papier-Portefeuilles (»Portfolio SelectionTheory« = optimale Mischung von Anlagemöglich-keiten unter den Gesichtspunkten von Gewinn und Risiko) aufzeigte.

> **DEFINITION**
>
> *Produktportfolio:* Portfolio bezeichnete ursprünglich ein Wertpapierdepot. Im Rahmen der Unternehmensanalyse wird der Begriff auf das »gesamte, aufeinander abgestimmte Angebot eines Unternehmens« (vgl. Duden) ausgedehnt. Es erstreckt sich somit auf das ganze Leistungspotenzial eines Unternehmens.

Bei der erweiterten Begriffsausprägung bezieht man bei Portfolio nicht nur einzelne Produkte, sondern ganze Geschäftsfelder (sogenannte »Strategische Geschäftseinheiten« kurz SGE) mit ein. Damit man von einer SGE ausgehen kann, sollten bestimmte Faktoren erfüllt sein (vgl. Camphausen, 2003):

- strikt getrennte Einheiten, die gleichzeitig zum Gesamterfolg des Unternehmens beitragen,
- klare Definition von Kunden/Zielgruppen, Märkten, Produkten, Regionen, Technologien,
- gleiche Wettbewerber,
- Funktionen der Wertschöpfungskette: Einkauf, Produktion, Vertrieb, Marketing,
- für Gewinne und Verluste (Profit-Center) verantwortliche Einheiten.

Die Begriffe »Strategisches Geschäftsfeld«, »Strategische Geschäftseinheit«, »Sparte«, »Unternehmensbereiche« werden im Weiteren zur terminologischen Vereinfachung – nicht ganz exakt, aber üblicherweise gebräuchlich – synonym verwendet. Für eine kurze Darstellung der Unterschiede strategischer Geschäftsfelder und -einheiten sei auf die Ausführungen von Becker/Fallgatter, 2007, verwiesen.

> **DEFINITION**
>
> Mit Hilfe der *Produktportfolio-Analyse* kann die Allokation der finanziellen, materiellen und personellen Ressourcen in den verschiedenen Geschäftsbereichen und Produktlinien in Abhängigkeit der Markt- und Wettbewerbssituation evaluiert werden. Für den Analysten ist dies eine zweckmäßige Vorgehensweise, um sich gerade in stark diversifizierten Unternehmen einen qualifizierten Überblick über das gesamte Produktprogramm sowie über die Interdependenzen zwischen den einzelnen Sparten bzw. Einzelprodukten aus leistungswirtschaftlicher und finanzwirtschaftlicher Perspektive zu verschaffen.

5.4.6 Boston-Consulting-Group-Matrix

Das am weitesten verbreitete Instrument, um ein Produktportfolio zu untersuchen, ist die Matrix der Boston-Consulting-Group (BCG). Diese teilt die Produkte bzw. SGE in vier Gruppen ein, die verschiedene Charakteristika aufweisen.

In den vergangenen Jahrzehnten wurden von anderen Unternehmensberatungsgesellschaften eine Reihe von Modifikationen dieser Grundform entwickelt, z.B.:

- Wettbewerbspositions-Lebenszyklus-Portfolio von Arthur D. Little,
- Marktattraktivitäts-Wettbewerbsvorteil-Portfolio von McKinsey.

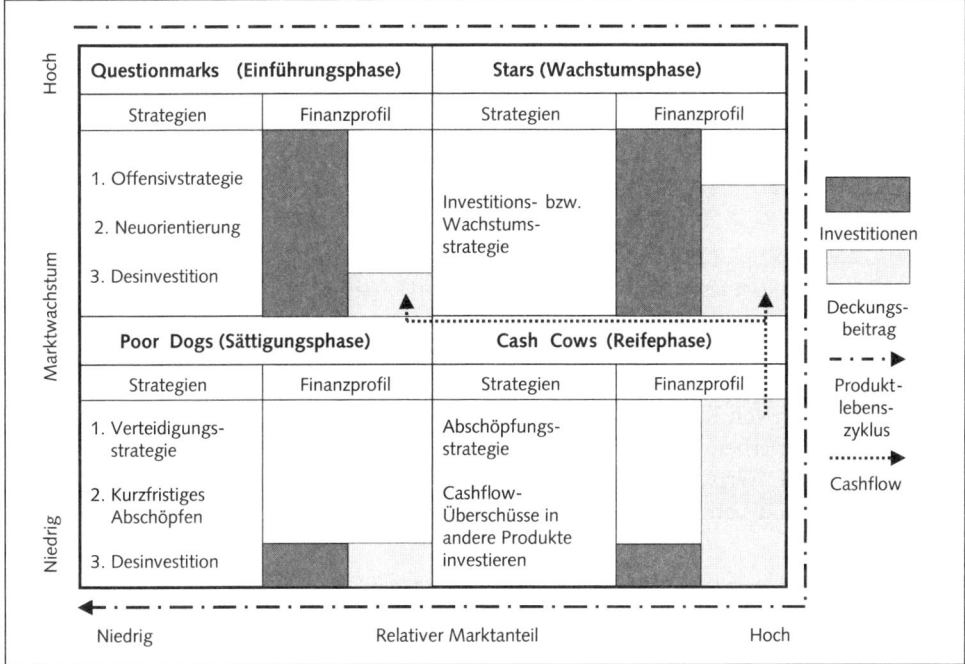

Abbildung I.33: Lebenszyklus und Strategien in der BCG-Matrix

Die BCG-Matrix positioniert die Produkte eines Unternehmens entsprechend der aktuellen Phase ihres Produktlebenszyklus in die Felder: Questionmarks, Stars, Poor Dogs und Cash Cows. Damit kann die BCG-Martix-Erkenntnisse über den Bedarf oder die Generierung finanzieller Mittel durch die einzelnen Produkte liefern. Die Achsen der Matrix stellen eine vom Unternehmen beeinflussbare (relativer Marktanteil) und eine nicht beeinflussbare Größe (Marktwachstum) dar. In Tabelle I.16 werden die einzelnen Matrix-Felder genauer erörtert.

	Questionmarks	Stars	Poor Dogs	Cash Cows
Marktwachstum	hoch	hoch	niedrig	niedrig
Relativer Marktanteil	niedrig	hoch; häufig Marktführer	niedrig; viele Marktteilnehmer in meist reifen Märkten	hoch; überlegene Marktposition
Rentabilität	negativ, da hohes Investitionsvolumen oder Anlaufverluste bei gleichzeitig ungünstigen Wettbewerbsposition	hoch; günstige Kostensituation	niedrig	hoch

	Questionmarks	Stars	Poor Dogs	Cash Cows
Cashflow	negativ	gering oder negativ, da hohe Reinvestitionen für z. B. Produktverbesserungen, Kapazitätsausbau für den Erhalt der Marktanteile notwendig sind	ausgeglichen bis positiv, da kaum Investitionen mehr notwendig	hoch es ist die bedeutende Cashflow-Quelle

Tabelle I.16: Charakterisierung der Feldinhalte der Portfolioanalyse

Zur langfristigen Sicherung des Cashflows sollten die ersten drei Felder der BCG-Matrix immer ausgewogen besetzt sein. Es sollte ein Gleichgewicht zwischen den Cashflow generierenden und Cashflow verbrauchenden Geschäftseinheiten bzw. Produkten angestrebt werden:

- *Cash Cows* haben bereits die Anfangsinvestitionen amortisiert und tragen erheblich zum Unternehmenserfolg mit stabilen positiven Cashflows bei. Sie sollten so lange wie möglich abgeschöpft werden.
- *Stars*: Die starke Marktposition der Stars ist zu erhalten. Gelingt es, sie dauerhaft zu stabilisieren, so wird ein Star zur Cash Cow. Andernfalls wird er zum Poor Dog und die Investitionen fließen nicht im ausreichenden Maße zurück.
- *Questionmarks*: Selektiv sind die Produkte auszuwählen, die das größte Erfolgspotenzial versprechen. Ist ein erfolgreiches Aufbauen der Questionmarks nicht gesichert, so müssen Forschungs- und Entwicklungsaktivitäten folgen und die Innovationen und Risikobereitschaft gesteigert werden. Kurz- und mittelfristig kann sich ein Unternehmen den notwendigen Finanzierungsspielraum auch aus Mitteln der Außenfinanzierung beschaffen. Langfristig ist eine solide Innenfinanzierung durch eigene Aktivitäten notwendig.
- *Poor Dogs*: Aufgrund der ungünstigen Situation sollte ein Unternehmen wenige Poor Dogs besitzen. Für sie bestehen drei Handlungsalternativen: 1. Verteidigungsstrategie: Konzentration auf ein Marktsegment mit einem relativ hohen Marktvolumen, das beherrscht wird und gegen Konkurrenten abgeschirmt werden kann. 2. Kurzfristiges Abschöpfen, d.h. Kostenreduzierung auf das absolut Notwendigste und Maximierung der Cashflows für einen kurzen Zeitraum. 3. Desinvestition, d.h. Rückzug aus dem betreffenden Marktsegment/Verkauf des strategischen Geschäftsfeldes.

PRAXISBEISPIEL: Produktportfolio der MASCHINENBAU GmbH
Die Auswertung mit dem Excel-Tool *BCG Portfolio* zeigt, dass die MASCHINENBAU GmbH ein ausgewogenes Produktportfolio hat. Die Produktgruppen mit den größten Umsatzanteilen sind Cash Cows (Simplon und Iseran) und Stars (Télégraphe). Das Feld Questionmarks ist mit zahlreichen Erfolg versprechenden Produkten besetzt. Poor Dogs hat die MASCHINENBAU GmbH nur zwei (Großglockner und Galibier). Sie sind mit 4 Prozent am Gesamtumsatz unbedeutend.

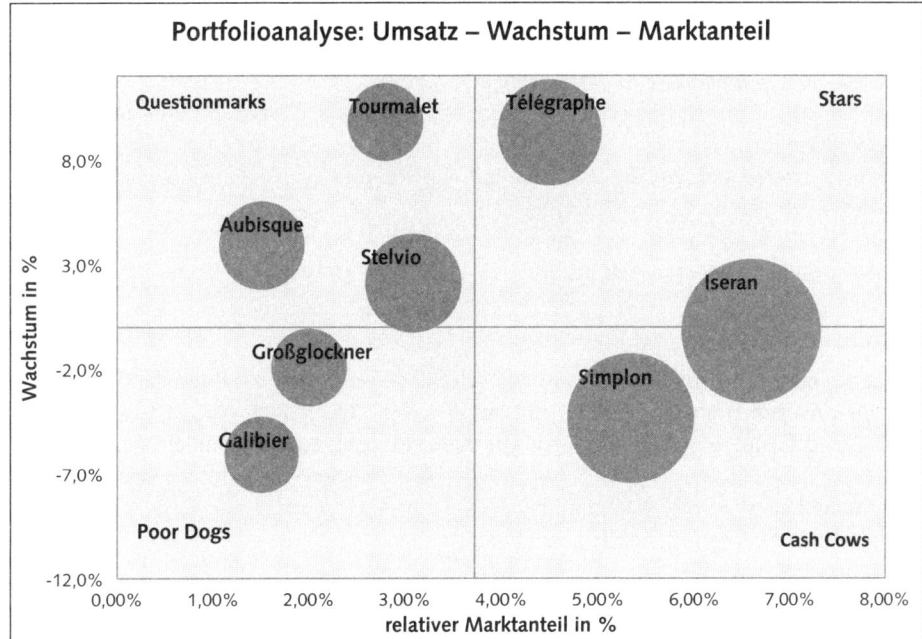

Excel-Datei: Analyse/Excel-Blatt: BCG Portfolio

Modell-Tabelle 2: Grafische Auswertung

Kritik an der Portfolioanalyse

Die Ergebnisse der Portfolioanalyse sollten nicht unreflektiert verwendet werden:

- Es ist zu berücksichtigen, dass es sich bei diesem Modell um eine relativ vereinfachte Darstellung handelt. Es wird lediglich aus den beiden Hauptbestandteilen der Unternehmensanalyse – interne und externe Analyse – je eine wesentliche Komponente ausgewählt und auf den zwei Achsen einer Matrix eingetragen.
- Insbesondere sei auf die bereits geäußerte Kritik an der Aussagekraft des relativen Marktanteils, die auf dem Erfahrungskurvenkonzept aufbaut, hingewiesen. Ein großer relativer Marktanteil kann auch andere Ursachen besitzen. Die Grundprämisse, dass ein hoher relativer Marktanteil eine hohe Profitabilität ermöglicht, lässt sich gut auf volumenabhängige Branchen anwenden. Für Branchen, bei denen es auf Anforderungen wie Spezialisierung, Flexibilität oder Kundenorientierung ankommt, müssen andere Analysetools herangezogen werden. Die Perspektive BCG-Matrix hat eine Affinität zur Kostenführerstrategie. Weitere erfolgreiche Strategien werden im Kapitel I.5.1 Analyse der strategischen Fähigkeiten ausführlich behandelt.
- Ebenfalls besitzt die Schlüsselgröße Marktwachstum keinen Allgemeingültigkeitsanspruch; die Phasen des Markt- und Produktlebenszyklus sind nur von idealtypischer Natur und variieren je nach Branche und Produktgruppe.
- Eine fehlerhafte Positionierung führt zu falschen Schlussfolgerungen. Diese können gravierend sein.

Die hohe Anwendungshäufigkeit und Akzeptanz der Portfolioanalyse lässt sich auf die positiven Gesamtaspekte der Modelle zurückführen:

- Sie ermöglichen eine klare Systematisierung.
- Sie visualisieren die strategische Situation, indem sie die Unternehmens- und Umweltsicht integrieren.
- Sie konzentrieren sich auf die wesentlichen Aspekte und ergeben ein übersichtliches Bild von der Gesamtleistung des Unternehmens.
- Sie decken Schwachpunkte auf und regen zur Diskussion und Kommunikation mit dem zu bewertenden Unternehmen an.

6 Erfolgsquellenanalyse: Ermittlung der nachhaltigen Ertragskraft auf Basis des Jahresabschlusses

Dieser Abschnitt erläutert die Inhalte und Vorgehensweisen der Erfolgsquellenanalyse. Dem Leser wird ein Leitfaden an die Hand geben, mit dem er die komplexe Aufgabe der Extraktion einer nachhaltigen Ertragskraft aus dem Jahresabschluss sicher durchführen kann. Im Mittelpunkt steht das Identifizieren und Beseitigen von potenziellen bilanzpolitischen Verzerrungen und Sondereinflüssen. Hierzu werden die notwendigen Instrumente näher vorgestellt. Zunächst wird die Erfolgsquellenanalyse allgemein eingeführt und anschließend werden Hinweise für den Umgang mit für den Bewertungsfall spezifischen Besonderheiten gegeben. Anschließend wird erläutert, wie eine Normalisierungsrechnung vorzunehmen ist.

Die gängigen Bewertungsmethoden stützen sich auf die Einschätzungen von zukünftigen Entwicklungen. Der Unternehmensbewerter betrachtet die Gegenwart und jüngere Vergangenheit, um Prognosen für die Entwicklung der zentralen Werttreiber abzugeben. Ohne Kenntnisse der Gegenwart und der Vergangenheit kann er sie nicht schlüssig begründen.

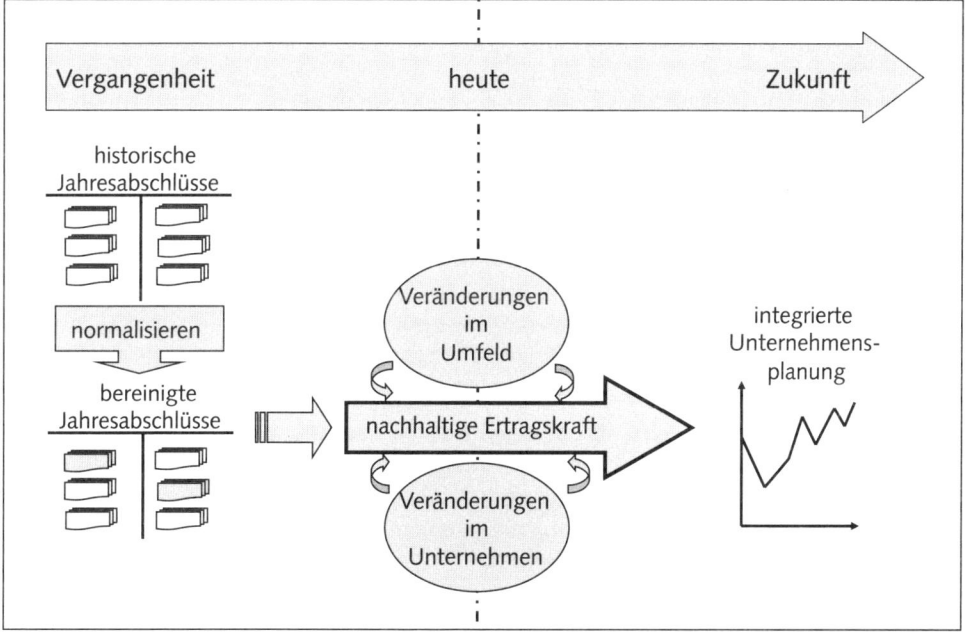

Abbildung I.34: Ermittlung der nachhaltigen Ertragskraft mit der Erfolgsquellenanalyse

Angestrebtes Ziel ist es, objektive Ursache-Wirkungs-Zusammenhänge zu finden. Hierzu werden die qualitativen Ergebnisse der Analyse des makroökonomischen Umfeldes, des Marktumfeldes und des Unternehmens in ein quantitatives Planungsmodell übergeleitet.

> **DEFINITION**
>
> Die *Erfolgsquellenanalyse* ist ein zentrales Instrument der Jahresabschlussanalyse. Sie ist die systematische Aufbereitung, Verdichtung und Beurteilung eines Jahresabschlusses sowie ergänzender Informationen wie Wirtschaftsprüferbericht, Steuerbescheide und anderer Quellen (Marktforschungsinstitute, Interviews mit Branchenkennern etc.). Ziel der Erfolgsquellenanalyse ist, Informationen über Unternehmen zu gewinnen, die aus dem veröffentlichten Jahresabschluss nicht direkt abzuleiten sind.

Im Rahmen der Erfolgsquellenanalyse[7] wird der Jahreserfolg u.a. in nachhaltige und nicht nachhaltige Teile zerlegt und um bilanzpolitische Verzerrungen sowie Sondereinflüsse eliminiert. Darüber hinaus gibt eine weitere Aufspaltung des nachhaltigen Ergebnisses in seine operativen und finanziellen Elemente Aufschluss darüber, inwieweit der Unternehmenserfolg aus der betrieblichen Leistungserstellung bzw. aus Finanzanlagen und Beteiligungsaktivitäten stammt.

Die Erfolgsquellenanalyse schafft eine von wesentlichen Sondereinflüssen freie Basis, indem sie eine Zustandsbeschreibung der Vergangenheit und Gegenwart liefert. Aufgaben der Erfolgsquellenanalyse sind:

- die Erklärungen von Ursachen bzw. Zusammenhängen, insbesondere Beschreibung von Veränderungen und
- die Mitwirkung bei der Urteilsbildung über die getroffenen unternehmerischen Entscheidungen und ihre finanziellen Auswirkungen.

Ausgehend von dem aufbereiteten Zahlenwerk können die Prämissen für die Planungsrechnung einer Unternehmensbewertung gefunden werden.

> **DEFINITION**
>
> Eine *Ertragskraft* wird als *nachhaltig* bezeichnet, wenn sie eine voraussichtlich auf Dauer erzielbare Erfolgsgröße darstellt, die bei konstanten Bedingungen der Umwelt auch künftig erzielbar ist. Je besser die Trennung in nachhaltige und nicht nachhaltige Erfolgsbestandteile in der Erfolgsquellenanalyse gelingt, umso genauere Schlüsse können aus der vergangenen Erfolgsentwicklung auf die zukünftige gezogen werden.

Nachhaltig bedeutet aber nicht, dass es einen exakten Prognosewert gibt. Vielmehr macht es die Unsicherheit über zukünftige Entwicklungen notwendig, dass mehrere potenzielle Ertragströme in der Prognoserechnung berücksichtigt werden. Auf Basis der ermittelten nachhaltigen Ergebnisse (nach Bereinigung) können verschieden Szenarien (Best Case, Worst Case, Base Case) durchgespielt werden.

---

7   Auch Erfolgszerlegung, Erfolgsteilung und Erfolgsauflösung genannt.

Die Ermittlung eines nachhaltigen Ergebnisses erfordert es, überdurchschnittlich hohe Erträge kritisch zu betrachten. Erzielt ein Unternehmen zum Beispiel aufgrund eines neuen Produktes hohe Gewinne, so zieht es Wettbewerber an. Eine sukzessiv sich verschärfende Konkurrenzsituation wird die Ertragslage mittel- bis langfristig verringern. Anfängliche Erfolge mit einem Produkt lassen somit noch keine Rückschlüsse auf einen dauerhaften Absatz zu. In verschiedenen Studien wurde festgestellt, dass in Branchen mit einem funktionierenden Wettbewerb hohe Renditen einzelner Unternehmen sich über den Zeitverlauf der durchschnittlichen Branchenrendite annähern (Konvergenzprozesse). Das heißt, eine gegenwärtig überdurchschnittlich hohe Ertragsituation eines Unternehmens muss nicht zwangsläufig nachhaltig sein. Ergänzend zur Erfolgsquellenanalyse bietet es sich somit an, z.B. eine Produkt- und Lebenszyklusanalyse durchzuführen.

6.1   Informationsquellen für die Erfolgsquellenanalyse

Jahresabschlüsse sind in der Regel für einen externen Analysten die »wichtigste, häufig die einzige Informationsquelle« (vgl. Döring, 2008), um die Situation innerhalb eines Unternehmens zu beurteilen. Der Jahresabschluss ist eine gute Informationsquelle, denn er zeigt – wie im HGB formuliert – »ein den tatsächlichen Verhältnissen entsprechendes Bild der Vermögens-, Finanz- und Ertragslage« (§ 264 Abs. 2 Satz 1 HGB). Dies findet sich auch im angelsächsischen Bilanzrecht (IFRS und US-GAAP) wieder und »entspricht dem True und Fair View, seit dem letzten Jahrhundert der wichtigste Grundsatz des englischen Bilanzrechts« (vgl. Behringer, 2010).

Erfolgt eine Unternehmensbewertung durch einen externen Gutachter, so ist dieser bei der Analyse der Betriebsinterna auf die Angaben des Unternehmens und eine enge Zusammenarbeit mit den handelnden Personen angewiesen.

Bei einer Unternehmenstransaktion werden Dokumente in der Regel durch das Zielunternehmen in einem sogenannten Datenraum bereitgestellt. Um eine nicht erwünschte Weiterverwendung zu verhindern, tauschen die involvierten Parteien Vertraulichkeitserklärungen aus, die u.a. jede weitere Verwendung der Informationen untersagen und eine Vernichtung bzw. Rückgabe der Unterlagen vorsehen.

Darüber hinaus ist es vorteilhaft für einen Außenstehenden, z.B. im Rahmen einer Unternehmenstransaktion, eine Vollständigkeitserklärung vom Verkäufer einzuholen. In einer solchen sichert das Unternehmen zu, dass die zur Verfügung gestellten Unterlagen nach bestem Wissen und Gewissen zusammengestellt werden und keine relevanten Unterlagen zurückgehalten werden.

Managementpräsentationen/Interviews mit Entscheidungsträgern

Im Zentrum stehen Gespräche mit den Kontrollorganen, Eigentümern und dem Management (meist erste und später zweite Führungsebene bzw. Mitarbeiter für Detailfragen). Die Zahl der Gesprächspartner ist abhängig von der Größenordnung und Komplexität des Zielunternehmens. Aus den persönlichen Einschätzungen der handelnden Personen lassen sich wertvolle Schlüsse ziehen, die sich in den Zahlenwerken nicht wiederfinden. Folgende Themenbereiche sollten angesprochen werden:

- Zahlen und Fakten (z.B. Kundenbeziehung, Lieferfähigkeit, Servicegrad),
- Wertungen von Ereignissen (z.B. Personalveränderungen, Führungswechsel) und
- Stimmungsbilder (z.B. Führungskräfteverhalten, Motivation, weiche Faktoren etc.).

Daten aus dem internen und externen Rechnungswesen
- Jahresabschlüsse der letzten drei bis fünf Jahre,
- Steuerklärungen der letzten drei bis fünf Jahre, vorliegende Steuerbescheide sowie Betriebsprüfungsberichte,
- Zur Beurteilung der unterjährigen Situation: Betriebswirtschaftliche Auswertungen (BWA) mit Soll-/Ist-Vergleich. Wobei gewisse Qualitätsanforderungen berücksichtigt werden sollten (z.B. kalkulatorische Abschreibungen bzw. Zinsen),
- Inventurbericht,
- Planrechnungen für die nächsten drei bis fünf Jahre mit den zugrunde liegenden Annahmen,
- Investitionsplan: Art der Investitionen mit Anschaffungskosten und planmäßige Abschreibungen,
- Finanzierungsplan: Art der Finanzierung mit entsprechenden Konditionen.

Rechtliche Unterlagen
- Gesellschaftsrechtliche Unterlagen wie Satzungen, Gesellschafterbeschlüsse, Sitzungsprotokolle der Kontrollorgane und Vorstände u.Ä.
- Angaben zu rechtlichen Verhältnissen (laufende Verträge, Unterlagen über Rechtsstreitigkeiten).
- Handelsregisterakte: Die Handelsregisterakte enthält mehr als der Handelsregisterauszug (Handblatt des Handelsregisterauszugs, z.B. Unternehmensverträge, bei Kapitalgesellschaften auch Gesellschafterverträge).

Sonstige Unterlagen
- Informationen über Aufbau und Organisation, Produktion und Produktprogramm, Vertrieb (Kundenkartei, Absatzdaten), Personal (Lohn- und Gehaltsstruktur),
- strategischer Plan: Strategische Ziele mit Maßnahmen zur Realisierung der Strategie, Stärken/Schwächen des Unternehmens,
- technologischer Wandel hinsichtlich der Produkte und Verfahrenstechnik,
- Wettbewerb/Marktstellung: Anzahl der Wettbewerber und Marktanteile des Unternehmens.

Ist der Jahresabschluss die wichtigste Informationsquelle für eine Unternehmensbewertung, dann ist Folgendes zu beachten: Die Erwartungen des Erstellers und Empfängers von Jahresabschlüssen sind unterschiedlich. Das erzeugt Informationsasymmetrien. Daher ist es für eine effiziente Analyse notwendig, die Ziele des Erstellers eines Abschlusses zu kennen. Die Ziele der Abschlusspolitik werden abgeleitet aus den Erwartungen der Adressaten, den Funktionen, die ein Abschluss zu erfüllen hat, und den Zielen und Motiven des Unternehmens.

Tabelle I.17 zeigt in einem kurzen Überblick, wie vielfältig die Interessengruppen, die Funktionen und die Erwartungen an die gezeigten Informationen des Jahresabschlusses sein können.

Interne Adressaten des Jahresabschlusses	
Adressat/Interessent	Erwartung/Funktion
Unternehmensleitung	Dokumentation, Kontrolle, Planung, Steuerung
Controlling	Planung, Steuerung
Gesellschafter, Gremien (Beirat, Aufsichtsrat)	Kontrolle, Information, Planung, Dokumentation, Ausschüttung

Externe Adressaten des Jahresabschlusses	
Adressat/Interessent	Erwartung/Funktion
Finanzverwaltung	Besteuerung, Kontrolle
Abschlussprüfer	Kontrolle, Information für die Erstellung eines Jahresabschlusses
Kreditgeber (Banken, einflussreiche Lieferanten)	Kreditwürdigkeitsprüfung, Schutz des Gläubigers
Kunden	Qualität, Zuverlässigkeit
Arbeitnehmer, Gewerkschaften	Information, Arbeitsplatzsicherung (Betriebsverfassungsgesetz, Mitbestimmungsgesetz)
Öffentlichkeit	Informationen
Ratingagenturen, Finanzanalysten, Medien	Informationen

Tabelle I.17: Interne und externe Adressaten des Jahresabschlusses: Erwartungen und Funktionen

Zudem können außerordentliche Effekte und unterjährige Schwankungen die tatsächliche Ertragslage verzerrt beschreiben. Dies und die divergierenden Ziele und Inhalte der verschiedenen Rechnungslegungsnormen (z.B. HGB, IFRS, US-GAAP) erschweren einen Zeitreihenvergleich eines Unternehmens sowie das Benchmarking mit anderen Unternehmen. Es ist offensichtlich, dass es zur Beurteilung der Ertragslage eines Unternehmens einer umfassenderen Analyse bedarf statt nur eines bloßen Heranziehens der kumulierten Jahreserfolge. Diese Größe ist vielmehr der Ansatzpunkt für eine Erfolgsquellenanalyse.

6.2   Allgemeine Grundsätze für die Erfolgsquellenanalyse

Eine Erfolgsquellenanalyse sollte sich an folgenden Grundsätzen orientieren:

In das Planungsmodell sollen nur entscheidungsrelevante, nachhaltige Ergebnisbestandteile einfließen. Informationen sind kritisch zu prüfen, sofern sie

- außergewöhnlich große Abweichungen von Vorjahreswerten oder
- weit überdurchschnittliche Werte im Verhältnis zu einer Peer-Group aufweisen und
- einen signifikanten Anteil am Unternehmenserfolg darstellen (auch bei Geschäftsvorfällen, die zahlenmäßig klein sind und gleichzeitig einen hohen Wert darstellen).

Ist dies der Fall, dann passt der Analyst diese Positionen an.

Allgemein gilt, dass Bereinigungen nur dann vorzunehmen sind, wenn Faktoren nicht bzw. nicht ausreichend im Jahresabschluss berücksichtigt wurden und sich erheblich auf die Planung auswirken. Dabei sollte sich der Analyst stets fragen, ob der verzerrende Effekt im Jahresabschluss eine Anpassung der Ist- und Planbilanz/-GuV und somit eine Veränderung des Unternehmenswertes tatsächlich rechtfertigt. Eine Bereinigung des vom Wirtschaftsprüfer erstellten Jahresabschlusses sollte daher nur in Ausnahmefällen vorgenommen werden. Eine solche kritische Situation kann z.B. bei einer Bewertung im Rahmen einer Unternehmenstransaktion gegeben sein, die bestimmt ist durch die Informationsasymmetrien zwischen Käufer und Verkäufer. Es ist besonders auf eine zeitnahe Veränderung bei der Nutzung von abschlusspolitischen Gestaltungsspielräumen im Vorfeld eines Verkaufs zu achten.

Weitere Grundsätze sind:

- *Richtigkeit:* Eine Übereinstimmung zwischen dem bereinigten Datenmaterial und den darin aufbereiteten Sachverhalten, d.h., eine subjektive Aufbereitung durch den Bewerter, die durch einen Dritten nachprüfbar sein sollte.
- *Genauigkeit und Vollständigkeit:* Es ist eine möglichst durchgängige und konsistente Bereinigung mit einem geeigneten Detaillierungsgrad anzustreben und Zahlenfriedhöfe sind zu vermeiden. Eine absolute Vollständigkeit ist nicht wirtschaftlich und in der Praxis aus Zeitgründen nur eingeschränkt möglich. Der Nutzen, der mit den gewonnenen Informationen erzielt wird, muss die Kosten übersteigen. Es empfiehlt sich, nur solche Positionen zu berücksichtigen, die das Unternehmensergebnis um mehr als fünf Prozent beeinflussen.
- *Gesamtbewertung:* Da das Zusammenwirken der einzelnen Teile eines Unternehmens vornehmlich über Stromgrößen sichtbar wird, ist eine Orientierung an Stromgrößen vorzuziehen. Im Zentrum der Anpassungsrechnung steht eine Betrachtung der Positionen der GuV, von denen primär die bewertungsrelevanten Stromgrößen (Cashflows) abgeleitet werden. Die Positionen der Bilanz (Vermögen und Kapital) haben nur eine sekundäre Bedeutung und werden im Rahmen der Bereinigungsaktivitäten weniger stark betroffen sein. Sie werden auf ihre Werthaltigkeit hin untersucht (insbesondere auf unterschiedliche Bewertungsmethoden/Ermessensspielräume).
- Dennoch sind die Bilanzpositionen zumindest indirekt betroffen, da eine zu bereinigende GuV-Position stets eine korrespondierende Bilanzgröße besitzt. Eliminiert man eine außerordentliche Abschreibung auf eine Maschine, bedeutet dies, dass z.B. auch das Sachanlagevermögen, der Gewinn und das Eigenkapital erhöht werden müssen, da der verbuchte Aufwand ursprünglich zu hoch war.
- *Keine Berücksichtigung des nicht betriebsnotwendigen Vermögens:* Nicht betriebsnotwendige Vermögensgegenstände erwirtschaften in der Regel unterdurchschnittliche Erträge und sind nicht erforderlich, um den nachhaltigen Erfolg des Unternehmens zu gewährleisten. Sie werden daher nicht in die nachhaltige Ertragsermittlung einbezogen.
- *Fortführung des Unternehmens:* Es wird davon ausgegangen, dass das Unternehmen fortgeführt wird.

Betrachtungszeitraum/Analysezeitraum

Es empfiehlt sich, die Jahresabschlüsse mindestens der zurückliegenden drei bis fünf Jahre heranzuziehen. Mehr als 90 Prozent aller Bewertungen bewegen sich in dieser Größenordnung. Dieser Zeitraum stellt einen akzeptablen Kompromiss dar zwischen den Forderungen,

- sowohl verschiedene Trends und Phasen eines Zyklus abzubilden sowie Zufälle einzelner Jahre zu erkennen,
- als auch keine zu weit zurückliegenden und für den Vergleich nicht mehr geeignete Jahre zu analysieren.

6.3 Bewertungsfall-spezifische Besonderheiten

Die Analyse der Vergangenheit und gegebenenfalls ihre Bereinigung sind unternehmens-spezifisch vorzunehmen und auf die jeweilige Branche, Rechnungslegungsnorm, Jahresab-schlusspolitik, Rechtsform und Größe des Unternehmens sowie Interdependenzen zwischen Unternehmens- und Privatsphäre der Gesellschafter und Konzernbeziehungen abzustimmen.

6.3.1 Implikationen der Branche

Das Branchenumfeld beeinflusst die wirtschaftliche und rechtliche Situation der Unter-nehmen. Dies zeigt sich in den branchentypischen Merkmalen (z.B. in den fünf Wett-bewerbskräften und kritischen Erfolgsfaktoren). Analysten setzen daher unterschiedliche Bewertungsschwerpunkte. Beispielsweise birgt ein großes Sachanlagevermögen in einem produzierenden Unternehmen ein höheres Risiko bei Konjunkturschwankungen, da die Kapazitäten nicht kurzfristig angepasst werden können (hoher Fixkostenblock). Dies hat zur Folge, dass eine Umsatzdelle einen überproportionalen Gewinneinbruch nach sich zieht. Handelsunternehmen hingegen gleichen ihre deutlich geringere Umsatzrentabilität durch einen höheren Kapitalumschlag aus. In Tabelle I.18 sind die besonderen Charakteristika von produzierenden und Handelsunternehmen gegenübergestellt.

Produzierende Unternehmen	Handelsunternehmen
Hohes Anlagevermögen	Geringes Anlagevermögen
Großer Personalbestand	Geringer Personalbestand
Hohe Wertschöpfung	Geringe Wertschöpfung
Geringer Vermögensumschlag	Hoher Vermögensumschlag

Tabelle I.18: Besondere Charakteristika von produzierenden Unternehmen und Handels-unternehmen (vgl. Peemöller, 1993)

An den Jahresabschlusspositionen u.a. Vorräte, Sachanlagevermögen, Abschreibungen lassen sich die unterschiedlich stark wirkenden Brancheneinflüsse ablesen. Die Zugehörigkeit zu einer Branche führt darüber hinaus zu speziellen handelsrechtlichen Bilanzierungsvorschrif-ten wie für langfristige Auftragsfertigung im Maschinenbau. Oder zusätzliche GuV-Posten werden ausgewiesen (z.B. Aufwendungen für Leistungsanteil bei Arbeitsgemeinschaften wie in der Bauindustrie), Provisionsaufwendungen bei Reiseveranstaltern und Versicherungs-maklern oder besondere Gliederungsvorschriften (Kreditinstitute, Versicherungsunterneh-men, Krankenhäuser etc.).

6.3.2 Bedeutung der Rechnungslegungsnorm auf den Jahresabschluss

Unabhängig, ob das Unternehmen nach HGB, US-GAAP (US-Generally Accepted Accounting Standards) oder IFRS (International Financial Reporting Standards) bilanziert, der Wert eines Unternehmens sollte identisch sein: Bilanzierung ist nur die Abbildung der realen wirtschaftlichen Vorgänge in Zahlen. Hinter den Inhalten von Jahresabschlüssen nach unterschiedlichen Normen verbergen sich zwar die gleichen Sachverhalte, deren Abbildung folgt jedoch anderen Regeln. Küting bemerkt treffend: »Rechnungslegung ist wie Malerei. Auch bei Vorgabe wie Format, Farben und Stil werden zwei verschiedene Bilder entstehen, wenn zwei Künstler unabhängig voneinander ein und dasselbe Motiv malen. Und welche Vorstellung sich über das Motiv anschließend im Kopf des Betrachters herausbildet, bleibt sowieso offen« (vgl. Küting/Harth/Leinen, 2001).

Die unterschiedlichen Bilanzierungs- und Bewertungsvorschriften haben zur Folge, dass es bei der Interpretation von Jahresabschlüssen zu verschiedenen Ergebnissen kommen kann. Ursachen hierfür sind unter anderem Unterschiede bei Bilanzierungs-, Bewertungs- und Ausweisansätzen zwischen den IFRS und dem HGB:

- stärkere Betonung des Fair Value in den IFRS (zeitnähere Werte schwanken stärker und werden von subjektiven Schätzungen beeinflusst, wenn keine Marktpreise zur Verfügung stehen),
- unterschiedliche Auffassung über das Realisationsprinzip (in den IFRS werden im Gegensatz zum HGB nicht nur realisierte, sondern auch realisierbare Erfolge erfasst),
- geringere Bedeutung des Imparitätsprinzips in den IFRS (Gewinne und Verluste werden ähnlich behandelt) – dies zeigt sich insbesondere bei der langfristigen Auftragsfertigung,
- die erfolgsneutrale Eigenkapitalverrechnung (z.B. aus der Neubewertung) verzerrt die Renditekennzahlen – eine Korrektur ist daher geboten,
- fehlende oder unpräzise Abgrenzung sowie unterschiedliche Höhe des Ausweises von Abschlusspositionen.

Die Zahl, der für den Analysten nicht erkennbaren, impliziten Wahlrechte in den IFRS und im HGB ist enorm. Das deutsche Handelsrecht greift wie die internationalen Normen ebenfalls auf Schätzungen und Absichten des Managements zurück. Beispielsweise sind dies: die Nutzungsdauer von abnutzbaren Anlagevermögen, die Dauer der Wertminderung bei außerplanmäßigen Abschreibungen und die Wertberichtigungen auf Forderungen. Ob die IFRS oder das HGB mehr Gestaltungsspielräume erlauben, ist schwer einzuschätzen. Festzuhalten ist, dass die IFR-Standards tendenziell einen höheren Detaillierungsgrad besitzen, und somit mehr Zweifelsfälle adressieren, die Spielräume eröffnen.

Einzelheiten über die genutzten Ermessensspielräume werden regelmäßig nicht im Jahresabschluss dargestellt. Dies ist darauf zurückzuführen, dass hierzu keine formalen Vorschriften seitens des Gesetzgebers/Normengebers existieren und man vielfach auch nicht darüber berichten kann aufgrund der »nicht eindeutig festgelegten oder festlegbaren Grenzen« (Pfleger, 1991). Ein Analyst kann häufig nicht erkennen, in welche Richtung – Ergebnis verbessernd oder Ergebnis verschlechternd – ein Ermessensspielraum genutzt wurde (Pfleger, 1991).

Folglich ist der externe Jahresabschlussleser stark darauf angewiesen zu vertrauen, dass die Daten der Unternehmensleitung richtig sind und der Abschlussprüfer diese kritisch überprüft hat. Analysten untersuchen daher die veröffentlichten Abschlussinformationen selbst und quantifizieren Sondereinflüsse.

Zu beachten ist, dass Pro-Forma-Kennzahlen (EBIT, EBITDA etc.) nicht normiert sind und unternehmensindividuell definiert werden. Das Rechenschema wird auch nicht gezeigt. Veröffentlichte Kennzahlen sollten daher selbst verprobt werden, um zu gewährleisten, dass die Rechenmechanik, Annahmen, Bereinigungen, Zeiträume korrekt sind. Bei Branchenvergleichen sind hoch aggregierte Kennzahlen, die von Dritten erstellt wurden, mit Skepsis zu begegnen.

6.3.3 Jahresabschlusspolitik

Die Auswahl und der Einsatz der abschlusspolitischen Mittel richten sich nach den Zielen der Bilanzpolitik und des Unternehmens als Ganzes.

DEFINITION

Jahresabschlusspolitik bzw. Rechnungslegungspolitik ist das bewusste und zielgerichtete Nutzen jahresabschlussspezifischer Aktionsparameter im Rahmen der durch den Normengeber gesetzten Grenzen (Wahlrechte und Ermessensspielräume). Es wird mit der Jahresabschlusspolitik beabsichtigt, die Rechtsfolgen des Jahresabschlusses und das Verhalten der Informationsempfänger entsprechend den Zielen der Unternehmenspolitik zu beeinflussen.

Das Ergebnis von Jahresabschlusspolitik ist, dass selbst identische Unternehmen verschiedene Ertragsentwicklungen, Wachstumsraten, Kapital- und Vermögensstrukturen und Renditen aufweisen. Eine genaue Quantifizierung der Wirkungen der jahresabschlusspolitischen Maßnahmen ist daher aus Sicht eines externen Analysten ohne tiefen Einblick in das Rechnungswesen des Unternehmens als »skeptisch zu beurteilen« (Baetge, 1987).

Für einen Vergleich von Jahresabschlüssen verschiedener Unternehmen hinsichtlich des Nutzungsverhaltens von abschlusspolitischen Möglichkeiten zieht man einen Normalfall heran. Diese Praktikerregeln enthalten typische Erträge und Aufwendungen aus der Ausübung von sogenannten dispositionsbedingten Positionen. Werden Wahlrechte und Ermessensspielräume genutzt, die einem Drittvergleich nicht standhalten, so ist eine Bereinigung notwendig.

Die Praktikerregeln haben einen stark vereinfachenden Charakter, ersetzen keine unternehmensindividuelle Analyse und geben nur eine grobe Orientierungsrichtung. Sie unterstellen die Hypothese, dass »gute Bilanzen meistens besser und schlechte Bilanzen meist noch schlechter sind, als sie zumindest auf den ersten Blick erscheinen« (vgl. Clemm, 1989). Für HGB-Abschlüsse existieren empirische Erkenntnisse, die diese Praktikerregeln teilweise wissenschaftlich untermauern. Beispiele für ein typologisches Bilanzanalyseverfahren ist das sogenannte Saarbrücker-Modell, das sich an Normbilanzen orientiert und zusätzliche qualitative Analyseelemente einbezieht. Hingegen sind für IFRS-Abschlüsse aufgrund des kurzen Zeitraumes, in denen Unternehmen nach diesen Standards bilanzieren, nur wenige Modelle und Erfahrungswerte verfügbar. Eine einfache Übertragung der Beurteilungskriterien ist nicht empfehlenswert, zu unterschiedlich sind die spezifischen abschlusspolitischen Instrumente (z. B. existieren nur vereinzelt Wahlrechte, dafür erhebliche Ermessensspielräume, die eine Ableitung einer Normbilanz nahezu unmöglich machen).

Die vielfältigen abschlusspolitischen Maßnahmen können das Bild des Jahresabschlusses beträchtlich beeinflussen, ohne dass die Auswirkungen der genutzten Wahlrechte und Ermessensspielräume für einen externen Analysten hinreichend dargestellt werden. Mithilfe einer Klassifizierung der von einem Unternehmen mehrheitlich angewandten bilanzpolitischen Maßnahmen in »konservativ« beziehungsweise »progressiv«, ist es möglich, Aussagen über die tendenzielle Beeinflussungsrichtung des Jahresabschlusses zu treffen: Erfahrungsgemäß ist in bestimmten wirtschaftlichen Unternehmenssituationen typisches Bilanzierungs- und Bewertungsverhalten vorzufinden. Aus den gewonnenen Erkenntnissen ist jedoch eine genaue Quantifizierung der (nachhaltigen) Ertragskraft nicht möglich.

PRAXISTIPP: Beurteilung der wirtschaftlichen Situation
- Konservative Bilanzpolitik: Unternehmen, die bilanzpolitische Instrumente einsetzen, die stets zu einem niedrigen Ergebnisausweis führen, verfügen über eine tatsächlich (deutlich) bessere Vermögens-, Finanz- und Ertragslage als im Jahresabschluss abgebildet.
- Progressive Bilanzpolitik: Eine progressive Bilanzpolitik verfolgt das Ziel einer Verbesserung des bilanziellen Erscheinungsbildes (hoher Vermögensausweis/früher Gewinnausweis). Bei Unternehmen, die stets einen hohen Gewinnausweis anstreben, ist die gegenteilige Situation bei der tatsächlichen Vermögens-, Finanz- und Ertragslage zu erwarten.

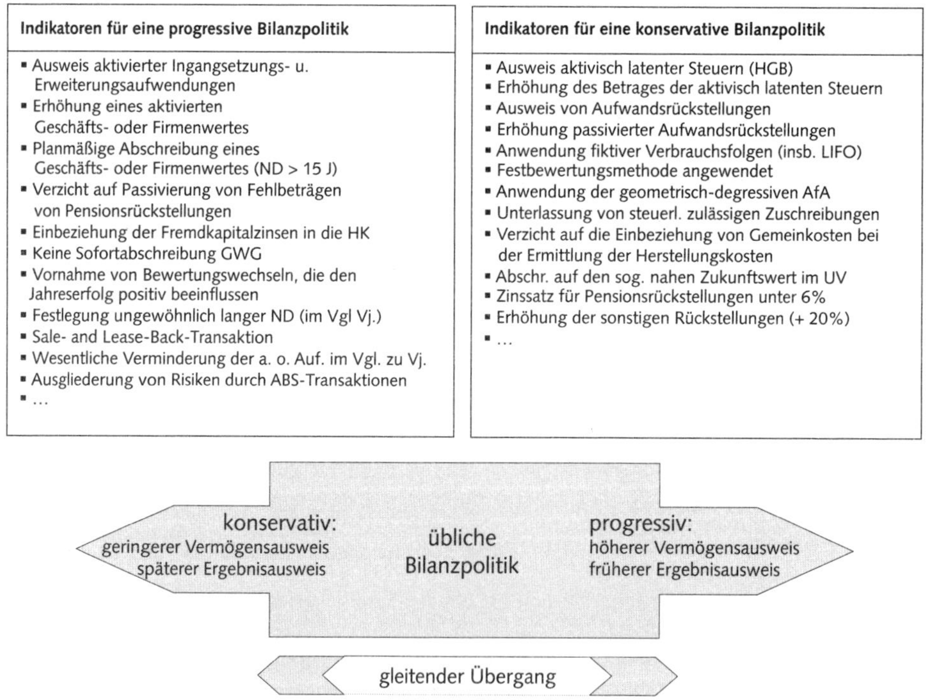

Indikatoren für eine progressive Bilanzpolitik	Indikatoren für eine konservative Bilanzpolitik
• Ausweis aktivierter Ingangsetzungs- u. Erweiterungsaufwendungen • Erhöhung eines aktivierten Geschäfts- oder Firmenwertes • Planmäßige Abschreibung eines Geschäfts- oder Firmenwertes (ND > 15 J) • Verzicht auf Passivierung von Fehlbeträgen von Pensionsrückstellungen • Einbeziehung der Fremdkapitalzinsen in die HK • Keine Sofortabschreibung GWG • Vornahme von Bewertungswechseln, die den Jahreserfolg positiv beeinflussen • Festlegung ungewöhnlich langer ND (im Vgl Vj.) • Sale- and Lease-Back-Transaktion • Wesentliche Verminderung der a. o. Auf. im Vgl. zu Vj. • Ausgliederung von Risiken durch ABS-Transaktionen • ...	• Ausweis aktivisch latenter Steuern (HGB) • Erhöhung des Betrages der aktivisch latenten Steuern • Ausweis von Aufwandsrückstellungen • Erhöhung passivierter Aufwandsrückstellungen • Anwendung fiktiver Verbrauchsfolgen (insb. LIFO) • Festbewertungsmethode angewendet • Anwendung der geometrisch-degressiven AfA • Unterlassung von steuerl. zulässigen Zuschreibungen • Verzicht auf die Einbeziehung von Gemeinkosten bei der Ermittlung der Herstellungskosten • Abschr. auf den sog. nahen Zukunftswert im UV • Zinssatz für Pensionsrückstellungen unter 6% • Erhöhung der sonstigen Rückstellungen (+ 20%) • ...

konservativ:
geringerer Vermögensausweis
späterer Ergebnisausweis

übliche
Bilanzpolitik

progressiv:
höherer Vermögensausweis
früherer Ergebnisausweis

gleitender Übergang

Quelle: Küting/Weber, 2006; eigene Darstellung

Abbildung I.35: Beurteilung der Bilanzpolitik

Unternehmen, die bilanzpolitische Mittel nicht eindeutig zur Gewinnbeeinflussung verwenden, sich ausschließlich auf den gesetzlichen Pflichtrahmen beschränken und nicht klar im Jahresabschluss darüber informieren, stehen unter dem Verdacht, die tatsächliche Unternehmenslage zu kaschieren. Etwas mehr als ein Drittel der Unternehmen mit kleinen tatsächlichen Verlusten betreiben Bilanzpolitik, um Gewinne ausweisen zu können (vgl. Wagenhofer/Ewert, 2007).

6.3.3.1 Kriterien für die Auswahl abschlusspolitischer Mittel

Motive für den Einsatz abschlusspolitischer Mittel sind:
- betriebswirtschaftlicher,
- steuerlicher und
- manipulativer Art.

6.3.3.1.1 Betriebswirtschaftliche Motive für abschlusspolitische Maßnahmen

- *Veränderungen* im Management und Profilierungsbedürfnis: Das ausscheidende Management möchte häufig mit dem besten Ergebnis der Firmengeschichte ausscheiden. Es sollten daher die Gründe für den Führungswechsel (Auseinandersetzungen, berufliche Verbesserung, altersbedingt etc.) und die möglichen Auswirkungen eruiert werden z.B. auf Strategie und die zukünftige Ertragskraft.
- Geplanter *Unternehmensverkauf* oder *Aufnahme von Eigenkapital*/Börsengang (»Schmücken der Braut« auch »Window Dressing« genannt). Eine Gewinn erhöhende Bilanzpolitik ist besonders wirksam, wenn eine starke asymmetrische Informationsverteilung zwischen Eigentümern und Investoren existiert.
- *Restrukturierungen* sowie *Schließung* und *Verkäufe* von Geschäftsbereichen sind häufig mit einem »großen Abwasch« oder »Big Bath« verbunden.
- Dabei geht es darum, Sondersituationen zu nutzen, um Aufwendungen im aktuellen Geschäftsjahr en bloc zu erfassen. In der Unternehmensanalyse ist es gängige Praxis, dass Einmaleffekte aus Restrukturierungsmaßnahmen nicht als Bestandteile des nachhaltigen Ergebnisses angesehen werden. Das Management eines Unternehmens ist daher geneigt, beispielsweise bei einer Betriebsschließung oder Einstellung eines Geschäftsbereiches möglichst viele Aufwendungen diesen Unternehmenseinheiten zuzuordnen. Diese Verlustbeiträge gehen – soweit sie für einen externen Analysten nicht klar erkennbar sind – nicht in die Prognoserechnung ein. Dieses Täuschungsmanöver ist meist nur von kurzer zeitlicher Wirkung.
- Allgemein *angespannte Wirtschaftslage*: In gesamtwirtschaftlich schwachen Phasen werden Verluste von den Eigentümern eher akzeptiert und ein »Großer Aufwasch« kann auch hier opportun sein.
- *Ergebnisglättung* durch das externe Management: In Unternehmen, die nicht von den Eigentümern geführt werden, ist zu beobachten, dass es verstärkt zu Ergebnisglättungen kommt. Grund hierfür ist der höhere Rechtfertigungsdruck der Unternehmensführung. Diese ist vielmehr geneigt, den Erwartungsdruck der Gesellschafter zu reduzieren, indem sie große Gewinnsprünge vermeidet und so die Erwartungen an sie und das Unternehmen in den Folgejahren nicht zu hoch wachsen lässt. Dies zeigt sich in der wechseln-

den Wahl der abschlusspolitischen Maßnahmen: Je nach tatsächlicher Ertragslage müssen Ergebnis erhöhende oder Ergebnis reduzierende Jahresabschlussaktionen durchgeführt werden.

- Eng mit dem zuvor genannten Phänomen ist auch die Verhaltensweise bei einer stark *erfolgsabhängigen Leistungsvergütung* verbunden. Um die Anreize für die Unternehmensführung zu erhöhen, erhält sie regelmäßig neben einem Fixum eine erfolgsorientierte Tantieme. Es ist in diesem Zusammenhang der sogenannte Sperrklinkeneffekt (Ratchet Effect) zu beobachten, der besagt, dass die Unternehmenslenker die vorgegebenen Ziele zwar erreichen, aber nicht darüber hinausgehen (Planüberfüllung), um nicht bei der Festlegung zukünftiger Zielgrößen überfordert zu werden.
- *Aktienoptionsprogramme* für das Management: Im Vorfeld der Aussprache von Aktienoptionen könnte das Management ein niedriges Ergebnis zeigen wollen, wenn der Wert dieser Optionen primär von der künftigen Ertragsentwicklung abhängt.
- Bei einem *Management-Buy-out* (das im Angestelltenverhältnis stehende Management erwirbt das Unternehmen) wirkt ein niedriges Ergebnis Kaufpreis reduzierend und ist somit im Interesse des Managements (zukünftige Gesellschafter).
- *Beeinflussung von Kennzahlen*, die typischerweise von externen Analysten im Rahmen einer Unternehmensbewertung, Kreditvergabe etc. herangezogen werden. Ein Beispiel: Wenn die Fälligstellung eines Kredites an bestimmte Grenzwerte/Covenants wie Verschuldungsgrad geknüpft sind.

6.3.3.1.2 Steuerliche Motivation für abschlusspolitische Maßnahmen

Unternehmen streben regelmäßig eine Minimierung der Steuern auf Ertrag und Einkommen beziehungsweise eine Verschiebung der Zahlungen in die Zukunft an (*Steuerbarwertminimierung* oder auch *Steuerstundungseffekt* genannt). Steuerbarwertminimierung bedeutet – verkürzt dargestellt – einen positiven Zinseffekt aus der verzögerten Steuerzahlung.

Aus Sicht der Anteilseigner – sofern sie natürliche Personen sind – ist zusätzlich zum Zinseffekt auch der Steuerprogressionseffekt zu berücksichtigen (z.B. enthält das deutsche Einkommensteuerrecht einen progressiven Steuertarif). Hiernach führen schwankende Ergebnisse zu absolut gesehen höheren Steuerzahlungen als ein im Zeitverlauf konstanter Ergebnisausweis.

Neben der von den Unternehmen und Anteilseignern motivierten steuerlichen Ergebnisbeeinflussung werden vielfältige Verzerrungen deutscher Jahresabschlüsse (HGB) durch das *Maßgeblichkeitsprinzip* verursacht. Das (umgekehrte) Maßgeblichkeitsprinzip verknüpft das Steuerrecht mit dem Handelsrecht (§ 5 Abs. 1 Satz 1 EStG). Diese Verbindung führt zu einem Zielkonflikt, da beide Rechtsgebiete unterschiedliche Implikationen für das bilanzierende Unternehmen nach sich ziehen.

- Handelsrechtlich: Ziel ist die Darstellung eines getreuen Bildes bzw. eines den tatsächlichen Verhältnissen entsprechenden Bildes durch den Jahresabschluss.
- Steuerrechtlich: Ziel ist der Ausweis eines möglichst optimierten, niedrigen Gewinns für steuerliche Zwecke (Bemessungsgrundlage der Besteuerung).

Die häufigsten Abweichungen zwischen Handels- und Steuerbilanz finden sich in der Höhe der Bilanzierung (Bewertung), die steuerrechtlich detaillierter geregelt ist (§§ 6-7g EStG)

als im Handelsrecht, z. B. bei der steuerlichen Sonder-AfA, den allgemein niedrigeren steuerlich zulässigen Werten.

6.3.3.1.3 Verwendung von manipulativen bilanzpolitischen Maßnahmen

Abschlusspolitische Aktionen, die sich außerhalb der Zulässigkeit der Vorgaben der Rechnungslegungsnormen befinden, nennt man manipulative Maßnahmen. Diese werden größtenteils juristisch sanktioniert. Tabelle I.19 zeigt eine Auswahl an großen nationalen und
internationalen des vergangenen Jahrzehnts. Die meisten Verletzungen wurden zur Erhöhung des Gewinns vorgenommen und dies zum Teil in erheblichem Umfang.

Jahr	Gesellschaft	Branche	Vorfälle
2000	Flowtex	Industrie	Aus 270 Bohrmaschinen wurden mehr als 3.000 Leasing-Geschäfte kreiert.
2001	Enron	Energiehandel	Gewinne von 1,2 Mrd. US-$ zu hoch und Schulden zu niedrig ausgewiesen.
2002	Worldcom	Telecom	11 Mrd. US-$ Falschbuchungen
2002	Bankgesellschaft Berlin	Bank	Eventualverbindlichkeiten i.H.v. ca. 7,5 Mrd. € nicht angemessen berücksichtigt; Landesbürgschaft über 21,6 Mrd. € verhindert Konkurs.
2003	Parmalat	Nahrungsmittel	14 Mrd. € Schulden verschleiert.
2003	Ahold	Einzelhandel	Tochterunternehmen verbuchte ca. 1 Mrd. US-$ Gewinne zu hoch.
2004	AIG	Versicherung	3,9 Mrd. US-$ Gewinnkorrektur für die Jahre 2000–2004.
2006	Bawag	Bank	Anklage Bilanzbetrug, Schaden ca. 1,5 Mrd. €
2006	FannieMae	Hypothekenbank	6,3 Mrd. US-$ Gewinnkorrektur
Quelle: Hofmann, 2007			

Tabelle I.19: Beispiele für Bilanzskandale

6.3.4 Rechtsform

Die unterschiedlichen Rechtsformen haben abweichende Bilanzierungsvorschriften. Perso-
nengesellschaften zum Beispiel können Abschreibungen nach vernünftiger kaufmännischer
Beurteilung ansetzen (§ 253 Abs. 4 HGB). Abhängig davon können diese unterschiedliche
Anforderungen an die Erfolgsquellenanalyse nach sich ziehen.

6.3.5 Unternehmen in außergewöhnlichen Situationen

Bei Unternehmen, die sich in außergewöhnlichen Situationen befinden, verhindern Brüche
in der Unternehmensentwicklung einen Mehrjahresvergleich. Eine Ableitung eines nachhaltigen Ergebnisses aus den Vergangenheitswerten kann meist nicht dargestellt werden, da die
Ertrags-, Vermögens- und Kapitalstruktur im Zeitablauf stark divergiert.

Folgende Situationen deuten auf eine außergewöhnliche Unternehmenssituation hin:
- hohe Abhängigkeiten von einem Lieferanten, Abnehmer, Kapitalgeber oder von Produkten und Rohstoffen,
- Unternehmen in einer politisch oder wirtschaftlich instabilen Region,
- schwebende gerichtliche Auseinandersetzung mit ungewissem juristischen und materiellen Ausgang,
- Verlustzuweisungsgesellschaft,
- erhebliche (saisonale) Umsatzschwankungen,
- umfangreiche Reorganisationsmaßnahmen, Betriebsschließungen, Betriebsumwandlungen, Betriebsaufspaltungen oder Veräußerungen von Unternehmensteilen,
- Investitionen in signifikanter Höhe,
- starke Expansion (geografisch, neue Produkte, neue Kunden),
- Auffälligkeiten bei Forschung und Entwicklung, Aus- und Weiterbildung, Werbung,
- Finanzierungsmaßnahmen (Kapitalerhöhung, Aufnahme neuer Gesellschafter),
- Wechsel im Management (erste und zweite Führungsebene, Schlüsselpersonen z.B. im Vertrieb oder Forschung und Entwicklung).

Erste Indikatoren für außergewöhnliche Entwicklungen im Unternehmen liefern folgende Merkmale:
- Kapazitätsveränderungen und -auslastung (z.B. Kennzahlen wie Personalaufwands- und Abschreibungsquoten variieren stark),
- Abweichungen bei der Produktivität,
- stark veränderte andere Verkaufs- und Einkaufspreise,
- veränderter Produktmix.

6.3.6 Unternehmensgröße

Die Größe eines Unternehmens hat ebenfalls Auswirkungen auf die Aussagefähigkeit des Datenmaterials. Dies führt dazu, dass unterschiedliche größenspezifische Bereinigungen bei der Vergangenheitsanalyse typisch für kleinere und mittelständische sowie für Großunternehmen zu beachten sind.

Kleine und mittelständische Unternehmen (KMU) weisen folgende Merkmale auf:
- Abhängigkeit von bestimmten Personen (z.B. Gesellschafter),
- Mitarbeit von Familienangehörigen,
- geringe Kapitalausstattung,
- geringe Mitarbeiterzahl,
- geringe Organisationstiefe,
- steuerlich motivierte Gestaltungen (z.B. gewillkürtes Betriebsvermögen),
- ausbaufähiges Rechnungswesen und Kontrollsysteme.

Die dargestellten Merkmale von KMUs, und darunter besonders hervorzuheben die Abhängigkeit von einzelnen Personen, führen dazu, dass diese Unternehmen ein höheres Risiko beinhalten. Nicht übertragbare Faktoren, die nach einem Unternehmensverkauf nicht mehr genutzt werden können (z.B. starke persönliche Beziehungen zu Kunden und Lieferanten) spielen hierbei eine dominante Rolle bei der Bewertung.

Des Weiteren führen die fehlende oder eingeschränkte Trennung von betrieblichen Funktionen und ein häufig nicht existierendes oder unzureichendes internes Kontrollsystem dazu, dass das verfügbare Datenmaterial von KMUs für eine Unternehmensbewertung weniger geeignet und aufbereitet ist als bei mittleren oder größeren Unternehmen. Eine höhere Fehlerquote und bewusste Falschangaben kommen bei Jahresabschlussprüfungen häufiger vor als bei mittleren und großen Unternehmen. Dies haben diverse empirische Untersuchungen gezeigt (vgl. Ruhnke/Niephaus, 1996). Erschwerend kommt hinzu, dass die für die Bewertung relevanten Planungsunterlagen aufgrund des zum Teil nur rudimentär vorhandenen Rechnungswesens weniger aussagekräftig sind. Nach Pearson sind Planungen, die mehr als ein Jahr umfassen, bei nicht börsennotierten Gesellschaften unüblich (vgl. Pearson, 1989).

Bei der Jahresabschlussanalyse von größeren Unternehmen sind andere größenspezifische Merkmale anzutreffen. Diese sind beispielsweise größere bilanzpolitische Spielräume wie die Bilanzierung von ausländischen Töchtern, Konzernverrechnungspreise etc. Im Rahmen einer Bewertung eines größeren Unternehmens ist daher mit einem größeren Analyse- und Bereinigungsaufwand der Jahresabschlussunterlagen zu rechnen. Dies bestätigten zahlreiche Studien aus den USA (vgl. Haller, 1994).

6.3.7 Enge Verknüpfung zwischen unternehmerischer und privater Sphäre

Für mittelständische Unternehmen ist eine enge Verbindung zwischen Unternehmens- und Privatsphäre typisch. Sie zeigt sich in der engen Beziehung zwischen Unternehmen und Eigentümer: Der Gesellschafter ist häufig in Personalunion auch Geschäftsführer. Solche Situationen sind bei einer Bewertung gesondert zu betrachten, da sie Einfluss auf die Ertragskraft haben können.

Bei dem Verkauf eines Inhaber geführten Unternehmens scheiden in aller Regel die bisherigen geschäftsführenden Gesellschafter aus dem Unternehmen aus. Verlässt der Eigentümer oder andere Schlüsselpersonen das Unternehmen, können wichtige Erfahrungen, Kenntnisse und Verbindungen (Kontakte zu Kunden, Lieferanten, besonderes technisches Know-how etc.) verloren gehen. Insbesondere bei kleineren und mittleren Familienunternehmen ist ein erheblicher Teil der Ertragskraft personenabhängig. Aus Sicht eines Käufers sind »all diejenigen positiven und negativen Erfolgsposten zu eliminieren, in denen persönliche Fähigkeiten und Beziehungen der bisherigen Unternehmenseigner begründet sind« (vgl. Schmalenbach, 1966).

Es ist empfehlenswert, nachfolgende Sachverhalte einem Fremdvergleich zu unterziehen, d.h. man stellt die Frage »Wie verhielte man sich gegenüber einem fremden Dritten?« und »inwieweit dienen die Vorgänge einem unternehmerischen oder privaten Zweck?« Erforderlichenfalls sind die Positionen für die Planungsrechnung zu korrigieren:

- Überlassung/gemischte Nutzung von Vermögensgegenständen (Pkw, Immobilien, Geldanlagen etc.),
- Verbindlichkeiten und Forderungen gegenüber Gesellschaftern (Konditionengestaltung: Laufzeit, Zins u.Ä.),
- rechtliche und steuerliche Beratung. Sie dient regelmäßig sowohl dem Privaten als auch dem Unternehmen,
- Mieten,

- unterlassene Kostenrechnung oder Steuerberatung,
- Reisekosten und Bewirtung,
- Arbeitsvertrag des geschäftsführenden Gesellschafters und ggf. seiner im Unternehmen tätigen Familienmitglieder (Vergütung, Altersversorgung, Beratungsverträge mit dem Unternehmer nahe stehenden Personen usw.),
- Spenden oder Versicherungen.

Es ist zu beachten, dass die oben aufgeführten Aktivitäten auch umgekehrt wirken. So kann es beispielsweise im Vorfeld eines geplanten Unternehmensverkaufs dazu kommen, dass der Eigentümer bestimmte betriebsnotwendige Aufwendungen privat trägt, um ein möglichst hohes positives Ergebnis ausweisen zu können.

6.3.7.1 Kalkulatorischer Unternehmerlohn

In Einzelunternehmungen und Personengesellschaften ist zu berücksichtigen, dass der Gesellschafter sich selbst kein Gehalt zahlt. Er bedient sich aus dem erwirtschafteten Gewinn. Um Personen- und Kapitalgesellschaften in ihrer Aufwands- und Ertragstruktur vergleichbar zu machen, setzt man einen kalkulatorischen Unternehmerlohn an. Die Höhe ist abhängig von Kriterien wie Unternehmensgröße, Branche, Ertragslage, Kapitalbeteiligung sowie Lebens- und Dienstalter. Der kalkulatorische Unternehmerlohn soll dem Gehalt entsprechen, welches der Unternehmer (als Angestellter ohne Geschäftsanteile) für seine Arbeitsleistung in einem vergleichbaren Unternehmen erhalten würde. Es ist geübte Praxis, einen angemessenen Zuschlag auf das vergleichbare Gehalt eines Angestellten hinzuzurechnen (z.B. in Höhe von 20 bis 30 Prozent, vgl. Bruns, 1998). Dies entspricht der höheren Verantwortung und Arbeitsintensität eines geschäftsführenden Gesellschafters. Darüber hinaus sind Vergütungsstudien eine geeignete Quelle. Die steuerliche Akzeptanz ist hierbei nicht vorrangig, da auch ein zu geringes Geschäftsführergehalt steuerrechtlich keine verdeckte Einlage darstellen würde. Die Bereinigung des Erfolges einer Personengesellschaft um den kalkulatorischen Unternehmerlohn führt zu einer Minderung des nachhaltigen Ertrages.

6.3.7.2 Erwerb von Minderheitsanteilen

In mittelständischen Unternehmen haben Minderheitsgesellschafter meist nur einen begrenzten Einfluss auf die Geschäftspolitik. Einem (Neu-)Eigentümer mit Minderheitsanteilen an einem Unternehmen, das die oben aufgezeigte Konstellation einer engen Verknüpfung von Privatem und Geschäftlichem aufweist, ist es oftmals nicht möglich, Veränderungen durchzusetzen. Besonders zu nennen ist das Unterbinden von Verlagerungen von privaten Kosten in das Unternehmen. Daher kann auf entsprechende Korrekturen verzichtet werden. Sie sind nur dann notwendig, wenn es der Bewertungsanlass rechtlich vorschreibt (z.B. Erbauseinandersetzungen oder Gleichbehandlung aller Gesellschafter bei Squeeze-outs bei Aktiengesellschaften).

6.3.8 Analyse von Konzernunternehmen

Betrachtet man eine Konzernstruktur, so sind zusätzliche Aspekte bei der Erfolgsquellenanalyse und bei der Separierung von Sondereinflüssen einzubeziehen, da die wirtschaftliche
Situation eines Tochterunternehmens durch die Geschäftsbeziehungen innerhalb eines Konzernverbundes teilweise erheblich beeinflusst wird. Bei einer externen Jahresabschlussanalyse
können solche Konzernverpflichtungen regelmäßig nicht erkannt oder eliminiert werden.
Folgende Beispiele verdeutlichen dies:
- Ein wirkungsvolles Gestaltungsmittel ist die Kreditpolitik innerhalb eines Konzerns. Beispielsweise die Gewährung von Krediten durch Konzernmitglieder kurz vor dem Bilanzstichtag oder die kurzfristige Rückzahlung von Verbindlichkeiten innerhalb weniger Tage
  nach dem Bilanzstichtag. Eine isolierte Beurteilung der Liquiditätssituation eines Tochterunternehmens oder Teilkonzerns ist bei einem konzernweit geordneten Finanzverkehr
  (Cash-Poolings) wenig geeignet.
- Bereinigung von Transfer- und Verrechnungspreisen innerhalb eines Konzerns, sofern sie
  wesentlich von marktadäquaten Werten abweichen.
- Ausschüttungspolitik: Sofern Tochterunternehmen nicht in die Konsolidierungsrechnung
  einbezogen werden, enthält der Abschluss des Mutterunternehmens als Beteiligungsertrag
  die Gewinnausschüttungen der Tochter und nicht ihren (anteiligen) Gewinn. Über die
  Ausschüttungspolitik der Tochter kann der Ausweis des Gewinns der Mutter gesteuert
  werden. Eine Analyse der Ertragslage aller nicht konsolidierten Tochterunternehmen ist
  deshalb notwendig.
- Im Einzelabschluss wird nicht ersichtlich, in welchem Umfang das Ergebnis konzerninterne Bestandteile (z. B. Overhead-Umlagen) enthält. Die Gestaltungsmöglichkeiten werden meist auf Konzernebene gesteuert und die Auswirkungen können für ein Tochterunternehmen erheblich sein. So kann zum Beispiel ein betriebswirtschaftlich generierter
  Gewinn in einer Tochtergesellschaft bilanziell geringer ausgewiesen werden, indem er
  durch Nutzung von konzerninternen Verrechnungspreisen in andere Konzernunternehmen (insbesondere ausländische Tochterunternehmen) verschoben wird.
- Gestaltende Darstellung der Overhead-Kosten: Durch gezielte Dezentralisierung von Aufgaben auf Tochtergesellschaften oder Niederlassungen kann man die Kosten für die Zent-
  ralfunktionen geringer ausweisen (z. B. Übertragung des Marketings auf Niederlassungen
  und Zurückbehalten eines kleinen Koordinationsteams in der Zentrale).
- Bei Beherrschungs- oder Gewinnabführungsverträgen muss eine geringe Eigenkapitalquote nicht automatisch auf eine negative Situation des Tochterunternehmens hindeuten.

6.3.8.1 Ausgliederung bzw. Verselbstständigung

Bei einer Ausgliederung bzw. Verselbstständigung eines Unternehmensteils aus einem Konzern – z. B. im Rahmen eines Spin-offs oder Management-Buy-outs – können vielfältige
Veränderungen eintreten. Die Effekte auf die zukünftige selbstständige Ertragskraft sollten
im Rahmen einer Unternehmensanalyse kritisch betrachtet werden:
- Veränderung von Finanzierungskosten (Bonität im Konzern versus Tochter).
- Wegfall des Cash-Poolings: Bei Töchtern von Konzernen ist der Aussagegehalt des Zinser-
  gebnisses normalerweise gering. Die Höhe der zinstragenden Verbindlichkeiten der Kon-

zerntöchter hängt beispielsweise von der aus Konzernsicht optimalen steuerlichen und betriebswirtschaftlichen Finanzstruktur ab. Des Weiteren wird innerhalb eines Konzernverbundes die Steuerung der Liquidität mithilfe einer Clearingstelle vorgenommen.

- Steigerung der Effizienz des Managements durch Erwerb von eigenen Geschäftsanteilen und einer höheren persönlichen Entfaltungsfreiheit.
- Dezentralisierung der Entscheidungskompetenzen: Die Hierarchieebenen können aufgehoben werden. Das Management wird flexibler und kann damit schnell auf veränderte Marktsituationen reagieren.
- Vorteile/Nachteile durch Schaffung dezentraler Unternehmensstrukturen.
- Verluste von Synergieeffekten: So ist es u. a. möglich, dass nach dem Spin-off die Zusammenarbeit bei der Beschaffung, Forschung und Entwicklung, Produktion, Vertrieb etc. sowie die gemeinsame Nutzung von Managementkapazitäten, Betriebsmitteln und sonstiger betrieblicher Leistungsbeziehungen verloren gehen.
- Auflösung steuerrechtlicher Verbundeffekte: Mit der Verselbstständigung der Tochtergesellschaft können die steuerrechtlichen Vergünstigungen, die ein Konzernverbund genießt, wegfallen. Die gilt insbesondere für die steuerliche Organschaft.
- Zusätzliche bzw. verminderte Lieferungen/Absatzmengen.

6.3.8.2   Erwerb eines rechtlich nicht selbstständigen Unternehmensteils

Bei einem Erwerb eines rechtlich nicht selbstständigen Unternehmensteils ist vor einer Unternehmensbewertung eine klare Abgrenzung des Objektes notwendig. Im Vorfeld der Transaktion sind alle zu erwerbenden Gegenstände und Rechte zu erfassen, da die zukünftigen bewertungsrelevanten Cashflows auf der genauen Definition der Zielgesellschaft basieren.

Ein großes Spektrum an Vereinbarungen ist zwischen dem Konzern als Verkäufer und dem Käufer notwendig. Kritische Punkte seien exemplarisch genannt:

- ein ausreichender Bestand an Vorräten (z.B. bezogene Waren, Roh-, Hilfs- und Betriebsstoffe, unfertige Erzeugnisse) zur reibungslosen und kontinuierlichen Fortführung des Geschäftsbetriebs (zumindest für eine Übergangszeit),
- genaue Bestimmung des Kreises der Mitarbeiter, die zu der ausgegliederten Gesellschaft wechseln (insbesondere für die Overheadaufgaben wie Rechnungswesen, Controlling, IT, Personalbereich etc.),
- Klärung der aufgelaufenen Pensionsverpflichtungen,
- Festlegung der zukünftigen Abnahme- und Lieferbeziehungen (inklusive Overhead-Aufgaben),
- Nutzung von Lizenzen,
- Höhe des Mietzinses für vom Konzern bereitgestellte Immobilien und Sachanlagen.

6.4   Vorgehensweise bei der Ermittlung der nachhaltigen Ertragskraft

Ein Jahresabschluss ist entsprechend der angewandten Rechnungslegungsnorm (z.B. HGB, IFRS, US-GAAP) bereits in Erfolgsbestandteile aufgegliedert. Die Aufteilung ist betriebswirtschaftlich jedoch nicht immer ausreichend, da sowohl im HGB als auch nach IFRS substanzielle, unregelmäßig vorkommende Vorgänge im Betriebsergebnis ausgewiesen werden können. Dies hat zur Folge, dass das ordentliche, wiederkehrende Ergebnis nicht klar identifiziert werden kann.

Zunächst werden die vorhandenen Daten aufbereitet, d. h. umgegliedert, umgerechnet, verknüpft, aggregiert und bereinigt. Die Aussagekraft und Qualität der verfügbaren Daten wird geprüft, und unter Umständen werden Daten stärker als andere gewichtet. Es bieten sich zwei zweckmäßige Alternativen für die Aufbereitung der Vergangenheitswerte an, die sich in den Zeit- und Informationserfordernissen unterscheiden:

- Eine durchgängige und konsistente Bereinigung (Ideallösung). Sie ist zeitaufwendig, und es ist fraglich, ob alle notwendigen Informationen von einem Außenstehenden beschafft werden können.
- Pro-Forma-Rechnung: Hier beschränkt man sich auf den ordentlichen betrieblichen Vorsteuererfolg (EBIT oder EBT). Diese Form ist einfacher zu erstellen, aber die starke Zusammenfassung schränkt den Aussagegehalt ein.

6.4.1 Durchgängige und konsistente Bereinigung

Für eine durchgängige und konsistente Bereinigung von Vergangenheitswerten ist es notwendig, den Jahresabschluss mit Fokus auf die Gewinn- und Verlustrechnung – so weit möglich[8] – nach den Merkmalen betriebsfremd, ungewöhnlich, periodenfremd und Gewinnentnahme zu prüfen. Gegebenenfalls sind korrespondierende Korrekturen an anderer Stelle der GuV und Bilanz vorzunehmen:

- betriebsfremd: kein ursächlicher Zusammenhang mit dem betrieblichen Wertschöpfungsprozess (z. B. Vermietung von nicht betriebsnotwendigen Immobilien),
- ungewöhnlich/außerordentlich/neutral: betrieblich bedingt, tritt aber unregelmäßig auf. Weiterhin charakterisiert durch
  - Höhe des Betrags im Verhältnis zu den gewöhnlichen Aufwendungen und Erträgen,
  - Seltenheit des Auftretens des Aufwands bzw. Ertrags,
  - Nichtvorliegen eines Gewinns oder Verlusts aus kontinuierlichen Aktivitäten.
- periodenfremd: ebenfalls betrieblich bedingt; Zahlung und wirtschaftliche Zurechnung fallen in verschiedene Geschäftsjahre (z. B. nicht abgegrenzte Garantieleistungen),
- Gewinnentnahmen (z. B. zu hohe Gehaltszahlung bei geschäftsführenden Gesellschaftern).

Korrespondierende Korrektur an anderer Stelle des Jahresabschlusses

Bei einer Korrekturmaßnahme sind stets mehrere Abschlusspositionen und häufig zwei Jahresabschlüsse betroffen. Exemplarisch wird die gegenseitige Abhängigkeit der verschiedenen Jahresabschlusspositionen und ihre Konsequenzen für eine Bereinigungsrechnung anhand eines Beispiels demonstriert.

---

8 Eine genaue Zusammensetzung der sonstigen betrieblichen Aufwendungen/Erträgen ist für einen externen Jahresabschlussleser häufig nur erkennbar, wenn das Unternehmen entsprechende Angaben im Anhang macht.

Das Unternehmen hat im Jahr t_{-2} Rückstellungen für einen drohenden Rechtsstreit mit einem Abnehmer gebildet. Gegenstand der Auseinandersetzung waren angebliche Qualitätsprobleme, die Ursache einer groß angelegten Rückrufaktion waren. Es stellte sich heraus, dass das zu bewertende Unternehmen dafür nicht verantwortlich zeichnete. Die Rückstellungen wurden folglich im Jahr t_{-1} aufgelöst. Aus Sicht des Analysten sind die Kriterien für eine Bereinigung der Jahresabschlüsse der Jahre t_{-2} und t_{-1} hiermit erfüllt:

- der Vorgang hatte einen einmaligen und nicht regelmäßigen Charakter,
- die Größenordnung war wesentlich (es handelte sich um einen sechsstelligen Betrag).

PRAXISBEISPIEL: Vorgehen bei der Anpassung von GuV und Bilanz

Das Vorgehen des Analysten zur Bereinigung der Jahre t_{-2} und t_{-1} umfasst eine Analyse mit anschließender Korrektur.

1. Analyse des Sachverhaltes:

Im Jahr t_{-2}: Die nicht notwendige, nachhaltige Bildung der Rückstellungen führte zu einer Erhöhung der sonstigen betrieblichen Aufwendungen, welche den Jahresüberschuss minderten und zu einer zu geringeren Zuführung zu den Gewinnrücklagen führten.

Im Jahr t_{-1}: Die Auflösung der Rückstellungen bewirkt einen erhöhten, nicht nachhaltigen sonstigen betrieblichen Ertrag, der den Jahresüberschuss erhöht und gleichzeitig eine zu hohe Zuführung zu den Gewinnrücklagen verursacht.

2. Korrektur:

Die Korrektur erfolgt durch eine korrespondierende Rückrechnung der entsprechenden Aufwands- und Ertragposition sowie des Eigenkapitals (Gewinnrücklagen), an dessen Ende eine Eliminierung des Vorgangs steht. Die Ergebnishöhe (GuV) und der Ausweis des Eigenkapitals sind somit Perioden und verursachungsgerecht dargestellt und eignen sich nun für einen Zeitvergleich, Betriebsvergleich und als normalisierte Basis für eine Prognoserechnung.

6.4.2 Eliminierung von nicht regelmäßig wiederkehrenden Ergebniseinflüssen

Für eine Erfolgsquellenanalyse ist es notwendig, sämtliche Sachverhalte zu eliminieren, von denen keine regelmäßig wiederkehrenden Ergebniseinflüsse (Non Recurring Items) zu erwarten sind. Sie sollten sich auf bedeutende Sachverhalte konzentrieren, damit Vergangenheitszahlen objektive Annahmen für die Planungsrechnung liefern: Je stärker sich die Intensität und Tiefe der Bereinigung auf die relevanten Informationen konzentriert, desto aussagefähiger ist der ermittelte Unternehmenswert. Die Intensität der Bereinigung sollte aber immer im angemessenen Verhältnis zum Nutzen und den Kosten der Informationsgenerierung stehen.

PRAXISTIPP: Anpassungen

Folgende einfache Fragestellungen bilden die Grundlage der Entscheidung, ob Anpassungen erforderlich sind oder nicht:

- Handelt es sich um regelmäßig wiederkehrende Positionen und Vorgänge? Wenn ja, dann sind keine Bereinigungen erforderlich.
- Handelt es sich um nicht regelmäßig wiederkehrende Sondereinflüsse oder um Ertrags- bzw. Aufwandspositionen des nicht betriebsnotwendigen Vermögens? Wenn ja, dann sind Bereinigungen notwendig.

Die Zusammenstellung der nicht regelmäßig wiederkehrenden Ergebnisbestandteile ergibt erwartungsgemäß einen relativ umfangreichen Katalog. Die Vorschriften für die Rechnungslegung der Unternehmen erfordern derzeit weder nach IFRS und US-GAAP noch nach dem HGB eine Darstellung sämtlicher Sondereinflüsse, selbst wenn sie von wesentlicher Bedeutung sind.

Die nachfolgend aufgezeigten Kriterien zur Analyse und Anpassung der Vergangenheit sollen dem Analysten für Sonderfälle und Zweifelsfragen eine Orientierung geben, die dann zu Fragen an die Unternehmen führen wird, wenn über vermutete oder berichtete, nicht regelmäßig wiederkehrende Sachverhalte keine ausreichenden Informationen zur Verfügung gestellt werden.

Sie sind als allgemeine Regeln zu verstehen und haben nicht den Anspruch, alle Sachverhalte und Fragestellungen im Detail zu erfassen: Schon wegen der sich ständig weiter entwickelnden Bilanzierungsvorschriften können keine endgültigen standardisierten Bereinigungsregeln gegeben werden. Die Individualität eines jeden Unternehmens verlangt ein auf den Einzelfall abgestimmtes Vorgehen. Bei jeder Bewertung ist zu prüfen, welche Positionen zu korrigieren sind und welche nicht. Dies heißt auch, dass es sich stets um eine subjektive Einschätzung des Analysten handelt. Bei etwaigen anderen Einschätzungen im Rahmen der Erfolgsquellenanalyse wird es zwangsläufig zu einer anderen Höhe der einzelnen Wertkomponenten und Bereinigungsmaßnahmen kommen.

Schwerpunktmäßig sind die beiden GuV-Positionen *Außerordentliches Ergebnis* und die Sammelposition *Sonstiges betriebliches Ergebnis* zu untersuchen. In ihnen finden sich regelmäßig zahlreiche, nicht wiederkehrende zu bereinigende Effekte.

Außerordentliches Ergebnis

Das Außerordentliche Ergebnis ist entsprechend seiner legalen Definition im HGB eine Zusammenfassung von einmaligen Sondereinflüssen. Das Außerordentliche Ergebnis ist im HGB betriebswirtschaftlich überaus eng gefasst, wesentliche Sondereinflüsse werden regelmäßig in den Sonstigen betrieblichen Aufwendungen und Erträgen ausgewiesen. Im Vergleich zum bereits strengen HGB behandeln die IFRS das außerordentliche Ergebnis noch restriktiver.

DEFINITION
Außerordentliches Ergebnis (nach HGB): Es handelt sich um Aufwendungen und Erträge, die außerhalb der gewöhnlichen Geschäftstätigkeit eines Unternehmens anfallen (§ 264a HGB). Eine weitergehende Konkretisierung ist nicht gesetzlich verankert. Nach herrschender Meinung ist eine enge Auslegung der außerordentlichen (a.o.) Effekte vorzunehmen, d.h., es müssen gleichzeitig folgende Bedingungen erfüllt sein:
- die Aufwendungen und Erträge sind in hohem Maße ungewöhnlich, d.h. es ist kein Gewinn/ Verlust aus kontinuierlichen Aktivitäten,
- sie dürfen nur selten anfallen und
- sie müssen wesentlich sein (betragsmäßig hoch).

Zu den außerordentlichen Aufwendungen und Erträgen (HGB) zählen:
Aufgabe von Geschäftsbereichen, Änderungen der Organisation, Stilllegung von Werken, Verkauf von Beteiligungen oder Betrieben, Abgang von Sachanlagen, außergewöhnliche

Schadens- oder Katastrophenfälle, Sanierungs- und Restrukturierungsmaßnahmen, Forderungsverzicht, außerplanmäßige Firmenwertabschreibungen, Sale-and-Lease-Back-Transaktionen, nicht versicherte Schadensfälle, Rechtsstreitigkeiten, Sozialpläne, bedeutende Produktmängel, Änderung von Pensionsplänen, Umsatzeinbußen durch Baumaßnahmen.

Sonstiges betriebliches Ergebnis

Das Sonstige betriebliche Ergebnis stellt eine wichtige Analysequelle dar, da es viele unterschiedliche Sachverhalte zusammenfasst und durch die sehr enge Definition der außerordentlichen Erträge und Aufwendungen aufgewertet wird. Es stellt einen heterogenen Misch- und Sammelposten für alle operativen Erfolgsbestandteile dar, die keiner anderen Position der GuV zuzurechnen sind.

Als Sammelposition, unter anderem auch für periodenfremde und unregelmäßige Ereignisse, werden sie für die Beurteilung der Nachhaltigkeit unverzichtbar. Zum Beispiel sind Mieterträge in der Regel als nachhaltig zu betrachten. Die Erträge aus der Auflösung von Rückstellungen und der Auflösung von Wertberichtigungen stellen periodenfremde Erträge dar, und sind daher zu korrigieren.

Ein abrupter Anstieg des Sonstigen betrieblichen Ergebnisses ist kritisch zu beleuchten, da es ein erster Verdachtsmoment für einen außerordentlichen Vorgang sein kann.

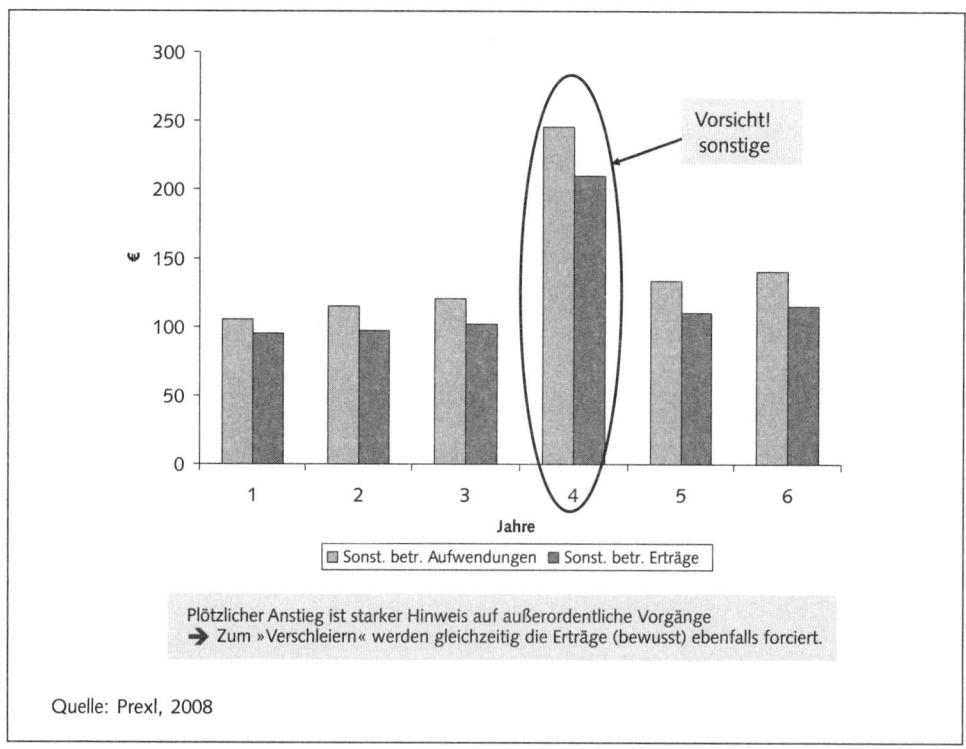

Abbildung I.36: Warnsignale für außerordentliche Vorgänge im Sonstigen betrieblichen
Ergebnis

Nachstehend werden die bedeutenden zu bereinigenden nicht regelmäßig wiederkehrenden Ergebniseinflüsse behandelt und Hinweise für ihre Behandlung gegeben. Im Einzelnen sind dies:

- Wahl und Änderungen der Bilanzierungs- und Konsolidierungsmethoden,
- zeitliche Verschiebungen als Gestaltung,
- andere nicht regelmäßig wiederkehrende Sachverhalte,
- Sondereinflüsse von außerbilanziellen Vorgängen.

6.4.2.1 Zeitliche Verschiebungen als Gestaltung

Eine Reihe von Maßnahmen werden nur aus bilanzpolitischen Gründen abweichend von der betriebswirtschaftlichen Notwendigkeit auf ein früheres oder späteres Geschäftsjahr verlagert. Insbesondere bei Unternehmen mit einer geringen Rentabilität ist dies ein häufig zu beobachtender Sachverhalt, denn in der Regel sind zunächst keine kurzfristigen negativen Folgen spürbar. Zeitliche Verschiebungen können den Cashflow erhöhen und steigern für kurze Zeit die Ertragslage. Sie zeigen nicht das wahre (nachhaltige) Bild des Unternehmens und die Folgeeffekte der Gestaltung treten meist erst in späteren Perioden auf und können gravierend sein. Sie sind daher für die langfristige Betrachtung zu eliminieren.

Gründe für zeitliche Verschiebungen können u.a. sein:

- Liquiditäts- und Ergebnissteuerung (z.B. Verschiebung von Steuerzahlungen und Ausschüttungen),
- Anstehen eines Unternehmensverkaufs (»Schmücken der Braut«),
- Manager hält für Nachfolger Entscheidungen über umfangreiche Investitionsprogramme offen (»lame duck«-Hypothese).

Gestaltungsfelder, die sich vorzugsweise für eine zeitliche Verschiebung eignen, sind:

Personalaufwendungen
Kurzfristiges Zurückfahren der Budgets für Aus- und Weiterbildung etc.

Investitionen und Instandhaltungsaufwendungen
Ein Verschieben von Investitionen ins Anlagevermögen sowie das Drosseln von Reparaturen und Instandhaltungen sind kritisch zu prüfen. Es besteht die Gefahr, dass die Qualität des Anlagevermögens zurückgeht und Lasten in die Zukunft verschoben werden.

Unter Umständen können niedrige Investitionsquoten bzw. Instandhaltungsaufwendungen positiv interpretiert werden. Nämlich sobald das Unternehmen vor Kurzem im größeren Umfang Neu- und Ersatzinvestitionen getätigt hat und so gegenwärtig geringere Instandhaltungsmaßnahmen notwendig sind. Es ist Aufgabe des Analysten, eine betriebswirtschaftlich nachhaltige Größe abzuklären.

Gezielte Disposition mit Umlaufvermögen
Hierunter fällt zum Beispiel der gezielte Verkauf von Wertpapieren des Umlaufvermögens am Jahresende, um Gewinne im laufenden Geschäftsjahr zu realisieren. Am Anfang des darauf folgenden Geschäftsjahres werden diese Wertpapiere wieder zurückgekauft. Ein solches Vorgehen ist nach IFRS nicht notwendig, da zu Handelszwecken gehaltene Wertpapiere nach

dem erstmaligen Ansatz zum beizulegenden Zeitwert (Fair Value) anzusetzen sind. In diesem Fall verursachen die handelsrechtlichen Rechnungslegungsnormen Transaktionskosten, die sich bei Anwendung der IFRS vermeiden lassen.

Gleiches gilt auch für Aufwendungen oder Erträge aus dem Abgang des Umlaufvermögens, die betriebsnotwendigen Charakter besitzen. Zum Beispiel kann ein Verkauf kurzfristig nicht zur Produktion benötigter Vorräte zum Ziel haben, die Liquiditätssituation des Unternehmens kurzfristig zu verbessern. Da sie für die Herstellung jedoch benötigt werden, müssen sie wieder beschafft werden. Gleiches gilt für die Beschaffung von produktionsnotwendigen Mitteln wie Rohstoffe und Waren, die durch eine kurzfristig bilanzkosmetisch ausgerichtete Einkaufspolitik geprägt sein kann (Volumen, Beschaffungs- und Zahlungszeitpunkt).

Marketing

Aufwendungen für Marketing haben einen regelmäßig wiederkehrenden Charakter. Starke Schwankungen zu den Vorjahren bzw. beim Benchmarking können unter Umständen eine gegenteilige Annahme rechtfertigen und sind im Rahmen einer Normalisierungsrechnung zu berücksichtigen.

Die Aufwendungen für Werbung sind kurzfristig stark beeinflussbar und bieten somit substanzielle Möglichkeiten für Gestaltungsmaßnahmen. Zurückgefahrene oder unterlassene Marketinganstrengungen können die zukünftige Wettbewerbsposition des Unternehmens und somit seine Ertragskraft schwächen. Insbesondere ein prozyklisches Verhalten, d.h. bei tendenziell sinkenden Absatzzahlen eine parallele Minderung des Marketingetats vorzunehmen, kann gefährdend sein. Beispielsweise ist eine abhebende Positionierung eines Premiumanbieters, die höhere Margen verspricht, durch weiche Faktoren wie Image, Markenname oder Qualitätsvermutung determiniert. Diese Differenzierung ist kosten- und zeitintensiv im Aufbau und gleichzeitig fragil bei leichtfertigem Umgang.

Die Höhe der Aufwendungen ist größtenteils abhängig von den Gegebenheiten der Branche, der konjunkturellen Situation und der verfolgten Unternehmensstrategie (z.B. Kostenführer oder Differenzierungsstrategie). Dabei steigt das Marketingbudget tendenziell mit
- dem Standardisierungsgrad der Produkte (es ist höher bei Massen- als bei Einzelfertigung),
- der Zahl der Endverbraucher (Economies-of-Scale),
- der Abnahme der Wertigkeit der Produkte (bei hochwertigen Produkten lohnt sich die Informationssuche der Kunden aus anderen Quellen),
- der Preisprämie eines Produkts (die Werbung rechtfertigt einen höheren Preis),
- dem Anteil an neuen Produkten im Programm eines Unternehmens (viel Einführungswerbung).

Forschungs- und Entwicklungsaufwendungen

Starke Schwankungen im Vergleich zu den Vorjahren sollten näher beleuchtet und gegebenenfalls bereinigt werden, da Forschung und Entwicklung insbesondere in technologiegetriebenen Branchen über die Zukunftsfähigkeit eines Unternehmens entscheidet.

Umsatz- bzw. Gewinnrealisierung

Bei den Umsatzerlösen ist nur in Ausnahmefällen mit Gestaltungsmaßnahmen zu rechnen. Eine Periodenverschiebung, dass heißt, ein Beschleunigen oder Verzögern von Umsatzvorgängen, um Gewinne im neuen oder im alten Jahr zu vereinnahmen, findet nur selten in größerem Umfang statt. Produktions- und kundenseitige Restriktionen verhindern häufig ein gezieltes Steuern der Auftragsbearbeitung. Allerdings ist bei einer Bewertung im Rahmen eines Veräußerungsprozesses dies stichprobenartig zu prüfen, denn

- es ist eine typische Window-Dressing-Maßnahme zur Darstellung einer (überhöhten) Ertragskraft,
- es ist ein charakteristischer Indikator für Liquiditätsengpässe, wenn Unternehmen (unter finanziellem Druck) ihre Erzeugnisse veräußern müssen.

Sonderverkäufe von Produkten, die ungewöhnlich und zumeist zu nicht marktadäquaten Preisen fakturiert werden, sind in der Ergebnisrechnung zu glätten. Typische Signale, die auf eine Verschiebung von Umsätzen hindeuten, sind die kurzfristige Steigerung der Umsatzzahlen durch gesteigerte Verkaufsanreize oder forcierte Verkäufe an Distributoren, die die Waren im Lager parken. Die vorzeitige Auslieferung wird zum Teil mit wirtschaftlichen Nachteilen erzielt wie hohe Rabatte, lange Zahlungsfristen, kulante Rückgaberechte, Erhöhung der Service- und Garantieleistungen.

Ein weiterer Sondereffekt für einen nicht nachhaltigen Umsatzschub kann aufgrund von Vorteilen durch außergewöhnliche Beeinträchtigungen bei anderen Unternehmen (z.B. Vorteile durch Streik, Brand etc. bei einem Wettbewerber) entstehen.

6.4.2.2 Andere nicht regelmäßig wiederkehrende Sachverhalte

Zukünftig wegfallende Erträge und Aufwendungen

Das Prinzip der Nachhaltigkeit hat zur Folge, dass Aufwendungen und Erträge zu bereinigen sind, die in der Vergangenheit entstanden und in der Zukunft nicht mehr zu erwarten sind. Eine Fortschreibung von Trends, die aus der Vergangenheitsanalyse gewonnen werden, ist u.a. in folgenden Situationen unzulässig:

- Bei Veräußerung von Vermögensgegenständen und Betriebsteilen: Beispielsweise erwirtschaftet ein im vergangenen Geschäftsjahr veräußertes Gebäude in Zukunft keine Erträge mehr für das Unternehmen. Die Mieterträge sind für die Planungsrechnung zu eliminieren.
- Erkennbare Trends und Veränderungen in absehbarer Zukunft wie Gesetzesänderungen, Auslaufen von Patenten, neue Wettbewerber und Produkte, Substitute etc.

Außerplanmäßige Abschreibungen auf Vermögenswerte des Anlage- und Umlaufvermögens

Außerplanmäßige Abschreibungen mit nicht regelmäßig wiederkehrendem Ergebnischarakter können in handelsrechtlichen Abschlüssen die außerplanmäßigen Abschreibungen auf den Goodwill oder die Zuschreibungen bei Wegfall der Gründe für eine außerplanmäßige Abschreibung sein. Im IFRS-Abschluss ist eine direkte Verrechnung mit Eigenkapital im Rahmen einer Neubewertung unter Umständen zu korrigieren.

Wertberichtigungen auf Forderungen

Eine Normalisierung für die Planungsrechnung ist nur notwendig, wenn die Ausfallrisiken in der Vergangenheit nicht konstant waren (größere einmalige Einzel-Wertberichtigungen auf Forderungen) und Anhaltspunkte für höhere oder niedrigere Forderungsausfälle vom Bewerter identifiziert werden. Dies gilt insbesondere für die Pauschalwertberichtigungen, die in dieser Form nur im HGB zulässig sind. Zu berücksichtigen sind darüber hinaus Erträge aus dem Eingang abgeschriebener Forderungen und sonstiger Vermögensgegenstände bei Wegfall der Gründe für eine außerplanmäßige Abschreibung

Ingangsetzung und Erweiterungsaufwendungen

Nach HGB können Aufwendungen für die Ingangsetzung und Erweiterung des Geschäftsbetriebs als spezieller Posten (sog. Bilanzierungshilfe) in der Bilanz angesetzt werden, obwohl sie die allgemeinen Kriterien für Vermögensgegenstände nicht erfüllen. Die IFRS sehen hingegen eine sofortige erfolgswirksame Berücksichtigung vor. Dies kann zu einer Verzerrung des Ergebnisses führen: Aufwandpositionen wie Vertriebskosten (Einführungswerbung) sind in dem zugrunde liegenden Geschäftjahr außergewöhnlich hoch. Eine genaue Prüfung der Auswirkungen auf die Nachhaltigkeit ist somit bei Abschlüssen nach beiden Rechnungslegungsnormen angebracht: Notarkosten haben z. B. einen einmaligen Charakter, dagegen lässt sich die Beurteilung einer normalen Höhe der Werbeaufwendungen schwerer vornehmen.

Erträge aus Zuschüssen

Ein Zuschuss ist eine staatliche Subvention, die nicht zurückgezahlt wird. Erträge aus Zuschüssen sind nur dann als regelmäßig wiederkehrend zu betrachten, wenn sie mit den entsprechenden Aufwendungen des Abrechnungszeitraums korrespondieren.

Zinserträge und -aufwendungen

Bereinigungen bei den Zinsen sind in der Regel nicht notwendig, da sie häufig als nachhaltig anzusehen sind. Kritisch zu betrachten sind Situationen, in denen ein Unternehmen eine außergewöhnlich hohe Liquidität vorhält, die deutlich über der betriebsnotwendigen Liquidität liegt. Dies ist vor allem im Vorfeld von geplanten Unternehmensakquisitionen (Kriegskasse) oder großen Investitionen vorzufinden. Zinserträge aus solchen Liquiditätsüberschüssen sind daher herauszurechnen. Bei den Zinsaufwendungen ist eine Aktivierung von Finanzierungsaufwendungen näher zu betrachten. Fremdkapitalzinsen können als Herstellungskosten für die Erstellung eines Vermögensgegenstandes aktiviert werden. Dies kann einen erheblichen Einfluss auf die Höhe des Zinsaufwandes haben.

Durch den Einsatz von Zins induzierten Derivaten wie Zins-Caps, Zins-Floors oder Zins-Swaps können sich bemerkenswerte Auswirkungen auf das ausgewiesene Zinsergebnis ergeben, da sich die anfallenden Ausgleichszahlungen als ausgewiesene Zinserträge oder Aufwendungen in der Gewinn- und Verlustrechnung widerspiegeln:

- Im Falle des spekulativen Einsatzes von Derivaten ist die Nachhaltigkeit zu versagen und damit eine Korrektur notwendig.
- Im Falle eines Absicherungsgeschäftes entsteht ein Ausgleichsmechanismus durch in der Regel gegenläufige Auswirkungen auf die abgesicherte Bilanzposition. Hier kann methodisch eine Korrektur unterbleiben.

Ähnliches gilt für Gewinne oder Verluste aus Währungsgeschäften. Sind diese in einem großen Umfang einmalig angefallen oder haben einen spekulativen Hintergrund, so sind sie nicht in die Ermittlung eines nachhaltigen Ergebnisses einzubeziehen.

Erträge aus Beteiligungen

Erträge aus Beteiligungen sind gewöhnlich ein regelmäßig wiederkehrender Ergebnisbestandteil. Ausnahmen können in Sonderfällen auftreten, z. B. bei Erträgen aus der Ausschüttung von Rücklagen unter Berücksichtigung der damit verbundenen Steuerauswirkungen. Es ist zu prüfen, ob die ausgewiesenen Erträge aus Beteiligungen nachhaltig sind:

- Stammen die ausgeschütteten Erträge aus der laufenden Geschäftstätigkeit des Beteiligungsunternehmens oder
- wurden außerordentliche beziehungsweise periodenfremde Erträge ausgeschüttet?

Im Fall der Ausschüttung außerordentlicher beziehungsweise periodenfremder Bestandteile sind diese in der Ermittlung des Cashflows zu korrigieren. Gegebenenfalls ist auch zu prüfen, ob eine – durch die Ausschüttung bedingte – außerplanmäßige Abschreibung des Beteiligungsansatzes notwendig ist.

Für eine Unternehmensanalyse sind die ausgewiesenen Beteiligungserträge oft wenig aussagefähig. Ein Analyst sollte sich daher die Jahresabschlüsse aller Tochterunternehmen und assoziierten Unternehmen beschaffen, soweit diese aufgrund ihres Umsatzes, Ergebnisbeitrages oder aus anderen gewichtigen Gründen (strategische Gründe wie technisches Know-how oder Zugang zu Märkten) von Relevanz sind. Ist die Bedeutung einer Tochtergesellschaft hoch, kann eine gesonderte Unternehmensanalyse angebracht sein. Ist die Beteiligung lediglich eine Kapitalanlage, kann eine vereinfachte Betrachtung der Beteiligung ausreichen, indem beispielsweise die Eigenkapitalrendite mit der branchenüblichen Rendite verglichen wird.

Steuernachzahlungen und Steuererstattungen

Die Analyse der Steuersituation beinhaltet u. a. folgende Aspekte:

- periodenfremder Ertragssteueraufwand bzw. Ertrag (wie Steuernachzahlungen und Steuererstattungen),
- Eliminierung von Wirkungen aus Verlustvorträgen aus Vorjahren oder Verlustrückträgen des laufenden Jahres,
- Anpassungen latenter Steuern (insbesondere im IFRS-Abschluss) aufgrund von Steuersatzänderungen sowie aus Anpassungen für früher nicht gebildete oder nunmehr stornierte Steuerabgrenzungen für Verluste,
- Steuereffekte aus der Ausschüttung von Rücklagen.

In der Regel ist der Aussagegehalt der Steuerzahlungen der Vergangenheit für eine Vorhersage der künftigen Steuerbelastungen gering. Eine Vergangenheitsbereinigung ist daher nicht immer zwingend notwendig und ist für die hier gewählte Vorgehensweise im Rahmen des Planungsmodells von Corporate-Finance-Training nicht von Bedeutung.

Aufwendungen im Zusammenhang mit Unternehmensakquisitionen

Nur aktivierte Anschaffungsnebenkosten einer Unternehmensakquisition sind regelmäßig wiederkehrende Ergebnisbestandteile, alle anderen sind zu eliminieren.

Aufwendungen durch Produktmängel

Rückrufaktionen sind aktive Maßnahmen von Unternehmen zur Abwendung von Personen- oder Sachschäden durch fehlerhafte Produkte. Die Aktivitäten werden meist dann eingeleitet, wenn nach Einschätzung des Herstellers durch Fehlfunktionen bzw. Mängeln am Produkt ein über das normale Maß hinaus deutlich erhöhtes Risiko für den Anwender besteht. Rückrufaktionen haben dann einen Sondercharakter, wenn sie aufgrund ihrer Größe (z.B. im Verhältnis zum Gesamtumsatz) bedeutend sind und äußerst selten (einmalig) auftreten.

Aufwendungen aus Rechtsstreitigkeiten, Schadensfällen, Versicherungsfällen und Streiks

Außergewöhnliche, größere Rechtsstreitigkeiten, Versicherungsfälle und nicht versicherte Schadensfälle sind in der Vergangenheitsanalyse zu glätten. Gleiches gilt für Aufwendungen aus Arbeitskämpfen. Gestiegene Rechts- und Beratungsaufwendungen sind differenziert zu betrachten. Werden Beratungsgesellschaften zum Beispiel für Umstrukturierungen eingeschaltet, kann dies positiv beurteilt werden, wenn der Unternehmenserfolg hierdurch gesteigert werden kann.

Sollten dagegen steigende Beratungsaufwendungen wegen anlaufender oder drohender Rechtsstreitigkeiten entstehen, sind bei fehlenden Kenntnissen zusätzliche Information notwendig. Denn umfängliche Rechtsstreitigkeiten können in der Regel immer wesentlichen Einfluss auf die zukünftige Ertragskraft, Liquiditätssituation und Bonität des Unternehmens haben.

Aufwendungen für erfolgsabhängige Vergütungsmodelle (inklusive Stock-Option-Pläne)

Eine Glättung ist nur vorzunehmen, wenn sie nicht regelmäßig ergebniswirksam sind.

Abgang von Vermögensgegenständen und Veräußerung von Beteiligungen

Der bei einem Verkauf eines Vermögensgegenstandes erzielte Erlös wird mit dem Buchwert verglichen. Ist dieser höher als der Buchwert, so entsteht nach HGB und IFRS ein Ertrag aus dem Abgang von Vermögensgegenständen und umgekehrt ein Aufwand. Er dient zur Korrektur der bereits aufgelaufenen Abschreibungen. Insbesondere größere und unregelmäßig auftretende Positionen sind zu bereinigen. Das gleiche Vorgehen ist auch bei der Veräußerung von Beteiligungen angezeigt.

Sozialpläne, Massenentlassungen und umfangreiche Vorpensionierungsprogramme

Sie stellen einen Einmaleffekt dar.

Rationalisierungs- und Restrukturierungsaufwendungen

Erfolgreich durchgeführte Rationalisierungs- und Restrukturierungsmaßnahmen beeinflussen die nachhaltige Ertragskraft positiv und sollten daher im Rahmen der Erfolgsquellenanalyse differenziert betrachtet werden.

Aus den Vergangenheitswerten zu bereinigen sind, wie oben angesprochen, außerplanmäßige Abschreibungen und Aufwendungen für Sozialpläne, Massenentlassungen und Vorpensionierungsprogramme. Die verbleibenden Positionen haben durchaus einen regelmäßig wiederkehrenden Ergebnischarakter mit der Ausnahme von Sachverhalten, die sich zum Beispiel aus der vorzeitigen Beendigung von Lieferungs- und Leistungsverträgen bei größeren Werksstilllegungen ergeben.

Firmenjubiläen

Firmenjubiläen wiederholen sich nur in größeren Zeiträumen und sind daher als Einmaleffekt zu behandeln.

Aufwendungen der Vertriebsorganisation

Hier kommen starke Veränderungen des Vertriebsaufwandes durch Erschließung neuer Märkte oder Umgestaltungen der Distributionskanäle in Frage.

Kapitalbeschaffungskosten

Kapitalbeschaffungskosten sind in folgenden Fällen zu separieren:

- Aufwendungen aus einem Börsengang/Eigenkapitalbeschaffung, die im HGB-Abschluss ergebniswirksam behandelt werden. Dies ist nach IFRS nicht zulässig.
- hohe Ausgabekosten für Anleihen,
- nicht abgegrenzte Disagio-Aufwendungen,
- substanzielle Vorfälligkeitsentschädigungen.

6.4.2.3 Sondereinflüsse von außerbilanziellen Vorgängen

DEFINITION
Unter *außerbilanziellen Vorgängen* (Off-Balance-Sheet) subsumiert man bilanzexterne Transaktionen. Hierbei werden Aktiva bzw. Risiken sowie das zu deren Finanzierung notwendige Fremdkapital aus der Bilanz eines Unternehmens ausgelagert. Das auslagernde Unternehmen wird als Sponsor, Initiator oder Originator bezeichnet. Hierdurch können Bilanz belastende Transaktionen bilanzneutral dargestellt werden.

Off-Balance-Sheet-Transaktionen gehen typischerweise mit der Errichtung von sogenannten Objekt- oder Zweckgesellschaften einher.

DEFINITION
Objektgesellschaften sind rechtlich selbstständige Einheiten, die meist für Zwecke der Unternehmensfinanzierung gegründet werden. Sie werden auch als Zweckgesellschaft, Special Purpose Vehicle (SPV), Special Purpose Entity (SPE) oder Single Purpose Company (SPC) bezeichnet. In sie werden Vermögensgegenstände und Schulden eingebracht, um diese Rechte dann anschließend zu verbriefen oder auf andere Art und Weise über standardisierte Eigentumsrechte darüber verfügen zu können. Häufig haben sie ihren Sitz in Ländern mit einer günstigeren Steuergesetzgebung oder geringen Gründungshürden, sogenannte Offshore-Bankplätze wie z. B. auf den Bahamas, den Kaimaninseln oder der Isle of Man. Der Ausdruck »offshore« (vor der Küste gelegen) bezieht sich auf die Tatsache, dass es sich überwiegend um Inselstaaten handelt.

Voraussetzungen für ein Off-Balance-Sheet-Financing mithilfe von Objektgesellschaften sind, dass die rechtlich von der Objektgesellschaft gehaltenen Aktiva ihr auch wirtschaftlich zugerechnet werden können (derecognition), und dass die Objektgesellschaften nicht im Konzernabschluss des Sponsors vollkonsolidiert werden müssen (deconsolidation). Die Einbeziehung in den Konzernabschluss lässt sich durch verschiedene Gestaltungen der Beteiligungsverhältnisse oder andere Kriterien der Konzernrechnungslegungspflicht umgehen. Inwieweit es zu einer Konsolidierungspflicht von Objektgesellschaften kommt, die den Off-Balance-Sheet-Effekt zunichte machen würde, hängt regelmäßig von den Umständen des Einzelfalls und dem Gesamtbild der Verhältnisse ab.

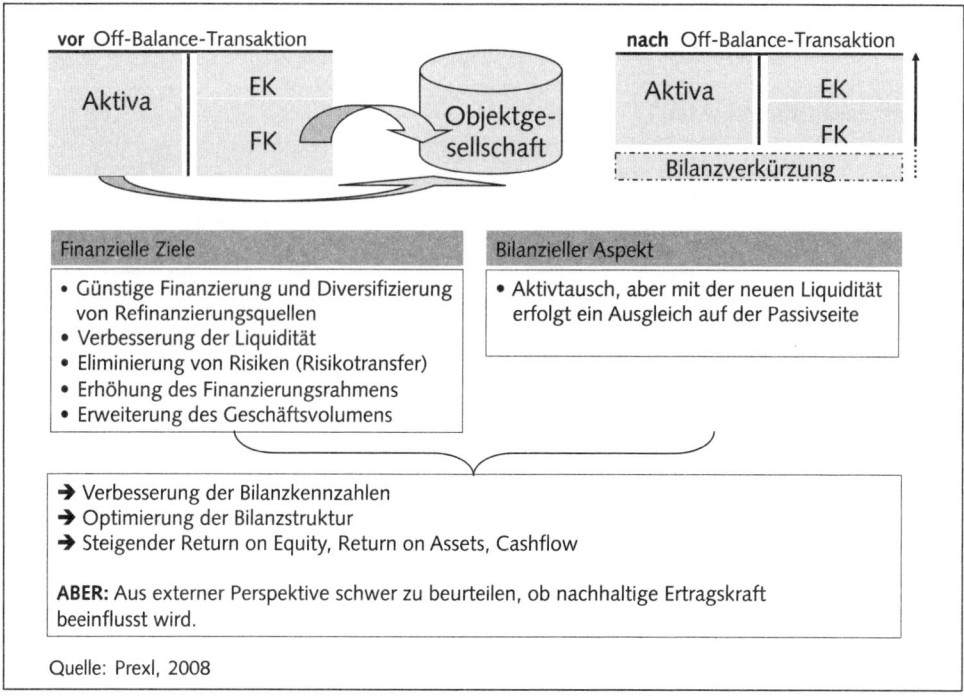

Abbildung I.37: Off-Balance-Transaktionen

Durch eine geeignete Gestaltung der Zweckgesellschaft kann das Unternehmen eine Verlängerung seiner Bilanzsumme vermeiden und damit eine Kennzahlen schonende bilanzielle Abbildung seiner wirtschaftlichen Verhältnisse erreichen. Der Bilanz verkürzende Effekt führt zu einer Erhöhung der Eigenkapitalquote und zur Verbesserung der ausgewiesenen Gesamtkapitalrendite. Im Anhang des Jahresabschlusses erscheinen in der Regel insbesondere in handelsrechtlichen Abschlüssen lediglich Angaben über weitere Haftungsverhältnisse unter der Bilanz. Off-Balance-Sheet-Transaktionen erschweren daher die Abschlussanalyse durch Unternehmensexterne.

Die typischen außerbilanziellen Vorgänge, sogenannte Off-Balance-Aktivitäten wie Leasing, Sale-and-Lease-back, Asset-back-Transaktionen, erfordern für die Analyse regelmäßig den Einsatz externer Gutachter. Denn zum einen können die zugrunde liegenden, häufig komplexen vertraglichen Vereinbarungen höchst unterschiedliche wirtschaftliche Effekte generieren, zum anderen ist die wirtschaftliche Hebelwirkung derartiger Instrumente auf die Vermögens- und Ertragslage des Unternehmens häufig beträchtlich.

6.4.2.3.1 Leasing

DEFINITION

Unter *Leasing* versteht man die Vermietung oder Verpachtung von Wirtschaftsgütern gegen Entgelt (Leasingrate). Der Leasingvertrag wird zwischen einem Leasingnehmer (Mieter) und einem Leasinggeber (Vermieter) über ein Leasingobjekt abgeschlossen. Die Finanzierungsfunktion des Leasings besteht darin, dass es ähnlich dem Kreditkauf eine Form der Fremdfinanzierung ist. Der Kreditnehmer bekommt beim Leasing – anstelle von Geld – ein Realvermögen zur Verfügung gestellt und die Zahlungsverpflichtungen fallen in Form von Leasingraten und nicht als Zinsen und Tilgungen an. Leasing nimmt somit eine Mittelposition zwischen Miete und Kauf ein.

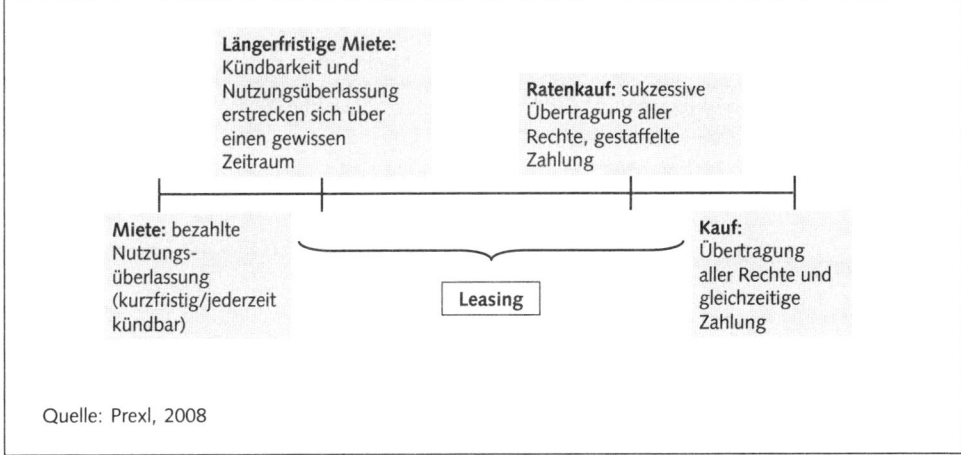

Quelle: Prexl, 2008

Abbildung I.38: Leasing – zwischen Miete und Kauf

Für den Leasing-Nehmer ergeben sich gegenüber einer Objektfinanzierung durch z. B. Bankverbindlichkeiten wesentliche Vorteile:

- Liquidität: Leasing ist liquiditätsschonend, bestehende Kreditspielräume bleiben erhalten.
- Steuern: Beim Leasing-Nehmer fallen keine investitionsbezogenen Steuern an.
- Rentabilität: Niedrigere Gesamtkosten im Vergleich zu anderen Finanzierungsalternativen.
- Zahlungskongruenz: Die Aus- und Einzahlungen der Investition verlaufen parallel. Während beim Kauf eines Wirtschaftsgutes die Auszahlungen für das Investitionsobjekt und die aus der Investition erzielbaren Auszahlungen zeitlich auseinanderfallen, können beim Leasing die zu leistenden Raten in aller Regel direkt aus den Objekteinnahmen finanziert werden.
- Bilanzneutralität: Wird das Leasingobjekt beim Leasinggeber bilanziert, so wird eine Bilanzverlängerung beim Leasingnehmer vermieden. Die Bilanzkennzahlen, ein wichtiges Kriterium für das Kreditrating gemäß Basel II, werden nicht beeinflusst.
- Wiederbeschaffung: Definierte Nutzung und Rückgabeoptionen erleichtern den Austausch.

- Flexibilität: Sie bietet dem Leasingnehmer die Möglichkeit, seine Anlagen und Maschinen an den technischen Fortschritt und an sich ändernden Marktbedingungen flexibel anzupassen.
- Service: Leasinggesellschaften bieten zusätzliche Dienstleistungen wie Beratung, Wartung und Instandhaltung an. Darüber hinaus besitzen die Gesellschaften einen guten Marktüberblick und können den Leasingnehmer bei der Auswahl unterstützen.

Man unterscheidet zwei Arten von Leasinggeschäften (Operating Lease und Finance Lease). Die Ausgestaltung des Leasingvertrages und die jeweiligen Rechnungslegungsvorschriften sind entscheidend für die Zuordnung des Leasingobjektes zu einer der beiden Parteien. Sie sind somit ausschlaggebend, ob eine Aktivierung beim Leasingnehmer oder beim Leasinggeber vorgenommen wird. In der HGB-Praxis wird aus bilanzpolitischen und steuerlichen Gründen das Wirtschaftsgut dem Leasinggeber zugerechnet, wohingegen die IFRS der wirtschaftlichen Betrachtungsweise den Vorrang geben (Substance over Form). Die internationalen Standards richten die Zuordnung danach aus, wo das wirtschaftliche Eigentum und die Chancen und Risiken liegen. Aus diesem Grund sind Leasingobjekte häufiger als im handelsrechtlichen Abschluss beim Leasingnehmer aktiviert. Für den IFRS-Abschluss bedeutet dies i.d.R. eine Bilanzverlängerung, da die Aktiva (Aktivierung Leasingobjekt) ansteigen und gleichzeitig die Leasingverbindlichkeiten passiviert werden.

Die konzeptionellen Unterschiede der beiden Gestaltungsformen werden in der Tabelle I.20 dargestellt.

Arten von Leasinggeschäften	
Operating Lease	**Finanzierungsleasing (Finance Lease)**
- Kennzeichnend ist der kurzfristige Mietvertrag (im Vergleich zur maximal möglichen Nutzungsdauer des Objektes). - Im Vordergrund steht die vorübergehende Nutzung eines benötigten Objekts. - Das Leasingverhältnis basiert in der Regel auf einem Mietvertrag, der innerhalb vereinbarter Fristen kündbar ist. - Das Investitionsrisiko liegt beim Leasinggeber. - Das Leasingobjekt wird i.d.R. dem Leasinggeber zugerechnet.	- Die Finanzierungsfunktion steht im Vordergrund. - Beim Finanzierungsleasing wird üblicherweise eine feste Grundmietzeit ohne Kündigungsmöglichkeit (langfristiger Charakter) vereinbart. - Das Investitionsrisiko und die Funktionsfähigkeit des Objekts liegen beim Leasingnehmer. - Das Leasingobjekt wird in der Regel dem Leasingnehmer zugerechnet.

Tabelle I.20: Arten von Leasinggeschäften (vgl. Bruns, 1998)

Behandlung der Leasingverhältnisse in der Erfolgsquellenanalyse

Unternehmen, die Operating Leasing praktizieren, weisen eine vergleichsweise geringe Bilanzsumme aus, da der Leasinggeber das Risiko übernimmt und den Vermögensgegenstand demzufolge in seiner Bilanz aktiviert. Auf der anderen Seite weisen Unternehmen, die ein Finanzierungsleasing anwenden oder die genutzten Aktiva (eigen- oder fremdfinanziert) erwerben, eine vergleichsweise hohe Bilanzsumme auf.

Die angesprochenen Verzerrungen können durch eine Berücksichtigung von kapitalisierten Leasingraten behoben werden. Bei einem wesentlichen Umfang sollte Leasing daher besser als Verbindlichkeiten interpretiert werden, die das Unternehmen nicht passiviert hat. Als Vorgehensweise für eine Anpassung eines HGB-Abschluss bietet es sich an, dem Vorbild der IFRS zu folgen: Der Barwert der kapitalisierten Leasingraten wird hierzu entsprechend sowohl der Aktiv- als auch der Passivseite (Fremdkapital) zugerechnet. Üblicherweise geht man von einem Kapitalisierungszeitraum von fünf Jahren aus. Sind die Anschaffungskosten des geleasten Vermögensgegenstandes bekannt, so kann man die Kapitalkosten mithilfe des internen Zinsfußes aus den Anschaffungsauszahlungen und den Leasingraten (abzüglich der Kostenbestandteile) berechnen. Ist die Höhe der Kapitalkosten für den externen Analysten mangels fehlendem Zugang zu den Leasingverträgen unbekannt, so kann man alternativ für eine Näherung auf den marginalen Fremdkapitalzinssatz des Unternehmens zurückzugreifen.

Des Weiteren verringern Leasingverpflichtungen das operative Ergebnis, unabhängig ob es sich um ein Finance- oder Operating Lease handelt. Bei einem Finance-Lease sollten die entstehenden Belastungen konsequenterweise dem Finanzierungs- und nicht dem Leistungsbereich zugeordnet werden. Für eine Anpassung eines Jahresabschlusses spaltet man zunächst die Leasingraten in ihre Einzelbestandteile (Abschreibungsanteil, Zinsanteil und den in Rechnung gestellten Kosten der Leasinggesellschaft beispielsweise für Wartung und Versicherung) auf. Der in den Leasingraten enthaltene Abschreibungsanteil wird in die GuV-Position Abschreibungen umgegliedert, der implizite Zins in die Zinsaufwandsposition bzw. die weiteren Leasingkosten in den sonstigen betrieblichen Aufwand.

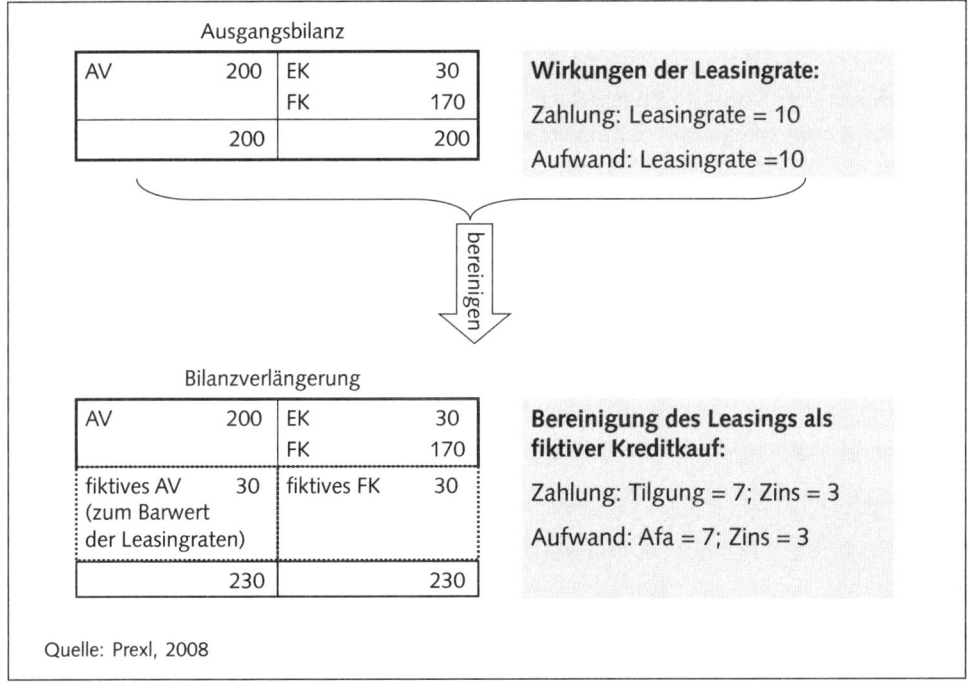

Abbildung I.39: Die Bereinigung von Leasing

6.4.2.3.2 Sale-and-Lease-Back

DEFINITION

Generelles Merkmal eines *Sale-and-Lease-Back* ist eine Veräußerung von Anlagevermögen an eine Leasinggesellschaft (Leasinggeber), das anschließend wieder vom Unternehmen (Leasingnehmer) zurückgeleast wird. An den Leasinggeber ist somit nur das rechtliche Eigentum übergegangen. Der Besitz und die Nutzung der Anlagegüter verbleiben weiterhin bei dem Unternehmen (Leasingnehmer). Der Kaufpreis richtet sich nach den ursprünglichen Anschaffungskosten unter Berücksichtigung der aufgelaufenen Abschreibungen sowie nach dem aktuellen Verkehrswert (bzw. Fungibilität) des Wirtschaftsgutes.

Die Vorteile liegen insbesondere in der geringeren Kapitalbindung, der kurz- bis mittelfristigen Verbesserung der Liquiditätssituation und der Aufdeckung von stillen Reserven. Durch den Verkauf der Anlagegüter kommt es zu einem Liquiditätszufluss. Der Einsatz dieser Mittel zur Verringerung von Finanzverbindlichkeiten hat eine Bilanz verkürzende und Eigenkapitalquoten erhöhende Wirkung. Typischerweise handelt es sich um betriebsnotwendiges Anlagevermögen (z.B. Immobilien, Maschinen und Anlagen), das für eine langfristige Nutzung im Unternehmen vorgesehen ist. Aus diesem Grund kommt regelmäßig das Finanzierungsleasing zur Anwendung (vgl. Kirsch, 1997).

Ein weiterer positiver Effekt ist, dass im Jahresabschluss des Leasingnehmers nur noch im Anhang die zukünftigen Leasingverpflichtungen gegenüber dem Leasinggeber anzugeben sind. Eine Berücksichtigung der zukünftigen finanziellen Belastungen des Leasingvertrages als Verbindlichkeit in der Bilanz erfolgt bei entsprechender vertraglicher Gestaltung nicht.

Behandlung von Sale-and-Lease-Back-Transaktionen in der Erfolgsquellenanalyse

Im Rahmen einer Normalisierung eines Jahresabschlusses ist bei Sale-and-Lease-Back-Transaktionen analog wie bei den einfachen Leasing-Transaktionen vorzugehen. Lediglich ist auf folgende zusätzliche Besonderheit zu achten:

Bei einer Sale-and-Lease-Back-Transaktion entsteht beim Verkauf ein sonstiger betrieblicher Ertrag (HGB) oder eine passivische Abgrenzungsposition (IFRS), die über den Leasingzeitraum ratierlich erfolgswirksam aufgelöst wird. Diese besitzen keinen nachhaltigen Charakter und erschweren einen Zeitvergleich. Sie sind zu korrigieren und durch angemessene Beträge zu ersetzen. Insbesondere bei progressiven oder degressiven Leasingraten ist auf lineare Sätze umzustellen (vgl. Wagner, 1991). Mit Hinblick auf die Grundsätze der Wirtschaftlichkeit und Relevanz ist ein solches Vorgehen nur zu empfehlen, wenn es sich um bedeutende Transaktionen von erheblichen Volumen handelt (vgl. Bruns, 1998).

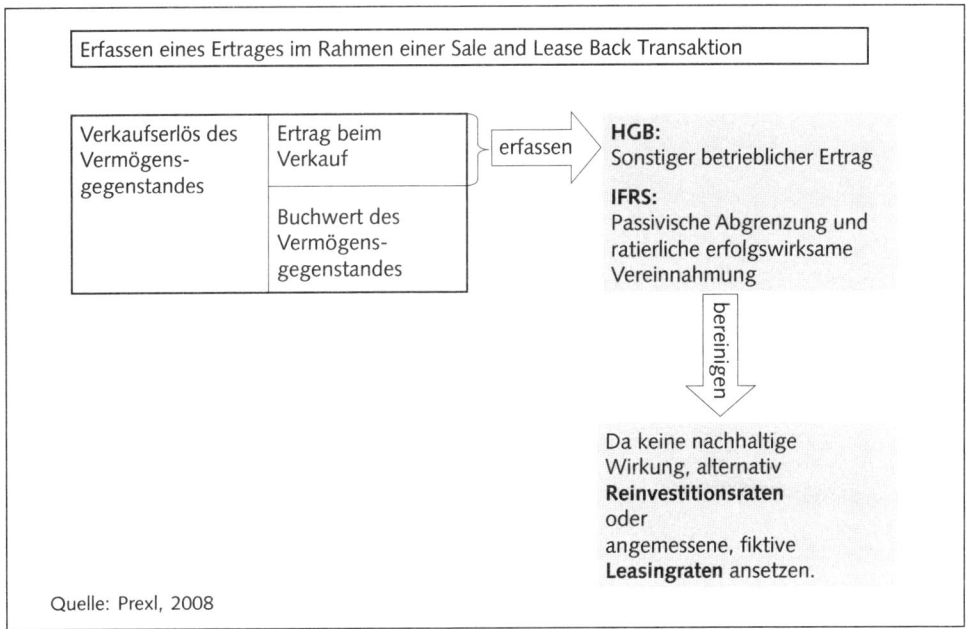

Abbildung I.40: Erfassen und Bereinigen eines Ertrages im Rahmen einer Sale-and-Lease-Back-Transaktion

6.4.2.3.3 Factoring

Das Factoring ist eine weitere bedeutende Möglichkeit für ein Unternehmen, sich Off-Balance zu finanzieren.

> **DEFINITION**
> *Factoring* bezeichnet die Übernahme und die Verwaltung von offenen Forderungen durch ein spezialisiertes Dienstleistungsunternehmen (Factoring-Gesellschaft auch Factor). Ziel des Forderungen abtretenden Unternehmens (Klienten) ist es unter anderem, den Forderungsbestand zu reduzieren (Finanzierungsfunktion). Damit erhält das Unternehmen sofort Liquidität für die Finanzierung von anderen Investitionsvorhaben. Insofern unterstützt die Factoringfinanzierung den Klienten dadurch, dass er seine Verbindlichkeiten (z.B. Kontokorrent) für andere Zwecke verwenden und gleichzeitig bei seinen Abnehmern mittels unmittelbarer Zahlung Skonti erzielen kann.

Durch den Verkauf von Forderungen (in der Regel Forderungen aus Lieferungen und Leistungen) verringert sich das Working Capital, was sich in den bewertungsrelevanten Cash-flows niederschlägt. Es gilt daher zu überprüfen, ob es sich in der Vergangenheit um einen einmaligen oder laufenden Forderungsverkauf handelte. Denn war es nur eine einmalige Maßnahme, so erhöht sich das Working Capital durch den sukzessiven Aufbau neuer Forderungen wieder. In diesem Fall erreicht das Unternehmen keine langfristige Entlastung des Working Capitals. Eine Bereinigung ist hier somit angezeigt.

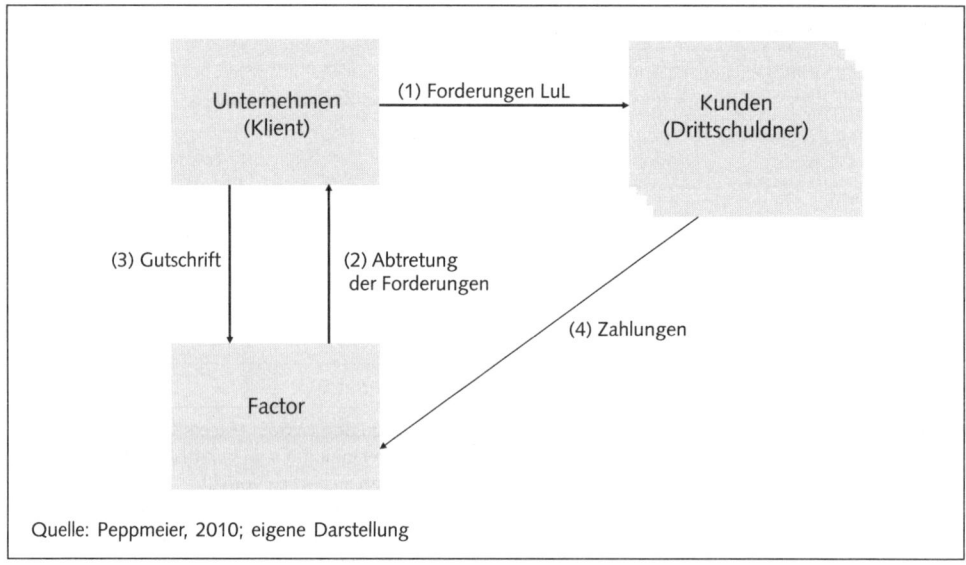

Abbildung I.41: Factoring

6.4.3 Gesonderte Betrachtung des nicht betriebsnotwendigen Vermögens

Der Grundsatz der Betriebsnotwendigkeit verlangt, dass für die Ermittlung eines nachhaltigen Ergebnisses nur die operativ erzielten Erträge beziehungsweise Cashflows herangezogen werden. Da Unternehmen regelmäßig auch über nicht betriebsnotwendige Aktiva verfügen, sind diese separat zu bewerten und – um zum nachhaltigen Ergebnis zu gelangen – den Erträgen aus operativen Erfolgen hinzuzurechnen.

> **DEFINITION**
> Unter dem Begriff *nicht betriebsnotwendiges Vermögen* werden alle Vermögensteile zusammengefasst, die nicht für die operativen Aufgaben erforderlich sind. Dies sind vor allem Aktiva und mit diesen in wirtschaftlichem Zusammenhang stehende Verbindlichkeiten, die aus dem Unternehmen herausgelöst werden können, ohne dass die Unternehmenstätigkeit entscheidend beeinträchtigt wird. Zudem werden die nicht betriebsnotwendigen Vermögensgegenstände dadurch charakterisiert, dass sie nur einen unterdurchschnittlichen Beitrag zur Erzielung des nachhaltigen Ertrags leisten.

Typische Beispiele für nicht betriebsnotwendige Aktiva und Verbindlichkeiten sind in Tabelle I.21 aufgeführt.

Auch wenn die aufgeführten Aktiva und Passiva im Normallfall betriebswirtschaftlich nicht zwingend notwendig sein müssen, empfiehlt es sich – wie stets bei pauschalen Regeln – folgende Überlegungen heranzuziehen:
- *Individuelle Situation*: Praktikerregeln sind auf die branchen- und unternehmensindividuelle Situation und vor allem auf die jeweilige Planung anzupassen.

Jahresabschlusspositionen	Kriterium für nicht betriebsnotwendig
Immaterielle Vermögensgegenstände	• Nicht mehr benötige entgeltlich erworbene Patente und sonstige Nutzungsrechte.
Sachanlagen	• Werkswohnungen und andere nicht betrieblich genutzte Wohnhäuser. • Reservegrundstücke. • Stillgelegte Betriebsteile mit Gebäuden und Maschinen.
Finanzanlagen	• Ausleihungen, die nicht der Sicherung von Absatz- oder Beschaffungsmärkten dienen. • Wertpapiere und Beteiligungen als reine Finanzanlagen. • Eigene Anteile.
Vorräte	• Überbestände an Vorräten.
Liquidität (Excess Cash)	• Überbestände an liquiden Mitteln (Excess Cash): Nicht betriebsnotwendige Liquidität sind kurzfristige Reserven, die das Unternehmen zusätzlich vorhält. • Eine adäquate Ausstattung mit Liquidität kann man als externer Analyst hilfsweise bestimmen, indem man die Liquiditätssituation (vor allem Kassenbestände und Wertpapiere des Umlaufvermögens) über einen längeren Zeitraum beobachtet und mit Benchmark-Unternehmen vergleicht. • Als Faustregel zur Festlegung einer betriebsnotwendigen Liquidität wird in der Literatur häufig ein Wert von 0,5 bis 2,0 Prozent des Umsatzes genannt. • Eine darüber hinausgehende Liquidität kann nach sorgfältiger Prüfung als nicht betriebsnotwendig zu qualifizieren sein.
Verbindlichkeiten	• Originär nicht betriebsnotwendig: Gesellschafterdarlehen (bei Eigenkapitalcharakter). • Sekundär nicht betriebsnotwendig: Verbindlichkeiten, die der Finanzierung nicht betriebsnotwendiger Aktiva dienen.
In der Handelsbilanz nicht erfasste Vermögensteile und Verbindlichkeiten	• Nicht mehr benötigte selbst entwickelte Patente und sonstige Nutzungsrechte, die gemäß § 248 Abs. 2 HGB nicht aktiviert werden dürfen. • Bei Kapitalgesellschaften: latente Steueransprüche aufgrund des verwendbaren Eigenkapitals (z. B. EK 45).

Tabelle I.21: Nicht betriebsnotwendiges Vermögen und Verbindlichkeiten (vgl. Bruns, 1998)

- *Bewertungsanlass*: Entscheidend für eine Qualifizierung als betriebsnotwendig ist der jeweilige Bewertungsanlass, da ein potenzieller Erwerber gegenüber dem Verkäufer divergierende Vorstellungen über eine zukünftige Nutzung des Unternehmens und seiner Aktiva haben kann. Somit kann ein zuvor als substanziell betrachteter Vermögensgegenstand in der Planung eine untergeordnete Rolle spielen aufgrund z.B. einer Änderung des Geschäftsmodells oder des Einsatzes neuer Fertigungstechnologien.
- *Einsatz von Substituten*: Vermögensgegenstände, die zwar grundsätzlich zur Aufrechterhaltung und Fortführung der Geschäftsaktivitäten notwendig sind, können unter bestimm-

ten Umständen auch durch günstigere ersetzt werden. Die Differenz zwischen dem zu ersetzendem Aktiva und dem Substitut kann als nicht betriebsnotwendig eingestuft werden.

* *Risikostruktur.* Vordergründig als nicht betriebsnotwendig identifizierte Vermögensgegenstände können bedeutend für die Kreditsicherung sein. In Betracht kommen hierfür beispielsweise Sichteinlagen, Wertpapiere, Kraftfahrzeuge, die im Rahmen von Sicherungsübereignung, Sicherungsabtretung oder Pfandrechten genutzt werden. In einem solchen Fall könnte eine Veräußerung zu einer Veränderung der Finanzierungssituation und Risikostruktur des Unternehmens und unter Umständen zu steigenden Fremdkapitalkosten führen.

Wertermittlung von einzelnen nicht betriebsnotwendigen Aktiva

Die Wertermittlung führt man mithilfe eines Einzelbewertungsverfahrens (Einzelveräußerungswert) durch und nutzt die am besten geeignete Verwertungsmöglichkeit (siehe Tabelle I.22). Ergänzende Informationen sind im Abschnitt II.1.5.1 Einzelbewertungsverfahren zu finden.

Objekt	Wertansatz
Grundstücke	• Schätzpreise (Gutachten).
Gebäude	• Wiederbeschaffungspreise. • Schätzpreise (Gutachten).
Maschinen, technische Anlagen etc.	• Einzelwertermittlung (VDI-Richtlinien, Schwacke-Listen). • Gruppenweise Bewertung mit Preisindexierung unter Berücksichtigung der Nutzungsdauer.
Immaterielle Vermögensgegenstände	• Es ist unerheblich, ob diese bilanzierungsfähig sind, ob dafür ein Kaufpreis bezahlt wurde oder ob sie im Unternehmen selbst erstellt wurden. • Marktadäquate Gebühren für Lizenzen, Namensrechte, Nutzungsrechte etc. • Bewertungsgutachten auf Basis von beispielsweise Bekanntheitsgrad.
Beteiligungen, Wertpapiere des Anlagevermögens	• Börsenkurse. • Bewertung (DCF, Multiplikatoren).
Forderungen	• Buchwert (sofern marktkonformer Zins, kurzfristige Forderungen). • Marktwert (bei signifikanten Abweichungen vom Marktzins).
Liquide Mittel	• Buchwert.
Verbindlichkeiten	• Analog zu Forderungen.

Tabelle I.22: Mögliche Wertansätze für nicht betriebsnotwendiges Vermögen und Schulden (vgl. Sieben/Maltry, 2001)

Etwaige anfallende Aufwendungen für die Veräußerung der Aktiva (beispielsweise für Notar- und Maklergebühren bei Grundstücksverkäufen, Abbruch- und Sanierungskosten, Kosten aus der vorzeitigen Auflösung von Bankverbindlichkeiten) werden vom Verkaufserlös abgezogen. Steuerbelastungen durch die Auflösung von stillen Reserven sind ebenfalls zu berücksichtigen. Darüber hinaus werden sämtliche Aufwendungen und Erträge bereinigt, die dem nicht betriebsnotwendigen Vermögen zuzurechnen sind (z.B. Erträge aus Beteiligungen, Mieterträge). Diese korrespondierenden Aufwendungen und Erträge sind nicht als nachhaltig zu betrachten, da sie nach einer Veräußerung beziehungsweise anderweitigen Verwendung nicht mehr entstehen.

Vereinfacht kann das nicht betriebsnotwendige Vermögen nach folgendem Schemata ermittelt werden:

Einzelbewertung auf Basis des Liquidationswertes
./.   anfallende Veräußerungskosten
./.   Steuern ausgelöst durch die Aufdeckung stiller Reserven
+/./. Korrektur von korrespondierenden Erträgen und Aufwendungen
=   zu korrigierender Wert des nicht betriebsnotwendigen Vermögens

7 Kennzahlenanalyse

Der Kennzahlenanalyse zählt zu den dominierenden traditionellen Instrumenten der Unternehmensanalyse. In diesem Abschnitt werden die wichtigsten Kennzahlen für eine Unternehmensbewertung vorgestellt. Aufbauend auf das Kapitel *Erfolgsquellenanalyse* werden Hinweise für einen kritischen Umgang mit Kennzahlen gegeben. Im Mittelpunkt steht hierbei die Perspektive eines externen Analysten. Abbildung I.42 zeigt die vorgestellten Kennzahlen.

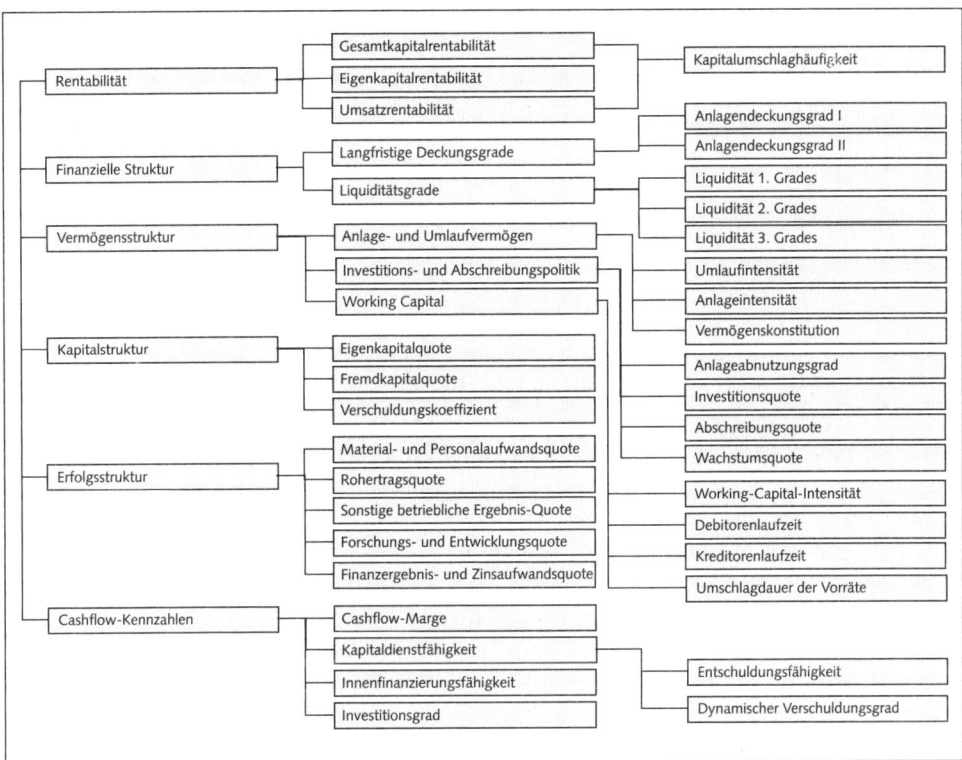

Abbildung I.42: Übersicht über Kennzahlen

DEFINITION

Kennzahlen dienen dazu, die im Jahresabschluss enthaltenen Informationen aufzubereiten und zu verdichten, damit ein Analyst schnell und übersichtlich einen objektiven Überblick über die Finanz- und Ertragslage gewinnen kann. Man verwendet nummerische Informationen, die mithilfe von Verhältniszahlen oder absoluten Zahlen komplexe Strukturen sowie wirtschaftliche Prozesse und Entwicklungen in der Vergangenheit in konzentrierter Form darstellen oder für die

Planungsrechnung als Basis herangezogen werden. Mit Kennzahlen ist man in der Lage, zusätzliche Erkenntnisse zu gewinnen, die sich aus den einzelnen Jahresabschlusspositionen nicht direkt ablesen lassen.

Erst durch den Vergleich mit – z.B. empirisch gewonnenen – Größen können Kennzahlen eingeordnet und beurteilt werden. Für die externe Kennzahlenanalyse stehen zwei Vergleichsmöglichkeiten zur Verfügung:

- Zeitvergleich: Die ermittelten Kennziffern aus mehreren Perioden werden miteinander verglichen. Durch die Betrachtung eines längeren Zeitraumes lassen sich Erkenntnisse über Trends oder Zyklen gewinnen.
- Peergroup-Vergleich: Beim Peergroup-Vergleich (Unternehmensvergleich) werden die Kennzahlen des zu untersuchenden Unternehmens denen von vergleichbaren Unternehmen, zumeist aus der gleichen Branche, gegenübergestellt.

7.1 Umgang mit Kennzahlen

Ein analytisch vorsichtiger Umgang bei der Gewinnung und Interpretation von Vergleichskennzahlen ist angezeigt:

- Die Ermittlung von Kennzahlen ist nicht normiert und wird zum Teil unternehmensindividuell definiert. Häufig wird das dahinter stehende Rechenschema nicht dargelegt. Es ist daher wichtig, dass bei der Nutzung von veröffentlichten Kennzahlen eine Verprobung vorgenommen wird, um zu gewährleisten, dass die dahinter liegende Rechenmechanik, Annahmen, Bereinigungen, Zeiträume näherungsweise übereinstimmen. Es ist anzuraten, dass hoch aggregierten Kennzahlen im Rahmen von Branchenvergleichen, die von Dritten erstellt wurden, vom Analysten mit einer gewissen Skepsis begegnet wird.
- Der Vorteil aus der Beschränkung auf wenige zentrale Größen kann durch die starke Komprimierung umgekehrt werden, wenn aufgrund der massiven Aggregierung komplexe Sachverhalte und Zusammenhänge nicht mehr erkannt werden können.
- Die Kennzahlen können aus externer Sicht einer tendenziell verzerrenden Darstellung unterliegen (Informationsasymmetrie), z.B. aufgrund der Wirkungen der Rechnungslegungsnorm und der abschlusspolitischen Beeinflussung, und eine Ertragskraft widerspiegeln, die bei angemessener betriebswirtschaftlicher Betrachtung nicht vorliegt.
- Vergangenheitsorientierte Größen eignen sich nur bedingt als Indikator für zukünftige Zahlungsströme, und es liegt ein doppelt veraltetes Zahlenmaterial vor – bedingt durch:
  - den langen Zeitraum zwischen Bilanzstichtag und Publizierung des Jahresabschlusses und
  - den starken Vergangenheitsbezug (insbesondere des handelsrechtlichen Abschlusses aufgrund z.B. des Vorsichtsprinzips). Dies schränkt die Verwendung von stichtagsbezogenen Kennzahlen ein (zum Beispiel Vermögens- und Liquiditätskennziffern).
- Statische Kennzahlen geben nur ein eingeschränktes Bild über die Unternehmensentwicklung. Sie sollten daher durch Stromgrößen (z.B. abgeleitet aus der Cashflow-Rechnung) ergänzt werden.

Die beiden Formen der Kennzahlenbildung Peergroup- und Zeitvergleich erfordern unterschiedliche Herangehensweisen. Des Weiteren sind Sachverhalte wie Unternehmen in besonderen Situationen, die Analyse von Konzernunternehmen und die Effekte aus der Bilanzierung nach unterschiedlichen Rechnungslegungsnormen zu berücksichtigen, da sie das Ergebnis der Analyse maßgeblich verfremden können.

7.1.1 Kennzahlen aus Peergroup-Vergleichen

Für einen fundierten Peergroup-Vergleich (Benchmarking) sind zunächst geeignete Unternehmen zu finden. Dies stellt erfahrungsgemäß eine Herausforderung dar, da keine völlig identischen Unternehmen existieren. Es sind daher Kriterien heranzuziehen, die einen Ausgleich schaffen zwischen

- den Forderungen nach einem hohen Maß an Komparabilität zwischen den zu bewertenden Unternehmen und der Vergleichsgruppe sowie
- einer hinreichend großen Datenbasis (dies hat regelmäßig eine weite Auslegung der Vergleichsmerkmale zur Folge).
- Position im Lebenszyklus der Produkte beziehungsweise des Konjunkturzyklus,
- Wettbewerbsposition (z.B. Marktführer),
- Geschäftsmodell (z.B. Wertschöpfungstiefe, Vertriebsstruktur, regionale Abdeckung eines Marktes),
- strategische Ausrichtung und Unternehmensphilosophie (z.B. Differenzierungsstrategien, Kostenführerschaft, Nischenstrategie),
- Größe des Unternehmens,
- Diversifizierungsgrad,
- Bilanzrelationen und finanzielle Situation (Verschuldungsgrad, Investitionsverhalten, nachhaltige Ertragsstärke etc.).

Kritische Punkte bei der Analyse von Peergroup-Kennzahlen

Die Bildung einer gleichförmigen und einheitlichen Gruppe ist in der Praxis eher selten. Die für gewöhnlich weit gefasste Vergleichsgruppe, die relativ weichen und zum größten Teil qualitativen Kriterien sowie die den Kennzahlen inhärenten kritischen Punkte machen eine differenzierte und kritische Nutzung von Benchmarking-Kennzahlen notwendig:

- Saisonzyklus und Bilanzstichtag: Unternehmen weisen mitunter eine divergierende Entwicklung im Jahresverlauf auf. Dabei ist an saisonale Schwankungen des Absatzes (z.B. Sommer-/Winterkollektion in der Bekleidungsindustrie) und der Produktion/Beschaffung zu denken (z.B. Betriebsurlaub, punktueller Einkauf von Rohstoffen in umfangreichen Volumina). Die Kennzahlen (z.B. Working Capital, Eigenkapitalquote) schwanken somit im Jahresverlauf. Bei abweichenden Geschäftsjahren (z.B. Zeitpunkt der Gewinnausschüttung) wird der Effekt auf das Bilanzbild zusätzlich verstärkt.
- Vergleichbarkeit von Investitionserfordernissen in das Anlagevermögen (Altersstruktur des Anlagevermögens sowie durch Leasing): Unternehmen mit einem relativ jungen Anlagevermögen weisen höhere Restbuchwerte und niedrigere Renditen aus als Wettbewerber mit einem weitgehend abgeschriebenen Anlagevermögen (Investitionen sind zunächst gewinnneutral und wirken sich erst über Abschreibungen aus).

- Unterschiedliche Finanzierungsstruktur und Wirkung des Finanzierungs-Leverage: Durch eine Verlagerung der Finanzierung von Fremd- auf Eigenkapital kann der Zinsaufwand reduziert und unter Umständen die Rentabilität erhöht werden. Der damit verbundene Anstieg des finanziellen Risikos wird in der Gesamtkapitalrentabilität nicht berücksichtigt.
- Bei stark diversifizierten Unternehmen werden die unterschiedlichen Chancen und Risiken einzelner Geschäftsfelder und Strategien nicht ausreichend berücksichtigt. Es sollten nur die entsprechenden Teilbereiche mit vergleichbaren Geschäftsaktivitäten herangezogen werden (eine geeignete Informationsquelle ist die Segmentberichterstattung). Ebenso ist zu berücksichtigen, ob der Schwerpunkt auf Handel oder Produktion liegt.
- Größe des Unternehmens: Große Unternehmen weisen mitunter bessere Kennzahlenrelationen auf als kleinere Unternehmen (besserer Zugang zum Kapitalmarkt und niedrigere Finanzierungskosten). Insofern suggerieren entsprechende Kennzahlen eine höhere Kreditwürdigkeit bei Kapitalgesellschaften. Es wird nicht berücksichtigt, dass mittelständischen Unternehmen Bürgschaften und die private Vermögenssphäre zur Sicherung der Bonität zur Verfügung stehen.

7.1.2 Kennzahlen aus dem Zeitvergleich

Mit dem Zeitvergleich (Entwicklungsvergleich) werden Größen zu unterschiedlichen Zeitpunkten bzw. aus verschiedenen Zeiträumen gegenübergestellt. Dies kann zu Fehlinterpretationen führen aufgrund von:
- fehlender Berücksichtigung des Zeitwertes des Geldes (Inflation),
- grundlegenden Veränderungen und Brüchen im Unternehmen (z.B. Strategiewechsel, neue Produkte/Märkte, neues Management),
- Fehlen von erforderlichen Informationen: Erfolgt der Zeitvergleich ausschließlich aufgrund von Angaben aus dem Jahresabschluss, erhält man nur ein unvollständiges Bild über die betriebswirtschaftlichen Aktivitäten des Unternehmens und seiner Umgebung (z.B. Alleinstellungsmerkmale, Image, Qualität des Managements), da nur zahlenmäßig erfassbare Vorgänge wiedergegeben werden,
- zeitlicher Verschiebung als Gestaltungsmittel: Maßnahmen werden nur aus abschlusspolitischen Gründen auf ein früheres oder späteres Geschäftsjahr verlagert (z.B. Investitionen, Instandhaltung, Werbung, Einkauf und Bezahlung von Rohstoffen, vorzeitige Auslieferung von Produkten an Händler),
- Änderungen des Berichtszeitraumes (Verschiebung des Bilanzstichtages z.B. von 31.12. auf 30.6.).

7.1.3 Unternehmen in besonderen Situationen

Unternehmen, die sich in außergewöhnlichen Situationen befinden, eignen sich nur bedingt für einen zwischenbetrieblichen Vergleich, da sie eine völlig andere Vermögens- und Kapitalstruktur aufweisen können. Ebenso verhindern Brüche in der Unternehmensentwicklung die Vergleichbarkeit im Mehrjahresvergleich.

Beispiele für besondere Unternehmenssituationen sind (vgl. Pearson, 1989):
- hohe Abhängigkeiten von einem Lieferanten, Abnehmer, Kapitalgeber oder von Produkten und Rohstoffen,
- Unternehmen in einer politisch oder wirtschaftlich instabilen Region,
- schwebende gerichtliche Auseinandersetzung mit ungewissem juristischen und materiellen Ausgang,
- Verlustzuweisungsgesellschaft,
- erhebliche (saisonale) Umsatzschwankungen,
- umfangreiche Reorganisationsmaßnahmen, Betriebsschließungen, Betriebsumwandlungen, Betriebsaufspaltungen oder Veräußerungen von Unternehmensteilen,
- Investitionen in signifikanter Höhe,
- starke Expansion (geografisch, neue Produkte, neue Kunden),
- Auffälligkeiten bei Forschung und Entwicklung, Aus- und Weiterbildung, Werbung,
- Finanzierungsmaßnahmen (Kapitalerhöhung, Aufnahme neuer Gesellschafter),
- Wechsel im Management (erste und zweite Führungsebene, Schlüsselpersonen z.B. im Vertrieb oder in Forschung und Entwicklung).

Erste Indikatoren für außergewöhnliche Entwicklungen im Unternehmen liefern folgende Merkmale:
- Kapazitätsveränderungen und -auslastung (z.B. Kennzahlen wie Personalaufwands- und Abschreibungsquoten variieren stark),
- Abweichungen bei der Produktivität,
- stark veränderte andere Verkaufs- und Einkaufspreise,
- veränderter Produktmix.

7.1.4 Analyse von Konzernunternehmen

Bei der Erläuterung der empfohlenen Kennzahlen wird im Folgenden primär auf die Analyse von Einzelabschlüssen abgezielt, da sie insbesondere bei mittelständischen Unternehmen häufiger vorzufinden sind. Die Kennzahlen können jedoch auch auf Konzernabschlüsse angewendet werden. Die Jahresabschlussanalyse von Konzernen sollte sich auf die Ebene des konsolidierten Jahresabschlusses konzentrieren, denn die Aussagefähigkeit der jeweiligen Einzelabschlüsse ist begrenzt.

So wird die wirtschaftliche Situation eines Tochterunternehmens durch die Geschäftsbeziehungen innerhalb eines Konzernverbundes beeinflusst. Im Rahmen einer externen Jahresabschlussanalyse können solche Konzernverpflichtungen regelmäßig nicht erkannt oder eliminiert werden. Folgende Beispiele verdeutlichen dies:
- Eine isolierte Beurteilung der Liquiditätssituation eines Tochterunternehmens oder Teilkonzerns ist bei einem konzernweit geordneten Finanzverkehr (Cash-Pooling) wenig geeignet. Ein wirkungsvolles Gestaltungsmittel ist die Kreditpolitik innerhalb eines Konzerns. Beispielsweise die Gewährung von Krediten durch Konzernmitglieder kurz vor dem Bilanzstichtag oder die kurzfristige Rückzahlung von Verbindlichkeiten innerhalb weniger Tage nach dem Bilanzstichtag.
- Bei Beherrschungs- oder Gewinnabführungsverträgen muss eine geringe Eigenkapital-

quote nicht automatisch auf eine negative Situation des Tochterunternehmens hindeuten.
- Im Einzelabschluss wird nicht ersichtlich, in welchem Umfang das Ergebnis konzerninterne Bestandteile (z.B. Overhead-Umlagen) enthält. Die Gestaltungsmöglichkeiten werden meist auf Konzernebene gesteuert und die Auswirkungen können für ein Tochterunternehmen erheblich sein. So kann zum Beispiel ein betriebswirtschaftlich generierter Gewinn in einer Tochtergesellschaft bilanziell geringer ausgewiesen werden, indem er durch Nutzung von konzerninternen Verrechnungspreisen in andere Konzernunternehmen (insbesondere ausländische Tochterunternehmen) verschoben wird.

Informationsverluste können durch Segmentinformationen zum Konzernabschluss zumindest zum Teil ausgeglichen werden.

7.1.5 Effekte aus der Anwendung verschiedener Rechnungslegungsnormen

Die Verschiedenartigkeit der Rechnungslegungsnormen – seien es IFRS, US-GAAP oder HGB – behindern den Vergleich von Unternehmensergebnissen. Dasselbe gilt bei Anwendung unterschiedlicher Bilanzierungsmethoden (Wahlrechte und Ermessensspielräume) innerhalb eines Systems wie z.B. bei unterschiedlichen planmäßigen Abschreibungsmethoden, Verbrauchsfolgen für Vorräte und Rückstellungsbildungen.

Die in diesem Abschnitt vorgestellten Kennzahlen beruhen auf den Ergebnissen intensiver Forschungsarbeit und allgemein anerkannten Erfahrungswerten für die Analyse von HGB-Abschlüssen. Sie sollten im Grundsatz – mit einigen Anpassungen und Umformungen – auch bei der Analyse von Abschlüssen nach internationalen Standards herangezogen werden können.

Allerdings fehlt aufgrund der kurzen Historie der IFRS für Unternehmensvergleiche die notwendige breite und repräsentative Datenbasis (z.B. Insolvenzen von Unternehmen), um signifikante Aussagen zu treffen. Eine schlichte Übertragung der über einen langen Zeitraum gewonnenen empirischen Erkenntnisse aus der HGB-Sphäre ist nicht ausreichend. Bislang übliche Grenz-, Schwellen- oder sonstige Vergleichswerte (z.B. Prozentsätze bei Eigenkapitalquoten oder Liquiditätsgraden) sind offensichtlich dem abweichenden Regelwerk der IFRS anzupassen und um eine stärkere Beachtung der unternehmensindividuellen Gegebenheiten zu ergänzen.

Die unterschiedlichen Bilanzierungs- und Bewertungsvorschriften haben zur Folge, dass es bei der Interpretation von Kennzahlen zu verschiedenen Ergebnissen kommen kann. Ursachen hierfür sind unter anderem Unterschiede bei Bilanzierungs-, Bewertungs- und Ausweisansätzen zwischen den IFRS und HGB:
- stärkere Betonung des Fair Value (zeitnähere Werte schwanken stärker und werden von subjektiven Schätzungen beeinflusst, wenn keine Marktpreise zur Verfügung stehen),
- unterschiedliche Auffassung über das Realisationsprinzip (in den IFRS werden im Gegensatz zum HGB nicht nur realisierte, sondern auch realisierbare Erfolge erfasst),
- geringere Bedeutung des Imparitätsprinzips in den IFRS (Gewinne und Verluste werden ähnlich behandelt) – dies zeigt sich insbesondere bei der langfristigen Auftragsfertigung,

- die erfolgsneutrale Eigenkapitalverrechnung (z. B. aus der Neubewertung) verzerrt die Renditekennzahlen – eine Korrektur ist daher geboten,
- fehlende oder unpräzise Abgrenzung sowie unterschiedliche Höhe des Ausweises von Abschlusspositionen.

Die unterschiedlichen Inhalte der Rechnungslegungsnorm tangieren den Zeitvergleich weniger als den Peergroup-Vergleich, da bei Annahme von Bilanzierungskontinuität und durch eine konsequente Bereinigung von Sondereinflüssen keine Verwerfungen auftreten sollten. Ist eine Veränderung innerhalb eines Rechnungslegungssystems zu erwarten – wie bei den IFRS häufiger zu verzeichnen –, so ist sie als neuer Sondereinfluss in die Planung einzubeziehen. Beim Benchmarking können die gravierenden Bilanzierungsunterschiede die Aussagequalität verfälschen, sofern nicht bei allen Mitgliedern der Peergroup entsprechende Anpassungen bzw. Bereinigungen erfolgen.

Besonderheiten bei Peergroup-Vergleichen mit unterschiedlichen Rechnungslegungsnormen

Ein Ziel der IFRS und häufig genannter Vorteil gegenüber dem HGB ist die Vergleichbarkeit zwischen Unternehmen aus verschiedenen Ländern. Die international einheitlichen Normen erleichtern einen grenzüberschreitenden Vergleich innerhalb einer Branche oder einer gezielt zusammengestellten Peergroup. Allerdings existiert bisher keine internationale Überwachungsinstitution, die die Anwendung der IFR-Standards auf Basis der gleichen Interpretation der Regelung in den veröffentlichten Abschlüssen sicherstellt. Daher kommt es vielfach zu unterschiedlichen Auslegungen und Umsetzungen auf nationaler Ebene. Verstärkt werden kann dieser Effekt durch kulturell oder sprachlich bedingte unterschiedliche Interpretationen der Texte der Standards.

Zusätzlich enthalten die IFRS zahlreiche Regelungslücken und unbestimmte Rechtsbegriffe, die eine direkte Vergleichbarkeit erschweren. In der Praxis liegt es letztendlich an den Wirtschaftsprüfern, wie die Standards angewandt werden. Aufgrund des noch relativ seltenen Auftretens von IFRS-Abschlüssen fehlt es Wirtschaftsprüfern an der notwendigen Routine. Darüber hinaus befinden sie sich im Spannungsfeld zwischen korrekter Anwendung und langfristigem Erhalt des Mandatsverhältnisses. Dies erfordert einerseits eine unabhängige und objektive Prüfung, andererseits eine enge und vertrauensvolle Zusammenarbeit mit dem Management. Denn gerade die Perspektive des Managements (Management Approach) ist ein Element der Leitprinzipien der IFRS; nämlich die unternehmensindividuelle Darstellung.

Weiterhin ist bei Peergroup-Vergleichen Folgendes zu beachten: Die IFRS enthalten ebenso wie das HGB keine branchenbezogenen Vorschriften, vielmehr stellen sie auf die Natur der einzelnen Geschäftsvorfälle ab. Allerdings existieren Bestimmungen, die typischerweise eine Branche betreffen (z. B. für Versicherungsunternehmen, für die Land- und Forstwirtschaft, für Ölproduzenten). Für diese branchenspezifische Rechnungslegung, die im Detail sehr komplex sein kann und stetigen Veränderungen unterworfen ist, empfiehlt es sich, für die Beurteilung auf externe Expertise zurückzugreifen.

7.2 Rentabilitätskennzahlen

DEFINITION

Rentabilitätskennzahlen zeigen den Zusammenhang zwischen dem Erfolg (Ergebnisgröße) eines Unternehmens und der dazu notwendigen Basis (Bezugsgröße wie Eigen- oder Gesamtkapital), die zur Erzielung des Erfolgs notwendig ist.

$$\text{Rentabilität} = \frac{\text{Ergebnisgröße}}{\text{Bezugsgröße}}$$

Die Rentabilität (auch kurz Rendite genannt) ist eine zentrale Größe für die Einschätzung eines Unternehmens, denn arbeitet es nachhaltig rentabel, ist es in der Lage, Eigenkapital zu bilden, die Eigen- und Fremdkapitalgeber zu bedienen, sich Eigen- und Fremdkapital zu beschaffen und sich in schwieriger Wirtschaftslage zu behaupten.

Es bieten sich verschiedene Größen an, um die genannten Parameter zu messen. Entscheidend für die Qualität der Auswahl ist ein enger Ursache-Wirkungs-Zusammenhang: Die Bezugsgröße (z. B. Umsatz) muss ursächlich für die Erzielung des Erfolgs (z. B. Jahresergebnis) verantwortlich sein. Als Rentabilitätskennzahlen kommen häufig die Rentabilität des Eigenkapitals, des Gesamtkapitals, des Betriebs- und des Finanzvermögens sowie des Umsatzes zum Einsatz. Als Ergebnisgrößen werden der Jahreserfolg (vor oder nach Steuern, ggf. zuzüglich Fremdkapitalzinsen) oder das Finanzergebnis herangezogen.

Rentabilitätskennzahlen auf Basis von EBIT-Werten (vor Steuern und Zins) bieten folgende Vorteile:

- rechtsformbedingte Steuerbelastungsunterschiede und unterschiedliche Steuerregime werden durch die Betrachtung des Ergebnisses vor Steuern eliminiert,
- die Rentabilitätskennzahlen stellen Ertrags- bzw. Erfolgsindikatoren dar, die unabhängig von der jeweiligen Ausschüttungspolitik der Unternehmen sind,
- die im Zeitablauf variierende Kapitalausstattung und die allgemeinen Zinsgegebenheiten am Markt sind neutralisiert.

Bei einer solchen Betrachtung wird auf den operativen Erfolg fokussiert. Erfordert die Analyse eine Einbeziehung von steuerlichen bzw. finanzwirtschaftlichen Effekten, so sind bei der Bildung der Kennzahl entsprechende Anpassungen im Zähler (Erfolgsgröße wie EBIT oder Jahresüberschuss) vorzunehmen. Es ist nur darauf zu achten, dass Fremdzahlen ebenfalls die gleichen Größen verwenden.

Die weit verbreitete Verwendung von Rentabilitätskennzahlen soll nicht darüber hinwegtäuschen, dass eine reine Rentabilitätsbetrachtung nicht ausreichend und nur als Ergänzung zu sehen ist, da sie nicht die gesamte wirtschaftliche Wertschaffung, geschweige denn zukünftige Chancen und Risiken aufzeigt.

7.2.1 Gesamtkapitalrentabilität

DEFINITION

Die *Gesamtkapitalrentabilität* (auch Unternehmens- oder Branchenrentabilität bzw. Kapitaleffizienz) drückt die durchschnittliche Verzinsung (Rendite) des im Unternehmen insgesamt eingesetzten Kapitals (Summe aus Eigen- und Fremdkapital bzw. Bilanzsumme) aus.

$$\text{Gesamtkapitalrentabilität} = \frac{\text{EBIT}}{\text{Gesamtkapital}}$$

Die Kennzahl Gesamtrentabilität ist eine universelle Vergleichsgröße und eignet sich daher besonders für Peergroup- und Branchenvergleiche:

- Unternehmen mit unterschiedlicher Finanzierungsstruktur sind vergleichbar, denn die Ergebnisgröße EBIT (Earnings before Interest and Taxes) wird vor Bedienung des Fremdkapitals und Ertragsteuerzahlung ermittelt und
- das Gesamtkapital umfasst Eigen- wie auch Fremdkapital.

Der Nachteil der Kennzahl Gesamtkapitalrentabilität ist die große Abhängigkeit von der Jahresabschlusspolitik und die geringe Aussagekraft bei Wachstumsunternehmen.

PRAXISTIPP: Korrektur von zinsähnlichen Bestandteilen

Das Gesamtvermögen eines Unternehmens kann in Einzelfällen Bestandteile enthalten, die einem Zinscharakter entsprechen, aber nicht im Zinsaufwand enthalten sind z.B.:

- Leasing, falls das Leasingobjekt nicht beim Leasingnehmer bilanziert wird, oder
- formal unverzinsliches Fremdkapital (versteckte Zinsanteile von Lieferanten, z.B. Skonto wie zahlbar innerhalb von 10 Tagen unter Abzug von 2 Prozent).

Im Hinblick auf eine richtige systematische Vorgehensweise wäre eine Korrektur von Zähler und Nenner notwendig. Aufgrund einer fehlenden Quantifizierbarkeit wird i.d.R. darauf verzichtet. Nur im Falle einer hohen finanziellen Bedeutung sollten die beschriebenen Effekte bei der Berechnung der Rentabilität Berücksichtigung finden (siehe auch 6.4.2.3.1 Leasing).

Der Erfolg eines Unternehmens ergibt sich aus der Rentabilität des eingesetzten Eigen- und Fremdkapitals. Die Gesamtkapitalrendite kann durch eine Verbesserung der Ertragskraft und durch eine Reduktion der Kapitalbindung verbessert werden. Eine ansteigende Gesamtkapitalrentabilität sollte vom Analysten näher geprüft werden. Durch Unterlassen oder Verschieben von Neuinvestitionen und gleichzeitigem Abbau von Fremdkapital kann eine Verbesserung der Kennzahl kurzfristig erreicht werden. Dies ist darauf zurückzuführen, dass das Anlagevermögen vergleichsweise absinkt, die Kapitalbasis geringer wird und bei gleichem oder steigendem absoluten Erfolg die Rentabilität steigt. Nachhaltig kann auf diese Weise eine höhere Gesamtkapitalrentabilität nicht erzielt werden, da der Verzicht auf Investitionen zugleich einen Verzicht auf die Erschließung zukünftiger Erfolgspotenziale beinhaltet. Positiv für die langfristige Entwicklung eines Unternehmens wirkt sich dagegen die Optimierung des Asset-Managements aus.

Als Mindestverzinsung der Gesamtkapitalrendite sollte der Kapitalmarkt zuzüglich einer branchenabhängigen Risikoprämie erreicht werden. Ein Absinken unter diesen Wert stellt ein eindeutiges Warnsignal dar.

Abbildung I.43 zeigt, dass die Gesamtrentabilität zwischen den Branchen variiert und am schwächsten im Dienstleistungsgewerbe ist.

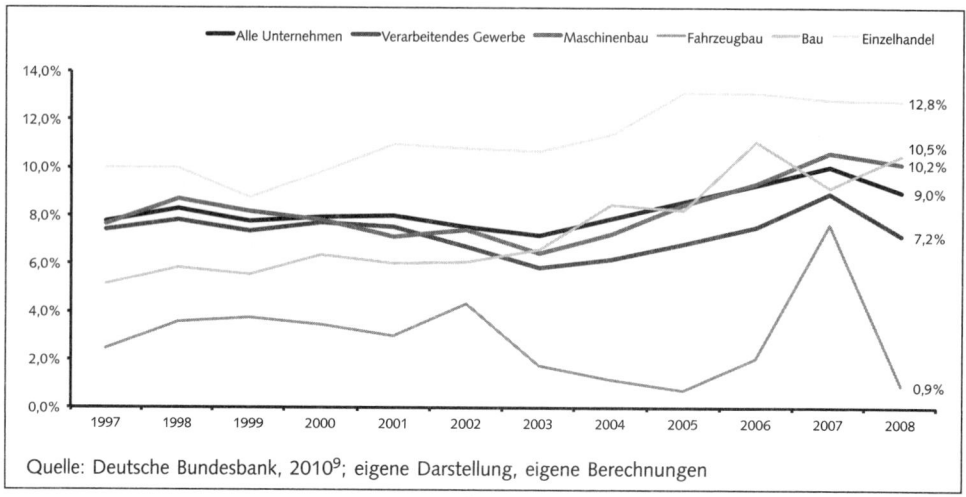

Abbildung I.43: Gesamtkapitalrentabilität in verschiedenen Branchen

PRAXISBEISPIEL MASCHINENBAU GmbH
Im Vergleich zur Referenzbranche Werkzeugmaschinenbau hat die MASCHINENBAU GmbH eine durchschnittliche Gesamtkapitalrentabilität. Im Jahr t_{-1} ist die Kennzahl aufgrund des weltweiten Absatzeinbruchs stark zurückgegangen. Sie war jedoch mit 2,3 Prozent immer noch positiv.

MASCHINENBAU GmbH	Ist t_{-2}	Ist t_{-1}	Ist t_0
Gesamtkapitalrentabilität	11,8%	2,3%	7,1%

Tabelle I.23: Gesamtkapitalrentabilität der MASCHINENBAU GmbH

---

9   Die Deutsche Bundesbank veröffentlicht die Angaben aus Jahresabschlüssen in der Regel mit einem Zeitverzug von zwei Jahren. Aktuellere Daten lagen zum Drucktermin noch nicht vor.

7.2.2 Eigenkapitalrentabilität

> **DEFINITION**
> Die *Eigenkapitalrentabilität* zeigt die Verzinsung des eingesetzten Kapitals und die thesaurierten Gewinne der Anteilseigner. Sie ist eine zentrale Kennzahl, da die Maximierung des Eigenkapitalwertes die kardinale monetäre Zielgröße eines erwerbswirtschaftlich orientierten Unternehmens ist.
>
> $$\text{Eigenkapitalrentabilität} = \frac{\text{EBT}}{\text{Eigenkapital}}$$

Man verwendet in der Regel das um Sondereffekte bereinigte Ergebnis vor Steuern (EBT). Da hier bereits die Ansprüche der Fremdkapitalgeber berücksichtigt wurden, ist dies der Betrag, der für das Eigenkapital zur Verfügung steht. Es besteht somit eine direkte Beziehung zum Eigenkapital. Zu berücksichtigen ist, dass sich die Eigenkapitalquoten der Unternehmen branchen- sowie länderspezifisch stark unterscheiden können (siehe auch Kennzahlen zur Untersuchung der Kapitalstruktur).

Beeinflussende Faktoren der Eigenkapitalrentabilität sind:
- der Erfolg des betrieblichen Umsatzprozesses (Umsatzrentabilität),
- der Erfolg der Finanzanlagen (Finanzanlagenrentabilität),
- die Finanzierungsstruktur (Eigenkapitalquote),
- die außerordentlichen Effekte.

Die Eigenkapitalrentabilität eignet sich für die Beurteilung der zeitlichen Entwicklung eines Unternehmens. So kann man sie mit der Veränderung des Zinses am Kapitalmarkt oder mit der individuellen Risikoprämie des Unternehmens ins Verhältnis setzen. Für ein Benchmarking besitzt diese eher eine geringere Aussagekraft, weil es nur sinnvoll durchführbar ist, wenn das systematische Risiko klar zu identifizieren ist. Weitere Nachteile sind die fehlende

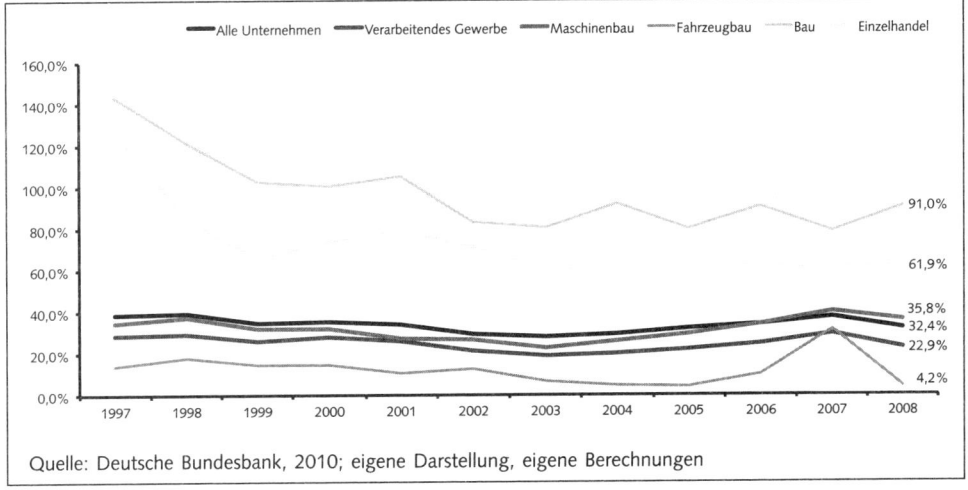

Quelle: Deutsche Bundesbank, 2010; eigene Darstellung, eigene Berechnungen

Abbildung I.44: Eigenkapitalrentabilität in verschiedenen Branchen

Berücksichtigung der Verschuldung sowie die zahlreichen Bilanzierungswahlrechte, die die Kennzahl verfälschen können. Allgemein gilt für alle Rentabilitätskennzahlen, dass sie über einen längeren Zeitraum beobachtet werden sollten.

Analog zu den Gesamtkapitalrenditen zeigt sich ein inhomogenes Bild bei der Eigenkapitalrendite in den verschiedenen Branchen.

PRAXISBEISPIEL MASCHINENBAU GmbH

Im Vergleich zum Verarbeitenden Gewerbe, Maschinenbau und zur Referenzbranche Werkzeugmaschinenbau erzielt die MASCHINENBAU GmbH eine überdurchschnittliche Eigenkapitalrentabilität. Der starke Konjunkturrückgang im Jahr t_{-1} führte zu einem negativen Unternehmensgewinn (EBT: –0,2) und somit zu einer negativen Eigenkapitalrentabilität. Im folgenden Jahr hat sich die MASCHINENBAU GmbH davon wieder schnell erholt und knüpft wieder an den Erfolg der Vergangenheit an.

MASCHINENBAU GmbH	Ist t_{-2}	Ist t_{-1}	Ist t_0
Eigenkapitalrentabilität	34,9%	–1,9%	24,9%

Tabelle I.24: Eigenkapitalrentabilität der MASCHINENBAU GmbH

7.2.3 Umsatzrentabilität

Die Umsatzrentabilität (auch EBIT-Marge) zeigt die aus dem Umsatz erzielte Marge. Sie eignet sich für einen Vergleich innerhalb einer Branche (daher auch die synonyme Bezeichnung Branchenrendite), da die absolute Größe des Umsatzes alleine wenig aussagekräftig ist – auch wenn das Streben nach Umsatzzielen vielfach als Unternehmensziel vorgegeben wird: »Wir wollen die 100 Millionen Umsatzgrenze in drei Jahren erreichen«. Betriebswirtschaftlich sinnvoll wird es nur, wenn bei jeder Umsatzhöhe Gewinn erzielt oder zumindest die Kosten gedeckt werden. Voraussetzung für eine Vergleichbarkeit ist eine ähnliche Wertschöpfungsstruktur. In einem solchen Falle erlaubt die Umsatzrentabilität Aussagen über Produktivität und Kostensenkungspotenziale.

$$\text{Umsatzrentabilität} = \frac{\text{Erfolgsgröße}}{\text{Umsatz}} = \frac{\text{EBIT}}{\text{Gesamtleistung}}$$

Zähler:
- Als Erfolgsgröße verwendet man regelmäßig das Ergebnis vor Steuern und Zinsen (EBIT).
- In bestimmten Branchen, beispielsweise im Projektgeschäft wie in der Bauindustrie oder im Einzelmaschinenanlagenbau, spielen große Anzahlungen eine wichtige Rolle. Das Finanzergebnis kann somit in einem engen wirtschaftlichen Zusammenhang mit dem Umsatz stehen. Bei Peergroup-Vergleichen der Umsatzrentabilität ist dies kritisch zu würdigen.

Nenner:
- Alternativ kann anstelle von Umsatzerlösen auch die Gesamtleistung herangezogen werden. Die Wahl von Gesamt- bzw. Umsatzkostenverfahren hat dann keinen Einfluss im überbetrieblichen Vergleich.
- Die Umsatzgröße hat den Vorteil, dass sie weniger durch bilanzpolitische Spielräume verändert wird und die Wahl von Gesamt- bzw. Umsatzkostenverfahren keinen Einfluss im überbetrieblichen Vergleich hat.

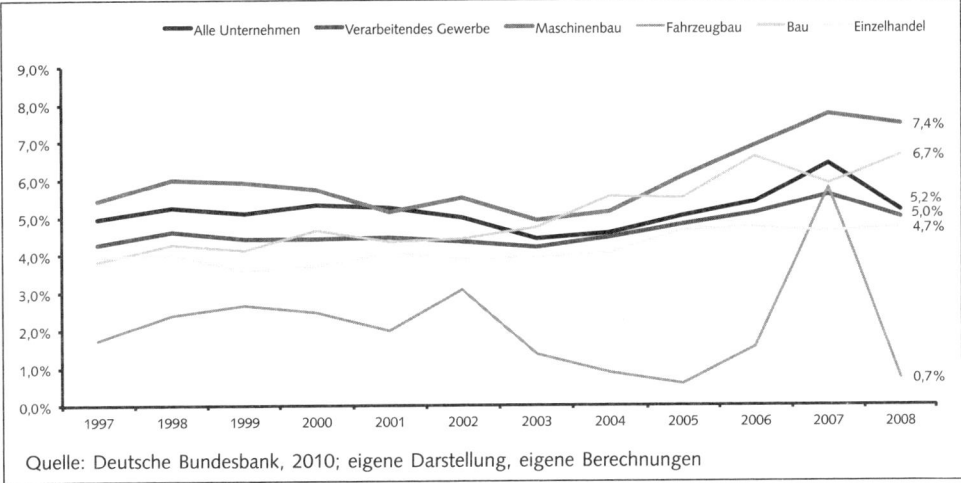

Abbildung I.45: Umsatzrentabilität in verschiedenen Branchen

PRAXISBEISPIEL MASCHINENBAU GmbH
Der Werkzeugmaschinenbau gehört zu einer Branche mit hohen Umsatzrenditen in Deutschland. Die MASCHINENBAU GmbH bewegt sich ihrer Umsatzrendite im Mittelfeld. Das Jahr t_{-1} hat jedoch zu einem Rückgang dieser Kennzahl geführt.

MASCHINENBAU GmbH	Ist t_{-2}	Ist t_{-1}	Ist t_0
Umsatzrendite	6,3%	−1,4%	4,0%

Tabelle I.25: Umsatzrentabilität der MASCHINENBAU GmbH

7.2.4 Kapitalumschlagshäufigkeit: Bindeglied zwischen Umsatzrentabilität und Gesamtkapitalrentabilität

Die Umsatzrendite ist ein Indikator für den betrieblichen Erfolg eines Unternehmens. Um den Erfolg eines Unternehmens beurteilen zu können, muss man jedoch auch das eingesetzte Kapital einbeziehen. Denn dieses ermöglicht erst den Umsatz. Anstelle des eingesetzten Kapitals kann man auch seine Entsprechung auf der Aktivseite, sprich das (betriebsnot-wendige) Vermögen, heranziehen.

DEFINITION

Kennzahlen der Umschlagshäufigkeit zeigen an, wie häufig eine Vermögensposition in einem Jahr umgeschlagen wird. Der Kehrwert gibt den Zeitraum an, in dem der Bestand umgeschlagen wird (Umschlagsdauer oder Bestandsreichweite). Üblicherweise werden für Kapital, Vorräte, Debitoren und Kreditoren Umschlagshäufigkeiten gebildet.

DEFINITION

Verbindet man die Umsatzrendite und die Gesamtkapitalrendite miteinander, so erhält man als Ergebnis die *Kapitalumschlagshäufigkeit* (Kapitalproduktivität). Die Kapitalumschlagshäufigkeit als Quotient zwischen Gesamtleistung und Gesamtkapital ist im Rahmen der Jahresabschluss-analyse eine zentrale Verbindungsgröße zwischen Gewinn- und Verlustrechnung und Bilanz und stellt den Zusammenhang zwischen der Umsatzrentabilität und der Gesamtkapitalrentabilität her.

$$\text{Kapitalumschlagshäufigkeit} = \frac{\text{Gesamtleistung}}{\text{Gesamtkapital}}$$

Die Kapitalumschlagshäufigkeit ist ein Indikator für die Inanspruchnahme der Unterneh-menskapazität durch den Umsatz: Wie oft wurde das im (betriebsnotwendigen) Vermögen gebundene Kapital durch die Umsatzerlöse umgeschlagen bzw. wie produktiv wurde es ein-gesetzt? Je höher die Umschlagshäufigkeit des Kapitals, desto schneller fließt das eingesetzte Kapital über den Umsatzprozess wieder in das Unternehmen zurück und desto weniger Kapital ist im Unternehmen erforderlich.

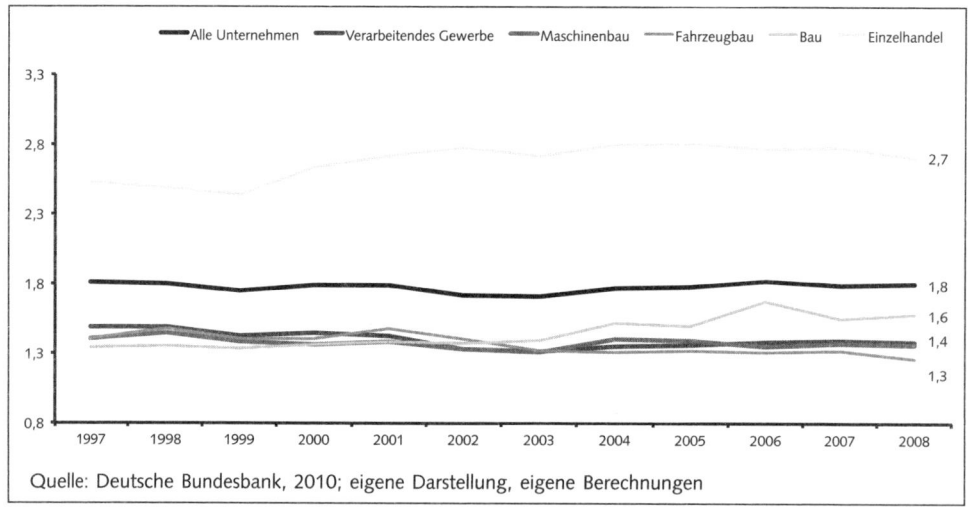

Quelle: Deutsche Bundesbank, 2010; eigene Darstellung, eigene Berechnungen

Abbildung I.46: Kapitalumschlagshäufigkeit in verschiedenen Branchen

Die betriebliche Tätigkeit ist vom ökonomischen Standpunkt auf Dauer nur sinnvoll, wenn der mit dem Verkauf der betrieblichen Leistungen erwirtschaftete Gewinn (= positive Umsatzrendite) so hoch ist, dass er das Kapital (Gesamtkapitalrendite) angemessen verzinst, das in den zur Erstellung der Leistungen benötigten Wirtschaftsgütern gebunden ist.

Ein hoher Kapitalumschlag erlaubt niedrige Umsatzrenditen. Dies ist typisch im Einzelhandel, dagegen benötigen stark kapitalintensive, produzierende Unternehmen (z.B. Anlagenbauer), deren Kapital langsamer umschlägt, eine höhere Gewinnmarge.

Den Vorteilen der Kennzahl Kapitalumschlagshäufigkeit (Aussagen über Dauer der Kapitalbindung, Kapazitätsbedarf) stehen bei einem Benchmarking die Nachteile einer hohen Branchenabhängigkeit sowie einer fehlenden Aussage über Renditen gegenüber.

PRAXISBEISPIEL MASCHINENBAU GmbH
Das eingesetzte Kapitel wird in der MASCHINENBAU GmbH mit mehr als 1,7-mal im Jahr durch den Umsatz reproduziert, was im Branchenvergleich ein guter Wert ist.

Maschinenbau GmbH	Ist t_{-2}	Ist t_{-1}	Ist t_0
Kapitalumschlagshäufigkeit	1,9	1,7	1,8

Tabelle I.26: Kapitalumschlagshäufigkeit der MASCHINENBAU GmbH

7.3 Kennzahlen zur Untersuchung der finanziellen Struktur

Die Kennzahlen der finanziellen Struktur (horizontale Bilanzanalyse) zeigen das Verhältnis zwischen Mittelherkunft (Passiva) und Mittelverwendung (Aktiva). Es lassen sich damit die Beziehungen zwischen Vermögen und Kapital bzw. Investitionen und Finanzierung erkennen.

Die Untersuchung der Finanzstruktur basiert auf dem Prinzip der *Fristenkongruenz* und ist in der Literatur als *Goldene Bilanzregel* bekannt. Diese besagt, dass die Dauer der Kapitalüberlassung mit der Dauer der Kapitalbindung des Vermögens übereinstimmen sollte. Hintergrund der Überlegung ist, dass die Vermögensgegenstände über den Nutzungszeitraum die Kapitalkosten erwirtschaften. Die praktische Anwendung der Goldenen Bilanzregel zur Untersuchung der finanziellen Struktur wird regelmäßig durch die fehlenden exakten Angaben (insbesondere im handelsrechtlichen Abschluss) über die Fristigkeiten der einzelnen Aktiva- und Passivapositionen eingeschränkt, beispielsweise

- bei den Aktiva ist der genaue Zeitpunkt der Liquidierung und die potenzielle Höhe der Liquidierungserlöse (stille Reserven) nicht bestimmbar, zusätzlich zeigt die historische Bewertung des Anlagevermögens nach HGB nicht die Implikationen auf die zukünftigen Einzahlungen beziehungsweise Auszahlungen,
- bei den Passiva wird häufig nur eine grobe Differenzierung nach den Zeithorizonten kurz- und langfristig in den Jahresabschlüssen gezeigt; regelmäßig wiederkehrende Zahlungsverpflichtungen (z.B. Mietverpflichtungen, Gehaltszahlungen) werden in der Bilanz nicht direkt in den Passiva erfasst.

Aus Vereinfachungsgründen haben sich Praktikerregeln etabliert, die die Fristigkeiten nach kurz (Liquiditätsgrade) und langfristig (Deckungsgrade) unterscheiden.

7.3.1 Langfristige Deckungsgrade

Die langfristigen Deckungsgrade geben Indikationen über die langfristige bzw. strukturelle Stabilität der Finanzierung und Kapitalverwendung, indem sie die langfristigen Vermögensteile dem langfristig zur Verfügung stehendem Kapital gegenüberstellen. Die Deckungsgrade orientieren sich an der Goldenen Bilanzregel, nach der die langfristig gebundenen Aktiva langfristig finanziert werden sollen (die kurzfristigen Aktiva kurzfristig). Der Ansatz folgt dem im deutschen Handelsrecht verankerten Gläubigerschutzprinzip: Je höher die Deckung des Anlagevermögens durch langfristiges Kapital ist, desto stärker ist damit zu rechnen, dass im Falle einer Insolvenz die Gläubiger bedient werden können. Für die Bilanzanalyse verwendet man regelmäßig zwei Varianten des Anlagendeckungsgrades.

Die einzelnen Variationen der Deckungsgrade differieren ähnlich wie die Liquiditätsgrade bei der Einbeziehung des Umfangs des langfristigen Vermögens bzw. langfristigen Kapitals.

Anlagendeckungsgrad I

Der Anlagendeckungsgrad I (auch: Anlagendeckung durch Eigenkapital) gibt an, zu welchem Anteil das Anlagevermögen durch das Eigenkapital gedeckt ist. Er stellt die restriktivste Auslegung der Goldenen Bilanzregel dar, weil er das langfristig zur Verfügung stehende Kapital ausschließlich mit dem Eigenkapital und das langfristig gebundene Vermögen uneingeschränkt mit dem Anlagevermögen gleichsetzt. Der Sonderposten mit Rücklageanteil wird üblicherweise bei der Ermittlung des Anlagedeckungsgrades eines HGB-Abschlusses mitberücksichtigt, da er eine eigenständige Position der Passivseite ist und weder ausschließlich dem Eigenkapital noch dem Fremdkapital zuzurechnen ist. Zur Vereinfachung wird in der Literatur eine fiktive Zuordnung der Sonderposten zum Eigen- und Fremdkapital im Verhältnis 50 zu 50 oder 40 zu 60 vorgeschlagen.

$$\text{Anlagendeckungsgrad I (HGB)} = \frac{\text{Eigenkapital} + 0,5 \times \text{Sonderposten mit Rücklageanteil}}{\text{Anlagevermögen}}$$

In der Praxis wird regelmäßig von der Normvorstellung einer vollständigen Deckung (Anlagedeckungsgrad I = 1 bzw. 100 Prozent) abgewichen und ein deutlich niedriger Wert gefordert (z.B. 30 Prozent). Der Analyse der Anlagedeckung sollte eine Betrachtung der ökonomischen Randbedingungen und Spezifika der jeweiligen Branche zur Seite gestellt werden. Beispielsweise können abweichende Vermögensstrukturen (siehe Kennzahl Vermögenskonstitution) und der Leverage-Effekt Einfluss auf die betriebswirtschaftlich notwendige Höhe des Anlagedeckungsgrades I nehmen.

Anlagendeckungsgrad II

Der Anlagendeckungsgrad II (auch: Anlagendeckung durch langfristiges Kapital) zeigt an, inwieweit langfristig gebundene Vermögensteile durch langfristig verfügbare Finanzierungsmittel (Eigen- und Fremdkapital) gedeckt sind. Durch die zusätzliche Berücksichtigung des

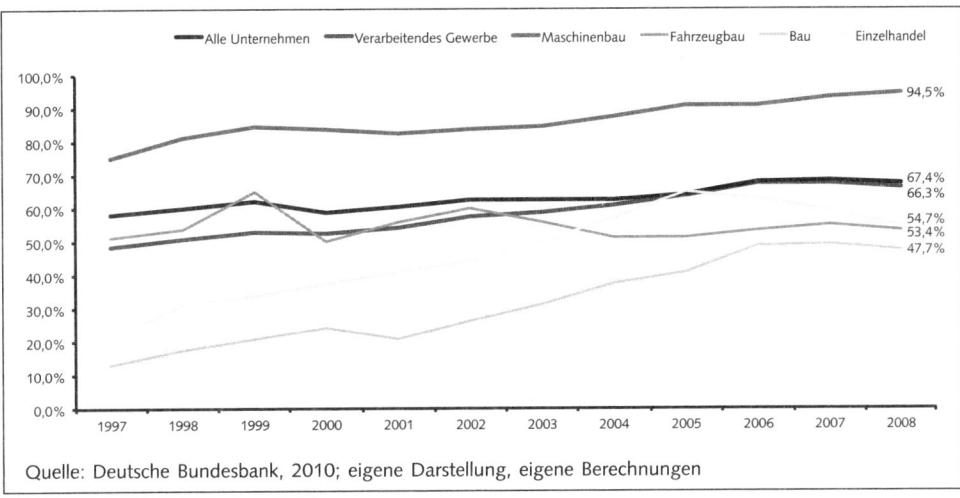

Quelle: Deutsche Bundesbank, 2010; eigene Darstellung, eigene Berechnungen

Abbildung I.47: Anlagendeckungsgrad I in verschiedenen Branchen

langfristigen Fremdkapitals liegt der Wert des Anlagedeckungsgrades II über dem des Anlagedeckungsgrades I, sofern langfristiges Fremdkapital im Unternehmen vorhanden ist. Insofern ist die Forderung der Goldenen Bilanzregel nach einer hundertprozentigen Deckung des langfristigen Anlagevermögens durch das langfristige Kapital erfüllt.

$$\text{Anlagendeckungsgrad II (HGB)} = \frac{\text{Eigenkapital} + 0,5 \times \text{Sonderposten mit RL} - \text{Anteil} + \text{langfristiges Fremdkapital}}{\text{Anlagevermögen}}$$

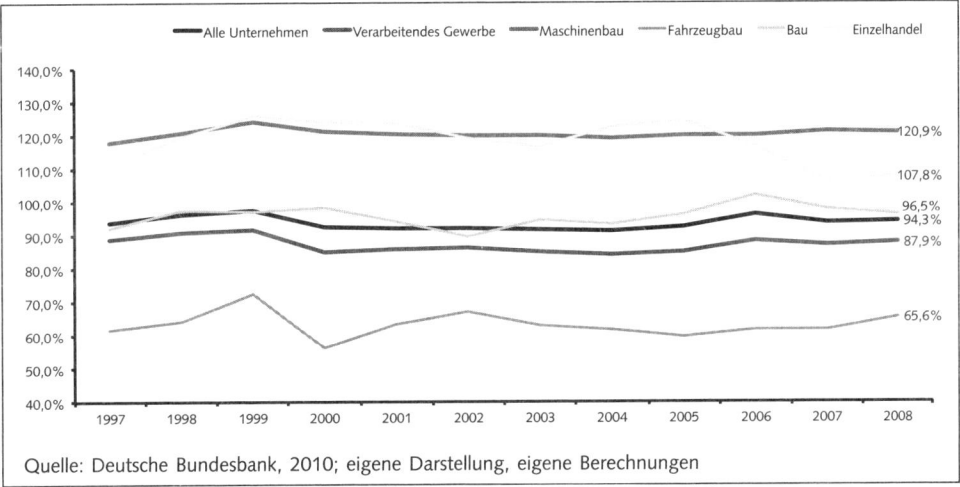

Quelle: Deutsche Bundesbank, 2010; eigene Darstellung, eigene Berechnungen

Abbildung I.48: Anlagendeckungsgrad II in verschiedenen Branchen

Für die Ermittlung des langfristigen Fremdkapitals in einem HGB-Abschluss bietet es sich an, die Unterteilung im Verbindlichkeitsspiegel zu nutzen. Diese Herangehensweise stellt eine starke Vereinfachung dar und führt jedoch nur annäherungsweise zu einer Festlegung des langfristigen Fremdkapitals:[10]

- Es wird unterstellt, dass die Restlaufzeit der Verbindlichkeiten mit über fünf Jahren kongruent mit der durchschnittlichen Kapitalbindungsdauer des Anlagevermögens ist.
- Dem Jahresabschluss kann man nicht entnehmen, wie hoch der Anteil der Rückstellungen bzw. Sonderposten mit einer Laufzeit oberhalb von fünf Jahren ist.

PRAKTIKERREGEL: Anlagendeckungsgrad

Anlagendeckungsgrad I: Aus Sicherheits- und Liquiditätsgründen sollte das Anlagevermögen durch ein substanziell hohes Eigenkapital finanziert sein. Je nach Branche werden Werte zwischen 30 Prozent und 50 Prozent empfohlen. Eine niedrige Eigenkapitalquote hat zur Folge, dass diese Kennziffer ebenfalls niedrig ist.

Anlagendeckungsgrad II: In der Regel sollte das gesamte Anlagevermögen langfristig finanziert sein (Anlagendeckungsgrad II $\geq$ 100 %). Nimmt der Wert über den Untersuchungszeitraum ab, gilt dies als erstes Anzeichen für einen Rückgang der betriebsnotwendigen Liquidität.

PRAXISBEISPIEL MASCHINENBAU GmbH

Anlagendeckungsgrad I und II liegen jeweils oberhalb der geforderten Werte und sind Ausdruck der guten finanziellen Struktur der MASCHINENBAU GmbH.

MASCHINENBAU GmbH	Ist t_{-2}	Ist t_{-1}	Ist t_0
Anlagendeckungsgrad I	95,5%	64.1%	73,4%

Tabelle I.27: Anlagendeckungsgrad I der MASCHINENBAU GmbH

MASCHINENBAU GmbH	Ist t_{-2}	Ist t_{-1}	Ist t_0
Anlagendeckungsgrad II	154,5%	112,5%	129,4%

Tabelle I.28: Anlagendeckungsgrad II der MASCHINENBAU GmbH

7.3.2 Analyse der Liquiditätsgrade

Mit der Analyse der Liquiditätsgrade stellt man die kurz- und mittelfristigen Vermögensgegenstände den Verbindlichkeiten mit entsprechenden Fristen gegenüber. Man vergleicht das kurzfristig liquidierbare Vermögen mit dem kurzfristigen Fremdkapital und bekommt hierdurch Informationen über die kurzfristige Finanzierung und Kapitalverwendung. Die Kenn-

---

10 Unter langfristigem Fremdkapital versteht man Fremdkapital, das eine Restlaufzeit von mindestens fünf Jahren hat.

zahlen werden gebildet, indem man im Nenner die Zahlungsverpflichtungen und im Zähler die dafür verfügbare Liquidität ins Verhältnis setzt.

EXKURS Liquidität

DEFINITION
Liquidität ist die Fähigkeit eines Unternehmens, seinen vertraglich oder gesetzlich zwingenden bzw. wirtschaftlich unumgänglichen fälligen Zahlungsverpflichtungen jederzeit uneingeschränkt und fristgerecht nachkommen zu können. Eine drohende Zahlungsunfähigkeit führt zu einer Einleitung eines Insolvenzverfahrens.

Liquidität
*   drückt das Verhältnis zwischen verfügbaren Geldmitteln und den fälligen Verbindlichkeiten aus,
*   ist die Eigenschaft Vermögensgegenstände in Zahlungsmitteln, umwandeln zu können.

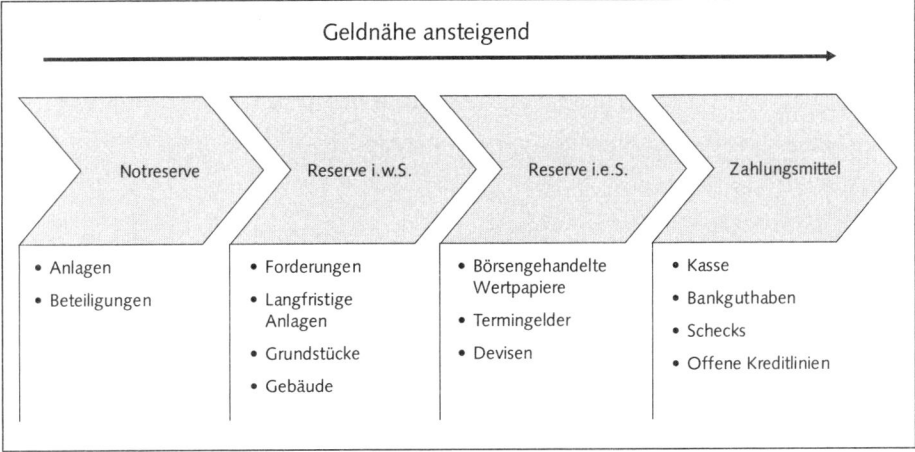

Abbildung I.49: Geldnähe von Vermögensgegenständen (Seppelfricke, 2007)

Wie liquide die einzelnen Vermögensgegenstände in einem Unternehmen sind, lässt sich anhand der Reihenfolge der Aufführung in der Bilanz ablesen. An oberster Stelle stehen die schwer in Zahlungsmittel zu überführenden (liquidierbaren) Posten, an unterster Stelle die Zahlungsmittel selbst (Kasse und Bankguthaben). Die Höhe der absoluten Liquiditätsbestände ist für den externen Analysten nur schwer zu interpretieren; daher bedient man sich der Verhältniszahlen zwischen Positionen des Umlaufvermögens und der Passiva zum Bilanzstichtag.
Die Betrachtung der Liquiditätsstruktur wird im Rahmen einer Unternehmensanalyse und -planung vorgenommen, da eine angespannte Liquiditätssituation und insbesondere eine drohende Insolvenz sich nachteilig auf den Unternehmenserfolg auswirken:
*   Es kann den Verlust von Kunden, Lieferanten und Mitarbeitern nach sich ziehen, und
*   das erhöhte Risiko aus nicht ausreichender Liquidität bedeutet höhere Renditeansprüche der Eigenkapital- und Fremdkapitalgeber.

Ein zu hoher Liquiditätsbestand (Excess Cash) führt ebenfalls zu Unternehmenswertabschlägen, da er nicht, den Renditeerwartungen der Kapitalgeber entsprechend, in die unternehmerische Tätigkeit investiert wird. Ein zu hoher Bestand an liquiden Mitteln (Kasse und/oder Forderungen) führt zu einem Interessenskonflikt zwischen dem Streben nach finanzieller Stabilität und Rentabilitätsanforderungen.

Mit Hilfe der nachfolgend dargestellten Kennziffern kann man abschätzen, inwieweit ein Unternehmen sich einem Optimum der konkurrierenden Liquiditätsziele nähert.

Für die Analyse der Liquiditätsstruktur lassen sich zwei Methoden nutzen: bestandsgrößen- und stromgrößenorientierte Analyse.

- Bei der bestandsgrößenorientierten Analyse (auch statische Verfahren genannt) werden durch Gegenüberstellung von Aktiva und Passiva Erkenntnisse über die Finanzierung der Aktiva zu einem bestimmten Stichtag getroffen. Hieraus lassen sich Rückschlüsse über die Liquiditätssituation ableiten. Es ist zu beachten, dass sie unterjährig erheblichen Veränderungen unterliegen können.

- Die stromgrößenorientierte Analyse untersucht im Gegensatz zur statischen Betrachtung die strukturellen und betraglichen Veränderungen im Zeitablauf. Sie bezieht dynamische Effekte mit ein, da sie die Zahlungsströme innerhalb eines Untersuchungszeitraumes berücksichtigt. Sie beseitigt auch zwei Mängel der statischen Betrachtung. Erstens, dass der Ausweis der analysierten Bilanzpositionen durch die Jahresabschlusspolitik gezielt beeinflusst werden kann. Zweitens, dass für eine Liquiditätsplanung mithilfe von Beständen auf zukünftige Stromgrößen geschlossen wird. Ein Rückschluss von einer Stichtagsliquidität auf eine zukünftige Liquidität ist nicht sinnvoll, insbesondere bei noch nicht bekannten Zahlungsverpflichtungen in der Zukunft.[11]

Trotz der aufgeführten Mängel der statischen Liquiditätskennziffern finden sie in der Finanzierungspraxis allgemeine Akzeptanz. In der Finanzliteratur werden sie jedoch kritisch, als selbsterfüllende Prophezeiung tituliert.

Alle statischen Liquiditätskennziffern unterliegen der Annahme, dass ein Unternehmen kurzfristig finanziell gesichert ist, wenn das kurzfristige Fremdkapital durch kurzfristiges Vermögen gedeckt wird. Drei Ausprägungen der Liquiditätsgrade, die auf die Fristigkeit der einzelnen herangezogenen Jahresabschlusspositionen verweisen, sind bei der statischen Liquiditätsanalyse gebräuchlich. Sie unterscheiden sich im Umfang des zur Deckung des kurzfristigen Fremdkapitals zur Verfügung stehenden kurzfristigen Vermögens und werden in drei Grade untergliedert. Für alle Liquiditätsgrade wird üblicherweise ein anzustrebender Minimalwert von 1 (= 100 %) postuliert.

Liquidität 1. Grades

Die Liquidität des 1. Grades (Barliquidität) errechnet sich aus dem Verhältnis der liquiden Mittel zum kurzfristigen Fremdkapital. Diese Kennzahl zeigt damit den Grad der kurzfristigen Zahlungsbereitschaft an. Üblich ist die Darstellung mit absoluten sowie prozentualen Angaben.

$$\text{Liquidität 1. Grades (Barliquidität)} = \frac{\text{Zahlungsmittel und Zahlungsmitteläquivalente}}{\text{kurzfristiges Fremdkapital}}$$

Zahlungsmittel und Zahlungsmitteläquivalente sind u.a. Kasse, Schecks, Guthaben bei Kreditinstituten sowie Wertpapiere des Umlaufvermögens, die keinen nennenswerten Risiken ausgesetzt sind.

---

11 Die Analyse der dynamischen Liquidität wird im Abschnitt 7.7 Kapitalflussrechnung als Instrument der Jahresabschlussanalyse näher erläutert.

Aufgrund der fehlenden Unterteilung der Passivseite nach Fristen im handelsrechtlichen Abschluss muss das kurzfristige Fremdkapital aus der Bilanz und den Anhangsangaben in einer Nebenrechnung ermittelt werden. Die Informationen des HGB-Abschlusses sind für die Bestimmung des kurzfristigen Fremdkapitals nur bedingt aussagekräftig, da die Fristen der Rückstellungen, der passiven Rechnungsabgrenzungsposten und der Sonderposten mit Rücklageanteil nicht explizit genannt werden. Es ist daher mithilfe eines HGB-Abschlusses nur eine näherungsweise Ermittlung des kurzfristigen Fremdkapitals möglich.

Das kurzfristige Fremdkapital setzt sich aus folgenden Bestandteilen zusammen:

Verbindlichkeiten (mit einer Restlaufzeit $\leq$ 1 Jahr)
+ Steuerrückstellungen
+ Sonstige Rückstellungen
+ Passive Rechnungsabgrenzungsposten

= kurzfristiges Fremdkapital

Im Gegensatz zu der im Exkurs beschriebenen Regel, kann dieser Wert auch deutlich unter 1 (=100 %) liegen, ohne dass von einer Gefährdung ausgegangen werden muss. Bei kurzfristigen Zahlungsengpässen bei ansonsten gesunden finanziellen Verhältnissen kann man die Annahme treffen, dass Banken auch kurzfristig Liquidität zur Verfügung stellen. Unter Renditegesichtspunkten ist ein Unternehmen gehalten, den Bestand der kurzfristigen liquiden Mittel gering zu halten.

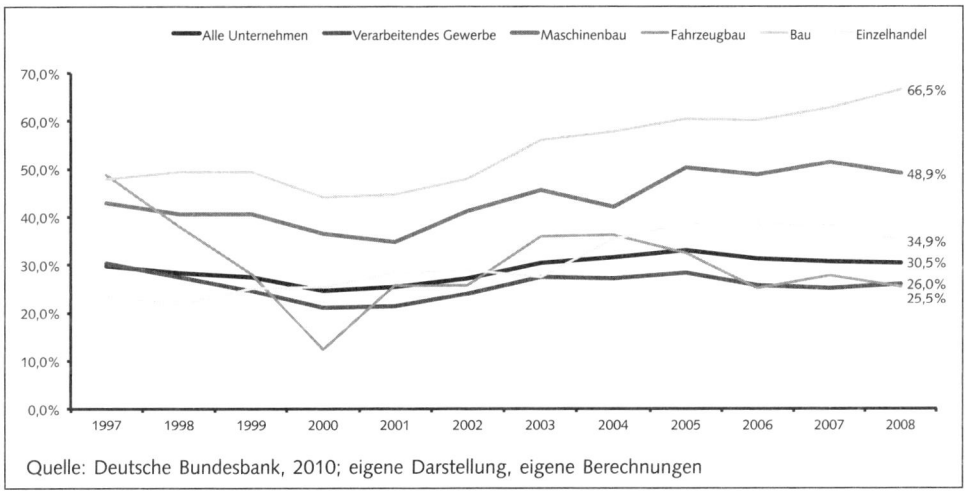

Quelle: Deutsche Bundesbank, 2010; eigene Darstellung, eigene Berechnungen

Abbildung I.50: Liquidität 1. Grades in verschiedenen Branchen

Entscheidender als die genannten idealtypischen Vergleichswerte sind die aus der Erfahrung gewonnenen Werte. Aus Abbildung I.50 wird ersichtlich, das in einem Zeitraum von zehn Jahren keine der ausgewählten Branchen den Wert von 100 Prozent erreichte. Vielmehr lag der Durchschnitt bei der Hälfte.

PRAXISBEISPIEL MASCHINENBAU GmbH

Die Liquidität 1. Grades der MASCHINENBAU GmbH liegt weit unter dem geforderten Wert von 100 Prozent. Auch im Branchenvergleich ist der Wert schwach. Dies kommt daher, dass das Unternehmen ungewöhnlich langfristig finanziert ist. Das Volumen der langfristigen Bankverbindlichkeiten entspricht dem der kurzfristigen Bankverbindlichkeiten.

MASCHINENBAU GmbH	Ist t_2	Ist t_1	Ist t_0
Liquidität 1. Grades	21,1%	12,9%	13,6%

Tabelle I.29: Liquidität 1. Grades der MASCHINENBAU GmbH

Um eine Vorstellung von der optimalen Liquiditätssituation zu bekommen, sollte man die Kennzahlen für die letzten Jahre ermitteln. Schwankungen der Liquiditätskennzahlen im Zeitablauf sollten ergänzend durch eine unterjährige Darstellung untersucht werden. Es empfiehlt sich, Phasen zu beleuchten, in denen es zu Liquiditätsengpässen kam, um eine unternehmensbezogene Untergrenze für den unternehmensindividuellen Liquiditätsgrad zu ermitteln.

Liquidität 2. Grades

Dieser Wert ist für die Einschätzung der Liquidität entscheidender als der zuvor genannte, da er den Umfang des gebundenen Vermögens auf das monetäre Umlaufvermögen ausdehnt.

$$\text{Liquidität 2. Grades (Liquidität auf kurze Sicht)} = \frac{\text{monetäres Umlaufvermögen}}{\text{kurzfristiges Fremdkapital}}$$

Das monetäre Umlaufvermögen setzt sich im HGB zusammen aus:

$$
\begin{array}{ll}
& \text{Forderungen und sonstige Vermögensgegenstände (Restlaufzeit} < 1 \text{ Jahr)} \\
+ & \text{Wertpapiere des Umlaufvermögens} \\
+ & \text{Flüssige Mittel (Kasse, Schecks, Guthaben bei Kreditinstituten etc.)} \\
+ & \text{Aktive Rechnungsabgrenzungsposten ohne Disagio} \\
\hline
= & \text{monetäres Umlaufvermögen (HGB)}
\end{array}
$$

Unabhängig von der betrachteten Branche sollten zur Sicherstellung der Liquidität die ermittelten Werte mindestens 1 betragen. Dies entspricht dem 1:1 Ratio des im US-amerikanischen gebräuchlichen Acid Tests. Die Liquidität 2. Grades liefert eine gute Vorausschau auf die zukünftige Liquidität. Wird der genannte Mindestwert von 1 nicht erreicht, könnte das Unternehmen zumindest kurzfristig suboptimal finanziert sein, was zur Illiquidität führen kann. Aber auch hier sei auf den zuvor beschriebenen Zielkonflikt zwischen finanzieller Stabilität und Rentabilität verwiesen.

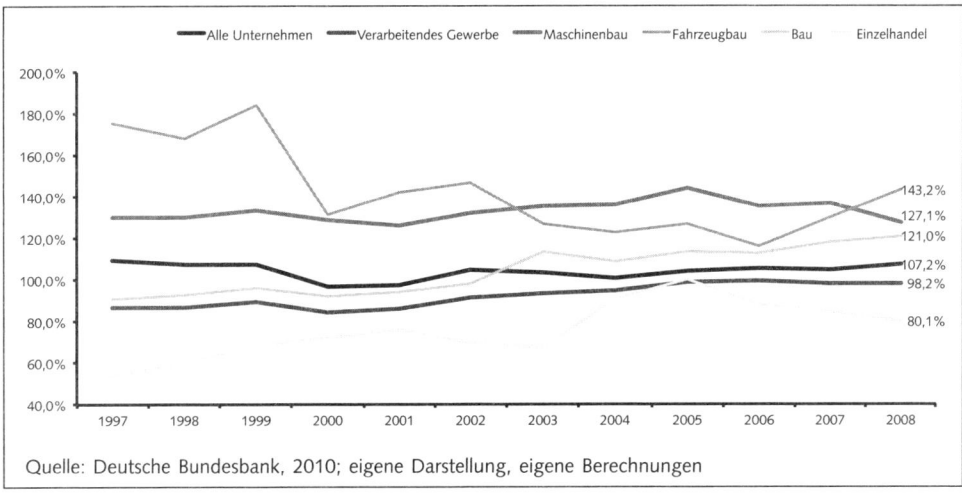

Quelle: Deutsche Bundesbank, 2010; eigene Darstellung, eigene Berechnungen

Abbildung I.51: Liquidität 2. Grades in verschiedenen Branchen

PRAXISBEISPIEL MASCHINENBAU GmbH
Aufgrund der hohen Forderungsbestände aus Lieferungen und Leistungen und sonstigen Vermögensgegenstände hat das Unternehmen ein großes monetäres Umlaufvermögen. Die Liquidität des
2. Grades erfüllt bereits mit dem kleinsten Wert (210,0 Prozent in t_{-1}) die Forderungen der Regel,
wonach die Kennzahl größer 100 Prozent sein sollte.

MASCHINENBAU GmbH	Ist t_{-2}	Ist t_{-1}	Ist t_0
Liquidität 2. Grades	335,5%	210,0%	233,1%

Tabelle I.30: Liquidität 2. Grades der MASCHINENBAU GmbH

Liquidität 3. Grades

Die Liquidität des 3. Grades (Liquidität auf mittlere Sicht) zeigt die weiteste Abgrenzung
des kurzfristigen Vermögens.

$$\text{Liquidität des 3. Grades (HGB)} = \frac{\text{monetäres Umlaufvermögen} + \text{Vorräte}}{\text{kurzfristiges Fremdkapital}}$$

Bei einem HGB-Abschluss wird das gesamte Umlaufvermögen herangezogen (monetäres
Umlaufvermögen zuzüglich Vorräte). Es wird davon ausgegangen, dass neben dem monetären Umlaufvermögen auch die Vorräte innerhalb von kurzer Zeit durch Veräußerung in
flüssige Mittel umgewandelt werden können. Dabei ist zu beachten, dass nicht alle Vorräte
betriebswirtschaftlich beliebig veräußert werden können. Denn u.a. zählen zu Vorräten die
Roh-, Hilfs- und Betriebsstoffe, die zur Aufrechterhaltung der Produktion (eiserne Reserve)
vorhanden sein müssen, sowie die unfertigen Erzeugnisse, die nur mit erheblichen Preisab-
schlägen veräußerbar sind. Des Weiteren existiert häufig ein Bodensatz an Forderungen aus
Lieferungen und Leistungen.

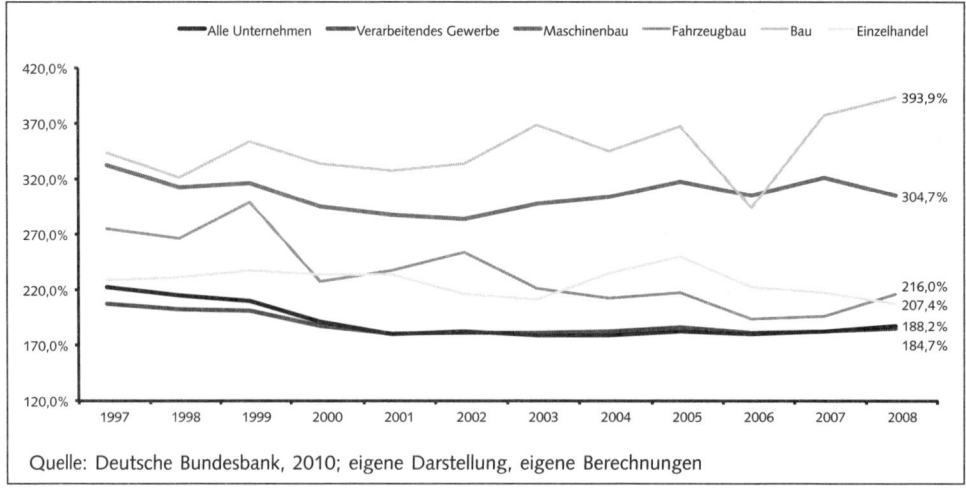

Quelle: Deutsche Bundesbank, 2010; eigene Darstellung, eigene Berechnungen

Abbildung I.52: Liquidität 3. Grades in verschiedenen Branchen

Aufgrund der Existenz von langfristig gebundenem Umlaufvermögen ist eine Überdeckung des kurzfristigen Fremdkapitals durch das monetäre Umlaufvermögen inklusive der Vorräte empfehlenswert. Der geforderte Mindestwert von 2 bei der Liquidität des dritten Grades entspricht auch der Current Ratio oder Bankers Rule von 2:1. Empirisch ist zu beobachten, dass in allen deutschen Wirtschaftszweigen die Quote deutlich über 1 liegt.

PRAXISBEISPIEL MASCHINENBAU GmbH
Mit über 400 Prozent ist die Liquidität 3. Grades der MASCHINENBAU GmbH auf einem hohen Niveau. Das Unternehmen hat eine gesicherte Liquidität.

MASCHINENBAU GmbH	Ist t₋₂	Ist t₋₁	Ist t₀
Liquidität 3. Grades	416,7%	403,8%	425,3%

Tabelle I.31: Liquidität 3. Grades der MASCHINENBAU GmbH

Die Praktikerregeln für die Liquiditätsgrade fassen die genannten Richtwerte für die Liquiditätskennziffern zusammen. Es ist zu beachten, dass sie lediglich pauschale Empfehlungen darstellen. Zur Erhärtung der Werte für den Einzelfall sollte man einen Betriebs- und Zeitvergleich durchführen.

Praktikerregel: Liquiditätsgrade	
Grad	Empfohlener Wert
Liquidität 1. Grades (Barliquidität)	⩾ 1 (100 %) (im Individualfall auch kleiner)
Liquidität 2. Grades (Liquidität auf kurze Sicht)	> 1 (100 %)
Liquidität 3. Grades (Liquidität auf mittlere Sicht)	⩾ 2 (200 %)

7.4 Kennzahlen zur Untersuchung der Vermögensstruktur

Die Untersuchung der Vermögensstruktur gibt Auskunft über die Art, die Zusammensetzung, den Aufbau und die Bindung des Vermögens (vertikale Bilanzanalyse).

Grundlage für eine Einschätzung des Kapitalbedarfs – und daraus folgend der finanziellen Stabilität – ist die Geschwindigkeit, mit der das im Vermögen gebundene Kapital durch den Umsatzprozess wieder zurückfließt. Eine geringe Dauer der Vermögensbindung kann folgende Vorteile bieten:

- Die Verfügbarkeit von Liquidität erhöht sich, und damit verringert sich das Risiko von Illiquidität.
- Die Freiräume für unternehmerische Entscheidungen werden aufgrund der steigenden Anpassungsfähigkeit (geringe Fixkostenbelastung) an schwankende Nachfrage und Strukturveränderungen größer.
- Eine Umschichtung von langfristigem Vermögen lässt sich in der Regel schwerer und zumeist mit höheren Verlusten realisieren als mit kurzfristigem Vermögen.

Im ersten Schritt verschafft man sich einen Überblick über das Verhältnis von Anlage- und Umlaufvermögen im Unternehmen. Anschließend betrachtet man die Abschreibungs- und Investitionspolitik und schließt mit der Betrachtung des Working Capital ab.

7.4.1 Das Verhältnis von Anlage- zu Umlaufvermögen

Für einen Überblick der Vermögensstruktur teilt man das Vermögen mithilfe der Kennzahlen Umlaufintensität und Sachanlagenintensität in ihre Hauptbestandteile auf.

Umlaufintensität
Die Umlaufintensität zeigt den Anteil des im Unternehmen kurzfristig gebundenen Kapitals.

$$\text{Umlaufintensität} = \frac{\text{Umlaufvermögen}}{\text{Gesamtvermögen}}$$

Eine hohe Umlaufintensität ist positiv zu beurteilen, da das Umlaufvermögen innerhalb kurzer Zeit in Liquidität umgewandelt werden kann. Ein im Branchenvergleich hoher Wert deutet jedoch auf überhöhte Lagerbestände hin. Die Untersuchung der Umlaufintensität sollte mit der Betrachtung der Forderungen und des Vorratsvermögens flankiert werden. Hier lassen sich zumeist die Ursachen einer Veränderung der Kennziffer finden.

PRAXISBEISPIEL MASCHINENBAU GmbH
Eine Umlaufintensität von 70 Prozent ist üblich für ein Werkzeugmaschinenbau-Unternehmen.

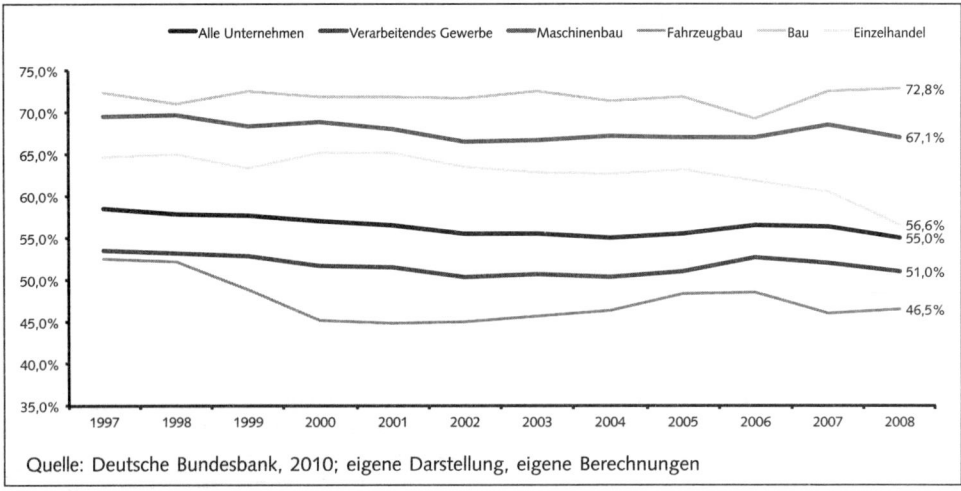

Quelle: Deutsche Bundesbank, 2010; eigene Darstellung, eigene Berechnungen

Abbildung I.53: Umlaufintensität in verschiedenen Branchen

MASCHINENBAU GmbH	Ist t_2	Ist t_1	Ist t_0
Sachanlagenintensität	72,9%	25,4%	23,4%

Tabelle I.32: Umlaufintensität der MASCHINENBAU GmbH

Sachanlagenintensität

Die Sachanlagenintensität als Anteil des Sachanlagevermögens am Gesamtvermögen (Bilanzsumme) zeigt die Relation des im Unternehmen langfristig gebundenen Kapitals.

$$\text{Sachanlagenintensität} = \frac{\text{Umlaufvermögen}}{\text{Gesamtvermögen}}$$

Die Sachanlagenintensität gibt eine erste Indikation über die Kapazitätsauslastung, Investitionspolitik, das Alter und den Rationalisierungsstand der Produktionsanlagen. Die Veränderung oder Höhe der Sachanlagenintensität lässt verschiedene Interpretationen zu.

Eine im Vergleich zu den Vorjahren oder Branchenunternehmen hohe/steigende Sachanlagenintensität kann bei produzierenden Unternehmen folgende Ursachen haben:

- Hohe Investitionen: Falls keine Zuschreibungen erfolgt sind, zeigt sich hier eine zunehmende Investitionstätigkeit, die langfristig Erfolgspotenziale eröffnet.
- Mittelbindung: Eine steigende Sachanlagenintensität bedeutet eine längerfristige Mittelbindung.
- Langfristige Verschlechterung der Auslastung.
- Optimierung der Lagerhaltung.
- Junger Anlagenbestand: Im Vergleich mit anderen Unternehmen deutet eine höhere Sachanlagenintensität – bei gleichzeitig niedrigen Abschreibungen auf das Sachanlagevermögen – auf einen jungen Anlagenbestand hin.

Eine im Vergleich zu den Vorjahren oder Branchenunternehmen geringe/sinkende Sachanlagenintensität kann bei Industrieunternehmen folgende Ursachen haben:

- Investitionsstau oder Rückgang der zukünftigen Ertragskraft: In der umgekehrten Konstellation (hohe Sachanlagenintensität bei geringen Buchwerten und hohen kumulierten
Abschreibungen in der Vergangenheit) können Rückschlüsse auf einen hohen Investitionsbedarf wegen notwendiger Ersatz- und Rationalisierungsinvestitionen gezogen werden. Die Kennzahl gibt ebenfalls Hinweise, dass das Unternehmen eine Desinvestitions-
politik in Teilbereichen z.B. Rückzug aus einem Geschäftsfeld verfolgt.
- Eine Abnahme des Sachanlagevermögens kann auch auf einen sukzessiven Verkauf von
Anlagenbeständen (hier insbesondere von Immobilien) zurückzuführen sein. Ziel dieser
Maßnahmen ist häufig die Aufdeckung von stillen Reserven, um gegebenenfalls einen
zurückgehenden operativen Erfolg zu kaschieren.
- Flexibilität: Ein relativ geringes Anlagevermögen ermöglicht ein rasches Anpassen an Veränderungen von Rahmenbedingungen, da weniger Kapital langfristig gebunden ist und
der Fixkostenblock gering ist. Geringe Fixkosten bedeuten, dass eine mangelnde Kapazitätsauslastung sich nicht sofort negativ auf den Erfolg auswirkt. Die verstärkte Verfolgung
von Outsourcing- und Lean-Production-Strategien ist das Ergebnis dieser Überlegungen.
- Kapazitätsauslastung: Eine relativ geringe Sachanlagenintensität spricht für eine hohe
Kapazitätsauslastung und somit für eine solide Ertragssituation. Dies ist dann der Fall,
wenn mit steigender Nutzung der Kapazitäten (Sachanlagen) es im Gleichschritt zu
Umsatzsteigerungen kommt und diese zu einem steigenden Vorrats- und Forderungsbe-
stand (höhere Umlaufintensität) führen.

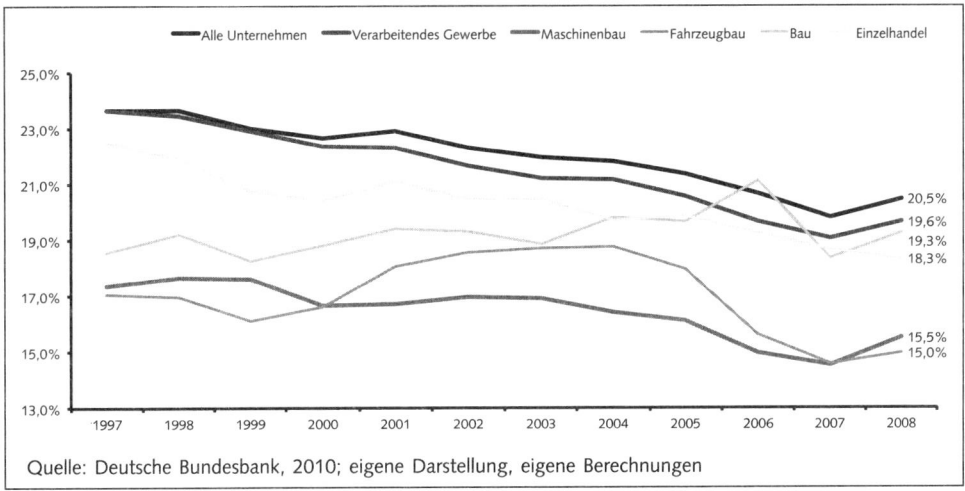

Quelle: Deutsche Bundesbank, 2010; eigene Darstellung, eigene Berechnungen

Abbildung I.54: Sachanlagenintensität in verschiedenen Branchen

Eine pauschale Beurteilung mithilfe der Kennzahl Sachanlagenintensität ist nicht ausreichend und bedarf einer ergänzenden und differenzierten Betrachtung, da unternehmensindividuelle und branchenbezogene Einflüsse das Bild verzerren und es zu stark abweichenden Werten kommen kann:

- Fertigungstiefe, Geschäftspolitik, Automatisierungsgrad haben unterschiedliche Auswirkungen auf das Verhältnis von Anlage- und Umlaufvermögen.
- Die Aktivseite von Handelsunternehmen weist in der Regel einen höheren Anteil am Umlaufvermögen als bei produzierenden Unternehmen auf. Die Umlaufintensität ist aufgrund der größeren Anteile an Handelswarenbeständen höher.
- Bei starken saisonalen oder sonstigen unterjährigen Schwankungen (projektbezogener Anlagenbau) verändert sich das Verhältnis je nach Betrachtungszeitpunkt im Zyklus.

PRAXISBEISPIEL MASCHINENBAU GmbH
Die Sachanlagenintensität bewegt sich im üblichen Rahmen der Branche.

MASCHINENBAU GmbH	Ist t$_{-2}$	Ist t$_{-1}$	Ist t$_0$
Sachanlagenintensität	22,9%	25,4%	23,4%

Tabelle I.33: Sachanlagenintensität der MASCHINENBAU GmbH

Vermögenskonstitution

Neben der Umlauf- und Sachanlagenintensität existiert mit der Vermögenskonstitution eine weitere Kennzahl zur Beschreibung der Vermögensstruktur. Sie gibt an, wie hoch das Anlagenvermögen im Verhältnis zum Umlaufvermögen ist. Sie ist ein Indikator für die betriebliche Flexibilität des gebundenen Vermögens eines Unternehmens: Unterstellt man, dass das Anlagevermögen als langfristig gebundenes Vermögen langsamer umschlägt als das Umlaufvermögen, dann bedeutet ein niedriger Wert eine geringe Fixkostenbelastung und eine hohe Anpassungsfähigkeit an Veränderungen der betrieblichen Umwelt.

$$\text{Vermögenskonstitution} = \frac{\text{Anlagevermögen}}{\text{Umlaufvermögen} + \text{aktive RAP}}$$

Zur Ermittlung der Vermögenskonstitution ist das gesamte Vermögen in Anlage- und Umlaufvermögen zu untergliedern. Die Rechnungsabgrenzungsposten (RAP) – hierunter fallen auch die aktiven latenten Steuern – werden dem Umlaufvermögen zugerechnet.

PRAXISBEISPIEL MASCHINENBAU GmbH
Die Vermögenskonstitution der MASCHINENBAU GmbH entspricht wie auch die beiden vorangegangenen Kennzahlen Sachanlagenintensität und Umlaufintensität dem Durchschnitt der Branche.

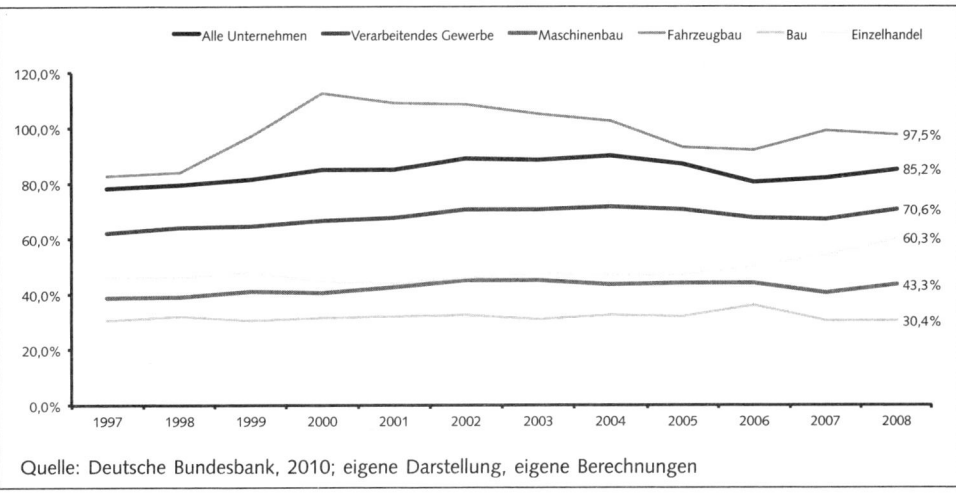

Quelle: Deutsche Bundesbank, 2010; eigene Darstellung, eigene Berechnungen

Abbildung I.55: Vermögenskonstitution in verschiedenen Branchen

MASCHINENBAU GmbH	Ist t_{-2}	Ist t_{-1}	Ist t_0
Vermögenskonstitution	44,0%	47,2%	42,0%

Tabelle I.34: Vermögenskonstitution der MASCHINENBAU GmbH

7.4.2 Kennzahlen zur Untersuchung der Investitions- und Abschreibungspolitik

Die Analyse der Investitions- und Abschreibungspolitik gibt ergänzende Informationen über die Vermögenssituation, indem sie Voraussetzungen im Bereich des Sachanlagevermögens für eine langfristige positive Unternehmensentwicklung beleuchtet.

Anlageabnutzungsgrad

Hierzu beurteilt man die Qualität des vorhandenen Anlagevermögens mit Hilfe einer Analyse der Altersstruktur und gewinnt so Erkenntnisse über eventuelle (Ersatz-)Investitionen und den damit verbundenen Kapitalbedarf.

$$\text{Anlageabnutzungsgrad} = \frac{\text{kumulierte Abschreibungen auf das Sachanlagevermögen}}{\text{Brutto-Sachanlagevermögen zu historischen AHK}}$$

Der Anlageabnutzungsgrad wird als Grad der Abschreibung aller Sachanlagen ausgedrückt. Der Wert liegt stets zwischen Null und Eins. Eine hohe (niedrige) Kennzahl sagt, dass das durchschnittliche Alter der Sachanlagen tendenziell hoch (niedrig) ist und so hohe (niedrige) Investitionen für Modernisierungsmaßnahmen zu erwarten sind. Ein Wert in der Nähe von Eins kann einen Hinweis auf eine veraltete Produktionstechnologie und somit auf eine im Branchenvergleich unterdurchschnittliche Produktivität sein. Die Interpretation der Kennzahl sollte stets im engen Zusammenhang mit dem technologischen Fortschritt im Branchen- bzw. Technologieumfeld des Unternehmens betrachtet werden. Darüber hinaus ist bei der Verwendung des Anlageabnutzungsgrades die Jahresabschlusspolitik (Wahl der Abschreibungsmethoden) zu beachten. Die Anwendung eines bilanziellen kurzen Abschreibungszeitraumes muss nicht zwangsläufig der tatsächlichen technischen Nutzungszeit entsprechen.

Vorteile:
- Sie ist eine wichtige und allgemein verbreitete Kennzahl bei Produktionsunternehmen.
- Sie gibt Hinweise auf Investitionszyklen und Investitionsbedarf.

Nachteile:
- Bei unterschiedlichen Abschreibungsmethoden entstehen Verzerrungen im Vergleich mit der Benchmark.
- Nicht durchgeführte Abgangsbuchungen (Restbuchwerte in der Bilanz) verfälschen einen objektiven Vergleich.
- Die Vermögensstruktur kann z. B. durch Leasing beeinflusst werden.
- Bei Dienstleistungsunternehmen ist sie wenig aussagekräftig.

Für einen HGB-Abschluss errechnet man den Anlageabnutzungsgrad aus dem Verhältnis von kumulierten Abschreibungen zum Sachanlagevermögen auf Basis der Brutto-Anschaffungs- und Herstellungskosten: Als Informationsquelle nutzt man den Anlagespiegel. Eine genauere Berechnung mithilfe der planmäßigen Abschreibungen ist üblicherweise nicht möglich, weil der HGB-Jahresabschluss nur die kumulierten Abschreibungen ohne Trennung in planmäßige und außerplanmäßige Abschreibungen zeigt. Zusätzlich ist zu beachten, dass die kumulierten Abschreibungen auch steuerliche Sonderabschreibungen beinhalten können, vorausgesetzt diese sind nicht Teil der Sonderposten mit Rücklagenanteil.

Investitionsquote

Die Investitionsquote gibt an, welcher Anteil der Gesamtleistung in einer Periode investiert wurde.

$$\text{Investitionsquote} = \frac{\text{Netto-Investitionen}}{\text{Gesamtleistung}}$$

Steht ein Abschreibungsspiegel zur Verfügung, dann kann man die Kennzahl variieren, indem man sie auf Grundlage der Nettoinvestitionen berechnet. Die Nettoinvestitionen lassen sich wie folgt ermitteln:

	Endbestand zu Restbuchwerten
−	Anfangsbestand zu Restbuchwerten
+	Abschreibungen des Geschäftsjahres
=	Nettoinvestitionen des Geschäftsjahres

Sind die Nettoinvestitionen größer Null, kann man ableiten, dass ein Unternehmen über die reine Substanzerhaltung hinaus investiert und eine Kapazitätserweiterung vornimmt. Ein negativer Wert hingegen deutet auf eine Schrumpfung hin. Durch Branchen- und Zeitvergleiche lassen sich spezifische Investitionsmuster erkennen. Es fällt häufig auf, dass Investitionen schubweise vorgenommen werden. Einer Phase umfangreicher Investitionen folgt typischerweise eine Phase, in der die Investitionen zurückgehen. Daher ist unbedingt ein Vergleich über mehrere Perioden vorzunehmen, um nicht zu falschen Schlussfolgerungen zu gelangen.

Aussagen über die Nettoinvestitionen werden in einem HGB-Abschluss dadurch eingeschränkt, dass die außerplanmäßigen Abschreibungen nicht nach den verschiedenen Gruppen von Vermögenswerten untergliedert werden. Der Analyst ist auf zusätzliche Angaben oder eigene Schätzungen angewiesen.

MASCHINENBAU GmbH	Ist t_{-2}	Ist t_{-1}	Ist t_0
Investitionsquote (statisch)	–	2,4 %	2,4 %

Tabelle I.35: Statische Investitionsquote der MASCHINENBAU GmbH

Abschreibungsquote

Man kann die Investitionsquote um die Abschreibungsquote für die Analyse ergänzen.

$$\text{Abschreibungsquote} = \frac{\text{Abschreibungen}}{\text{Gesamtleistung}}$$

Die Abschreibungsquote errechnet sich aus den Abschreibungen und der Gesamtleistung. Eine im Zeitverlauf sinkende Abschreibungsquote und gleichzeitig abnehmende Investitionsquote ist ein starker Indikator für eine nachlassende Zukunftsfähigkeit eines Unternehmens, da es nur von seiner Substanz lebt.

Vorteile:
- Sie ist gut geeignet für den Branchen- und Zeitvergleich.
- Sie gibt qualifizierte Aussagen über die Produktivität (Verbrauch der Vermögensgegenstände im Verhältnis zur Gesamtleistung).

Nachteile:
- Reduzierte Reinvestitionen können für eine positive Darstellung der Kennziffer genutzt werden.
- Sie ist nur für einen Branchenvergleich sinnvoll nutzbar.
- Die Wahl der Abschreibungsmethode beeinflusst die Kennzahl.

PRAXISBEISPIEL MASCHINENBAU GmbH
Die Abschreibungsquote der MASCHINENBAU GmbH in der Bandbreite von 2,1 bis 2,6 Prozent ist typisch für die Werkzeugmaschinen-Industrie.

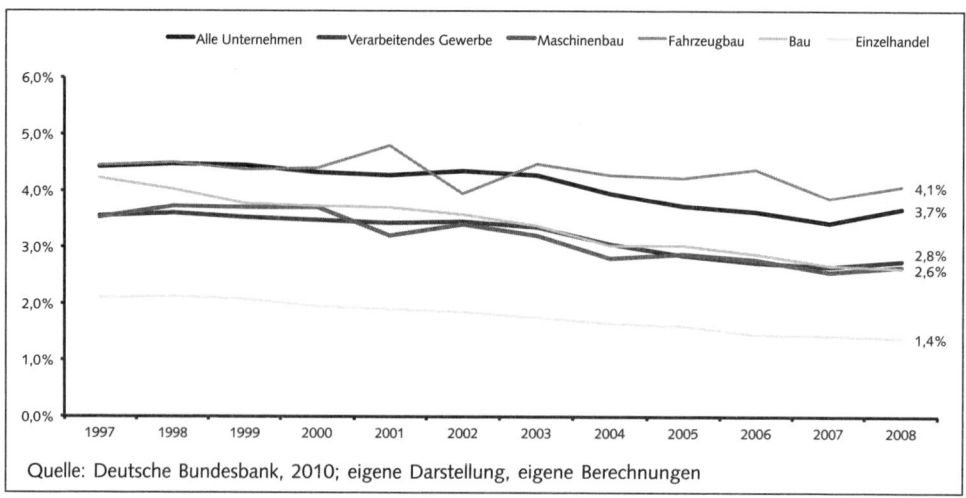

Quelle: Deutsche Bundesbank, 2010; eigene Darstellung, eigene Berechnungen

Abbildung I.56: Abschreibungsquote in verschiedenen Branchen

MASCHINENBAU GmbH	Ist t_{-2}	Ist t_{-1}	Ist t_0
Abschreibungsquote	2,1%	2,6%	2,3%

Tabelle I.36: Abschreibungsquote der MASCHINENBAU GmbH

Wachstumsquote

Ein echtes Wachstum entsteht dann, wenn über die Abschreibungen hinaus investiert wird. Dies ist ab einer Wachstumsquote größer 100 Prozent erreicht:

$$\text{Wachstumsquote} = \frac{\text{Netto-Investitionen}}{\text{Abschreibungen auf Sachanlagen}}$$

Zur Interpretation der Investitions- und Abschreibungspolitik sei darauf hingewiesen, dass man weitere Sachverhalte einbezieht.

- Geleastes Anlagevermögen kann unter Umständen nicht in der Bilanz als Anlagevermögen und in der GuV als Abschreibungsaufwand berücksichtigt werden. Die so errechnete Quote entspricht dann nicht dem tatsächlichen Investitionsverhalten, d.h. sie ist zu niedrig.
- Know-how-Aufbau durch Akquisitionen, Forschungs- und Entwicklungsaktivitäten und Aus- und Weiterbildungsmaßnahmen sind neben den reinen Investitionen ins Anlagevermögen entscheidend für die Zukunftsfähigkeit eines Unternehmens.
- Umstrukturierungsmaßnahmen im Unternehmen führen zu temporären Veränderungen des Investitionsverhaltens.
- Der tatsächliche Werteverzehr weicht vielfach von den bilanziellen und steuerlich beeinflussten Abschreibungen ab. Eine Eliminierung dieses verzerrenden Faktors ist für den

externen Analysten kaum möglich, weil ihm detaillierte Informationen über die konkrete Nutzungsdauer bzw. angewandte Abschreibungsmethode sowie über den Umfang des bereits voll abgeschriebenen Vermögensgegenstands nicht zur Verfügung stehen.

- Des Weiteren können zu hoch angesetzte Amortisationserwartungen für Investitionen, die z.B. aus dem Aufbau einer Kundendatenbank resultieren, durch eine dadurch zu erwartende deutliche Verbesserung der Geschäftsentwicklung aus Cross-Selling gerechtfertigt werden.

PRAXISBEISPIEL MASCHINENBAU GmbH
Im Krisenjahr t_{-1} hat sich die Geschäftsleitung entschieden, antizyklisch zu handeln. Sie startete ein umfangreiches Investitionsprogramm, um bei einer Wiederbelebung der Konjunktur wettbewerbsfähig zu sein. An der Entwicklung der Wachstumsquote lässt sich dies gut ablesen.

MASCHINENBAU GmbH	Ist t_{-2}	Ist t_{-1}	Ist t_0
Wachstumsquote	–	94,1%	105,9%

Tabelle I.37: Wachstumsquote der MASCHINENBAU GmbH

7.4.3 Analyse des Working Capital

DEFINITION
Das Working Capital – auch als Netto-Umlaufvermögen bezeichnet – entspricht dem Überschuss des operativen Umlaufvermögens über die unverzinslichen kurzfristigen Verbindlichkeiten. Zentrale Zuordnungskriterien für das Working Capital sind die kurzfristige Bindung im Unternehmen und die fehlende Verzinsung.

Im vorliegenden Modell wird das Working Capital wie folgt definiert:

	Vorräte
+	Forderungen aus Lieferungen und Leistungen (Debitoren)
+	Sonstiges Umlaufvermögen
./.	Verbindlichkeiten aus Lieferungen und Leistungen (Kreditoren)
./.	Sonstige kurzfristigen Verbindlichkeiten
=	Working Capital (Netto-Umlaufvermögen)

Tabelle I.38: Ermittlung des Working Capitals

Positionen Jahresabschluss (Absolute Zahlen in Mio. €)	Ist t_{-2}	Ist t_{-1}	Ist t_0
+ Vorräte	4,5	4,2	4,6
+ Forderungen L. u. L.	13,8	12,1	13,4
+ Sonst. Umlaufvermögen	10,1	8,6	10,3
./. Verbindlichkeiten L. u. L.	7,2	6,5	7,0
./. Sonst. kurzfr. Vbk.	5,8	5,2	5,7
= **Working Capital**	**15,4**	**13,2**	**15,6**

Tabelle I.39: Working Capital der MASCHINENBAU GmbH

Die Veränderung des Working Capital in einer Periode zeigt an, welchen Kapitalbetrag ein Unternehmen in dieser Periode in die Vermögensgegenstände des Working Capitals investiert (Erhöhung) oder desinvestiert (Verringerung) hat.

Man kann mithilfe des Working Capital ablesen, ob das kurzfristige Umlaufvermögen ausreicht, um die Verpflichtungen aus den kurzfristig zu tilgenden Verbindlichkeiten zu erfüllen. Ein negativer Wert des Working Capitals bedeutet, dass zur Tilgung des kurzfristigen Fremdkapitals neben dem Umlaufvermögen auch auf Teile des betrieblich notwendigen langfristig gebundenen Anlagevermögens zurückgegriffen werden muss.

Ein positiver Wert des Working Capital entspricht der Forderung der Goldenen Finanzierungsregel (kurzfristiges Vermögen durch kurzfristiges Kapital zu finanzieren). Ein optimaler Bestand des Working Capitals erhöht die Innenfinanzierungskraft des Unternehmens und eröffnet Räume für Investitionen ins Sachanlagevermögen. Daher lautet eine Praktikerregel: Je geringer die Eigenkapitalquote ist, desto besser sollte das Working Capital organisiert werden.

Des Weiteren dient ein positiver Überschuss zur Finanzierung des langfristigen Kapitalbedarfs und ist gleichzeitig ein Puffer für zukünftige Unsicherheiten der Ertrags- und Liquiditätsentwicklung. Demgegenüber stehen aber Opportunitätskosten des gebundenen Kapitals sowie Lagerkosten der Vorräte.

Im Vergleich zu den verschiedenen Graden der Liquidität, bleibt bei einem gleichmäßigen Wachstum des Umlaufvermögens und der kurzfristigen Verbindlichkeiten die absolute Kennzahl Working Capital konstant, wohingegen die Verhältniskennzahlen der Liquiditätsgrade sich verändern. Ein weiterer Vorteil der Untersuchung des Working Capital gegenüber den Liquiditätsgraden ist, dass Letztere durch bilanzverlängernde Maßnahmen optisch verbessert werden können (z.B. durch die kurzfristige Aufnahme von Fremdkapital zum Bilanzstichtag). Jedoch eignet sich die absolute Größe des Working Capitals nur bedingt für Branchen- oder Peergroup-Vergleiche.

Working-Capital-Intensität

Mithilfe der Kennzahl Working-Capital-Intensität kann man die Kapitalbindung und die Effizienz des Produktionsablaufs im Wettbewerbsvergleich untersuchen. Darüber hinaus eignet sie sich dazu, die zusätzlichen Investitionserfordernisse, die eine Umsatzsteigerung auf das Working Capital nach sich ziehen, zu ermitteln. Die Working-Capital-Intensität setzt das Working Capital ins Verhältnis zum Nettoumsatz und zeigt den Umschlaggrad des Working Capital zur Generierung von Umsätzen.

$$\text{Working} - \text{Capital} - \text{Intensität} = \frac{\text{Working Capital}}{\text{Nettoumsatz}}$$

Die Kennzahl ist nur innerhalb einer geeigneten Peergroup aussagefähig. Handelsunternehmen beispielsweise mit sehr kurzer Umschlagdauer benötigen ein geringeres Working Capital als kapitalintensive Unternehmen. Es ist empfehlenswert, die Working-Capital-Intensität mit weiteren Kennzahlen zu verproben (z. B. Liquidität des 3. Grades). Besitzt beispielsweise ein Unternehmen eine hohe Working-Capital-Intensität und gleichzeitig einen hohen Wert des Liquiditätsgrads, so ist dies zunächst positiv zu beurteilen, da das Unternehmen über mehr Liquidität verfügt, als zur Tilgung von kurzfristigen Verbindlichkeiten notwendig ist. Jedoch kann dies zu Lasten der Rentabilität gehen.

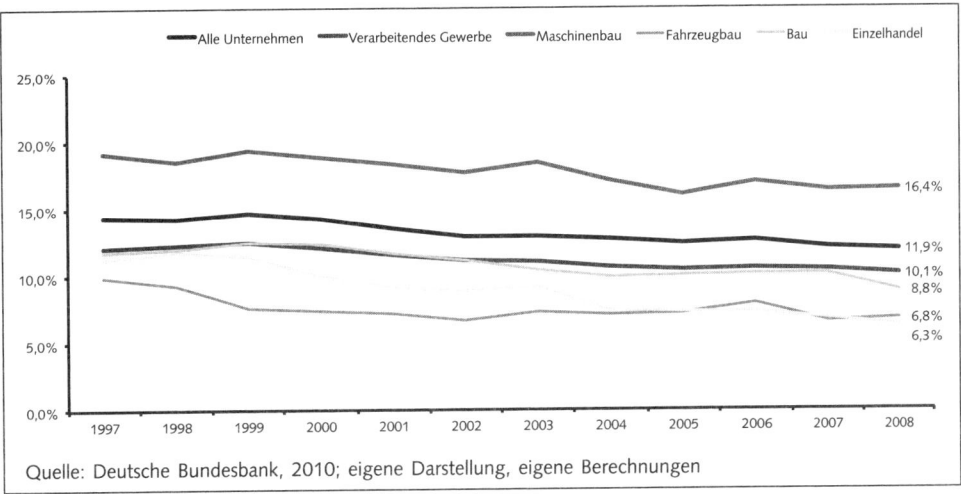

Quelle: Deutsche Bundesbank, 2010; eigene Darstellung, eigene Berechnungen

Abbildung I.57: Working-Capital-Intensität in verschiedenen Branchen

PRAXISBEISPIEL MASCHINENBAU GmbH
Die Working-Capital-Intensität der MASCHINENBAU GmbH ist im Vergleich zum Wettbewerb leicht erhöht. Im Werkzeugmaschinenbau ist der Durchschnitt ca. 17 Prozent. Betrachtet man gleichzeitig die sehr hohe Liquidität 3. Grades und die nur durchschnittliche Umsatzrendite, so lässt sich daraus ableiten: Mit einem effizienteren Warenwirtschaftssystem könnte das Working Capital reduziert und gleichzeitig die Rendite angehoben werden.

MASCHINENBAU GmbH	Ist t_{-2}	Ist t_{-1}	Ist t_0
Working-Capital-Intensität	19,0%	20,2%	20,7%
Liquidität 3. Grades	416,7%	403,8%	425,3%
Umsatzrendite	6,3%	1,4%	4,0%

Tabelle I.40: Working-Capital-Intensität der MASCHINENBAU GmbH

Bindungsdauer des Working Capital

Die Bindungsdauer des Working Capital (Working Capital in Tagen) gibt Aufschluss über den durchschnittlichen Zeitraum, der notwendig ist, um den Nettoumsatz vorzufinanzieren.

$$\text{Bindungsdauer des Working Capitals (in Tagen)} = \frac{\text{Working Capital}}{\text{Nettoumsatz}} \times 360$$

Ein möglichst kleiner Wert ist anzustreben. Ein negativer Wert ist ein Indikator dafür, dass die aus dem Umsatzprozess freigesetzten liquiden Mittel die zur Finanzierung der Vorräte und Begleichung der kurzfristigen Verbindlichkeiten notwendigen Mittel übersteigen. Zur Beurteilung der Angemessenheit der Bindungsdauer bietet es sich an, die einzelnen Bestandteile des Working Capitals (Debitoren- und Kreditorenlaufzeit sowie Umschlagshäufigkeit des Vorratsvermögens) im Branchen- und Zeitvergleich näher zu betrachten. Sie sind zentrale Stellhebel im Planungsmodell.

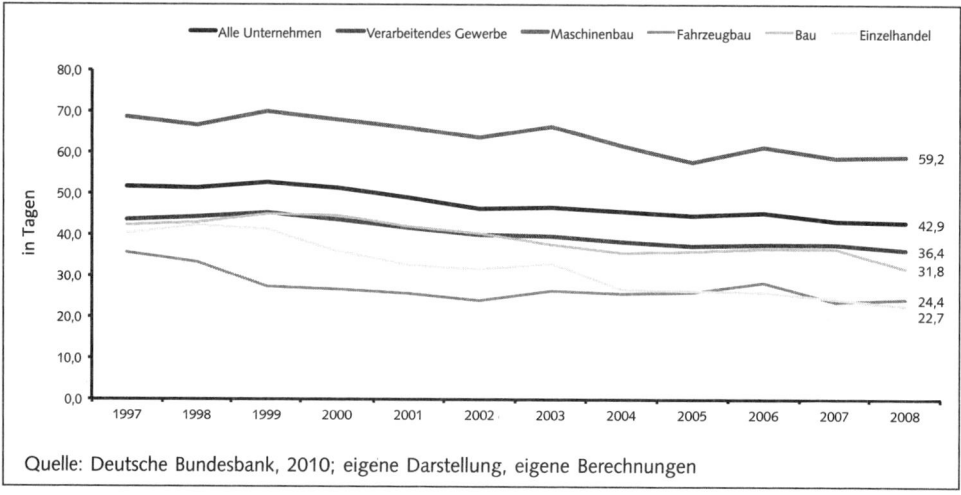

Quelle: Deutsche Bundesbank, 2010; eigene Darstellung, eigene Berechnungen

Abbildung I.58: Bindungsdauer des Working Capital in verschiedenen Branchen

PRAXISBEISPIEL MASCHINENBAU GmbH
Die Bindungsdauer des Working Capital liegt mit über 70 Tagen leicht über dem Branchendurchschnitt (ca. 65 Tage). Wie bereits beschrieben, scheint die Effizienz des Warenwirtschaftssystems Verbesserungspotenzial zu haben.

MASCHINENBAU GmbH	Ist t_{-2}	Ist t_{-1}	Ist t_0
Bindungsdauer des Working Capital (in Tagen)	68,4	72,7	74,7

Tabelle I.41: Bindungsdauer (in Tagen) des Working Capital der MASCHINENBAU GmbH

Debitorenlaufzeit

Die Analyse der durchschnittlichen Laufzeit der Forderungen aus Lieferungen und Leistungen (Debitorenlaufzeit) gibt Aufschluss über die Forderungsstruktur eines Unternehmens.

$$\text{Forderungen L. u. L. (in Tagen)} = \frac{\text{Forderungen L. u. L.}}{\text{Nettoumsatz}} \times 360$$

Die Debitorenlaufzeit hat direkte Implikationen auf die Liquiditätssituation, da der Zeitraum zwischen Leistungserstellung und Zahlung durch den Abnehmer (Gewährung von Zahlungszielen) zwischenfinanziert werden muss. Verkürzt sich der Zeitraum, so führt dies zu einer Entlastung der Mittelbindung. Freigesetzte Liquidität kann z.B. für zusätzliche Investitionen verwendet werden. Eine hohe Kennzahl im Branchenvergleich deutet auf ein schwaches Forderungsmanagement hin. Ein einfaches Instrument zur Untersuchung der Qualität des Forderungsmanagements ist der Vergleich der ermittelten durchschnittlichen Debitorenlaufzeit mit den tatsächlich eingeräumten Zahlungskonditionen des Unternehmens.

Hinweise für Veränderungen lassen sich an der Entwicklung der Pauschalwertberichtigungen bzw. dem Bedarf an Einzelwertberichtigungen ablesen. Die Ursachen für Schwankungen bei den Debitorenlaufzeiten sind für einen externen Analysten nicht immer exakt zu eruieren und lassen verschiedene Interpretationsmöglichkeiten zu.

Gründe für Veränderungen der Debitorenlaufzeit:

- Wirtschaftliche Schwierigkeiten bei Hauptabnehmern: Diese kündigen sich regelmäßig durch eine verlängerte Debitorenlaufzeit an.
- Für die Erschließung neuer Kunden und Märkte ist es häufig notwendig, im Rahmen der Preispolitik Zugeständnisse bei den Zahlungsmodalitäten zu machen. Insbesondere bei Forderungen aus Exporten ist mit längeren Zahlungszielen zu rechnen.
- Eine sich verschlechternde Wettbewerbsposition infolge von Absatzschwierigkeiten (Umsatzeinbußen, Verlängerung des durchschnittlichen Zahlungsziels, Lieferung an Kunden mit schlechterer Bonität).
- Ein Rückgang der Konjunktur kann ebenfalls zu preispolitischen Maßnahmen zwingen, um damit die Marktposition zu sichern. Dies kann sich nach einer Konjunkturerholung positiv auswirken.
- Abhängigkeiten von Abnehmern.
- Fehler bei der Beurteilung der Bonität von Kunden.
- Ergebnis einer schlechten Qualität der eigenen Produkte, die zu einer verzögerten Abnahme und Begleichung der Rechnung durch den Kunden führen kann.
- Sie können durch kurzfristig zum Bilanzstichtag vorgenommene Umsätze auf Ziel entstehen (Problem der Stichtagsbezogenheit der Bilanz).
- Eine Verkürzung der Debitorenlaufzeit kann durch ein aktives Debitorenmanagement erreicht werden. Dies führt zu einem kürzeren Cash-to-Cash-Zyklus und senkt die administrativen Kosten.

Folgende Maßnahmen seien exemplarisch genannt:

- Factoring
- Tägliche oder wöchentliche Fakturierung, Optimierung des Zeitraums zwischen Leistungserbringung und Rechnungsstellung. Ziel: Rechnung sofort mit der Lieferung verbinden.

- Anpassungen der Zahlungsziele, Vereinbarung von Vorauszahlungen, geeignete Skontierung: In Abhängigkeit der gewährten Zahlungskonditionen wird eine Rechnung – früher oder später – durch den Kunden beglichen.
- Verkürzung der Dauer zwischen Auftragseingang und Auslieferung: Je rascher die Ware ausgeliefert wird, desto schneller kann eine Rechnung gestellt werden. Bei Großaufträgen sind Zwischenabrechnungen vorteilhaft, um die angefangenen Arbeiten inklusive Material vorzufinanzieren.
- Straffe Debitorenüberwachung: Regelmäßige Mahnläufe und konsequentes Einfordern ausstehender Forderungen.

Die Kennzahl Debitorenlaufzeit gibt nur in eingeschränktem Maße Auskunft über die Abhängigkeiten zu einzelnen Kunden (Risikoverteilung). Die durchschnittliche Größe der offenen Posten kann verzerrt werden durch wenige, sehr alte Forderungen.

Ein Branchenvergleich gibt Aufschluss über die branchenüblichen Zahlungsziele. Höhere Kundenrisiken müssen durch höhere Verkaufspreise, Zahlungskonditionen, häufigere Fakturierung, konsequentes Mahnwesen etc. kompensiert werden.

PRAXISBEISPIEL MASCHINENBAU GmbH

Im Branchenvergleich besitzt die MASCHINENBAU GmbH eine geringe Debitorenlaufzeit, d.h. ihre Kunden zahlen innerhalb von ca. 64 Tagen (Branchendurchschnitt 68 Tage). Dies spricht für die gesunde Kundenstruktur und das gute Forderungsmanagement.

MASCHINENBAU GmbH	Ist t_{-2}	Ist t_{-1}	Ist t_0
Debitorenlaufzeit (in Tagen)	61,3	66,6	64,1

Tabelle I.42: Debitorenlaufzeit der MASCHINENBAU GmbH

Branche	Maximum	Minimum	Durchschnitt	Best Practice
IT/Telekommunikation	135	13	55	40
Automotive	73	14	43	22
Chemie/Öl	84	21	49	32
Versorgung	115	21	56	30
Konsumgüter	115	22	49	39
Grundstoffe	60	31	50	45
Transport/Verkehr	150	31	70	46
Papier	72	39	51	43
Pharma/Gesundheit	84	39	60	53
Maschinenbau	103	51	68	58
Elektronik	92	70	79	72

Tabelle I.43: Forderungen aus Lieferungen und Leistungen (in Tagen)
Quelle: Roland Berger Strategy Consultants

Kreditorenlaufzeit

Die Kreditorenlaufzeit zeigt, wie ein Unternehmen seinen Materialeinsatz finanziert. Die Kennzahl gibt an, in welchem Umfang das Unternehmen Zahlungsziele bei seinen Lieferanten (Lieferantenkredite) in Anspruch nimmt. Bei Verzicht einer Skontonutzung (z.B. zahlbar innerhalb von 10 Tagen unter Abzug von 2 Prozent Skonto) ist der Lieferantenkredit ein teures Finanzierungsmittel und sollte durch Alternativen ersetzt werden.

$$\text{Verbindlichkeiten aus L.u.L. (in Tagen)} = \frac{\text{Verbindlichkeiten aus L.u.L.}}{\text{Materialaufwand}} \times 360$$

Die Kennzahl ist ein geeigneter Indikator für das Zahlungsverhalten des Unternehmens: Über dem Branchendurchschnitt liegende Werte, beziehungsweise im Zeitablauf zunehmende Werte, können auf eine angespannte Liquiditätssituation hindeuten.

Wie aus Tabelle I.44 ersichtlich, sind die Zahlungsziele in den einzelnen Branchen unterschiedlich. Sie sind stets ein Ausdruck der Machtverhältnisse in einem Markt.

Branche	Maximum	Minimum	Durchschnitt	Best Practice
IT/Telekommunikation	104	7	45	58
Automotive	87	22	47	66
Chemie/Öl	52	14	32	40
Versorgung	86	9	48	65
Konsumgüter	105	16	34	39
Grundstoffe	60	22	30	27
Transport/Verkehr	127	21	62	69
Papier	60	22	30	27
Pharma/Gesundheit	72	6	22	27
Maschinenbau	76	16	34	37
Elektronik	78	41	55	58

Tabelle I.44: Verbindlichkeiten aus Lieferungen und Leistungen in Tagen
Quelle: Roland Berger Strategy Consultants

PRAXISBEISPIEL MASCHINENBAU GmbH
Im Vergleich zur Maschinenbau-Branche hat die MASCHINENBAU GmbH mit ca. 60 Tagen eine hohe Kreditorenlaufzeit. Der Durchschnitt liegt bei 34 Tagen.

MASCHINENBAU GmbH	Ist t_{-2}	Ist t_{-1}	Ist t_0
Kreditorenlaufzeit (in Tagen)	59,0	66,7	60,3

Tabelle I.45: Kreditorenlaufzeit der MASCHINENBAU GmbH

Umschlagdauer der Vorräte

Die Umschlagdauer der Vorräte (auch Lagerbindung) zeigt an, wie viele Tage die Vorräte durchschnittlich im Unternehmen verbleiben, bis sie verbraucht werden. Sie ist eine bedeutende Messzahl, weil durch eine optimierte Vorratshöhe die Kapitalbindung gesenkt werden kann.

$$\text{Vorräte (in Tagen)} = \frac{\text{durchschnittlicher Bestand an Vorräten}}{\text{Materialaufwand}} \times 360$$

Eine Abweichung bzw. Veränderung der Kennzahl im Vergleich zum Branchendurchschnitt oder im Beobachtungszeitraum kann diverse Gründe haben. Die Ergebnisse der Analyse der Materialwirtschaft sowie der Rahmenbedingungen des wirtschaftlichen Umfeldes sind für die Beurteilung der Umschlagdauer der Vorräte hilfreich. Exemplarisch seien noch einmal genannt: erwartete Preissteigerungen aufgrund von Angebotsverknappung der Rohstoffe, Änderung der Einkaufskonditionen mit Anpassung der optimalen Bestellmenge oder Umstellung auf eine andere Bevorratungsmethodik (Just-in-time). Ziel eines Unternehmens ist es, die Vorratshaltung möglichst niedrig zu halten, ohne dass es zu Lieferverzögerungen kommt.

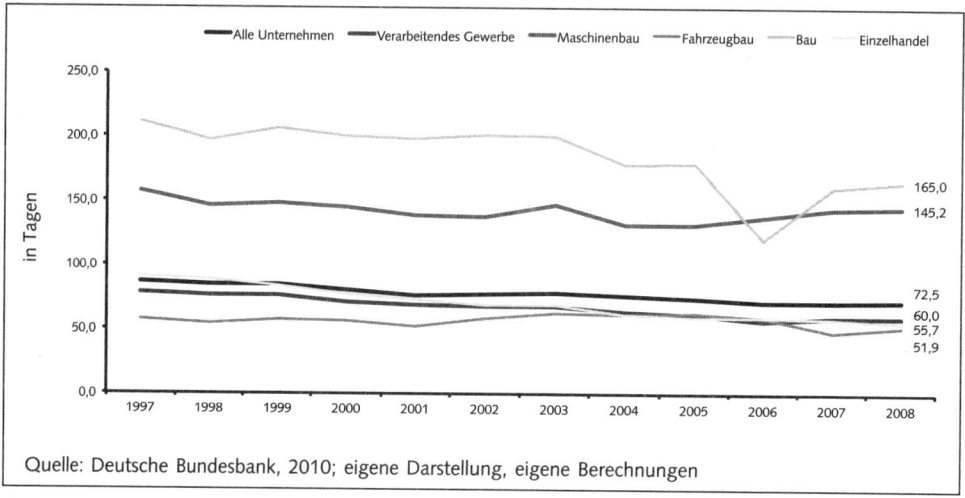

Quelle: Deutsche Bundesbank, 2010; eigene Darstellung, eigene Berechnungen

Abbildung I.59: Umschlagdauer der Vorräte in verschiedenen Branchen

Darüber hinaus sind folgende Punkte kritisch zu beleuchten:

- Eine sinkende oder im Unternehmensvergleich besonders geringe Umschlagdauer kann auf einer guten Absatzsituation (steigende Umsätze) oder einer effizienten Vorratshaltung (Verringerung des erforderlichen Lagerbestands) basieren.
- Ein Sinken der Umschlagdauer kann auch darauf zurückzuführen sein, dass infolge von Finanzierungsengpässen Aufträge nicht angenommen wurden, die ein hohes Vorleistungspotenzial aufwiesen, und gleichzeitig das Unternehmen keine ausreichenden Anzahlungen durchsetzen konnte.
- Ein Steigen der Kennzahl kann dagegen auf Absatzschwierigkeiten hindeuten, die zu einem Lageraufbau der fertigen Erzeugnisse führen.
- Die Entwicklung der Umschlagsdauer der Vorräte im Zeitablauf ist u.a. von der jeweiligen konjunkturellen Situation beeinflusst.

- Bei Unternehmen in unterschiedlichen Marktsegmenten können abweichende Umschlagsdauern z.B. durch eine unterschiedlich saisonabhängige Geschäftstätigkeit verursacht sein.
- Es können Verzerrungen aus unterschiedlichen Herstellungskostenbestandteilen (Voll oder Teilkosten) oder aufgrund unterschiedlich umfangreicher Abwertungen entstehen.

MASCHINENBAU GmbH	Ist t_{-2}	Ist t_{-1}	Ist t_0
Lagerdauer (in Tagen)	36,9	43,1	39,6

Tabelle I.46: Lagerdauer der MASCHINENBAU GmbH

Deckungsquote der unfertigen Erzeugnisse durch erhaltene Anzahlungen

Das Verhältnis der unfertigen Leistungen zu den erhaltenen Anzahlungen (Deckungsquote) ist ein nützlicher Indikator für den planmäßigen Zahlungs- und Leistungsfortschritt (Risiken) von langfristigen Fertigungsaufträgen (z.B. im Anlagenbau).

$$\text{Deckungsquote} = \frac{\text{unfertige Erzeugnisse}}{\text{erhaltene Anzahlungen}}$$

In der Regel stehen die erhaltenen Anzahlungen in einem engen zeitlichen Zusammenhang mit der Leistungserstellung. Gehen die Zahlungen später ein (Deckungsquote < 1), kann man schließen, dass technische Probleme auftreten und der Kunde deswegen seine Zahlung zurückhält, oder der Kunde aus Liquiditätsgründen nicht zahlen kann.

7.5 Kennzahlen zur Untersuchung der Kapitalstruktur

Die Untersuchung der Kapitalstruktur (vertikale Bilanz- oder Finanzierungsanalyse) betrachtet die Art, Zusammensetzung und Überlassungsdauer (= Fristigkeit) der in Anspruch genommenen Kapitalquellen (= Passivseite der Bilanz).

Mit den gewonnenen Ergebnissen kann man Aussagen treffen über die Stabilität der Finanzierungsstruktur sowie über die Fähigkeit, neues Kapital von außen (Eigen- oder Fremdmittel) zu beschaffen. Dies gewinnt besonders dann an Gewicht, wenn in einer Unternehmensplanung ein erhöhter Kapitalbedarf zugrunde gelegt wird.

7.5.1 Eigenkapitalquote

DEFINITION

Die *Eigenkapitalquote* gibt an, wie hoch der Anteil des Eigenkapitals an der Bilanzsumme bzw. des Gesamtkapitals ist.

$$\text{Eigenkapitalquote} = \frac{\text{Eigenkapital} + (0,5 \times \text{Sonderposten mit Rücklagenanteil})}{\text{Bilanzsumme}}$$

Das Eigenkapital ist das Fundament der betrieblichen Finanzierung. Es steht dem Unternehmen in der Regel im Gegensatz zu Fremdmitteln dauerhaft zur Verfügung und sichert auf lange Sicht seine Investitionen ab. Die Eigenkapitalquote ist die zentrale Kennzahl für eine erste Aussage zum Verschuldungsstatus. Ein hoher Wert ist ein Indikator für ein hohes Maß an finanzieller Stabilität und für eine hohe Kreditwürdigkeit.

Der Sonderposten mit Rücklagenanteil wird üblicherweise bei der Ermittlung der Eigenkapitalquote eines HGB-Abschlusses berücksichtigt.

Die geeignete Höhe der Eigenkapitalquote hängt von verschiedenen Faktoren ab:

- *Risikoentsprechung:* Das Eigenkapital besitzt eine Haftungs- und Sicherheitsfunktion und dient als Puffer für Verlustphasen (Reservefunktion). Daher ist sie im Rating eine zentrale Schlüsselgröße. Allgemein bedeutet dies, dass je höher die Eigenkapitalquote ist, desto größer ist die wirtschaftliche Sicherheit und die finanzielle Stabilität des Unternehmens. Die Höhe des Haftungskapitals sollte adäquat zu den Risiken sein: Unternehmen mit schwer einschätzbaren sowie unsicheren Geschäftsmodellen (z.B. Unternehmen am Beginn des Lebenszyklus, stark zyklische Geschäftsverläufe) sollten stärker eigenfinanziert sein als Unternehmen mit stabilen Entwicklungen (z.B. Versorger, Banken).

- *Unabhängigkeit von externen Kapitalgebern:* Eine hohe Eigenkapitalquote führt zu einer höheren Bonität und ermöglicht eine größere Unabhängigkeit gegenüber externen Kapitalgebern (sowohl Fremd- als auch Eigenkapitalgebern). Insbesondere im deutschen Mittelstand prägt die Präferenz nach unternehmerischer Entscheidungsfreiheit häufig das Finanzierungsverhalten.
  - Dies führt zu einem starken Streben nach einer Begrenzung der Einflussnahme externer Kapitalgeber und zu einer generellen Bevorzugung der Innen- und Selbstfinanzierung – zumeist aus einbehaltenen Gewinnen – gegenüber der Außenfinanzierung.
  - In der Regel werden nur in speziellen Situationen (z.B. wenn geplante Investitionen das eigene Innenfinanzierungspotenzial überschreiten) zur Deckung eines Kapitalbedarfs externe Kapitalgeber in substanzieller Höhe eingebunden.

- *Keine festen Zins- und Tilgungszahlungen:* Bei einer Finanzierung mit Eigenkapital werden im Gegensatz zur Aufnahme von fremden Mitteln keine festen Zins- und Tilgungszahlungen ausgelöst. Dies führt dazu, dass Mittelabflüsse über den in einem Geschäftsjahr tatsächlich erwirtschafteten Erfolg hinaus nicht zu erwarten sind. Diese Tatsache wirkt sich insbesondere in Abschwungphasen stabilisierend aus. Der Vorteil der flexiblen Ausschüttungsgestaltung wird relativiert durch:
  - In der Regel liegt die risikoadäquate Verzinsung des Eigenkapitals über den Fremdkapitalzinsen.
  - Ein verlässliches und stetiges Ausschüttungsverhalten schafft Vertrauen bei Eigen- und Fremdkapitalgebern. Eine Kürzung der Dividende wird allgemein als ein Indikator für eine sich verschlechternde wirtschaftliche Situation des Unternehmens und dementsprechend seiner Kreditwürdigkeit gesehen.

- *Akquisitorische Wirkung des Eigenkapitals:* Eine hohe Eigenkapitalquote stärkt die Verhandlungsposition gegenüber Kapitalgebern und öffnet den Zugang zu Kapitalquellen.

- *Werthaltigkeit der Aktiva:* Die Werthaltigkeit von Aktiva ist neben der Eigenkapitalquote ein weiteres entscheidendes Kriterium für die Bonitätsbeurteilung eines Unternehmens. Ein hoher Anteil an leicht und substanziell zu verwertenden Vermögensgegenständen (hohe Werthaltigkeit) erfordert eine geringere Ausstattung mit Eigenkapital als bei einem relativ substanzlosen Bestand an Aktiva (z.B. bei aktiviertem Goodwill oder umfangreichen immateriellen Vermögen).
- *Leverage-Effekt:* Eine zusätzliche Aufnahme von Fremdkapital – was eine Senkung der Eigenkapitalquote zur Folge hat – ist vorteilhaft, solange die Rendite des Gesamtkapitals über dem Fremdkapitalzinssatz liegt und die Möglichkeit besteht, durch die dadurch möglichen Investitionen das ordentliche Ergebnis zu steigern.
- *Größe des Unternehmens:* Laut Erhebung der deutschen Bundesbank steigt die Eigenkapitalquote mit der Unternehmensgröße (siehe Tabelle I.47). Darüber hinaus weisen Kapitalgesellschaften eine durchschnittlich höhere Eigenkapitalquote auf als Nichtkapitalgesellschaften.

Unternehmensgröße	Eigenkapitalquote in Prozent
kleine und mittlere Unternehmen	19,2
große Unternehmen	27,6
alle Unternehmen	24,8

Tabelle I.47: Eigenkapitalquoten deutscher Unternehmen nach Größe
Quelle: Deutsche Bundesbank, 2010

- Größenbedingte Restriktionen führen zu einem eingeschränkten Spektrum an Alternativen zum Bankkredit. Für kleinere mittelständische Unternehmen stellen die regulatorischen oder marktseitig festgelegten Mindestanforderungen an Kapitalmarkttransaktionen de facto eine Zugangsbeschränkung zu Finanzierungsinstrumenten des Kapitalmarktes (im Eigen- als auch im Fremdkapitalbereich) dar. Zur Beschaffung externer Finanzmittel ist der Mittelstand fast ausschließlich auf Intermediäre, insbesondere Banken (Bankkredite) angewiesen.
- Eine geringe Betriebsgröße und ein niedriger Diversifikationsgrad verringern das Innenfinanzierungspotenzial, da konjunktur- oder wettbewerbsbedingte Schwankungen größer als bei stärker diversifizierten (z.B. Produkte und Absatzmärkte) Großunternehmen sein können.
- Die betriebswirtschaftlich sinnvolle Nutzung von Pensionsrückstellungen als Instrument der internen Fremdfinanzierung kann aufgrund der Beschäftigtenzahlen in mittelständischen Unternehmen nur eingeschränkt genutzt werden.
- *Eingeschränkte Aussagekraft von Eigenkapitalquoten bei Personenunternehmen:* Die Quoten für Personenunternehmen sind wenig aussagekräftig und häufig negativ, denn bei dieser Gruppe sind die Grenzen zwischen Unternehmens- und Privatvermögen fließend. Ob der Eigentümer sein Vermögen im Unternehmen oder in der Privatsphäre hält, ist unter Haftungsgesichtspunkten irrelevant, da er regelmäßig mit seinem Gesamtvermögen haftet. Die Jahresabschlüsse zeigen somit in der Regel nicht alle Vermögenswerte, die als haftendes Kapital tatsächlich zur Verfügung stehen. Die Eigentümer können Teile der Unternehmens-Aktiva, etwa aus steuerlichen Gründen, dem Privatbereich zuordnen. Gleichzeitig

können Teile des Privatvermögens bei der Beschaffung von Firmenkrediten als Sicherheit eingebracht werden.

• *Branchenzugehörigkeit:* Die Eigenkapitalquoten variieren deutlich zwischen verschiedenen Branchen. Die zum Teil erheblichen Unterschiede lassen sich durch verschiedene Faktoren erklären wie Abweichungen in den Bilanzstrukturen (z.B. höheres Anlagevermögen im Maschinenbau), die unterschiedliche Finanzierungsmöglichkeiten eröffnen, oder verschiedene Größenstrukturen in den Branchen. So sind beispielsweise im verarbeitenden Gewerbe vermehrt große Unternehmen vertreten, die im Durchschnitt über eine höhere Eigenkapitalquote verfügen als kleinere Unternehmen.

Die verschiedenen Aspekte lassen sich nicht in einer einzigen Formel zur Herleitung einer optimalen Eigenkapitalquote verdichten. Nach Aussage z.B. von Creditreform gelten Unternehmen mit einer Eigenkapitalquote von 30 Prozent und mehr als solide finanziert. Mithilfe von Zeit- und Betriebsvergleichen innerhalb geeigneter Peergroups lassen sich Eigenkapitalquoten einschätzen. Ein Vergleich der Eigenkapitalquoten zwischen verschiedenen Unternehmen erscheint allenfalls innerhalb einer bestimmten Branche sinnvoll, da insoweit von einer zumindest partiell übereinstimmenden Risikostruktur ausgegangen werden kann. Abbildung 1.60 gibt einen Überblick über typische Eigenkapitalquoten in verschiedenen Branchen.

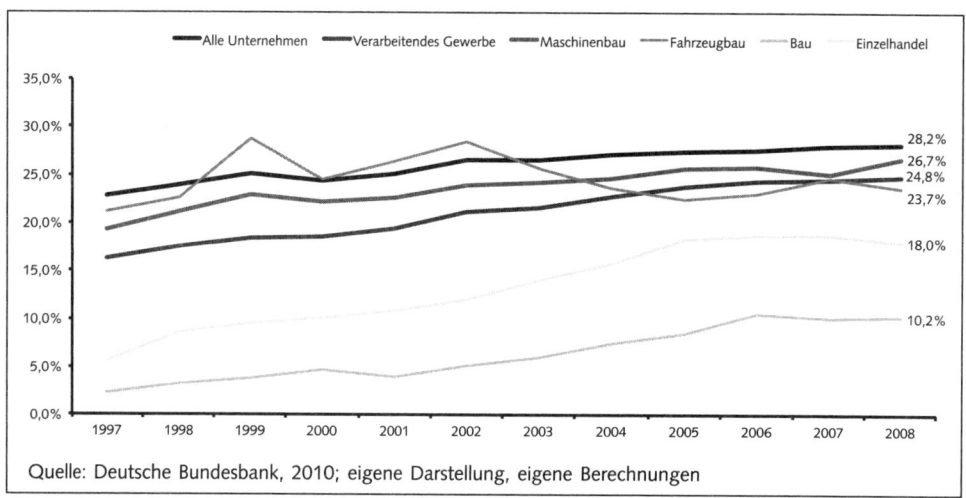

Quelle: Deutsche Bundesbank, 2010; eigene Darstellung, eigene Berechnungen

Abbildung I.60: Eigenkapitalquote in verschiedenen Branchen

PRAXISBEISPIEL MASCHINENBAU GmbH

Mit 29,2 Prozent im Jahr t_{-2} hat das Unternehmen eine relativ hohe Eigenkapitalquote für einen mittelständischen Werkzeugmaschinen-Hersteller. Der Verlust im folgenden Jahr reduziert die Quote auf 20,6 Prozent.

MASCHINENBAU GmbH	Ist t$_{-2}$	Ist t$_{-1}$	Ist t$_0$
Eigenkapitalquote	29,2%	20,6%	21,7%

Tabelle I.48: Eigenkapitalquote der MASCHINENBAU GmbH

Gründe für Veränderungen der Eigenkapitalquote im Zeitverlauf

Eine über mehrere Jahre hinweg steigende (sinkende) Eigenkapitalquote muss nicht zwangsläufig bedeuten, dass sich die Risiken des Unternehmens verringern (erhöhen). Es ist zu berücksichtigen, dass die Unternehmensrisiken durch die Art der unternehmerischen Aktivitäten und die Entwicklung der relevanten Umweltfaktoren determiniert werden. Die Eigenkapitalausstattung gibt lediglich Indikationen über die Höhe des Verlustpuffers. Daher ist bei Zeitvergleichen stets auch zu untersuchen, ob sich bei Änderungen der Kapitalstruktur auch die Risikosituation verändert hat. Hinweise hierfür liefert u. a. der Eigenkapitalspiegel sowie der Risikobericht, den Kapital- und Personengesellschaften als Teil des Lageberichtes erstellen.

Bewegungen der Eigenkapitalquote können auch rein buchhalterisch oder rechentechnisch verursacht werden, wenn die Höhe der Eigenkapitalquote optisch durch den Einsatz von bilanzpolitischen Instrumentarien beeinflusst wird. Eine pauschale Interpretation der Kennzahl Eigenkapitalquote unterliegt der Gefahr von Fehldeutungen. Daher sollten die gewonnenen Erkenntnisse über die finanzwirtschaftliche Situation des Unternehmens mit ergänzenden Analysen und Kennzahlen abgesichert werden.

Eine Vielzahl von Effekten kann für die Veränderungen der Eigenkapitalquote im Zeitverlauf verantwortlich sein. Bei der Analyse sind Sondereinflüsse zu berücksichtigen:

- Veränderung des Zinsspreads zwischen Eigenkapital- und Fremdfinanzierung,
- Veränderung der Kreditvergabepolitik der Banken,
- Veränderung des Spektrums an alternativen Finanzierungsformen und -quellen (z.B. Mezzanineprogramme für den Mittelstand),
- Reaktion auf Konjunkturerwartungen: Eine sich abschwächende Konjunkturentwicklung bzw. sinkende Ertragserwartungen eines einzelnen Unternehmens führen in der Reaktion zu einem Rückgang der Investitionstätigkeit. Unterbleiben Investitionen (d.h. Investitionen sind kleiner als Abschreibungen), so kommt es zu einer Bilanzverkürzung (Rückgang der Bilanzsumme). Bei konstantem Eigenkapital bedeutet dies eine Erhöhung der Eigenkapitalquote. Verstärkt wird dieser Effekt, wenn aufgrund der verschobenen Investitionen die auflaufende Liquidität (Excess Cash) zur Rückführung von Fremdkapital genutzt wird.
- Veräußerung von nicht betriebsnotwendigem Vermögen (z.B. Immobilien),
- Leasing/Sale-and-Lease-Back von Vermögensgegenständen,
- Selbstfinanzierung durch Rücklagenbildung (Gewinnthesaurierung)/Abbau von Rücklagen,
- Kapitalerhöhungs- oder -herabsetzungsmaßnahmen (z.B. Aufnahme neuer Gesellschafter),
- Umrechnung von Abschlüssen in Fremdwährung,
- Veränderung des Konsolidierungskreises,
- Verlagerung von Pensionsverpflichtungen in externe Pensionsfonds,
- Verbriefung von Forderungen (Asset Backed Securities).

Wirkungen der Eigenkapitalquote auf Umsatzrendite und Unternehmenswachstum

Im Rahmen einer Studie des »Unternehmertums Deutschland« (vgl. Wirtschaftswoche, 2005) wurde untersucht, inwieweit ein Zusammenhang zwischen der Höhe der Eigenkapitalquote und der Umsatzrendite bzw. des Unternehmenswachstums besteht. Es wurde festgestellt, dass je höher die Eigenkapitalquote ist, desto höher fallen das Unternehmenswachstum und die Umsatzrendite aus.

Abbildung I.61 zeigt, dass Unternehmen mit einer überdurchschnittlichen Eigenkapitalquote ein überdurchschnittlich hohes Unternehmenswachstum (10,6 Prozent) sowie eine überdurchschnittliche Umsatzrendite (7,5 Prozent) erwirtschaften, wohingegen Unternehmen mit einer unterdurchschnittlichen Eigenkapitalausstattung nur ein Wachstum von 5,2 Prozent bzw. eine Umsatzrendite von 2,8 Prozent erzielen.

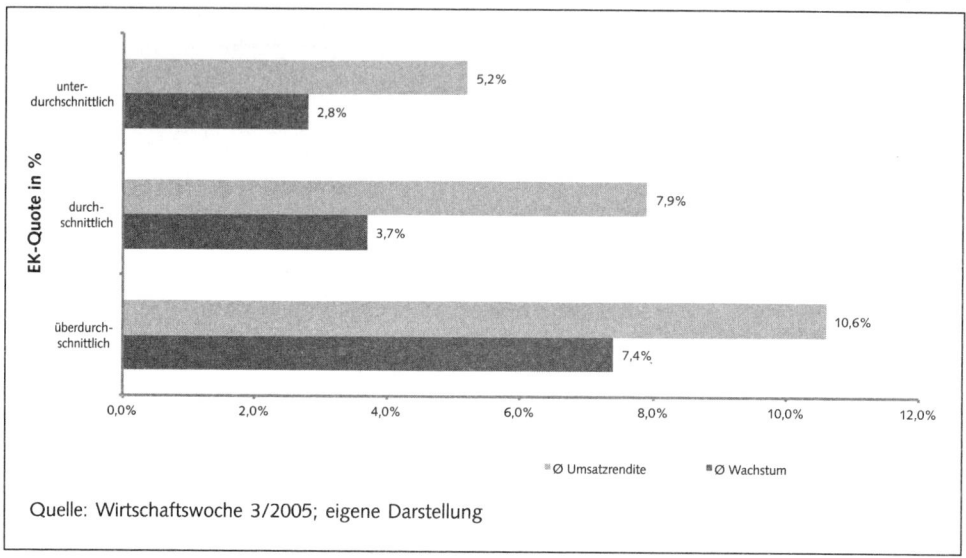

Quelle: Wirtschaftswoche 3/2005; eigene Darstellung

Abbildung I.61: Höhe der Eigenkapitalquote: Wirkung auf Unternehmenswachstum und Umsatzrendite

---

EXKURS: Gründe für eine im internationalen Vergleich geringe Eigenkapitalquote deutscher Unternehmen

Deutsche Unternehmen weisen im internationalen Vergleich traditionell eine niedrige Eigenkapitalquote aus (siehe Abbildung I.62). Bei kleineren und mittleren Unternehmen weisen deutsche Unternehmen eine durchschnittliche Eigenkapitalquote von 8 Prozent auf. In Österreich wird mit 16 Prozent die doppelte Höhe gemessen. Die Eigenkapitalquoten in Frankreich (34 Prozent), Niederlanden (35 Prozent) und den USA (45 Prozent) übersteigen diese Werte noch einmal deutlich (vgl. Handelsblatt, 21.3.2005).

Die geringe Ausstattung mit Eigenkapital – insbesondere von deutschen mittelständischen Unternehmen – und die traditionell starke Ausrichtung der Unternehmensfinanzierung auf Bankverbindlichkeiten lässt sich im Wesentlichen auf die Eigenheiten der deutschen Bankenlandschaft und des deutschen Steuerrechts (steuerlich induzierter Anreiz zur Fremdkapitalfinanzierung aufgrund Abzugsfähigkeit der Zinsaufwendungen) zurückführen.

Die speziellen Charakteristika der deutschen Finanzbranche, die in der Vergangenheit zu günstigen Finanzierungskonditionen führten, sind:

- Starke Marktstellung der Sparkassen/Landesbanken und Genossenschaftsbanken, die sich in wesentlichen Merkmalen von privaten Kreditinstituten differenzieren:
  - Öffentlich-rechtliche Institute: politischer Förderauftrag zur Versorgung der (regionalen) Wirtschaft mit günstigen Krediten.
  - Genossenschaftsbanken: Zielsetzung ist die günstige Kapitalversorgung der Mitgliedsunternehmen.
  - Bei beiden Institutsgruppen ist das betriebswirtschaftliche Prinzip der Gewinnmaximierung schwächer ausgeprägt als bei Privatbanken.
- Im Gegensatz zu stärker kapitalmarktorientierten Finanzsystemen – wie in den angelsächsischen Ländern – kann das in Deutschland vorherrschende Hausbankprinzip die Informationsasymmetrien zwischen Schuldnern und Gläubigern reduzieren. Laut einer Studie von Impulse und des DSGV besteht bei mehr als der Hälfte der mittelständischen Unternehmen die Hauptbankverbindung schon länger als 10 Jahre und 57 Prozent arbeiten ausschließlich nur mit einer Bank zusammen (vgl. Impulse/DSGV, 2005).
- Des Weiteren stellt das deutsche Insolvenzrecht den Gläubigerschutz in den Vordergrund. Hierdurch sind die Kreditsicherheiten, die die Unternehmen stellen, werthaltiger als in Rechtsystemen, in denen im Insolvenzfall nicht die Verwertung der Sicherheiten durch die Gläubiger, sondern die Fortführung des Unternehmens im Vordergrund steht. Das heißt, ein besserer Gläubigerschutz führt tendenziell zu einer Erweiterung des Kreditangebots.

Aus den genannten Gründen lässt sich folgern, dass eine unkritische Untersuchung der Kapitalstruktur mithilfe einer internationalen Peergroup leicht zu Fehleinschätzungen führen kann.

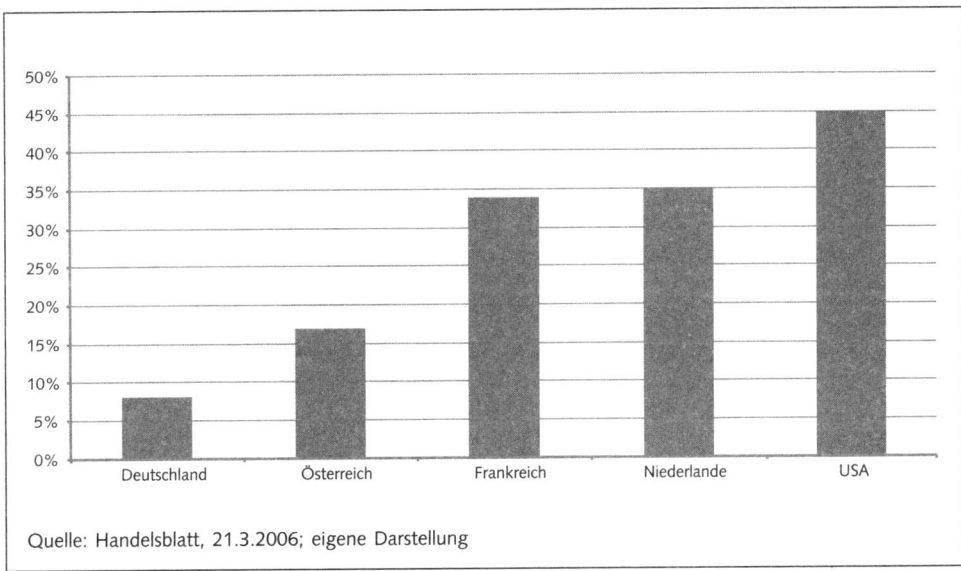

Quelle: Handelsblatt, 21.3.2006; eigene Darstellung

Abbildung I.62: Eigenkapitalquote kleiner und mittlerer Unternehmen im internationalen Vergleich

7.5.2 Fremdkapitalquote

> **DEFINITION**
>
> Die *Fremdkapitalquote* ist das Verhältnis zwischen zinstragendem Fremdkapital und Gesamtkapital und zeigt an, in welchem Maß ein Unternehmen Fremdkapital einsetzt. Es ist die komplementäre Größe zur Eigenkapitalquote.
>
> $$\text{Fremdkapitalquote} = \frac{\text{zinstragendes Fremdkapital}}{\text{Gesamtkapital}}$$

Die Höhe der Fremdkapitalquote wird, wie ihr Pendant auf der Eigenkapitalseite, von diversen Einflussfaktoren determiniert. Je nach Größe und Branche des Unternehmens lassen sich Tendenzaussagen treffen. Abbildung I.63 zeigt exemplarisch branchenspezifische Fremdkapitalquoten für mittelständische Unternehmen.

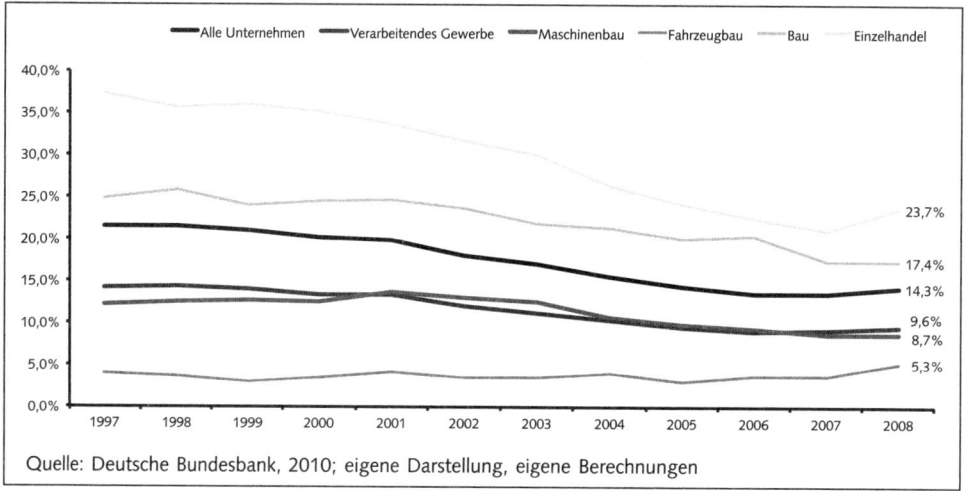

Quelle: Deutsche Bundesbank, 2010; eigene Darstellung, eigene Berechnungen

Abbildung I.63: Fremdkapitalquote in verschiedenen Branchen

Der Einsatz von Fremdkapital ist bis zu einer bestimmten Höhe betriebswirtschaftlich vorteilhaft (Leverage-Effekt). Auf der anderen Seite schränkt eine hohe Fremdkapitalquote die Flexibilität des Unternehmens ein, da Fremdkapitalgeber regelmäßige Zins- und Tilgungszahlungen fordern, während bei der Ausschüttung an die Eigenkapitalgeber ein größerer Handlungsraum besteht.

Die Beurteilung der Fremdkapitalquote sollte ergänzt werden durch die Betrachtung des Unternehmens- bzw. Produktlebenszyklus. Als Praktikerregel gilt: Je älter ein Unternehmen ist, desto höher ist üblicherweise die Fremdkapitalquote aufgrund der steigenden Bonität. Zusätzlich kann die Substanz der Aktiva der Fremdkapitalquote gegenübergestellt werden.

PRAXISBEISPIEL MASCHINENBAU GmbH

Speigeldbildlich zur Eigenkapitalquote entwickelt sich die Fremdkapitalquote der MASCHINEN-BAU GmbH. Sie ist im Jahr t_{-2} relativ gering. In dem Verlustjahr t_{-1} muss das Unternehmen Bankenkredite aufnehmen. In der Folge steigt die Fremdkapitalquote auf über 42 Prozent.

MASCHINENBAU GmbH	Ist t_2	Ist t_{-1}	Ist t_0
Fremdkapitalquote	35,6%	42,7%	42,1%

Tabelle I.49: Fremdkapitalquote der MASCHINENBAU GmbH

In der Außenfinanzierung ist die Kreditfinanzierung über Banken die wichtigste externe Finanzierungsquelle für mittelständische Unternehmen. Diese Stellung wird ihr auch zukünftig zukommen, wenn auch leichte Bedeutungsverluste zu erwarten bzw. schon jetzt erkennbar sind. Hauptgründe hierfür ist die bereits beschriebene besondere Konstellation der deutschen Bankenlandschaft und des Steuerrechts. Des Weiteren lassen die geringeren Einwirkungsrechte und Einflussnahme von Fremdkapitalgebern – vor allem bei planmäßiger Kapitalbedienung – im Vergleich zu (neuen) Gesellschaftern die Kreditfinanzierung über Banken scheinbar attraktiver wirken. Hinzu kommt, dass die Informationsanforderungen der Banken im Vergleich zu Eigenkapitalgebern i.d.R. geringer sind.

Andere bedeutsame Finanzierungsquellen für den Mittelstand sind lediglich noch Leasing und Lieferantenkredite. Vor allem Leasing hat in den vergangenen Jahren deutlich an Relevanz für mittelständische Unternehmen gewonnen. Beide Instrumente können häufig nur einen begrenzten Beitrag zur Unternehmensfinanzierung leisten. Sie sind als Ergänzungen zum Bankkredit, weniger als vollwertige Alternativen aufzufassen.

7.5.3 Verschuldungskoeffizient

DEFINITION

Der *Verschuldungskoeffizient* (auch Gearing) gibt das Verhältnis zwischen Fremdkapital und Eigenkapital wieder.

$$\text{Verschuldungskoeffizient} = \frac{\text{Fremdkapital}}{\text{Eigenkapital}}$$

Allgemein gilt: Je höher der Verschuldungsgrad ist, desto größer ist die Abhängigkeit von Fremdkapitalgebern. Der Verschuldungskoeffizient sollte jedoch nicht isoliert betrachtet werden, da bei positiver Nutzung des Leverage-Effektes die Rentabilität des Unternehmens gesteigert werden kann, was einen höheren Wert des Verschuldungskoeffizienten nach sich zieht. Weist ein Unternehmen einen niedrigen Wert der Kennziffer auf, so kann zusätzliches Fremdkapital zur Verbesserung der Ertragslage genutzt werden. Es ist jedoch zu berücksichtigen, dass bilanzpolitische Anpassungen des Eigenkapitals sowie Out-of-Balance-Finanzierungsformen (z.B. Leasing) zu Verzerrungen der Kennzahl führen können.

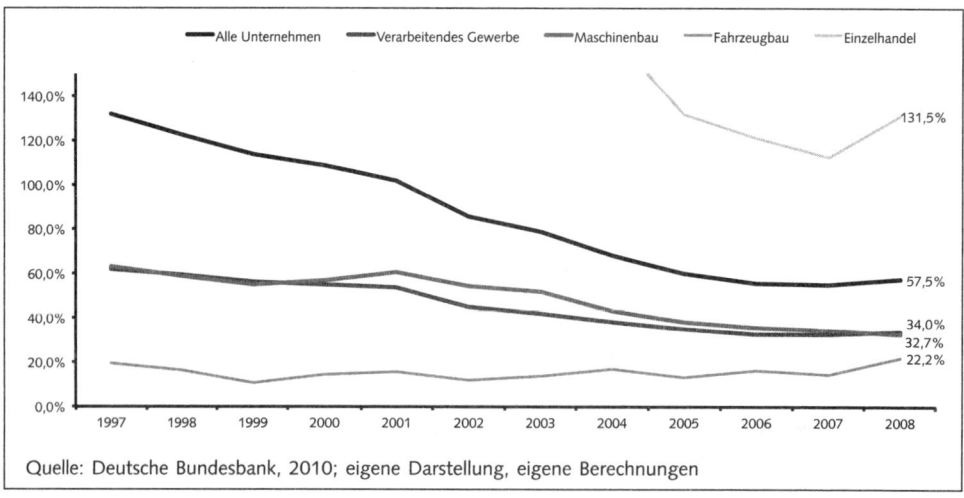

Quelle: Deutsche Bundesbank, 2010; eigene Darstellung, eigene Berechnungen

Abbildung I.64: Verschuldungskoeffizient in verschiedenen Branchen

PRAXISBEISPIEL MASCHINENBAU GmbH
Am Verschuldungskoeffizient lässt sich wie bei der Fremd- und Eigenkapitalquote ablesen, dass das Unternehmen in dem Verlustjahr t_{-1} zusätzliche Fremdmittel aufnehmen musste.

MASCHINENBAU GmbH	Ist t_{-2}	Ist t_{-1}	Ist t_0
Verschuldungskoeffizient	41,2%	25,9%	27,7%

Tabelle I.50: Verschuldungskoeffizient der MASCHINENBAU GmbH

7.6 Kennzahlen zur Aufwands- und Ertragsstruktur

Mithilfe der Analyse der Aufwands- und Ertragsstruktur spaltet man das Gesamtergebnis in die einzelnen Erfolgskomponenten auf. Dazu werden Aufwands- und Ertragsstruktur-Kennzahlen gebildet, die die Quellen der Wertschöpfung auf einer hohen Aggregationsstufe quantifizieren. Mit dieser Vorgehensweise ist man in der Lage, wesentliche Erfolgs- und Risikofaktoren der Ertragskraft eines Unternehmens zu prognostizieren. Diese Kennzahlen nehmen daher eine zentrale Rolle in dem Planungsmodell ein.

In der Literatur ist eine Vielzahl von Strukturkennzahlen bekannt. In dieser Abhandlung beschränkt man sich auf die für eine Planerstellung notwendigen GuV-Positionen: Mithilfe der Quoten des Material- und Personalaufwands, Abschreibungen sowie des sonstigen betrieblichen Ergebnisses lassen sich Rückschlüsse über die Produktionsverhältnisse und die Bedeutung der Faktoren Arbeitsleistung, Werkstoffe und Betriebsmittel ziehen. In die Planrechnung kann man zudem die zu erwartenden Preisentwicklungen einfließen lassen. Die

Analyse des Finanzergebnisses zeigt die Bedeutung der Erfolgskomponenten außerhalb des Leistungsbereiches.

Die im Folgenden dargestellten Aufwands- und Ertragsquoten werden gebildet, indem man die jeweiligen GuV-Positionen ins Verhältnis zur Gesamtleistung setzt.

7.6.1 Rohertragsquote

DEFINITION

Die Kennzahl *Rohertragsquote* sagt aus, wie viel Prozent der Umsatzerlöse dem Unternehmen als Rohertrag (Umsatz minus Materialaufwand) zur Verfügung stehen. Im Handel wird auch von der Handelsspanne gesprochen.

$$\text{Rohertragsquote} = \frac{\text{Rohergebnis}}{\text{Gesamtleistung}}$$

Das Rohergebnis dient der Deckung der Personalaufwendungen, Abschreibungen, Zinsen, sonstigen betrieblichen Aufwendungen und Steuern. Insbesondere bei Handelsunternehmen ist diese Kennzahl von Bedeutung, da bei ihnen der Materialaufwand (Wareneinsatz) ein hohes Gewicht an den Umsatzerlösen ausmacht.

Vorteile sind: Sie zeigt die Entwicklung der Beschaffungspreise, sie gibt Aufschlüsse über Produktions- bzw. Einkaufseffizienz und sie ist ein Indikator für die Wettbewerbsstärke eines Unternehmens (Preissenkungspotenziale bei verschärfendem Wettbewerb).

Nachteile jedoch sind: Sie ist nur innerhalb einer Branche aussagekräftig und sie sollte nur in Verbindung mit der Umsatzrentabilität (EBIT-Marge) genutzt werden, andernfalls können bilanzpolitische Maßnahmen die Rohertragsquote verzerren.

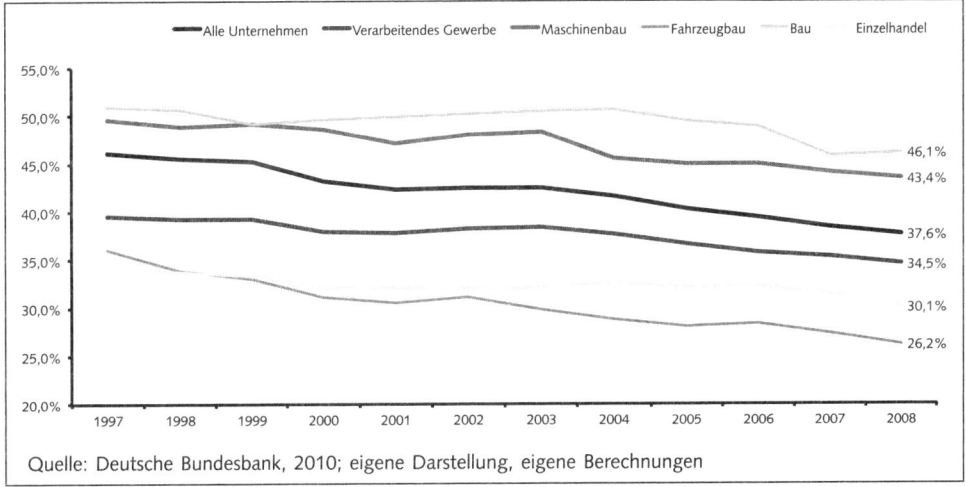

Quelle: Deutsche Bundesbank, 2010; eigene Darstellung, eigene Berechnungen

Abbildung I.65: Rohertragsquote in verschiedenen Branchen

MASCHINENBAU GmbH	Ist t_2	Ist t_1	Ist t_0
Rohertragsquote	45,9%	46,5%	44,5%

Tabelle I.51: Rohertragsquote der MASCHINENBAU GmbH

7.6.2 Materialaufwandsquote

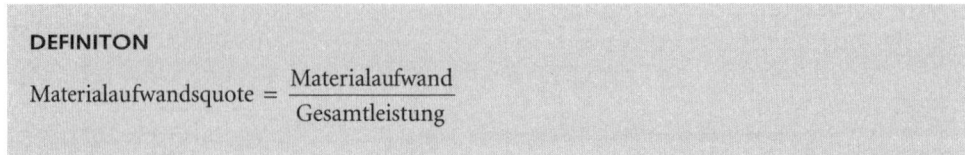

DEFINITON

$$\text{Materialaufwandsquote} = \frac{\text{Materialaufwand}}{\text{Gesamtleistung}}$$

Die Materialaufwandsquote (auch Materialintensität) kann im Rahmen der Unternehmensanalyse wertvolle Rückschlüsse auf fünf den Ertrag beeinflussende Faktoren geben:
- Vorleistungen der Zulieferer,
- Fertigungstiefe,
- Preisniveau der bezogenen Materialien,
- Effizienz der Betriebsabläufe,
- Personalaufwand.

Diese sind bei einer Unternehmensanalyse zu untersuchen.

Fand keine Bildung (Auflösung) von stillen Reserven im Vorratsvermögen statt, und hat sich an der Effizienz der Wertschöpfung nichts wesentlich verändert, so lässt sich bei einer steigenden (sinkenden) Materialaufwandsquote schließen: Die Einkaufspreise sind stärker gestiegen (gesunken) als die Verkaufspreise. Konnten die gestiegenen Einkaufspreise an die Abnehmer weitergegeben werden, dann kann gefolgert werden, dass die Produktivität nachgelassen hat.

Mit zunehmender Materialaufwandsquote steigt die Abhängigkeit von Lieferanten und der Preisentwicklung auf den Beschaffungsmärkten. Zur gleichen Zeit sinkt mit steigender Materialaufwandsquote das Beschäftigungsrisiko (siehe auch Personalaufwandsquote weiter unten), welches besonders bei hohen Fixkostenanteilen vorzufinden ist.

Eine hohe Materialaufwandsquote bedeutet einen hohen Anteil an zugekauftem Material und deutet auf eine geringe Wertschöpfung sowie geringe Fertigungstiefe in der Produktion hin. (Einschätzungen über die Vor- und Nachteile der Fertigungstiefe siehe Kapitel I.8.4.2.2 Outsourcing bzw. I.8.5.2 Sachanlagenvermögen). Es sei nur insoweit auf diesen Themenkomplex hier eingegangen, als dass eine sinkende Fertigungstiefe (steigende Materialaufwandsquote) durch Auslagerungen bzw. Ausgliederungen von Fertigungsbereichen und der daraus resultierende Fremdbezug von Produkten anstelle der Eigenfertigung zu einem deutlichen Absinken der Personalintensität und einer Erhöhung der Materialintensität führen können. Man sollte daher die beiden Quoten (Material- und Personalaufwand) immer im engen Zusammenhang untersuchen. Ein Ansteigen beider Quoten ist ein Signal für eine sich verschlechternde Ertragskraft des Unternehmens.

Eine im Zeitablauf steigende Materialintensität kann zu Abhängigkeiten führen (z. B. von Zulieferern oder von Wechselkursen bei einer Materialbeschaffung im Ausland). Darüber hinaus ist eine steigende oder sinkende Materialintensität auch auf Veränderungen in den Produktionsverhältnissen zurückzuführen, die sich auch in einer Veränderung des Anlage- vermögens (siehe Anlageintensität) und der Personalaufwandsquote niederschlagen wird.

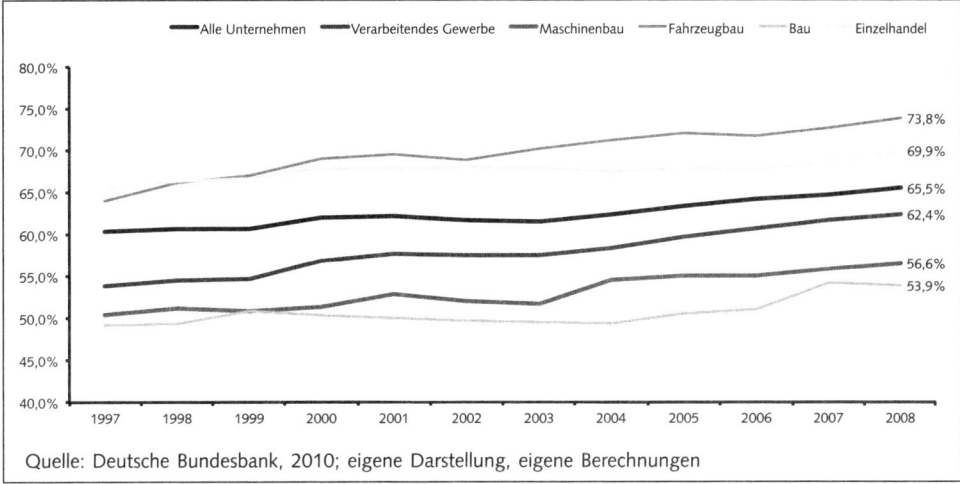

Quelle: Deutsche Bundesbank, 2010; eigene Darstellung, eigene Berechnungen

Abbildung I.66: Materialaufwandsquote in verschiedenen Branchen

MASCHINENBAU GmbH	Ist t_{-2}	Ist t_{-1}	Ist t_0
Materialaufwandsquote	54,1 %	53,6 %	55,5 %

Tabelle I.52: Materialaufwandsquote der MASCHINENBAU GmbH

7.6.3 Personalaufwandsquote

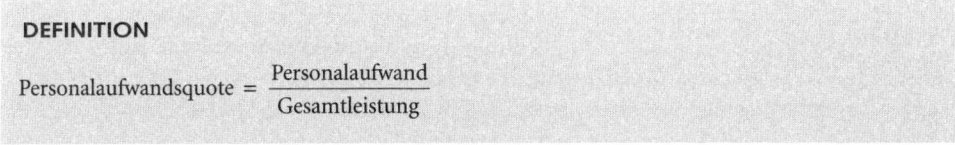

DEFINITION

$$\text{Personalaufwandsquote} = \frac{\text{Personalaufwand}}{\text{Gesamtleistung}}$$

Eine hohe Personalaufwandsquote (Personalintensität) kann verschiedene Ursachen haben. Z. B. kann die Wertschöpfung auf einen hohen Einsatz menschlicher Arbeit angewiesen sein, die sich betriebswirtschaftlich nicht sinnvoll mechanisieren bzw. automatisieren lässt (Ein- zelanfertigung, Dienstleistungssektor). Oder das Unternehmen besitzt einen vergleichsweise geringen Rationalisierungsstand der Produktionsanlagen.

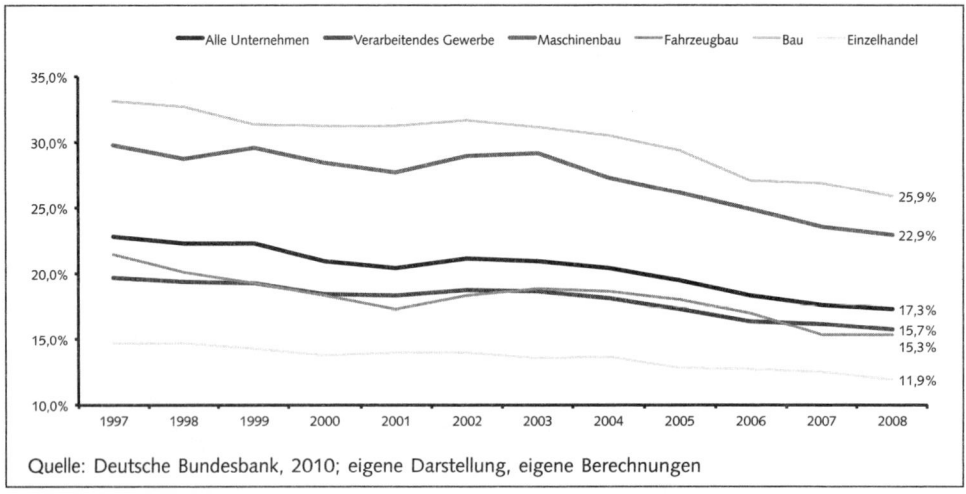

Quelle: Deutsche Bundesbank, 2010; eigene Darstellung, eigene Berechnungen

Abbildung I.67: Personalaufwandsquote in verschiedenen Branchen

MASCHINENBAU GmbH	Ist t_{-2}	Ist t_{-1}	Ist t_0
Personalaufwandsquote	24,3%	27,8%	25,0%

Tabelle I.53: Personalaufwandsquote der MASCHINENBAU GmbH

Unternehmen mit einer hohen Personalaufwandsquote sind gegenüber konjunkturellen Schwankungen empfindlich, da sie Anpassungen der – im Wesentlichen fixen – Personalaufwandseite nur mit Zeitverzug begegnen können. Der Personalaufwand ist somit essenziell für die Prognose der Ertragskraft. Hauptfaktoren dabei sind die Höhe des Entlohnungsniveaus und die Arbeitsproduktivität, die in einem engen Zusammenhang stehen. Ein Ansteigen des Entlohnungsniveaus sollte parallel zum Fortschritt der Produktivität erfolgen, um die Ergebnissituation konstant zu halten.

$$\text{Entlohnungsniveau} = \frac{\text{Personalaufwand}}{\text{durchschnittliche Zahl der Mitarbeiter}}$$

Ein im Vergleich zum (inländischen) Wettbewerb hohes Entlohnungsniveau kann auf eine höhere Qualifizierung der Beschäftigten hindeuten. Mögliche weitere Ursachen für eine (starke) Veränderung der Personalaufwandsquote können ein verstärkter Einsatz von Leasingkräften, das Nachholen von Pensionsrückstellungen, neue Tarifabschlüsse oder Veränderungen bei den Sozialversicherungsbeiträgen sein. Die Personalaufwandsquote besitzt eine hohe Branchenabhängigkeit (Tarifverträge) und ein überregionales Lohngefälle erschwert den Vergleich (z. B. Ost-Westvergleich).

7.6.4 Sonstige betriebliche Ergebnisquote

Das sonstige betriebliche Ergebnis ist eine Sammelposition für alle Ergebnisbestandteile, die keiner eigenen Position zugeordnet werden. Die strenge Auffassung des HGB hinsichtlich der außerordentlichen Effekte und das weitgehende Verbot des Ausweises von außerordentlichen Vorgängen in den IFRS führen dazu, dass das sonstige betriebliche Ergebnis auch außerordentliche Bestandteile enthält. Vergleicht man die Kennzahl mit anderen Unternehmen, so ist dieses Faktum genau zu betrachten.

DEFINITION

$$\text{Sonstige betriebliche Ergebnisquote} = \frac{\text{Sonstiges betriebliches Ergebnis}}{\text{Gesamtleistung}}$$

> **PRAXISTIPP: Auffälligkeiten bei den sonstigen betrieblichen Aufwendungen und Erträgen**
> Ein einmaliger, starker Anstieg der sonstigen betrieblichen Aufwendungen deutet auf außerordentliche Vorgänge hin. Gelegentlich ist zu beobachten, dass gleichzeitig zur Verschleierung der Tatsache auch ein Zuwachs der Erträge herbeigeführt wird. Dies hat zur Folge, dass das laufende Jahresergebnis sowie die Kennzahlen »sonstige betriebliche Aufwands- bzw. Ertragsquoten« sich nicht verändern. Bei einer ungeprüften Fortschreibung der Quoten kann die Qualität der Planung negativ beeinflusst werden.

MASCHINENBAU GmbH	Ist t_{-2}	Ist t_{-1}	Ist t_0
Sonstige betriebliche Ergebnisquote	–13,2 %	–14,7 %	–13,3 %

Tabelle I.54: Sonstige betriebliche Ergebnisquote der MASCHINENBAU GmbH

7.6.5 Forschungs- und Entwicklungsaufwandsquote

Für einen Unternehmensvergleich nutzt man die Kennzahl der Quote der Forschungs- und Entwicklungsaufwendungen (in Prozent zum Umsatz oder Gesamtleistung) bezeichnet. Die Kennzahl wird auch Forschungsintensität genannt.

DEFINITION

$$\text{F\&E-Quote} = \frac{\text{F\&E-Aufwendungen}}{\text{Gesamtleistung}}$$

Sie ist ein geeigneter Indikator für die F&E-Effizienz und Wettbewerbsfähigkeit eines Unternehmens. Ihre Aussagekraft wird in der Analysepraxis eingeschränkt, da F&E-Aufwendun-

gen insbesondere im HGB-Abschluss nicht eindeutig abzulesen und zuzuordnen sind und der F&E-Aufwandsblock regelmäßig zur Ergebnisgestaltung im Rahmen der Jahresabschluss-politik dient.

Branche	Durchschnittliche relative F&E-Aufwendungen in %
Chemie, Pharma, Gesundheit	5,3%
Automobil, Verarbeitendes Gewerbe	4,9%
Software, Technologie, Telekommunikation	4,2%
Banken, Versicherungen	2,5%
Konsumgüter, Nahrungsmittel, Handel	1,2%
Grundstoff, Bau, Versorger	0,5%
Transport, Logistik	0,2%
Gesamt	**2,9%**
Quelle: Leibfried/Pflanzelt, 2004	

Tabelle I.55: Durchschnittliche F&E-Aufwendungen nach Branchen

Die durchschnittlichen Forschungs- und Entwicklungsaufwendungen weichen zwischen den verschiedenen Branchen deutlich voneinander ab. So zeigt die Tabelle I.55, dass die in der Öffentlichkeit als besonders forschungs- und entwicklungsintensiv eingeschätzte Chemie-, Pharma- und Gesundheitsbranche den höchsten Wert von 5,3 Prozent aufweist. Kaum For-schungs- und Entwicklungsaufwendungen werden von Transport- und Logistikunterneh-men vorgenommen (0,2 Prozent des Umsatzes). Im Durchschnitt investieren die Unterneh-men 2,9 Prozent ihres Umsatzes in Forschung und Entwicklung.

Eine Steigerung der Quote ist in der Regel mit verstärkten F&E-Aktivitäten verbunden, kann aber auch durch Umsatzrückgänge verursacht werden. Ein Rückgang der Quote deu-tet auf eine geringere F&E-Tätigkeit hin, sie kann aber auch auf Produktivitätssteigerungen zurückzuführen sein.

7.6.6 Finanzergebnisquote

Das Finanzergebnis wird im Rahmen der unternehmerischen Tätigkeit erwirtschaftet, steht aber nur im indirekten Zusammenhang mit dem originären Unternehmenszweck. Es sei denn, es handelt sich z. B. um einen Finanzdienstleister. Für die Analyse ist es daher von Bedeutung zu erkennen, welcher Anteil des Erfolges aus dem Finanzierungs- bzw. Leistungs-bereich resultiert. Dem Finanzergebnis zuzuordnende Positionen sind u. a. Aufwendungen und Erträge aus Zinsen, Beteiligungen oder Gewinnabführungsverträgen.

DEFINITION

$$\text{Finanzergebnisquote} = \frac{\text{Finanzergebnis}}{\text{EBIT}}$$

Interpretation und Besonderheiten der Finanzergebnisquote:
- Ein über einen längeren Zeitraum ansteigendes positives Finanzergebnis kann auf eine zurückgehende Investitionstätigkeit ins Sachanlagevermögen zugunsten des Aufbaus von

Finanzanlagen hindeuten. Zur Erhärtung dieser These sollte man den Anteil des Finanz-
anlagevermögens am gesamten Anlagevermögen untersuchen.

- Eine sinkende Finanzergebnisquote kann ein Signal für eine steigende Verschuldung des
  Unternehmens sein. Alleine anhand der Höhe der zinstragenden Verbindlichkeiten in der
  Bilanz lässt sich die Verschuldungssituation noch nicht eindeutig ablesen, da die Bilanz
  eine stichtagsbezogene Betrachtung ist. Es ist möglich, dass kurz vor dem Bilanzstichtag
  kurzfristige Tilgungen getätigt werden. Dies kann zur Folge haben, dass das Fremdkapital in der Bilanz sinkt und gleichzeitig die Zinsaufwendungen steigen. Es ist daher notwendig, die Veränderungen über einen längeren Zeitraum zu beobachten und zusätzliche
  Informationen bei dem Unternehmen einzuholen. Des Weiteren können bilanzverän-
  dernde Maßnahmen sogenannte Out-of-Balance-Transaktionen wie Leasing oder Asset-
  Backed-Securities das Finanzergebnis und die Bilanzstruktur entscheidend verändern.
- Unternehmen mit einer langfristigen Auftragsfertigung (z. B. Anlagen- und Maschinenbau) finanzieren sich typischerweise zu einem hohen Anteil mit erhaltenen Anzahlungen.
  In einem branchenübergreifenden Kennzahlen-Benchmarking ist dies zu berücksichtigen.
- Unterschiede bei der Bilanzierung und Bewertung von Pensionsverpflichtungen (in Pen-
  sionen implizierter Zins) im Rahmen der verschiedenen Rechnungslegungsstandards
  erschweren einen Vergleich.

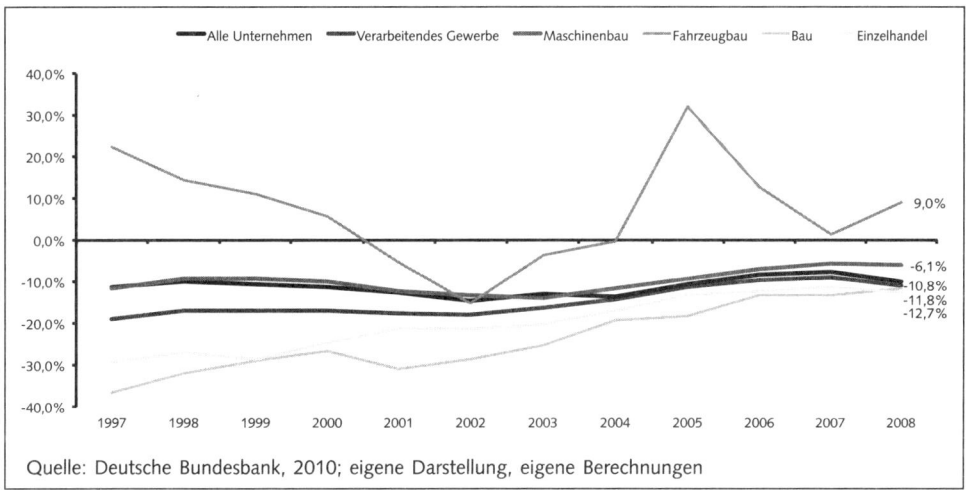

Abbildung I.68: Finanzergebnisquote in verschiedenen Branchen

PRAXISBEISPIEL MASCHINENBAU GmbH

MASCHINENBAU GmbH	Ist t₋₂	Ist t₋₁	Ist t₀
Finanzergebnisquote	-13,7%	-83,3%	-27,3%

Tabelle I.56: Finanzergebnisquote der MASCHINENBAU GmbH

7.6.7 Zinsaufwandsquote

In der Praxis der Kennzahlenanalyse findet sich regelmäßig die Zinsaufwandsquote. Sie gibt das Verhältnis zwischen Zinsaufwand und Gesamtleistung wieder.

DEFINITION

$$\text{Zinsaufwandsquote} = \frac{\text{Zinsaufwand}}{\text{Gesamtleistung}}$$

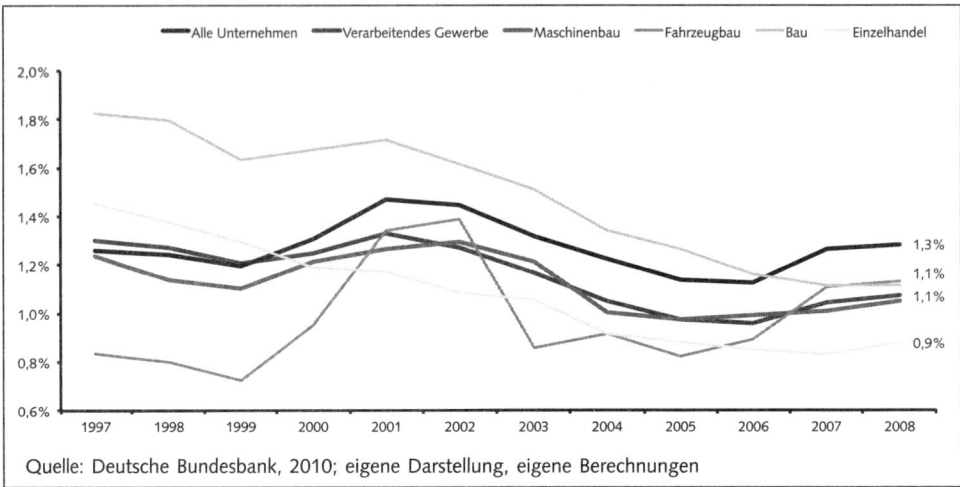

Quelle: Deutsche Bundesbank, 2010; eigene Darstellung, eigene Berechnungen

Abbildung I.69: Zinsaufwandsquote in verschiedenen Branchen

MASCHINENBAU GmbH	Ist t_{-2}	Ist t_{-1}	Ist t_0
Zinsaufwandsquote	1,0%	1,3%	1,2%

Tabelle I.57: Zinsaufwandsquote der MASCHINENBAU GmbH

7.7 Kapitalfluss-Rechnung als Instrument der Jahresabschlussanalyse

Der Jahresabschluss gibt keine direkten Aussagen über die Finanzierungskraft sowie das Liquiditätspotenzial im Unternehmen. Die Analyse der Aktiv- und Passivseite mithilfe von statischen Vermögens- und Kapitalstrukturkennzahlen liefern nur erste Hinweise darauf, da sie lediglich Bestandsgrößen gegenüberstellen. Die Kapitalfluss-Rechnung (auch Cashflow-Rechnung)[12] nimmt eine dynamische, stromgrößenorientierte Betrachtung der tatsächlichen

---

12   Der Begriff Kapitalfluss-Rechnung ist in der Literatur weit verbreitet. Er ist jedoch irreführend, da er

Zahlungsflüsse vor und ergänzt somit als »drittes Standbein« die Lücke bei der Analyse des Jahresabschlusses.

> **DEFINITION**
>
> Der *Cashflow* oder liquiditätswirksame Jahresüberschuss ist eine finanzielle Messgröße, mit deren Hilfe man die Zahlungskraft eines Unternehmens beurteilen kann. Er zeigt die reinen Zahlungsströme einer Periode, d.h. die Differenz zwischen Einzahlungen und Auszahlungen.

Man verfolgt mit dem Instrument der Cashflow-Betrachtung zwei Ziele:
1. Betrachtung des Unternehmens unter finanziellen Gesichtspunkten,
2. Eliminierung von jahresabschlusspolitischen Gestaltungsspielräumen.

Das Glätten der Bilanzpolitik erfolgt, indem man die Gewinn- und Verlustrechnung um alle nicht liquiditätswirksamen Elemente (die sogenannten zahlungsunwirksamen Aufwendungen und Erträge) bereinigt. Man erhält ein Bild über die realen Zahlungsströme und somit eine objektivere Größe als den Jahresüberschuss. Deswegen ist der Cashflow in aller Regel nicht mit dem Jahresüberschuss identisch.

> **DEFINITION**
>
> Die *Kapitalfluss-Rechnung* ist ein Instrument zur Beurteilung der Finanz- und Ertragskraft. Sie zeigt die Veränderungen, Herkunft und die Verwendung der Cashflows nach verschiedenen Gliederungskriterien. Sie gibt Einblick in die Fähigkeit des Unternehmens,
> - finanzielle Überschüsse insbesondere aus der operativen Tätigkeit zu erwirtschaften,
> - Investitionen zu tätigen,
> - seine Zahlungsverpflichtungen zu erfüllen und
> - Ausschüttungen an die Anteilseigner zu leisten.

Die Kapitalfluss-Rechnung kommt bei verschiedenen Aufgaben zum Einsatz:
- Sie dient der retrospektiven Analyse und Dokumentation sowie der Überprüfung vergangener Prognosen.
- Sie ist für den externen Adressaten eine wichtige Informations- und Entscheidungsgrundlage (z.B. für die Unternehmensbewertung oder Kreditwürdigkeitsprüfung).
- Mit ihr lassen sich Planungen der Ertragskraft anfertigen sowie vorhandene Planungen auf Plausibilität prüfen.
- Sie ist ein geeignetes Benchmarking-Instrument.
- Sie unterstützt bei der Einschätzung der Gründe für Differenzen zwischen Jahresüberschuss und der Innenfinanzierungskraft, das heißt der Fähigkeit, aus der laufenden Geschäftstätigkeit Investitionen und/oder Gewinnausschüttungen an die Gesellschafter aus eigenen Mitteln zu bestreiten. Sie ist somit ein Indikator für die Qualität des Ergebnisses.

---

auf einer missverständlichen Übersetzung des englischen Cashflow beruht. Eine bessere Bezeichnung, die dem Inhalt näher käme, wäre Cashflow-Rechnung, Finanzfluss-Rechnung oder Finanzmittelfonds-Veränderungsrechnung; denn die Rechnung bezieht sich auf einen Finanzmittelfonds und seine Veränderungen.

- Sie wird unternehmensintern vor allem vom Finanzcontrolling und von der Geschäftsleitung als Steuerungsinstrument (z.B. zur Liquiditätsanalyse und -planung) eingesetzt.

7.7.1 Direkte und indirekte Kapitalfluss-Rechnung

Die Kapitalfluss-Rechnung kann auf zwei Arten erstellt werden – entweder direkt oder indirekt.

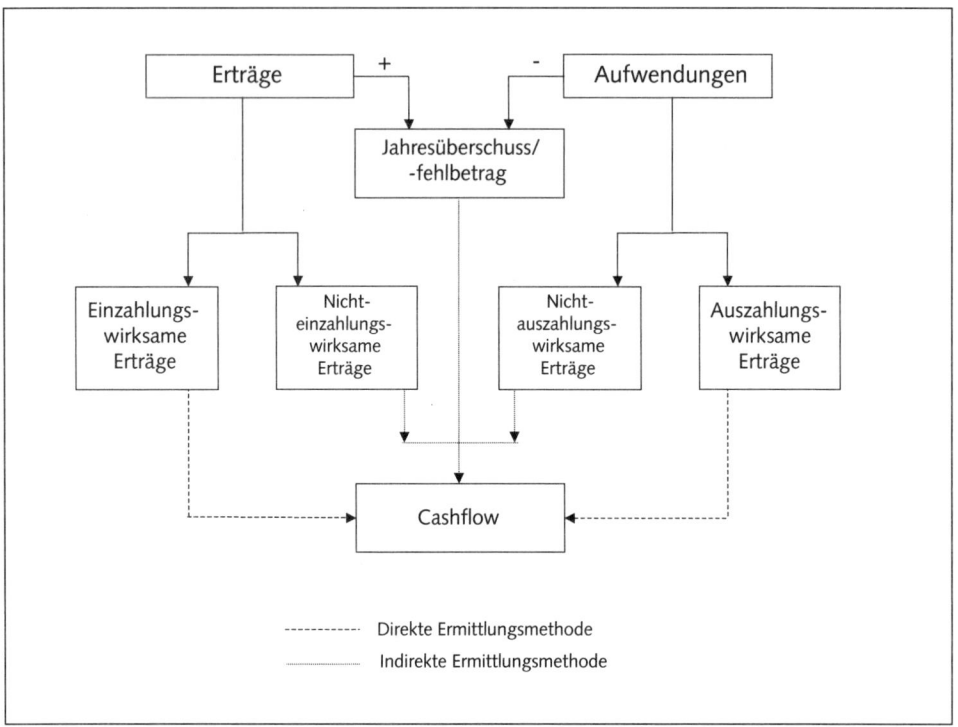

Abbildung I.70: Schema zur Ermittlung des Cashflows (vgl. Bieg, 1998a)

Bei der direkten Ermittlungsmethode bestimmt man den Cashflow, indem man die einzahlungswirksamen Erträge mit den auszahlungswirksamen Aufwendungen aufrechnet. Erfolgsneutrale, aber zahlungswirksame Erträge und Aufwendungen müssen entsprechend berücksichtigt werden. Diese progressive Art der Kapitalfluss-Rechnung eignet sich dann, wenn alle
dazu notwendigen Daten zuverlässig vorliegen. Daher ist die unternehmungsinterne Kapitalfluss-Rechnung nach diesem Muster sinnvoll.

Das Pendant zur direkten Kapitalfluss-Rechnung ist die indirekte, retrograde Kapitalfluss-Rechnung. Da eine asymmetrische Informationsverteilung vorliegt, behelfen sich
externe Analysten mit dieser Methode, wenn sie Unternehmen bewerten wollen, die keiner
gesetzlichen Verpflichtung zur Aufstellung einer Kapitalfluss-Rechnung unterliegen. Für die

Ermittlung einer indirekten Kapitalfluss-Rechnung sind nur die Informationen des Jahresabschlusses erforderlich. Hierzu werden vom Jahresüberschuss alle nicht einzahlungswirksamen Erträge abgezogen und alle nicht auszahlungswirksamen Aufwendungen addiert. Auch hier ist der Cashflow um die erfolgsneutralen Bilanzpositionen, die zahlungswirksam sind, zu bereinigen.

Das nachfolgende Schema berücksichtigt Korrekturen am Jahresüberschuss, insofern diese von wesentlicher Bedeutung sind.

Positionen Jahresabschluss (Absolute Zahlen in Mio. €)		Ist t_{-1}	Ist t_0	Plan t_1	Plan t_2	Plan t_3	Plan t_4	Plan t_5	Plan t_6
Cashflow aus Geschäftstätigkeit:									
Jahresergebnis		-0,2	1,1	2,2	2,7	3,3	0,0	1,7	2,7
+ Abschreibungen		1,7	1,7	1,9	1,9	1,9	1,9	1,9	1,9
-/+ Veränderung Vorräte		0,3	-0,4	-0,1	-0,2	0,0	0,2	0,1	-0,1
-/+ Veränderung Forderungen L. u. L.		1,7	-1,3	-1,1	-0,5	-0,2	1,7	-0,4	-0,4
-/+ Veränderung Sonst. Umlaufverm.		1,5	-1,7	0,1	-0,2	-0,2	-0,1	-0,3	-0,1
+/- Veränderung Verbindlichkeiten L. u. L.		-0,7	0,5	0,4	0,2	0,0	-0,4	-0,1	0,1
+/- Veränderung Sonst. kurzfr. Vbk.		-0,6	0,5	0,1	0,0	0,1	0,1	0,1	0,1
Cashflow aus operativer Tätigkeit		**3,8**	**0,4**	**3,5**	**4,0**	**4,9**	**3,4**	**3,0**	**4,2**
Cashflow aus Investitionen:									
+/- Veränderung Finanzanlagen		0,7	0,0	-0,8	0,0	0,0	0,0	0,0	0,0
+/- Veränderung Sachanlageverm.		0,1	-0,1	-1,2	-0,6	0,1	0,5	0,1	-0,5
+/- Veränderung Immaterielles Vermögen		0,0	0,0	-0,2	-0,2	-0,2	0,0	-0,2	-0,2
./. Abschreibungen		-1,7	-1,7	-1,9	-1,9	-1,9	-1,9	-1,9	-1,9
Cashflow aus Investitionen		**-0,9**	**-1,8**	**-4,1**	**-2,7**	**-2,0**	**-1,4**	**-2,0**	**-2,6**
Cashflow aus Finanzierung:									
Kurzfristige Bankvbk.		2,9	0,3	0,9	0,0	-1,3	-0,8	-0,7	-0,5
Langfristige Bankvbk.		-1,8	1,0	0,4	0,0	-0,2	0,0	-0,1	-0,2
Rückstellungen		0,3	0,1	0,0	0,0	0,0	0,0	0,0	0,0
Grundkapital		-1,9	0,0	0,0	0,0	0,0	0,0	0,0	0,0
Entnahmen/Einlagen		-2,6	0,2	-0,5	-1,1	-1,3	-1,6	0,0	-0,8
Cashflow aus Finanzierungen		**-3,1**	**1,6**	**0,8**	**-1,1**	**-2,8**	**-2,4**	**-0,8**	**-1,5**
Netto Cashflow		**-0,2**	**0,1**	**0,2**	**0,2**	**0,1**	**-0,4**	**0,2**	**0,0**
Liquide Mittel	01. Jan	1,6	1,4	1,5	1,6	1,8	1,9	1,5	1,7
Liquide Mittel	31. Dez	1,4	1,5	1,6	1,8	1,9	1,5	1,7	1,7
Differenzbetrag		-0,2	0,1	0,2	0,2	0,1	-0,4	0,2	0,0
Prüfsumme		0,0	0,0	0,0	0,0	0,0	0,0	0,0	0,0

Excel-Datei: Unternehmensbewertung/Excel-Blatt: Kapitalfluss-Rechnung

Modell-Tabelle 1: Kapitalfluss-Rechnung

Die retrograde Cashflow-Ermittlung kann jedoch nicht die gleiche Ergebnisqualität liefern wie die direkte Methode, da sie stark und nahezu ausschließlich von den Informationen, die im Jahresabschluss enthalten sind, abhängt. Kritische Größen sind:

- *Positionen mit Mischcharakter:* Jede dieser Positionen muss in einen zahlungswirksamen und einen zahlungsunwirksamen Teil aufgespalten werden. Der Cashflow muss folgerichtig um den nicht zahlungswirksamen Teil bereinigt werden. Ein Beispiel hierzu ist ein Sonderposten mit Rücklageanteil, der z.B. aufgrund von steuerrechtlichen Vergünstigungen wie einem Sonderabschreibungsrecht entsteht. Problematisch ist hierbei die Einschätzung von außen, wie viel Eigen- bzw. Fremdkapital dieser Sonderposten beinhaltet.
- *Zahlungswirksame erfolgsneutrale Bilanzpositionen:* Solche Positionen sind Bestandteil des sogenannten neutralen Ergebnisses und können in die Kategorien betriebsfremd, periodenfremd und außerordentlich unterteilt werden.
  - Erfolgsneutrale, aber zahlungswirksame Aufwendungen (betriebsfremd: z.B. Spenden; periodenfremd: z.B. Gewerbesteuernachzahlungen; außerordentlich: z.B. Abschreibung infolge von Naturkatastrophen) werden zum Cashflow addiert.

– Zahlungswirksame, aber erfolgsneutrale Erträge (betriebsfremd: z.B. Mieterträge aus nicht betriebsnotwendigen Grundstücken; periodenfremd: z.B. Gewerbesteuerrückzahlungen; außerordentlich: z.B. Entschädigungen aus juristischen Auseinandersetzungen) sind vom Cashflow zu subtrahieren.

Problematisch bei solchen Positionen ist ebenfalls die betriebswirtschaftlich richtige Zuordnung durch einen externen Analysten, z.B. ob die erzielten Mieterträge aus betriebsnotwendigen oder nicht betriebsnotwendigen Grundstücken entstammen.

- *Stille Reserven bzw. stille Lasten*: Die Bildung von stillen Reserven bzw. von stillen Lasten im Umlaufvermögen durch Unterbewertung bzw. Überbewertung der Vorräte kann von außen nicht festgestellt werden.

7.7.2 Aufbau der Kapitalfluss-Rechnung

Der Cashflow eines Unternehmens wird üblicherweise in der Kapitalfluss-Rechnung folgendermaßen gestaffelt:

	Cashflow aus operativer Tätigkeit (Cashflow from Operating, CFO)
+	Cashflow aus Investitionstätigkeit (Cashflow from Investing, CFI)
+	Cashflow aus Finanzierungstätigkeit (Cashflow from Financing, CFF)

= Veränderung des Finanzmittelfonds (Netto Cashflow)

Cashflow aus operativer Geschäftstätigkeit

Die Mittelzu- und -abflüsse aus operativer Geschäftstätigkeit ergeben sich aus den betrieblichen Prozessen (z.B. Umsätze der hergestellten Produkte bzw. Materialbeschaffung oder Lohn- und Gehaltszahlungen).

> **DEFINITION**
> Der *Cashflow aus laufender/operativer Geschäftstätigkeit (CFO)* sind die Zahlungen, die aus dem operativen Geschäftsbetrieb des Unternehmens erwirtschaftet werden. Er wird daher in der Literatur auch als finanzielles Betriebsergebnis bezeichnet. Der CFO ist weniger stark durch jahresabschlusspolitische Maßnahmen zu manipulieren und zeigt an, inwieweit die Abschreibungen das Ergebnis beeinflussen. Denn: Abschreibungen müssen erwirtschaftet werden.

Beim Mittelzufluss bzw. -abfluss aus operativer Tätigkeit stellen sich dem Analysten folgende Fragen:

- Sind aus dem operativen Bereich des Unternehmens genügend Einzahlungen zugeflossen, um die Auszahlungen des laufenden Geschäfts zu decken?
- Welchen Beitrag leistet der operative Bereich zur Deckung der Auszahlungen für Investitionen und Finanzierung bzw. zur Aufstockung der liquiden Mittel (Finanzmittelfonds)?

Cashflow aus Investitionstätigkeit (CFI)

Der Cashflow aus der Investitionstätigkeit zeigt die Mittelabflüsse für Investitionen abzüglich der aus den Investitionen erzielten Mittelzuflüsse. Beispielsweise sind dies Neuanschaffungen bzw. Veräußerung von betrieblich genutztem Anlagevermögen.

> **DEFINITION**
> Der *Cashflow aus Investitionstätigkeit (CFI)* drückt den Saldo der Zahlungsmittel aus, den das Unternehmen in Finanzanlagen, Sachanlagen sowie immaterielles Vermögen investiert bzw. desinvestiert. Der CFI in das Anlagevermögen wird auch Capital Expenditure (kurz: Capex) genannt und der CFI in die Finanzanlagen wird als Financial Expenditure (kurz: Finex) bezeichnet.

Ist der CFI negativ, spricht dies dafür, dass das Unternehmen mehr investiert als desinvestiert. Jedoch kann hieraus nicht direkt gefolgert werden, dass es sich hierbei um Ersatz- oder Erweiterungsinvestitionen handelt und inwieweit diese Investitionen sinnvoll sind. Zentrale Fragen für zusätzliche Analysen sind:
- Wofür werden die Investitionen getätigt?
- Welcher Teil des Cashflows aus Investitionstätigkeit wird für Ersatzinvestitionen benötigt?
- Welcher Teil wird für Erweiterungsinvestitionen verwendet?

Befindet sich ein Unternehmen in einer Branche, die am Ende des Branchenlebenszyklus ist (Sättigungs- oder Rückgangsphase), dann kann man davon ausgehen, dass der CFI positiv ist, da in dieser Phase konsequent desinvestiert wird.

Cashflow aus Finanzierungstätigkeit (CFF)

Der Cashflow aus der Finanzierungstätigkeit (CFF) bildet die Außenfinanzierung mit Eigen- und Fremdkapital ab, d.h. Darlehensaufnahmen und -tilgungen sowie Gesellschaftereinlagen und Ausschüttungen.

> **DEFINITION**
> Der *Cashflow aus Finanzierungstätigkeit* gibt die Zahlungsmittelströme an, die aus der Finanzierungstätigkeit zu- oder abgeflossen sind.
> - Quellen für Zuflüsse: Aufnahme von Eigenkapital (beispielsweise durch einen Börsengang, Kapitalerhöhung oder Aufnahme neuer Gesellschafter) sowie durch Aufnahme von Fremdkapital (z.B. Darlehensaufnahme oder Begebung von Anleihen).
> - Quellen für Abflüsse: Ausschüttungen oder Entnahmen an die Anteilseigner oder Zurückführung von Fremdkapital.

Ein negativer CFF – wie bei der MASCHINENBAU GmbH – zeigt an, in welcher Höhe Mittel aus dem CFO und dem CFI zur Bedienung von Fremd- und Eigenkapitalgebern abfließen. Ist er positiv, bedeutet dies, dass dem Unternehmen im Saldo Mittel zugeflossen sind. Diese Finanzierungsmittel dienen in der Regel zum Ausgleich hoher Investitionen beispielsweise im Zuge von Expansionen oder von Zukäufen. Sie gleichen den negativen CFI aus oder können auch eine Unterdeckung im operativen Geschäft beim CFO neutralisieren.

Netto-Cashflow

Die Summe der Teil-Cashflows ergibt den gesamten Mittelzu- bzw. -abfluss im Betrachtungszeitraum und zeigt sich in der Veränderung des Netto-Cashflows.

DEFINITION

Der *Netto-Cashflow* (auch Finanzmittelfonds oder Liquidität) ist der Bestand an Zahlungsmitteln (z. B. Barmittel und täglich fällige Sichteinlagen) und Zahlungsmitteläquivalenten (z. B. Geldmarktfonds). Zahlungsmitteläquivalente sind als Liquiditätsreserve gehaltene, kurzfristige, äußerst liquide Finanzmittel, die jederzeit in Zahlungsmittel umgewandelt werden können und nur unwesentlichen Wertschwankungen unterliegen. Dies können beispielsweise Kontokorrentkredite sein, die ein wesentlicher Bestandteil des Cash-Managements des Unternehmens sind. Sie qualifizieren sich durch das Merkmal, dass sie häufig zwischen Haben und Soll wechseln.

PRAXISBEISPIEL: Interpretation der Kapitalfluss-Rechnung der MASCHINENBAU GmbH
Exemplarisch am Jahr t_{-1} lässt sich erkennen, dass der operative Cashflow mit 3,8 die negativen Cashflows (Investitionen -0,9 und Finanzierung -3,1) nicht komplett decken konnte. Dies bedeutet, dass das Unternehmen seine Investitionen und Finanzierung nicht aus eigener Kraft erwirtschaften konnte. Hauptgründe hierfür sind die hohe Ausschüttung (Ausschüttungsquote = 100 Prozent) und die Erhöhung des Grundkapitals. Das Unternehmen hat seinen Cashflow-Bedarf zum Teil mittels Aufnahme von kurzfristigen Bankverbindlichkeiten sowie durch einen Abbau seiner liquiden Mittel (Netto-Cashflow -0,2) gedeckt. Alternativ zu dieser Vorgehensweise hätte die MASCHINENBAU GmbH auch Vermögen verkaufen können.
Eine Konstellation, in der der operative Cashflow über einen längeren Zeitraum nicht ausreicht, um die Investitionen zu finanzieren, ist regelmäßig in der Start- bzw. Wachstumsphase des Branchen- bzw. Produktlebenszyklus anzutreffen. In einer solchen Situation ist der CFI negativ, da hohe Investitionen notwendig sind, um eine Produktion aufzubauen bzw. um ein Produkt am Markt einzuführen. Zur Sicherung der Liquidität ist ein Unternehmen in einer solchen Situation auf einen positiven Cashflow aus Finanzierung durch die Aufnahme von zusätzlichem Fremdkapital oder Eigenkapital angewiesen.
Auch die Finanzierungsstruktur eines Unternehmens kann den CFO beeinflussen. So führt z. B. eine verstärkte Nutzung von kurzfristigen Lieferantenkrediten zum Ansteigen des CFO, während die vermehrte Inanspruchnahme von Kontokorrentkreditlinien den CFF ansteigen und den CFO absinken lässt.

7.7.3 Kennzahlenanalyse mit der Kapitalfluss-Rechnung

Die Bildung von Cashflow-Kennzahlen eignet sich zur Analyse der Ertragskraft, Innenfinanzierungskraft und zur Beurteilung der Kapitaldienstfähigkeit.

Cashflow-Marge (Ertragskraft)

DEFINITION

Die *Cashflow-Marge* (auch Cashflow-Profitabilität) zeigt an, wie viel Prozent der Gesamtleistung dem Unternehmen für Investitionen, Kapitaldienst und Ausschüttungen zur Verfügung stehen. Sie ist zudem ein geeigneter Indikator für die operative Ertragskraft und dient zur Objektivierung der statischen Rentabilitätskennzahlen (z.B. Umsatzrentabilität), da der Cashflow weniger durch bilanzpolitische Maßnahmen beeinflusst werden kann. Beispielsweise können mit der Cashflow-Marge die Gründe für eine im Zeitablauf sinkende Umsatzrentabilität aufgrund gestiegener Abschreibungen eruiert werden.

$$\text{Cashflow-Marge} = \frac{\text{Cashflow aus operativer Tätigkeit}}{\text{Gesamtleistung}}$$

PRAXISBEISPIEL Cashflow-Marge

Obwohl die Gesamtleistung von 65,4 auf 75,2 anzieht, sinkt die Cashflow-Marge von 5,7 Prozent auf 0,5 Prozent in den Jahren t_{-1} und t_0. Grund hierfür ist, dass der Cashflow aus der Geschäftstätigkeit sich verringert, da Forderungen aus Lieferung und Leistung, das sonstige Umlaufvermögen und die Vorräte sich dank des Konjunkturaufschwungs überproportional erhöhen.

MASCHINENBAU GmbH	Ist t_{-2}	Ist t_{-1}	Ist t_0
Cashflow-Marge	n.m.	5,7%	0,5%

Tabelle I.58: Cashflow-Marge der MASCHINENBAU GmbH

Innenfinanzierungsfähigkeit

DEFINITION

$$\text{Innenfinanzierungsfähigkeit} = \frac{\text{Cashflow aus laufender Geschäftstätigkeit}}{\text{Netto-Investitionen}}$$

Diese Kennzahl gibt an, inwiefern Netto-Investitionen durch den operativen Cashflow erwirtschaftet werden.

Die Kennzahl kann folgendermaßen interpretiert werden:

- Innenfinanzierungsfähigkeit <1: Das Unternehmen kann seine Netto-Investitionen nicht aus eigener Kraft (Innenfinanzierung) bestreiten. Es besteht ein Außenfinanzierungsbedarf (Eigenkapital oder Fremdkapital). Dies tritt insbesondere in Phasen von Aufbau oder Wachstum sowie bei Umstrukturierungen auf. Für eine Gesamteinschätzung ist es notwendig zu ermitteln, ob das Unternehmen eine ausreichende Bonität und/oder Equity-Story besitzt, um externe Kapitalquellen zu erschließen.

- Innenfinanzierungsfähigkeit >1: Das Unternehmen kann seine Investitionen aus eigener Kraft bestreiten. Darüber hinaus erwirtschaftet es Cashflows, mit denen es Ausschüttung oder Kapitaldienst leisten kann.

PRAXISBEISPIEL Innenfinanzierungsfähigkeit

Bei gleich bleibenden Investitionen in den Jahren t_0 und t_{-1} verringert sich die Innenfinanzierungsfähigkeit im Jahr t_0 unter den Schwellenwert von 1. Verursacht wird dies ebenfalls durch den starken Rückgang des Cashflows aus operativer Tätigkeit.

MASCHINENBAU GmbH	Ist t_{-2}	Ist t_{-1}	Ist t_0
Innenfinanzierungsfähigkeit	n.m.	2,3	0,2

Tabelle I.59: Innenfinanzierungsfähigkeit der MASCHINENBAU GmbH

Eine isolierte Betrachtung der Innenfinanzierungsfähigkeit kann zu Missdeutungen führen: So können zwar niedrige Netto-Investitionen bzw. ein hoher Cashflow eine gute Kennzahl ergeben. Diese wiederum kann aber im Kontrast zu hohen unmittelbar notwendigen Ersatzinvestitionen stehen, die eine Außenfinanzierung dann unabdingbar macht.

Dynamischer Investitionsgrad

DEFINITION

$$\text{Investitionsgrad} = \frac{(-)\,\text{CFI}}{\text{CFO}}$$

Setzt man den Cashflow aus Investitionstätigkeit mit dem Cashflow aus operativer Tätigkeit ins Verhältnis, so erhält man den Investitionsgrad. Er zeigt an, inwieweit das Unternehmen seine Investitionen mit eigenen Mitteln durchführen kann. Hohe Werte deuten auf eine starke Innenfinanzierungskraft hin.

PRAXISBEISPIEL Dynamischer Investitionsgrad

Dank des deutlichen Anstiegs des Cashflows aus operativer Tätigkeit im Jahr t_{-1} verbessert sich der dynamische Investitionsgrad von 24,0 Prozent auf 486,5 Prozent. Das Unternehmen verfügt über große Reserven, um Investitionen zu tätigen.

MASCHINENBAU GmbH	Ist t_{-2}	Ist t_{-1}	Ist t_0
Investitionsgrad (dynamisch)	n.m.	24,0%	486,5%

Tabelle I.60: Investitionsgrad der MASCHINENBAU GmbH

Kennzahlen zur Messung der Kapitaldienstfähigkeit

Mit der Kennzahl Entschuldungsfähigkeit lässt sich messen, wie viel Prozent der Unternehmensverschuldung in der betrachteten Periode durch die Verwendung der operativen Free-Cashflows abgebaut werden kann. Für die Unternehmensverschuldung setzt man die Netto-Finanzverbindlichkeiten an. In der Insolvenzprognose hat sich diese Kennziffer bewährt.

DEFINITION

$$\text{Entschuldungsfähigkeit} = \frac{\text{Operative Free Cashflows}}{\text{Netto-Finanzverbindlichkeiten}} \times 100$$

Netto-Finanzverbindlichkeiten: Die Netto-Finanzverbindlichkeiten berechnen sich aus dem zinstragenden Fremdkapital abzüglich der liquiden Mittel (inklusive eventueller Wertpapiere des Umlaufvermögens). Sie zeigen an, wie hoch die Verschuldung eines Unternehmens ist, sofern alle Verbindlichkeiten durch kurzfristige Vermögensgegenstände getilgt würden. Tabelle 61 zeigt die Netto-Finanzverbindlichkeiten der MASCHINENBAU GmbH.

Positionen Jahresabschluss (Absolute Zahlen in Mio. €)	Ist t_{-2}	Ist t_{-1}	Ist t_0
langfristige Bankverbindlichkeiten	7,8	6,0	7,0
+ kurzfristige Bankverbindlichkeiten	7,6	10,5	10,8
= zinstragende Verbindlichkeiten	15,4	16,5	17,8
./. liquide Mittel	1,6	1,4	1,5
= Netto-Finanzverbindlichkeiten	13,8	15,2	16,3

Tabelle 61: Netto-Finanzverbindlichkeiten

PRAXISBEISPIEL Entschuldungsfähigkeit

Im Jahr t_{-1} hat die MASCHINENBAU GmbH eine Entschuldungsfähigkeit von 23,1 Prozent. D.h. sie könnte 23,1 Prozent ihrer Netto-Finanzverbindlichkeiten abbauen. Dies ist positiv zu bewerten. Im Jahr darauf sinkt die Fähigkeit des Unternehmens sich mit den operativen Free Cashflows zu entschulden, da die Investitionen ins Working Capital aufgrund des Umsatzwachstums überproportional ansteigen.

MASCHINENBAU GmbH	Ist t_{-2}	Ist t_{-1}	Ist t_0
Entschuldungsfähigkeit	n.m.	23,1%	3,7%

Tabelle 62: Entschuldungsfähigkeit

Dynamischer Verschuldungsgrad: Der Kehrwert der Entschuldungsfähigkeit ist der dynamische Verschuldungsgrad. Er misst, wie viele Jahre ein Unternehmen benötigt, um seine gesamten Netto-Finanzverbindlichkeiten mit dem operativen Free Cashflow abzubauen. Diese Kennziffer liefert einen Anhaltspunkt dafür, ob ein Unternehmen in der Lage ist, aufgenommene Verbindlichkeiten planmäßig zu tilgen. Die Kennzahl wird daher auch als Schuldentilgungsdauer oder Kapitaldienstfähigkeit bezeichnet.

DEFINITION

$$\text{Dynamischer Verschuldungsgrad} = \frac{\text{Netto-Finanzverbindlichkeiten}}{\text{Operative Free Cashflow}}$$

Der dynamische Verschuldungsgrad ist ein geeigneter Frühindikator:
- Je niedriger der Wert, umso geringer ist das finanzwirtschaftliche Risiko.
- Ein stetig steigender oder ein deutlich über dem Branchendurchschnitt liegender Wert kann auf eine Gefährdung des Unternehmens hindeuten. Für eine vertiefende Analyse dieser Kennziffer sollte man die Entwicklung des Verschuldungsgrades mit den Veränderungen des Finanzmittelfonds der Cashflow-Rechnung vergleichen.

PRAXISBEISPIEL Dynamischer Verschuldungsgrad

Für die MASCHINENBAU GmbH errechnet sich ein dynamischer Verschuldungsgrad von ca. 4,3 für das Jahr t_{-1}. Sie könnte innerhalb eines Zeitraumes von 4,3 Jahren ihre gesamten Netto-Finanzverbindlichkeiten abbauen. Im Jahr darauf verschlechtert sich ihre Finanzsituation mit einem Wert von 27,2 Jahren deutlich.

MASCHINENBAU GmbH	Ist t_{-2}	Ist t_{-1}	Ist t_0
Dynamischer Verschuldungsgrad	n.m.	4,3	27,2

Tabelle 63: Dynamischer Verschuldungsgrad

Kritisch bei der Beurteilung des dynamischen Verschuldungsgrades ist die Unterstellung eines konstant bleibenden operativen Free Cashflow auf gegenwärtiger Basis, der in jeder zukünftigen Periode vollständig zur Schuldentilgung verwendet wird. Alternativ kann man einen für die Zukunft geplanten durchschnittlichen Cashflow heranziehen. Die Annahme, dass das Unternehmen seinen kompletten operativen Free Cashflow zur Schuldentilgung verwendet, ist ebenfalls kritisch anzusehen, da auch Mittel für Dividendenzahlungen bereitgestellt werden müssen. Würde der operative Free Cashflow gänzlich zum Kapitaldienst eingesetzt werden, müssten Dividenden ausschließlich durch Aufnahme von Fremdkapital finanziert werden, was zu einer zusätzlichen Verschuldung führte.

7.8 Auswahl von Kennzahlen für eine unternehmensindividuelle Analyse

Es ist nicht erforderlich, alle in diesem Abschnitt empfohlenen Kennzahlen für die Unternehmensanalyse und Planung heranzuziehen, da sie je nach Unternehmen unterschiedliche Bedeutung haben. Vielmehr sollte sich der Analyst bei der Auswahl der Kennzahlen auf die Kerngrößen konzentrieren, die sinnvoll miteinander im Zusammenhang stehen.

Kriterien für die Auswahl von geeigneten Kennzahlen sind:
- Sie signalisieren die Stärken und Schwächen.
- Sie korrespondieren mit den Zielen und Strategien des Unternehmens.
- Sie sind Teil einer ganzheitlichen Sicht auf ein Unternehmen (Darstellung von Kausalketten).
- Sie lassen sich zu vertretbaren Kosten ermitteln.
- Die Anzahl der verwendeten Kennzahlen sollte so groß sein, dass sie noch schnell erfassbar und verarbeitbar sind.

Mögliche Fragestellungen zur Bestimmung der Wesentlichkeit von Kennzahlen können beispielsweise sein:
- Bei welchen Kennzahlen, die bei der Überleitung in das Modell von Bedeutung sind, schneidet das Unternehmen über- bzw. unterdurchschnittlich ab?
- Bei welchen Positionen wirkt sich bereits eine geringfügige Veränderung wesentlich auf das Beurteilungsergebnis des Unternehmens aus?
- Welche relevanten Positionen weichen deutlich von den Branchenvergleichszahlen ab?

PRAXISBEISPIEL Das Kennzahlen-Cockpit der MASCHINENBAU GmbH
Abbildung I.71 zeigt exemplarisch eine grafisch aufbereitete Zusammenfassung der zentralen Kennzahlen.

Verbreitungsgrad und Zugang zu Kennzahlen
Die Auswahl der Kennzahlen sollte sich nach der verbreiteten Anwendung und öffentlichen Zugänglichkeit ausrichten. Im Gegensatz zu Frankreich oder Großbritannien existiert in Deutschland kein zentraler Datenpool, in dem Unternehmensinformationen (z. B. Bilanzdaten und ihre Auswertungen) einheitlich zusammengefasst sind. Vielmehr werden in Deutschland Daten von Institutionen aufbereitet, für die diese Aktivität ein Nebenprodukt ihrer originären Aufgabe darstellt. Dazu gehören unter anderen die Deutsche Bundesbank, die KfW-Bankengruppe, der Verband der Vereine Creditreform sowie der Deutsche Sparkassen und Giro Verband (DSGV). Aufgrund der unterschiedlichen Ziele der Analysen, abweichenden Datenquellen (Grundgesamtheiten) und Ermittlungsmethoden ist eine Vergleichbarkeit nur eingeschränkt möglich.

Interdependenzen zwischen den Kennzahlen nutzen
Für alle Kennzahlen gilt allgemein, dass sie einzeln betrachtet nicht zu ausreichend aussagekräftigen Ergebnissen für eine Jahresabschluss- und Erfolgsanalyse führen. Nur durch eine zusammenhängende Betrachtung aller geeigneten Kennzahlen kann dies erreicht werden. Zum Beispiel: Eine hohe Eigenkapitalquote ist vorteilhaft für die Entwicklung eines Unternehmens. Jedoch ist sie alleine noch kein Garant für eine positive nachhaltige Ertragskraft. Zusätzlich bedarf es einer Rentabilität, die größer als die Kapitalkosten ist. Deshalb wird in diesem Buch Wert darauf gelegt, solche Kennzahlen vorzuschlagen, auf die direkt eine Vielzahl von Faktoren einwirken und die mehr als nur einen kleinen Teilausschnitt eines Unternehmens isoliert untersuchen.

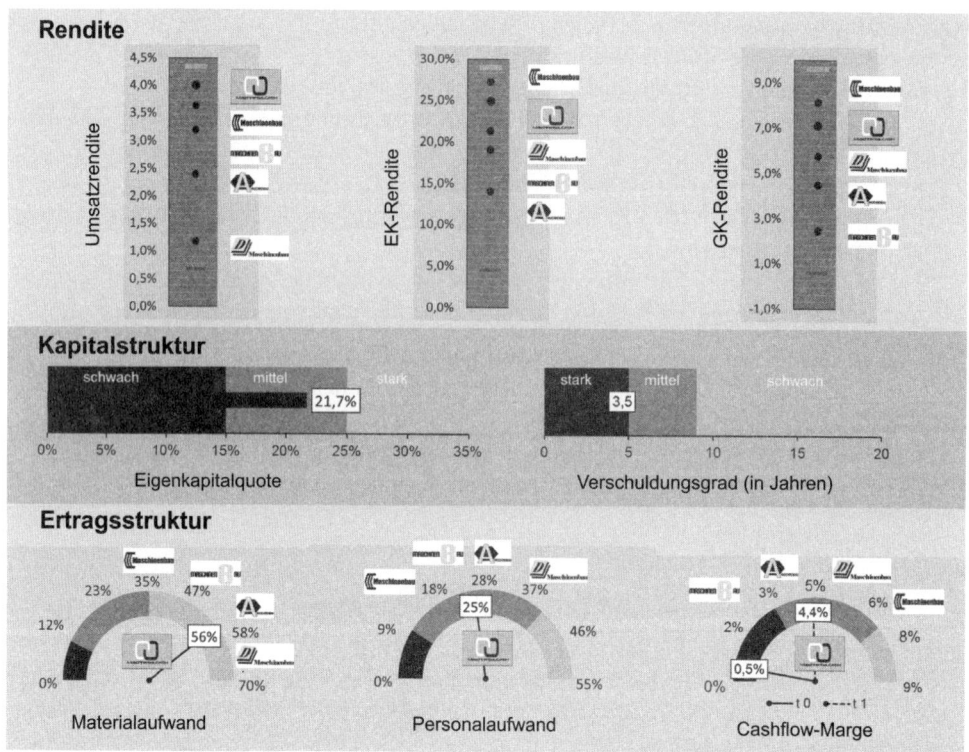

Abbildung I.71: Das Kennzahlen-Cockpit der MASCHINENBAU GmbH

8 Planung

Eine Unternehmensbewertung erfordert konkrete Zahlen. Dazu werden die qualitativen Ergebnisse der Analyse des makroökonomischen Umfeldes, des Markt- und Wettbewerbsumfeldes und der Unternehmensanalyse in ein Planungsmodell mit quantitativen Prämissen übergeleitet. Ausgangspunkt sind die Gegenwart und die jüngere Vergangenheit. Über die zukünftige Entwicklung der zentralen Werttreiber trifft der Analyst Annahmen. Entscheidend für die Qualität einer Planung ist, inwieweit der Planer in der Lage ist, die Zukunftsentwicklungen treffend zu antizipieren (siehe Abbildung I.72). Die Analyse der Ist-Situation bzw. Vergangenheit ist auch ein Hilfsmittel, um eine vorgelegte Planung zu plausibilisieren.

Der folgende Praxistipp gibt eine Auswahl an zentralen Aspekten, die hierbei zu berücksichtigen sind.

PRAXISTIPP: Grundlegende Fragen an eine Planung
- Welche Merkmale der Branche haben sich in der Vergangenheit am stärksten auf die wertbestimmenden Faktoren ausgewirkt? Wie werden sie sich zukünftig darstellen?
- Welche unternehmensspezifischen Fähigkeiten und Stärken hatten in der Vergangenheit den größten Einfluss auf die Werttreiber? Ist das Unternehmen in der Lage, diese zu halten, auszubauen oder neue hinzuzugewinnen?
- Sind bei der Planung auch die Risikopotenziale berücksichtigt worden?
- Ist zu erwarten, dass Branchenmerkmale und die Leistungsfähigkeit des Unternehmens konstant bleiben? Wenn nein, mit welchen Änderungen ist für die Zukunft zu rechnen?
- Was muss sich im Unternehmensumfeld oder im Unternehmen ändern, damit das frühere Niveau der Werttreiber deutlich sinkt oder steigt?
- Sind die geplanten Ertragserwartungen vor dem Hintergrund der in der Vergangenheit beobachteten Geschäftsentwicklung realistisch?

In diesem Abschnitt wird mit dem »Corporate Finance Training Modell« (siehe Download-Angebot) eine Planung der Gewinn- und Verlustrechnung, der Bilanz und der Kapitalfluss-Rechnung vorgestellt. Das Planungsmodell folgt einem integrierten Planungsansatz, der die einzelnen Teilplanungen aufeinander abstimmt und die verschiedenen Interdependenzen zwischen den einzelnen Planungsannahmen berücksichtigt. Der Anwender kann es nutzen, um damit eigene Planungen zu erstellen oder vorgelegte Planungen auf Plausibilität zu prüfen und dabei typische Fehler im Planungsprozess vermeiden.

Das Modell ist eine Basisversion, das unternehmensspezifisch individuell angepasst werden kann. Es eignet sich
- für eine Top-down-Planung,
- zur Verifizierung einer vorgelegten Planung und
- für handelsrechtliche Abschlüsse sowie mit leichten Modifizierungen auch für IFRS-Abschlüsse.

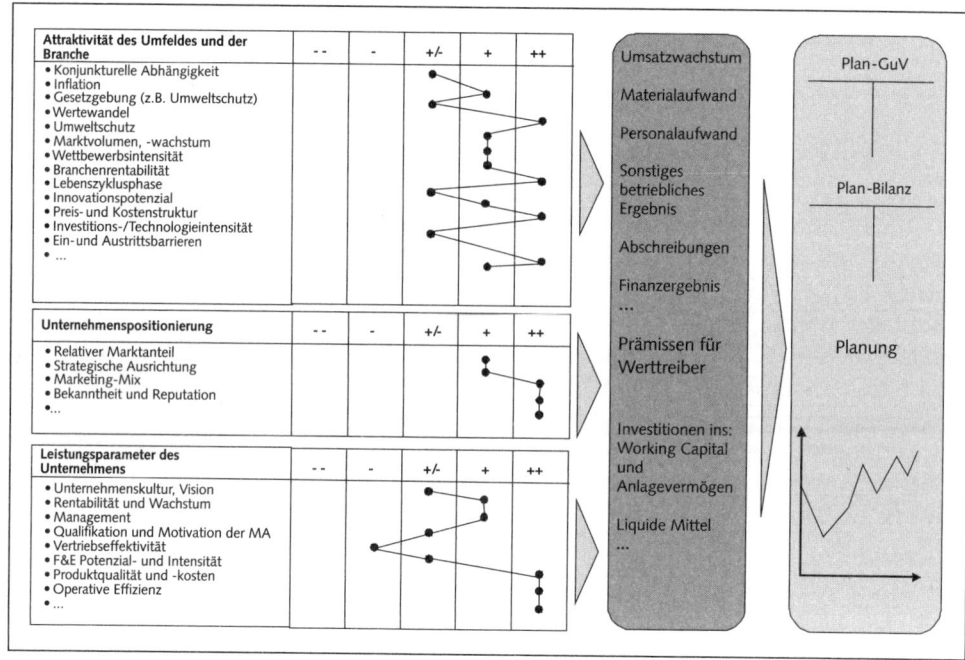

Abbildung I.72: Von der Analyse zur Planung

Trotz seiner bewusst einfach gehaltenen Konzeption, die eine leichte Anwendung ermöglicht, entsteht ein komplexes Geflecht zwischen den einzelnen Planungselementen (siehe Abbildung I.73).

Nachfolgend wird gezeigt, wie man mit Annahmen Planungswerte nachvollziehbar entwickelt. Anschließend wird vermittelt, wie man mit Sensitivierungsüberlegungen und Szenarien die Robustheit einer Planung prüft.

Stand-alone-Betrachtung

Bei den folgenden Überlegungen wird das zu bewertende Unternehmen ausschließlich als »Stand-alone«-Unternehmung betrachtet. Dies heißt, es wird unter dem gegenwärtigen Eigentümer und der Geschäftsleitung weitergeführt. Synergieeffekte, die ein potenzieller Erwerber möglicherweise heben könnte, werden zunächst nicht berücksichtigt. Nachdem die Gesellschaft isoliert bewertet wurde, können in einem folgenden Schritt die Verbundeffekte eines Erwerbers mit einbezogen werden.

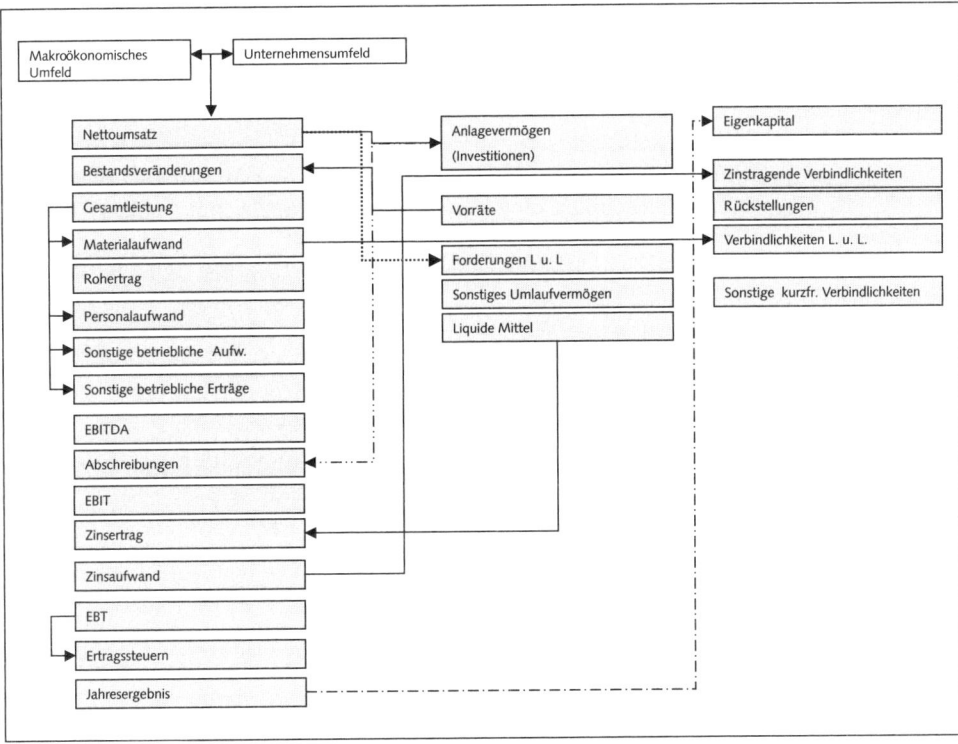

Abbildung I.73: Planungsschema des Corporate Finance Training-Modells

8.1 Allgemeine Qualitätskriterien einer Planungsrechnung

DEFINITION

Eine *Planungsrechnung* ist die quantitative Abbildung eines Geschäftsmodells. Sie zeigt die erwartete Entwicklung der branchen- und unternehmensspezifischen Erfolgsfaktoren: wirtschaftliche Rahmenbedingungen, langfristige Geschäftsziele und strategische Ausrichtung etc. Die Planungsrechnung ist das Ergebnis eines systematischen Durchdenkens von Zielen, Maßnahmen, Mitteln und Wegen zur Zielerreichung. Sie beinhaltet u.a. die Suche und den Aufbau zukünftiger Erfolgspotenziale und dient der Sicherung der zukünftigen Unternehmensexistenz.

Die Qualität einer Planung hängt von verschiedenen Einflussfaktoren ab:
- Sie kann immer nur so gut sein, wie das ihr zugrunde gelegte Wissen und das Verständnis über vergangene Zusammenhänge und Entwicklungen.
- Der Erfahrung und Intuition des Planenden, die für die Vorhersagen relevanten Zusammenhänge in der Zukunft und deren Alternativen richtig zu erkennen.

Dabei ist der Planungsprozess innerhalb einer Unternehmung in seiner organisatorischen und institutionellen Ausprägung in hohem Maße abhängig von der Unternehmensgröße. Größere Unternehmen haben bereits aufgrund gesetzlicher oder börsenrechtlicher Anforderungen umfassende Planungsverfahren und besitzen Risikomanagementsysteme wie beispielsweise Überwachungssysteme zur Erkennung von Entwicklungen, die den Fortbestand der Gesellschaft gefährden könnten (wie es u. a. nach § 91 Abs. 2 AktG vorgeschrieben ist). Mittelständisch geprägte Unternehmen hingegen arbeiten regelmäßig mit weniger komplexen Systemen und verlassen sich zum Teil stärker auf Intuition und Erfahrung. Die reine Existenz eines institutionalisierten Planungsprozesses spricht aber per se nicht für eine höhere Qualität der Planung.

Vielmehr werden an eine Planung folgende Anforderungen gestellt:

- Vollständigkeit (Berücksichtigung aller möglichen wesentlichen Aspekte),
- Kontinuität und Genauigkeit,
- Flexibilität,
- Wirtschaftlichkeit (sinnvolle Relation zwischen Planungsaufwand und Ergebnis),
- Formalisierung, Standardisierung, Dokumentation,
- Abstimmung (einzelner Teilpläne sowie Planung mit anderen Funktionsbereichen),
- Nachvollziehbarkeit, Rationalität.

PRAXISTIPP: Kritische Fragen zur Würdigung einer Planung
- Wurden alle relevanten Informationen über das Unternehmen und seine Umwelt erfasst?
- Ist die Prognose der Entwicklung der wesentlichen Werttreiber konsistent mit der Entwicklung des Markt- und Wettbewerbsumfeldes?
- Ist die Wettbewerbssituation hinreichend in der Planung berücksichtigt? Ist mit potenziellen neuen Wettbewerbern zu rechnen?
- Existieren Risiken durch die Abhängigkeit von bestimmten (bedeutenden) Kunden bzw. Lieferanten/Subunternehmern?
- Stimmen die geplanten Margen mit den historischen Margen überein, und wodurch erklären sich eventuelle Unterschiede?

Grundlage der Planung

Regelmäßig legt in M&A-Transaktionen der Veräußerer dem potenziellen Erwerber eine Planung für das Zielunternehmen vor, die entweder auf der turnusmäßigen Planung aufbaut oder eine ausschließlich für den Veräußerungsprozess erstellte separate Planung darstellt. Besonders im letztgenannten Fall ist zu beobachten, dass Annahmen über die Zukunft wiederzufinden sind, die die zukünftige Ertragsentwicklung überdurchschnittlich positiv einschätzen und dem sogenannten Hockey-Stick-Effekt unterliegen.

Der Bewerter sollte daher den Hintergrund der Planungserstellung genau kennen und diesbezüglich fragen:

- Für welchen Anlass wurde die Planung erstellt? Wurde sie einmalig erstellt oder ist sie Ergebnis einer wiederkehrenden Planungsroutine?
- Spiegelt die Planung mehr die Vision wider oder hat sie operativen Charakter?
- Auf welchen Informationen basiert die Planung?
- Wurden Synergieeffekte bereits berücksichtigt oder ist es eine Planung auf Stand-alone-Basis?

Existiert eine regelmäßige Unternehmensplanung, so sollte der Bewerter eine Analyse der bisherigen Planungen vornehmen: Der Vergleich späterer Ist-Werte zu den ursprünglichen Planwerten kann Rückschlüsse über die Verlässlichkeit und Robustheit der Planung vermitteln. Ferner gibt es Hinweise über die Qualität des Managements. Änderungen der Werttreiber können so leichter antizipiert werden.

- Welchen Eindruck machen die Analyse und Planungsqualität des Managements?
- Waren die Annahmen der Planungen in der Vergangenheit realistisch, und wie nahe kamen sie dem tatsächlichen Ist-Zustand?

Der Analyst sollte ebenfalls Vergleiche mit dem allgemeinen Branchendurchschnitt, mit einer möglichst ähnlichen Gruppe (Peergroup) und/oder mit den Besten (Best-Practice oder Benchmarking) durchführen. Externe Informationen, wie von Branchenverbänden oder von spezialisierten Informationsdienstleistern zur Verfügung gestellt, bieten sich zur Plausibilisierung an. Zudem können Zeitreihenvergleiche mit bereinigten historischen Daten eine überoptimistische Planung aufdecken.

Konsistente und nachvollziehbare Struktur des Planungsansatzes

Der Planungsansatz und seine zugrunde gelegten Prämissen sollten so gewählt sein, dass sie bestimmten Mindestanforderungen genügen:

- Er sollte ein möglichst realitätsnahes Bild des Unternehmens wiedergeben und zugleich für den Bewerter leicht überschaubar und handhabbar sein.
- Er sollte alle zentralen Parameter berücksichtigen, sich aber auch an unterschiedliche und neue Planungsanforderungen leicht anpassen lassen.
- Ein integriertes Planungs-Modell sollte die Einzelpläne (z.B. Umsatz-, Produktions-, Personal-, Investitionsplan) widerspruchsfrei aufeinander abstimmen und rechnerische Inkonsistenzen vermeiden. Typische Inkonsistenzen sind beispielsweise ein geplantes Umsatzwachstum und gleichzeitig keine Ausweitung der Produktionskapazitäten, steigender Personalaufwand und keine höheren Vorratsbestände.
- Er sollte eine leichte und einfache Kommunikation mit dem Planungs-Modell ermöglichen (Übertragung der Ergebnisse in Präsentationen und Berichte mithilfe von u.a. Standardtextverarbeitungsprogrammen wie MS Word oder Powerpoint).
- Ein außenstehender Dritter sollte ihn mit betriebswirtschaftlichem Wissen in einem angemessenen Zeitraum objektiv nachvollziehen können.

Für eine Einschätzung der Konsistenz einer Planung sollte der Bewerter plausible Antworten auf Fragen erhalten wie:

Stimmen die allgemeine Unternehmenspolitik sowie die zugehörigen einzelnen Planungsannahmen mit den Ergebnissen der Umweltanalyse überein? Beispiel: Wachsen die Marktsegmente, für die ein Umsatzwachstum prognostiziert wird? Und ist das Ziel einer Qualitätsführerschaft realistisch?

Vermeidung einer einfachen Fortschreibung der Vergangenheit

Eine Planung, die auf einer reinen, unreflektierten und statistischen Fortschreibung von Vergangenheitswerten baut, ist in den meisten Fällen aus folgenden Gründen wenig zielführend:

- *Veränderungen der Rahmenbedingungen*: Die Rahmenbedingungen des Unternehmensumfeldes (Makroökonomie, Branche) und die Situation innerhalb des Unternehmens unterliegen einem stetigen Wandel. Selten ist es der Fall, dass die Gründe für historische Unternehmensentwicklungen auch für den Planungszeitraum weitergelten, zum Beispiel aufgrund von Lerneffekten, technischem Fortschritt, Substitutionseffekten beim Material und anderen Rationalisierungsmaßnahmen. Der Bewerter sollte bei zu erwartenden Veränderungen der Umweltbedingungen und/oder einer geänderten Unternehmenspolitik Korrekturen bei den Werttreibern vornehmen oder zumindest mit dem Planungsersteller erörtern.
- *Warnsignale*: Eine Planung eines Managements, das eine einfache Extrapolation der Trends der Vergangenheit zugrunde legt, zeigt dem Analysten erste Warnsignale. Er sollte sich fragen, ob das Management angemessen fähig und vorbereitet ist, auf Änderungen der Marktgegebenheiten zu reagieren.

Psychodynamik des Planungsverhaltens und typische Fehlerquellen bei der Planungserstellung

Planungen werden beeinflusst durch dynamische Prozesse im Unternehmen. Psychologische Effekte und die gegenwärtige Situation, in der sich die Planungsersteller befinden, spielen eine nicht zu vernachlässigende Rolle bei der Beurteilung einer Planung (Karrierestreben, Gruppenverhalten, persönliche und fachliche Beziehungen der Führungskräfte, persönliche Ziele des Gesellschafters bei einem anstehenden Unternehmensverkauf etc.). Unterschiedliche Einschätzungen über Planergebnisse müssen nicht zwangsläufig in unterschiedlichen fachlichen Auffassungen zwischen dem Darsteller und Empfänger einer Planung zu suchen sein. Vielmehr können sie in divergierenden persönlichen Motiven und Interessenlagen begründet sein.

Solche abweichenden Motive und Interessenlagen können sowohl intern als auch extern bestehen.

- *Innerhalb eines Unternehmens*: Beispielsweise richtet sich der Vertrieb ausschließlich an den Bedürfnissen seiner Kunden aus und vernachlässigt bei seinen Überlegungen die komplexen Strukturen im Gesamtunternehmen, die für die Bereitstellung der Produkte notwendig sind. Dies führt zu Konflikten zwischen Vertrieb und Produktion.
- *Außerhalb des Unternehmens*: Beispielsweise ist die Planung im Zusammenhang einer M&A-Transaktion verkäuferoptimiert von dem gegenwärtigen Eigentümer erstellt worden. Ein potenzieller Erwerber wird zu unterschiedlichen Einschätzungen kommen. Das Gleiche gilt für die Beziehung zwischen Unternehmen und der Kredit finanzierenden Bank.

In Abbildung I.74 sind weitere typische Fehlerquellen und psychodynamische Verhaltensweisen im Planungsprozess dargestellt.

Planungszeitraum

Die Sicherheit einer Planung wird stets negativ von der Unvorhersehbarkeit von Umweltveränderungen beeinflusst. Die Realisierungswahrscheinlichkeit einer Planung kann für einen näheren Zeitraum höher angesehen und sicherer beurteilt werden als für einen sehr langen Zeitraum (z. B. länger als zehn Jahre).

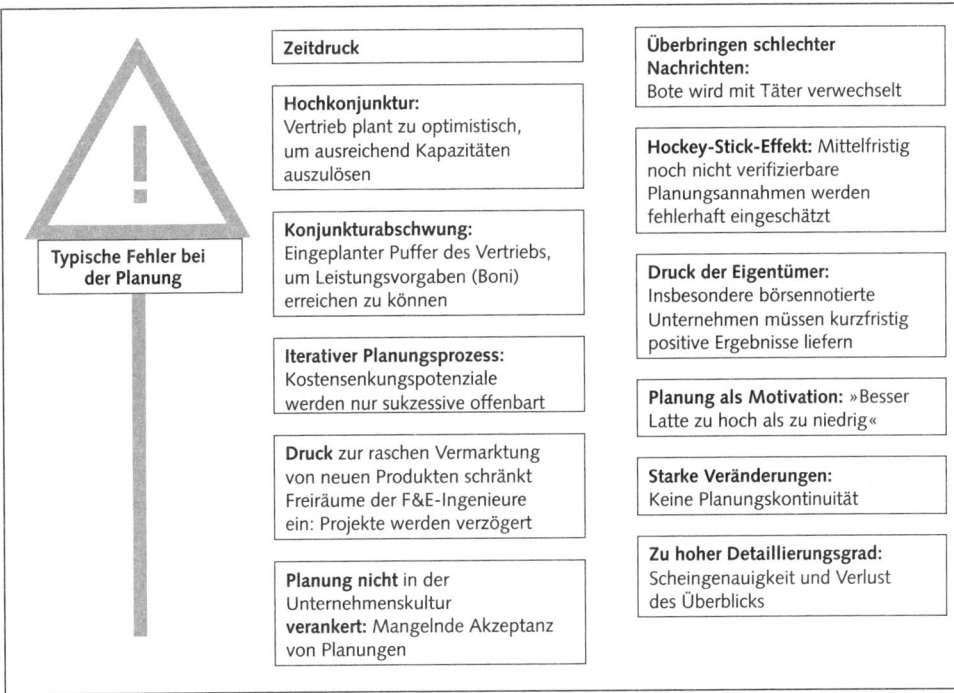

Abbildung I.74: Psychodynamik des Planungsverhaltens und typische Fehlerquellen

Um der stets inhärenten Unsicherheit Rechnung zu tragen, teilt man eine Unternehmensplanung in zwei bis drei Phasen (Drei-Phasen-Modell) auf, die abnehmend intensiv geplant werden und deren Schätzgenauigkeit sich vermindert: Detailplanungsperiode, Übergangs- oder Anpassungsphase und unendlicher Planungshorizont.

Regelmäßig beschränkt man den Planungszeitraum auf zwei Phasen, den Detailplanungszeitraum und den unendlichen Planungshorizont. In dem Abschnitt Unternehmensplanung wird auf die erste Phase fokussiert. Die beiden weiteren Phasen werden im Teil II Unternehmensbewertung ausführlich beschrieben. Ein Drei-Phasen-Modell mit Übergangs- und Anpassungsphase wird nur in solchen Fällen herangezogen, in denen Unternehmen sehr hohe Wachstumsraten aufweisen (z.B. Innovationen am Anfang des Lebenszyklus).

1. Phase *Detailplanungsperiode*: Für sie wird eine eingehende und umfassende Planung erstellt. Der Zeitraum für eine aussagefähige Detailplanungsperiode umfasst regelmäßig drei bis fünf Jahre. Er sollte zumindest so lang sein, dass man für jedes Planungsjahr individuell sichere Planzahlen erstellen kann. Die Länge des Detailplanungszeitraumes kann variieren und etwas kürzer oder länger sein:
   - kürzer (1 bis 5 Jahre): Unternehmen, die in reifen Märkten operieren,
   - länger (3 bis 15 Jahre): Für Unternehmen, die in Zukunft neue umsatz- und renditestarke Produkte verkaufen und gleichzeitig einen starken Patentschutz, ein schwer zu imitierendes spezielles Know-how oder Alleinstellungsmerkmal oder ein (quasi) Monopol besitzen.

Bewegt sich das Unternehmen in einer Branche mit starken zyklischen Schwankungen, dann sollte der Detailplanungshorizont einen vollständigen Konjunkturzyklus abdecken. Andernfalls kann es durch eine ungeeignete Wahl der ersten Detailplanungsphase zu Fehlern in der anschließenden Ermittlung der Übergangsphase und des Restwertes kommen, wenn man nämlich eine Hochkonjunktur oder Rezessionsphase als Basis für eine Fortschreibung für die Zukunft wählt.

2. Phase *Übergangs- oder Anpassungsphase*: Die zweite Phase kann auf einer normalisierten Fortschreibung der Detailplanung basieren, die Trenderwartungen mit einbezieht. Sie sollte so lang sein, dass das Unternehmen am Ende der 2. Periode einen stabilen Zustand erreicht hat. Unter einem stabilen Zustand ist zu verstehen, dass das Unternehmen beispielsweise jedes Jahr einen gleichbleibenden Anteil seiner Erträge reinvestiert oder das investierte Kapital eine gleichbleibende Rendite erwirtschaftet.

3. Phase *unendlicher Planungshorizont*: Sie deckt die verbleibende Lebenszeit des Unternehmens ab. Die Unternehmensentwicklung sollte dem nachhaltig, langfristig erzielbaren Ergebnis entsprechen. In der Unternehmensbewertung findet sie regelmäßig Niederschlag in dem sogenannten Restwert (Terminal Value, Endwert, unendlicher Fortführungswert).

8.2 Analyse der Wachstumsentwicklung

Ein tieferes Verständnis für die Tragfähigkeit und die Realisierungschancen einer Planung gewinnt man, indem man die geplante Unternehmensentwicklung in ihre zentralen Komponenten aufspaltet.

Für eine Wachstumsanalyse sollte die Gesamtplanung so weit wie möglich und wirtschaftlich sinnvoll in die Bestandteile Basisgeschäft und Wachstumsbeitrag heruntergebrochen werden:

- Basisgeschäft: Das Basisgeschäft, d.h. die Erträge aus den bestehenden Märkten mit den gegenwärtigen Produkten, ist das Fundament einer Planung, insbesondere für den kurz- bis mittelfristigen Planungshorizont. Ein Geschäftsmodell ist umso weniger mit Risiko behaftet, je stärker es durch den Wertbeitrag des Basisgeschäftes nachhaltig gedeckt wird.
- Wachstumsbeitrag: Dieser kann als Summe der Wertbeiträge aus den Wachstumsfaktoren Marktwachstum, Ausbau der Marktanteile, Preissteigerung, neue Produkte und neue Märkte differenziert dargestellt werden. Gleichzeitig sind dem Wachstum die limitierenden Engpassfaktoren gegenüberzustellen.

In Abbildung I.75 werden angelehnt an die Ansoff-Produkt-Markt-Matrix, unterschiedliche Wachstumspotenziale identifiziert und der vorgelegten Unternehmensplanung zugeordnet.

Marktwachstum

Verschiedene Faktoren bestimmen die Wachstumsrate einer Branche. Primär sind dies volkswirtschaftliche Rahmenbedingungen wie Konjunkturverlauf, verfügbares Einkommen, Nachfrageverhalten, Inflation, Sparquote usw. Zudem ist die Wettbewerbsintensität und der Lebenszyklus der Branche und ihrer Produkte entscheidend.

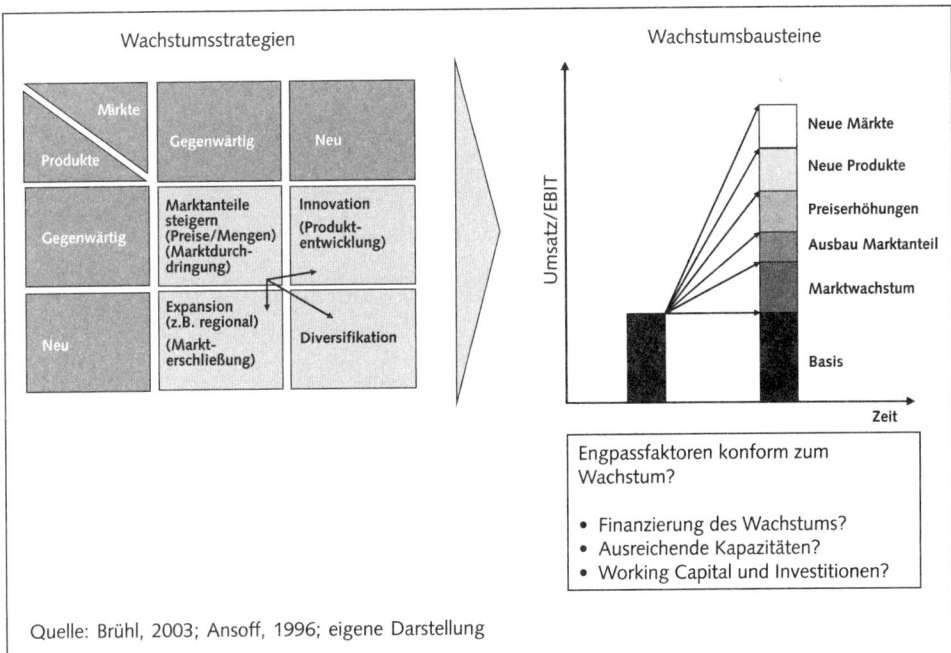

Abbildung I.75: Wachstumsanalyse

Ausbau der Marktanteile

Aus Sicht eines externen Analysten scheint es eine geeignete Vorgehensweise zu sein, zunächst davon auszugehen, dass ein Unternehmen seinen Marktanteil konstant hält und seine Umsatzentwicklung parallel zur prognostizierten Entwicklung des Marktvolumens verläuft.

Identifiziert man besondere Stärken und Wettbewerbsvorteile, so lassen sich geplante Steigerungen des Marktanteils und branchenüberdurchschnittliche Ergebnisse rechtfertigen. Größere Marktanteile können darüber hinaus durch die Erschließung zusätzlicher Wachstumspotenziale wie Erschließung neuer geografischer Märkte oder Produktinnovationen begründet werden. Solche Maßnahmen sind auf ihre Erfolgswahrscheinlichkeit sowie auf die nachvollziehbare Berücksichtigung der Kosten zu prüfen (z.B. Kosten der Markteinführung, Aufwendungen für F&E etc.).

Kritische Fragen bei einer geplanten Steigerung der Marktanteile sind:
- Durch welche konkreten Maßnahmen soll dies erreicht werden?
- Was sind die konkreten Wettbewerbsvorteile?
- Warum wurden diese Entwicklungspotenziale bislang nicht genutzt? Ursachen können z.B. fehlende technische, personelle oder finanzielle Ressourcen sein.
- Welche Maßnahmen ergreift der Wettbewerb? Sind es vergleichbare, so werden die Anstrengungen kompensiert und die Ziele können nicht erreicht werden.

Weitere Gründe, die für branchenüberdurchschnittliche Ergebnisse (Umsätze) sprechen, sind:
- fähiges Management,
- klare Strategie,
- relativ hoher Marktanteil,
- hohe Markteintrittsbarrieren,
- Patentschutz und Know-how-Vorteile,
- hohe Produktdifferenzierung (Premium- und Markenprodukte),
- klare Positionierung entweder als Kostenführer oder als Qualitätsführer,
- stärkere Kundenorientierung,
- lange Produktlebenszyklen,
- keine Bedrohung durch Substitute,
- geringe Fixkosten.

Häufig ist bei Planungen zu beobachten, dass ein Wachstum der Marktanteile und des Volumens der Zielbranche gleichzeitig unterstellt werden: Häufig lassen sich die Erwartungen weder durch Entwicklungen in der Vergangenheit noch durch greifbare Maßnahmenkataloge begründen.

Empirische Erhebungen zeigen, dass im Zeitablauf – zumindest mittel- und langfristig – Überrenditen gegen den Branchendurchschnitt konvergieren. Eine Planung, die über einen sehr langen Zeitraum insbesondere außerhalb des Detailplanungszeitraumes überdurchschnittliche Margen unterstellt, ist aus Sicht eines Analysten kritisch zu beurteilen.

Besitzt im umgekehrten Fall ein Unternehmen wenige oder keine der oben aufgeführten Gründe für ein überdurchschnittliches Wachstum, so sind die Planwerte auf Warnsignale und Risikoindikatoren zu durchleuchten und im Zweifel nach unten zu korrigieren:
- steigende Umsätze und hohe Auslastung bei sinkenden Stückerträgen,
- Zunahme von Kleinkunden und Kleinaufträgen,
- überproportionale Zunahme der Produktvarianten,
- hoher Verwaltungsaufwand durch Zunahme der Lieferzeitprobleme und Reklamationen,
- Anteil der Gehälter an den Gesamtpersonalkosten ist im Verhältnis zu den Löhnen zu hoch,
- unveränderte organisatorische Abläufe trotz Umsatzzuwachs,
- relativer Anstieg der Gemeinkosten und/oder der Fixkosten.

PRAXISBEISPIEL: Marktwachstum und relativer Marktanteil der MASCHINENBAU GmbH (siehe Abbildung I.76)

Die Zielgruppen der MASCHINENBAU GmbH sind die Automobil-, Metallbearbeitungs- und Elektroindustrie. Für jeden dieser Märkte werden verschiedene Wachstumsraten prognostiziert. Am stärksten wächst das Marktsegment Metallbearbeitung. Das Marktsegment Elektroindustrie wächst weniger stark, jedoch ist der relative Marktanteil (17 Prozent) der MASCHINENBAU GmbH größer. Das kleinste Marktsegment mit den geringsten Wachstumserwartungen ist die Automobilindustrie. Hier hat das Unternehmen einen Marktanteil von 16 Prozent. Weitere Informationen zum Thema Marktwachstum und relativer Marktanteil sind im Abschnitt XXX zu finden.

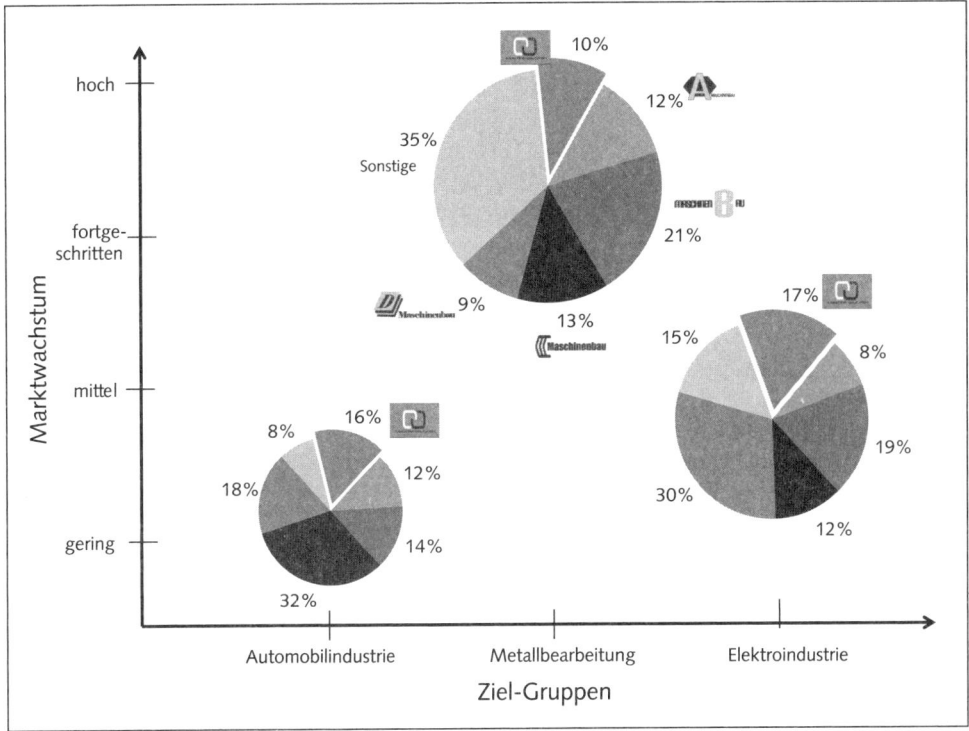

Abbildung I.76: Marktwachstum und relativer Marktanteil der MASCHINENBAU GmbH

Beurteilung von Preiserhöhungen

Wachstum kann durch eine mengenmäßige Steigerung des Absatzes sowie über Preissteigerungen erreicht werden. Für das erste Planjahr sind die zu erwartenden Reaktionen auf Preisveränderungen meist vom Vertrieb abschätzbar. Häufig wird unterstellt, dass die Abnehmer ihrerseits eine Verteuerung an ihre Abnehmer weitergeben werden und können. Eine solche Annahme setzt allerdings eine Analyse der Marktstruktur und des Wettbewerbsverhaltens voraus. Die Umsatzentwicklung wird sich nach einer Preismaßnahme für verschiedene Unternehmen unterschiedlich entwickeln:

- Welche zukünftigen Preisentwicklungen werden für die gesamte Branche prognostiziert?
- Hat das Unternehmen die Marktmacht, Preiserhöhungen durchzusetzen?
- Wie werden der Wettbewerb und die Kunden darauf reagieren?
- Bestehen Abhängigkeiten vonseiten der Kunden oder können die Abnehmer auch andere Bezugsquellen nutzen (Stichwort Umstellungskosten)?
- Wird hierdurch der Markt für neue Wettbewerber oder Substitute attraktiv?
- Ist eine solche Maßnahme konform zur Unternehmensstrategie (z.B. werden von einem Kostenführer eher Preissenkungen erwartet)?

Regelmäßig gehen Planungen von konstanten oder nur marginalen Preisentwicklungen (z.B. in Höhe der zu erwartenden Inflation) aus. In Märkten, in denen sich eine zunehmende

Konzentration auf der Abnehmerseite oder Überkapazitäten abzeichnen, ist ein Rückgang der Preise wahrscheinlicher.

Berücksichtigung von Engpassfaktoren, die das Wachstum potenziell limitieren können

Ein starkes, sprunghaftes Wachstum in der Planung wird aufgrund von Engpassfaktoren (z. B. Personal, Kapazitäten, Finanzierung) in der Regel begrenzt:

- Ist die geplante Absatzmenge mit der geplanten Kapazität (Personal, Beschaffungsmöglichkeiten, Anlagevermögen, Vertrieb etc.) zu bewältigen?
- Ist eine unterstellte Kapazitätserweiterung technisch und finanziell innerhalb des geplanten Zeitraumes realisierbar?
- Ist das Wachstum entsprechend in der Investitionsplanung und der Entwicklung des Working Capitals berücksichtigt?

8.3 Analyse der Ergebnisentwicklung

Gleichzeitig können die zuvor angesprochenen Veränderungen der Umsatzstruktur Risiken auf der Ertragsseite auslösen. So führen Verschiebungen im Kunden-/Produkt-Mix ebenfalls zu Veränderungen auf der Aufwandsseite und machen sich somit in der Ergebnisentwicklung bemerkbar (beispielsweise ist der Serienstart einer neuen Produktreihe stets mit Anlaufschwierigkeiten verbunden und erst mit zunehmend steiler werdender Erfahrungskurve sinken dann die Stückkosten). Eine Umsatzsteigerung ist in den seltensten Fällen im gleichen Maße ergebniswirksam. Ein Euro Umsatzsteigerung bedeutet nicht automatisch ein Euro Ergebnissteigerung.

Das gleiche gilt auch bei einem geplanten Nullwachstum (unveränderter Umsatz), hier kann es ebenfalls zu Veränderungen in der Kostenstruktur kommen. Für einen Analysten ist es ein geeignetes Indiz für die Robustheit einer Planung, ob die folgenden Punkte Einzug in eine Planungsrechnung gefunden haben:

- *Working Capital:* Zum Beispiel führen längere Zahlungsziele zu einem Anstieg der Forderungen aus Lieferungen und Leistungen und damit zu einem höheren Working-Capital-Bedarf. Der umgekehrte Effekt einer Reduktion tritt ein, wenn das Unternehmen längere Zahlungsziele seinerseits bei seinen Lieferanten durchsetzen kann. Das gleiche gilt für Anzahlungen u.Ä.
- *Investitionen ins Anlagevermögen*: Unterlassene Ersatzinvestitionen müssen zu einem bestimmten Zeitpunkt nachgeholt und Rationalisierungsmaßnahmen (z. B. technische Neuerungen im Anlagen- und Maschinenpark) müssen durchgeführt werden, um die Wettbewerbsposition und das Umsatzniveau zu halten. Investitionen führen zu einem erhöhten Abschreibungsvolumen und der Finanzierungs- und Liquiditätsbedarf steigt an.
- *Anteil variabler Kosten*: Die Ergebnisentwicklung wird erheblich durch die Kostenstruktur beeinflusst. Ein hoher Anteil an variablen Kosten (Materialaufwand, Aufwendungen für bezogene Leistungen wie Zeitarbeiter oder Lohnfertigung etc.) verringert kurzfristig das Ergebnisrisiko, da er gleichförmig zur Umsatzentwicklung gesteuert werden kann.

- *Machtposition gegenüber Abnehmern*: Eine hohe Abhängigkeit von einzelnen Kunden oder eine geringe Preiselastizität am Markt kann in einer deutlichen Ergebnisverschlechterung resultieren, wenn ein Anstieg der Faktoreinsatzkosten (z. B. Rohstoffpreise) nicht an die Abnehmer weitergegeben und/oder nicht durch Einsparungen aufgrund von Produktivitätsfortschritten, veränderten Fertigungstechnologien oder des Umsatzmix kompensiert werden kann.

8.4 Prämissen der Plan-Gewinn- und Verlustrechnung

Die Plan-Gewinn- und Verlustrechnung (auch Plan-Erfolgsrechnung) orientiert sich an dem Gesamtkostenverfahren, da dies bei mittelständischen deutschen Unternehmen am stärksten verbreitet ist (siehe Excel-Datei: Unternehmensbewertung/Excel-Blatt: G+V, Modell-Tabelle 1).

8.4.1 Nettoumsatz

DEFINITION
Unter *Nettoumsatz* versteht man die Nettoerlöse (d. h. nach Abzug von Erlösschmälerungen[13] und zurückgewährten Entgelten[14]), die aus dem Verkauf und der Vermietung oder Verpachtung von für die gewöhnliche Geschäftstätigkeit des Unternehmens typischen Erzeugnissen, Waren und Dienstleistungen generiert werden.

Die Planung des Nettoumsatzes hat eine übergeordnete Bedeutung. Seine Entwicklung ist einer der wichtigsten Treiber des künftigen Unternehmenserfolges. Er ist regelmäßig der Primärplan, an dem sich die nachgeordneten Plangrößen orientieren oder zumindest indirekt davon abgeleitet werden. Gleichzeitig stellt diese Planungsposition die größten Herausforderungen sowohl an den Ersteller einer Planung als auch an einen externen Analysten. Denn sie ist die Plangröße, die am stärksten von externen Einflüssen der Gesamtwirtschaft, der Branche und des direkten Wettbewerbsumfeldes mit Faktoren wie technologischer Fortschritt, Mode, Preisentwicklung etc. determiniert wird. Regelmäßig ist sie mit der höchsten Unsicherheit behaftet. Das Datenmaterial zu beschaffen und auszuwerten, ist mit erheblichem Zeit- und Geldaufwand verbunden. Die Planung des Nettoumsatzes und ihre Verprobung ist somit das kritische Element im Planungsprozess, denn Fehleinschätzungen können das gesamte Planungsergebnis in Frage stellen.

Ausgangspunkt einer Planung des Nettoumsatzes ist die prognostizierte Entwicklung des relevanten Absatzmarktes. Daran anschließend untersucht man am besten den bestehenden Auftragsbestand und das Auftragspotenzial des Unternehmens. Weitere kritische Punkte

---

13 Erlösschmälerungen sind Barzahlungs-, Mengen- und Sonderrabatte sowie Umsatzvergütungen und Treuerabatte o. Ä.

14 Zurückgewährte Entgelte umfassen Gutschriften für Rückwaren, Fracht- und Verpackungskosten etc.

Positionen Jahresabschluss (Absolute Zahlen in Mio. €)	Ist t_{-2}	Ist t_{-1}	Ist t_0	Plan t_1	Plan t_2	Plan t_3	Plan t_4	Plan t_5	Plan t_6
Nettoumsatz	**81,0**	**65,4**	**75,2**	**80,5**	**83,3**	**84,1**	**71,5**	**77,2**	**79,5**
Bestandsveränderungen	0,1	0,1	0,1	0,1	0,2	0,1	0,1	0,1	0,1
Gesamtleistung	**81,1**	**65,5**	**75,3**	**80,6**	**83,5**	**84,2**	**71,6**	**77,3**	**79,6**
./. Materialaufwand bzw. Wareneinsatz	43,9	35,1	41,8	44,1	45,6	45,5	37,9	42,5	43,0
in % der Gesamtleistung	54,1%	53,6%	55,5%	54,8%	54,6%	54,0%	53,0%	55,0%	54,0%
Rohertrag	**37,2**	**30,4**	**33,5**	**36,4**	**37,9**	**38,7**	**33,7**	**34,8**	**36,6**
in % der Gesamtleistung	45,9%	46,4%	44,5%	45,2%	45,4%	46,0%	47,0%	45,0%	46,0%
./. Personalaufwand	19,7	18,2	18,8	19,7	20,0	20,0	20,0	19,3	19,5
in % der Gesamtleistung	24,3%	27,8%	25,0%	24,5%	24,0%	23,8%	28,0%	25,0%	24,5%
./. sonst. betrieblicher Aufwand	11,4	10,2	10,7	11,4	11,9	12,0	11,5	11,0	11,3
in % der Gesamtleistung	14,1%	15,6%	14,2%	14,2%	14,2%	14,2%	16,0%	14,2%	14,2%
+ sonst. betrieblicher Ertrag	0,7	0,6	0,7	0,7	0,7	0,8	0,6	0,6	0,6
in % der Gesamtleistung	0,9%	0,9%	0,9%	0,9%	0,8%	0,9%	0,9%	0,8%	0,8%
EBITDA	**6,8**	**2,6**	**4,7**	**6,0**	**6,7**	**7,5**	**2,8**	**5,1**	**6,5**
EBITDA-Marge (in % des Nettoumsatzes)	8,4%	4,0%	6,3%	7,4%	8,0%	8,9%	3,9%	6,6%	8,1%
./. Abschreibungen	1,7	1,7	1,7	1,9	1,9	1,9	1,9	1,9	1,9
in % der Gesamtleistung	2,1%	2,6%	2,3%	2,4%	2,3%	2,3%	2,7%	2,5%	2,4%
Ergebnis vor Zinsen u. Steuern (EBIT)	**5,1**	**0,9**	**3,0**	**4,1**	**4,8**	**5,6**	**0,9**	**3,2**	**4,6**
EBIT-Marge (in % des Nettoumsatzes)	6,3%	1,4%	4,0%	5,0%	5,7%	6,7%	1,2%	4,1%	5,7%
+ Zinsertrag	0,1	0,1	0,1	0,0	0,0	0,0	0,0	0,0	0,0
in % der Gesamtleistung	0,1%	0,2%	0,1%	0,0%	0,0%	0,0%	0,0%	0,0%	0,0%
./. Zinsaufwand	0,8	0,9	0,9	0,9	1,0	1,0	0,9	0,8	0,8
in % der Gesamtleistung	1,0%	1,3%	1,2%	1,1%	1,1%	1,1%	1,2%	1,1%	1,0%
./. a. o. Aufwand/Ertrag	0,0	-0,3	0,1	0,0	0,0	0,0	0,0	0,0	0,0
in % der Gesamtleistung	0,0%	-0,5%	0,1%	0,0%	0,0%	0,0%	0,0%	0,0%	0,0%
Ergebnis vor Steuern (EBT)	**4,4**	**-0,2**	**2,3**	**3,2**	**3,8**	**4,7**	**0,0**	**2,4**	**3,8**
./. Steuern auf Einkommen und Ertrag	1,8	0,0	1,2	1,0	1,1	1,4	0,0	0,7	1,1
Jahresergebnis	**2,6**	**-0,2**	**1,1**	**2,2**	**2,7**	**3,3**	**0,0**	**1,7**	**2,7**

Excel-Datei: Unternehmensbewertung/Excel-Blatt: G+V

Modell-Tabelle 1: G+V der MASCHINENBAU GmbH

bzw. Analyse- und Planungstools für die Beurteilung der Planung dieser Planungsgröße sind Tabelle I.63 zu entnehmen.

Kritische Punkte	Analyse- und Planungstools
• Welches Wachstum wird für das Bruttoinlandsprodukt und die Kaufkraft erwartet? • Wie lässt sich die Nachfrage nach den hergestellten Produkten/Dienstleistungen zukünftig vor dem Hintergrund der gesamtwirtschaftlichen und der technologischen Entwicklungen ausbauen?	• Analyse des makroökonomischen Unternehmensumfeldes
• Wie wird sich der relevante Absatzmarkt entwickeln? • In welcher Zyklusphase befindet sich der relevante Markt? • Welche Faktoren bestimmen die Wettbewerbsintensität? • Hat das Unternehmen viele verschiedene, voneinander unabhängige Kunden? • Gibt es mittelfristige oder langfristige Lieferverträge mit wichtigen Kunden? • Welche Verhandlungsposition auf Abnehmerseite besitzt man?	• Analyse des Markt- und Wettbewerbsumfeldes • Analyse der Zielgruppe • Analyse der allgemeinen Wettbewerbskräfte (Marktwachstum, Markteintrittsbarrieren, Bedeutung von Investitionen, technischer Fortschritt etc.) • Analyse der fünf Wettbewerbskräfte (Substitute, Verhalten der etablierten Wettbewerber, Lieferanten, Abnehmer, potenzielle neue Wettbewerber) • Lebenszyklusanalyse der Branche (Erfahrungskurven etc.) • Analyse des Produktportfolios und Positionierung im Wettbewerbsumfeld • Altersstruktur des Produktprogramms • Analyse der Innovationskraft des Unternehmens • Betrachtung der strategischen Ausrichtung (Kostenführer, Premium- oder Nischenanbieter etc.) • Untersuchung des Marketing-Mixes (Produkt-, Kontrahierungs-, Distributions- und Kommunikationspolitik)

Tabelle I.63: Kritische Punkte für die Analyse und Planung des Nettoumsatzes

8.4.1.1 Planung und Analyse des Auftragsbuches/Projektbuches

Der Auftragseingang, der Auftragsbestand und die erhaltenen Anzahlungen sind wichtige Vorlaufindikatoren für die zukünftige Entwicklung des Nettoumsatzes. Dies gilt insbesondere für Branchen, die projekt- und auftragsbezogen arbeiten wie der Maschinen- und Anlagenbau. Weicht die Planung von diesen Messgrößen signifikant ab und kann dies nicht nachvollziehbar begründet werden, sollte der Nettoumsatz intensiv analysiert werden. Eine Nettoumsatzplanung ist ohne Zusatzinformationen nicht plausibel, wenn bei einem rückläufigen Auftragseingang mit einem steigenden Nettoumsatz geplant wird.

Wichtige Datenquellen für die Verifizierung und Beurteilung des Nettoumsatzes sind die bestehenden Aufträge sowie die Aufträge im Verhandlungsstadium (Auftragspotenzial), die in einem sogenannten Auftragsbuch bzw. Projektbuch geführt werden.

Exemplarisch ist hierbei folgende Vorgehensweise möglich:

1. Zunächst gruppiert man die fixierten Aufträge und die Aufträge im Verhandlungsstadium nach Kunden, Produktgruppen und geplanten Stückzahlen/Preisen.
2. Anschließend prüft man, inwieweit diese tatsächlich mit Verträgen/Aufträgen hinterlegt sind und wie diese Verträge ausgestaltet sind.
3. Die benannten Stückzahlen- und Preisentwicklungen sollten nicht direkt in das Auftragsbuch übertragen werden, sondern anhand von Erfahrungswerten und externen Datenquellen plausibilisiert und ggf. entsprechend angepasst werden.
4. Anschließend werden anhand des Grades der Fertigstellung und der Qualität der Kundenbeziehung die Wahrscheinlichkeiten für die Umsatzrealisierung ermittelt (siehe Abbildung I.77).

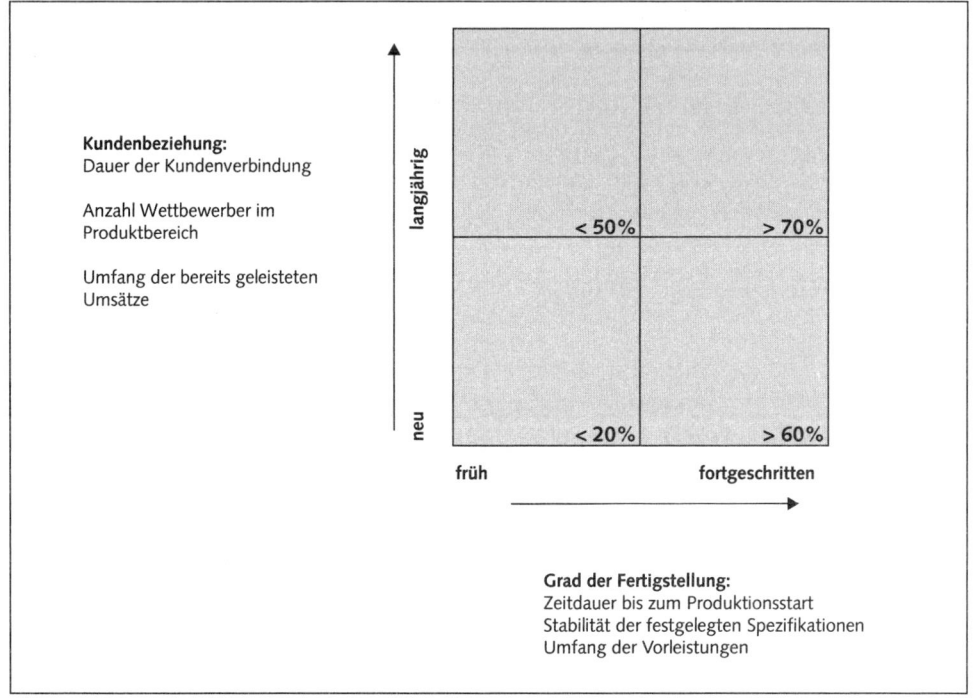

Abbildung I.77: Bestimmung der Wahrscheinlichkeit für die Umsatzrealisierung (vgl. Pohl/Thielen, 2006)

Kriterien zur Bestimmung des Grades der Fertigstellung sind:

- *Zeitdauer bis zum Produktionsstart:* Insbesondere bei einem potenziellen Auftrag gilt, je länger der Zeitraum bis zum Produktionsstart ist, umso eher hat der Kunde die Möglichkeit, den Lieferanten ohne wesentliche Zusatzkosten zu wechseln.
- *Stabilität der festgelegten Spezifikationen:* Beispielsweise hat bei einem sogenannten Ideenwettbewerb der Zulieferer größere Freiheiten, als wenn die Anforderungen an das Material, die Konstruktion o.Ä. bereits genau spezifiziert sind.

- *Umfang der geleisteten Entwicklungs- und Konstruktionsleistungen*: z.B. erste Konstruktionsskizzen oder bereits schon erstellte Funktionsmuster und begonnene Werkzeugkonstruktion.

Ein Kriterium zur Bestimmung der Qualität der Kundenbeziehung ist die *Dauer und Intensität der Kundenbeziehung (siehe auch Abschnitt I.4.1 Kundenbindung)*: Aufträge mit neuen Kunden haben eine geringere Realisierungschance als Aufträge mit bestehenden Kunden, mit denen eine langjährige und intensive Geschäftsverbindung gepflegt wird und z.B. ein Nachfolgeauftrag für die nächste Produktgeneration verhandelt wird.

Für die Beurteilung des Auftragsbuches und somit des zukünftigen Umsatzpotenziales kann die digitale Methode gewählt werden, d.h. Aufträge mit einer Wahrscheinlichkeit größer als 50 Prozent werden zu 100 Prozent im Auftragsbuch erfasst, Aufträge mit einer Wahrscheinlichkeit kleiner als 50 Prozent werden dagegen nicht erfasst. Diese Vorgehensweise ist im Vergleich zur Berücksichtigung der einzelnen Projektwahrscheinlichkeiten möglich, allerdings müssen Großprojekte sehr objektiv und zeitnah betrachtet werden.

Abbildung I.78 illustriert die Vorgehensweise der Beurteilung des Auftragsbuches.

		Wahr-schein-lichkeit	t_0			t_1			t_2
			Menge	Preis	Umsatz	Menge	Preis	Umsatz	Menge
Fixierte Verträge,	Auftrag A	100	510	1,32		400	1,33		650
d. h. Lieferung	Auftrag B	100	390	2,45		370	2,49		410
läuft bereits bzw.									
beginnt in den	...								
nächsten Jahren	Auftrag X	100	-	-	-	700	2,05		400
Aufträge im	Projekt A	80							
Verhandlungs-	Projekt B	70							200
stadium									
	Projekt M	20							
	SUMME								

Einschätzung anhand Projektphase und Art der Kundenbeziehungen

Verifizierung der Stückzahlentwicklung anhand unabhängiger Marktdatenbanken

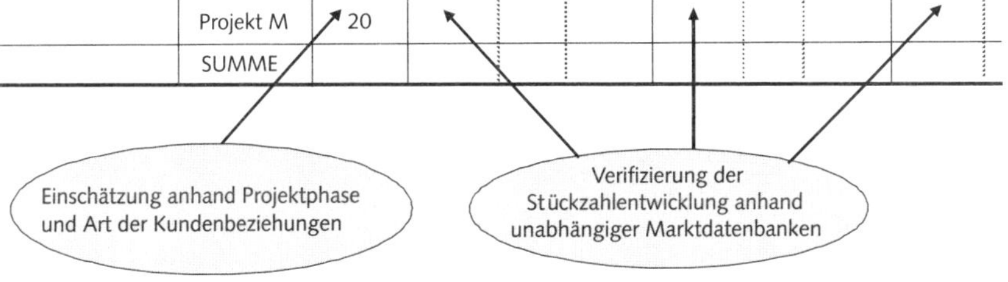

Abbildung I.78: Auftragsbuch der MASCHINENBAU GmbH (vgl. Pohl/Thielen, 2006)

8.4.1.2 Quantifizierung der Chancen und Risiken

Aufbauend auf der mit Wahrscheinlichkeiten gewichteten und somit – soweit für einen außenstehenden Analysten möglich – objektivierten Nettoumsatz-Entwicklung, kann man die Chancen und Risiken abschätzen. Hierzu stellt man die vorgelegte Planung des Unternehmens den Ergebnissen der Analyse des Auftrags- und Projektbuches gegenüber. Die

Differenzen aus beiden repräsentieren somit die jeweiligen quantifizierbaren Chancen oder Risiken. Chancen liegen vor, wenn die Umsatzentwicklung positiver ist als vom Unternehmen angenommen, und Risiken liegen vor, wenn negative Planabweichungen für die nächsten Jahre zu erwarten sind.

Zu den bestehenden und potenziellen Aufträgen lassen sich regelmäßig noch zusätzliche Nettoumsatz-Potenziale in der Planung identifizieren. Dies sind Aufträge, die aufgrund von Erfahrungswerten, Vergabezyklen, Kundenbeziehungen, Marktposition des Unternehmens möglich sind. Sie sollten jedoch im Vergleich zum beauftragten/projektierten Gesamtvolumen nur einen geringen Anteil ausmachen.

Aus dem Verhältnis von tatsächlichem und potenziellem Auftragsbestand zum Gesamtvolumen kann die Bestätigungsquote ermittelt werden. Sie ist ein Anhaltspunkt für das zukünftige Risiko des Nettoumsatzes. In Branchen mit langlaufenden Lieferverträgen und langen Vorlaufzeiten bis zur Auftragsvergabe sollte die Bestätigungsquote folgende Werte aufweisen:

- für das laufende Geschäftsjahr: > 95 %,
- für das darauf folgende Geschäftsjahr: 85 % – 90 %,
- und für das übernächste Geschäftsjahr: > 70 %.

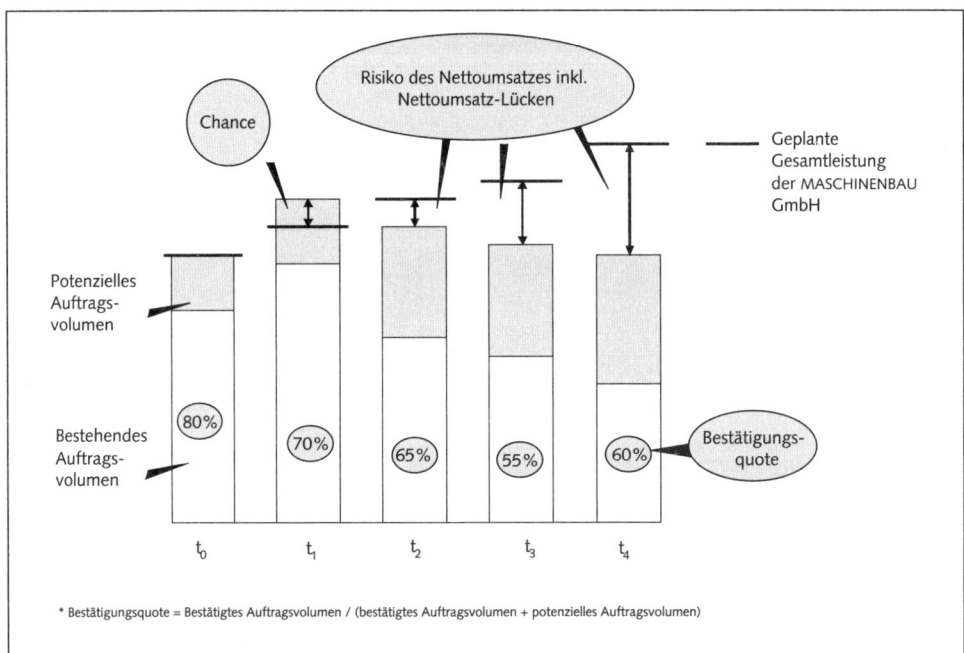

Abbildung I.79: Quantifizierung der Chancen und Risiken der Gesamtleistungsplanung (vgl. Pohl/Thielen, 2006)

CF-TRAINING-MODELL: Der Benutzer kann im Excel-Blatt Annahmen die jährlichen Wachstumsraten der Nettoumsätze individuell eingeben. Hieraus werden die Nettoumsätze rechnerisch ermittelt.

Annahmen für die MASCHINENBAU GmbH: Das Geschäftsjahr t_{-1} war bei der MASCHINENBAU GmbH wie in der gesamten Wirtschaft bestimmt durch die größte Konjunkturkrise der Nachkriegszeit. Der Auftragseingang brach in einem bisher nicht vorstellbaren Ausmaß ein und ging um mehr als die Hälfte zurück. Auch das Umsatzvolumen verringerte sich um ca. 20 Prozent gegenüber dem Rekordwert des Vorjahres t_{-2} auf 65,4 Mio. Euro. Das Unternehmen hat die Krise gut bewältigt. Das Konzept des atmenden Unternehmens hatte dabei eine große Bedeutung: Die anpassungsfähigen Prozesse haben es ermöglicht, sehr schnell auf die Krise zu reagieren. Und so konnte bereits im Jahr t_0 ein Umsatzplus von 15 Prozent erzielt werden.

Es wird aufgrund der positiven Markteinschätzung und des Auftragsbestandes für die Folgejahre t_1 bis t_3 von einer Steigerung der Nettoumsätze ausgegangen. Es wird jedoch nicht mit einem lang andauernden Aufwärtstrend gerechnet. Bisher zeigte der Werkzeugmaschinenbau zyklische Wachstumsraten mit einer Periode von ca. vier Jahren. Für das Jahr t_4 wird daher wieder ein Umsatzeinbruch in Höhe von -15 Prozent erwartet, gefolgt von einer raschen Erholung in t_5.

Nettoumsatz (Absolute Zahlen in Mio. €)	Ist t_{-2}	Ist t_{-1}	Ist t_0	Plan t_1	Plan t_2	Plan t_3	Plan t_4	Plan t_5	Plan t_6
Nettoumsatz	81,0	65,4	75,2	80,5	83,3	84,1	71,5	77,2	79,5
		-19,3%	15,0%	7,0%	3,5%	1,0%	-15,0%	8,0%	3,0%

Tabelle I.64: Planung des Nettoumsatzes der MASCHINENBAU GmbH

8.4.1.3 Bestandsveränderungen an fertigen und unfertigen Erzeugnissen

DEFINITION
Bestandsveränderungen an fertigen und unfertigen Erzeugnissen: Bestandsveränderungen zeigen die Differenz zwischen den Jahresanfangs- und Jahresendbeständen an fertigen und unfertigen Erzeugnissen.

Sie können folgende Ursachen haben:
- Änderung der Menge durch Aufbau oder Abbau des Bestandes,
- Schwund, Inventurfehler,
- Änderungen des Wertes durch Zu- oder Abschreibungen. Hierunter fallen nur die im Unternehmen üblichen Abschreibungen (z.B. Betrag der durchschnittlichen Abschreibungen der Vorjahre unter Berücksichtigung des Mengengerüsts und eventuell unterschiedlicher Preisentwicklungen auf den Beschaffungs- und Absatzmärkten). Wertmäßige Veränderungen, die die im Unternehmen üblichen Veränderungen überschreiten, sind unter den Abschreibungen auf Gegenstände des Umlaufvermögens[15] auszuweisen.

Bestandsveränderungen von bezogenen Waren sowie bezogener Roh-, Hilfs- und Betriebsstoffe werden unter der Position Materialaufwand erfasst.

---

15 Hier im Modell als außerordentlicher Aufwand.

CF-TRAINING-MODELL: Die Höhe der Bestandsveränderungen kann durch den Benutzer individuell eingegeben werden. Zur Verprobung sollte man die Veränderungen der Vorräte zu den Vorjahren betrachten. Es ist aber zu bemerken, dass die Position Vorräte neben den fertigen und unfertigen Erzeugnissen weitere Bestände enthält (z.B. RHB-Stoffe). Eine pauschale Betrachtung stellt somit eine starke Vereinfachung dar.

Annahmen für die MASCHINENBAU GmbH: Mit Beginn der branchenweiten Absatzkrise im Jahr t_{-1} wurde die Fertigung gedrosselt und konsequent an die Auftragslage angepasst, sodass keine Werkzeugmaschinen auf Lager produziert wurden. Diese Flexibilität zeigt die Stärke des Unternehmens. Aus diesem Grund werden für die Planung nur geringfügige Veränderungen der Bestände für fertige und unfertige Erzeugnisse in Höhe von maximal 0,2 Mio. Euro unterstellt.

MASCHINENBAU GmbH	Ist t_{-2}	Ist t_{-1}	Ist t_0	Plan t_1	Plan t_2	Plan t_3	Plan t_4	Plan t_5	Plan t_6
Bestandsveränderungen	0,1	0,1	0,1	0,1	0,2	0,1	0,1	0,1	0,1

Tabelle I.65: Planung der Bestandsveränderungen der MASCHINENBAU GmbH

8.4.2 Materialaufwand, bezogene Waren und Leistungen

DEFINITION

Unter die Position *Materialaufwand, bezogene Waren* und *Leistungen* fallen folgende Aufwendungen:
- Roh-, Hilfs-, und Betriebsstoffe und bezogene (Handels-)Waren. Dazu gehören sämtliche Aufwendungen für Material im Fertigungsbereich, in Forschung und Entwicklung sowie in Verwaltung und Vertrieb (Kleinwerkzeuge, Formen, Modelle, Reinigungsmittel, Brenn- und Treibstoff, Reparaturstoffe, Abwertungen aufgrund des Niederstwertprinzips und Inventurdifferenzen etc.).
- Bezogene Leistungen: Aufwendungen für Lohnverarbeitung bzw. Lohnbearbeitung durch Dritte wie das Stanzen oder Lackieren von Metallteilen sowie Fremdreparaturen, Aufwand für Leiharbeitskräfte etc. Hierunter fallen aber nicht Aufwendungen, die zur Gesamtleistung (d.h. nicht produktionsbezogen) des Unternehmens beitragen wie Mieten, Pachten, Lizenzen, Porti, Rechts- und Beratungsaufwendungen. Sie fallen unter die sonstigen betrieblichen Aufwendungen.

8.4.2.1 ABC-Analyse

Unternehmen benötigen eine große Zahl an unterschiedlichen Gütern. Bei Handelsunternehmen kann dies in die Hunderttausende gehen. Für eine Analyse ist es daher entscheidend, sich auf die bedeutendsten zu konzentrieren.

Die ABC-Analyse ist hierfür ein einfaches und geeignetes Hilfsmittel. Alle einzukaufenden Güter werden in eine Rangfolge gebracht und je nach Bedeutung in die Kategorien A, B und C unterteilt. Diese Methode dient zur Prioritätensetzung bei einer großen Anzahl an Materialpositionen und ermöglicht ein scharfes Trennen zwischen Wesentlichem und Unwesentlichem.

Kernaufgabe der ABC-Analyse ist, die Materialien zu identifizieren, die einen hohen Wertanteil an den Materialkosten haben. Es ist häufig festzustellen, dass ein mengenmäßig kleiner Teil einen sehr hohen Wertanteil besitzt (Kategorie A). Dies wird oft mit der 80/20-Regel (auch »Pareto-Prinzip« genannt) in Verbindung gebracht. Stark vereinfacht bedeutet dies: Um 80 Prozent Ertrag zu erzielen, ist nur 20 Prozent Aufwand nötig.

Die ABC-Analyse eignet sich auch für andere Untersuchungszwecke, d. h. stets dort, wo große Datenbestände zu betrachten sind: z. B. Analyse der Abnehmer und des Umsatzes, Personalkostenstruktur, allgemeine Kostenanalyse, Arbeitszeitstudien etc.

Die klassische ABC-Kategorisierung der Materialien zeigt Tabelle I.66:

Kategorie	Wertanteil am Gesamtwert/ Bedeutung	Mengenanteil	Konsequenzen
A	70 % – 80 % wichtig/ hochwertig/ umsatzstark	gering	• Vermeidung von Lagerkosten durch sorgfältige Bestandsdisposition • enger Lieferantenkontakt • Analyse drohender Lieferantenabhängigkeit bei der Konzentration von bestimmten Teilen auf einzelne Lieferanten • Verschärfung von Lieferantenauswahl, Lieferbeurteilung und Preisverhandlung • Nutzwertanalyse: alternative Materialien suchen
B	15 % – 20 % mittelwichtig/ mittelwertig/ mittlere Umsatzstärke	10 % – 40 %	• je nach Ausprägung wie A oder wie C behandeln
C	5 % – 10 % weniger wichtig/ niedrigwertig/ umsatzschwach	mehr als 40 %	• geringe Priorisierung bei Handling und Disposition • große Mengen bestellen

Tabelle I.66: ABC-Analyse

PRAXISBEISPIEL: ABC-Analyse

Mit dem Excel-Tool *ABC-Analyse* kann man Daten auswerten und in die Klassen A, B, C einteilen (vgl. Heimrath, 2010):

1. Im Excel-Blatt *ABC-Analyse-Daten* erfasst man die Daten (Materialien, Kunden, Produkte usw.) und den jeweiligen Wert. Die Modell-Tabelle zeigt die wichtigsten zugekauften Materialien der MASCHINENBAU GmbH. Das Excel-Tool bringt die Daten selbsttätig in die richtige Rangfolge.

2. Darauf legt man im Excel-Blatt *ABC-Analyse-Auswertung* die Größen für die Klassen fest. Vorgegeben sind: A: 70 Prozent; B 20 Prozent, C: 10 Prozent. Es können auch andere Größenklassen gewählt werden.

Klasse	Quote	Anzahl	Anzahl %	Wert	Wert in %
A	70,0%	2	18,2%	2,8	59,6%
B	20,0%	2	18,2%	1,2	25,5%
C	10,0%	7	63,6%	0,7	14,9%
Summe	100,0%	11	100,0%	4,7	100,0%

Excel-Datei: Analyse/Excel-Blatt: ABC-Analyse-Auswertung (vgl. Heimrath, 2010; eigene Darstellung und Berechnung)

Modell-Tabelle 1: Auswertung

Rang	Nr.	Bezeichnung	in Mio. €	Klasse
1	1000	Stahl	2,10	A
2	2000	Federstahl	0,70	A
10	3000	Schrauben	0,01	C
8	4000	Aluminium	0,06	C
11	5000	Reinigungsmittel	0,01	C
4	6000	Getriebe	0,50	B
9	7000	Werkzeuge	0,02	C
6	8000	Polykarbonat	0,20	C
5	9000	PTFE	0,25	C
3	10000	Komponenten	0,70	B
7	11000	Elektronik	0,15	C

Excel-Datei: Analyse/Excel-Blatt:
ABC-Analyse-Daten
(vgl. Heimrath, 2010; eigene
Darstellung und Berechnung)

Modell-Tabelle 1:
Dateneingabe

3. Das Excel-Tool sortiert die Daten automatisch und wertet sie in einer Tabelle und in einem Diagramm aus.

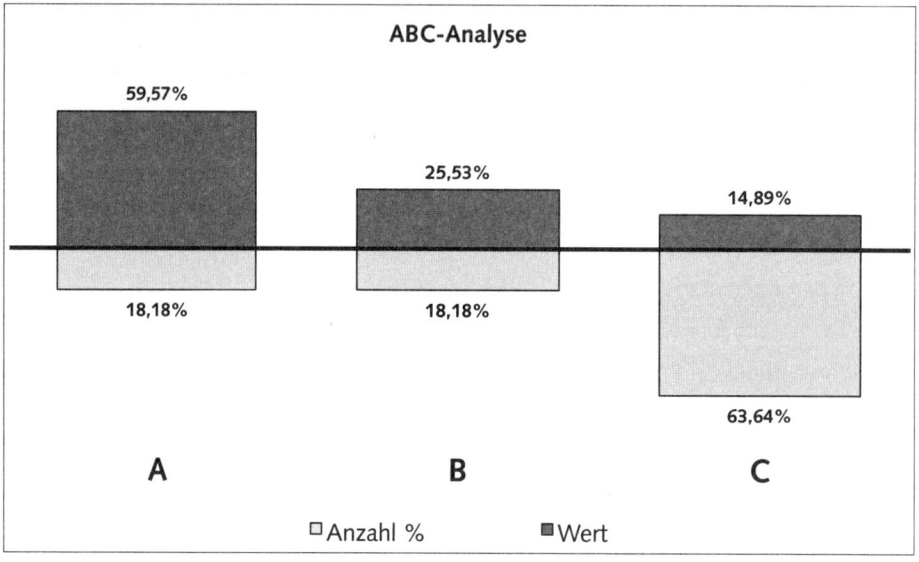

Excel-Datei: Analyse/Excel-Blatt: ABC-Analyse-Auswertung (vgl. Heimrath, 2010; eigene Darstellung und
           Berechnung)

Modell-Tabelle 2: Diagramm

Die beiden A-Güter Stahl und Federstahl sind in der Menge mit 18 Prozent relativ unbedeutend. Zusammen haben sie jedoch einen Anteil von 60 Prozent am gesamten Einkaufsvolumen. Im Vergleich dazu stellen die beiden anderen Gruppen B (25 Prozent) und C (15 Prozent) zusammen gerade einmal 50 Prozent mit einem Mengenanteil von weit über 80 Prozent. Analyse und Planung der Vorräte sollten sich daher auf die A-Güter konzentrieren.

8.4.2.2 Outsourcing

Für ein Unternehmen stellt sich die Frage, ob man die Güter und Waren einkauft oder selbst fertigt. Für beide Varianten sprechen Vor- und Nachteile.

> **DEFINITION**
>
> Die Entscheidung zwischen Eigenfertigung (make) oder Fremdbezug (buy) nennt man *Outsourcing*[16]. Es umfasst alle Aktivitäten, die zu einer Verlagerung/Ausgliederung bisher selbst durchgeführter betrieblicher Leistungen auf spezialisierte und kostengünstigere Fremdfirmen führen.

Outsourcing kann entweder aus Gründen von Kostenüberlegungen, Kapazitätsengpässen, Qualitätssteigerungen, Serviceverbesserungen, Risikoverminderungen oder Spezialisierungsbestrebungen erfolgen. Die Entscheidung über Outsourcing ist eine langfristig ausgerichtete Fragestellung.

Bei Fremdbezug ist die Beziehung zum Lieferanten entscheidend. Er erfordert eine entsprechend gründliche Auswahl und ständige Kontrolle. Die Qualität sollte der bei Eigenerstellung entsprechen und zudem sollten die Aspekte Pünktlichkeit und günstige Kosten überzeugen.

Abbildung I.80 veranschaulicht die Gründe für Outsourcing. Auffällig ist, dass bei deutschen Industrieunternehmen Kostenüberlegungen bei der Entscheidung zwischen Eigenfertigung und Fremdbezug im Vordergrund stehen. Es zeigen sich jedoch Unterschiede zwischen Unternehmen, die bereits Erfahrungen mit der Auslagerung von Leistungen haben

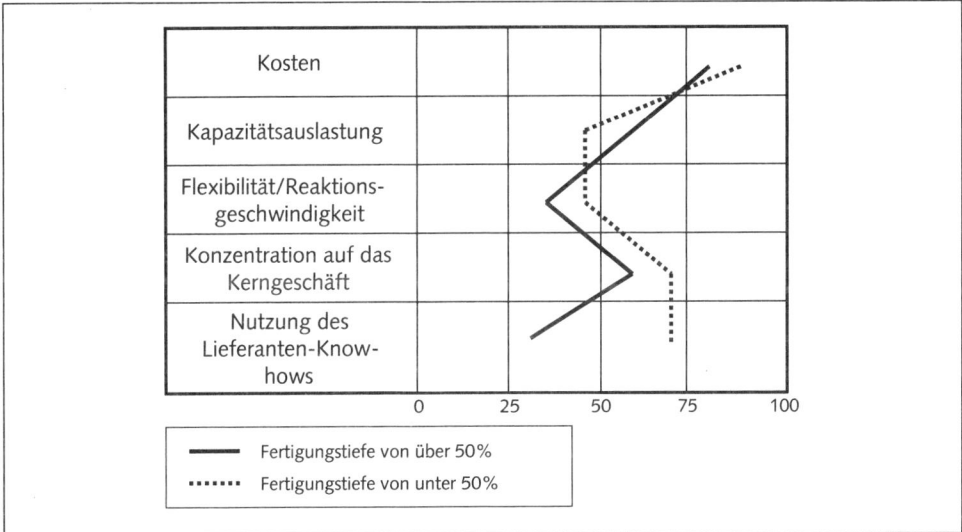

Abbildung I.80: Gründe für Outsourcing

---

16 Der Begriff Outsourcing ist abgeleitet von Outside Resource Using.

(Unternehmen mit geringer Fertigungstiefe) und denen, die über eine hohe Fertigungstiefe verfügen. Erstere machen ihre Entscheidung neben den reinen Kostenaspekten überwiegend am Know-how des Anbieters und der Möglichkeit zur Konzentration auf das eigene Kerngeschäft fest. Dagegen orientieren sich die Unternehmen mit hoher Fertigungstiefe stark an der Kapazitätsauslastung.

Dabei sind die potenziellen Vor- und Nachteile abzuwägen.

Mögliche Vorteile von Outsourcing	Mögliche Nachteile von Outsourcing
• Zugang zu Know-how und moderner Technik • Freisetzung von Kapazitäten und Finanzmitteln • Reduktion von technischen Risiken (Maschinenausfall) • Größen- und Spezialisierungsvorteile des Fremdanbieters nutzen und damit eigene Produktionskosten einsparen • bessere Transparenz und Steuerbarkeit der Kosten • flexible Disposition von Personal • geringerer Investitionsaufwand • Senkung der Lagerkosten	• langfristiger Verlust von eigenem Know-how • Betriebsgeheimnisse können an den Lieferanten verloren gehen • Verlust der wirtschaftlichen Vorteile durch Optimierung/Rationalisierung des Betriebes • Abhängigkeit von der Produkt- bzw. Modellpolitik des Zulieferers • schlechte Leistung des beauftragten Unternehmens • Insolvenz des Auftragnehmers • Risiken bei Änderung der Vertragsgrundlagen • rechtliche Auseinandersetzungen bei Vertragsstreitigkeiten • Entscheidung ist schwer rückgängig zu machen • beim Outsourcing verbleibender Overhead

Tabelle I.67: Potenzielle Vor- und Nachteile von Outsourcing (vgl. Baumgarten, 1997)

Quantitative Bewertung von Make-or-Buy-Entscheidungen: Break-even-Analyse

Mithilfe der Break-even-Analyse kann man die Entscheidungen über mögliche Bereitstellungsalternativen (Make-or-Buy, Verteilung der Produktion auf Werke bzw. Linien) wirtschaftlich bewerten. Die Ermittlung der Break-even-Punkte erfolgt über den Vergleich der bei den verschiedenen Alternativen anfallenden Vollkosten. Eine einfache Form der Break-even-Analyse ist in Abbildung I.81 dargestellt.

Optimale Fertigungstiefe

Pauschale Empfehlungen für die optimale Fertigungstiefe sind nicht zielführend, denn Unternehmen mit einer hohen wie aber auch mit einer niedrigen Fertigungstiefe können erfolgreich agieren. Bei raschen technologischen Veränderungen oder hohen Volumenschwankungen wird tendenziell auch aus Sicht eines niedrigen Break-even eine flache Fertigungstiefe bevorzugt. Eine optimale Fertigungstiefe kann dabei nicht durch kurzfristige Make-or-Buy-Entscheidungen erreicht werden. Die Fertigungstiefe muss vielmehr in einem systematischen Prozess bewusst in regelmäßigen Zeitabständen überprüft und angepasst werden. Die Ausführungen zu Outsourcing lassen sich analog auch auf die Beurteilung der Produktion (siehe I.8.5.4 Exkurs: Investitionsplanung) anwenden.

Make-or-Buy-Entscheidungen müssen sich nicht ausschließlich auf das Feld der Materialbeschaffung erstrecken. Outsourcing ist auch in anderen Unternehmensbereichen bzw. -funktionen denkbar. Selbst ganze Unternehmensbereiche können ausgelagert und rechtlich verselbstständigt werden. Dies führt zu teilweise erheblichen Umstrukturierungen im Unter-

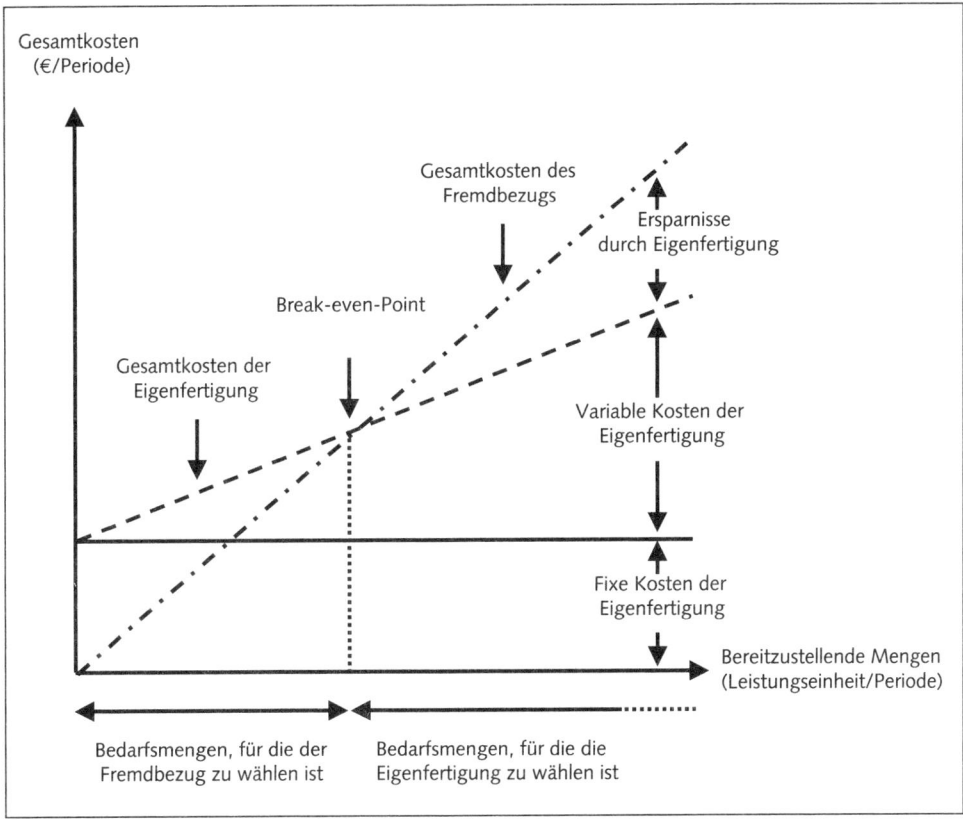

Abbildung I.81: Break-even-Analyse

nehmen. Zu den typischen Supportfunktionen und -prozessen gehören: Personalverwaltung, Finanz- und Betriebsbuchhaltung, Controlling, Lohn- und Gehaltsabrechnung, Gebäudemanagement, Fuhrpark, Logistik sowie der IT-Bereich.

PRAXISBEISPIEL: Outsourcing in der Werkzeugmaschinenbranche
Die Möglichkeiten für Outsourcing im Maschinenbau sind vielfältig:
- Management von produktionsunterstützenden Einrichtungen (z.B. Betrieb, Instandhaltung und Reparatur von Infrastruktur und Versorgungsanlagen für Energie, innerbetriebliche Transportsysteme, Lackiererei, Aufzügen, etc.),
- Übernahme von Randfunktionen (z.B. Call-Center, mechanische Fertigung, technische Dokumentation),
- Fallweise Bereitstellung von Expertise (z.B. Marktforschung, Werksplanung, Systementwicklung).

Im Vergleich zu ihren Wettbewerbern liegt die MASCHINENBAU GmbH mit einer Fertigungstiefe von 37,5 Prozent im Mittelfeld (siehe Abbildung I.82).

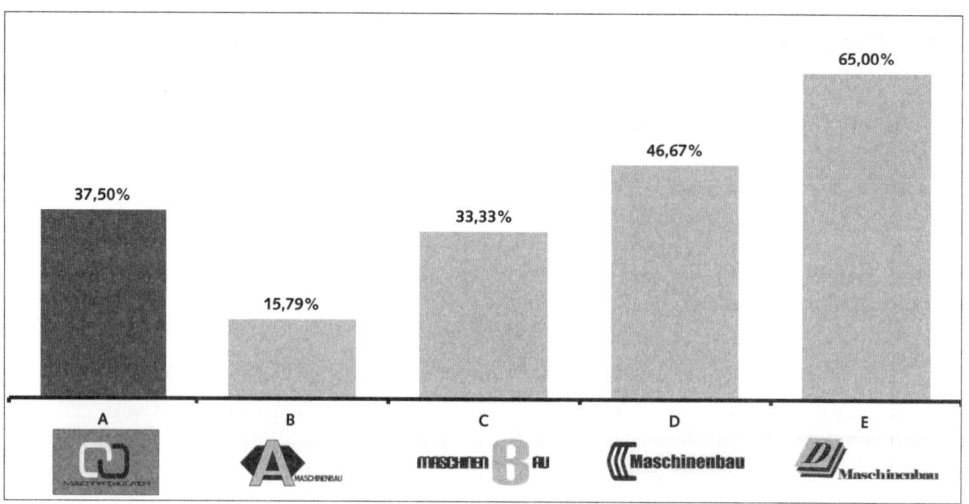

Abbildung I.82: Outsourcing im Vergleich mit den Wettbewerbern

8.4.2.3 Planung des Materialaufwandes

Der Materialaufwand beziehungsweise die bezogenen Waren und Leistungen stellen in der Regel den größten Block der Aufwendungen dar. Als **Praktikerregel** gilt, dass im produzierenden Gewerbe die Materialaufwandsquote zwischen 40 Prozent und 60 Prozent und in Handelsunternehmen zwischen 80 Prozent und 90 Prozent liegt (vgl. Michel, 1991). Für Analyse und Planung sollte ihr somit eine gesteigerte Aufmerksamkeit gewidmet werden.

Üblicherweise können der Materialaufwand und die bezogenen Leistungen unmittelbar aus den Umsatzplanungen abgeleitet werden, da diese beiden Planungsgrößen in einem direkten Zusammenhang, stehen z.B. über Stücklisten.

Zentrales Element für eine Einschätzung des Materialaufwands sind Daten über die zukünftige Preisentwicklung. In der Regel leitet man sie aus den Daten der Vergangenheit ab, bezieht dabei zwingend noch folgende Überlegungen mit ein:
- Gibt es Tendenzen einer sich abzeichnenden Verknappung?
- Ist der Einsatz neuer Materialien oder Substitute absehbar?
- Kann man neue Bezugsquellen erschließen?
- Gibt es starke Preisschwankungen auf dem Beschaffungsmarkt bzw. wie kann man darauf reagieren? Gibt es geeignete Instrumente zur Absicherung gegen Preisschwankungen?
- Existieren Rahmenverträge mit Lieferanten, insbesondere mit denen, die eine bedeutende Position (mengen- bzw. wertmäßig) besitzen?
- Welche Materialien haben eine kritische Bedeutung für den reibungslosen Produktionsablauf?

Für die Erstellung beziehungsweise Prüfung einer Planung sollten u.a. nachfolgende kritische Punkte berücksichtigt werden. In Tabelle I.68 finden sich Vorschläge für geeignete Analyse- und Planungstools.

Kritische Punkte	Analyse- und Planungstools
• Wie werden sich die Beschaffungsmärkte (Preise, Mengen, Engpässe etc.) entwickeln? • Welche Einflüsse haben z. B. politische und ökonomische Veränderungen auf die Situation der Beschaffungsmärkte (Zölle, Handelsboykotte, Kriege, Wechselkurse etc.)?	• Untersuchung des makroökonomischen Unternehmensumfeldes (siehe I.2), • Analyse des Beschaffungsmarktes
• Wie entwickeln sich die Energiekosten mittel- und langfristig? Setzt das Unternehmen auf alternative Energiequellen? • Wie energieeffizient wird gearbeitet? • Wie wirkt sich eine Produktionserweiterung auf die Energiekosten aus (z. B. Mengendegression)?	• Untersuchung des makroökonomischen Unternehmensumfeldes • Untersuchung der Wertschöpfungskette
• Was ist die Beschaffungsstrategie und wie wird sie aus der Gesamtunternehmensstrategie abgeleitet? Beispielsweise legt ein Kostenführer (z. B. Mengendegressionseffekte) andere Prioritäten wie ein Premiumanbieter (z. B. hohe Güte der Materialien).	• Analyse der strategischen Fähigkeiten (siehe I.5.1),
• Was sind die kritischen Einsatzfaktoren? • Zu welchen Preisen, in welchen Größenordnungen und in welcher Qualität wird eingekauft? Welche Beschaffungsprinzipien werden angewandt (z. B. Bedarfs-Einzelbeschaffung, Just-in-time)? • Anteil und Gründe für Eigen- und Fremdfertigung?	• Analyse der Materialwirtschaft: Einkauf, Lager, Logistik (siehe I.8.4..2), • Analyse der Wertschöpfungskette • Make-or-buy-Analyse, ABC-Analyse, Break-even-Analyse • Ermittlung der optimalen Lagergröße
• Wer sind die Hauptlieferanten? • Wie ist die Verhandlungsposition gegenüber Lieferanten? Bestehen Abhängigkeiten? • Bestehen langfristige Lieferverträge/ Dienstleistungsverträge für kritische Einsatzfaktoren? Bei steigendem Druck durch Lieferanten, welche Reaktionsmöglichkeiten hat das Unternehmen?	• Analyse der Verhandlungsstärke der Lieferanten (siehe I.3.2.6), • Konzentrationsanalyse der Lieferanten (Gini-Koeffizient, ABC-Analyse)
• Wie groß ist die Vorlaufzeit und der Vorfinanzierungsbedarf zwischen Materialbeschaffung und Produktion bzw. Umsatz?	• Kennzahlen: Vermögensstruktur (siehe I.7.4), Umlaufintensität, Working Capital (siehe I.7.4.3), Kreditorenlaufzeit (S. 177), Umschlagdauer der Vorräte (S. 177), Materialaufwandsquote (siehe I.7.6.2)

Tabelle I.68: Kritische Punkte für die Analyse und Planung des Materialaufwandes

CF-TRAINING-MODELL: Der Materialaufwand wird mithilfe der Annahme über die Materialaufwandsquote (in Prozent von der Gesamtleistung) geplant.

Annahmen für die MASCHINENBAU GmbH: Der Materialaufwand ging beeinflusst durch den deutlichen Umsatzrückgang in t_{-1} um etwa 20 Prozent auf 35,1 Mio. Euro zurück. Gemessen an der Gesamtleistung errechnete sich daraus eine Materialaufwandsquote von 53,6 Prozent (Vorjahr: 54,1 Prozent). Trotz der wirtschaftlich schwierigen Situation und dem damit reduzierten Einkaufsvolumen konnten kurzfristig Kostensenkungen erzielt werden. Sie wurden durch intensive Nachverhandlungen der Einkaufskonditionen sowie strikte Ausgabenregelungen erreicht.

Für die Planung wird eine Materialaufwandsquote von ca. 55 Prozent unterstellt. Sie richtet sich nach den zukünftigen produktionstechnischen Gegebenheiten und der Prognose für die Materialpreisentwicklung. Abweichend hiervon wird für das Jahr t_4 mit einer niedrigeren Quote gerechnet (53,0 Prozent). Denn auch in der nächsten Absatzdelle sollte es erneut möglich sein, den Materialaufwand kurzfristig zu senken.

MASCHINENBAU GmbH	Ist t_{-2}	Ist t_{-1}	Ist t_0	Plan t_1	Plan t_2	Plan t_3	Plan t_4	Plan t_5	Plan t_6
Materialaufwand	43,9	35,1	41,8	44,1	45,6	45,5	37,9	42,5	43,0
Materialaufwand (in % GL)	54,1%	53,6%	55,5%	54,8%	54,6%	54,0%	53,0%	55,0%	54,0%

Tabelle I.69: Planung des Materialaufwands der MASCHINENBAU GmbH

8.4.3 Personalaufwand

DEFINITION

Der *Personalaufwand* eines Unternehmens berechnet sich aus den Löhnen und Gehältern zuzüglich der sozialen Abgaben und Aufwendungen für Altersvorsorgung und für Unterstützung. Hierunter fallen auch die Bezüge der Mitglieder der Geschäftsführung (inklusive leistungsabhängiger Entgeltkomponenten).

Die Mitarbeiter leisten einen entscheidenden Anteil an der Wertschöpfung im Unternehmen. Der Personalaufwand hat wegen seiner relativen Höhe an der Gesamtleistung eine hohe Bedeutung. Hinzu kommt, dass er einen besonderen Charakter hat – er ist kurzfristig nur schwer anzupassen.

Dabei ist eine Betrachtung des Personals unter reinen Kostengesichtspunkten nicht ausreichend, denn Mitarbeiter sind in Hochlohnländern wie Deutschland vielfach als Wissensträger die Schlüsselfiguren im Unternehmen und beeinflussen somit maßgeblich den Erfolg.

Die Analyse der Struktur der Belegschaft, der Entwicklung des Personalbestandes der letzten drei bis fünf Jahre und die Gründe für die wesentlichen Veränderungen sollten daher einen zentralen Raum in der Betrachtung einnehmen. Als Ausgangspunkt verschafft man sich einen Überblick über folgende Größen:

- Zahl der Beschäftigten in den einzelnen Bereichen (aufgeschlüsselt nach Qualifikation, Aufgaben, Entlohnung und Altersstruktur),
- Arbeitszeiten und Flexibilität der Zeitmodelle,
- Lohn- und Gehaltspolitik (z. B. Akkordlohn, Bonuszahlungen, Urlaubsgeld, betriebliche Altersversorgung).

Am Ende der Untersuchung sollte man Aussagen zu folgenden Fragen treffen können:

- Sind die Mitarbeiter ausreichend qualifiziert und motiviert?
- Welche Maßnahmen sind notwendig, um die Herausforderungen der Zukunft zu bewältigen?
- Und wie wird sich dies auf die zukünftigen Personalaufwendungen niederschlagen?

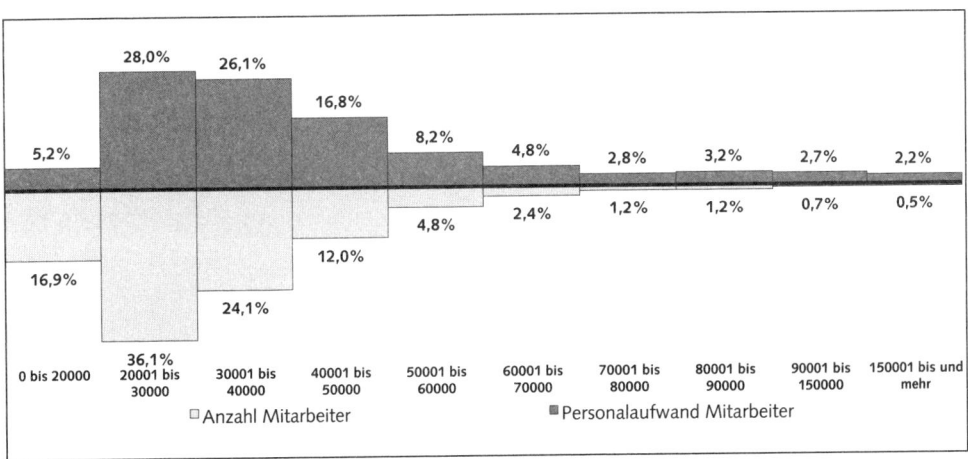

Abbildung I.83: Personalaufwandsverteilung der MASCHINENBAU GmbH

Rückschlüsse auf die Stärken und Schwachpunkte und den Auslastungsgrad der derzeitigen Organisationsstruktur lassen sich ableiten anhand der Länge der Betriebszugehörigkeit, der Fluktuation und den Gründen für das Ausscheiden aus dem Unternehmen, dem durchschnittlichen Krankenstand, der Zahl der Überstunden und der Häufigkeit von Arbeitsunfällen. Ergänzend zu den quantitativen Informationen kann man die Zufriedenheit der Mitarbeiter durch direkte Gespräche und Befragungen feststellen.

Daneben ist für die mittel- und langfristige Personalbedarfsplanung entscheidend, welche Veränderungen für die Zukunft antizipiert werden und wie man darauf reagiert, z.B. mithilfe von Personalentwicklungsinstrumenten (Aus-, Weiter- und Fortbildung).

Schlüsselpersonen

Oft sind es Personen in nicht leitenden Positionen, die entscheidend für eine Organisation sind (z.B. Vertriebsmitarbeiter mit engen persönlichen Verbindungen zu Kunden, kreative Köpfe im Marketing oder Entwicklungsingenieure mit großem Know-how). Es gilt, diese Personen zu identifizieren und zu klären:

- Wie hoch ist die Abhängigkeit des Unternehmens von diesen Personen?
- Wie schnell kann man adäquaten Ersatz finden?
- Welche Laufbahn haben diese Personen im Unternehmen genommen und besteht für ihre Ambitionen ausreichend Raum für eine weitere persönliche Entfaltung?
- Wie werden diese Schlüsselpersonen gefördert und ans Unternehmen gebunden?
- Aus welchen Bestandteilen besteht ihre Entlohnung (Fixum, Bonus, Aktienoptionen, andere Vergütungsbestandteile, evtl. vereinbarte Abfindungen, Firmenwagen)?

Der geplante Personalaufwand wird bestimmt durch den Planumsatz, die Mitarbeiterzahl, die Struktur der Belegschaft und die Lohn- und Gehaltsentwicklung. Starke Veränderungen der Gesamtunternehmensplanungen (Expansion oder Schrumpfung) haben unterschiedliche Implikationen auf die Planung der Personalseite, und dies ist bei der Planung des Personalaufwandes zu beachten:

- *Expansion:* Ein Aufbau der Mitarbeiterzahl kann relativ einfach vollzogen werden (ggf. abhängig von der Lage am Arbeitsmarkt). Dies führt in der Regel zu steigenden Personalaufwendungen, außer die Produktivität kann gesteigert werden z.B. durch Rationalisierung von Arbeitsabläufen oder neue Produktionsverfahren und Anlagen/Maschinen.
- *Schrumpfung:* Eine Anpassung der Beschäftigung nach unten (Down-Sizing) ist meist mit finanziellen, zeitlichen und arbeitsrechtlichen Restriktionen (z.B. Kündigungsfristen, Abfindungen, Sozialpläne) verbunden.

PRAXISTIPP: Personalplanung
Man multipliziert die Mitarbeiterzahl mit den effektiven Werktagen (nach Abzug von Feiertagen) des jeweiligen Jahres, um die Brutto-Manntage zu ermitteln. Nach Korrektur der zu erwarteten Abwesenheitstage (Urlaubs- und Krankheitstage) erhält man die tatsächlich verfügbaren Netto-Manntage. Diese werden mit den benötigten Manntagen gemäß der Umsatzplanung abgeglichen und zeigen die freien Kapazitäten bzw. die fehlenden Manntage.

Es empfiehlt sich, folgende Punkte näher zu betrachten:

Kritische Punkte	Analyse- und Planungstools
• Wie wird sich der Arbeitsmarkt entwickeln (z.B. Arbeitslosigkeit, Bildungs- und Ausbildungsniveau, Tarifpolitik etc.)? • Welche Steigerungen für Löhne und Gehälter inklusive Arbeitgeberanteil zu den Sozialversicherungen werden erwartet?	• Untersuchung des makroökonomischen Unternehmensumfeldes (siehe I.2)
• Sind die Schlüsselpositionen adäquat besetzt? Gibt es Abhängigkeiten zu einzelnen Personen? Gibt es entsprechende Bindungsmaßnahmen für diese Mitarbeiter? • Sind die Mitarbeiter qualifiziert und motiviert, um die Herausforderungen der Zukunft zu bewältigen? • Ist eine Anpassung des Personalbestandes an die erforderliche Produktionskapazität entsprechend des geplanten Umsatzes möglich? Ist das Unternehmen attraktiv genug, um fähige Mitarbeiter anzuwerben und zu halten? • Wie hoch ist der Fixanteil der Personalaufwendungen?	• Organigramm • Analyse der vergangenen und zukünftigen Entwicklung des Personalbestandes (Fluktuation, Ausbildung, Altersstruktur etc.) und die Gründe von wesentlichen Veränderungen • Kapazitätsplanung • Untersuchung der strategischen Fähigkeiten (siehe I.5.1) • Kennzahlen (siehe I.8.4.3): Länge der Betriebszugehörigkeit, Fluktuation, Krankenstand, Personalaufwandsquote, Mitarbeiterproduktivität, Entlohnungsniveau, Produktivität.

Tabelle I.70: Kritische Punkte für die Analyse und Planung des Personalaufwandes

CF-TRAINING-MODELL: Der Personalaufwand wird mithilfe der Annahme über die Personalaufwandsquote (in Prozent von der Gesamtleistung) geplant.

Annahmen für die MASCHINENBAU GmbH: Die Personalaufwendungen sanken im Jahr t_{-1} um 1,5 Mio. Euro auf 18,2 Mio. Euro (Vorjahr: 19,7 Mio. Euro). Der Rückgang resultierte aus den umgehend eingeleiteten Maßnahmen zur Kapazitätsanpassung mit Abbau von Überstunden und Kurzarbeit sowie aus der Reduktion von variablen Gehaltsbestand-teilen. Durch die Flexibilität der Mitarbeiter war es möglich, die Personalaufwendungen erfolgreich an die veränderten Absatzbedingungen anzupassen. Gleichzeitig wurde das Kri-senjahr t_{-1} ohne Stellenabbau bewältigt. Es ist daher zu erwarten, dass sich der Personalauf-wand auch in Zukunft anpassungsfähig entwickeln wird. Tabelle I.71 zeigt die Personalauf-wandsplanung.

MASCHINENBAU GmbH	Ist t_{-2}	Ist t_{-1}	Ist t_0	Plan t_1	Plan t_2	Plan t_3	Plan t_4	Plan t_5	Plan t_6
Personalaufwand	19,7	18,2	18,8	19,7	20,0	20,0	20,0	19,3	19,5
Personalaufwand (in % GL)	24,3%	27,8%	25,0%	24,5%	24,0%	23,8%	28,0%	25,0%	24,5%

Tabelle I.71: Planung des Personalaufwands der MASCHINENBAU GmbH

8.4.4 Abschreibungen

DEFINITION

Unter der Position *Abschreibungen* werden sämtliche planmäßigen Abschreibungen auf die imma-teriellen Vermögensgegenstände, das Sachanlagevermögen und auf die aktivierten Aufwendun-gen für die Ingangsetzung und Erweiterung des Geschäftsbetriebes gezeigt. Außerordentliche Abschreibungen werden unter dem a. o. Ergebnis aufgeführt. Abschreibungen auf Wertpapiere des Umlaufvermögens gehören zum Finanzergebnis und sollten daher – um dem Konzept der Erfolgsspaltung gerecht zu werden –, nicht unter der Position Abschreibungen aufgeführt wer-den. Vielmehr – sofern sie von unüblicher Natur sind – sind sie dem a. o. Ergebnis zuzurechnen.

Die Abschreibungen sind in Abstimmung mit der Planung des Anlagevermögens zu entwi-ckeln. Die Höhe der Abschreibungen sollte sich an den üblichen und rechtlich vorgegebenen Rahmenbedingungen orientieren. Für die Ermittlung der Abschreibungen kann aus Verein-fachungsgründen regelmäßig unterstellt werden, dass ein konstanter Prozentsatz des Anlage-vermögens jährlich abgeschrieben wird. Kann ebenfalls unterstellt werden, dass das Verhältnis von Anlagevermögen zur Gesamtleistung konstant ist, dann ist ceteris paribus das Verhält-nis von Abschreibungen zur Gesamtleistung (Abschreibungsquote) konstant. Die Höhe der Abschreibungen kann somit durch Anwendung der Abschreibungsquote ermittelt werden.

Kritische Punkte	Analyse- und Planungstools
• Korrespondieren die geplanten Investitionen mit den Abschreibungen? • Welche Abschreibungsmethoden werden ge-wählt (z. B. degressive oder lineare Abschrei-bung)? • Welche Nutzungsdauer wird unterstellt? Orientiert sich diese an den steuerlichen Vorgaben (Afa-Tabellen) und/oder an den betrieblichen Gegebenheiten? • Wird Anlagevermögen geleast?	• Kennzahlen: Sachanlagenintensität, Anlageab-nutzungsgrad, Abschreibungsquote, Wachs-tumsquote, Investitionsquote, Cashflow aus Investitionen

Tabelle I.72: Kritische Punkte für die Analyse und Planung der Abschreibungen

CF-TRAINING-MODELL: Die Höhe der Abschreibungen kann durch den Benutzer individuell eingegeben werden.

Annahmen für die MASCHINENBAU GmbH: Die Abschreibungen im Planungszeitraum steigen von 1,7 Mio. Euro auf 1,9 Mio. Euro. Sie betreffen im Wesentlichen planmäßige Abschreibungen auf Sachanlagen. Auffällig bei den von der MASCHINENBAU GmbH vorgelegten Werten ist, dass die Abschreibungen sich proportional zu der Gesamtleistung, den Nettoinvestitionen und Wachstumsquote entwickeln. Für einen außenstehenden Analysten, ohne tieferen Einblick in die Abschreibungsmodalitäten der einzelnen Vermögensgegenstände, scheint die Planung damit plausibel zu sein.

MASCHINENBAU GmbH	Ist t_{-2}	Ist t_{-1}	Ist t_0	Plan t_1	Plan t_2	Plan t_3	Plan t_4	Plan t_5	Plan t_6
Abschreibungen	1,7	1,7	1,7	1,9	1,9	1,9	1,9	1,9	1,9
Abschreibungsquote	2,1%	2,6%	2,3%	2,4%	2,3%	2,3%	2,7%	2,5%	2,4%
Wachstumsquote		94,1%	105,9%	163,2%	131,6%	94,7%	73,7%	94,7%	126,3%
Netto-Investitionen in Sachanlagen		1,6	1,8	3,1	2,5	1,8	1,4	1,8	2,4
Änderung Sachanlagen		-0,1	0,1	1,2	0,6	-0,1	-0,5	-0,1	0,5

Tabelle I.73: Planung der Abschreibungen der MASCHINENBAU GmbH

8.4.5 Sonstige betriebliche Aufwendungen

DEFINITION

Die *sonstigen betrieblichen Aufwendungen* haben ebenso wie die sonstigen betrieblichen Erträge den Charakter einer Sammelposition. Aufwendungen und Erträge, die untypisch und unregelmäßig für die gewöhnliche Geschäftstätigkeit anfallen bzw. mit deren Auftreten zukünftig nicht zu rechnen ist, werden im a.o. Ergebnis ausgewiesen und geplant. Darüber hinaus werden alle Ergebnisbestandteile, die mit dem Finanzanlagevermögen oder den Wertpapieren des Umlaufvermögens in Verbindung stehen, dem Zinsergebnis zugeordnet.

Unter den sonstigen betrieblichen Aufwendungen werden alle betrieblichen Aufwendungen subsumiert, die nicht bei anderen Aufwandspositionen aufzunehmen sind. Unter anderem sind dies:

- Rechts- und Beratungsaufwendungen, Ausgangsfrachten, Leasingraten, Mieten und Pachten, Provisionen, Spenden, Lizenzgebühren, Werbeaufwendungen etc.,
- Verluste aus dem Abgang von Vermögensgegenständen (außer auf Vorräte und Pauschalwertberichtigungen sowie außerordentliche Vorgänge während einer Betriebsschließung oder der Aufgabe eines Geschäftsbereiches),
- Abschreibungen auf Forderungen, soweit diese den üblichen Rahmen nicht überschreiten; andernfalls sind sie Teil des a.o. Ergebnisses,
- Einstellungen in den Sonderposten mit Rücklageanteil,
- Zuführung zu Rückstellungen (sofern sie außerordentlichen Charakter besitzen, werden sie zum a.o. Ergebnis umgruppiert),
- Sonstige Steuern: Als sonstige Steuern werden diejenigen unmittelbar von einem Unternehmen zu tragenden Steuern bezeichnet, die nicht unter der Position Steuern vom Ein-

kommen und Ertrag auszuweisen sind. Dies sind Substanzsteuern (z.B. Grundsteuer, Erbschaftssteuer) und betriebliche Steuern (z.B. Kfz-Steuer, Versicherungssteuer) sowie Zölle.

Die Ergebnisse aus der Vergangenheitsanalyse und der eventuellen Korrekturrechnung der sonstigen betrieblichen Aufwendungen und Erträge erlauben gewöhnlich eine relative Fortschreibung (in Prozent) mit der Entwicklung der Gesamtleistung. Dies setzt voraus, dass ein direkter operativer Zusammenhang zwischen der Position und der Gesamtleistung besteht und die sonstigen betrieblichen Ergebnisbestandteile variabel zu planen sind. Allgemein zu bejahen ist dieser Zusammenhang bei den Aufwendungen für Frachten und Energie, hingegen nicht bei den Rechts- und Beratungsaufwendungen.

Kritische Punkte	Analyse- und Planungstools
• Entstehen die geplanten sonstigen betrieblichen Aufwendungen im Zusammenhang mit dem Unternehmenszweck oder enthalten sie außerordentliche Elemente? • Bei Personenidentität (geschäftsführender Gesellschafter) ist kritisch zu würdigen, ob betriebsfremde Positionen wie nicht marktadäquate Konditionen von Gesellschafterdarlehen, Miete, Überlassung von Fahrzeugen eingeplant werden. • Wie hoch ist der Fixkostenanteil? • Die Konzernumlagen sind auf ihre Angemessenheit und auf die Möglichkeit, entsprechende Leistungen durch Fremdbezug zu beziehen, zu untersuchen.	• strategische Fähigkeiten (siehe I.5.1) • Marketing und Vertrieb: Marketing-Mix (siehe I.5.4.4) • Gemeinkostenwertanalyse • Kennzahl: sonstiger betrieblicher Aufwand in Relation zur Gesamtleistung (siehe I.7.6.4)
• Werbeaufwand: Bei der Planung ist ein Branchenvergleich vorzunehmen. Liegt der Planansatz in Relation zu den Umsätzen deutlich unter dem Branchendurchschnitt, so ist dies plausibel zu begründen. • Entspricht der Werbeetat der strategischen Ausrichtung des Unternehmens (z.B. hat ein Markenartikelhersteller ein höheres Budget als ein No-Label-Anbieter)? • Korrespondieren die Vertriebs-, Verpackungs- und Frachtkosten mit der Umsatzplanung?	• Erfolgsquellenanalyse (siehe I.6) • Analyse von Marketing und Vertrieb/Service und Kundendienst (siehe I.5.4.4) • Umsatzanalyse und Wachstumsanalyse (siehe I.8.2 und I.8.3)
• Wie hoch sind die zukünftigen Reparatur- und Instandhaltungsaufwendungen einzuschätzen? • Soweit Maßnahmen unterlassen worden sind, können in Zukunft erhöhte Aufwendungen anfallen.	• Allgemein kann man auf die Werte der Vergangenheit zurückgreifen. Aus dem Alter des Anlagevermögens lassen sich Anhaltspunkte für die zukünftige Instandhaltungsaufwendung ableiten. • Kennzahl: Anlagenabnutzungsgrad
• Werden die Miet- und Leasingaufwendungen entsprechend der geplanten Nutzung der Kapazitäten und Erweiterungen geplant?	• Analyse der Investitionsplanung (siehe I.8.5.4 Exkurs: Investitionsplanung)

Kritische Punkte	Analyse- und Planungstools
• Forschungs- und Entwicklungsaufwendungen: Sie sollten mit den entsprechenden Vorhaben abgestimmt sein. • Wie innovationsfreudig ist das Unternehmen? • Auf welchem technologischen Stand befinden sich die heutigen und geplanten Produkte? • Orientiert sich der Innovationsprozess an den Kundenbedürfnissen? • In welchem Stadium befinden sich die F&E-Projekte? Wann ist mit einer Markteinführung zu rechnen?	• Einschätzung der Gefahr einer Bedrohung durch Substitute (siehe I.3.2.4) • Analyse der Technologieentwicklung (siehe I.5.4.2) • Lebenszyklusanalyse der Branche und der Produkte (siehe I.3.3 und I.5.4.1) • Kennzahlen: F&E-Aufwendungen (siehe I.7.6.5), Aktivierungsquote
• Rechts- und Beratungsaufwendungen: Es sollte geprüft werden, ob außerordentliche Leistungen in Anspruch genommen wurden oder geplant werden (z. B. M&A-Beratung bei Kauf eines Unternehmens, Börsengang, Rechtsstreite).	• Erfolgsquellenanalyse (siehe I.6)

Tabelle I.74: Kritische Punkte für die Analyse und Planung der sonstigen betrieblichen Aufwendungen

CF-TRAINING-MODELL: Die sonstigen betrieblichen Aufwendungen werden auf Basis der Annahmen über die sonstige betriebliche Aufwandsquote (sonstige betriebliche Aufwendungen in Prozent der Gesamtleistung) geplant.

Annahmen für die MASCHINENBAU GmbH: Die sonstigen betrieblichen Aufwendungen sanken im Jahr t_{-1} um 1,2 Mio. Euro auf 10,2 Mio. Euro (Vorjahr: 11,4 Mio. Euro). Die positive Entwicklung wurde erreicht, indem ein Kostensenkungsprogramm durchgeführt wurde und die Umsatz abhängigen Aufwendungen wie Ausgangsfrachten, Vertriebsprovisionen, Reisekosten sich proportional mit dem Umsatzrückgang nach unten bewegten.

Die sonstige betriebliche Aufwandsquote pendelte in der Vergangenheit um die 14,2 Prozent. Für die Planjahre wird dieser Erfahrungswert ebenfalls unterstellt. Ausnahme ist wiederum das Jahr t_4, in dem ein erneuter Absatzrückgang erwartet wird. Hier wird auch mit einer erhöhten sonstigen betrieblichen Aufwandsquote wie im Jahr t_{-1} von 16 Prozent gerechnet.

MASCHINENBAU GmbH	Ist t_{-2}	Ist t_{-1}	Ist t_0	Plan t_1	Plan t_2	Plan t_3	Plan t_4	Plan t_5	Plan t_6
sonst. betrieblicher Aufwand	11,4	10,2	10,7	11,4	11,9	12,0	11,5	11,0	11,3
sonst. betriebl. Aufwand (in % GL)	14,1%	15,6%	14,2%	14,2%	14,2%	14,2%	16,0%	14,2%	14,2%

Tabelle I.75: Planung der sonstigen betrieblichen Aufwendungen der MASCHINENBAU GmbH

8.4.6 Sonstige betriebliche Erträge

DEFINITION

Unter den *sonstigen betrieblichen Erträgen* sind alle regelmäßig auftretenden Erträge anzusetzen, soweit es für sie keine besonderen Ertragposten gibt bzw. sie nicht in den Umsatzerlösen enthalten sind oder sie nicht das Finanzergebnis betreffen, z.B.

- Erträge aus dem Abgang von Vermögensgegenständen, sofern nicht außerordentlicher Ertrag z.B. aus Verkauf von Betriebsteilen,
- Zuschreibungen zu derartigen Vermögensgegenständen,
- Auflösungen von Rückstellungen.

Zu berücksichtigen sind ebenfalls potenzielle außerordentliche Effekte und der direkte wirtschaftliche Bezug zum Unternehmenszweck.

CF-TRAINING-MODELL: Die sonstigen betrieblichen Erträge werden auf Basis der Annahme über die sonstige betriebliche Ertragsquote (in Prozent von der Gesamtleistung) geplant.

Annahmen für die MASCHINENBAU GmbH: Die sonstigen betrieblichen Erträge der MASCHINENBAU GmbH hatten in der Vergangenheit mit 0,9 Prozent der Gesamtleistung nur eine untergeordnete Bedeutung. Für die Planung wird von einer sonstigen betrieblichen Ertragsquote von 0,8 Prozent bis 0,9 Prozent ausgegangen.

MASCHINENBAU GmbH	Ist t_{-2}	Ist t_{-1}	Ist t_0	Plan t_1	Plan t_2	Plan t_3	Plan t_4	Plan t_5	Plan t_6
sonst. betrieblicher Ertrag	0,7	0,6	0,7	0,7	0,7	0,8	0,6	0,6	0,6
sonst. betriebl. Ertrag (in % GL)	0,9%	0,9%	0,9%	0,9%	0,8%	0,9%	0,9%	0,8%	0,8%

Tabelle I.76: Planung der sonstigen betrieblichen Erträge der MASCHINENBAU GmbH

8.4.7 Zinsertrag

DEFINITION
Mit der Position *Zinsertrag* werden alle Zinserträge, z.B. Zinsen für Guthaben bei Kreditinstituten (wie Termingelder, Spareinlagen) und für Forderungen an Dritte sowie Zinsen und Dividenden auf Wertpapiere des Umlaufvermögens, eines Unternehmens erfasst, die nicht dessen Finanzanlagen zuzuordnen sind. Eventuell hierin enthaltene Währungskursgewinne sind abzuziehen und bei den sonstigen betrieblichen Erträgen zu erfassen.

Im Einzelnen fallen hierunter:
- Erträge aus Beteiligungen,
- Dividenden, Gewinnanteile, in sonstiger Weise ausgeschüttete Gewinne,
- Erträge aus Finanzanlagen,
- sonstige Zinsen und ähnliche Erträge – davon aus verbundenen Unternehmen.

Kritische Punkte	Analyse- und Planungstools
• Welche Zinsentwicklung wird erwartet?	• Analyse der Zinsstrukturkurve (siehe II.2.1.3.1.1) • Prognose der Verzinsungen auf den Kapitalmärkten (Analysen von Banken)
• Stimmt die Planung des Zinsertrages mit den entsprechenden Bilanzpositionen (z.B. Liquidität, Beteiligungen) überein?	• Prüfung der entsprechenden Verträge • Kennzahlen: Finanzergebnisquote (siehe I.7.6.6)

Kritische Punkte	Analyse- und Planungstools
• Wie hoch ist der Anteil der Ergebnisse aus Beteiligungen und Finanzanlagen am Gesamtergebnis? • Wie hoch sind diese Wertbeiträge zukünftig einzuschätzen? • Regelmäßig wird bei der Planung der Beteiligungsergebnisse mit pauschalen Werten gerechnet. Sind diese realistisch und stimmig?	• grobe und pauschalierte Annahmen bei marginalen Wertbeiträgen • komplette, separate Planung von Beteiligungsunternehmen bis hin zu den Ausschüttungen ist bei signifikanten Ergebnisbeiträgen notwendig

CF-TRAINING-MODELL: In dem Modell wird der Zinsertrag aus Vereinfachungsgründen auf Basis der Liquidität errechnet. Für den individuellen Bewertungsfall zu ergänzende Zinsertragsquellen und unterschiedliche Zinshöhen sind manuell ins Modell einzufügen. Die Planung im Modell erfolgt, indem die Liquidität mit einem unterstellten pauschalen Zinssatz multipliziert wird.

Annahmen für die MASCHINENBAU GmbH: Es wird ein Zinssatz von 1,5 Prozent unterstellt.

MASCHINENBAU GmbH	Plan t_1	Plan t_2	Plan t_3	Plan t_4	Plan t_5	Plan t_6
Zinsertrag	0,0	0,0	0,0	0,0	0,0	0,0
Zinsen für liquide Mittel	1,5%	1,0%	1,0%	1,5%	1,5	1,5

Tabelle I.77: Planung des Zinsertrages der MASCHINENBAU GmbH

8.4.8 Zinsaufwand

DEFINITION

Unter der Position *Zinsaufwand* sind alle Zinsaufwendungen und ähnliche Aufwendungen für das im Unternehmen gebundene Fremdkapital auszuweisen (z.B. Zinsaufwendungen für Kredite aller Art einschließlich Hypotheken, Schuldverschreibungen, Diskontbeträge für Wechsel und Schecks, Kreditprovisionen, Kreditbereitstellungsgebühren, Überziehungsprovisionen).

Kritische Punkte	Analyse- und Planungstools
• Was ist die adäquate Höhe des Plan-Zinsaufwandes?	• Analyse und Planung der Kapitalstruktur (siehe I.7.5): Darstellung der Verbindlichkeiten nach Kreditgebern z. B. Banken, Gesellschafter, der Zinssätze und sonstigen Konditionen • Einschätzung der Bonität und des Ratings des Unternehmens • Kennzahl: Zinsaufwandsquote (siehe I.7.6.7)
• Inwieweit werden in der Planung unterjährige Schwankungen im Kontokorrent berücksichtigt?	• Überprüfung der bisherigen durchschnittlichen Ausnutzung der Kontokorrentlinien für die einzelnen Monate • Erstellung einer detaillierten Liquiditätsplanung

Kritische Punkte	Analyse- und Planungstools
• Werden Zinsaufwendungen für andere Kreditge-schäfte geplant, die sich nicht in der Bilanz wie-derfinden (z. B. Provisionen für Avalgeschäfte)?	• ggf. Korrektur der vorgelegten Planung

Tabelle I.78: Kritische Punkte für die Analyse und Planung des Zinsaufwandes

Die Prognose des Zinsaufwandes setzt neben einer Planung der Verbindlichkeiten auch eine Einschätzung der zukünftigen Kreditkonditionen voraus, die in I.8.4.9 Exkurs: Kreditkondi-tionen und Rating kurz dargestellt werden.

CF-TRAINING-MODELL: Der Zinsaufwand wird auf Basis der kurzfristigen sowie langfris-tigen zinstragenden Verbindlichkeiten und den unterstellten Fremdkapitalzinsen errech-net. Aus Vereinfachungsgründen wird der Bestand der verzinslichen Verbindlichkeiten als homogene Größe geplant, d.h. für die Verzinsung wird jeweils ein einheitlicher Zinssatz angenommen. Sofern weitere zinstragende Passiva existieren und ihre individuellen Zinsbe-lastungen stark voneinander abweichen, können diese durch den Benutzer manuell berück-sichtigt werden.

Annahmen für die MASCHINENBAU GmbH: Die zinstragenden Verbindlichkeiten sind im Beispiel der MASCHINENBAU GmbH die kurz- und langfristigen Bankverbindlichkeiten und werden in Höhe von 5,0 Prozent verzinst.

MASCHINENBAU GmbH	Plan t_1	Plan t_2	Plan t_3	Plan t_4	Plan t_5	Plan t_6
Zinsaufwand	0,9	1,0	1,0	0,9	0,8	0,8
Zinsen f. Bankverbindlichkeiten	5,0%	5,0%	5,0%	5,0%	5,0	5,0

Tabelle I.79: Planung des Zinsaufwandes der MASCHINENBAU GmbH

8.4.9 Exkurs: Kreditkonditionen und Rating

Von zentraler Bedeutung für die Planung des Zinsaufwandes sind Kenntnisse über den Rating- und Kreditvergabeprozess von Banken, die über die Ausgestaltung der Kreditkon-ditionen entscheiden, d.h.
• aus welchen Komponenten setzt sich ein (bank)internes Rating zusammen,
• welche Kriterien werden herangezogen und
• in welcher Gewichtung diese in die Gesamtbeurteilung der Bonität eines Kreditnehmers einfließen.

In der Vergangenheit wurde die klassische Kreditentscheidung vornehmlich mit der Intu-ition und der Erfahrung von Kreditspezialisten getroffen. Die wesentliche Neuerung der internationalen Eigenkapitalübereinkunft von Basel II war, dass sich die Kreditvergabe und Konditionengestaltung an systematischen und statistischen Verfahren orientieren.
   Die frühere Konzentration auf die Besicherungssituation wird heute erweitert um eine stärkere Betonung der Faktoren Kreditlaufzeit, Kredithöhe und Bonitätsrating. Für die Kre-

dit nachfragenden Unternehmen bedeutet die formalisiertere und strukturiertere Kreditwürdigkeitsprüfung höhere Anforderungen an die Darstellung der Transparenz der unternehmerischen Geschäftsprozesse und der wirtschaftlichen Lage. Der Schwerpunkt der geforderten Informationen verschiebt sich von eher vergangenheitsbezogenen, quantitativen zu mehr zukunftsbezogenen, qualitativen Informationen. Gleichzeitig steigt auch der Umfang der bereitzustellenden Sachverhalte.

Aufbau eines Ratingsystems

Ein idealtypisches Rating ist mehrstufig aufgebaut und besteht aus der Beurteilung von quantitativen Jahresabschlusskennzahlen (Hardfacts), qualitativen Faktoren (Softfacts), Branchenrating und individuellen Ratingbestandteilen. Die Hardfacts gehen mit einer maßgeblichen Gewichtung (ca. 60 Prozent) in die Gesamtbeurteilung ein.

Abbildung I.84 gibt einen Überblick über die Elemente eines Ratingsystems. Auffällig hierbei sind die Parallelen der untersuchten Kriterien zwischen der Bonitätsbeurteilung der Banken und der Analyse und Planung eines Unternehmens im Rahmen einer Unternehmensbewertung. Trotz der vordergründigen Ähnlichkeiten ist eine direkte Vergleichbarkeit der Ergebnisse wenig sinnvoll, da die beiden Verfahren für unterschiedliche Zielsetzungen ausgelegt sind und voneinander abweichende Schwerpunkte setzen. Beim Rating steht die Risikosteuerung und Bonitätsbeurteilung aus Sicht eines Fremdkapitalgebers im Vordergrund, wohingegen eine Unternehmensbewertung die Perspektive eines unternehmerisch handelnden Eigenkapitalgebers einnimmt.

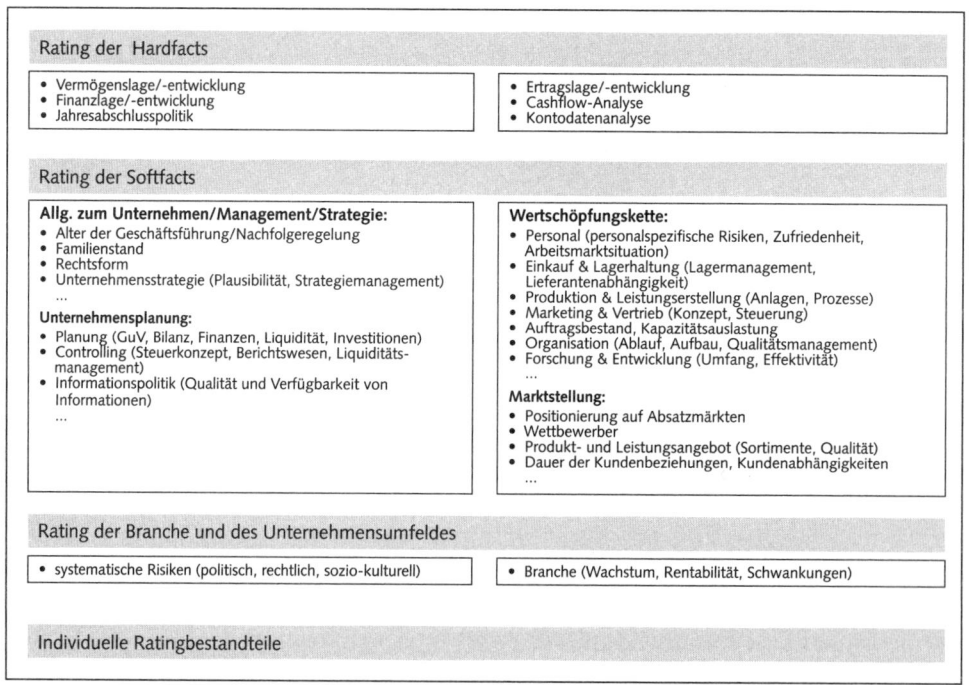

Abbildung I.84: Idealtypische Elemente eines bankinternen Ratingsystems für mittelständische Unternehmen

Für die Ermittlung der Hardfacts werden betriebs- und finanzwirtschaftliche Kennzahlen aus dem Jahresabschluss über die Ertrags-, Vermögens- und Finanzlage auf Abweichungen im Zeitvergleich und gegenüber dem Durchschnitt von Vergleichsunternehmen untersucht. Üblicherweise werden hierfür die Eigenkapitalquote, Gesamtkapitalrentabilität, Verschuldungsgrad, usw. herangezogen. Eventuell kann dies durch eine Auswertung der beobachteten Kontenführung des Kreditnehmers flankiert werden, die eine Beurteilung der Umsätze und des Zahlungsverhaltens beinhaltet (Einhalten von Tilgungsvereinbarungen, Rahmenausnutzung oder Überziehungen usw.).

Die zweite Stufe, das qualitative Rating, erfasst die Eigenschaften außerhalb des Jahresabschlusses, die nicht direkt quantitativ gemessen werden können. Häufig handelt es sich bei den sogenannten Softfacts um Einschätzungen über die Qualität bestimmter Elemente des Unternehmens wie Geschäftsmodell, Führungsstruktur, Planung und Steuerung, Geschäftsbeziehungen zu seinem Umfeld, Produkte sowie die Wertschöpfungskette. Die Einschätzung der Softfacts wird im Allgemeinen untermauert durch eine Branchenanalyse und gegebenenfalls ergänzt durch zusätzliche individuelle Ratingkomponenten, die die konkrete Situation des Unternehmens einbeziehen. Die untersuchten quantitativen Elemente werden mithilfe einer ordinalen Skalierung (ähnlich wie Schulnoten) in eine quasi-quantitative Form überführt.

Beurteilung der Bonität mit einer Ratingskala

Die gewonnenen Erkenntnisse werden sowohl bei der Ermittlung der einzelnen Teilbewertungsschritte als auch bei der Zusammenführung zu einem Gesamtrating abhängig von ihrer Ausprägung gewichtet. Die Gewichtungsfaktoren sind in eigenen Referenztabellen hinterlegt und weisen unterschiedliche Ausgestaltungen unter den verschiedenen Kreditgebern aus. Es ist denkbar, dass zwei unterschiedliche Kreditinstitute zu voneinander abweichenden Ratingergebnissen von ein und demselben Kunden gelangen.

Das Endergebnis einer Rating-Beurteilung wird mit einer Skala dargestellt, die, um die Bonitätsunterschiede von Unternehmen ausreichend differenziert abbilden zu können, verschiedene Abstufungen verwendet. Gebräuchlich sind Schulnoten-Skalierungen (z. B. Noten 1 bis 5) oder Anlehnungen an die von den international führenden Rating-Agenturen wie Standard & Poor's (S&P), Moody's oder Fitch IBCA verwendeten Skalen (siehe Tabelle I.80).

Fitch und S&P	Moody's	Beispiel eines Bankenratings
AAA AA+	Aaa Aa1	Sehr gut: Höchste Bonität, praktisch kein Ausfallrisiko
AA AA-	Aa2 Aa3	Sehr gut bis gut: Starke Zahlungsfähigkeit, sehr geringes Kreditrisiko
A+ AA-	A1 A2 A3	Gut: Gute Zahlungsfähigkeit, geringes Kreditrisiko
BBB+ BBB BBB-	Baa1 Baa2 Baa3	Gut bis befriedigend: Angemessene Zahlungsfähigkeit, aber mitunter auch spekulative Elemente oder mangelnder Schutz gegen Veränderungen der wirtschaftlichen Lage; gewisses Kreditrisiko

Fitch und S&P	Moody's	Beispiel eines Bankenratings
BB+ BB BB-	Ba1 Ba2 Ba3 B1	Ausreichend: Korrekte Erfüllung des Schuldendienstes wahrscheinlich, deutlich spekulative Elemente, erhebliches Kreditrisiko
B+ BB-	B2 B3	Mangelhaft: Langfristige Zahlungsfähigkeit nicht gesichert, spekulativ, hohes Kreditrisiko
CCC CC	Caa (1-3) Ca	Ungenügend: Akute Gefahr des Zahlungsverzugs, sehr hohes Kreditrisiko
SD/D	C	Zahlungsunfähig: In Zahlungsverzug

Tabelle I.80: Verschiedene Ratingskalen

Es ist jedoch anzumerken, dass externe Ratings (von S&P, Moody's, Fitch IBCA etc.) und interne Ratingverfahren von Kreditinstituten nicht deckungsgleich sind, da sie unterschiedlichen Zwecken dienen und im Hinblick auf die Prozesse und ermittelten Ergebnisse nur bedingt vergleichbar sind. Während interne Ratingverfahren von Kreditinstituten in erster Linie zur Ermittlung der gesetzlichen Eigenkapitalanforderungen sowie als Hilfsmittel bei der Kreditentscheidung, Konditionengestaltung und Kreditrisikosteuerung dienen, informieren externe Ratings die Kapitalgeber (z.B. die Käufer von Aktien oder Schuldverschreibungen) über die Bonität eines emittierenden Unternehmens.

Illustrativ ist in Modell-Tabelle 5 die Rating-Beurteilung der Hardfacts der MASCHINENBAU GmbH dargestellt. In puncto Eigenkapitalquote und Verschuldungsgrad wird sie mit »gut« beurteilt. Für die Gesamtkapitalrendite bekommt sie ein »ausreichend« und für EBITDA (in Prozent zur Gesamtleitung) ein »mangelhaft«. Ihr schwaches Abschneiden bei den Rendite-Hardfacts ist auf den Konjunktureinbruch im Jahr t_{-1} und die nur langsame Erholung in t_0 zurückzuführen. Im Branchenvergleich ist die schwache Benotung weniger gravierend.

Positionen Jahresabschluss	ist	sehr gut	gut	ausreichend	mangelhaft	gefährdet	Rating
	t_0	(1)	(2)	(3)	(4)	(5)	
Eigenkapitalquote	21,7%	>30%	>20%	>10%	<10%	<0	2
Verschuldungsgrad (statisch in Jahren)	3,5	<3	<5	<12	>12	>30	2
Gesamtkapitalrendite	7,1%	>10%	>8%	>5%	<5%	<0	3
EBITDA in % Gesamtleistung	6,2%	>15%	>12%	>8%	<8%	<0	4

Excel-Blatt: Kennzahlen

Modell-Tabelle 5: Rating der Hardfacts der MASCHINENBAU GmbH

8.4.10 Außerordentlicher Aufwand/Ertrag

Zur Berechnung der zukünftigen Ertragskraft ist es erforderlich, den Cashflow ohne Berücksichtigung von außerordentlichen Aufwendungen und Erträgen zu erfassen – darunter subsumiert man die periodenfremden Positionen im sonstigen betrieblichen Aufwand und Ertrag sowie die außerordentlichen Aufwendungen und Erträge mit nicht wiederkehrendem Charakter. Die außerordentlichen Positionen sind für die laufenden bzw. zukünftigen

Erfolge nicht relevant und müssen daher ausgeklammert werden (siehe I.6 Erfolgsquellen-analyse), um die Betrachtung von rein zufälligen Vorgängen frei zu halten. Ohne eine solche Bereinigung würde die Vergleichbarkeit erheblich eingeschränkt und ein Bruch in der Analyse und Planung der Ertragslage nicht erkennbar.

Außerordentliche Aufwendungen und Erträge werden durch Vorgänge verursacht, die ungewöhnlich, unternehmensfremd, selten und in ihrer materiellen Auswirkung von Bedeutung sind. Dies können beispielsweise sein:

- Buchgewinne bzw. -verluste aus der Veräußerung von Betriebsteilen oder bedeutenden Beteiligungen,
- außergewöhnliche Schadensersatzleistungen, die einmalig sind,
- Aufwendungen bei negativem Ausgang eines für die Existenz des Unternehmens entscheidenden Prozesses,
- Sanierungsgewinne,
- Sozialpläne,
- außerplanmäßige Abschreibungen aus Anlass eines außergewöhnlichen Ereignisses.

Die periodenfremden Positionen sind dagegen schwieriger zu identifizieren, wenn sie unter den sonstigen betrieblichen Erträgen und Aufwendungen erfasst wurden, denn hier ist keine generelle Verbuchung in das außergewöhnliche Ergebnis vorgeschrieben. Auf folgende Positionen sollte bei der Analyse einer vorgelegten Planung des sonstigen betrieblichen Ergebnisses geachtet werden:

- Erträge aus der Auflösung frei gewordener Rückstellungen,
- Steuererstattungen oder -nachzahlungen,
- Nachholung von Abschreibungen.

CF-TRAINING-MODELL: Ein eventuelles außerordentliches Ergebnis kann durch den Benutzer individuell eingegeben werden.

Annahmen für die MASCHINENBAU GmbH: Es wird kein außerordentliches Ergebnis geplant.

8.4.11 Ertragssteuern: Steuern vom Einkommen und Ertrag

Der Aufwand für Steuern vom Einkommen und Ertrag umfasst alle laufenden Steuerzahlungen insbesondere Zahlungen für die Körperschaft- und Gewerbesteuer. Substanzsteuern (z.B. Grundsteuer, Erbschaftssteuer) und betriebliche Steuern (z.B. Kfz-Steuer, Versicherungssteuer) sowie Zölle werden unter der Position sonstige betriebliche Aufwendungen berücksichtigt.

Kritische Punkte	Analyse- und Planungstools
• Unternehmen mit Betriebsstätten ausschließlich im Inland	• Anwendung der Vorschriften des herrschenden Steuersystems (Gewerbe- und Körperschaftsteuer) • Bei üblichen kommunalen Hebesätzen für die Gewerbesteuer beträgt die Summe der gewinnabhängigen Steuern derzeit ca. 29,8 %.

Kritische Punkte	Analyse- und Planungstools
• Internationale Betriebsstätten	• Fortschreibung historischer Steuerquoten, sofern sich die Steuersysteme nicht erheblich verändern • Indikationen des Managements/Steuerberaters
• Nutzung von Verlustvorträgen, Steuerrückstellungen und Nachzahlungen	• Gutachten eines Steuerberaters
• Übereinstimmung der Planung der Ertragssteuern mit den gesetzlichen Vorgaben für die Gesellschaftsform	• Gutachten eines Steuerberaters • Ausschlaggebend ist die Steuerbilanz und nicht die Handelsbilanz.

Tabelle I.81: Kritische Punkte für die Analyse und Planung des Steueraufwandes

CF-TRAINING-MODELL: Die Gewerbesteuerbelastung errechnet sich nach folgender Formel:

$$\text{Gewerbesteuer-Satz} \quad = \quad \frac{\text{Hebesatz}}{100 \times \text{Hebesatz}}$$

Die Gesamtbelastung aus Steuern von Einkommen und Ertrag bildet sich aus der Summe von Gewerbesteuersatz und Körperschaftsteuersatz.

Annahmen für die MASCHINENBAU GmbH: Der gewerbesteuerliche Hebesatz beträgt 400. Die Körperschaftsteuerbelastung beträgt 15,8 Prozent.

MASCHINENBAU GmbH	Plan t_1	Plan t_2	Plan t_3	Plan t_4	Plan t_5	Plan t_6
Gewerbesteuer	14,0%	14,0%	14,0%	14,0%	14,0%	14,0%
Körperschaftsteuer	15,8%	15,8%	15,8%	15,8%	15,8%	15,8%
Steuern auf Einkommen u. Ertrag	29,8%	29,8%	29,8%	29,8%	29,8%	29,8%

Tabelle I.82: Planung der Ertragssteuern der MASCHINENBAU GmbH

8.5 Prämissen der Plan-Aktiva

Die Aktiva des Planungsmodells haben folgenden Aufbau:

Positionen Jahresabschluss (Absolute Zahlen in Mio. €)	Ist t_2	Ist t_1	Ist t_0	Plan t_1	Plan t_2	Plan t_3	Plan t_4	Plan t_5	Plan t_6
Finanzanlagen	0,8	0,1	0,1	0,9	0,9	0,9	0,9	0,9	0,9
Sachanlagevermögen	9,9	9,8	9,9	11,1	11,7	11,6	11,1	11,0	11,5
Immaterielle Vermögen	2,5	2,5	2,5	2,7	2,9	3,1	3,1	3,3	3,5
Anlagevermögen	**13,2**	**12,4**	**12,5**	**14,7**	**15,5**	**15,6**	**15,1**	**15,2**	**15,9**
Vorräte	4,5	4,2	4,6	4,7	4,8	4,8	4,6	4,5	4,5
Forderungen L.u.L.	13,8	12,1	13,4	14,5	15,0	15,2	13,5	13,9	14,4
Sonst. Umlaufvermögen	10,1	8,6	10,3	10,2	10,4	10,6	10,7	11,0	11,1
Umlaufvermögen	**28,4**	**24,9**	**28,3**	**29,4**	**30,2**	**30,6**	**28,8**	**29,4**	**30,0**
Liquide Mittel	**1,6**	**1,4**	**1,5**	**1,6**	**1,8**	**1,9**	**1,5**	**1,7**	**1,7**
Summe Aktiva	**43,2**	**38,7**	**42,3**	**45,7**	**47,5**	**48,1**	**45,4**	**46,3**	**47,6**

Excel-Datei: Unternehmensbewertung/Excel-Blatt: Bilanz-Aktiva

Modell-Tabelle 1: Bilanz-Aktiva

8.5.1 Finanzanlagen

DEFINITION

Die Finanzanlagen unterscheiden sich von dem immateriellen Vermögen und dem Sachanlagevermögen dadurch, dass das in ihnen gebundene Vermögen anderen Unternehmen überlassen wird und es bei diesen entweder Eigenkapital oder Fremdkapital darstellt. Beispielsweise seien genannt: Anteile und Ausleihungen an verbundenen Unternehmen, Beteiligungen und Wertpapiere des Anlagevermögens.

CF-TRAINING-MODELL: Der Benutzer kann die Planwerte individuell im Feld *Nettoinvestitionen in Finanzanlagen* eingeben.

Annahmen für die MASCHINENBAU GmbH: Im Jahr t_{-1} wurden Finanzanlagen in einer Höhe von 0,7 Mio. Euro veräußert, um die Liquidität des Unternehmens zu sichern. Mit den Zusatzerträgen im Jahr t_1 wurden diese Finanzanlagen erneut erworben. Die Strategie der MASCHINENBAU GmbH sieht für die Zukunft keine weiteren Beteiligungen vor.

MASCHINENBAU GmbH	Ist t_{-2}	Ist t_{-1}	Ist t_0	Plan t_1	Plan t_2	Plan t_3	Plan t_4	Plan t_5	Plan t_6
Finanzanlagen	0,8	0,1	0,1	0,9	0,9	0,9	0,9	0,9	0,9

Tabelle I.83: Planung der Finanzanlagen der MASCHINENBAU GmbH

8.5.2 Sachanlagevermögen

Vermögensgegenstände des Sachanlagevermögens sind üblicherweise alle Vermögensgegenstände, die physisch fassbar und damit beweglich oder unbeweglich sind und im Unternehmen selbst genutzt werden. Das HGB kennt vier Arten von Sachanlagevermögen:
- Grundstücke und Gebäude,
- technische Anlagen und Maschinen,
- andere Anlagen, Betriebs- und Geschäftsausstattung,
- geleistete Anzahlungen und Anlagen im Bau.

Bei einem Produktionsbetrieb analysiert man vor allem die technische Ausstattung. Dazu ist eine Betriebsbesichtigung eine gute Gelegenheit, einen ersten Eindruck von dem Zustand der Anlagen und Maschinen, dem Produktionsablauf und der Effizienz zu gewinnen. Ein solcher Rundgang ersetzt nicht das Gutachten eines Sachverständigen, gibt dennoch ein Gefühl und Verständnis vom Unternehmen. Die Analyse der Produktion (Technical Review) beinhaltet die Prüfungen der technischen Dokumentationen sowie strukturierte Interviews mit den involvierten Abteilungen wie Geschäftsführung, F&E, Produktion, Qualitätsmanagement. Besonderes Augenmerk legt der Analyst auf die Abschätzung der Zuverlässigkeit und Verfügbarkeit über die geplante Laufzeit der Anlagen sowie mögliche zukünftige Schäden und Garantieansprüche.

Technische Ausstattung

Für die Beurteilung der Substanz der Produktion zieht man den Anlagespiegel aus den Jahresabschlussunterlagen, technische Werkspläne oder Ähnliches heran. Diese sollten Auskunft geben über

- Alter,
- Kapazität und Leistungsfähigkeit der Anlagen,
- Betriebsgenehmigungen und deren Dauer,
- Instandhaltungs- und Reparaturkosten in den letzten drei bis fünf Jahren.

Für die Beurteilung der Rentabilität (Effizienz) der Produktion sind folgende Angaben notwendig:

- Größe und Dauer einer Produktionseinheit bzw. Charge,
- optimale Produktionsmenge und Kapazitätsauslastung,
- Fehler- und Ausschussquote der Produktion,
- Qualitätssicherungssysteme,
- Auftragslage,
- Integrationsgrad der einzelnen Fertigungsschritte,
- Qualität der Zertifizierung,
- Entlohnungsgrundsatz (Akkord, Zeit, Zeit/Prämie).

Entsprechend der jeweiligen Branche, der notwendigen Technologien und der verfolgten Strategie (siehe Kapitel I.5.1 Analyse der strategischen Fähigkeiten) resultieren unterschiedliche Anforderungen an die Art der jeweils eingesetzten Produktionsanlagen: einfache Anlagen mit einer eher geringen Leistungsfähigkeit oder Hightech-Investitionen mit einem höheren Automatisierungsgrad. Auch gut gewartete, laufend optimierte einfache Low-Tech-Maschinen sind möglicherweise flexibler und ermöglichen vergleichbar günstigere Herstellungskosten als Automaten (insbesondere wenn die Low-Tech-Anlagen bereits abgeschrieben sind).

Eine hohe Wettbewerbsfähigkeit lässt sich mit beiden erreichen. Wichtig ist die konsequente Ausschöpfung der in Tabelle I.84 skizzierten Alternativen.

Low-Tech-Anlagen	High-Tech-Anlagen
• Anlagen mit geringer Leistungsfähigkeit	• Anlagen mit höchster Leistungsfähigkeit
• Nachrüstung mit firmenspezifischen Ergänzungen	• vollautomatischer Betrieb
• lange Nutzungsdauer der Anlagen	• eher kürzere Nutzungsdauer
• viele kleinere, wenige Großanlagen	• wenige Großanlagen und Verkettung der Anlagen

• eher niedriger Nutzungsgrad der Anlagen:
  – hohe Volumenflexibilität
  – hohe Variantenflexibilität
  – niedriges Ausfallrisiko
  – Einsatz von Hilfskräften
	• hoher Nutzungsgrad der Anlagen:
	  – tiefe Volumenflexibilität
	  – eher tiefe Variantenflexibilität
	  – hohes Ausfallrisiko
	  – Einsatz von Spezialisten

Tabelle I.84: Gegenüberstellung von Low-Tech und High-Tech in der Produktion

Hinweise für Fehlinvestitionen in der Vergangenheit

- Nicht vorhandene oder ungenügend durchdachte Businesspläne, falsch oder zu optimistisch prognostizierte Absatzzahlen und Produktionsvolumina,
- von Anfang an zu niedrige Auslastung (zum Beispiel Einschichtbetrieb anstatt Drei-Schichten),
- ungenügende Kapazitätsharmonisierung und Engpassorientierung,
- zu starke Dominanz der Technik,
- Einsatz von nicht ausgereiften Technologien,
- fehlendes, ungenügendes oder zu wenig konsequentes Investitions-Controlling.

Kapazitätsauslastung

Eine Übersicht der Produktionsmengen und eine Auslastungsanalyse (verfügbare Produktionszeit mit Aufschlüsselung in Leerstands-, Fertigungs-, Rüst- und Instandhaltungszeiten) der letzten drei bis fünf Jahre dienen der Ermittlung der Produktionskapazität. Hieraus lassen sich erste Schlüsse über tatsächliche technische und organisatorische Grenzen der Produktion ziehen und diese dienen einer Break-even-Analyse und der Plausibilisierung der geplanten Umsatzziele. Es ist zu beachten, dass für eine Kapazitätsausweitung eine gewisse Vorlaufzeit – u.a. für die Errichtung neuer Produktionseinheiten, das Einlernen des Bedienungspersonals bis zur Gewährleistung einer störungsfreien Inbetriebnahme – zu veranschlagen ist.

Kriterien für einen hohen Auslastungsgrad und die Verfügbarkeit der Anlagen auf einem hohen, stabilen Niveau sind zum Beispiel:
- kurze Stillstands- und Umrüstzeiten,
- auslastungsorientiertes Produktions-Planungssystem (PPS),
- Mitarbeiter-Qualifizierung,
- kontinuierlicher Verbesserungsprozess,
- flexible Arbeitszeit- und Entlohnungsmodelle.

Zur Analyse der Produktion betrachtet man den Produktionsprozess und stellt sie dem Wettbewerb gegenüber. Die Qualität der Produktion zeigt sich in schnellerer Reaktionsfähigkeit, kürzeren Durchlaufzeiten, niedrigeren Herstellungskosten und Lagerbeständen sowie einer höheren Flexibilität in puncto Volumenschwankungen und Marktveränderungen.

PRAXISBEISPIEL: Kapazitätsanalyse der MASCHINENBAU GmbH
Im Werkzeugmaschinenbau beginnt eine effektive Kapazitätsauslastung ab 70 Prozent. Die MASCHINENBAU GmbH hat mit 75 Prozent eine gute Auslastung (siehe Abbildung I.85). Die direkten Wettbewerber die A-Maschinenbau und B-Maschinenbau liegen leicht darüber. Ihre Fertigungstiefe ist jedoch deutlich geringer. Daher sind diese Unternehmen zunächst bemüht, ihre eigenen Kapazitäten voll zu nutzen. Die C-Maschinenbau und B-Maschinenbau haben hingegen höhere Fertigungstiefen und dementsprechend geringere Kapazitätsauslastungen.

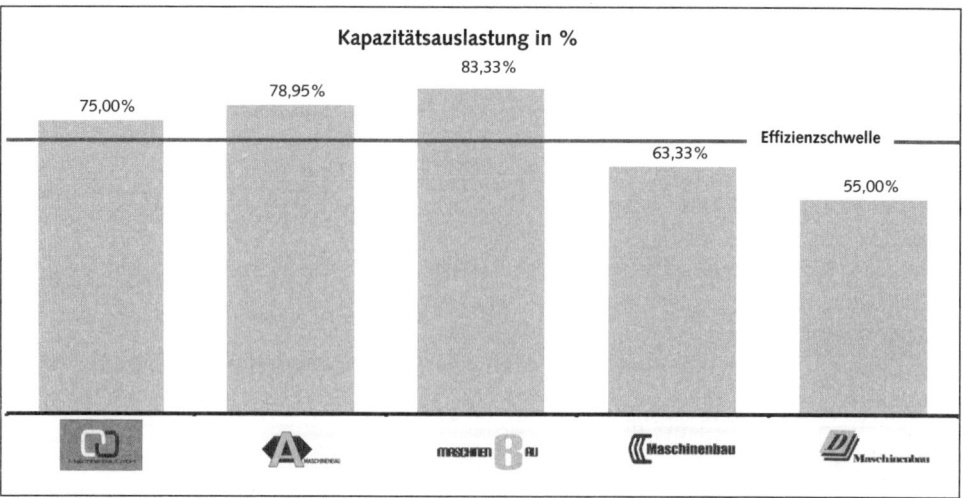

Abbildung I.85: Kapazitätsauslastung der MASCHINENBAU GmbH im Wettbewerbsvergleich

PRAXISTIPP: Vereinfachungsregeln für die Bestimmung der Investitionen ins Anlagevermögen

Die Höhe der Investitionen ins Sachanlagevermögen orientiert sich an dem Umfang der notwendigen Kapazität, die für die Erzielung der geplanten Gesamtleistung (inklusive eventueller saisonaler Auftragsspitzen) erforderlich ist.

• Unterstelltes marginales Wachstum oder Nullwachstum	• Nur Ersatzinvestitionen in Höhe der Abschreibungen ansetzen
• Unterstellte positive Wachstumsraten	• Erweiterungsinvestitionen planen
• Vereinfacht als konstantes Verhältnis von Sachanlagevermögen zum geplanten Wachstum der Gesamtleistung	• konstantes Verhältnis von Sachanlagevermögen zum geplanten Wachstum der Gesamtleistung

Ausführliche Empfehlungen für die Planung des Sachanlagevermögens werden in I.8.5.4 Exkurs: Investitionsplanung gegeben.

CF-TRAINING-MODELL: Der Benutzer kann die Planwerte für die Netto-Investitionen im Excel-Blatt Annahmen individuell eingeben.

Annahmen für die MASCHINENBAU GmbH: Die Netto-Investitionen in Sachanlagen wurden im Jahr t_{-1} auf das nötige Mindestmaß reduziert und betrafen ausschließlich Ersatzmaßnahmen beispielsweise für den Fuhrpark. Sie beliefen sich auf 1,6 Mio. Euro. Auch im darauffolgenden Jahr war die Investitionsbereitschaft verhalten. Die geplanten Investitionen in die Erneuerung und Erweiterung der Produktionsanlagen wurden verschoben. Man wollte zunächst die konjunkturelle Erholung beobachten. Für das Jahr t_1 sind größere Nettoinvestitionen (3,1 Mio. Euro) geplant um den Investitionsstau aufzulösen und die Produktion auf den aktuellen Stand zu halten.

MASCHINENBAU GmbH	Ist	Ist	Ist	Plan	Plan	Plan	Plan	Plan	Plan
	t_{-2}	t_{-1}	t_0	t_1	t_2	t_3	t_4	t_5	t_6
Sachanlagevermögen	9,9	9,8	9,9	11,1	11,7	11,6	11,1	11,0	11,5
Änderung Sachanlagen		-0,1	0,1	1,2	0,6	-0,1	-0,5	-0,1	0,5
Netto-Investitionen in Sachanlagen		1,6	1,8	3,1	2,5	1,8	1,4	1,8	2,4
Sachanlagenintensität	22,9%	25,4%	23,4%	24,3%	24,6%	24,1%	24,4%	23,8%	24,2%
Investitionsquote (statisch)		2,4%	2,4%	3,8%	3,0%	2,1%	2,0%	2,3%	3,0%
Investitionsgrad (dynamisch)		24,0%	486,5%	116,7%	67,9%	40,7%	41,6%	66,5%	62,4%
Wachstumsquote		94,1%	105,9%	163,2%	131,6%	94,7%	73,7%	94,7%	126,3%
Innenfinanzierungsfähigkeit		2,3	0,2	1,1	1,6	2,7	2,4	1,7	1,7

Tabelle I.85: Planung der Sachanlagen der MASCHINENBAU GmbH

8.5.3 Immaterielles Vermögen

Immaterielle Vermögensgegenstände sind in der Regel alle Vermögensgegenstände, die nicht körperlich fassbar sind, z. B. Konzessionen, gewerbliche Schutzrechte, Lizenzen sowie Geschäfts- oder Firmenwerte.

CF-TRAINING-MODELL: Der Anwender kann hier seine individuellen Einschätzungen in absoluten Zahlen im Annahmefeld *Nettoinvestitionen in immaterielles Vermögen* (Excel-Blatt Annahmen) eingeben.

Annahmen für die MASCHINENBAU GmbH: Um mit dem technischen Fortschritt Schritt halten zu können, plant die Unternehmensleitung Netto-Investitionen ins immaterielle Vermögen von jährlich 0,2 Mio. Euro. Sie sind für eine Optimierung der Geschäftsprozesse und der IT bestimmt.

MASCHINENBAU GmbH	Ist	Ist	Ist	Plan	Plan	Plan	Plan	Plan	Plan
	t_{-2}	t_{-1}	t_0	t_1	t_2	t_3	t_4	t_5	t_6
Immaterielles Vermögen	2,5	2,5	2,5	2,7	2,9	3,1	3,1	3,3	3,5
Veränderung Immateriel. Vermögen		0,0%	0,0%	8,0%	7,4%	6,9%	0,0%	6,5%	6,1%

Tabelle I.86: Planung des immateriellen Vermögens der MASCHINENBAU GmbH

8.5.4 Exkurs: Investitionsplanung

DEFINITION

Investieren heißt, Zahlungsmittel oder allgemeine Ressourcen für einen bestimmten und auf die Zukunft gerichteten Zweck einzusetzen bzw. zu binden.

Investitionsentscheidungen gehören zu den wichtigsten unternehmerischen Aufgaben und sie sind sorgfältig vorzunehmen, weil

- durch sie Kapital langfristig gebunden wird,
- sie in der Gegenwart getroffen werden, der Nutzen in seinem vollen Umfang erst in der Zukunft eintritt; sie erfolgen daher unter der Unsicherheit der zukünftigen Entwicklungen,
- sie Veränderungen in der Kostenstruktur verursachen und
- sie häufig nur unter erheblichem Einsatz wieder umzukehren sind.

Sie bedürfen daher einer fundierten Entscheidungsgrundlage. Der Exkurs Investitionsplanung zeigt, wie man vereinfacht mit der Kapitalwertmethode Investitionen planen, verschiedene Investitionsalternativen vergleichen und auswählen kann. Darüber hinaus werden Hinweise für eine Plausibilisierung einer vorgelegten Planung gegeben.

Die folgenden Erläuterungen beziehen sich im Schwerpunkt auf Sachinvestitionen. Die grundlegenden Überlegungen können auch auf andere Investitionsarten (Investitionen in Finanzanlagen und immaterielles Vermögen) übertragen werden.

> **DEFINITION**
> Die *Investitionsplanung* umfasst die Beurteilung der Rentabilität, Wirtschaftlichkeit, Liquidität, Risiko, Marktfaktoren sowie Fragen der Finanzierung eines Investitionsobjektes.

Aus der Absatz- und Produktionsplanung leitet sich ein Investitionsbedarf im Unternehmen ab. Die potenziellen, konkurrierenden Investitionsalternativen werden identifiziert, nach ihrer Priorität geordnet und mit der Investitionsrechnung auf ihren Nutzen geprüft. Dabei sind Sicherheits- und Liquiditätskriterien einzubeziehen, denn die Möglichkeiten der Finanzierung begrenzen das Investitionsvolumen. Des Weiteren bestehen Abhängigkeiten zwischen der Dauer der Kapitalbindung und der Form des eingesetzten Kapitals.

Investitionsentscheidungen werfen vier Fragen auf:
- Handelt es sich um eine einzelne exklusive Investition?
- Gibt es zwei oder mehrere einander ausschließende Investitionen?
- Wie soll(en) die Investition(en) finanziert werden?
- Generieren sie einen positiven Wertbeitrag für den Unternehmenserfolg?

Vereinfacht kann man bei einer Unternehmensbewertung davon ausgehen, dass Investitionen ins Anlagevermögen in der Regel parallel zur Entwicklung des Umsatzes und in Höhe der Abschreibungen verlaufen. Situationen, in denen von dieser generellen Planungsannahme abgewichen werden muss, können z.B. sein:
- Sonder- oder Großaufträge, die besondere Fertigungskapazitäten erfordern,
- eine neue Wachstumsstrategie eines Unternehmens, um neue Produktbereiche und Märkte zu erschließen,
- eine angespannte Finanzsituation oder Konjunkturflaute, die eine Verschiebung von regulären Investitionen notwendig macht.

Für eine Plausibilisierung einer Investitionsplanung bietet sich darüber hinaus folgendes Prüfungsschema an:
- Man untersucht, ob zusätzliche Folgen aus einer Investition berücksichtigt wurden – z.B. notwendige Personalschulungen, Veränderungen in der Ablauforganisation etc. Wurde die gesamte Lebensdauer der Investition erfasst? Nicht zu vernachlässigen sind Investitionsnebenkosten und Investitionsfolgekosten.
- Man kann die in der Vergangenheit getätigten Investitionen ins Verhältnis zu der jeweiligen Gesamtleistung in dem entsprechenden Jahr setzen und nach Mustern suchen, die man auf die Planung überträgt.
- Man kann die Rationalisierungsinvestitionen ins Verhältnis zur Kostenplanung und die

Erweiterungsinvestitionen ins Verhältnis zur Gesamtleistungsplanung setzen. Diese Kennzahlen geben einen Anhaltspunkt für den zukünftigen Investitionsbedarf in Relation zur geplanten Entwicklung des Unternehmens.

- Man untersucht den Anlagenabnutzungsgrad. Mit dieser Kennziffer kann man nachvollziehen, wie weit die Produktionsmittel bereits abgeschrieben sind. Ist dies in hohem Maße der Fall, ist daraus zu schließen, dass in absehbarer Zeit ein erhöhter Ersatzinvestitionsbedarf besteht. Daran schließt sich die Frage an, ob hierzu in den Planungen ausreichend Liquidität vorgesehen wurde. Hinweise für einen erhöhten Investitionsbedarf sind:
  - Der Zustand des Anlagevermögens entspricht nicht der gewöhnlichen Nutzung.
  - Die bisher angefallenen Stillstands- und Reparaturzeiten sowie Instandhaltungs- und Reparaturaufwendungen können auf notwendige Investitionen hinweisen.
  - Unterlassene Instandhaltungen können ein Indiz für weitere Investitionen sein.
  - Der Rationalisierungsbedarf ist hoch.
  - Das Investitionsverhalten weist Sprünge auf.
  - Es gibt signifikante Preisveränderungen bei Investitionsgütern.

Investitionsrechnung

Aufgabe der Investitionsrechnung ist es, die Einzahlungs- und Auszahlungsströme während der Nutzungsdauer – verteilt auf die Perioden – so gegenüberzustellen, dass die daraus resultierenden Nettozahlungsströme eine Aussage über den Nutzen des Investitionsvorhabens erlauben.

Um die Zahlungsströme zu ermitteln, ist eine präzise Planung der in Zukunft zu erwartenden Einzahlungen bzw. Auszahlungen aus der Investition erforderlich. Die investitionsrelevanten Zahlungsströme ergeben sich aus den zusätzlichen Vorteilen:

- erzielbare Erträge (z. B. höhere Umsätze),
- Einsparungen (z. B. durch Effizienzsteigerungen wie geringerer Material- und Personaleinsatz),
- steuerliche Vorteile aus der Abschreibung des Investitionsobjektes,
- Erlöse aus dem Verkauf des zu ersetzenden Anlagevermögens bzw. Veräußerungserlöse des Investitionsobjektes nach Nutzungsdauer.

Bei der Investitionsrechnung wird zwischen zwei grundlegenden Methoden unterschieden: den statischen und den dynamischen Methoden.

- Die statischen Verfahren beruhen größtenteils auf Zahlenvergleichen (z. B. Kostenvergleich, Gewinnvergleich, Rentabilitätsvergleich, Amortisationsvergleich). Sie berücksichtigen allerdings nicht eine Verzinsung des eingesetzten Kapitals und die durch eine Investition über die Nutzungsdauer ausgelösten Zahlungsströme.
- Die dynamischen Methoden (z. B. Kapitalwertmethode, interne Zinsfußmethode, dynamische Amortisation, andere Annuitätenmethoden) sind komplexer und arbeitsaufwendiger als die statischen Verfahren. Im Gegensatz zu diesen werden die voraussichtlichen Zahlungsströme berücksichtigt, die während jedes einzelnen Planungsjahres der Nutzungsdauer generiert werden. Dies ermöglicht ein exakteres Erfassen der Schwankungen der Zahlungsströme und führt zu aussagekräftigeren Ergebnissen.

Aufgrund der genannten Vorteile konzentrieren sich die folgenden Ausführungen auf das dynamische Verfahren Kapitalwertmethode.

Kapitalwertmethode

Kern der Kapitalwertmethode (auch Barwertmethode) ist die Ermittlung der Barwerte aller Einzahlungsüberschüsse zum Investitionszeitpunkt, die durch eine Investition zu unterschiedlichen Zeitpunkten verursacht werden. Sie nimmt einen relativen Vergleich zwischen den aus der Investition zu erwartenden Einzahlungsüberschüssen (Incremental Cashflows) und den Opportunitätskosten (Kapitalkosten) in Form des Kalkulationszinssatzes vor. Die Opportunitätskosten leiten sich aus einer Alternativanlage der für die Investition aufzuwendenden Mittel ab. Dabei ist zu beachten, dass je höher der Kalkulationszinssatz ist, desto geringer ist der Kapitalwert und umgekehrt.

Die Einzahlungsüberschüsse aus der Investition ergeben sich aus den Ein- und Auszahlungen, Abschreibungen, Steuerzahlungen und den Buchgewinnen aus einer eventuellen Weiterveräußerung des Investitionsobjektes.

Benchmark für eine Investition ist der Kalkulationszinssatz, der vom Kapitalwert übertroffen werden sollte: Je höher der Kapitalwert, desto höher ist der Erfolgsbeitrag einer Investition.

Der Kapitalwert gibt folgende Aussagen:

- Kapitalwert = 0: Die Investition erzielt genau die Opportunitätskosten (= Kapitalkosten),
- Kapitalwert > 0: Die Investition ist von Vorteil und erwirtschaftet zusätzliche Zahlungsströme,
- Kapitalwert < 0: Die Investition sollte nicht realisiert werden. Es ist vorteilhafter, die für die Investition vorgesehenen Mittel in die im Kalkulationszinssatz dargestellte Alternativanlage zu leiten.

Mit dem Kapitalwertverfahren können auch mehrere Investitionsalternativen verglichen werden. Hierbei ist die Alternative zu wählen, die den höchsten Kapitalwert aufweist. Anzumerken ist, dass das Kapitalwertverfahren ein relatives und kein absolutes ist, d.h. der Kapitalwert stellt keine konkrete Rendite dar, sondern ist lediglich ein Vergleichsinstrumentarium.

PRAXISBEISPIEL: Investionsrechnung mit der Kapitalwertmethode

Kapitalwertmethode	t_1	t_2	t_3	t_4	t_5	t_6
Einzahlungen	-100,0					
Auszahlungen		15,0	15,0	15,0	15,0	15,0
./. Abschreibungen		-10,0	-10,0	-10,0	-10,0	-10,0
= zu versteuern		5,0	5,0	5,0	5,0	5,0
./. Steuerzahlung		1,5	1,5	1,5	1,5	1,5
= nach Steuern		3,5	3,5	3,5	3,5	3,5
+ Abschreibungen		10,0	10,0	10,0	10,0	10,0
+ Verkauf zu Buchwert						50,0
= Einzahlungsüberschusse nach Steuern	-100,0	13,5	13,5	13,5	13,5	63,5
Barwert	-100,0	13,1	12,6	12,2	11,8	53,4
= Kapitalwert	3,06					

Steuersatz	29,8%
Opportunitätskosten	5,0%
Kalkulationszins (steuerkorrigiert)	3,5%

Excel-Datei: Analyse/Excel-Blatt: Investitionsrechnung

Modell-Tabelle 1: Auswertung

Im folgenden Beispiel wird eine Investition in eine Maschine unterstellt, die mit 100 T€ Anschaffungskosten verbunden ist. Die MASCHINENBAU GmbH erwartet jährliche Erlöse in Höhe von 15 T€. Die Nutzungsdauer beträgt zehn Jahre, es wird linear abgeschrieben und der Steuersatz liegt bei 29,8 Prozent. Nach einer Laufzeit von fünf Jahren wird die Maschine zum Buchwert weiterveräußert.

Der Kapitalwert ist mit 3,06 positiv, d.h. das Investitionsvorhaben ist für die MASCHINENBAU GmbH vorteilhaft, da die Summe der in Zukunft zu erwartenden abgezinsten Zahlungsströme höher sind als die Opportunitätskosten.

8.5.5 Vorräte

DEFINITION

Vorräte sind Vermögensgegenstände, die im betrieblichen Leistungserstellungsprozess erworben, gegebenenfalls be- oder verarbeitet und veräußert werden:
- Roh-, Hilfs- und Betriebsstoffe,
- unfertige Erzeugnisse, unfertige Leistungen,
- fertige Erzeugnisse und (Handels-)Waren,
- geleistete Anzahlungen.

In vielen Branchen führen bereits geringe Engpässe bei den Vorräten für die Produktion zu erheblichen Ertragsauswirkungen. Die Lieferketten werden immer komplexer und damit fragiler. Dementsprechend erfordert die Analyse der Materialwirtschaft eine eingehende Beschäftigung.

Denn die Materialwirtschaft dient der Versorgung und Aufrechterhaltung der Produktion und der Sicherung der Lieferfähigkeit im Verkauf. Sie gleicht die unterschiedlichen Materialdurchsatzgeschwindigkeiten in den einzelnen Bereichen des Unternehmens entlang der gesamten Wertschöpfungskette aus. Organisatorisch ist sie dafür verantwortlich, dass die benötigten Rohstoffe, sonstigen Materialien, Vor- und Endprodukte
- zur richtigen Zeit,
- in ausreichender Menge und
- zu marktgerechten Preisen zur Verfügung stehen.

Diese Anforderungen sind ursächlich für das typische Spannungsfeld aus divergierenden Zielen, die in Abbildung I.86 dargestellt sind.

Der Zielkonflikt in der Materialwirtschaft besteht darin, dass mit dem Grad der Erreichung eines Zieles der Erreichungsgrad zumindest eines anderen Zieles geringer wird. Ein hoher Lieferbereitschaftsgrad beispielsweise führt zwar zu geringen Fehlteilraten, aber auch zu hohen Lagerkosten. Versucht man hohe Lagerkosten durch häufige Bestellung kleinerer Mengen zu umgehen, so steigert man durch das Nichtausnutzen von Mengenrabatten und intensivere Beanspruchung des innerbetrieblichen Beschaffungswesens die Bestands- und Bestellkosten.

Als Antwort auf den beschriebenen Zielkonflikt haben sich drei fundamentale materialwirtschaftliche Konzepte herausgebildet, die sich für die jeweiligen spezifischen Unternehmenssituationen eignen:

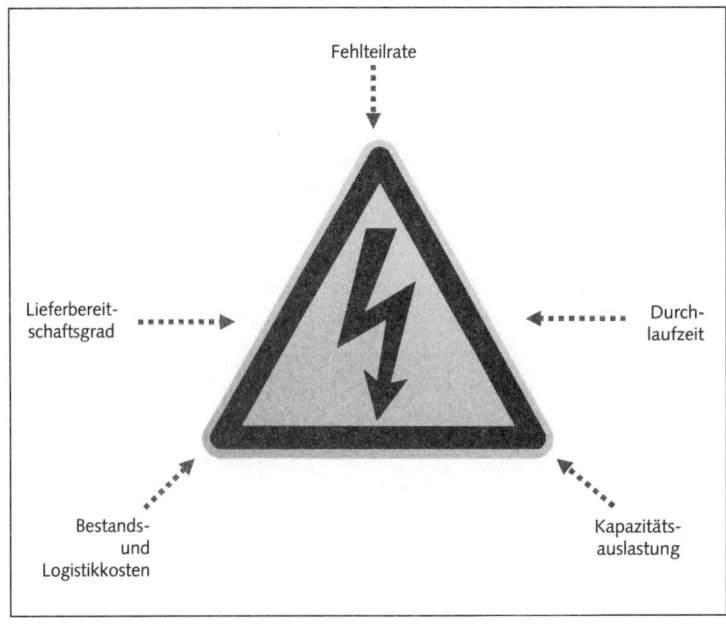

Abbildung I.86:
Zielkonflikt in der
Materialwirtschaft

- Just-in-time,
- Bedarfs-Einzelbeschaffung,
- lagermäßige Bevorratung.

Tabelle I.87 zeigt eine Übersicht über die Beschaffungsprinzipien, ihre Vor- und Nachteile und Einsatzmöglichkeiten.

Just-in-time	Bedarfs-Einzelbeschaffung	Lagermäßige Bevorratung
• Verzicht auf Lagerung im engeren Sinne. Der Beschaffungsvorgang wird so organisiert, dass im Moment der Bedarfsentstehung das zu beschaffende Produkt angeliefert wird. • Beschaffungslogistik und Produktion spielen terminlich exakt zusammen. • Just-in-Time ist vielfach jedoch nur eine Verlagerung auf den Lieferanten.	• Beschaffung oder Bereitstellung durch einzelnen Beschaffungsprozess nur im Bedarfsfall mit anschließender, zumeist kurzer Lagerung. • In Ausgangslagerung zumeist bei Einzelfertigung auf Bestellung insbesondere z. B. in Handwerksbetrieben anzutreffen.	• Klassische Lagerung mit allen Konzepten der Disposition und Logistik. • Vorhandene Produkte werden in Lägern für zumeist zeitlich und räumlich ungewisse Bedarfsfälle bereitgehalten und stehen im Moment der Bedarfsentstehung zur Verfügung. • In der großen Mehrzahl der Fälle der mehrstufigen Produktion ist eine lagermäßige Bevorratung zumindest innerhalb des Produktionsprozesses, meist auch in Ausgangslagerung erforderlich.

Just-in-time	Bedarfs-Einzelbeschaffung	Lagermäßige Bevorratung
Vorteile		
• keine Lagerkosten, d.h., auch nicht die mit der Lagerung verbundenen Fixkosten • keine Bestandsrisiken	• geringe Lagerkosten • nahezu keine Bestandsrisiken	• permanente Verfügbarkeit, d.h., geringe Fehlteilrate • geringes Bezugsrisiko
Nachteile		
• großes Bezugsrisiko, d.h. Produktionsstillstand bei verspäteter oder ausbleibender Lieferung • exakte Planung erforderlich	• hohes Bezugsrisiko • mangelnde Verfügbarkeit bei plötzlichem Bedarf, besonders in dezentralen Märkten ein großer Nachteil	• hohe Lagerkosten • Bestandsrisiko (Verderb, »Schwund«)
Eignung für		
• große, schwierig zu lagernde oder wertintensive Produkte, da in diesen Fällen hohe Lagerkosten die besonderen Risiken der kurzfristigen Beschaffung rechtfertigen. In der Praxis werden Just-in-time-Modelle in zunehmendem Maße auch für Halbfabrikate der Zulieferer implementiert, was primär nur ein Ausdruck der großen Nachfragemacht der Abnehmer ist, d.h., deren Druck, die Lagerkosten durch Verschiebung der Lagerung auf den Lieferanten abzuwälzen.		• alle anderen Produkte, d.h. solche, deren Lagerung nicht durch besondere Größe, Wert oder Sicherheitserfordernis besondere Kosten verursacht. Dies ist der Regelfall.
Charakteristische Produktionsverfahren		
• Einzelfertigung, Industrie oder Bau	• Werkstattfertigung, industrielle Einzelfertigung	• industrielle Serienfertigung

Tabelle I.87: Übersicht über die drei fundamentalen Beschaffungsprinzipien

8.5.5.1 Die optimale Lagergröße

Eine optimale Größe der Läger ist abhängig von den individuellen Erfordernissen des einzelnen Unternehmens. Generell lassen sich folgende Bestimmungselemente der Lagergröße im Rahmen einer Unternehmensdiagnose anlegen:
• Lagerkosten (Personal, Kapitalbindung, kalkulatorische Risiken usw.) und Bestellkosten,
• erwartete Umschlagshäufigkeit des Materials,
• äußere Probleme bei der Bestellung (Lieferprobleme etc.),
• räumliche Abmessungen des Materials,
• Größe des Unternehmens und der Produktion,
• angewandtes Fertigungsverfahren,
• innerbetriebliche Transportmittel und -wege.

Nachteile zu großer Läger:
• hohe Raum- und Personalkosten,
• evtl. problematischer innerbetrieblicher Transport,
• hohe Kapitalbindung, daher hohe kalkulatorische Zinsen,

- Gefahr des Verderbs oder Schwundes,
- evtl. technisches Veralten gelagerter Produkte, daher hohe kalkulatorische Wagniskosten.

Nachteile zu kleiner Läger:
- geringe Ausnutzung von Mengenrabatten der Lieferanten,
- hohe Bestellkosten durch zahlreiche Bestellvorgänge,
- mangelnde Absicherung gegen Unregelmäßigkeiten im Einkauf oder Absatz,
- mangelnde Lieferbereitschaft, evtl. Konventionalstrafen bei Lieferverzögerungen, evtl. hohe Kosten für Fremdlagerung.

Die kritischen Punkte, um die Vorräte zu planen, sind in Tabelle I.88 zusammengefasst.

Kritische Punkte	Analyse- und Planungstools
• Ist die Höhe der Lagerbestände eines Unternehmens von strategischen oder spekulativen Motiven getrieben? Die eingeschlagene Richtung hat Einfluss auf die Höhe der Bestände.	• Strategisch meint, dass die Inputs von kritischer Bedeutung für den Unternehmenserfolg sind. Für die Planung bedeutet dies, dass eine sichere Verfügbarkeit für einen längeren Zeitraum entscheidend ist. • Spekulativ meint, Bestände werden für produktionswichtige Materialien vorgehalten, die starken Preisschwankungen unterliegen.
• Höhe der Planungsgröße	• Vereinfachungsregel: Koppelung der Vorratsentwicklung am Nettoumsatz oder Working Capital
• Gewährleisten die geplanten Vorräte eine reibungslose Produktion und eine termingerechte Belieferung der Kunden?	• Analyse des Spannungsfeldes zwischen Lagerreichweite, Mindestbeständen, optimale Losgröße und Kapitalbindungskosten (Lagerumschlagshäufigkeit) • Berücksichtigung von Änderungen in der Produktpalette, im Produktionsprozess sowie der Beschaffungssituation der Vorräte
• Anteil und Wert der unfertigen Erzeugnisse	• Abhängig von Dauer und Art der Leistungserstellung
• Werthaltigkeit der Vorratsbestände (Ladenhüter)	• Vorratsvermögen auf eine realistische Bewertung untersuchen

Tabelle I.88: Kritische Punkte für die Analyse und Planung der Vorräte

8.5.5.2 Eiserner Bestand

Der eiserne Bestand ist der Bestand an Roh-, Hilfs- und Betriebsstoffen sowie Halb- und Fertigerzeugnissen, der aus Sicherheitsgründen zur Aufrechterhaltung der Betriebsbereitschaft als Mindestbestand vorrätig sein muss.

> **DEFINITION**
> *Eiserner Bestand:* Um einen störungsfreien Betriebsablauf zu gewährleisten, ist es notwendig, dass stets ausreichende Bestände in gleicher Zusammensetzung vorhanden sein müssen, um kurzfristige Lieferschwankungen auszugleichen. Man bezeichnet einen solchen Bestand, der nicht unter-

schritten werden sollte, als eisernen Bestand, Sicherheitsbestand, Mindestbestand oder Reserve-bestand.

Der eiserne Bestand wird nur dann eingesetzt, wenn die Beschaffungszeit aus unvorherge-sehenen Gründen überschritten und/oder der tatsächliche Materialverbrauch größer als der geplante Verbrauch ist. Auch wenn die Vorräte bilanziell dem Umlaufvermögen zugeordnet werden, haben sie den Charakter von langfristig gehaltenem Vermögen.

Man ermittelt den eisernen Bestand, indem man die Reservetage für verspätete Lieferung und die täglichen maximalen Verbräuche schätzt. Mit einem solchen Bestand ist es mög-lich, die Schwankungen im Materialverbrauch und in der Beschaffungszeit auszugleichen.

Der eiserne Bestand sollte jedoch nicht zu hoch veranschlagt werden, denn durch ihn wird Kapital gebunden und damit Kosten verursacht. Er sollte daher laufend an einer geän-derten Nachfrage am Absatzmarkt und an ein geändertes Risiko auf dem Beschaffungsmarkt angepasst werden.

PRAXISBEISPIEL: Eiserner Bestand
Mit dem Excel-Tool Eiserner Bestand kann man die Mindestmenge an Vorräten für verschiedene Güter bestimmen.
1. In der Modell-Tabelle 1 werden die Daten für Tagesverbrauch und Reservetage erfasst.

	Stahl	Aluminium	Getriebe	Komponenten	Elektronik
Tagesverbrauch (in Stück)	110,0	140,0	90,0	75,0	115,0
Reservetage	12,0	4,0	7,0	8,0	14,0
Eiserner Bestand (in Stück)	1.320,0	560,0	630,0	600,0	1.610,0
Quelle: Heimrath, 2010; eigene Darstellung, eigene Berechnungen					

Excel-Datei: Analyse/Excel-Blatt: Eiserner Bestand
Modell-Tabelle 1: Dateneingabe

2. Das Excel-Tool errechnet den eisernen Bestand und gibt sie in einem Diagramm aus.

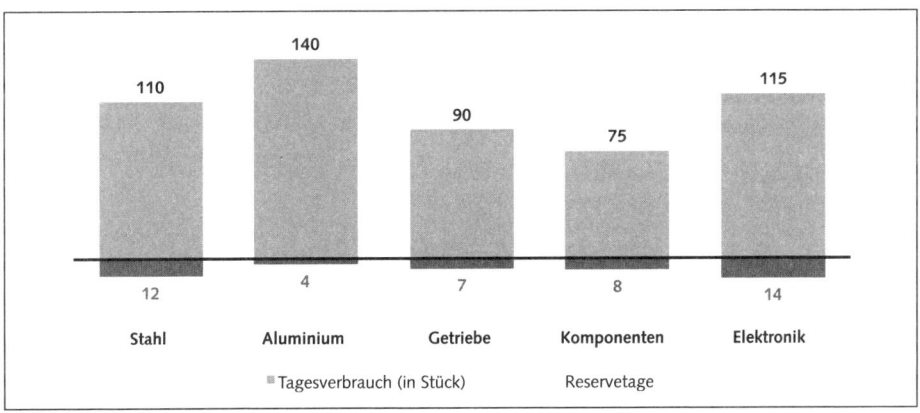

Excel-Datei: Analyse/Excel-Blatt: Eiserner Bestand (vgl. Heimrath, 2010; eigene Darstellung)
Modell-Tabelle 2: Diagramm

Auffallend an dem Eisernen Bestand der MASCHINENBAU GmbH ist, dass für Aluminium der höchste Mengenverbrauch (140 Stück) und gleichzeitig die wenigsten Reservetage (vier Tage) eingeplant sind. Hieraus muss sich nicht zwangsweise ein Risiko ergeben. Wie aus der ABC-Analyse des Materialaufwands (I.8.4.2.1) bereits bekannt, ist Aluminium nur ein C-Produkt. Es hat daher nur eine untergeordnete Bedeutung in der Materialbeschaffung.

8.5.5.3 Planung der Vorräte

CF-TRAINING-MODELL: Die Vorräte werden auf Basis der geplanten Materialaufwendungen und der Vorratsdauer (in Tagen) errechnet.

Annahmen für die MASCHINENBAU GmbH: Erfahrungsgemäß beträgt die durchschnittliche Lagerdauer 38 Tage. Während des Krisenjahres t_{-1} erhöhte sich der Wert auf 43,1 Tage, da der weltweite Konjunktureinbruch innerhalb weniger Tage geschah. In dieser Zeit konnte das Materialmanagement nicht reagieren. Für das Jahr t_4 wird ein ähnliches Szenario angenommen.

MASCHINENBAU GmbH	Ist t_{-2}	Ist t_{-1}	Ist t_0	Plan t_1	Plan t_2	Plan t_3	Plan t_4	Plan t_5	Plan t_6
Vorräte	4,5	4,2	4,6	4,7	4,8	4,8	4,6	4,5	4,5
Veränderung der Vorräte		0,0%	-54,0%	1,3%	3,2%	-0,2%	-3,4%	-3,2%	1,1%
Lagerdauer Vorräte (in Tagen)	36,9	43,1	39,6	38,0	38,0	38,0	44,0	38,0	38,0

Tabelle I.89: Planung der Vorräte der MASCHINENBAU GmbH

8.5.6 Forderungen aus Lieferungen und Leistungen

DEFINITION
Forderungen aus Lieferungen und Leistungen sind alle Ansprüche aus gegenseitigen Verträgen, bei denen das Unternehmen seine Lieferung oder Leistung erbracht hat und die Leistung des Vertragspartners noch aussteht. Als Forderungen aus Lieferung und Leistung sind nur die Forderungen auszuweisen, die die Haupttätigkeit des Unternehmens betreffen.

Kritische Punkte	Analyse- und Planungstools
Höhe der Planungsgröße	• Koppelung an Debitorenlaufzeit (siehe S. 175) oder alternativ am Nettoumsatz/Gesamtleistung oder Working Capital (siehe I.7.4.3) • Werthaltigkeit/Wertberichtigungsbedarf der Forderungen in der Vergangenheit • Zahlungsmoral • Verhandlungsstärke der (zukünftigen) Zielkunden (siehe I.3.2.5) • eventuelle Abhängigkeiten von einzelnen Abnehmern • Aufbau der Kundenstruktur (siehe I.4) • Zahlungsziele • Qualität des Mahnwesens • Fälligkeitsstruktur des Forderungsbestandes

Tabelle I.90: Kritische Punkte für die Analyse und Planung der Forderungen aus Lieferungen und Leistungen

CF-TRAINING-MODELL: Die geplanten Forderungen aus Lieferungen und Leistungen werden aufgrund des Nettoumsatzes und der unterstellten Debitorenlaufzeit (in Tagen) ermittelt.

Annahmen für die MASCHINENBAU GmbH:
Die Forderungen aus Lieferungen und Leistungen nahmen im Jahr t_{-1} durch das geringere Umsatzvolumen um 1,7 Mio. Euro auf 12,1 Mio. (Vorjahr: 13,8 Mio. Euro) ab. Die Debitorenlaufzeit erhöhte sich von 61,3 Tagen auf 66,6 Tage, da die Kunden im schwierigen wirtschaftlichen Umfeld ihre Verbindlichkeiten aus Lieferungen und Leistungen als günstige kurzfristige Finanzierung nutzten. Als Erfahrungswert hat sich in der MASCHINENBAU GmbH ein Wert von 65 Tagen herauskristallisiert. Dieser wird auch in der Planung angesetzt. Eine Ausnahme bildet das Jahr t_4. Hier wird mit ähnlichen Zahlungsverhalten der Kunden wie im Jahr t_{-1} gerechnet.

MASCHINENBAU GmbH	Ist t_{-2}	Ist t_{-1}	Ist t_0	Plan t_1	Plan t_2	Plan t_3	Plan t_4	Plan t_5	Plan t_6
Forderungen L .u. L.	13,8	12,1	13,4	14,5	15,0	15,2	13,5	13,9	14,4
Veränderung Forderungen L .u. L.		-12,3%	10,7%	8,4%	3,5%	1,0%	-11,1%	3,2%	3,0%
Veränderung Working Capital		-14,3%	18,2%	4,0%	3,8%	1,5%	-8,4%	3,6%	2,4%
Debitorenlaufzeit (in Tagen)	61,3	66,6	64,1	65,0	65,0	65,0	68,0	65,0	65,0
Veränderung Nettoumsatz		-19,3%	15,0%	7,0%	3,5%	1,0%	-15,0%	8,0%	3,0%

Tabelle I.91: Planung der Forderungen der MASCHINENBAU GmbH

8.5.7 Sonstiges Umlaufvermögen

> **DEFINITION**
> Die Position *sonstiges Umlaufvermögen* ist eine Sammelposition, die sämtliche Vermögensgegenstände des Umlaufvermögens aufnimmt, die keinem anderen Posten zuzuordnen sind. Exemplarisch seien genannt:
> - Forderungen gegen verbundene Unternehmen oder gegen Unternehmen, mit denen ein Beteiligungsverhältnis besteht,
> - Guthaben bei Bausparkassen,
> - Gehaltsvorschüsse oder kurzfristige Darlehen an Mitarbeiter,
> - Steuererstattungsansprüche,
> - Schadensersatzansprüche,
> - Genossenschaftsanteile ohne Beteiligungsabsicht,
> - aktive Rechnungsabgrenzungsposten.

Weiterhin werden aus Vereinfachungsgründen die Wertpapiere des Umlaufvermögens (z.B. Anteile an verbundenen Unternehmen ohne dauerhafte Besitzabsicht, eigene Anteile und sonstige Wertpapiere) an dieser Stelle berücksichtigt. Sie können jedoch auch unter den liquiden Mitteln gezeigt werden, sofern sie zur vorübergehenden Anlage von flüssigen Mitteln dienen.

Auf eine explizite und genaue Planung der aktiven und passiven Rechnungsabgrenzungsposten wird aus Vereinfachungsgründen verzichtet, da sie zumeist eine eher geringe Bedeutung haben (gemessen als prozentualer Anteil zur Bilanzsumme).

Kritische Punkte	Analyse- und Planungstools
• Höhe der Planungsgröße	• hilfsweise an Entwicklung des Nettoumsatzes/ Working Capital oder Bilanzsumme koppeln
• sonstige Forderungen und Vermögensgegenstände	• Werthaltigkeit prüfen

Tabelle I.92: Kritische Punkte für die Analyse und Planung des sonstigen Umlaufvermögens

CF-TRAINING-MODELL: Der Anwender kann im Excel-Blatt Bilanz-Aktiva die Werte entsprechend seiner Einschätzungen in absoluten Zahlen eingeben.

Annahmen für die MASCHINENBAU GmbH: Für das sonstige Umlaufvermögen wird der Wert von 10,3 im Jahr t_0 mit leichten Steigerungsraten fortgeschrieben. Im Jahr t_1 ist sogar ein leichter Rückgang festzustellen. Kritisch ist insgesamt zu fragen, ob bei einem signifikanten Wachstum des Nettoumsatzes (> 3,8 Prozent) im Planungszeitraum auch das sonstige Umlaufvermögen stärker ansteigen müsste. Für eine qualifizierte Aussage benötigt ein Analyst einen tieferen Einblick in den genauen Aufbau des sonstigen Umlaufvermögens.

Wird unterstellt, dass es sich im Beispiel der MASCHINENBAU GmbH primär um z.B. Gehaltsvorschüsse oder kurzfristige Darlehen an Mitarbeiter handelt, dann ist der Planungsansatz als realistisch zu betrachten. Denn bei einer Umsatzexpansion müssen diese nicht automatisch mit anwachsen. Gegen den Planungsansatz würde eine Konstellation sprechen, bei der zu erwarten wäre, dass bei zunehmender Ausbringungsmenge die Schadensersatzansprüche aufgrund von Produktmängeln ebenfalls ansteigen.

MASCHINENBAU GmbH	Ist	Ist	Ist	Plan	Plan	Plan	Plan	Plan	Plan
	t_{-2}	t_{-1}	t_0	t_1	t_2	t_3	t_4	t_5	t_6
Sonstiges Umlaufvermögen	10,1	8,6	10,3	10,2	10,4	10,6	10,7	11,0	11,1
Veränderung sonst. UV		-14,9%	19,8%	-1,0%	2,0%	1,9%	0,9%	2,8%	0,9%
Veränderung Working Capital		-14,3%	18,2%	4,0%	3,8%	1,5%	-8,4%	3,6%	2,4%
Veränderung Nettoumsatz		-19,3%	15,0%	7,0%	3,5%	1,0%	-15,0%	8,0%	3,0%

Tabelle I.93: Planung des sonstigen Umlaufvermögens der MASCHINENBAU GmbH

8.5.8 Liquide Mittel

DEFINITON

Die *liquiden Mittel* erfassen sämtliche von dem Unternehmen hereingenommenen Schecks, die Kassenbestände, Bank-, Bundesbank- und Postgiroguthaben, die jederzeit disponibel sind.

Das Liquiditätsmanagement hat als Hauptaufgabe, die Liquidität zu gewährleisten und gleichzeitig die Rendite zu optimieren. Es sollte daher ein dynamisches Gleichgewicht zwischen allen künftigen Zahlungseingängen und Zahlungsausgängen herrschen. Vereinfacht gesagt: »Liquidität ist der Sauerstoff des Unternehmens« (Hüttmann, 1975). Eine Finanzierungsstrategie, die Kosten optimiert, Risiken begrenzt und Anreize für Wertsteigerungen schafft, ist eine unerlässliche Voraussetzung für den nachhaltigen Erfolg von Geschäftsmodellen.

Kritische Punkte	Analyse- und Planungstools
Höhe der Planungsgröße	• Liquiditätskennziffern (siehe I.7.3 Kennzahlen der finanziellen Struktur) • Kapitalfluss-Rechnung (siehe I.7.7) • Beobachtung der Liquiditätssituation im Jahresverlauf • Analyse und Planung des Working Capitals (siehe I.7.4.3 Analyse Working Capital) • Faustregel für einen Mindestbestand: 0,5 % bis 2,0 % vom Nettoumsatz

Tabelle I.94: Kritische Punkte für die Analyse und Planung der Liquidität

CF-TRAINING-MODELL: Die liquiden Mittel dienen im Corporate Finance Training-Modell als Variable zur Schließung der Modellverflechtungen. Eine variable Position wird benötigt, damit die Summe der geplanten Aktiva gleich der Summe der geplanten Passiva entspricht. Sie errechnet sich im Modell aus der passiven Bilanzsumme abzüglich des Anlagevermögens und der Summe aus Vorräten, Forderungen aus Lieferung und Leistung und dem sonstigen Umlaufvermögen.

Annahmen für die MASCHINENBAU GmbH: Die liquiden Mittel steigen von 1,6 Mio. Euro im Jahr t_1 auf 1,7 Mio. Euro in t_6. Dies ist unter anderem Ausdruck der positiven Unternehmensentwicklung und der Ausschüttungspolitik: Es werden 50 Prozent an die Eigenkapitalgeber ausgeschüttet. Zudem ist beabsichtigt, die Bankverbindlichkeiten in ertragsstarken Zeiten zu tilgen. Zieht man die drei Ausprägungen der statischen Liquiditätsgrade heran, kommt man zu dem Ergebnis, dass die MASCHINENBAU GmbH eine überdurchschnittlich stabile Liquiditätssituation plant.

MASCHINENBAU GmbH	Ist t_{-2}	Ist t_{-1}	Ist t_0	Plan t_1	Plan t_2	Plan t_3	Plan t_4	Plan t_5	Plan t_6
Liquide Mittel	1,6	1,4	1,5	1,6	1,8	1,9	1,5	1,7	1,7
Veränderung der liquiden Mittel		-15,6%	8,9%	11,7%	9,6%	5,7%	-21,6%	11,4%	1,6%
Liquidität 1. Grades	21,1%	12,9%	13,6%	14,1%	15,4%	18,3%	15,5%	18,7%	20,2%
Liquidität 2. Grades	335,5%	210,0%	233,1%	225,7%	233,1%	266,2%	267,1%	299,0%	324,6%
Liquidität 3. Grades	416,7%	403,8%	425,3%	421,9%	421,9%	428,7%	423,2%	438,7%	442,1%

Tabelle I.95: Planung der liquiden Mittel der MASCHINENBAU GmbH

8.6 Prämissen der Plan-Passiva

Die Vorgabe der Kapitalstruktur kann auf Grundlage von Überlegungen zur optimalen Kapitalstruktur des Unternehmens erfolgen. In der Regel bleibt die Kapitalstruktur in der Stand-alone-Planung konstant und entwickelt sich entsprechend des Wachstums auf der Aktivseite. Modell-Tabelle 1 zeigt den Aufbau der Passiva des Planungsmodells.

Positionen des Jahresabschlusses (Absolute Zahlen in Mio. €)	Ist t_{-2}	Ist t_{-1}	Ist t_0	Plan t_1	Plan t_2	Plan t_3	Plan t_4	Plan t_5	Plan t_6
Grundkapital	2,0	0,1	0,1	0,1	0,1	0,1	0,1	0,1	0,1
Rücklagen	8,0	8,0	8,0	8,5	9,7	11,0	12,6	12,7	13,5
Jahresergebnis	2,6	-0,2	1,1	2,2	2,7	3,3	0,0	1,7	2,7
Eigenkapital	**12,6**	**8,0**	**9,2**	**10,9**	**12,5**	**14,4**	**12,8**	**14,4**	**16,2**
langfristige Bankverbindlichkeiten	7,8	6,0	7,0	7,4	7,3	7,1	7,1	7,0	6,8
Rückstellungen	2,2	2,5	2,6	2,6	2,7	2,7	2,8	2,8	2,8
Langfristiges Fremdkapital	**10,0**	**8,5**	**9,6**	**10,0**	**10,0**	**9,8**	**9,9**	**9,8**	**9,6**
kurzfristige Bankverbindlichkeiten	7,6	10,5	10,8	11,7	11,7	10,4	9,6	8,9	8,4
Verbindlichkeiten L. u. L.	7,2	6,5	7,0	7,4	7,6	7,6	7,2	7,1	7,2
Sonstige kurzfristige Vbk.	5,8	5,2	5,7	5,8	5,8	5,9	6,0	6,1	6,2
Kurzfristiges Fremdkapital	**20,6**	**22,2**	**23,5**	**24,8**	**25,1**	**23,9**	**22,8**	**22,1**	**21,7**
Summe Passiva	**43,2**	**38,7**	**42,3**	**45,7**	**47,5**	**48,1**	**45,4**	**46,3**	**47,6**

Excel-Datei: Unternehmensbewertung/Excel-Blatt: Bilanz-Passiva

Modell-Tabelle 1: Bilanz-Passiva

8.6.1 Eigenkapital

Das bilanzielle Eigenkapital umfasst den aus der Bilanz zu ermittelnde Saldo zwischen Vermögen und Schulden.

Bei der Beurteilung der Finanzierung eines Unternehmens stellt sich zunächst die Frage, wie weit und wie lange das derzeitige Eigen- und Fremdkapital dem Unternehmen unverändert zur Verfügung steht. Zudem ist zu prüfen, welche Quellen zur weiteren Finanzierung von Investitionen, für laufende Ausgaben und für eine drohende Verlustfinanzierung erschlossen werden können. Des Weiteren muss ergründet werden, welche Besicherungsmöglichkeiten bestehen.

Das schließt die Frage nach den dominierenden Eigentümergruppen und ihren Zielen an, denn das Verhalten kann durchaus verschieden sein. So kann ein traditionsreiches in Familienhand geführtes Unternehmen einen anderen Beteiligungshorizont als ein börsennotiertes Unternehmen besitzen.

Weitere kritische Fragen:

- Welche Finanzierungsquellen stehen dem Unternehmen realistischerweise offen? Zu welchen Konditionen?
- Wie groß ist der Umfang der nicht ausgeschöpften Kreditlinien?
- Wie hoch sind derzeit die Bankverbindlichkeiten, insbesondere jene mit einer Restlaufzeit von unter einem Jahr?
- Wie hoch sind die geplanten Investitionen insgesamt? In welchen Bereichen (Akquisitionen, Sachanlagen, Personal etc.) soll in welcher Höhe investiert werden?
- Sind mittelfristig weitere Kapitalmaßnahmen geplant?
- Hat es in den letzten drei Jahren mindestens einmal eine starke negative Abweichung von den Planungen des Unternehmens gegeben?

Eine gesunde Ertragskraft ist entscheidend, damit ausreichend Mittel geschaffen werden, damit die Forderungen der Eigen- und Fremdkapitalgeber erfüllt werden können. Die Kapitalstruktur muss sich am Risiko und den Amplituden der zukünftigen Ertragskraft orientieren. Als Faustregel sollte das Eigenkapital mindestens ein Dreifaches eines durchschnittlichen Jahresverlustes betragen. Weitere Informationen hierzu siehe Abschnitt I.7.5 Kennzahlen zur Untersuchung der Kapitalstruktur.

CF-TRAINING-MODELL: Das Eigenkapital im CF-Training-Modell wird ermittelt aus dem Grundkapital, den thesaurierten Gewinnen der Vergangenheit (vereinfacht als Kapitalrücklage) und dem aktuellen Jahresergebnis. Der Anwender kann das Grundkapital und die Höhe der Ausschüttungen (in Prozent) frei planen (Excel-Blatt Annahmen).

Annahmen für die MASCHINENBAU GmbH: Für die Planung wird eine Ausschüttungsquote von 50 Prozent unterstellt. Aufgrund der positiven Ertragsentwicklung wächst das Eigenkapital stetig an und erreicht in t_6 eine Eigenkapitalquote von 34,1 Prozent (in t_1: 23,8 Prozent).

MASCHINENBAU GmbH	Ist t_{-2}	Ist t_{-1}	Ist t_0	Plan t_1	Plan t_2	Plan t_3	Plan t_4	Plan t_5	Plan t_6
Grundkapital	2,0	0,1	0,1	0,1	0,1	0,1	0,1	0,1	0,1
Rücklagen	8,0	8,0	8,0	8,5	9,7	11,0	12,6	12,7	13,5
Jahresergebnis	2,6	-0,2	1,1	2,2	2,7	3,3	0,0	1,7	2,7
Eigenkapital	12,6	8,0	9,2	10,9	12,5	14,4	12,8	14,4	16,2
Eigenkapitalquote	29,2%	20,6%	21,7%	23,8%	26,2%	29,9%	28,1%	31,2%	34,1%
Ausschüttung	0,0	-2,6	0,2	-0,5	-1,1	-1,3	-1,6	0,0	-0,8
Ausschüttungsquote	100,0%	100,0%	100,0%	50,0%	50,0%	50,0%	50,0%	50,0%	50,0%

Tabelle I.96: Planung des Eigenkapitals der MASCHINENBAU GmbH

8.6.2 Langfristige Bankverbindlichkeiten

DEFINITION

Verbindlichkeiten stellen Schulden dar, die i.d.R. aus bereits einseitig erfüllten Verträgen (z.B. in Form der Kreditgewährungen) resultieren. Sie stehen im Hinblick auf Ursache, Höhe und Fälligkeit fest. Als langfristige Bankverbindlchkeiten werden sämtliche zinstragenden Verbindlichkeiten gegenüber Kreditinstituten (Banken, Sparkassen und sonstigen Kreditinstituten) erfasst, deren Laufzeit länger als ein Jahr ist. Andere zinstragende Verbindlichkeiten gegenüber anderen Gläubigern (z.B. Gesellschafterdarlehen, Muttergesellschaften, Anleihen) sind ebenfalls unter dieser Position zu erfassen.

Kritische Punkte	Analyse- und Planungstools
• Kapitalstruktur	• Die Fremdkapitalquote kann bei konstantem Verlauf des Netto-Working Capitals und des Anlagevermögens ceteris paribus ebenfalls konstant fortgeschrieben werden. • Kennzahl: Fremdkapitalquote (siehe I.7.5.2), Verschuldungskoeffizient (siehe I.7.5.3) • Weitere Ausführungen zu optimaler Kapitalstruktur siehe Teil III: Akquisitionsfinanzierung
• Verfügt das Unternehmen über den Zugang zu dem benötigten Kapital für eine ggf. geplante Ausweitung der Unternehmensaktivitäten?	• Analyse der Bonität (siehe I.7.3) • Analyse des Innenfinanzierungspotenzials in Form von Abschreibungen, langfristigen Rückstellungen • Betrachtung des Spielraums für mögliche Umfinanzierungsmaßnahmen • Kapitalfluss-Rechnung (siehe I.7.7)

Kritische Punkte	Analyse- und Planungstools
• Welche Erweiterungen der Kreditlinien sind möglich?	• Untersuchung der Sicherheitensituation • Bonität (siehe I.7.3 und I.7.5.2)
• Höhe der Bankverbindlichkeiten in der Planung	• Soweit mit marktüblichen Konditionen verzinst, können sie mit ihrem Rückzahlungsbetrag (Buchwert) angesetzt werden. • Andernfalls den Barwert der Zins- und Tilgungszahlungen heranziehen (in diesem Fall ist ein Ab- bzw. Zuschlag auf den Buchwert erforderlich). • Nicht kursgesicherte Fremdwährungsverbindlichkeiten sind mit dem Tageskurs zu bewerten.
• Inwieweit werden die Kreditlinien bereits ausgeschöpft?	• Prüfung von Bankunterlagen
• Behandlung von Gesellschafterdarlehen?	• Je nach Ausgestaltung sind sie dem Eigen- oder Fremdkapital zuzuordnen.

Tabelle I.97: Kritische Punkte für die Analyse und Planung der langfristigen Bankverbindlichkeiten

CF-TRAINING-MODELL: Der Anwender kann im Excel-Blatt Annahmen seine Einschätzungen eingeben (Veränderung in Prozent zum Vorjahr).

Annahmen für die MASCHINENBAU GmbH: Mit Ausnahme einer Erhöhung im Jahr t_1 plant das Unternehmen, die langfristigen Bankverbindlichkeiten sukzessive zurückzuführen. Aus Leverage-Gesichtspunkten besitzt die Planung Optimierungspotenzial, da die MASCHINENBAU GmbH eine gesunde Ertrags- und Bilanzsituation ausweist: Die Fremdkapitalquote[17] ist mit 42,1 Prozent im Jahr t_0 gering und hat eine abnehmende Tendenz (in t_6: 31,8 Prozent).

MASCHINENBAU GmbH	Ist	Ist	Ist	Plan	Plan	Plan	Plan	Plan	Plan
	t_{-2}	t_{-1}	t_0	t_1	t_2	t_3	t_4	t_5	t_6
Langfristige Bankverbindlichkeiten	7,8	6,0	7,0	7,4	7,3	7,1	7,1	7,0	6,8
Veränderung langfr. Bankvbd.		-23,1%	16,7%	5,3%	-0,5%	-3,0%	0,0%	-2,0%	-3,0%
Fremdkapitalquote	35,6%	42,7%	42,1%	41,7%	40,0%	36,4%	36,8%	34,3%	31,8%
Verschuldungsgrad (dyn. in Jahren)		4,3	27,2	289,7	8,7	4,3	5,9	8,8	6,3

Tabelle I.98: Planung der langfristigen Bankverbindlichkeiten der MASCHINENBAU GmbH

8.6.3 Rückstellungen

DEFINITION

Rückstellungen sind Verpflichtungen eines Unternehmens, die sich dem Grunde nach und/oder der Höhe nach noch nicht sicher bestimmen lassen. In dieser Position werden die Rückstellungen für ungewisse Verbindlichkeiten, Rückstellungen für drohende Verluste aus schwebenden Geschäften, Kulanzrückstellungen und Aufwandsrückstellungen erfasst. Hierunter fallen auch die latenten Steuern, die teilweise gesondert (oder unter den Rechnungsabgrenzungsposten) ausgewiesen werden.

---

17 Die Fremdkapitalquote bezieht alle zinstragenden Verbindlichkeiten ein. Im Beispiel der MASCHINENBAU GmbH die langfristigen und auch die kurzfristigen Bankverbindlichkeiten.

Kritische Punkte	Analyse- und Planungstools
• Höhe der Rückstellungen?	• Analyse des Rückstellungsspiegels, in dem die Bildung, die Inanspruchnahme, die Auflösung und der jeweilige Stand zum Jahresende vermerkt sind. • Es ist kritisch darauf zu achten, dass alle Risiken des operativen Geschäftes in voller Höhe und vollständig erfasst wurden. • Aus den gewonnenen Erkenntnissen der Vergangenheitsanalyse kann man Rückschlüsse über die notwendige zukünftige Entwicklung ziehen. Besondere Berücksichtigung finden die zukünftigen Geschäftsrisiken.
• Langfristige Rückstellungen: Sie bestehen in der Regel im Wesentlichen aus Pensionsrückstellungen.	• Die Planung sollte möglichst mit versicherungsmathematischen Gutachten hinterlegt sein, die einen Aufschluss über die zukünftige Entwicklung der Pensionsaufwendungen und der Pensionszahlungen geben.
• Kurzfristige Rückstellungen: Steuer-, Gewährleistungs-, Drohverlust-, Prozesskosten-, Urlaubsrückstellungen u. a.	• Die für die Ereignisse in der Vergangenheit gebildeten Rückstellungen deuten auf Schwächen des Unternehmens hin. • Gewährleistungsrückstellungen weisen auf Qualitätsprobleme hin. Für die Planung sind potenzielle Risiken zu berücksichtigen, die sich insbesondere durch neue Produkte ergeben können. • Drohverlustrückstellungen weisen dagegen auf Probleme in der Auftragsvorkalkulation hin. • Nach Identifikation derartiger Risiken muss überprüft werden, ob bzw. wie diese in der Planungsrechnung Berücksichtigung finden. • Als pragmatischer Ansatz eignet sich ein gleichbleibendes Verhältnis der Rückstellungen zur Gesamtleistung.

Tabelle I.99: Kritische Punkte für die Analyse und Planung der Rückstellungen

CF-TRAINING-MODELL: Der Anwender kann im Excel-Blatt Annahmen seine Einschätzungen eingeben (Veränderung in Prozent zum Vorjahr).

Annahmen für die MASCHINENBAU GmbH: Die Rückstellungen der MASCHINENBAU GmbH enthalten keine Pensionsrückstellungen und besondere Risiken, z. B. aus Produkthaftung. Für die Planung wird eine jährliche Steigerung von 1,5 Prozent unterstellt.

MASCHINENBAU GmbH	Ist t_{-2}	Ist t_{-1}	Ist t_0	Plan t_1	Plan t_2	Plan t_3	Plan t_4	Plan t_5	Plan t_6
Rückstellungen	2,2	2,5	2,6	2,6	2,7	2,7	2,8	2,8	2,8
Veränderung Rückstellungen		12,0%	3,8%	1,5%	1,5%	1,5%	1,5%	1,5%	1,5%

Tabelle I.100: Planung der Rückstellungen der MASCHINENBAU GmbH

8.6.4 Kurzfristige Bankverbindlichkeiten

DEFINITION

Kurzfristige Bankverbindlichkeiten sind Verbindlichkeiten mit einer Restlaufzeit von bis zu einem Jahr, darunter fallen auch erhaltene Anzahlungen.

Kritische Punkte	Analyse- und Planungstools
Höhe der Planungsposition	• Aufgrund der geringen Abweichungen vom Marktwert zum Nennwert kann in der Regel der Nennwert angesetzt werden. • Üblicherweise orientiert man sich bei der Planung der kurzfristigen Bankverbindlichkeiten an der Entwicklung des Working Capitals; ansonsten analoge Vorgehensweise wie bei den langfristigen Bankverbindlichkeiten.

Tabelle I.101: Kritische Punkte für die Analyse und Planung der kurzfristigen Bankverbindlichkeiten

CF-TRAINING-MODELL: Der Anwender kann im Excel-Blatt Annahmen seine Einschätzungen eingeben (Veränderung in Prozent zum Vorjahr).

Annahmen für die MASCHINENBAU GmbH: Die MASCHINENBAU GmbH nutzt die kurzfristigen Bankverbindlichkeiten, um die Liquidität des Unternehmens zu gewährleisten.

MASCHINENBAU GmbH	Ist t_{-2}	Ist t_{-1}	Ist t_0	Plan t_1	Plan t_2	Plan t_3	Plan t_4	Plan t_5	Plan t_6
kurzfristige Bankverbindlichkeiten	7,6	10,5	10,8	11,7	11,7	10,4	9,6	8,9	8,4
Veränderung kurzfr. Bankverb.		27,6%	2,8%	7,6%	0,0%	-12,4%	-8,1%	-8,1%	-6,4%

Tabelle I.102: Planung der kurzfristigen Bankverbindlichkeiten der MASCHINENBAU GmbH

8.6.5 Verbindlichkeiten aus Lieferungen und Leistungen

DEFINITION

Verbindlichkeiten, die aufgrund einer erhaltenen bzw. in Anspruch genommenen Lieferung und Leistung entstehen, werden unter den *Verbindlichkeiten aus Lieferungen und Leistungen* erfasst.

Kritische Punkte	Analyse- und Planungstools
Höhe der Planungsposition	• Kennzahl: Kreditorenlaufzeit (siehe I.7.4.3) • Berücksichtigung des Zahlungsverhaltens (z. B. Nutzung von Skonto) • Bedeutung des Lieferantenkredits: Ist er eine wichtige Finanzierungsquelle?

Tabelle I.103: Kritische Punkte für die Analyse und Planung der Kreditoren

CF-TRAINING-MODELL: Die geplanten Verbindlichkeiten aus Lieferungen und Leistungen werden auf Basis des Materialaufwands und der unterstellten Kreditorenlaufzeit (in Tagen) ermittelt.

Annahmen für die MASCHINENBAU GmbH: Die Kreditorenlaufzeit betrug im Durchschnitt der vergangenen drei Jahre etwa 62 Tage. Ein Wert von 60 wird für die Planperioden angenommen.

Die Verbindlichkeiten aus Lieferungen und Leistungen nahmen im Jahr t_{-1} durch das geringere Umsatzvolumen um 0,7 Mio. Euro auf 6,5 Mio. Euro (Vorjahr: 7,2 Mio. Euro) ab. Die Kreditorenlaufzeit erhöhte sich von 59,0 Tagen auf 66,7 Tagen. Das Unternehmen nutzte im schwierigen wirtschaftlichen Umfeld die Verbindlichkeiten aus Lieferungen und Leistungen als günstiges kurzfristiges Finanzierungsmittel. Der Erfahrungswert der MASCHINENBAU GmbH für die Kreditorenlaufzeit ist 60 Tage. Dieser wird auch in der Planung angesetzt. Eine Ausnahme bildet das Jahr t_4. Hier wird mit ähnlichen Zahlungsverhalten wie im Jahr t_{-1} gerechnet.

MASCHINENBAU GmbH	Ist t_{-2}	Ist t_{-1}	Ist t_0	Plan t_1	Plan t_2	Plan t_3	Plan t_4	Plan t_5	Plan t_6
Verbindlichkeiten L. u. L.	7,2	6,5	7,0	7,4	7,6	7,6	7,2	7,1	7,2
Veränderung Vbdl L. u. L.		-10,8%	7,1%	4,9%	3,1%	-0,2%	-5,7%	-1,1%	1,1%
Kreditorenlaufzeit (in Tagen)	59,0	66,7	60,3	60,0	60,0	60,0	68,0	60,0	60,0
Veränderung Working Capital		-14,3%	18,2%	4,0%	3,8%	1,5%	-8,4%	3,6%	2,4%
Veränderung Nettoumsatz		-19,3%	15,0%	7,0%	3,5%	1,0%	-15,0%	8,0%	3,0%

Tabelle I.104: Planung der Verbindlichkeiten aus Lieferung und Leistungen der MASCHINENBAU GmbH

8.6.6 Sonstige kurzfristige Verbindlichkeiten

DEFINITION
Sonstige kurzfristige Verbindlichkeiten sind eine Sammelposition für alle Verbindlichkeiten mit einer Restlaufzeit von bis zu einem Jahr, die nicht unter den anderen Verbindlichkeitsposten auszuweisen sind.
Im Einzelnen sind dies die kurzfristigen Anteile von Anleihen, Akzepte (Verbindlichkeiten aus der Annahme gezogener Wechsel und der Ausstellung eigener Wechsel), kurzfristige Gesellschafterdarlehen sowie die passiven Rechnungsabgrenzungsposten (RAP). Soweit die Fristigkeit der RAP nicht bekannt ist, ist gegenüber der gängigen Praxis von einer längerfristigen Laufzeit auszugehen.

Kritische Punkte	Analyse- und Planungstools
• Höhe der Planungsposition	• Hilfsweise an die Entwicklung des Nettoumsatzes/Working Capitals oder Bilanzsumme koppeln
• Umgang mit kurzfristigen Verbindlichkeiten ggü. verbundenen Unternehmen/Beteiligungsunternehmen	• Prüfung des Hintergrunds der Verbindlichkeit

Tabelle I.105: Kritische Punkte für die Analyse und Planung der sonstigen kurzfristigen Verbindlichkeiten

CF-TRAINING-MODELL: Der Anwender kann seine Einschätzungen in absoluten Zahlen im Excel-Blatt Bilanz-Passiva eingeben.

Annahmen für die MASCHINENBAU GmbH: Bei den sonstigen kurzfristigen Verbindlichkeiten wurde in der Planbilanz der Wert des Jahres t_0 mit leichten Steigerungen in die Zukunft fortgeschrieben, da keine besonderen Veränderungen in dieser Position zu erwarten sind.

MASCHINENBAU GmbH	Ist t_{-2}	Ist t_{-1}	Ist t_0	Plan t_1	Plan t_2	Plan t_3	Plan t_4	Plan t_5	Plan t_6
Sonstige kurzfristige Vbk.	5,8	5,2	5,7	5,8	5,8	5,9	6,0	6,1	6,2
Veränderung sonst. kurzfr. Vbd.		-11,5%	8,8%	1,7%	0,0%	1,7%	1,7%	1,6%	1,6%

Tabelle I.106: Planung der sonstigen kurzfristigen Verbindlichkeiten der MASCHINENBAU GmbH

8.7 Szenariotechnik und Sensitivierung

Eine Unternehmensplanung unterliegt der Komplexität und Unsicherheit der zukünftigen Entwicklungen im Unternehmen und seines Umfeldes. Eine exakte Planung ist aufgrund der zahlreichen möglichen Einflussfaktoren kaum vorstellbar. Ein geeignetes Werkzeug, mit dem sich die verschiedenartigen Erfolgs- und Risikopotenziale identifizieren und berücksichtigen lassen, ist die Szenariotechnik.

DEFINITION

Die *Szenariotechnik* ist ein zentrales Instrument der langfristigen Vorschau und Planung. Unter dem Begriff Szenario versteht man die modellweise Darstellung mehrerer denkbarer Zukunftsbilder. Ziel der Szenariotechnik ist es, die Informationen über zukünftige Entwicklungen, die bereits heute vorhanden sind, systematisch zu sammeln, zu analysieren und aufzubereiten, um damit eine umfassende Beurteilung der Zukunft zu gewährleisten.
- Sie dient dazu, unterschiedliche Vorstellungen und Erwartungen zu bündeln.
- Auf Basis ihrer Erkenntnis lassen sich Handlungsalternativen suchen.
- Sie bildet die Testkriterien für die Planung und Plausibilisierung der zugrunde liegenden Geschäftslogik.
- Ihr Einsatz im Planungsprozess bedeutet aber nicht, dass etwas vorausgesagt wird, was nicht vorhersehbar ist.

Szenarien können auf makroökonomischer Ebene sowie auf unternehmensspezifischer Ebene gebildet werden. Makroökonomische Szenarien arbeiten mit Einflussfaktoren, die einen breiten, zum Teil globalen Charakter besitzen (z.B. Club of Rome zu den Themen Bevölkerungsexplosion oder Rohstoffverknappung). Solche Szenarien können als Basis für unternehmensspezifische Szenarien herangezogen werden und stellen den äußeren Rahmen dar.

Die Nachteile der Szenariotechnik liegen vor allem im hohen Ressourceneinsatz, mit dem im Rahmen der Entwicklung von Szenarien zu rechnen ist, will man qualitativ hochwertige Szenarien entwickeln bzw. bearbeiten. In der Praxis hat es sich daher bewährt, Plangrößen vereinfacht in drei verschiedenen Szenarien darzustellen: »Worst Case« (ungünstigster Wert), »Most Likely Case« (wahrscheinlichster Wert) und »Best Case« (günstigster Wert).

Diese Szenarien müssen u.a. folgende Kriterien aufweisen:

- sie müssen widerspruchsfrei sein,
- sich durch Nachhaltigkeit und Stabilität auszeichnen,
- die einzelnen Szenarien sollten sich extrem voneinander unterscheiden und
- die kritischen Größen wie Stärken und Schwächen des jeweiligen Unternehmens berücksichtigen.

Die Ausgestaltung von Szenarien sollte sich nicht nur auf eine isolierte Betrachtung einzelner Planungsparameter (z.B. Umsatzwachstum + 4 Prozent) beschränken. Vielmehr sollten sie ein umfassendes Bild (inklusive Auswirkungen auf das Gesamtunternehmen und die Branche) der zukünftigen Entwicklung zeichnen.

Beispiele für Szenarien der MASCHINENBAU GmbH:

- *Szenario 1:* Die MASCHINENBAU GmbH entwickelt und vermarktet eine neue technisch stark verbesserte Produktlinie mit innovativem Charakter, die einen hohen Umsatzanstieg erwarten lässt. Das Szenario sollte berücksichtigen, wie das Wettbewerbsumfeld reagiert (Preisgestaltung, Marketing, Imitation des Produktes, Entwicklung ebenfalls neuer Produkte etc.). Darüber hinaus sind Aussagen darüber zu treffen, wie das Unternehmen dem mengenmäßigen Anstieg begegnen kann (z.B. Beschaffung von neuen Zulieferteilen, Kapazitätserweiterungen in der Produktion, höherer Finanzierungsaufwand für das Working Capital).
- *Szenario 2:* Ein branchenfremdes Unternehmen bringt ein Substitut für ein bestehendes Produkt auf den Markt. Wie werden die Branche und die einzelnen Unternehmen darauf reagieren? Welche Anpassungsmaßnahmen sind notwendig, und wie können sie sich auswirken?

Szenariotrichter

Die Szenariotechnik lässt sich mithilfe des Szenariotrichters (siehe Abbildung I.87) veranschaulichen, der der Hypothese folgt: Je weiter man sich von der Gegenwart entfernt, umso mehr verliert diese an Einfluss und umso größer wird die Unsicherheit. Betrachtet man die Schnittstelle des Trichters an einem beliebigen Punkt, so stellt die Oberfläche sämtliche potenziellen Situationen in der Zukunft dar. Die Größe der Oberfläche wird determiniert durch die Länge des Planungshorizonts (in Jahren) sowie durch die Zahl der Einflussfaktoren.

Der sich öffnende Trichter stellt die Gegenwart dar. In der Momentaufnahme der Gegenwart sind die Einflussfaktoren relativ einfach und exakt zu identifizieren und zu bewerten (die Oberfläche ist nur ein Punkt). Je weiter man in die Zukunft geht, desto mehr wächst die Unsicherheit und die Zahl der denkbaren Einflussfaktoren, ausgedrückt durch die größer werdende Oberfläche des Trichters.

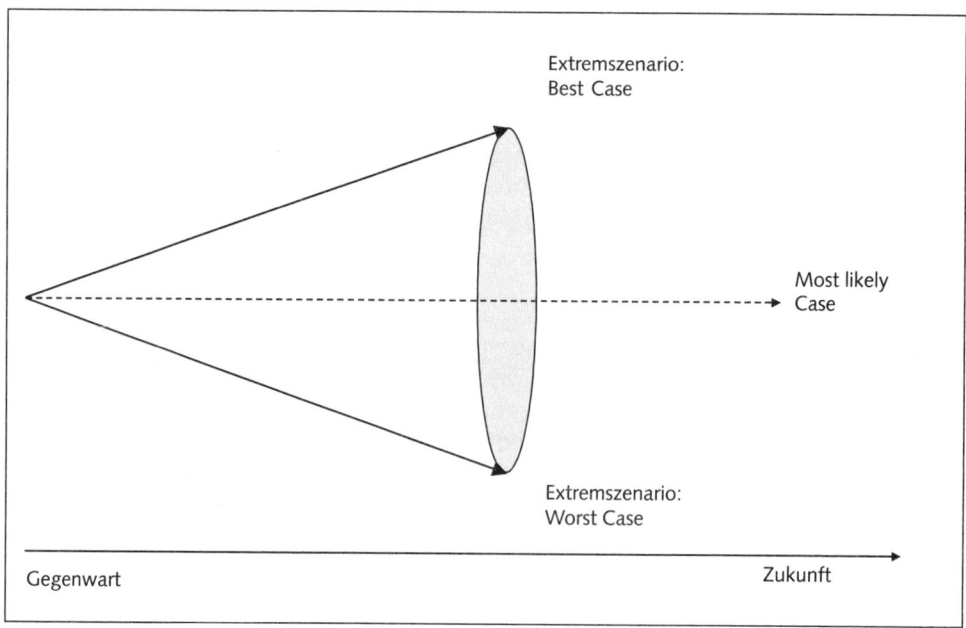

Abbildung I.87: Szenariotrichter

Sensitivierung

Die Wahl der geeigneten Szenarien und deren Aussagequalität lassen sich weiterhin steigern, indem man die Szenariotechnik mit Sensitivierungsüberlegungen (auch Stress-Test genannt) flankiert. Durch eine sogenannte Sensitivierung der kritischen Einflussfaktoren erhält man Transparenz über z.B. Abhängigkeiten von Rohwarenpreisen, von Zahlungszielen oder von Preisschwankungen im Absatz. Des Weiteren lässt sie erkennen, in welchem Ausmaß die verschiedenen Faktoren auf die Planung beziehungsweise die Bewertung durchschlagen. Die Sensitivitätsanalyse gibt somit auch geeignete Rückschlüsse darauf, welche Werttreiber bei der Planung besonders zu beachten sind.

Folgende kritische Parameter können ermittelt werden:
- Was wäre die Folge, wenn der Umsatz um x Prozent steigt?
- Was wäre die Folge, wenn die Verschuldung um x Prozent steigt?
- Wie robust ist das Betriebsergebnis hinsichtlich Schwankungen der wesentlichen Fakturierungswährungen?

Zusammenfassung

- Für die Planung bedarf es einer umfassenden Analyse des Unternehmens und seiner Werttreiber.
- Die wichtigsten externen Werttreiber kommen aus dem makroökonomischen Umfeld und dem Markt- und Wettbewerbsumfeld.
- Das makroökonomische Umfeld wird mit der PEST-Analyse, der Auswertung von quantitativen volkswirtschaftlichen Daten und der Stakeholder-Analyse untersucht.
- Das Markt- und Wettbewerbsumfeld setzt sich aus dem Marktsegment und der Zielgruppe zusammen. Bestimmender Faktor über die Rendite ist die Wettbewerbsintensität, die mit den sogenannten fünf Wettbewerbskräften gemessen wird.
- Die Struktur und das Verhalten im Lebenszyklus einer Branche ist ein weiterer bestimmender Faktor.
- Die Bedürfnisse der Kunden sind die kritischen Erfolgsfaktoren für den Erfolg eines Unternehmens. Sie sind das oberste Untersuchungsziel der internen Werttreiber.
- Mit der Untersuchung der Kundenbindung und der Bewertung der Kundenbeziehungen kann man ableiten, ob ein Unternehmen in der Lage ist, die geforderten kritischen Erfolgsfaktoren zu erfüllen.
- Die in der Praxis gängigsten Instrumentarien der Unternehmensanalyse sind die Analyse der strategischen Fähigkeiten, der Kernkompetenzen, der Rolle der Unternehmensführung und des Produkt- bzw. Leistungsprogramms.
- Mit der Erfolgsquellenanalyse gewinnt man aus den Jahresabschlüssen die nachhaltige Ertragskraft. Hierzu werden die bilanzpolitischen Verzerrungen und Sondereinflüsse identifiziert und beseitigt.
- Die Kennzahlenanalyse zählt zu den dominierenden traditionellen Instrumenten der Unternehmensanalyse.
- Die wichtigsten Kennzahlen untersuchen die Finanz-, Vermögens- und Kapitalstruktur, den Aufwand- und Ertrag und die Kapitalfluss-Rechnung.
- Eine Unternehmensbewertung erfordert konkrete Zahlen. Dazu werden die qualitativen Ergebnisse der Analyse des makroökonomischen Umfeldes, des Markt- und Wettbewerbsumfeldes und der Unternehmensanalyse in ein Planungsmodell mit quantitativen Prämissen übergeleitet.
- Ausgangspunkt sind die Gegenwart und die jüngere Vergangenheit. Über die zukünftige Entwicklung der zentralen Werttreiber trifft der Analyst Annahmen.
- Entscheidend für die Qualität einer Planung ist, inwieweit der Planer in der Lage ist, die Zukunftsentwicklungen treffend zu antizipieren.

Teil II
Unternehmensbewertung

Leitfragen
▶ Was beinhaltet die Unternehmensbewertung?
▶ Welche Unternehmensbewertungsverfahren existieren?
▶ Welche Grundlagen der Unternehmensplanung spielen in der Praxis eine wichtige Rolle?
▶ Wie erfolgt die Unternehmensplanung anhand eines konkreten Beispiels?
▶ Wie werden die bewertungsrelevanten Cashflows abgeleitet?
▶ Was sind die Grundzüge der Kapitalmarkttheorie?
▶ Wie werden Kapitalkosten abgeleitet?
▶ Welche Anpassungen für mittelständische Unternehmen können vorgenommen werden?
▶ Welche Multiplikatoren finden in der Praxis Anwendung?
▶ Wie erfolgt die Unternehmensbewertung mit Hilfe der verschiedenen Verfahren?

1 Grundlagen der Unternehmensbewertung

Im Folgenden erläutern wir das Thema »Unternehmensbewertung« an einer ausführlichen Fallstudie. Dabei kommen zahlreiche Methoden und Modifikationen zur Anwendung, die im Text ausführlich beschrieben werden. Dieses Modell finden Sie im Download-Bereich Webcode. Für denjenigen Leser, der Berechnungen ohne Modifikationen der Kapitalkosten wünscht, findet sich das vereinfachte und auf die wesentlichen Unternehmensbewertungs-methoden verkürzte Modell im Download-Bereich Webcode.

1.1 Anlässe der Unternehmensbewertung

Die Unternehmensbewertung stellt einen fundamentalen Bestandteil des Corporate Finance-Geschäfts dar. Unternehmen werden aus qualitativer und quantitativer Sicht bewertet, um Entscheidungen hinsichtlich des Kaufs und Verkaufs sowie der Finanzierung von Unternehmen und Unternehmensteilen zu treffen. Darüber hinaus gibt es eine Vielzahl von Anlässen, die zur Durchführung von Unternehmensbewertungen in der Praxis führen, unter anderem:

- Bewertungen aufgrund gesetzlicher Regelungen, z.B.
  - Abfindung von Gesellschaftern im Rahmen eines Squeeze-out
  - Abschluss von Ergebnisabführungs- und Beherrschungsverträgen.
- Bewertungen aufgrund unternehmerischer Tätigkeiten z.B.
  - Beteiligungscontrolling
  - Werthaltigkeitsprüfung (Goodwill-Impairment-Test oder Purchase Price Allocation) bei Unternehmenserwerbern nach IAS/IFRS
  - Ermittlung der Beleihungsgrenze bei Kreditwürdigkeitsprüfungen
  - Unternehmenssteuerung im Rahmen des wertorientierten (Value Based) Managements
  - Analyse eines Unternehmens bei einer Restrukturierung (Reorganisation, Sanierung, Rekapitalisierung, Liquidation usw.).
- Bewertungen aufgrund vertraglicher Regelungen, z.B.
  - Aufnahme oder Ausscheiden von Gesellschaftern
  - Teilungen nach Erbrecht oder ehelichem Güterrecht (Ehescheidungen)
  - Gerichtliche oder schiedsgerichtliche Auseinandersetzungen, bei denen der Wert eines Unternehmens eine Rolle spielt
  - Festsetzung des Vermögens aus steuerlichen Gründen (Umwandlungen, Schenkungen usw.).
- Bewertungen aufgrund unternehmerischer Initiativen, z.B.
  - Kauf bzw. Verkauf von ganzen Unternehmen bzw. Unternehmensteilen
  - Fusion und Abspaltung von Unternehmen – verbunden mit einer Eigentumsübertragung von Anteilen,
  - Management Buy-out (MBO)/Management Buy-in (MBI),

- Börsengang eines Unternehmens,
- Gründung von Joint-Ventures und
- Kapitalerhöhungen.

1.2 Gibt es einen objektiv richtigen Unternehmenswert?

In der wissenschaftlichen Literatur, aber auch vom Institut der Wirtschaftsprüfer (IDW) wurde lange Zeit der Versuch unternommen, einen objektiven bzw. richtigen Unternehmenswert zu definieren. Die Diskussion hat jedoch ergeben, dass es keinen objektiven Wert gibt bzw. geben kann. Dies ist darin begründet, dass der Wert eines Unternehmens von Person zu Person unterschiedlich ist und vom Nutzen für die jeweilige Person abhängig ist. Ähnlich einem Gemälde, dem ein Sammler einen hohen Wert beimisst und ein weniger Kunstinteressierter einen geringen Wert beimisst, sind auch die Wertvorstellungen bei Unternehmen sehr unterschiedlich: Beispielsweise verkauft eine Familie aus Traditionsgründen das seit Generationen im Familienbesitz befindliche Unternehmen zu keinem Preis, wohingegen ein Finanzinvestor für dasselbe Unternehmen nur einen Preis bezahlt, der ihn eine Mindestrendite erzielen lässt.

Um die Unternehmensbewertung methodisch zu fundieren, geht die moderne Unternehmensbewertung analog zur Investitionsrechnung vor. Folgende Frage ist zu beantworten: Wie groß ist der zukünftige Nutzen, den man aus den Erträgen eines Unternehmens erzielen kann? Somit besteht der Nutzen und der Wert eines Unternehmens in erster Linie aus dem Barwert der in Zukunft nachhaltig erzielbaren Zahlungsströme aus dem Unternehmen, die für die Ausschüttung von Barmitteln an die Gesellschafter sowie die Bedienung von Fremdkapitalgebern verfügbar sind.

> **DEFINITION**
> Der *Unternehmenswert* ist der Barwert der in Zukunft nachhaltig erzielbaren Zahlungsströme aus dem Unternehmen.

Trotz dieser allgemein anerkannten Definition des Unternehmenswertes gibt es keinen objektiven Unternehmenswert, da dieser wiederum von vielen subjektiven Faktoren des Entscheidungsträgers abhängig ist. Hierzu zählen u.a.:

- Annahmen, die der Unternehmensplanung zugrunde liegen (Worst-Case-, Real-Case-, Best-Case-Szenario),
- Risikoneigung des Entscheidungsträgers,
- Besteuerung des Entscheidungsträgers,
- Verschuldungsmöglichkeiten des Unternehmens und
- Synergien aus dem Unternehmenskauf.

Anlässe der Unternehmensbewertung

Aufgrund gesetzlicher Regelungen

- Abfindung von Gesellschaftern im Rahmen eines »Squeeze-out«
- Abschluss von Ergebnisabführungs- und Beherrschungsverträgen

Aufgrund vertraglicher Regelungen

- Aufnahme oder Ausscheiden von Gesellschaftern
- Teilungen nach Erbrecht oder ehelichem Güterrecht (Ehescheidungen)
- Gerichtliche oder schiedsgerichtliche Auseinandersetzungen, bei denen der Wert eines Unternehmens eine Rolle spielt
- Festsetzung des Vermögens aus steuerlichen Gründen (Umwandlungen, Schenkungen usw.).

Aufgrund unternehmerischer Tätigkeiten

- Beteiligungscontrolling
- Werthaltigkeitsprüfung (Goodwill-Impairment-Test oder Purchase Price Allocation) bei Unternehmenserwerbern nach IAS/IFRS
- Ermittlung der Beleihungsgrenze bei Kreditwürdigkeitsprüfungen
- Unternehmenssteuerung im Rahmen des wertorientierten (Value Based) Managements
- Analyse eines Unternehmens bei einer Restrukturierung (Reorganisation, Sanierung, Rekapitalisierung, Liquidation usw.)

Aufgrund unternehmerischer Initiative

- Kauf bzw. Verkauf von ganzen Unternehmen bzw. Unternehmensteilen
- Fusion und Abspaltung von Unternehmen – verbunden mit einer Eigentumsübertragung von Anteilen
- Management Buy Out (MBO)/Management Buy In (MBI)
- Börsengang eines Unternehmens
- Gründung von Joint-Ventures
- Kapitalerhöhungen.

Abbildung II.1: Anlässe der Unternehmensbewertung

1.3 Funktionen der Unternehmensbewertung

Um in der Praxis Unternehmensbewertungen und Unternehmenswerte richtig einschätzen zu können, muss stets nach dem Zweck bzw. der Funktion der Unternehmensbewertung gefragt werden. Hier haben sich im Rahmen der Funktionslehre drei Hauptfunktionen (bzw. Zwecke oder Ziele) der Unternehmensbewertung herausgebildet:

Beratungsfunktion

Im Rahmen der Beratungsfunktion wird ein *Entscheidungswert* ermittelt. Der Entscheidungswert berücksichtigt subjektiv gewichtete Daten und repräsentiert somit – im Gegensatz zum Schiedswert – die Meinung und das Interesse einer Partei. Die Beratungsfunktion hat den Zweck der Bereitstellung einer Entscheidungsgrundlage.

> **PRAXISBEISPIELE: Entscheidungswert**
> Bei Verhandlungen über den Kauf bzw. Verkauf eines Unternehmens gibt der Entscheidungswert den Höchstpreis an, den der Käufer bereit ist zu bezahlen, bzw. den Mindestpreis an, zu dem der Verkäufer bereit ist zu verkaufen.

Ein Investor überlegt sich, welchen Preis er bereit ist, für ein Aktienpaket anzubieten, um die Mehrheit an einem börsennotierten Unternehmen zu erhalten.

Ein Konzern lässt ein Gutachten erstellen, um zu prüfen, welchen Preis der Verkauf nicht zur Kernkompetenz des Konzerns zählender Unternehmensaktivitäten bringen würde.

Vermittlungsfunktion

Die Vermittlungsfunktion führt zu einem sogenannten *Arbitrium-* oder *Schiedsspruchwert*, der möglichst unparteiisch, losgelöst von den Interessen der beteiligten Parteien, ermittelt werden soll. Er beruht auf betriebswirtschaftlichen Daten und soll den Interessengegensatz zwischen den Parteien überbrücken.

PRAXISBEISPIELE: Arbitrium- oder Schiedsspruchwert

Auftrag des Gerichts an einen Sachverständigen, eine unabhängige Gerichtsexpertise zu erstellen.

Bestimmung der Aktientauschverhältnisse im Rahmen einer Fusion.

Abfindung eines Minderheitsgesellschafters im Rahmen eines Squeeze-out-Verfahrens.

Argumentationsfunktion

Der *Argumentationswert* soll bei Verhandlungen Argumente oder Begründungen für einen Wert liefern, um die Position einer Partei zu stärken. Er ist somit ein parteiischer Wert zur Objektivierung der eigenen Argumente. Er wird bei Verhandlungen als Kommunikationsmittel und Beeinflussungsinstrument eingesetzt.

PRAXISBEISPIELE: Argumentationswert

Das Management eines börsennotierten Unternehmens will sich gegen eine feindliche Übernahme (sog. Unfriendly Takeover) wehren und versucht, gegenüber seinen Aktionären zu dokumentieren, dass der gebotene Kaufpreis zu niedrig ist.

Der Verkäufer eines Mehrheitspaketes verwendet die Expertise eines Beraters, um einen möglichst hohen Paketaufschlag für seine Mehrheit zu begründen.

Ein Käufer zieht einen Wirtschaftsprüfer hinzu, um den bezahlten Goodwill durch eine Purchase Price Allocation zu begründen und diesen auch nach IFRS ansetzen zu können.

1.4 Preis und Wert eines Unternehmens

Der Unternehmenswert wird häufig mit dem Kaufpreis für das Unternehmen bzw. dessen Anteile gleichgestellt. Diese stimmen meistens jedoch nicht überein. Der in Bewerterkreisen gängige Satz gilt nach wie vor: »Price is what you pay, value is what you get.« Der *Preis* eines Unternehmens ist der Geldbetrag, der bei einem Eigentümerwechsel tatsächlich bezahlt wird. Er ist das Ergebnis von Verhandlungen und muss deshalb nicht – und wird meistens auch nicht – mit dem unabhängig von Käufer und Verkäufer ermittelten *Unternehmenswert* übereinstimmen, zumal Käufer und Verkäufer grundsätzlich unterschiedliche Zielsetzungen bei der Wertermittlung verfolgen. Während der Käufer an einem niedrigen Wert interessiert ist, versucht der Verkäufer sein Unternehmen in möglichst positivem Licht darzustellen. Unterschiedliche Auffassungen ergeben sich häufig bei der Ermittlung des nachhaltigen Ertrages bzw. Cashflows und der Wahl des Kapitalisierungszinssatzes. Diese Faktoren haben erhebliche Auswirkung auf den Unternehmenswert, wie die nachfolgenden Rechenbeispiele zeigen werden.

1.5 Die wichtigsten Unternehmensbewertungsmethoden im Überblick

Das Spektrum der in der Praxis der Unternehmensbewertung herangezogenen Methoden hat sich in den letzten Jahren erweitert. Während in der Vergangenheit häufig historisch ausgerichtete Methoden auf Grundlage vorliegender Jahresabschlüsse angewandt wurden, liegt der Schwerpunkt heute deutlich auf den zukunftsorientierten Verfahren, die vor allem auf die zukünftige Leistungsfähigkeit des Unternehmens abstellen.

Die gängigsten Methoden der Unternehmensbewertung sind in Abbildung II.2 dargestellt.

Unternehmensbewertungsverfahren können in drei Ansätze unterteilt werden:
- *Einzelbewertungsverfahren:* Der Unternehmenswert ist die Summe der Werte der einzelnen Vermögensgegenstände abzüglich der Schulden des Unternehmens. Ausgangspunkt der Bewertung ist das tatsächliche Vermögen oder das bilanzielle Vermögen.
- *Mischverfahren:* Der Unternehmenswert ist ein gewichteter Wert aus Substanzwert und aus Ertragswert des Unternehmens oder der Barwert der Übergewinne.
- *Gesamtbewertungsverfahren:* Der Unternehmenswert ist der Barwert der aus dem Unternehmen zu erwartenden Netto-Beiträge an die Anteilseigner. Gesamtbewertungsverfahren haben eine investitionstheoretische Ausrichtung.

1.5.1 Einzelbewertungsverfahren

> **DEFINITION**
> Bei den *Einzelbewertungsverfahren* wird der Unternehmenswert aus der Summe der einzelnen Unternehmensbestandteile (Vermögensgegenstände und Schulden) zu einem bestimmten Stichtag berechnet.

Der Substanzwertberechnung liegt folgende Vorgehensweise zugrunde: Zunächst muss in einer isolierten Bewertung der individuelle Wert der Vermögensgegenstände bestimmt werden. Danach werden die Einzelwerte zum Gesamtunternehmenswert zusammengesetzt. Der *Substanzwert* ergibt sich schließlich durch Abzug des Fremdkapitals vom Gesamtunternehmenswert:

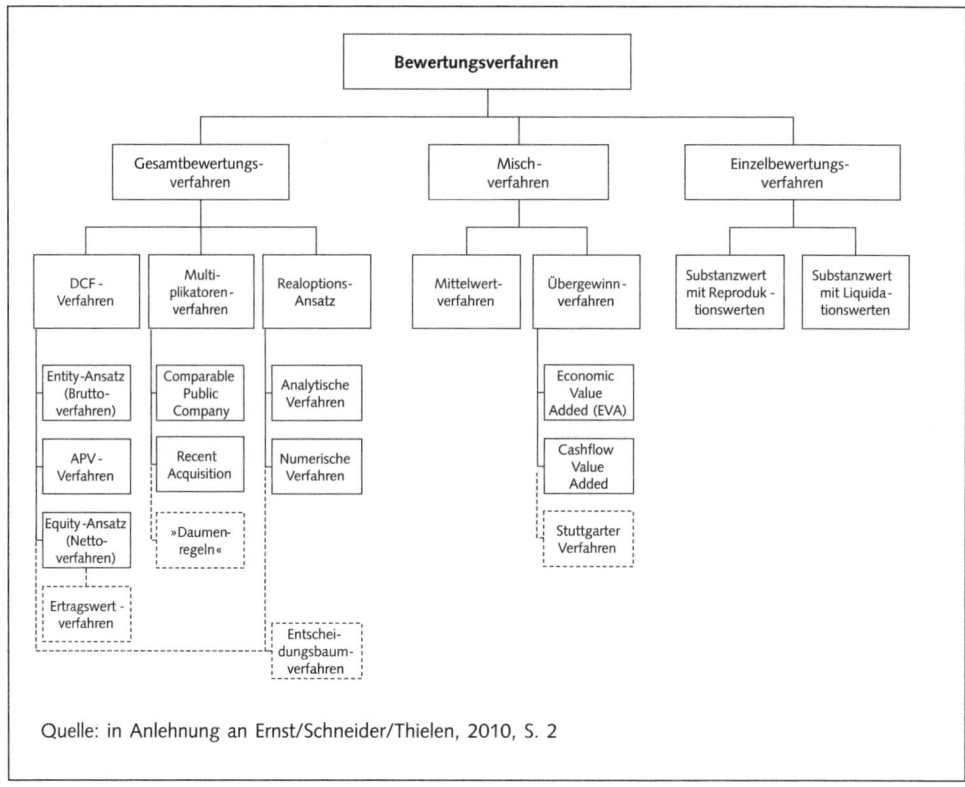

Abbildung II.2: Überblick über Unternehmensbewertungsverfahren

Wert der einzelnen Vermögensgegenstände
– Wert der Schulden
= Substanzwert

Die Substanz eines Unternehmens kann unter der Annahme der Fortführung (Reproduktionswert) oder der Liquidation (Liquidationswert) berechnet werden. Entsprechend wird im Folgenden die Berechnung des Substanzwertes als Reproduktionswert und als Liquidationswert näher aufgezeigt.

Substanzwertverfahren auf Basis von Reproduktionswerten

Beim Substanzwertverfahren auf Basis von Reproduktionswerten wird von einer Fortführung des Unternehmens ausgegangen (Going-Concern-Prinzip). Ausgangspunkt der Bewertung ist die Vorstellung, das gegebene Unternehmen zu reproduzieren und die dabei entstehenden Kosten als Wertansatz heranzuziehen. Die Reproduktionswerte entsprechen daher den Wiederbeschaffungswerten bzw. den Zeitwerten. Die Substanzwertermittlung ergibt sich nach folgendem Schema:

Reproduktionswert des betriebsnotwendigen Vermögens
+ Liquidationswert des nicht betriebsnotwendigen Vermögens
− Wert der Schulden
= Substanzwert auf Basis von Reproduktionswerten

Als Substanzwert kann der Betrag angesehen werden, der ausgegeben werden müsste, um die gleiche Substanz im gleichen Zustand zu erhalten. Reproduktionswerte können auf unterschiedliche Art und Weise ermittelt werden. Ein erster Ansatz geht vom *Bruttoreproduktionsneuwert* aus, also der Wiederherstellung des Unternehmens durch Neukauf des betriebsnotwendigen Vermögens ohne Abzug bestehender Schulden. Bei Abzug der Verbindlichkeiten kann aus dieser Größe der *Nettoreproduktionsneuwert* berechnet werden. Wird die Abschreibung in die Bewertung einbezogen, um der Abnutzung und der technischen und wirtschaftlichen Wertminderung Rechnung zu tragen, ergibt sich der *Nettoreproduktionsaltwert*. Dieser Wert kann auch als Wiederbeschaffungsaltwert (Zeitwert) interpretiert werden.

CF-Training-Modell: Für die MASCHINENBAU GmbH ergibt sich folgende Berechnung des Netto-Reproduktionsaltwerts nach Buchwerten (vgl. Modell-Tabelle 1 im Excel-Tabellenblatt »Substanzwertverfahren«):

(Absolute Zahlen in Mio. €)	Ist t_0
Reproduktionswert des betriebsnotwendigen Vermögens	42,3
+ Liquidationswert des nicht-betriebsnotwendigen Vermögens	2,0
./. Wert des Fremdkapitals	33,1
Substanzwert auf Basis von Reproduktionswerten (Buchwerten)	**11,2**

Excel-Datei: Unternehmensbewertung/Excel-Blatt: Substanzwertverfahren

Modell-Tabelle 1: Berechnung des Netto-Reproduktionsaltwerts mit Buchwerten

In der HGB-Welt, die (Ausnahmen des Bilanzrechtsmodernisierungsgesetz (BilMoG) abgesehen) auf dem Buchwertprinzip basiert, führt eine Berechnung der Reproduktionswerte unter alleiniger Heranziehung der Buchwerte aus der Bilanz zu keinen sinnvollen und verwendbaren Ergebnissen. Sie stehen vielmehr im Widerspruch zu der Forderung der Substanzwertverfahren auf Basis von Reproduktionswerten, Wiederbeschaffungspreise (also Marktwerte der Aktiva und Passiva) heranzuziehen. Interessantere Ergebnisse erhält man bei Unternehmen, die nach IFRS oder US-GAAP bilanzieren, da hier explizit Marktwerte für Aktiva und Passiva verwendet werden.

CF-Training-Modell: Für die MASCHINENBAU GmbH ergibt sich folgende Berechnung des Netto-Reproduktionsaltwerts nach Marktwerten. Diese wurden auf Grund eines Gutachtens ermittelt.

(Absolute Zahlen in Mio. €)	Ist t_0
Reproduktionswert des betriebsnotwendigen Vermögens	63,4
+ Liquidationswert des nicht betriebsnotwendigen Vermögens	2,0
./. Wert des Fremdkapitals	33,1
Substanzwert auf Basis von Reproduktionswerten (Marktwerten)	**32,3**

Excel-Datei: Unternehmensbewertung/Excel-Blatt: Substanzwertverfahren

Modell-Tabelle 2: Berechnung des Netto-Reproduktionsaltwerts mit Marktwerten

Ein zweiter Ansatz setzt bei der Unterscheidung zwischen Teil- und Vollreproduktionswert an. Beim Vollreproduktionswert finden sämtliche Vermögenswerte des Unternehmens Berücksichtigung, und zwar unabhängig davon, ob sie in der Handelsbilanz ausgewiesen werden oder nicht. Zum Vollreproduktionswert des betriebsnotwendigen Vermögens zählen insbesondere auch die mangels Anschaffungskosten nicht in der Bilanz aktivierten immateriellen Vermögenswerte wie etwa Mietrechte sowie selbst geschaffene Marken- und Patentrechte oder Konzessionen. Streng genommen müssen in den Vollreproduktionswert auch sonstige immaterielle Vermögenswerte wie Kundenbeziehungen oder die Qualität der Mitarbeiter einbezogen werden.

Bei der praktischen Durchführung des Substanzwertverfahrens in der HGB-Welt ergibt sich neben dem bereits erwähnten Problem der Buchwerte zusätzlich die Problematik, dass vor allem die zuletzt genannten immateriellen Werte nicht vollständig erfassbar bzw. kaum quantifizierbar sind. Ein erster Ansatz zur Wertermittlung immaterieller Vermögenswerte ergibt sich aus der IFRS-Rechnungslegung. Hier müssen bei Unternehmensakquisitionen Firmenwerte und andere immaterielle Vermögenswerte durch ein sog. Purchase Price Allocation (PPA) Gutachten nachvollziehbar belegt werden, damit sie aktiviert werden können. Werden immaterielle Vermögenswerte außer Acht gelassen ergibt sich lediglich ein Teilreproduktionswert.

CF-Training-Modell: Für die MASCHINENBAU GmbH ergibt sich folgende Berechnung des Vollreproduktionsaltwerts nach Marktwerten. Diese wurden auf Grund eines Gutachtens ermittelt.

(Absolute Zahlen in Mio. €)	Ist t_0
Reproduktionswert des betriebsnotwendigen Vermögens	63,4
+ Marktwert immaterielle Vermögenswerte	10,0
+ Liquidationswert des nicht betriebsnotwendigen Vermögens	2,0
./. Wert des Fremdkapitals	33,1
Substanzwert auf Basis von Vollreproduktionswerten (Marktwerten)	**42,3**

Excel-Datei: Unternehmensbewertung/Excel-Blatt: Substanzwertverfahren

Modell-Tabelle 3: Berechnung des Vollreproduktionsaltwerts mit Marktwerten

Vorteile	Nachteile
• Im Verhältnis zu zukünftigen Ertrags- und Cash-flow-Größen ist die Ermittlung weniger aufwendig. • Immaterielle Vermögenswerte werden berücksichtigt. • Das betriebsnotwendige Vermögen steht im Mittelpunkt. • Zählt als konservative Wertermittlung. • Einsatz als mögliche Wertuntergrenze. • Geeignet bei einer Entscheidung zwischen Unternehmenskauf oder Erstellung eines Unternehmens »auf der grünen Wiese« (Green Field Investment).	• Die Ertragskraft eines Unternehmens wird komplett vernachlässigt. • Zukünftige Wachstumschancen und Cashflows werden nicht berücksichtigt. • Immaterielle Vermögenswerte kaum quantifizierbar, meistens nur Teilreproduktionswert. • Bei spezifischen Unternehmen komplizierte Bewertung der Marktpreise. • Komplizierte Bewertung der aktuellen Marktpreise kann zu Fehlern führen. • Bei isolierter Betrachtung von Vermögenspositionen bleibt das Wesen unternehmerischen Handelns unberücksichtigt.

Substanzwertverfahren auf Basis von Liquidationswerten

Während die Substanzbewertung auf Basis von Reproduktionswerten eine Fortführung des Unternehmens unterstellt, geht die Bewertung über Liquidationswerte von einer Zerschlagung (Liquidation) des Unternehmens aus. Der Liquidationswert ist dann anzusetzen, wenn die Liquidation eines Unternehmens einen höheren Wert als die Weiterführung des Unternehmens ergibt und die Liquidation auch tatsächlich realisiert werden soll.

Der Liquidationswert stellt den Wert dar, der sich bei Auflösung des Unternehmens aus dem Verkauf der einzelnen Vermögensgegenstände ergibt. Von den Liquidationserlösen sind die Schulden und Liquidationskosten (z.B. Kosten eines Sozialplans) abzuziehen.

> Liquidationserlös des gesamten betrieblichen Vermögens
> − Wert des Fremdkapitals
> − Liquidationskosten
> = Substanzwert auf Basis von Liquidationswerten (Liquidationswert)

Bei der Ermittlung des Liquidationswertes ist die bestmögliche Verwertung der Vermögensgegenstände anzustreben. So kann neben einer reinen Liquidation in Betracht kommen, das Unternehmen unter weitgehendem Verzicht auf Ersatzinvestitionen zeitlich begrenzt weiterzuführen, die Gewinne auszuschütten und dann das Unternehmen zu liquidieren. Neben der Liquidation unter Normalbedingungen gibt es auch den Fall der Liquidation unter Zeitdruck (z.B. bei dringender Zurückführung von Verbindlichkeiten oder Erbstreitigkeiten). Hier können sich unterschiedlich hohe Liquidationswerte ergeben.

CF-Training-Modell: Für die MASCHINENBAU GmbH ergibt sich folgende Berechnung des Liquidationswerts nach Marktwerten. Diese wurden auf Grund eines Gutachtens ermittelt.

(Absolute Zahlen in Mio. €)	Ist t_0
Liquidationserlös des gesamten betrieblichen Vermögens	42,0
./. Wert des Fremdkapitals	33,1
./. Liquidationskosten	5,0
Substanzwert auf Basis von Liquidationswerten	**3,9**

Excel-Datei: Unternehmensbewertung/Excel-Blatt: Substanzwertverfahren

Modell-Tabelle 4: Berechnung des Liquidationswerts nach Marktwerten

Der entscheidende Nachteil von Einzelbewertungsverfahren besteht darin, dass durch die isolierte Betrachtung von Vermögenspositionen das Wesen unternehmerischen Handelns unberücksichtigt bleibt. Dieses ist in der Erzielung zukünftiger Erträge zu sehen, die sich aus dem Zusammenwirken der einzelnen Güter ergeben. Trotz der methodischen Nachteile der Substanzwertverfahren ist zu betonen, dass diese in der Praxis bei der Bewertung von Unternehmen mit schwacher Ertragssituation oder bei Insolvenzfällen eingesetzt werden.

Für die Bewertung von Unternehmen, die fortgeführt werden sollen (Going Concern), sind die Einzelbewertungsverfahren in der Regel ungeeignet. Daher werden sie im Rahmen dieses Buches nicht näher erläutert.

Vorteile	Nachteile
• Geeignet für die Bewertung von Unternehmen mit schwacher Ertragssituation oder von Insolvenzfällen. • Einfache Berechnung, sofern Marktwerte der einzelnen Vermögensgegenstände vorhanden sind. • In der Regel die Preisuntergrenze bei einer Unternehmensbewertung. • Oftmals Kontrollgröße für die Ergebnisse anderer Methoden • Wird im Bankenbereich eingesetzt, um den Wert der Sicherheiten zu bestimmen.	• Die zukünftigen Zahlungsflüsse und die Entwicklung des Unternehmens werden nicht berücksichtigt, daher ungeeignet für »Going Concern« Bewertungen. • Bei isolierter Betrachtung von Vermögenspositionen bleibt das Wesen unternehmerischen Handelns unberücksichtigt. • Sehr aufwändig bei größeren Unternehmen, da jede einzelne Bilanzgröße zum Liquidationswert bewertet werden muss. • Liquidationskosten müssen ermittelt werden. • Die Transaktionsdauer beeinflusst stark den Liquidationswert.

1.5.2 Mischverfahren

DEFINITION

Mischverfahren sind als Weiterentwicklung der Einzelbewertungsverfahren zu betrachten und resultieren aus der Erkenntnis, nicht nur die Substanz eines Unternehmens, sondern auch dessen Ertragskraft in die Unternehmensbewertung einzubeziehen. Mischverfahren treten als einfache Mittelwertverfahren (Berliner oder Schweizer Methode) oder in Form des Übergewinnverfahrens auf. Als Spezialfall des Übergewinnverfahrens gilt das Stuttgarter Verfahren.

1.5.2.1 Mittelwertverfahren

Bei der auch als Berliner bzw. Schweizer Methode bezeichneten Mittelwertmethode wird der Unternehmenswert (UW) im einfachsten Fall als arithmetisches Mittel aus dem Substanzwert in Form des Teilreproduktionswertes (SW) und dem auf Basis von Periodenerfolgen ermittelten Ertragswert (EW) berechnet:

Mittelwertverfahren 1: $UW = \dfrac{SW + EW}{2}$

Neben dieser Formel können weitere Spielarten des Mittelwertverfahrens verwendet werden. Dabei werden die Substanz- bzw. die Ertragswertkomponente unterschiedlich gewichtet. Beispielsweise sind folgende Berechnungsformeln denkbar:

Mittelwertverfahren 2: $UW = \dfrac{SW + 2 \times EW}{3}$

Mittelwertverfahren 3: $UW = \dfrac{2 \times SW + EW}{3}$

Anzumerken ist, dass die Wahl der Gewichtungsfaktoren auf rein subjektiven Einschätzungen beruht und keiner betriebswirtschaftlichen Begründung folgt. In der Bewertungspraxis findet das Mittelwertverfahren keine bzw. höchstens als Daumenregel für eine grobe Einschätzung des Unternehmenswertes Anwendung.

CF-Training-Modell: Für die MASCHINENBAU GmbH ergeben sich folgende Unternehmenswerte nach den Mittelwertverfahren. Als Substanzwert wird der Voll-Reproduktionswert mit Marktwerten herangezogen, der Ertragswert wird mit einem EBIT-Multiplikator von 6 berechnet:

(Absolute Zahlen in Mio. €)	Ist t_0
Reproduktionswert des betriebsnotwendigen Vermögens	63,4
+ Marktwert des immateriellen Vermögens	10,0
+ Liquidationswert des nicht betriebsnotwendigen Vermögens	2,0
./. Wert des Fremdkapitals	33,1
= Substanzwert auf Basis von Vollreproduktionswerten (Marktwerten)	42,3

Excel-Datei: Unternehmensbewertung/Excel-Blatt: Mischverfahren

Modell-Tabelle 1: Berechnung des Vollreproduktionsaltwerts mit Marktwerten

(Absolute Zahlen in Mio. €)	Ist t_0
	Auf EBIT-Basis
Bezugsgröße (EBIT bzw. Umsatz)	3,0
x Multiplikator	6,0
= Unternehmenswert	18,0
./. Netto-Finanzverbindlichkeiten	16,3
= Wert des Eigenkapitals	1,7

Excel-Datei: Unternehmensbewertung/Excel-Blatt: Mischverfahren

Modell-Tabelle 2: Berechnung des Ertragswerts mit Branchenmultiplikatoren

(Absolute Zahlen in Mio. €)	Ist t₀
Mittelwertverfahren 1:	
Unternehmenswert =	22,0
Mittelwertverfahren 2:	
Unternehmenswert =	15,2
Mittelwertverfahren 3:	
Unternehmenswert =	28,8

Excel-Datei: Unternehmensbewertung/Excel-Blatt: Mischverfahren

Modell-Tabelle 3: Berechnung von Unternehmenswerten nach unterschiedlichen Mittelwertverfahren

Vorteile	Nachteile
• Ertragswert eines Unternehmens wird miteinbezogen. • Mischung zwischen dem konservativen Substanzwert und dem prognostizierten Ertragswert. • Die negativen Aspekte einer isolierten Bewertung von Bilanzpositionen werden durch den ertragsbezogenen Ansatz gemildert.	• Die Nachteile vom Substanzwertverfahren können nicht gemindert werden. • Die Wahl der Gewichtungsfaktoren beruht auf rein subjektiven Einschätzungen. • Der gewählte Gewichtungsfaktor hat einen bedeutsamen Einfluss auf den Mittelwert. • Unternehmen mit hohem Bilanzwert werden tendenziell höher bewertet. • Anwendung nur als grobe Einschätzung des Unternehmenswertes.

1.5.2.2 Übergewinnverfahren

Das Übergewinnverfahren basiert auf dem Gedanken, dass Unternehmen langfristig nur eine Normalverzinsung des eingesetzten Kapitals erwirtschaften können. Als Normalverzinsung wird das entsprechende Zinsniveau für langfristige inländische Anleihen herangezogen. Darüber hinausgehende Mehrgewinne (Übergewinne) beruhen auf überdurchschnittlichen unternehmerischen Fähigkeiten, einer guten Konjunkturlage oder etwa einer Monopol- bzw. Nischenstellung und sind somit zeitlich begrenzt.

Beim Übergewinnverfahren werden die Übergewinne, die die Normalverzinsung übersteigen, mit einem höheren als dem normalen Zinssatz kapitalisiert. Dieser Zinssatz wird als $i_{\ddot{U}G}$ bezeichnet. Durch diese Vorgehensweise wird der Gefährdung der Übergewinne, die aus einer verstärkten Konkurrenzgefahr resultiert, durch den höheren Zinssatz Rechnung getragen. In der Praxis wird häufig ein Risikozuschlag von 25 bis 50 Prozent gewählt. Die mit dem erhöhten Zinssatz kapitalisierten Übergewinne ergeben den Firmenwert (Goodwill). Der Unternehmenswert nach dem Übergewinnverfahren berechnet sich somit als Summe von Substanzwert (als Teilreproduktionswert) und dem Barwert der Übergewinne.

Substanzwert (Teilreproduktionswert)
+ Barwert der Übergewinne (Firmenwert)
‾‾‾‾‾‾‾‾‾‾‾‾‾‾‾‾‾‾‾‾‾‾‾‾‾‾‾‾‾‾‾‾‾‾‾‾‾‾
  Unternehmenswert

Bezeichnet E den erwarteten Periodenerfolg in der Periode t, i den Kalkulationszinsfuß, SW den Substanzwert (Teilreproduktionswert) und E_{norm} den (konstanten) Normalertrag, bestimmt sich der Übergewinn $ÜG$ in der Periode t wie folgt:

$$ÜG_t = E_t - E_{norm} = E_t - i \times SW$$

Bei einem Betrachtungszeitraum von m Jahren, in dem Übergewinne zu erwarten sind, kann der Unternehmenswert nach dem Übergewinnverfahren nach folgender Formel berechnet werden. $i_{ÜG}$ bezeichnet dabei die Verzinsung der Übergewinne:

$$ÜG_t = SW + \sum_{t=1}^{m} (E_t - i \times SW) \times (i + i_{ÜG})$$

Mischverfahren gelten in Theorie und Praxis als unbrauchbar, da sie die Unternehmenswertbestandteile Substanz und Ertrag willkürlich kombinieren, ohne dies fundiert begründen zu können. Selbst das Stuttgarter Verfahren, welches bei der Ermittlung der Vermögen-, Erbschaft- und Schenkungsteuer bis vor Kurzem gesetzlich vorgegeben war, kann nun durch Gesamtbewertungsverfahren ersetzt werden.

Mittlerweile erleben zumindest jedoch die Übergewinnverfahren eine Renaissance durch das Wertorientierte Management (Value Based Management). Zu diesen Verfahren zählen beispielsweise der Economic Value Added (EVA) (vgl. Kapitel 3.1) oder der Cashflow Value Added (CVA) (vgl. Kapitel 3.2). Diese Ansätze eignen sich auch gut als Unternehmensbewertungsmethoden. Daher werden sie in diesem Buch auch ausführlich dargestellt.

Vorteile	Nachteile
• Ertragskraft eines Unternehmens wird miteinbezogen. • Mischung zwischen dem konservativen Substanzwert und dem prognostizierten Ertragswert stellt Verbesserung gegenüber den Substanzwertverfahren dar. • Besser geeignet als Mischverfahren. • Relevanz für wertorientierte Steuerung. • Anwendung im Rahmen der wertorientierten Steuerung (EVA, CVA) akzeptiert.	• Die Nachteile von Mittelwertverfahren können nicht komplett gemindert werden. • Die Ermittlung des Übergewinns basiert auf subjektiven Einschätzungen, die nur schwer von Dritten nachvollzogen werden können.

1.5.3 Gesamtbewertungsverfahren

DEFINITION

Gesamtbewertungsverfahren stellen im Gegensatz zu den Mischverfahren bei der Unternehmensbewertung alleinig auf die zukünftige Ertragskraft des Unternehmens ab. Die Ertragsbewertung erfolgt durch die Bewertung der zukünftigen Erträge, die aus dem Zusammenwirken aller realen Bestandteile eines Unternehmens resultieren.

Im Gegensatz zu den Einzelbewertungsverfahren, die Unternehmen als Summe isolierter Einzelwerte interpretieren, betrachten die Gesamtbewertungsverfahren Unternehmen als

Bewertungseinheit. Zu den Gesamtbewertungsverfahren zählen die Discounted Cashflow-Verfahren (DCF-Verfahren), die Ertragswertmethode, die Multiplikatorenverfahren und der Realoptions-Ansatz. Die Discounted-Cashflow-Verfahren (DCF-Verfahren), die Ertragswertmethode und die Multiplikatorenverfahren werden in diesem Buch ausführlich vorgestellt. Der Realoptionsansatz hat sich trotz seines interessanten Ansatzes der Bewertung von Handlungsflexibilitäten in der Praxis noch nicht durchgesetzt. Daher sei an dieser Stelle auf die Literatur verwiesen Ernst/Häcker, 2001 und Ernst/Schneider/Thielen, 2010 sowie die dort genannte Spezialliteratur.

Die Unternehmensbewertung ist keine exakte Wissenschaft, die bei korrekter Anwendung der Methoden die richtigen Ergebnisse liefert. Vielmehr ist sie ein Prozess zur Feststellung der wertrelevanten Faktoren eines Unternehmens, der sachlich objektive Verhandlungen und Diskussionen ermöglicht. Das Ergebnis des Bewertungsprozesses ist deshalb abhängig von einer Vielzahl getroffener Annahmen, u. a. der Unternehmensplanung, dem Marktumfeld und den gewählten Vergleichsdaten. Auswahl und Qualität dieser Rahmenparameter bestimmen die Zuverlässigkeit des Ergebnisses. Vor diesem Hintergrund wird der Unternehmenswert eher als Bandbreite anstatt als konkrete Zahl angegeben.

Zum Zwecke der Meinungsbildung sollten stets mehrere Bewertungsmethoden angewandt werden. Die Anwendung der vorgenannten Bewertungsmethoden führt zu unterschiedlichen Wertansätzen, erlaubt aber in der Kombination die Berücksichtigung sowohl von Marktaspekten aus der Vergangenheit als auch die Beachtung von zukünftigen unternehmensspezifischen Ergebnissen. Diese werden auf den folgenden Seiten im Einzelnen hergeleitet und dargestellt.

2 Unternehmensbewertung mit Discounted-Cashflow-Modellen

Die Discounted-Cashflow (DCF)-Ansätze gehen davon aus, dass sich der zu bestimmende Unternehmenswert aus der künftigen Ertragskraft des Unternehmens ableitet. Die DCF-Methode stellt einen investitionstheoretisch fundierten Ansatz dar: Der Wert eines Unternehmens wird – analog zur Ermittlung des Wertes einer Investition – auf Basis der auf den Bewertungszeitpunkt abgezinsten, zukünftig zu erwartenden Zahlungsüberschüsse ermittelt. Man kann die DCF-Verfahren deshalb auch als kapitalwertbasierte Verfahren bezeichnen. Die Zahlungsüberschüsse werden hier in Anlehnung an den anglo-amerikanischen Fachausdruck als Cashflows bezeichnet. Der Unternehmenswert errechnet sich als Barwert der künftigen Cashflows aus dem Unternehmen zuzüglich des separat zu bestimmenden Wertes des nicht betriebsnotwendigen Vermögens.

> **DEFINITION**
> Die *DCF-Methode* berechnet den Wert eines Unternehmens dadurch, dass die zukünftig zu erwartenden Zahlungsüberschüsse auf den Bewertungszeitpunkt abgezinst werden.

Üblicherweise werden die Cashflows nur für einige Jahre detailliert geplant. Für den Zeitraum nach diesem Planungshorizont wird der Terminal Value angesetzt. Der Terminal Value wird auch als Endwert, Restwert oder Fortführungswert bezeichnet. Er wird als ewige Rente eines nachhaltig erzielbaren Cashflows berechnet. Der Unternehmenswert entspricht dann dem Barwert der Cashflows der Detailplanungsperiode zuzüglich des Barwertes des Terminal Value.

Je nach Definition der bewertungsrelevanten Cashflows und der anzuwendenden Diskontierungssätze kann man zwischen mehreren DCF-Verfahren unterscheiden:
* Weighted Average Cost of Capital-Ansatz (WACC-Ansatz),
* Adjusted Present Value (APV)-Ansatz und
* Equity-Ansatz.

Der WACC-Ansatz und der APV-Ansatz werden auch als Brutto-Verfahren bezeichnet, da sie zunächst den Gesamtunternehmenswert (Bruttowert) berechnen. In einem zweiten Schritt wird von diesem Wert die Verschuldung abgezogen, um zum Netto-Unternehmenswert (= Marktwert des Eigenkapitals) zu gelangen. Da der Equity-Ansatz den Marktwert des Eigenkapitals direkt berechnet, wird dieses Verfahren auch als Netto-Verfahren bezeichnet. Alle drei Ansätze führen zu demselben Ergebnis, sofern identische Annahmen über das künftige Finanzierungsverhalten getroffen werden.

2.1 WACC-Ansatz

2.1.1 Die Konzeption des WACC-Ansatzes

Der Name WACC-Ansatz bezieht sich auf den gewichteten Kapitalkostensatz, der bei diesem Verfahren zur Anwendung kommt. Der WACC-Ansatz stellt die – insbesondere international – am weitesten verbreitete Bewertungsmethode dar. Er wird auch als Lehrbuchformel (Text book formula), häufig auch als Entity-Ansatz bezeichnet.

Bei diesem Ansatz werden die Zahlungsüberschüsse ermittelt, die zur Befriedigung der Ansprüche aller Kapitalgeber – also sowohl der Eigen- als auch der Fremdkapitalgeber – zur Verfügung stehen. Unter Fremdkapitalgebern werden hier nur die Bereitsteller von (üblicherweise) verzinslichem Fremdkapital verstanden. Es handelt sich somit um Cashflows vor Abzug von Zins- und Tilgungszahlungen. Die mit einer Fremdfinanzierung verbundenen Ertragsteuerwirkungen bleiben bei der Cashflow-Ermittlung unberücksichtigt. Man bezeichnet die für den WACC-Ansatz relevanten Cashflows als die operativen Free Cashflows (oFCF).

Die operativen Free Cashflows werden mit einem Mischzinssatz diskontiert (abgezinst), in den sowohl die Renditeansprüche der Eigenkapitalgeber als auch die der Fremdkapitalgeber eingehen. Die jeweiligen Kapitalkosten werden dabei entsprechend dem Anteil des Eigen- und Fremdkapitals am Gesamtkapital gewichtet. Hierbei erfolgt die Gewichtung nicht auf Basis von Buchwerten, sondern auf Basis von Marktwerten. Man bezeichnet den so ermittelten Diskontierungssatz als gewichtete Kapitalkosten oder auch WACC (Weighted Average Cost of Capital). In den WACC wird der mit der Fremdfinanzierung verbundene Steuervorteil (Tax Shield) integriert.

> **DEFINITION**
> Der *WACC-Ansatz* ist ein Bruttoverfahren, das den Gesamtwert eines Unternehmens berechnet. Dies erfolgt durch Diskontierung der operativen Free Cashflows, die den Fremd- und Eigenkapitalgebern zur Verfügung stehen. Als Diskontierungssatz wird der gewichtete Kapitalkostensatz verwendet, der sowohl die Kosten für Eigen- als auch Fremdkapital berücksichtigt.

Alle DCF-Verfahren berücksichtigen bei der Diskontierung nur die operativen Überschüsse, d. h. die Überschüsse aus dem betriebsnotwendigen Vermögen. Das nicht betriebsnotwendige Vermögen wird separat bewertet und zum Barwert der Free Cashflows addiert. Die Summe aus dem Barwert der oFCF, der liquiden Mittel und dem separat bestimmten Marktwert des nicht betriebsnotwendigen Vermögens ergibt den Marktwert des Gesamtkapitals. Man spricht auch vom Gesamtwert des Unternehmens oder vom Entity-Wert, bestehend aus dem Marktwert des Eigenkapitals und dem Marktwert des (verzinslichen) Fremdkapitals. Um zum Wert des Eigenkapitals zu gelangen, sind die zinstragenden Finanzverbindlichkeiten abzuziehen. Abbildung II.3 veranschaulicht diesen Ansatz.

Die im Entity-Ansatz bewertungsrelevanten Cashflows sind finanzierungsneutral, d. h. unabhängig von der Finanzierungsstruktur des Unternehmens. Der Einfluss der Kapitalstruktur auf den Unternehmenswert wird im Diskontierungszinssatz berücksichtigt.

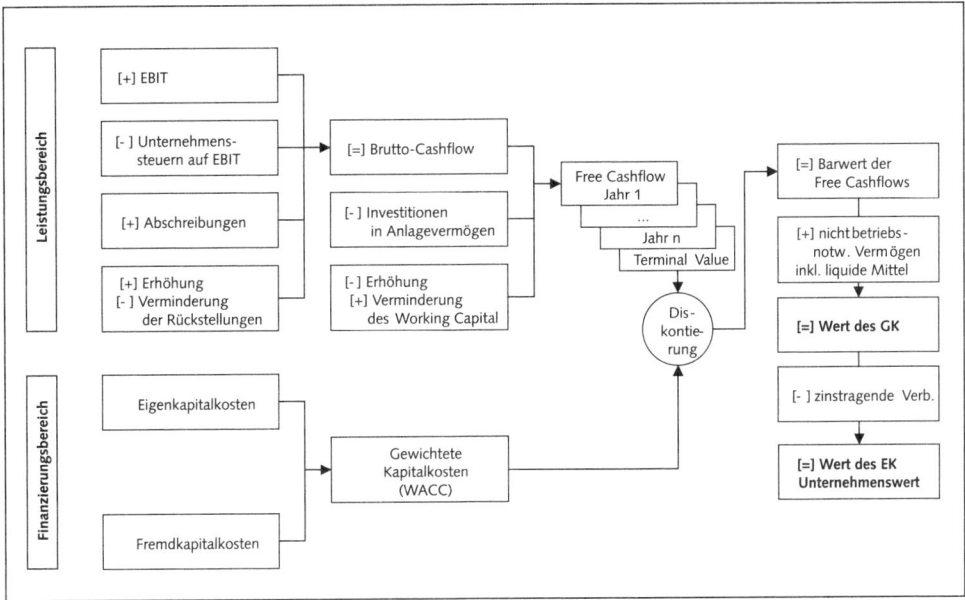

Abbildung II.3: Überblick über Unternehmensbewertungsverfahren

2.1.2 Berechnung der operativen Free Cashflows

Beim Entity-Ansatz wird der Cashflow berechnet, der sowohl zur Bedienung des (verzinslichen) Fremdkapitals als auch zur Bedienung des Eigenkapitals zur Verfügung steht. Die Berechnung dieses operativen Free Cashflows erfolgt nach folgendem Schema:

	Operatives Ergebnis vor Zinsen und Steuern (EBIT)
−	Adjustierte Steuern auf das EBIT
=	Operatives Ergebnis vor Zinsen und nach adjustierten Steuern (NOPLAT)
+	Abschreibungen
+	Erhöhung (-Verminderung) der Rückstellungen
=	(operativer) Brutto-Cashflow
−	Investitionen in das Anlagevermögen
−	Erhöhung (+ Verminderung) des Working Capital
=	Operativer Free Cashflow (oFCF)

EBIT: Ausgangspunkt der Berechnung des operativen Free Cashflows ist das operative Ergebnis vor Zinsen und Steuern (EBIT, Earnings Before Interest and Taxes). Von diesem werden die sogenannten adjustierten Steuern auf das EBIT abgezogen.

Adjustierte Steuern: Bei den adjustierten Steuern handelt es sich um die (fiktiven) ertragsabhängigen Unternehmenssteuern, die das Unternehmen zahlen müsste, wenn es kein Fremdkapital und keine nicht betriebsbedingten Aufwendungen und Erträge hätte. Man erhält sie durch Anwendung des Unternehmenssteuersatzes auf das EBIT. In den Unternehmenssteuersatz gehen in Deutschland die Gewerbe- und die Körperschaftsteuer ein.

Bei einem verschuldeten Unternehmen wird durch Anwendung der adjustierten Steuern ein Fehler gemacht, da die Steuerersparnis des Unternehmens, die sich aus der steuerlichen Abzugsfähigkeit der Fremdkapitalzinsen ergibt, nicht berücksichtigt wird. Der Steuervorteil der Fremdfinanzierung wird im Englischen Tax Shield genannt. Im Ergebnis bedeutet die Nicht-Berücksichtigung des Tax Shield in den Cashflows, dass mit den adjustierten Steuern zu hohe Steuern bezahlt würden und der Free Cashflow die wahre Ertragskraft nicht wiedergibt. Im WACC-Ansatz wird dieser Fehler behoben, indem bei den gewichteten Kapitalkosten (WACC) der Steuervorteil der Fremdfinanzierung eingebaut wird.

NOPLAT: Das daraus resultierende operative Ergebnis vor Zinsen und nach adaptierten Steuern (NOPLAT, Net Operating Profit Less Adjusted Taxes) stellt das operative Ergebnis dar, das ein Unternehmen ohne Fremdkapitalfinanzierung erzielt hätte. Außerordentliche Aufwendungen und Erträge sind darin nicht enthalten.

Operativer Brutto-Cashflow: Um zum (operativen) Brutto-Cashflow zu gelangen, werden zum NOPLAT die nicht auszahlungswirksamen Aufwendungen (z. B. Abschreibungen oder die Erhöhung von Rückstellungen) addiert bzw. die nicht einzahlungswirksamen Erträge (z. B. Verminderung von Rückstellungen) subtrahiert. Beim (operativen) Brutto-Cashflow handelt es sich um den Betrag, der ohne zusätzliche Kapitalmaßnahmen für Investitionen und Ausschüttungen an die Gesamtheit der Kapitalgeber zur Verfügung steht.

Operativer Free Cashflow: Um den operativen Free Cashflow zu erhalten, muss der operative Brutto-Cashflow noch um die Investitionen in Sachanlagen und die Investitionen ins Working Capital verringert bzw. um Desinvestitionen des Working Capital und des Anlagevermögens erhöht werden.

EXKURS: Investitionen in das Anlagevermögen
Die Investitionen ins Anlagevermögen ergeben sich gemäß folgender Gleichung:

    Bestand des Anlagevermögens zu Beginn des Jahres
− Bestand des Anlagevermögens am Ende des Jahres
+ Abschreibung des Jahres
────────────────────────────────────
= Investitionen ins Anlagevermögen

CF-Training-Modell: In unserem Modell wird aus Vereinfachungsgründen davon ausgegangen, dass die Investitionen am 01.01. des jeweiligen Jahres erfolgen. Somit beziehen sich die Abschreibungen auf ein komplettes Jahr. Um die im jeweiligen Jahr angefallenen Investitionen zu berechnen, müssen zusätzlich zur Veränderung des Anlagevermögens zwischen Jahresbeginn und Jahresende daher noch die Abschreibungen addiert werden, da in diesem Jahr bereits eine komplette Nutzung des Anlagevermögens erfolgte.

PRAXISBEISPIEL: Berechnung der Investitionen ins Anlagevermögen

Die MASCHINENBAU GmbH kauft zu Beginn des Jahres eine Maschine im Wert von 10. Diese wird linear über 10 Jahre abgeschrieben, sodass Abschreibungen in Höhe von 1 resultieren. Wie kann aus dem Jahresabschluss die Höhe der Investitionen bestimmt werden?

Bestand des Anlagevermögens am Ende des Jahres	9
− Bestand des Anlagevermögens zu Beginn des Jahres	0
= Veränderung des Anlagevermögens	9
+ Abschreibung	1
= Investition	10

EXKURS: Working Capital

Das Working Capital – auch als Netto-Umlaufvermögen bezeichnet – entspricht dem operativen Umlaufvermögen abzüglich der unverzinslichen kurzfristigen Verbindlichkeiten. Zentrale Zuordnungskriterien für das Working Capital sind die kurzfristige Bindung im Unternehmen und die Unverzinslichkeit.

DEFINITION

Working Capital wird im vorliegenden Modell wie folgt definiert:

Vorräte	
+ Forderungen aus Lieferungen und Leistungen (Debitoren)	
+ Sonstige Forderungen	
− Verbindlichkeiten aus Lieferungen und Leistungen (Kreditoren)	
− Sonstige Verbindlichkeiten	
= Working Capital (Netto-Umlaufvermögen)	

Die Veränderung des Working Capital in einer Periode zeigt an, welchen Kapitalbetrag ein Unternehmen in dieser Periode in die Vermögensgegenstände des Working Capital investiert (erhöht) oder desinvestiert (verringert) hat.

CF-Training-Modell: Für die MASCHINENBAU GmbH ergeben sich folgende Werte für das Working Capital:

Positionen Jahresabschluss (Absolute Zahlen in Mio. €)	Ist t_{-2}	Ist t_{-1}	Ist t_0	Plan t_1	Plan t_2	Plan t_3	Plan t_4	Plan t_5	Plan t_6
+ Vorräte	4,5	4,2	4,6	4,7	4,8	4,8	4,6	4,5	4,5
+ Forderungen L. u. L.	13,8	12,1	13,4	14,5	15,0	15,2	13,5	13,9	14,4
+ Sonst. Umlaufvermögen	10,1	8,6	10,3	10,2	10,4	10,6	10,7	11,0	11,1
./. Verbindlichkeiten L. u. L.	7,2	6,5	7,0	7,4	7,6	7,6	7,2	7,1	7,2
./. Sonst. kurzfr. Vbk.	5,8	5,2	5,7	5,8	5,8	5,9	6,0	6,1	6,2
= **Working Capital**	**15,4**	**13,2**	**15,6**	**16,2**	**16,9**	**17,1**	**15,7**	**16,2**	**16,6**

Excel-Datei: Unternehmensbewertung/Excel-Blatt: Bilanz-Aktiva

Modell-Tabelle 2: Working Capital (Netto-Umlaufvermögen)

CF-Training-Modell: Für die MASCHINENBAU GmbH können folgende Werte für die operativen Free Cashflows $t_1 - t_6$ und Endwert aus der Plan-Bilanz und Plan-GuV abgeleitet werden.

(Absolute Zahlen in Mio. €)	Plan t_1	Plan t_2	Plan t_3	Plan t_4	Plan t_5	Plan t_6	Endwert
Ergebnis vor Zinsen u. Steuern (EBIT)	4,1	4,8	5,6	0,9	3,2	4,6	4,6
./. Gewerbesteuer	0,6	0,7	0,8	0,1	0,4	0,6	0,6
./. Körperschaftsteuer	0,6	0,8	0,9	0,1	0,5	0,7	0,7
Operatives Ergebnis n. Steuern (NOPAT)	2,9	3,4	3,9	0,6	2,2	3,2	3,2
+ Abschreibungen	1,9	1,9	1,9	1,9	1,9	1,9	1,9
+ Veränderungen Rückstellungen	0,0	0,0	0,0	0,0	0,0	0,0	0,0
./. Investitionen Anlagevermögen	4,1	2,7	2,0	1,4	2,0	2,6	2,0
./. Investitionen Working Capital	0,6	0,6	0,3	-1,4	0,6	0,4	0,1
Operative Free Cashflows (oFCF)	0,1	2,0	3,6	2,6	1,6	2,1	3,1

Excel-Datei: Unternehmensbewertung/Excel-Blatt: Cashflows

Modell-Tabelle 1: Operativer Free Cashflow (oFCF)

Beim operativen Free Cashflow wird die im Entity-Ansatz vorgenommene Trennung von Leistungsbereich (ausgedrückt durch die oFCF) und Finanzierungsbereich (ausgedrückt im Diskontierungssatz) deutlich. Der oFCF spiegelt den Leistungsbereich des Unternehmens wider, indem er aufzeigt, welchen Cashflow das Unternehmen zu erwirtschaften vermag, losgelöst von seiner Finanzierung. Der oFCF entspricht dem vom Unternehmen erwirtschafteten Zahlungsüberschuss vor Berücksichtigung von Finanzierungsmaßnahmen.

Der operative Free Cashflow ist somit finanzierungsneutral, d.h. er wird durch die Kapitalstruktur des zu bewertenden Unternehmens nicht beeinflusst. Der operative Free Cashflow enthält keine finanzierungsbezogenen Zahlungsströme wie Zinsaufwendungen, Veränderungen von Finanzierungsschulden und Dividenden, auch werden die Unternehmenssteuern ohne Berücksichtigung der steuerlichen Abzugsfähigkeit der Fremdkapitalzinsen ermittelt.

Vorteile	Nachteile
• Der operative Free Cashflow ist finanzierungsneutral. • Der operative Free Cashflow zeigt das Leistungspotenzial des Unternehmens. • Der operative Free Cashflow kann aus einer integrierten GuV und Bilanz abgeleitet werden.	• Steuervorteil der Fremdfinanzierung wird komplett vernachlässigt. • Eine Veränderung der Finanzierungsstruktur in der Unternehmensplanung wird im operativen Free Cashflow nicht berücksichtigt. • Zur Ermittlung des operativen Free Cashflows muss die Liquidität als nicht betriebsnotwendig definiert werden. • Die operativen Free Cashflows können bei unterschiedlichen Investitionen stark schwanken. • Bei unvollständiger GuV und Bilanzplanung kann es zu Fehlergebnissen kommen.

2.1.3 Berechnung der Kapitalkosten

Während im Leistungsbereich die Zahlungsüberschüsse (oFCF) ermittelt werden, die zur Befriedigung der Ansprüche aller Kapitalgeber zur Verfügung stehen, wird die Finanzierung des Unternehmens im Diskontierungssatz (Finanzierungsbereich) berücksichtigt. Dementsprechend ist als Diskontierungszinssatz ein Mischzinssatz zu verwenden, in den sowohl die Eigenkapitalkosten als auch die Fremdkapitalkosten eingehen. Die jeweiligen Kapitalkosten der verschiedenen Kapitalgeber werden dabei gemäß ihrem relativen Anteil am gesamten investierten Kapital des Unternehmens gewichtet. Hierbei erfolgt die Gewichtung nicht auf Basis von Buchwerten, sondern auf Basis von Marktwerten, weil nur diese den tatsächlichen ökonomischen Wert der Ansprüche der jeweiligen Kapitalgeber widerspiegeln. Den so ermittelten Diskontierungszinssatz bezeichnet man als gewichtete, durchschnittliche Kapitalkosten oder auch WACC (Weighted Average Cost of Capital).

Die gewichteten Kapitalkosten werden nach folgender Formel berechnet:

$$WACC = r_{EK} \times \frac{EK}{GK} + r_{FK} \times \left(1 - t\right) \times \frac{FK}{GK}$$

wobei:

r_{EK}	=	Renditeforderung der Eigenkapitalgeber (für das verschuldete Unternehmen), Eigenkapitalkosten des Unternehmens
$r_{FK} \times (1-t)$	=	Fremdkapitalkosten des Unternehmens nach Steuern
r_{FK}	=	Renditeforderung der Fremdkapitalgeber
t	=	Unternehmenssteuersatz
EK	=	Marktwert des Eigenkapitals
FK	=	Marktwert des verzinslichen Fremdkapitals
GK	=	Marktwert des Gesamtkapitals

Abbildung II.4 verdeutlicht diese Zusammenhänge nochmals.

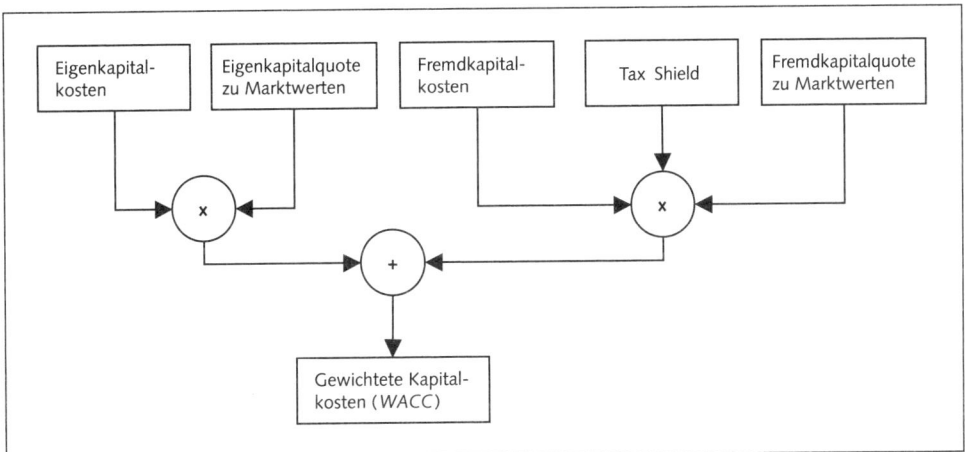

Abbildung II.4: Ermittlung des WACC

Beim WACC handelt es sich um einen gewichteten Durchschnitt der Kosten sämtlicher Kapitalquellen. Vereinfachend wurden in der Formel nur zwei Finanzierungsarten – Eigenkapital und verzinsliches Fremdkapital – unterschieden. Die Formel kann jedoch problemlos um weitere Kapitalquellen mit einem unterschiedlichen Renditeanspruch ergänzt werden. Denkbar sind z. B. die gesonderte Berücksichtigung von Mezzanine-Kapital oder Vorzugsaktien oder auch eine Aufspaltung des Fremdkapitals in unterschiedliche Finanzierungskomponenten wie Leasing, Kredite, Anleihen, Wandelschuldverschreibungen etc. Für jede einbezogene Finanzierungsquelle ist dann ein eigener Gewichtungsfaktor auf Basis des jeweiligen Marktwertanteils festzulegen.

2.1.3.1 Ermittlung der Eigenkapitalkosten

Vorgabe konkreter Renditeerwartungen

Die Ermittlung der Eigenkapitalkosten ist einfach, wenn die Eigenkapitalkosten bei einer Bewertung bereits fest vorgegeben sind. Das ist in der Praxis dann der Fall, wenn die Eigenkapitalgeber, für welche die Bewertung erstellt wird, eine konkrete Renditevorstellung für das zu bewertende Unternehmen besitzen. Beteiligungsgesellschaften äußern beispielsweise Renditeerwartungen, da sie wiederum ihren Investoren ein konkretes Renditeziel in Aussicht stellen müssen. Für mittelständische Unternehmen wird von Beteiligungsgesellschaften häufig eine Mindestverzinsung von 15 Prozent p. a. nach Steuern angesetzt.

Ableitung der Eigenkapitalkosten

Bestehen keine festen Vorgaben, werden die Eigenkapitalkosten aus dem Zinssatz einer risikofreien Anlage zuzüglich einer Risikoprämie berechnet.

$$r_{EK} = r_f + RP$$

wobei:

r_f =   risikofreie Rendite
RP   =   Risikoprämie

2.1.3.1.1 Ermittlung des Zinssatzes einer risikofreien Anlage

DEFINITION
Die risikofreie Rendite ist die Rendite einer Anlage ohne jedes Ausfallrisiko und ohne Korrelation mit Renditen anderer Kapitalanlagen.

Da in der Praxis keine derartige Anlageform existiert, wird angenommen, dass langfristige festverzinsliche Anleihen der öffentlichen Hand mit keinem Ausfallrisiko verbunden sind. Der Zinssatz dieser Triple-A (AAA)-Anleihen spiegelt somit den Zinssatz einer risikofreien Anlagemöglichkeit wider.

PRAXISTIPP: Bestimmung des risikofreien Zinssatzes
Da bei Verwendung des am Bewertungsstichtag gültigen Zinssatzes für festverzinsliche Anleihen die Gefahr besteht, dass gegenwärtige Zinshochs bzw. Zinstiefs in die Bewertung einfließen, bie-

tet es sich an, auf die in der Vergangenheit realisierten durchschnittlichen Renditen langfristiger öffentlicher Anleihen zurückzugreifen.

Bei der Auswahl des Basiszinssatzes sind folgende Aspekte zu berücksichtigen:

Die Währung der Staatsanleihe sollte identisch mit den Erträgen bzw. Cashflows des zu bewertenden Unternehmens sein; andernfalls wird der Vergleich mit anderen Unternehmen durch ein mögliches Währungsrisiko erschwert.

Der relevante Basiszins sollte der Laufzeit der Beteiligung entsprechen. Da die Basiszinsen meistens zeitlich befristet sind (z.B. 5-, 10-, 30-jährige Laufzeit), sollte eine Laufzeit ausgewählt werden, die der Haltefrist der Beteiligung entspricht. Bei der häufig verwendeten ewigen Rente – Betrachtung für die Ermittlung des Endwerts in der Unternehmensbewertung – ist ein unterschiedlicher Basiszinswert als für die befristete (Detailplanungshorizont) zu verwenden.

Die Durchschnittsrenditen öffentlicher Anleihen mit 5- bis 30-jähriger Laufzeit werden täglich in der Finanzpresse veröffentlicht. Für die Berechnung der Eigenkapitalkosten im nachfolgenden Rechenbeispiel wird ein Basiszins in Höhe von 4,5 Prozent unterstellt.

Bei der Verwendung von Staatsanleihen zur Bestimmung des risikofreien Zinssatzes sollte nicht außer Acht gelassen werden, dass diese nicht per se sicher sind, wie das Beispiel hochverschuldeter Staaten im Euroraum oder der USA zeigen.

Ableitung der risikofreien Rendite über die Zinsstrukturkurve

Der Arbeitskreis Unternehmensbewertung des IDW (AKU) ist darauf eingegangen, wie der Basiszinssatz alternativ über eine aktuelle Zinsstrukturkurve abgeleitet werden kann. Aus theoretischer Sicht ist die marktzinsorientierte Ableitung der vergangenheitsorientierten Ableitung grundsätzlich vorzuziehen. Jonas/Wieland-Blöse/Schiffahrth (2005) stellen die Vorgehensweise zur Ermittlung des Basiszinssatzes verständlich dar.

Mit Verweis auf jüngere Literaturbeiträge stellt der AKU die Berechnungsweise des Basiszinssatzes auf der Grundlage veröffentlichter Zinsstrukturdaten der Deutschen Bundesbank dar. Hiernach ist für jeden künftigen Zahlungszeitpunkt ein laufzeitadäquater Kapitalisierungszinssatz aus der aktuellen Zinsstrukturkurve zu ermitteln. Der Basiszinssatz ergibt sich dabei aus dem jeweils relevanten Zerobond-Basiszinssatz. Aus Objektivierungsgründen empfiehlt der AKU, auf die Svensson-Methode zurückzugreifen. Die Schätzungen der hierfür notwendigen Parameter zur Ermittlung der Zinsstrukturdaten können aus der Zeitreihendatenbank der Deutschen Bundesbank abgerufen werden. Daneben empfiehlt der AKU, aus den dem Bewertungsstichtag vorangegangenen drei Monaten periodenspezifische Durchschnittsgrößen abzuleiten, um z.B. kurzfristige Marktschwankungen zu glätten.

Grundsätzlich ist es auch weiterhin möglich, in der Detailplanungsphase einen einheitlichen Basiszinssatz zu verwenden. Dieser ist aus der Struktur der zukünftigen Zahlungsströme und der Zinsstrukturkurve barwertäquivalent abzuleiten.

Die Auswirkung der aktuellen Verlautbarung des AKU auf den Kapitalisierungszins und damit den Unternehmenswert lässt sich nicht pauschal beurteilen. Die Zinsstrukturkurven sind zum jeweiligen Bewertungsstichtag individuell abzuleiten. Dabei kann der über diesen Weg abgeleitete Basiszins gleich, über oder unter einem pauschal angesetzten Basiszinssatz liegen. Im März 2011 lag auf Basis einer dreimonatigen Durchschnittsbetrachtung. unter Zugrundelegung der Svensson-Methode der Basiszinssatz bei 3,5 Prozent.

PRAXISTIPP: Ableitung des risikofreien Zinssatzes nach der Svensson-Methode
- Sollten Sie den Basiszinssatz mit Hilfe der Svensson-Methode selbst herleiten wollen, finden Sie bei Ernst/Scheider/Thielen, 2010, S. 52 ff. eine detaillierte Anweisung und die dazu gehörigen Excel-Berechnungen.
- Sollten Sie die Berechnung nicht selbst durchführen wollen, empfehlen wir, die Basiszinssätze für Unternehmensbewertungen nach IDW S 1 bzw. HFA RS 10 auf Basis einer dreimonatigen Durchschnittsbetrachtung von geschätzten Zerobond-Zinssätzen aus der Veröffentlichung des nwb Verlags zu beziehen. Die Daten können auf folgender Homepage abgerufen werden: http://www2.nwb.de/portal/content/ir/downloads/67552/Basiszinssaetze_fuer_Unternehmensbewertungen_nach_IDW_S_1.pdf

2.1.3.1.2 Ermittlung der Risikoprämie mit Hilfe des CAPM

Der Ansatz einer Risikoprämie bei der Berechnung der Eigenkapitalkosten bedeutet, dass von risikoaversen Anlegern ausgegangen wird. Diese messen Investitionen in ein Unternehmen ein höheres Risiko als fest verzinslichen, risikofreien Wertpapiere bei und verlangen daher eine risikoadäquate Entschädigung.

EXKURS: Systematisierung von Risiken
Bevor auf die Ableitung der Risikoprämie eingegangen wird, werden kurz zwei Risikoarten vorgestellt, die für die weiteren Diskussionen von großer Bedeutung sind:
- das systematische Risiko
- das unsystematische Risiko.

Das *systematische Risiko* umfasst all die Einflussfaktoren, die dem generellen gesamtwirtschaftlichen und politischen Umfeld zugerechnet werden können. Beispiele hierfür sind:
- Wechselkursschwankungen/Veränderungen von Währungsparitäten,
- Schwankungen der Rohstoffpreise, Konjunkturschwankungen,
- Steuerreformen,
- Änderungen der Lohnnebenkosten,
- Handelsabkommen zwischen Staaten,
- Umweltschutzauflagen, Kriege, Missernten oder Naturkatastrophen.

Diese Faktoren können durch das Unternehmen nicht beeinflusst werden. Man spricht diesbezüglich auch vom allgemeinen (Markt-)Risiko. Das systematische Risiko kann von einem Anleger durch Diversifizierung nicht vermieden werden.

Unter dem *unsystematischen Risiko* werden alle einzelwirtschaftlichen Risikofaktoren verstanden. Diese sind dadurch gekennzeichnet, dass sie unternehmensspezifisch sind, d.h. sie beeinflussen nur die wirtschaftliche Lage eines bestimmten Unternehmens. Hierzu zählen beispielsweise
- die Positionierung am Markt,
- die Konkurrenzfähigkeit der angebotenen Produkte,
- die Existenz von Markteintrittsbarrieren, Anzahl und Größe der Wettbewerber,
- die Markteinführung von Substitutionsprodukten,
- der Grad der Abhängigkeit von Kunden oder Lieferanten,
- die Qualität des Managements,
- das unplanmäßige Ausscheiden eines Geschäftsführers oder
- negative Presseberichte (z.B. aufgrund unsauberer Bilanzierungspraktiken).

Diese einzelwirtschaftlichen Faktoren bewirken, dass sich die Renditen der verschiedenen Unternehmen nicht gleichgerichtet entwickeln. Während die Werte einiger Unternehmen steigen, werden die anderer Unternehmen sinken. Ein Anleger, der nicht sein gesamtes Kapital in ein Unternehmen investiert, sondern in der Lage ist, seine Beteiligungen zu streuen, kann durch geschickte Auswahl der Beteiligungen sein unsystematisches Risiko verringern bzw. im Optimalfall ausräumen.

Das Capital Asset Pricing Model (CAPM)

Zur Ermittlung der Risikoprämie wird üblicherweise auf kapitalmarkttheoretische Modelle, u.a. auf das *Capital Asset Pricing Model (CAPM)*, zurückgegriffen. Das CAPM ist der international übliche Standard für die Eigenkapitalkostenermittlung und hat sich mittlerweile auch in Deutschland durchgesetzt.

Prämissen des CAPM. Wenn man das CAPM zur Ableitung der Risikoprämie für die Bewertung verwendet, sollte man sich jedoch bewusst sein, dass das CAPM auf sehr restriktiven Annahmen basiert, die in der Realität so nicht anzutreffen sind:

- Existenz eines vollkommenen Kapitalmarktes, d.h. keine Informationskosten und Transaktionskosten für den Kauf und Verkauf von Wertpapieren, keine Steuern, keine sonstigen Beschränkungen wie z.B. Marktregulierungen.
- Einzelne Investoren haben keinen Einfluss auf die Marktpreise.
- Die Anzahl der Anlagen ist festgelegt, alle Anlagen sind marktfähig und beliebig teilbar.
- Alle Investoren haben homogene Erwartungen bezüglich der Wertpapierrenditen.
- Es gibt risikofreie Anlagen und es besteht die Möglichkeit, unbegrenzt Geld zum sicheren Zinssatz aufzunehmen bzw. anzulegen.

Berechnung der Eigenkapitalkosten. Das CAPM geht davon aus, dass die Eigenkapitalkosten sich als Rendite risikofreier Wertpapiere zuzüglich einer Risikoprämie berechnen. Die drei wesentlichen Komponenten für die Ermittlung der Eigenkapitalkosten nach dem CAPM sind:

- der Basiszins einer risikofreien Anlage (z.B. Staatsanleihe höchster Bonität);
- die Marktrisikoprämie für Investitionen in Eigenkapitalanlagen, d.h. die Differenz zwischen der Rendite einer Eigenkapitalanlage und dem Basiszins einer risikofreien Anlage;
- der spezifische Risikozuschlag für das zu bewertende Unternehmen, im CAPM Beta-Faktor genannt.

$$r_{EK} = r_f + MRP \times \beta$$

wobei:

r_f = risikofreie Rendite
MRP = Marktrisikoprämie
β = unternehmensspezifischer Beta-Faktor.

DEFINITION

Auf perfekten Kapitalmärkten – eine der Grundannahmen des CAPM – besteht für die Anleger die Möglichkeit, in ein perfekt diversifiziertes Marktportfolio zu investieren. Das unsystematische Risiko der Einzeltitel wird durch die Diversifikation eliminiert. Im Vergleich zur risikofreien Anlage unterliegt das Marktportfolio jedoch dem systematischen Risiko, deshalb wird ein Anleger bei einer Investition in das Marktportfolio eine sogenannte *Marktrisikoprämie* einfordern. Die Marktrisikoprämie stellt den Marktpreis des (systematischen) Risikos dar.

Die Marktrisikoprämie berechnet sich als Differenz zwischen der erwarteten Rendite des Marktportfolios und der risikofreien Rendite:

$$MRP = E(r_m) - r_f$$

wobei:

$E(r_m)$ = Erwartungswert der Rendite des Marktportfolios
r_f = risikofreie Rendite

Daraus ergibt sich folgende Gleichung für die Eigenkapitalkosten:

$$r_{EK} = r_f + \left(E(r_m) - r_f \right) \times \beta$$

Da die Marktrisikoprämie im Rahmen der Unternehmensbewertung zur Berechnung eines Diskontierungszinssatzes herangezogen wird, mit dem die künftigen Zahlungsströme abgezinst werden, muss die für die Zukunft prognostizierte Marktrisikoprämie, auch als Markterwartungsrisikoprämie bezeichnet, verwendet werden. In der Regel basiert die prognostizierte Risikoprämie auf historischen Schätzwerten. Empirisch lässt sich die (historische) Marktrisikoprämie ermitteln durch Vergleich des langfristigen geometrischen Mittels der Rendite von Aktien mit dem geometrischen Mittel der Rendite langfristiger Staatsanleihen. Die Aktienrendite lässt sich anhand von Indizes bestimmen, für Deutschland beispielsweise durch den DAX, den MDAX oder den CDAX.

Die Marktrisikoprämien der Vergangenheit zeigen zum Teil sehr unterschiedliche Werte, die stark vom betrachteten Zeitraum abhängen. In jüngerer Vergangenheit lag die Höhe der historischen Überrendite (Marktrisikoprämie) zwischen fünf Prozent und sechs Prozent. Neuere Untersuchungen verweisen auf deutlich niedrigere Werte zwischen drei Prozent und vier Prozent. Tabelle II.1 zeigt die Ermittlung der Marktrisikoprämie für Deutschland anhand von vier empirischen Untersuchungen. Die nachfolgenden Rechenbeispiele gehen von einer Marktrisikoprämie für Deutschland von 5,0 Prozent aus.

	Dimson et.al. (2006) 1900–2005	Damodaran (2011) 1907–2011	SBBI Ibbotson (2011) 1970–2010
Betrachtungszeitraum			
= Marktrisikoprämie*	5,28%	5,00%	4,50%

*Es handelt sich hier um historische geometrische Mittelwerte für Deutschland.

Tabelle II.1: Ermittlung der Marktrisikoprämie für Deutschland

PRAXISTIPP: Ermittlung der Marktrisikoprämie
Wir empfehlen in der Unternehmensbewertungspraxis auf die Ergebnisse von Damodaran von der New York University (Stern School) in New York zurück zu greifen. Diese sind stets aktuell und international anerkannt. Die Daten können auf folgender Homepage abgerufen werden:
http://pages.stern.nyu.edu/~adamodar/New_Home_Page/datafile/ctryprem.html

Beta-Faktor. Für die einer Bewertung eines bestimmten Unternehmens zugrunde zu legenden Eigenkapitalkosten ist aber nicht die Marktrisikoprämie interessant, sondern die für dieses Unternehmen geforderte spezifische Risikoprämie.

DEFINITION
Der Beta-Faktor ist ein Maß für das systematische Risiko eines bestimmten Wertpapiers. Als relatives Risikomaß beschreibt er, in welchem Ausmaß die Einzelrendite des betreffenden Wertpapiers die Veränderungen der Rendite des Marktportfolios nachvollzieht.

Der Beta-Faktor wird auch als Volatilitätsmaß bezeichnet, da er die Schwankungsbreite der Kurse einer Anlage ins Verhältnis zur Schwankungsbreite der Kurse des gesamten Aktienmarktes, also der Marktrendite, setzt. Mathematisch errechnet sich der Beta-Faktor als Quotient der Kovarianz der Rendite der Anlage j mit der Rendite des Marktportfolios $Cov(r_j, r_m)$ und der Varianz der Rendite des Marktportfolios $Var(r_m)$:

$$\beta = \frac{Cov\left(r_j, r_m\right)}{Var\left(r_m\right)}$$

PRAXISTIPP: Interpretation des Beta-Faktors
Ein Beta-Faktor von 1,0 bedeutet, dass sich die Einzelrendite einer bestimmten Anlage genau proportional zur Rendite des Marktportfolios verhält: Steigt (sinkt) die Marktrendite z.B. um 5 Prozent, so steigt (sinkt) auch die Einzelrendite um 5 Prozent.
Ist der Beta-Faktor größer als 1,0, so reagiert das Wertpapier überproportional auf Änderungen der Marktrendite, d.h. die Einzelrendite schwankt stärker als die Marktrendite. Steigt (sinkt) die Marktrendite z.B. um 10 Prozent, so gibt ein Beta-Faktor von 1,5 an, dass die Rendite des Wertpapiers im selben Zeitraum um 15 Prozent steigt (sinkt).
Ein Beta-Faktor kleiner 1,0 bedeutet, dass die Einzelrendite einer bestimmten Anlage unterproportional auf Änderungen der Marktrendite reagiert.
Eine risikolose Anlage weist keine Renditeschwankung auf, daher ist ihr Beta-Faktor 0.
Je höher der Beta-Faktor, desto höher ist die Schwankungsbreite und damit das Risiko des Anlegers und somit die zu fordernde Risikoprämie.

Die Ermittlung des Beta-Faktors für nicht börsennotierte Unternehmen. Die Beta-Faktoren für viele börsennotierte Unternehmen werden laufend auf 250 Tage Basis berechnet und in der Finanzpresse oder Online (z.B. Bloomberg, Thomson Financial) veröffentlicht.

Ist das zu bewertende Unternehmen wie die MASCHINENBAU GmbH nicht börsennotiert, lässt sich der Beta-Faktor anhand von folgenden Anhaltspunkten einschätzen:
- Beta-Faktoren vergleichbarer börsennotierter Unternehmen (Pure Play Ansatz),
- die Heranziehung von Branchenbetas und
- die Ermittlung von Beta-Faktoren anhand von fundamentalen Finanzdaten, z.B. Umsatzwachstum und Umsatzrendite (Accounting Betas).

Beta-Faktoren vergleichbarer börsennotierter Unternehmen. Die MASCHINENBAU GmbH ist kein börsennotiertes Unternehmen. Dies ist bei Bewertungen mittelständischer Unternehmen die Regel. Daher wird versucht, aus den Daten börsennotierter Unternehmen den Beta-Faktor für ein nicht börsennotiertes Unternehmen abzuleiten.

Die Ermittlung des Beta-Faktors für ein nicht börsennotiertes Unternehmen erfolgt in der Regel durch eine Analyse vergleichbarer börsennotierter Unternehmen. Die Vergleichsunternehmen werden entsprechend der Kriterien Branche, Produkte, Märkte, Umsatz, Rendite und Kapitalstruktur etc. ausgewählt.

CF-Training-Modell: Für die MASCHINENBAU GmbH wird gezeigt, wie sich der Beta-Faktor anhand einer Vergleichsanalyse mit börsennotierten Unternehmen ableiten lässt.

Firma	Beta t_1	Verschuldung (FK/EK)	Steuersatz	Beta (unlevered)
A	1,35	1,00	33,0%	0,81
B	1,22	1,50	33,1%	0,61
C	1,44	1,25	29,2%	0,76
D	1,49	1,19	38,4%	0,86
E	1,37	1,33	33,1%	0,72
F	1,41	0,85	34,0%	0,90
G	1,09	2,00	31,4%	0,46
H	1,51	1,45	33,6%	0,77
I	1,63	1,75	39,5%	0,79
J	1,22	1,38	31,8%	0,63
Minimum	1,09	0,85	34,2%	0,46
Median	1,39	1,36	33,1%	0,77
arithmet. Mittel	1,37	1,37	33,7%	0,73
Maximum	1,63	2,00	44,5%	0,90

Maschinenbau GmbH	Beta relevered	Ziel Verschuldung	Steuersatz
		0,25	29,8%
Minimum	0,54		
Median	**0,90**		
arithmet. Mittel	0,86		
Maximum	1,06		

Excel-Datei: Unternehmensbewertung/Excel-Blatt: EK- und FK-Kosten

Modell-Tabelle 1: Ermittlung des Betas nach Peer Group (»Pure-Play«-Ansatz)

Bei den Werten der empirisch gewonnenen Beta-Faktoren der Vergleichsunternehmen liegt jeweils der spezifische Verschuldungsgrad (Verhältnis Fremdkapital zu Eigenkapital) des Peer-Group-Unternehmens zugrunde. Diese Beta-Faktoren werden daher als levered Betas (Beta-Faktor des verschuldeten Unternehmens) bezeichnet.

Abbildung II.5 zeigt, wie aus den levered Betas der Peer-Group-Unternehmen das levered Beta des zu bewertenden Unternehmens gewonnen wird.

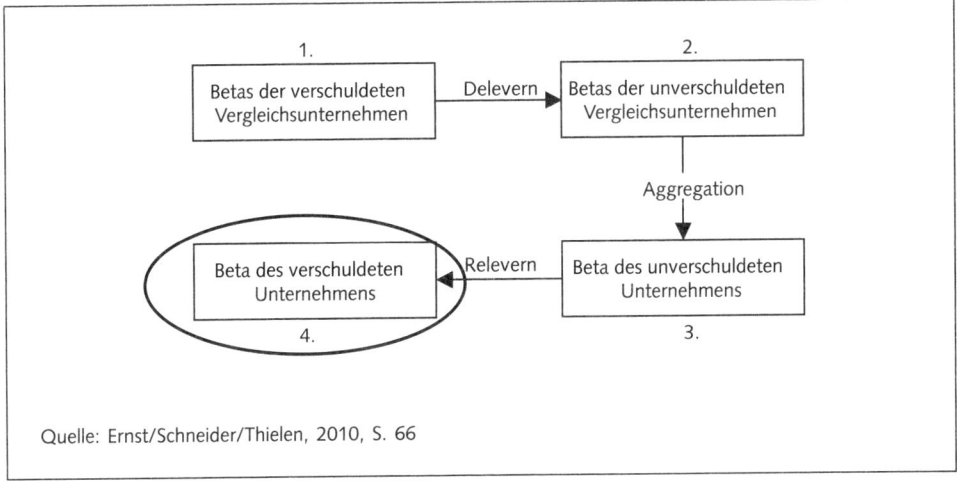

Quelle: Ernst/Schneider/Thielen, 2010, S. 66

Abbildung II.5: Ableitung des Betas eines verschuldeten Unternehmens

Im ersten Schritt sind aus den jeweiligen levered Betas der Vergleichsunternehmen unter Berücksichtigung ihrer individuellen Verschuldungsgrade die unlevered Betas zu ermitteln (delevern). Diese unlevered Betas werden dann, z.B. durch Bildung des Medians oder des arithmetischen Mittels, zu einem unlevered Beta-Faktor aggregiert. Um zum gesuchten levered Beta für das zu bewertende Unternehmen zu gelangen, muss das unlevered Beta wieder mit dem Verschuldungsgrad (Zielkapitalstruktur) des zu bewertenden Unternehmens relevered werden.

Das *Delevern* von Beta-Faktoren erfolgt durch folgende Gleichung:

Delevern:

$$\beta_u = \frac{\beta_v}{1+(1-t)\times\dfrac{FK}{EK}}$$

CF-Training-Modell: Beispielsweise ergibt sich für das Peer-Group-Unternehmen B folgender Wert:

$$\beta_u = \frac{1,22}{1+(1-0,331)\times1,50} = 0,61$$

Aus der Analyse der Vergleichsunternehmen ergibt sich eine Bandbreite der Beta-Faktoren von 0,46 bis 0,90, wobei der Median und arithmetisches Mittel bei 0,77 bzw. 0,73 relativ nah beieinander liegen. Nun kann der ermittelte Beta-Faktor auf das nicht börsennotierte Unternehmen und seinen spezifischen Verschuldungsgrad mit folgender Formel angepasst (relevered) werden:

Relevern:

$$\beta_v = \beta_u \times \left[1 + (1-t) \times \frac{FK}{EK}\right]$$

wobei:

β_v =   Beta-Faktor des verschuldeten Unternehmens
β_u =   Beta-Faktor des unverschuldeten Unternehmens
t   =   Unternehmenssteuersatz
EK   =   Marktwert des Eigenkapitals
FK   =   Marktwert des Fremdkapitals

CF-Training-Modell: Für die MASCHINENBAU GmbH ergibt sich ausgehend vom Median des unlevered Beta folgender Wert:

$$\beta_v = 0,77 \times \left[1 + (1 - 0,298) \times 0,25\right] = 0,90$$

Aufgrund der vorliegenden Analyse ergibt sich unter Berücksichtigung des Medians und des Mittelwerts eine Bandbreite für den Beta-Faktor für die nicht börsennotierte MASCHINENBAU GmbH von 0,86 bis 0,90 bei einem unterstellten Verschuldungsgrad von 0,25 und einem Steuersatz von 29,8 Prozent.

Als Vergleich oder zur Plausibilisierung des ermittelten Beta-Faktors bietet sich die Analyse von Branchenbetas an. Drukarczyk/Schüler (2003) haben anhand einer empirischen Untersuchung die durchschnittlichen Beta-Faktoren, Verschuldungsgrade, Eigenkapitalkosten und WACCs für 15 Branchen in Deutschland ermittelt. Tabelle II.2 zeigt die Ergebnisse dieser Untersuchung.

Die für die MASCHINENBAU GmbH relevante Maschinenbaubranche ist mit Fettdruck gekennzeichnet. Der angegebene Beta-Faktor für diese Branche liegt bei 0,87. Er liegt nahe der Bandbreite von 0,86 bis 0,90 aus der vorherigen Analyse vergleichbarer Unternehmen. Welcher Beta-Faktor anzuwenden ist, liegt im Ermessen des Analysten. Die Auswirkung des Beta-Faktors auf die Eigenkapitalkosten zeigt sich nachher bei der Anwendung des CAPMs.

CF-Training-Modell: Unter Verwendung des CAPM werden die Eigenkapitalkosten im WACC-Ansatz bei einem unterstellten Beta von 0,90 wie folgt berechnet:

$$r_{EK} = r_f + MRP \times \beta^l$$

$$r_{EK} = 0,035 + 0,05 \times 0,90 = 0,0801 = 8,01\%$$

Branche	Anzahl d. Unternehmen	Beta (levered)	Verschuldung (FK/EK)	EK-Kosten	WACC
Automobil	13	1,10	0,395	9,6%	7,4%
Rohstoff	4	0,88	0,297	8,6%	7,2%
Chemie	6	0,86	0,146	8,4%	7,8%
Bau	18	0,85	0,251	8,6%	7,5%
Konsumgüter	14	0,79	0,249	7,7%	6,8%
Nahrungsmittel	6	0,62	0,285	7,4%	6,4%
Industrielle Verarbeitung	17	1,06	0,131	10,2%	9,4%
Maschinenbau	**22**	**0,87**	**0,242**	**8,6%**	**7,5%**
Pharma	18	0,72	0,175	7,5%	6,9%
Handel	22	0,79	0,223	7,8%	6,9%
Software	3	1,27	0,003	9,7%	9,7%
Technologie	12	1,09	0,138	9,6%	8,9%
Telekommunikation	2	1,09	0,274	8,7%	7,3%
Transport/Logistik	7	0,64	0,207	7,2%	6,6%
Versorgung	4	0,72	0,134	7,6%	7,1%
Mittelwert		0,89	0,21	8,5%	7,6%

Quelle: Drukarczyk/Schüler: Kapitalkosten deutscher Aktiengesellschaften – eine empirische Untersuchung, in: Finanz Betrieb 6/2003

Tabelle II.2: Beta-Faktoren und Kapitalkosten nach Branchen

EXKURS: Debt Beta

Im CAPM wird davon ausgegangen, dass jedes Unternehmen unbegrenzt Geld zum risikofreien Zinssatz aufnehmen kann. Das bedeutet, dass die Verzinsung des Fremdkapitals dem risikofreien Zinssatz entspricht. Diese Annahme stimmt mit der Theorie von Modigliani/Miller überein, dass die Verteilung des operativen Risikos auf Eigen- und Fremdkapitalgeber keinen Einfluss auf die Kapitalkosten hat.

In der Unternehmensfinanzierungspraxis ist spätestens ab Basel II allen bewusst, dass auch das Fremdkapital risikobehaftet ist. Dieses Risiko lassen sich die Fremdkapitalgeber durch einen risikoadjustierten Aufschlag auf den risikolosen Zins vergüten. Dieser Spread ist wiederum abhängig vom Rating des Unternehmens.

Wird im Modell ein vom risikofreien Zinssatz abweichender, über dem risikofreien Zinssatz liegender Fremdkapitalkostensatz angenommen, bedeutet dies, dass ein Teil des von den Eigenkapitalgebern übernommenen Risikos auf die Fremdkapitalgeber transferiert wird. Dieser Effekt muss sich auf die Eigenkapitalkosten niederschlagen.

Folgender Effekt ist zu beobachten: Die Eigenkapitalkosten sinken, wenn die Fremdkapitalgeber einen Teil des Finanzierungsrisikos übernehmen. Die Gesamtkapitalkosten (WACC) bleiben jedoch unverändert, lediglich die Risikoaufteilung zwischen den Eigenkapitalgebern und Fremdkapitalgebern (ausgedrückt in den jeweiligen Kapitalkosten) ändert sich.

CF-Training-Modell: Die Formeln für das Debt Beta und das Zahlenbeispiel für die MASCHINENBAU GmbH lauten:

$$\beta^{FK} = \frac{r_{FK} - r_f}{MRP} = \frac{0,05 - 0,035}{0,05} = 0,30$$

Die Formel des levered Beta lautet:

$$\beta^l = \overline{\beta^u} + \left(\overline{\beta^u} - \beta^{FK}\right) \times \left(1 - t\right) \times \frac{FK}{EK} = 0,77 + \left(0,77 - 0,30\right) \times \left(1 - 0,298\right) \times \frac{0,2}{0,8} = 0,85$$

Hieraus ergeben sich Eigenkapitalkosten in Höhe von

$$r_{EK} = r_f + MRP \times \beta^l = 0,035 + 0,05 \times 0,77 = 0,0774$$

Im Vergleich zu den Eigenkapitalkosten aus dem CAPM in Höhe von 8,01 Prozent ergeben sich durch die Risikoverlagerung niedrigere Eigenkapitalkosten in Höhe von 7,74 Prozent. Dass sich durch den Debt-Beta-Ansatz keine Änderung für den WACC ergibt, wird in der Berechnung des WACC mit beiden Methoden deutlich.

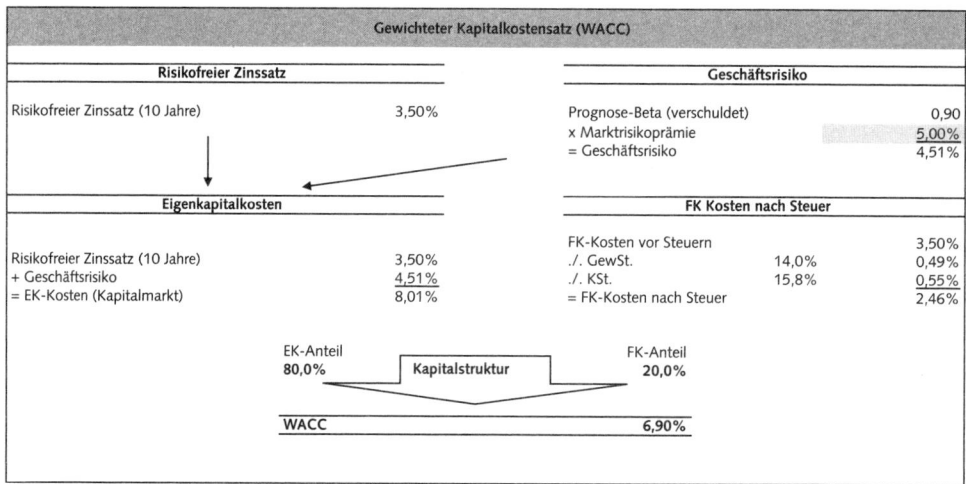

Excel-Datei: Unternehmensbewertung/Excel-Blatt: Kapitalisierungszinssätze

Modell-Tabelle 1: WACC-Ansatz mit vorgegebener Kapitalstruktur (ohne KMU-Anpassungen) (Verzinsung des Fremdkapitals = risikofreier Zinssatz)

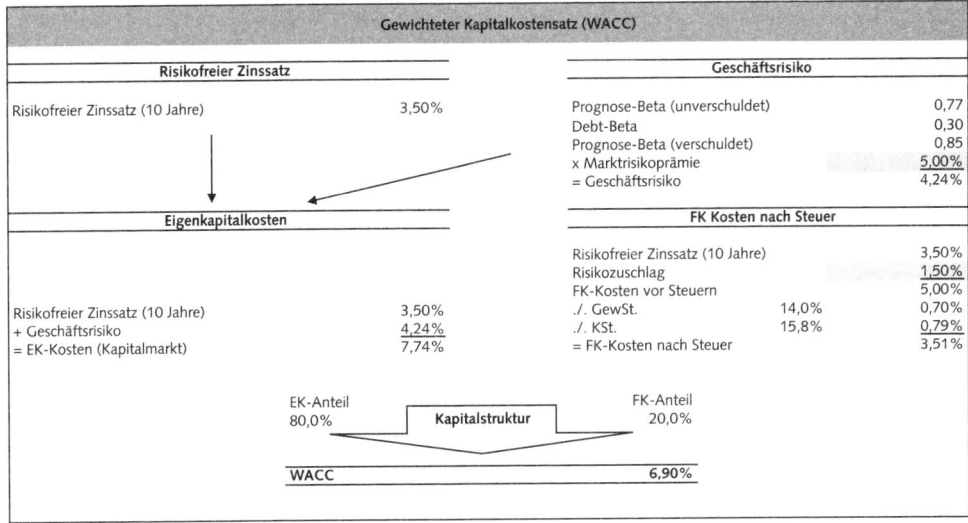

Excel-Datei: Unternehmensbewertung/Excel-Blatt: Kapitalisierungszinssätze

Modell-Tabelle 2: WACC-Ansatz mit vorgegebener Kapitalstruktur, Berücksichtigung des Debt-Beta

Vorteile	Nachteile
• In der Praxis bevorzugt eingesetzt. • Die Berechnung ist für jeden nachvollziehbar. • Die Risikoprämie ist marktmäßig objektiviert. • International übliche Methode.	• Das CAPM basiert auf sehr restriktiven Annahmen, die in der Realität nicht anzutreffen sind. • Das unsystematische Risiko wird bei Verwendung des CAPM nicht berücksichtigt. • Die zugrunde gelegte Marktrisikoprämie ist bei einzelnen Unternehmen je nach Untersuchungszeitpunkt, Berechnungsmethode und gewähltem Markt unterschiedlich.

2.1.3.1.3 Modifikationen des CAPM und Alternativen zum CAPM

In der Unternehmensbewertungspraxis ergibt sich häufig das Problem, dass die restriktiven Prämissen des CAPM nicht mit der gegebenen Bewertungssituation in Einklang stehen. So wird häufig eine Bewertung aus Sicht einzelner Investoren durchgeführt, welche die Möglichkeit zu einer Diversifikation nicht haben. Beispiele hierfür sind der Kauf ganzer Unternehmen oder großer Beteiligungen, bei der unsystematische Risiken bei Kaufpreisverhandlungen eine dominierende Rolle spielen. In diesen Fällen ist die ausschließlich auf dem CAPM beruhende Risikoprämie zu gering. Mitunter wird die Möglichkeit der Diversifikation auch bei Kleinaktionären in Frage gestellt, da die hohen Preise für einzelne Aktien es diesen unmöglich machen, ein alle Titel umfassendes Marktportfolio zu erwerben und ein alle Aktien umfassender Fonds nicht existiert. Ferner besteht bei nicht börsennotierten Unternehmen stets die Problematik der fehlenden Handelbarkeit der Anteile.

In der Bewertungspraxis wurden daher eine Reihe neuer Ansätze entwickelt, die versuchen, sämtliche Risikopositionen insbesondere mittelständischer Unternehmen zu erfassen. Im Folgenden werden die Vorgehensweisen verschiedener Modellansätze zur Ermittlung der Eigenkapitalkosten aufgeführt.

Modified Capital Asset Pricing Model (MCAPM)

Das MCAPM geht davon aus, dass eine vollständige Diversifikation des unsystematischen Risikos nicht erreicht werden kann. Die Formel des MCAPM lautet:

$$r_{EK} = r_f + MRP \times \beta^1 + SP + SCR$$

wobei:

SP = Size Premium (Größenzuschlag)
SCR = Specific Company Risks (Zuschlag für spezifische Risiken)

Der Zuschlag für das unsystematische Risiko ergibt sich aus der Summe der Zuschläge für die Unternehmensgröße und die spezifischen Risiken.

SBBI Ibbotson Build-up Methode (BUM) – traditionell

Basierend auf Daten der Indexentwicklung des marktbreiten Index S&P 500 hat das amerikanische Beratungsunternehmen Ibbotson Associates (heute Morningstar) folgendes Modell zur Eigenkapitalkostenermittlung nicht börsennotierter kleiner und mittlerer Unternehmen entwickelt:

$$r_{EK} = r_f + MRP + SP + SCR$$

wobei:

SP = Size Premium (Größenzuschlag)
SCR = Specific Company Risks (Zuschlag für spezifische Risiken)

Das Size Premium (Größenzuschlag) SP wird für kleine dominierte (closely held) Unternehmen angesetzt. Es basiert auf US-Renditevergleichen zwischen dem Small-Cap-Börsensegment und dem S&P 500. Der Größenzuschlag ist bereits bereinigt um den Beta-Faktor der zugrunde liegenden Portfolios. Die Risikoprämien in diesem Modell sind nicht branchenspezifisch. Die Branchenrisiken sowie die Risiken des Unternehmens innerhalb der Branche sind daher im Zuschlag für spezifische Risiken SCR zu berücksichtigen.

Das Size Premium (Größenzuschlag) nach Börsenkapitalisierung wird in Tabelle II.3 angegeben.

Mid-Cap (3.-5. decil)	1.167 – 4.794 Mio. USD	0,0091
Lower-Cap (6.-8. decil)	330 – 1.166 Mio. USD	0,017
Micro-Cap (9.-10. decil)	0,332 – 330 Mio. USD	0,0401
Quelle: SBBI Valuation, Edition 2004 Yearbook		

Tabelle II.3: Size Premium nach Börsenkapitalisierung

Der Specific Company Risks (Zuschlag für spezifisches Risiken) *SCR* erfasst das unsystematische Risiko, wobei unterstellt wird, dass Diversifikationseffekte nicht genutzt werden können. Die SCR-Prämie umfasst u.a. folgende Risiken:

- Unternehmensgröße (zusätzliches Size Premium für besonders kleine Unternehmen),
- Managementleistung,
- Produktpalette,
- Marktstellung,
- Wettbewerbssituation in einer Branche sowie
- technologische Stellung.

Nach Shannon Pratt sind in der SCR-Prämie folgende Risikofaktoren zu erfassen (vgl. Tabelle II.4):

1.	Zuschlag, wenn das Unternehmen kleiner ist als die kleinste Vergleichgruppe	2%
2.	Branchenrisiko	+/- maximal 2%
3.	Volatilität der Erträge	
4.	Verschuldungsgrad zu Marktwerten	Wenn die FK-Quote nicht durchschnittlich 25% ist, dann Zu- oder Abschläge bei größeren bzw. Werten
5.	Andere spezifische Faktoren wie z.B. · Konzentration der Kundenbasis · Abhängigkeit von Schlüsselpersonen · Abhängigkeit von Lieferanten · Außergewöhnliche Wettbewerbssituation · Regulatorische Abhängigkeiten/Gesetzesänderungen · Prozessrisiken	

Quelle: Unterlagen CVA-Training, IACVA

Tabelle II.4: SCR-Prämie und Risikofaktoren

SBBI Ibbotson Build-up-Methode (BUM) – neu

Im Gegensatz zum traditionellen Ansatz findet in der neuen SBBI Ibbotson Build-up-Methode das Branchenrisiko besondere Berücksichtigung:

$$r_{EK} = r_f + MRP + SP \pm IRP + SCR$$

wobei:
SP = Size Premium (Größenzuschlag)
IRP = Industry Risk Premium (Branchenprämie)
SCR = Specific Company Risks (Zuschlag für spezifische Risiken)

Die Branchenprämie IRP wird wie folgt ermittelt:

$$IRP = (FI - Beta \times MRP) - MRP$$

wobei:
FI = sog. Full Information Beta (Branchenbeta)

Die aufgeführten Ansätze gehen in die gleiche richtige Richtung, da sie den Versuch unternehmen, systematische und unsystematische Risiken ganzheitlich zu erfassen. Problematisch ist, dass keines der aufgeführten Modelle einen geschlossenen Ansatz darstellt, mit dem auf nachvollziehbare Weise die Gesamtrisikoposition abgeleitet werden kann. Diese Empfehlungen über Zuschläge beruhen auf empirischen Untersuchungen und Erfahrungswerten, deren Validität im Einzelnen zu prüfen sind. Ferner gelingt es diesen Ansätzen nicht, die einzelnen Risikopositionen abzugrenzen, sodass die Gefahr einer Doppelerfassung besteht. Dennoch ist es sinnvoll, bei der Bewertung mittelständischer Unternehmen Anpassungen bei der Ermittlung der Eigenkapitalkosten vorzunehmen, um die unsystematischen Risiken zu quantifizieren.

Anpassungen und Plausibilisierungen des Beta-Faktors bei nicht börsennotierten Unternehmen in der Bewertungspraxis

In der Bewertungspraxis sind Anpassungen bei nicht börsennotierten Unternehmen in Form von Zuschlägen zu beobachten, die folgende Ursachen haben:

- fehlende Berücksichtigung unsystematischer Risiken,
- Zuschläge aufgrund der Unternehmensgröße (Small Firm Effect),
- Zuschläge aufgrund der geringen Fungibilität bzw. Liquidität der Anteile nicht börsennotierter Unternehmen.

Zuschlag für das unsystematische Risiko. Bei Verwendung einer Risikoprämie, die ausschließlich auf dem CAPM beruht, wird nicht das gesamte Risiko einer Investition berücksichtigt. Gemäß CAPM wird nur für das systematische Risiko eine Risikoprämie gerechnet, da entsprechend der Modellprämissen die Anleger die Möglichkeit haben, durch eine Diversifikation ihres Portfolios die unsystematischen Risiken zu eliminieren.

Häufig wird eine Bewertung jedoch aus Sicht einzelner Anleger durchgeführt, welche die Möglichkeit zu dieser Diversifikation nicht haben. Beispiele hierfür sind der Kauf ganzer Unternehmen oder großer Beteiligungen.

In diesen Fällen ist die ausschließlich auf dem CAPM beruhende Risikoprämie zu gering. In der Bewertungspraxis wird daher bei der Ermittlung der Risikoprämie häufig ein Zuschlag für das unsystematische Risiko berücksichtigt. In der Praxis wird je nach Relevanz des unsystematischen Risikos ein Zuschlag zwischen 0,1 und 0,5 auf den ermittelten Beta-Faktor vorgenommen.

CF-Training-Modell: Bei einem angenommenen Zuschlag von 0,3 ergibt sich ein Beta-Faktor für die MASCHINENBAU GmbH nach Anpassung von 1,2.

Zuschläge aufgrund der Unternehmensgröße. Eine weitere Anpassung erfolgt aufgrund der geringen Unternehmensgröße von kleineren und mittleren Unternehmen (KMUs).

CF-Training-Modell: Für die MASCHINENBAU GmbH wird ein Zuschlag von 4 Prozent angesetzt. Dieser Zuschlag trägt der Tatsache Rechnung, dass Beteiligungen an KMUs aufgrund strategischer und organisatorischer Nachteile risikobehafteter sind als Beteiligungen an Großunternehmen.

Dieser empirisch beobachtete Small-Firm-Effekt findet in der Finanzliteratur weite Berücksichtigung und beschreibt die Tatsache, dass das Risiko eines Unternehmens mit abnehmender Unternehmensgröße steigt, zumal KMUs häufig nur über ein Produkt oder Geschäftsfeld verfügen und von daher weitaus weniger diversifiziert sind als größere, börsennotierte Unternehmen.

Zuschläge aufgrund der geringen Fungibilität bzw. Liquidität der Anteile nicht börsen-notierter Unternehmen. Ferner sind Anpassungen aufgrund der geringen Fungibilität bzw. Liquidität der Anteile nicht börsennotierter Unternehmen vorzunehmen. Diese berücksichtigen insbesondere die Veräußerbarkeit der Anteile. Der Verkaufsprozess für nicht börsennotierte KMUs kann unter Umständen mehrere Monate dauern und ist in der Regel mit erheblichen Transaktionskosten (z. B. M&A-Berater, Wirtschaftsprüfer, Rechtsanwälte u.a.) verbunden. Durch den Fungibilitäts- und Liquiditätszuschlag wird das Risiko für den Fall abgebildet, dass der Eigentümer unvorhergesehen seine Anteile abgeben muss und zu diesem Zeitpunkt (mangels Nachfrage und aufgrund des Zeitdrucks) lediglich einen Kaufpreis erzielt, der unter dem Barwert der zu erwarteten Cashflows zum Zeitpunkt des Verkaufs liegt (Keller/Hohmann, 2004). Der Fungibilitäts- und Liquiditätszuschlag ist abhängig von der Entwicklung an den Kapitalmärkten und beträgt erfahrungsgemäß etwa 1,0 bis 2,5 Prozent (Booth, 1999).

CF-Training-Modell: Für die MASCHINENBAU GmbH wird ein Fungibilitäts- und Liquiditätszuschlag von 1,5 Prozent unterstellt.

Unter Berücksichtigung der genannten Anpassungen ist die CAPM-Formel wie folgt für nicht börsennotierte KMUs anzupassen:

$$r_{EK} = r_f + MRP \times \left(\beta^1 + Zuschlag_{\text{unsystematisches Risiko}}\right) + Zuschlag_{\text{Unternehmensgröße}} + Zuschlag_{\text{geringe Fungibilität}}$$

CF-Training-Modell: Unter Anwendung dieser Formel ergeben sich folgende adjustierten Eigenkapitalkosten für die MASCHINENBAU GmbH (vgl. Modell-Tabelle 2 im Excel-Blatt »EK- und FK-Kosten«):

Levered Beta	0,90	
+ Zuschlag*	0,30	*Zuschlag für unsystematisches Risiko
= Beta-Faktor	1,20	
x Marktrisikoprämie	5,0%	
= EK-Risikozuschlag	6,0%	
+ risikofreier Zins	3,50%	
= EK-Kosten	9,5%	
+ KMU-Zuschlag**	4,0%	**Zuschlag für Unternehmensgröße (»small firm« effect)
+ Liquiditätszuschlag***	1,5%	***Liquiditäts- bzw. Fungibilitätszuschlag
= adjustierte EK-Kosten	15,0%	

Excel-Datei: Unternehmensbewertung/Excel-Blatt: EK- und FK-Kosten

Modell-Tabelle 2: Ermittlung der Eigenkapitalkosten für MASCHINENBAU GmbH

2.1.3.2 Ermittlung der Fremdkapitalkosten

Der Fremdkapitalzins entspricht unter Annahme der CAPM-Prämissen dem risikofreien Zinssatz (jedes Unternehmen kann unbegrenzt Geld zum risikofreien Zinssatz aufnehmen). Wie schon die Diskussion über das Debt Beta gezeigt hat, setzt sich in der Unternehmens-finanzierungspraxis der Fremdkapitalzins aus zwei Komponenten zusammen:

- dem risikolosen Zinssatz und
- einem Risikozuschlag.

Dieser von der Bonität des Schuldners abhängige Zuschlag wird auch als Spread bezeichnet. Auf die Bestimmung des risikolosen Zinssatzes wurde bereits eingegangen. Woher erhält man aber Informationen zum aktuell marktüblichen Risikozuschlag?

Für die Berechnung der Fremdkapitalkosten gibt es zwei Ansätze, je nachdem, ob das zu bewertende Unternehmen über ein Rating verfügt oder nicht.

Sofern das Unternehmen ein Rating besitzt, lassen sich die Fremdkapitalkosten aus dem risikofreien Zinssatz plus dem Spread (Risikozuschlag) für Unternehmensanleihen ableiten.

CF-Training-Modell: Das Verfahren der Ableitung der Fremdkapitalkosten aus dem risikofreien Zinssatz plus dem aus dem Rating ermittelten Spread (Risikozuschlag) wird mit folgendem Rechenbeispiel verdeutlicht:

Ermittlung der Fremdkapitalkosten mit Rating			
Rating	Spread (bps)	Staatsanleihe (LfZ: 10 J)	**Fremdkapitalkosten**
AAA	3	3,5%	**3,5%**
AA	50	3,5%	**4,0%**
A	100	3,5%	**4,5%**
BBB+	150	3,5%	**5,0%**
BBB	200	3,5%	**5,5%**
BBB-	250	3,5%	**6,0%**

Excel-Datei: Unternehmensbewertung/Excel-Blatt: EK- und FK-Kosten

Modell-Tabelle 3: Fremdkapitalkosten für MASCHINENBAU GmbH mit Rating

Bei dem zweiten Ansatz werden durch Befragung von Banken die aktuellen Marktkonditionen für die Fremdfinanzierung eines Unternehmens mit ähnlicher Finanzierungsstruktur ermittelt. Dieser Wert kann plausibilisiert werden, indem die effektiv gezahlten Zinsen (Zinsaufwand) durch die Summe der einzelnen zinstragenden Verbindlichkeiten (kurz- und langfristige Bankverbindlichkeiten, evtl. auch Gesellschafterdarlehen) geteilt werden. Hieraus ergibt sich der durchschnittliche Fremdkapitalkostensatz des zu bewertenden Unternehmens aus der Vergangenheit.

$$r_{FK} = \frac{\text{Zinsaufwand}}{\text{Zinstragende Verbindlichkeiten}}$$

Der Fremdkapitalzins für das Fremdkapital stellt die Renditeforderung der Fremdkapitalgeber dar. Diese Renditeforderung entspricht jedoch nicht den Fremdkapitalkosten des Unternehmens. Aufgrund der steuerlichen Abzugsfähigkeit von Zinsaufwendungen – auf den Zinsaufwand ist keine Körperschaftsteuer und keine (bzw. bei Dauerschulden nur die hälftige) Gewerbesteuer zu entrichten – senkt die Aufnahme von Fremdkapital die vom Unternehmen zu zahlenden Steuern. Dieser Einfluss der Fremdkapitalfinanzierung auf die Steuerbelastung des Unternehmens wird als *Tax Shield* bezeichnet. Die effektiven Kosten des Fremdkapitals entsprechen also den zu zahlenden Zinsen abzüglich sämtlicher Steuerermäßigungen für das Unternehmen:

Fremdkapitalkosten $= r_{FK} \times (1-t)$

wobei:

r_{FK} = Renditeforderung der Fremdkapitalgeber
t   = Unternehmenssteuersatz

Die Berechnung des Tax Shield ist davon abhängig, ob bzw. in welcher Höhe die Fremdkapitalzinsen bei der Ermittlung der Steuerschuld abgezogen werden können. Bei obiger Formel für die Fremdkapitalkosten wurde eine volle steuerliche Abzugsfähigkeit des Zinsaufwands unterstellt.

CF-Training-Modell: Im zweiten Ansatz ergibt sich folgender Fremdkapitalkostensatz für die MASCHINENBAU GmbH:

Ermittlung der Fremdkapitalkosten (ohne Rating)		
Risikofreier Zinssatz (10 Jahre)		3,5%
Risikozuschlag		1,5%
FK-Kosten vor Steuern		**5,00%**
./. Gewerbesteuer	14,0%	0,70%
./. Körperschaftsteuer	15,8%	0,79%
= FK-Kosten nach Steuern		**3,51%**

Excel-Datei: Unternehmensbewertung/
Excel-Blatt: EK- und FK-Kosten

Modell-Tabelle 4: Ermittlung
der Fremdkapitalkosten für
MASCHINENBAU GmbH ohne Rating

PRAXISTIPP: Fremdkapitalkosten
Achten Sie darauf, dass die für die Unternehmensbewertung ermittelten Fremdkapitalkosten mit den Zinsen für Bankverbindlichkeiten in der Finanzplanung übereinstimmen. Abweichungen können zu Bewertungsfehlern führen.

Vorteile	Nachteile
Die in der Praxis anfallenden FK-Kosten werden in die Wertermittlung mit einbezogen. Der Steuervorteil der Fremdfinanzierung wird über das Tax-Shield berücksichtigt. Durch Berücksichtigung der Fremdkapitalkosten können die tatsächlichen Kosten ermittelt werden.	Fremdkapitalkosten basieren auf der Annahme, dass sich die Zusammensetzung des Fremdkapitals künftig nicht ändert. Mögliche Verzerrungen bei Bewertung mit den durchschnittlich zu zahlenden Zinssätzen. Nur annähernde Berechnung des Risikozuschlags bei Unternehmen ohne Rating (Standard & Poor's, Moody's) möglich.

2.1.3.3 Bestimmung der gewichteten Kapitalstruktur

Für die Gewichtung der Kapitalkosten werden das zinstragende Fremdkapital und das Eigenkapital verwendet. Dabei gibt es folgende Ansätze für die Gewichtung:
- nach bilanziellen Werten,
- nach Marktwerten,
- nach einer vorgegebenen Kapitalstruktur,

- nach einer Zielkapitalstruktur,
- nach einer periodenspezifischen Kapitalstruktur.

Gewichtung nach bilanziellen Werten

Bei der Gewichtung nach bilanziellen Werten werden die Buchwerte des zinstragenden Fremdkapitals und des Eigenkapitals aus der Bilanz verwendet. Befürworter dieser Methode weisen auf die Beständigkeit und Verlässlichkeit der veröffentlichten Bilanzdaten hin. Probleme mit dieser Methode ergeben sich insbesondere bei Verwendung bilanzieller Eigenkapitalwerte, da der Marktwert des Eigenkapitals, der durch die Unternehmensbewertung ermittelt werden soll, in der Regel erheblich von den Bilanzwerten abweicht. Besonders offensichtlich wird die Diskrepanz zwischen Buch- und Marktwerten bei börsennotierten Unternehmen, bei denen der Marktwert des Eigenkapitals (Marktkapitalisierung) erheblich vom Buchwert abweicht.

> **PRAXISTIPP: Wann werden Buchwerte, wann werden Marktwerte verwendet?**
> Aus Vereinfachungsgründen werden in der Bewertungspraxis Buchwerte des Fremdkapitals herangezogen, falls die vereinbarten Zinssätze den derzeit am Markt geltenden Konditionen entsprechen.
> Bezüglich des Werts des Eigenkapitals sind stets ausschließlich Marktwerte zu verwenden. Die Verwendung von Buchwerten führt zu falschen Bewertungsergebnissen!

Gewichtung nach Marktwerten

Das *Grundmodell* des Entity-Ansatzes geht von einem über die Lebensdauer des Unternehmens konstanten Diskontierungszinssatz aus. Dies impliziert neben konstanten Eigen- und Fremdkapitalkostensätzen auch eine konstante auf Marktwerten gewichtete Kapitalstruktur, d.h. ein konstantes Verhältnis zwischen Eigen- und Fremdkapital auf Marktwertbasis. Das bedeutet, dass die Kapitalstruktur, die das zu bewertende Unternehmen am Bewertungszeitpunkt aufweist, auch die künftige Kapitalstruktur darstellt. Diese ist dann empfehlenswert, wenn keine wesentlichen Änderungen der Kapitalstruktur geplant werden.

Bei der Ermittlung der Marktwerte des Fremdkapitals werden sehr häufig die Buchwerte verwendet. Falls die vereinbarten Zinssätze den derzeit am Markt geltenden Konditionen nicht entsprechen bzw. signifikant voneinander abweichen, kann der Marktwert durch Diskontierung der zukünftigen Zins- und Tilgungszahlungen über die Laufzeit des Fremdkapitals berechnet werden. In diesem Fall sollte der Diskontierungszinssatz dem gegenwärtigen Marktzins einer vergleichbaren Refinanzierung mit ähnlichem Risiko und gleicher Laufzeit entsprechen. Für einen Lösungsansatz zur Ermittlung des Marktwerts des Fremdkapitals vgl. Krause (2006).

Bei der Berechnung des Marktwerts des Eigenkapitals besteht ein *Zirkularitätsproblem*. Dieses kann wie folgt beschrieben werden: Für die Berechnung des korrekten Kapitalkostensatzes WACC benötigt man den Marktwert des Eigenkapitals als Input. Der Marktwert des Eigenkapitals soll jedoch erst als Ergebnis der Unternehmensbewertung – durch Diskontierung der bewertungsrelevanten Cashflows mit dem WACC – berechnet werden. Abbildung II.6 stellt das Zirkularitätsproblem grafisch dar.

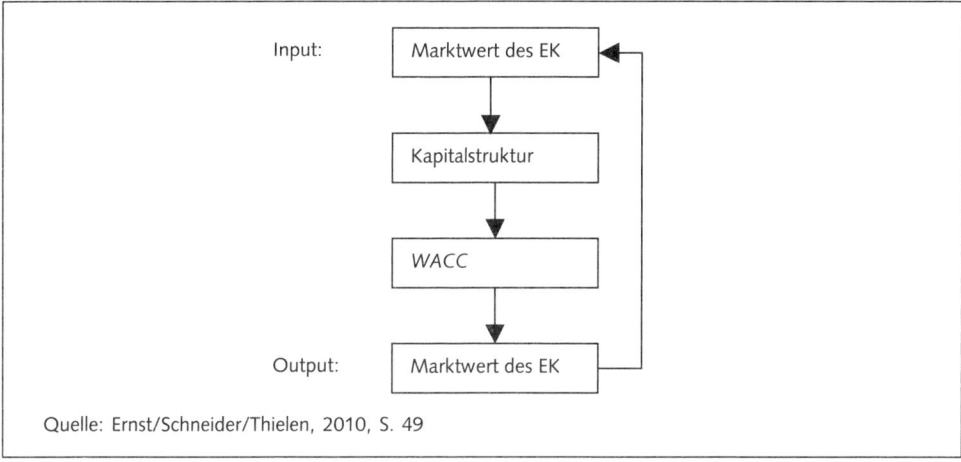

Quelle: Ernst/Schneider/Thielen, 2010, S. 49

Abbildung II.6: Das Zirkularitätsproblem

PRAXISTIPP: Lösung des Iterationsproblems
Bei richtiger Programmierung zeigt Excel das Zirkularitätsproblem an.
Das Zirkularitätsproblem wird in Excel durch mathematische Iteration gelöst. Dazu wird über »Excel Optionen« → »Formeln« → »Iterative Berechnung aktivieren« die mathematische Iteration durchgeführt und das Zirkularitätsproblem gelöst.

Liegt der Finanzplanung eines Unternehmens keine konstante Kapitalstruktur zugrunde, führt das Grundmodell zu falschen Bewertungsergebnissen. Als Lösungsansatz bietet sich hier an, für jede Planperiode die genaue Kapitalstruktur zu berechnen und periodenspezifische WACCs zu ermitteln. Die Modellierung der periodenspezifischen WACCs erhöht den Komplexitätsgrad des Bewertungsmodells. Aufgrund seiner Genauigkeit soll er dennoch in Kapitel 2.1.5 dargestellt werden.

Gewichtung nach einer vorgegebenen Kapitalstruktur

Sollte die Veränderung der Kapitalstruktur planbar sein und vom Unternehmen eine vorgegebene Kapitalstruktur angestrebt werden, bietet sich auch an, die Kapitalkosten gemäß dieser angestrebten bzw. vorgegebenen Kapitalstruktur zu gewichten. Beispielsweise könnte die Vorgabe wie in unserem Beispiel lauten: 50 Prozent Marktwert des Eigenkapitals, 50 Prozent Marktwert des Fremdkapitals. Als kritisch bei dieser Vorgehensweise erweist sich, dass die Kapitalstruktur wiederum Ergebnis der Unternehmensbewertung ist (Zirkularitätsproblem). Das bedeutet, dass die angestrebte Kapitalstruktur zwar vorgegeben werden kann; ob diese jedoch mit der tatsächlichen Kapitalstruktur später übereinstimmt, ist fraglich. Daher kann es bei Vorgabe einer willkürlichen, nicht fundiert abgeleiteten Kapitalstruktur zu einer Fehlbewertung kommen.

Gewichtung nach einer Zielkapitalstruktur

Die Problematik einer nicht fundiert vorgegebenen Kapitalstruktur kann dadurch vermieden werden, dass aus dem Modell heraus eine Zielkapitalstruktur berechnet wird. Dies erfolgt durch Ableitung einer gewichteten, durchschnittlichen Eigenkapitalquote.

Die Grundidee ist folgende: Die Eigenkapitalquote zum Bewertungszeitpunkt und die Eigenkapitalquote im Terminal Value (Endwert) müssen gewichtet werden, um eine Art repräsentative Eigenkapitalquote zu erhalten. Auch hier entsteht das bereits erwähnte Zirkularitätsproblem, das auch hier mit mathematischer Iteration in Excel gelöst wird. Die Formel der durchschnittlichen gewichteten Eigenkapitalquote lautet wie folgt:

$$\frac{EK}{GK} = \frac{1}{2} \times \left(\frac{EK_0}{EV_0} + \frac{EK_{TV}}{GK_{TV}} \right) \times \left(1 - \frac{TV_0}{EV_0} \right) + \frac{EK_{TV}}{GK_{TV}} \times \frac{TV_0}{EV_0} = \frac{1}{2} \times \left(\frac{EK_0}{EB_0} + \left(1 - \frac{FK_{TV}}{TV} \right) \right) \times \left(1 - \frac{TV_0}{EV_0} \right) + \left(1 - \frac{FK_{TV}}{TV} \right) \times \frac{TV_0}{EV_0}$$

wobei:

$$\frac{1}{2} \times \left(\frac{EK_0}{EV_0} + \frac{EK_{TV}}{GK_{TV}} \right) =$$ durchschnittliche Eigenkapitalquote aus der Eigenkapitalquote zum Zeitpunkt t = 0 und der Eigenkapitalquote im Terminal Value

$$\left(1 - \frac{TV_0}{GK_0} \right) =$$ Gewichtung des Barwerts der geplanten Cashflows am Enterprise Value (EV)

$$\frac{EK_{TV}}{TV} =$$ Eigenkapitalquote im Terminal Value

$$\frac{TV_0}{EV_0} =$$ Gewichtung des Terminal Values am Enterprise Value (EV)

CF-Training-Modell: Die Berechnung einer Zielkapitalstruktur findet sich in Modell-Tabelle 7 im Excel-Blatt »Kapitalisierungszinssätze«. Für die MASCHINENBAU GmbH sind folgende Ausgangswerte gegeben:

EK_0 = 10,4
FK_0 = 17,8
EV_0 = 28,2
FK_{TV} = 15,2
TV = 33,9
TV_0 = 19,6

Damit ergibt sich folgende durchschnittliche gewichtete Eigenkapitalquote

$$\frac{EK}{GK} = \frac{1}{2} \times \left(\frac{10,4}{28,2} + \left(1 - \frac{15,2}{33,9} \right) \right) \times \left(1 - \frac{19,6}{28,2} \right) + \left(1 - \frac{15,2}{33,9} \right) \times \frac{19,6}{28,2} = 52,4\%$$

Somit gehen in die WACC-Formel eine Eigenkapitalquote von 52,4 Prozent und eine Fremdkapitalquote von 47,6 Prozent ein.

Gewichtung nach einer periodenspezifischen Kapitalstruktur

Die genauesten Werte für die Kapitalstruktur erhält man, wenn diese für jede Periode einzeln berechnet werden. Die periodenspezifische Kapitalstruktur ergibt sich bei der Berechnung der periodenspezifischen WACCs. Dieser Ansatz wird in 2.1.4 vorgestellt.

2.1.3.4 Berechnung der gewichteten Kapitalkosten

Der Berechnung der gewichteten Kapitalkosten liegt die bereits erwähnte WACC-Formel zugrunde:

$$\text{WACC} = r_{EK} \times \frac{EK}{GK} + r_{FK} \times (1-t) \times \frac{FK}{GK}$$

CF-Training-Modell: Entsprechend den einzelnen Annahmen zur Berechnung der Eigenkapitalkosten können verschiedene gewichtete Kapitalkosten berechnet werden (vgl. Modell-Tabellen 3-7 im Excel-Blatt »Kapitalisierungszinssätze«):

- einfacher WACC-Ansatz auf Basis von Marktwerten ohne KMU-Anpassungen,
- WACC-Ansatz mit vorgegebener Kapitalstruktur ohne KMU-Anpassungen,
- WACC-Ansatz auf Basis von Marktwerten mit KMU-Anpassungen,
- WACC-Ansatz mit vorgegebener Kapitalstruktur und mit KMU-Anpassungen und
- WACC-Ansatz mit Zielkapitalstruktur und mit KMU-Anpassungen.

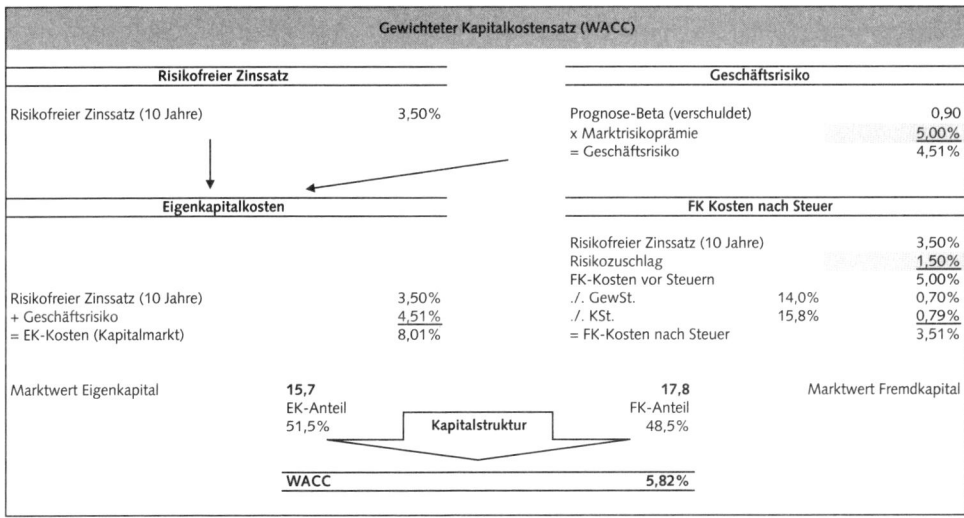

Excel-Datei: Unternehmensbewertung/Excel-Blatt: Kapitalisierungszinssätze

Modell-Tabelle 3: Einfacher WACC-Ansatz auf Basis von Marktwerten ohne KMU-Anpassungen

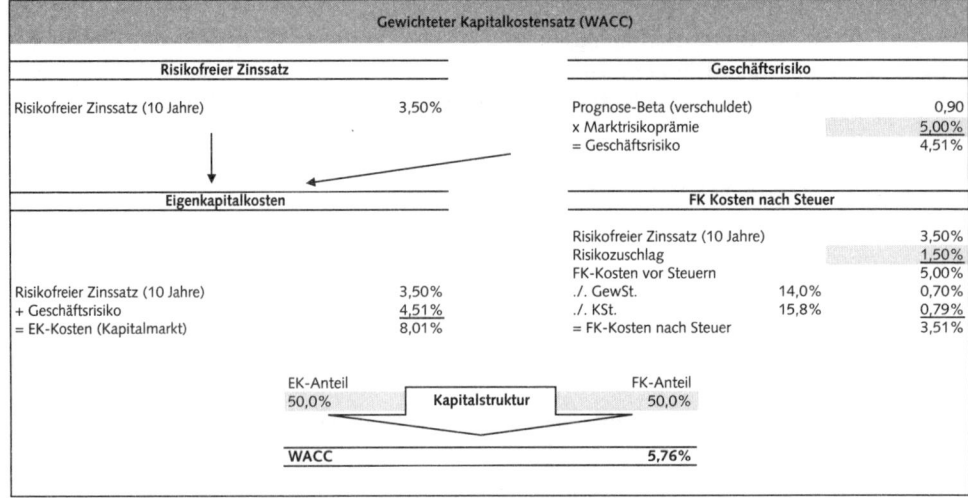

Excel-Datei: Unternehmensbewertung/Excel-Blatt: Kapitalisierungszinssätze

Modell-Tabelle 4: WACC-Ansatz mit vorgegebener Kapitalstruktur ohne KMU-Anpassungen

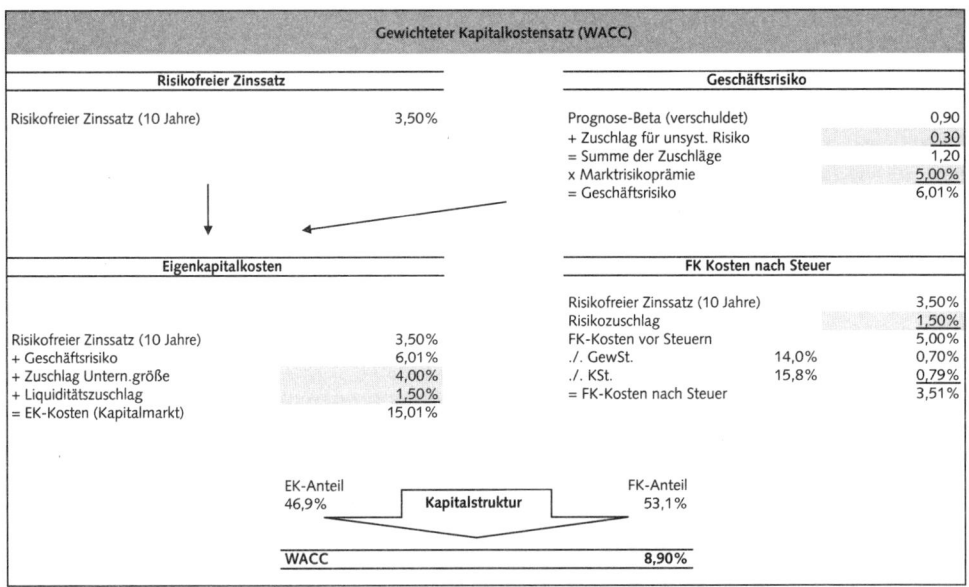

Excel-Datei: Unternehmensbewertung/Excel-Blatt: Kapitalisierungszinssätze

Modell-Tabelle 5: WACC-Ansatz auf Basis von Marktwerten mit KMU-Anpassungen

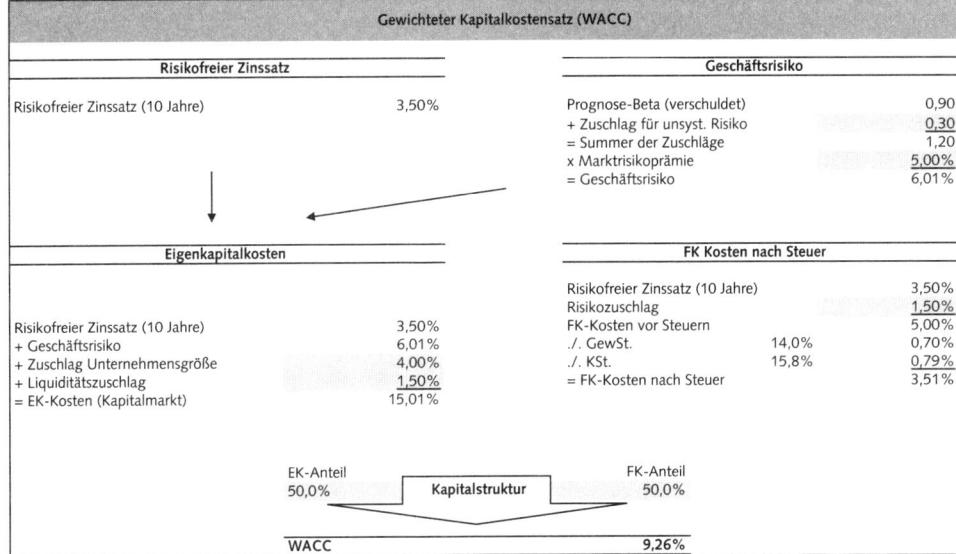

Gewichteter Kapitalkostensatz (WACC)		

Risikofreier Zinssatz		Geschäftsrisiko	
Risikofreier Zinssatz (10 Jahre)	3,50%	Prognose-Beta (verschuldet)	0,90
		+ Zuschlag für unsyst. Risiko	0,30
		= Summer der Zuschläge	1,20
		x Marktrisikoprämie	5,00%
		= Geschäftsrisiko	6,01%

Eigenkapitalkosten		FK Kosten nach Steuer		
		Risikofreier Zinssatz (10 Jahre)		3,50%
		Risikozuschlag		1,50%
Risikofreier Zinssatz (10 Jahre)	3,50%	FK-Kosten vor Steuern		5,00%
+ Geschäftsrisiko	6,01%	./. GewSt.	14,0%	0,70%
+ Zuschlag Unternehmensgröße	4,00%	./. KSt.	15,8%	0,79%
+ Liquiditätszuschlag	1,50%	= FK-Kosten nach Steuer		3,51%
= EK-Kosten (Kapitalmarkt)	15,01%			

EK-Anteil	Kapitalstruktur	FK-Anteil
50,0%		50,0%

WACC	9,26%

Excel-Datei: Unternehmensbewertung/Excel-Blatt: Kapitalisierungszinssätze

Modell-Tabelle 6: WACC-Ansatz mit vorgegebener Kapitalstruktur und mit KMU-Anpassungen

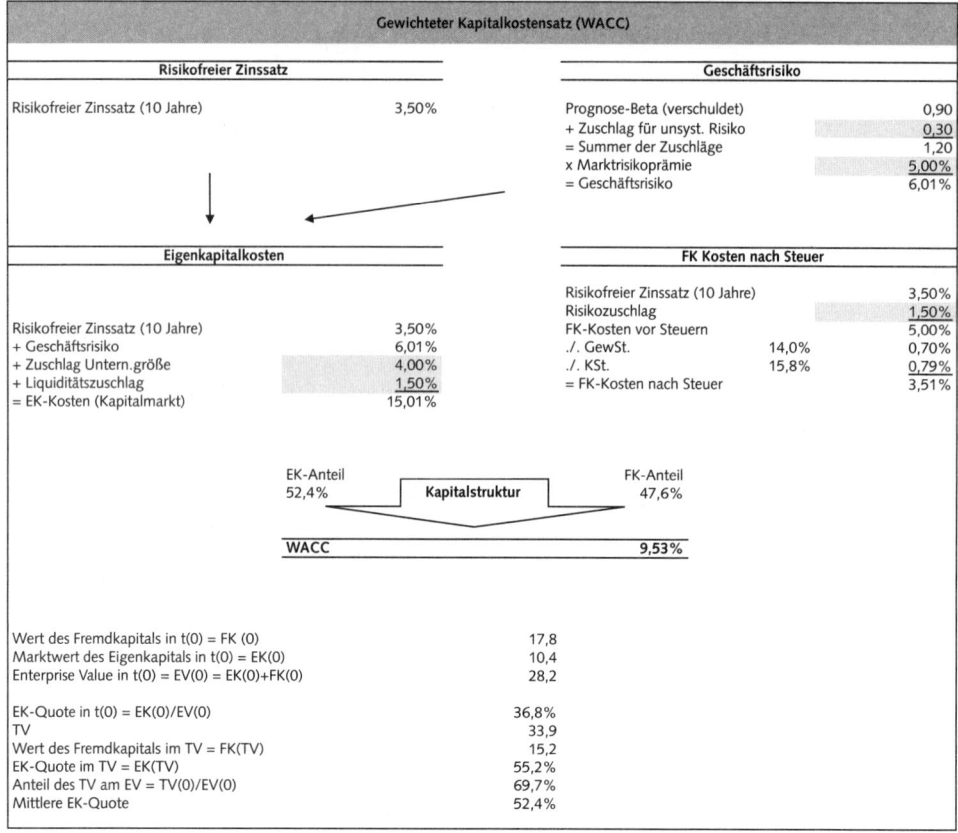

Excel-Datei: Unternehmensbewertung/Excel-Blatt: Kapitalisierungszinssätze

Modell-Tabelle 7: WACC-Ansatz mit Zielkapitalstruktur und mit KMU-Anpassungen

Folgende Modell-Tabelle zeigt die Ergebnisse der WACC-Berechnung für die drei Fälle mit KMU-Anpassungen:

- WACC-Ansatz mit Marktwerten,
- WACC-Ansatz mit vorgegebener Kapitalstruktur und
- WACC-Ansatz mit Zielkapitalstruktur.

In der Praxis werden meistens entweder die Marktwerte oder die Zielkapitalstruktur für die Ermittlung des WACC verwendet. Wie das Beispiel zeigt, liegen die WACC-Werte nach diesen beiden Methoden relativ nah beieinander.

Ansatz	Marktwert	Vorgegebene Kapitalstuktur	Zielkapital-struktur
EK-Kosten	15,01%	15,01%	15,01%
FK-Kosten	3,51%	3,51%	3,51%
Anteil EK in %	46,91%	50,00%	52,38%
Anteil FK in %	53,09%	50,00%	47,62%
Anteilige EK-Kosten	7,04%	7,50%	7,86%
Anteilige FK-Kosten	1,86%	1,76%	1,67%
WACC	**8,90%**	**9,26%**	**9,53%**

Excel-Datei: Unternehmensbewertung/Excel-Blatt: Kapitalisierungszinssätze

Modell-Tabelle 8: Überblick über die gewichteten Kapitalkosten mit KMU-Anpassungen

2.1.4 Berechnung des Unternehmenswerts

Nachdem die bewertungsrelevanten oFCF für die Planperiode von 6 Jahren ermittelt und die Berechnung der gewichteten Kapitalkosten (WACC) aufgezeigt worden sind, kann nun der Unternehmenswert berechnet werden. Vorher ist jedoch noch zu klären, ob die Lebensdauer des Unternehmens auf die Planungsperiode begrenzt ist oder ob von einem längerfristigen Ansatz ausgegangen werden soll.

Grundsätzlich wird in der Unternehmensbewertungspraxis eine unendliche Lebensdauer des Unternehmens unterstellt (Going Concern). Für den Zeitraum nach dem Planungshorizont wird der Restwert bzw. Terminal Value – auch als Endwert oder Fortführungswert bezeichnet – als Barwert der Cashflows nach der Detailprognoseperiode zum Zeitpunkt des Endes der Detailprognoseperiode berechnet.

Zur Bestimmung des Fortführungswertes geht man üblicherweise davon aus, dass der bewertungsrelevante Cashflow eines Unternehmens während der Fortführungsperiode mit einer konstanten Wachstumsrate g wächst bzw. konstant bleibt ($g = 0$). Damit kann der Terminal Value (TV) mit Hilfe der Formel für den Barwert einer (konstant wachsenden) ewigen Rente bestimmt werden:

$$TV = \frac{CF_{TV}}{(i - g)}$$

wobei:

CF_{TV} = normalisierte Höhe des bewertungsrelevanten Cashflows im ersten Jahr nach der Detailprognoseperiode

i = Diskontierungszinssatz

g = erwartete Wachstumsrate des bewertungsrelevanten Cashflows

In der Bewertungspraxis wird sehr häufig als bewertungsrelevanter Cashflow der letzte Cashflow der Planperiode herangezogen. Dies setzt jedoch voraus, dass für den Detailplanungszeitraum und die Fortführungsperiode ein identisches Wachstumsszenario unterstellt wird, d.h. für den gesamten Betrachtungszeitraum ein einheitliches und konstantes Wachstum vorliegt. Häufig wird jedoch für den Detailplanungszeitraum mit einem höheren Wachstum (bei der MASCHINENBAU GmbH 3,0 Prozent im letzten Planjahr) geplant, dass dann im Fortführungswert auf einen konservativen Wert (bei der MASCHINENBAU GmbH 0,5 Prozent) angepasst wird. In diesem Fall müsste zur Realisierung des geringeren Wachstums auch nur ein geringerer Anteil des Ergebnisses investiert werden. Bleibt diese Veränderung der Investitionen ins Anlagevermögen und ins Netto-Umlaufvermögen unberücksichtigt, kommt es zu systematischen und mitunter erheblichen Fehlern beim daraus resultierenden Unternehmenswert.

CF-Training-Modell: Folgende Modell-Tabelle zeigt die Ableitung des für den Fortführungswert relevanten operativen Free Cashflows aus dem operativen Free Cashflow der letzten Planperiode.

Entity-Ansatz Wachstumsrate im TV: 0,5 %	t_6	TV
Oper. Ergebnis vor Zinsen und Steuern (EBIT)	4,6	4,6
–Steuern auf EBIT	1,4	1,4
+Abschreibungen	1,9	1,9
Rückstellungen	*2,8*	*2,9*
+/–Veränderungen Rückstellungen	0,0	0,0
Anlagevermögen	*15,9*	*16,0*
–Investitionen in das Anlagevermögen	2,6	2,0
Working Capital	*16,6*	*16,7*
–Investitionen in das Working Capital	0,4	0,1
Operativer Free Cashflow	**2,1**	**3,1**

Excel-Datei: Unternehmensbewertung/Excel-Blatt: Cashflows

Modell-Tabelle 2: Berechnung des operativen Free Cashflow für den Endwert (TV)

Soll ein stufenweiser Übergang vom Wachstumsszenario in der Detailplanungsphase auf das Wachstumsszenario im Terminal Value erfolgen, lässt sich die Überleitung mithilfe einer Grobplanungsphase unter Anwendung eines drei-Phasen Konvergenzmodells überbrücken. Das Konvergenzmodell empfiehlt sich, um aufgrund zu erwartender Wettbewerbsdynamik sinkende Wachstumsraten in der Bewertung abzubilden.

CF-Training-Modell: Die Abbildung II.7 zeigt für die MASCHINENBAU GmbH die Werte der operativen Free Cashflows und das Wachstum der operativen Free Cashflows gemäß dem Konvergenzmodell.

PRAXISTIPP: Wachstumsannahmen im Terminal Value

Eine sorgfältige Bestimmung des Terminal Value ist für jede Bewertung von grundsätzlicher Bedeutung, denn oft macht der Barwert des Terminal Value weit mehr als 50 Prozent des Unternehmensgesamtwertes aus!

Bei einer konservativen Unternehmensbewertung sollte der Wachstumsfaktor g den Wert 0,5 Prozent nicht überschreiten, da unrealistisch hohe Unternehmenswerte berechnet werden.

Empfehlenswert ist zunächst ein Nullwachstum anzusetzen (siehe Beispiel), wenn die Planbarkeit des Wachstums nach der Detailplanungsperiode ungewiss ist.

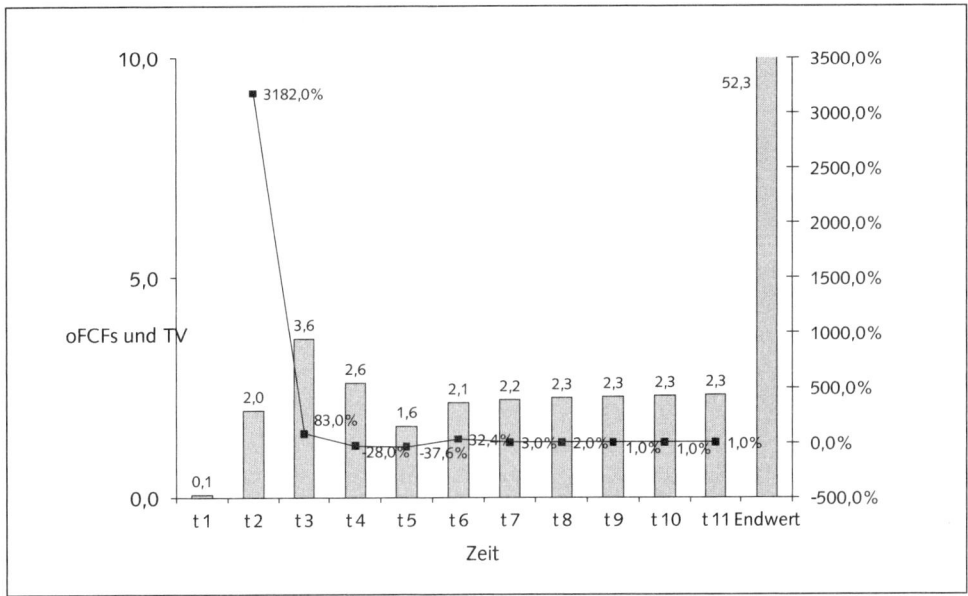

Abbildung II.7: Phasen des Konvergenzmodells

Nachdem der Terminal Value berechnet ist, kann der Unternehmenswert bestimmt werden. Der Unternehmenswert ist der Barwert der betrieblichen Aktivitäten des Unternehmens. Man erhält ihn durch Diskontierung der bewertungsrelevanten Cashflows und des Terminal Value mit dem konsistenten Kapitalkostensatz. Dabei wird vereinfachend davon ausgegangen, dass die Cashflows jeweils in voller Höhe am Ende des Geschäftsjahres anfallen. Abbildung II.8 verdeutlicht die Technik des Diskontierens.

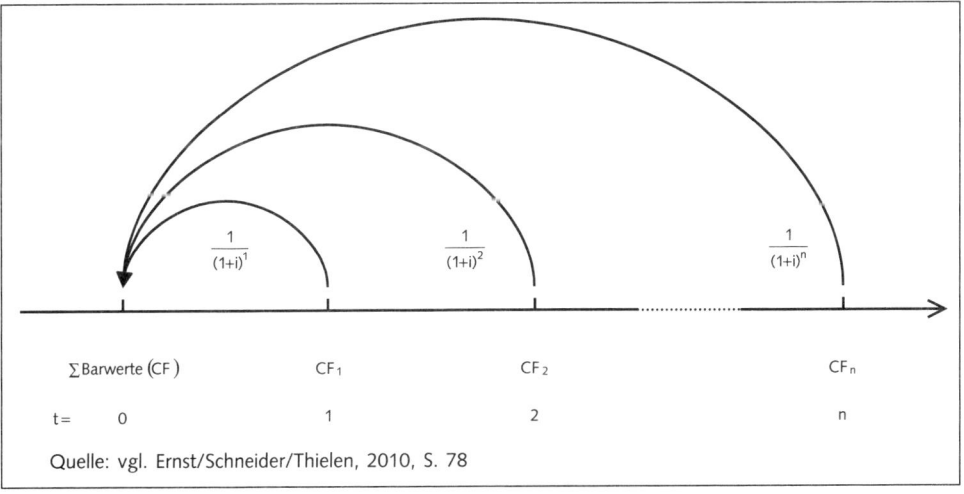

Abbildung II.8: Ermittlung des Barwertes der Cashflows durch Diskontierung

Ist die Unternehmensbewertung zum Geschäftsjahresende des Unternehmens zu erstellen, so fließen nur volle Jahre in die Diskontierung ein. Die Formel zur Berechnung des Gesamtunternehmenswerts nach dem Entity-Ansatz lautet somit:

$$\text{Barwert} = \sum_{t=1}^{n} \frac{\text{oFCF}_t}{(1+\text{WACC})^t} + \frac{\text{TV}_{\text{oFCF}}}{(1+\text{WACC})^n}$$

wobei:

oFCF$_t$	=	operativer Free Cashflow des Geschäftsjahres t
WACC	=	Weighted Average Cost of Capital (gewichteter Kapitalkostensatz)
TV	=	Terminal Value
n	=	Anzahl der Jahre der Detailplanungsperiode

CF-Training-Modell: Bei der Diskontierung des Terminal Values ist zu beachten, dass dieser mit demselben Diskontierungsfaktor wie der letzte operative Free Cashflow im Jahr t_6 abgezinst wird, da sich beide Größen auf denselben Zeitpunkt beziehen (hier 31.12. t_6).

Für die vorgegebene Zielkapitalstruktur gilt:

$$\text{Diskontierungsfaktor}_{\text{TV}} = \text{Diskontierungsfaktor}_{t_6} = \frac{1}{(1+\text{WACC})^6} = \frac{1}{(1+0{,}0926)^6} = 0{,}5879$$

CF-Training-Modell: Modell-Tabellen 1 bis 3 im Excel-Blatt »DCF-Bewertung« und Modell-Tabelle 1 im Excel-Blatt »Konvergenzmodell« zeigen die Berechnung des Unternehmenswertes mit den

- WACC-Ansatz auf Basis von Marktwerten,
- WACC-Ansatz auf Basis von Marktwerten und Konvergenzmodell,
- WACC-Ansatz mit vorgegebener Kapitalstruktur und
- WACC-Ansatz mit Zielkapitalstruktur.

Die Barwerte der Free Cashflows, der Barwert des Terminal Value sowie das nicht betriebsnotwendige Vermögen und die liquiden Mittel ergeben zusammen den Gesamtunternehmenswert. Von diesem sind die zinstragenden Verbindlichkeiten abzuziehen, um den Marktwert des Eigenkapitals (= Unternehmenswert) zu erhalten.

(Absolute Zahlen in Mio. €)	Plan t_1	Plan t_2	Plan t_3	Plan t_4	Plan t_5	Plan t_6	Endwert
Ergebnis vor Zinsen u. Steuern (EBIT)	4,1	4,8	5,6	0,9	3,2	4,6	
./. Gewerbesteuer	0,6	0,7	0,8	0,1	0,4	0,6	
./. Körperschaftsteuer	0,6	0,8	0,9	0,1	0,5	0,7	
Operatives Ergebnis n. Steuern (NOPAT)	**2,9**	**3,4**	**3,9**	**0,6**	**2,2**	**3,2**	
+ Abschreibungen	1,9	1,9	1,9	1,9	1,9	1,9	
+ Veränderungen Rückstellungen	0,0	0,0	0,0	0,0	0,0	0,0	
./. Investitionen Anlagevermögen	4,1	2,7	2,0	1,4	2,0	2,6	
./. Investitionen Working Capital	0,6	0,6	0,3	-1,4	0,6	0,4	
Operative Free Cashflows (oFCF) und Endwert	**0,1**	**2,0**	**3,6**	**2,6**	**1,6**	**2,1**	**36,4**
Diskontierungsfaktoren (WACC: 8,90 %)	0,9183	0,8432	0,7743	0,7110	0,6529	0,5995	0,5995
Barwert der oFCF und des Endwerts	**30,6**	**0,1**	**1,7**	**2,8**	**1,8**	**1,1**	**1,3**	**21,8**
+ nicht betriebsnotwendiges Vermögen	1,5						
+ liquide Mittel	1,5						
Gesamtunternehmenswert	**33,5**						
./. zinstragende Verbindlichkeiten	17,8						
Wert des Eigenkapitals	**15,7**						

Excel-Datei: Unternehmensbewertung/Excel-Blatt: DCF-Bewertung

Modell-Tabelle 1: Discounted Cashflow (DCF) Bewertung nach WACC-Verfahren – Marktwerte

(Absolute Zahlen in Mio. €)	Plan t₁	Plan t₂	Plan t₃	Plan t₄	Plan t₅	Plan t₆	Plan t₇	Plan t₈	Plan t₉	Plan t₁₀	Plan t₁₁	Endwert
Operative Free Cashflows (oFCF)	0,1	2,0	3,6	2,6	1,6	2,1	2,2	2,3	2,3	2,3	2,3	27,8
Wachstum oFCF		3182,0%	83,0%	-28,0%	-37,6%	32,4%	3,0%	2,0%	1,0%	1,0%	1,0%	
Diskontierungsfaktoren (WACC: 8,90 %)	0,9183	0,8432	0,7743	0,7110	0,6529	0,5995	0,5505	0,5055	0,4642	0,4262	0,3914	0,3914
Barwert oFCF bzw. Endwert	24,9	0,1	1,7	2,8	1,8	1,1	1,3	1,2	1,1	1,1	1,0	0,9	10,9
+ nicht-betriebsnotwendiges Vermögen	1,5												
+ liquide Mittel	1,5												
Gesamtunternehmenswert	27,9												
./. zinstragende Verbindlichkeiten	17,8												
Wert des Eigenkapitals	10,1												

Excel-Datei: Unternehmensbewertung/Excel-Blatt: Konvergenzmodel

Modell-Tabelle 1: WACC-Ansatz auf Basis von Marktwerten und Konvergenzmodell

(Absolute Zahlen in Mio. €)	Plan t₁	Plan t₂	Plan t₃	Plan t₄	Plan t₅	Plan t₆ Endwert
Ergebnis vor Zinsen u. Steuern (EBIT)	4,1	4,8	5,6	0,9	3,2	4,6
./. Gewerbesteuer	0,6	0,7	0,8	0,1	0,4	0,6
./. Körperschaftsteuer	0,6	0,8	0,9	0,1	0,5	0,7
Operatives Ergebnis n. Steuern (NOPAT)	2,9	3,4	3,9	0,6	2,2	3,2
+ Abschreibungen	1,9	1,9	1,9	1,9	1,9	1,9
+ Veränderungen Rückstellungen	0,0	0,0	0,0	0,0	0,0	0,0
./. Investitionen Anlagevermögen	4,1	2,7	2,0	1,4	2,0	2,6
./. Investitionen Nettoumlaufvermögen	0,6	0,6	0,3	-1,4	0,6	0,4
Operative Free Cashflows (oFCF) und Endwert	0,1	2,0	3,6	2,6	1,6	2,1	35,0
Diskontierungsfaktoren (WACC: 9,26 %)	0,9153	0,8377	0,7667	0,7018	0,6423	0,5879	0,5879
Barwert der oFCF und des Endwerts	29,2	0,1	1,7	2,8	1,8	1,0	1,3	20,6
+ nicht betriebsnotwendiges Vermögen	1,5						
+ liquide Mittel	1,5						
Gesamtunternehmenswert	32,1						
./. zinstragende Verbindlichkeiten	17,8						
Wert des Eigenkapitals	14,3						

Excel-Datei: Unternehmensbewertung/Excel-Blatt: DCF-Bewertung

Modell-Tabelle 2: Discounted Cashflow (DCF) Bewertung nach WACC-Verfahren – vorgegebene Kapitalstruktur

(Absolute Zahlen in Mio. €)	Plan t₁	Plan t₂	Plan t₃	Plan t₄	Plan t₅	Plan t₆ Endwert
Ergebnis vor Zinsen u. Steuern (EBIT)	4,062	4,8	5,6	0,9	3,2	4,6
./. Gewerbesteuer	0,6	0,7	0,8	0,1	0,4	0,6
./. Körperschaftsteuer	0,6	0,8	0,9	0,1	0,5	0,7
Operatives Ergebnis n. Steuern (NOPAT)	2,9	3,4	3,9	0,6	2,2	3,2
+ Abschreibungen	1,9	1,9	1,9	1,9	1,9	1,9
+ Veränderungen Rückstellungen	0,0	0,0	0,0	0,0	0,0	0,0
./. Investitionen Anlagevermögen	4,1	2,7	2,0	1,4	2,0	2,6
./. Investitionen Nettoumlaufvermögen	0,6	0,6	0,3	-1,4	0,6	0,4
Operative Free Cashflows (oFCF) und Endwert	0,1	2,0	3,6	2,6	1,6	2,1	33,9
Diskontierungsfaktoren (WACC: 9,53 %)	0,9130	0,8335	0,7610	0,6948	0,6343	0,5791	0,5791
Barwert der oFCF und des Endwerts	28,2	0,1	1,6	2,7	1,8	1,0	1,2	19,6
+ nicht betriebsnotwendiges Vermögen	1,5						
+ liquide Mittel	1,5						
Gesamtunternehmenswert	31,1						
./. zinstragende Verbindlichkeiten	17,8						
Wert des Eigenkapitals	13,3						

Excel-Datei: Unternehmensbewertung/Excel-Blatt: DCF-Bewertung

Modell-Tabelle 3: Discounted-Cashflow (DCF)-Bewertung nach WACC-Verfahren – Zielkapitalstruktur

Vorteile	Nachteile
• Basis für diverse Verfahren im Rahmen der Unternehmensbewertung (z. B. WACC-Ansatz, EVA u. a.). • Die Vernachlässigung des Steuervorteils der Fremdfinanzierung wird durch den Einbau des Tax Shield bei den Fremdkapitalkosten neutralisiert. • Gewichtung erfolgt auf Basis von Marktwerten.	• Fehlerhafte Unternehmensbewertung bei der Berechnung des WACC mit der gegenwärtigen Kapitalstruktur, wenn deutliche Veränderungen in Zukunft bekannt sind. • Die verwendeten Kapitalkosten sind häufig Durchschnittswerte und spiegeln nicht exakt die einzelnen Finanzierungskosten wieder. • Bei der Berechnung des WACC kann sich ein Iterationsproblem ergeben.

2.1.5 Periodenspezifischer WACC-Ansatz

Weist ein Unternehmen in der Planung verändernde Kapitalstrukturen auf, ist der periodenspezifische WACC-Ansatz zwingend erforderlich. Verändernde Kapitalstrukturen ergeben sich beispielsweise bei Unternehmenskäufen mit Akquisitionsfinanzierungen (siehe IV. Teil), bei größeren Investitionen oder bei Gesellschafterwechseln. Da Fremdkapital und Eigenkapital unterschiedliche Kapitalkosten besitzen, hat eine sich verändernde Kapitalstruktur signifikante Auswirkungen auf den Unternehmenswert.

In einem Modell mit periodenspezifischer Berechnung des WACC geht man bei der Berechnung des Unternehmenswertes retrograd vor, d.h. vom Terminal Value zum Bewertungsstichtag.

Schritt 1: Berechnung des WACC für den Terminal Value

Im ersten Schritt wird der Terminal Value berechnet. Auch in den Modellen mit periodenspezifischer Festlegung des WACC wird dieser nur für die Jahre der Detailplanungsperiode spezifisch ermittelt, für den Terminal Value besteht weiterhin die Annahme einer konstanten Zielkapitalstruktur. Es gilt:

$$TV = \frac{oFCF_{TV}}{WACC_{TV} - g}$$

wobei:
$WACC_{TV}$ = periodenspezifischer WACC für den Terminal Value

Durch Einsetzen der Formel für den WACC

$$WACC_{TV} = r_{EK} \times \left(1 - \frac{FK_{TV}}{TV}\right) + r_{FK} \times \frac{FK_{TV}}{TV}$$

wobei:
FK_{TV} = Fremdkapitalbestand im Terminal Value

kann der Terminal Value wie folgt berechnet werden:

$$TV = \frac{oFCF_{TV} + \left(r_{EK} - r_{FK}\right) \times FK_{TV}}{r_{EK} - g}$$

Hat man den Wert des Terminal Value berechnet, so kann man nach obigen Formeln auch die Kapitalstruktur und den WACC im Terminal Value bestimmen. Ein Zirkularitätsproblem ergibt sich hier nicht.

Schritt 2: Berechnung der WACCs für die Detailplanjahre

Im zweiten Schritt werden der WACC des letzten Detailplanjahres und der Wert zum 1.1. des entsprechenden Jahres ermittelt. Den Wert zum 31.12. der Periode n erhält man, indem man zum Terminal Value den oFCF der Periode n hinzuaddiert. Damit ergibt sich der Wert zum 1.1. als

$$\text{Wert}_{1.1.n} = \frac{\text{TV} + \text{oFCF}_n}{(1 + \text{WACC}_n)}$$

wobei:

WACC_n = periodenspezifischer WACC der Periode n.

Durch Einsetzen der Formel für den WACC

$$\text{WACC}_n = r_{EK} \times \left(1 - \frac{\text{FK}_{1.1.n}}{\text{Wert}_{1.1.n}}\right) + r_{FK} \times \frac{\text{FK}_{1.1.n}}{\text{Wert}_{1.1.n}}$$

wobei:

$\text{FK}_{1.1.n}$ = Fremdkapitalbestand zu Beginn der Periode n

ergibt sich der Wert zum 1.1. der Periode n nach der Formel:

$$\text{Wert}_{1.1.n} = \frac{\text{Wert}_{31.12.n} + \left(r_{EK} - r_{FK}\right) \times \text{FK}_{1.1.n}}{1 + r_{EK}}$$

Mit Hilfe des Wertes vom 1.1. können wiederum die Kapitalstruktur und damit der WACC für die Periode n ermittelt werden.

Schritt für Schritt berechnet man so retrograd jeweils den Wert zum 1.1. der Vorperiode, bis man am Bewertungsstichtag angekommen ist. Dabei gilt:

$$\text{Wert}_{31.12.t} = \text{oFCF}_t + \text{Wert}_{1.1.(t+1)}$$

Der daraus für den Bewertungsstichtag resultierende Wert entspricht dem Barwert der Cashflows und des Endwertes. Um zum Equity-Wert des Unternehmens zu gelangen, ist analog zum Entity-Ansatz mit konstantem WACC vorzugehen.

CF-Training-Modell: Folgende Modell-Tabelle zeigt die Berechnung des Unternehmenswertes nach einem Modell mit periodenspezifischen WACCs für die MASCHINENBAU GmbH.

(Absolute Zahlen in Mio. €)		01.01. t_1	01.01. t_2	01.01. t_3	01.01. t_4	01.01. t_5	01.01. t_6	Endwert
zinstragendes Fremdkapital		17,8	19,1	19,0	17,5	16,7	15,9	15,1
periodenspez. EK-Quote		39,1%	39,5%	40,7%	43,6%	46,2%	50,8%	54,3%
periodenspezifischer WACC		8,0%	8,0%	8,2%	8,5%	8,8%	9,3%	9,8%
Wert 01.01.t_1		29,2						
Wert 01.01.t_2			31,5					
Wert 01.01.t_3				32,0				
Wert 01.01.t_4					31,1			
Wert 01.01.t_5						31,1		
Wert 01.01.t_6							32,2	
Wert 01.01.t_7								33,1
Operativer Free Cashflow (31.12.n)		0,1	2,0	3,6	2,6	1,6	2,1	3,1
Barwert der CF inkl. TV	29,2							
+ Liquidität	1,5							
+ nicht betriebsnotw. Vermögen	1,5							
Entity Value	32,2							
./. zinstragendes Fremdkapital	17,8							
Equity Value	14,4							

Excel-Datei: Unternehmensbewertung/Excel-Blatt: periodenspez. WACC

Modell-Tabelle 1: Periodenspezifischer WACC

Vorteile	Nachteile
• Periodenspezifischer WACC-Ansatz liefert exakte Ergebnisse. • Die Veränderung einer künftigen Änderung der Kapitalstruktur wird durch den periodenspezifischen WACC voll erfasst.	• Herleitung des periodenspezifischen WACC ist methodisch etwas anspruchsvoller als die des WACC. • Die retrograde Berechnung des Unternehmenswerts ist weniger übersichtlich als beim WACC-Ansatz.

2.1.6 Sensitivitätsanalyse mit dem Value Calculator

Mithilfe des Value Calculators (vgl. Modell-Tabelle 1) kann eine Sensitivitätsanalyse weiterer Kenngrößen vorgenommen werden. Die hinterlegten Zellen sind Eingabefelder, die frei veränderbar sind. Das Modell stellt eine komprimierte Version der DCF-Bewertung nach dem Entity-Verfahren dar. Dabei lässt sich anhand von wenigen Kennzahlen wie Umsatzwachstumsrate, Umsatzrendite, Investitionsrate, Steuersatz und Kapitalisierungszinssatz der Einfluss dieser Faktoren auf den Unternehmenswert feststellen.

CF-Training-Modell: Folgende Modell-Tabelle zeigt die Unternehmenswertberechnung der MASCHINENBAU GmbH mit Hilfe des Value Calculators.

(Absolute Zahlen in Mio. €)	Annahmen		
Beginn der Planungsperiode	t_1		
Anzahl der Prognoseperioden	10,0	Kummulierter Barwert	29,4
Umsatz (Vorperiode)	75,2		
Wachstumsrate des Umsatzes	4,0%	Liquide Mittel + nicht betriebsnotwend. Vermögen	3,0
Umsatzrendite (EBIT in % Umsatz)	4,5%		
Zusatzinvestitionsrate Anlagevermögen	10,0%	Brutto-Unternehmenswert	32,4
Zusatzinvestitionsrate Umlaufvermögen	15,0%		
Steuersatz	29,8%	Zinstragende Verbindlichkeiten	17,8
Kapitalkosten	9,0%		
Liquide Mittel + nicht betriebsnotwend. Vermögen	3,0	**Wert des Eigenkapitals**	**14,6**
Zinstragende Verbindlichkeiten	17,8		
Anzahl d. Geschäftsanteile bzw. Aktien	1	**Wert pro Anteil**	**14,6**

Jahr	t_1	t_2	t_3	t_4	t_5	t_6	t_7	t_8	t_9	t_{10}
Investition AV	10,0%	10,0%	10,0%	10,0%	10,0%	10,0%	10,0%	10,0%	10,0%	10,0%
Investition UV	15,0%	15,0%	15,0%	15,0%	15,0%	15,0%	15,0%	15,0%	15,0%	15,0%
Gesamt	25,0%	25,0%	25,0%	25,0%	25,0%	25,0%	25,0%	25,0%	25,0%	25,0%
Umsatzplus	3,0	3,1	3,3	3,4	3,5	3,7	3,8	4,0	4,1	4,3
Investitionen	0,8	0,8	0,8	0,8	0,9	0,9	1,0	1,0	1,0	1,1
Umsatz	78,2	81,3	84,6	88,0	91,5	95,2	99,0	102,9	107,0	111,3
EBIT-Marge	4,5%	4,5%	4,5%	4,5%	4,5%	4,5%	4,5%	4,5%	4,5%	4,5%
EBIT v. St.	3,5	3,7	3,8	4,0	4,1	4,3	4,5	4,6	4,8	5,0
Steuern	29,8%	29,8%	29,8%	29,8%	29,8%	29,8%	29,8%	29,8%	29,8%	29,8%
EBIT n. St.	2,5	2,6	2,7	2,8	2,9	3,0	3,1	3,3	3,4	3,5
Cashflow	1,7	1,8	1,9	1,9	2,0	2,1	2,2	2,3	2,4	41,5
Endwert (EW)	27,5	28,5	29,7	30,9	32,1	33,4	34,7	36,1	37,6	39,1
kum. BW CF	1,6	3,1	4,5	5,9	7,2	8,4	9,6	10,8	11,8	12,9
BW EW	25,2	24,0	22,9	21,9	20,9	19,9	19,0	18,1	17,3	16,5
Wert des EK	12,0	12,3	12,6	13,0	13,3	13,6	13,8	14,1	14,3	14,6
Wert/Anteil	**12,0**	**12,3**	**12,6**	**13,0**	**13,3**	**13,6**	**13,8**	**14,1**	**14,3**	**14,6**

Excel-Datei: Unternehmensbewertung/Excel-Blatt: Value Calculator

Modell-Tabelle 1: Value Calculator

Die nachfolgende Sensitivitätstabelle zeigt beispielsweise die Wechselwirkung des Umsatzwachstums und der Umsatzrendite auf den Netto-Unternehmenswert (= Wert des Eigenkapitals) der MASCHINENBAU GmbH:

		Umsatzrendite (EBIT in % Umsatz)						
		3,00%	3,50%	4,00%	**4,50%**	5,00%	5,50%	6,00%
Umsatzwachstum	1,00%	2,8	6,0	9,1	12,3	15,4	18,6	21,7
	2,00%	2,8	6,2	9,6	13,0	16,4	19,7	23,1
	3,00%	2,9	6,5	10,1	13,8	17,4	21,0	24,6
	4,00%	2,9	6,8	10,7	**14,6**	18,5	22,4	26,3
	5,00%	2,9	7,1	11,3	15,5	19,7	23,8	28,0
	6,00%	3,0	7,5	12,0	16,5	20,9	25,4	29,9
	7,00%	3,0	7,8	12,7	17,5	22,3	27,1	32,0

Excel-Datei: Unternehmensbewertung/Excel-Blatt: Value Calculator

Modell-Tabelle 2: Auswirkung des Umsatzwachstums und -rendite auf den Unternehmenswert

Es wird deutlich, dass beim gleichbleibenden Kapitalkostensatz (WACC) von 9,00 Prozent eine Steigerung des Umsatzwachstums von 4 Prozent auf 7 Prozent zum zusätzlichen Unternehmenswert von 2,9 (17,5 minus 14,6) führt. Zum Vergleich trägt eine Steigerung der Umsatzrendite von 4,5 Prozent auf 6 Prozent zur Erhöhung des Unternehmenswerts von 11,7 (26,3 minus 14,6) bei. Das Ergebnis zeigt, dass die Umsatzrendite wesentlich stärkeren Einfluss auf den Unternehmenswert hat als beispielsweise das Umsatzwachstum.

2.1.7 Bewertung auf unvollkommenen Kapitalmärkten: Risikodeckungsansatz

Kritik am CAPM

Die Probleme der Kapitalkostenermittlung mit Hilfe des CAPM basieren auf der grundlegenden Annahme der traditionellen Kapitalmarkttheorie, dass die Märkte vollkommen und damit informationseffizient seien. Konkurskosten, Transaktionskosten, asymmetrisch verteilte Informationen, begrenzt rationales Verhalten und nicht diversifizierte Portfolios zeigen aber, dass diese grundlegenden Annahmen in der Realität selten bzw. gar nicht erfüllt werden. Somit besteht das Problem, dass die heute üblichen Verfahren zur Bestimmung der Kapitalkosten die gravierenden Konsequenzen ineffizienter Kapitalmärkte nicht berücksichtigen. Bei unvollkommen diversifizierten Portfolios und Informationsdefiziten der Investoren gegenüber der Unternehmensführung erscheint es fraglich, ob der Beta-Faktor ein adäquates Risikomaß darstellt, um die zukünftig erwartende Rendite eines Unternehmens zu prognostizieren.

Eine besondere Bedeutung im Rahmen der Erklärungsansätze für ineffiziente Märkte hat in der Zwischenzeit die sogenannte Behavioral-Finance-Theorie erreicht. Unvollkommene Kapitalmärkte, die speziell keine Informationseffizienz aufweisen, stellen die Nützlichkeit der Kapitalmarktinformationen Marktwert des Eigenkapitals und β-Faktor für die Berechnung der Kapitalkosten und für die wertorientierte Unternehmensführung in Frage. Wert und Marktpreis können auseinanderliegen, zumal Letzterer lediglich eine Information über marginale Änderungen von Eigentumsanteilen darstellt.

Abbildung II.9 zeigt die Annahmen und die daraus resultierenden Probleme des CAPM.

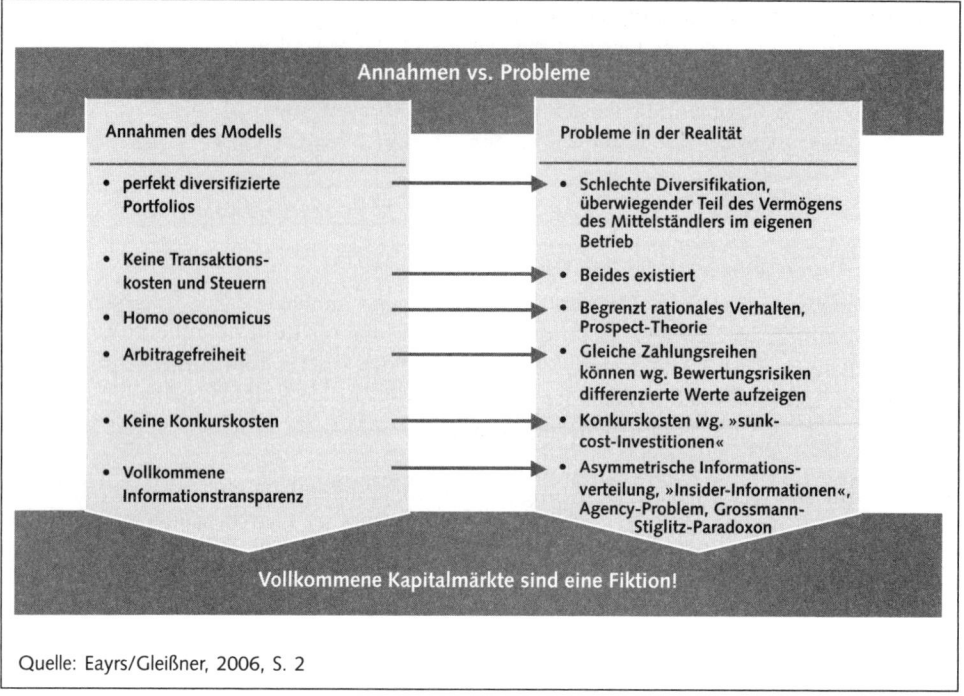

Quelle: Eayrs/Gleißner, 2006, S. 2

Abbildung II.9: Vollkommene Kapitalmärkte und ihre realen Probleme

Bewertung bei unvollkommenen Märkten: Eigenkapitalbedarf als Risikomaß

Wie kann der Informationsvorsprung der Unternehmensführung und die Relevanz unsystematischer Risiken bei Existenz von Konkurskosten oder nicht perfekt diversifizierten Portfolios bei der Bewertung eines Unternehmens berücksichtigt werden?

Als Risikomaß kommt hier beispielsweise der auf dem Value-at-Risk-Konzept basierende Bedarf an Eigenkapital zur Abdeckung des Geschäftsrisikos des Unternehmens (RAC bzw. EK-Bedarf), analog zum Risikokapital bei Banken und Versicherungen, in Frage. Der Eigenkapitalbedarf eignet sich als Maß, weil er ausdrückt, welcher Betrag in einer Periode aufgrund eventuell auftretender Verluste notwendig ist, um die Insolvenzwahrscheinlichkeit auf ein vorgegebenes Niveau zu beschränken (Gleißner, 2005). Das Eigenkapital, zusammen mit den liquiden Mitteln, bildet dann die Risikotragfähigkeit des Unternehmens. Mit Hilfe des berechneten Eigenkapitalbedarfs kann auch eine risikogerechte Finanzierungsstruktur für die Ermittlung des Kapitalisierungszinssatzes (WACC) definiert werden, die das Geschäftsrisiko hinreichend abdeckt.

Die Bewertung bei unvollkommenen Märkten erfolgt in folgenden Schritten:

1. Es wird der Eigenkapitalbedarf anhand einer Szenariobetrachtung oder Risikosimulation ermittelt. Der Eigenkapitalbedarf entspricht dem Betrag, der zum Ausgleich von Verlusten aufgrund einer negativen Planabweichung entsteht. Wesentliche Einflussfaktoren sind die Wahrscheinlichkeit einer Planabweichung und der Wirkungsgrad dieser auf den Umsatz und die Kosten.

2. Der aus der Planabweichung entstehende Eigenkapitalbedarf bestimmt dann die Höhe des Eigenkapitals bei der Gewichtung der Kapitalkosten (WACC). Ein höheres Risiko zieht einen höheren Eigenkapitalbedarf nach sich. Die Fremd- und Eigenkapitalkosten lassen sich als Opportunitätskosten analog dem DCF-Ansatz ermitteln (z.B. in Abhängigkeit der akzeptierten Ausfallwahrscheinlichkeit, Rating).
3. Die oFCFs aus dem Modell werden dann mit dem risikoadjustierten WACC diskontiert.
4. Die Summe der diskontierten oFCFs abzüglich der Nettofinanzverbindlichkeiten (zinstragende Verbindlichkeiten – liquide Mittel) ergibt den Marktwert des Eigenkapitals.

Die Abschätzung des Eigenkapitalbedarfs (mögliche Kapitalunterdeckung bei Planabweichung) kann mit Hilfe einer traditionellen Szenariobetrachtung simuliert werden. Der Eigenkapitalbedarf ist (ähnlich dem Value-at-Risk oder VaR) ein auf unternehmensintern verfügbaren Informationen basierendes Risikomaß, das auf die Risikotragfähigkeit bzw. Risikobereitschaft des Unternehmens Bezug nimmt.

CF-Training-Modell: Zur Verdeutlichung der Zusammenhänge zwischen Eigenkapitalbedarf, Kostenstruktur und Absatzmarktrisiko wird in folgendem Rechenbeispiel der Eigenkapitalbedarf der MASCHINENBAU GmbH hergeleitet. Dabei wird nur ein Risiko (eine Abweichung des Umsatzes von den Planwerten) betrachtet.

Gemäß Planung werden folgende Ergebnisse für die MASCHINENBAU GmbH in der Zukunft erwartet:

Positionen Jahresabschluss (Absolute Zahlen in Mio. €)	Plan t_1	Plan t_2	Plan t_3	Plan t_4	Plan t_5	Plan t_6
Gesamtleistung	80,6	83,5	84,2	71,6	77,3	79,6
Materialaufwand	44,1	45,6	45,5	37,9	42,5	43,0
Personalaufwand	19,7	20,0	20,0	20,0	19,3	19,5
sonst. betrieblicher Aufwand	11,4	11,9	12,0	11,5	11,0	11,3
Abschreibungen	1,9	1,9	1,9	1,9	1,9	1,9
EBIT	4,1	4,8	5,6	0,9	3,2	4,6
Zinsaufwand	0,9	1,0	1,0	0,9	0,8	0,8
EBT	3,2	3,8	4,7	0,0	2,4	3,8
Steuersatz auf Einkommen und Ertrag	29,8%	29,8%	29,8%	29,8%	29,8%	29,8%
Bilanzsumme	45,7	47,5	48,1	45,4	46,3	47,6
Eigenkapital	10,9	12,5	14,4	12,8	14,4	16,2
+ zinstragende Verbindlichkeiten	21,7	21,7	20,2	19,5	18,7	18,0
./. Liquide Mittel	1,6	1,8	1,9	1,5	1,7	1,7
= Kapitaleinsatz	30,9	32,4	32,7	30,8	31,4	32,5
Veränderung Kapitaleinsatz	2,8	1,4	0,4	-1,9	0,7	1,1
Operativer Free Cashflow	0,1	2,0	3,6	2,6	1,6	2,1

Excel-Datei: Unternehmensbewertung/Excel-Blatt: Risikodeckungsansatz

Modell-Tabelle 1: Planung der MASCHINENBAU GmbH

Die den Eigenkapitalbedarf bestimmende Gewinnschwankung lässt sich per Definition als Differenz der Änderungen des Umsatzes und der daraus resultierenden Änderungen der Kosten ausdrücken. Vorausgesetzt, dass die fixen Kosten konstant sind und außer Umsatz keine weiteren Positionen schwanken, berechnet sich im einfachsten Fall die Kostenschwankung in Abhängigkeit einer Umsatzschwankung und des Anteils variabler Kosten am Umsatz.

Bei der Ermittlung der (normalverteilten) Umsatzabweichung und den daraus resultierenden Aufwendungen liegen folgende Annahmen zugrunde, die in den folgenden Modell-Tabellen dargestellt sind:

Risikowahrscheinlichkeit	
Sicherheitsgrad	99,00%
Risikowahrscheinlichkeit	1,00%
Entspricht Standardabweichung	2,326

Excel-Datei: Unternehmensbewertung/
Excel-Blatt: Risikodeckungsansatz

Modell-Tabelle 2:
Risikowahrscheinlichkeit

Anteil variabler Kosten	
Materialaufwand	100,0%
Personalaufwand	10,0%
Sonst.betriebl.Aufwand	50,0%

Excel-Datei: Unternehmensbewertung/
Excel-Blatt: Risikodeckungsansatz

Modell-Tabelle 3: Anteil variabler
Kosten

Die Unternehmensleitung der MASCHINENBAU GmbH hält die bereits beschriebene Planung für realistisch und repräsentativ für die Zukunft. Mit Hilfe einer Risikoanalyse wird nunmehr ein Worst-Case-Szenario berechnet, das aus Sicht der Unternehmensleitung mit 99-prozentiger Wahrscheinlichkeit nicht unterschritten wird. Dabei wird nur ein Risikofaktor aus Vereinfachungsgründen berücksichtigt, nämlich die Möglichkeit einer negativen Abweichung vom geplanten Umsatz. Ferner wird unterstellt, dass andere Risiken, welche die Aufwendungen beeinflussen können, vernachlässigbar sind. Als bewertungsrelevantes Worst-Case-Szenario wird von einem möglichen Umsatzrückgang von 46,5 Prozent (entspricht einer Standardabweichung von 20 Prozent) ausgegangen, sodass sich in diesem Szenario folgende Erfolgsrechnung ergibt (vgl. Modell-Tabelle 4 im Excel-Blatt »Risikodeckungsansatz«):

Risiken (Worst Case 99 %)	t_1	t_2	t_3	t_4	t_5	t_6
Gesamtleistung (Abweichung %)	20,00%	20,00%	20,00%	20,00%	20,00%	20,00%
Gesamtleistung (abweichender Betrag)	16,1	16,7	16,8	14,3	15,5	15,9
Gesamtleistung (nach Abweichung)	43,1	44,6	45,0	38,3	41,3	42,6
Materialaufwand	23,6	24,4	24,3	20,3	22,7	23,0
Personalaufwand	18,8	19,1	19,1	19,1	18,4	18,6
sonst. betrieblicher Aufwand	8,8	9,1	9,2	8,8	8,4	8,7
EBIT	-9,3	-9,2	-8,7	-11,2	-9,5	-9,0
Zinsaufwand	0,9	1,0	1,0	0,9	0,8	0,8
EBT	-10,2	-10,1	-9,7	-12,0	-10,4	-9,7
EBT Planabweichung	13,4	14,0	14,3	12,1	12,8	13,5
EK-Bedarf pro Periode	10,2	10,1	9,7	12,0	10,4	9,7
EK-Bedarf f. Planungszeitraum	10,2	20,3	30,0	42,0	52,4	62,1
EK-Bedarf (kum.)	62,1	62,1	62,1	62,1	62,1	62,1

Excel-Datei: Unternehmensbewertung/Excel-Blatt: Risikodeckungsansatz

Modell-Tabelle 4: Berechnung des Worst-Case-Szenario

In dieser Worst-Case-Betrachtung ist erkennbar, dass Verluste im Planungszeitraum zwischen 0,8 bis 1,1 eintreten würden. Entsprechend ergibt sich ein Eigenkapitalbedarf pro Periode zur Abdeckung dieser Verluste in Höhe von 9,7 bis 12,0. Bei der Berechnung der WACC wird unterstellt, dass die Rekapitalisierungsperiode 6 Jahre beträgt und eine Vollausschüttung stattfindet. Der Anfangsbestand am Eigenkapital entspricht somit dem kumulierten Eigenkapitalbedarf für sechs Jahre (62,1). In die Berechnung des WACC pro Periode, fließt jedoch nur das in dieser Periode bedrohte Eigenkapital (Eigenkapitalbedarf für Planungszeitraum) ein.

Zur Bewertung des Unternehmens gemäß der DCF-Methode werden die WACC als Kapitalisierungszinssatz benötigt. Um diese zu berechnen, müssen zuerst die Eigenkapitalkosten des Unternehmens bestimmt werden. Diese entsprechen der Renditeerwartung von Investoren und lassen sich anhand von Marktdaten wie der durchschnittlich erzielbaren Dividendenrendite, dem prognostizierten Wirtschaftswachstum (real) und der erwarteten Inflationsrate[1] ableiten (vgl. Modell-Tabelle 5). Es wird angenommen, dass die erwartete Marktrendite dieselbe Risikowahrscheinlichkeit wie das Unternehmen hat. Zusammen mit dem gerade ermittelten Eigenkapitalbedarf ergibt sich somit der Kapitalisierungszins (WACC).

Die Modell-Tabelle 5 zeigt die Dividendenrendite durchschnittlich erzielbarer Dividendenrenditen.

Unternehmen	Dividendenrendite
Deutsche Telekom	7,3%
TUI	0,6%
Lufthansa	3,7%
ThyssenKrupp	1,5%
Daimler	3,7%
Deutsche Post	5,1%
E.ON	6,3%
BASF	3,7%
Deutsche Bank	1,9%
MAN	2,3%
Mittelwert	**3,6%**
Quelle: Dividendenkalender unter www.onvista.de	

Excel-Datei: Unternehmensbewertung/Excel-Blatt: Risikodeckungsansatz

Modell-Tabelle 5: Dividendenrendite

Marktrendite	
Dividendenrendite	3,6%
+ Wachstum (real)	2,5%
+ Inflationsrate	2,5%
Marktrendite (realwirtschaftlicher Ansatz)	**8,6%**

Excel-Datei: Unternehmensbewertung/Excel-Blatt: Risikodeckungsansatz

Modell-Tabelle 6: Berechnung der Marktrendite

Die Fremdkapitalkosten nach Steuern betragen 3,5 Prozent. Bei einer Risikowahrscheinlichkeit von 1,0 Prozent (entspricht der Standardnormalverteilung von 2,326, bzw. etwa ein BB-Rating) und einer Marktrendite des Eigenkapitals von 8,6 Prozent (historische Standardabweichung ca. 20 Prozent) ergibt sich eine risikoadjustierte Eigenkapitalrendite (= risikoadjustierte Eigenkapitalkosten) von 16,9 Prozent. Diese berechnet sich wie in folgender Modell-Tabelle dargestellt:

---

1 Zur Adjustierung so abgeleitete Kostensätze siehe Gleißner, 2006.

Kostensätze	
Risikofeier Zins	3,5%
Marktrendite EK	**8,6%**
Standardabweichung Marktrendite	20,0%
Anteil EK am Portfolio	37,9%
Risikoadjustierte EK-Kosten	**16,9%**
FK-Kosten (nach Steuer)	3,5%
Risikoprämie	13,4%

Excel-Datei: Unternehmensbewertung/Excel-Blatt: Risikodeckungsansatz

Modell-Tabelle 7: Berechnung der risikoadjustierten EK-Kosten

$$\text{Risikoadjustierte EK-Kosten (RAC)} = \frac{\text{Marktrendite EK} - (1\text{-EK-Anteil}) \times \text{Fremdkapitalkosten}}{\text{EK-Anteil}} =$$

$$= \frac{0,086 - (1 - 0,379) \times 0,035}{0,379} = 0,169 = 16,9\%$$

wobei:

$$\text{EK-Anteil} = -(\text{Marktrendite EK} - \text{Standardnormalverteilung} \times \text{Standardabweichung des Marktportfolios}) =$$
$$= -(0,086 - 2,326 \times 0,20) = 0,379$$

Dabei drückt der EK-Anteil den Eigenkapitalanteil an der Gesamtfinanzierung (risikoadjustiertes Kapital in Prozent des Investments) aus, der bei einer Normalverteilung der Rendite nötig ist, um eine Risikowahrscheinlichkeit von 1,0 Prozent abzudecken. Mit Hilfe folgender Formel kann nun der risikoadjustierte Kapitalisierungszinssatz (WACC) berechnet werden:

$$\text{Risikoadjustierter WACC} = \frac{\text{RAC} \times \text{EK-Bedarf} + (\text{Kapitaleinsatz} - \text{EK-Bedarf}) \times \text{FK-Bedarf}}{\text{Kapitaleinsatz}}$$

$$\text{Risikoadjustierter WACC}_{\text{Jahr1}} = \frac{0,169 \times 10,2 + (30,9 - 10,2) \times 0,035}{30,9} = 0,079$$

$$\text{Risikoadjustierter WACC}_{\text{Jahr6}} = \frac{0,169 \times 62,1 + (32,5 - 62,1) \times 0,035}{32,5} = 0,291$$

Die risikoadjustierten Kapitalkosten betragen damit 7,9 Prozent für das erste Jahr bzw. 29,1 Prozent für das letzte Jahr der Planung. Der Unterschied ergibt sich vor allem aus den kumulierten Verlusten, die durch erhöhten Eigenkapitaleinsatz im Laufe des Planungszeitraums ausgeglichen werden müssen. Folgende Modell-Tabelle vergleicht den risikoadjustierten Kapitalkostensatz mit dem WACC gewichtet mit dem Marktwert, der vorgegebenen Kapitalstruktur und der Zielkapitalstruktur:

Ansatz	Marktwert	Vorgegebene Kapitalstuktur	Zielkapital-struktur	Riskodeckungsgrad	
				1 Jahr	6 Jahre
EK-Kosten	15,01%	15,01%	15,01%	16,91%	16,91%
FK-Kosten	3,51%	3,51%	3,51%	3,51%	3,51%
Anteil EK in %	46,91%	50,00%	52,38%	32,95%	190,99%
Anteil FK in %	53,09%	50,00%	47,62%	67,05%	-90,99%
Anteilige EK-Kosten	7,04%	7,50%	7,86%	5,57%	32,30%
Anteilige FK-Kosten	1,86%	1,76%	1,67%	2,35%	-3,19%
WACC	**8,90%**	**9,26%**	**9,53%**	**7,93%**	**29,10%**

Excel-Datei: Unternehmensbewertung/Excel-Blatt: Kapitalisierungszinssätze

Modell-Tabelle 8: Überblick über die gewichteten Kapitalkosten (mit KMU-Anpassungen)

Mit dem im Planungszeitraum variierenden risikoadjustierten Kapitalkostensatz (WACC) lässt sich der Unternehmenswert für die MASCHINENBAU GmbH nach der DCF-Methode wie folgt berechnen:

Unternehmenswert DCF	t_1	t_2	t_3	t_4	t_5	t_6	Endwert	S
Operativer Free Cashflow	0,1	2,0	3,6	2,6	1,6	2,1	7,5	
WACC (für Planungszeitraum)	7,9%	11,9%	15,8%	21,8%	25,8%	29,1%	29,1%	
Barwert der Cashflows	0,1	1,6	2,6	1,5	0,8	0,8	2,7	10,0
Netto-Finanzverbindlichkeiten								16,3
Wert des Eigenkapitals								-6,3

Excel-Datei: Unternehmensbewertung/Excel-Blatt: Risikodeckungsansatz

Modell-Tabelle 8: Berechnung des Unternehmenswerts

In dem vorliegenden Beispiel zeigt sich, dass die Annahme einer negativen Abweichung von 20 Prozent von der geplanten Gesamtleistung aufgrund der ansteigenden Kapitalkosten insgesamt zu einem negativen Unternehmenswert führt.

In der Praxis der Unternehmensbewertung bestehen Schwierigkeiten und Ermessensspielräume bei der Einschätzung der Kapitalkostensätze und der Abbildung von Risiken in der Planrechnung. Der hier aufgeführte Risikodeckungsansatz geht auf diese Schwierigkeiten ein und hilft, den Wert des Unternehmens fundiert und nachvollziehbar einzuschätzen. Dabei werden die Risiken gemäß Planung konsistent für die Ableitung risikogerechter Kapitalkostensätze und damit die Bewertung genutzt.

2.2 APV-Ansatz (Bruttoverfahren)

2.2.1 Die Konzeption des APV-Ansatzes

Der Adjusted-Present-Value (APV-)-Ansatz zählt wie der WACC-Ansatz zu den DCF-Bruttoverfahren. Entsprechend dem Vorgehen beim WACC-Ansatz werden die Cashflows diskontiert, die der Gesamtheit aller Kapitalgeber zustehen. Der Unterschied zum WACC-Ansatz liegt in der abweichenden Berücksichtigung des Einflusses der Kapitalstruktur auf den Unternehmenswert. Während beim Entity-Ansatz eine komplette Trennung zwischen dem Leistungs- und Finanzierungsbereich erfolgte, wird die Kapitalstruktur beim APV-Ansatz auf Cashflow-Ebene berücksichtigt.

DEFINITION

Beim *Adjusted-Present-Value-Ansatz* (APV-Ansatz) wird in einem ersten Schritt der Marktwert des Gesamtkapitals unter der Fiktion der vollständigen Eigenfinanzierung des Unternehmens ermittelt. In einem zweiten Schritt wird dann die Auswirkung einer Fremdfinanzierung auf den Unternehmenswert in Form eines sogenannten Tax Shields berücksichtigt, das der Steuerersparnis aufgrund der steuerlichen Abzugsfähigkeit der Fremdkapitalzinsen entspricht.

Das Adjusted-Present-Value (APV)-Verfahren findet in der Unternehmenspraxis seltener Anwendung. Er löst jedoch das Problem des Tax Shields auf Cashflow-Ebene, sodass die Hilfskonstruktion über den WACC entfällt. Mit diesem Lösungsansatz ist jedoch wieder eine Reihe von Fragestellungen verbunden, die aus Sicht der Bewertungspraktiker schwerer wiegen als die Vorteile des APV-Ansatzes.

Die APV-Bewertung erfolgt in folgenden Schritten:

1. Es werden analog zum Entity-Ansatz die operativen Free Cashflows ermittelt.
2. Die operativen Free Cashflows werden ausschließlich mit der Renditeforderung der Eigenkapitalgeber diskontiert (trotz Verschuldung), und zwar mit der Renditeforderung der Eigenkapitalgeber für das (fiktiv) unverschuldete Unternehmen.
3. Summiert man den so ermittelten Barwert der oFCF, den Marktwert des nicht betriebsnotwendigen Vermögens und die liquiden Mittel, so erhält man den Marktwert des (fiktiv) unverschuldeten Unternehmens.
4. Um zum Marktwert des Gesamtkapitals des verschuldeten Unternehmens zu gelangen, muss noch der Barwert des sogenannten Tax Shields addiert werden, in dem die steuermindernde Auswirkung der Fremdfinanzierung des Unternehmens explizit berechnet wird.

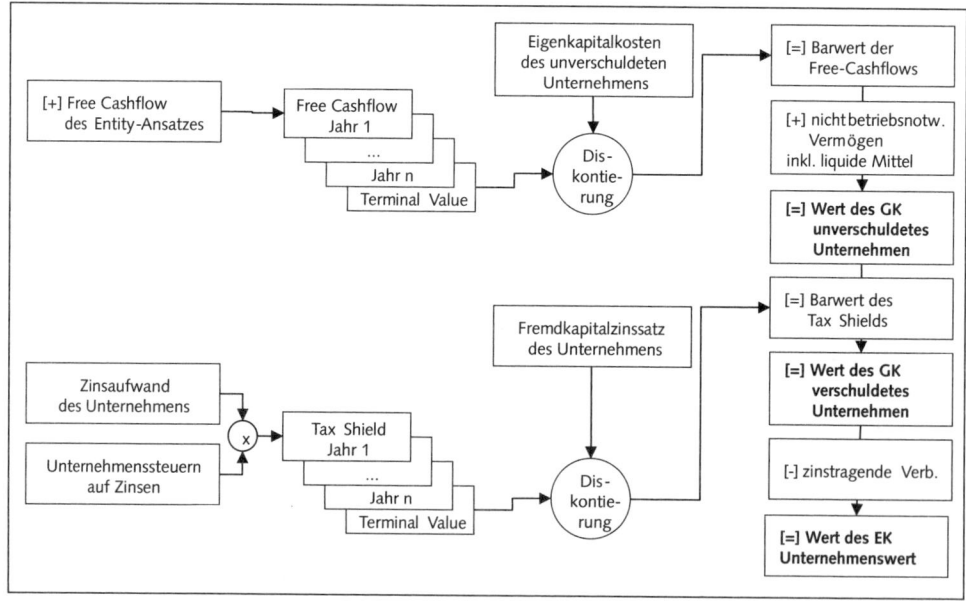

Abbildung II.10: Discounted Cashflow-Methode nach dem APV-Ansatz

5. Zieht man vom Marktwert des Gesamtkapitals des verschuldeten Unternehmens den Marktwert der zinstragenden Verbindlichkeiten ab, so erhält man den Marktwert des Eigenkapitals.

Die Vorgehensweise beim APV-Ansatz wird in Abbildung II.10 verdeutlicht.

2.2.2 Berechnung der operativen Free Cashflows

Für den APV-Ansatz werden dieselben operativen Free Cashflows wie für den Entity-Ansatz verwendet (zur Ermittlung siehe Kapitel 2.1.2).

CF-Training-Modell: Modell-Tabelle 4 im Excel-Blatt »DCF-Bewertung« zeigt die Ableitung der operativen Free Cashflows $t_1 - t_6$ und Endwert der MASCHINENBAU GmbH aus deren Planbilanz und Plan GuV.

(Absolute Zahlen in Mio. €)	Plan t_1	Plan t_2	Plan t_3	Plan t_4	Plan t_5	Plan t_6	Endwert
Ergebnis vor Zinsen u. Steuern (EBIT)	4,1	4,8	5,6	0,9	3,2	4,6	4,6
./. Gewerbesteuer	0,6	0,7	0,8	0,1	0,4	0,6	0,6
./. Körperschaftsteuer	0,6	0,8	0,9	0,1	0,5	0,7	0,7
Operatives Ergebnis n. Steuern (NOPAT)	**2,9**	**3,4**	**3,9**	**0,6**	**2,2**	**3,2**	**3,2**
+ Abschreibungen	1,9	1,9	1,9	1,9	1,9	1,9	1,9
+ Veränderungen Rückstellungen	0,0	0,0	0,0	0,0	0,0	0,0	0,0
./. Investitionen Anlagevermögen	4,1	2,7	2,0	1,4	2,0	2,6	2,0
./. Investitionen Working Capital	0,6	0,6	0,3	-1,4	0,6	0,4	0,1
Operative Free Cashflows (oFCF)	**0,1**	**2,0**	**3,6**	**2,6**	**1,6**	**2,1**	**3,1**

Excel-Datei: Unternehmensbewertung/Excel-Blatt: Cashflows

Modell-Tabelle 1: Operativer Free Cashflow (oFCF)

Das Tax Shield errechnet sich durch Multiplikation des Zinsaufwands mit dem Steuersatz. Der Wert gibt an, welche Steuerersparnis aus der Fremdfinanzierung resultiert.

(Absolute Zahlen in Mio. €)	Plan t_1	Plan t_2	Plan t_3	Plan t_4	Plan t_5	Plan t_6	Endwert
Zinsaufwand	0,9	1,0	1,0	0,9	0,8	0,8	0,8
Steuersatz	29,8%	29,8%	29,8%	29,8%	29,8%	29,8%	29,8%
Tax Shield	0,3	0,3	0,3	0,3	0,2	0,2	5,3
Diskontierungsfaktoren (FK-Kosten: 5,00 %)	0,9524	0,9070	0,8638	0,8227	0,7835	0,7462	0,7462
Barwert der Tax Shield Cashflows	**0,3**	**0,3**	**0,2**	**0,2**	**0,2**	**0,2**	**3,9**

Excel-Datei: Unternehmensbewertung/Excel-Blatt: DCF-Bewertung

Modell-Tabelle 4: Operativer Free Cashflow (oFCF)

2.2.3 Berechnung der Kapitalkosten

Da bei der Ermittlung der Cashflows fiktiv ein rein durch Eigenkapital finanziertes Unternehmen unterstellt wird, müssen diese mit den Eigenkapitalkosten eines unverschuldeten Unternehmens diskontiert werden. Die Eigenkapitalkosten eines unverschuldeten Unternehmens werden ebenfalls mit dem CAPM ermittelt.

Da es sich bei der MASCHINENBAU GmbH um ein nicht börsennotiertes Unternehmen handelt, erfolgt die Ableitung der unlevered Betas analog der Vorgehensweise des WACC-

Ansatzes durch eine Analyse vergleichbarer börsennotierter Unternehmen. Im Gegensatz zum Entity-Ansatz, bei dem das Beta eines unverschuldeten Unternehmens verwendet wurde, wird für das fiktiv unverschuldete Unternehmen das Beta eines unverschuldeten Unternehmens herangezogen. Abbildung II.11 zeigt, wie aus den levered Betas der Peer-Group-Unternehmen das unlevered Beta des zu bewertenden Unternehmens für den APV-Ansatz gewonnen wird. In Schritt 3 endet die Analyse.

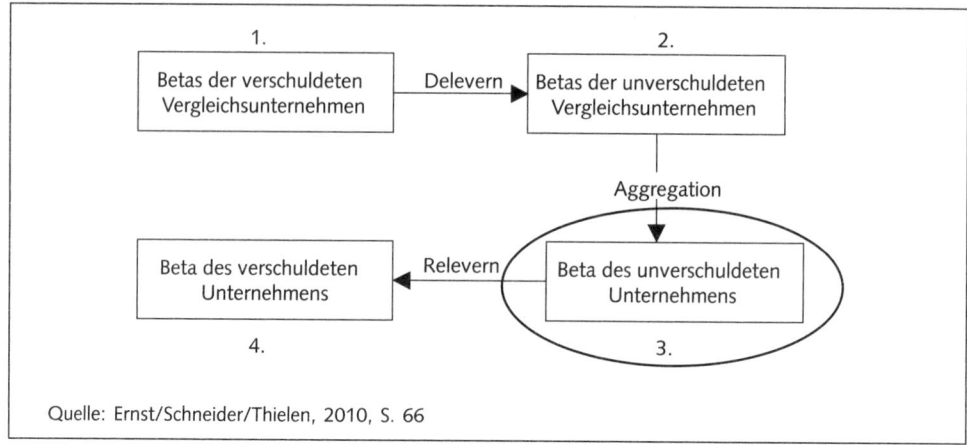

Quelle: Ernst/Schneider/Thielen, 2010, S. 66

Abbildung II.11: Ableitung des Betas eines unverschuldeten Unternehmens

CF-Training-Modell: Aus Modell-Tabelle 1 im Excel-Blatt »EK- und FK-Kosten« kann der Beta des unverschuldeten Unternehmens abgelesen werden. Der Median des Beta (unlevered) beträgt 0,77.

Firma	Beta t₁	Verschuldung (FK/EK)	Steuersatz	Beta (unlevered)
A	1,35	1,00	33,0%	0,81
B	1,22	1,50	33,1%	0,61
C	1,44	1,25	29,2%	0,76
D	1,49	1,19	38,4%	0,86
E	1,37	1,33	33,1%	0,72
F	1,41	0,85	34,0%	0,90
G	1,09	2,00	31,4%	0,46
H	1,51	1,45	33,6%	0,77
I	1,63	1,75	39,5%	0,79
J	1,22	1,38	31,8%	0,63
Minimum	1,09	0,85	34,2%	0,46
Median	1,39	1,36	33,1%	0,77
arithmet. Mittel	1,37	1,37	33,7%	0,73
Maximum	1,63	2,00	44,5%	0,90

Excel-Datei: Unternehmensbewertung/Excel-Blatt: EK- und FK-Kosten

Modell-Tabelle 1: Ermittlung des Betas nach Peer Group (»Pure Play«-Ansatz)

Bei der Ermittlung der Eigenkapitalkosten für das fiktiv unverschuldete Unternehmen werden ansonsten die identischen Werte wie bei der Ermittlung der Eigenkapitalkosten des verschuldeten Unternehmens im Entity-Ansatz verwendet. Die Modell-Tabelle 9 zeigt die Berechnung.

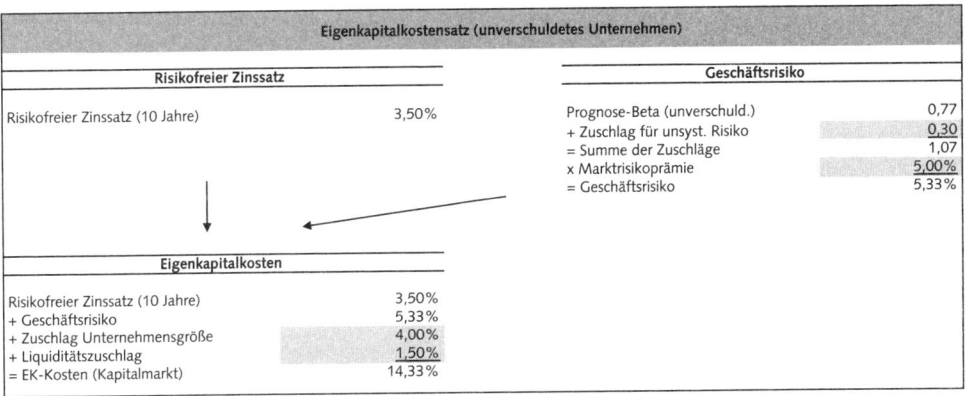

Excel-Datei: Unternehmensbewertung/Excel-Blatt: Kapitalisierungszinssätze

Modell-Tabelle 9: Eigenkapitalkostensatz (unverschuldetes Unternehmen)

2.2.4 Berechnung des Unternehmenswerts

Nachdem die bewertungsrelevanten operativen Free Cashflows und Tax Shields für die Planungsperiode von sechs Jahren berechnet und die Eigenkapitalkosten des fiktiv unverschuldeten Unternehmens ermittelt worden sind, kann nun der Unternehmenswert berechnet werden.

Die Barwerte der Free Cashflows und des Tax Shields (jeweils mit Terminal Value) ergeben zusammen den Gesamtunternehmenswert. Die Formel zur Unternehmenswertberechnung nach dem APV-Ansatz lautet:

$$\text{Barwert} = \sum_{t=1}^{n} \frac{\text{oFCF}_t}{(1 + r_{EK}^u)^t} + \frac{\text{TV}_{oFCF}}{(1 + r_{EK}^u)^n} + \sum_{t=1}^{n} \frac{t \times r_{FK} \times \text{FK}_{t-1}}{(1 + r_{FK})^t} + \frac{t \times r_{FK} \times \text{FK}_{n-1}}{(1 + r_{FK})^n \times r_{FK}}$$

Der Barwert der Free Cashflows, der Tax-Shields und die jeweiligen Barwerte des Terminal Value sowie das nicht betriebsnotwendige Vermögen und die liquiden Mittel ergeben zusammen den Gesamtunternehmenswert. Von diesem ist die Verschuldung abzuziehen, um den Marktwert des Eigenkapitals = Unternehmenswert zu erhalten.

CF-Training-Modell: Der Unternehmenswert der MASCHINENBAU GmbH nach dem APV-Ansatz beträgt 7,7 Mio. Euro.

(Absolute Zahlen in Mio. €)	Plan t_1	Plan t_2	Plan t_3	Plan t_4	Plan t_5	Plan t_6	Endwert
Ergebnis vor Zinsen u. Steuern (EBIT)	4,1	4,8	5,6	0,9	3,2	4,6	
./. Gewerbesteuer	0,6	0,7	0,8	0,1	0,4	0,6	
./. Körperschaftsteuer	0,6	0,8	0,9	0,1	0,5	0,7	
Operatives Ergebnis n. Steuern (NOPAT)	**2,9**	**3,4**	**3,9**	**0,6**	**2,2**	**3,2**	
+ Abschreibungen	1,9	1,9	1,9	1,9	1,9	1,9	
+ Veränderungen Rückstellungen	0,0	0,0	0,0	0,0	0,0	0,0	
./. Investitionen Anlagevermögen	4,1	2,7	2,0	1,4	2,0	2,6	
./. Investitionen Working Capital	0,6	0,6	0,3	-1,4	0,6	0,4	
Operative Free Cashflows (oFCF) und Endwert	**0,1**	**2,0**	**3,6**	**2,6**	**1,6**	**2,1**	**22,2**
Diskontierungsfaktoren (EK-Kosten: 14,33 %)	0,8746	0,7650	0,6691	0,5852	0,5118	0,4477	0,4477
Barwert der oFCF und des Endwerts	**0,1**	**1,5**	**2,4**	**1,5**	**0,8**	**1,0**	**10,0**
Zinsaufwand	0,9	1,0	1,0	0,9	0,8	0,8	0,8
Steuersatz	29,8%	29,8%	29,8%	29,8%	29,8%	29,8%	29,8%
Tax Shield	0,3	0,3	0,3	0,3	0,2	0,2	5,3
Diskontierungsfaktoren (FK-Kosten: 5,00 %)	0,9524	0,9070	0,8638	0,8227	0,7835	0,7462	0,7462
Barwert der Tax Shield Cashflows	**0,3**	**0,3**	**0,2**	**0,2**	**0,2**	**0,2**	**3,9**

Barwert der oFCF und des Endwerts	17,2
Barwert der Tax Shield Cashflows	5,3
+ nicht betriebsnotwendiges Vermögen	1,5
+ liquide Mittel	1,5
Gesamtunternehmenswert	**25,5**
./. zinstragende Verbindlichkeiten	17,8
Wert des Eigenkapitals	**7,7**

Excel-Datei: Unternehmensbewertung/Excel-Blatt: DCF-Bewertung

Modell-Tabelle 4: Discounted Cashflow (DCF) Bewertung nach APV-Ansatz

Vorteile	Nachteile
• Einfluss der Kapitalstruktur auf den Unternehmenswert wird explizit dargestellt. • Steuereffekt der Fremdfinanzierung (Tax Shield) wird als Cashflow-Größe berechnet.	• APV-Ansatz findet in der Praxis nur selten Verwendung. • Finanzierungsrisiko und Ausfallrisiko werden im einfachen APV-Ansatz komplett vernachlässigt.

2.3 Equity-Verfahren

2.3.1 Die Konzeption des Equity-Verfahrens

Beim Equity-Ansatz wird im Gegensatz zu den Entity-Verfahren der Marktwert des Eigenkapitals (Equity Value) direkt ohne Abzug der Nettofinanzverbindlichkeiten (zinstragende Verbindlichkeiten – liquide Mittel) ermittelt. Entsprechend werden im Equity-Ansatz Cashflows verwendet, die ausschließlich den Eigenkapitalgebern zur Verfügung stehen. Diese Cashflows werden Cashflows-to-Equity genannt. Die Cashflows-to-Equity werden mit den Eigenkapitalkosten diskontiert.

> **DEFINITION**
>
> *Equity-Verfahren:* Beim Equity-Ansatz (Nettoverfahren) werden nur die Cashflows abgezinst, die ausschließlich den Eigenkapitalgebern zustehen. Die Diskontierung erfolgt dementsprechend mit den Eigenkapitalkosten des Unternehmens. Aus dieser Vorgehensweise resultiert direkt der Wert des Eigenkapitals.

Der Equity-Ansatz entspricht dem deutschen Ertragswertverfahren gemäß moderner Interpretation. Equity-Ansatz und Ertragswertverfahren sind inhaltsgleich, sofern das Ertragswertverfahren als Ertragsgröße Zahlungsströme (Cashflow-orientierter Ansatz) heranzieht und die Eigenkapitalkosten aus kapitalmarkttheoretischen Modellen (z.B. CAPM) abgeleitet werden.

Die Equity-Bewertung erfolgt in folgenden Schritten:

1. Es werden die Cashflows to Equity ermittelt, die den Eigenkapitalgebern zur Verfügung stehen.
2. Die Cashflows-to-Equity werden mit der Renditeforderung der Eigenkapitalgeber diskontiert, und zwar mit der Renditeforderung der Eigenkapitalgeber für das verschuldete Unternehmen (im APV-Ansatz war es die Renditeforderung für das fiktiv unverschuldete Unternehmen).
3. Summiert man den so ermittelten Barwert der Cashflows-to-Equity und den Marktwert des nicht betriebsnotwendigen Vermögens sowie die liquiden Mittel, so erhält man den Marktwert des Eigenkapitals.

Die Unternehmensbewertung gemäß dem Equity-Ansatz wird in Abbildung II.12 nochmals verdeutlicht.

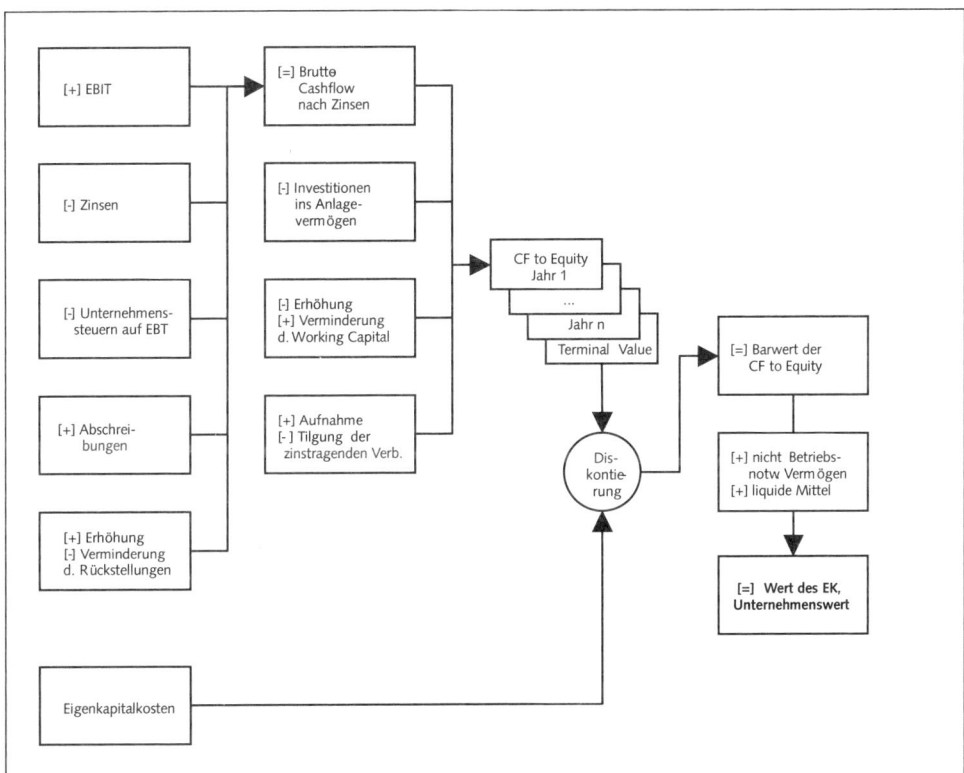

Abbildung II.12: Discounted Cashflow-Methode nach dem Equity-Ansatz

2.3.2 Berechnung der Cashflows-to-Equity

Beim Equity-Ansatz werden die bewertungsrelevanten Cashflows berechnet, die ausschließlich den Eigenkapitalgebern zustehen. Die aus einer Fremdfinanzierung resultierenden Zahlungsströme, d. h. die künftigen Fremdkapitalzinsen (einschließlich der daraus resultierenden Steuerwirkung) sowie die Veränderungen des Fremdkapitalbestandes (Aufnahme und Tilgung von Fremdkapital), werden im Gegensatz zur Berechnung der oFCF des Entity-Ansatzes in die Ermittlung dieser Cashflows einbezogen. Die so berechneten Cashflows bezeichnet man auch als Flows to Equity (FtE) oder auch CF to Equity.

Eine Trennung in einen Leistungs- und einen Finanzierungsbereich wie beim Bruttoverfahren findet im Equity-Ansatz nicht statt.

Der Flow-to-Equity kann schematisch wie unten aufgezeigt ermittelt werden (die Unterschiede zur Ermittlung des operativen Free Cashflows sind hervorgehoben):

Operatives Ergebnis vor Zinsen und Steuern (EBIT)
- **Zinsaufwand**
= Operatives Ergebnis vor Steuern (EBT)
- **Unternehmenssteuern auf das operative Ergebnis vor Steuern**
= Operatives Ergebnis nach Steuern
+ Abschreibungen
+ Erhöhung (-Verminderung) der Rückstellungen
- Investitionen in das Anlagevermögen
- Erhöhung (+ Verminderung) des Netto-Umlaufvermögens (Working Capital)
- **Tilgung (+ Aufnahme) von verzinslichem Fremdkapital (Bankverbindlichkeiten)**
= Cashflow-to-Equity (FtE)

Vom operativen Ergebnis vor Steuern und Zinsen sind zunächst die Zinsen abzuziehen. Anschließend werden die Unternehmenssteuern aus dem sich daraus ergebenden operativen Ergebnis vor Steuern berechnet. In die Berechnung der Unternehmenssteuern fließen somit die Ersparniseffekte aus den Fremdkapitalzinsen mit ein. Das bedeutet, dass im Gegensatz zu den Free Cashflows die Steuerersparnis (Tax Shield) an der geeigneten Stelle, nämlich in den Cashflows, erfasst wird. Als weiterer Unterschied zum Bruttoverfahren werden zusätzlich noch die Veränderungen des verzinslichen Fremdkapitals berücksichtigt. Hierbei reduzieren Kredittilgungen den Cashflow to Equity, Kreditaufnahmen erhöhen ihn. Die Prognose der Cashflows-to-Equity setzt somit eine exakte Planung der Fremdkapitalentwicklung voraus.

(Absolute Zahlen in Mio. €)	Plan t_1	Plan t_2	Plan t_3	Plan t_4	Plan t_5	Plan t_6	Endwert
Ergebnis vor Zinsen u. Steuern (EBIT)	4,1	4,8	5,6	0,9	3,2	4,6	4,6
./. Zinsaufwand	0,9	1,0	1,0	0,9	0,8	0,8	0,8
Operatives Ergebnis vor Steuern (EBT)	3,2	3,8	4,6	0,0	2,4	3,8	3,8
./. Gewerbesteuer	0,4	0,5	0,7	0,0	0,3	0,5	0,5
./. Körperschaftsteuer	0,5	0,6	0,7	0,0	0,4	0,6	0,6
Operatives Ergebnis nach Steuern	2,2	2,7	3,3	0,0	1,7	2,6	2,7
+ Abschreibungen	1,9	1,9	1,9	1,9	1,9	1,9	1,9
+ Veränderungen Rückstellungen	0,0	0,0	0,0	0,0	0,0	0,0	0,0
./. Investitionen Anlagevermögen	4,1	2,7	2,0	1,4	2,0	2,6	2,0
./. Investitionen Working Capital	0,6	0,6	0,3	-1,4	0,6	0,4	0,1
+ Veränderung zinstragende Verbindlichkeiten	1,3	0,0	-1,5	-0,8	-0,9	-0,7	0,1
Cashflow to Equity und Endwert	0,7	1,3	1,4	1,2	0,2	0,8	2,6

Excel-Datei: Unternehmensbewertung/Excel-Blatt: Cashflows

Modell-Tabelle 2: Cashflow to Equity

CF-Training-Modell: Die Modell-Tabelle 5 im Excel-Blatt »DCF-Bewertung« zeigt die Berechnung der Cashflows to Equity der MASCHINENBAU GmbH.

Der Cashflow-to-Equity lässt sich auch leicht aus dem operativen Free Cashflow ableiten. Daraus wird die Unterscheidung zum operativen Free Cashflow deutlich. Vom operativen Free Cashflow werden diejenigen Positionen abgezogen, die den Fremdkapitalgebern zustehen. Des Weiteren wird die Steuerersparnis aus der Fremdfinanzierung (Tax Shield) hinzugezählt.

Operativer Free Cashflow
− Fremdkapitalzinsen (Zinsaufwand)
+ Unternehmenssteuerersparnis auf die Fremdkapitalzinsen
− Tilgung (+ Aufnahme) von zinstragendem Fremdkapital (Bankverbindlichkeiten)
= Cashflow-to-Equity

CF-Training-Modell: Für die MASCHINENBAU GmbH ergibt sich folgende Transformation:

(Absolute Zahlen in Mio. €)	Plan t_1	Plan t_2	Plan t_3	Plan t_4	Plan t_5	Plan t_6	Endwert
Operative Free Cashflows	0,1	2,0	3,6	2,6	1,6	2,1	3,1
./. Zinsaufwand	0,9	1,0	1,0	0,9	0,8	0,8	0,8
+ Unternehmenssteuerersparnis auf die Fremdkapitalzinsen	0,3	0,3	0,3	0,3	0,2	0,2	0,2
+ Veränderung zinstragende Verbindlichkeiten	1,3	0,0	-1,5	-0,8	-0,9	-0,7	0,1
Cashflow to Equity und Endwert	**0,7**	**1,3**	**1,4**	**1,2**	**0,2**	**0,8**	**2,6**

Excel-Datei: Unternehmensbewertung/Excel-Blatt: Cashflows

Modell-Tabelle 3: Ermittlung der Cashflows-to-Equity (ausgehend von oFCFs)

2.3.3 Berechnung der Kapitalkosten

Bei der Ermittlung der Flows to Equity wird wie beim Entity-Ansatz von einem verschuldeten Unternehmen ausgegangen. Entsprechend erfolgt die Ermittlung der Eigenkapitalkosten wie beim Entity-Ansatz mit Hilfe des CAPM und dessen Modifizierungen. Da die Flows to Equity alleinig den Eigenkapitalgebern zur Verfügung stehen, werden diese nicht mit dem WACC, sondern mit den Eigenkapitalkosten des verschuldeten Unternehmens diskontiert.

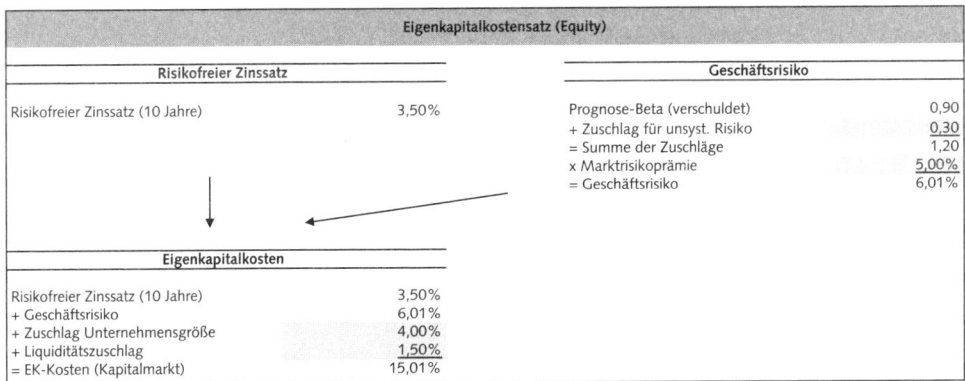

Excel-Datei: Unternehmensbewertung/Excel-Blatt: Kapitalisierungszinssätze

Modell-Tabelle 10: Ermittlung der Eigenkapitalkosten eines verschuldeten Unternehmens

CF-Training-Modell: Modell-Tabelle 10 im Excel-Blatt »Kapitalisierungszinssätze« zeigt die Ermittlung der Eigenkapitalkosten, die dem Wert im Entity-Ansatz entsprechen.

2.3.4 Berechnung des Unternehmenswerts

Nachdem die bewertungsrelevanten Cashflows-to-Equity für die sechs Planperioden ermittelt worden sind und die Berechnung der Eigenkapitalkosten des verschuldeten Unternehmens erfolgte, kann nun der Unternehmenswert berechnet werden.

Entsprechend der Vorgehensweise im Entity- und APV-Ansatz muss auch im Equity-Ansatz der Cashflow der letzten Planperiode dem Wachstumsszenario im Terminal Value angepasst werden.

CF-Training-Modell: Die Anpassung des Flow to Equity im Jahr t6 an das Wachstumsszenario im Terminal Value wird in der Modell-Tabelle 4 dargestellt.

Equity-Ansatz Wachstumsrate im TV: 0,5 %	t_6	TV
Oper. Ergebnis vor Zinsen und Steuern (EBIT)	4,6	4,6
-Zinsaufwand	0,8	0,8
-Steuern auf das EBT	1,1	1,1
+Abschreibungen	1,9	1,9
Rückstellungen	*2,8*	*2,9*
+/-Veränderungen Rückstellungen	0,0	0,0
Anlagevermögen	*15,9*	*16,0*
-Investitionen in das Anlagevermögen	2,6	2,0
Working Capital	*16,6*	*16,7*
-Investitionen in das Working Capital	0,4	0,1
Zinstragende Verbindlichkeiten	*15,1*	*15,2*
+/-Veränderungen zinstragende Verbindlichkeiten	-0,7	0,1
Flow to Equity	**0,8**	**2,6**

Excel-Datei: Unternehmensbewertung/Excel-Blatt: Cashflows

Modell-Tabelle 4: Berechnung des Flow to Equity für den Endwert (TV)

Die Barwerte der Cashflows to Equity und des Terminal Value ergeben zusammen den Unternehmenswert. Die Formel zur Berechnung des Marktwerts des Eigenkapitals (Equity Value) lautet:

$$\text{Barwert} = \sum_{t=1}^{n} \frac{\text{FtE}_t}{(1+r_{EK})^t} + \frac{\text{TV}_{FtE}}{(1+r_{EK})^n}$$

CF-Training-Modell: Folgende Modell-Tabelle zeigt die Bewertung der MASCHINENBAU GmbH nach dem Equity-Ansatz. Der Unternehmenswert beträgt 14,3 Mio. Euro.

(Absolute Zahlen in Mio. €)		Plan t₁	Plan t₂	Plan t₃	Plan t₄	Plan t₅	Plan t₆	Endwert
Ergebnis vor Zinsen u. Steuern (EBIT)		4,1	4,8	5,6	0,9	3,2	4,6	
./. Zinsaufwand		0,9	1,0	1,0	0,9	0,8	0,8	
Operatives Ergebnis vor Steuern (EBT)		3,2	3,8	4,6	0,0	2,4	3,8	
./. Gewerbesteuer		0,4	0,5	0,7	0,0	0,3	0,5	
./. Körperschaftsteuer		0,5	0,6	0,7	0,0	0,4	0,6	
Operatives Ergebnis nach Steuern		2,2	2,7	3,3	0,0	1,7	2,6	
+ Abschreibungen		1,9	1,9	1,9	1,9	1,9	1,9	
+ Veränderungen Rückstellungen		0,0	0,0	0,0	0,0	0,0	0,0	
./. Investitionen Anlagevermögen		4,1	2,7	2,0	1,4	2,0	2,6	
./. Investitionen Working Capital		0,6	0,6	0,3	-1,4	0,6	0,4	
+ Veränderung kurzfristige Bankverbindlichkeiten		0,9	0,0	-1,3	-0,8	-0,7	-0,5	
+ Veränderung langfristige Bankverbindlichkeiten		0,4	0,0	-0,2	0,0	-0,1	-0,2	
Cashflow to Equity und Endwert		0,7	1,3	1,4	1,2	0,2	0,8	17,8
Kapitalisierungszins (EK-Kosten)	15,01%	0,8695	0,7561	0,6574	0,5716	0,4971	0,4322	0,4322
Barwert der Cashflows to Equity und Endwert	11,3	0,6	1,0	0,9	0,7	0,1	0,4	7,7
+ nicht betriebsnotwendiges Vermögen	1,5							
+ liquide Mittel	1,5							
Wert des Eigenkapitals	14,3							

Excel-Datei: Unternehmensbewertung/Excel-Blatt: DCF-Bewertung

Modell-Tabelle 5: Discounted Cashflow (DCF) Bewertung nach dem Equity-Ansatz

Der Marktwert des Eigenkapitals kann auch direkt aus den operativen Free Cashflows abgeleitet werden, wie nachfolgende Modell-Tabelle zeigt.

(Absolute Zahlen in Mio. €)		Plan t₁	Plan t₂	Plan t₃	Plan t₄	Plan t₅	Plan t₆	Endwert
Operative Free Cashflows		0,1	2,0	3,6	2,6	1,6	2,1	
./. Zinsaufwand		0,9	1,0	1,0	0,9	0,8	0,8	
+ Unternehmenssteuerersparnis auf die Fremdkapitalzinsen		0,3	0,3	0,3	0,3	0,2	0,2	
+ Veränderung kurzfristige Bankverbindlichkeiten		0,9	0,0	-1,3	-0,8	-0,7	-0,5	
+ Veränderung langfristige Bankverbindlichkeiten		0,4	0,0	-0,2	0,0	-0,1	-0,2	
Cashflow to Equity und Endwert		0,7	1,3	1,4	1,2	0,2	0,8	17,8
Kapitalisierungszins (EK-Kosten)	15,01%	0,8695	0,7561	0,6574	0,5716	0,4971	0,4322	0,4322
Barwert der Cashflows to Equity und Endwert	11,3	0,6	1,0	0,9	0,7	0,1	0,4	7,7
+ nicht betriebsnotwendiges Vermögen	1,5							
+ liquide Mittel	1,5							
Wert des Eigenkapitals	14,3							

Excel-Datei: Unternehmensbewertung/Excel-Blatt: DCF-Bewertung

Modell-Tabelle 6: Indirekte Berechnung des Unternehmenswertes nach dem Equity-Ansatz

Vorteile	Nachteile
• Equity-Ansatz liefert bessere Ergebnisse als der einfache WACC-Ansatz. • Cashflow-to-Equity zeigt den Zahlungsstrom, der pro Periode bei den Eigenkapitalgebern ankommen würde. • Ersparniseffekte aus den Fremdkapitalzinsen werden in der Cashflow-Berechnung berücksichtigt. • Veränderungen des verzinslichen Fremdkapitals werden berücksichtigt. • Equity-Ansatz entspricht der modernen Auslegung des Ertragswertverfahrens und ist daher bei Wirtschaftsprüfern stärker akzeptiert als der WACC-Ansatz.	• Voraussetzung ist eine exakte Planung der Fremdkapitalentwicklung. • Prämisse der Vollausschüttung an EK-Geber. • Ob Cashflow-to-Equity handelsrechtlich ausgeschüttet werden darf, wird nicht berücksichtigt. • Annahme, dass beim negativen FtE die EK-Geber den entsprechenden Betrag in das Unternehmen einlegen. • Equity-Ansatz wird international wenig angewendet.

2.4 Ertragswertverfahren

2.4.1 Die Konzeption des Ertragswertverfahrens

Die Ertragswertmethode war lange Zeit in Deutschland das am weitesten verbreitete Unternehmensbewertungsverfahren. Dies liegt daran, dass das Ertragswertverfahren für Wirtschaftsprüfer in Deutschland in ihrer Funktion als neutrale Gutachter zwingend vorgeschrieben war.

Der starke Einfluss angloamerikanischer Unternehmensbewertungsmethodik in der akademischen Diskussion, die stärkere Internationalisierung unternehmerischer Aktivitäten und die damit verbundene Forderung nach einer international standardisierten Bewertungsmethodik sowie die Verbreitung des Shareholder-Value-Ansatzes als Managementkonzept haben dazu geführt, dass das Institut der Wirtschaftsprüfer (IDW) die DCF-Verfahren mittlerweile als weitere Bewertungsmethodik neben die Ertragswertmethode zulässt. In der Bewertungspraxis ist nicht nur eine Gleichstellung der Ertragswertmethode und der DCF-Verfahren, sondern auch eine starke Annäherung der Ertragswertmethode an den DCF-Equity-Ansatz zu beobachten. Wird als modernste Ausprägung des Ertragswertverfahrens der Zahlungsstrom orientierte (Cashflow-orientierte) Ansatz herangezogen und die Ableitung des Eigenkapitalkostensatzes aus kapitalmarkttheoretischen Modellen (z. B. CAPM) vorgenommen, so führen der DCF-Equity-Ansatz und das Ertragswertverfahren zu identischen Bewertungsergebnissen. Aus diesem Grunde kann das Ertragswertverfahren mit dem DCF-Equity-Ansatz gleichgesetzt werden.

> **DEFINITION**
>
> Das *Ertragswertverfahren* ermittelt den Unternehmenswert durch Diskontierung der den Unternehmenseignern künftig zufließenden finanziellen Überschüsse, die aus den künftigen handelsrechtlichen Erfolgen (Ertragsüberschussrechnung) abgeleitet werden. Bei gleichen Bewertungsannahmen bzw. -vereinfachungen, insbesondere hinsichtlich der Finanzierung, führen das DCF-Equity-Verfahren und das Ertragswertverfahren zu gleichen Unternehmenswerten.

Obgleich aufgrund der Gleichsetzung von Ertragswertverfahren und DCF-Equity-Ansatz eine gesonderte Abhandlung des Ertragswertverfahrens unnötig ist, soll im Folgenden dargestellt werden, wie ausgehend von einer Gewinngröße der korrekte Unternehmenswert ermittelt werden kann. Die Bewertung nach dem Ertragswertverfahren erfolgt in folgenden Schritten:
1. Es werden die jährlichen Betriebsergebnisse um außerordentliche Effekte bereinigt und die Ertragsüberschusse ermittelt, die den Eigenkapitalgebern zur Verfügung stehen.
2. Die Ertragsüberschüsse werden mit den Renditeforderungen der Eigenkapitalgeber diskontiert.
3. Summiert man den so ermittelten Barwert der Ertragsüberschüsse und den Marktwert des nicht betriebsnotwendigen Vermögens sowie die liquiden Mittel, so erhält man den Ertragswert bzw. den Marktwert des Eigenkapitals.

Die Unternehmensbewertung gemäß dem Ertragswertverfahren wird in Abbildung II.13 nochmals verdeutlicht.

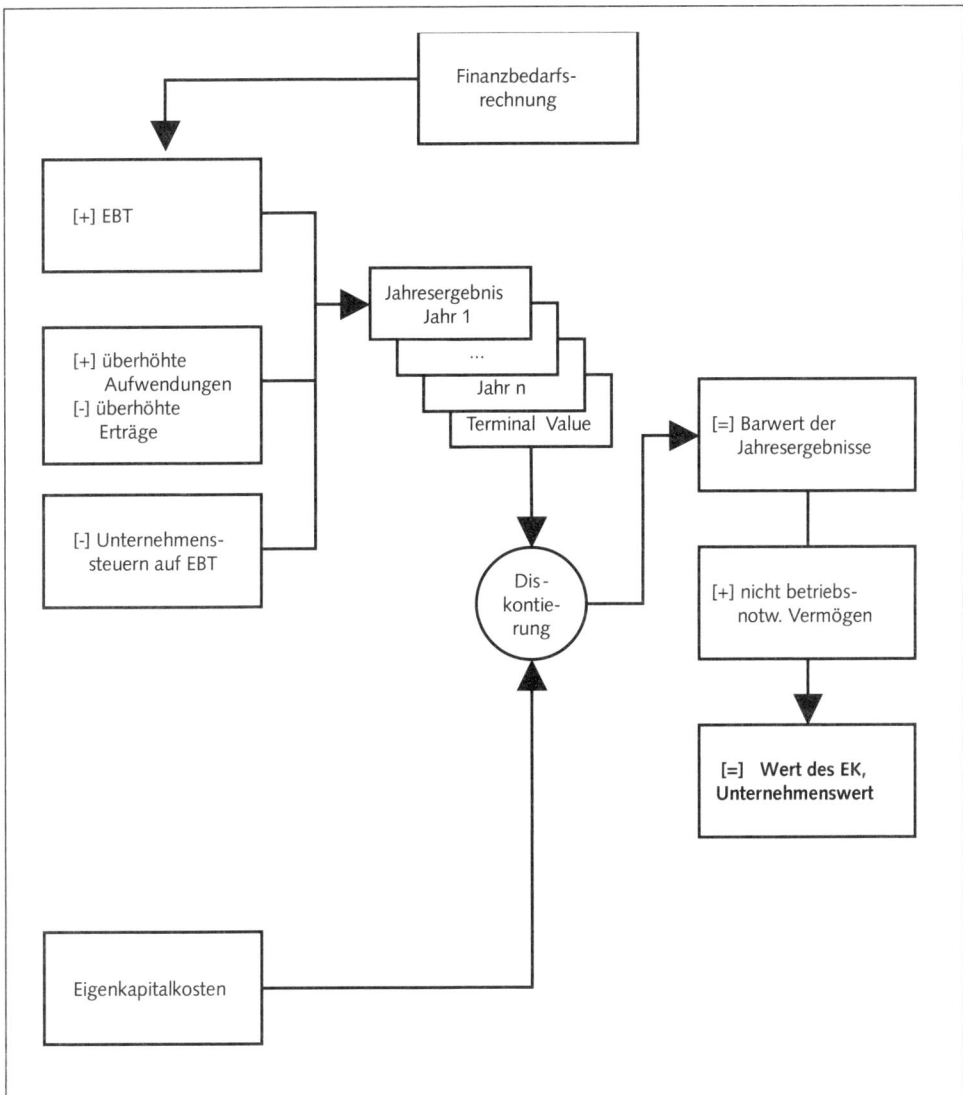

Abbildung II.13: Ertragswertverfahren

2.4.2 Ermittlung der Ertragsüberschüsse

Die Ermittlung der Ertragsüberschüsse erfolgt in zwei Schritten:
- Bereinigung der Vergangenheitswerte um außerordentliche Effekte,
- Finanzbedarfsrechnung und Zinsprognose.

Bereinigung der Vergangenheitswerte um außerordentliche Effekte

Im ersten Schritt werden die Vergangenheitswerte um außerordentliche Effekte bereinigt. Dieser Schritt ist notwendig, um ein klares Bild über die wahre Ertragskraft des Unternehmens zu erhalten und fundierte Zukunftswerte aus der integrierten GuV- und Bilanzplanung ableiten zu können. In den IDW-Standards zur Durchführung von Unternehmensbewertungen ist dieser Schritt explizit formuliert. Die Bereinigung von Vergangenheitswerten ist Teil der Unternehmensplanung und sollte unabhängig vom Bewertungsverfahren im Rahmen der Unternehmensplanung durchgeführt werden.

Für jedes Unternehmen ist zu prüfen, ob Sachverhalte vorliegen, die eine Bereinigung erforderlich machen.

Ziel der Bereinigungen ist es, die tatsächliche Ertragskraft des Unternehmens in der Vergangenheit zu ermitteln. Hierzu werden sämtliche Sachverhalte eliminiert, von denen ein nicht regelmäßig wiederkehrender Ergebniseinfluss erwartet werden kann. Dies ermöglicht die Vergleichbarkeit der Ergebnisse der Vergangenheit mit den Planungsrechnungen bzw. den erwarteten Ergebnissen. Durch Bereinigungen wird eine zutreffende Ausgangssituation für die unternehmensindividuelle Zukunftsbeurteilung geschaffen.

> **PRAXISTIPP: Bereinigungen**
>
> Folgende Fragen bilden die Grundlage der Entscheidung, ob Bereinigungen erforderlich sind oder nicht:
>
> Handelt es sich bei den Geschäftsvorfällen um *regelmäßig wiederkehrende* Ertrags- bzw. Aufwandspositionen?
>
> => Wenn ja, sind keine Bereinigungen erforderlich,
>
> Handelt es sich bei den Geschäftsvorfällen um *nicht regelmäßig wiederkehrende* Ertrags- bzw. Aufwandspositionen (Sondereinfluss) *oder* um Ertrags- bzw. Aufwandspositionen des nicht betriebsnotwendigen Vermögens?
>
> => Wenn ja, sind Bereinigungen erforderlich.

Folgende Checkliste bietet einen ersten Überblick über zu bereinigende Geschäftsvorfälle.

- Bedeutsame Gewinne und Verluste aus Anlageabgängen
- Nichtfortführung von Geschäftsbereichen
- Außerplanmäßige Abschreibungen des Anlagevermögens und des Goodwill (Firmenwert)
- Zuschreibungen bei Wegfall außerplanmäßiger Abschreibungen
- Einzel-Wertberichtigungen auf Forderungen
- Gewinne aus dem Eingang abgeschriebener Forderungen und sonstiger Vermögensgegenstände
- Erträge aus der Auflösung von Rückstellungen und Wertberichtigungen
- Aufwendungen aus Rechtsstreitigkeiten, Schadensfällen und Streiks
- Steuernachzahlungen und Steuererstattungen
- Aufwendungen aus Sozialplänen, Massenentlassungen und Restrukturierungsmaßnahmen
- Aufwendungen für Firmenjubiläen
- Aufwendungen im Zusammenhang mit Unternehmensakquisitionen
- Produktmängel (z.B. Rückrufaktionen)
- Überhöhter oder zu geringer Unternehmerlohn (bei Einzelunternehmen oder Personengesellschaften)
- Überhöhte oder zu geringe Tätigkeitsvergütung an Gesellschafter-Geschäftsführer (bei Kapitalgesellschaften)

- Sachlich ungerechtfertige Gehälter an Familienmitglieder
- Überhöhte Zinsen für Verbindlichkeiten gegenüber Gesellschaftern
- Nicht marktgerechte Mieten

In der Praxis sind Bereinigungen sehr schwer vorzunehmen. Deshalb sollte man sich auf bedeutende Sachverhalte konzentrieren, damit Vergangenheitszahlen mit subjektiven Annahmen für Bereinigungen in ihrer Aussagekraft nicht die GuV betreffen. Dadurch sind automatisch auch mindestens zwei Abschlussjahre betroffen.

Beispiel:

t_1: Ungerechtfertigter Ansatz von Rückstellungen,
   Ungerechtfertigter Ansatz von Rückstellungen führt zu höheren sonstigen betrieblichen Aufwendungen,
   höhere sonstige betriebliche Aufwendungen verringern den Jahresüberschuss,
   dadurch erfolgt eine zu geringe Zuführung zu den Rücklagen

t_2: Rückstellungen werden aufgelöst,
   höhere sonstige betriebliche Erträge erhöhen den Jahresüberschuss,
   dadurch erfolgt eine zu hohe Zuführung zu den Rücklagen,
   Eigenkapital ist wieder ausgeglichen.

Finanzbedarfsrechnung und Zinsprognose

Die handelsrechtlichen Ergebnisse und die Zahlungsströme an die Unternehmenseigner sind in der Regel nicht identisch. Ursachen können hierfür z.B. sein:

- Unterschiede zwischen den auf Buchwerten basierenden Abschreibungen und den zu Wiederbeschaffungskosten anzusetzenden Reinvestitionen.
- Unterschiede zwischen Bildung von Pensionsrückstellungen und Pensionszahlungen.
- Veränderungen im Netto-Umlaufvermögen.

Die Ertragsüberschussrechnung ist daher um eine Finanzbedarfsrechnung zu ergänzen. Daraus lässt sich die Höhe des Finanzierungsaufwands ableiten, der notwendig ist, um die Ausschüttbarkeit der Gewinne sicherzustellen. Der in der Finanzbedarfsrechnung ermittelte Kapitalbedarf wird mit dem prognostizierten Zinssatz verzinst und als Zinsaufwand in die Planung einbezogen. Da der Gewinn aus der GuV vom Zinsaufwand abhängt, der wiederum in der Finanzbedarfsrechnung auf Grundlage des auszuschüttenden Gewinns ermittelt wird, besteht hier ein Zirkularitätsproblem, welches in Excel mit »Excel Optionen« ® »Formeln« ® »Iterative Berechnung aktivieren« gelöst wird.

CF-Training-Modell: Die Modell-Tabellen 1 bis 3 im Excel-Blatt »Ertragswertverfahren« zeigen die angepasste GuV, die Finanzbedarfsrechnung und die Zinsaufwandsrechnung.

Positionen Jahresabschluss (Absolute Zahlen in Mio. €)	Ist t_{-2}	Ist t_{-1}	Ist t_0	Plan t_1	Plan t_2	Plan t_3	Plan t_4	Plan t_5	Plan t_6
Nettoumsatz	81,0	65,4	75,2	80,5	83,3	84,1	71,5	77,2	79,5
+ Bestandsveränderungen	0,1	0,1	0,1	0,1	0,2	0,1	0,1	0,1	0,1
Gesamtleistung	81,1	65,5	75,3	80,6	83,5	84,2	71,6	77,3	79,6
./. Materialaufwand bzw. Wareneinsatz	43,9	35,1	41,8	44,1	45,6	45,5	37,9	42,5	43,0
Rohertrag	37,2	30,4	33,5	36,4	37,9	38,7	33,7	34,8	36,6
./. Personalaufwand	19,7	18,2	18,8	19,7	20,0	20,0	20,0	19,3	19,5
./. sonst. betrieblicher Aufwand	11,4	10,2	10,7	11,4	11,9	12,0	11,5	11,0	11,3
+ sonst. betrieblicher Ertrag	0,7	0,6	0,7	0,7	0,7	0,8	0,6	0,6	0,6
EBITDA	6,8	2,6	4,7	6,0	6,7	7,5	2,8	5,1	6,5
./. Abschreibungen	1,7	1,7	1,7	1,9	1,9	1,9	1,9	1,9	1,9
Ergebnis vor Zinsen u. Steuern (EBIT)	5,1	0,9	3,0	4,1	4,8	5,6	0,9	3,2	4,6
+ Zinsertrag	0,1	0,1	0,1	0,0	0,0	0,0	0,0	0,0	0,0
./. Zinsaufwand	0,8	0,9	0,9	1,0	1,1	1,1	1,1	1,0	1,0
./. a.o. Aufwand/Ertrag	0,0	-0,3	0,1	0,0	0,0	0,0	0,0	0,0	0,0
Ergebnis vor Steuern (EBT)	4,4	-0,2	2,3	3,1	3,7	4,5	-0,1	2,2	3,5
./. Steuern auf Einkommen und Ertrag	2,7	2,6	3,3	0,9	1,1	1,3	0,0	0,7	1,1
Jahresergebnis	1,7	-2,8	-1,0	2,2	2,6	3,2	-0,1	1,6	2,5

Excel-Datei: Unternehmensbewertung/Excel-Blatt: Ertragswertverfahren

Modell-Tabelle 1: Angepasste GuV für das Ertragswertverfahren

(Absolute Zahlen in Mio. €)	Plan t_1	Plan t_2	Plan t_3	Plan t_4	Plan t_5	Plan t_6
Jahresergebnis	2,2	2,7	3,3	0,0	1,7	2,7
+ Abschreibungen	1,9	1,9	1,9	1,9	1,9	1,9
+ Veränderungen Rückstellungen	0,0	0,0	0,0	0,0	0,0	0,0
./. Investitionen Anlagevermögen	4,1	2,7	2,0	1,4	2,0	2,6
./. Investitionen Working Capital	0,6	0,6	0,3	-1,4	0,6	0,4
./. Ausschüttung des Jahresergebnisses	2,2	2,6	3,2	-0,1	1,6	2,5
Kapitalüber-/Unterdeckung	-2,7	-1,3	-0,2	2,1	-0,5	-0,9

Excel-Datei: Unternehmensbewertung/Excel-Blatt: Ertragswertverfahren

Modell-Tabelle 2: Finanzbedarfsrechnung

(Absolute Zahlen in Mio. €)	Plan t_1	Plan t_2	Plan t_3	Plan t_4	Plan t_5	Plan t_6
Zinstragende Verbindlichkeiten, Anfangsbestand	17,8	20,5	21,8	22,1	20,0	20,5
+ Neuaufnahme/Tilgung	2,7	1,3	0,2	-2,1	0,5	0,9
Zinstragende Verbindlichkeiten, Endbestand	20,5	21,8	22,1	20,0	20,5	21,3
Zinsaufwand	1,0	1,1	1,1	1,1	1,0	1,0

Excel-Datei: Unternehmensbewertung/Excel-Blatt: Ertragswertverfahren

Modell-Tabelle 3: Ermittlung des Zinsaufwands

2.4.3 Berechnung der Kapitalkosten

Beim Ertragswertverfahren richtet sich der Kapitalisierungszinssatz nach den individuellen Verhältnissen des jeweiligen Investors. Als Kapitalisierungszinssatz kommt dabei in Betracht:

- die individuelle Renditeerwartung des Investors bei einer Alternativinvestition,
- der Zinssatz zur Ablösung vorgesehener Kredite oder
- ein Zinssatz, der sich aus einer subjektiven Einschätzung der Komponenten (Basiszinssatz, Risikozuschlag) ableitet.

CF-Training-Modell: In der Bewertungspraxis wird auch beim Ertragswertverfahren häufig auf das CAPM zurückgegriffen. Für die MASCHINENBAU GmbH werden die Eigenkapitalkosten ebenfalls mit dem CAPM ermittelt (vgl. Modell-Tabelle 10 im Excel-Blatt »Kapitalisierungszinssätze«).

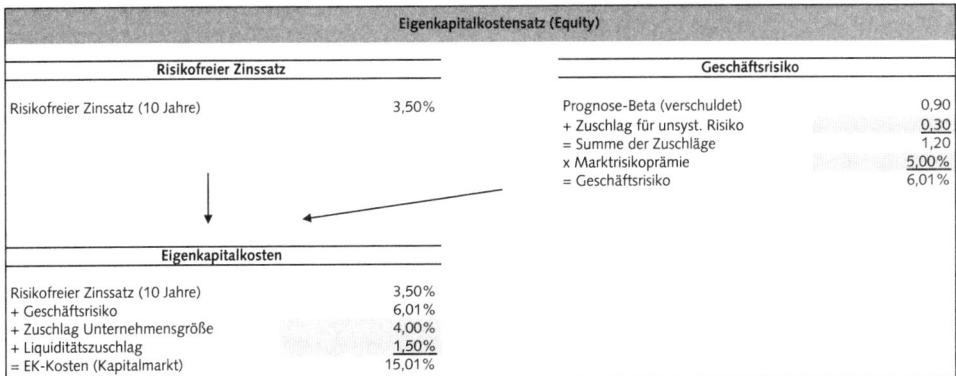

Eigenkapitalkostensatz (Equity)			
Risikofreier Zinssatz		**Geschäftsrisiko**	
Risikofreier Zinssatz (10 Jahre)	3,50%	Prognose-Beta (verschuldet)	0,90
		+ Zuschlag für unsyst. Risiko	0,30
		= Summe der Zuschläge	1,20
		x Marktrisikoprämie	5,00%
		= Geschäftsrisiko	6,01%
Eigenkapitalkosten			
Risikofreier Zinssatz (10 Jahre)	3,50%		
+ Geschäftsrisiko	6,01%		
+ Zuschlag Unternehmensgröße	4,00%		
+ Liquiditätszuschlag	1,50%		
= EK-Kosten (Kapitalmarkt)	15,01%		

Excel-Datei: Unternehmensbewertung/Excel-Blatt: Kapitalisierungszinssätze

Modell-Tabelle 10: Ermittlung der Eigenkapitalkosten eines verschuldeten Unternehmens

2.4.4 Berechnung des Unternehmenswerts

Grundlage der Unternehmensbewertung bildet das ausschüttungsfähige Jahresergebnis. Die Barwerte der ausschüttungsfähigen Jahresergebnisse und des Terminal Value ergeben zusammen den Ertragswert. Die Formel zur Berechnung des Marktwerts des Ertragswerts (= Wert des Eigenkapitals = Equity Value) lautet:

$$\text{Barwert} = \sum_{t=1}^{n} \frac{\text{Jahresergebnis}_t}{(1+r_{EK})^t} + \frac{\text{TV}_{\text{Jahresergebnis}}}{(1+r_{EK})^n}$$

CF-Training-Modell: Modell-Tabelle 4 im Excel-Blatt »Ertragswertverfahren« zeigt die Bewertung der MASCHINENBAU GmbH nach dem Ertragswertverfahren. Der Unternehmenswert beträgt 15,5 Mio. Euro. Die Abweichung zum Entity-Ansatz begründet sich durch die unterschiedliche Behandlung der liquiden Mittel; im Equity-Ansatz als nicht betriebsnotwendiges Vermögen und im Ertragswertverfahren als betriebsnotwendiges Vermögen. Ferner müsste beim Ertragswertverfahren noch ein für das Wachstum des Endwerts gleichgewichtiger Ertragsstrom ermittelt werden. Dies ist im Gegensatz zum Equity-Ansatz nicht ohne weiteres möglich. Daher ist der Equity-Ansatz als moderne Ausprägung des Ertragswertverfahrens stets dem Ertragswertverfahren mit Finanzbedarfsrechnung vorzuziehen.

(Absolute Zahlen in Mio. €)		Plan t₁	Plan t₂	Plan t₃	Plan t₄	Plan t₅	Plan t₆	Endwert
Ergebnis vor Steuern (EBT)		3,1	3,7	4,5	-0,1	2,2	3,5	
+ überhöhte Aufwendungen		0,0	0,0	0,0	0,0	0,0	0,0	
./.überhöhte Erträge		0,0	0,0	0,0	0,0	0,0	0,0	
./. GewSt.		0,4	0,5	0,6	0,0	0,3	0,5	
./. Körperschaftsteuer		0,5	0,6	0,7	0,0	0,3	0,6	
+ Veränderung zinstragende Verbindlichkeiten		1,3	0,0	-1,5	-0,8	-0,9	-0,7	
Jahresergebnis und Endwert		**3,5**	**2,6**	**1,7**	**-0,9**	**0,7**	**1,7**	**17,1**
Kapitalisierungszins (EK-Kosten)	15,01%	0,8695	0,7561	0,6574	0,5716	0,4971	0,4322	0,4322
Ertragswert (Barwert)	**14,0**	**3,0**	**2,0**	**1,1**	**-0,5**	**0,3**	**0,7**	**7,4**
+ Nicht betriebnotwend. Vermögen	1,5							
Unternehmenswert	**15,5**							

Excel-Datei: Unternehmensbewertung/Excel-Blatt: Ertragswertverfahren

Modell-Tabelle 4: Unternehmenswert nach dem Ertragswertverfahren

Vorteile	Nachteile
• In Deutschland das am weitesten verbreitete Unternehmensbewertungsverfahren. • Die Vorteile des DCF-Equity-Ansatzes sind beim Ertragswertverfahren ebenfalls zu finden.	• Der Gewinn als Rechnungsgröße kann je nach Interesse entsprechend angepasst werden. • Die Grundlage für den Diskontierungszins ist nicht einheitlich und kann den Unternehmenswert beeinflussen. • Unternehmenswert wird nachhaltig vom Restwert beeinflusst. • Handelsrechtliche Ergebnisse und die Zahlungsströme an die Unternehmenseigner sind in der Regel nicht identisch.

2.5   Vereinfachtes Ertragswertverfahren

2.5.1 Die Konzeption des vereinfachten Ertragswertverfahrens

Das Bundesverfassungsreicht (BVerfG) hat für den **betrieblichen Bereich** – Einzelunternehmen, Personen- und Kapitalgesellschaften – gefordert, dass bei der Ermittlung der erbschaft- und schenkungssteuerlichen Bemessungsgrundlage alle Wirtschaftsgüter (zumindest) mit einem *Annäherungswert an den gemeinen Wert* (Verkehrswert) angesetzt werden müssen. Nach § 9 Abs. 2 BewG wird der gemeine Wert durch den Preis bestimmt, der im gewöhnlichen Geschäftsverkehr nach der Beschaffenheit des Wirtschaftsguts bei einer Veräußerung zu erzielen wäre (Quelle: Eisele 2009, S. 82 ff.).

Der gemeine Wert ist

- vorrangig aus Börsenkursen zu bestimmen oder – soweit diese nicht vorliegen –
- aus Verkäufen unter fremden Dritten abzuleiten, die weniger als ein Jahr (aus der Warte des Bewertungszeitpunkts) zurückliegen.

Sind diese Voraussetzungen nicht erfüllt, greift die Bewertung unter ertragsorientierten Gesichtspunkten, d.h. unter Anwendung sog. marktgängiger Verfahren (Quelle: Eisele 2009, S. 82 ff.). Zu diesen marktgängigen Bewertungsverfahren gehören z.B.

- substanzorientierte Verfahren wie das Reproduktionswertverfahren oder das Liquidationswertverfahren,
- die ertragswertorientierten Verfahren wie z. B. das Ertragswertverfahren und das Discounted-Cashflow (DCF)-Verfahren sowie
- Multiplikatorenverfahren.

Ein vereinfachtes Ertragswertverfahren kann als Alternative zu den oben genannten Methoden angewendet werden. Voraussetzung ist, dass dieses Verfahren im Einzelfall nicht zu unangemessenen Ergebnissen führt. Das vereinfachte Ertragswertverfahren soll die Möglichkeit bieten, ohne großen Ermittlungsaufwand und hohe Kosten für einen Gutachter einen objektivierten Anteils- bzw. Unternehmenswert auf Grundlage der Ertragsaussichten zu ermitteln.

DEFINITION

Beim *vereinfachten Ertragswertverfahren* wird zur Ermittlung des vereinfachten Ertragswerts der zukünftig nachhaltig erzielbare Jahresertrag mit dem Kapitalisierungsfaktor multipliziert. Das vereinfachte Ertragswertverfahren ist rechtsformneutral und damit sowohl auf Unternehmen in der Rechtsform der Kapitalgesellschaft als auch auf Einzelunternehmen und Personengesellschaften anwendbar.

Die Bewertung nach dem Ertragswertverfahren erfolgt in folgenden Schritten:
1. Es wird der zukünftig nachhaltig erzielbare Jahresertrag ermittelt. Grundlage für die Berechnung ist der in der Vergangenheit tatsächlich erzielte Durchschnittsertrag.
2. Der zukünftig nachhaltig erzielbare Jahresertrag wird mit dem Kapitalisierungsfaktor multipliziert. Dieser lässt sich direkt aus dem Kapitalisierungszinssatz ableiten, der sich wiederum aus dem (variablen) Basiszinssatz und einem fixen (Risiko-)Zuschlag von 4,5 Prozent zusammensetzt.
3. Die Multiplikation des zukünftig nachhaltig erzielbaren Jahresertrags mit dem Kapitalisierungsfaktor (Kehrwert des Kapitalisierungszinssatzes) ergibt den gemeinen Wert, d. h. den Unternehmenswert nach dem vereinfachten Ertragswertverfahren.

Die Unternehmensbewertung nach dem vereinfachten Ertragswertverfahren wird in Abbildung II.14 nochmals verdeutlicht.

2.5.2 Ermittlung des nachhaltig erzielbaren Jahresertrags

Nach dem vereinfachten Ertragswertverfahren ist der (gemeine) Wert des Unternehmens wie beim bereits besprochenen Ertragswertverfahren ein zukunftsbezogener Wert. Der zukünftig nachhaltig erzielbare Jahresertrag bildet die Grundlage für die Bewertung. Als Beurteilungsgrundlage für die Schätzung dieses Jahresertrags wird der in der Vergangenheit tatsächlich erzielte Durchschnittsertrag herangezogen. Demgemäß wird der Durchschnittsertrag aus den Betriebsergebnissen der letzten drei vor dem Besteuerungszeitpunkt abgelaufenen Wirtschaftsjahre hergeleitet. Zeichnet sich ab, dass die Ertragsentwicklung in dem Wirtschafts-

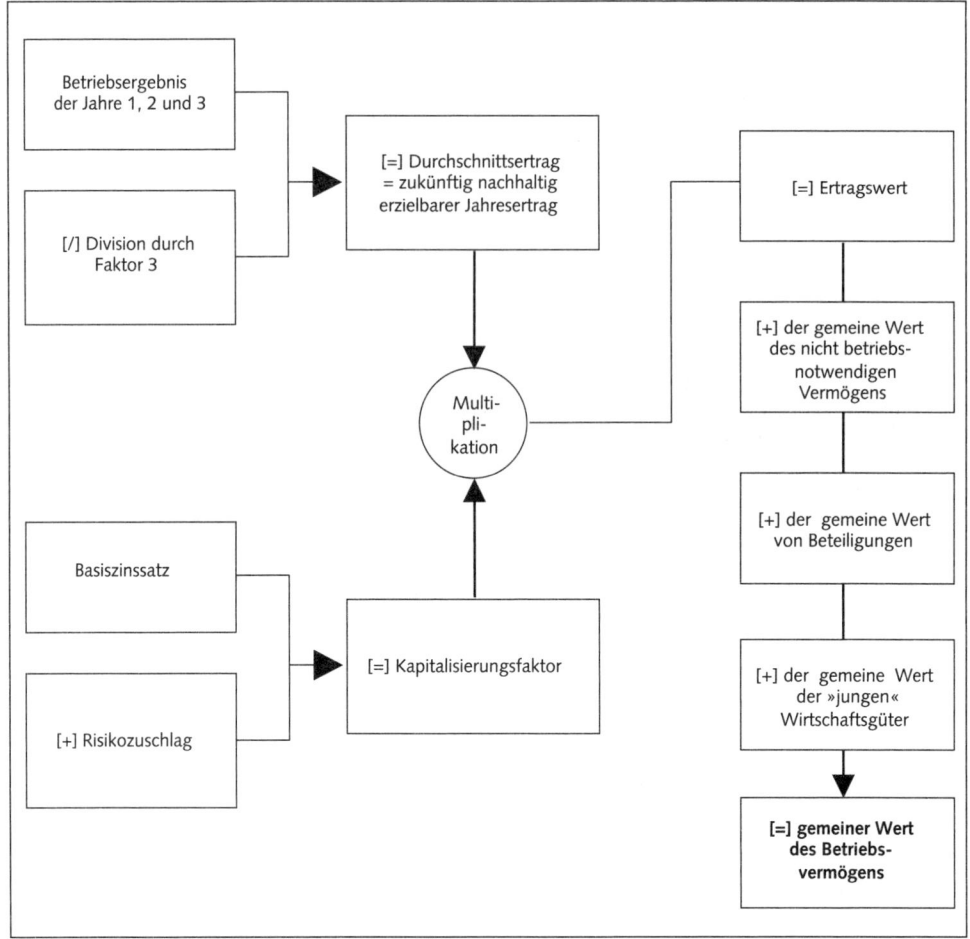

Abbildung II.14: Vereinfachtes Ertragswertverfahren

jahr, in dem der Bewertungsstichtag liegt, für die Prognose des Zukunftsertrags bedeutsam ist, muss das Betriebsergebnis dieses (noch nicht abgelaufenen) Wirtschaftsjahres in den Dreijahreszeitraum mit einbezogen werden. Die Summe der Betriebsergebnisse wird durch den Faktor 3 dividiert und ergibt den Durchschnittsertrag. Das Ergebnis stellt den Jahresertrag dar (Quelle: Eisele 2009, S. 83 ff.).

Bei der Ermittlung des Betriebsergebnisses ist von dem Gewinn i. S. des § 4 Abs. 1 Satz 1 EStG auszugehen – Ausgangswert. Dies ist der Wert des Betriebsvermögens am Ende des Wirtschaftsjahres abzüglich des Werts des Betriebsvermögens am Anfang des Wirtschaftsjahres, bei Personenunternehmen vermehrt um den Wert der Entnahmen und verringert um den Wert der Einlagen. Somit knüpft die Ermittlung der Betriebsergebnisse rechtsformneutral an den steuerlichen Bilanzgewinn an, der auch die steuerfreien Vermögensmehrungen sowie die sonstigen Einkommensberichtigungen umfasst, so dass insoweit Korrekturen entbehrlich sind. Gleiches gilt hinsichtlich anderer außerbilanzieller Gewinnkorrekturen. Die einzelnen Betriebsergebnisse sind gesondert zu erfassen.

Da auf den künftig nachhaltig erzielbaren Jahresertrag abzustellen ist, muss der Ausgangswert des einzelnen Betriebsergebnisses hinsichtlich solcher Vermögensminderungen oder -mehrungen korrigiert werden, die einmaligen Charakter haben oder jedenfalls den maßgeblichen Jahresertrag in Zukunft nicht beeinflussen. Hiernach ergibt sich folgendes Korrekturschema:

	Ausgangswert (= Gewinn i. S. des § 4 Abs. 1 Satz 1 EStG) zur Ermittlung des Betriebsergebnisses (Die Ergebnisse aus den Sonderbilanzen und Ergänzungsbilanzen bei Personengesellschaften werden nicht berücksichtigt!)
+	Investitionsabzugsbeträge, Sonderabschreibungen oder erhöhe Absetzungen, Bewertungsabschläge, Zuführungen zu steuerfreien Rücklagen sowie Teilwertabschreibungen. Es sind nur die normalen Absetzungen für Abnutzung (AfA) zu berücksichtigen; diese sind nach den Anschaffungs- oder Herstellungskosten bei gleichmäßiger Verteilung über die gesamte betriebsgewöhnliche Nutzungsdauer zu bemessen. Die normalen AfA-Beträge sind auch dann anzusetzen, wenn für die Absetzungen in der Steuerbilanz vom Restwert auszugehen ist, der nach Inanspruchnahme der Sonderabschreibungen oder erhöhten Abschreibungen verblieben ist.
+	Absetzungen auf den Geschäfts- oder Firmenwert oder auf firmenwertähnliche Wirtschaftsgüter (z. B. Güterfernverkehrsgenehmigung)
+	Einmalige Veräußerungsverluste sowie außerordentliche Aufwendungen
+	Im Gewinn nicht enthaltene Investitionszulagen, soweit in Zukunft mit weiteren zulagebegünstigten Investitionen in gleichem Umfang gerechnet werden kann.
+	Ertragsteueraufwand (KSt, GewSt, Zuschlagsteuern)
+	Aufwendungen, die im Zusammenhang stehen mit Vermögen i. S. des § 200 Abs. 2 und 4 BewG sowie übernommenen Verlusten aus Beteiligungen i. S. des § 200 Abs. 2 bis 4 BewG.
= Zwischensumme nach Hinzurechnungen	
–	Gewinnerhöhende Auflösungsbeträge steuerfreier Rücklagen und Gewinne aus der Anwendung des § 6 Abs. 1 Nr. 1 Satz 4, Nr. 2 Satz 3 EStG
–	Einmalige Veräußerungsgewinne sowie außerordentliche Erträge
–	Im Gewinn enthaltene Investitionszulagen, soweit in Zukunft nicht mit weiteren zulagebegünstigten Investitionen in gleichem Umfang gerechnet werden kann.
–	Angemessener Unternehmerlohn, soweit in der bisherigen Ergebnisrechnung kein solcher berücksichtigt worden ist. Die Höhe des Unternehmerlohns wird nach der Vergütung bestimmt, die eine nicht beteiligte Geschäftsführung erhalten würde. Neben dem Unternehmerlohn kann auch ein fiktiver Lohnaufwand für bislang unentgeltlich tätige Familienangehörige des Eigentümers berücksichtigt werden.
–	Erträge aus der Erstattung von Ertragsteuern (KSt, GewSt, Zuschlagsteuern)
–	Erträge, die im Zusammenhang stehen mit Vermögen i. S. des § 200 Abs. 2 bis 4 BewG.
= Zwischensumme nach Hinzurechnungen und Kürzungen	

Ausgangswert (= Gewinn i. S. des § 4 Abs. 1 Satz 1 EStG) zur Ermittlung des Betriebsergebnisses (Die Ergebnisse aus den Sonderbilanzen und Ergänzungsbilanzen bei Personengesellschaften werden nicht berücksichtigt!)	
+/−	Hinzuzurechnen oder abzurechnen sind auch sonstige wirtschaftlich nicht begründete Vermögensminderungen/-erhöhungen mit Einfluss auf den zukünftig nachhaltig zu erzielenden Jahresertrag und mit gesellschaftsrechtlichem Bezug, sowie sie nicht nach den § 202 Abs. 1 Nr. 1 und 2 berücksichtigt wurden (§ 202 Abs. 1 Nr. 1 und 2 BewG).
−	Zur Abgeltung des Ertragsteueraufwands ist ein positives Betriebsergebnis nach § 202 Abs. 1 oder 2 BewG um 30 % zu mindern (§ 202 Abs. 3 BewG).
= Steuerliches Betriebsergebnis	

Quelle: Eisele 2009, S. 87

Zur Abgeltung des betrieblichen Ertragsteueraufwands ist das jeweilige Betriebsergebnis um 30 Prozent zu mindern. Aus dem Kürzungsumfang ist das Bestreben des Gesetzgebers ersichtlich, die rechtsformneutrale Anwendung des vereinfachten Ertragswertverfahrens sicherzustellen. Zu diesem Zweck werden in einem ersten Schritt (siehe Korrekturkatalog) die Betriebsergebnisse um den tatsächlichen Ertragsteueraufwand erhöht sowie um Erträge aus der Erstattung betrieblicher Ertragsteuern (einschl. Zuschlagsteuern) gemindert. In einem zweiten Schritt wird ein pauschaler Ertragsteueraufwand i. H. von 30 % von dem jeweils korrigierten Betriebsergebnis abgezogen.

CF-Training-Modell: Folgende Modell-Tabelle zeigt die Ermittlung des nachhaltig erzielbaren Jahresertrags.

		Ist t_{-2}	Ist t_{-1}	Ist t_0
(Absolute Zahlen in Mio. €)				
Gewinn/Ausgangsbetrag		2,6	-0,2	1,1
+ Steuern auf Einkommen und Ertrag		1,8	0,0	1,2
+ Aufwand für nicht betriebsnotwendiges Vermögen		0,1	0,1	0,1
./. angemessener Unternehmerlohn		0,0	0,0	0,0
./. Erträge des nicht betriebsnotwendigen Vermögens		0,1	0,1	0,1
Betriebsergebnis vor Ertragsteueraufwand		**4,2**	**-0,4**	**2,1**
./. Abgeltung Ertragsteueraufwand	30%	1,3	-0,1	0,6
Betriebsergebnis		**2,9**	**-0,2**	**1,5**
Summe der Jahre t_{-2} bis t_0				**4,2**
Durchschnittsertrag				**1,4**

Excel-Datei: Unternehmensbewertung/Excel-Blatt: Vereinfachtes Ertragswertverfahren

Modell-Tabelle 1: Ermittlung des nachhaltig erzielbaren Jahresertrags

2.5.3 Berechnung der Kapitalkosten

Der Kapitalisierungsfaktor setzt sich zusammen aus
- einem (variablen) *Basiszinssatz* und
- einem (Risiko-) *Zuschlag* von 4,5 Prozent (§ 203 Abs. 1 BewG).

Als Basiszinssatz wird der von der Deutschen Bundesbank aus den Zinsstrukturdaten für öffentliche Anleihen ermittelte Zinssatz zugrunde gelegt, der für den ersten Börsentag eines Jahres errechnet wird und eine prognostizierte Rendite für langfristig laufende Anleihen darstellt. Der Basiszinssatz wird vom Bundesministerium der Finanzen veröffentlicht. Der Basiszinssatz ist aus Vereinfachungsgründen für alle Wertermittlungen auf Bewertungsstichtage in dem jeweiligen Kalenderjahr anzuwenden.

Der (Risiko-) Zuschlag berücksichtigt pauschal neben dem Unternehmerrisiko auch andere Korrekturposten, z.B. Fungibilitätszuschlag, Wachstumsabschlag oder inhaberabhängige Faktoren. Branchenspezifische Faktoren werden ausweislich der Gesetzesbegründung durch einen sog. Beta-Faktor von 1,0 berücksichtigt, weil dann die Einzelrendite wie der Markt schwankt. Mit dem Beta-Faktor wird das systematische Risiko eines bestimmten Wertpapiers beschrieben. Als relatives Risikomaß (Volatilitätsmaß) bringt der Beta-Faktor zum Ausdruck, in welchem Umfang die Einzelrendite des jeweiligen Wertpapiers die Veränderungen der Rendite des Marktportfolios nachvollzieht (Quelle: Eisele 2009, S. 88).

CF-Training-Modell: Folgende Modell-Tabelle zeigt die Ermittlung des Kapitalisierungszinssatzes und des Kapitalisierungsfaktors.

Basiszinssatz	3,50%
Risikozuschlag	4,50%
Kapitalisierungszinssatz	**8,00%**
Kapitalisierungsfaktor	**12,5**

Excel-Datei: Unternehmensbewertung/Excel-Blatt: Vereinfachtes Ertragswertverfahren

Modell-Tabelle 2: Kapitalisierungszinssatz

2.5.4 Berechnung des Unternehmenswerts

Der zukünftig nachhaltig erzielbare Jahresertrag ist mit dem Kapitalisierungsfaktor zu multiplizieren. Der Kapitalisierungsfaktor ist Kehrwert des Kapitalisierungszinssatzes. Ergebnis ist der Ertragswert des Unternehmens aus der operativen Geschäftstätigkeit.

Zum Ertragswert aus dem operativen Geschäft sind noch zu addieren (Quelle: Eisele 2009, S. 85 f.):
- der gemeine Wert des nicht betriebsnotwendigen Vermögens,
- der gemeine Wert von Beteiligungen und
- der gemeine Wert der jungen Wirtschaftsgüter.

Ertragswert
+ gemeiner Wert des nicht betriebsnotwendigen Vermögens
+ gemeiner Wert von Beteiligungen
+ gemeiner Wert der jungen Wirtschaftsgüter
= **gemeiner Wert des Betriebsvermögens**

Der gemeine Wert des nicht betriebsnotwendigen Vermögens

Zum nicht betriebsnotwendigen Vermögen zählen die Vermögensbestandteile eines Unternehmens, die in keinem direkten Zusammenhang zur operativen Geschäftstätigkeit des Unternehmens stehen und folglich veräußert werden können, ohne die Leistungsfähigkeit des Unternehmens zu beeinträchtigen. Zur Kategorie des nicht betriebsnotwendigen Vermögens zählen z.B. betrieblich nicht genutzter Grundbesitz (Mietwohngrundstück eines Produktionsunternehmens lt. Gesetzesbegründung), Kunstgegenstände, überschüssige Liquidität oder Beteiligungen zur Geldanlage, die mit der Unternehmenstätigkeit nicht zu tun hat.

Der gemeine Wert der Beteiligungen

Eine eigenständige Wertermittlung von Beteiligungen ist dann vorgesehen, wenn ein zu bewertendes Unternehmen seinerseits (Unter-)Beteiligungen in seinem betriebsnotwendigen Vermögen hält. Diese Beteiligungen werden mit dem separat ermittelten gemeinen Wert angesetzt. Die Einbeziehung in das Ertragswertverfahren ist nach Darlegung des Gesetzgebers insbesondere dann sachlich nicht gerechtfertigt, wenn es sich um eine Beteiligung an einer Kapitalgesellschaft handelt, die ihre Gewinne in dem dreijährigen Referenzzeitraum vor dem Bewertungsstichtag in nicht unerheblichem Maße thesauriert hatte. Für wirtschaftlich unbedeutende Beteiligungen können gemäß Gesetzesbegründung im Verwaltungsweg noch Vereinfachungen bei der Bewertung eingeräumt werden.

Der gemeine Wert junger Wirtschaftsgüter

Junge Wirtschaftsgüter sind innerhalb von zwei Jahren vor dem Bewertungsstichtag eingelegte Wirtschaftsgüter und mit diesen im wirtschaftlichen Zusammenhang stehende Schulden.

CF-Training-Modell: Folgende Modell-Tabelle zeigt die Bewertung der MASCHINENBAU GmbH nach dem vereinfachten Ertragswertverfahren. Der Unternehmenswert beträgt 18,8 Mio. Euro.

Ertragswert	17,3
+ Ansatz des gemeinen Wert des nicht betriebsnotwendigen Vermögens	1,5
+ Ansatz des gemeinen Wert der Beteiligungen	0,0
+ Ansatz des gemeinen Wert von »jungen« Wirtschaftsgütern	0,0
Gemeiner Wert des Unternehmens	**18,8**

Excel-Datei: Unternehmensbewertung/Excel-Blatt: Vereinfachtes Ertragswertverfahren

Modell-Tabelle 3: Ermittlung des gemeinen Werts des Unternehmens

Vorteile	Nachteile
• Verfahren stellt auf nachhaltig erzielbare Erträge ab. • Planungsunsicherheit wird vermieden. • Problematik der Ermittlung des Restwerts wird vermieden. • Risikozuschlag muss nicht ermittelt werden.	• Zukünftige Entwicklung des Unternehmens wird nicht ausreichend berücksichtigt. • Vorgegebener Risikozuschlag drückt nicht das unternehmensspezifische Risiko aus.

3 Value-Based-Management-Ansätze zur Unternehmensbewertung

Dem Value-Based-Management liegt der Gedanke zugrunde, dass Unternehmen für ihre Kapitalgeber eine Mindestverzinsung auf das eingesetzte Kapital erwirtschaften müssen, um als Kapitalanlage attraktiv zu sein. In einer wertorientierten Sichtweise ersetzt eine risikoadäquate Kapitalverzinsung die traditionelle Gewinnorientierung.

Ist die Kapitalrentabilität im Unternehmen gleich den Kapitalkosten, dann entspricht der Brutto-Unternehmenswert dem Wert des investierten Kapitals. Wenn die Kapitalkosten nachhaltig übertroffen werden, wird ein zusätzlicher Wert für die Anteilseigner (= Shareholder) geschaffen. Somit ergibt sich folgender genereller Zusammenhang zwischen den Value-Based-Management-Ansätzen und den DCF-Ansätzen:

Unternehmenswert = Barwert der Residualgewinne (Übergewinne + Investiertes Kapital = Barwert der Zahlungsüberschüsse)

Es existieren zahlreiche wertorientierte Steuerungskonzepte. Zu den wichtigsten zählen
- der Economic Value Added (EVA) und
- der Cashflow Value Added (CVA).

3.1 Economic-Value-Added (EVA)-Ansatz

3.1.1 Die Konzeption des EVA-Ansatzes

Aufgrund der Tatsache, dass sich die Discounted-Cashflow-Methode nur eingeschränkt als Steuerungskennzahl verwenden lässt, hat die US-amerikanische Unternehmensberatung Stern Stewart & Company das Konzept des Economic Value Added (EVA) entwickelt. Dieses Konzept zur wertorientierten Unternehmenssteuerung findet seit 1998 auch in deutschen Großunternehmen breite Anwendung. Mittlerweile ist der EVA die bedeutendste Wertkennzahl deutscher Großunternehmen. Gemäß einer KPMG-Studie aus dem Jahr 2000 verfolgen 86 Prozent der DAX-100-Unternehmen eine wertorientierte Performance-Messung. Davon nutzen 39 Prozent den EVA-Ansatz.

DEFINITION

Der *Economic Value Added (EVA)-Ansatz* ist ein Instrument der wertorientierten Unternehmensführung, das auf einem Übergewinn-Konzept basiert und in erster Linie zur Unternehmenssteuerung, aber auch zur Unternehmensbewertung eingesetzt werden kann.

Die breite Akzeptanz des EVA-Ansatzes resultiert aus seinen vielfältigen Einsatzmöglichkeiten. Dazu zählen die Nutzung des EVA als
- einheitliches und konsistentes Steuerungsinstrument auf allen Unternehmensbereichen,
- integriertes Führungsinstrument, das Produkt- und Ergebnisrechnung an der Wertsteigerung ausrichtet,
- periodenbezogener Maßstab zur Performancemessung, das sowohl einen intertemporalen als auch zwischenbetrieblichen Vergleich ermöglicht,
- Kommunikationsinstrument am Aktienmarkt, das eine gezielte Unterstützung der Investor Relations bietet.

Die Unternehmensbewertung nach dem EVA-Ansatz erfolgt in folgenden Schritten (vgl. Abbildung II.15):
- Es werden die jährlichen EVAs (Wertzuwächse oder Übergewinne) ermittelt, die den Eigenkapitalgebern zur Verfügung stehen.
- Die EVAs werden mit dem WACC diskontiert.
- Der Barwert der EVAs zuzüglich des Kapitaleinsatzes abzüglich der Nettofinanzverbindlichkeiten (zinstragende Verbindlichkeiten – liquide Mittel) ergeben den Marktwert des Eigenkapitals.

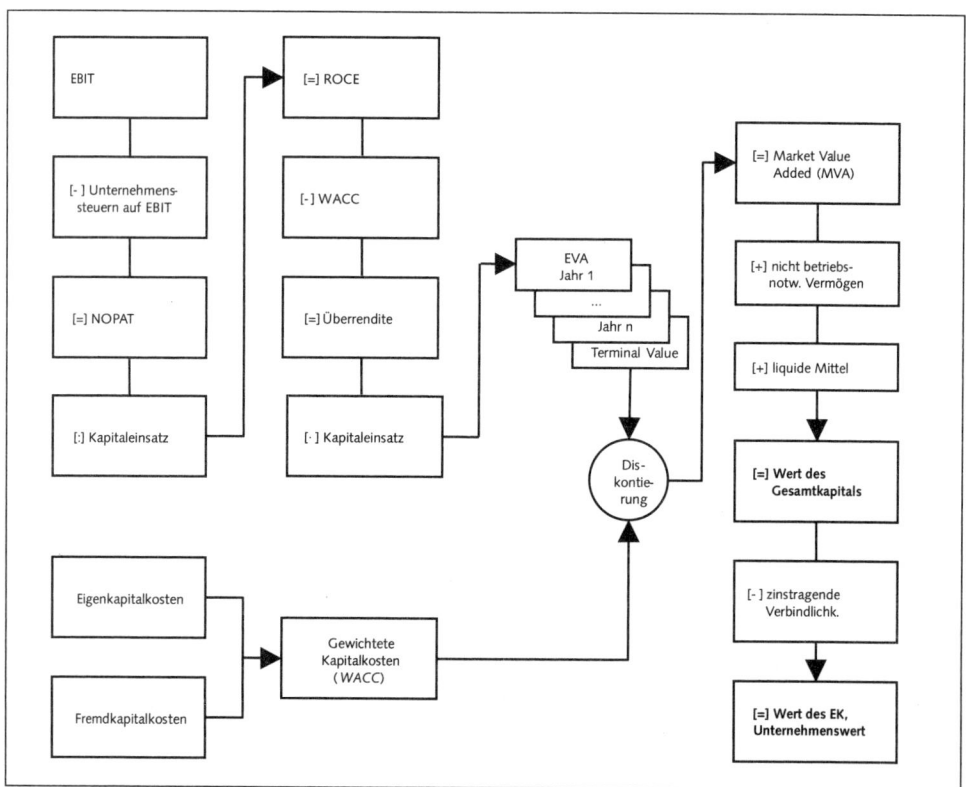

Abbildung II.15: EVA-Ansatz

3.1.2 Ermittlung der EVAs

Der EVA-Ansatz zählt zu den sogenannten Übergewinnverfahren. Das bedeutet, dass ein Unternehmen nur dann Wert für den Eigentümer erwirtschaftet, wenn die Rendite auf das eingesetzte Kapital die zugrunde liegenden Kapitalkosten (WACC) übersteigt. Zur Berechnung des EVAs werden drei Kenngrößen benötigt:
- der operative Gewinn nach Steuern und vor Finanzierungskosten, der sog. Net Operating Profit After Taxes (NOPAT),
- das zur Erwirtschaftung des Gewinns eingesetzte, betriebsnotwendige Vermögen (Kapitaleinsatz), auch investiertes Kapital genannt.
- und der Kapitalkostensatz (WACC).

Aus diesen drei Basiselementen setzt sich folgende, auch Capital Charge genannte Formel für die Ermittlung des EVAs zusammen:

Economic Value Added (EVA) = NOPAT – (Kapitaleinsatz × WACC)

Nach der Capital-Charge-Formel entsteht ein Übergewinn nur dann, wenn auch die Finanzierungskosten des betrieblich eingesetzten Vermögens gedeckt sind. Der EVA ist die Differenz zwischen dem erwirtschafteten betrieblichen Gewinn und dem Capital Charge (den Kosten der Finanzierung des eingesetzten Vermögens ausgedrückt durch die Kapitalkosten).
Alternativ kann der EVA auch durch die nachfolgende Value-Spread-Formel berechnet werden. Die Value-Spread-Formel zeigt den Zusammenhang zwischen Investitionsrendite, Kapitalkosten und Wertsteigerung. Die Wertsteigerung resultiert aus dem Kapitaleinsatz multipliziert mit dem Value Spread (Investitionsrendite – WACC)

Economic Value Added (EVA) = (Investitionsrendite – WACC) × investiertes Kapital

Die Investitionsrendite (Return on Capital Employed = ROCE) berechnet man, indem man den NOPAT (Net Operating Profit after Taxes) durch das investierte Kapital (Capital Employed) dividiert. Die Value-Spread-Formel kann daher auch wie folgt ausgedrückt werden:

$$\text{Economic Value Added (EVA)} = (\frac{\text{NOPAT}}{\text{investiertes Kapital}} - \text{WACC}) \times \text{investiertes Kapital}$$

Berechnung des NOPAT

Der NOPAT stellt den tatsächlichen operativen Gewinn vor Finanzierungskosten dar. Dieser leitet sich aus der Gewinn- und Verlustrechnung (GuV) ab und entspricht dem operativen Gewinn nach Steuern und vor Zinsen. Für die Berechnung des NOPATs gibt es zwei Ansätze, den operativen und den finanziellen Ansatz. Der operative Ansatz geht bei der NOPAT-Berechnung vom Ergebnis vor Zinsen und Steuern (EBIT) aus, wohingegen der finanzielle Ansatz den NOPAT vom Jahresergebnis aus ableitet.
Da der NOPAT eine buchhalterische Größe darstellt, wird im EVA-Ansatz versucht, diesen durch Anpassungen (Conversions) in eine Zahlungsstromgröße zu verwandeln. Gewisse Anpassungen sind gemäß dem EVA-Konzept zwingend vorzunehmen (obligatorische Anpas-

sungen), andere können je nach dem zugrunde liegenden Geschäftsmodell freiwillig vorgenommen werden (geschäftsspezifische Anpassungen). Dies bedeutet de facto eine Verknüpfung des EVA mit dem laufenden Rechnungswesen. Der Nachteil ist, dass die Wertermittlung für Außenstehende nicht mehr nachzuvollziehen ist. Dem steht der Vorteil gegenüber, dass sich ein wertorientiertes Performance-Controlling mit dem bestehenden buchhaltungsgestütztem Controlling- und Reportingsystem integrativ verbinden lässt.

Investiertes Kapital

Ähnlich wie bei der Ermittlung des NOPATs können das eingesetzte Kapital und die Kapitalkosten nach der operativen oder der finanziellen Methode berechnet werden. Beim operativen Ansatz wird das investierte Kapital als Summe aus Netto-Umlaufvermögen und Anlagevermögen berechnet, wohingegen der finanzielle Ansatz die Passivseite als Berechnungsgrundlage verwendet und die Buchwerte der Nettofinanzverbindlichkeiten, der Rückstellungen und des Eigenkapitals addiert.

CF-Training-Modell: Folgende Modell-Tabelle zeigt die Ermittlung des NOPAT und des investierten Kapitals nach dem operativen und finanziellen Ansatz:

Economic Value Added (EVA)				
NOPAT (operativer Ansatz)	t_1		**Kapitaleinsatz (operativer Ansatz)**	t
Ergebnis vor Zinsen u. Steuern (EBIT)	4,1		Umlaufvermögen	29,4
+ Abschreibungen auf immaterielle Vermögen	0,0		- kurzfristige nicht zinstragende Verbindlichkeiten	13,2
+/- Veränderungen der Rückstellungen	0,0		= Working Capital	16,2
- Steuern auf Einkommen und Ertrag	1,2		+ Anlagevermögen	14,7
= **Operatives Ergebnis nach Steuern (NOPAT)**	2,9		= **Kapitaleinsatz**	30,9
NOPAT (finanzieller Ansatz)	t_1		**Kapitaleinsatz (finanzieller Ansatz)**	t
Jahresergebnis	2,2		Netto-Finanzverbindlichkeiten	17,4
+ Abschreibungen auf immaterielle Vermögen	0,0		+ Rückstellungen	2,6
+/- Zinsergebnis nach Steuern	0,6		+ Eigenkapital	10,9
+/- a.o. Ergebnis	0,0			
= **Operatives Ergebnis nach Steuern (NOPAT)**	2,9		= **Kapitaleinsatz**	30,9

Excel-Datei: Unternehmensbewertung/Excel-Blatt: EVA-Unternehmensbewertung

Modell-Tabelle 1: Berechnung des NOPAT und des investierten Kapitals

3.1.3 Berechnung der Kapitalkosten

Im EVA-Ansatz fließt das investitionsspezifische Risiko in die Berechnung des Kapitalkostensatzes ein. Damit wird den beiden Funktionen Rechnung getragen, die der Kapitalkostensatz im Rahmen des EVA-Ansatzes zu erfüllen hat:
- Mindestrenditeforderung der Eigen- und Fremdkapitalgeber und
- Diskontierungssatz zur Barwertberechnung.

Damit entspricht die Ermittlung des Kapitalkostensatzes im Rahmen des EVA-Ansatzes der Ermittlung des gewogenen Kapitalkostensatzes (WACC) im Entity-Ansatz.

CF-Training-Modell: Folgende Modell-Tabelle zeigt die Ermittlung des WACC.

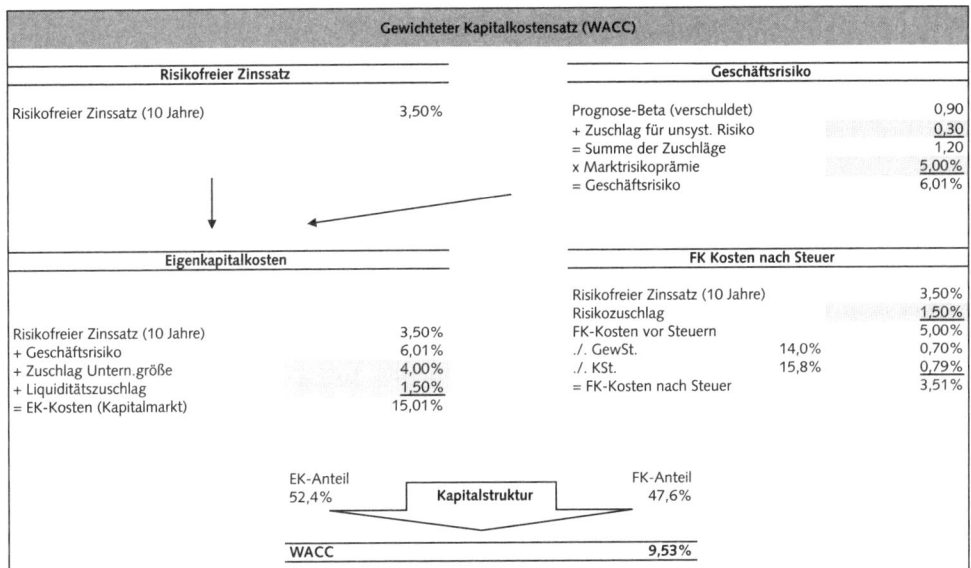

Excel-Datei: Unternehmensbewertung/Excel-Blatt: Kapitalisierungszinssätze

Modell-Tabelle 7: WACC-Ansatz mit Zielkapitalstruktur (mit KMU-Anpassungen)

3.1.4 Ermittlung des Unternehmenswerts

In der Terminologie des EVA-Konzepts wird der Barwert der Wertbeiträge (EVA) auch als Market Added Value (MVA) bezeichnet. Der MVA berechnet sich gemäß folgender Formel:

$$MVA = \sum_{t=1}^{\infty} \frac{EVA_t}{(1+WACC)^t}$$

Der Gesamtunternehmenswert ergibt sich, indem zum MVA noch das investierte Kapital hinzugerechnet wird.

$$Gesamtunternehmenswert = MVA + investiertes\ Kapital = \sum_{t=1}^{\infty} \frac{EVA_t}{(1+WACC)^t} + investiertes\ Kapital$$

Die folgende Modell-Tabelle zeigt die Unternehmenswertberechnung nach dem EVA-Ansatz. Diese erfolgt in folgenden Schritten:

- Die zukünftigen NOPATs aus der Planung werden durch das investierte Kapital dividiert, um die Rendite auf das eingesetzte Kapital (den sog. Return on Capital Employed, kurz ROCE) zu ermitteln.
- Die Differenz zwischen dem ROCE und den Kapitalkosten (WACC) gibt somit die Überrendite bzw. Unterrendite an.
- Die EVAs berechnen sich, indem die Überrenditen mit dem investierten Kapital multipliziert werden.

- Es wird unter Berücksichtigung der Wachstumsannahme der Terminal Value für den EVA berechnet.
- Die EVAs und der Terminal Value werden mit dem WACC diskontiert. Da es sich bei dem EVA-Ansatz um stichtagsbezogene Zahlen anstatt Flow-Größen wie bei der DCF-Methode handelt, werden die EVAs auf halbjährliche Basis abgezinst, um die Vergleichbarkeit der Ergebnisse beider Methoden darzustellen (Stewart, 1991).
- Die Summe der Barwerte ergibt den Market Added Value (MVA).
- Zum MVA wird das investierte Kapital hinzuaddiert, um zum Gesamtunternehmenswert zu gelangen.
- Der Marktwert des Eigenkapitals ergibt sich, indem vom Gesamtunternehmenswert die Nettofinanzverbindlichkeiten abgezogen werden.

CF-Training-Modell: Folgende Modell-Tabelle zeigt die Bewertung der MASCHINENBAU GmbH nach dem EVA-Ansatz. Der Unternehmenswert beträgt 17,1 Mio. Euro.

(Absolute Zahlen in Mio. €)		Plan t_1	Plan t_2	Plan t_3	Plan t_4	Plan t_5	Plan t_6	Endwert
Operatives Ergebnis n. Steuern (NOPAT)		2,9	3,4	3,9	0,6	2,2	3,2	
./. Kapitaleinsatz		30,9	32,0	32,3	27,5	29,7	30,6	
= Rendite auf eingesetztes Kapital (ROCE)		9,2%	10,5%	12,1%	2,3%	7,6%	10,4%	
./. Kapitalkosten (WACC)	9,5%	9,5%	9,5%	9,5%	9,5%	9,5%	9,5%	
= Überrendite (ROCE - WACC)		-0,3%	0,9%	2,6%	-7,3%	-2,0%	0,9%	
EVA (Überrendite x Kapitaleinsatz)		-0,1	0,3	0,8	-2,0	-0,6	0,3	3,1
WACC	9,53%	0,9555	0,8724	0,7964	0,7271	0,6639	0,6061	0,6061
Market Value Addes (MVA)	1,1	-0,1	0,3	0,7	-1,4	-0,4	0,2	1,9
+ Kapitaleinsatz (Anfang)*	32,4							
=Gesamtunternehmenswert	33,4							
./. Netto-Finanzverbindlichkeiten	16,3							
=Marktwert des Eigenkapitals	17,1							

Excel-Datei: Unternehmensbewertung/Excel-Blatt: EVA-Unternehmensbewertung

Modell-Tabelle 2: EVA-Unternehmensbewertung

Vorteile	Nachteile
• Effiziente Kapitalallokation ist gewährleistet. • Einsatz als Ergänzung zum DCF-Modell sinnvoll. • Bedeutendste Wertkennzahl deutscher Großunternehmen. • Ein auf allen Ebenen der Unternehmung einheitliches und konsistentes Steuerungsinstrument. • Periodenbezogener Maßstab zur Performancemessung. • Als Kommunikationsinstrument am Aktienmarkt bietet der EVA-Ansatz eine gezielte Unterstützung der Investor Relations.	• Die Ermittlung des EVA erfordert eine Menge von Anpassungen (z. B. F&E-Aufwendungen, Goodwill, Latente Steuern oder Operating Leases), die von Dritten nicht nachvollzogen werden können. • Wertermittlung der Zahlen zur Berechnung des EVA für Außenstehende teilweise nicht nachvollziehbar. • Beim EVA-Ansatz handelt es sich um stichtagsbezogene Zahlen. • EVA-Ansatz wird für die Unternehmensbewertung selten eingesetzt.

3.2 Cashflow-Added-Value (CVA)-Ansatz

DEFINITION
Wie beim EVA-Ansatz handelt es sich beim *Cashflow Value Added (CVA)* um ein Residual- bzw. Übergewinnkonzept. Im Gegensatz zum EVA beruht der CVA auf einem Cashflow-Ansatz. Die für die Berechnung des CVA relevante Kapitalrendite ist daher der Cashflow-Return-on-Equity.

Für die Ermittlung des CVA wird nun der CFROI dem Kapitalkostensatz (WACC) gegenübergestellt. Die sich ergebende Differenz – auch Spread oder Übergewinn – genannt, wird mit dem investierten Kapital multipliziert.

$$\text{Cashflow Value Added (CVA)} = (\text{CFROI} - \text{WACC}) \times \text{investiertes Kapital}$$

Analog der Vorgehensweise des EVA kann nun der Unternehmenswert nach dem CVA-Ansatz ermittelt werden (vgl. Abbildung II.16):
- Die zukünftigen operativen Free Cashflows aus der DCF-Entity-Ansatz-Berechnung werden durch das investierte Kapital dividiert, um die Rendite auf das eingesetzte Kapital (den sog. Cashflow Return-on-Investment (CFROI)) zu ermitteln.

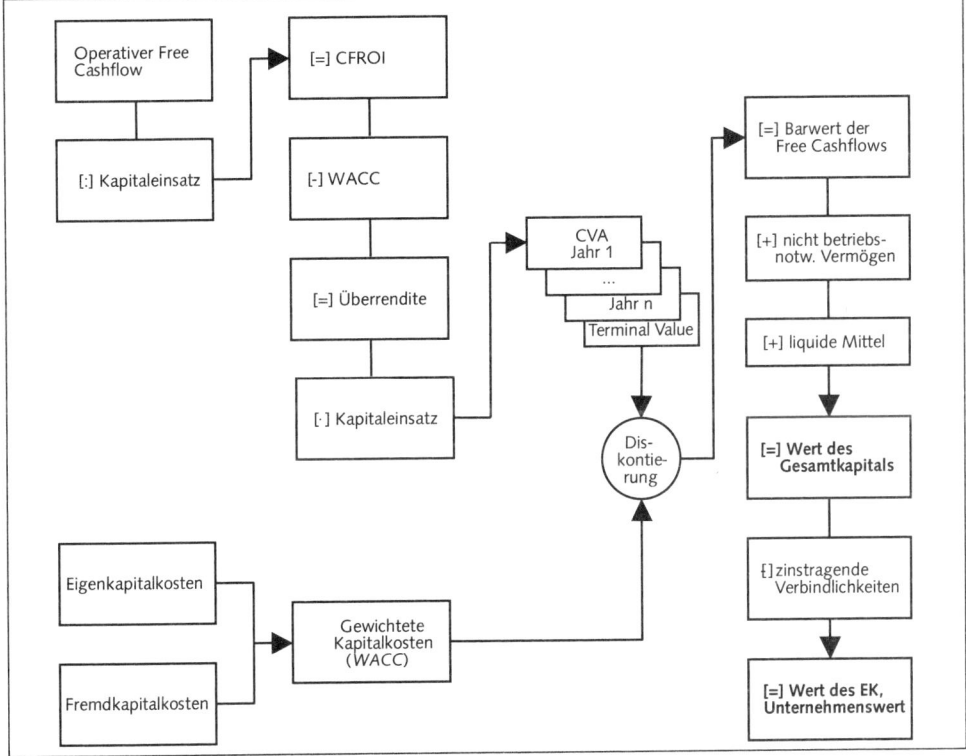

Abbildung II.16: CVA-Ansatz

- Die Differenz zwischen dem CFROI und den Kapitalkosten (WACC) gibt somit die Überrendite bzw. Unterrendite an.
- Die CVAs berechnen sich, indem die Überrenditen mit dem investierten Kapital multipliziert werden.
- Unter Berücksichtigung der Wachstumsannahme wird der Terminal Value für den CVA berechnet.
- Die CVAs und der Terminal Value werden mit dem WACC diskontiert.
- Zum Barwert der CVAs und des Terminal Value wird das investierte Kapital addiert, um zum Gesamtunternehmenswert zu gelangen.
- Der Marktwert des Eigenkapitals ergibt sich, indem vom Gesamtunternehmenswert die Nettofinanzverbindlichkeiten abgezogen werden.

CF-Training-Modell: Folgende Modell-Tabelle zeigt die Bewertung der MASCHINENBAU GmbH nach dem CVA-Ansatz. Aufgrund der hohen Investitionen in den Planjahren erzielt das Unternehmen vom Jahr t_3 abgesehen eine Unterrendite im Vergleich zum Kapitalmarkt. Für Aktionäre bedeutet dies eine Wertvernichtung. Auf die Problematik der Diskontierung negativer Cashflows sei an dieser Stelle auf weiterführende Literatur verwiesen.

(Absolute Zahlen in Mio. €)		Plan t_1	Plan t_2	Plan t_3	Plan t_4	Plan t_5	Plan t_6	Endwert
operative Free Cashflows		0,1	2,0	3,6	2,6	1,6	2,1	
./. Kapitaleinsatz		30,9	32,0	32,3	27,5	29,7	30,6	
= Rendite auf eingesetztes Kapital (CFROI)		0,2%	6,2%	11,2%	9,5%	5,5%	7,0%	
./. Kapitalkosten (WACC)	9,5%	9,5%	9,5%	9,5%	9,5%	9,5%	9,5%	
= Überrendite (CFROI - WACC)		-9,3%	-3,4%	1,6%	-0,1%	-4,1%	-2,5%	
CVA (Überrendite x Kapitaleinsatz)		-2,9	-1,1	0,5	0,0	-1,2	-0,8	-8,5
WACC	9,53%	0,9555	0,8724	0,7964	0,7271	0,6639	0,6061	0,6061
Barwerte	-9,7	-2,8	-0,9	0,4	0,0	-0,8	-0,5	-5,2
+ Kapitaleinsatz (Anfang)	30,9							
= Gesamtunternehmenswert	21,2							
./. Netto-Finanzverbindlichkeiten	16,3							
= Marktwert des Eigenkapitals	4,9							

Excel-Datei: Unternehmensbewertung/Excel-Blatt: CFROI CVA Unternehmensbewertung

Modell-Tabelle 1: CVA-Unternehmensbewertung

Cashflow Return on Investment (CFROI)

Der Cashflow Return on Investment (CFROI), ähnlich wie der interne Zinsfuß (Internal Rate of Return), zeigt auf, welche Effektivrendite beim Unternehmenserwerb erwartet werden darf, wenn eine bestimmte Investitionssumme (Kaufpreis) für ein Unternehmen bezahlt wird. Der CFROI ist jene Rendite, bei welcher der Kapitalwert (Netto-Barwert der Cashflows) null ist. Bei dem CFROI wird unterstellt, dass die Rückzahlungen aus dem Unternehmen mit dem CFROI-Satz im Laufe der Beteiligung wieder verzinst werden können.

$$\text{Cashflow Return on Investment (CFROI)} = \frac{CF_1}{(1+\text{CFROI})^1} + \frac{CF_2}{(1+\text{CFROI})^2} + ... + \frac{CF_n}{(1+\text{CFROI})^n} - \text{Investitionssumme}$$

Der CFROI wird mit dem entsprechenden Kapitalkostensatz verglichen, um festzustellen, ob eine höhere Rendite erzielt wurde als die erwartete Rendite des Investors.

CF-Training-Modell: Folgende Modell-Tabelle zeigt für die MASCHINENBAU GmbH die Berechnung des Return on Investment (CFROI).

(Absolute Zahlen in Mio. €)	Investment =	Plan t₁	Plan t₂	Plan t₃	Plan t₄	Plan t₅	Plan t₆	CFROI	EK-Kosten	Netto-Rendite
operative Free Cashflows und Endwert	-13,3	0,1	2,0	3,6	2,6	1,6	21,2	18,45%	15,01%	3,44%

Excel-Datei: Unternehmensbewertung/Excel-Blatt: CFROI CVA Unternehmensbewertung

Modell-Tabelle 2: Cashflow-Return-on-Investment (CFROI)

In Wettbewerbssituationen, in denen mehrere Investoren Kaufpreisangebote abgeben, spielt die Höhe des Kaufpreises eine wichtige Rolle für den Investor, da dieser eine erhebliche Auswirkung auf die Rendite des Investments hat. Das Rechenbeispiel zeigt, dass bei einem Kaufpreis von 13,3 eine Rendite von 18,4 Prozent erzielt werden kann. Diese liegt um 3,4 Prozent über den Eigenkapitalkosten und führt somit zu einer Überrendite. Dieses im Vergleich zur CVA-Unternehmensbewertung positive Ergebnis ist auf den Endwert zurückzuführen. Bei diesem wird ein Cashflow unterstellt, der Investitionen und eine Finanzierung beinhaltet, die auf ein Wachstum von 0,5 Prozent angepasst sind. Bei der vorliegenden Berechnung wird angenommen, dass der Investor den kompletten Kaufpreis in Form von Eigenmitteln bezahlt. In einer Wettbewerbssituation könnte ein Investor einen Kaufpreis bis zu 15,3 bezahlen und immer noch eine Rendite über die Eigenkapitalkosten von 15 Prozent erzielen (vgl. die Diskussion zur »IRR« im Teil IV).

Vorteile	Nachteile
• Investitionstätigkeiten werden gefördert. • Wenig Bilanzierungs- und Bewertungswahlrechte. • Keine zeitaufwendigen und komplizierten Anpassungen notwendig.	• Buchhalterische Beeinflussbarkeit. • Korreliert mit Börsenwert der Unternehmen. • Aufgrund der Ermittlung der Kapitalkosten durch den WACC-Ansatz sind teilweise subjektive Bewertungen möglich. • Immaterielle Vermögensgegenstände werden nicht berücksichtigt.

4 Multiplikatorenmethoden

> **DEFINITION**
>
> Die *Multiplikatorenmethoden* sind marktorientierte Bewertungsmethoden, die den Wert eines Unternehmens aus Vergleichskennzahlen vergleichbarer oder börsennotierter Unternehmen ableiten. Der Marktwert eines nicht an der Börse notierten Unternehmens kann einerseits von Unternehmen, deren Anteile an der Börse notiert sind, abgeleitet werden:
> - Börsenmultiplikatoren (Comparable-Companies-Approach)
>   Andererseits kann der Unternehmenswert durch Vergleich mit Verhältniskennzahlen einer möglichst großen Anzahl vergleichbarer Unternehmen, die kürzlich den Eigentümer gewechselt haben und deren Kaufpreise bekannt sind, ermittelt werden:
> - Transaktionsmultiplikatoren (Comparable-Transactions-Approach)

Die Unternehmensbewertung mit Hilfe von Multiplikatoren ist ein in der Praxis häufig verwendetes Bewertungsverfahren. Dies ist darauf zurückzuführen, dass die Multiplikatorenbewertung relativ einfach und schnell eine erste Wertindikation liefert.

Grundsätzlich können Multiplikatoren für folgende Zwecke verwendet werden:
- Plausibilisierung von Unternehmenswerten, die mit anderen Verfahren ermittelt wurden,
- Beurteilung des Wertes eines Unternehmens durch Vergleich der Multiplikatoren dieses Unternehmens mit denen anderer Unternehmen,
- Bewertung eines Unternehmens auf Basis der Multiplikatoren vergleichbarer Unternehmen.

Bei der *Plausibilisierung* werden beispielsweise auf Basis eines mit dem DCF-Verfahren ermittelten Unternehmenswertes Multiplikatoren gebildet. Diese geben einen Anhaltspunkt für die Einschätzung der Angemessenheit des Wertes. Die Angemessenheit kann Stand alone jedoch nur auf Basis von persönlichen Erfahrungen beurteilt werden.

Der Vergleich der so berechneten Multiplikatoren mit den Multiplikatoren vergleichbarer Unternehmen ermöglicht es hingegen, die Angemessenheit im Wettbewerbsvergleich einzuschätzen. Ein solcher Vergleich sollte jedoch das Potenzial der Unternehmen in Form von Umsatzwachstum und Margenentwicklung einbeziehen.

Bei der Unternehmensbewertung mit Multiplikatoren wird der unbekannte Wert des zu bewertenden Unternehmens anhand von Multiplikatoren, die aus den bekannten Marktwerten anderer mit dem Bewertungsobjekt vergleichbarer Unternehmen abgeleitet sind, bestimmt. Für die Multiplikatorenbewertung gilt dabei folgender Grundsatz:

Die Bewertung mit Multiplikatoren basiert auf der Annahme, dass *ähnliche* Unternehmen *ähnlich* bewertet werden wie das zu bewertende Unternehmen.

4.1 Börsenmultiplikatoren – Comparable-Companies-Approach

4.1.1 Vorgehensweise

DEFINITION

Börsenmultiplikatoren: Beim Comparable-Companies-Approach werden zur Unternehmenswertermittlung Kennzahlen von vergleichbaren, börsennotierten Unternehmen berechnet und auf das zu bewertende Unternehmen angewandt. Es handelt sich hierbei üblicherweise um Kennzahlen, die sich entweder auf den Ertrag oder die Substanz des Unternehmens beziehen.

Der erste Schritt zur Durchführung von Multiplikatorenverfahren besteht darin, vergleichbare, börsennotierte Unternehmen in einer sogenannten Peer Group zusammenzufassen. Danach erfolgt die Bestimmung der Jahresabschlussgrößen, die zur Berechnung der Multiplikatoren dienen. Als Multiplikatoren werden Verhältniswerte wie z.B. das Kurs-Gewinn-Verhältnis herangezogen und jeweils der Median oder das arithmetische Mittel für die Peer Group berechnet. Im letzten Schritt erfolgt die Unternehmenswertberechnung, indem der Durchschnittswert der Multiplikatoren der Peer-Group mit entsprechenden Jahresabschlussgrößen des zu bewertenden Unternehmens multipliziert wird. Daraus ergibt sich der potenzielle Marktpreis des Unternehmens, der bei Veräußerung auf einem bestimmten Markt erzielbar wäre.

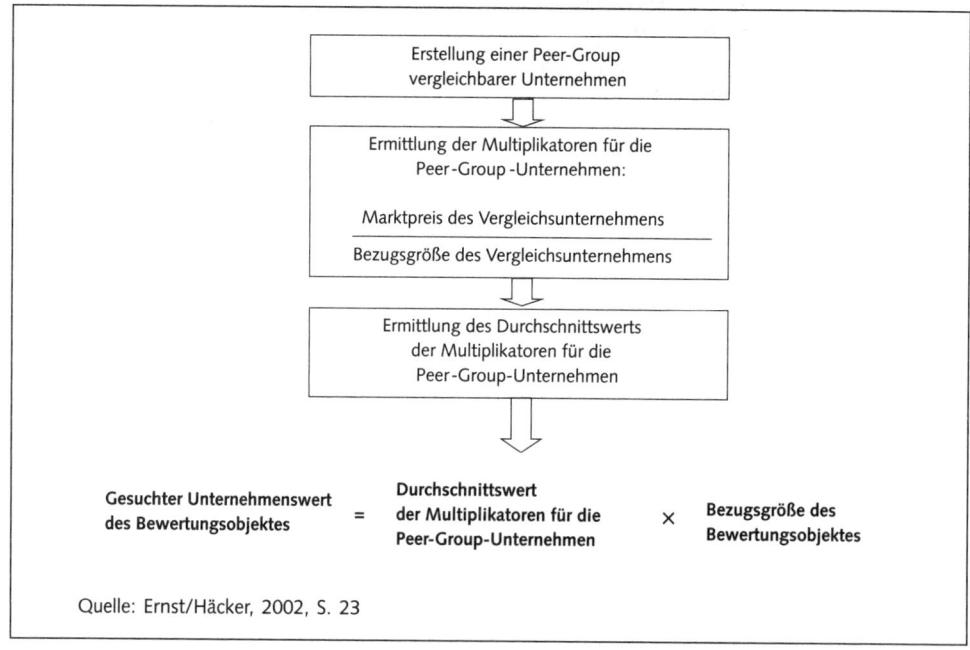

Abbildung II.17: Vorgehensweise beim Comparable-Companies-Approach

Multiplikatoren-Verfahren bieten die Möglichkeit, innerhalb relativ kurzer Zeit zu einer Aussage bezüglich des Wertes des Unternehmens zu gelangen. Um eine relevante Datenbasis zur Berechnung der Multiplikatoren zu erreichen, sollten grundsätzlich möglichst viele vergleichbare Unternehmen untersucht werden.

4.1.2 Anwendungsvoraussetzungen

Um die Äquivalenz zwischen den zu vergleichenden Unternehmen zu gewährleisten, sollten die Unternehmen eine Reihe von Voraussetzungen erfüllen. Im ersten Schritt sollten dazu Unternehmen derselben Branche, eines ähnlichen Tätigkeitsgebietes, von vergleichbarer Größe, mit ähnlichen Wachstumsraten bezogen auf Umsatz und Gewinn sowie einer ähnlichen historischen Geschäftsentwicklung ausgewählt werden. Im zweiten Schritt sollte darauf geachtet werden, dass die zu vergleichenden Unternehmen ein äquivalentes Investitionsrisiko besitzen. Auch sollte das Finanzierungsrisiko der zu vergleichenden Unternehmen übereinstimmen. Ist dies nicht der Fall, sollte der Unternehmenswert um Effekte aus der Fremdfinanzierung bereinigt werden und somit ein fiktiv eigenfinanziertes Unternehmen unterstellt werden.

In der Praxis stellt es sich als schwierig heraus, Unternehmen zu finden, die sämtliche oben genannte Voraussetzungen erfüllen. Als Lösung wird hier vorgeschlagen, einen Durchschnittsmultiplikator auf Basis möglichst vieler Unternehmen, die eine möglichst große Anzahl von gemeinsamen Voraussetzungen erfüllen, zu berechnen.

4.1.3 Unterscheidung Enterprise-Value- und Equity-Value-Multiplikatoren

Im Folgenden sollen einige der gängigsten Multiplikatoren erläutert werden. Dabei wird zwischen Enterprise-Value-Multiplikatoren und Equity-Value-Multiplikatoren unterschieden.

Enterprise-Value-Multiplikatoren dienen zur Berechnung des Gesamtunternehmens (Marktwert des Eigen- und Fremdkapitals) analog zum WACC-Ansatz innerhalb der DCF-Verfahren.

Equity-Value-Multiplikatoren dienen zur Berechnung des Unternehmenswerts (Marktwert des Eigenkapitals) analog zum Equity-Ansatz innerhalb der DCF-Verfahren.

Der Begriff »Unternehmenswert« ist nicht einheitlich definiert: Bei der Multiplikatorenbildung wird diesbezüglich unterschieden zwischen dem Equity Value und dem Enterprise Value. Der Equity Value ist der Marktwert des Eigenkapitals eines Unternehmens. Bei börsennotierten Unternehmen entspricht der Equity Value der Marktkapitalisierung (auch Market Capitalization oder Market Cap genannt), d.h. dem Produkt aus Aktienanzahl und Aktienkurs. Der Enterprise Value bezeichnet den Wert des gesamten operativen Geschäfts eines Unternehmens. Das operative Geschäft umfasst alle vollkonsolidierten Tochterunternehmen eines Konzerns. Der Enterprise Value lässt sich wie folgt aus dem Equity Value herleiten (vgl. Abbildung II.18):

Enterprise Value = Equity Value
                +   Anteile Dritter an Konzerntochterunternehmen
                +   zinstragende Verbindlichkeiten (ggf. inkl. Pensionsverpflichtungen)
                −   Anteile an nicht vollkonsolidierten Beteiligungen
                −   Kasse bzw. liquide Mittel

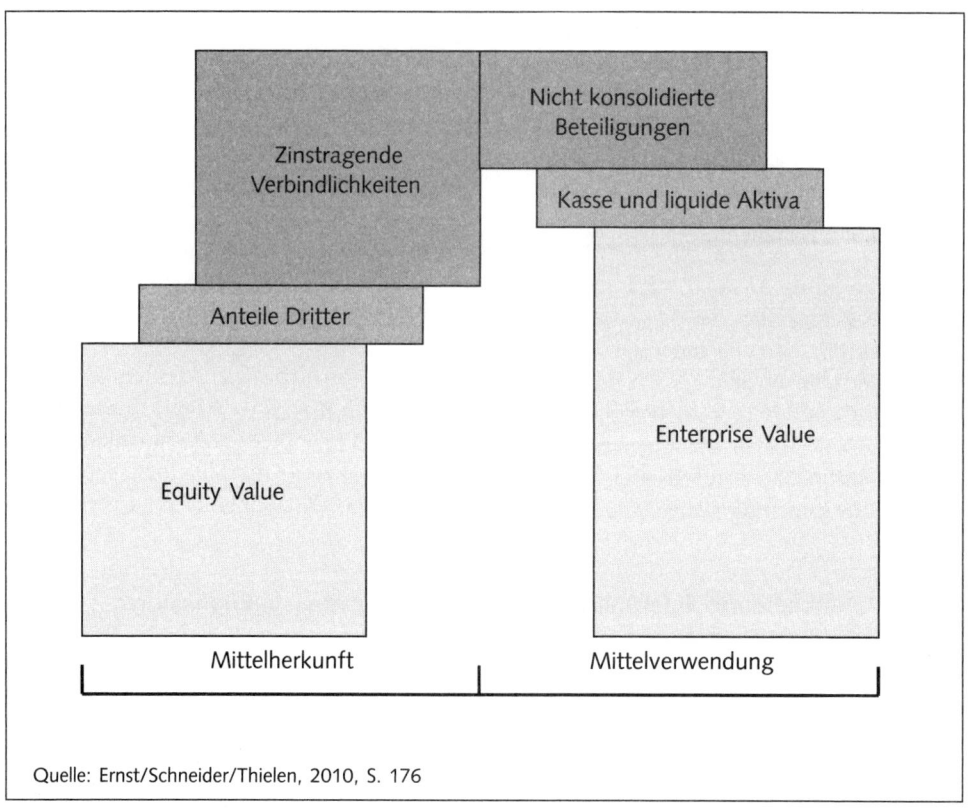

Quelle: Ernst/Schneider/Thielen, 2010, S. 176

Abbildung II.18: Überleitung vom Equity Value zum Enterprise Value

4.1.4 Enterprise-Value-Multiplikatoren

4.1.4.1 EV/Umsatz-Multiplikator

Der EV/Umsatz-Multiplikator oder auch EV/Sales-Multiple stellt am leichtesten eine internationale Vergleichbarkeit her, da bei den Umsätzen in der Regel keine bilanzpolitischen Bewertungsspielräume bestehen. Dieser Multiplikator wird auch häufig bei jungen, stark wachsenden Unternehmen angewandt, die noch keine operativen Gewinne erzielen. Ein weiteres Einsatzgebiet ist die Bewertung von Turn-Around-Unternehmen. Zu bemängeln bleibt jedoch, dass dieser Multiplikator keinen Bezug zur Ertragskraft des Unternehmens hat. Es kann also vorkommen, dass ein Unternehmen bei steigenden Umsätzen hohe Kosten aufweist und so ein niedrigeres operatives Ergebnis erzielt. Dennoch würde die Bewertung aufgrund des Umsatz-Multiplikators höher ausfallen.

$$EV/Umsatz = \frac{Enterprise\ Value}{Umsatz}$$

Vorteile	Nachteile
• auch bei negativen Erträgen anwendbar • geringer Einfluss von Bilanzierungs- und Bewertungsmethoden und unterschiedlichen Steuersystemen • viele Schätzungen vorhanden	• keine Berücksichtigung der Ertragskraft • Abhängigkeit von der Umsatzdefinition

Tabelle II.5: Zusammenfassende Bewertung des EV/Umsatz-Multiplikators

4.1.4.2 EV/EBITDA-Multiplikator

Bei einem EV/EBITDA-Multiplikator bleiben zusätzlich zu den Eigenschaften eines EV/EBIT-Multiplikators unterschiedliche Abschreibungspolitiken unbeachtet, insbesondere hinsichtlich unterschiedlicher Goodwill-Behandlungen. Wesentliche, rein buchhalterische Unterschiede lassen sich dadurch vermeiden. Deshalb ist dieser Multiplikator insbesondere für internationale Vergleiche gut geeignet, da hier häufig Abschreibungs- und Besteuerungsvorschriften variieren.

$$EV/EBITDA = \frac{Enterprise\ Value}{EBITDA}$$

Vorteile	Nachteile
• Berücksichtigung der Ertragskraft • der Ertragsmultiplikator, der dem geringsten Einfluss von Bilanzierungs- und Bewertungsmethoden und unterschiedlichen Steuersystemen unterliegt • i.d.R. Schätzungen vorhanden	• keine Aussagekraft bei unterschiedlicher ökonomischer Anlageintensität • nicht sinnvoll bei negativem EBITDA

Tabelle II.6: Zusammenfassende Bewertung des EV/EBITDA-Multiplikators

4.1.4.3 EV/EBITA-Multiplikator

Bei einem EV/EBITA-Multiplikator wird der Enterprise Value ins Verhältnis zum EBITA gesetzt. Beim Übergang vom EBITDA zum EBITA kommt mit der Abschreibungspolitik und den unterschiedlichen Abschreibungsnormen ein weiteres gestalterisches bzw. beeinflussendes Element hinzu. Aufgrund differierender Abschreibungsverfahren (linear, degressiv u.a.) und Abschreibungsdauer ist die Vergleichbarkeit des EBITA gegenüber dem EBITDA etwas eingeschränkt. Andererseits besteht kein Problem bei unterschiedlichen Anlageintensitäten.

$$EV/EBITA = \frac{\text{Enterprise Value}}{\text{EBITA}}$$

Vorteile	Nachteile
• Berücksichtigung der Ertragskraft • ggü. EV/EBITDA: auch anwendbar bei unterschiedlichen ökonomischen Anlageintensitäten • ggü. EV/EBIT: spiegelt tatsächliche Ertragskraft besser wider	• i.d.R. keine Schätzungen vorhanden • nicht sinnvoll bei negativem EBITA

Tabelle II.7: Zusammenfassende Bewertung des EV/EBITA-Multiplikators

4.1.4.4 EV/EBIT-Multiplikator

Der Multiplikator EV/EBIT zielt auf den operativen Gewinn eines Unternehmens ab. Effekte aus der Finanzierungsstruktur, d.h. Zinszahlungen und Steuerersparnisse, werden hierbei ausgeblendet. Auch bleiben hier Auswirkungen von unterschiedlichen Ausschüttungspolitiken und Steuersätzen unberücksichtigt. Dieser Multiplikator stellt eine gute Vergleichsmöglichkeit des operativen Geschäfts dar.

$$EV/EBIT = \frac{\text{Enterprise Value}}{\text{EBIT}}$$

CF-Training-Modell: Eine marktorientierte Bewertung der MASCHINENBAU GmbH mit Multiplikatoren börsennotierter Unternehmen der Maschinenbaubranche wurde anhand von folgenden Vergleichsunternehmen vorgenommen:

Indus Holding AG   Holdinggesellschaft mit zahlreichen Beteiligungen an mittelständischen Maschinenbau-Unternehmen

Gesco AG   Mittelstandsholding mit Beteiligungen an Unternehmen aus der Maschinenbaubranche

Die Recherchen ergeben einen durchschnittlichen Multiplikator auf das EBITDA und EBIT t_0 von 6,4 bzw. 9,4. Im Vergleich mit börsennotierten Unternehmen, deren Anteile kurzfristig über die Börse veräußerbar sind, ist die Handelbarkeit der Anteile der MASCHINEN-BAU GmbH wesentlich geringer. Aufgrund der fehlenden Fungibilität wird ein Abschlag von 25 Prozent auf den Wert börsennotierter Vergleichsunternehmen vorgenommen.

CF-Training-Modell: Folgende Modell-Tabelle zeigt die Bewertung der MASCHINENBAU GmbH mit Börsenmultiplikatoren auf Basis des EBITDA und EBIT

Insgesamt errechnet sich ein Unternehmenswert i.H.v. 10,3 bzw. 8,9 auf Basis der Zahlen des Jahres t_0.

Vergleichsunternehmen	Marktkap. (in Mio. €)	Nettoverschuldung (in Mio. €)	Enterprise Value (EV) (in Mio. €)	EV/Umsatz t_0	EV/EBITDA t_0	EV/EBIT t_0
Indus Holding AG	482,8	403,7	886,5	0,9	6,2	8,8
Gesco AG	173,7	40,5	214,2	0,7	6,6	10,0
Mittelwert				0,8	6,4	9,4
Bewertung (Absolute Zahlen in Mio. €)				Umsatz t_0	EBITDA t_0	EBIT t_0
Maschinenbau GmbH				75,2	4,7	3,0
Gesamtunternehmenswert				60,2	30,1	28,2
Nettoverschuldung				16,3	16,3	16,3
Wert des Eigenkapitals				43,8	13,8	11,9
Abschlag für nicht börsennotierte Gesellschaften				25,0%	25,0%	25,0%
Unternehmenswert nach Abschlag				32,9	10,3	8,9
Quelle: Capital IQ						

Excel-Datei: Unternehmensbewertung/Excel-Blatt: Börsenmultiplikatoren

Modell-Tabelle 2: Bewertung der MASCHINENBAU GmbH mit Börsenmultiplikatoren

Vorteile	Nachteile
• Berücksichtigung der Ertragskraft • ggü. EV/EBITDA: auch anwendbar bei unterschiedlichen ökonomischen Anlageintensitäten • i. d. R. Schätzungen vorhanden	• ggü. EV/EBITA und EV/EBITDA: die großen Unterschiede bezüglich der Firmenwertabschreibung in den unterschiedlichen Rechnungslegungsnormen schlagen auf das EBIT durch • nicht sinnvoll bei negativem EBIT

Tabelle II.8: Zusammenfassende Bewertung des EV/EBIT-Multiplikators

4.1.5   Equity-Value-Multiplikatoren

4.1.5.1   Kurs/Buchwert-Multiplikator

Der Kurs/Buchwert-Multiplikator, auch als Price-Book-Value (PBV) bekannt, setzt den Marktwert des Eigenkapitals ins Verhältnis zum Buchwert des Eigenkapitals. Dadurch soll die Ertragskraft des Unternehmens dargestellt werden. Der Multiplikator aus Markt- und Buchwert kann im Gegensatz zum Kurs-Gewinn-Verhältnis auch bei negativen Gewinnen eingesetzt werden. Er besitzt jedoch wenig Aussagekraft bei Dienstleistungsunternehmen (geringe Bilanzsumme), wird jedoch häufig bei der Bewertung von Banken und Versicherungen angewendet. Ferner ist sein Einsatz nur dann zulässig, wenn Bewertungsobjekt und Vergleichsunternehmen über eine annähernd identische relative Wertsteigerung verfügen und eine ähnliche Relation zwischen Buchwert und tatsächlichem Substanzwert des Eigenkapitals besteht.

$$KBV = \frac{\text{Marktkapitalisierung}}{\text{wirtschaftliches Eigenkapital}} < 1 \Rightarrow \text{Zerschlagung,}$$

Vorteile	Nachteile
• auch bei negativen Gewinnen einsetzbar	• vergangenheitsorientiert • leicht beeinflussbar • keine Berücksichtigung der zukünftigen Ertragskraft

Tabelle II.9: Zusammenfassende Bewertung des Kurs/Buchwert-Multiplikators

4.1.5.2 KGV-Multiplikator

Der wahrscheinlich bekannteste Multiplikator ist das Kurs-Gewinn-Verhältnis (KGV), im angelsächsischen Raum bekannt als Price-Earnings-Ratio (PER). Die Berechnung erfolgt durch Division des Aktienkurses durch den Gewinn pro Aktie. Üblicherweise wird der Gewinn um außerordentliche Faktoren, wie z.B. Aufwendungen für eine Börseneinführung, bereinigt. So wird die temporale Vergleichbarkeit gewährleistet. Kurs-Gewinn-Verhältnisse erweisen sich immer dann als problematisch, wenn ein Unternehmen Verluste erwirtschaftet oder starken zyklischen Schwankungen unterliegt. Hauptkritikpunkt ist die Verwendung des Jahresüberschusses als Gewinngröße, da dieser durch Bilanzpolitik gestaltet werden kann.

$$\text{KGV} = \frac{\text{Kurs je Aktie}}{\text{Gewinn je Aktie}} = \frac{\text{Market Cap}}{\text{EAT}}$$

Vorteile	Nachteile
• Berücksichtigung der Ertragskraft, • umfangreiche Berücksichtigung unternehmensspezifischer Einflussfaktoren, • sehr viele Schätzungen vorhanden.	• großer Einfluss von Bilanzierungs- und Bewertungsmethoden und unterschiedlichen Steuersystemen, • Verlustvorträge führen zu Verzerrungen. • Einmalige Sondereffekte (z. B. Restrukturierung) führen zu Verzerrungen. • Nicht sinnvoll bei negativem Nachsteuerergebnis (negative Nachsteuerergebnisse kommen häufiger vor als beispielsweise negative EBITs).

Tabelle II.10: Zusammenfassende Bewertung des KGV-Multiplikators

PRAXISTIPP: Ableitung diverser für die Multiplikatorenbildung relevanter Ertragskenngrößen aus der GuV

Umsatz
+ sonstige operative Erträge
– operative Aufwendungen
= EBITDA (earnings before interest, taxes, depreciatio and amortization)
– Abschreibungen auf Gegenstände des Anlagevermögens
= EBITA (earnings before interest, taxes and amortization)
– Firmenwertabschreibungen
= EBIT (earnings before interest and taxes)
+ außerordentliche Erträge
– außerordentliche Aufwendungen/Beteiligungsergebnis
+ Zinsergebnis (in der Regel negativ)
= EBT (earnings before taxes)
– Ertragsteuern
= EAT (earnings after taxes)

MASCHINENBAU GmbH: Die Recherchen von KGV-Multiplkatoren ergeben einen durchschnittlichen Multiplikator auf das Jahresergebnis t_0 von 14,2 und für das erwartete Ergebnis des Jahres t_1 von 10,6.

CF-Training-Modell: Folgende Modell-Tabelle zeigt die Bewertung der MASCHINENBAU GmbH mit Börsenmultiplikator KGV.

Vergleichsunternehmen	Kurs (in €)	Gewinn pro Anteil		KGV	KGV	Gewinn-wachstum
		t_0	t_1	t_0	t_1	
Indus Holding AG	23,00	2,59	2,47	8,88	9,31	-4,6%
Gesco AG	57,50	2,95	4,80	19,49	11,98	62,7%
Mittelwert				14,2	10,6	
Bewertung (Absolute Zahlen in Mio. €)		Jahresüberschuss		Unternehmenswert		Gewinn-wachstum
		t_0	t_1	t_0	t_1	
MASCHINENBAU GmbH		1,1	2,2	15,2	23,9	109,5%
Abschlag für nicht börsennotierte Gesellschaften				25,0%	25,0%	
Unternehmenswert nach Abschlag				11,4	17,9	
Quelle: www.Onvista.de						

Excel-Datei: Unternehmensbewertung/Excel-Blatt: Börsenmultiplikatoren

Modell-Tabelle 1: Bewertung der MASCHINENBAU GmbH mit Börsenmultiplikatoren

Insgesamt errechnet sich ein Unternehmenswert i.H.v. 11,4 auf Basis der Zahlen des Jahres t_0 und ein Wert von 17,9 ausgehend von den Zahlen für t_1. Anzumerken bleibt, dass eine Börsenbewertung stichtagsbezogenen ist und kurzfristige Kursbewegungen über die Multiplikatoren die Bewertung beeinflussen können. Die Struktur des Aktionärskreises und die Streuung der Aktien sind ebenfalls Faktoren, die berücksichtigt werden müssen, da diese die Liquidität und den Kurs der Anteile bestimmen können.

Vorteile	Nachteile
• Aktuelle Marktbewertung. • Viele Vergleichsunternehmen. • Einfache Informationsbeschaffung.	• Ein spezifischer Zeitpunkt. • Marktschwankungen beeinflussen Multiplikatoren, Multiplikator von der Börsenstimmung am Bewertungsstichtag geprägt.

4.2 Transaktionsmultiplikatoren – Comparable-Transactions-Approach

DEFINITION
Transaktionsmultiplikatoren: Bei der Analyse vergleichbarer Transaktionen werden Marktpreise untersucht, die bei Akquisitionen für börsennotierte sowie nicht börsennotierte Unternehmen erzielt worden sind, die möglichst ähnlich von der Geschäftsausrichtung sind wie das zu bewertende Unternehmen.

Vorrangige Informationsquellen zur Auswahl geeigneter Vergleichstransaktionen sind Datenbanken wie Mergermarket und Thomson Financial, die nach Branche geordnet Informationen über Unternehmenstransaktionen beinhalten. Anhand dieser Informationen können Kennzahlen gebildet werden, die das Verhältnis zwischen Kaufpreis und bestimmten Finanzdaten wie Umsatz und Gewinn beschreiben, welche dann auf das zu bewertende Unternehmen übertragbar sind.

CF-Training-Modell: Folgende Modell-Tabelle zeigt, wie eine Analyse vergleichbarer Transaktionen dargestellt werden kann.

Vergleichstransaktionen Jahr	Zielgesellschaft	Erwerber	Umsatzmultiplikator (Kaufpreis/Umsatz)	EBIT-Multiplikator (Kaufpreis/EBIT)
t_{-1}	ABC AG (D)	Machines S.A. (F)	0,5	5,3
t_{-1}	Werkzeuge AG (D)	Int'l Tools Inc. (USA)	0,7	6,0
t_{-1}	Präzisionstechnik GmbH (D)	Industrie Holding AG (D)	0,6	5,8
t_0	CNC GmbH & Co. KG (D)	XYZ GmbH (D)	0,5	5,5
t_0	TecCo. GmbH (D)	InvestFund (CH)	0,4	4,7
Mittelwert			0,5	5,5

Bewertung (Absolute Zahlen in Mio. €)	Umsatz t_0	EBIT t_0	Umsatzmultiplikator Mittelwert	EBIT-Multiplikator Mittelwert
Maschinenbau GmbH	75,2	3,0	0,5	5,5
Unternehmenswert			40,6	16,4

Quelle: eigene Darstellung

Excel-Datei: Unternehmensbewertung/Excel-Blatt: Transaktionsmultiplikatoren

Modell-Tabelle 1: Bewertung anhand von Vergleichstransaktionen

Die Tatsache, dass Kaufpreise für viele Transaktionen kleinerer und mittlerer Unternehmen nicht veröffentlicht werden, erschwert die Analyse vergleichbarer Transaktionen. Als Alternative bieten sich die im FINANCE-Magazin monatlich veröffentlichten Multiplikatoren nach Branchen an. Das Expertenpanel von FINANCE berechnet Kaufpreise aus Unternehmenstransaktionen in 16 Branchen im Small- und Mid-Cap-Bereich im Verhältnis zum Umsatz und EBIT sowie Börsenmultiplikatoren auf EBIT- und Umsatzbasis (vgl. Tabelle II.11). Des Weiteren können Research-Funktionen der FINANCE-Dealbank (www.finance-dealbank.de) sowie Börsendaten bei der Ermittlung der Multiplikatoren hinzugezogen werden.

Branche	Experten-Multiples Small-Cap*		Experten-Multiples Mid-Cap**		EBIT-Multiple Börse	Umsatz-Multiple Börse
	EBIT-Multiple	Umsatz-Multiple	EBIT-Multiple	Umsatz-Multiple		
Beratende Dienstleistungen	5,6x – 7,6x	0,56x – 0,93x	6,4x – 8,6x	0,64x – 1,14x	k.A.	k.A.
Software	5,9x – 8,2x	0,67x – 1,08x	6,5x – 8,5x	0,71x – 1,35x	11,5	2,14
Telekommunikation	5,5x – 7,6x	0,66x – 1,08x	5,9x – 8,1x	0,72x – 1,16x	13,9	1,24
Medien	5,9x – 7,7x	0,61x – 1,16x	6,6x – 8,3x	0,78x – 1,43x	12,0	1,88
Handel/E-Commerce	5,1x – 7,8x	0,47x – 0,96x	5,6x – 8,4x	0,49x – 1,05x	12,0	1,36
Transport u. Logistik	4,9x – 6,8x	0,47x – 0,89x	5,6x – 7,6x	0,55x – 0,96x	15,9	2,4
Elektrotechnik/Elektronik	5,0x – 6,8x	0,49x – 0,85x	5,4x – 7,5x	0,51x – 0,92x	12,4	1,01
Fahrzeugbau u. -zubehör	4,7x – 6,9x	0,37x – 0,66x	5,1x – 7,1x	0,42x – 0,74x	12,9	0,67
Maschinen- u. Anlagenbau	**5,1x – 6,9x**	**0,47x – 0,78x**	**5,4x – 7,4x**	**0,53x – 0,91x**	**14,5**	**1,12**
Chemie	5,5x – 8,0x	0,51x – 0,89x	6,0x – 8,7x	0,59x – 0,98x	16,3	1,78
Pharma/Biotech	5,9x – 8,5x	0,64x – 1,26x	6,6x – 9,2x	0,73x – 1,67x	10,1	1,19
Textil u. Bekleidung	4,6x – 6,2x	0,42x – 0,64x	5,3x – 7,0x	0,49x – 0,75x	12,1	1,17
Nahrungs- u. Genussmittel	5,3x – 7,2x	0,45x – 0,92x	5,9x – 8,0x	0,56x – 1,00x	12,4	0,79
Gas, Strom, Wasser	5,6x – 8,1x	0,57x – 0,99x	6,3x – 8,6x	0,76x – 1,17x	6,2	0,83
Umwelttechnologie	5,5x – 8,0x	0,60x – 1,03x	6,3x – 8,6x	0,66x – 1,18x	k.A.	k.A.
Bau und Handwerk	3,9x – 5,4x	0,36x – 0,56x	4,4x – 5,8x	0,40x – 0,63x	7,9	0,41

*Umsatz <= Euro 50 Mio.

**Umsatz Euro 50 Mio. – Euro 250 Mio.

Quelle: FINANCE (www.finance-magazin.de), April 2011

Tabelle II.11: EBIT- und Umsatzmultiplikatoren

Die für die MASCHINENBAU GmbH relevante Branche ist durch Fettdruck gekennzeichnet. Da die Umsätze der MASCHINENBAU GmbH über 50 Mio. Euro liegen, handelt es sich in diesem Fall um ein Mid-Cap-Unternehmen. Bei einem unterstellten Multiplikator von 6,0 auf EBIT-Basis ergibt sich ein Brutto-Unternehmenswert von 18,0 Mio. Euro bzw. Netto-Unternehmenswert von 1,7 Mio. Euro. Bei Anwendung von Umsatzmultiplikatoren ergibt sich bei einem unterstellten Multiplikator von 0,5 für die MASCHINENBAU GmbH ein Brutto-Unternehmenswert von 37,6 Mio. Euro bzw. Netto-Unternehmenswert von 21,3 Mio. Euro.

CF-Training-Modell: Folgende Modell-Tabelle zeigt die Berechnung des Unternehmenswertes mit Multiplikatoren.

(Absolute Zahlen in Mio. €)	Auf EBIT-Basis	Auf Umsatz-Basis
Bezugsgröße	3,0	75,2
x Multiplikator	6,0	0,5
= **Unternehmenswert**	**18,0**	**37,6**
./. Netto-Finanzverbindlichkeiten	16,3	16,3
= **Wert des Eigenkapitals**	**1,7**	**21,3**

Excel-Datei: Unternehmensbewertung/Excel-Blatt: Branchenmultiplikatoren

Modell-Tabelle 1: Bewertung anhand von Vergleichstransaktionen

Die Multiplikatoren aus Vergleichstransaktionen geben wichtige Hinweise auf den Marktwert eines Unternehmens. Um Repräsentativität zu gewährleisten, sollten die Vergleichstransaktionen aus dem unmittelbaren Marktumfeld des Zielunternehmens kommen und relativ zeitnah sein, um mögliche Änderungen in der Nachfrage zu berücksichtigen. Aus solchen Transaktionen können nicht nur wichtige Informationen für die Unternehmensbewertung gewonnen, sondern auch Trends über die Konsolidierung und die Nachfrage im Markt abgeleitet werden.

Vorteile	Nachteile
• Wenige Vergleichstransaktionen. • Schwierige Informationsbeschaffung. • Konjunkturentwicklung beeinflusst Multiplikatoren.	• unterschiedliche Zeitpunkte • Prämie für Kontrollmehrheit enthalten

4.3 Anwendbarkeit von Multiplikatorenmodellen

Stärken
Der Hauptvorteil des Multiplikatoren-Verfahrens besteht darin, dass der Markt als Bewertungsmaßstab herangezogen werden kann und potenzielle Marktpreise abgeschätzt werden können. Ein weiterer Vorzug ist die schnelle und leicht verständliche Berechnungsweise. Durch die erhebliche Komplexitätsreduktion wird das Verständnis der Berechnung des Unternehmenswertes auch dem Praktiker deutlich. Auch können Unternehmensbewertungen auf Basis von Multiplikatoren laufend ohne großen Aufwand aktualisiert werden, was insbesondere bei langen Verhandlungszeiträumen von Vorteil sein kann.

Schwächen
Die Stärke der Multiplikatoren-Verfahren ist gleichzeitig auch die Schwäche der Methode, nämlich die Abbildung der aktuellen Marktsituation. Dies führt dazu, dass es in Zeiten volatiler Börsenkurse zu hohen Schwankungen des Unternehmenswertes kommt. Ein weiterer Kritikpunkt besteht darin, dass die Multiplikatoren-Verfahren die unternehmensindividuelle Ertragskraft und die Wachstumsaussichten des zu bewertenden Unternehmens vernachlässigen und die aktuelle Börsenbewertung nur schwer mit betriebswirtschaftlichen Daten zu begründen ist.

Als weitere Schwäche ist aufzuführen, dass die Güte einer Unternehmensbewertung mit Multiplikatoren von der Vergleichbarkeit der Peer-Group-Unternehmen abhängt, die als Basis für die Multiplikatorenberechnung dienen. In der Realität wird es in der Tat nicht möglich sein, mehrere Unternehmen zu finden, die mit dem zu bewertenden Unternehmen völlig identisch sind. Eine Verwerfung des Ansatzes aus diesem Grund würde aber mit einer unrealistischen Zielsetzung einer Unternehmensbewertung einhergehen.

Bei Peer-Groups mit internationalen Unternehmen ergibt sich häufig das Problem der mangelnden Vergleichbarkeit durch unterschiedliche Rechnungslegungsnormen. Diese Problematik ergibt sich durch den Einfluss der externen Rechnungslegungsgrundsätze (z.B. HGB, IAS/IFRS, US-GAAP) und bilanzpolitischer Gestaltungsspielräume. So führt z.B. die Verwendung unterschiedlicher Abschreibungsmethoden zu unterschiedlichen Gewinnausweisen. Diesem Problem kann nur durch die Auswahl von Multiplikatoren begegnet werden, die entweder bilanzpolitisch wenig manipulierbar sind oder bereits bereinigte Größen enthalten.

Als nachteilig erweist sich ferner, dass die zur Durchführung von Multiplikatoren-Verfahren benötigten Daten in der Regel nur für börsennotierte Unternehmen zur Verfügung stehen. Nicht börsennotierte Unternehmen können somit nur durch vergleichbare börsennotierte Unternehmen bewertet werden. Dadurch entstehen Probleme in der Vergleichbarkeit.

Vorteile	Nachteile
• Öffentlicher Zugang zu einer Fülle branchenüblicher Multiplikatoren und Erfahrungswerte. • Ermöglicht relative Vergleichsbasis zum Markt. • In der Praxis häufig verwendetes Bewertungsverfahren, da einfach und preiswert. • Multiplikatorenbewertung liefert relativ einfach und schnell eine erste Wertindikation. • Realitätsnahes Verfahren. • Unternehmensbewertung kann leicht auf die aktuelle Situation angepasst werden. • In der Praxis leicht verständliche Berechnung durch erhebliche Komplexitätsreduktion.	• Erforderliche Investitionen und Kapitalkosten bleiben unbeachtet. • Multiplikatoren sind oftmals statisch. • Künftige Unternehmensentwicklung nicht hinreichend berücksichtigt. • Probleme in der Vergleichbarkeit von börsennotierten mit nicht börsennotierten Unternehmen und mit internationalen Unternehmen. • Unternehmenswert kann in volatilen Zyklen starken Schwankungen unterliegen. • Komplexes Bewertungsverfahren bei Berücksichtigung verbundener Problemfelder wie z. B. unterschiedlicher Rechnungslegung der Peer-Group-Unternehmen.

5 Übersicht über die Ergebnisse

Zusammenfassung der Bewertungsergebnisse

Um die Ergebnisse der verschiedenen Bewertungsmethoden vergleichbar zu machen, sind die ermittelten Werte als Netto-Unternehmenswerte dargestellt.

CF-Training-Modell: Es ergibt sich eine Bandbreite der Unternehmenswerte für die MASCHINENBAU GmbH von 7,7 Mio. Euro bis 18,8 Mio. Euro (da der CVA-Unternehmenswert nicht aussagefähig ist, wurde er nicht berücksichtigt).

Methode		Unternehmenswert (Absolute Zahlen in Mio. €)	Erklärung
DCF-Wert – Entity Ansatz – APV Ansatz – Equity Ansatz		13,3 7,7 14,3	Analyse des Barwerts des zukünftigen Cashflow auf Basis der erwarteten Unternehmensentwicklung
Ertragswert		15,5	Analyse des Barwerts der zukünftigen ausschüttungsfähigen Gewinne der erwarteten Unternehmensentwicklung
Vereinfachtes Ertragswertverfahren		18,8	Analyse des nachhaltig erzielbaren Ertrags
EVA-Wert		17,1	Gegenüberstellung des ROCE und der Kapitalkosten
CVA-Wert		4,9	Gegenüberstellung des CFROI und der Kapitalkosten
Multiplikatoren vergleichbarer Transaktionen	EBIT	16,4	Schätzung des Marktwerts mit Kennzahlen, die sich bei Übernahmen vergleichbarer Unternehmen ergaben
Multiplikatoren vergleichbarer börsennotierter Unternehmen	t_0	14,4	Schätzung des Marktwerts aufgrund von KGVs vergleichbarer börsennotierter Unternehmen
Bandbreite		7,7 – 18,8	

Excel-Datei: Unternehmensbewertung/Excel-Blatt: Zusammenfassung

Modell-Tabelle 1: Zusammenfassung der Ergebnisse

Die daraus resultierenden Werte aus den DCF-Methoden, der Ertragswertmethode, dem vereinfachten Ertragswertverfahren, dem EVA- und CVA-Ansatz sollten theoretisch zum selben Ergebnis führen. Abweichungen sind auf Rundungsfehler und auf die unterschiedliche Berücksichtigung von Veränderungen in der Finanzierung der MASCHINENBAU GmbH zurückzuführen. Dagegen führen die marktorientierten Multiplikatorenmethoden zu leicht unterschiedlichen Ergebnissen. Dieser Unterschied liegt hauptsächlich am Diskontierungsfaktor der Ertrags- bzw. Cashflow orientierten Bewertungsmethoden, dessen Kehrwert den Faktoren der marktorientierten Multiplikatorenmethoden gleichzusetzen ist. Den Einfluss des Diskontierungsfaktors bzw. Multiplikators auf den Unternehmenswert wird damit deutlich.

Sensitivitätsanalyse

Verschiedene Investoren haben unterschiedliche Renditeerwartungen bei Investitionsüberlegungen. Der Einfluss variierender Kapitalisierungszinssätze auf den Unternehmenswert hängt von der Finanzstruktur des Unternehmens ab und wird im Folgenden dargestellt.

CF-Training-Modell: Die Sensitivitätsanalyse zeigt den Einfluss unterschiedlicher Kapitalisierungszinssätze auf den Netto-Unternehmenswert am Beispiel des WACC- und Equity-Ansatzes sowie des Ertragswertverfahrens.

	EK-Kosten						
	12,0%	13,0%	14,0%	15,0%	16,0%	17,0%	18,0%
DCF (WACC)	14,8	14,3	13,8	13,3	12,9	12,5	12,3
DCF (Equity)	15,9	15,4	14,8	14,3	13,8	13,4	12,9
Ertragswert	17,2	16,6	16,1	15,5	15,0	14,6	14,1
	8,5%	8,9%	9,2%	9,5%	9,8%	10,1%	10,3%
				WACC			

Excel-Datei: Unternehmensbewertung/Excel-Blatt: Sensitivitätsanalyse

Modell-Tabelle 1: Sensitivitätsanalyse

Wie in der Einleitung erwähnt, hat der Kapitalisierungszinssatz wesentlichen Einfluss auf die Unternehmensbewertung. Die Sensitivitätsanalyse verdeutlicht die Auswirkung auf den Wert der MASCHINENBAU GmbH bei Veränderung des Kapitalkostensatzes. Demzufolge sollte der Bewertungsanalyst bei der Einschätzung der Kapitalkosten im Zuge der Unternehmensbewertung sorgfältig vorgehen.

Ein weiterer Einflussfaktor auf den Unternehmenswert ist der Diskontierungszeitraum. Am häufigsten werden Cashflows bzw. Erträge am Ende der Periode diskontiert. Zum Beispiel bei der DCF-Methode wird unterstellt, dass Zahlungen an Kapitalgeber erst am Ende der jeweiligen Periode erfolgen und deshalb ganzjährig diskontiert werden. Dagegen handelt es sich bei dem EVA-Ansatz um Einnahmen und Ausgaben, die über den betrachteten Zeitraum erfolgen und somit halbjährig diskontiert werden.

CF-Training-Modell: Folgende Modell-Tabelle zeigt die Auswirkung des Diskontierungszeitraums auf den Unternehmenswert der MASCHINENBAU GmbH:

Positionen Jahresabschluss (Absolute Zahlen in Mio. €)		WACC	Plan t₁	Plan t₂	Plan t₃	Plan t₄	Plan t₅	Plan t₆	Endwert	Barwert	Wert des EK
Operative Free Cashflows (oFCF) und Endwert			0,1	2,0	3,6	2,6	1,6	2,1	33,9		
Abzinsungszeitraum:	Anfang	9,53%	1,0000	0,9130	0,8335	0,7610	0,6948	0,6343	0,6343	30,8	16,0
(Periode)	Mittel	9,53%	0,9555	0,8724	0,7964	0,7271	0,6639	0,6061	0,6061	29,5	14,6
	Ende	9,53%	0,9130	0,8335	0,7610	0,6948	0,6343	0,5791	0,5791	28,2	13,3

Excel-Datei: Unternehmensbewertung/Excel-Blatt: Diskontierungszeitraum

Modell-Tabelle 1: Diskontierungszeitraum

Die Modell-Tabelle zeigt, dass die Diskontierung der Cashflows zum Ende der Periode zum niedrigeren konservativeren Unternehmenswert führt. Bei der Auswahl des Diskontierungszeitraums ist auf den tatsächlichen Ein- und Auszahlungszeitpunkt zu achten, sodass Zahlungsflüsse mit dem Diskontierungszeitraum übereinstimmen (Albright 1997).

EXKURS: Unternehmenswert und Kaufpreis

Der Unternehmenswert wird häufig mit dem Kaufpreis für das Unternehmen bzw. dessen Anteile gleichgestellt. Diese stimmen meistens jedoch nicht überein. Der Unternehmenswert wird in der Regel ermittelt, um als Grundlage für Verhandlungen, die das Unternehmen oder Teile davon betreffen, zu dienen. Dagegen ist der Kaufpreis eines Unternehmens der Geldbetrag, der bei einem Eigentümerwechsel tatsächlich bezahlt wird. Was häufig zu Missverständnissen führt, ist die Tatsache, dass der ermittelte Unternehmenswert nicht mit dem Verkaufserlös, den der Verkäufer im Veräußerungsfall erwartet, identisch ist. Dies ergibt sich vor allem dann, wenn sich Veränderungen des Anlage- bzw. Umlaufvermögens auf der Aktivseite bzw. der zinstragenden Verbindlichkeiten auf der Passivseite zwischen dem Bewertungsstichtag und dem tatsächlichen Übernahmestichtag ergeben.

Im nachfolgenden Beispiel wird unterstellt, dass der Eigenkapitalwert (Kaufpreis) der MASCHINENBAU GmbH zum Bewertungsstichtag 4,4 ist. Dabei beträgt das Netto-Umlaufvermögen (Vorräte zzgl. Forderungen aus Lieferungen und Leistungen abzgl. Verbindlichkeiten aus Lieferungen und Leistungen) 11,0.

Anpassungen des Kaufpreises ergeben sich eventuell aus Veränderungen bzw. Umschichtungen des Netto-Umlaufvermögens oder Anlagevermögens, vor allem wenn sich diese auf die Liquidität und somit auf die Nettofinanzverbindlichkeiten des Unternehmens auswirken. Solche Veränderungen führen in der Regel zu Kaufpreisanpassungen, falls sie im Zeitraum zwischen dem Bewertungsstichtag und dem tatsächlichen Übernahmestichtag stattfinden, und wenn der Käufer das Unternehmen frei von liquiden Mitteln und zinstragenden Verbindlichkeiten (Cash and Debt free) erwerben möchte. Die Einlösung von Forderungen aus Lieferungen und Leistungen führt zum Beispiel zu einer Erhöhung der Liquidität und erhöht damit den Kaufpreis. Gleichzeitig aber verringert sich das Netto-Umlaufvermögen im Unternehmen, sodass sich der Kaufpreis um diesen Betrag reduziert.

CF-Training-Modell: Dieser Effekt wird anhand des Rechenbeispiels in folgender Modell-Tabelle für die MASCHINENBAU GmbH gezeigt.

Im Rahmen von Verkaufsverhandlungen können Regelungen für die Kaufpreisanpassung vereinbart werden, für den Fall, dass das Netto-Umlauf- oder Anlagevermögen sich verändert. Dies ist umso wichtiger, je länger der Zeitraum zwischen Bewertungs- und Übernahmestichtag ist. Nur mit solchen Regelungen kann der Verkäufer davon ausgehen, dass der Netto-Wert des Eigenkapitals dem Kaufpreiserlös beim Transaktionsabschluss entspricht.

Bewertungsstichtag				Unternehmenswert bzw. Kaufpreis	
Aktiva	**Bilanz**		Passiva		
Anlagevermögen	12,5	**Eigenkapital**	**9,2**	Umsatz	75,2
Umlaufvermögen		Rückstellungen	2,6	EBIT	3
- Vorräte	4,6	Zinstragende Verb.	17,8	x Multiplikator	6,9
- Forderungen L.u.L	13,4	Verbindlichkeiten L. u. L	7,0	=Brutto-Wert	20,7
- Sonstige	10,3	Sonst. Verbindlichkeiten	5,7	-Netto-Finanzverbindlichkeiten	16,3
Liquide Mittel	1,5			**=EK-Wert (Kaufpreis)**	**4,4**
Summe	42,3	Summe	42,3		
Netto-Umlaufvermögen i.e.S.*:		11,0			

Übernahmestichtag				Unternehmenswert bzw. Kaufpreis	
Aktiva	**Bilanz**		Passiva		
Anlagevermögen	12,5	**Eigenkapital**	**9,2**	Umsatz	75,2
Umlaufvermögen		Rückstellungen	2,6	EBIT	3
- Vorräte	4,6	Zinstragende Vbd.	17,8	x Multiplikator	6,9
- Forderungen L.u.L	**5,4**	Verbindlichkeiten L.u.L	7,0	=Brutto-Wert	20,7
- Sonstige	10,3	Sonst. Verbindlichkeiten	5,7	-Netto-Finanzverbindlichkeiten	8,3
Liquide Mittel	**9,5**			**=EK-Wert (Kaufpreis)**	**12,4**
Summe	42,3	Summe	42,3	Veränderung Netto-UV	-8,0
Netto-Umlaufvermögen i.e.S.*:		3,0		**=Netto-Kaufpreis**	**4,4**

*Vorräte zzgl. Forderungen L.u.L. abzgl. Verbindlichkeiten L.u.L.

Excel-Datei: Unternehmensbewertung/Excel-Blatt: Unternehmenswert & Kaufpreis

Modell-Tabelle 1: Unternehmenswert und Kaufpreis

Zusammenfassung

- Die Unternehmensbewertungsmethoden können in Einzel-, Misch- und Gesamtbewertungsverfahren unterteilt werden können.
- Die DCF-Verfahren unterteilen sich in den WACC-, periodenspezifischen WACC, APV- und Equity-Ansatz.
- Allen DCF-Verfahren liegt eine detaillierte und integrierte GuV- und Bilanz-Planung zugrunde.
- Eine Planung basiert auf der Analyse von Jahresabschlüssen zumindest der letzten drei Jahre.
- Aus den Planwerten können die bewertungsrelevanten Cashflows abgeleitet werden.
- Für den WACC-, periodenspezifischen WACC und APV-Ansatz ist der operative Free Cashflow bewertungsrelevant, für den Equity-Ansatz der Cashflow to Equity.
- Bei der Berechnung der operativen Free Cashflows werden ausschließlich die operativen, d.h. die aus dem betriebsnotwendigen Vermögen erwirtschafteten Cashflows herangezogen.
- Es handelt sich hierbei um Cashflows vor finanzierungsbezogenen Zahlungsströmen wie etwa Fremdkapitalzinsen und -tilgungen sowie Dividenden.
- Im Anschluss an die explizite Planungsperiode wird beim WACC-Ansatz der Terminal Value (auch Fortführungswert genannt) mithilfe einer konstant wachsenden ewigen Rente ermittelt.
- Im Terminal-Value-Jahr muss ein normalisierter Cashflow angesetzt werden, der das betrachtete Unternehmen in einem Gleichgewichtszustand abbildet.
- Der Kapitalkostensatz im WACC-Ansatz wird im Allgemeinen als WACC (Weighted Average Cost of Capital) bezeichnet, da er die Kapitalstruktur des betrachteten Unternehmens berücksichtigt.
- Die Gewichtung der Eigenkapital- und Fremdkapitalkosten erfolgt in der WACC-Formel nach Marktwerten oder mittels einer Zielkapitalstruktur.
- Anpassungen an die Gegebenheiten und Risiken mittelständischer Unternehmen sind grundsätzlich möglich, widersprechen jedoch den Prämissen des CAPM.
- Die Summe der Barwerte der operativen Free Cashflows ergibt den Wert des Unternehmens aus dem betriebsnotwendigen Vermögen. Diesem sind noch der Wert des nicht betriebsnotwendigen Vermögens sowie die liquiden Mittel hinzuzurechnen, um zum Gesamtwert des Unternehmens (Entity Value) zu gelangen.
- Der Marktwert des Eigenkapitals lässt sich nach Abzug des Marktwerts des verzinslichen Fremdkapitals vom Entity-Value bestimmen.
- Beim periodenspezifischen WACC werden im Gegensatz zum einfachen WACC-Ansatz die periodenspezifischen Kapitalkosten berechnet, um eine sich verändernde Kapitalstruktur abzubilden.
- Der periodenspezifischen WACC ist immer dann notwendig, wenn sich die Kapitalstruktur in der Planung verändert.
- Der APV-Ansatz stellt explizit auf die Auswirkungen der Kapitalstruktur auf Cashflowebene ab.
- Beim Adjusted Present Value-Ansatz (APV-Ansatz) wird in einem ersten Schritt der Marktwert des Gesamtkapitals unter der Fiktion der vollständigen Eigenfinanzierung

des Unternehmens ermittelt. In einem zweiten Schritt wird dann die Auswirkung einer Fremdfinanzierung auf den Unternehmenswert in Form eines sogenannten Tax Shields berücksichtigt, das der Steuerersparnis aufgrund der steuerlichen Abzugsfähigkeit der Fremdkapitalzinsen entspricht.

- Beim Equity-Ansatz (Nettoverfahren) werden nur die Cashflows abgezinst, die ausschließlich den Eigenkapitalgebern zustehen. Diese werden Cashflows to Equity genannt.
- Die Diskontierung erfolgt dementsprechend mit den Eigenkapitalkosten des Unternehmens.
- Aus dieser Vorgehensweise resultiert direkt der Wert des Eigenkapitals.
- Das Ertragswertverfahren entspricht grundsätzlich dem Equity-Ansatz und wurde durch diesen abgelöst.
- Das vereinfachte Ertragswertverfahren verwendet den zukünftig nachhaltig erzielbaren Jahresertrag und multipliziert diesen mit dem Kapitalisierungsfaktor.
- Im Rahmen des Value-Based-Management können das EVA- und das CVA-Verfahren zur Unternehmensbewertung eingesetzt werden.
- Das EVA- und das CVA-Verfahren zählen zu den Übergewinnverfahren.
- Das EVA- und das CVA-Verfahren werden in der Praxis bei der Unternehmensbewertung selten eingesetzt.
- Bei den Multiplikatorenverfahren werden Börsen- und Transaktionsmultiplikatoren unterschieden.
- Börsenmultiplikatoren leiten den Unternehmenswert eines nicht börsennotierten Unternehmens aus den Werten börsennotierter Unternehmen ab.
- Bei den Transaktionsmultiplikatoren wird der Unternehmenswert aus Kaufpreisen kürzlich stattgefundener Transaktionen von Unternehmen der gleichen Branche hergeleitet.
- Es ist empfehlenswert, bei jeder Unternehmensbewertung eine Sensitivitätsanalyse durchzuführen, um die Auswirkung einzelner Werttreiber auf den Unternehmenswert zu testen.

Teil III
Grundlagen der Akquisitionsfinanzierung

Leitfragen

▸ Welches sind die Herausforderungen einer Akquisitionsfinanzierung?

▸ In welchem Zusammenhang stehen Akquisitionsfinanzierungen und Buy-out-Finanzierungen?

▸ Welche Anlässe für Akquisitionsfinanzierungen gibt es?

▸ Wer ist an Akquisitionsfinanzierungen beteiligt?

▸ Welche Ziele verfolgen Fremd- und Eigenkapitalgeber bei einer Akquisitionsfinanzierung?

▸ Wie funktioniert ein Leveraged-Buy-out (LBO)?

▸ Welches sind die Erfolgsfaktoren einer LBO-Finanzierung?

▸ Wie erfolgt die gesellschaftsrechtliche Strukturierung einer LBO-Finanzierung?

▸ Wie erfolgt die Strukturierung der Finanzierungsinstrumente und der Schuldendienstfähigkeit?

▸ Welche Formen des Eigen-, Mezzanine und Fremdkapitals werden bei einer Akquisitionsfinanzierung eingesetzt?

▸ Welche Kennzahlen finden bei einer Akquisitionsfinanzierung Anwendung?

▸ Welche Analysen werden durch den Fremdkapitalgeber vorgenommen?

1 Begriffsbestimmung

Der Erwerb eines Unternehmens kann nur dann erfolgreich durchgeführt werden, wenn die M&A-Transaktion letztlich auch finanzierbar ist. In der Praxis zeigt sich, dass eine Vielzahl von Unternehmenstransaktionen trotz Kaufpreiseinigung zwischen Käufer und Verkäufer daran scheitert, dass sich letztlich keine Bank bereit erklärt, die Transaktion zu finanzieren.

> **DEFINITION**
> Unter einer *Akquisitionsfinanzierung* wird die Finanzierung des Erwerbs eines Unternehmens oder einer Unternehmensgruppe verstanden. Häufig finanziert der Erwerber den Unternehmenskauf sowohl mit Eigenkapital als auch mit Fremdkapital.

Für die Praxis der Akquisitionsfinanzierung ist zu unterscheiden, ob es sich beim Käufer
- um einen strategischen Investor (z.B. Wettbewerber oder Investor mit industriellem Hintergrund) oder
- um einen Finanzinvestor handelt.

Der wesentliche Unterschied zwischen einer Unternehmenskauffinanzierung durch einen strategischen Investor oder einen Finanzinvestor besteht darin, dass die Unternehmenskauffinanzierung des Finanzinvestors in der Regel auf der zukünftigen Ertragskraft des zu erwerbenden Unternehmens beruht. Dahingegen verfügt der strategische Investor – häufig als großer Konzern – über mehr Finanzierungsmöglichkeiten als der Finanzinvestor. Das bedeutet, dass es sich bei den Unternehmenskauffinanzierungen von strategischen Investoren in der Regel um einen Finanzierungsmix handelt. Abbildung III.1 zeigt die unterschiedlichen Finanzierungsarten im Rahmen von Akquisitionen eines strategischen Investors. Die Akquisitionsfinanzierungsabteilungen einer Bank sind hier in Abhängigkeit von der Strukturierung der Finanzierung ein Bestandteil der Gesamtfinanzierung.

Die Ausführungen in diesem Buch beziehen sich auf die *Akquisitionsfinanzierung für einen Finanzinvestor*, da diese Finanzierungsart die Besonderheiten von Akquisitionsfinanzierungen am besten aufzeigt. Viele Aussagen und Erkenntnisse dieses Teils können aber auch auf Unternehmenskauffinanzierungen von strategischen Investoren übertragen werden.

Akquisitionsfinanzierungen zeichnen sich durch ein hohes Fremdkapital in der Gesamtfinanzierung aus. Das Fremdkapital bei einer Akquisitionsfinanzierung wird in der Regel durch Bankkredite zur Verfügung gestellt, bei größeren Unternehmenstransaktionen kommt auch eine Fremdfinanzierung über die Begebung hochverzinslicher Anleihen am Kapitalmarkt (High Yield Bonds) in Betracht.

Das Verhältnis zwischen Eigenkapital und Fremdkapital beträgt bei Akquisitionsfinanzierungen in der Regel zwischen 30:70 und 40:60. Akquisitionsfinanzierungen mit einem hohen Fremdkapitalanteil werden auch *Leveraged-Buy-out* genannt. Beide Begriffe werden hier synonym verwendet.

Das für eine Akquisitionsfinanzierung erforderliche Fremdkapital kann von großem Umfang sein. Daher ist es bei großen Akquisitionsfinanzierungen üblich, dass der Kredit nicht von einer Bank, sondern von einem Bankenkonsortium zur Verfügung gestellt wird. Dann wird von einem *Konsortialkredit* oder »Syndicated Loan« gesprochen.

Akquisitionsfinanzierungen haben sich zu einem interessanten und lukrativen Spezial-produkt innerhalb des Corporate Finance entwickelt. Akquisitionsfinanzierungen sind im Vergleich zu Standardkreditprodukten der Unternehmensfinanzierung durch eine große Komplexität und einen höheren Risikograd gekennzeichnet. Sie bedürfen eines hohen Know-hows der Mitarbeiter in Finanzierungs-, Planungs-, Bewertungs-, Steuer- und Rechtsfragen. Akquisitionsfinanzierungen werden daher in Spezialabteilungen innerhalb des Corporate Finance behandelt. Abteilungen, die sich mit dem Themengebiet »Akquisitionsfinanzierun-gen« beschäftigen, sind häufig im Bereich Structured Finance (Strukturierte Finanzierun-gen) einer Bank angesiedelt.

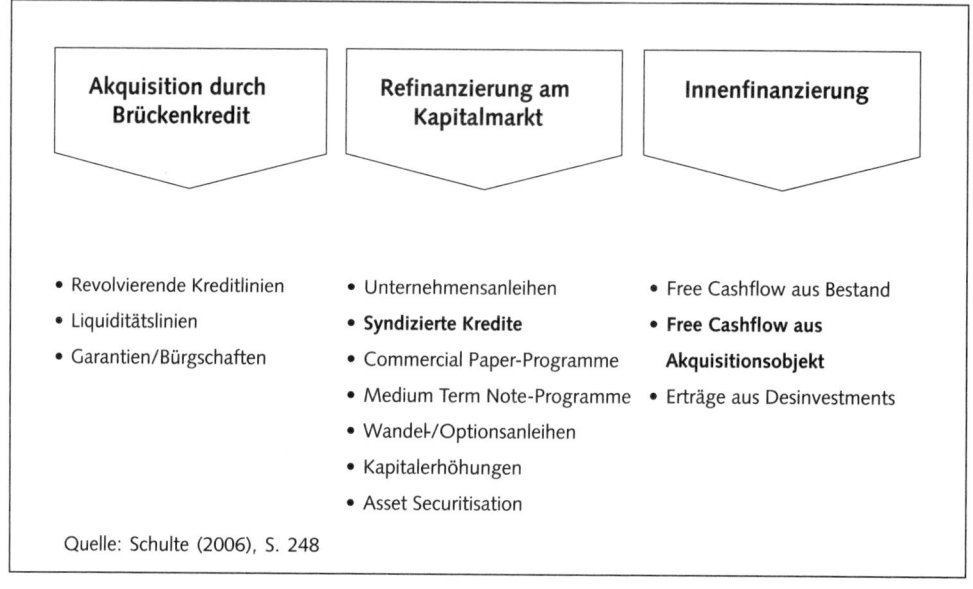

Abbildung III.1: Finanzierungsarten im Rahmen von Akquisitionen aus Sicht eines strategischen Investors

CF-Training-Modell: Teil III liegt das Beispiel der MASCHINENBAU GmbH zugrunde, anhand dessen gezeigt wird, wie die Strukturierung einer Akquisitionsfinanzierung erfolgt.

Ausgangssituation:
- Die MASCHINENBAU GmbH wird vom Mutterkonzern im Rahmen eines M&A-Prozesses veräußert.
- Als Ergebnis des Verkaufsprozesses erwerben das Management des Unternehmens und ein Finanzinvestor im Rahmen eines Management-Buy-outs die MASCHINENBAU GmbH.

- Der Kaufpreis beträgt 13,3 Mio. Euro, Bankverbindlichkeiten sind in Höhe von 17,8 Mio. Euro abzulösen, die Transaktionskosten betragen 1 Mio. Euro.
  => Das Gesamtinvestitionsvolumen beträgt somit 32,1 Mio. Euro.
- Ziel ist es, das Investitionsvolumen in Höhe von 32,1 Mio. Euro durch eine Akquisitionsfinanzierung zu finanzieren.

2 Die Herausforderungen von Akquisitionsfinanzierungen

Mit einer Akquisitionsfinanzierung ist in der Regel eine bedeutende Erhöhung des Verschuldungsgrads des Kreditnehmers verbunden. Die Ziele der beteiligten Parteien – des Eigenkapitalgebers und des Fremdkapitalgebers – befinden sich dabei in einem Konfliktverhältnis.
- Der Eigenkapitalgeber strebt einen möglichst hohen Anteil an Fremdfinanzierung an.
- Die Bank fordert zur Minimierung des Kreditrisikos einen hohen Eigenkapitalanteil an der Finanzierung.

Um die persönliche Haftung des Erwerbers zu minimieren und die steuerliche Abzugsfähigkeit der Schuldzinsen der Akquisitionsfinanzierung zu ermöglichen, wird in der Regel zur Akquisition des Zielunternehmens (Target) eine Einzweckgesellschaft (Special Purpose Company oder NewCo) gegründet. Dadurch kann die Haftung des Erwerbers auf die Eigenkapitaleinlage in der Einzweckgesellschaft begrenzt werden. Aufgrund dieser Strukturierung sind die Sicherheiten für die finanzierenden Banken eingeschränkt, sodass dem Cashflow des zu erwerbenden Unternehmens eine zentrale Bedeutung zukommt.

Ziel der Akquisitionsfinanzierung ist die wirtschaftliche und rechtliche Separierung eines Cashflow-Stroms zur ausschließlichen Nutzung für eine Bankfinanzierung sowie die steuerliche Optimierung der Finanzierungsstruktur zur Erhöhung des Netto-Cashflows.

Dies führt zu Konsequenzen, die für Akquisitionsfinanzierungen kennzeichnend sind:
- Eine Akquisitionsfinanzierung stellt im Wesentlichen auf die zukünftigen Cashflows der erworbenen Gesellschaft ab, da der Schuldendienst der Akquisitionsfinanzierung bei einer Transaktionsstruktur mit einer Einzweckgesellschaft von der erworbenen Gesellschaft erbracht werden muss.
- Eine Akquisitionsfinanzierung ist rechtlich so zu strukturieren, dass sowohl die Interessen der Eigenkapitalgeber als auch die der Banken berücksichtigt werden und gleichzeitig eine steuerliche Optimierung erfolgt.

> **DEFINITION**
> Unter *Akquisitionsfinanzierung* wird eine Cashflow orientierte, strukturierte Finanzierung verstanden, die unter Einsatz maßgeschneiderter Finanzierungsinstrumente und unter Einbeziehung von rechtlichen und steuerlichen Fragestellungen eine für Investoren und Banken optimale Finanzierung des vereinbarten Kaufpreises ermöglicht.

Der Cashflow-Analyse kommt im Rahmen einer Akquisitionsfinanzierung eine zentrale Bedeutung zu. Die Cashflow-Analyse erfolgt sowohl während der Strukturierungsphase als auch nach erfolgter Transaktion in der Tilgungsphase.

Strukturierungsphase

In der Strukturierungsphase wird eine detaillierte Finanzplanung erstellt (siehe Teil I.: Unternehmensplanung). Diese bildet für einen Zeitraum von drei bis fünf Jahren die zukünftige Bilanz, Gewinn- und Verlustrechnung und Cashflow-Rechnung ab. Die Ergebnisse der Due Diligence und die daraus abgeleiteten Szenarien für die Entwicklung des operativen Geschäfts der Zielgesellschaft (Best, Normal und Worst Case) werden im Rahmen von Sensitivitäts- und Simulationsrechnungen erfasst. Diese Berechnungen erlauben Aussagen darüber, inwieweit die Tilgungs- und Zinszahlungen bei Abweichungen von der Planung gefährdet sind und ab welchem Abweichungsgrad mit Ausfällen zu rechnen ist. Dies führt auf Seiten des Kreditgebers zu Überlegungen, ob die geforderten Sicherheiten ausreichend sind und welche Covenants in den Kreditvertrag eingebaut werden sollen. Covenants sind Klauseln in den Kreditverträgen, die dem Kreditgeber das Recht geben, bei Eintritt bestimmter Ereignissen bestimmte Maßnahmen zu ergreifen.

Tilgungsphase

In der Tilgungsphase werden auf Monatsbasis die aktuellen Unternehmenszahlen ausgewertet. Bei Abweichungen von den Planzahlen können rechtzeitig Maßnahmen ergriffen werden, um das Kreditengagement sichern zu können. Die Cashflow-Analyse in der Tilgungsphase erfolgt durch eine Spezialabteilung, Marktfolgeseite genannt. Hier spielt neben der Analyse von Cashflows einzelner Engagements auch die Analyse des Gesamtportfolios eine wichtige Rolle. Ziel ist es, ein Kreditportfolio aufzubauen, das Risiken (z.B. Klumpenrisiken durch zu viele Engagements in einer Branche) vermeidet.

3 Akquisitionsfinanzierungen und Buy-out-Finanzierungen

Akquisitionsfinanzierungen und Buy-outs stehen in einer engen Beziehung zueinander und weisen in vielen Fällen Überschneidungen auf. Konkret: Die in der Bankenpraxis von den Abteilungen »Strukturierte Finanzierung« angebotenen Akquisitionsfinanzierungen sind Buy-out-Finanzierungen. Im Folgenden sollen die wichtigsten Begriffe rund um Buy-outs erläutert werden.

> **DEFINITION**
> Von einer *Buy-out-Finanzierung* wird gesprochen, wenn die Mehrheit der Anteile an einem Unternehmen oder an einem Unternehmensteil durch eine dem Unternehmen nahe stehende Personengruppe (oder auch Person) erworben wird.

Nachfolgend werden die gängigsten Formen von Buy-out-Finanzierungen kurz beschrieben.

3.1 Management-Buy-out (MBO)

Der Management-Buy-out (MBO) beschreibt den Erwerb von Anteilen durch das bereits im Unternehmen tätige Management. Der MBO ist in der Praxis die häufigste Form von Buy-out-Transaktionen. Der Grund für die hohe Anzahl zu beobachtender MBO-Transaktionen ist die Möglichkeit einer geordneten Firmenübergabe. Anlässe eines MBO können eine Nachfolgeregelung oder auch die Ausgliederung eines Unternehmensbereichs aus einem Konzern in eine meist neu gegründete Tochtergesellschaft sein.

Beispielsweise wünschen die Alteigentümer mittelständischer Unternehmen, die häufig auch die Firmengründer sind, ihr Lebenswerk an ihnen vertraute Personen abzugeben. Oftmals wird im Rahmen einer frühzeitigen Nachfolgeregelung ein Management aufgebaut, das zunehmend Führungsaufgaben vom Alt-Gesellschafter übernimmt und später im Rahmen eines MBO auch Gesellschaftsanteile erwirbt.

Dem Management kommt eine zentrale Bedeutung beim MBO zu, da es für den Erfolg des Geschäftsmodells und damit für die Rückführung der Akquisitionsfinanzierung verantwortlich ist. Aufgrund des limitierten Eigenkapitals des Managements wird zur Strukturierung einer Buy-out-Finanzierung in der Regel weiteres Eigenkapital durch Einschaltung externer Eigenkapitalgeber (Private-Equity-Gesellschaften) zur Verfügung gestellt (siehe Teil IV: Private Equity). Management und Private-Equity-Gesellschaften bilden den neuen Gesellschafterkreis nach Durchführung eines Buy-out.

Banken stehen einem MBO in der Regel aufgeschlossen gegenüber, da das bestehende Management bereits die Strukturen des Unternehmens kennt, Kontakte zu Lieferanten und Kunden besitzt, das Wettbewerbsumfeld einschätzen kann und von der Belegschaft Akzeptanz erfährt. Dies sind Voraussetzungen dafür, dass das Risiko der auf Cashflows abstellenden Akquisitionsfinanzierung von den Banken kalkulierbar ist und eine Finanzierung realisierbar macht.

3.2 Management-Buy-in (MBI)

Im Gegensatz zum MBO beabsichtigt bei einem Management Buy-in (MBI) ein bisher externes Management, das Unternehmen von den bestehenden Gesellschaftern zu erwerben. Häufig ist bei einem MBI im ersten Schritt ein Eigenkapitalinvestor an der Akquisition des Zielunternehmens interessiert. Stehen geeignete Führungspersonen im Unternehmen nicht zur Verfügung, wird der Finanzinvestor gemeinsam mit dem Alt-Gesellschafter externes Management ansprechen.

In der Vergangenheit sind eine Vielzahl von MBIs, darunter auch große MBI-Transaktionen, gescheitert. Ursachen waren eine fehlende Akzeptanz der Mitarbeiter gegenüber dem neuen Management, das Fehlen einer qualifizierten zweiten Führungsebene, mangelnde Branchenkenntnisse des Managements und eine ambitionierte Akquisitionsfinanzierung, die keine, wenn auch nur kurzfristigen Schwächen in der Unternehmensentwicklung erlaubt. Aufgrund der Erfahrung mit MBIs stehen sowohl Eigenkapital- als auch Fremdkapitalgeber MBI-Projekten in der Regel kritisch gegenüber.

PRAXISTIPP: MBO und MBI
Bei größeren Buy-out-Transaktionen findet häufig eine Mischung von MBO und MBI statt, indem das bestehende Management in spezifischen Aufgabengebieten durch externes Management ergänzt wird und das komplette Management sich dann am Unternehmen beteiligt.

3.3 Leveraged-Buy-out (LBO)

Unter einem LBO wird der Erwerb eines Unternehmens (oder von Unternehmensteilen) mit überwiegend (i.d.R. 50 Prozent oder mehr) Fremdkapitalfinanzierung verstanden. Der Begriff »Leveraged-Buy-out« ist auf die Hebelwirkung von Fremdkapital zurückzuführen. Diese entsteht dadurch, dass die Erwerber mit einem vergleichsweise geringen Eigenkapitaleinsatz große Unternehmenstransaktionen vornehmen und hohe Unternehmenswerte finanzieren können. Gleichzeitig steigt die Eigenkapitalrendite bei einer über dem Zinssatz des Fremdkapitals liegenden Gesamtkapitalrentabilität überproportional. Dieser Gesichtspunkt hat nicht unwesentlich zur Entwicklung von LBOs geführt.

Als Eigenkapitalgeber treten in erster Linie Finanzinvestoren (Private-Equity-Investoren) auf, die sich nach einem Zeitraum von vier bis sieben Jahren von der Beteiligung mit einem deutlichen Veräußerungsgewinn wieder trennen wollen. Neben Private-Equity-Gebern beteiligt sich regelmäßig auch das Management an dem Unternehmen. Die Beteiligung des Managements ist weniger auf eine quantitative Reduzierung des Investitionsrisikos des Private-Equity-Gebers zurückzuführen, als vielmehr auf eine hohe Identifikation des Managements mit dem Unternehmen und damit eine höhere Erfolgswahrscheinlichkeit auf die Realisierung der angestrebten Wertsteigerung. Innerhalb von LBO-Transaktionen lassen sich gemäß obiger Unterscheidung nach der Person des Käufers zwei Hauptformen unterscheiden:

- Leveraged Management Buy-out (LMBO) und
- Leveraged Management Buy-in (LMBI).

Abbildung III.2 zeigt die Abgrenzung des Corporate-Finance-Produkts »Akquisitionsfinanzierung« von anderen Unternehmenskauffinanzierungen. Typisches Merkmal der Akquisitionsfinanzierung sind der hohe Fremdkapitalanteil und die Abstellung der Finanzierung auf zukünftige Cashflows.

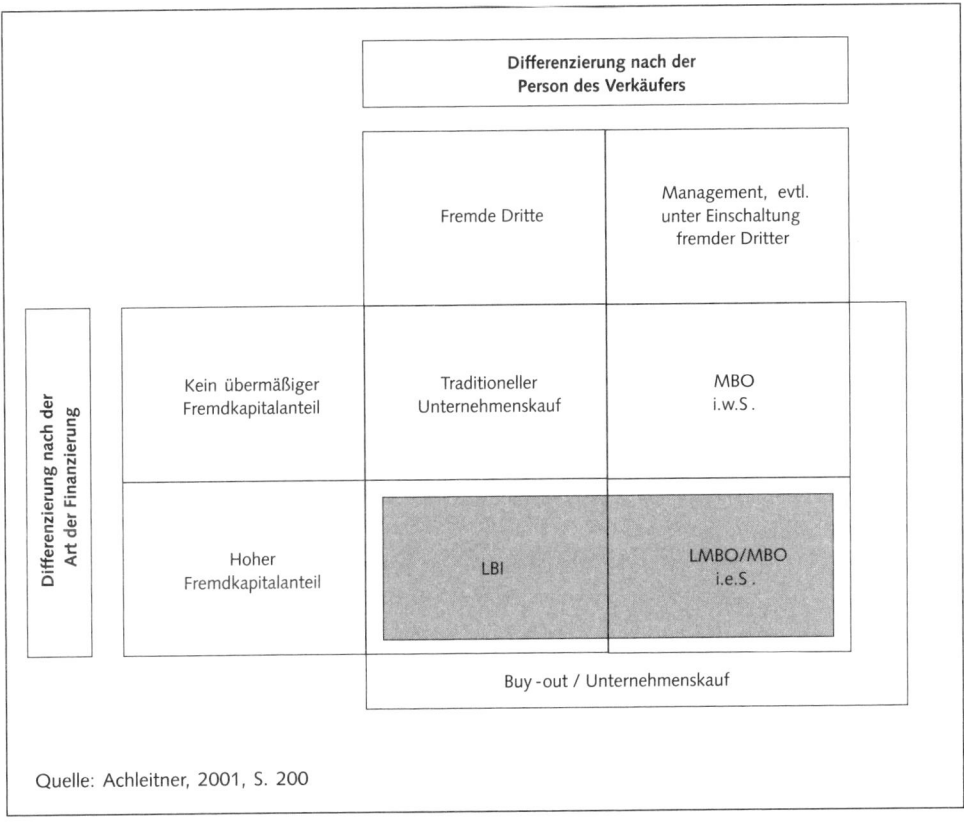

Quelle: Achleitner, 2001, S. 200

Abbildung III.2 Abgrenzung von Akquisitionsfinanzierungen gegenüber anderen Unternehmenskauffinanzierungen

Abbildung III.3 zeigt die Entwicklung der Eigenkapitalquote bei LBO-Finanzierungen in den Jahren 1998 bis 2010. Im Jahr 2008 nahm als Folge der Finanzkrise und einer Verschärfung der Kreditvergabekriterien der Banken der EK-Anteil am Transaktionswert im Durchschnitt um ca. ein Drittel zu und erreichte damit den höchsten Stand der letzten zwölf Jahre. Heute beträgt der EK-Anteil am Kaufpreis über 50 Prozent.

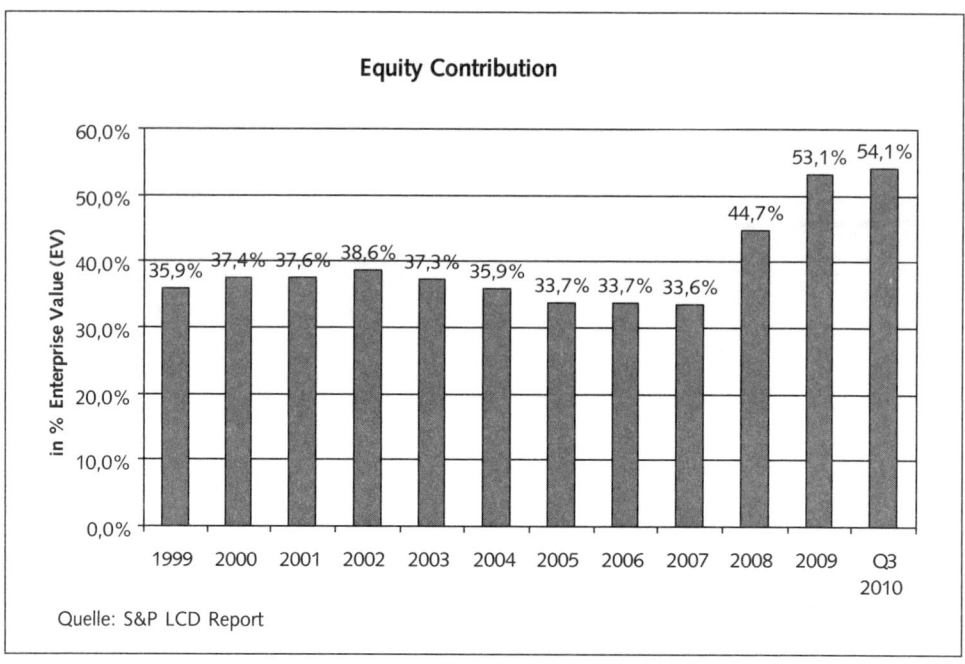

Abbildung III.3: Entwicklung der Eigenkapitalquote bei LBO-Finanzierungen

4 Beteiligte Gruppen und Anlässe für Akquisitionsfinanzierungen

Im Folgenden werden die an einer Akquisitionsfinanzierung beteiligten Parteien und die Transaktionsanlässe für Akquisitionsfinanzierungen vorgestellt. Die wesentlichen Akteure bei einer Akquisitionsfinanzierung sind:

Beteiligte Gruppen	Funktion
Alt-Gesellschafter	=> Verkäufer
Eigenkapital-Investor	=> Käufer
Management	=> Käufer und Geschäftsführung
Banken	=> Fremdkapitalgeber
Berater	=> Intermediäre

4.1 Alt-Gesellschafter

Initiatoren einer Unternehmenstransaktion sind in der Regel die Alt-Gesellschafter, die eine Veräußerung ihrer Anteile beabsichtigen. Ihr primäres Ziel ist es, bei der Veräußerung des Unternehmens einen maximalen Kaufpreis zu erzielen. Die wesentlichen Motive für einen durch die Alt-Gesellschafter initiierten Unternehmensverkauf sind
- die Durchführung eines Spin-off und
- die Regelung der Unternehmensnachfolge.

Ein bedeutender Anlass für eine Akquisitionsfinanzierung ist ein *Spin-off*. Unter einem Spin-off wird die Ausgliederung eines Unternehmensbereichs aus einem Konzern in eine meist neu gegründete Tochtergesellschaft verstanden. Der Beweggrund für einen Spin-off besteht darin, dass die Muttergesellschaft den Unternehmensgegenstand der ausgegliederten Tochtergesellschaft nicht mehr als Teil ihres Kerngeschäfts erachtet. Nach der Ausgliederung erfolgt häufig ein Verkauf der Tochtergesellschaft.

Eine bei mittelständischen Unternehmen häufig zu beobachtende Herausforderung ist die *Regelung der Unternehmensnachfolge*. Fehlt in einem Familienunternehmen die Nachfolgegeneration oder entschließt sich die Nachfolgegeneration, das Unternehmen nicht mehr weiterzuführen, kommt es häufig zum Verkauf des Unternehmens. Neben dem Ziel der Kaufpreismaximierung sind bei mittelständischen Unternehmen auch nicht monetäre Ziele von Bedeutung, die auf die Auswahl der Kaufinteressenten Auswirkungen haben. So ist für die Alt-Gesellschafter, die häufig Firmengründer und geschäftsführende Gesellschafter in einer Person sind, der Wunsch nach Weiterführung des Unternehmens von großer Bedeutung. Hinzu kommen Ziele aus deren unternehmerischer Verantwortung wie die Vermeidung von Arbeitsplatzstreichungen, Standortverlagerungen oder -schließungen sowie anderer einschneidender Umstrukturierungen.

4.2 Finanzinvestor (Private-Equity-Investor)

Liegt der Geschäftsgegenstand des Erwerbers ausschließlich oder vorrangig in dem Erwerb und der Veräußerung von Beteiligungen an Unternehmen, handelt es sich bei dem Erwerber um einen sogenannten Finanzinvestor. Bei Finanzinvestoren ist das oberste Ziel die Rendite, die sich in der Forderung nach einem möglichst hohen IRR (Internal Rate of Return) ausdrückt. Anders als strategische Investoren (Trade-Buyer) definieren Finanzinvestoren bereits bei Erwerb ihren angestrebten Verkauf der Beteiligung (Exit) sowohl im Hinblick auf den Zeitpunkt (in der Regel nach fünf bis sieben Jahren) als auch im Hinblick auf die Exit-Art (z.B. Weiterkauf an einen Trade-Buyer (strategischer Investor) oder Börseneinführung). Mögliche realwirtschaftliche Synergien spielen bei der Investitionsentscheidung von Finanzinvestoren keine Rolle. Eine Ausnahme bilden Buy & Build-Strategien, bei denen Finanzinvestoren mehrere Unternehmen zusammen führen und somit einen Konzern mit dominierender Marktstellung aus kleinen Marktteilnehmern bilden. Bei einer Akquisition durch einen Finanzinvestor wird gelegentlich von einem IBO (Institutional Buy-out) gesprochen. Der Erwerb durch einen Finanzinvestor ist in der Regel mit einem MBO oder MBI verbunden, da er keine operativen Management-Kapazitäten bereitstellen kann.

4.3 Management

In der Praxis ist häufig zu beobachten, dass bei einem anstehenden Spin-off oder einer offenen Nachfolgeregelung das Management selbst die Initiative ergreift und einen Kauf initiiert. Dieses Vorgehen erfordert eine Abstimmung mit dem Alt-Gesellschafter und setzt zur Darstellung der Finanzierbarkeit der Transaktion die Bildung eines Käuferkonsortiums aus Management und Finanzinvestor bzw. strategischem Investor voraus. Der Erwerb durch das Management bringt einen Wechsel in seiner Stellung im Unternehmen: aus Angestellten werden Eigentümer. Dies bedeutet für das Management neben Eigenverantwortung und einem höheren Grad an Selbstständigkeit auch, dass es durch seine Arbeit weit mehr als bisher am unternehmerischen Erfolg partizipiert. Da Gewinnausschüttungen in den ersten Jahren durch die vorrangige Rückführung der aufgenommenen Fremdmittel unterbleiben, erfolgt keine unmittelbare Realisierung des Erfolgs. Die Realisierung des geschaffenen Mehrwerts tritt später durch erhöhte Gewinnausschüttungen oder einer Veräußerung der Anteile des Managements ein.

Erfolgt ein MBO oder MBI durch ein Konsortium aus Management und Finanzinvestor kommt bei der Transaktionsstrukturierung folgender Mechanismus zum Tragen: Das Management erhält als Anreiz für sein unternehmerisches Engagement vom Finanzinvestor als Mehrheitsgesellschafter in der Regel Anteile zu bevorzugten Konditionen. Bei einer späteren, gesamtheitlichen Veräußerung des Unternehmens (Exit) an einen strategischen Investor oder über die Börse erhält das Management eine im Vergleich zum Finanzinvestor deutlich höhere Verzinsung (IRR) des eingesetzten Kapitals.

Der Erwerb des Unternehmens durch das Management hat für den Verkäufer den Vorteil, dass bei einem Spin-off die Trennung von einem Unternehmensteil in der Öffentlichkeit weniger kritisch beobachtet wird als der Verkauf an einen strategischen Investor. Dies liegt darin begründet, dass angenommen wird, dass die Geschäftspolitik von den bisherigen Entscheidungsträgern fortgeführt wird und es im Gegensatz zum Erwerb durch einen strategischen Investor zu keinen Arbeitsplatzverlusten durch die Ausnutzung von Synergien kommt. Bei einer offenen Nachfolgeregelung wird die Übernahme des Unternehmens durch das Management als gelungene Nachfolgelösung angesehen.

4.4 Banken

Den Banken kommt für den Erfolg von Unternehmenstransaktionen eine zentrale Rolle zu. Sie gelten neben dem Käufer und Verkäufer als »dritte« Interessensgruppe in einer M&A-Transaktion. Erfolgt bei einem Unternehmenskauf keine Finanzierungszusage von einer Bank oder Bankengruppe, wird eine Transaktion trotz Kaufpreiseinigung zwischen Käufer und Verkäufer scheitern. Die in letzter Zeit zu beobachtende restriktive Kreditvergabe, insbesondere auch bei Akquisitionsfinanzierungen, betrifft in erster Linie Transaktionen mittelständischer Unternehmen. Dennoch stellen Akquisitionsfinanzierungen eine lukrative Bankleistung dar. Daher werden von nahezu allen Banken Abteilungen für Akquisitionsfinanzierung eingerichtet bzw. ausgebaut.

Die Banken erzielen im Rahmen von Akquisitionsfinanzierungen Erträge aus der Finanzierung der Transaktion sowie aus den damit verbundenen Beratungsdienstleistungen. Die Zinsmarge ist gegenüber traditionellen Fremdfinanzierungen je nach Einsatz aufgrund der Cashflow-Orientierung der Finanzierung und der damit verbundenen, größeren Risikopositionen deutlich höher. Eine weitere wichtige Ertragsposition liefert die Provision aus Beratungsdienstleistungen, wie beispielsweise die Analyse, Strukturierung und Arrangierung der Kaufpreisfinanzierung, und der gesamten Finanzierung des Unternehmens selbst. Des Weiteren können finanzierende Banken durch eine Syndizierung, das bedeutet die Weiterveräußerung von Teilen der ausgereichten Kredite an andere Banken, das übernommene Risiko diversifizieren und damit weitere Provisionen aus Beratungsleistungen erzielen.

Im Rahmen der Akquisitionsfinanzierung stellen die Banken nicht nur Fremdkapital für die NewCo zur Verfügung. Sie können grundsätzlich auch die Finanzierung des Eigenkapitals des Managements und/oder des Finanzinvestors übernehmen (sogenanntes Principal Finance). Gelegentlich treten Banken über ihre bankeigenen Eigenkapitalbeteiligungsgesellschaften auch direkt als Finanzinvestor auf. Inwiefern ein Fremd- und Eigenkapitalengagement bei einer Transaktion aus Risikogesichtspunkten (Gefahr von Klumpenrisiken) gewünscht ist, bleibt im Einzelfall zu beurteilen.

Ein weiterer wichtiger Aspekt sind mögliche Cross-Selling-Potenziale. So erhofft sich die Bank, vom Finanzinvestor bei zukünftigen Transaktionen mit weiteren Akquisitionsfinanzierungen einbezogen zu werden oder die Alt-Gesellschafter nach der Unternehmensveräußerung in der Vermögensverwaltung beraten zu können.

4.5 Berater

Berater haben die Funktion, die Interessen ihrer Mandanten zu vertreten und auftretende Probleme bei der Durchführung einer Transaktion zu lösen. Sie unterstützen die Alt-Gesellschafter, die Investoren und das Management durch einen nach M&A-Gesichtspunkten strukturierten und koordinierten Ablauf der Transaktion. Ferner tragen sie zur Klärung rechtlicher, steuerlicher und finanzierungstechnischer Fragestellungen bei und begleiten bzw. vertreten ihre Mandanten bei Verhandlungen. In der Regel zählen Investment-Banken, Wirtschaftsprüfer, Steuerberater, Rechtsanwälte und Unternehmensberatungen zu den Beratern.

5 Ziele des Fremdkapitalgebers

Die an einer Akquisitionsfinanzierung beteiligten Banken verfolgen folgende Ziele:
- Niedriger Fremdfinanzierungsanteil,
- Kreditsicherheiten,
- Syndizierungsfähigkeit des Kredits am Markt und
- hohe Rendite.

5.1 Niedriger Fremdfinanzierungsanteil

Das Bankprodukt der Akquisitionsfinanzierung basiert auf dem betriebswirtschaftlichen Rational des Leverage-Effekts. Entsprechend werden die Eigenkapitalgeber einen hohen Fremdkapitalanteil an der Akquisitionsfinanzierung anstreben. Auf der anderen Seite ist der Fremdkapitalgeber bemüht, sein Kreditrisiko auf einem möglichst geringen Niveau zu halten. Dies versucht er durch einen geringen Fremdfinanzierungsanteil an der Akquisitionsfinanzierung zu erreichen. Gleichzeitig fordert er von den Finanzinvestoren einen möglichst hohen Eigenkapitalanteil. Dem Fremdkapitalgeber ist bewusst, dass mit steigendem Fremdfinanzierungsanteil an der Akquisitionsfinanzierung bei gegebener Laufzeit und gegebenem Zinssatz des Kredits der aufzubringende Schuldendienst des Kreditnehmers steigt. Daher wird er aus Risikogesichtspunkten versuchen, den Fremdfinanzierungsanteil an der Akquisitionsfinanzierung auf ein Maß zu beschränken, bei dem die Tilgung im Rahmen der vereinbarten Laufzeit ungefährdet erscheint.

5.2 Kreditsicherheiten

Kennzeichnend für eine Akquisitionsfinanzierung ist, dass der Schuldendienst der Akquisitionsfinanzierung bei einer Transaktionsstruktur mit einer Einzweckgesellschaft von der erworbenen Gesellschaft erbracht werden muss. Somit stellt eine Akquisitionsfinanzierung im Wesentlichen auf die zukünftigen Cashflows der erworbenen Gesellschaft ab.

Trotz der Cashflow-Orientierung der Akquisitionsfinanzierung spielen Kreditsicherheiten für die Banken eine wesentliche Rolle als Grundlage für eine Kaufpreisfinanzierung. Banken versuchen daher ihr Kreditrisiko möglichst gering zu halten, indem sie versuchen, sowohl den Umfang als auch den Zugriff auf Kreditsicherheiten zu maximieren. Dies bezieht sich zunächst auf das Akquisitionsobjekt. Sollten die Sicherheiten hier nicht ausreichen, fordern die Banken, dass die Eigenkapitalgeber selbst weitere Sicherheiten stellen. Diese Forderung steht jedoch im Widerspruch zu deren Konzept, ihre Haftung auf die Eigenkapitaleinlage in der Einzweckgesellschaft zu begrenzen.

5.3 Syndizierungsfähigkeit des Kredits am Markt

Da es sich bei Akquisitionsfinanzierungen meist um größere Kreditvolumina handelt und diese mit einer erhöhten Risikoposition versehen sind, streben die Banken häufig eine Risikodiversifikation über eine Konsortiallösung an. Konsortiallösung bedeutet, dass das Risiko der Finanzierung auf mehrere Banken verteilt werden soll.

DEFINITION

Syndicated Loans (Konsortialkredite) sind Gemeinschaftskreditvereinbarungen mehrerer Banken mit einem Kreditnehmer. Ein Syndicated Loan ist keine eigenständige Kreditart. Alle Kreditformen und -fristen lassen sich darstellen. Syndicated Loans werden mittels eines beidseitig bindenden, individuell vereinbarten Vertragswerks (Dokumentation) über eine in der Regel mittlere oder lange Laufzeit abgeschlossen.

Die Akquisitionsfinanzierung wird in der Regel im ersten Schritt von nur einer finanzierenden Bank (Underwriter) allein aufgebracht. Diese Bank (Konsortialführer oder Lead Arranger) verfolgt dann das Ziel, Teile der Fremdfinanzierung an andere Banken (Konsortialpartner oder Arranger) zu syndizieren, um den eigenen Anteil an der Finanzierung zu reduzieren. Lead Arranger und diverse Arranger bieten weiteren Banken an, sich an dem Konsortium mit allen Rechten und Pflichten zu beteiligen (General Syndication). Je nach eigener Risikoeinschätzung, Preispolitik, Portfolio-Präferenzen u.a. nehmen die eingeladenen Banken (Participants) am Konsortium teil.

Um eine Syndizierbarkeit zu gewährleisten, muss der Underwriter auf die Marktfähigkeit des Kredites achten. Das bedeutet, dass er marktübliche Konditionen verhandeln muss, um Teile des Kredites wiederum bei potenziellen Konsortialbanken platzieren zu können.

5.4 Hohe Rendite

Die Banken streben an, für ihr Kreditengagement und das übernommene Risiko eine risikoadäquate Verzinsung zu erzielen. Diese wird in der Regel an dem Risk-Adjusted-Return-on-Capital gemessen. Das Ziel der Renditeoptimierung kann der Fremdkapitalgeber über die Vereinnahmung einer Einmalprovision und der laufenden Verzinsung über die gesamte Laufzeit erzielen.

Zu beachten ist, dass sowohl Fremd- als auch Eigenkapitalgeber aus ihren Engagements eine Maximierung ihrer Rendite erzielen wollen. Dies ist nur dann möglich, wenn das Akquisitionsobjekt die hohen Zins- und Tilgungszahlungen aus der Akquisitionsfinanzierung auch tatsächlich leisten kann. Kann der Business-Plan, welcher der Finanzierung zugrunde gelegt ist, nicht eingehalten werden, ist dies in der Regel mit Renditeverlusten für alle finanzierenden Parteien verbunden.

Für die Eigenkapitalgeber bedeutet ein Nichterreichen des Business-Plans grundsätzlich, dass die erwartete Unternehmenswertsteigerung nicht eintritt und die angestrebte Rendite in Form des IRR (Internal Rate of Return) nicht erreicht wird. Sollte dem Schuldendienst nicht nachgekommen werden, ist ferner mit einer Erhöhung der Finanzierungskosten durch die vereinbarten Covenants zu rechnen, was wiederum zu einer Renditeschmälerung führt.

Aber auch die Rendite der finanzierenden Banken ist vom wirtschaftlichen Erfolg des Akquisitionsobjektes abhängig. Zwar werden die Fremdkapitalgeber im Kapitaldienst aufgrund ihrer Vertragsposition stets vor den Eigenkapitalgebern bedient, eine wirtschaftliche Schieflage des Akquisitionsobjektes hat aber auch für sie weitgehende Auswirkungen. In solch einem Falle müssen die Banken in der Regel ihre Konditionen der Schuldendienstfähigkeit des Unternehmens anpassen, um eine Insolvenz abzuwenden. Covenants sind in einem solchen Falle nur bedingt durchsetzbar, da die Rettung des Gesamtengagements im Vordergrund steht. Dies hat zur Folge, dass eine risikoadäquate Verzinsung nicht mehr erzielt werden kann.

Abbildung III.3 zeigt die unterschiedlichen Interessenslagen des Käufers, des Finanzinvestors und der Banken sowie das daraus resultierende Spannungsverhältnis.

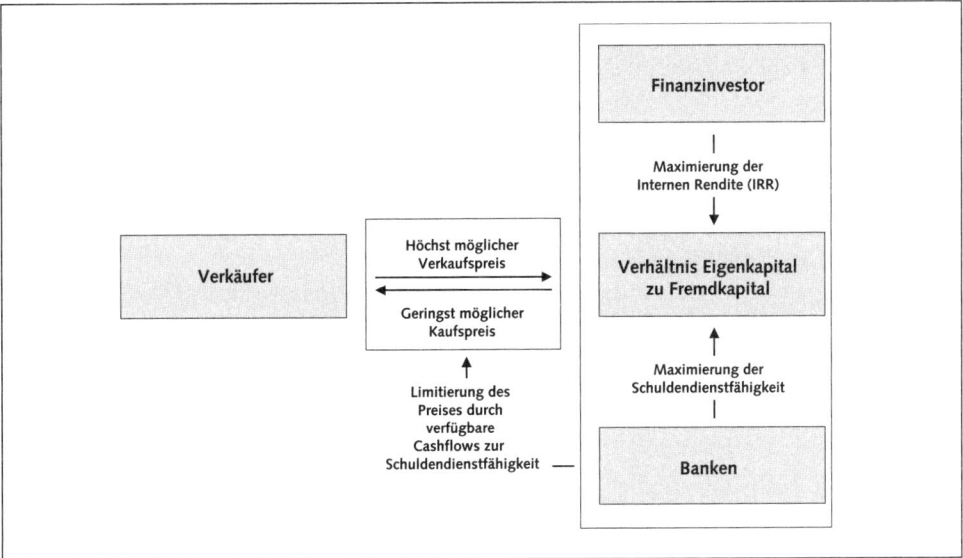

Abbildung III.4: Interessen der an einer Akquisitionsfinanzierung beteiligten Parteien

6 Ziele des Eigenkapitalgebers

Die Eigenkapitalgeber verfolgen bei einer Akquisitionsfinanzierung folgende Ziele:
- hohe Rentabilität,
- Haftungsbeschränkung,
- hohe Flexibilität sowie
- geringe Kosten.

6.1 Hohe Rentabilität

Der Eigenkapitalinvestor verfolgt das Ziel, seinen Eigenkapitalanteil an der Finanzierung möglichst gering zu halten. Er möchte vom betriebswirtschaftlichen Hebeleffekt der Fremdfinanzierung (Leverage-Effekt) profitieren. Dieser besagt, den Fremdfinanzierungsanteil in einem Unternehmen so lange zu erhöhen, wie die Gesamtkapitalrendite über der Fremdkapitalrendite liegt. Betriebswirtschaftlich bedeutet dies für den Eigenkapitalinvestor: Je geringer der Eigenkapitaleinsatz im Zeitpunkt der Investition, desto höher die Rendite auf das investierte Eigenkapital nach erfolgtem Exit. Beschränkt wird der Fremdfinanzierungsanteil jedoch durch die maximale Schuldendienstfähigkeit des Kreditnehmers (zur Berechnung s.u.). Der Eigenkapitalgeber hat in der Regel kein Interesse daran, die Erwerbergesellschaft und die Zielgesellschaft über die maximale Schuldendienstfähigkeit hinaus zu verschulden. Er würde damit die Liquiditätssituation der Erwerbergesellschaft und der Zielgesellschaft und damit sein eigenes Eigenkapital gefährden.

6.2 Haftungsbeschränkung

Ein weiteres Ziel des Eigenkapitalinvestors besteht darin, die persönliche Haftung möglichst gering zu halten. Er wird versuchen, sein wirtschaftliches Risiko auf das investierte Eigenkapital zu beschränken und die Haftung auf das Akquisitionsobjekt zu begrenzen. Er wird ferner anstreben, eine haftungsrechtliche Einbindung (Recourse) seiner Person über z.B. eine Garantie auszuschließen. Der Eigenkapitalgeber nimmt daher in der Regel die Gründung einer Einzweckgesellschaft (NewCo oder engl. Special-Purpose-Company (»SPC«)) zwischen seiner Gesellschaft und dem Akquisitionsobjekt vor. Diese NewCo hält sämtliche erworbenen Anteile an dem Akquisitionsobjekt. Sie tritt als Kreditnehmer für den Teil der Fremdfinanzierung auf, der zur Finanzierung des Kaufpreises dient. Die NewCo haftet mit ihrem Vermögen für die Fremdfinanzierung; in der Regel besteht dieses ausschließlich aus der Beteiligung an dem Akquisitionsobjekt.

6.3 Hohe Flexibilität

Der Eigenkapitalinvestor strebt ferner an, die Finanzierung so zu strukturieren, dass sie ihm einen möglichst hohen Grad an Flexibilität bietet. Diese Flexibilität wird sich insbesondere auf die Gestaltung des Kreditvertrages beziehen. Er soll so formuliert sein, dass Rechte und Pflichten des Eigenkapitalinvestors möglichst vorteilhaft für ihn ausfallen. Im Einzelnen wird dies umfassen:

- Flexibilität bei der Inanspruchnahme des Kredites (Ziehungsperiode, Mindestbetrag, Währungsoption),
- Minimierung der Pflichten im Rahmen der Ziehungsvoraussetzungen (Conditions Precedent), der Zusicherungen und Gewährleistungen (Representations and Warranties) sowie der Covenants (inkl. Finanz-Covenants) und
- Minimierung der zu stellenden Kreditsicherheiten.

6.4 Geringe Kosten

Der Eigenkapitalgeber verfolgt schließlich das Ziel, die Gebühren der Banken für die Bereitstellung der Fremdfinanzierung möglichst gering zu halten. Die Kosten setzen sich in der Regel aus einer Einmalprovision und einer laufenden Verzinsung zusammen.

7 Funktionsweise eines Leveraged-Buy-out

Die grundsätzliche Vorgehensweise eines Leveraged-Buy-out besteht darin, die NewCo, die die Zielgesellschaft erwirbt, mit einem hohen Fremdkapitalanteil (60 bis 70 Prozent) auszustatten und diesen in einem relativ kurzen Zeitraum zurückzuführen. Der Einsatz des unten beschriebenen Leverage-Effekts ermöglicht bereits allein durch die Entschuldung für die Eigenkapitalinvestoren eine gute Verzinsung des eingesetzten Kapitals. LBO-Kandidaten stehen typischerweise weitere Ansätze zur Wertsteigerung zur Verfügung. Finanzinvestoren achten besonders darauf, alle Möglichkeiten zur Wertsteigerung zu nutzen.

Insgesamt stehen folgende Quellen zur Wertsteigerung zur Verfügung:

- *Ausschöpfung des Leverage-Effekts*, um das Unternehmen mit möglichst niedrigen Kapitalkosten zu finanzieren.
- *Verbesserung des Cashflows*, um die Schuldenlast des Unternehmens schnellstmöglich zu reduzieren.
- *Verbesserung der Bewertung des Unternehmens*, um bei einem späteren Verkauf der Beteiligung eine maximale Wertsteigerung zu realisieren.

Abbildung III.4 zeigt die Wertsteigerungspotenziale bei einem LBO im Überblick.

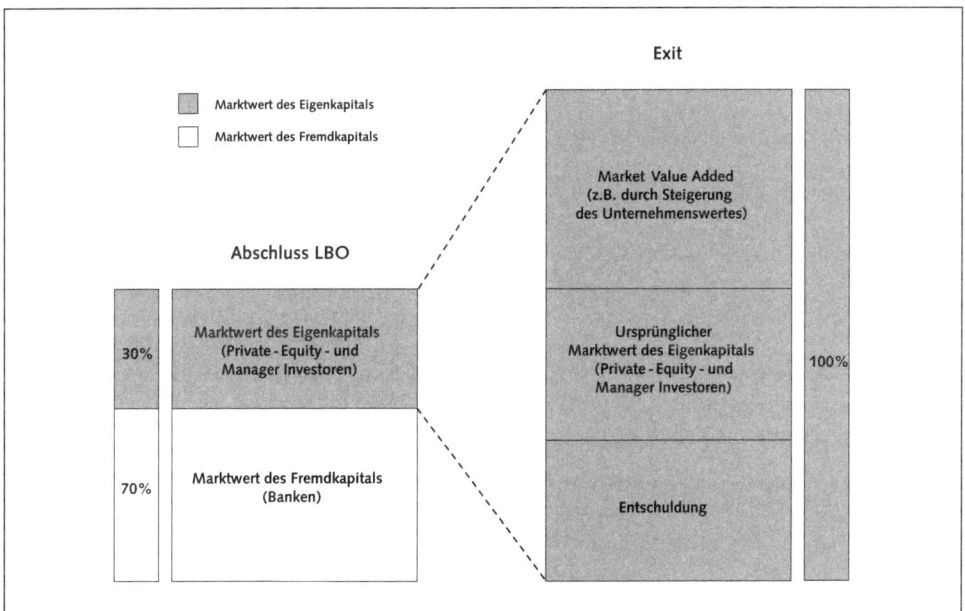

Abbildung III.5: Wertsteigerungspotenziale bei einem LBO

7.1 Ausschöpfung des Leverage-Effekts

Bei einem LBO macht sich der Käufer die Hebelwirkung des Fremdkapitals für die Rendite seines eingesetzten Eigenkapitals zunutze (engl. Leverage = Hebel). Dem Leverage-Effekt liegt folgender Mechanismus zugrunde: Die Eigenkapitalrendite (Return on Equity – ROE) bzw. die interne Rendite (Internal Rate of Return – IRR) wird durch eine Erhöhung des Verschuldungsgrades (Gearing = Fremdkapital/Eigenkapital) solange verbessert, wie die Gesamtrentabilität (Return on Assets – ROA) höher ist als die Fremdkapitalzinsen (nach Steuern). Bei Unternehmen mit geringem operativen Leverage (hohem Fixkostenanteil) wird vor allem die steuerliche Abzugsfähigkeit von Fremdkapitalzinsen in Verbindung mit der sicheren Bedienbarkeit des Fremdkapitals über die disziplinierende und damit konstruktive Wirkung hoher Schulden zur Steigerung der Eigenkapitalrendite genutzt.

PRAXISTIPP: Leverage-Effekt

Beispiel: Hoher Leverage
- Der Käufer erwirbt die Zielgesellschaft zum Kaufpreis von 100.
- Das eingesetzte Eigenkapital beträgt 30, das Fremdkapital 70 mit einem Zinssatz von 5 Prozent p. a.
- Der Investor tilgt im ersten Jahr aus dem Cashflow der Zielgesellschaft 10.
- Bei einer schuldenfreien Veräußerung der Zielgesellschaft zum Preis von 100 ergibt sich folgende Renditeberechnung des Investors.

Preis	100,0
./. Tilgung der Kredite	60,0
./. Zinsen	3,5
= Wert des Eigenkapitals	36,5 => ergibt eine Eigenkapitalrendite (IRR) von 20,0%

Beispiel: Niedriger Leverage
- Der Käufer erwirbt die Zielgesellschaft zum Kaufpreis von 100.
- Das eingesetzte Eigenkapital beträgt 70, das Fremdkapital 30 mit einem Zinssatz von 5% p. a.
- Der Investor tilgt im ersten Jahr aus dem Cashflow der Zielgesellschaft 10.
- Bei einer schuldenfreien Veräußerung der Zielgesellschaft zum Preis von 100 ergibt sich folgende Renditeberechnung des Investors.

Preis	100,0
./. Tilgung der Kredite	20,0
./. Zinsen	3,5
= Wert des Eigenkapitals	76,5 => ergibt eine Eigenkapitalrendite (IRR) von 9,3%

Trotz der unbestrittenen Vorteile des Leverage-Effekts gilt es zu bedenken, dass die Steigerung der Eigenkapitalrentabilität um den Preis eines höheren Risikos erzielt wird. Dieses höhere Risiko schlägt sich in höheren Zinssätzen seitens der Akquisitionsfinanzierung nieder. Ferner wird auch insbesondere vor dem Hintergrund von Basel II die Betriebsmittelfinanzierung verteuert. In der Praxis findet der Leverage-Effekt seine Grenzen dort, wo seine übertriebene Nutzung zur Abhängigkeit von externen Liquiditätsquellen oder – bei Abweichungen im operativen Ergebnis des Unternehmens – sogar zu Liquiditätskrisen führt.

7.2 Verbesserung des Cashflows

Im Rahmen eines LBO werden Maßnahmen unternommen, um eine bilanzielle Optimierung herbeizuführen und dadurch eine dauerhafte Ergebnisverbesserung zu erreichen. Dies ist notwendig zur Bedienung des hohen Fremdkapitaldienstes. Folgende Maßnahmen kommen hierbei in Betracht:

- Optimierung der Fixed Assets und des Working Capitals,
- strategische Neuausrichtung des Unternehmens,
- effiziente Kapitalallokation,
- Know-how-Transfer von Finanzinvestoren,
- Abbau von Underperformance im Unternehmen und
- Asset Stripping.

Optimierung des Anlagevermögens und des Working Capitals

Als Maßnahme zur Ergebnisverbesserung eignet sich insbesondere eine Free-Cash-Flow-Optimierung durch verbessertes Management des Anlagevermögens (z.B. Leasing von Anlagen, Sale and Lease back von Immobilien) und des Working Capitals (z.B. Optimierung des Forderungsmanagements und Ausnutzung gegebener Zahlungsziele).

Strategische Neuausrichtung des Unternehmens

Ferner können Ergebnisverbesserungen dadurch erzielt werden, dass im Rahmen eines LBO das Unternehmen so aufgestellt wird, dass es seine strategischen Ziele besser erreichen kann. Hierbei sind unterschiedlichste Konstellationen möglich: Bei einem Spin-off aus einem Konzern kann beispielsweise das LBO-Unternehmen einen eigenständigen Marktauftritt erhalten, sich von Konzernumlagen befreien und flexibel Beschaffungs- und Vertriebskanäle nutzen. Andererseits können im Rahmen von Buy-and-Build-Strategien, die gelegentlich von Private-Equity-Gebern angestrebt werden, Synergiepotenziale und Größenvorteile genutzt werden.

Effiziente Kapitalallokation

Die empirisch nachgewiesene disziplinierende Wirkung der Verschuldung (Debt Control Hypothesis) trägt dazu bei, die suboptimale Allokation knapper Finanzmittel zu verhindern und Kapital nur in (risikobereinigt) hoch profitable Bereiche zu investieren. Ferner führt die Beteiligung des bestehenden (LMBO) oder des neuen (LMBI) Managements und u.U. weiterer führender Mitarbeiter am Eigentum des Unternehmens zu positiven Anreizeffekten, die aus der (teilweisen) Identität von Eigentümer und Management und der damit verbundenen Aufhebung des Principal-Agent-Problems resultieren.

Know-how-Transfer von Finanzinvestoren

Die Einbeziehung eines Finanzinvestors in LBOs kann zu einer Verstärkung bzw. Unterstützung des Managements durch neue Manager bzw. Aufsichts- oder Beiräte, die vom Finanzinvestor gestellt werden, führen. Ferner kann die von Finanzinvestoren geforderte verbesserte Unternehmenslenkung und -kontrolle (Corporate Governance und Corporate Control) eine verstärkte Transparenz und Effizienz von Prozessen bewirken und damit ebenfalls zu einer Ergebnisverbesserung beitragen.

Abbau von Underperformance im Unternehmen

Da die maximale Wertsteigerung des Unternehmens oberstes Ziel von LBOs ist, können im Zuge von LBOs häufig all jene Ineffizienzen abgebaut werden, die bei typischen LBO-Kandidaten infolge des Phänomens der »Illusion of Satisfactory Unterperformance« entstanden sind. Als weitere Quellen einer Ertragssteigerung kommen die Ausnutzung von steuerlichen und regulativen Vorteilen in Betracht.

Asset Stripping

Eine klassische Quelle der zusätzlichen Liquiditätsgewinnung ist das Asset Stripping: Dabei handelt es sich um den Verkauf von nicht betriebsnotwendigem Vermögen und schlecht performenden Geschäftsbereichen, die nicht zum Kerngeschäft gehören (Non-Core Business). Die Verkaufserlöse werden sowohl zur Entschuldung als auch für Investitionen in das rentablere Core Business eingesetzt.

7.3   Verbesserung der Bewertung des Unternehmens

Eine wichtige Quelle zur Wertsteigerung und für spätere Kapitalgewinne von Private-Equity-Investoren in LBOs ist die Verbesserung der Bewertung des Unternehmenswerts. Dies wird in Private-Equity-Kreisen über die Verbesserung des Kaufpreis-Multiples (EBITDA- bzw. EBIT-Multiple) gemessen.

Die Messung der Erhöhung des Unternehmenswertes kann auf zwei Wegen erreicht werden:
* Steigerung des Kaufpreis-Multiples aufgrund einer verbesserte Ertragskraft,
* Steigerung des Kaufpreis-Multiples aufgrund einer neuen Unternehmensgröße.

Steigerung des Kaufpreis-Multiples aufgrund einer verbesserten Ertragskraft

Gelingt es den Investoren gemeinsam mit dem Management die Ertragskraft des Unternehmens zu verbessern, kann sich dies bei der Unternehmenswertberechnung (z.B. EBIT x EBIT-Multiple) nicht nur über ein höheres EBIT, sondern auch über einen verbesserten EBIT-Multiple erhöhend niederschlagen. Die dahinter liegende Annahme ist, dass sich die Ertragskraft des Unternehmens so positiv entwickelt, dass diese nun über dem Branchendurchschnitt liegt und daher auch mit einem höheren, über dem Branchendurchschnitt liegenden Kaufpreis-Multiple zu bewerten ist.

Steigerung des Kaufpreis-Multiples aufgrund einer neuen Unternehmensgröße

Die Größe des Unternehmens spielt bei der Bewertung eines Unternehmens ebenfalls eine wichtige Rolle, die sich im Kaufpreis-Multiple zeigt. Es gibt kritische Unternehmensgrößen, ab denen erst ein Investitionsinteresse von Finanz- oder strategischen Investoren gegeben ist. Bei Private-Equity-Investoren gilt als Daumenregel eine Umsatzgröße von ca. 50 Mio. Euro. Bei Unternehmen ab dieser Größenordnung wird eine gewisse Marktposition und Mindestmaß an Reportingstrukturen unterstellt. Ersteres spielt für den angestrebten Exit und Letzteres für das operative Handling der Beteiligung eine wichtige Rolle. Mit steigender Unternehmensgröße steigt ceteris paribus der Kaufpreis-Multiple.

Mit steigender Unternehmensgröße wird auch angenommen, dass sich die Stabilität des Unternehmens und das damit verbundene Rating des Unternehmens verbessern. Die Chance auf Bewertungsverbesserungen durch ein größenbedingtes Rating ist ein wesentlicher Grund für den Aufbau von größeren Unternehmensgruppierungen durch sogenannte Leveraged-Build-up-Strategien. Neben einer Ratingverbesserung ist mit dieser Strategie das Ziel verbunden, die Marktführerschaft in bestimmten Nischenmärkten und das Erreichen einer kritischen Größe für einen späteren Börsengang oder attraktiven Verkauf an einen strategischen Investor (Trade Sale) oder Finanzinvestor (Secondary Buy-out) zu erlangen.

In zahlreichen empirischen Studien wurde belegt, dass die typischen Funktionsmechanismen zur Wertsteigerung bei LBOs auch in der Praxis im Durchschnitt gut funktionieren. Vor allem Produktivitätssteigerungen sind bei fast allen MBOs/MBIs nachweisbar.

8 Erfolgsfaktoren einer LBO-Finanzierung

Neben den positiven Erfahrungen mit Buy-out-Finanzierungen gibt es auch eine nicht unbeachtliche Anzahl von weniger erfolgreichen bzw. gescheiterten Leveraged-Buy-outs und Akquisitionsfinanzierungen. Die Herausforderung der Akquisitionsfinanzierung besteht darin, zwei Risikoarten zu managen, die in einem gegenseitigen Verhältnis stehen:

- *Finanzielles Risiko*, das sich durch den hohen (dynamischen) Verschuldungsgrad ergibt.
- *Operatives Risiko*, das darin besteht, die für den Schuldendienst notwendigen, hohen Cashflows zu erzielen.

Um die genannten Risiken zu begrenzen, müssen bei LBO-Transaktionen einige Erfolgsfaktoren unabdingbar erfüllt sein (vgl. Mittendorfer/Fotteler, 2004, S. 239 ff.). Diese sind:

- attraktiver Markt,
- LBO-fähiges Unternehmen,
- Wertsteigerungs- und Exit-Potenzial,
- erfahrenes, kompetentes und motiviertes Management,
- Track Record und Unternehmensphilosophie des Finanzinvestors,
- angemessener Kaufpreis,
- Steueroptimierung sowie
- Tragfähigkeit der Finanzierungsstruktur.

8.1 Attraktiver Markt

Ein für eine LBO-Finanzierung attraktiver Markt ist dann gegeben, wenn es sich um wirtschaftlich wie technologisch ausgereifte, stabile Märkte handelt, auf denen sich nur wenige Wettbewerber durchgesetzt haben (oligopolide Märkte). Typischerweise sind dies Märkte, die eine starke Wachstumsphase durchlaufen haben und in denen sich die stärksten Unternehmen durchgesetzt haben. Aufgrund bestehender Markteintrittsbarrieren, geringer Substitutionsmöglichkeiten und nicht vorhandener Abhängigkeiten auf der Kunden- bzw. Lieferantenseite sind Unternehmen auf solchen Märkten in der Lage, die für eine LBO-Finanzierung notwendigen hohen und nachhaltig stabilen Cashflows zu erzielen. Im Idealfall handelt es sich darüber hinaus um weitgehend konjunkturunabhängige Märkte sowie Märkte, die keinen wesentlichen regulativen Risiken – wie etwa einem Liberalisierungsdruck in bisher stark reglementierten Märkten – ausgesetzt sind. Was von Investoren jedoch häufig kritisch gesehen wird, ist eine nahezu monopolistische Marktposition, da in diesem Falle die Exit-Möglichkeiten als schwierig eingeschätzt werden.

8.2   LBO-fähiges Unternehmen

Innerhalb eines attraktiven Marktes sollte das Unternehmen idealtypischerweise der Marktführer mit hervorragendem Namen (Branding) sein. Die Marktführerschaft sollte in Alleinstellungsmerkmalen gegenüber den Mitwettbewerbern begründet sein. Ferner sollte das Unternehmen über eine moderne Geschäftsausstattung bzw. Anlagen verfügen, sodass im Planungszeitraum keine bedeutsamen Neuinvestitionen die Cashflows belasten.

Von großer Bedeutung ist auch ein geringer operativer Leverage, d.h. geringe Auswirkungen von Umsatzrückgängen auf das Betriebsergebnis. Dies ist dann gegeben, wenn der Anteil der Fixkosten an den Gesamtkosten relativ niedrig ist. In diesem Zusammenhang wird häufig die Frage eines Outsourcings von nicht strategisch relevanten Aufgaben aufgeworfen.

Der Minimierung des operativen Leverage dient des Weiteren sowohl eine absatz- als auch einkaufsseitige, preispolitische Verhandlungsmacht (Pricing Power), die entscheidend zur Aufrechterhaltung der Rohertragsspanne (Gross Margin) bei schwierigen Marktbedingungen beiträgt. In diesem Zusammenhang spielt auch die Unternehmensgröße eine wichtige Rolle.

8.3   Wertsteigerungs- und Exit-Potenzial

Ein wesentlicher Anteil der Renditeforderungen der Investoren bei einer LBO-Finanzierung wird durch die Wertsteigerung und das Exitpotenzial generiert. Da während der Beteiligungslaufzeit die Cashflows überwiegend zur Schuldentilgung und nicht für Dividenden verwandt werden sollen, kommt der Exit-Betrachtung bei der Investitionsentscheidung eine entscheidende Rolle zu. Erst durch den erfolgreichen Verkauf des Unternehmens nach Jahren erfolgreicher Wertsteigerung können die Finanzinvestoren und das Management eine risikoangemessene Rendite auf ihr eingesetztes Kapital erzielen.

Ein Zielunternehmen für einen LBO sollte daher für eine Vielzahl potenzieller Investoren (strategische und Finanzinvestoren) interessant sein und gegebenenfalls durch die Weiterentwicklung nach Einstieg des Investors an Attraktivität gewinnen. Die Möglichkeit eines künftigen Börsengangs wird von Investoren hoch geschätzt. Zudem sollte das Unternehmen Ansätze für die oben diskutierten wertsteigernden Maßnahmen aufweisen, um den Exit-Erlös zu maximieren.

In der Praxis zeigt sich, dass vor allem bei sehr kleinen mittelständischen Unternehmen, insbesondere in gesättigten und weniger attraktiven Märkten mit fehlenden Alleinstellungsmerkmalen, die Exit-Voraussetzungen nicht oder nur in geringem Maße vorhanden sind. Dies ist auch ein Grund für eine unterentwickelte LBO-Aktivität in diesem Marktsegment.

8.4 Erfahrenes, kompetentes und motiviertes Management

Ein zentraler Erfolgsfaktor für einen LBO sind die Manager, die das Unternehmen leiten. Sie müssen nach erfolgter LBO-Finanzierung dafür sorgen, dass die geplanten Cashflows erzielt werden, um den hohen Schuldendienst leisten zu können. Dabei müssen sie auch in der Lage sein, in kritischen Situationen schwierige und für das Unternehmen einschneidende Entscheidungen treffen zu können. Idealerweise verfügen die Manager über Erfahrung in Leitungsfunktionen und sind in dem zu finanzierenden Unternehmen bereits als Führungskräfte langjährig tätig. Weiterhin legen Investoren auf eine funktionierende zweite Führungsebene im Unternehmen großen Wert.

Familien- und eigentümergeführte mittelständische Unternehmen weisen bei diesem Erfolgsfaktor oftmals Defizite auf, die einer LBO-/MBO-Lösung und dem Einstieg von Finanzinvestoren im Wege stehen. Gemäß einer Studie des Magazins »Finance« und der Deutschen Beteiligungs AG aus dem Jahr 2003 gehen nur 2 Prozent aller untersuchten deutschen MBOs vom Alteigentümer aus. Nach den Ergebnissen derselben Untersuchung schätzen 50 Prozent der Finanzinvestoren die Qualität des Managements bei Familienunternehmen nur als befriedigend ein. Bei rund einem Drittel der LBOs wurde daher das bestehende Management um neue Kräfte in der Geschäftsführung und im Bereich der Finanzen ergänzt. Quelle: FINANCE-Studien: MBOs, F.A.Z.-Institut für Management, Frankfurt 2003.

8.5 Track Record und Unternehmensphilosophie des Finanzinvestors

Erfahrene und erfolgreiche Finanzinvestoren sind typischerweise geeignete Partner für das Management. Gemeinsam mit dem Management sollen sie die Entwicklung des Unternehmens positiv unterstützen, indem sie ihr Know-how, ihre Erfahrungen und Netzwerke zum Nutzen des Unternehmens einbringen. Ferner stehen sie dem Management als Sparrings-Partner zu Verfügung. Vor allem beim Auftreten von Problemen und Krisen sowie bei der Strukturierung von M&A-Transaktionen, aber auch bei der Realisierung des Exits können Finanzinvestoren das Management unterstützen und einen wichtigen Mehrwert beisteuern.

Ein wichtiger Faktor für das Gelingen eines MBOs ist die »Chemie« zwischen den Parteien und ein partnerschaftlicher Umgang miteinander. Bei der Auswahl eines Finanzinvestors sollte genau dessen Firmen- und Beteiligungsphilosophie geprüft werden. Zwar greifen Finanzinvestoren in der Regel nicht in das operative Geschäft einer Firma ein, dennoch sollten die Schnittstellen nicht unterschätzt werden. Zu nennen ist ein zeitnahes Monats- oder Quartalsreporting, Budget- und Fünfjahresplanungen und das aktive Mitwirken des Finanzinvestors in Aufsichts- bzw. Beiräten sowie bei strategisch relevanten Entscheidungen. Die Beteiligungsphilosophie des Finanzinvestors sowie das Auftreten der Beteiligungsmanager sollten dabei neben rein monetären Kriterien und dessen Track Records eine wichtige Entscheidungsgrundlage für die Auswahl des Finanzinvestors spielen. Die Praxis zeigt, dass der vertrauensvolle und partnerschaftliche Umgang miteinander nicht durch Verträge (z. B. Beteiligungsvertrag) geregelt werden kann, sondern auf zwischenmenschlichen Beziehungen und einer Firmenethik beruht.

8.6 Angemessener Kaufpreis

Der faire Wert eines Unternehmens ist das Ergebnis einer Unternehmensbewertung, der Preis eines Unternehmens ist das Ergebnis eines Verhandlungsprozesses. Die Angemessenheit eines Kaufpreises zeigt sich oftmals darin, ob er finanzierbar ist oder nicht (siehe Kapitel 10.2 Bestimmung der Schuldendienstfähigkeit). Es zeigt sich in der M&A-Praxis, dass die Banken hier häufig ein korrektives Element bei der Preisfindung darstellen. Nicht wenige M&A-Transaktionen sind daran gescheitert, dass trotz Kaufpreiseinigung zwischen Käufer und Verkäufer keine finanzierende Bank gefunden werden kann. Deshalb kommt der Angemessenheit des Kaufpreises und damit zusammenhängend der Finanzierungsstruktur eine große Bedeutung für den Erfolg eines jeden LBOs zu.

In der Praxis werden bei der Kaufpreisbestimmung die größten Fehler gemacht. Bei Auktionen, in denen ein interessantes Unternehmen mehreren Investoren angeboten und ein Preiswettbewerb initiiert wird, werden immer wieder überhöhte Preise bezahlt. Dadurch ist ein Misserfolg für Finanzinvestor und Management (»Winner Curse«) bereits vorprogrammiert. Interessanterweise werden bei den großen Auktionen diese Kaufpreise (oftmals wider besseren Wissens) dennoch von Banken finanziert. Die Ursache hierfür ist darin zu sehen, dass auch bei den Banken ein hoher Wettbewerb um interessante und lukrative Akquisitionsfinanzierungsprojekte besteht und jede Bank bei den bedeutendsten Transaktionen als Finanzierungspartner dabei sein möchte.

Der Zusammenhang zwischen Unternehmensbewertung und der Bedienbarkeit besteht darin, dass beide aus den zukünftig erwirtschaftbaren Cashflows abgeleitet werden. Beide werden daher auf der Basis von Planungsrechnungen bestimmt. Eine solide und durch eine Due Diligence plausibilisierte Planungsrechnung ist die entscheidende Grundlage für eine Unternehmensbewertung und Akquisitionsfinanzierung. Hier ist der in Bewertungskreisen verbreitete Satz »Garbage in – Garbage out« nachhaltig zu unterstreichen. Der Unternehmenswert wird in der Praxis in den meisten Fällen mit der Discounted-Cashflow-Methode (DCF-Methode) berechnet. Die Heranziehung von branchenüblichen Multiples ergänzt diese Bewertungsmethode im Sinne einer Plausibilitätsrechnung.

Zur eigenen Absicherung entwickeln Banken aus vorgelegten Unternehmensplanungen stets ihre eigenen Planungsrechnungen. Mittels Szenarioanalysen ermitteln dann die Banken gemeinsam mit dem Finanzinvestor und dem Management die Fremdkapitalstruktur, die zur ergänzenden Kaufpreisfinanzierung herangezogen wird. Hierbei muss ein Ausgleich zwischen den Interessen der Beteiligten gefunden werden. Eine zu hohe Verschuldung würde für das Unternehmen eine hohe, im Extremfall auch existenzbedrohende Zukunftsbürde bedeuten und den Schuldendienst für die finanzierenden Banken gefährden. Ein zu hoher Eigenkapitalanteil würde wiederum den Finanzinvestoren die Realisierung ihrer Renditeerwartung (IRR) von 20 bis 30 Prozent p.a. erschweren.

Aus den Finanzierungsprämissen folgen klare Grenzen, die im Regelfall nicht überschritten werden sollten.

> **PRAXISTIPP: Finanzierungs-Multiples**
> Regeln der Akquisitionsfinanzierungspraxis für Finanzierungs-Multiples:
> Folgende Finanzierungsgrenzen sollten nicht überschritten werden:

- Bei guten LBO-Kandidaten sollte das Senior Debt nicht mehr als das 3,5 bis 4-Fache des EBIT(A) betragen.
- Die gesamte Fremdmittelbelastung (Total Debt) sollte nicht mehr als das 5- bis 5,5-Fache des EBIT(A) betragen.

CF-Training-Modell: Überprüfung der Einhaltung von Finanzierungsgrenzen Senior Debt: Im Beispiel der Akquisition der MASCHINENBAU GmbH ist angedacht, einen Teil des Investitionsvolumens in Höhe von 32,1 Mio. Euro mit einer Senior Tranche (Senior Debt) in Höhe von 11,1 Mio. Euro zu finanzieren. Da die Beispiel GMBH ein EBIT von 3,0 Mio. Euro am $31.12.t_0$ erzielt, kann das Senior Debt in Höhe von 12 Mio. Euro (4 x EBIT = 4 x 3,0 Mio. Euro = 12 Mio. Euro) problemlos dargestellt werden.

Überprüfung der Einhaltung von Finanzierungsgrenzen Total Debt: Im Beispiel der MASCHINENBAU GmbH soll das Total Debt 16,1 Mio. Euro betragen (Senior Debt + Verkäuferdarlehen = 11,1 Mio. Euro + 5 Mio. Euro = 16,1 Mio. Euro). Bei einem EBIT von 3,0 Mio. Euro am $31.12.t_0$ kann das Total Debt in Höhe von 16,1 Mio. Euro ebenfalls problemlos dargestellt werden (Maximales Total Debt = 5,5 x EBIT = 5,5 x 3,0 Mio. Euro = 16,5 Mio. Euro).

Finanzierungs-Multiples	
Senior Loan	11,1
$31.12.t_0$: EBIT × 4 =	12,0
Total Debt	16,1
$31.12.t_0$: EBIT × 5 =	16,5

Excel-Datei: Unternehmensbewertung/Excel-Blatt: Akquisitionsfinanzierung (1)

Modell-Tabelle 1: Finanzierungs-Multiples

Die Erfahrungen aus der Praxis zeigen, dass sich die angestrebten und teilweise Kaufpreis relevanten Ertragsverbesserungen nach Einstieg des Finanzinvestors (Kosteneinsparungen, Synergien usw.) in vielen Fällen nicht realisieren lassen. Daher sollte die Akquisitionsfinanzierung auf keiner Ertragsverbesserung basieren, die nicht klar planbar und nachvollziehbar ist. Kaufpreise von 8- bis 10-mal EBIT(A), die bei größeren LBOs immer wieder auftreten, sollten daher mit sehr hohen Eigenmitteln ausgestattet sein, um eine zu hohe Fremdmittelbelastung zu vermeiden. Dies schlägt sich jedoch wiederum auf den IRR der Eigenkapitalgeber nieder, worin wieder die Problematik des »Overpaying« deutlich wird. Zu hohe Kaufpreise schlagen sich stets zu Ungunsten einer oder aller finanzierenden Parteien nieder.

Abbildung III.6 zeigt anschaulich, dass die Bewertungsmultiplikatoren von der Größe des Unternehmens abhängig sind. Je größer das akquirierte Unternehmen ist, desto größer der bezahlte Multiple.

Ferner hängt die Höhe des Bewertungsmultiplikators von der gesamtwirtschaftlichen Lage ab. Abbildung III.7 zeigt die Bewertungsmultiplikatoren in den Jahren 1998 bis 2010. Die hohe Liquidität und niedrige Zinsen führten zu höheren Multiplikatoren im Zeitraum 2002 bis 2007. Die Multiplikatoren erreichten im 3. Quartal 2010 wieder das Niveau des Spitzenjahrs 2007.

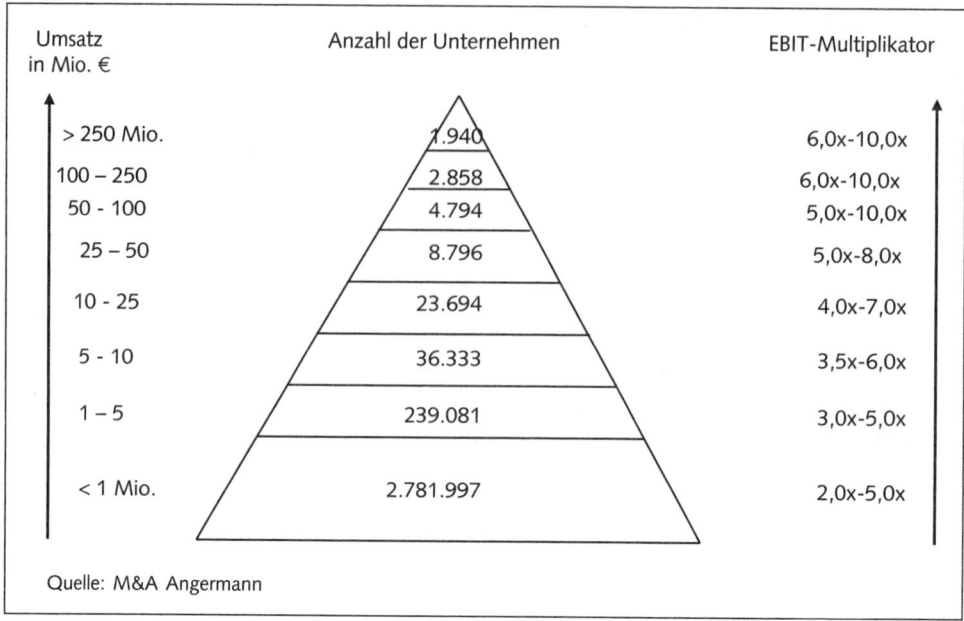

Abbildung III.6: Bewertungsmultiplikatoren in Abhängigkeit von der Unternehmensgröße

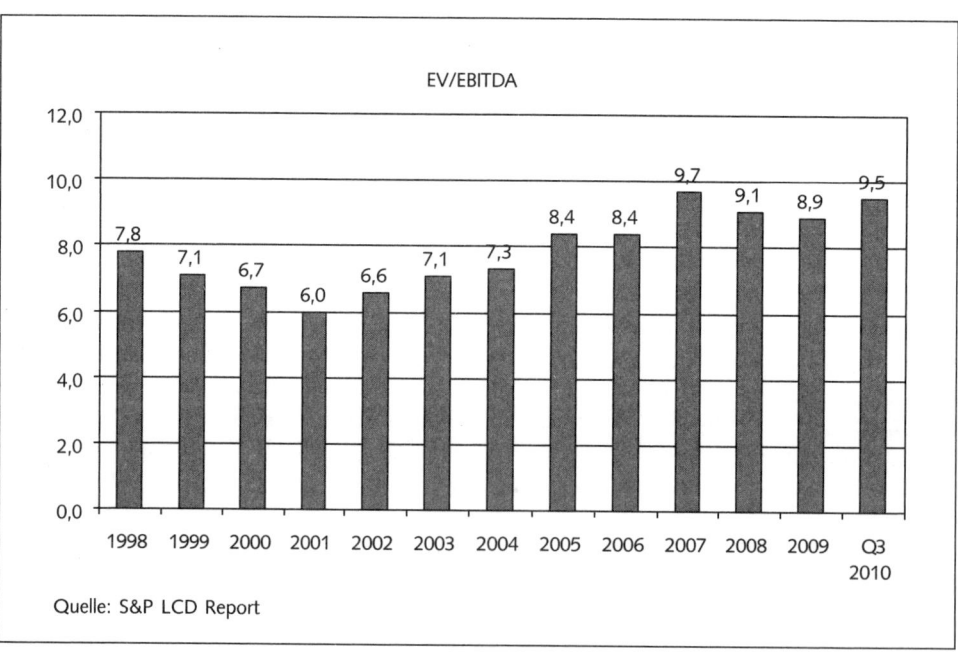

Abbildung III.7: Bewertungsmultiplikatoren in Abhängigkeit von der gesamtwirtschaftlichen Situation

8.7 Steueroptimierung

Folgende Elemente sind aus steuerlicher Sicht bei der Gestaltung der LBO-Struktur von zentraler Bedeutung (vgl. Mittendorfer/Fotteler, 2004, S. 243 f.):

- Ausschluss eines Rückgriffs auf die Investoren-Sphäre (Non Recourse über NewCo).
- Steuerliche Abzugsfähigkeit der Zinsen für die Akquisitionsdarlehen.
- Verrechenbarkeit des Zinsaufwands mit den Erträgen des gekauften Unternehmens (Beherrschungs- und Ergebnisabführungsvertrag in Verbindung mit einer steuerlichen Organschaft).
- Nutzung von nutzbaren Verlustvorträgen des Zielunternehmens (Targets).
- Umsetzung von Anschaffungskosten in ertragsteuerlich wirksamen Aufwand (Goodwill und Asset Step-up).
- Optimierung der steuerlichen Abzugsfähigkeit von Eigenmitteldarlehen (Gesellschafterdarlehen) bis an die Grenze der steuerlichen Zulässigkeit (Thin Capitalization Rules).
- Beseitigung der Nachteile einer strukturellen Nachrangigkeit.
- Direkter Zugriff auf die Cashflows der operativen Gesellschaften und deren Besicherungspotenziale.

8.8 Tragfähige Finanzierungsstruktur

Ziel einer tragfähigen Finanzierungsstruktur ist es, einen Chancen-Risiken-Ausgleich zwischen Eigen- und Fremdkapitalgebern zu gewährleisten. Das letztendlich umgesetzte Fremdkapital- zum Eigenkapital-Verhältnis bestimmt sich aus dem Spannungsfeld der verschiedenen Interessenschwerpunkte der involvierten Parteien.

PRAXISTIPP: Finanzierungsstruktur
Regeln der Akquisitionsfinanzierungspraxis für eine tragfähige Finanzierungsstruktur:
- Der Eigenmittelanteil der Kaufgesellschaft (NewCo) sollte mindestens 30 Prozent des Kaufpreises, bei kleineren LBOs mindestens 40 bis 45 Prozent betragen.
- Der freie Cashflow bzw. als Näherungsgröße das EBIT sollte mindestens 25 Prozent der Bankschulden bzw. mindestens 20 Prozent der gesamten verzinslichen Verschuldung (inkl. Mezzanine) sein.
- Je größer der Risikogehalt des LBOs, desto höher auch die geforderte Eigenmittelquote.

CF-Training-Modell: Überprüfung der Einhaltung einer tragfähigen Finanzierungsstruktur: Im Beispiel der MASCHINENBAU GmbH beträgt der Eigenmittelanteil (mit dem eigenkapitalnahen Mezzanine) 49,8 Prozent (> 40 Prozent).

EK = 13,0 Mio. Euro, Mezzanine = 3,0 Mio. Euro,

Gesamtfinanzierungsvolumen 32,1 Mio. Euro

Eigenmittelanteil = 16 Mio. Euro/32,1 Mio. Euro = 49,8%

Im Beispiel der MASCHINENBAU GmbH beträgt die Relation EBIT zu Bankschulden 27,0 Prozent (> 25 Prozent) und die Relation EBIT zur gesamten verzinslichen Verschuldung inkl. Mezzanine 15,7 Prozent (< 20 Prozent) bzw. ohne Mezzanine (weil in unserem Beispiel mit Eigenkapitalcharakter) 18,6 Prozent (< 20 Prozent). Die letzten beiden Kennzahlen sind kritisch zu beurteilen.

EBIT = 3,0 Mio. Euro, Senior Debt = 11,1 Mio. Euro,

Total Debt = 16,1 Mio. Euro, Mezzanine = 3 Mio. Euro

Relation EBIT zu Senior Debt = 3,0 Mio. Euro/11,1 Mio. Euro = 27,0%

Relation EBIT zur gesamt verzinslichen Verschuldung (inkl. Mezzanine) =
3,0 Mio. Euro/19,1 Mio. Euro = 15,7%

Relation EBIT zur gesamt verzinslichen Verschuldung (ohne Mezzanine) =
3,0 Mio. Euro/16,1 Mio. Euro = 18,6%

Überprüfung einer tragfähigen Finanzierungsstruktur		
Eigenmittelanteil	49,8%	> 40% – 45%
EBIT-Bankschulden-Relation		
– auf Senior Debt Basis	27,0%	> 25%
– auf Total Debt Basis	18,6%	> 20%
– auf Total Debt Basis + Mezzanine	15,7%	>20%
Senior Debt/Cash-EBIT	3,8	< 4,0
Total Debt/Cash-EBIT	5,6	< 6,5

Excel-Datei: Unternehmensbewertung/Excel-Blatt: Akquisitionsfinanzierung (1)

Modell-Tabelle 2: Überprüfung einer tragfähigen Finanzierungsstruktur

Ein Abweichen von diesen Verschuldungsgrenzen kann zu folgenden Konsequenzen führen:
- Der Schuldendienst kann von den Unternehmen nur mit Mühe erbracht werden. Die Ausgleichsmöglichkeiten bei Planabweichungen werden nach unten limitiert bzw. der Spielraum für Investitionen ins Anlagevermögen bzw. Working Capital wird eingrenzt.
- Kann dem Schuldendienst nicht nachgekommen werden, hat dies eine Verletzung der Covenants zur Folge und somit weitreichende Konsequenzen für die Finanzierung des LBOs.

Bei der Verwendung von Finanzierungs-Multiples stellt sich stets die Frage, auf welche Größen diese bezogen werden sollen. Wir gehen von einem konservativen Ansatz aus und empfehlen EBIT oder EBITA zu verwenden. Häufig wird von den Eigenkapitalinvestoren auf das oftmals deutlich höhere Ergebnis vor Zinsen, Steuern und Sachanlage- und Firmenwert-Abschreibungen (EBITDA = Earnings Before Interests, Taxes, Depreciation und Amortisation) abgestellt, um einen höheren Fremdfinanzierungsanteil zu begründen (und damit den eigenen IRR zu erhöhen). Die Problematik bei dieser Vorgehensweise besteht darin, dass der Schuldendienst der Akquisitionsfinanzierung aus den freien Cashflows bedient werden soll und Ertragsgrößen wie EBIT(A) oder EBITDA nur Hilfsgrößen für einen ersten Strukturierungsansatz darstellen. Wird nun EBITDA als Bezugsgröße verwandt, besteht die Gefahr, dass ein zu hoher Fremdfinanzierungsanteil für die Akquisitionsfinanzierung ermittelt wird, der nachher durch die tatsächlichen Cashflows jedoch nicht ausreichend bedient werden kann.

PRAXISTIPP

Moody's untersuchte 1999 51 in Zahlungsschwierigkeiten (Event of Default) geratene US-Unternehmen mit langfristigen, am Kapitalmarkt gehandelten Unternehmensanleihen (Bonds).

Ergebnis: EBITDA ist als Maßstab für Verschuldungsgrenzen (verzinsliche Schulden zu EBITDA) und als Maßstab für die Zinsdeckung (Verhältnis EBITDA zu Zinsaufwand) keine geeignete Größe.

Begründung: Die untersuchten Unternehmen wiesen im Durchschnitt drei Jahre vor dem Event of Default noch eine Zinsdeckung (EBITDA/Zinsaufwand) von 1,9 auf, während die Zinsdeckung bei Berücksichtigung des laufenden Investitionsaufwands (CAPEX) bereits bei Null lag ((EBITDA minus CAPEX)/Zinsaufwand).

Da der Schuldendienst durch freie Cashflows bedient werden soll, sollten diese auch die Grundlage für die abschließende Finanzierungsstruktur bilden. Dies erfordert jedoch eine integrierte GuV- und Bilanzplanung, die den Finanzierungszeitraum komplett abdeckt. Nur bei Vorlage einer integrierten GuV- und Bilanzplanung können die freien Cashflows auch tatsächlich abgeleitet werden (siehe das vorliegende Modell). Der Vorteil von Cashflows gegenüber Ertragsgrößen aus der Bilanz besteht darin, dass diese den Kapitalbedarf für Investitionen ins Netto-Umlaufvermögen (Working Capital) und für Investitionen ins Anlagevermögen (Capital Asset Expenditures – CAPEX) berücksichtigen. Ferner werden bei der Cashflow-Ermittlung weder Non-Cash-Effekte aus Abschreibungen noch aus Rückstellungen erfasst. Zu erwähnen ist ferner, dass das EBITDA eines Unternehmens durch Bilanzpolitik leicht manipulierbar ist.

Der Free Cashflow kann ausgehend vom EBITDA (Earnings before Interests, Taxes, Depreciation and Amortization) wie folgt bestimmt werden:

        EBITDA
+/–   Rückstellungszunahmen/-abnahmen
–   Steuern
+/–   Desinvestitionen des/Investitionen in das Anlagevermögen
+/–   Abnahme/Zunahme des Working Capitals
=   Freier Cashflow

PRAXISTIPP: Cash-EBIT

- Können die künftigen geplanten freien Cashflows nicht ermittelt werden, sollte als Referenzgröße der Cash-EBIT angewandt werden: Cash-EBIT = EBITDA – (normalisierte) Investitionsausgaben (CAPEX).
- Dieser normalisierte Cash-EBIT ist ein wesentlich besserer Indikator für die Tragfähigkeit einer LBO-Finanzierung als das bloße Abstellen auf EBITDA.

Im Zusammenhang mit Akquisitionsfinanzierungen wird häufig der Begriff CAPEX verwendet. Unter CAPEX versteht man die normalisierten Investitionsausgaben, d.h. das

Durchschnitts-Investitionsausgabenvolumen über die durchschnittliche Laufzeit einer LBO-Finanzierung von etwa sieben Jahren. Bei der Finanzplanung des Unternehmens sollte aus Vorsichtsgründen dieser Wert idealtypisch als Durchschnittsgröße der Investitionsausgaben der drei Jahre vor der Akquisition, des laufenden Jahres und der ersten drei Jahre nach der Akquisition berechnet werden.

> **PRAXISTIPP: Finanzierungsstruktur**
> Bei Werten von
> - 4 bis höchstens 4,5 für Senior Debt/Cash-EBIT und
> - 5,5 bis höchstens 6 für Total Debt/Cash-EBIT
>
> kann bei guten Unternehmen eine Finanzierungsstruktur dargestellt werden, die zu einer (weitestgehenden) Entschuldung in sieben Jahren ohne Voraussetzung zusätzlicher Ergebnisverbesserungen führt.

CF-Training-Modell: In unserem Beispiel der MASCHINENBAU GmbH beträgt die *Senior Debt/Cash-EBIT* Ratio 3,8 (< 4,0).

In unserem Beispiel der MASCHINENBAU GmbH beträgt die *Total Debt/Cash-EBIT* Ratio 5,6 (> 5,5).

Überprüfung einer tragfähigen Finanzierungsstruktur mit Multiplikatoren		
Senior Debt/Cash-EBIT	3,8	< 4,0
Total Debt/Cash-EBIT	5,6	> 5,5

Excel-Datei: Unternehmensbewertung/Excel-Blatt: Akquisitionsfinanzierung (1)

Modell-Tabelle 3: Überprüfung einer tragfähigen Finanzierungsstruktur

> **PRAXISTIPP: Finanzierungsstruktur**
> Die Anwendung der Bandbreiten für die Obergrenzen der Finanzierungsstruktur sollte nach dem Kriterium der Unternehmensgröße wie folgt vorgenommen werden:
> - Marktsegment der kleinen Unternehmen (Small Cap LBOs mit Unternehmenswerten bis 20 Mio. Euro) und Marktsegment der mittlere Unternehmen (Smaller Mid Cap LBOs mit Unternehmenswerten bis 100 Mio. Euro):
>   => 4 für das Verhältnis Senior Debt/Cash-EBIT und 5 für das Verhältnis Total Debt/Cash-EBIT
> - Marktsegment der größeren Unternehmen (Larger Mid Cap und Large Cap LBOs mit Unternehmenswerten größer 100 Mio. Euro):
>   => 5,5 für das Verhältnis Senior Debt/Cash-EBIT und 6 für das Verhältnis Total Debt/Cash-EBIT

CF-Training-Modell: Im Beispiel der MASCHINENBAU GmbH wurde die Strukturierung so vorgenommen, dass alle Werte bei Verwendung der gängigen Finanzierungs-Multiples gleich oder unterhalb der Obergrenzen liegen:
- Obergrenze für *Senior Loan* zum 31.12.t_0: EBIT x 4 = 12,0 Mio. Euro
  Senior Loan im Beispiel = 11,1 Mio. Euro

- Obergrenze für *Total Debt* zum 31.12. t_0: EBIT x 5,5 = 16,5 Mio. Euro
  Total Debt im Beispiel = 16,1 Mio. Euro ohne Mezzanine.

Überprüfung einer tragfähigen Finanzierungsstruktur anhand des Volumens		
Senior Debt	11,1	< 12,0
Total Debt	16,1	< 16,5

Excel-Datei: Unternehmensbewertung/Excel-Blatt: Akquisitionsfinanzierung (1)

Modell-Tabelle 4: Überprüfung einer tragfähigen Finanzierungsstruktur

Diese in der Praxis verwendete Finanzierungsregel stimmt mit der theoretischen Erkenntnis überein, dass bei einer Verschuldungsstruktur von 6-mal EBIT eine Entschuldung in sieben Jahren bei konstanter Unternehmensentwicklung darstellbar ist.

Abbildung III.8 zeigt den Verschuldungsgrad bei Akquisitionsfinanzierungen in den Jahren 1998 bis 2010. Nach der Spitze im Jahr 2007 hat sich der Verschuldungsmultiplikator in Folge der Finanzmarktkrise und restriktiver Kreditvergabe erheblich reduziert.

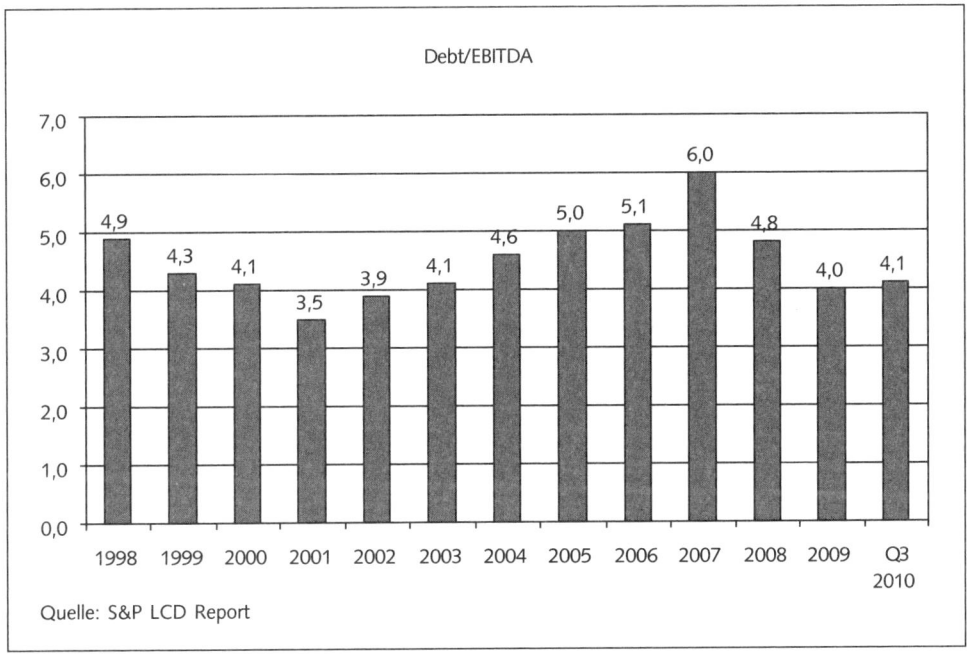

Abbildung III.8: Verschuldungsgrad bei Akquisitionsfinanzierungen

9 Gesellschaftsrechtliche Strukturierung einer Akquisitionsfinanzierung

Die Kunst der gesellschaftsrechtlichen Strukturierung einer Akquisitionsfinanzierung besteht darin, eine Transaktion- bzw. Übernahmestruktur zu entwickeln, die die teilweise unterschiedlich gelagerten Interessen des Verkäufers, des Käufers und der finanzierenden Banken gerecht werden.

9.1 Die dreistufige Übernahmestruktur

In der Praxis findet sich am häufigsten eine dreistufige Struktur aus
1. Erwerbergesellschaft
2. Zielgesellschaft und
3. den daran angegliederten operativen Gesellschaften.

Die Strukturierung erfolgt in folgenden Schritten:

1. Gründung einer Erwerbergesellschaft
Die Investoren (Käufer = Finanzinvestor und Management) gründen oder erwerben eine Erwerbergesellschaft. Diese wird häufig als NewCo oder Special Purchase Vehicle (SPV) bezeichnet. Diese Gesellschaft besitzt zumeist die Rechtsform einer GmbH oder GmbH & Co. KG. Sie dient als reines Übernahmevehikel und betreibt kein operatives Geschäft.

2. Ausstattung der Erwerbergesellschaft mit Finanzmitteln
Die NewCo wird vom Finanzinvestor und dem Management mit Eigenkapital ausgestattet. Die Eigenmittel sowie das Akquisitionsdarlehen decken das Transaktionsvolumen (Kaufpreis + Transaktionskosten) ab.

3. Ausstattung der Zielgesellschaft mit Finanzmitteln
Die Zielgesellschaft erhält von den akquisitionsfinanzierenden Banken einen Betriebsmittelkredit (Revolving Credit Facility). Dieser wird zur Finanzierung des Umlaufvermögens der Zielgesellschaft verwendet.

4. Erwerb der Zielgesellschaft durch die Erwerbergesellschaft
Die NewCo erwirbt die Anteile der Zielgesellschaft, die wiederum die Anteile an den operativen Gesellschaften der Gruppe hält. Die Erwerbergesellschaft weist somit auf der Aktivseite nur die Beteiligung an der Zielgesellschaft auf. Auf der Passivseite stehen die eingebrachten Eigenmittel und die zur Kaufpreisfinanzierung aufgenommenen Darlehen.

5. Verschmelzung der Zielgesellschaft mit der Erwerbergesellschaft

Häufig wird abschließend die NewCo mit der Zielgesellschaft verschmolzen, um die steuerliche Abzugsfähigkeit der von der NewCo in Anspruch genommenen Akquisitionsdarlehen zu sichern. Ferner kann eine Verschmelzung aus gesellschaftsrechtlichen Gründen notwendig sein.

CF-Training-Modell: MBO der MASCHINENBAU GmbH

Ausgangssituation

- Zielgesellschaft: MASCHINENBAU GmbH
  - führendes deutsches Maschinenbauunternehmen,
  - gute Marktposition auf Basis einer gezielten Nischenstrategie,
  - klare Konzentration auf Premium-Produkte,
  - strategische Partnerschaften mit den Kunden (großen Automobilproduzenten),
  - sehr erfolgreiche historische und gegenwärtige Geschäftsentwicklung.
- Eigentümer: Das Unternehmen ist zu 100 Prozent im Besitz der Gründerfamilie
- Käufer:
  - Management: Das vorhandene Management kennt das Unternehmen, seinen Markt, seine Produkte gut und genießt das Vertrauen der Mitarbeiter.
  - Finanzinvestor: Der Finanzinvestor verfügt über die notwendigen Mittel und hat das Know-how, einen Kauf zu strukturieren.

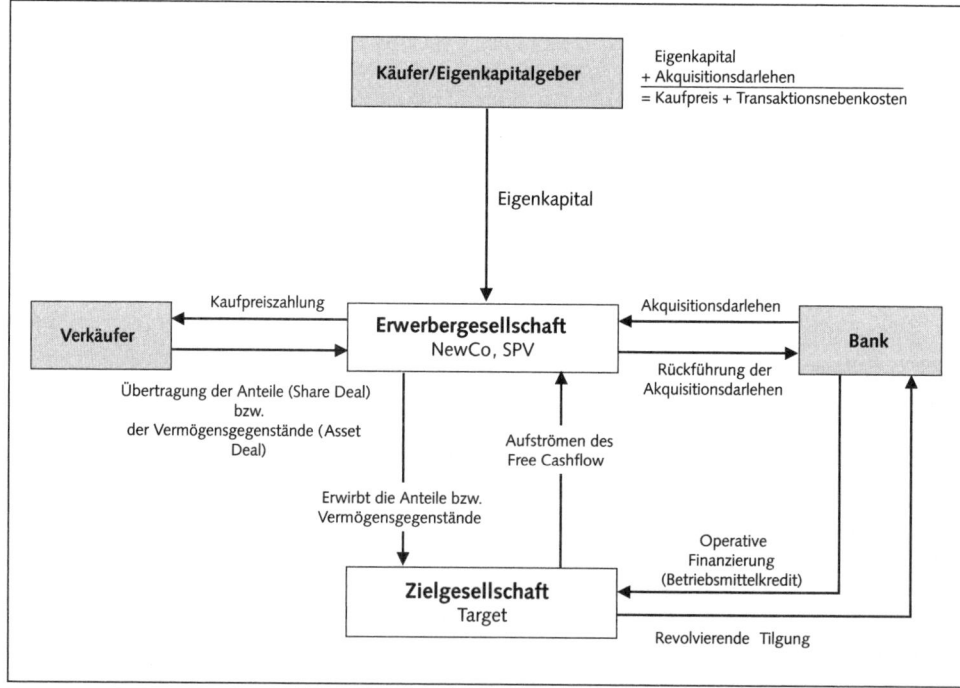

Abbildung III.9: Gesellschaftsrechtliche Erwerberstruktur bei der MASCHINEBAU GmbH

Ziele und Überlegungen bei der Strukturierung des Unternehmenskaufs
- Share-Deal versus Asset-Deal,
- Einbindung des Management-Teams,
- Haftungsbeschränkung des Fonds auf das eingesetzte Eigenkapital,
- Einbindung eines möglichst hohen Fremdkapitalanteils zur Steigerung des Leverage Effekts,
- steuerliche Optimierung und
- Offenhaltung verschiedener Exit-Alternativen.

Schritte nach Erwerb der Gesellschaftsanteile an der MASCHINENBAU GmbH
- Formierung einer organschaftlichen Einheit sowie
- Ergebnis-Abführungsverträge (EAV).

9.2 Strukturierungsziele der Eigenkapitalinvestoren

Die aufgezeigte Finanzierungsstruktur weist für den Finanzinvestor folgende Vorteile auf:
- Die NewCo schließt für den Käufer sowohl den Kauf- als auch die Kreditverträge ab. Somit kann der Finanzinvestor seine Haftung auf das von ihm eingebrachte Eigenkapital beschränken (Non Recourse).
- Der Finanzinvestor kann durch das zur Verfügungstellen von Eigenmitteln in Form von Gesellschafterdarlehen die Abzugsfähigkeit der Zinsen auf diese Gesellschafterdarlehen erreichen. Hierbei ist die Grenze der steuerlichen Zulässigkeit zu beachten (Thin Capitalisation Rules, in Deutschland insbesondere § 8a KStG).
- Die Fremdkapitalzinsen für die NewCo-Akquisitionsdarlehen können ebenfalls steuerlich in Abzug gebracht werden. Dies erfolgt durch Beherrschungs- und Ergebnisabführungsverträge über Organschaften und im Weiteren über Verschmelzungen von Erwerbergesellschaft und Zielgesellschaft.

9.3 Strukturierungsziele der Banken

Für die finanzierenden Banken ergeben sich bei der vorgestellten Strukturierungsform zwei wesentliche Fragestellungen:
- Der Kreditnehmer (die Erwerbergesellschaft bzw. NewCo) verfügt nur über ein eingeschränktes bzw. indirektes Zins- und Tilgungspotenzial, da der operative Cashflow in der Zielgesellschaft und nicht in der Erwerbsgesellschaft generiert wird. Damit befinden sich die finanzierenden Banken in einer strukturellen Nachrangsituation (und damit de facto in einer Preferred Equity vergleichbaren Position) gegenüber den Gläubigern der Zielgesellschaft und deren Tochtergesellschaften.
- Die Sicherheitenstellung durch die NewCo, d.h. des Kreditnehmers des Akquisitionskredits, ist nur eingeschränkt möglich, da diese nur über ein Beteiligungsvermögen (Anteile an der Zielgesellschaft), nicht aber über das Betriebsvermögen verfügt. Das Beteiligungsvermögen ist jedoch im Verwertungsfall (Insolvenz bzw. Konkurs) in der Regel wertlos.

9.4 Gesellschaftsrechtliche Grenzen der Strukturierung

Der Strukturierung von Akquisitionsfinanzierungen sind neben wirtschaftlichen Grenzen, die sich aus den Interessen der finanzierenden Parteien ergeben, auch gesellschaftsrechtliche Grenzen gesetzt. Diese betreffen das Ausmaß der Hochleitung des Free Cashflows der operativen Gesellschaften an die Erwerbergesellschaft zwecks Erfüllung des Schuldendienstes für die Akquisitionskredite ebenso wie die erforderliche Gewährung von Sicherheiten durch die operativen Gesellschaften.

Im Wesentlichen handelt es sich hierbei um
* die Kapitalerhaltungsvorschriften,
* die Vorschriften zur verdeckten Gewinnausschüttung,
* das Verbot eines Existenz vernichtenden Eingriffs und
* Verbot der finanziellen Unterstützung des Anteilserwerbs (Financial Assistance).

Diese Grenzen sind bei der Strukturierung jeder Übernahme genau zu beachten. In der Praxis lassen sich die genannten Probleme durch eine entsprechende Gestaltung der Transaktion mit folgenden Instrumenten beherrschen:
* Gewinnausschüttungen,
* aufströmende Darlehen,
* Beherrschungs- und Ergebnisabführungsverträgen (in Verbindung mit Organschaften),
* Verschmelzung.

10 Strukturierung der Finanzierungsinstrumente und Schuldendienstfähigkeit

10.1 Mittelverwendung und -herkunft einer Akquisitionsfinanzierung

Bei einer Akquisitionsfinanzierung wird das Transaktionsvolumen grundsätzlich durch haftendes Eigenkapital und Fremdkapital (Senior Loans) dargestellt. Sollte das zur Verfügung gestellte Fremd- und Eigenkapital das Transaktionsvolumen nicht decken und eine Finanzierungslücke bestehen, werden häufig auch noch Mischformen bzw. hybride Kapitalformen wie z. B. Mezzanine Finanzierungen oder Verkäuferdarlehen (Vendor Loans) hinzugezogen.

Das Transaktionsvolumen setzt sich aus dem Unternehmenskaufpreis und den Transaktionsnebenkosten zusammen. Zu den Transaktionsnebenkosten zählen u. a. die Due-Diligence-Kosten und die Arrangement Fees. Typischerweise betragen die Transaktionsnebenkosten 3,5 bis 5,0 Prozent des Kaufpreises.

Die Erwerbergesellschaft und die Zielgesellschaft benötigen Eigen- und Fremdkapital sowie ggf. Mezzanine-Kapital für mehrere Zwecke.

1. Der Hauptteil der Finanzmittel wird von der Erwerbergesellschaft verwendet, um den Kaufpreis für die Akquisition der Zielgesellschaft zu finanzieren.
2. Die Zielgesellschaft benötigt Kapital, um ihre bestehenden Verbindlichkeiten gegenüber den bisherigen Banken und den Verkäufern (Gesellschafterdarlehen) abzulösen.
3. Ferner sind die Transaktionsnebenkosten zu finanzieren.

Die Kredite, die für den Kaufpreis der Zielgesellschaft, die Ablösung bestehender Bank- und Gesellschafterdarlehen sowie der Bezahlung der Transaktionskosten zur Verfügung gestellt werden, werden auch Akquisitionskredite genannt.

Warum sind bei einer Akquisitionsfinanzierung alle bestehenden Bankdarlehen der Zielgesellschaft abzulösen und durch Kredite der akquisitionsfinanzierenden Banken zu ersetzen? Dieser Vorgehensweise liegt der Grundsatz der Vollfinanzierung zugrunde. Durch den Grundsatz der Vollfinanzierung wird das Zielunternehmen kreditvertraglich in die Akquisitionsfinanzierung integriert. Dies erfolgt dadurch, dass im Kreditvertrag bestimmte Verpflichtungen des Zielunternehmens definiert werden. Hierzu zählen die Sicherheitenbestellung, der direkte Zugriff auf den Cashflow, Informationspflichten, Auflagen etc. Ferner wird durch eine einheitliche Gesamtfinanzierung das Risiko ausgeschlossen, dass bei den Kreditnehmern ein zusätzlicher Kreditbedarf entsteht, wenn eine außenstehende Bank beispielsweise plötzlich ihren Kredit fällig stellt.

CF-Training-Modell:

Mittelherkunft und Mittelverwendung

Das Transaktionsvolumen bzw. das Investment für die MASCHINENBAU GmbH beträgt 32,1 Mio. Euro. Für das Eigenkapital wurde ein Kaufpreis von 13,3 Mio. Euro vereinbart (siehe Teil 2: Unternehmensbewertung). Dieser Kaufpreis entspricht weitestgehend den Ergebnissen der Unternehmensbewertung. Es werden sämtliche bestehenden kurz- und langfristigen Verbindlichkeiten abgelöst. Es fallen Transaktionsnebenkosten (z.B. für die Due Diligence, Strukturierungs-Fee der Beteiligungsgesellschaft und Banken u.Ä.) in Höhe von 1,0 Mio. Euro an.

Mittelverwendung	in Mio. €	in % des Invest.
Kaufpreis für Eigenkapital	13,3	41,4%
Schuldenablösung	17,8	55,5%
Transaktionskosten	1,0	3,1%
Investment	32,1	100,0%
Firmenwert	4,1	

Excel-Datei: Unternehmensbewertung/Excel-Blatt: Akquisitionsfinanzierung (1)

Modell-Tabelle 5: Mittelverwendung

Das Transaktionsvolumen stammt aus unterschiedlichen Finanzierungsquellen. Da es sich bei dieser Transaktion um einen MBO handelt, stammt das Eigenkapital vom Management und einem Finanzinvestor ((Kapital-)Beteiligungsgesellschaft oder Private-Equity-Firma). Auf eine Besserstellung des Managements gegenüber der Beteiligungsgesellschaft, die in der Praxis sehr häufig anzutreffen ist, wurde hier aus Vereinfachungsgründen verzichtet. Die Leverage-Komponente in der Finanzierung zeigt sich durch den hohen Anteil des Senior Loans. Die bestehende Finanzierungslücke zwischen Eigen- und Fremdkapital wurde in unserem Beispiel durch eigenkapitalnahes Mezzanine und ein Verkäuferdarlehen geschlossen.

Mittelherkunft (Eigenkapital)	in Mio. €	in % des Invest.	Mittelherkunft (Fremdkapital)	in Mio. €	in % des Invest.
Beteiligungsgesellschaft	12,0	37,4%	Senior Loan	11,1	34,6%
Management	1,0	3,1%	Betriebsmittel (Revolver)	0,0	0,0%
Mezzanine-Geber	3,0	9,3%	Verkäuferdarlehen	5,0	15,6%
Eigenkapital	16,0	49,8%	Fremdkapital	16,1	50,2%

Excel-Datei: Unternehmensbewertung/Excel-Blatt: Akquisitionsfinanzierung (1)

Modell-Tabelle 6: Mittelherkunft

Bilanzielle Strukturierung der Transaktion

Die bilanzielle Umsetzung der Transaktion und deren Finanzierung kann sehr gut anhand der Bilanz der MASCHINENBAU GmbH (31.12.t_0), der Erwerbergesellschaft (NewCo) (31.12. t_0) und der neuen Gesellschaft (Eröffnungsbilanz der Beispiel MASCHINENBAU GmbH zum 01.01. t_1) aufgezeigt werden.

Aktiva		Maschinenbau GmbH	Passiva
AV	12,5	EK	9,2
UV	29,8	FK (Ziel langfr.)	7,0
		FK (Ziel kurzfr.)	10,8
		nicht zinstrag. Vbk.	15,3
Summe	**42,3**	**Summe**	**42,3**

Excel-Datei: Unternehmensbewertung/Excel-Blatt: Akquisitionsfinanzierung (1)

Modell-Tabelle 7: Bilanz der MASCHINENBAU GmbH

Aktiva		Erwerbergesellschaft	Passiva
Investment	32,1	EK	13,0
		Mezzanine	3,0
		Senior Loan	11,1
		Verkäuferdarlehen	5,0
Summe	**32,1**	**Summe**	**32,1**
		Revolver	3,4

Excel-Datei: Unternehmensbewertung/Excel-Blatt: Akquisitionsfinanzierung (1)

Modell-Tabelle 8: Bilanz der Erwerbergesellschaft

Neue Gesellschaft (Eröffungsbilanz 01.01.t_0)			
Aktiva	(nach Akquisition)		Passiva
AV	12,5	EK	12,0
Firmenwert	4,1	Mezzanine	3,0
UV	29,8	Senior Debt	11,1
		Verkäuferdarlehen	5,0
		nicht zinstrag. Vbdl	15,3
Summe	**46,4**	**Summe**	**46,4**
		Revolver	3,4

Excel-Datei: Unternehmensbewertung/Excel-Blatt: Akquisitionsfinanzierung (1)

Modell-Tabelle 9: Bilanz der neuen Gesellschaft

Modell-Tabelle 10 zeigt, welche Änderungen sich auf der Aktiv- und Passivseite durch die Akquisitionsfinanzierung ergeben.

Aktiva	v. Transakt.	Änderung	n. Transakt.		Passiva	v. Transakt.	Änderung	n. Transakt.
AV	12,5	0,0	12,5	+	EK	9,2	2,8	12,0
Firmenwert	0,0	4,1	4,1		Mezzanine	0,0	3,0	3,0
UV	29,8	0,0	29,8		FK (langfr.)	7,0	-7,0	0,0
Aktiva	42,3	4,1	46,4		FK (kurzfr.)	10,8	-10,8	0,0
					Senior Debt	0,0	11,1	11,1
					Verkäuferdar.	0,0	5,0	5,0
					Vbdl. aus LuL	15,3	0,0	15,3
					Passiva	42,3	4,1	46,4
					Revolver			3,4

Excel-Datei: Unternehmensbewertung/Excel-Blatt: Akquisitionsfinanzierung (1)

Modell-Tabelle 10: Veränderung auf der Aktiv- und Passivseite

10.2 Bestimmung der Schuldendienstfähigkeit

Die richtige Bestimmung der Gewichtung des Fremdkapitals im Verhältnis zum Eigenkapital ist ein entscheidender Erfolgsfaktor bei einer Akquisitionsfinanzierung mit hohem Fremdkapitalanteil. Eine Finanzierungsstruktur, die nicht gewährleistet, dass das Unternehmen seinem Schuldendienst nachkommen kann, gefährdet den Erfolg der gesamten Transaktion und letztendlich den Bestand des Unternehmens.

Um die Schuldendienstfähigkeit zu ermitteln, werden von den Banken Finanzierungsmodelle erstellt, die mit Bilanz- und GuV-bezogenen Annahmen die voraussichtlichen zur Bedienung des Schuldendienstes zur Verfügung stehenden Cashflows (= Cashflow zur Schuldentilgung) ermitteln. Hierin fließen sämtliche den Banken zur Verfügung stehenden Informationen ein, z.B. die Management-Planung, die Ergebnisse der Financial Due Diligence und die Market Due Diligence sowie eigene Einschätzungen. Das von den Banken erarbeitete und der Akquisitionsfinanzierung zugrunde liegende Szenario wird Bank Case genannt.

> **PRAXISTIPP: Bestimmung des Cashflows zur Schuldentilgung und des Überschuss-Cashflows**
>
> In der Praxis der Akquisitionsfinanzierung und in unserem Beispiel gibt es zwei entscheidende Cashflow-Arten:
> * Cashflow zur Schuldentilgung und
> * Überschuss-Cashflow.

Der Cashflow zur Schuldentilgung zeigt an, wie viele Finanzmittel nach Berücksichtigung von Zinszahlungen zur Verfügung stehen, um bestehende Darlehen zu tilgen. Die Überschuss-Cashflows (Excess-Cashflow) sind diejenigen Zahlungsmittel, die nach der Schuldentilgung übrig bleiben. Erwirtschaftet das Unternehmen höhere Cashflows als geplant, wird dies auch als Cash-Sweep bezeichnet. Die genaue Gleichung zur Ermittlung des Cashflows zur Schuldentilgung und des Überschuss-Cashflows ist jeweils von den eingesetzten Finanzierungsarten abhängig. In unserem Beispiel lautet die Gleichung wie folgt:

> EBIT (Ergebnis vor Zinsen und Steuern)
> − Zinsaufwand (Senior)
> − Zinsaufwand (Mezzanine)
> − Zinsaufwand (Verkäuferdarlehen)
> − Zinsaufwand (Revolver oder Betriebsmittelkredit)
> + Zinsertrag
> = EBT(Ergebnis vor Steuern)
> − Steuern
> = Jahresüberschuss
> + Afa
> − Investitionen ins Anlagevermögen
> − Investitionen ins Umlaufvermögen
> = **Cashflow zur Schuldentilgung**
> − Tilgung (Senior)
> − Tilgung (Mezzanine)
> − Tilgung (Verkäuferdarlehen)
> = **Überschuss-Cashflow**

Auf die gesonderte Behandlung von Payment in Kind (PIK)-Zinsen, d.h. Zinsen, die vollständig kapitalisiert und am Laufzeitende zurückbezahlt werden, wird später gesondert eingegangen. Sie sind bis zur Periode der Rückführung am Ende der Laufzeit Aufwand, aber nicht zahlungswirksam.

Da es sich bei Akquisitionsdarlehen um langfristige Darlehen mit einer Laufzeit von fünf bis neun Jahren handelt, ist neben der absoluten Höhe, die Stabilität und die Planbarkeit der künftigen Free Cashflows von entscheidender Bedeutung.

Dies führt in der Praxis im Allgemeinen zu Finanzierungsstrukturen, bei denen nicht nur ein einziges Darlehen vergeben wird, sondern sich das Akquisitionsdarlehen aus mehreren Tranchen mit verschiedenen Laufzeiten, Tilgungsstrukturen und Konditionen zusammensetzt.

Die Cashflow basierte Strukturierung der Akquisitionsfinanzierung führt dazu, dass der realistisch bezahlbare Kaufpreis maßgeblich von der Schuldendienstfähigkeit des Unternehmens abhängt. Vorhandene werthaltige Assets zur Besicherung werden in die Strukturierung der Finanzierung einbezogen und erleichtern die Darstellbarkeit des verhandelten Kaufpreises, nehmen jedoch im Unterschied zum traditionellen Kreditgeschäft keine dominierende Rolle ein.

CF-Training-Modell: Modell-Tabelle 7 im Excel-Blatt »Akquisitionsfinanzierung« zeigt die Cashflow-Planung für die MASCHINENBAU GmbH. Die Detailplanung aus der integrierten GuV- und Bilanz-Planung wurde für die Jahre t_7 und t_8 fortgeschrieben, da die Laufzeit für Senior Loans mit sieben Jahren sowie die Laufzeiten für Mezzanine- und das Verkäuferdarlehen mit acht Jahren den Planungshorizont der Detailplanung von sechs Jahren übersteigt. Für die Jahre t_7 und t_8 wurde eine durchschnittliche Wachstumsrate von 4 Prozent p.a. angesetzt.

(Absolute Zahlen in Mio. €)	Plan t_1	Detailplanung Plan t_2	Detailplanung Plan t_3	Plan t_4	Plan t_5	Fortschreibung Plan t_6	Fortschreibung Plan t_7	Plan t_8
Ergebnis vor Zinsen und Steuern (EBIT)	4,1	4,8	5,6	0,9	3,2	4,6	4,7	4,9
./. Zinsaufwand (Senior)	0,6	0,5	0,4	0,3	0,3	0,2	0,1	0,0
./. Zinsaufwand (Mezzanine)	0,3	0,3	0,4	0,4	0,4	0,5	0,5	0,6
./. Zinsaufwand (Verkäuferd.)	0,3	0,3	0,3	0,3	0,3	0,4	0,4	0,4
./. Zinsaufwand (Revolver)	0,0	0,0	0,0	0,0	0,0	0,0	0,0	0,0
+ Zinsertrag	0,0	0,0	0,0	0,1	0,1	0,1	0,1	0,1
EBT	2,9	3,6	4,5	-0,1	2,2	3,6	3,8	4,1
Steuern 29,8%	0,9	1,1	1,3	0,0	0,7	1,1	1,1	1,2
=Jahresüberschuss	2,0	2,6	3,2	-0,1	1,6	2,5	2,7	2,9
+ Abschreibungen	1,9	1,9	1,9	1,9	1,9	1,9	1,9	1,9
+ Payment in Kind-Zinsen (PIK-Zinsen)	0,6	0,6	0,7	0,7	0,8	0,8	0,9	1,0
./. AV-Investitionen	2,2	2,2	2,2	2,2	2,2	2,2	2,2	2,2
./. UV-Investitionen	0,6	0,6	0,3	-1,4	0,6	0,4	0,4	0,4
= Cashflow zur Schuldentilgung	1,7	2,3	3,3	1,8	1,5	2,7	2,9	3,2
./. Tilgung (Senior)	1,6	1,6	1,6	1,6	1,6	1,6	1,6	0,0
./. Tilgung (Mezzanine)	0,0	0,0	0,0	0,0	0,0	0,0	0,0	7,1
./. Tilgung (Verkäuferdarlehen)	0,0	0,0	0,0	0,0	0,0	0,0	0,0	7,7
= Gesamtschulden-rückführung	1,6	1,6	1,6	1,6	1,6	1,6	1,6	14,8
= Überschuss Cashflow	0,1	0,7	1,7	0,2	-0,1	1,1	1,3	-11,6

Excel-Datei: Unternehmensbewertung/Excel-Blatt: Akquisitionsfinanzierung (2)

Modell-Tabelle 1: Cashflow-Planung für die MASCHINENBAU GmbH

Im Unterschied zur Planung im Teil »Unternehmensbewertung« wird hier ein geringeres Investitionsvolumen ins Anlagevermögen investiert. In diesem Falle betragen die Investitionen ins Anlagevermögen 2,2 Mio. Euro pro Jahr. Diese Reduzierung der Investitionen ins Anlagevermögen kann dadurch begründet werden, dass ein Finanzinvestor mit einer LBO-Finanzierung primär das Ziel verfolgt, die Verschuldung zeitnah zurückzuführen. Um Cashflows zu schonen, werden daher in der Zeit der Akquisitionsfinanzierung Investitionen zurückgefahren. In der Praxis ist zu prüfen, ob mit dem reduzierten Investitionsvolumen die geplanten Umsätze erreichbar sind.

Bei der Ermittlung der Cashflows zur Schuldentilgung wurden die Zinsaufwendungen für Mezzanine und Verkäuferdarlehen (PIK-Zins) neutralisiert, da sie erst am Ende der Laufzeit kapitalisiert ausbezahlt werden. Das bedeutet, dass Zinsen Aufwendungen darstellen, aber keine Auszahlungen sind. Damit werden sie bei der Cashflow-Ermittlung ähnlich wie Abschreibungen behandelt.

Der Cashflow zur Schuldentilgung wird zur Tilgung der Senior-Tranche verwendet. Die übrigen Finanzierungsinstrumente (Mezzanine und Verkäuferdarlehen) werden zum Laufzeitende zurückbezahlt. Der nach Tilgung der Senior-Tranche jeweils verbleibende Betrag dient dem Aufbau der Kasse. Die Kasse kann zur weiteren Finanzierung des Working Capitals oder anderer Investitionen genutzt werden. Ihre Verzinsung erfolgt mit 3 Prozent. In unserem Beispiel wird Kasse aufgebaut, um am Laufzeitende die endfälligen Darlehen und Mezzanine-Finanzierungen zurückführen zu können.

11 Eigenkapital in der Akquisitionsfinanzierung

Die Investitionen ins Eigenkapital setzen sich im Allgemeinen aus Einzahlungen in das Stammkapital bzw. Grundkapital und Gesellschafterdarlehen zusammen. Eigenkapitalinvestoren sind Finanzinvestoren (Private-Equity-Investoren) und das Management. In der Regel verlangen die Finanzinvestoren ein finanzielles Commitment des Managements, das sich typischerweise in der Höhe des ein- bis zweifachen Jahresgehalts einer Führungskraft bewegt.

11.1 Stammkapital

Das Management beteiligt sich in der Regel nur am Stammkapital. Dies führt in Hinsicht auf die Beteiligungsstruktur zu einer Besserstellung des Managements, das mit einem im Vergleich zum gesamten Eigenkapitalfinanzierungsaufwand kleinen Kapitalbeitrag eine relativ große Beteiligung am Stammkapital bzw. Grundkapital der Erwerbergesellschaft halten kann (sogenanntes Sweet Equity). Das Verhältnis zwischen dem Kaufpreis, den das Management bei einem MBO/MBI bezahlt, und dem Kaufpreis, den die Finanzinvestoren für ihren Anteil zahlen, wird als Envy Ratio bezeichnet.

Der Anteil des für die Akquisitionsfinanzierung notwendigen Eigenkapitals besteht aus Stammkapital und Gesellschafterdarlehen. Der Anteil des Stammkapitals der NewCo GmbH an den insgesamt aufzubringenden Eigenmitteln wird aus Haftungsgründen bewusst gering gehalten. Das restliche notwendige Eigenkapital decken die Finanzinvestoren in Form von Gesellschafterdarlehen ab.

CF-Training-Modell: Im Beispiel der MASCHINENBAU GmbH wird im Rahmen des MBO das Eigenkapital von der Beteiligungsgesellschaft (14,0 Mio. Euro) und dem Management (2,0 Mio. Euro) bereitgestellt. Aus Vereinfachungsgründen erfolgt in diesem Beispiel eine Gleichbehandlung von Finanzinvestor und Management. Eine Aufteilung des Eigenkapitals in Stammkapital und Gesellschafterdarlehen erfolgt nicht.

11.2 Gesellschafterdarlehen

Bei Gesellschafterdarlehen ist zwischen folgenden Formen zu unterscheiden:
* eigenkapitalnahen Gesellschafterdarlehen und
* fremdkapitalnahen Gesellschafterdarlehen.

Die Zinsen des nachrangigen *eigenkapitalnahen Gesellschafterdarlehens* werden in der Regel vollständig kapitalisiert (Payment in Kind bzw. PIK). Üblicherweise ist vorgesehen, dass das Gesellschafterdarlehen zusammen mit den aufgelaufenen Zinsen erst dann zurückgeführt wird, wenn das Fremdkapital vollständig getilgt worden ist.

Die Attraktivität von *fremdkapitalnahen Gesellschafterdarlehen* besteht darin, dass die Zinsen, die für ein Gesellschafterdarlehen zu entrichten sind, grundsätzlich als Aufwand abgezogen werden können und damit das zu versteuernde Einkommen senken. Daher besteht bei der Strukturierung der Finanzierung aus Sicht der Eigenkapitalgeber ein Anreiz darin, ihnen einen möglichst hohen Anteil am Gewinn in Form von Zinsen und nicht als Dividenden auszuzahlen. § 8a KStG beschränkt jedoch diese Möglichkeit (sog. Thin Capitalisation Rule).

12 Fremdkapital in der Akquisitionsfinanzierung

Fremdkapital kann grundsätzlich durch Kredite oder alternative Finanzierungsinstrumente (z.B. Anleihen/Bonds) zur Verfügung gestellt werden. Bei Akquisitionsfinanzierungen kommen in erster Linie Kredite, lediglich bei besonders hohem Fremdkapitalbedarf auch hoch verzinsliche Anleihen (High-Yield-Bonds) zur Anwendung.

Folgende drei Kreditarten werden in der Regel von den akquisitionsfinanzierenden Banken zur Verfügung gestellt:
- Senior-Terminkredite (Senior Loan),
- Mezzanine-Kredite,
- Betriebsmittelkredit (Revolving Credit Facility).

Die Kreditgeber stellen bei Akquisitionsfinanzierungen befristete Kredite (Term-Loan-Facilities) in Form vorrangiger Senior-Kredite (Senior Loans) und bei Bedarf fremdkapitalnahes Mezzanine, sog. Mezzanine-Kredite, zur Verfügung. Diese beiden Finanzierungsinstrumente dürfen ausschließlich für innerhalb der Akquisitionsfinanzierung genau definierte Zwecke verwendet werden. Hierzu zählen:
- die Bezahlung des Kaufpreises für den Erwerb der Zielgesellschaft,
- die Rückbezahlung von Gesellschafterdarlehen,
- die Rückführung bestehender Bankverbindlichkeiten sowie
- ggf. die Finanzierung von Investitionen oder Add-on-Akquisitionen.

Die Finanzierung des Betriebsmittelbedarfs (Working Capital) erfolgt durch Bereitstellung eines Betriebsmittelkredits (Revolving Credit Facility). Dieser wird den Senior-Krediten zugerechnet und ist jederzeit revalutierbar.

12.1 Senior Loan

Das Fremdkapital bei einer Akquisitionsfinanzierung setzt sich fast ausschließlich aus vorrangigen Darlehen (Senior-Tranchen) zusammen.

> **DEFINITION**
> *Senior Loan* (oder auch Senior Debt bzw. Senior Terminkredit genannt) ist ein vorrangiger, in der Regel besicherter Bankkredit.

Senior Debt ist das am geringsten ausfallgefährdete Kapital bei einer Akquisitionsfinanzierung. Es ist in der Regel gut besichert und wird bei einer Liquidation als erstes zurückgezahlt. Senior Debt ist eine langfristige Finanzierungsform mit einer typischen Laufzeit von fünf bis neun Jahren.

Vorrangigkeit

Die Vorrangigkeit bezieht sich zum einen auf die Rangfolge der Gläubigeransprüche im Verhältnis zu nachrangigen Ansprüchen aus Mezzanine-Kapital, Vendor Loans, Gesellschafterdarlehen usw. zum anderen aber auch auf die vorrangige Besicherung der Senior-Tranchen. Eine vorrangige und umfassende Besicherung bedeutet, dass alle wesentlichen Assets aller wichtigen Gesellschaften des Zielunternehmens und deren Töchterunternehmen als Besicherungsgrundlage dienen.

Besicherung

Unterschiedliche Sicherheiten können bei einer Akquisitionsfinanzierung unterschieden werden. Die Verpfändung der Anteile an der Zielgesellschaft (Sicherheit der NewCo) bietet sich zunächst an. Diese sind im Falle der Insolvenz jedoch meist wertlos und werden in der Regel von den Banken nicht anerkannt. Weitere Sicherheiten sind Personalsicherheiten und Sachsicherheiten bezüglich aller wesentlichen Assets der Zielgesellschaft und deren operativen Tochterunternehmen. Dazu zählen erstrangige Grundschulden, Verpfändung des sonstigen Anlagevermögens, Abtretung von Forderungen aus Lieferungen und Leistungen, Verpfändung der Vorräte und Verpfändung bzw. Abtretung wesentlicher sonstiger Assets des Umlaufvermögens, Abtretung wichtiger Ansprüche des Käufers gegenüber dem Verkäufer aus dem Kaufvertrag usw.

Senior-Tranchen

Der Senior-Terminkredit wird häufig in mehreren Tranchen zur Verfügung gestellt. Allgemein unterscheidet man bei den Senior Loans zwischen

- Senior-A-Tranchen (Tilgungskredit, mit sechsmonatigen oder zweimonatigen Tilgungen),
- Senior-B-Tranchen (endfälliger Kredit) und gegebenenfalls
- Senior-C-, D- usw. -Tranchen (ebenfalls endfällige Kredite).

Senior-A-Tranchen. Die Senior-A-Tranche weist die kürzeste Laufzeit aller Tranchen auf, meist nicht mehr als sieben Jahre. Sie ist während ihrer Laufzeit in regelmäßigen Raten zu tilgen, wobei die Raten meist gleichmäßig über die gesamte Laufzeit verteilt sind. Eine andere Verteilung wird in der Regel nur dann vorgenommen, wenn der geplante Cashflow zu Abweichungen zwingt. Gründe hierfür sind:

- Das Geschäft der Zielgesellschaft ist saisonalen Schwankungen unterworfen, sodass in schwächeren Perioden weniger und in stärkeren Perioden mehr getilgt wird.
- Das Unternehmen gerät während der Laufzeit der Akquisitionsfinanzierung in eine Krisensituation; dann kann beispielsweise ein tilgungsfreies Jahr vereinbart werden.

Die Tilgungsraten der Senior-A-Tranche orientieren sich an der Besicherung. Sie sind so strukturiert, dass der Zeitraum, in dem die Bank den überwiegend unbesicherten Firmenwert finanziert, zwei bis vier Jahre nicht übersteigt. Für diesen Zeitraum geht die Bank von einer hohen Planungsgenauigkeit aus und stellt die Finanzierung überwiegend auf die Cashflows ab. Mit zunehmender Planungsungenauigkeit, spätestens jedoch nach vier Jahren, sollte der Akquisitionskredit auf Sicherheiten beruhen. Ist der Kreditbetrag, der auf den Firmenwert entfällt, zurückbezahlt, und damit der Restkreditbetrag durch Sicherheiten gedeckt, verliert der Cashflow aus Bankensicht zunehmend an Bedeutung. Bei einer Verwertung der Sicherheiten wird die Senior-A-Tranche zuerst bedient. Die Tranche A ist somit der risikoärmste Kredit, für den auch die geringsten Margen anfallen.

Senior-B-Tranchen. Die B-Tranche des Senior-Terminkredits hat in der Regel eine um ein Jahr längere Laufzeit als die A-Tranche. Die B-Tranche wird gelegentlich auch als Junior-Terminkredit bezeichnet. Sie wird erst nach vollständiger Rückführung der A-Tranche getilgt. Dies kann in einem Betrag (Bullet Repayment) oder in zwei Raten am Ende der Laufzeit erfolgen. Die Tranche B ist im Vergleich zur Tranche A aus folgenden Gründen risikoreicher:
- Tranche B weist eine höhere Laufzeit als Tranche A auf.
- Der Kreditbetrag bleibt bei Tranche B bis zum Ende der Laufzeit in voller Höhe ausbezahlt.

Entsprechend höher ist auch die Marge bei Tranche B gegenüber der Tranche A.

Senior-C-Tranchen. Die C-Tranche des Senior-Terminkredits ist im Wesentlichen wie die Tranche B strukturiert. Ihre Laufzeit ist jedoch um ein Jahr länger als die von Tranche B. Ihre Tilgung erfolgt erst dann, wenn die Tranche B vollständig zurückgeführt wurde. Ferner hat sie aufgrund des erhöhten Risikos eine höhere Marge.

Die endfälligen Senior-Tranchen (B, C, D usw.) werden in der Praxis auch als institutionelle Tranchen bezeichnet, da sie bei größeren LBOs im Rahmen der Syndizierung primär für institutionelle Investoren (z.B. lnvestmentbanken) und nicht primär für die akquisitionsfinanzierenden Banken vorgesehen werden. Im Unterschied zur Senior-Tranche A weisen sie jeweils eine um ein Jahr längere Laufzeit auf. Besitzt Tranche A eine siebenjährige Laufzeit, beträgt diese für eine B-Tranche acht Jahre und für die C-Tranche neun Jahre etc. Im Pricing steigt die Zinsmarge für diese auch als Alphabet-Loans bezeichneten Senior-Loan-Tranchen von Tranche zu Tranche üblicherweise um 50 Basispunkte (bp).

Tabelle III.1 zeigt die typischen Ausgestaltungsmerkmale für Senior-Loan-Tranchen:

Kreditlinie	Laufzeit	Tilgung	Zinsmarge
Senior Loan A	7	Halbjährig	225 p
Senior Loan B	8	Endfällig	275 bp
Senior Loan C	9	Endfällig	325 bp

Tabelle III.1: Typischen Ausgestaltungsmerkmale für Senior-Loan-Tranchen

CF-Training-Modell: Im Beispiel der MASCHINENBAU GmbH wird aus Vereinfachungsgründen ein einheitlicher Zinssatz für die Senior-Tranche gewählt. Die Laufzeit der Senior-Tranche beträgt sieben Jahre. Per annum werden 1,6 Mio. Euro getilgt, sodass die Senior Tranche am 31.12.t_7 getilgt ist.

Der Zinssatz für die Senior-Tranche wird wie folgt ermittelt:

EURIBOR	2,50%
+ Zinsmarge	2,50%
+ Hedging des Zinsänderungsrisikos	0,50%
= Zinssatz für Senior Loan	5,50%

Bei der Strukturierung von Akquisitionsfinanzierungen ist je nach Transaktionsvolumen ein unterschiedliches Verhältnis zwischen dem Amortisationskredit und den endfälligen Tranchen zu beobachten.

Bei den großen, angloamerikanisch geprägten LBOs (Large Cap LBOs mit einem Transaktionsvolumen über 250 Mio. Euro) wird häufig eine aggressive Strukturierung gewählt. Das bedeutet, dass im Verhältnis zwischen dem Amortisationskredit und den endfälligen Tranchen die endfälligen Tranchen überwiegen. Ursache hierfür ist, dass durch Auktionen die Kaufpreise bis an die Grenze der Finanzierbarkeit ausgereizt sind.

Bei mittelständischen Akquisitionsfinanzierungen (Mid-Cap-LBO-Markt mit einem Transaktionsvolumen zwischen 20 Mio. Euro und 250 Mio. Euro) sind eher konservative Finanzierungsstrukturen anzutreffen, da in diesem Marktsegment das Risikoprofil von Akquisitionsfinanzierungen im Durchschnitt höher ist.

Unabhängig von der Strukturierung ist stets darauf zu achten, dass das LBO-Unternehmen bei planmäßiger Tilgung nach spätestens fünf Jahren einen marktüblichen Verschuldungsgrad aufweist. Zudem sollte der Anteil der Tilgungskredite bei der Senior-Loan-Ausgestaltung eindeutig dominieren.

CF-Training-Modell: Folgende Modell-Tabelle zeigt die Tilgungsstruktur des Senior Debt. Daraus wird ersichtlich, dass das Senior Debt nach sieben Jahren getilgt ist.

			Detailplanung				Fortschreibung		
		Plan	Plan	Plan	Plan	Plan	Plan	Plan	Plan
(Absolute Zahlen in Mio. €)		t_1	t_2	t_3	t_4	t_5	t_6	t_7	t_8
Senior Debt	Anfang	11,1	9,5	7,9	6,3	4,8	3,2	1,6	0,0
Tilgung		1,6	1,6	1,6	1,6	1,6	1,6	1,6	0,0
Senior Debt	Ende	9,5	7,9	6,3	4,8	3,2	1,6	0,0	0,0
kum. Tilgung	Senior Debt	1,6	3,2	4,8	6,3	7,9	9,5	11,1	11,1

Excel-Datei: Unternehmensbewertung/Excel-Blatt: Akquisitionsfinanzierung (2)

Modell-Tabelle 2: Tilgungsstruktur des Senior Debt

12.2 Betriebsmittelkredit

Der Betriebsmittelkredit dient der Finanzierung des Umlaufvermögens, ist also auf die Finanzierung des laufenden Kreditbedarfs der operativen Gesellschaft(en) gerichtet. Damit können z.B. Rohstoffe gekauft, Forderungsaußenstände finanziert sowie Löhne, Mieten und Steuern bezahlt werden. Der Betriebsmittelkredit weist somit einen kurzfristigen Zeithorizont auf. Es ist dagegen nicht gestattet, den Betriebsmittelkredit für Investitionen ins Anlagevermögen oder zum Erwerb von Gesellschaftsanteilen zu verwenden. Kreditnehmer des

Betriebsmittelkredits ist zumeist die Zielgesellschaft direkt. Vor Transaktionsabschluss wird im Allgemeinen der Bedarf an Betriebsmittelkreditlinien von lokalen Hausbanken abgedeckt.

Bei der Strukturierung der Transaktion ist in der Regel vorgesehen, die bestehenden Betriebsmittellinien vollständig durch die akquisitionsfinanzierenden Banken abzulösen. Dadurch werden Zielkonflikte zwischen den akquisitionsfinanzierenden Banken und den bisherigen finanzierenden Banken vermieden und eine vollständige Kontrolle über das Unternehmen gewonnen.

Nach Abschluss der Transaktion wird dem Unternehmen üblicherweise eine Betriebsmittellinie mit der gleichen Laufzeit wie die Senior-Tranche der Kaufpreisfinanzierung zur Verfügung gestellt. Diese Betriebsmittellinie wird als Revolving Facility bezeichnet. Die benötigten Finanzmittel werden auf revolvierender Basis bereitgestellt, d.h. die operativen Gesellschaften können für 1, 2, 3, 6 oder 12 Monate Mittel abrufen, müssen diese aber danach wieder zurückbezahlen. Dadurch unterscheidet sich die Revolving Facility von der Kontokorrentlinie, bei der das Unternehmen innerhalb der Laufzeit beliebig Mittel innerhalb eines festgesetzten Rahmens abrufen kann. Mit der Strukturierung der Betriebsmittelkreditlinie als Revolving Facility beabsichtigen die akquisitionsfinanzierenden Banken, stets einen Überblick darüber zu erhalten, wofür die operativen Gesellschaften die kurzfristigen Mittel verwenden. Hintergrund ist das eng geschnürte Finanzierungskonzept der Akquisitionsfinanzierung, das eine schnelle Reduzierung der Fremdfinanzierung vorsieht.

Um sicherzustellen, dass die Betriebsmittelkreditlinie die ihr zugedachte Funktion (Abdeckung der laufenden, schwankenden Finanzierungsbedarfe) erfüllt, wird im Allgemeinen vertraglich einmal pro Jahr eine vollständige Rückführung (Clean Down) über einen zu bestimmenden Zeitraum (Clean Down Period = in der Regel zehn Bankarbeitstage) fixiert.

Die Revolving Facility ist auf die Cashflow-Planung des Unternehmens abgestimmt. Im Idealfall sollte die Revolving Facility nicht gezogen werden, sondern die Working-Capital-Finanzierung (Finanzierung des Netto-Umlaufvermögens) durch die Cashflows abgedeckt sein. Hierzu wird mit dem Überschuss-Cashflow (Excess Cashflow) ein ausreichender Kassenbestand aufgebaut.

Alle akquisitionsfinanzierenden Banken müssen pro rata, d.h. ihren jeweiligen Anteilen an der Akquisitionsfinanzierung entsprechend, auch die Betriebsmittelkreditlinie zur Verfügung stellen. Da einige Banken sich rein auf Akquisitionsfinanzierungen spezialisiert haben und/oder das arbeitsintensive Bereitstellen von Betriebsmittelkreditlinien nicht anbieten wollen, haben sich in der Praxis verschiedene gangbare Szenarien entwickelt.

PRAXISTIPP: Strukturierung der Betriebsmittelkreditlinie

1. Möglichkeit:
Alle akquisitionsfinanzierenden Banken übernehmen Anteile an der Betriebsmittelkreditlinie gemäß ihren Anteilen an der Akquisitionsfinanzierung.

2. Möglichkeit:
Wollen einige im Konsortium beteiligte akquisitionsfinanzierende Banken keine Betriebsmittelkreditlinie bereitstellen, so kann deren Anteil von einer oder mehreren Banken im Konsortium gegen Gewährung einer Bürgschaft übernommen werden. Diese Banken übernehmen dann die Hausbankfunktion.

3. Möglichkeit:

Wird vom Unternehmen ein Kontokorrentkredit durch die bisherige lokale Hausbank präferiert und sind die bisherigen lokalen Hausbanken an einer weiteren Kundenbeziehung interessiert, besteht die Möglichkeit, dass diese die Betriebsmittelfinanzierung bei Gewährung einer Bürgschaft durch die akquisitionsfinanzierenden Banken übernehmen.

Sollte das Zielunternehmen die Revolving-Credit-Facility nicht in Anspruch nehmen, kann mit dem Überschuss-Cashflow Folgendes vorgenommen werden:

- Aufbau eines Kassenbestandes für weitere Investitionen ins Anlagevermögen oder Umlaufvermögen,
- außerplanmäßige Tilgung des Senior-Kredits.

In der Praxis werden in der Regel ca. 50 Prozent des Überschuss-Cashflow zur Tilgung der Senior-Tranche und der Rest zum Aufbau der Kasse verwendet.

CF-Training-Modell: Der Zinssatz für die Revolving Credit Facility wird wie folgt ermittelt:

EURIBOR	2,50 %
+ Zinsmarge	2,25 %
= Zinssatz für Revolving Credit Facility	4,75 %

Modell-Tabelle 9 im Excel-Blatt »Akquisitionsfinanzierung« zeigt die Tilgungsstruktur der Revolving Facility. Es ist ersichtlich, dass aufgrund der hohen Cashflows die Revolving Facility nicht gezogen werden muss. Vielmehr kann mit dem Überschuss-Cashflow ab dem Jahr t_2 ein Kassenbestand aufgebaut werden. Erst in t_8 bei Tilgung aller Fremdfinanzierungen entsteht ein Bedarf an Fremdkapital, der dann in Abhängigkeit von der Laufzeit der zu finanzierenden Vermögensgegenstände neu finanziert werden muss.

(Absolute Zahlen in Mio. €)		Plan t_1	Detailplanung Plan t_2	Plan t_3	Plan t_4	Plan t_5	Fortschreibung Plan t_6	Plan t_7	Plan t_8
Betriebsmittellinie	Anfang	0,0	0,1	0,7	2,4	2,6	2,5	3,6	5,0
Tilgung		0,1	0,7	1,7	0,2	-0,1	1,1	1,3	-11,6
Betriebsmittellinie	Ende	0,1	0,7	2,4	2,6	2,5	3,6	5,0	-6,6
Kasse		0,1	0,7	2,4	2,6	2,5	3,6	5,0	0,0
Revolver		0,0	0,0	0,0	0,0	0,0	0,0	0,0	6,6

Excel-Datei: Unternehmensbewertung/Excel-Blatt: Akquisitionsfinanzierung (2)
Modell-Tabelle 3: Tilgungsstruktur Revolver

13 Mezzanine-Kapital

Der Begriff »Mezzanine« ist ursprünglich der Architektur entnommen und bezeichnet das Zwischengeschoss zwischen zwei Hauptstockwerken. In der betriebswirtschaftlichen Finanzierungstheorie findet sich keine einheitliche Definition. In der Praxis hat sich der Begriff als Oberbegriff für verschiedene hybride Finanzierungsformen etabliert. Mezzanine-Kapital nimmt dabei eine Stellung zwischen Eigen- und Fremdkapital ein und vereint je nach Ausgestaltung Eigenschaften von beiden.

13.1 Kennzeichen von Mezzanine-Kapital

Trotz vielfältiger Ausgestaltungsmöglichkeiten von Mezzanine-Kapital sind nahezu alle Finanzierungsformen durch die folgenden wesentlichen Charakteristika gekennzeichnet:
- Nachrangigkeit gegenüber »klassischem« Fremdkapital und Vorrangigkeit gegenüber »echtem« Eigenkapital,
- kein ausdrückliches Mitspracherecht,
- zeitlich befristete Kapitalüberlassung (i.d.R. fünf bis zehn Jahre),
- steuerliche Abzugsfähigkeit der Zinszahlungen als Betriebsausgaben,
- Schonung der Cashflows des Unternehmens, da i.d.R. endfällige Tilgung und Ertragskomponenten größtenteils am Ende der Laufzeit oder sogar außerhalb des Unternehmens abgegolten werden sowie
- höhere Vergütung gegenüber Fremdkapital, niedrigere Vergütung gegenüber Eigenkapital.

13.2 Mezzanine-Kapital im Rahmen von Akquisitionsfinanzierungen

Mezzanine-Kapital ist durch die Vielzahl verschiedener Gestaltungsmöglichkeiten ein äußerst flexibles Finanzierungsinstrument. Es hat in den letzten Jahren auch bei der Strukturierung von LBOs stark an Bedeutung gewonnen. Die Anzahl der LBOs, die mit Mezzanine-Finanzierungen verbunden sind, liegt bereits bei etwa einem Drittel der Transaktionen. Im Rahmen von Akquisitionsfinanzierungen wird Mezzanine-Kapital als Sammelbegriff für verschiedene Finanzierungsformen verwendet, denen gemeinsam ist, dass sie gegenüber den vorrangigen Akquisitionsdarlehen (Senior Darlehen) nachrangig sind. Die Nachrangigkeit bezieht sich sowohl auf die Hierarchie der Gläubigeransprüche als auch regelmäßig auf die Hierarchie bei der Besicherung. Mezzanine-Finanzierungen sind, wenn überhaupt, nur nachrangig besichert.

13.2.1 Mezzanine: Bridging the Gap

Der interessante Aspekt von Mezzanine-Kapital bei Akquisitionsfinanzierungen besteht darin, dass es ergänzend zum vorrangigen Senior Darlehen und dem haftenden Eigenkapital bereitgestellt werden kann. Dadurch gelingt es, den unterschiedlichen Interessen der Verkäufer, der finanzierenden Banken und der Käufer gerecht zu werden und in vielen Fällen die Transaktion überhaupt erst zu ermöglichen.

Durch Mezzanine-Kapital werden
- auf der Verkäuferseite die Preisvorstellungen des Veräußerers befriedigt,
- auf der Käuferseite die Renditeziele der Eigenkapitalinvestoren gewahrt,
- auf Seiten der finanzierenden Banken den Interessen der Senior-Loan-Financiers nach Darstellbarkeit einer vorrangigen Kreditfinanzierung nachgekommen.

Der Charakter von Mezzanine-Kapital als Zwischenform zwischen Eigen- und Fremdkapital wird deutlich, wenn man die Betrachtungsweise der Fremd- und Eigenkapitalgeber einnimmt.

Mezzanine-Kapital aus Sicht der Banken

Aus der Sicht der Senior Lender übernimmt die Mezzanine-Tranche – wirtschaftlich betrachtet – einen *eigenkapitalähnlichen Charakter*. Im Insolvenzfall werden die vorrangig besicherten Darlehen (Senior Darlehen) zuerst befriedigt. Durch die Nachrangigkeit der mezzaninen Ansprüche gegenüber dem Kreditnehmer werden die Anteile (Quoten) der Senior Lender an den Liquidationserlösen erhöht. Die Nachrangigkeit des Mezzanine-Kapitals gegenüber der Senior Darlehen bezieht sich zumeist nicht nur auf die Besicherung (besonders relevant im Insolvenzfall), sondern wird in den Kreditverträgen auch auf die Rückzahlung der Akquisitionsdarlehen und auf die laufenden Zinszahlungen erweitert.

Mezzanine-Kapital aus Sicht des Finanzinvestors und des Managements

Gegenüber dem vom Finanzinvestor und dem Management aufgebrachten Eigenkapital nehmen Mezzanine-Darlehen einen *Fremdkapitalcharakter* an. Sie begründen einen Rückzahlungsanspruch, werden vorrangig bedient und führen zudem zur steuerlichen Abzugsfähigkeit der darauf entfallenden Zinsen. In dem Ausmaß, in dem die Mezzanine-Darlehen zweitrangig besichert sind, tritt eine – oft übersehene – Vorrangigkeit in der Anspruchsbefriedigung aus den Erlösen der besicherten Assets gegenüber allen sonstigen unbesicherten Gläubigern ein. Es wird daher auch bei dieser (für Akquisitionsfinanzierungen standardgemäßen) Art von Mezzanine von Senior Subordinated Debt gesprochen. Die Rückführung des zeitlich befristeten, endfälligen Mezzanine-Kapitals erfolgt typischerweise erst dann, wenn alle Senior-Darlehen vollständig getilgt wurden. Die Laufzeit des Mezzanine-Darlehens ist daher so gut wie immer um ein Jahr länger als die der längst laufenden Senior-Loan-Tranche.

13.2.2 Strukturierung der Zahlungsströme und Renditeerwartungen bei Mezzanine-Finanzierungen

Um die Liquidität des Unternehmens zu schonen, werden die Zinszahlungen häufig in einen laufend Cash-wirksamen (EURIBOR + laufende Cash-Zinsmarge) und einen kapitalisierten Anteil (= Payment in Kind) aufgeteilt. Der kapitalisierte Zinsbetrag wird erst am Ende der Laufzeit mit der Rückführung der gesamten Linie ausbezahlt. Bei zyklischen Unternehmen sind zudem auch »Pay-if-you-can«-Konstruktionen anzutreffen.

Das aufgrund der vielschichtigen Nachrangigkeit erhöhte Ausfallrisiko der Mezzanine-gegenüber den Senior-Kapitalgebern spiegelt sich im Renditeanspruch wider: In der Praxis liegt die Internal-Rate-of-Return (IRR) Erwartung für das eingesetzte Kapital bei rund 15 bis 20 Prozent.

Um auf derart hohe Renditen zu kommen, lässt sich der Mezzanine-Kapitalgeber oft das Recht einräumen, über einen sogenannten Equity-Kicker an der Wertsteigerung des Unternehmens teilzunehmen. Dabei handelt es sich um das Recht, eine Beteiligung an dem Unternehmen zu festgelegten Bedingungen (häufig erst im Zeitpunkt des Exit) zu erwerben.

13.2.3 Vertragliche Strukturierung von Mezzanine-Finanzierungen

Die Ausgestaltung von Mezzanine-Finanzierungen zwischen dem klassischen Akquisitions-darlehen in Form von Senior-Debt und den Eigenmitteln auf der anderen Seite erfolgt primär durch die beiden »Stellschrauben« Besicherung und Rangfolge im Insolvenzfall. Diese beiden Begriffe tauchen im Rahmen von Akquisitionsfinanzierungen immer wieder auf und bedürfen daher einer kurzen Abgrenzung:

Besicherung im Insolvenzfall
Die Finanzierungen werden durch die Vermögensgegenstände des finanzierten Unternehmens besichert, d.h. im Falle der Insolvenz besitzt der Kapitalgeber das Recht, diese Gegenstände zu liquidieren und damit seine Forderungen zu bedienen. Man spricht hier auch von Secured Loan im Gegensatz zum Unsecured Loan, der keine Besicherung aufweist, und dessen Kapitalgeber damit im Insolvenzfall schlechter gestellt sind.

Rangfolge im Insolvenzfall
Bezüglich der Rangfolge im Insolvenzfall können Finanzierungen in erstrangige Darlehen (Senior Loan) oder nachrangige Darlehen (Junior Loan) unterteilt werden. Je höher der Rang einer Finanzierung, desto größer die Wahrscheinlichkeit, dass der Kapitalgeber im Insolvenzfall sein Kapital zurückbekommt. Die Rangfolge kann per se durch die Finanzierungsform geregelt oder aber in einem sogenannten Intercreditor Agreement zwischen den finanzierenden Parteien festgelegt sein. Ebenfalls kann sich Nachrangigkeit ergeben, wenn Kredite z.B. nicht direkt an ein Unternehmen vergeben werden, sondern an eine übergeordnete Gesellschaft (Muttergesellschaft, Holding). Man spricht in diesem Fall von »struktureller Nachrangigkeit«. Nachrangige Kapitalgeber erhalten erst dann Geld zurück, wenn sämtliche erstrangige Kapitalgeber bedient wurden. Die Abbildung III.6 stellt die möglichen

Strukturierungsmöglichkeiten dar und zeigt den Zusammenhang zwischen Besicherung und Rangfolge bei unterschiedlichen Kreditarten.

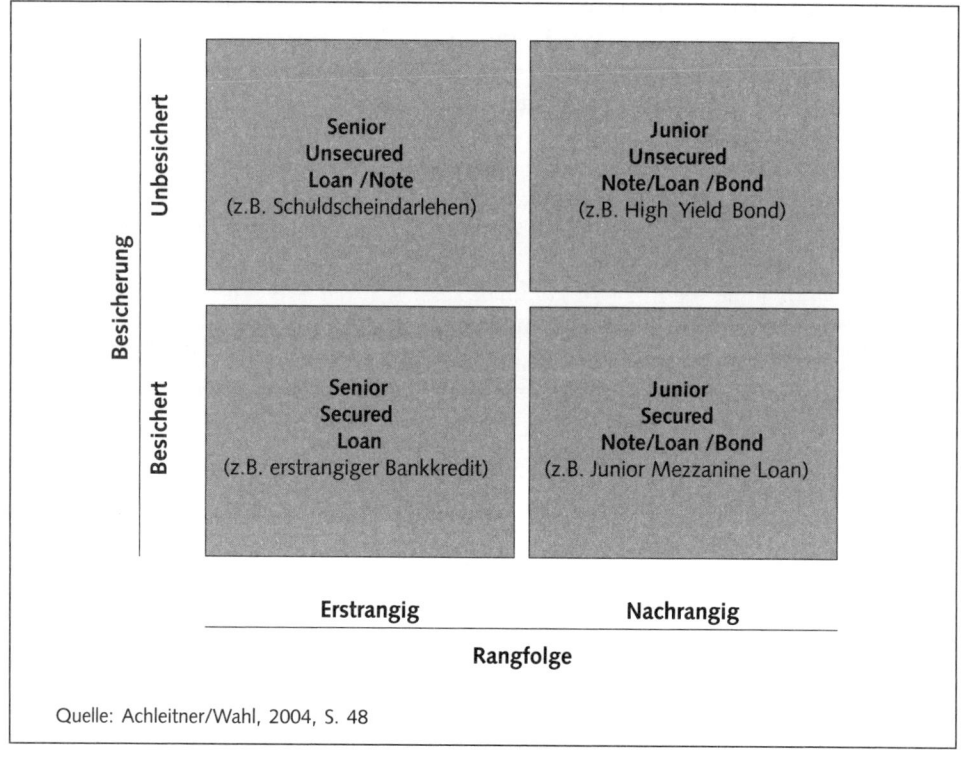

Abbildung III.10: Zusammenhang zwischen Besicherung und Rangfolge

Da die Nachrangigkeit mezzaniner Finanzierungselemente gesetzlich nicht geregelt ist, muss sie vertraglich festgelegt werden. Abbildung III.7 zeigt den Unterschied zwischen struktureller und vertraglicher Nachrangigkeit in der Akquisitionsstruktur. Aus der typischen dreistufigen Akquisitionsstruktur wird durch den strukturellen Nachrang eine vierstufige Akquisitionsstruktur. Die strukturelle Nachrangigkeit zeigt sich für Gläubiger einer Mutter- bzw. Holdinggesellschaft gegenüber den anspruchsberechtigten Gläubigern der operativen Gesellschaft darin, dass

- Erstere nur Ansprüche auf ein (im Insolvenzfall regelmäßig wertloses) Beteiligungsvermögen haben,
- während Letzteren Ansprüche gegenüber dem auch im Insolvenzfall noch werthaltigen Betriebsvermögen zukommen.

Damit sind die Gläubiger der Mutter- bzw. Holdinggesellschaft gegenüber den anspruchsberechtigten Gläubigern einer Tochtergesellschaft wirtschaftlich so ähnlich gestellt, als hätten sie auf der Ebene der Tochtergesellschaft vorrangige Eigenkapitalansprüche (Preferred Equity) begründet. In eigenen Intercreditor Agreements wird die Nachrangigkeit (unabhängig von vertraglicher oder struktureller Nachrangigkeit) bzw. ganz allgemein das Verhältnis zwischen Senior-Debt-Banken und Mezzanine-Investoren gesondert und umfassend geregelt.

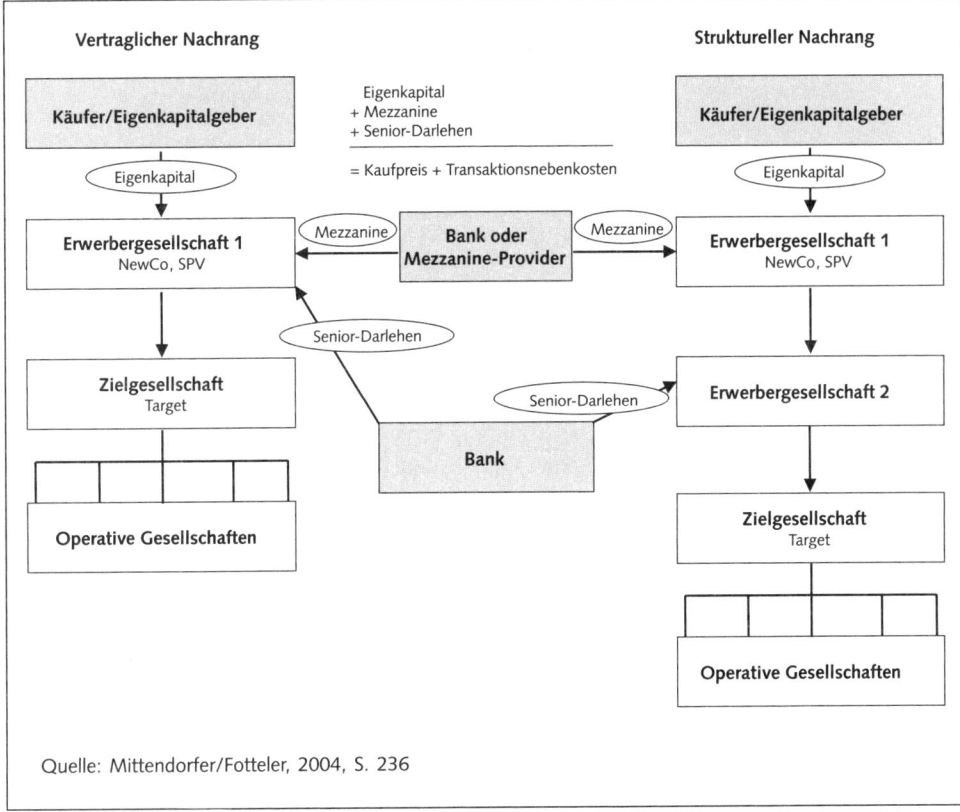

Abbildung III.11: Unterschied zwischen struktureller und vertraglicher Nachrangigkeit in der Akquisitionsstruktur

13.3 Mezzanine-Finanzierungsinstrumente

Ein Unterscheidungsmerkmal mezzaniner Finanzierungsformen ist die vertragliche Ausgestaltung. Dabei wird unterschieden, ob Mezzanine-Kapital eher Eigenkapital- oder Fremdkapitalcharakter besitzt (vgl. Abbildung III.8). Entsprechend spricht man auch von Quasi-Eigenkapital (Equity-Mezzanine) oder Quasi-Fremdkapital (Debt-Mezzanine).

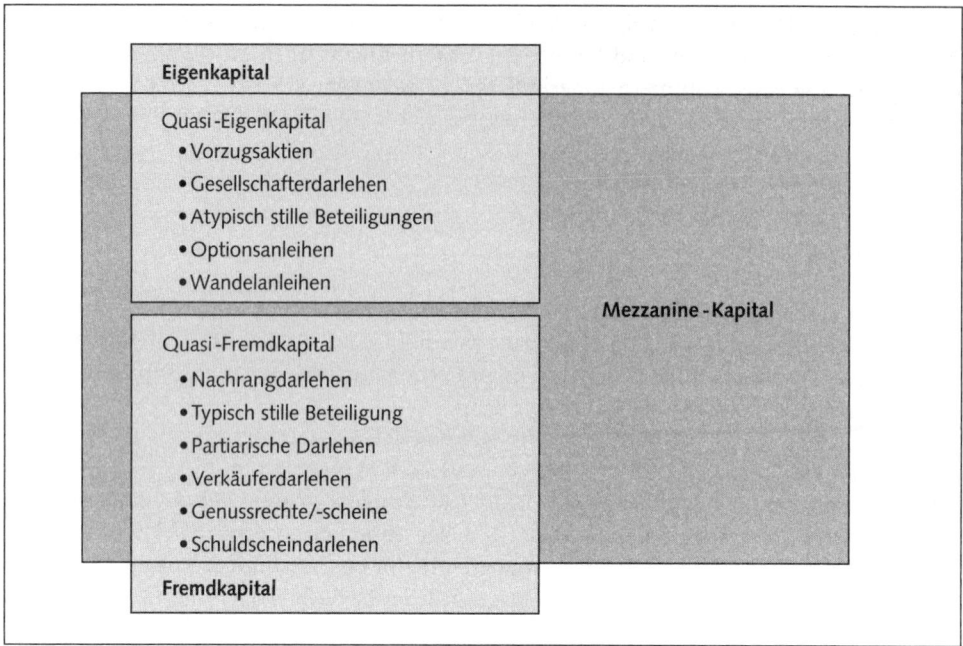

Abbildung III.12: Unterscheidung zwischen Equity- und Debt-Mezzanine

13.3.1 Eigenkapitalnahe Mezzanine-Instrumente

Vorzugsaktien

Vorzugsaktien gewähren gegenüber Stammaktien dem Inhaber bestimmte Vorrechte. Diese können Stimmrechtsvorzüge (auf eine Aktie mehr als ein Stimmrecht), Dividendenvorzüge (auf eine Aktie entfällt eine höhere Dividende) oder Vorzüge bei der Liquidation (auf eine Aktie entfällt ein höherer Liquidationserlös) sein.

Gesellschafterdarlehen

Zur Verbesserung der Finanzsituation können die Gesellschafter einer Kapitalgesellschaft (GmbH, AG) sowie die Kommanditisten (KG) ihrem Unternehmen ein Darlehen zur Verfügung stellen. Diese Gesellschafterdarlehen sind wie normale Darlehen zu behandeln, d. h. sie erfordern einen Darlehensvertrag mit allen erforderlichen Bestandteilen und Konditionen. Das Unternehmen ist Schuldner, der jeweilige Gesellschafter/Kommanditist der Gläubiger.

Atypisch stille Beteiligung

Eine stille Beteiligung ist eine Vermögenseinlage in ein Unternehmen, ohne dass der stille Gesellschafter nach außen als Gesellschafter auftritt. Die stille Beteiligung ist grundsätzlich bei jeder Rechtsform möglich. Eine atypisch stille Beteiligung zeichnet sich durch die Mitunternehmerstellung des Investors aus, d. h. der Kapitalgeber trägt Mitunternehmerrisiko und -initiative. Der stille Gesellschafter übernimmt Mitunternehmerrisiko, wenn er neben der Beteiligung am Gewinn und Verlust des Unternehmens auch an den stillen Reserven beteiligt ist. Von einer Mitunternehmerinitiative ist auszugehen, wenn der stille Gesellschafter mit bestimmten Geschäftsführungsbefugnissen oder ausgeprägten Kontrollrechten ausgestattet ist. Durch die Verlustbeteiligung des atypisch stillen Gesellschafters kann der Rückzahlungsbetrag unter dem Nennwert liegen.

Optionsanleihe

Optionsanleihen sind Unternehmensschuldtitel (Inhaberschuldverschreibungen) die neben dem Anspruch auf Verzinsung und Tilgung noch ein Bezugsrecht auf Anteile des Unternehmens beinhalten. Diese Finanzierungsform wird häufig bei großen Transaktionsvolumina gewählt, da durch die Verbriefung der Schuldverschreibung das benötigte Kapital auf mehrere Mezzanine-Investoren verteilt werden kann.

Wandelanleihe

Die Wandelanleihe ist wie die Optionsanleihe eine Schuldverschreibung mit einem Zusatzanreiz. Bei einer Wandelanleihe besitzt der Inhaber keine Bezugsrechte auf Unternehmensanteile, sondern das Recht, den Rückzahlungsbetrag in eine bestimmte Anzahl von Unternehmensanteilen (z.B. Aktien) zu wandeln. Wird dieses Recht nicht genutzt, so wird die Anleihe am Ende ihrer Laufzeit vom Unternehmen zurückgezahlt.

CF-Training-Modell: Im Beispiel der MASCHINENBAU GmbH wird die Mezzanine-Tranche als endfällige, Payment in Kind (PIK) Tranche strukturiert und mit einem Equity-Kicker versehen. Damit hat die hier gewählte Form des Mezzanine einen Quasi-Eigenkapital-Charakter. Die Laufzeit der Mezzanine-Tranche beträgt acht Jahre. Die Verzinsung der Mezzanine-Tranche beträgt 10 Prozent p.a. Die Zinszahlungen erfolgen am Ende der Laufzeit nach acht Jahren. Der Equity-Kicker beträgt 5 Prozent des Kaufpreises, d.h. er hat eine Höhe von 0,7 Mio. Euro. Die Auszahlung des Equity-Kickers erfolgt am Ende der Laufzeit der Mezzanine-Tranche.

Im Excel-Blatt »Akquisitionsfinanzierung« zeigt die Modell-Tabelle 4 die Tilgungsstruktur der Mezzanine-Tranche.

		Detailplanung					Fortschreibung		
		Plan	Plan	Plan	Plan	Plan	Plan	Plan	Plan
(Absolute Zahlen in Mio. €)		t_1	t_2	t_3	t_4	t_5	t_6	t_7	t_8
Mezzanine	Anfang	3,0	3,3	3,6	4,0	4,4	4,8	5,3	5,8
Tilgung		0,0	0,0	0,0	0,0	0,0	0,0	0,0	7,1
PIK-Zins		0,3	0,3	0,4	0,4	0,4	0,5	0,5	0,6
Mezzanine (kum.)	Ende	3,3	3,6	4,0	4,4	4,8	5,3	5,8	0,0
Equity Kicker									0,7
kum. Tilgung		0,0	0,0	0,0	0,0	0,0	0,0	0,0	7,1

Excel-Datei: Unternehmensbewertung/Excel-Blatt: Akquisitionsfinanzierung (2)

Modell-Tabelle 4: Tilgungsstruktur Mezzanine

13.3.2 Fremdkapitalnahe Mezzanine-Instrumente

Nachrangdarlehen

Das Nachrangdarlehen (auch Junior Debt oder Subordinated Debt genannt) ist diejenige Mezzanine-Finanzierungsform, die einer reinen Fremdfinanzierung am ähnlichsten ist. Nachrangdarlehen sind Kreditgeschäfte gem. § 1 KWG Abs. 2 (Gewährung von Gelddarlehen und Akzeptkrediten). Im Unterschied zur klassischen langfristigen Kreditfinanzierung ist für den Fall der Insolvenz der Rückzahlungsanspruch mit einem Nachrang gegenüber den Forderungen aller anderen (nicht nachrangigen) Gläubiger vorgesehen. Die Tilgung des Nachrangdarlehens kann in mehreren Tranchen oder in einer Summe erfolgen. Eine Verlustteilnahme findet nicht statt, eine Gewinnbeteiligung ist möglich, aber nicht zwingend.

Nachrangdarlehen werden i. d. R. ohne oder mit nachrangiger Besicherung ausgelegt. Der Kreditspielraum wird somit nicht eingeengt. In Bankkreisen wirkt die Nachrangfinanzierung durch einen renommierten Investor bonitätserhöhend und führt zu einer Verbesserung der Kreditaufnahmemöglichkeiten. Die Vergütung besteht üblicherweise aus einer fixen Nominalverzinsung und einer gewinnabhängigen Komponente. Insgesamt liegen die Kosten aufgrund des erhöhten Risikos über den Konditionen einer klassischen Fremdfinanzierung. Die Laufzeit von Nachrangdarlehen liegt im Bereich von fünf bis zehn Jahren. Der Bilanzausweis des Nachrangdarlehens erfolgt unter den Verbindlichkeiten mit einem entsprechenden Nachrangvermerk sowie einer Erläuterung des Nachrangcharakters im Anhang. Das Nachrangdarlehen hat, bedingt durch den eigenkapitalähnlichen Charakter, den Vorteil, dass es bei der Bilanzanalyse und dem Ratingprozess durch Banken oder Rating-Agenturen als wirtschaftliches Eigenkapital gewertet wird und somit zu einer Verbesserung der Eigenkapitalquote führt.

Typisch stille Beteiligung

Typisch stille Beteiligungen haben im Unterschied zum Nachrangdarlehen eine stärker gesellschaftsrechtliche Komponente und die Rahmenbedingungen (z. B. bestimmte Kontrollrechte) sind in den §§ 230 ff. im HGB gesetzlich definiert. Die Informations- und Kontrollrechte gehen jedoch in der Praxis über die gesetzlichen Regelungen hinaus. Eine Gewinnbeteiligung ist für den stillen Gesellschafter gesetzlich vorgeschrieben, wobei die Verlustbeteiligung auf den Betrag der Einlage begrenzt ist und im Gesellschaftsvertrag ausgeschlossen werden kann. Voraussetzung für eine stille Beteiligung ist, dass neben einer fixen Nominalverzinsung eine gewinnabhängige Vergütungskomponente (mindestens 1/3 der Gesamtvergütung) vertraglich festgelegt wird. Ist diese Voraussetzung nicht erfüllt, liegt ein partiarisches Darlehen (Darlehen mit Gewinnbeteiligung) vor mit der Folge, dass diese Kreditgeschäfte gem. § 1 KWG Abs. 2 darstellen. Wie beim Nachrangdarlehen erfolgt die Rückzahlung der stillen Beteiligung zum Nennwert am Ende der Laufzeit. Aufgrund des Rangrücktritts wird im Rahmen der Bilanzanalyse eine stille Beteiligung zum wirtschaftlichen Eigenkapital gerechnet und verbessert somit die Eigenkapitalquote und damit die Bonität des Unternehmens.

Partiarisches Darlehen

Bei einem partiarischen Darlehen wird ein bestimmter Anteil des Gewinns oder Umsatzes des Unternehmens vereinbart, um als Verzinsungsgrundlage zu dienen. Bei zweckgebundenen Finanzierungen kann der Anteil auch nur auf diesen Zweck (Projekt) ausgelegt werden. Das partiarische Darlehen ähnelt auf den ersten Blick der stillen Beteiligung. Der Schuldner und der Gläubiger bilden bei dem partiarischen Darlehen jedoch keine Gesellschaft. Folglich sind auch Verlustbeteiligungen ausgeschlossen, da diese ein Gesellschafterverhältnis voraussetzen.

Verkäuferdarlehen

Wenn die zur Verfügung stehenden Finanzierungsinstrumente (Fremdkapital, Mezzanine-Kapital und Eigenkapital) nicht ausreichen, die Kaufpreisvorstellung von Käufer und Verkäufer zur Deckung zu bringen, kann die Finanzierungslücke durch ein Verkäuferdarlehen (auch Vendor Loan oder Seller's Note genannt) geschlossen werden. Ein Vendor Loan oder eine Seller's Note besteht darin, dass der Verkäufer durch ein nachrangiges Darlehen einen Teil des Kaufpreises stundet und somit das zu finanzierende Transaktionsvolumen reduziert.

In der Regel wird der Nachrang des Vendor Loans auf die Zinszahlung und Rückführung des Darlehens erweitert, d.h. die Zinsen werden vollständig kapitalisiert und das Darlehen wird erst nach der vollständigen Rückführung des Fremdkapitals (Senior Loans, Mezzanine) zurückbezahlt.

In einzelnen Fällen wird die Überwindung einer Lücke zwischen den Kaufpreisvorstellungen des Verkäufers und des Käufers ergebnisabhängig durch ein Earn-out-Modell überwunden. Ein Earn-out-Modell findet vor allem dann Anwendung, wenn der Verkäufer zum Zeitpunkt des Verkaufs eine wesentliche Rolle für den Erfolg des Unternehmens spielt. Er soll noch eine gewisse Zeit im Unternehmen verbleiben, um als (Mit-)Verantwortlicher in der Übergangsphase aktiv mitzuwirken und das bewertungsrelevante operative Ergebnis zu sichern. Dabei sollten die vorhandenen Unternehmensstrukturen zwecks Vergleichbarkeit mit den bisherigen Ergebnissen zunächst im Wesentlichen unverändert fortbestehen.

Genussrechte/-scheine

Bei dem Genussrecht handelt es sich um ein rein schuldrechtliches Kapitalüberlassungsverhältnis. Das Genussrecht stellt gewinnabhängige Gläubigerrechte dar, räumt dem Inhaber jedoch keine Gesellschafterrechte ein. Die Gewährung von Genussrechten ist auf keine Gesellschaftsform beschränkt. Es können sowohl GmbHs wie auch Aktiengesellschaften Genussrechte begeben. Zwar ist das Genussrecht auf der einen Seite rein schuldrechtlicher Natur, auf der anderen Seite sind der Umfang und die inhaltliche Ausgestaltung des Genussrechtes nicht gesetzlich geregelt. Es kann daher als eigenkapitalnahes oder fremdkapitalnahes Mezzanine-Instrument ausgestaltet werden. In der Praxis sind sowohl standardisierte als auch individuelle Genussscheinprodukte erhältlich.

Hochzinsanleihe (High Yield Bond)

Bei Akquisitionen mit einem Finanzierungsbedarf von (im Regelfall) mehr als 100 Mio. Euro findet in Deutschland seit einigen Jahren die aus den USA stammende Finanzierung mit sogenannten High-Yield-Bonds-Anwendung.

Hierbei handelt es sich um festverzinsliche Schuldverschreibungen, die dem Investor über die gewöhnliche Festlaufzeit der Anleihe von sieben bis zehn Jahren eine überdurchschnittliche Rendite (hohe Verzinsung) bieten. Vorausgesetzt ist ein überdurchschnittliches Risiko (insbesondere niedrige Bonitätsbeurteilungen der Anleihe). High Yield Bonds werden in aller Regel am Ende der Anleihe-Laufzeit in einem Betrag zurückgezahlt (sog. Bullet Payment). Dabei werden die erstrangigen Kreditgeber verlangen, dass die High Yield Bonds ebenso wie (sonstiges) Mezzanine-Kapital nachrangig sind. Begibt z.B. eine Erwerbergesellschaft, die für die Akquisition bereits Darlehen aufgenommen hat, High Yield Bonds, gilt zwischen den Beteiligten in aller Regel folgende Vereinbarung: Verbindlichkeiten aus den High Yield Bonds werden erst bedient, wenn die Banken (Senior-Darlehensgeber) vollständig befriedigt sind. Dies geschieht gegenüber den an High-Yield-Bonds-Finanzierungen gewohnten US-Investoren häufig durch eine sog. Trust Subordination. Trust Subordination bedeutet, dass Zahlungen auf den High Yield treuhänderisch gehalten werden, bis die vorrangigen Gläubiger bedient sind. Üblich ist auch eine sog. Contigent Debt Subordination. Hier wird der High Yield von vornherein nur insoweit fällig, als unter seiner Berücksichtigung die erstrangigen Gläubiger in voller Höhe bedient werden können.

Im Unterschied zum reinen Mezzanine-Kapital bietet der High Yield Bond dem Investor weder die Option auf den Erwerb einer Beteiligung an der emittierenden Gesellschaft noch ein entsprechendes Wandlungsrecht. Während bei einer Finanzierung über die High Yield Bonds dem Investor keine Sicherheiten zur Verfügung stehen, sind solche im Bereich der Mezzanine-Finanzierung verhandelbar (z.B. Grundschulden, Pfandrechte, Sicherungsübereignung usw.), wenn auch nicht üblich. Zu beachten ist auch, dass High Yield Bonds nach wie vor überwiegend an US-Investoren verkauft werden. Damit sind die in den USA geltenden Anforderungen für die Veräußerung von Wertpapieren maßgeblich. Eine Platzierung von High Yield Bonds führt in der Regel zu weitgehenden Verpflichtungen bezüglich der Offenlegung von Informationen über die Gesellschaft und einem nicht unerheblichen Zeit-, Arbeits- und Kostenaufwand. In Deutschland wurde diese Art von Mezzanine z.B. bei Gardena, Edscha und Viterra verwendet. Der Anteil der Mezzanine-High-Yield-Variante bei europäischen LBOs stieg von einem Drittel (33,3 Prozent) in 2001 auf erstaunliche 62,5 Prozent in 2002. Im Verlauf der ersten drei Quartale 2003 sank dieser Anteil allerdings wieder etwas auf 56,5 Prozent ab (vergleiche Standard & Poor's 2003).

Schuldscheindarlehen

Bei einem Schuldscheindarlehen handelt es sich um ein langfristiges Darlehen, oftmals großen Volumens, das der Darlehensnehmer bei einer Kapitalsammelstelle aufnimmt. Darlehensnehmer sind in erster Linie Industrieunternehmen, öffentliche Stellen oder Kreditinstitute. Um das Darlehen als Mezzanine-Kapital anzuerkennen, muss ganz oder teilweise auf eine Besicherung des Darlehens verzichtet werden. Daraufhin wird das Adressatenrisiko dementsprechend stark berücksichtigt, was dazu führt, dass nur bonitätsstarke Unternehmen von diesem unbesicherten Darlehen profitieren können. In letzter Zeit haben sich Finanzierungsmodelle entwickelt, durch die auch kleinere Finanzierungsvolumina durch ein Schuldscheindarlehen abgedeckt werden können. Dabei sammeln die Kapitalgeber zunächst eine bestimmte Anzahl von Schuldscheindarlehen, um diese ab einem bestimmten Volumen in einem Portfolio zu bündeln und über den Kapitalmarkt zu verbriefen. In der Praxis sind sowohl standardisierte als auch individuelle Schuldscheinprodukte erhältlich.

CF-Training-Modell: Im Beispiel der MASCHINENBAU GmbH wird ein Verkäuferdarlehen zur Darstellung des Kaufpreises eingesetzt. Damit soll der Verkäufer sein Commitment zum Unternehmen zeigen und mit einem gewissen Betrag des Kaufpreises noch im Risiko verbleiben. Hier wird auf einen Equity-Kicker verzichtet. Damit erhält das Verkäufer-Darlehen einen Quasi-Fremdkapital-Charakter. Das Verkäuferdarlehen wird mit 5,5 Prozent p.a. verzinst. Das Rückzahlung und Zinszahlungen sind endfällig. Die Laufzeit des Verkäuferdarlehens beträgt acht Jahre.

Die Modell-Tabelle 5 zeigt die Tilgungsstruktur des Verkäuferdarlehens:

		Detailplanung					Fortschreibung		
		Plan	Plan	Plan	Plan	Plan	Plan	Plan	Plan
(Absolute Zahlen in Mio. €)		t_1	t_2	t_3	t_4	t_5	t_6	t_7	t_8
Verkäuferdarlehen	Anfang	5,0	5,3	5,6	5,9	6,2	6,5	6,9	7,3
Tilgung		0,0	0,0	0,0	0,0	0,0	0,0	0,0	7,7
PIK-Zins		0,3	0,3	0,3	0,3	0,3	0,4	0,4	0,4
Verkäuferdarlehen	Ende	5,3	5,6	5,9	6,2	6,5	6,9	7,3	0,0
kum. Tilgung		0,0	0,0	0,0	0,0	0,0	0,0	0,0	7,7

Excel-Datei: Unternehmensbewertung/Excel-Blatt: Akquisitionsfinanzierung (2)

Modell-Tabelle 5: Tilgungsstruktur Verkäuferdarlehen

14 Kapitalstruktur und Kennzahlen

Bei Akquisitionsfinanzierungen ergeben sich durch den Leverage-Effekt, durch unterschiedliche Finanzierungsinstrumente und durch die Rückführung dieser Finanzierungsinstrumente innerhalb eines relativ kurzen Zeitraums erhebliche Änderungen in der Kapitalstruktur.

CF-Training-Modell: Im Beispiel der MASCHINENBAU GmbH ist die Veränderung der Kapitalstruktur deutlich zu erkennen (siehe Excel-Blatt »Akquisitionsfinanzierung«). Hierin kommt der Aufbau der Eigenkapitalposition und die Rückführung der einzelnen Finanzierungsarten mit ihren unterschiedlichen Tilgungsstrukturen zum Ausdruck:

(Absolute Zahlen in Mio. €)	Anfang t_0	Detailplanung					Fortschreibung		
		Plan t_1	Plan t_2	Plan t_3	Plan t_4	Plan t_5	Plan t_6	Plan t_7	Plan t_8
EK	12,0	14,0	16,6	19,7	19,7	21,2	23,8	26,5	29,3
Mezzanine	3,0	3,0	3,0	3,0	3,0	3,0	3,0	3,0	0,0
Senior Debt	11,1	9,5	7,9	6,3	4,8	3,2	1,6	0,0	0,0
Verkäuferdarlehen	5,0	5,0	5,0	5,0	5,0	5,0	5,0	5,0	0,0
nicht zinstr. Vblk.	15,3	15,3	15,3	15,3	15,3	15,3	15,3	15,3	15,3
Summe	46,4	46,8	47,8	49,4	47,7	47,7	48,7	49,8	44,6
Revolver	3,4	3,4	3,4	3,4	3,4	3,4	3,4	3,4	3,4

Excel-Datei: Unternehmensbewertung/Excel-Blatt: Akquisitionsfinanzierung (2)

Modell-Tabelle 6: Veränderung der Kapitalstruktur

Für die Analyse und das Monitoring der Akquisitionsfinanzierung werden von den Banken eine Reihe spezifischer Kennzahlen verwendet. Ein Teil dieser Kennzahlen wird auch für die Festlegung der Financial Covenants im Kreditvertrag herangezogen.

- Eigenkapital-Quote = Eigenkapital/Bilanzsumme
- Eigenkapital-Rendite = Jahresüberschuss/durchschnittliches Eigenkapital aus laufendem und Vorjahr
- Fixed Charge Cover Ratio = Cashflow zur Schuldentilgung/Netto-Schuldendienst
- Schuldendeckungsgrad = Debt Service Cover Ratio = EBITDA/Netto-Schuldendienst
- Zinsdeckungsgrad = Interest Cover Ratio (auf EBIT-Basis) = EBIT/Zinsaufwand
- Dynamischer Entschuldungsgrad = Nettofinanzverbindlichkeiten/EBITDA
- EBIT-Marge = EBIT/Gesamtleistung
- Gearing (ohne Mezzanine) = Debt/Equity Ratio = (Mezzanine + Senior + Verkäuferdarlehen + Verbindlichkeiten)/EK
- Verschuldungsgrad (Total Leverage Ratio) (ohne Mezzanine) = Zinstragende Netto-Verbindlichkeiten/EBITDA; Zinstragende Netto-Verbindlichkeiten = Senior + Verkäuferdarlehen – Liquide Mittel
- Senior Leverage Ratio = Zinstragende Netto-Verbindlichkeiten/EBITDA; Zinstragende Netto-Verbindlichkeiten = Senior – Liquide Mittel
- Liquidität II = Liquide Mittel + Forderungen LuL/Kurzfristige Verbindlichkeiten

- Liquidität III = Umlaufvermögen/Kurzfristige Verbindlichkeiten
- Borrowing Base = Umlaufvermögen/Kurzfristiges Kapital
- Investitionsgrenze = CAPEX = Capital Asset Expenditure

CF-Training-Modell: Im Beispiel der MASCHINENBAU GmbH ergeben sich folgende Finanz-kennzahlen (siehe Modell-Tabelle 1 im Excel-Blatt »Kennzahlen Akquisitionsfinanzierung«):

(Absolute Zahlen in Mio. €)	Anfang t_1	Detailplanung Plan t_1	Plan t_2	Plan t_3	Plan t_4	Plan t_5	Fortschreibung Plan t_6	Plan t_7	Plan t_8
EK-Quote (ohne Mezzanine)	25,9%	29,9%	34,7%	40,0%	41,2%	44,5%	48,9%	53,2%	65,7%
EK-Quote (mit Mezzanine)	32,3%	36,3%	40,9%	46,0%	47,5%	50,8%	55,0%	59,2%	65,7%
EK-Rendite		3,9%	4,2%	4,4%	-0,1%	1,9%	2,8%	2,7%	2,6%
EK-Rendite (vor Steuer)		5,5%	5,9%	6,2%	-0,1%	2,7%	4,0%	2,7%	3,7%
Fixed Charge Cover Ratio		1,6	1,9	2,5	1,8	1,8	4,0	3,8%	3,7%
Schuldendeckungsgrad = Debt Service Cover Ratio		2,7	3,2	3,7	1,4	2,8	2,6		
Zinsdeckungsgrad = Interest Cover Ratio (auf EBIT-Basis)		3,4	4,2	5,1	0,8	3,1	3,7		
Zinsdeckungsgrad = Interest Cover Ratio (auf EBITDA-Basis)		5,0	5,8	6,8	2,6	4,9	4,5	4,7	5,0
Dynam. Entschuldungsgrad		1,6	1,1	0,5	0,8	0,1	6,3	6,6	6,9
EBIT-Marge		5,0%	5,7%	6,6%	1,2%	4,1%	-0,3	-0,7	0,0
Gearing (o. Mezz.) = Debt/Equity Ratio		234,1%	188,4%	150,2%	142,7%	124,6%	5,7%		
Gearing (m. Mezz.) = Debt/Equity Ratio		175,2%	144,2%	117,2%	110,5%	96,8%	104,7%	88,0%	52,1%
Verschuldungsgrad (Total Leverage Ratio) (ohne Mezz.)		2,4	1,8	1,2	2,6	1,1	81,7%	68,9%	52,1%
Verschuldungsgrad (Total Leverage Ratio) (mit Mezz.)		2,9	2,3	1,6	3,6	1,7	0,5	0,0	0,0
Senior Leverage Ratio		1,6	1,1	0,5	0,8	0,1	0,9	0,5	0,0
Liquidität II		0,7	0,7	0,7	0,7	0,7	-0,3	-0,7	0,0
Liquidität III		1,2	1,3	1,4	1,3	1,4	0,7		
Borrowing Base		265,5%	274,3%	312,4%	315,3%	349,4%	1,5		
Investitionsgrenze = CAPEX = Capital Expenditure		2,2	2,2	2,2	2,2	2,2	378,8%		
							2,2	2,2	2,2

Excel-Blatt: Kennzahlen Akquisitionsfinanzierung

Modell-Tabelle 1: Finanzkennzahlen

Die Finanzkrise hat Akquisitionsfinanzierungen und LBO-Finanzierungen stark getroffen. Eine kritische Analyse der LBO-Projekte und strengere Kreditvergabekriterien haben zu starken Veränderungen der LBO-Konditionen geführt. Abbildung III.13 zeigt die Konditionen vor und nach der Finanzkrise.

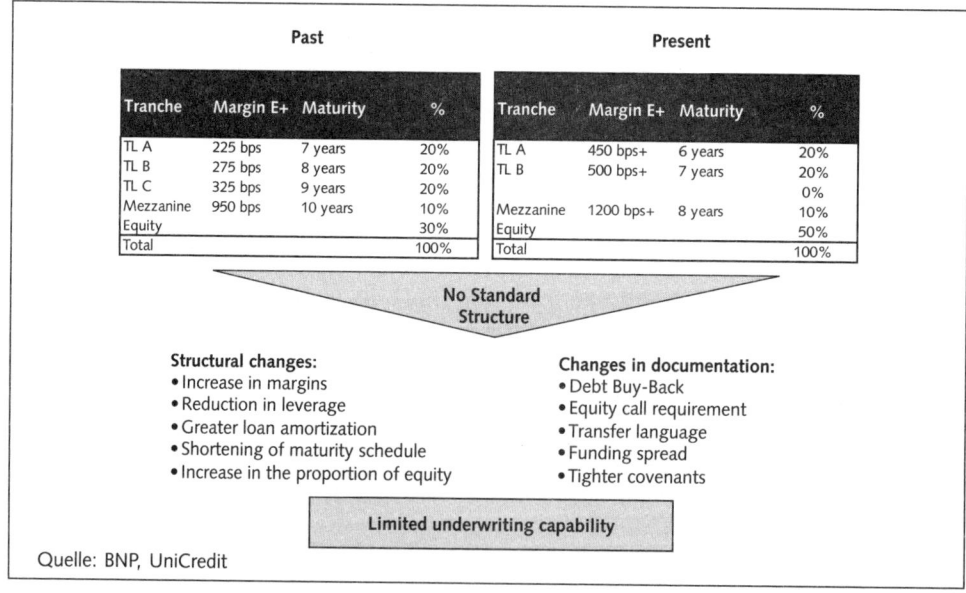

Abbildung III.13: LBO-Konditionen vor und nach der Finanzkrise

15 Vertragsgestaltung

Haben sich die Kreditnehmer und Kreditgeber über die Finanzierungsstruktur geeinigt, müssen die getroffenen Vereinbarungen in Verträgen formuliert werden. Zentrales Anliegen des Kreditgebers ist bei der Vertragsgestaltung, dass der Kreditnehmer bestimmte wirtschaftliche und rechtliche Anforderungen erfüllt und seinen Zahlungspflichten bis zum Ende der Laufzeit des Kreditvertrags nachkommt.

Zu den wichtigsten Vertragsdokumenten einer Akquisitionsfinanzierung zählen (vgl. Emmerstorfer, 2004, S. 133 ff):

- Kreditvertrag,
- Sicherheitenvertrag,
- Konsortialvertrag,
- Intercreditor-Agreement,
- Kaufvertrag.

15.1 Kreditvertrag

Der Kreditvertrag regelt für die gesamte Laufzeit des Kredites das Rechtsverhältnis zwischen dem Kreditnehmer und dem Kreditgeber. Für die Erstellung des Kreditvertrages bedient sich der Kreditgeber in der Regel der Hilfe einer externen Anwaltskanzlei.

Inhalt der Kreditdokumentation bei einer Akquisitionsfinanzierung sind verschiedene Regelungen, die diese Anforderungen absichern sollen. Dabei unterscheidet man zwischen

- *klassischen Kreditsicherheiten*, wie die Personalsicherheiten (z.B. Garantie oder Bürgschaft) und Sachsicherheiten (z.B. Pfandrecht, Eigentumsvorbehalt) sowie
- *»weiche« Kreditsicherheiten*.

»Weiche« Kreditsicherheiten legen dem Kreditnehmer auf, bestimmte Dinge im Zusammenhang mit dem Kredit und bei der Führung seines Unternehmens zu tun oder zu unterlassen. Kommt der Kreditnehmer diesen Vereinbarungen nicht nach, hat der Kreditgeber das Recht, die im Vertrag geregelten Rechtsfolgen in Anspruch zu nehmen: In der Regel wird der Kreditgeber die (weitere) Auszahlung des Kredites verweigern, einen Nachbesicherungsanspruch geltend machen oder gar den Kredit kündigen.

Nachfolgend werden einige der für Fremdfinanzierungen gebräuchlichsten Klauseln dargestellt, deren Aufnahme in den Kreditvertrag und die dortige Ausgestaltung können jedoch je nach Transaktion unterschiedlich sein. Dazu zählen die

- Definition der Auszahlungsvoraussetzungen (Conditions Precedent),
- Bestätigungen und Zusicherungen (Representations and Warranties),
- Covenants.

15.1.1 Definition der Auszahlungsvoraussetzungen (Conditions Precedent)

Der Kreditgeber ist in der Regel zur Auszahlung des Kreditbetrags erst und nur dann bereit, wenn bestimmte elementare Voraussetzungen auf Seiten des Kreditnehmers erfüllt sind. Der Katalog der Auszahlungsvoraussetzungen (Conditions Precedent) enthält zwei Kategorien:

- *Transaktionsspezifische Voraussetzungen:* Jede Transaktion weist eine individuelle Strukturierung auf. Darauf aufbauend formuliert der Kreditgeber transaktionsspezifische Voraussetzungen, die er vor Kreditgewährung erfüllt sehen möchte. So wird beispielsweise der Kreditnehmer verpflichtet, die Korrektheit bzw. die Erfüllung der nachfolgend dargestellten Gewährleistungen und Zusicherungen zu bestätigen.
- *Allgemeine Voraussetzungen:* Die Gewährung eines Akquisitionsdarlehens erfordert grundsätzlich bestimmte Bestätigungen und Zusicherungen, die der Kreditnehmer bereits anlässlich der Erstellung des Kreditvertrages abgibt. Sie umfassen u. a. die Verpflichtung zur Vorlage von Dokumenten (z. B. Gründungsdokumente, aktueller Handelsregisterauszug und Nachweis der Zustimmung seitens der Geschäftsführung des Kreditnehmers zum Eintritt der Gesellschaft in den Kreditvertrag).

Unterliegen die beteiligten Parteien unterschiedlichen Jurisdiktionen (Rechtsordnungen), vergrößert sich der Katalog der Auszahlungsvoraussetzungen beträchtlich. In der Regel werden dann diverse Dokumente über den Kreditnehmer und dessen vertretungsbefugte Organe verlangt. Dazu zählt beispielsweise die Bestätigung eines Rechtsanwalts darüber, dass der Kreditnehmer nach der für ihn relevanten Rechtsprechung tatsächlich rechtlich existiert, zum Abschluss des Kreditvertrags befugt ist sowie alle Ansprüche gegen den Kreditnehmer nach dieser Jurisdiktion gerichtlich durchsetzbar sind (*Legal Opinion*).

Für Sicherheiten gilt, dass in der Regel auch deren Bestellung und Begründung verlangt wird. Insbesondere bei Sicherheiten im Ausland ist dies Gegenstand der Legal Opinion eines Rechtsanwalts.

15.1.2 Zusicherungen und Gewährleistungen (Representations and Warranties)

Die grundlegenden Voraussetzungen für die Auszahlung des Kreditbetrages werden in den Bestätigungen und Zusicherungen des Kreditnehmers (Representations and Warranties) festgehalten. In der internationalen Kreditpraxis hat sich ein Standard-Katalog herausgebildet, der zunehmend auch in Verträgen ohne Auslandsbezug Eingang findet.

Üblicherweise hat der Kreditnehmer in den Gewährleistungen und Zusicherungen zu versichern, dass die Pflichten, die er mit dem Kreditvertrag übernimmt, für ihn tatsächlich bindend sind. Üblich ist auch die Zusicherung, dass der Abschluss des Kreditvertrags nicht dem Gesetz, dem Gesellschaftsvertrag oder einem Vertrag mit einem Dritten widerspricht. Ferner hat der Kreditnehmer zu bestätigen, dass die Zahlungsverpflichtungen aus dem Kreditvertrag keinen Abzügen durch seine nationale Finanzverwaltung unterliegen.

Ein Großteil der Bestätigungen und Zusicherungen, die Bestandteil der internationalen Kreditpraxis sind, ergeben sich aus den Unterschieden zwischen den Rechtsordnungen. Beispielsweise sehen diverse Rechtsordnungen im angelsächsischen Raum vor, dass etwa Rechtsgeschäfte einer juristischen Person, die nicht durch deren Gesellschaftsvertrag gedeckt sind oder die einem sonstigen Vertrag widersprechen, nichtig sind (sogenannte Ultra-vires-Doktrin). Hier haben Kreditnehmer, die einer solchen Rechtsordnung unterliegen, weitergehende Zusicherungen abzugeben.

15.1.3 Covenants

Covenants sind Klauseln in den Kreditverträgen, die dem Kreditgeber das Recht geben, bei bestimmten Ereignissen bestimmte Maßnahmen zu ergreifen. Covenants gehören zu den wirkungsvollsten Instrumenten der Kreditgeber, auf die Kreditnehmer Einfluss zu nehmen. Man unterscheidet folgende Arten von Covenants:

- Positive Covenants: Verpflichtungen, bestimmte Dinge zu tun (Handlungsverpflichtungen).
- Negative Covenants: Verpflichtungen, bestimmte Dinge zu unterlassen (Unterlassungspflichten).

Die gebräuchlichsten Covenants, die in nahezu jedem Kreditvertrag verwendet werden, sind (vgl. Rodde, 2002, S. 221. ff.):

Pari-Passu-Klausel (Gleichrang-Klausel). Darunter versteht man die Bestätigung des Kreditnehmers, dass die Forderungen des Kreditgebers im Fall der Insolvenz in gleichem Rang mit allen übrigen bestehenden und zukünftigen unbesicherten Forderungen anderer Gläubiger gegen den Kreditnehmer stehen.

Belastungs- und Verpflichtungsverbotsklausel (Negative-Pledge-Klausel). Der Kreditnehmer verpflichtet sich, allen Kreditgebern aus bestehenden und zukünftigen Kreditverhältnissen keinerlei Sicherheiten zu stellen. Primärer Zweck dieser Klausel ist die Verhinderung der Besserstellung anderer Gläubiger.

Klausel zur Ausschüttung von Dividenden. Der Kreditnehmer verpflichtet sich, Beschränkungen in seiner Entscheidungsfreiheit bei der Ausschüttung von Dividenden gegen sich gelten zu lassen.

Klausel zur Aufnahme weiterer Finanzverbindlichkeiten. Der Kreditnehmer verpflichtet sich, Beschränkungen in seiner Entscheidungsfreiheit bei der Aufnahme weiterer Finanzverbindlichkeiten einzugehen.

Klausel zur Investitionstätigkeit. Beschränkungen des Kreditnehmers in seiner Entscheidungsfreiheit bei der Investitionstätigkeit.

Klausel zur Veräußerbarkeit von Vermögensgegenständen (Asset-Disposal-Klausel). Beschränkungen des Kreditnehmers in seiner Entscheidungsfreiheit bei der Veräußerung von Vermögensgegenständen.

Klausel zur Beibehaltung des Unternehmensgegenstandes (Change-of-Business-Klausel).
Der Kreditnehmer verpflichtet sich, keine von den bei Vertragsabschluss betriebenen Kerngeschäftsfeldern abweichende Geschäftstätigkeit aufzunehmen.

Klausel zur Beibehaltung der Gesellschafterstruktur (Change-of-Ownership-Klausel). Die Beteiligungshöhe – gemessen an dem Kapital- und/oder Stimmrechtsanteil – eines oder mehrerer Gesellschafter an dem Kreditnehmer darf nicht unterschritten werden. Zumeist bezieht sich die Eigentümer-Klausel auf die mehrheitliche Beteiligung der Eigenkapitalgeber an der Erwerbergesellschaft.

Information Covenants (Informationszusicherungen). Der Kreditnehmer verpflichtet sich, dem Kreditgeber zu festgelegten Terminen Informationen zu seiner wirtschaftlichen und finanziellen Lage zukommen zu lassen. Diese Informationspflicht bezieht sich auf monatliche betriebswirtschaftliche Auswertungen, Quartalsberichte und geprüfte Jahresabschlüsse. Des Weiteren verpflichtet sich der Kreditnehmer, den Kreditgeber rechtzeitig mit dem Geschäftsplan für das kommende Geschäftsjahr zu versorgen. Schließlich umfasst die Informationspflicht den Nachweis für die Einhaltung der nachfolgend beschriebenen Financial Covenants.

Financial Covenants (Finanzielle Zusicherungen). Financial Covenants beziehen sich auf die wirtschaftliche und finanzielle Situation des Kreditnehmers. Sie stellen Mindestanforderungen an betriebswirtschaftliche Kennzahlen, gemessen in absoluten oder in Verhältnisgrößen. Diese Kennzahlen beziehen sich zumeist auf die Beurteilung der Eigenkapitalausstattung, der Verschuldung, der Ertragslage und der Liquidität des Kreditnehmers. Der Kreditnehmer verpflichtet sich, festgelegte Zielwerte – in der Regel am Ende eines jeden Finanzquartals – einzuhalten bzw. zu erreichen. Dem Kreditgeber dienen diese Kennzahlen als Indikatoren zur Früherkennung von Krisen in der betriebswirtschaftlichen Sphäre des Kreditnehmers. Der Kreditnehmer wiederum hat diese Kennzahlen als Zielgrößen zu verstehen, deren Nichteinhaltung sein Kreditverhältnis zu dem Kreditgeber gefährden kann.

In Tabelle III.2 sind einige der gebräuchlichsten Financial Covenants aufgeführt. In der Regel werden nicht alle, sondern nur einige Financial Covenants vereinbart. Es werden von Seiten der Banken solche Covenants ausgesucht, die aus Sicht der Kreditgeber Schwachstellen der Kreditnehmer offenbaren können.

DEFINITION
Die *Verzugsgründe* (Events-of-Default) beschreiben Situationen, in denen der Kreditnehmer seinen Verpflichtungen aus dem Kreditvertrag nicht nachgekommen ist. Grundsätzlich liegt dies bei Nichteinhaltung der oben dargestellten Gewährleistungen, Zusicherungen und Covenants vor.

Financial Covenant	Aussage
Verschuldungsgrad (Total Leverage Ratio): $$\frac{\text{Netto-Finanzverbindlichkeiten}}{\text{EBITDA}}$$ Netto-Finanzverbindlichkeiten: Zinstragende Verbindlichkeiten abzüglich des Kassenbestands, der Bankguthaben und des Buchwerts bestimmter Wertpapiere zu einem bestimmten Stichtag. Zinstragende Verbindlichkeiten: Ausstehendes Kapital aller Tranchen des Senior-Terminkredits, des Betriebsmittelkredits, des Mezzanine-Kredits sowie der sonstigen Verbindlichkeiten in Form von Drittdarlehen, Anleihen, begebenen Wechseln, Finanzierungsleasing etc.	Der Verschuldungsgrad bestimmt darüber, bis zu welcher Höhe die Banken bereit sind, Senior-Kredite und Mezzanine-Kredite zur Verfügung zu stellen. Übersteigt der Verschuldungsgrad ein bestimmtes Verhältnis, so ist nicht gewährleistet, dass der Kreditnehmer einen ausreichenden Cashflow für die Rückzahlung der Kredite erwirtschaftet.
Senior Leverage Ratio: $$\frac{\text{(Netto-)Finanzverbindlichkeiten (Senior)}}{\text{EBITDA}}$$ Netto-Finanzverbindlichkeiten (Senior) = Senior Net Debt: Verbindlichkeiten aufgrund der Senior-Terminkredite und des Betriebsmittelkredits abzüglich des Kassenbestands, der Bankguthaben und des Buchwerts bestimmter Wertpapiere zu einem bestimmten Stichtag.	Diese Kennzahl bezieht sich auf den Leverage mit Senior-Krediten. Der Verschuldungsgrad bestimmt darüber, bis zu welcher Höhe die Banken bereit sind, Senior-Kredite zur Verfügung zu stellen. Übersteigt der Verschuldungsgrad ein bestimmtes Verhältnis, so ist nicht gewährleistet, dass der Kreditnehmer einen ausreichenden Cashflow für die Rückzahlung der Senior-Kredite erwirtschaftet.
Fixed Charge Cover Ratio: $$\frac{\text{Cashflow}}{\text{Netto-Schuldendienst}}$$ Cashflow: EBITDA, bereinigt um außergewöhnliche Erträge bzw. Aufwendungen, Veränderungen des Working Capital, Investitionen (Capex) bzw. Desinvestitionen in Sachanlagen, Veränderungen der Pensionsrückstellungen und abzüglich der effektiven Steuern.	Während die zuvor dargestellten *Leverage Ratios* die Fähigkeit des Kreditnehmers zur Rückzahlung der Kredite im Auge haben, geben die *Cover Ratios* Aufschluss darüber, ob der Kreditnehmer in der Lage ist, die während der Kreditlaufzeit wiederkehrenden Tilgungs- und/oder Zinszahlungen zu leisten.
Zinsdeckungsgrad (Interest Cover Ratio): $$\frac{\text{EBITDA}}{\text{Netto-Zinsaufwand}}$$ Netto-Zinsaufwand: Zinsaufwendungen für Senior- und Mezzanine-Kredite sowie alle sonstigen Zinsaufwendungen, abzüglich der erzielten Zinseinnahmen während des Berichtzeitraums (häufig die letzten vier Kalenderquartale vor dem Stichtag).	Die *Interest Cover Ratios* gibt Aufschluss darüber, ob der EBITDA des Kreditnehmers in der Lage ist, die während der Kreditlaufzeit wiederkehrenden Zinszahlungen zu leisten.

Financial Covenant	Aussage
Liquidität dritten Grades (Liquidität III): $$\frac{\text{Kurzfristig gebundenes Umlaufvermögen}}{\text{Kurzfristige Verbindlichkeiten}}$$ Kurzfristig gebundenes Umlaufvermögen: Vorräte (mit Ausnahme der unfertigen Erzeugnisse und Leistungen), die (nicht gestundeten) Forderungen aus Lieferungen und Leistungen, (fungible) Wertpapiere, Kasse, Bankguthaben (soweit nicht als Festgeld angelegt) sowie Schecks. Dagegen zählen Forderungen gegenüber verbundenen Unternehmen und Beteiligungsgesellschaften, Anteile an verbundenen Unternehmen sowie eigene Anteile nicht zum kurzfristig gebundenen Umlaufvermögen. Kurzfristige Verbindlichkeiten: Verbindlichkeiten, die innerhalb der nächsten 12 Monate fällig werden, mit Ausnahme von Verbindlichkeiten gegenüber verbundenen Unternehmen. Liquidität zweiten Grades (Current Ratio): $$\frac{\text{Kurzfristig realisierbare Mittel}}{\text{Kurzfristige Verbindlichkeiten}}$$ Kurzfristig realisierbare Mittel: Insbesondere Forderungen und flüssige Mittel.	Die Liquidität dritten Grades bezeichnet das Verhältnis des kurzfristig gebundenen Umlaufvermögens zu den kurzfristigen Verbindlichkeiten. Dies sollte in der Regel mindestens 1:1 betragen. Übersteigen die kurzfristigen Verbindlichkeiten dauerhaft das kurzfristig gebundene Umlaufvermögen (sog. Fristeninkongruente Bilanz), so wächst die Zahlungsunfähigkeit.
Investitionsgrenze (Capex):	Für jedes Geschäftsjahr während der Laufzeit des Kredits wird eine Obergrenze für den Gesamtbetrag der Investitionen der Gruppe vereinbart (Capital Asset Expenditure oder kurz Capex).
Gearing (Debt/Equity Ratio): $$\frac{\text{Fremdkapital}}{\text{Eigenkapital}}$$	Das Gearing legt die zulässige Höchstgrenze für die Verschuldung des Kreditnehmers im Verhältnis zu seinem Eigenkapital fest. Die Festlegung des höchst zulässigen Gearings soll verhindern, dass der Kreditnehmer sinkende Erträge über eine höhere Kreditaufnahme ausgleicht. Deshalb wird vereinbart, dass die Verschuldung des Kreditnehmers nur in dem Maße ansteigen darf, wie gleichzeitig im Verhältnis das Eigenkapital zunimmt.
Eigenkapital:	Die Eigenkapitalklausel (Minimum Net Worth) sieht vor, dass das Eigenkapital des Kreditnehmers einen bestimmten Betrag nicht unterschreiten darf. Häufig ist vorgesehen, dass dieser Betrag während der Laufzeit des Kredits ansteigt. Alternativ kann auch ein bestimmtes Verhältnis von Aktiva und Eigenkapital (Equity Cover) vereinbart werden.

Tabelle III.2: Financial Covenants bei Akquisitionsfinanzierungen

Zusätzlich werden in den Konsortialverträgen gewöhnlich die folgenden Verzugsgründe aufgenommen:

Material-Adverse-Change-Klausel. Die wirtschaftliche und finanzielle Lage des Kreditnehmers darf sich nicht in einem solchen Ausmaß verschlechtern, dass seine Schuldendienstfähigkeit gefährdet ist.

Drittverzugs-Klausel (Cross-Default-Klausel). Gerät der Kreditnehmer bei anderen Kreditverhältnissen in Leistungsverzug, so führt dies automatisch zu einem Verzugsgrund unter dem Kreditverhältnis mit dem Kreditgeber. Für die betragliche Höhe des Leistungsverzuges unter anderen Kreditverhältnissen wird in der Regel ein Mindestbetrag definiert.

15.2 Sicherheitenvertrag

Die vertragliche Dokumentation der Kreditsicherheiten erfolgt in dem sogenannten Sicherheitenvertrag. In der Regel werden für Akquisitionsfinanzierungen seitens des Kreditnehmers vollumfängliche Sicherheiten in Form von (Grund-)Pfandrechten, Sicherungsübereignungen und Forderungsabtretungen gefordert. Besondere Probleme ergeben sich bei der Strukturierung mit einer Special Purpose Company (SPC) oder NewCo: Bei einer Transaktionsstruktur unter Einschaltung einer SPC als Erwerbergesellschaft und Kreditnehmer haften dem Kreditgeber der SPC in der Regel lediglich die verpfändeten Gesellschaftsanteile an der Zielgesellschaft. Die Kreditgeber der SPC befinden sich damit im strukturellen Nachrang zu den Kreditgebern der Zielgesellschaft, denen für die Betriebsmittelfinanzierung auf Ebene der Zielgesellschaft darüber hinaus sämtliche Vermögenswerte der Zielgesellschaft in Form von (Grund-)Pfandrechten, Sicherungsübereignungen und Forderungsabtretungen eingeräumt werden. Um diesen strukturellen Nachrang zeitlich zu beschränken, sieht der Kreditvertrag – soweit (steuer-)rechtlich möglich – vor, die Zielgesellschaft auf die SPC anwachsen oder die beiden Gesellschaften miteinander verschmelzen zu lassen. Damit kann der strukturelle Nachrang in Bezug auf die Kreditsicherheiten beseitigt werden. Der Kreditgeber der SPC bekommt damit außerdem direkten Zugriff auf die liquiden Mittel der Zielgesellschaft: War er vorher auf Dividendenausschüttungen von der Zielgesellschaft an die SPC angewiesen, so wird der Schuldendienst nach Anwachsung bzw. Verschmelzung direkt von der Zielgesellschaft geleistet. Bei der Verlagerung des Kreditverhältnisses von der übergeordneten SPC auf die untergeordnete Zielgesellschaft spricht man von einem sogenannten *Debt-Push-down*.

15.3 Konsortialvertrag

Entscheidet sich der Underwriter einer Akquisitionsfinanzierung, den Kredit am Markt zu syndizieren, geschieht die Dokumentation des Konsortialverhältnisses sowohl unter den Konsorten als auch zwischen den Konsorten einerseits und der Verwaltungsstelle des Konsortialkredites (Agent) andererseits in dem Konsortialvertrag.

15.4 Intercreditor-Agreement

Bestehen neben den vorrangigen Darlehen noch andere Fremdkapitalien (s.o.), so geschieht die Dokumentation des Rechtsverhältnisses zwischen den Parteien in einem Intercreditor-Agreement.

15.5 Kaufvertrag

Nur indirekt zur Vertragsdokumentation gehört der zwischen dem Verkäufer und dem Käufer abgeschlossene Kaufvertrag. Da der Kreditvertrag und der Sicherheitenvertrag aber an verschiedenen Stellen Bezug auf den Kaufvertrag nehmen, soll dieser hier erwähnt werden. Das Zusammenspiel der drei Vertragswerke liegt insbesondere in den von dem Verkäufer zu übernehmenden Zusicherungen und Gewährleistungen (Representations and Warranties), die sich auf rechtliche und wirtschaftliche Tatbestände aus dem Zeitraum vor Eigentumsübergang beziehen. So wird der Kreditvertrag beispielsweise vorsehen, dass der Verkäufer in dem Kaufvertrag zusichert, dass die Zielgesellschaft in der Vergangenheit sämtlichen umweltrechtlichen Pflichten nachgekommen ist. Hat der Käufer nach Eigentumsübergang für die Verletzung umweltrechtlicher Pflichten der Zielgesellschaft aufzukommen, die auf den Zeitraum vor Eigentumsübergang zurückgehen, hat der Verkäufer den finanziellen Schaden zu tragen. Der Sicherheitenvertrag wird in diesem Zusammenhang in der Regel bestimmen, dass dem Kreditgeber die entsprechenden Forderungen des Käufers gegenüber dem Verkäufer abgetreten werden.

16 Analysen durch den Fremdkapitalgeber

16.1 Analyse vor Transaktionsabschluss

Der Ablauf einer Akquisitionsfinanzierung hängt in erster Linie von der Komplexität der geplanten Transaktion ab. Entscheidend für einen erfolgreichen Abschluss sind die Qualität der Vorbereitung und die Professionalität der involvierten Partner. In der Praxis ist ungeachtet der unterschiedlichen Interessen zwischen Eigen- und Fremdkapitalgebern eine Arbeitsteilung bei der Erstellung einer Finanzierungsstruktur zu beobachten (vgl. Rodde, 2002, S. 224 ff.).

Jede Transaktion weist regelmäßig Besonderheiten auf, die im Ablauf und der Gestaltung der Akquisitionsfinanzierung zu berücksichtigen sind. Dennoch versuchen sich die Partner an dem unten dargestellten Ablaufschema zu orientieren. Bei einem »idealen« Ablauf beträgt der Zeitraum zwischen Erstkontakt und der Kaufpreiszahlung drei bis vier Monate.

Die folgende Betrachtung geht von der Sicht des Verkäufers aus. Dies ist in der Regel der idealtypische Fall für eine MBO/LBO-Finanzierung. Üblich ist eine Vorgehensweise in fünf Schritten:

1. In der ersten Phase legen die potenziellen Investoren einen Business-Plan des Akquisitionsobjektes (Management Case) vor und bitten die Fremdkapitalgeber um eine erste Einschätzung zur Finanzierbarkeit der Transaktion.
2. In der anschließenden Due Diligence überprüfen die Eigen- und Fremdkapitalinvestoren das gesamte Unternehmen auf mögliche Risiken. Ein wesentlicher Untersuchungsgegenstand ist der Business-Plan des Unternehmens. Dieser wird auf Plausibilität hinsichtlich der Planungstechnik und der getroffenen Annahmen durchleuchtet.
3. Auf der Grundlage der Ergebnisse der Due Diligence erstellen die Eigen- und Fremdkapitalgeber einen eigenen Business-Plan für das Akquisitionsobjekt. Ziel ist die Ermittlung eines möglichst wahrscheinlichen Szenarios, das die Grundlage für die Unternehmensbewertung und Preisindikation werden soll. Die revidierte Fassung des Business-Plans bildet die Basis für die Finanzierungsstruktur der Transaktion (Financing Case).
4. Aus dem Financing Case wird die endgültige Finanzierungsstruktur abgeleitet. Diese zeigt die Höhe der Mittel der Eigen-, Mezzanine- und Fremdkapitalgeber auf, die für die Realisierung der Transaktion notwendig sind.
5. Abschließend werden der Kreditvertrag und andere Verträge unterzeichnet (Signing). Nach Einholung von weiteren Genehmigungen erfolgt die Kaufpreiszahlung (Closing).

16.1.1 Business-Plan

Der Ablauf des Verkaufsprozesses folgt dem idealtypischen M&A-Prozess. Nach Unterzeichnung einer Vertraulichkeitserklärung erhalten die Finanzinvestoren (Eigenkapitalgeber) ein ausführliches Informationsmemorandum mit einem Business-Plan. Der Business-Plan sollte mindestens die kommenden drei Geschäftsjahre umfassen. Idealerweise umfasst der Business-Plan Daten zur Bilanz, zur Gewinn- und Verlustrechnung und zur Cashflow-Rechnung. Ergänzt werden diese Unterlagen durch Informationen, die die Finanzinvestoren im Rahmen einer Management-Präsentation und Firmenbesichtigung erhalten.

Entscheiden sich die Verkäufer, die Verhandlungen mit dem Finanzinvestor fortzuführen, spricht dieser verschiedene Banken an, die als Arrangeure einer Akquisitionsfinanzierung in Betracht kommen. Der Arrangeur hat die Aufgabe, die Finanzierung auf der Basis eines auszuhandelnden Term Sheets zu arrangieren. Dazu gehört die Strukturierung der Finanzierung, gegebenenfalls das Underwriting und die Syndizierung des Kredits. In der Regel werden von dem Finanzinvestor mehrere Banken angefragt, um eine Vergleichbarkeit zu erhalten und die bestmöglichen Konditionen zu erzielen.

Die Investoren erläutern den potenziellen Arrangeuren das Akquisitionsvorhaben, stellen ihnen die erforderlichen Unterlagen und Informationen zur Verfügung und bitten um Abgabe eines Angebots für die Finanzierung in Form eines Term Sheet. Bevor die Banken Informationen über das Akquisitionsobjekt erhalten, müssen diese gegenüber dem Finanzinvestor eine Vertraulichkeitserklärung unterzeichnen.

16.1.2 Due Diligence

Im Mittelpunkt der Analysetätigkeiten der Prüfung des Akquisitionsobjektes steht die sogenannte Due Diligence. Due Diligence bedeutet Sorgfältigkeitsprüfung und kann am ehesten mit dem Begriff der Unternehmensprüfung beschrieben werden. Ziel der Due Diligence ist es, die Angaben des Verkäufers bzw. Managements im Informationsmemorandum und Business-Plan zu überprüfen und mögliche Risiken aufzudecken. Die Ergebnisse der Due Diligence haben große Bedeutung für die grundsätzliche Kaufentscheidung, die Kaufpreisfindung und die Finanzierungsstruktur.

Bei Akquisitionsfinanzierungen werden Due-Diligence-Prüfungen von zwei Parteien vorgenommen:
- von externen Dritten (externe Due Diligence),
- von den Fremdkapitalgebern selbst (interne Due Diligence).

Externe Due Diligence

In der Regel wird die externe Due Diligence von den Finanzinvestoren in Auftrag gegeben, die auch die Kosten hierfür tragen. Die Ergebnisse der externen Due Diligence werden dann zumindest ausschnittsweise den Fremdkapitalgebern zur Verfügung gestellt. Anschließend ergänzen die Banken diese Informationen dann durch eine interne Due Diligence, die die Banken selbst durchführen.

Externe Due-Diligence-Prüfungen werden in der Regel von unabhängigen Dritten (Wirtschaftsprüfer, Rechtsanwälte, Unternehmensberater u.a.) im Auftrag des Eigenkapitalgebers durchgeführt. Vorteil externer Due Diligences ist u.a., dass ihre Ersteller Haftung für die Richtigkeit der Ergebnisse übernehmen, was dem Kreditgeber zusätzliche Sicherheit gewährt. Die Due Diligences beziehen sich auf die folgenden Teilsphären eines Unternehmens:

- Finanzsphäre,
- Marktsphäre,
- Rechtssphäre (inkl. Umwelt- und Versicherungsrecht) und
- Steuersphäre.

Interne Due Dilgence

Eine interne Due Diligence im Vorfeld einer Kreditentscheidung ist im Rahmen der Kreditwürdigkeitsprüfung im Kreditgeschäft nicht außergewöhnlich. Außergewöhnlich ist hingegen der Umfang und der Detaillierungsgrad der Due Diligences bei Akquisitionsfinanzierungen. Grund dafür ist das grundsätzlich sehr viel höhere Kreditrisiko, das mit Akquisitionsfinanzierungen im Vergleich zu normalen Unternehmenskrediten einhergeht und seinen Ausdruck in einem überverhältnismäßig hohen Verschuldungsgrad nach Transaktionsabschluss findet.

Die Bank wird im Rahmen ihrer internen Due Diligence die Finanzzahlen der Vergangenheit (u.a. Jahresabschlüsse), die Finanzplanung für die nächsten Jahre (z.B. integrierte Fünfjahres-GuV und -Bilanzplanung) sowie Marktstudien, Kundenbefragungen, sämtliche Due-Diligence-Berichte und sonstige relevante und verfügbare Informationen von den Finanzinvestoren einfordern und diese auswerten bzw. zumindest plausibilisieren.

Zusätzlich wird sich die Bank ein eigenes Bild vom Wert des Kaufobjektes machen, um die Angemessenheit des Kaufpreises beurteilen zu können. Sie wird dabei die von der beratenden Investment Bank oder der Wirtschaftsprüfungsgesellschaft erstellte Unternehmensbewertung auf Plausibilität prüfen und den Kaufpreis auf Finanzierbarkeit prüfen. Sollte die Bank zu einer Wertvorstellung kommen, die vom ausgehandelten Preis des Käufers und Verkäufers abweicht, kann dies folgende Konsequenzen haben:

- Die Bank wird nicht den Zuschlag für die Akquisitionsfinanzierung erhalten, sofern andere Banken bereit sind, den Kaufpreis zu finanzieren.
- Käufer und Verkäufer werden den Kaufpreis an eine darstellbare Finanzierung anpassen, sofern alle angefragten Banken zu einer ähnlichen Einschätzung kommen.

Die Due Diligence umfasst auch die rechtliche Prüfung des Kaufvertrags über den Erwerb der Gesellschaftsanteile (Share Deal) bzw. der Vermögensgegenstände (Asset-Deal) der Zielgesellschaft. Hierbei wird die Bank kritisch prüfen,

- ob sich der Erwerber ausreichende Gewährleistungen (Representations and Warranties) einräumen ließ, um sein Risiko bei Vorliegen von Sach- oder Rechtsmängeln der Zielgesellschaft zu beschränken,
- ob und unter welchen Voraussetzungen Rücktrittsrechte bestehen,
- wie Haftungsfragen geregelt sind etc.

Neben der externen Due Diligence werden auch interne Unternehmensprüfungen angestellt, die immer dann, wenn der Fremdkapitalgeber in der Vergangenheit bereits eine Hausbankfunktion zum Akquisitionsobjekt unterhalten hat, besondere Beachtung findet. Eine interne Due Diligence ist auch vor dem Hintergrund angebracht, dass die Fremdkapitalgeber von den Eigenkapitalgebern in der Regel nur Ausschnitte der Due-Diligence-Ergebnisse erhalten. Hierin kommt der bereits erwähnte Zielkonflikt zwischen den Eigen- und Fremdkapitalgebern hinsichtlich der Verteilung der Finanzierungsrisiken zum Ausdruck.

16.1.3 Ableitung des Financing Case auf Basis eines Finanzmodells

Basierend auf den vorliegenden Ergebnissen der Due Diligence wird überprüft, ob das im Business-Plan (Management-Case) abgebildete zukünftige Planungsszenario so eintreffen kann oder ob die Annahmen des Business-Plans revidiert und die Planergebnisse deutlich angepasst werden müssen. Die Abbildung des Management-Case oder der revidierten Fassungen des Business-Plans erfolgt in EDV-basierten Finanzmodellen mit integrierter Bilanz, Gewinn- und Verlustrechnung und Cashflow-Rechnung.

Ausgehend vom Management-Case oder dem revidierten Business-Plan wird abschließend eine Szenarioanalyse durchgeführt. Der Worst Case steht für die schlechtestmögliche, der Best Case für die bestmögliche Entwicklung des Unternehmens. Der Financing Case schließlich steht für das Szenario, das der potenzielle Kreditgeber als – meist konservative – Grundlage für die Ableitung der Finanzierungsstruktur wählt.

16.1.4 Strukturierung der Finanzierung und Term Sheet

Die abschließend erstellte Finanzierungsstruktur berücksichtigt den Financing Case der Bank sowie die von Steuerberatern und Rechtsanwälten optimierte Transaktions- und Übernahmestruktur. Sie legt folgende Punkte fest:
- Höhe und Konditionen der Senior-, Mezzanine- und Betriebsmittelkreditlinie,
- Tilgungsstruktur dieser Kredite und
- Financial Covenants.

Diese optimierte Finanzierungsstruktur ist so gestaltet, dass die Kreditnehmer bei Eintreten des Financing Case in der Lage sind, ihre Verpflichtungen aus dem Kreditvertrag – insbesondere den Zins- und Tilgungsverpflichtungen – nachzukommen. Kreditnehmer sind die Erwerbergesellschaft und die Zielgesellschaft. Die Erwerbergesellschaft hat den Kaufpreis für den Anteilserwerb zu finanzieren, während die Zielgesellschaft die Ablösung bestehender Finanzverbindlichkeiten sowie die Investitionsmittel- und Betriebsmittelfinanzierung darstellen muss. Die Finanzierungsstruktur kann ferner vorsehen, dass Teile der Fremdfinanzierung im Rahmen einer Konsortiallösung am Markt syndiziert werden.

Die im Rahmen ihrer Strukturierungsüberlegungen von der Bank erarbeiteten Eckdaten und wesentlichen Konditionen der Finanzierung werden in einem sogenannten Term Sheet formuliert. Zusätzlich zu den oben genannten Daten enthält das Term Sheet folgende Angaben:
- Benennung der jeweiligen Kreditnehmer,
- Verwendungszwecke der Kredite,
- Auszahlungsbedingungen,
- Zeitraum möglicher Inanspruchnahmen,
- Margen,
- Laufzeiten,
- Tilgungen,
- vorzeitige Rückzahlungsvereinbarungen,
- Sicherheiten,
- Bereitstellungsprovision etc.

16.1.5 Commitment Letter

Der Commitment Letter findet insbesondere bei Auktionen Anwendung, d.h. bei Unternehmensverkäufen, bei denen potenzielle Investoren eingeladen werden, ein Angebot für das Zielunternehmen abzugeben. Bei der Abgabe des Gebots muss der Bieter nachweisen, dass die Bezahlung des Kaufpreises gesichert ist. Erfolgt die Bezahlung, wie bei Akquisitionsfinanzierungen typisch, auch mit einem Fremdkapitalanteil, hat der Bieter die Finanzierungszusage einer Bank vorzulegen. Diese Finanzierungszusage wird Commitment Letter genannt.

16.1.6 Vertragsdokumentation

Nachdem Einigung über die Inhalte der Finanzierung erzielt worden ist, wird von den Rechtsanwälten des Arrangeurs die Vertragsdokumentation erstellt. Diese umfasst u.a.
- *Senior-Kreditvertrag:* Dieser regelt die Rechte und Pflichten des Kreditnehmers und der Senior-Kreditgeber im Hinblick auf die Senior-Kredite.
- *Mezzanine-Kreditvertrag:* Dieser regelt die Rechte und Pflichten des Kreditnehmers und der Mezzanine-Kreditgeber im Hinblick auf den nachrangigen Mezzanine-Kredit.
- *Gläubiger-Vereinbarung (Intercreditor Agreement):* In diesem vereinbaren die Senior-Kreditgeber mit den Mezzanine-Kreditgebern den Nachrang der Forderungen der Mezzanine-Kreditgeber aus dem Kreditverhältnis gegenüber den entsprechenden Forderungen der Senior-Kreditgeber.
- *Sicherheitenverträge:* Diese regeln die Bestellung und Verwertung der Sicherheiten.

16.1.7 Syndizierung

Bei großen Akquisitionsfinanzierungen werden häufig Teile des Akquisitionsdarlehens an andere akquisitionsfinanzierende Banken syndiziert. Unter Syndizierung wird die teilweise oder vollständige Übertragung der Rechte und Pflichten des Underwriters aus dem Kreditvertrag und den Sicherheitenverträgen auf andere Banken zur Begründung oder Erweiterung eines Kreditkonsortiums verstanden. Der durch Syndizierung entstehende Konsortialkredit (Syndicated Loan) ist keine eigene Kreditart, sondern eine besondere Form der Kreditgewährung, bei der auf Kreditgeberseite mehrere Banken zusammenwirken.

Die Syndizierung erfolgt in folgenden Schritten:

Market Sounding. Der Underwriter (= Arrangeur) spricht ausgewählte Banken an, die an der Übernahme eines Konsortialanteils interessiert sein könnten. Dabei teilt der Underwriter ihnen die Rahmenbedingungen der Transaktion sowie die wesentlichen Bedingungen mit, zu denen er die Finanzierung bereitstellen würde.

Einladungsschreiben. Der Arrangeur schickt denjenigen Banken, die ein Interesse an der Übernahme eines Konsortialanteils bekundet haben, ein Einladungsschreiben. Darin wird den Banken u.a. der Kreditnehmer, die Kreditbeträge und die Eckdaten der Kredite mitgeteilt. Ferner enthält das Einladungsschreiben eine Mindestbeteiligungssumme und legt die

Frist fest, innerhalb der ein Angebot zur Übernahme eines Konsortialanteils abgegeben werden muss.

Informationsmemorandum. Diejenigen Banken, die vom Arrangeur ausgewählt wurden, erhalten auf Anfrage ein Informationsmemorandum. Dieses enthält neben einer Beschreibung des Kreditnehmers auch eine wirtschaftliche und finanzielle Analyse des Zielunternehmens sowie eine Prognose der zukünftigen Entwicklung. Außerdem wird die Transaktion sowie die Finanzierungs- und Sicherheitenstruktur vorgestellt.

Angebot der Bank. Nach Auswertung des Informationsmemorandums übermitteln interessierte Banken dem Arrangeur ein Angebot auf Übernahme eines Konsortialanteils unter Nennung eines Höchstbetrags.

Zuteilung der Quoten und Übernahme der Konsortialanteile. Nach Ablauf der Angebotsphase erfolgt die Zuteilung der Quoten auf die einzelnen Konsortialbanken. Ist der Kredit überzeichnet, so kürzt der Arrangeur die Quoten der einzelnen Banken. Ist das Kreditvolumen nicht gedeckt, so übernimmt der Arrangeur beim Underwriting die Differenz. Stößt das Angebot des Arrangeurs auf keinerlei Interesse bei den Banken, kann als Folge die Akquisitionsfinanzierung scheitern.

Abbildung III.14 zeigt zusammenfassend die Anforderungen an Konsortialkredite.

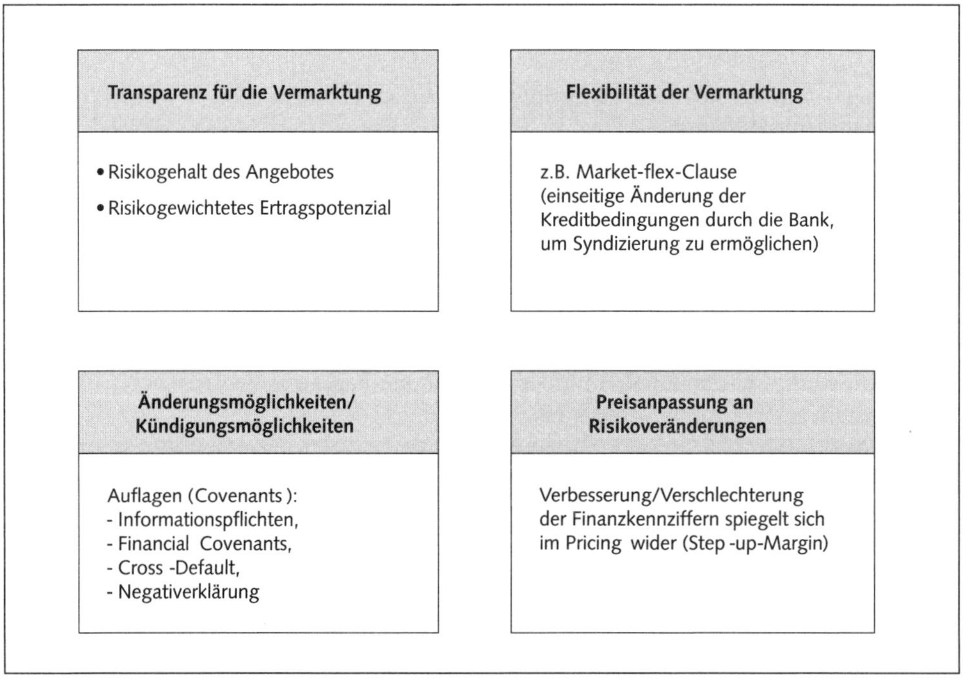

Abbildung III.14: Anforderungen an Konsortialkredite

16.1.8 Vertragsabschluss und Kaufpreiszahlung

Parallel mit der Unterzeichnung des endverhandelten Unternehmenskaufvertrags (Signing) werden die von den Anwälten bzw. Banken ausgehandelten Verträge (insbesondere Kreditvertrag, Sicherheitenvertrag und Konsortialvertrag) von dem Kreditgeber und Kreditnehmer unterzeichnet. Zur Kaufpreiszahlung bzw. Closing kommt es bei größeren Transaktionen meist zwei bis drei Wochen nach dem Signing, da zumeist die offizielle Kartellgenehmigung noch eingeholt und zahlreiche Auszahlungsvoraussetzungen erfüllt werden müssen.

16.2 Analyse nach Transaktionsabschluss

Die laufende Analyse des Kreditengagements nach Transaktionsabschluss wird Monitoring genannt und ist für Akquisitionsfinanzierungen in der Regel unabdingbar. Grund dafür ist das grundsätzlich sehr viel höhere Kreditrisiko, das mit Akquisitionsfinanzierungen verbunden ist. Aus diesem Grund werden regelmäßig in den Kreditverträgen die bereits besprochenen Covenants vereinbart. Diese Klauseln in den Kreditverträgen geben dem Kreditgeber das Recht, bei bestimmten Ereignissen, bestimmte Aktionen zu ergreifen.

Wichtiges Kontrollinstrument ist die Berechnung der Financial Covenants. Financial Covenants sind einzuhaltende Finanzkennzahlen, welche die Banken vor Abschluss des Kreditvertrags in Anlehnung an den Business-Plan des Managements für die gesamte Kreditlaufzeit festlegen. Häufig nehmen die Banken von den Zahlen des Business-Plans einen Abschlag von 20 bis 25 Prozent vor. Financial Covenants dienen als Indikatoren zur Früherkennung von möglichen Fehlentwicklungen, d. h. starke Abweichungen von der ursprünglichen Management-Planung.

Eine Verletzung der Financial Covenants lässt Zahlungsstörungen bei der Bedienung der Akquisitionskredite erwarten. Die Kreditnehmer haben in diesem Fall die Chance, innerhalb einer bestimmten Nachbesserungsfrist für die Behebung der Nichteinhaltung der Kennzahlen zu sorgen. Gelingt dies nicht, so können die Banken ihre Kündigungsrechte bei Verletzung von Covenants wahrnehmen. Durch dieses Kündigungsrecht wird die Verhandlungsposition der Bank im Falle einer Covenant-Verletzung (sogenannte Events of Default) deutlich verbessert.

Die Anzahl und die Definitionen der Finanzkennzahlen werden für jede Transaktion spezifisch festgelegt. Von zentraler Bedeutung bei Akquisitionsfinanzierungen sind der Netto-Verschuldungsgrad (Net Senior Debt/EBITDA bzw. Net Total Debt/EBITDA) und Zinsdeckungsgrad (EBITDA/Zinsaufwand). Dazu kommen Debt Service Cover Ratios bzw. Fixed Charge Cover Ratios, bei denen der zum Schuldendienst vorhandene Free Cashflow (oder dessen Näherungswert) zu den Belastungen aus dem Schuldendienst in Bezug gesetzt werden. Des Weiteren runden Beschränkungen bei den Investitionsausgaben (Capex Limits) und häufig auch Mindest-Eigenkapitalkennziffern (z. B. auf Basis des Tangible Net Worth) das Standardpaket an Financial Covenants ab. Die Einhaltung der Financial Covenants ist quartalsweise nachzuweisen und von Wirtschaftsprüfer in einem sogenannten Compliance Certificate zu bestätigen.

Zusammenfassung

- Unter einer Akquisitionsfinanzierung wird die Finanzierung des Erwerbs eines Unternehmens oder einer Unternehmensgruppe verstanden.
- Eine Akquisitionsfinanzierung stellt im Wesentlichen auf die zukünftigen Cashflows der erworbenen Gesellschaft ab, da der Schuldendienst der Akquisitionsfinanzierung bei einer Transaktionsstruktur mit einer Einzweckgesellschaft von der erworbenen Gesellschaft erbracht werden muss.
- Eine Akquisitionsfinanzierung ist rechtlich so zu strukturieren, dass sowohl die Interessen der Eigenkapitalgeber als auch die der Banken berücksichtigt werden und gleichzeitig eine steuerliche Optimierung erfolgt.
- Unter einem LBO wird der Erwerb eines Unternehmens (oder von Unternehmensteilen) mit überwiegend (i.d.R. 50 Prozent oder mehr) Fremdkapitalfinanzierung verstanden.
- Die an einer Akquisitionsfinanzierung beteiligten Banken verfolgen diese Ziele: niedriger Fremdfinanzierungsanteil, Kreditsicherheiten, Syndizierungsfähigkeit des Kredits am Markt und hohe Rendite.
- Die Eigenkapitalgeber verfolgen bei einer Akquisitionsfinanzierung folgende Ziele: hohe Rentabilität, Haftungsbeschränkung, hohe Flexibilität und geringe Kosten.
- Die grundsätzliche Vorgehensweise eines Leveraged Buy-out besteht darin, die NewCo, die die Zielgesellschaft erwirbt, mit einem hohen Fremdkapitalanteil (60 bis 70 Prozent) auszustatten und diesen in einem relativ kurzen Zeitraum zurückzuführen.
- Um die genannten Risiken zu begrenzen, müssen bei LBO-Transaktionen einige der folgenden Erfolgsfaktoren unabdingbar erfüllt sein: Attraktiver Markt, LBO-fähiges Unternehmen, Wertsteigerungs- und Exit-Potenzial, Erfahrenes, kompetentes und motiviertes Management, Track Record und Unternehmensphilosophie des Finanzinvestors, Angemessener Kaufpreis, Steueroptimierung und Tragfähigkeit der Finanzierungsstruktur.
- Bei einer Akquisitionsfinanzierung wird das Transaktionsvolumen grundsätzlich durch haftendes Eigenkapital und Fremdkapital (Senior Loans) dargestellt.
- Sollte das zur Verfügung gestellte Fremd- und Eigenkapital das Transaktionsvolumen nicht decken und eine Finanzierungslücke bestehen, werden häufig auch noch Mischformen bzw. hybride Kapitalformen wie z.B. Mezzanine Finanzierungen oder Verkäuferdarlehen (Vendor Loans) hinzugezogen.
- Für die Analyse und das Monitoring der Akquisitionsfinanzierung werden von den Banken eine Reihe spezifischer Kennzahlen verwendet. Ein Teil dieser Kennzahlen wird auch für die Festlegung der Financial Covenants im Kreditvertrag herangezogen.

Teil IV
Private-Equity-Finanzierungen

Leitfragen

▸ Was versteht man unter Private Equity?
▸ Welche Anlässe der Beteiligungsfinanzierung gibt es?
▸ Wie unterscheiden sich offene und stille Beteiligungen?
▸ Wie werden Private-Equity-Investments bewertet?
▸ Wer bietet Private Equity an?
▸ Wie sind Private-Equity-Gesellschaften organisatorisch aufgebaut?
▸ Was beinhaltet ein Beteiligungsvertrag?
▸ Wie sieht die Arbeitsweise von Private-Equity-Gesellschaften aus?

1 Begriffsbestimmungen

Finanzinvestoren sind neben strategischen Investoren die Hauptakteure auf dem Markt für Unternehmenskäufe und Verkäufe. Der Großteil der in Deutschland tätigen Beteiligungsfinanzierer hat sich im Bundesverband Deutscher Kapitalbeteiligungsgesellschaften e.V. (BVK) zusammengeschlossen. An den Definitionen des BVK und der European Private Equity & Venture Capital Association (EVCA) orientieren sich die nachfolgenden Begriffsbestimmungen.

Interessante Informationen zum Thema Private Equity finden sich unter

- www.bvk-ev.de und
- www.evca.com.

DEFINITION

Beteiligungsfinanzierung ist die Finanzierung von Unternehmen über Eigenmittel, die von außerhalb des organisierten Kapitalmarktes, also der Börsen, eingebracht werden. Die Kapitaleinlage ist mit erheblichen Kontroll-, Informations- und Mitentscheidungsrechten bis hin zur Managementunterstützung verbunden.

DEFINITION

Als *Beteiligungskapital/Private Equity/Venture Capital* werden Direktbeteiligungen in Form von Anteilen an Gesellschaften und eigenkapitalähnliche Mittel, sogenannte Mezzanine verstanden, soweit sie die genannten Mitbestimmungs- und Mitwirkungsrechte gewähren. Unter Mezzanine versteht man Finanzierungsformen, die entweder eigenkapitalähnliche Elemente (Mitspracherechte, gewinnabhängige Vergütung) oder Fremdkapitalelemente (begrenzte Laufzeit, Festvergütung etc.) enthalten.

DEFINITION

Eine *Beteiligungsgesellschaft/Private-Equity-Gesellschaft/Venture-Capital-Gesellschaft* ist ein Unternehmen, das anderen Unternehmen Eigenmittel gegen Gewährung von Anteilsrechten zur Verfügung stellt, um mittelfristig an der Wertentwicklung dieser Gesellschaften zu partizipieren. Eine Private-Equity-Gesellschaft ist für die Betreuung des von ihren Investoren zur Verfügung gestellten Kapitals sowie für folgende Maßnahmen verantwortlich:

- Auswahl von Investitionsmöglichkeiten,
- Durchführung der Investition,
- Monitoring der eingegangenen Beteiligungen,
- Desinvestition.

DEFINITION

Ein *Beteiligungs-/Private-Equity-/Venture-Capital-Manager* ist eine Person (im Englischen auch Venture Capitalist), die für die Auswahl, die Durchführung, die Betreuung und den Verkauf von Beteiligungen zuständig ist. Die in einer Beteiligungsgesellschaft tätigen Beteiligungsmanager sind in der Regel in Teams organisiert.

DEFINITION

Ein *Eigenkapitalinvestor* oder Investor in einen Eigenkapitalfond (Fond Investor, im Englischen *Funder* genannt) ist die Quelle des Eigenkapitals, das der Beteiligungsgesellschaft zur Verfügung gestellt wird. Der Geschäftszweck der Mehrzahl der Beteiligungsgesellschaften besteht in der Renditemaximierung. Wird das Eigenkapital von einem Unternehmen zur Verfügung gestellt, das neben Renditezielen auch strategische Unternehmensziele verfolgt, wird die Beteiligungsgesellschaft als Captive Private-Equity- bzw. Captive Venture-Capital-Gesellschaft bezeichnet.

DEFINITION

Ein *Fond* (im Englischen Fund genannt) ist ein zweckgebundener Pool von Kapital, der von den Eigenkapitalinvestoren zur Verfügung gestellt wird und von der Beteiligungsgesellschaft betreut und verwaltet wird.

DEFINITION

Ein *Portfoliounternehmen bzw. Beteiligungsunternehmen* (im Englischen Portfolio Company oder Investee Company genannt), ist ein Unternehmen, das Eigenkapital von einem Fond erhält und von einer Beteiligungsgesellschaft beraten und betreut wird.

Wie die obigen Definitionen zeigen, wird zwischen Private-Equity- und Venture Capital unterschieden. Folgende Verwendungen sind anzutreffen:

- Venture Capital wird zunehmend nur noch für Finanzierungen im Hochtechnologiebereich und im Frühphasenbereich gebraucht.
- Private Equity entwickelt sich zum Oberbegriff für alle Arten von Kapitalbeteiligungen an nicht börsennotierten Unternehmen. Der Begriff grenzt sich vom Public Equity ab, worunter Anteile (Aktien) an öffentlich gehandelten Unternehmen verstanden werden.

Abbildung IV.1 zeigt die Zusammenhänge zwischen den Beteiligten im Private-Equity-Business.

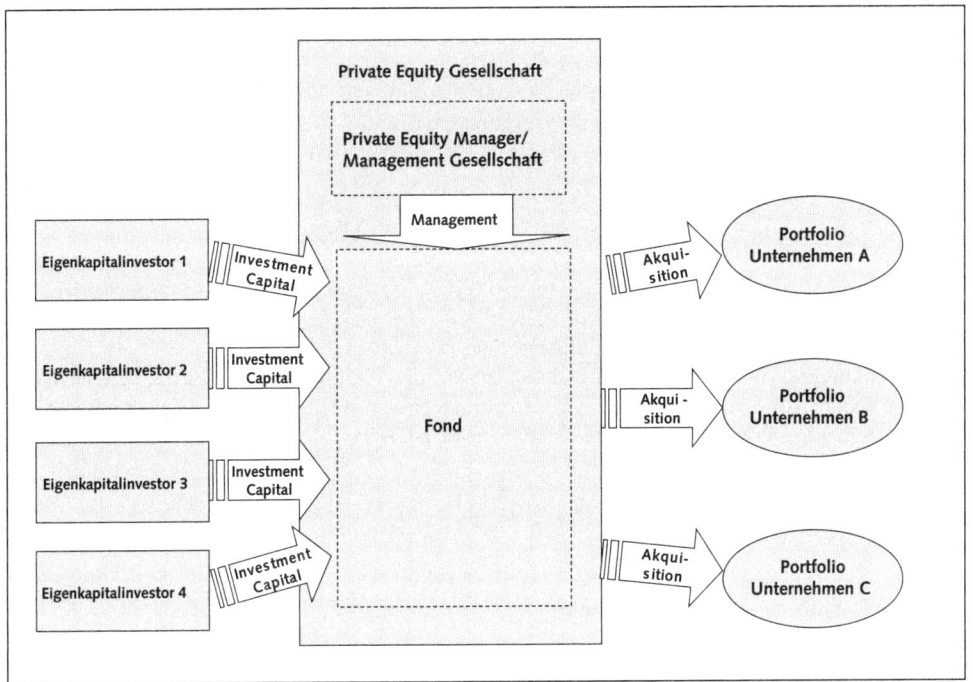

Abbildung IV.1: Private-Equity-Business-Modell

2 Anlässe der Beteiligungsfinanzierung

Anlässe einer Beteiligungsfinanzierung können sein:
- Expansion,
- Bridge-Finanzierung,
- Public-to-Private,
- Nachfolgeregelung und Ablösung bestehender Gesellschafter,
- Spin-off,
- Private Placement,
- Turn Around,
- Branchenkonzept bzw. Buy-and-Build-Strategie.

2.1 Expansion (Development Capital)

Wachstumsfinanzierungen dienen der Finanzierung der Expansionspläne über internes Wachstum (zusätzliche Produktionskapazitäten, zusätzliches Working Capital, Marktanteilsausweitung, Produktdiversifikation, etc.) oder Akquisitionen, die nicht durch Fremdkapital finanziert werden können. Beteiligungsgesellschaften finanzieren das Wachstum von Unternehmen in der Regel durch stille Beteiligungen oder durch Minderheitsbeteiligungen. Im Gegensatz zu den Early-Stage-Finanzierungen liegt dies hauptsächlich an den Altgesellschaftern, die den Einfluss der Beteiligungsgesellschaft begrenzen möchten. Ferner reicht in der Regel der Liquiditätszufluss, der durch eine Minderheitsbeteiligung generiert wird, zur Finanzierung der Expansionspläne aus.

2.2 Bridge-Finanzierung

Eine Bridge-Finanzierung dient der Vorbereitung eines Börsenganges. Hierbei wird zusätzliches Eigenkapital zur Überbrückung des Zeitraumes bis zur Einführung des Unternehmens an der Börse zur Verfügung gestellt. Bridge-Finanzierungen finden sich auch im Venture-Capital-Bereich. Als Bridge-Finanzierung wird hier Zwischenfinanzierung für den Börsengang junger Technologieunternehmen unmittelbar nach Ablauf der Venture-Capital-Finanzierung bezeichnet.

Der Börsengang bedarf in der Regel einer längerfristigen Vorbereitung, um sowohl die gesetzlichen und börsenrechtlichen Erfordernisse als auch die Erwartungen der potenziellen privaten und institutionellen Anleger zu erfüllen. Das Beteiligungskapital verbessert dabei nicht nur die Eigenkapitalausstattung. Gerade im nicht finanziellen Bereich kommt der

Beteiligung in der Börsenvorstufe eine besondere Bedeutung zu. Die Vorbereitungsphase für einen Börsengang, in der die Beteiligungsgesellschaft ein Unternehmen begleitet, kann selbst bei bereits am Markt etablierten größeren mittelständischen Unternehmen ein bis zwei Jahre in Anspruch nehmen.

Während der Phase der Bridge-Finanzierung kann das Unternehmen unter Ausschluss der Öffentlichkeit Erfahrungen in Bezug auf die zu erwartenden Besonderheiten und Anforderungen an eine börsennotierte Aktiengesellschaft sammeln. Insbesondere die Anpassung des Rechnungswesens, des Reportings und des Controllings an die erforderlichen Kapitalmarktstandards bedürfen einer guten Vorbereitung. In diesem Zusammenhang gewinnt die Bereitstellung von Managementunterstützung als Merkmal des Private Equity an Bedeutung. Diese dehnt sich auch auf die bisher nicht notwendige Investor-Relations-Arbeit aus.

Ein weiterer wichtiger Vorteil der Bridge-Finanzierung ist die zeitliche Flexibilität, die den Unternehmen in der Börsenvorstufe durch eine Kapitalbeteiligung eingeräumt wird. Durch das zusätzliche Kapital kann der richtige Zeitpunkt des Börsengangs abgepasst werden, ohne dass das Unternehmen dem finanziellen Druck ausgesetzt wird, auch in einem schlechten Börsenumfeld den Börsengang durchführen zu müssen. Eine Bridge-Finanzierung erfolgt in der Regel durch eine offene Beteiligung. Eine Beteiligungsgesellschaft kann dadurch direkt an der Wertsteigerung des Unternehmens partizipieren, die sie teilweise bereits beim Börsengang realisiert.

2.3 Public-to-Private (Going Private): »Delisting« von börsennotierten Gesellschaften

Der Begriff des Going Private bezeichnet die Überführung einer »öffentlichen«, börsennotierten Gesellschaft (»Public Company«) in eine »private« Unternehmung, deren Anteile nicht mehr an den Aktienmärkten gehandelt werden (»Private Company«). Für die Einordnung einer Transaktion als Going Private sind zwei konstituierende Merkmale relevant: Zum einen erfolgt das vollständige Delisting der Unternehmung, d. h. der Handel der Anteile wird an allen Börsenplätzen, einschließlich des Freiverkehrs, eingestellt. Zum anderen wird die Gesellschaft auf einen geschlossenen Gesellschafterkreis übertragen.

Die Erwerber einer zum Delisting geeigneten und bereiten Aktiengesellschaft, häufig eine Kombination aus Private-Equity-Gesellschaft und Management, zielen darauf ab, die vollständige Kontrolle über ein börsennotiertes Unternehmen zu erlangen, um es nach dem Delisting als nicht börsennotierte Unternehmung weiterzuentwickeln. Private-Equity-Gesellschaften werden nach dem Börsenrückzug versuchen, das Unternehmen strategisch neu auszurichten und den Wert des Unternehmens zu optimieren. Übergeordnetes Ziel ist es, das Unternehmen wieder an die Börse zu bringen oder es an einen strategischen oder weiteren Finanzinvestoren zu veräußern.

2.4 Nachfolgeregelung und Ablösung bestehender Gesellschafter

Generationswechsel in der Unternehmensführung sowie durch andere Ursachen veranlasste Gründe der Umstrukturierung eines Unternehmens – einschließlich der Umstrukturierung oder Auswechselung seines Gesellschafterkreises – sind die häufigsten Anlässe für moderne Lösungen, für die sich die Fachausdrücke Management Buy-out (MBO) und Management Buy-in (MBI) eingebürgert haben.

MBOs und MBIs werden in aller Regel mit Leverage-, also Fremdfinanzierungskonstruktionen verbunden und stellen daher eine Spielart des fremdfinanzierten Unternehmenskaufs dar. Mehrere Gründe haben dazu geführt, dass MBO- und MBI-Konstruktionen in den Bereich Private Equity fallen.

- In den allermeisten Fällen kommen Buy-outs nicht ohne einen risikotragenden, wenn auch in der Regel stark reduzierten Eigenkapitalanteil aus.
- Bei den Buy-outs werden für gewöhnlich eigenkapitalähnliche oder eigenkapitalnahe Finanzierungsmittel – Mezzanine-Capital – in unterschiedlichen Spielarten verwendet, die auch im Rahmen des sonstigen Private-Equity-Geschäfts fallweise eingesetzt werden.
- Die Durchführung von Buy-outs stellt sich als eine unternehmerische Aufgabe dar, für deren Lösung die Geschäftserfahrung und die analytischen Instrumente von Private-Equity-Managern die besten Voraussetzungen bieten.

Als Erfolgsvoraussetzungen eines fremdfinanzierten (leveraged) Unternehmenskaufs sollte das zu erwerbende Zielunternehmen folgende Voraussetzungen aufweisen:

- gesicherte Marktposition,
- hohe Ertragskraft,
- geringe Verschuldung,
- geringer Investitionsbedarf für die nähere Zukunft.

Ein Unternehmen mit diesen Eigenschaften hat in der Regel einen hohen Unternehmenswert. Das Buy-out baut dann auf folgenden weiteren Gedanken auf:

- Der Kaufpreis wird zum überwiegenden Teil aus Fremdmitteln aufgebracht, mit denen – im Ergebnis – das erworbene Unternehmen selbst belastet wird. Die so entstandene Verschuldung des Zielunternehmens wird aus dessen eigenem Cashflow verzinst und getilgt.
- Der gegenüber dem Nominalwert hohe Unternehmenswert führt beim Zielunternehmen zur Aufdeckung und Aktivierung stiller Reserven (darunter in der Regel auch eines Firmenwerts).
- Die zusätzlichen Fremdkapitalzinsen sowie die zusätzlichen Abschreibungen auf die aktivierten stillen Reserven mindern den Gewinn des Zielunternehmens und damit seine Steuerbelastung.

2.5 Spin-off

Zu ergänzen sind im Rahmen des Buy-out-Themas noch die als Spin-off bezeichneten Vorgänge. Dabei handelt es sich um die Ausgliederung oder Verselbstständigung einer Abteilung oder eines Unternehmensteils aus einer Unternehmung oder einem Konzern. Ursache für Spin-offs ist häufig eine Änderung der strategischen Ausrichtung des Mutterkonzerns, nach der gewisse Aufgabenstellungen nicht mehr zu deren Kernkompetenzen zählen. Es können aber auch neu entwickelte Aktivitäten und Produkte für einen Spin-off in Betracht kommen, die – nach Ausreifung – auf Entscheidung der Konzernführung nicht weiterverfolgt werden sollen.

In der Regel sind es die für den auszugliedernden Unternehmensbereich bisher verantwortlichen Manager, die zusammen mit ihrem Geschäftsfeld oder Unternehmensteil den bisherigen Unternehmensverbund verlassen. Sie erhalten damit die Chance, ihr bisheriges Aufgabengebiet als selbstständige Unternehmer weiterzuführen. Auch in diesem Fall werden die »Neu-Unternehmer« in der Regel nicht über ausreichende Mittel verfügen, um den Kaufpreis für den auszugliedernden Bereich aufzubringen. Finanzierungstechnisch kommen dann auch beim Spin-off ähnliche Konstruktionen wie beim MBO in Betracht. Allerdings enthält die Geschäftsplanung für ein solches Projekt erhöhte Risiken, weil der zu übernehmende Bereich in den meisten Fällen zuvor nicht selbstständig bilanziert wurde. Es können daher erhebliche Unsicherheiten bei der Planung der dem Bereich tatsächlich zuzurechnenden Kosten und Erlöse entstehen, sodass ein Spin-off in seiner Risikostruktur einer Neugründung nahe kommen kann. Andererseits enthält er die Chance, dass das selbstständig gewordene Management mit seinem Unternehmensprogramm in der neu gewonnenen »Konzernfreiheit« erhebliche kreative Impulse entwickelt, die zum Markterfolg führen.

2.6 Private Placement

Als Private Placement wird die Platzierung von Wertpapieren bezeichnet, die nicht öffentlich verkauft und gehandelt werden und in der Regel nach ihrem Verkauf in der Hand des ersten Anlegers verbleiben. Private Placement umfasst neben der außerbörslichen Emission von Aktien weitere Beteiligungsinstrumente, bei denen Beteiligungskapital von Privatanlegern als stimmrechtloses, breit gestreutes Investorenkapital (= bilanzrechtlicher Eigenkapitalersatz) platziert wird. Private Placement kann beispielsweise zur Restrukturierung bzw. zur Ablösung einer Minderheit im Gesellschafterkreise eingesetzt werden und wird i.d.R. mit einer Leverage-Komponente verbunden.

Der Vorteil von Private Placement besteht aus Sicht des Unternehmens darin, Einflussnahmen der Kapitalgeber durch vertragliche Vereinbarungen zu begrenzen und entsprechend der Unternehmensphilosophie zu steuern. Das Spektrum an Beteiligungsmöglichkeiten im Rahmen einer Privatemission ist sehr viel breiter und interessanter als eine Wertpapieremission über die Börse und deckt den gesamten Bereich mezzaniner Finanzinstrumente ab. Insbesondere können am außerbörslichen Kapitalmarkt wertpapierlose – und damit kostengünstigere – stimmrechtlose Beteiligungen (zum Teil mit erheblichen Steuervorteilen für Unternehmen und Anleger) angeboten werden. In Deutschland wurde die alternative Möglichkeit, Eigenkapital über ein Private Placement am außerbörslichen Kapitalmarkt aufzunehmen, lange Zeit nur wenig beachtet. Vor dem Hintergrund von Basel II und der allgemeinen Zurückhaltung der Banken bei der Gewährung von Darlehen infolge der Restrukturierung des Kreditgeschäftes der Banken nutzen jedoch immer mehr Unternehmen die Vorteile eines Private Placements.

2.7 Turn Around

Turn-Around-Finanzierungen dienen der Bereitstellung von Eigenkapital für Unternehmen, die sich in der Sanierungsphase oder kurz danach befinden und die Wende zurück in die Gewinnzone vollzogen haben. Die Wende zurück in die Gewinnzone ist dabei für Beteiligungsgesellschaften von entscheidender Bedeutung, da sie eine Beteiligungsmöglichkeit nur dann positiv beurteilen werden, wenn das zugeführte Kapital für die zukünftige Entwicklung und nicht zur Finanzierung der Vergangenheit benötigt wird. Insbesondere die Frage der Nachhaltigkeit der erreichten Gewinnzone ist Gegenstand der Prüfung durch die Beteiligungsgesellschaft.

2.8 Branchenkonzept bzw. Buy-and-Build-Strategy

Bei einem Branchenkonzept bzw. einer Buy-and-Build-Strategy werden Unternehmen aus einem polypolistischen Marktumfeld zusammengeführt, um Synergien zu nutzen, die sich z.B. durch eine verstärkte Einkaufs- oder Vertriebsmacht oder durch eine Reduktion der Verwaltungskosten ergeben können. Initiator eines Branchenkonzeptes sind häufig die Beteiligungsgesellschaften selbst, die mit eigenen Teams Branchen auf ihre Eignung für ein Branchenkonzept untersuchen und passende Marktteilnehmer in ein Unternehmen integrieren. Dabei dient ein größerer Marktteilnehmer als Nukleus, der dann, mit entsprechender Finanzkraft ausgestattet, Mitbewerber akquiriert und so die Realisierung von Skaleneffekten ermöglicht. Mit der zunehmenden Unternehmensgröße und der damit verbundenen wachsenden Marktmacht steigt die Attraktivität des Branchenkonzeptes für (ausländische) industrielle Investoren, die ihre Marktstellung ausbauen wollen. Dadurch ergibt sich eine Exitalternative (siehe unten) für die Beteiligungsgesellschaft und die Möglichkeit der Realisierung des Mehrwertes, der durch die Zusammenführung der Unternehmen entstanden ist.

In Zukunft werden einige Veränderungen im Geschäftsmodell von Private-Equity-Investoren stattfinden. Es wird weniger Leverage in der Finanzierungsstruktur geben und größerer Wert auf Kooperationen gelegt. Abbildung IV.2 gibt einen Ausblick auf die zukünftige Entwicklung des Private-Equity-Geschäfts.

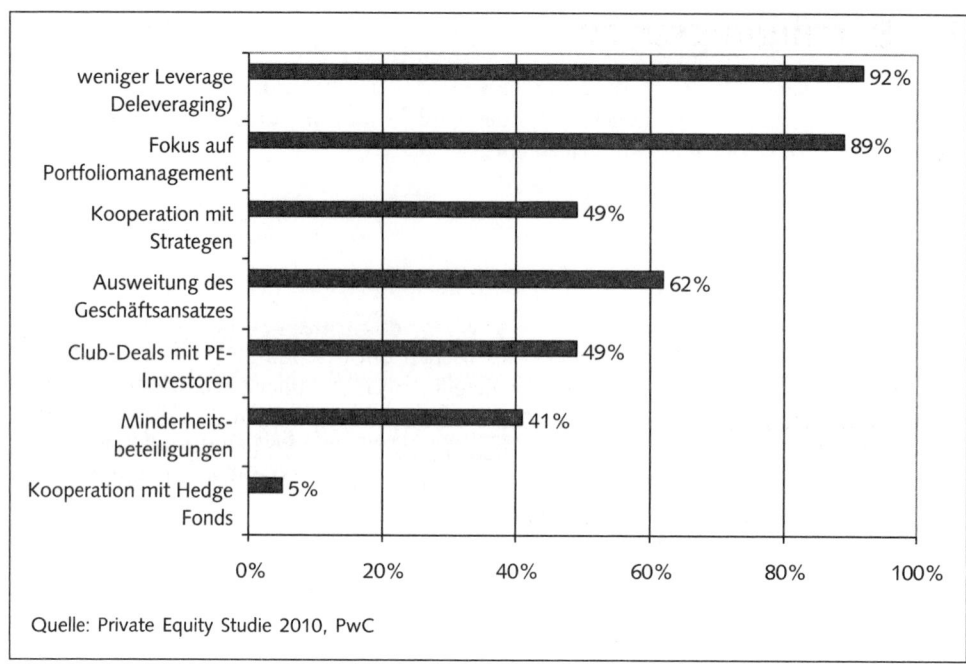

Quelle: Private Equity Studie 2010, PwC

Abbildung IV.2: Zukünftige Entwicklungen des Private-Equity-Geschäfts

3 Beteiligungsarten

Als Beteiligungsarten kommen verschiedene gesellschaftsrechtliche Konstruktionen in Betracht. Es werden offene und stille Beteiligungsformen, Kombinationen aus offenen und stillen Beteiligungsformen sowie andere mezzanine Formen unterschieden. Das Gesetz über Unternehmensbeteiligungsgesellschaften (UBGG) definiert in § 2 Wagniskapitalbeteiligungen als »Aktien, Geschäftsanteile an einer Gesellschaft mit beschränkter Haftung, Kommanditanteile, Beteiligungen als Komplementär, Beteiligungen als stiller Gesellschafter im Sinne des § 230 des HGB und Genussrechte«. Unter Risikogesichtspunkten werden Beteiligungsformen, die eine unbegrenzte Haftung der Beteiligungsgesellschaft beinhalten, nicht praktiziert. Grundsätzlich sind jedoch auch Beteiligungen an einer OHG, bzw. als unbeschränkt haftender Gesellschafter einer KG, denkbar.

3.1 Offene Beteiligungen

Bei offenen Beteiligungen erwirbt die Beteiligungsgesellschaft Anteile am Nominalkapital der Gesellschaft mit allen damit verbundenen Rechten und Pflichten. Offene Beteiligungen sind mit Stimm- und Mitentscheidungsrechten verbunden. Sie beteiligen den Inhaber an den stillen Reserven des Unternehmens und damit am Firmenwert. Dadurch eröffnen sie die Chance der Erzielung eines Veräußerungsgewinns. Dieser ergibt sich aus der Differenz zwischen dem Veräußerungserlös und den Anschaffungskosten. Bei bereits bestehenden Gesellschaften erfolgt der Erwerb der Anteile im Rahmen einer Kapitalerhöhung oder durch den Kauf von Altanteilen. Der Einstieg über eine Kapitalerhöhung kann nur unter Verzicht auf das Bezugsrecht der Altgesellschafter ermöglicht werden. Dieses kann steuerrechtlich relevant sein, falls sich die Altgesellschafter den Verzicht des Bezugsrechtes vergüten lassen. Einzelheiten der Zusammenarbeit zwischen der Beteiligungsgesellschaft und den Mitgesellschaftern werden in einer Gesellschaftervereinbarung geregelt, die jedoch nur im Innenverhältnis rechtswirksam ist. Nach außen tritt die Beteiligungsgesellschaft mit unbeschränkten Rechten und Pflichten eines offenen Gesellschafters auf.

Die Dauer einer offenen Beteiligung ist vertraglich nicht begrenzt, sondern bleibt bis zum Verkauf an einen anderen (neuen) Gesellschafter bestehen. Als Finanzinvestor hat eine Beteiligungsgesellschaft jedoch einen begrenzten Investitionshorizont, der in der Regel – je nach Beteiligungszweck – zwischen drei und zehn Jahren liegen kann. Aufgrund dieser zeitlichen Beschränkung ist für die Beteiligungsgesellschaft eine Verkaufsperspektive schon bei Eingang der Beteiligung ein wichtiges Entscheidungskriterium. Die Veräußerung (der sogenannte Exit) der offenen Beteiligung kann über unterschiedliche Wege erfolgen.

Entscheidend für die Position der Beteiligungsgesellschaft innerhalb des Gesellschafterkreises ist die Höhe des offenen Anteils. Dabei reicht das Spektrum von Minderheitsbeteiligungen ohne Sperrminorität bis hin zur vollständigen Übernahme von Unternehmen. Häufig lassen sich Beteiligungsgesellschaften, die sich nur minderheitlich an einem Unternehmen beteiligen, vertraglich zusichern, dass sie die Mehrheit des Unternehmens und damit die Führung der Gesellschaft übernehmen, wenn sich die Ertragslage des Unternehmens deutlich negativ entwickelt und damit Risiken für den Fortbestand des Unternehmens verbunden sind.

3.2 Stille Beteiligungen

Bei der stillen Beteiligung wird dem Unternehmen Eigenkapital bereitgestellt, ohne dass die Beteiligungsgesellschaft Anteile an dem Unternehmen erwirbt. Daher tritt die Beteiligungsgesellschaft im Außenverhältnis nicht auf, d.h. sie wird nicht im Handelsregister eingetragen. Ihre Beteiligung bleibt anonym. Eine Ausnahme bilden Aktiengesellschaften.

Die Beteiligungsgesellschaft ist durch die stille Beteiligung verpflichtet, ihre Einlage zu leisten. Bei der Beendigung des vertraglich vereinbarten Gesellschafterverhältnisses hat sie einen Anspruch auf Rückzahlung der Einlage. Im Gegensatz zu einem Darlehensgeber ist der stille Gesellschafter an dem Gewinn des Unternehmens beteiligt.

Gesetzlich geregelt ist die stille Gesellschaft im HGB § 230ff. Hinsichtlich der vertraglichen Ausgestaltung, z.B. in Bezug auf eine Gewinn- und Verlustbeteiligung und die Mitsprache- und Kontrollrechte, legt das Gesetz keine größeren Auflagen fest. Dies ermöglicht eine große Flexibilität in der Vertragsgestaltung. Die Verlustbeteiligung kann gemäß § 231 HGB im Gegensatz zur Gewinnbeteiligung ausgeschlossen werden. Der Vorteil einer stillen Gesellschaft für die Altgesellschafter liegt darin, dass die mit dem stillen Gesellschafter vereinbarten Regelungen unabhängig von den Rechten der Altgesellschafter getroffen werden können. Eine stille Gesellschaft wird mit dem Unternehmen als Gesamtheit abgeschlossen und nicht mit den jeweiligen Gesellschaftern, deren Vertragsverhältnisse untereinander unberührt bleiben. Bei der stillen Beteiligung werden zwei Varianten unterschieden: die typische und die atypisch stille.

Bei der *atypisch stillen Beteiligung* ist der Kapitalgeber auch an dem Wertzuwachs des Geschäftsvermögens und damit an den stillen Reserven beteiligt. Daraus ergibt sich eine Mitunternehmerschaft. Merkmale der Mitunternehmerschaft sind Mitspracherechte (Stimm-, Kontroll- und Widerspruchsrechte) sowie Anspruch auf Anteile am Unternehmensvermögen bei Ausscheiden aus dem Unternehmen. Eine Beteiligungsgesellschaft wird bei einer atypisch stillen Beteiligung grundsätzlich einen Platz im Aufsichtsgremium belegen bzw. die Einrichtung eines entsprechenden Gremiums (Beirat, Aufsichtsrat) mit entsprechender personeller Berücksichtigung der Beteiligungsgesellschaft vertraglich vereinbaren. Mitunternehmerschaft führt steuerrechtlich dazu, dass der stille Gesellschafter Einkünfte aus Gewerbebetrieb erzielt und nicht Einkünfte aus Kapitalvermögen, wie bei der typisch stillen Beteiligung.

Bei einer *typisch stillen Beteiligung* sind demnach die Entgelte bei dem Unternehmen steuerlich absetzbar. Die typisch stille Beteiligung ähnelt daher eher einem Nachrangdarlehen. Unabhängig von ihrer Ausprägung ist die Haftung des stillen Gesellschafters auf die Höhe seiner Einlage beschränkt, und er kann im Konkurs seine Einlage, soweit sie seinen eventuell vereinbarten Anteil am Verlust übersteigt, geltend machen. Aufgrund der vertraglich festgelegten Laufzeit einer typisch stillen Beteiligung ergibt sich für die Beteiligungsgesellschaft keine Exit-Problematik, sofern die Rückzahlung durch die Gesellschaft zum vorgesehenen Zeitpunkt möglich ist.

4 Bewertung von Private-Equity-Investments

4.1 Performance-Messung: Internal Rate of Return (IRR)

Die Renditen von Eigenkapitalinvestitionen können mit unterschiedlichen Methoden berechnet werden. Eine Methode besteht darin, die Amortisationsperiode (PaybackPeriod) zu ermitteln. Die Amortisationsperiode ist die Anzahl von Jahren, die benötigt wird, um den Betrag einer getätigten Investition wieder ausgeglichen (amortisiert) zu bekommen. Eine andere Möglichkeit ist die Ermittlung der Buchwertrendite. Diese berechnet sich als durchschnittliche Jahreseinzahlung aus einer Investition bezogen auf die Anfangsinvestitionssumme. Beide Methoden zur Renditeberechnung haben deutliche Schwächen:

- Beide Methoden sind statisch. Es erfolgt keine dynamische Betrachtung, der Zeitwert der Zahlungen wird vernachlässigt.
- Beide Methoden können bei mehr als einer Investition durch die Beteiligungsgesellschaft (was der Regelfall ist) nicht angewendet werden.

Die in der Beteiligungspraxis am meisten verwendete Methode zur Performance-Messung ist die Berechnung der internen Rendite. Diese wird auch als interne Zinsfußmethode bzw. mit dem englischen Begriff Internal Rate of Return (IRR) bezeichnet. Gegenüber den einfachen Verfahren zur Renditemessung weist der IRR folgende Vorteile auf:

- Der IRR ist ein dynamisches Verfahren, d.h. der Zeitwert des Geldes wird gemessen.
- Der IRR kann über eine Vielzahl von Investitionen berechnet werden, d.h. es kann die Gesamtrendite eines Beteiligungsportfolios berechnet werden.
- Der IRR ermöglicht Renditeberechnungen für Gruppen von Investitionen, d.h., dass im Beteiligungscontrolling unterschiedliche Investitionen zusammengefasst und verglichen werden können.
- Der IRR ist als Prozentsatz ein einfacher und aussagekräftiger Wert mit Benchmark-Funktion, d.h. die Investoren erhalten eine exakte Zahl über die Rendite des von ihnen zur Verfügung gestellten Kapitals und können ihr Investment mit anderen Anlagealternativen problemlos vergleichen (vgl. die Diskussion zum »CFROI« in Teil II).

4.2 Die Herleitung des IRR

Der IRR ist der Diskontierungszinssatz, der im Kapitalwertmodell den Barwert (Net Present Value) der Auszahlungen und den Barwert der Einzahlungen und des nicht realisierten Portfolios ausgleicht. Der IRR ergibt sich durch Auflösung folgender Gleichung nach dem monatlichen IRR (IRR_m):

$$\left[\frac{\text{OUT}_0}{\left(1+\text{IRR}_m\right)^0}+\frac{\text{OUT}_1}{\left(1+\text{IRR}_m\right)^1}+\frac{\text{OUT}_2}{\left(1+\text{IRR}_m\right)^2}+...+\frac{\text{OUT}_N}{\left(1+\text{IRR}_m\right)^N}\right]=$$

$$\frac{\text{NAV}_N}{\left(1+\text{IRR}_m\right)^N}+\left[\frac{\text{IN}_0}{\left(1+\text{IRR}_m\right)^0}+\frac{\text{IN}_1}{\left(1+\text{IRR}_m\right)^1}+\frac{\text{IN}_2}{\left(1+\text{IRR}_m\right)^2}+...+\frac{\text{IN}_N}{\left(1+\text{IRR}_m\right)^N}\right] \qquad (1)$$

- *OUT$_0$, OUT$_1$, OUT$_2$, ..., OUT$_N$* sind die monatlichen Auszahlungen von Monat 0 (Monat der ursprünglichen Investition) bis zum Monat N (den letzten Monat der Betrachtungsperiode). Es muss wenigstens eine Auszahlung ungleich Null vorliegen.
- *IN$_0$, IN$_1$, IN$_2$, ..., IN$_N$* sind die monatlichen Einzahlungen von Monat 0 (Monat der ursprünglichen Investition) bis zum Monat N (den letzten Monat der Betrachtungsperiode). Es muss wenigstens eine Einzahlung ungleich Null vorliegen.
- *IRR$_m$* ist der monatliche IRR. (Ist Gleichung (1) nach *IRR$_m$* aufgelöst, kann *IRR$_m$* in den jährlichen *IRR*, *IRR$_A$*, transformiert werden.
- *NAV$_N$* (= Net Asset Value) ist der Marktwert des unrealisierten Portfolios im Monat *N*.

Gleichung (1) kann wie folgt zusammengefasst werden:

$$\sum_{i=0}^{N}\frac{\text{OUT}_i}{\left(1+\text{IRR}_m\right)^i}=\frac{\text{NAV}_N}{\left(1+\text{IRR}_m\right)^N}+\sum_{i=0}^{N}\frac{\text{IN}_i}{\left(1+\text{IRR}_m\right)^i} \qquad (2)$$

Sie kann wie folgt nach Null aufgelöst werden.

$$\frac{\text{NAV}_N}{\left(1+\text{IRR}_m\right)^N}+\sum_{i=0}^{N}\frac{\text{IN}_i}{\left(1+\text{IRR}_m\right)^i}-\sum_{i=0}^{N}\frac{\text{OUT}_i}{\left(1+\text{IRR}_m\right)^i}=0 \qquad (3)$$

Da

$$\sum_{i=0}^{N}\frac{\text{IN}_i}{\left(1+\text{IRR}_m\right)^i}-\sum_{i=0}^{N}\frac{\text{OUT}_i}{\left(1+\text{IRR}_m\right)^i}=\sum_{i=0}^{N}\frac{\text{IN}_i-\text{OUT}_i}{\left(1+\text{IRR}_m\right)^i}, \qquad (4)$$

kann Gleichung (3) wie folgt transformiert werden:

$$\frac{\text{NAV}_N}{\left(1+\text{IRR}_m\right)^N}+\sum_{i=0}^{N}\frac{\text{IN}_i-\text{OUT}_i}{\left(1+\text{IRR}_m\right)^i}=0 \qquad (5)$$

Wird $\dfrac{\text{NAV}_N}{\left(1+\text{IRR}_m\right)^N}$ als Teil der Einzahlungen $\dfrac{\text{IN}_N}{\left(1+\text{IRR}_m\right)^N}$ betrachtet,

kann Gleichung (5) wie folgt vereinfacht werden:

$$\sum_{i=0}^{N}\frac{\text{IN}_i-\text{OUT}_i}{\left(1+\text{IRR}_m\right)^N}=0 \qquad (6)$$

Des Weiteren wird *IN$_i$– OUT$_i$* als Netto Cashflow *(NCF)* pro Monat *i* definiert.

$$\text{IN}_i-\text{OUT}_i=\text{NCF}_i \qquad (7)$$

Gleichung (6) kann dadurch weiter vereinfacht

$$\sum_{i=0}^{N} \frac{NCF_i}{(1+IRR_m)^i} = 0 \quad \text{und in} \quad F(IRR_m) = 0 \quad \text{umgeschrieben werden.} \tag{8}$$

Gleichung (8) wird dann mit einer speziell programmierten Software oder mit einem Spreadsheet einer Standardsoftware wie z.B. MS Excel gelöst.

IRR_m, die monatliche interne Verzinsung, muss nun nur noch in den jährlichen IRR_A. transformiert werden. Dies wird gemäß folgender Formel durchgeführt:

$$IRR_A = (1+IRR_m)^{12} - 1. \tag{9}$$

4.3 Berechnung des IRR

CF-Training-Modell: Im Folgenden soll für die MASCHINENBAU GmbH der IRR für die Eigenkapitalinvestoren berechnet werden. Als Eigenkapitalinvestoren sind die Private-Equity-Gesellschaft und das Management aufgetreten. Die Private-Equity-Gesellschaft hatte 12,0 Mio. Euro, das Management 1,0 Mio. Euro investiert, was ein Gesamteigenkapitalvolumen von 13,0 Mio. Euro darstellt. Modell-Tabelle 1 im Excel-Blatt »Private Equity« zeigt diese Zahlung 01.01.t_1.

Dividendenzahlungen gab es während der Akquisitionsfinanzierung keine, sodass die Zahlungen für die Jahre t_1 bis t_8 0,0 Mio. Euro betragen. Zum 31.12.t_8 erfolgt der Exit. Der Exit-Erlös beträgt 37,7 Mio. Euro. Er berechnet sich als Terminal Value, in dem der Cashflow zum 31.12.t_8 in Höhe von 3,2 Mio. Euro durch die Differenz aus WACC in Höhe von 8,90 Prozent und Wachstumsrate g in Höhe von 0,5 Prozent geteilt wird.

$$TV_{31.12.t_8} = \frac{3,2 \text{ Mio.} €}{0,089 - 0,005} = 37,7 \text{ Mio.} €$$

Hinzugezählt wird noch die Kasse, die aber 0,0 Mio. Euro beträgt.

Somit ergibt sich eine Zahlungsstruktur, die zum 01.01.t_0 Auszahlungen in Höhe von 13,0 Mio. Euro und zum 31.12.t_8 Einzahlungen in Höhe von 37,7 Mio. Euro ausweist.

Diese Zahlungsstrukturen führen beim gegeben Investitionszeitraum von neun Jahren zu einem IRR von 14,2 Prozent p.a. Wird unterstellt, das Private-Equity-Gesellschaften einen IRR zwischen 10,0 Prozent und 25,0 Prozent p.a. erwarten, signalisiert dieser Wert, dass die gewählte Finanzierungsstruktur einen zufriedenstellenden IRR ermöglicht.

(Absolute Zahlen in Mio. €)	Anfang Anfang t_1	Plan t_1	Plan t_2	Detailplanung Plan t_3	Plan t_4	Plan t_5	Plan t_6	Fortschreibung Plan t_7	Plan t_8
Zahlungen	-13,0	0,0	0,0	0,0	0,0	0,0	0,0	0,0	0,0
Endwert									37,7
Kasse									0,0
Total Cashflows	-13,0	0,0	0,0	0,0	0,0	0,0	0,0	0,0	37,7
IRR =	14,2%								

Excel-Datei: Unternehmensbewertung/Excel-Blatt: Private Equity

Modell-Tabelle 1: IRR-Berechnung

Modell-Tabelle 2 im Excel-Blatt »Private Equity« zeigt in einer Sensitivitätsanalyse, wie sich der IRR bei unterschiedlichen Finanzierungsstrukturen verändert. Zum Eigenkapital wurden die Beteiligungsgesellschaft, das Management und das Mezzanine-Kapital gezählt. Dem Fremdkapital wurden Senior Loan und Verkäuferdarlehen zugeordnet. Bei der Sensitivitätsanalyse wurden jeweils die Investitionen der Beteiligungsgesellschaft und der Senior-Loan angepasst.

Aus der Analyse ergibt sich, dass die Beteiligungsgesellschaft und das Management 15,0 Mio. Euro als Eigenkapital in die Finanzierung einbringen können, um dann bei einer Eigenkapitalquote von 56,1 Prozent einen IRR von ca. 12,2 Prozent p.a. zu erzielen. Andererseits zeigt sich, dass durch einen geringeren Eigenkapitaleinsatz der IRR gesteigert werden kann. Da im gegebenen Modell ab Mitte des Planungshorizonts sehr hohe Überschuss-Cashflows anfallen, kann in dem gegebenen Fall der IRR dadurch erhöht werden, dass verstärkt endfällige Finanzierungsinstrumente eingesetzt werden.

Beteiligungsgesellschaft	10,0	31,2%	11,0	34,3%	12,0	37,4%	13,0	40,5%	14,0	43,6%
Management	1,0	3,1%	1,0	3,1%	1,0	3,1%	1,0	3,1%	1,0	3,1%
Mezzanine-Geber	3,0	9,3%	3,0	9,3%	3,0	9,3%	3,0	9,3%	3,0	9,3%
Senior Loan	13,1	40,8%	12,1	37,7%	11,1	34,6%	10,1	31,5%	9,1	28,3%
Verkäuferdarlehen	5,0	15,6%	5,0	15,6%	5,0	15,6%	5,0	15,6%	5,0	15,6%
Investment	32,1	100%	32,1	100%	32,1	100%	32,1	100%	32,1	100%
EK-Quote		43,6%		46,7%		49,8%		53,0%		56,1%
FK-Quote		56,4%		53,3%		50,2%		47,0%		43,9%
IRR	16,6%		15,4%		14,2%		13,2%		12,2%	

Excel-Datei: Unternehmensbewertung/Excel-Blatt: Private Equity

Modell-Tabelle 2: IRR-Sensitivierung

5 Anbietergruppen von Beteiligungskapital (Kapitalbeteiligungsgesellschaften)

Die Anbietergruppen unterscheiden sich im Wesentlichen durch die Merkmale ihrer Trägerschaft, d.h. durch ihren Gesellschafterhintergrund.

Unternehmenseigene Kapitalbeteiligungsgesellschaften

Unter unternehmenseigene Kapitalbeteiligungsgesellschaften (Captive Funds) versteht man Private-Equity-Gesellschaften, deren Träger i.d.R. Konzerne mit spezifischen Technologiekompetenzen sind. Die Captive Funds fungieren oft als »Window on Technology« für ihre Muttergesellschaften, um in einzelnen Technologiebereichen frühzeitig neue Trends aufgreifen und für sich nutzen zu können. Captive Funds können neben einer ertragswirtschaftlichen Ausrichtung auch andere Unternehmensziele in einer mehr oder weniger starken Ausprägung verfolgen.

Öffentliche Kapitalbeteiligungsgesellschaften

Öffentliche Private-Equity-Gesellschaften betreiben die Beteiligungsfinanzierung i.d.R. zum Zwecke der Wirtschaftsförderung, um z.B. strukturschwachen Gebieten zur Ansiedlung von jungen Unternehmen zu verhelfen oder um Hochtechnologieunternehmen in einer Region anzusiedeln; sie haben oft eine regionale oder branchenspezifische Ausrichtung. Träger sind i.d.R. öffentlich-rechtliche Körperschaften.

Banknahe Kapitalbeteiligungsgesellschaften

Banknahe Private-Equity-Gesellschaften gehörten aufgrund der traditionellen Intermediärsrolle ihrer Muttergesellschaften im Finanzierungsprozess zu den Pionieren der bundesdeutschen Beteiligungsfinanzierung und stellen nach dem Volumen der bereitgestellten Mittel unverändert die stärkste Anbietergruppe.

Banken verfolgen im Beteiligungsfinanzierungsgeschäft im Wesentlichen folgende Ziele:
- Renditeziele: Durch Eingehen von Beteiligungen können Renditen erzielt werden, die im klassischen Kreditgeschäft nicht erreichbar sind. Nach BVK-Statistik wurden in der Vergangenheit durchschnittlich IRRs von 15–18 Prozent p.a. erzielt. Laufende Ausschüttungen haben dabei i.d.R. eine untergeordnete Bedeutung. Die Rendite wird hauptsächlich durch den beim Verkauf der Gesellschaftsanteile erzielten Kapitalzuwachs (Capital-Gain) erreicht.
- Kundenbindung: Beteiligungskapital wird von Universalbanken auch als Finanzierungsbaustein einer »integrierten Corporate-Finance«-Strategie angesehen, um durch Abdeckung des gesamten Finanzierungsportfolios Kundenbindung zu erzielen.

Unabhängige Kapitalbeteiligungsgesellschaften

Unabhängige Kapitalbeteiligungsgesellschaften (Independent Funds) sind Private-Equity-Gesellschaften mit einem »unabhängigen« Gesellschafterkreis. Independent Funds sind in der Regel ausschließlich auf Renditemaximierung ausgerichtet. Dies findet in der spezifischen Ausgestaltung der Organisation dieser Private-Equity-Gesellschaften Niederschlag, wie z. B. dem Auswahl- und Investmententscheidungsprozess sowie der/dem (Grad der) Beteiligungsbetreuung, -controlling. Das Management der Independent Funds wird in der Regel über Leistungsanreize (insbesondere variable und erfolgsabhängige Vergütungsregelungen) gesteuert, während Captive Funds in ihrem Verhältnis zu ihren Investoren – also den Muttergesellschaften – eher durch autoritäre Leitungsmerkmale (Gebote/Verbote) geprägt sind. Aufgrund des Wettbewerbs um qualifiziertes Managementpersonal ist jedoch auch bei Captive Funds eine steigende Bedeutung der erfolgsabhängigen Vergütungs-/Steuerungskomponente zu beobachten.

6 Organisatorische Aspekte

6.1 Aufbau von Private-Equity-Gesellschaften

Es haben sich bei Private-Equity-Gesellschaften zwei Organisationsformen herausgebildet, die überwiegend angewandt werden.
- Trennung von Fonds und Management sowie
- Tochtergesellschaften.

6.1.1 Trennung von Fonds und Management

Die Regel ist eine Trennung von Fonds- und Managementgesellschaft, d.h. das Beteiligungskapital und dessen Management werden in unterschiedlichen Gesellschaften geführt.
- *Fondsgesellschaft:* Es wird eine Fondsgesellschaft gegründet, in die das verfügbare Beteiligungskapital (»Investorenkapital«) eingebracht wird. Die Fondsgesellschaft ist das Vehikel, das die Beteiligungen an Unternehmen erwirbt.
- *Management-Gesellschaft:* Zusätzlich wird eine Management-Gesellschaft gegründet, die die Fondsgesellschaft führt und die darin enthaltenen Beteiligungen managt. Sie erhält dafür jährlich ca. 1,5-2,0 Prozent des gezeichneten Fondsvolumens. Sie wird am Erfolg des Fonds beteiligt. Häufig tritt die Erfolgsbeteiligung erst dann ein, wenn eine Mindestverzinsung des Investorenkapitals erreicht ist. Die Mindestverzinsung für eine Erfolgsbeteiligung (Hurdle Rate) liegt i.d.R. zwischen 8 und 10 Prozent p.a. IRR (Internal Rate of Return). Die Erfolgsbeteiligung der Management-Gesellschaft liegt zwischen 15 und 20 Prozent (Carried Interest) des erwirtschafteten Ertrages. Eine Management-Gesellschaft kann mehrere (Folge- oder Themen-) Fonds parallel betreuen.

Entscheidungskriterium für oder gegen die Trennung von Managementgesellschaft und Beteiligungsfonds ist die Wahl zwischen Open End Fund und Closed End Fund.

> **DEFINITION**
> Der *Open End Fund* stellt ein auf Dauer gerichtetes laufendes Beteiligungsgeschäft dar.

Der Open End Fund funktioniert ähnlich wie eine Bank: In einen Open End Fund können die Eigenkapitalinvestoren laufend investieren. Der Open End Fund investiert das Beteiligungskapital in Beteiligungsunternehmen, veräußert Beteiligungen und reinvestiert das Beteiligungskapital, ohne dabei in seiner Tätigkeit zeitlich beschränkt zu sein. Diese Art von Geschäft lässt sich prinzipiell auch mit der Trennung von Managementgesellschaft und Beteiligungsvermögen vereinbaren, wie es das Beispiel der DBAG zeigt. Bei einem Open-End-Geschäft ist diese Trennung jedoch nicht zwingend erforderlich.

DEFINITION
Der *Closed End Fund* stellt ein zeitlich begrenztes Beteiligungsgeschäft dar.

Der Unterschied zum Open End Fund besteht darin, dass bei einem Closed End Fund einmalig eine genau vorgegebene Investitionssumme von den Eigenkapitalinvestoren eingesammelt und für eine genau vorgegebene Zeit zur Verfügung gestellt wird. Oftmals ist der Closed End Fund mit einem bestimmten Investitionszweck gekoppelt (z.B. Investitionen in Unternehmen einer bestimmten Branche, einer bestimmten Region, einer bestimmten Wachstumsphase, einer bestimmten Unternehmensgröße). Der Closed End Fund wird gegenüber seinen Investoren als Ganzes abgerechnet. Ergeben sich neue Marktchancen, werden neue Closed End Funds aufgelegt. Das einzig dauerhafte bei diesem Geschäftsprinzip ist – Erfolge vorausgesetzt – die Managementgesellschaft.

Der Sinn von Closed-Fund-Geschäften liegt in der flexiblen Wahrnehmung von Investitionschancen: Private-Equity-Experten sind davon überzeugt, günstige Marktchancen für die Investition von Beteiligungskapital zu erkennen und diese Marktchancen bis zu einer definierten Betragshöhe erfolgreich auszunutzen. Nur für diesen Betrag und einen bestimmten Zeitabschnitt sowie evtl. für eine bestimmte Art unternehmerischer Vorhaben wollen sie sich zu einer Erfolg versprechenden Kapitalanlage verpflichten.

Ziel eines Closed End Funds ist es, alle Beteiligungen innerhalb des festgelegten Zeitraums mit einer hohen Wertsteigerung zu veräußern. Das Management des Fonds, d.h. die Gesamtaufgabe von der Einwerbung der Investitionsmittel (Fund Raising) bis zur Veräußerung (Exit) unter Erzielung möglichst hoher Veräußerungsgewinne (Capital Gains), übernimmt üblicherweise ein Team von Private-Equity-Professionals. Die Private-Equity-Professionals präsentieren ihre Qualifikation gegenüber den Investoren anhand ihrer »Track Records« und ihrer bisherigen »Performance«, d.h. ihrer bereits erzielten Erfolge bei Private-Equity-Projekten. Daran wollen sie auch durch (unterschiedlich gestaltete) Erfolgsprämien (Carried Interest) selbst mitverdienen.

6.1.2 Tochtergesellschaften

Captive Funds werden demgegenüber meist über Stabsabteilungen oder Tochtergesellschaften geführt, d.h. Fonds- und Management-Gesellschaft sind identisch. Die Auslagerung des Beteiligungsfinanzierungsgeschäftes in eigenständige Tochtergesellschaften hat u.a. folgende Gründe:

- *Verlustabschottung:* Abschottung des Trägers von Verlusten, die das Beteiligungsfinanzierungsgeschäft vielleicht mit sich bringt.
- *Partneraufnahme:* Erleichterte Aufnahme von Partnern.
- *Profilbildung:* Etablierung eines eigenständigen Profils der Private-Equity-Gesellschaft unabhängig vom Image und Profil des Trägers.
- *Haftung gemäß § 32a GmbH-Gesetz bei bankeigenen Beteiligungsgesellschaften:* Bei direkter Beteiligungsfinanzierung durch eine Bank besteht die Problematik, dass, wenn sie dem Beteiligungsunternehmen neben dem Beteiligungs(eigen)kapital Fremdkapital zur Verfügung stellt, diesem im Insolvenzfall des Beteiligungsunternehmens von den Gerich-

ten »eigenkapitalersetzender« Charakter zugesprochen werden kann. Dies hätte zur Folge, dass die ursprünglich zur Besicherung des Fremdkapitals dienenden Vermögensgegenstände nicht herangezogen werden können, d.h., das durch die Bank zur Verfügung gestellte Fremdkapital würde wie Eigenkapital (das in der Regel »unbesichert« eingebracht wird) gewertet. Über geeignete Maßnahmen, wie die Ausrichtung der konzerneigenen Private-Equity-Gesellschaft nach dem Gesetz über Unternehmensbeteiligungsgesellschaften (UBGG) oder die gesellschaftsrechtliche Einbindung von Partnern, die die Mehrheit an der dann nur noch »konzernnahen« Private-Equity-Gesellschaft übernehmen, lassen sich diese Risiken vermeiden. Das UBGG eröffnet auch sogenannten »captive« Private-Equity-Gesellschaften, d.h. Private-Equity-Gesellschaften, deren Anteile mehrheitlich von einer Bank gehalten werden, die Befreiung von den Risiken des § 32a GmbHG.

6.2 Führungs-, Kontroll- und Beratungsorgane

Führungsorgane
Operatives Führungsorgan einer Beteiligungsgesellschaft ist die Geschäftsführung (bei GmbH, GmbH&Co. KG) oder der Vorstand (bei AG). Die Managementaufgabe erstreckt sich hinsichtlich des laufenden Geschäfts im Wesentlichen auf
- die Akquisition, die laufende Betreuung und die Veräußerung von Beteiligungen,
- die Beschaffung der Finanzierungsmittel,
- die innere Organisation, die Personalführung, das Rechnungswesen,
- die strategische Ausrichtung der Private-Equity-Gesellschaft.

Die Geschäftsführung reicht von der Einmann-Geschäftsführung bis zu fünf- oder sechsköpfigen Gremien mit einem Vorsitzenden oder Sprecher – je nach dem Umfang der Aufgaben und des Geschäftsvolumens.

Kontroll- und Beratungsorgane
Die meisten deutschen Private-Equity-Gesellschaften verfügen zusätzlich über ein Kontroll- und Beratungsorgan (Leopold/Frommann/Kühr, 2003, S. 111f.). Die Einrichtung eines Kontroll- und Beratungsorgans erfolgt unabhängig davon, ob die Rechtsform dieses vorschreibt, wie z.B. den Aufsichtsrat bei der AG. Soweit es sich nicht um Aktiengesellschaften handelt, wird das Gremium meistens nicht Aufsichtsrat, sondern als Beirat oder Verwaltungsrat bezeichnet.

Die Aufgaben der Kontroll- und Beratungsorgane umfassen:
- Die Entscheidung über Vorschläge der Geschäftsführung zum Erwerb oder zur Veräußerung von Beteiligungsprojekten, soweit diese nicht – meist betragsabhängig – in die eigene Kompetenz des Managements fallen,
- die Entscheidung über von der Geschäftsführung entwickelte Vorschläge zur Beschaffung von Finanzierungsmitteln (z.B. Kapitalerhöhung, Darlehensaufnahme),
- die Entscheidung über von der Geschäftsführung erarbeitete Strategievorschläge,
- die Prüfung und gegebenenfalls Feststellung des Jahresabschlusses, u.U. auch die Entscheidung über Vorschläge der Geschäftsführung zur Wahl des Wirtschaftsprüfers,

- wesentliche Personalentscheidungen, wie die Bestellung und Abberufung von Geschäftsführern (bzw. Vorstandsmitgliedern) und die Regelung ihrer materiellen Vertragsbedingungen, in der Regel auch die Erteilung von Generalvollmacht, u.U. ferner die Erteilung von Prokura (falls Letzteres nicht in die Kompetenz der Geschäftsführung fällt).

Einzelne Aufgaben werden häufig auf eine Art Zwischengremium übertragen (z.B. »Anlageausschuss« oder »Investitionskomitee«), um den Aufsichtsrat zu entlasten. Dies gilt vor allem für Entscheidungen über Beteiligungen innerhalb festgelegter Betragsgrenzen.

6.3 Innere Organisation

Die innere Organisation einer Beteiligungsgesellschaft zeichnet sich durch zwei Funktionseinheiten aus:
- die für das aktive Beteiligungsgeschäft zuständigen Mitarbeiter, also die Projektmanager, auch Professionals genannt,
- die für alle übrigen Funktionen zuständigen Mitarbeiter der Bereiche Finanz- und Rechnungswesen, Personal und Organisation, Verwaltung, insgesamt auch als »Dienste« oder »Services« bezeichnet.

Bei größeren Beteiligungsgesellschaften finden sich als organisierte Strukturen noch folgende Institutionen:
- *Beteiligungscontrolling:* Diesem obliegt die laufende Überwachung der Entwicklung der einzelnen Beteiligungs-(Partner-)Unternehmen, insbesondere durch laufende Vergleiche von Ist- mit Planziffern.
  => Werden dabei bestimmte betriebswirtschaftliche Sollgrößen einbezogen (wie Umsatzrendite, Eigenkapitalquote, Verschuldungsgrad, Liquidität etc.), so entwickelt sich das Controlling zum »Frühwarnsystem«.
- *Projektentscheidungs-Gruppe (Decision Finding Committee):* Diese besteht aus der Geschäftsführung und bestimmten leitenden Mitarbeitern, wie dem Leiter des Beteiligungscontrollings und dem Leiter des Rechnungswesens sowie mit den unmittelbar für ein bestimmtes Beteiligungsprojekt Verantwortlichen.
  => Sie erarbeiten Vorschläge betreffend Erwerb oder Veräußerung bestimmter Beteiligungen.
- *Treasury:* Dieses ist eine eigene Organisationseinheit neben dem Finanz- und Rechnungswesen.
  => Dieses ist für die Beschaffung von Finanzierungsmitteln (Fund Raising) zuständig.

7   Der Beteiligungsvertrag

Die folgenden Ausführungen zum Beteiligungsvertrag stammen aus Leopold, G./Frommann, H./Kühr, Th. (2003), einem empfehlenswerten und führenden Standardwerk zum Private Equity.

7.1   Grundtypen des Beteiligungsgeschäfts und wesentliche Vertragsbestandteile

Das Vertragswerk, das das Beteiligungsverhältnis regelt, kann sich auf unterschiedliche Grundtypen von Beteiligungen beziehen. Diese Grundtypen sind im Folgenden aufgeführt (Leopold, G./Frommann, H./Kühr, Th. (2003), S. 139ff.).

7.1.1 Grundtypen

- *Erwerb bestehender Unternehmensanteile:* Kauf vorhandener, bisher im Besitz von Altgesellschaftern befindlicher Unternehmensanteile durch die Private-Equity-Gesellschaft, also Ablösung von bisherigen Eigentümern,
- *Kapitalerhöhung:* Erhöhung des Eigenkapitals der Unternehmung innerhalb der bestehenden Rechtsform und Aufbringung des Erhöhungsbetrages durch die Private-Equity-Gesellschaft,
- *Stille Beteiligung:* Zuführung von Eigenkapital durch die Private-Equity-Gesellschaft in gesonderter Rechtskonstruktion, unabhängig von der Rechtsform des Unternehmens. In Deutschland erfolgt dies häufig in den verschiedenen Gestaltungsformen Stiller Beteiligungen.
- *Mezzanine-Kapital:* Zuführung von hybriden Finanzierungsmitteln durch die Private-Equity-Gesellschaft. Diese stellen eine Mischform zwischen Eigen- und Fremdkapital dar.
- *Kombinationen der Grundtypen:* Bei einem konkreten Beteiligungsprojekt sind zwischen diesen verschiedenen Grundtypen auch Kombinationen denkbar und üblich.

Soweit es um den Erwerb vorhandener oder durch Kapitalerhöhung zu schaffender Unternehmensanteile geht, sind nach deutschem Recht vor allem Kommanditanteile, GmbH-Stammanteile oder Aktien Gegenstand des Geschäfts. Private-Equity-Gesellschaften beteiligen sich in aller Regel nur in haftungsbegrenzenden Rechtsformen. Es ist ausgeschlossen, dass sie Gesellschafterin einer oHG oder Komplementärin in einer KG werden. Das Risiko der Beteiligung muss auf die geleistete Kapitaleinlage bzw. den Kaufpreis für den Anteilserwerb beschränkt bleiben, allenfalls erhöht um betraglich festgelegte Zusagen der Teilnahme an weiteren Finanzierungsrunden.

7.1.2 Wesentliche Vertragsbestandteile

Eine Private-Equity-Gesellschaft strebt als Finanzinvestor stets eine Sonderposition unter den Gesellschaftern an. Sie ist meistens ein Gesellschafter sui generis. Die Sonderposition der Private-Equity-Gesellschaft wird im Gesellschaftervertrag verankert. Die Beteiligung einer Private-Equity-Gesellschaft bringt Elemente in den Gesellschaftsvertrag, die vor Eintritt der Private-Equity-Gesellschaft in dieser Form in der Regel noch nicht vorhanden waren. Sie beziehen sich auf die Arbeitsweise und die Zielsetzungen des Unternehmens und berücksichtigen explizit die Interessen der Beteiligungsgesellschaft. Bei diesen wesentlichen Vertragsbestandteilen handelt es sich um:

Zustimmungspflichtige Maßnahmen
Unter zustimmungspflichtigen Geschäften versteht man einen Katalog von Maßnahmen, die nur mit Zustimmung der Private-Equity-Gesellschaft bzw. eines Gremiums, in welchem die Private-Equity-Gesellschaft vertreten ist, durchgeführt werden dürfen.

Zur Veranschaulichung von Inhalt und Bedeutung zustimmungspflichtiger Maßnahmen sollen folgende Beispiele dienen:
* Änderung des Geschäftsprogramms: Maßnahmen, die die strategische Ausrichtung des Unternehmens signifikant verändern,
* Investitionsvorhaben: Maßnahmen, die einen erheblichen finanziellen Investitionsaufwand bedeuten,
* Verschuldungsgrad: Maßnahmen, die die Finanzierungsstruktur wesentlich verändern,
* Bestellung von Geschäftsführern und ähnliche Maßnahmen: Maßnahmen, die erheblichen Einfluss auf die Führungsstruktur haben,
* Verträge mit Gesellschaftern: Maßnahmen, die zu Interessenkollisionen zwischen den Gesellschaftern führen können,
* Großkredite an Kunden, ungedeckte Devisen- und Börsengeschäfte: Maßnahmen, die zu erheblichen Einzelrisiken führen können.

Informationsrechte
Informationsrechte legen nach sachlichem Inhalt und zeitlichem Rhythmus fest, von welcher Art und Umfang Informationen sind, die der Private-Equity-Gesellschaft regelmäßig zur Verfügung zu stellen sind. Diese Informationen ermöglichen der Private-Equity-Gesellschaft die laufende Beurteilung von Situation und Entwicklung des Portfolio-Unternehmens. Hierbei sind Zahlen und Kennziffern aus dem Finanzbereich von besonderem Interesse. Diese laufende Unterrichtung ist zugleich wesentliche Voraussetzung dafür, dass von den Zustimmungsrechten sinnvoll Gebrauch gemacht werden kann.

Mitgliedschaft in einem Kontroll- und Beratungsorgan
Die Private-Equity-Gesellschaft beansprucht, in einem Kontroll- und Beratungsorgan (Beirat, Aufsichtsrat, Verwaltungsrat) mit einem eigenen Mitarbeiter oder einer Person ihres Vertrauens vertreten zu sein. Dadurch wird gewährleistet, dass die Private-Equity-Gesellschaft neben dem operativen Beteiligungsmanagement auch in die strategische Entscheidungsfindung einbezogen ist.

8 Die Arbeitsweise von Kapitalbeteiligungs-gesellschaften

Die Wertschöpfungskette zeigt die Arbeitsweise einer Kapitalbeteiligungsgesellschaft auf. Sie umfasst folgende Schritte, wobei zwischen organisatorischen und projektbezogenen Maßnahmen unterschieden werden kann:

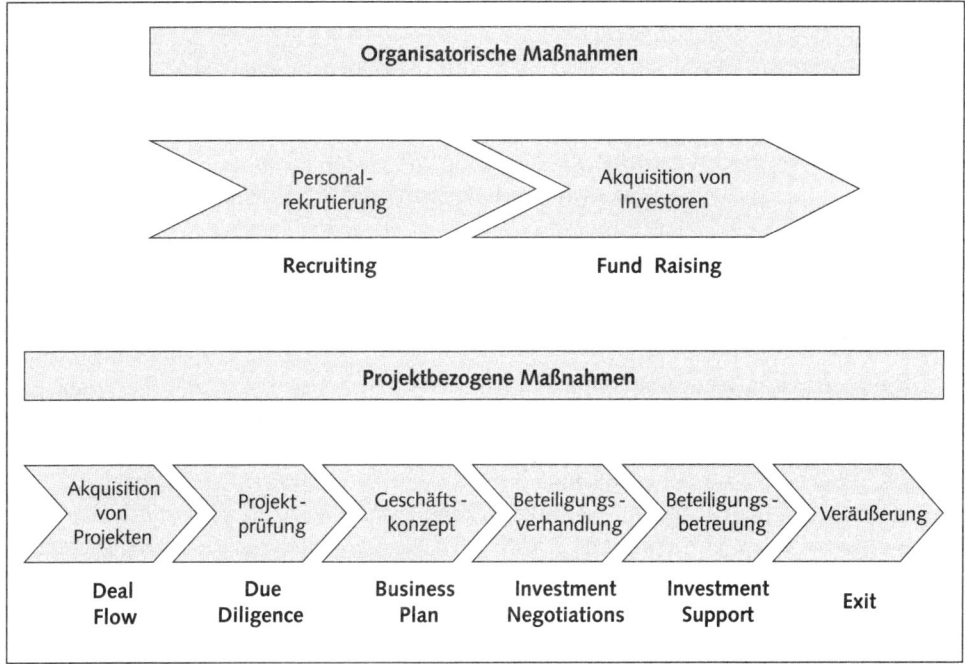

Abbildung IV.3: Organisatorische und projektbezogene Maßnahmen

8.1 Organisatorische Maßnahmen

8.1.1 Personalrekrutierung: Recruiting

Das Private-Equity-Geschäft ist ein Beratungsgeschäft, bei dem den einzelnen Beratern eine zentrale Bedeutung zukommt. Daher ist die Rekrutierung von qualifiziertem Personal eine wichtige organisatorische Aufgabe innerhalb jeder Kapitalbeteiligungsgesellschaft.

Das Management-Team der Private-Equity-Gesellschaft ist im Wesentlichen für den Erfolg seiner Gesellschaft verantwortlich. Folgende Anforderungen an das Management-Team und die damit verbundenen Aufgaben können genannt werden:

- Erfahrung und Reputation des Management-Teams spielen für die Einwerbung von Fonds-Mitteln eine wesentliche Rolle. Für viele Investoren ist das Management-Team ein Investitionskriterium.

- Dem Management-Team kommt bei der Projektakquisition eine wesentliche Bedeutung zu. Professionalität, Fachkompetenz und soziale Kompetenz sind neben dem Preis ausschlaggebend dafür, warum sich ein Verkäufer für eine bestimmte Beteiligungsgesellschaft entscheidet.

- Das Management-Team muss in der Lage sein, mit einem überschaubaren Aufwand aus einer Vielzahl von Beteiligungsmöglichkeiten die für das Geschäftsmodell der Beteiligungsgesellschaft interessanten und erfolgversprechenden Geschäftskonzepte herauszufiltern.

- Das Management-Team muss über sehr gute Managementfähigkeiten und Kontakte verfügen, um im weiteren Verlauf der Beteiligung den betreuten Beteiligungsunternehmen zusätzliche Unterstützung (Added-Value) zukommen zu lassen. Fachfähigkeiten und Netzwerke werden dem Beteiligungsunternehmen in vollem Umfang zur Verfügung gestellt, damit die Beteiligung erfolgreich verläuft und eine maximale Wertsteigerung erreicht wird.

- Das Management-Team muss über Transaktionserfahrung verfügen, um bei einem Verkauf der Anteile der Beteiligungsgesellschaft (Exit) eine möglichst hohe Rendite für die Investoren der Beteiligungsgesellschaft zu erzielen.

Beteiligungsmanager sollten neben finanzwirtschaftlichem Know-how auch über branchenspezifische Kenntnisse verfügen. Ferner sollten sie in der Lage sein, sich in unterschiedliche Fragestellungen (wirtschaftlicher, rechtlicher, technischer Natur) schnell und effizient einarbeiten zu können. Dies ermöglicht ihnen, den erwarteten Mehrwert (Added-Value) für die Firmen auch wirklich zu leisten. Sie müssen komplexe Situationen aufgrund ihres Erfahrungshintergrundes in effizienter und effektiver Weise lösen können. Der Beteiligungsmanager muss darüber hinaus über kommunikative Fähigkeiten verfügen, um in den Informationsprozess der Beteiligungsunternehmen eingebunden und von dem Management und den übrigen Gesellschaftern des Unternehmens akzeptiert zu werden. Kommunikative Fähigkeiten und ein selbstbewusstes Auftreten sind ferner notwendig, um die Interessen der Beteiligungsgesellschaft im Gesellschafterkreis vertreten und durchsetzen zu können. Dies ist besonders in schwierigen Situationen von Bedeutung, in denen Interessen der einzelnen Gesellschafter gegensätzlich verlaufen können.

Beteiligungsmanager betreuen im Durchschnitt fünf bis acht Unternehmensbeteiligungen, wobei sie in der Regel den kompletten Beteiligungsprozess von der Projektakquisition bis hin zum Exit begleiten. Von ihrer Arbeitszeit widmen sie durchschnittlich etwa 40 Prozent der Auswahl und dem Abschluss neuer Projekte, 40 Prozent der Betreuung bestehender Beteiligungen und ca. 20 Prozent sonstigen Aufgaben, wie dem weniger häufigen Beteiligungsverkauf oder internen Maßnahmen (Marketing, Reporting etc.).

Der Umfang und die Intensität der Betreuung der Beteiligungsunternehmen durch den Beteiligungsmanager hängen u.a. von der Strategie der Private-Equity-Gesellschaft (Spezialisierungs- versus Diversifikationsstrategie) und ihrer phasenspezifischen Ausrichtung (Early Stage vs. Later Stage) ab. Frühphasenprojekte sind in der Regel betreuungsintensiver. Breit diversifizierte Private-Equity-Gesellschaften können in der Regel weniger tief gehende Unterstützung leisten. In Krisenzeiten nimmt der Betreuungsaufwand für das Beteiligungs-unternehmen erheblich zu.

Die Bandbreite der Unterstützung erstreckt sich hierbei über eher

- passive Begleitungs- und Kontrollmaßnahmen (Hands-off-Support; Anbahnung von Geschäftskontakten, Präsenz in Beiratsgremien) bis zum
- aktiven Eingriff in das »operative« Geschäft des Beteiligungsunternehmens (Hands-on-Support, Eingriff in die bzw. Übernahme der Geschäftsführung).

Grundsätzlich ist zu sagen, dass erfolgreiche Beteiligungsgesellschaften ihre Beteiligungsun-ternehmen stets sehr intensiv betreuen. Hintergrund ist, dass die Unterstützung durch die Beteiligungsgesellschaft in der Tat Added Value liefert. Ferner können bei einer intensiven Betreuung die speziellen Interessen der Beteiligungsgesellschaft auch am besten durchge-setzt werden. Ein aktiver Eingriff in das operative Geschäft stellt jedoch die Ausnahme dar.

8.1.2 Akquisition von Investoren/Fund Raising

Die Einwerbung von Investitionsmitteln steht in direktem Zusammenhang mit dem Gesell-schafterhintergrund der Private-Equity-Gesellschaft.

- *Captive Funds* oder *Corporate Ventures* werden in der Regel durch ihre Muttergesellschaft teilweise oder ganz finanziert. Sie berücksichtigen neben ertragswirtschaftlichen Aspekten auch andere Ziele in ihrer Investitionspolitik.
- Die von der *öffentlichen Hand* finanzierten Private-Equity-Gesellschaften erhalten die Finanzmittel durch Zuweisungen aus öffentlichen Haushalten nach haushaltsrechtlichen Gegebenheiten. Neben wirtschaftspolitischen Zielen stehen auch hier vermehrt Ertrags-ziele im Vordergrund.
- Die *Independent Funds* erhalten ihre Finanzmittel von externen Investoren. Dies können institutionelle Investoren oder Privatpersonen aus dem In- oder Ausland sein. Ziel ist hier eindeutig die Maximierung der Rendite.

Für die Einwerbung von Investoren gibt es dem Grundsatz der Vertragsfreiheit folgend keine besonderen gesetzlichen Regeln. Es hat sich aber am Markt ein mehr oder weniger standar-disiertes Verfahren herausgebildet.

Memorandum
Zunächst wird ein Private-Placement-Memorandum erstellt. Dieses Memorandum ist ein Verkaufsprospekt, der die Geschäftsidee, die geplante Investitionspolitik und die erwartete Rendite des Fonds erläutert. Daneben wird die Struktur des Fonds aus rechtlicher und steu-erlicher Sicht dargestellt. Es gibt keine Prospekthaftung wie bei öffentlichen Angeboten.

Vertrieb

Nach Erstellung des Memorandums beginnt die Akquisition potenzieller Investoren. Diese können institutionelle Investoren oder Privatinvestoren sein. Üblich ist die Direktansprache über eigene Kontakte oder die Einschaltung von Vertriebsgesellschaften und spezialisierten »Fundraisern«. Private-Equity-Gesellschaften von Großbanken akquirieren Investoren oftmals über das Filialnetz der Mutter oder das Private Banking, kleinere Private-Equity-Gesellschaften in der Regel über Fundraiser. Für die Vermittlung von Investoren wird eine Placement Fee von ca. 2 Prozent des Fondsvolumens verlangt.

Closing

Hat die Management-Gesellschaft das anvisierte Kapitalvolumen akquiriert, dann erklärt sie das Final Closing des Fonds. Weitere Investoren werden dann nicht mehr zugelassen. Der Closing-Prozess kann stufenweise erfolgen.

Einzahlung

Die Einzahlung des Fondskapitals durch die Investoren erfolgt meist nicht in einer Summe, sondern in Tranchen (Draw Downs). Der Kapitalzufluss hängt davon ab, wie es der Management-Gesellschaft gelingt, Projekte zu finden, in die das Kapital investiert werden soll. Es ist nicht Ziel der Management-Gesellschaft, liquide Mittel zu verwalten (Verwaltungskosten, geringe Rendite). Außerdem haben die Investoren über das anfängliche Zurückhalten der Mittel die Möglichkeit, die ordnungsgemäße Fondsverwaltung zu kontrollieren. Treten Unregelmäßigkeiten auf, kann beispielsweise der nächste Draw Down verweigert werden.

8.2   Projektbezogene Maßnahmen

8.2.1 Akquisition von Projekten: Deal-Flow

Wie kann nun eine Private-Equity-Gesellschaft Projekte (»Deal-Flow«) generieren, die sich zu finanzieren lohnen?

> **DEFINITION**
> *Deal-Flow:* Als Deal-Flow bezeichnet man den Strom von Projektvorschlägen, die eine Kapitalbeteiligungsgesellschaft erreichen.
> *Screening:* Screening ist das systematische aktive Eruieren finanzierungswürdiger Projekte.

Der Deal-Flow speist sich im Allgemeinen aus folgenden Quellen:
- *Direkte Kontaktaufnahme:* Aufgrund der Reputation der Private-Equity-Gesellschaft kommen Unternehmer und Unternehmen direkt auf die Private-Equity-Gesellschaft zu. Die Private-Equity-Gesellschaft bleibt passiv, wenn man von den Maßnahmen zum Reputationsaufbau absieht.
- *Netzwerk:* Indirekte Kontaktaufnahme über das Netzwerk der Private-Equity-Gesellschaft (Multiplikatoren, andere Private-Equity-Gesellschaften, Muttergesellschaft etc.).

- *Akquisition:* Die Kapitalbeteiligungsgesellschaft spricht nach vorherigem Research Unternehmer und Unternehmen an, bei denen ein Kapitalbedarf oder ein Beteiligungsanlass vermutet wird.
- *Auktion:* Teilnahme an »Auktionsverfahren«, in denen Beteiligungsprojekte interessierten Private-Equity-Gesellschaften vorgestellt werden und diese (teilweise entsprechend vorgegebener Kriterien, Unternehmensbewertung etc.) Gebote abgeben können.

Der Generierung eines qualitativ hochwertigen Deal-Flows kommt unter den strategischen Erfolgsfaktoren der Private-Equity-Gesellschaften erhebliche Bedeutung zu, da sich hierdurch der Aufwand für das Screening (Projektauswahl) und die spätere Prüfung (Due Diligence) beteiligungswürdiger Projekte erheblich reduzieren lässt. Private-Equity-Gesellschaften können über Werbung in Fachzeitschriften oder Informationsveranstaltungen ihre grundsätzliche strategische Ausrichtung dem Markt mitteilen und so Signale geben, welche Art von Beteiligungsprojekten für sie interessant sind. In diesem Zusammenhang weist eine (Branchen-)Spezialisierung gegenüber einer breit auf Diversifikation angelegten Beteiligungsstrategie Wettbewerbsvorteile auf, um interessante Projekte zu akquirieren. Daneben hat es sich bewährt, ein Netzwerk sogenannter »Multiplikatoren« (Unternehmensberater, Wirtschaftsprüfungsgesellschaften, Banken, andere Private-Equity-Gesellschaften etc.) aufzubauen, um vom Deal-Flow der Netzwerkteilnehmer zu profitieren.

Private-Equity-Gesellschaften versuchen, den direkten Wettbewerb um Beteiligungsprojekte mit anderen Eigenkapitalgebern (Private-Equity-Gesellschaften etc.) zu vermeiden, da sich der hierdurch ergebende Verhandlungsdruck in der Regel nachteilig auf die Ausgestaltung der Beteiligungskonditionen (Preis, Mitspracherechte etc.) auswirkt. Daher ist es wichtig, durch ein entsprechendes Signalling (Image, Herausstellen des Added-Value der Private-Equity-Gesellschaft) frühzeitig vor anderen Private-Equity-Gesellschaften in Kontakt mit beteiligungswürdigen Unternehmen zu gelangen.

Durch Vorträge bei Industrie- und Handelskammern oder durch Beteiligung an Business-Plan-Wettbewerben kann versucht werden, den Markt beteiligungswürdiger Projekte systematisch zu eruieren, um möglichst frühzeitig von interessanten Projekten zu erfahren.

8.2.2 Projektprüfung: Due Diligence

Nachdem beteiligungswürdige Projekte gefunden wurden, beginnt die Projektprüfung. Sie gehört mit zu den Herzstücken auf dem Weg zur Beteiligungsfinanzierung: Gute Projekte, die durch das Raster fallen, bedeuten entgangene Gewinne. Schlechte Projekte, die unzureichend geprüft werden, schmälern die Fondsrendite. Intensive Projektprüfungen haben schließlich erhebliche Kosten zur Folge.

Der Beteiligungsentscheidungsprozess muss jedoch nicht immer streng sequenziell angelegt sein. Einzelne Prüfungsschritte können simultan ablaufen, oder es kann erforderlich sein, den Prozess bei Nichterfüllung einzelner Kriterien revolvierend zu gestalten und einzelne Phasen erneut zu durchlaufen. Von der Kontaktaufnahme bis zum Vertragsabschluss können in Abhängigkeit vom Informationsstand, der eine Beteiligungsentscheidung ermöglicht, mehrere Wochen bis Monate vergehen.

Grobanalyse

In der Grobanalysephase werden Beteiligungsprojekte zeitnah hinsichtlich ihrer Beteiligungswürdigkeit geprüft. Hierbei spielen die in der Beteiligungsstrategie bzw. -politik der Private-Equity-Gesellschaft determinierenden Auswahlkriterien eine entscheidende Rolle. Die Nichteinhaltung eines Kriteriums (insbesondere Renditeerwartung) kann bereits zu einer Ablehnung des Projektes führen.

Typische Kriterien bei der Auswahl von Projekten während der Grobanalyse sind:

- Industrie-/branchenspezifische Ausrichtung,
- Regional-/landesspezifische Ausrichtung,
- phasenspezifische Ausrichtung (z.B. Spezialisierung auf Frühphasenprojekte),
- angestrebtes Beteiligungsvolumen (absolut und relativ in Prozent des Gesellschaftskapitals, Minder- oder Mehrheitsbeteiligung),
- Beteiligungsart (Direkte/Stille Beteiligung),
- Renditeerwartung,
- wirtschaftliche Entwicklung und Perspektive sowie
- angestrebte Einflussnahme auf die Geschäftsentwicklung.

Detailanalyse

Im Rahmen der Detailanalyse, die bereits mit erheblichen Kosten verbunden sein kann, wird der Beteiligungsnehmer auch unter Hinzuziehung externer Spezialisten in den unterschiedlichsten Segmenten der Unternehmensebene untersucht. In der Regel wird der Due-Diligence-Prozess in folgende Bereiche unterteilt:

- Legal Due Diligence: Analyse der Unternehmensverträge, Patente, mögliche Haftungs-, Gewährleistungsansprüche.
- Insurance Due Diligence: Analyse möglicher versicherungstechnischer Risiken.
- Management Due Diligence: Analyse der Beziehung zwischen Organen des Zielunternehmens.
- Technical Due Diligence: Untersuchung der technischen Realisierungsfähigkeit der entwickelten Technologie bzw. des entwickelten Produktes.
- Commercial Due Diligence: Untersuchung des Wettbewerbs-, Marktumfelds.
- Tax Due Diligence: Analyse der steuerlichen Situation, Steuerbescheide, latente Steuern, Steuerguthaben etc.
- Financial Due Diligence: Analyse der Jahresabschlüsse, Geschäfts(plan)zahlen.

Obwohl ausreichend Kapital zur Finanzierung von Beteiligungsprojekten zur Verfügung steht, werden Engagements nur in eingeschränktem Maße vorgenommen. Im Jahr 2000 z.B. war das vom Bundesverband BVK erfasste Fondsvolumen deutscher Kapitalbeteiligungsgesellschaften von 18,6 Mrd. Euro nur zu 60 Prozent investiert. Ein wesentlicher Grund für das zurückhaltende Investitionsverhalten liegt in den Problemen der zukunftsorientierten Risiko- und Erfolgsbewertung von Unternehmen. Die Erfolgsbeurteilung erfordert Prognosen von zahllosen Einflussfaktoren wie beispielsweise dem Innovationsgrad des Produktes, dem Marktrisiko oder dem »Human Factor« mit so hohen Unsicherheitsgraden, dass aufgrund der eingeschränkten Möglichkeiten der Risikoeinschätzung Beteiligungen häufig abgelehnt werden.

Kapazitätsmangel des Beteiligungsmanagers, Voreingenommenheit und Beeinflussbarkeit stellen Begrenzungen des erreichbaren Rationalitätsgrades dar. Subjektiven Faktoren wie

Intuition und Erfahrung kommen daher in der Praxis ein hohes Gewicht zu. Da Beteiligungsmanager aber trotz »begrenzter Rationalität« Entscheidungen treffen müssen, versuchen sie, durch die Strukturierung des Auswahlprozesses den vorgenannten Unzulänglichkeiten Rechnung zu tragen.

8.2.3 Geschäftskonzept: Business-Plan

Um sich einen Eindruck von dem Potenzial des Beteiligungsunternehmens zu bilden, wird der Beteiligungsmanager stets einen Geschäftsplan (Business-Plan) anfordern. Ein Business-Plan sollte Auskunft zu folgenden Themenbereichen geben:
- Unternehmen (interne Abläufe, Informationssysteme, Controlling),
- Produkt und verwendete Technologie,
- Unternehmer und Management-Team,
- Markt und Wettbewerbssituation und
- Wirtschaftliche Entwicklung (Ist/Planung).

Neben verbalen Erläuterungen muss der Business-Plan einen Zahlenanhang enthalten, der die Gewinn- und Verlustrechnungen, Bilanzen sowie Cashflow-Projektionen für drei bis fünf Planjahre umfasst.

Die Planzahlen des Business-Plans sind die Basis für die Einstiegsbewertung der Private-Equity-Gesellschaft. Die Planungsprämissen werden daher von den Beteiligungsmanagern eingehend hinsichtlich ihrer Plausibilität geprüft.

Zur Unternehmenswertermittlung werden u. a. folgende Methoden herangezogen:
- Substanzwert,
- Multiplikatorenmethode,
- Ertragswertmethode und
- Discounted-Cashflow-Methode.

Diese Methoden werden in Teil II dieses Werks ausführlich behandelt. Es sei darauf hingewiesen, dass die erwarteten Verkaufserlöse den Wert der Beteiligungsunternehmen erheblich beeinflussen. Die detaillierte Überprüfung der Exitmöglichkeiten ist daher schon in der frühen Bewertungsphase ein unentbehrlicher Analyseschritt.

Um den Unwägbarkeiten der in der Zukunft liegenden Entwicklungsmöglichkeiten Rechnung zu tragen, werden oft
- verschiedene Bewertungsmethoden verwendet (meist verschiedene Multiplikatoren plus DCF) und daraus ein mittlerer Wert berechnet,
- Szenarioanalysen angefertigt und die zugrunde liegenden Planungsprämissen in »Best-«, »Real-« und »Worst«-Case-Simulationen verändert.

8.2.4 Beteiligungsverhandlung: Anreizstrukturen

Obwohl die Private-Equity-Gesellschaft die Möglichkeit hat, das Beteiligungsunternehmen einer eingehenden Prüfung zu unterziehen, ergeben sich u. a. durch die Unsicherheit über das zukünftige Verhalten der Unternehmensführung Unwägbarkeiten, die sich auf die Realisierbarkeit der Planungen auswirken. So besteht beispielsweise für den Unternehmer der Anreiz, sein Unternehmen besser darzustellen als es in Realität ist bzw. Risiken und Schwächen zu verheimlichen, um einen höheren Kaufpreis zu erzielen (Informationsasymmetrie). Um diesem Verhalten entgegenzuwirken und damit zumindest subjektiv wahrheitsgemäße Informationen von dem Beteiligungsnehmer zu erhalten, muss die Private-Equity-Gesellschaft Anreize für ein »faires« Verhalten schaffen. In diesem Zusammenhang kann versucht werden, vertragliche Regelungen zu implementieren, die dazu führen, dass eine absichtliche Benachteiligung der Private-Equity-Gesellschaft durch den Beteiligungsnehmer letztendlich zu dessen eigenen Lasten geht. Folgende Maßnahmen sind üblich:

Eigenfinanzierung statt Fremdfinanzierung

Gegenüber der Fremdkapitalfinanzierung eröffnen die mit der Bereitstellung von Eigenkapital verbundenen Rechte bessere Möglichkeiten zur Ausgestaltung der Mitsprache- und Kontrollmöglichkeiten.

Performanceabhängige Anteilskorrektur

Hierbei wird festgelegt, dass in Abhängigkeit von der geschäftlichen Entwicklung des Beteiligungsunternehmens eine Anteilskorrektur erfolgt. Übertrifft das Beteiligungsunternehmen die der Unternehmensbewertung der Private-Equity-Gesellschaft zum Einstiegszeitpunkt zugrunde gelegte Geschäftsplanung, erhält der Unternehmer/Mitgesellschafter von der Private-Equity-Gesellschaft (bisweilen unentgeltlich) Geschäftsanteile übertragen. Unterschreitet er die Vorgaben, muss er im Gegenzug Anteile an die Private-Equity-Gesellschaft abgeben. Der Unternehmer wird sich in der Praxis jedoch nur bis zu einem gewissen Schwellenwert auf die Abgabe von Anteilen einlassen. Durch diese Maßnahme besteht für den Unternehmer bereits in der Verhandlungsphase ein Anreiz, möglichst realistisch zu planen, möchte er vermeiden, ex post für zu optimistische Planvorgaben bestraft zu werden. Neben der Motivationskomponente für den Unternehmer eröffnet diese Maßnahme der Private-Equity-Gesellschaft die Möglichkeit, im Falle einer nachteiligen Unternehmensentwicklung ex post zumindest eine teilweise Kompensation für eine möglicherweise überhöhte Einstiegsbewertung zu erhalten.

Stufenweise Mittelbereitstellung (Milestone Financing)

Private-Equity-Gesellschaften können entsprechend dem Erreichen von Planvorgaben (Milestones) eine stufenweise Freigabe der Beteiligungsmittel vereinbaren, wobei der Betrag mit jeder Finanzierungsrunde steigt. Der gerade investierte Teilbetrag sollte ausreichen, das Beteiligungsunternehmen in den nächsten Entwicklungsschritt zu führen, bevor es erneut Kapital benötigt. Die Mehrperiodenbetrachtung hat zur Folge, dass opportunistischem Verhalten (u.a. unkontrollierte Investition der gesamten Mittel) vorgebeugt wird.

Kombination von Direktbeteiligung und Mezzanine-Kapital

Es kann vereinbart werden, dass die Private-Equity-Gesellschaft nur einen Teilbetrag direkt in das Kapital des Beteiligungsunternehmens begibt, während die Restsumme als Mezzanine-Kapital zur Verfügung gestellt wird. Als Mezzanine-Kapital werden hybride Finanzierungsmittel bezeichnet, die Fremdkapital- und Eigenkapitalelemente enthalten. Üblich sind Stille Beteiligungen oder Convertible Bonds (Wandelanliehen). Mezzanine-Kapital muss laufend verzinst werden. Es kann mit dem Erreichen vereinbarter »Milestones« in Direktkapital gewandelt werden.

Finanzielles Engagement des Managements

Durch den Einsatz »eigener Mittel« im Rahmen von MBOs/MBIs signalisiert der Unternehmer Zuversicht in die Entwicklung seiner Gesellschaft. Eine Private-Equity-Gesellschaft sollte darauf dringen, dass sich der Unternehmer/das Management substanziell – und das heißt bis zur »subjektiven Schmerzgrenze« – finanziell engagiert. Eine übermäßige Belastung kann jedoch auch kontraproduktiv wirken, da sie eine Tendenz zur Risikovermeidung nach sich ziehen kann.

Monitoring und Einflussnahme auf die geschäftliche Entwicklung

Um die Möglichkeit zu haben, Fehlentwicklungen frühzeitig zu erkennen, sollte eine regelmäßige Berichterstattung zur geschäftlichen Entwicklung des Beteiligungsunternehmens etabliert werden (Monitoring). Darüber hinaus ermöglicht der Private-Equity-Gesellschaft eine Präsenz in den Beiratsgremien des Beteiligungsunternehmens auf strategische Entwicklungen Einfluss zu nehmen und zeitnah über wichtige geschäftspolitische Entscheidungen informiert zu werden.

8.2.5 Beteiligungsbetreuung: Value Added

Das Beteiligungsfinanzierungskonzept verbindet die Finanzmittelbereitstellung mit der Komponente der Managementunterstützung. Hierdurch setzt sich die Beteiligungskapitalfinanzierung von der klassischen Dienstleistung eines passiven Finanzintermediärs ab.

Nach der Intensität der Betreuungstätigkeit unterscheidet man:
- Hands-on: Die Private-Equity-Gesellschaft unterstützt das gesamte Spektrum unternehmerischer Tätigkeit mit Beratung und Know-how-Transfer in den Bereichen Produktentwicklung, Strategie/Planung, Finanzierung, Marketing, Vertrieb, Personalentwicklung.
- Hands-off: Keine Managementunterstützung.
- Semi-active-Support: Mittlere Unterstützungsintensität oft nur in einzelnen ausgewählten betriebswirtschaftlichen Funktionen.

Der Intensitätsgrad hängt von den Problemen und dem Unterstützungsbedarf des Beteiligungsunternehmens ab. Des Weiteren spielen Kosten-Nutzen-Überlegungen eine Rolle. Übergreifendes Ziel der Betreuung ist es, die Unternehmensentwicklung zu beschleunigen, da Kosten und Dauer der Planungsverwirklichung den Kapitalbedarf und das Risiko maßgeblich bestimmen. Über die Betreuung und Begleitung der Beteiligungsunternehmen versucht die Private-Equity-Gesellschaft, das Risiko ihrer Beteiligung durch die Einbindung in den Informationsfluss zu reduzieren und zur Wertsteigerung – z. B. über die Anbahnung von Geschäftskontakten – des Beteiligungsunternehmens beizutragen. Der Umfang der Einbindung und der Einflussnahme reicht entsprechend der strategischen Ausrichtung der Private-Equity-Gesellschaft von der Präsenz in den Beiratsgremien der Gesellschaft bis hin zur aktiven Mitwirkung in der Geschäftsführung des Beteiligungsunternehmens.

8.2.6 Beteiligungsveräußerung: Exit

Für die Rendite im Beteiligungsfinanzierungsgeschäft spielt der Veräußerungserlös der Beteiligung die entscheidende Rolle. Grundsätzlich bestehen folgende Exitvarianten:

- *Going Public:* Durch eine Platzierung des Beteiligungsunternehmens am institutionalisierten Kapitalmarkt wird die Fungibilität der zuvor gering liquiden Beteiligung erhöht. Für die Private-Equity-Gesellschaft besteht hierbei die Möglichkeit, im Zuge oder in der Folge des Börsengangs ihre Beteiligung ganz oder teilweise abzuschichten.
- *Trade Sale:* Hier eröffnet sich für die Private-Equity-Gesellschaft im Zuge des Verkaufs von Teilen oder des gesamten Beteiligungsunternehmens an einen Industrie- oder strategischen Investor die Möglichkeit zur Veräußerung ihrer Beteiligung.
- *Buy Back:* Hierunter wird der Verkauf der Beteiligung der Private-Equity-Gesellschaft an die Mitgesellschafter, i.d.R. den Hauptgesellschafter verstanden. Im Vergleich zu den anderen Exitkanälen sind hier aufgrund der in der Regel eingeschränkten Finanzierungsmöglichkeiten der Gesellschafter die relativ niedrigsten Verkaufserlöse zu erwarten.
- *Secondary Purchase:* Hierunter wird der Verkauf der Beteiligung der Private-Equity-Gesellschaft an eine andere Private-Equity-Gesellschaft bzw. an einen Finanzinvestor verstanden. So kann etwa eine auf Early-Stage-Finanzierungen spezialisierte Private-Equity-Gesellschaft ein Unternehmen an eine auf Later-Stage-Finanzierungen spezialisierte Private-Equity-Gesellschaft weiterveräußern.

Zusammenfassung

- Private Equity ist die Finanzierung von Unternehmen über Eigenmittel, die von außerhalb des organisierten Kapitalmarktes, also der Börsen, eingebracht werden. Die Kapitaleinlage ist mit erheblichen Kontroll-, Informations- und Mitentscheidungsrechten bis hin zur Managementunterstützung verbunden.
- Als Anlässe einer Beteiligungsfinanzierung können Expansion, Bridge-Finanzierung, Public-to-Private, Nachfolgeregelung und Ablösung bestehender Gesellschafter, Spin-off, Private Placement, Turn-Around, Branchenkonzept bzw. Buy-and-Build-Strategy genannt werden.
- Die in der Beteiligungspraxis am meisten verwendete Methode zur Performance-Messung ist die Berechnung der internen Rendite. Diese wird auch als interne Zinsfußmethode bzw. mit dem englischen Begriff Internal Rate-of-Return (IRR) bezeichnet.
- Die Anbietergruppen unterscheiden sich im Wesentlichen durch die Merkmale ihrer Trägerschaft, d.h. durch ihren Gesellschafterhintergrund. Typische Anbieter sind unternehmenseigene Kapitalbeteiligungsgesellschaften (Captive Funds), öffentliche Kapitalbeteiligungsgesellschaften (Public Funds), banknahe Kapitalbeteiligungsgesellschaften und unabhängige Kapitalbeteiligungsgesellschaften (Independent Funds).
- Es haben sich bei Private-Equity-Gesellschaften zwei Organisationsformen herausgebildet, die überwiegend angewandt werden: Trennung von Fonds und Management sowie Tochtergesellschaften.
- Der Open End Fund stellt ein auf Dauer gerichtetes laufendes Beteiligungsgeschäft dar, während der Closed End Fund zeitlich begrenzt ist.
- Zu den organisatorischen Meilensteinen zählen Recruiting und Fund-Raising.
- Zu den projektbezogenen Meilensteinen zählen Akquisition von Projekten, Prüfung des Geschäftskonzepts, Beteiligungsverhandlungen, Beteiligungsbetreuung und Beteiligungsveräußerung.

Literaturverzeichnis

Teil I – Analyse und Planung, Kapitel 1–5, S. 1–98

Aaker, David (1989): Strategisches Markt-Management: Wettbewerbsvorteile erkennen – Märkte erschließen – Strategien entwickeln. Wiesbaden: Gabler.

Aaker, David (1998): Strategic Market Management. 5. Aufl. New York: J. Wiley & Sons.

Abplanalp, Peter A. (2000): Unternehmensstrategie als kreativer Prozess. München: Gerling Akademie Verlag.

Achleitner, Ann-Kristin (2009): Handbuch Investment-Banking. Wiesbaden: Gabler.

Ahnert, R.S. (2001): Due Diligence Reports im Kreditgeschäft mit Unternehmen, in: Kreditpraxis, 27. Jg., Heft 1/2001, S. 23–27.

Albach, Horst (2007): Empirische Studien zum Management in mittelständischen Unternehmen. Wiesbaden: Gabler.

Althaus, Martin/Victor, Stefan (2010): Spezial-Diagramme für Excel: 7 außergewöhnliche Diagrammtypen für die perfekte Visualisierung Ihrer Daten. Bonn: VNR Verlag für die Deutsche Wirtschaft.

Andrews, Kenneth Richmond (1987): The Concept of Corporate Strategy. Homewood, Ill.: Irwin.

Andrews, Kenneth (1997): Custom Edition of the Concept of Corporate Strategy. 3. Aufl., Burr Ridge: Irwin.

Ansoff, Igor (1966): Managementstrategie. München: Verlag Moderne Industrie.

Ansoff, Igor (1987): New Corporate Strategy. Rev. ed. New York: Wiley.

Ansoff, Igor/McDonnell, Edward J. (1988): The New Corporate Strategy. New York: Wiley.

Anwander, Armin (2000): Strategien erfolgreich verwirklichen: wie aus Strategien echte Wettbewerbsvorteile werden. Berlin (u.a.): Springer.

Barney, Jay B. (2010): Gaining and Sustaining Competitive Advantage. Upper Saddle River, N.J.: Financial Times/Prentice Hall.

Barthel, C.W. (1999): Unternehmenswert-Ermittlung vs. Due-Diligence-Untersuchung, Teil II; in: Deutsche Steuerzeitung, Heft 4.

Baumgarten, Helmut/Wiegand, Alexander (1997): Managementtrends und -entwicklungen in der Logistik Ergebnisse der Untersuchung Trends und Strategien in der Logistik 2000. Berlin: Technische Universität.

Beck, R. (2002): Die Commercial Due Diligence, in: M&A Review, Heft 11.

Becker, Fred G./Fallgatter, Michael (2007): Strategische Unternehmungsführung: eine Einführung: mit zahlreichen Abbildungen, Aufgaben und Lösungen. Berlin: Schmidt.

Beetz, Tobias (2007): Erfolgsfaktoren bei Mergers & Acquisitions von wissensintensiven Dienstleistungsunternehmen. GRIN Verlag.

Behringer, Stefan (2009): Unternehmensbewertung der Mittel- und Kleinbetriebe: betriebswirtschaftliche Verfahrensweisen. Berlin: Erich Schmidt.

Benkenstein, Martin (2002): Strategisches Marketing: ein wettbewerbsorientierter Ansatz. Stuttgart: Kohlhammer.

Berens, Wolfgang/Strauch, Joachim (1999): Herkunft und Inhalt des Begriffes Due Diligence; in: Berens, Wolfgang (Hrsg.): Due Diligence bei Unternehmensakquisitionen. Stuttgart: Schäffer-Poeschel.

Bergmann, Helmut/Picot, Gerhard (2000): Handbuch Mergers & Acquisitions: Planung, Durchführung, Integration. Stuttgart: Schäffer-Poeschel.

Bleicher, Knut/Gomez, Peter (1994): Unternehmerischer Wandel: Konzepte zur organisatorischen Erneuerung: Knut Bleicher zum 65. Geburtstag. Wiesbaden: Gabler.

Bliesener, M.-M. (1994): Outsourcing als mögliche Strategie zur Kostensenkung, in: Betriebswirtschaftliche Forschung und Praxis, Nr. 4, S. 277–290.

Börner, Christoph J. (2000): Strategisches Bankmanagement: ressourcen- und marktorientierte Strategien von Universalbanken. München: Oldenbourg.

Bowman, Cliff/Faulkner, David (1997): Competitive and corporate strategy. London; Chicago: Irwin.

Braun, Beat Markus (2003): Zur Herleitung von Geschäftsmodellen für Finanzdienstleistungsunternehmen: Methode und Fallbeispiele.

Bruch, M. (2005): Technical Due Diligence – ein Key Issue für den Unternehmenserfolg, in: M&A Review, Heft 6, S. 259ff.

Brühl, V. (2003): Analyse des Umsatzrisikos in der Due Diligence, in: M&A Review, Heft 10.

Bruhn, M. (1997): Hyperwettbewerb – Merkmale, treibende Kräfte und Management einer neuen Wettbewerbsdimension, in: Die Unternehmung, Heft 5, S. 339–357.

Bürki, Daniel Marc (1996): Der »resource-based View«-Ansatz als neues Denkmodell des strategischen Managements o.J.

Burns, Alvin C. (2011): Basic Marketing Research with Excel. Upper Saddle River, N.J.; Harlow: Pearson Education.

Buzzell, Robert D./Marketing Science Institute (1969): Product Life Cycles. Cambridge, Mass.: Marketing Science Institute.

Buzzell, Robert D./Gale, Bradley T. (1987): The PIMS Principles: Linking Strategy to Performance. New York; London: Free Press; Collier Macmillan.

Buzzell, Robert D./Gale, Bradley T./Greif, Hans-Herbert (1989): Das PIMS-Programm: Strategien und Unternehmenserfolg. Wiesbaden: Gabler.

Buzzell, Robert D./Gale, Bradley T./Sultan, Ralph G. M. (2003): Market Share: a Key to Profitability.

Camphausen, Bernd (2003): Strategisches Management: Lehrbuch. München (u.a.): Oldenbourg.

Copeland, Thomas E./Koller, Tim/Murrin, Jack (2002): Unternehmenswert: Methoden und Strategien für eine wertorientierte Unternehmensführung. Frankfurt a.M./New York: Campus-Verlag.

Corsten, H. (1998): Von generischen zu hybriden Wettbewerbsstrategien, in: Das Wirtschaftsstudium, Heft 12, S. 1434–1440.

Cubbin, John/Geroski, Paul (1986): The Convergence of Profits in the Long Run: Inter-firm and Inter-industry Comparisons. Southampton: University of Southampton,Department of Economics.

Cullinan, G./Weddigen, R.-M./Roux, J. (2004): Drum prüfe, wer sich ewig bindet, in: Harvard Businessmanager, Heft 7, S. 64ff.

Cutcher, Leanne u.a. (2007): Strategic Management. North Ryde, N.S.W.: McGraw-Hill Custom Publishing.

Daft, Richard L. (1998): Organization Theory and Design. Cincinnati, Ohio: South Western College Pub.

Dalkey, N.C./Helmer, O. (1963): An Experimental Application of the Delphi Method to the Use of Experts; in: Management Science, Heft 9, S. 458–467.

Damodaran, Aswath (2006): Damodaran on Valuation: Security Analysis for Investment and Corporate Finance. Hoboken (N.J.): John Wiley.

Damodaran, Aswath (2010): The Dark Side of Valuation: valuing young, distressed and complex Businesses. Upper Saddle River, N.J.: FT Press.

Damodaran, Aswath (2011): Applied Corporate Finance. Hoboken, NJ: John Wiley & Sons.

Dannenberg, Marius (2001): Strategisches Bankmanagement: die Bewältigung von Komplexität, Dynamik und Unsicherheit im Kreditgewerbe Wiesbaden: Gablero. J.

De, Dennis (2005): Entrepreneurship: Gründung und Wachstum von kleinen und mittleren Unternehmen. München; Boston (u.a.): Pearson Studium.

Deltl, Johannes (2011): Strategische Wettbewerbsbeobachtung: So sind Sie Ihren Konkurrenten laufend einen Schritt voraus. Mit Fallstudien und Checklisten. Wiesbaden: Betriebswirtschaftlicher Verlag Gabler.

Dielmann, K. (1997): Unternehmenskauf und Human Ressourcen: Due Diligence-Prüfung; in: Personal, Heft 9.

Dörschell, Andreas/Franken, Lars/Schulte, Jörn (2010): Kapitalkosten 2010 für die Unternehmensbewertung: Branchenanalysen für Betafaktoren, Fremdkapitalkosten und Verschuldungsgrade. Düsseldorf: IDW-Verlag.

Erhard, Ulrich (1992): Praktisches Lehrbuch Statistik. Landsberg/Lech: Verlag Moderne Industrie.

Ernst, Dietmar/Häcker, Joachim (2007): Strategisches Toolkit – Systematische Herleitung des Umsatzwachstums eines Unternehmens unter strategischen Gesichtspunkten, in: Ernst, Dietmar u.a. (Hrsg.) (2007): Praxis der Unternehmensbewertung und Akquisitionsfinanzierung.

Eschenbach, Rolf/Eschenbach, Sebastian/Kunesch, Hermann (2008): Strategische Konzepte: Ideen und Instrumente von Igor Ansoff bis Hans Ulrich. Stuttgart: Schäffer-Poeschel.

Faulkner, David/Bowman, Cliff (2001): The essence of competitive strategy. New York: Prentice Hall.

Fleck, Andree (1995): Hybride Wettbewerbsstrategien: zur Synthese von Kosten und Differenzierungsvorteilen Wiesbaden: Dt. Univ.-Verlag (u.a.) o.J.

Franzke, G./Leoprechting, G. v. (2002): Value Added Due Diligence für Finanzinvestoren, in: M&A Review, Heft 12, S. 613ff.

Frese, Erich (2005): Grundlagen der Organisation: entscheidungsorientiertes Konzept der Organisationsgestaltung. Wiesbaden: Gabler.

Gaitanides, M. (1989): Out/in- vs. In/out-Planung, Sp. 1330–1336, in: Szyperski, Norbert/Winand, Udo (1989): (Hrsg.): Handwörterbuch der Planung. Stuttgart: C.E. Poeschel.

Gälweiler, Aloys (2005): Strategische Unternehmensführung. Campus Verlag GmbH.

Garz, Hendrik (2000): Prognostizierbarkeit von Aktienrenditen: Die Ursachen von Bewertungsanomalien am deutschen Aktienmarkt. Wiesbaden: Dt. Univ.-Verlag (u.a.).

Garz, Hendrik/Günther, Stefan/Moriabadi, Cyrus (2006): Portfolio-Management: Theorie und Anwendung. Frankfurt a.M.: Bankakademie-Verlag.

Ghauri, Pervez N./Cateora, Philip R. (2010): International Marketing. New York: McGraw-Hill Higher Education.

Gleissner, Werner (2000): Faustregeln für Unternehmer: Leitfaden für strategische Kompetenz und Entscheidungsfindung. Wiesbaden: Gabler.

Gleißner, Werner/Berger, Thomas/Hanft, Anke (2007): Risikomanagement im Mittelstand. Oldenburg.

Gleissner, Werner/Weissman, Arnold (2001): Kursbuch Unternehmenserfolg: zehn Tipps zur nachhaltigen Steigerung des Unternehmenswertes. Offenbach: GABAL.

Goddard, J.A./Wilson, J.O.S. (1995): Persistence of profits for UK Manufacturing and Service Sector Firms. Bangor: Institute of European Finance, University of Wales.

Godefroid, C. (2000): Kontrolle ist besser. Möglichkeiten und Grenzen der Due Diligence beim Unternehmenskauf – Teil 2, in: Finanzierung Leasing Factoring, Heft 3.

Gomez, P./Ganz, M. (1992): Diversifikation mit Konzept – den Unternehmenswert steigern. in: Harvard Manager 14, Nr. 1, S. 44–54.

Gonick, Larry/Smith, Woollcott (2005): The Cartoon Guide to Statistics. New York, NY: Collins Reference.

Görgen, W./Van Kerkom, K. (1991): Der Wechsel der Wettbewerbsstrategie: Eine kritische Analyse der Bestimmungsfaktoren und Maßnahmen. Stuttgart/Köln: C.E. Poeschel; (S.n.).

Grabatin, Günther (1981): Effizienz von Organisationen. Berlin/New York: De Gruyter.

Graf, Hans Georg (1999): Prognosen und Szenarien in der Wirtschaftspraxis. Zürich/München/Wien: Verlag Neue Zürcher Zeitung/Hanser.

Grant, Robert M. (2008): Contemporary Strategy Analysis. Malden, MA: Blackwell Pub.

Haake, Klaus/Seiler, Willi (2010): Strategie-Workshop in fünf Schritten zur erfolgreichen Unternehmensstrategie. Stuttgart: Schäffer-Poeschel.

Hagemann, Stefan (1996): Strategische Unternehmensentwicklung durch Mergers&Acquisitions: Konzeption und Leitlinien für einen strategisch orientierten Mergers&Acquisitions-Prozess. Frankfurt a.M./New York: P. Lang.

Haller, A. (1997): Zur Eignung der US-GAAP für Zwecke des internen Rechnungswesens, in: Controlling, Heft 4.

Hammer, Richard M. (1995): Unternehmungsplanung: Lehrbuch der Planung und strategischen Unternehmungsführung. München: R. Oldenbourg-Verlag.

Hank, Rainer (2008): Erklär mir die Welt: Was Sie immer schon über Wirtschaft wissen wollten. Frankfurt a.M.: F.A.Z.-Institut.

Hax, Arnoldo C./Majluf, Nicolas S. (1991): Strategisches Management: ein integratives Konzept aus dem MIT. Frankfurt a.M./New York: Campus-Verlag.

Heimrath, Heiko (2009): Excel-Diagrammvorlagen für Unternehmenszahlen (250 sofort einsetzbare Diagramme für alle typischen Einsatzzwecke auf CD!; ab Excel 2007). Unterschleißheim: Microsoft Press.

Heimrath, Heiko (2010): Excel-Tools für das Controlling 555 hochwertige Excel-Vorlagen für alle gängigen Controllingaufgaben von A wie ABC-Analyse bis Z wie Zuschlagskalkulationen. Unterschleißheim: Microsoft Press.

Helbing Corporate Finance AG (2004): Steigerung von Unternehmenswerten, in: Management Letter.

Henderson, Bruce D./Gälweiler, Aloys (1984): Die Erfahrungskurve in der Unternehmensstrategie. Frankfurt a.M./New York: Campus-Verlag.

Hinterhuber, Hans H. (2000): Das neue strategische Management: Perspektiven und Elemente einer zeitgemäßen Unternehmensführung. Wiesbaden: Gabler.

Hinterhuber, Hans H. (2004): Strategische Unternehmungsführung. 7. Aufl. Schmidt (Erich), Berlin.

Hoitsch, Hans-Jörg/Lingnau, Volker (2004): Kosten- und Erlösrechnung: eine controllingorientierte Einführung. Berlin/Heidelberg/New York/Hongkong/London/Mailand/Paris/Tokio: Springer.

Homp, Christian (2000): Entwicklung und Aufbau von Kernkompetenzen. Wiesbaden: Dt. Univ.-Verlag (u.a.).

Hungenberg, Harald (2006): Strategisches Management in Unternehmen: Ziele – Prozesse – Verfahren. Wiesbaden: Gabler.

Hüttmann, G. (1975): Zehn Punkte, auf die ein Finanzmanager besonders achten sollte, in: Der Betrieb, S. 1761ff.

Hüttmann, G. (2001): Bevor das Kind in den Brunnen gefallen ist, in: Betrieb und Wirtschaft, Heft 10, S. 428ff.

Jacobsen, Robert (1988): The Persistence of Abnormal Returns. in: Strategic Management Journal, 9 (1988), 5, S. 415–430.

Janisch, Monika (1993): Das strategische Anspruchsgruppenmanagement: Vom Shareholder-Value zum Stakeholder Value. Bern/Stuttgart/Wien: Haupt.

Jankowski, P. (2006): Branchen-Report Herstellung von Werkzeugmaschinen.

Jansen, Stephan A. (2008): Mergers&Acquisitions: Unternehmensakquisitionen und -kooperationen; eine strategische, organisatorische und kapitalmarkttheoretische Einführung. Wiesbaden: Gabler.

Jenner, T. (2000): Hybride Wettbewerbsstrategien in der deutschen Industrie – Bedeutung, Determinanten und Konsequenzen für die Marktbearbeitung, in: Die Betriebswirtschaft, Heft 1, S. 7–22.

Kaplan, Robert S./Norton, David P. (2004): Strategy Maps: der Weg von immateriellen Werten zum materiellen Erfolg. Stuttgart: Schäffer-Poeschel.

Kern, Holger (1999): Relationship Management: ein Betreuungsansatz für multinationale Unternehmen. Wien: Orac (u.a.).

Kirsch, Werner (1991): Beiträge zum Management strategischer Programme. Herrsching: Kirsch.

Kiski, Thore Wolfgang (2002): Grundlagen eines systematischen Vorgehensmodells zur Transformation von Unternehmen in die digitale vernetzte Welt o.J.

Knyphausen-Aufsess, Dodo zu (1995): Theorie der strategischen Unternehmensführung: State of the Art und neue Perspektiven. Wiesbaden: Gabler.

Kobi, J.M. (2004): Die weichen Faktoren entscheiden über den Erfolg von Zusammenschlüssen, in: M&A Review, Heft 5, S. 202ff.

Koch, Wolfgang/Wegmann, Jürgen (1998): Praktiker-Handbuch Due Diligence: Chancen-, Risiken-Analyse mittelständischer Unternehmen. Stuttgart: Schäffer-Poeschel.

Koppelmann, Udo (2004): Beschaffungsmarketing. Berlin (u.a.): Springer.

Kotler, Philip (2007): Grundlagen des Marketing. München (u.a.): Pearson Studium.

Kotler, Philip/Bliemel, Friedhelm (1999): Marketing-Management: Analyse, Planung, Umsetzung und Steuerung. Stuttgart: Schäffer-Poeschel.

Krause, C. (2006): Verallgemeinerte Zusammenhänge von Kapitalkosten im Discounted Cash-flow-Verfahren, in Finanz Betrieb, Heft 11, S. 710–715.

Kreikebaum, Hartmut (1997): Strategische Unternehmensplanung. Stuttgart u.a.: Kohlhammer.

Krüger, H. (2000): Due Diligence als professioneller Standard bei M&A Projekten; in: Picot, A./Nordmeyer, A./Pribilla, P. (Hrsg.): Management von Akquisitionen: Akquisitionsplanung und Integrationsmanagement; Kongress-Dokumentation. Stuttgart: Schäffer-Poeschel.

Kühn, Richard/Grünig, Rudolf (2000): Grundlagen der strategischen Planung: ein integraler Ansatz zur Beurteilung von Strategien. Bern/Stuttgart/Wien: Haupt.

Küting, K./Lorson, P. (1998): Anmerkungen zum Spannungsfeld zwischen externen Zielgrößen und internen Steuerungsinstrumenten, in: Betriebs-Berater, Heft 9.

Laux, Helmut/Liermann, Felix (2005): Grundlagen der Organisation. Berlin/Heidelberg/New York: Springer-Verlag.

Laux, Helmut (2006): Wertorientierte Unternehmenssteuerung und Kapitalmarkt. Berlin/Heidelberg/New York: Springer-Verlag.

Lenk, Thomas (2000): ECOVIN Enhancing Competitiveness in Small and Medium Enterprises via Innovation; Handbuch zum Innovationsmanagement in kleinen und mittleren Unternehmen. Essen Univ.-Bibliothek.

Loitz, R. (2000): Konzeption und Einsatz des Shareholder Value Ansatzes für die Bewertung und Steuerung von Unternehmen, in: Betrieb und Wirtschaft, Heft 17, S. 701ff.

Macharzina, Klaus (1999): Unternehmensführung: das internationale Managementwissen; Konzepte – Methoden – Praxis. Wiesbaden: Gabler.

Malik, Fredmund F. (2007): Management das A und O des Handwerks. Online im Internet: http://public.eblib.com/EBLPublic/PublicView.do?ptiID=660021.

Marek, Michael (2004): Corporate Finance als Herausforderung für das strategische Management von Banken.

Markowitz, Harry (2008): Portfolio Selection: die Grundlagen der optimalen Portfolio-Auswahl. München: FinanzBuch-Verlag.

McKinsey & Company (2007): Planen, gründen, wachsen: mit dem professionellen Businessplan zum Erfolg. Heidelberg: Redline Wirtschaft.

Meffert, Heribert (1994): Marketing-Management: Analyse – Strategie – Implementierung. Wiesbaden: Verlag Gabler.

Meffert, Heribert/Burmann, Christoph/Kirchgeorg, Manfred (2008): Marketing: Grundlagen marktorientierter Unternehmensführung; Konzepte – Instrumente – Praxisbeispiele. Wiesbaden: Gabler.

Meitner, Matthias/Streitferdt, Felix (2011): Unternehmensbewertung verändertes Bewertungsumfeld, Krisenunternehmen, unsichere zukünftige Inflationserwartungen, Wertbeitragsrechnung, innovative Lösungsansätze. Stuttgart: Schäffer-Poeschel.

Meyer, Anton/Davidson, Hugh D. (2001): Offensives Marketing: gewinnen mit POISE: Märkte gestalten – Potenziale nutzen. Freiburg (Breisgau)/Berlin/München: Haufe-Mediengruppe.

Moxter, Adolf (1998): Grundsätze ordnungsmäßiger Unternehmensbewertung. 2., vollst. überarb. Aufl., 2. Nachdruck: Gabler.

Müller-Stewens, Günter/Lechner, Christoph (2011): Strategisches Management: Wie strategische Initiativen zum Wandel führen. Stuttgart: Schäffer-Poeschel.

Nagel, Reinhard/Wimmer, Rudolf (2009): Systemische Strategieentwicklung: Modelle und Instrumente für Berater und Entscheider. Stuttgart: Schäffer-Poeschel.

Nelles, Stephan (2011): Excel 2010 im Controlling (auch für Excel 2007 geeignet; DVD-ROM – zahlreiche Vorlagen für den sofortigen Einsatz). Bonn: Galileo Press.

Neumann, Dietrich u.a. (2003): Fünf Wege zu organischem Wachstum: Wie Unternehmen antizyklischen Erfolg programmieren können. 1. Aufl., Campus Verlag.

Norton, David P./Kaplan, Robert S. (1997): Balanced Scorecard: Strategien erfolgreich umsetzen. Stuttgart: Schäffer-Poeschel.

Nührich, Klaus P./Hauser, Alexandra (2001): Unternehmensdiagnose: ein Führungsinstrument zur Sicherung der nachhaltigen Existenzfähigkeit von Unternehmen. Berlin (u.a.): Springer.

o.A. (2000): Management von Akquisitionen: Akquisitionsplanung und Integrationsmanagement; Kongress-Dokumentation. Stuttgart: Schäffer-Poeschel.

Oestreich, Markus/Romberg, Oliver (2009): Keine Panik vor Statistik!: Erfolg und Spaß im Horrorfach nichttechnischer Studiengänge. Wiesbaden: Vieweg und Teubner.

Olfert, Klaus/Pischulti, Helmut (2011): Unternehmensführung. Herne: Kiehl.

Pack, H. (2000): Due Diligence; in: Picot, Gerhard (Hrsg.) (2000): Handbuch Mergers &Acquisitions: Planung, Durchführung, Integration. Stuttgart: Schäffer-Poeschel.

Pepels, Werner (2005): Grundlagen der Unternehmensführung: Strategie – Stellgrößen – Erfolgsfaktoren – Implementierung. München: Oldenbourg.

Porter, Michael E. (2009): Wettbewerbsstrategie: Methoden zur Analyse von Branchen und Konkurrenten. Frankfurt a.M./New York, NY: Campus-Verlag.

Porter, Michael E. (2010): Wettbewerbsvorteile Spitzenleistungen erreichen und behaupten = (Competitive Advantage). Frankfurt a.M./New York, NY: Campus-Verlag.

Powell, Th. C. (1996): How Much Does Industry Matter? An Alternative Empirical Test, in: Strategic Management Journal, Heft 17, S. 323–334.

Prahalad, C.K./Hamel, G. (1990): The Core Competence of the Corporation, in: Harvard Business Review, Heft Mai/Juni, S. 79–91.

Prexl, Sebastian/Bloss, Michael/Ernst, Dietmar/Haas, Christoph/Häcker, Joachim/Röck, Bernhard (2010): Financial Modeling. Stuttgart: Schäffer-Poeschel.

Pruss, Roland (2003): Der Geschäftsplan: Businessplan und Unternehmensplanung professionell erstellen; neue Finanzierungsstrategien für den Mittelstand; viele Beispiele aus der Beraterpraxis von PwC. Bonn: Galileo Press.

Quatember, Andreas (2008): Statistik ohne Angst vor Formeln: das Studienbuch für Wirtschafts- und Sozialwissenschaftler. München (u.a.): Pearson Studium.

Quatember, Andreas (2011): Statistik ohne Angst vor Formeln: das Studienbuch für Wirtschafts- und Sozialwissenschaftler. München (u.a.): Pearson Studium.

Ringlstetter, M./Kirsch, W. (1991): Varianten einer »Differenzierungsstrategie«, in: Kirsch, Werner: Beiträge zum Management strategischer Programme. Herrsching: Kirsch.

Rühli, E. (1994): Die Resource-based View of Strategy – Ein Impuls für einen Wandel im unternehmungspolitischen Denken und Handeln?, in: Gomez, P./Hahn, D./Müller-Stewens, G./Wunderer, R. (Hrsg.): Unternehmerischer Wandel, Konzepte zur organisatorischen Erneuerung: Knut Bleicher zum 65. Geburtstag. Wiesbaden: Gabler.

Sachs, Lothar (2002): Angewandte Statistik: Anwendung statistischer Methoden; mit 317 Tabellen und 99 Übersichten. Berlin (u.a.): Springer.

Schäfer, G. (2006): Checkliste zur Vorbereitung und Durchführung eines Banken-Rating – unter besonderer Berücksichtigung von Rechnungswesen-/Controllingaspekten, in: Bilanzbuchhalter und Controller, Heft 3, S. 53ff.

Scheck, Reinhold (2007): Microsoft Excel 2007-Diagramme: Vom Basismodell zum professionellen Präsentationsprogramm. Dynamische Lösungen ohne Programmierung. Neuauflage. Unterschleißheim: Microsoft Press Deutschland.

Scheck, Reinhold (2011): Das Excel-Profiseminar. Praxislösungen für Fortgeschrittene – ganz ohne Programmierung. Für die Versionen 2010, 2007 und 2003. Unterschleißheim: Microsoft Press Deutschland.

Scherm, E. (1996): Outsourcing – Ein komplexes, mehrstufiges Entscheidungsproblem, in: Zeitschrift für Planung, Nr. 1.

Schertler, Walter (1982): Unternehmungsorganisation, Lehrbuch der Organisation und strategischen Unternehmensführung. München: R. Oldenbourg.

Schiecke, Dieter/Becker, Tom/Walter, Susanne (2008): Microsoft Office PowerPoint – das Ideenbuch für kreative Präsentationen. Unterschleißheim: Microsoft Press.

Schmid, S. (1997): Japanische Keiretsu und der Hyperwettbewerb von D'Aveni, in: Diskussionsbeiträge der Wirtschaftswissenschaftlichen Fakultät Ingolstadt, Nr. 89.

Schmidt, Frank (1999): Strategisches Benchmarking Gestaltungskonzeptionen aus der Markt- und der Ressourcenperspektive Lohmar; Köln: Eulo. J.

Scholz, Christian (2007): Strategische Organisation: Multiperspektivität und Virtualität. Saarbrücken: Univ. d. Saarlandes, Lehrstuhl Prof. Dr. Scholz.

Schwalbach, Joachim (1989): Profitability and Market Share: a Reflection on the Functional Relationship. Berlin: Wissenschaftszentrum Berlin.

Schwaninger, Markus (1989): Integrale Unternehmensplanung. Frankfurt a.M./New York: Campus.

Seiler, Armin (2000): Planning. Zürich: Orell Füssli.

Sinnhoff, V./Hambrücker, S. (2004): Commercial Due Diligence – Nachhaltige Sicherung gegen Fehlinvestitionen?, in: Venture Capital Magazin, Heft 3.

Sommer, Jochen (2010): Der 4-Tage-Firmenscan: So decken Sie die größten Fehler in Ihrem Unternehmen auf und stellen sie ab. Redline Verlag.

Speckbacher, G./Bischof, J. (2000): Die Balanced Scorecard als innovatives Managementsystem, in: Betriebswirtschaft, 60, S. 795–810.

Spendolini, Michael J. (2000): The Benchmarking Book. New York/London: AMACOM, McGraw-Hill.

Stöger, Roman (2011): Strategieentwicklung für die Praxis Kunde – Leistung – Ergebnis. Online im Internet: http://public.eblib.com/EBLPublic/PublicView.do?ptiID=669280.

Szeless, Georg (2001): Diversifikation und Unternehmenserfolg: eine empirische Analyse deutscher, schweizerischer und österreichischer Unternehmen.

Szyperski, Norbert/Winand, Udo (1989): Handwörterbuch der Planung. Stuttgart: C.E. Poeschel.

Teece, D. (1980): Economies of Scope and the Scope of the Enterprise, in: Journal of Economic Behavior & Organization, 1 (1980), 3, S. 223–247.

Theuvsen, Ludwig (2001): Stakeholder-Management Möglichkeiten des Umgangs mit Anspruchsgruppen. Münster: Arbeitsstelle Aktive Bürgerschaft.

Thompson, Arthur (2009): Strategic Management. McGraw-Hill/Irwin: Primis Online.

Töpfer, Armin (2000): Das Management der Werttreiber. Frankfurter Allgemeine Zeitung.

Wagner, Richard (2007): Strategie und Managementwerkzeuge: Marktanalyse, Geschäftsfeldplanung, Strategieentwicklung, Unternehmensführung, Marketing. Stuttgart: Schäffer-Poeschel.

Winston, Wayne L. (2007): Microsoft Office Excel 2007 data analysis and business modeling. Redmond, Wash.: Microsoft Press.

Wolf, Jakob (2005): Basel II – Kreditrating als Chance: die Vermögens- und Kapitalstruktur kräftigen, die Ertragskraft erhöhen; souverän in das Kreditgespräch. Regensburg; Berlin: Walhalla-Fachverlag.

Wolf, Joachim (2000): Strategie und Struktur, 1955–1995: ein Kapitel der Geschichte deutscher nationaler und internationaler Unternehmen. Wiesbaden: Gabler.

Wong, Dona M. (2010): Die perfekte Infografik wie man Zahlen, Daten, Fakten richtig präsentiert – und wie nicht. München: Redline-Verlag.

Zirkler, B./Nohe, R. (2005): Externe Rechnungslegung: Nutzungsmöglichkeiten für das interne Rechnungswesen, in: Bilanzbuchhalter und Controller, Heft 2.

Teil I – Erfolgsquellenanalyse, Kapitel 6, S. 99–139

Achleitner, Ann-Kristin (2009): Handbuch Investment-Banking. Wiesbaden: Vahlen.

Alexander, David/Britton, Anne/Jorissen, Ann (2011): International Financial Reporting and Analysis. Andover: South Western Cengage Learning.

Angermayer, Birgit/Peemöller, Volker H. (2001): Praxishandbuch der Unternehmensbewertung. Herne (u.a.): Verlag Neue Wirtschafts-Briefe.

Aschauer, Ewald/Purtscher, Victor (2011): Einführung in die Unternehmensbewertung. Wien: Linde Verlag Wien.

Baetge, Jörg (1983): Der Jahresabschluss im Widerstreit der Interessen: Vortragsreihe des Instituts für Revisionswesen an der Westfälischen Wilhelms-Universität Münster, Sommersemester 1982, Wintersemester 1982/83. Düsseldorf: IdW-Verlag.

Baetge, J./Ballwieser, W. (1987): Problem einer rationalen Bilanzpolitik, in: Betriebswirtschaftliche Forschung und Praxis.

Baetge, J./Stellenbrink, J. (2005): Früherkennung von Unternehmenskrisen mit Hilfe der Bilanzanalyse, in: Controlling, Heft 4/5, S. 213ff.

Baetge, Jörg/Kirsch, Hans-Jürgen/Thiele, Stefan (2011): Konzernbilanzen. Düsseldorf: IDW-Verlag.

Ballwieser, W./Hachmeister, D. (2000): Möglichkeiten und Grenzen einer international ausgerichteten Abschlussanalyse, in: Lachnit, L./Freidank, C.-C. (Hrsg.): Investorenorientierte Unternehmenspublizität, S. 573–606.

Ballwieser, Wolfgang/Beyer, Sven/Zelger, Hansjörg (2011): Unternehmenskauf nach IFRS und US-GAAP Purchase Price Allocation, Goodwill und Impairment-Test. Online im Internet: http://public.eblib.com/EBLPublic/PublicView.do?ptiID=669248.

Barth, N./Berndt, H./Geiger, K. M./Schickling, M./Schmitt, G. (2006): Ermittlung wertorientierter Ergebnisse (Value-based Earnings), in: Finanzbetrieb, Heft 7.

Becker, Hans Paul/Peppmeier, Arno (2010): Bankbetriebslehre. Herne, Westf: Neue Wirtschafts-Briefe.

Becker, Hans Paul/Peppmeier, Arno (2011): Bankbetriebslehre. Herne (u.a.): Kiehl.

Becker, Wolfgang (2011): Einführung in die Rechnungslegung nach HGB und IFRS. Bamberg: Univ.

Beckmann, Christoph/Küting, Karlheinz (2008): Saarbrücker Handbuch der Betriebswirtschaftlichen Beratung. Herne, Westf: Verlag Neue Wirtschafts-Briefe.

Behringer, Stefan (2010): Cashflow und Unternehmensbeurteilung Berechnungen und Anwendungsfelder für die Finanzanalyse. Berlin: Erich Schmidt.

Berndt, H./Förschle, G./Geiger, K. M./Haase, H./Schickling, M./Schmitt, G./Wysocki, K. v. (2003): Empfehlungen zur Ermittlung prognosefähiger Ergebnisse, in: Der Betrieb, Heft 36.

Bieg, H. (1993): Die Instrumente der Jahresabschlusspolitik (Teil III), in: Der Steuerberater, S. 252ff.

Bieg, H. (1993): Ziele der Jahresabschlusspolitik, in: Der Steuerberater, S. 96ff.

Bieg, Hartmut/Kussmaul, Heinz (2009): Externes Rechnungswesen – mit BilMoG-Aktualisierungsdienst. München: Oldenbourg.

Blättchen, Wolfgang/Wegen, Gerhard (2011): Übernahme börsennotierter Unternehmen Strategie, Unternehmensbewertung, rechtliche Rahmenbedingungen, Steuern und Finanzkommunikation. Online: http://public.eblib.com/EBLPublic/PublicView.do?ptiID=669350.

Born, Karl (2003): Unternehmensanalyse und Unternehmensbewertung: mit einer CD-ROM von Friedhelm Dietz. Stuttgart: Schäffer-Poeschel.

Born, Karl (2011): Rechnungslegung international IAS/IFRS im Vergleich mit HGB und US-GAAP. Online im Internet: http://public.eblib.com/EBLPublic/PublicView.do?ptiID=669331.

Börsig, Clemens/Wagenhofer, Alfred (2006): IFRS in Rechnungswesen und Controlling: Kongress-Dokumentation; 59. Deutscher Betriebswirtschafter-Tag 2005. Stuttgart: Schäffer-Poeschel.

Bruns, Carsten (1998): Unternehmensbewertung auf der Basis von HGB- und IAS-Abschlüssen: Rechnungslegungsunterschiede in der Vergangenheitsanalyse. Herne; Berlin: Neue Wirtschafts-Briefe.

Buchholz, Rainer (2011): Internationale Rechnungslegung: die wesentlichen Vorschriften nach IFRS und HGB; mit Aufgaben und Lösungen. Berlin: Schmidt.

Burger, A./Fröhlich, J./Ulbrich, J. (2004): Die Auswirkungen der Umstellung von HGB auf Kennzahlen der externen Unternehmensrechnung, in: Zeitschrift für internationale und kapitalmarktorientierte Rechnungslegung, S. 353ff.

Busse von Colbe, Walther (2010): Konzernabschlüsse: Rechnungslegung nach betriebswirtschaftlichen Grundsätzen sowie nach Vorschriften des HGB und der IAS/IFRS. Wiesbaden: Gabler.

Carstensen, B./Leibfried, P. (2004): Auswirkungen von IAS/IFRS auf mittelständische GmbH und GmbH & Co. KG, in: GmbH Rundschau, Heft 13, S. 864ff.

Clemm, H. (1989): Bilanzpolitik und Ehrlichkeits-(»true and fair view«-)Gebot, in: Die Wirtschaftsprüfung, S. 357ff.

Coenenberg, A./Deffner, M./Schultze, W. (2005): Erfolgsspaltung im Rahmen der erfolgswirtschaftlichen Analyse von IFRS-Abschlüssen, in: Zeitschrift für internationale und kapitalmarktorientierte Rechnungslegung, Heft 10, S. 435ff.

Coenenberg, Adolf Gerhard (2009): Jahresabschluss und Jahresabschlussanalyse (Hauptbd.). Stuttgart: Schäffer-Poeschel.

Colbe, Walther Busse u.a. (2010): Konzernabschlüsse Rechnungslegung nach betriebswirtschaftlichen Grundsätzen sowie nach Vorschriften des HGB und der IAS/IFRS.

Commandeur, D. (1995): § 269. Aufwendungen für die Ingangsetzung und Erweiterung des Geschäftsbetriebes, in: Küting, K./Weber, C.-P. (Hrsg.): Handbuch der Rechnungslegung, Kommentar zur Bilanzierung und Prüfung, Bd. 1a, S. 922, Rn. 5.

Cullinan, G./Weddigen, R.-M./Roux, J. (2004): Drum prüfe, wer sich ewig bindet, in: Harvard Businessmanager, Heft 7, S. 64ff.

Drukarczyk, Jochen/Schüler, Andreas (2009): Unternehmensbewertung. München: Vahlen.

Ebke, Werner/Luttermann, Claus/Siegel, Stanley (2007): Internationale Rechnungslegungsstandards für börsenunabhängige Unternehmen?, in: Baden-Baden: Nomos.

Eiselt, Andreas/Müller, Stefan (2011): IFRS: Gestaltung und Analyse von Jahresabschlüssen: Instrumente und Potenziale von Bilanzpolitik und Bilanzanalyse. Berlin: Schmidt, Erich.

Ernst, Dietmar/Häcker, Joachim (2007): Strategisches Toolkit – Systematische Herleitung des Umsatzwachstums eines Unternehmens unter strategischen Gesichtspunkten, in: Ernst, Dietmar, u.a. (Hrsg.) (2007): Praxis der Unternehmensbewertung und Akquisitionsfinanzierung.

Ernst, Dietmar/Schneider, Sonja/Thielen, Bjoern (2010): Unternehmensbewertungen erstellen und verstehen – Ein Praxisleitfaden. München: Vahlen.

Federmann, Rudolf/Kußmaul, Heinz/Müller, Stefan (2010): Handbuch der Bilanzierung das gesamte Wissen zur Rechnungslegung nach HGB, EStG und IFRS: Haufe o.J.

Fink, Christian/Schultze, Wolfgang/Winkeljohann, Norbert (2011): Bilanzpolitik und Bilanzanalyse nach neuem Handelsrecht.
Online: http://public.eblib.com/EBLPublic/PublicView.do?ptiID=669311.

Freisleben, N./Leibfried, P. (2004): Warum IAS/IFRS-Abschlüsse nicht (miteinander) vergleichbar sind, in: Zeitschrift für kapitalmarktorientierte Rechnungslegung, Heft 3, S. 101ff.

Göllert, Kurt/Nahlik, Wolfgang (2011): Bilanzanalyse: Analyse und Bewertung von BilMoG- und IFRS-Bilanzen. Wiesbaden: Betriebswirtschaftlicher Verlag Gabler.

Grünberger, David (2010): IFRS 2010: Ein systematischer Praxis-Leitfaden: Stand: 1.10.2009. Herne: nwb.

Hachmeister, Dirk (2000): Der Discounted Cashflow als Maß der Unternehmenswertsteigerung Frankfurt a.M./Berlin/Bern/Bruxelles/New York/Oxford/Wien/Lang o.J.

Haller, A. (1994): Positive Accounting Theory, Die Erforschung der Beweggründe bilanzpolitischen Verhaltens, in: Die Betriebswirtschaft, S. 597–612.

Hayn, Sven u.a. (2011): IFRS/HGB/HGB-BilMoG im Vergleich Synoptische Darstellung mit Bilanzrechtsmodernisierungsgesetz.
Online: http://public.eblib.com/EBLPublic/PublicView.do?ptiID=669259.

Hayn, Sven/Waldersee, Georg (2006): IFRS/US-GAAP/HGB im Vergleich: synoptische Darstellung für den Einzel- und Konzernabschluss. Stuttgart: Schäffer-Poeschel.

Heesen, Bernd (2010): Bilanzplanung und Bilanzgestaltung fallorientierte Bilanzerstellung. Wiesbaden: Gabler.

Heintges, Sebastian (1997): Bilanzkultur und Bilanzpolitik in den USA und in Deutschland: Einflüsse auf die Bilanzpolitik börsennotierter Unternehmen. Sternenfels (u.a.): Verlag Wiss. & Praxis.

Hennigs, Robert (1995): Die Börseneinführung von Tochtergesellschaften: Entscheidungsproblem im Konzern. Wiesbaden: Dt. Univ.-Verlag; Gabler.

Henselmann, Klaus (2001): Fallstudie Unternehmensbewertung: Vergangenheitsanalyse (Teil I), in: Der Steuerberater, Heft 8.

Henselmann, Klaus (2005): Auswirkungen der Rechnungslegung auf die Unternehmensbewertung: HGB versus IFRS, in: Unternehmensbewertung und Management, Heft 8, S. 246ff.

Henselmann, Klaus (2005): Technik der Bereinigung von Sondereinflüssen, in: Bewertungspraktiker, Nr. 1, S. 6ff.

Henselmann, Klaus (2006): Häufige Fehler in Unternehmensbewertungen, in: Bewertungspraktiker, Nr. 2, S. 1ff.

Herbst, Manfred (2006): Externe Bilanzanalyse auf der Grundlage der IFRS/IAS. Hamburg: Kovac.

Heyd, Reinhard/Kreher, Markus (2010): BilMoG: das Bilanzrechtsmodernisierungsgesetz; Neuregelungen und ihre Auswirkungen auf Bilanzpolitik und Bilanzanalyse. München: Vahlen.

Hinz, Michael (1994): Sachverhaltsgestaltungen im Rahmen der Jahresabschlusspolitik. Düsseldorf: IDW-Verlag.

Hipp, Klaus (2010): Bilanzanalyse nach BilMoG Grundlagen und Auswirkungen auf typische Bilanzkennzahlen. Hamburg: Dashöfer.

Hofmann, Stefan (2008): Handbuch Anti-Fraud-Management Bilanzbetrug erkennen – vorbeugen – bekämpfen.

Hommel, Michael/Rammert, Stefan (2010): IFRS-Bilanzanalyse Case by Case. Frankfurt a.M.: Verlag Recht und Wirtschaft.

Hüttche, Tobias (2005): Internationale Bilanzanalyse: Bleibt alles anders?, in: Betriebs-Berater, Heft 3, S. 147ff.

Hüttche, Tobias (2005): Typologische Bilanzanalyse: Qualitative Auswertung von IFRS-Abschlüssen, in: Zeitschrift für kapitalmarktorientierte Rechnungslegung, Heft 7–8, S. 318ff.

Institut der Wirtschaftsprüfer in Deutschland (1995): Rechnungslegung nach International Accounting Standards: praktischer Leitfaden für die Aufstellung IAS-konformer Jahres- und Konzernabschlüsse in Deutschland. Düsseldorf: IDW-Verlag.

International Accounting Standards Board (2009): International Financial Reporting Standards: IFRS; offizielle Verlautbarungen zum 1. Januar 2009. London: IASCF.

International Accounting Standards Committee Foundation (2010): International Financial Reporting Standards 2009 (IFRS). London: IASCF.

Kaserer, Christoph/Friedl, Gunther/Förster, Björn-Eric (2010): Externe Berichterstattung mittelständischer Unternehmen.

Kirsch, Hanno (1997): IAS 17. Accounting for Leases, S. 573, Rn 68, in: Baetge, u.a. (Hrsg.): (1997): Rechnungslegung nach International Accounting Standards (IAS): Kommentar auf der Grundlage des deutschen Bilanzrechts. Stuttgart: Schäffer-Poeschel.

Kirsch, Hanno (2003): Gestaltungspotenzial durch verdeckte Bilanzierungswahlrechte nach IAS/IFRS, Betriebs-Berater, Heft 21, S. 111ff.

Kirsch, Hanno (2004): Rentabilitätsanalysen auf Basis eines IAS/IFRS-Abschlusses, in: Betriebs-Berater, Heft 5.

Kirsch, Hanno (2007): Finanz- und erfolgswirtschaftliche Jahresabschlussanalyse nach IFRS: Aussagefähigkeit und Einfluss der IFRS-Rechnungslegung. München: Vahlen.

Knoll, L. (2005): Unternehmensbewertung bei unterschiedlicher Rechnungslegung – gleicht sich wirklich alles aus?, in: Zeitschrift für Steuern und Recht, Heft 22, S. 435ff.

Knoll, L. (2006): Unternehmensbewertung auf der Basis von IFRS-Zahlen: ein Problem für die Abfindung von Minderheitsaktionären?, in: Betriebs-Berater, Heft 7, S. 369ff.

Kotler, Philip/Keller, Kevin, Lane (2011): Marketing Management. Upper Saddle River, N.J: Pearson/Prentice Hall.

Kuhl, Jens Harald (2011): Die Cashflow-Rechnung und die Kapitalflussrechnung im Rahmen der Bilanzanalyse.

Kühnberger, M. (2005): Firmenwerte in Bilanz, GuV und Kapitalflussrechnung nach HGB, IFRS und US-Gaap, in: Der Betrieb, Heft 13.

Kuhner, Christoph (2005): Die Zielsetzungen von IFRS, US-GAAP und HGB und deren Konsequenzen für die Abbildung von Unternehmenskäufen, in: Ballwieser, Wolfgang/Beyer, Sven/Zelger, Hansjörg (2011): Unternehmenskauf nach IFRS und US-GAAP Purchase Price Allocation, Goodwill und

Impairment-Test.
Online: http://public.eblib.com/EBLPublic/PublicView.do?ptiID=669248.

Kuhner, Christoph/Maltry, Helmut (2011): Unternehmensbewertung. Berlin: Springer Berlin.

Küting, Karlheinz/Kaiser, Thomas (1994): Bilanzpolitik in der Unternehmenskrise. Heidelberg: Verlag Recht und Wirtschaft.

Küting, Karlheinz (2000): Stille Reserven (I): Theoretisch umstritten – Praktisch relevant – Zukünftig noch existent?, in: Betrieb und Wirtschaft, Heft 10, S. 389ff.

Küting, K./Koch, C. (2002): Zur Problematik der Erfolgsquellenanalyse im internationalen Bereich, in: Steuern und Bilanzen, Heft 21, S. 1033ff.

Küting, K./Boecker, C. (2003): Die Synthese von Information und Ertragsstärke in der externen Unternehmensanalyse, in: Steuern und Bilanzen, Heft 3, S. 97ff.

Küting, K./Reuter, M. (2004): Bilanzierung im Spannungsfeld unterschiedlicher Adressaten, in: Datenverarbeitung-Steuern-Wirtschaft-Recht, Heft 9, S. 230ff.

Küting, K./Harth, H.-J./Leinen, M. (2003): Anmerkungen zur international vergleichenden Jahresabschlussanalyse, in: Die Wirtschaftsprüfung, Heft 17.

Küting, Karlheinz/Weber, Claus-Peter (2004): Die Bilanzanalyse: Lehrbuch zur Beurteilung von Einzel- und Konzernabschlüssen. Stuttgart: Schäffer-Poeschel.

Küting, K./Reuter, M. (2005): Werden stille Reserven in Zukunft (noch) stiller? – Machen die IFRS die Bilanzanalyse überflüssig oder weitgehend unmöglich?, in: Betriebs-Berater, Heft 13, Seite 706ff.

Küting, Karlheinz (2005): Der Geschäfts- oder Firmenwert als Schlüsselgröße der Analyse von Bilanzen deutscher Konzerne, in: Der Betrieb, Heft 51/52.

Küting, K./Keßler, M./Gattung, A. (2005): Die Gewinn- und Verlustrechnung nach HGB und IFRS, in: Zeitschrift für kapitalmarktorientierte Rechnungslegung, Heft 1, S. 15ff.

Küting, Karlheinz/Weber, Claus-Peter (2006): Die Bilanzanalyse: Beurteilung von Abschlüssen nach HGB und IFRS. Stuttgart: Schäffer-Poeschel.

Lachnit, Laurenz (2000): Investororientierte Unternehmenspublizität: neue Entwicklungen von Rechnungslegung, Prüfung und Jahresabschlussanalyse. Wiesbaden: Gabler.

Lachnit, Laurenz (2000): Schätzung stiller Reserven als Problem der externen Jahresabschlussanalyse, in: Lachnit, L./Freidank, C.-C. (Hrsg.): Investororientierte Unternehmenspublizität. Neue Entwicklungen von Rechnungslegung, Prüfung und Jahresabschlussanalyse, S. 769–811.

Lachnit, Laurenz (2000): Investororientierte Unternehmenspublizität: neue Entwicklungen von Rechnungslegung, Prüfung und Jahresabschlussanalyse. Wiesbaden: Gabler.

Leibfried, P. (2003): Ausgewählte Problemfelder der Internationalen Rechnungslegung nach IAS, in: Die Steuerberatung, Heft 6, S. 211ff.

Leibfried, P./Weber, I. (2003): Eine Frage der Liquidität, in: Consultant, Heft 3, S. 50ff.

Leimbach, A. (1991): Unternehmensübernahmen im Wege des Management Buy out in der Bundesrepublik: Besonderheiten, Chancen und Risiken, in: Zeitschrift für betriebswirtschaftliche Forschung, S. 452ff.

Luik, Hans/Schitag Ernst & Young-Gruppe (1991): Aktuelle Fachbeiträge aus Wirtschaftsprüfung und Beratung: Festschrift zum 65. Geburtstag von Professor Dr. Hans Luik. Stuttgart: Schäffer Verlag für Wirtschaft und Steuern.

Lüdenbach, N./Hoffmann W.-D. (2004): Kein Eigenkapital in der IAS/IFRS-Bilanz von Personengesellschaften und Genossenschaften?, in: Betriebs-Berater, Heft 19, S. 1042ff.

Lüdenbach, N./Hoffmann, W.-D. (2005): Die »komplizierte« IFRS-Rechnungslegung für mittelständische Unternehmen: Systematik und Fallstudie, in: Deutsches Steuerrecht, Heft 20.

Mandl, Gerwald/Rabel, Klaus (1999): Unternehmensbewertung: eine praxisorientierte Einführung. Wien (u.a.): Überreuter.

Marten, Kai-Uwe/Quick, Reiner/Ruhnke, Klaus (2011): Lexikon der Wirtschaftsprüfung Nach nationalen und internationalen Normen.
Online: http://public.eblib.com/EBLPublic/PublicView.do?ptiID=669389.

Moser, U./Doleczik, G./Granget, A./Marmann, J. (2003): Unternehmensbewertung auf der Grundlage von IAS/IFRS, in: Betriebs-Berater, Heft 58, S. 21ff.

Müller, Hans-Erich/Clemm, Hermann/Hans-Böckler-Stiftung (1989): Wirtschaftsprüfung und Mitbestimmung: der Jahresabschluss nach dem Bilanzrichtlinien-Gesetz. Stuttgart: Schäffer Verlag für Wirtschaft und Steuern.

Niehues, K. (1993): Unternehmensbewertung bei Unternehmenstransaktionen. Unter besonderer Berücksichtigung kleiner und mittelständischer Unternehmen, in: Betriebs-Berater, S. 2244ff.
Niehus, Rudolf J. (2000): Konzernabschluss nach US-GAAP: Grundlagen und Gegenüberstellung mit den deutschen Vorschriften. Stuttgart: Schäffer-Poeschel.

Oehler, R. (2006): Auswirkungen einer IFRS-Umstellung auf das Kreditrating mittelständischer Unternehmen, in: Der Betrieb, Heft 3.
o.A. (1997): Rechnungslegung nach International Accounting Standards (IAS): Kommentar auf der Grundlage des deutschen Bilanzrechts. Stuttgart: Schäffer-Poeschel.
o.A. (2007): Unternehmensbewertung. Wiesbaden: Betriebswirtschaftlicher Verlag Dr. Th. Gabler.
o.A. (2008): International Financial Reporting Standards IFRS einschließlich International Accounting Standards (IAS) und Interpretationen; die amtlichen EU-Texte Englisch-Deutsch. IDW-Textausgabe. Düsseldorf: IDW-Verlag.
o.A. (2010): BETRIEB & MANAGEMENT: Die Bilanzanalyse liefert tiefe Einblicke ins Unternehmen, in: Deutscher Drucker, Heft 46 (2010), 33, S. 37.

Paul, Joachim (2007): Einführung in die allgemeine Betriebswirtschaftslehre mit Beispielen und Fallstudien. Wiesbaden: Gabler.
Pearson, Barrie (1999): Successful acquisition of unquoted companies: a practical guide. Aldershot, Hampshire (u.a.): Gower.
Peemöller, Volker/Hüttche, Tobias (1993): Bilanzanalyse und Bilanzpolitik: Einführung in die Grundlagen; Rechnungslegung, Jahresabschluss, Bilanzierung und Bewertung, Bilanzpolitik, Bilanzanalyse, Analyseinstrumente. Wiesbaden: Gabler.
Peemöller, V./Bömelburg, P./Denkmann, A. (1994): Unternehmensbewertung in Deutschland. Eine empirische Erhebung, in: Die Wirtschaftsprüfung, S. 741ff.
Peemöller, Volker (2003): Bilanzanalyse und Bilanzpolitik: Einführung in die Grundlagen. Wiesbaden: Gabler.
Peemöller, Volker (2009): Praxishandbuch der Unternehmensbewertung. Herne: Verlag Neue Wirtschafts-Briefe.
Petersen, Karl/Zwirner, Christian/Künkele, Kai Peter (2009): Bilanzanalyse und Bilanzpolitik nach BilMoG. Herne: NWB.
Pfleger, Günter (1991): Die neue Praxis der Bilanzpolitik: Strategien und Gestaltungsmöglichkeiten im handels- und steuerrechtlichen Jahresabschluss. Freiburg i.Br.: Haufe.
Prexl, Sebastian (2008): Erfolgsquellenanalyse: Ermittlung der nachhaltigen Ertragskraft auf Basis der Jahresabschlussanalyse, in: Ernst, Dietmar, u.a.(Hrsg.) (2008): Praxis der Unternehmensbewertung und Akquisitionsfinanzierung.

Ruhnke, K./Niephaus, J. (1996): Jahresabschlussprüfung kleiner Unternehmen – Besonderheiten der Prüfung, internationale Prüfungsstandards und Ergebnisse einer empirischen Erhebung, in: Der Betrieb, S. 789–795.

Scheffler, Eberhard (2009): Bilanzen richtig lesen: Rechnungslegung nach HGB und IAS/IFRS. München: Dt. Taschenbuch-Verlag.
Schmalenbach, Eugen/Bauer, Richard (1966): Die Beteiligungsfinanzierung. Köln; Opladen: Westdeutscher Verl.
Schmid, K.-P. (2005): Für wen sind Bilanzen da?, in: Die Zeit, Nr. 27, S. 33.
Schilit, Howard Mark/Perler, Jeremy (2010): Financial Shenanigans. New York: McGraw-Hill.
Seppelfricke, Peter (2011): Handbuch Aktien- und Unternehmensbewertung Bewertungsverfahren, Unternehmensanalyse, Erfolgsprognose.
Online: http://public.eblib.com/EBLPublic/PublicView.do?ptiID=669297.

Sieben, Günter/Maltry, Helmut (2001): Der Substanzwert der Unternehmung, in: Angermayer, Birgit/ Peemöller, Volker H. (2001): Praxishandbuch der Unternehmensbewertung. Herne (u.a.): Verlag Neue Wirtschafts-Briefe.

Tanski, Joachim S. (2011): Jahresabschluss in der Praxis – Bilanzen nach Handels- und Steuerrecht, Bilanzierung und Bewertung nach BilMoG. Freiburg i.Br. u.a.: Haufe.

Thommen, Jean-Paul (2011): Investition und Unternehmensbewertung: Ein Modul der Management-orientierten Betriebswirtschaftslehre. Zürich: Versus.

Wagenhofer, Alfred/Ewert, Ralf (2007): Externe Unternehmensrechnung: mit 6 Tabellen. Berlin/Heidelberg/New York, NY: Springer.

Wagenhofer, Alfred (2008): Internationale Rechnungslegung. Wien: Linde.

Wagenhofer, Alfred (2009): Internationale Rechnungslegungsstandards – IAS, IFRS: Grundlagen und Grundsätze, Bilanzierung, Bewertung und Angaben, Umstellung und Analyse. München: mi.

Wagenhofer, Alfred (2010): Internationale Rechnungslegungsstandards – IAS-IFRS: Grundlagen und Grundsätze; Bilanzierung, Bewertung und Angaben; Umstellung und Analyse. München: mi.

Wagner, T. (1991): Berücksichtigung von Leasingverträgen bei der Bewertung des Unternehmens des Leasingnehmers, in: Luik, Hans/Schitag Ernst & Young-Gruppe. (1991): Aktuelle Fachbeiträge aus Wirtschaftsprüfung und Beratung: Festschrift zum 65. Geburtstag von Professor Dr. Hans Luik. Stuttgart: Schäffer Verlag für Wirtschaft und Steuern.

Wehrheim, Michael/Schmitz, Thorsten (2009): Jahresabschlussanalyse Instrumente, Bilanzpolitik, Kennzahlen. Stuttgart: Kohlhammer.

Weiss, H.-J. (1990): Die Informationsbeschaffung beim Unternehmenskauf: Kaufvoruntersuchung, in: Siegwart, H./u.a.(Hrsg.): Meilensteine im Management Bd. 3, Management Controlling. Basel; Frankfurt a.M./Stuttgart: Helbing & Lichtenhahn; Schäffer-Poeschel Verlag.

Wöhe, Günter/Döring, Ulrich (2008): Einführung in die allgemeine Betriebswirtschaftslehre. München: Vahlen.

Wöhe, Günter (2010): Bilanzierung und Bilanzpolitik: Betriebswirtschaftliche, handels- und steuerrechtliche Grundlagen. München: Vahlen.

Wöltje, Jörg (2011): Bilanzen lesen, verstehen, gestalten (Bilanzanalyse und Bilanzkritik für die Praxis; Bilanzen nach BilMoG). Freiburg i. Br./Berlin/München (i.e.) Planegg: Haufe-Mediengruppe.

Wüstemann, Jens/Bischof, Jannis (2010): Bilanzierung Case by Case: Lösungen nach HGB und IFRS. Frankfurt a.M.: Verlag Recht und Wirtschaft.

Zimmerer, Karl (1981): Die Bilanzwahrheit und die Bilanzlüge. Wiesbaden: Gabler.

Teil I – Kennzahlenanalyse, Kapitel 7, S. 139–208

Altmann, Jörn (2011): Bilanzierung und Bilanzanalyse. Stuttgart: UTB.

Baetge, Jörg/Kirsch, Hans-Jürgen/Thiele, Stefan (2011): Bilanzen. Düsseldorf: IDW.

Bartram, W. (1996): Die Umsatz-Rentabilität – zentrale Kennzahl zur Unternehmensbeurteilung, in: Die Wirtschaftsprüfung, Heft 19.

Berndt, H./Förschle, G./Geiger, K. M./Haase, H./Schickling, M./Schmitt, G./Wysocki, K. v. (2003): Empfehlungen zur Ermittlung prognosefähiger Ergebnisse, in: Der Betrieb, Heft 36.

Bieg, H. (1998a): Die Cashflow-Analyse als stromgrößenorientierte Finanzanalyse (Teil I), in: Der Steuerberater, Heft 11, S. 432ff.

Bieg, H. (1998b): Die Cashflow-Analyse als stromgrößenorientierte Finanzanalyse (Teil II), in: Der Steuerberater, Heft 12, S. 472ff.

Bieg, H. (1999): Die Cashflow-Analyse als stromgrößenorientierte Finanzanalyse (Teil III), in: Der Steuerberater, Heft 1, S. 22ff.

Bieg, Hartmut/Kussmaul, Heinz (2009): Externes Rechnungswesen mit BilMoG-Aktualisierungsdienst. München: Oldenbourg.

Bundesverband Dt. Banken(2003): Mittelstandsfinanzierung vor neuen Herausforderungen. Berlin: Bundesverb. Dt. Banken.

Bundesverband Deutscher Banken (2009): Bankinternes Rating mittelständischer Kreditnehmer im Zuge von Basel II. Berlin: Bundesverb. Dt. Banken.

Burger, A./Buchhart, A. (2001): Der Cashflow in einer integrierten Unternehmensrechnung, in: Die Wirtschaftsprüfung, Heft 16, S. 801ff.

Coenenberg, Adolf (2001): Kapitalflussrechnung als Instrument der Bilanzanalyse, 1. Teil des Beitrages, Kapitalflussrechnung und Segmentberichterstattung als Instrumente der Bilanzanalyse, in: Der Schweizer Treuhänder, Heft 4.

Coenenberg, Adolf Gerhard (2009): Jahresabschluss und Jahresabschlussanalyse: betriebswirtschaftliche, handels- und steuerrechtliche Grundlagen (1) (Hauptbd.): Betriebswirtschaftliche, handelsrechtliche, steuerrechtliche und internationale Grundsätze; HGB, IFRS und US-GAAP. Landsberg am Lech: Verlag Moderne Industrie.

Deter, Henryk/Wiehle, Ulrich/Diegelmann, Michael/Schömig, Peter Noel/Rolf Michael (2005): 100 IFRS Finanz-Kennzahlen; Financial Ratios – Dictionary Deutsch/Englisch. Wiesbaden: cometis.

Deutsche Vereinigung für Finanzanalyse und Anlageberatung/Busse von Colbe, Walther/Schmalenbach-Gesellschaft – Deutsche Gesellschaft für Betriebswirtschaft (2000): Ergebnis je Aktie nach DVFA/SG: Gemeinsame Empfehlung = DVFA/SG Earnings per Share: Joint Recommendation. Stuttgart: Schäffer-Poeschel.

Döring, Ulrich/Buchholz, Rainer (2011): Buchhaltung und Jahresabschluss mit Aufgaben und Lösungen. Berlin: E. Schmidt.

Fink, Christian (2010): Bilanzpolitik und Bilanzanalyse nach neuem Handelsrecht. Stuttgart: Schäffer-Poeschel Verlag.

Freisleben, N./Leibfried, P. (2004): Warum IAS/IFRS-Abschlüsse nicht (miteinander) vergleichbar sind. Fehlende Detailregelungen, Auswirkungen von US-GAAP und Mangel an Kontrolle, in: Zeitschrift für kapitalmarktorientierte Rechnungslegung, Heft 3.

Gräfer, Horst (1994): Bilanzanalyse: eine Einführung mit Aufgaben und Lösungen. Herne/Berlin: Verlag Neue Wirtschafts-Briefe.

Gräfer, Horst/Schneider, Georg (2010): Bilanzanalyse traditionelle Kennzahlenanalyse des Einzeljahresabschlusses; kapitalmarktorientierte Konzernjahresabschlussanalyse. Herne: NWB.

Göhner, F. (2004): Bilanzierung die Jagd nach der Kennzahl, in: Finance, vom 25.06.2004, S. 78ff.

Groll, Karl-Heinz (2004): Das Kennzahlensystem zur Bilanzanalyse – Ergebniskennzahlen – Aktienkennzahlen – Risikokennzahlen. München: Hanser.

Haller, A. (1994): Positive Accounting Theory: Die Erforschung der Beweggründe bilanzpolitischen Verhaltens, in: Die Betriebswirtschaft, S. 597ff.

Häring, N./Kort, K. (2005): Studie: Mittelstand vernachlässigt Finanzplanung, in: Handelsblatt vom 21.3.2005.

Lang, Bianca (2010): Finanzwirtschaftliche Bilanzanalyse.

Leibfried, P./Pflanzelt, S. (2004): Praxis der Bilanzierung von Forschungs- und Entwicklungskosten gemäß IAS/IFRS. Eine empirische Untersuchung deutscher Unternehmen, in: Zeitschrift für kapitalmarktorientierte Rechnungslegung, Heft 12, S. 491ff.

Matschke, Manfred Jürgen/Hering, Thomas/Klingelhöfer, Heinz Eckart (2002): Finanzanalyse und Finanzplanung. München (u.a.): Oldenbourg.

Ossola-Haring, Claudia (2003): Das große Handbuch – Kennzahlen zur Unternehmensführung: Kennzahlen richtig verstehen, verknüpfen und interpretieren. München: Redline Wirtschaft bei Verlag Moderne Industrie.

Petersen, Karl/Zwirner, Christian/Künkele, Kai Peter (2009): Bilanzanalyse und Bilanzpolitik nach Bil-MoG. Herne: NWB.

Sandt, Joachim (2004): Management mit Kennzahlen und Kennzahlensystemen: Bestandsaufnahme, Determinanten und Erfolgsauswirkungen Wiesbaden: Dt. Univ.-Verlag.

Schult, Eberhard (2003): Bilanzanalyse: Möglichkeiten und Grenzen externer Unternehmensbeurteilung; mit Übungsaufgaben und Lösungsvorschlägen. Berlin: E. Schmidt.

Schult, Eberhard/Brösel, Gerrit (2010): Bilanzanalyse: Unternehmensbeurteilung auf der Basis von HGB- und IFRS-Abschlüssen. Berlin: Schmidt.

Seppelfricke, Peter (2007): Handbuch Aktien- und Unternehmensbewertung: Bewertungsverfahren, Unternehmensanalyse, Erfolgsprognose. Stuttgart: Schäffer-Poeschel.

Spremann, Klaus/Scheurle, Patrick (2010): Finanzanalyse. München: Oldenbourg.

Stibi, Bernd (1994): Statistische Jahresabschlussanalyse als Instrument der steuerlichen Betriebsprüfung: Entwicklung eines Indikators für die Auswahl prüfungsbedürftiger Betriebe. Düsseldorf: IDW.

Wagenhofer, Alfred (2009): Internationale Rechnungslegungsstandards – IAS/IFRS: Grundlagen und Grundsätze, Bilanzierung, Bewertung und Angaben, Umstellung und Analyse. München: MI-Wirtschaftsbuch.

Waltermann, Hanno (2009): Unternehmenswertorientierung im Mittelstand, Instrumente zur zielgerichteten Beeinflussung von Werttreibern. Diplomica Verlag GmbH: Hamburg.

Wiehle, Ulrich (2005): 100 IFRS-Kennzahlen, IFRS Financial Ratios: Dictionary; Deutsch/Englisch. Wiesbaden: Cometis.

Wirtschaftswoche (2005): Unternehmertum Deutschland, Heft vom 3.2.2005.

Wöhe, Günter (2010): Bilanzierung und Bilanzpolitik: Betriebswirtschaftliche, handels- und steuerrechtliche Grundlagen. München: Vahlen.

Zentrum für Europäische Wirtschaftsforschung (2009): Mittelstandsmonitor 2009: Jährlicher Bericht zu Konjunktur- und Strukturfragen kleiner und mittlerer Unternehmen.

Teil I – Planung, Kapitel 8, S. 209–277

Achleitner, Ann-Kristin (2009): Handbuch Investment-Banking. Wiesbaden: Vahlen.

Ansoff, Harry (1966): Managementstrategie. München: Verlag Moderne Industrie.

Baumgarten, Helmut/Wiegand, Alexander (1997): Managementtrends und -entwicklungen in der Logistik Ergebnisse der Untersuchung Trends und Strategien in der Logistik. Berlin: Technische Univ.

Baetge, Jörg/Kirsch, Hans-Jürgen/Thiele, Stefan (2011): Bilanzen. Düsseldorf: IDW.

Born, Karl (2003): Unternehmensanalyse und Unternehmensbewertung: mit einer CD-ROM von Friedhelm Dietz. Stuttgart: Schäffer-Poeschel Verlag.

Brühl, V. (2003): Analyse des Umsatzrisikos in der Due Diligence, in: M&A Review, Heft 10.

Bundesverband Deutscher Banken. (2009): Bankinternes Rating mittelständischer Kreditnehmer im Zuge von Basel II. Berlin: Bundesverb. Dt. Banken.

Bussiek, Jürgen (1989): Wie entsteht eine Unternehmensplanung? Wiesbaden: Gabler.

Carl, Notger/Kiesel, Manfred (1996): Unternehmensführung: moderne Theorien, Methoden und Instrumente. Landsberg/Lech: Verlag Moderne Industrie.

Copeland, Thomas/Koller, Tim/Murrin, Jack (2002): Unternehmenswert: Methoden und Strategien für eine wertorientierte Unternehmensführung. Frankfurt a.M./New York: Campus-Verlag.

Drukarczyk, J./Ernst, D. (2010): Branchenorientierte Unternehmensbewertung, 3. Aufl., München: Vahlen.

Erichsen, J. (2006): Wann »rechnet« sich eine Investition?, in: Berater Brief Betriebswirtschaft, Heft 11.

Ernst, Dietmar/Schneider, Sonja/Thielen, Bjoern (2008): Unternehmensbewertungen erstellen und verstehen – ein Praxisleitfaden. München: Vahlen.

Ernst & Young (2006): Handeln wider besseres Wissen – Warum viele Transaktionen scheitern, ohne es zu müssen.

Fischer, Joachim (1989): Qualitative Ziele in der Unternehmensplanung: Konzepte zur Verbesserung betriebswirtschaftlicher Problemlösungstechniken. Berlin: E. Schmidt.

Fuhr, A. (2003): Die Prüfung der Unternehmensplanung: Ein Instrument zur Überwachung der Unternehmensleitung in Kapitalgesellschaften.

Graf, Hans Georg (1999): Prognosen und Szenarien in der Wirtschaftspraxis. Zürich/München/Wien: Verlag Neue Zürcher Zeitung, Hanser.

Henselmann, Klaus (2001): Fallstudie Unternehmensbewertung: Werttreiber und Zukunftstreiber (Teil II), in: Der Steuerberater, Heft 8, S. 332ff.

Henselmann, Klaus (2006): Häufige Fehler in Unternehmensbewertungen, in: Bewertungs-Praktiker, Heft 2, S. 2ff.

Horváth, Péter/Gleich, Ronald (2011): Neugestaltung der Unternehmensplanung Innovative Konzepte und erfolgreiche Praxislösungen.
Online: http://public.eblib.com/EBLPublic/PublicView.do?ptiID=669370.

Korndörfer, Wolfgang (2003): Allgemeine Betriebswirtschaftslehre: Aufbau, Ablauf, Führung, Leitung. Wiesbaden: Gabler.

Morgenthaler, P. (2006): Auge des Betrachters – Der Faktor Management bei Ratings, in: Finance, Heft 3, S. 42ff.

McKinsey & Company (2007): Planen, gründen, wachsen: mit dem professionellen Businessplan zum Erfolg. Heidelberg: Redline Wirtschaft.

Michel, Reiner (1991): Know-how der Unternehmensplanung: Budgetierung, Controlling, taktische Planung, Langfristplanung und Strategie. Heidelberg/Zürich: Sauer; Verlag Industrielle Organisation.

Möser, Heinz Dieter (1993): Finanz- und Investitionswirtschaft in der Unternehmung. Landsberg/Lech: Verlag Moderne Industrie.

Pohl, Matthias/Thielen, Björn (2010): Bewertung von Kfz-Zulieferunternehmen, in: Drukarczyk, J./Ernst, D. (2010): Branchenorientierte Unternehmensbewertung, 3. Aufl., München: Vahlen.

Rosenkranz, Friedrich (1999): Unternehmensplanung: Grundzüge der modell- und computergestützten Planung mit Übungen. München/Wien: Oldenbourg Verlag.

Schäfer, G. (2006): Checkliste zur Vorbereitung und Durchführung eines Banken-Ratings – unter besonderer Berücksichtigung von Rechnungswesen-/Controllingaspekten, in: Bilanzbuchhalter und Controller, Heft 03, S. 53ff.

Schneider, C. (2005): Plausibilisierung der Planung – Besonderheiten bei der Bewertung von Logistikdienstleistern, in: Finance, Heft 9, S. 40ff.

Schug, Christoph (1980): Integrierte finanzielle Unternehmensplanung: simultane Bilanz-, Erfolgs- und Finanzplanung auf der Grundlage eines Simulationsmodells. Frankfurt a.M./Bern (etc.): P.D. Lang.

Schwaninger, Markus (1989): Integrale Unternehmensplanung. Frankfurt a.M./New York: Campus.

Seiler, Armin (2000): Planning. Zürich: Orell Füssli.

Seppelfricke, Peter (2007): Handbuch Aktien- und Unternehmensbewertung: Bewertungsverfahren, Unternehmensanalyse, Erfolgsprognose. Stuttgart: Schäffer-Poeschel.

Stiegler, Harald (1977): Integrierte Planungsrechnung: Modell für Planung u. Kontrolle von Erfolg, Wirtschaftlichkeit u. Liquidität in marktorientierten Unternehmungen. Wien: Springer.

Wöhe, Günter (2010): Bilanzierung und Bilanzpolitik: Betriebswirtschaftliche, handels- und steuerrechtliche Grundlagen. München: Vahlen.

Teil II – Unternehmensbewertung

Albright, S. (1997): Selecting the Appropriate Frequency of Discounting, in: The Appraisal Journal, Oktober, S. 354–360.

Baetge, J./Lienau, A. (2005): Die Berücksichtigung von Steuern bei der Unternehmensbewertung von Personenhandelsgesellschaften mit Discounted-Cashflow-Verfahren nach IDW ES 1 n.F., in: Die Wirtschaftsprüfung, Jg. 58, Nr. 15, S. 805–816.
Ballwieser, W. (2007): Unternehmensbewertung, 2. Aufl., Schäffer-Poeschel, Stuttgart.
Ballwieser, W. (1990): Unternehmensbewertung und Komplexitätsreduktion, 3. Aufl., Wiesbaden: Gabler.
Bausch, A./Pape, U. (2005): Ermittlung von Restwerten – eine vergleichende Gegenüberstellung von Ausstiegs- und Fortführungswerten, in: Finanz Betrieb, Nr. 7–8, S. 474–484.
Betsch, A./Groh, A./Lohmann, L. (2000): Corporate Finance: Unternehmensbewertung, M&A und innovative Kapitalmarktfinanzierung, München: Vahlen.
Booth, L. (1999): The Capital Asset Pricing Model: Equity Risk Premiums and the Privately-Held Business, in: The Journal of Business Valuation, S. 111.
Born, K. (2003): Unternehmensanalyse und Unternehmensbewertung, 2. Aufl., Stuttgart: Schäffer-Poeschel Verlag.
Brealey, R./Myers, S./Frankling, A. (2010): Principles of Corporate Finance, New York: McGraw-Hill Education.
Busse von Colbe, W./Becker, W./Berndt, H. (2000): Ergebnis je Aktie nach DVFA/SG, Stuttgart.

Copeland, T./Antikarov, V. (2002): Realoptionen: Das Handbuch für Finanzpraktiker, Weinheim: Willey.
Copeland, T./Koller, T./Murrin, J. (2002): Unternehmenswert: Methoden und Strategien für eine wertorientierte Unternehmensführung, 3. Aufl., Frankfurt a.M./New York Campus Verlag.

Damodaran, A. (2010): The Dark Side of Valuation: Firms with no Earnings, no History and no Comparables, Department of Finance, Upper Saddle River, N.J.: FT Press.
Damodaran, A. (2007): Investment Valuation: Tools and Techniques for Determining the Value of Any Asset, 2. Aufl., New York: Academic Internet Publishers.
Daske, G. (2005): Kapitalmarktorientierte Bestimmung von risikofreien Zinssätzen für die Unternehmensbewertung, in: Die Wirtschaftsprüfung, S. 655.
Deutsches Aktieninstitut (1999): Aktie versus Rente, Langfristige Renditevergleiche von Aktien und festverzinslichen Wertpapieren, Studien des Deutschen Aktieninstituts, Heft 6, Frankfurt a.M.
Deutsche Vereinigung für Finanzanalyse und Asset Management (1999): DVFA-Standards für Research-Berichte am Neuen Markt.
Drukarcyk, J./Schüler, A. (2007): Unternehmensbewertung, 5. Aufl., München: Vahlen.
Drukarcyk, J./Schüler, A. (2003): Kapitalkosten deutscher Aktiengesellschaften – eine empirische Untersuchung, in: Finanz Betrieb, Heft 6, S. 337–347.
Drukarczyk, J./Ernst, D. (2010): Branchenorientierte Unternehmensbewertung, 3. Aufl., München: Vahlen.

Eayrs, W. (2005): Mergers, Acquisitions und strategische Allianzen, in: Kohlert, H. (Hrsg.): Entrepreneurship für Ingenieure, München: Oldenbourg, S. 117–147.
Eayrs, W. (2006): Ertragskraft und Verschuldung: Wichtige Stellgrößen für die Unternehmensbewertung, in: Mergers & Acquisitions Jahrbuch 2006, F.A.Z.-Institut, S. 99–101.

Eayrs, W./Gleißner, W. (2006): Bewertung auf unvollkommenen Kapitalmärkten: Risikodeckungsansatz, in: BewertungsPraktiker, Nr. 4, S. 2–6.

Eisele, D. (2009): Steuerliche Unternehmensbewertung nach dem Erbschaftsteuerreformgesetz, in: NWB-BB 3/2009, S. 82–89.

Eisele, D. (2010): Unternehmensbewertung für Zwecke der Erbschaft und Schenkungsteuer, in: NWB-BB 3/2010, S. 78–86.

Ernst, D./Häcker J. (2011): Applied International Corporate Finance, 2. Aufl., München: Vahlen.

Ernst, D./Schneider, S./Thielen, B. (2010): Unternehmensbewertungen erstellen und nachvollziehen: Ein Praxisleitfaden, 4. Aufl., München: Vahlen.

Ernst, D./Spremann, K. (2010): Unternehmensbewertung, 2. Aufl., München: Oldenbourg.

Ernst, D./Breitenbücher, U. (2004): Einfluss der Fremdfinanzierung auf die Unternehmensbewertung, in: Richter, F./Timmreck, C. (Hrsg.): Unternehmensbewertung: Moderne Instrumente und Lösungsansätze, Stuttgart: Schäffer-Poeschel, S. 77–97.

Ernst, D./Haug, M./Schmidt, W. (2004): Spezialfragen der Realoptionsbewertung, in: Richter, F./Timmreck, C. (Hrsg.): Unternehmensbewertung: Moderne Instrumente und Lösungsansätze, Stuttgart, Schäffer-Poeschel Verlag, S. 399–447.

Ernst, D./Häcker (Hrsg.) (2010): Journal für Corporate Finance, Grundwerk 2010, OLZOG, Landsberg/Lech.

Ernst, D. (2002): Praxisgerechte Bewertung von Start-up-Unternehmen mit dem Realoptions-Ansatz: Plan-based Real Options Approach versus Compound Real Options Approach, in: Auge-Dickhut, S./Moser, U./Widmann, B. (Hrsg.): Praxis der Unternehmensbewertung, Grundwerk 2000, Landsberg/Lech.

Ernst, D./Häcker, J. (2002): Realoptionen im Investment Banking: Mergers & Acquisitions, Initial Public Offering, Venture Capital, Stuttgart: Schäffer-Poeschel Verlag.

Ernst, D./Thümmel, R. C. (2000): Realoptionen zur Strukturierung von M&A-Transaktionen, in: Finanz Betrieb, Heft 11, S. 665–673.

Gleißner, W. (2005): Kapitalkosten: Der Schwachpunkt bei der Unternehmensbewertung im wertorientierten Management, in: Finanz Betrieb, Heft 4, S. 217–229.

Gleißner, W. (2006): Simulationsverfahren in der Investitionsrechnung, in: Controlling im Wandel der Zeit – Festschrift für Hans-Jörg Hoitsch, Universität Mannheim, S. 345–370.

Hachmeister, D. (2000): Der Discounted Cashflow als Maßstab der Unternehmenswertsteigerung, 4. Aufl., Dissertation, Frankfurt a.M.

Institut der Wirtschaftsprüfer (2000): IDW Standard: Grundsätze zur Durchführung von Unternehmensbewertungen (IDW S 1), in: FN, o. Jg., S. 415–441.

Institut der Wirtschaftsprüfer (2005): IDW Standard: Grundsätze zur Durchführung von Unternehmensbewertungen (IDW S 1), Neufassung vom 18.10.2005, in: Die Wirtschaftsprüfung, Jg. 58, Nr. 23, S. 1303–1321.

Jonas, M./Wieland-Blöse, H./Schiffarth, S. (2006): Basiszinssatz in der Unternehmensbewertung, in: Finanz Betrieb, Heft 10, S. 647–653.

Keller, M./Hohmann, B. (2004): Die DCF-Methode zur Bewertung von KMU – ein Fallbeispiel, in: Unternehmensbewertung & Management, Heft 3, S. 118.

Knyphausen-Aufseß, D./Köppen, J. (2004): Akquisitionsprämien und Lebensdauer von Synergien entscheiden über den Erfolg eines Mergers, in: M&A Review, Heft 11.

Lechner, H./Meyer, A. (2003): Quantifizierung von Synergiepotenzialen bei Unternehmenszusammenschlüssen, in: M&A Review, Heft 8/9.

Madden, B. (1999): CFROI Valuation, Oxford: Butterworth-Heinemann, Oxford/GB.

Mandl, G./Rabel, K. (1997): Unternehmensbewertung: Eine praxisorientierte Einführung, Graz: Ueber-reuter.

Moxter, A. (1983): Grundsätze ordnungsmäßiger Unternehmensbewertung, 2. Aufl., Wiesbaden: Gabler.

Parprottka, S. (1996): Unternehmenszusammenschlüsse: Synergiepotenziale und ihre Umsetzungsmöglichkeiten durch Integration, S. 127ff.

Peemöller, V. (2001): Praxishandbuch der Unternehmensbewertung, Herne: nwb.

Peemöller, V./Meister, J. M./Beckmann, Ch. (2002): Der Multiplikatoransatz als eigenständiges Verfahren in der Unternehmensbewertung, in: Finanz Betrieb, Heft 4, S. 197–209.

Schäfer, H. (2005): Unternehmensinvestitionen: Grundzüge in Theorie und Management, 2. Aufl., Heidelberg: Physica-Verlag.

Stewart, G. B. (1991): The Quest for Value: The EVA Management Guide, New York, Harper Business, S. 320–325.

Wirtschaftsprüfer Handbuch (2002): Handbuch für Rechnungslegung, Prüfung und Beratung, Band II, 12. Aufl., Düsseldorf: IDW-Verlag.

Wöginger, H. (2006): Das Synergy-Value-Konzept – Ein ganzheitlicher Ansatz zur Synergieevaluation bei Mergers & Acquisitions, in: M&A Review, Heft 5.

Teil III – Akquisitionsfinanzierung

Achleitner, A.-K./Wahl, S. (2004): Private Debt als alternative Finanzierungsform für mittelständische Unternehmen, in: Achleitner, A.-K./Einem, Chr. von/Schröder, B. von (Hrsg.): Private Debt – alternative Finanzierung für den Mittelstand, Stuttgart: Schäffer-Poeschel Verlag.

Achleitner, A.-K./Thoma, G. (Hrsg.) (2005): Handbuch Corporate Finance, Loseblatt-Sammlung, Köln: Dt. Wirtschaftsdienst.

Ernst, D./Häcker, J. (2011): Applied International Corporate Finance, 2. Aufl., München: Vahlen.

Ernst, D. (2006): Akquisitionsfinanzierung, in: Ernst, D./Häcker, J./Auge-Dickhut, S./Moser, U (Hrsg.): Praxis der Unternehmensbewertung und Akquisitionsfinanzierung, Grundwerk, Landsberg/Lech.

Emmerstorfer, H. (2004): Die rechtlichen Rahmenbedingungen, in: Stadler, W. (Hrsg.): Die neue Unternehmensfinanzierung, Augsburg: Redline Wirtschaft.

FINANCE-Studien: MBOs, F.A.Z.-Institut für Management, Frankfurt, 2003.

Mittendorfer, R./Fotteler, Th. (2004): Die Kunst der Akquisitionsfinanzierung, in: Stadler, W. (Hrsg.): Die neue Unternehmensfinanzierung, Augsburg: Redline Wirtschaft.

Mittendorfer, R. (2001): Finanzierungsmodelle von Leveraged Buy-outs, in: Stadler, W. (Hrsg.): Venture Capital und Private Equity. Erfolgreich wachsen mit Beteiligungskapital, Köln: Dt. Wirtschaftsdienst.

Rodde, Chr. (2002): Akquisitionsfinanzierung, in: Hockmann, H. J./Thießen, F. (Hrsg.): Investment Banking, Stuttgart: Schäffer-Poeschel.

Teil IV – Private-Equity-Finanzierung

Ernst, D./Häcker, J. (2007): Applied International Corporate Finance, 2. Aufl., München: Vahlen.

Ernst, D./Moser U.M. (2005): Private Equity, in: v. Auge-Dickhut, S./Moser, U./Widmann, B. (Hrsg.): Praxis der Unternehmensbewertung, Grundwerk 2000, 18. Journal, Landsberg/Lech.

Leopold, G./Frommann, H./Kühr, Th. (2003): Private Equity – Venture Capital: Eigenkapital für innovative Unternehmer, München: Vahlen.

Schüppen, M./Ehlermann, C. (2000). Corporate Venture Capital, Köln: RWS Verlag.

Schuler, A. (2002): Private Equity, in: Hockmann, H. J./Thießen, F. (Hrsg.): Investment Banking, Stuttgart: Schäffer-Poeschel Verlag.

Stadler, W. (Hrsg.), (1999): Beteiligungsfinanzierung, 2. Aufl., Wien/Manz/Wien.

Weimerskirch, P. (1998): Finanzierungsdesign bei Venture-Capital-Verträgen, 2. Aufl., Wiesbaden: Dt. Univ.-Verlag.

Weitnauer, W. (Hrsg.), (2007): Handbuch Venture Capital, 3. Aufl., München: C.H. Beck.

Stichwortverzeichnis